D1930013

Die Pilzflora des Ulmer Raumes

„Die Pilzflora des Ulmer Raumes"

Manfred Enderle

Herausgeber: Verein für Naturwissenschaft und Mathematik in Ulm e.V.
Autor: Manfred Enderle, Am Wasser 22, D-89340 Leipheim-Riedheim
Tel. 0 82 21/75 57, E-Mail: manfred.enderle@gmx.de

Erscheinungsjahr 1. Auflage 2004

Druck: Süddeutsche Verlagsgesellschaft Ulm
www.suedvg.de; info@suedvg.de

Idee/Konzept: Manfred Enderle
Lektorat: Brigitte Sulzberger

Printed in Germany

ISBN 3-88294-336-X

„Die Pilzflora des Ulmer Raumes"

von *Manfred Enderle*
D-89340 Leipheim-Riedheim

Verein für Naturwissenschaft und Mathematik in Ulm e.V. (Herausgeber)
Arbeitsgemeinschaft Mykologie Ulm (AMU)

„Der Leser sei freundlichst ersucht, mich zunächst einmal in den Wald zu begleiten, am besten im Herbste nach warmen Regentagen, um die bunten seltsamen Gestalten der Pilzwelt daselbst zu würdigen. Als ob es da nicht etwas Herrliches wäre um die violetten Amethystpilze, die aus dem moosigen Waldgrund und zwischen falbem Laube wie Veilchen des Herbstes hervorleuchten; um die Fliegenschwämme, die in türkischer Pracht gegen die gleißenden Birkenstämme sich abheben … wie selbst um die graubraunen, zerfließenden Coprinen, die wie eine Bettler- oder Zigeunerbande um den Chausseestein der Landstraße truppweise gelagert hocken. Und den Blick die alten Baumstämme hinauf! Aus ihren Spalten und Ritzen brechen die Schwammgebilde als oft riesige Fächer haufenweise übereinander hervor. Hier die schwanenweißen, anisduftigen Trameten, dort terrassenartig gezweigte Massen der Stachelpilze, gestielte und ungestielte Polyporen ohne Zahl und die goldgelben Pholioten, deren sparrig schuppiger Stiel zierlich sich aufbiegt … Es stand der Wald wie in Verzauberung da und ich musste mich fragen, ob nicht eine Fee mich täuschte …

aus KUMMER (1871)

Dieses Buch widme ich meiner lieben Frau

Christine

die meiner pilzkundlichen Arbeit stets größtes Verständnis entgegenbrachte und sie von Anfang an gefördert und unterstützt hat!

Grußwort

Als Vertreter der Systematik und organismischen Botanik an der Universität Ulm, der viele Jahre in Österreich, Brasilien und Deutschland über Schleimpilze (Myxomyceten) gearbeitet hat und daher auch Mykologe ist, freut es mich, „Die Pilzflora des Ulmer Raumes" und ganz besonders den Autor dieses wichtigen Werkes, Herrn Manfred Enderle aus Leipheim-Riedheim, vorstellen zu dürfen. Das Buch selbst, an dem Herr Enderle seit einigen Jahren intensiv gearbeitet hat und das sicherlich als Höhepunkt seines mykologischen Schaffens betrachtet werden muss, ist äußerst gut gelungen und sehr schön ausgestattet. Der Verein für Naturwissenschaft und Mathematik in Ulm e. V. und weitere Sponsoren haben sich dankenswerterweise bereit erklärt, das vorliegende Buch finanziell zu unterstützen.

Manfred Enderle hat im Dezember 1976 die Arbeitsgemeinschaft Mykologie in Ulm (AMU) gegründet und war anschließend 9 Jahre lang ihr Sprecher bzw. Vorsitzender. Drehscheibe der Vereinsarbeit war der monatliche mykologische Stammtisch im Vereinslokal. Im Jahre 1985 wurde Herr Enderle Ehrenvorsitzender und widmete sich mehr und mehr der Schriftleitung und Herausgabe von Einzelbeiträgen zur „Ulmer Pilzflora", in denen pilzfloristisch, systematisch und taxonomisch über die Pilze des Ulmer Raumes berichtet wurde. Für die floristische Erfassung der Ulmer Pilzflora wurden 16 Messtischblätter angelegt. Im Jahre 1980 waren 1.235 Taxa im Ulmer Raum erfasst, 1986 waren es schon rund 1.700 und heute sind über 2.800 Taxa aus dem Untersuchungsgebiet bekannt. Es gibt nur wenige Regionen in Deutschland und Europa, die ähnlich gut bearbeitet sind. Das vorliegende Werk von Manfred Enderle hat daher weit über den Ulmer Raum hinausgehend große nationale und internationale Bedeutung.

Basierend auf der gründlichen Kenntnis der Pilzflora des Ulmer Raumes wird es zusätzlich für den Natur- und Umweltschutz sehr wichtig sein zu beobachten, wie sehr sich in den künftigen Jahren und Jahrzehnten bei einer eventuell zunehmenden Umweltbelastung die Pilzflora verändern wird.

Ich wünsche der „Pilzflora des Ulmer Raumes" viel Erfolg und eine weite Verbreitung und ich wünsche ihrem Autor, Herrn Manfred Enderle, weiterhin viel Erfolg bei der mykologischen Arbeit und ganz besonders ungebrochene Freude an seinen Pilzen.

Prof. Dr. Gerhard Gottsberger

Leiter der Abteilung Systematische Botanik und Ökologie und Leiter des Botanischen Gartens der Universität Ulm

Grußwort

Seit mehr als 25 Jahren befasst sich Manfred Enderle ausführlich mit der Pilzflora des Ulmer Raumes. Mit seinen Veröffentlichungen in der Reihe „Ulmer Pilzflora“ und weiteren Beiträgen in regionalen, überregionalen und internationalen Zeitschriften bereitete der Autor des vorliegenden Buches konsequent diese umfassende Darstellung vor. Dabei wurde er zum anerkannten Spezialisten besonders für die Gattungen Coprinus (Tintlinge), Psathyrella (Zärtlinge), Conocybe (Samthäubchen) und Pholiotina (Glockenschüpplinge). Seine Entdeckung zahlreicher Arten unterschiedlichster Pilzgruppen für den Ulmer Raum zeigt, wie akribisch der Verfasser die dortige Pilzflora erforschte und genauestens die mikroskopischen Merkmale studierte. Die zeichnerischen Darstellungen zeugen davon und sind dem Benutzer des Buches eine wertvolle Hilfe.

„Die Pilzflora des Ulmer Raumes“ mit der Behandlung von über 2.800 Taxa gibt einen hervorragenden Einblick in die Mannigfaltigkeit der Pilze dieses geographisch recht begrenzten, doch geologisch und vegetationskundlich sehr vielfältigen Raumes. Gar manchem Leser dürfte erst jetzt deutlich werden, um wie viel artenreicher Pilze sind als Pflanzen. Manfred Enderle gelingt ein vorbildhaftes Buch, das Nachahmer sucht!

Prof. Dr. Reinhard Agerer

Präsident der Deutschen Gesellschaft für Mykologie
Universität München

Grußwort

Die vorliegende „Ulmer Pilzflora" ist eine umfassende Dokumentation der im Ulmer Raum vorkommenden Pilze. Cirka 2.800 Arten werden wissenschaftlich präzise vorgestellt. Darunter befinden sich auch zwei für die Wissenschaft neue Pilzarten und eine neue Varietät. Zudem hat Manfred Enderle in den vergangenen 20 Jahren zahlreiche bisher unbekannte Arten aus dem Ulmer Raum neu beschrieben und so unsere Region in den Kreisen der Pilzkundler und Wissenschaftler weltweit bekannt gemacht.
Von diesem Werk profitieren nicht nur Pilzkenner und die wissenschaftliche Fachwelt, sondern ganz besonders auch Schulen, Behörden und der naturkundlich interessierte Laie. So sind die 50 häufigsten Speise- und Giftpilzarten abgebildet und beschrieben. Fotos von verschiedenen Landschaften und Biotopen, in denen die Pilze wachsen, vermitteln den ökologischen Zusammenhang.
Der vorliegende Überblick über die bisher im Ulmer Raum festgestellten Pilzarten ist eine fundierte Grundlage für Pilzbestimmungen, wie zum Beispiel bei der regelmäßig im Herbst stattfindenden Pilzausstellung im Naturkundlichen Bildungszentrum der Stadt Ulm in Zusammenarbeit mit der Arbeitsgemeinschaft Mykologie Ulm (AMU).
Manfred Enderle, der 1976 die Arbeitsgemeinschaft Mykologie in Ulm (AMU) gegründet und anschließend 9 Jahre geleitet hatte und seit 1985 Ehrenvorsitzender ist, hat mit der ehrenamtlichen Erforschung und Dokumentation der „Ulmer Pilzflora" Außergewöhnliches geleistet. Sein wissenschaftliches Können ist durch eine Vielzahl von Publikationen belegt. Sein bürgerschaftliches Engagement für die Herausgabe dieses umfassenden Werkes ist vorbildlich.
Ich wünsche den Leserinnen und Lesern neue Erkenntnisse und viele Anregungen für eigene Naturbetrachtungen und Forschungsarbeiten.

Dr. Götz Hartung

Bürgermeister der Stadt Ulm

Enderle, M. (2004): The Fungus Flora of the Ulm Area. Edited by the Verein für Naturwissenschaft und Mathematik in Ulm e. V.

Key Words: *Basidiomycetes, Ascomycetes, Myxomycetes*, Lower Fungi, taxonomy, Ulm Area, Baden-Württemberg, Bavaria, Germany.

Summary: The main target of this book is to cover the spectrum of fungal species found so far in the Ulm area (Baden-Württemberg, Bavaria): about 2.680 species, 57 additional varieties and 13 additional forms, plus 72 unclear and partly undescribed taxa. Most of them were collected in the past 4 decades.

Many exsiccata are deposited in the Botanische Staatssammlung München (M), in the Herbarium of the University of Ulm (ULM) and in the author's private herbarium.
A number of dried specimens were deposited in other public and private herbaria
(e. g. Leiden, Kew, Edinburgh, Stuttgart (Fungarium Krieglsteiner)).

In the scope of this study, 2 new species and 1 new variety have been described. Moreover,
1 existing variety has been reduced to the rank of a forma (see chapter: „In diesem Buch neu beschriebene Taxa"). Many species included in this study are first records for Bavaria, Baden-Württemberg, Germany or even Europe. Relevant details are given under the individual fungus name.

Zusammenfassung: Hauptziel dieses Buches ist es, einen Überblick über die bisher im Ulmer Raum (Baden-Württemberg, Bayern) festgestellten Arten zu geben, wobei die meisten Funde aus den letzten 40 Jahren stammen. Es wurden bisher 2.680 Arten, 57 zusätzliche Varieten, 13 zusätzliche Formen und 72 unklare und zum Teil vielleicht unbeschriebene Taxa gefunden. Viele Trockenbelege befinden sich in der Botanischen Staatssammlung München (M), im Herbar der Universität Ulm (ULM) und im Privatherbar des Autors. Darüber hinaus liegen Exsikkate in anderen öffentlichen und privaten Herbarien (z. B. Leiden, Kew, Edinburgh, Stuttgart [Fungarium Krieglsteiner]).

Im Rahmen dieses Buches wurden 2 neue Arten und 1 neue Varietät aus dem Ulmer Raum beschrieben (siehe dazu das Kapitel „In diesem Buch neu beschriebene Taxa").Viele der gefundenen Arten sind Erstfunde für Bayern, Baden-Württemberg, Deutschland oder gar Europa. Einzelheiten finden sich unter der jeweiligen Art.

Alle Fotos und Zeichnungen ohne Autorenangabe stammen von Manfred Enderle.

Inhalt

Einleitung

Die vorliegende „Flora“ ist eigentlich eine „Funga“, da Pilze nicht „blühen“, wie Blütenpflanzen. Sie entstand nach 30-jähriger intensiver Beschäftigung mit den Pilzen. Pilzkunde alleine zu betreiben ist ein fast aussichtsloses Unterfangen, denn die Welt der Sporenträger ist nahezu uferlos und problematisch. Zudem ist das Auffinden der Pilze meist dem Zufall überlassen, was ein gezieltes effizientes Arbeiten sehr schwierig macht. Deshalb braucht man gleichgesinnte Mitarbeiter und vor allem Lehrmeister und Spezialisten, die mitsammeln und einem zu Hilfe kommen, wenn der eigene Literaturberg und die mühsam angeeigneten Kenntnisse nicht mehr ausreichen. Wer jedoch einmal vom „Pilzvirus“ befallen ist, der legt ungeahnte Kräfte frei, die es ihm ermöglichen, auf dem schwierigen Weg mit Leidenschaft weiter zu gehen.

Beim vorliegenden Buch ging es in erster Linie darum, möglichst viele Pilzarten im Ulmer Raum aufzuspüren und zu dokumentieren und weniger um das zeitraubende „Kartieren“ bereits bekannter, womöglich häufiger Arten und deren Suche in möglichst vielen Messtischblättern. Es war mir immer unverständlich, dass schwierige oder schwer bestimmbare Funde resigniert weggeworfen wurden, während für Allerweltsarten umfangreiche Notizen, Auswertungen und Meldungen gemacht wurden.

„Die Pilzflora des Ulmer Raumes“ war ursprünglich als eine reine Checkliste geplant, aus der die Pilzfreunde der Arbeitsgemeinschaft Mykologie Ulm (AMU) und Interessierte außerhalb Ulms in etwa sehen konnten, ob und wie häufig eine Art im Ulmer Raum vorkommt. Nach dem Erhalt ansehnlicher Sponsorengelder fühlte ich mich jedoch verpflichtet, die Konzeption des Buches auszuweiten und an die entsprechenden Wünsche etwas anzupassen. Dies war nicht einfach, denn die Spender erwarteten ein Buch, das in Schulen, Apotheken, bei Behörden, etc. verwendet werden konnte, während die Mykologen an möglichst vielen mikroskopischen, ökologischen, chorologischen und phänologischen Daten interessiert waren. Auch die Auswahl und die Zahl der Fotos war problematisch, denn Farbfotos sind teuer. Sie wurden unter den folgenden 4 Gesichtspunkten ausgewählt:

1. Abbildung der 50 wichtigsten heimischen Speise- und Giftpilzarten, damit Schulen, Apotheken, Behörden und „ganz normale“ Pilzfreunde diese Arten im Buch finden können.

Morgenstimmung im Donau-Auwald bei Riedheim.

2. Pilzfotos von wenig abgebildeten, seltenen oder sehr schönen Arten für Spezialisten, Insider und die Mitarbeiter der Arbeitsgemeinschaft Mykologie Ulm (AMU).
3. Fotos vom Untersuchungsgebiet (verschiedene Landschaften und Biotope, in denen Pilze bevorzugt wachsen bzw. gesammelt wurden).
4. Fotos von deutschen und europäischen Pilzkundlern und Mykologen, die „Ulmer" Pilze bestimmten.

Wenn man dieses dicke Buch in Händen hält, könnte man der Illusion erliegen, es sei schon fast alles bekannt. Dem ist leider nicht so! Eine Lokalflora ist immer nur ein Zwischenergebnis. Die Gesamtzahl der im Ulmer Raum vorkommenden Pilze ist mit Sicherheit weitaus höher und das Spektrum der besiedelten Lebensräume ist bei vielen Arten nur bruchstückhaft erforscht. So habe ich z. B. das Naturschutzgebiet nordöstlich von Riedheim, das so genannte „Donaumoos", aus Naturschutzgründen kaum begangen, obwohl es pilzkundlich eine eigene Welt darstellt. Man könnte darin viele Jahre mit Untersuchungen verbringen!

Ich würde mich freuen, wenn diese Basisarbeit möglichst viele Pilzkundler im Ulmer Raum anregen würde, an der weiteren Erforschung der hiesigen Pilzflora mitzuarbeiten. Die Zeit der Nachträge hat mit der Veröffentlichung dieses Buches bereits begonnen!

Manfred Enderle

Riedheim, im Januar 2004

Dank

Ich danke meiner Frau *Christine* und meinen beiden Söhnen *Robert* und *Nikolai*, die aufgrund meiner zeitaufwändigen, fast „lebenslangen" Beschäftigung mit den Pilzen auf Einiges verzichten mussten. Meine Frau hat mich auf beispiellose Art unterstützt und auch mit sehr vielen eigenen Funden zum Gelingen dieser Arbeit beigetragen. Meinen Eltern Hans† und Bärbel Enderle danke ich für ihre naturkundliche Motivation und ihre großzügige Freistellung von allen möglichen Haus- und Gartenarbeiten.

Weiter danke ich meinen Freunden Franz Reininger, Ulm-Ermingen (Gründungsmitglied der AMU) und Gerhard Kuhnle, Neu-Ulm-Ludwigsfeld, für ihre dauerhafte Kameradschaft und ihre Begleitung auf zahlreichen Exkursionen. Mein Dank gilt auch meinen leider viel zu früh verstorbenen Freunden und Lehrmeistern German J. Krieglsteiner (Durlangen) und Johann Stangl (Augsburg) für die Weitergabe ihres Wissens und ihre Motivation. Ähnliches gilt für Helmut Schwöbel (Pfinztal-Söllingen), der mich auf vielen Tagungen und gemeinsamen Pilzexkursionen mit seinem enormen Wissen weitergebildet hat. Ohne den jahrzehntelangen Rat dieser Freunde hätte dieses Buch nie entstehen können.

Dank gebührt auch meinen Mitarbeitern in der Arbeitsgemeinschaft Mykologie Ulm (AMU), die mir über viele Jahre hinweg Funde mitteilten oder zur Bestimmung übergaben. Hier gilt mein besonderer Dank Herrn Gerhard Kurz, Studiendirektor i. R. (Illerrieden), der mein eigentlicher „spiritus rector" ist. Er hat mir vor 3 Jahrzehnten auf einer Pilzführung der Ulmer Volkshochschule erste pilzkundliche Kenntnisse beigebracht und in mir den Wunsch nach „mehr" geweckt. Gerhard Kurz war und ist mir auch in Sachen Natur- und Umweltschutz stets ein leuchtendes Vorbild.

Großer Dank gilt auch Dr. Lothar Krieglsteiner, ohne dessen umfangreiche mykologische Aufzeichnungen während seiner Studienzeit an der Universität Ulm die festgestellte Artenzahl im Ulmer Raum deutlich geringer ausgefallen wäre. Lothar, dem ich zahlreiche wichtige Hinweise verdanke, ist neben mir der Hauptkontributor zu diesem Buch.

Ebenso danke ich den AMU-Mitgliedern Karl Keck (Biberach) und Kurt Köhler (Neu-Ulm) für ihre umfassenden Fundmeldungen sowie Helga Steiner (Deggingen), Dr. Bernhard Schmid (Altheim/Alb), Adolf Klement (Litzendorf), Werner Hedlich (Ulm-Jungingen) und Thaddäus Bamberger (Ehingen) für detaillierte Fundlisten. Helga und Hans E. Laux (Biberach) wirkten durch ihre fundierten botanischen und pilzkundlichen Kenntnisse stets befruchtend auf meine Arbeit. Sie waren und sind für unsere Arbeitsgemeinschaft eine wichtige Stütze.

Besonderen Dank schulde ich Herrn Dr. Hans Schäfle (Ulm, 1. Vorsitzender des Vereins für Naturwissenschaft und Mathematik in Ulm e.V.), Frau Ruth Ufer (Ulm, 2. Vorsitzende des VNM), Herrn Dr. Hermann Muhle (Universität Ulm, Abt. Systematische Botanik und Ökologie, VNM-Bücherwart) und Frau Brigitte Sulzberger (Langenau, VNM-Schriftführerin) für ihre spontane Bereitschaft, diese „Pilzflora des Ulmer Raumes" im Rahmen der Vereinspublikationen herauszugeben. Alle genannten Vorstandsmitglieder haben meinen Vorschlag, die „Ulmer Pilzflora" herauszubringen sofort und vorbehaltlos unterstützt. Frau Brigitte Sulzberger hat dankenswerterweise mein Manuskript in akribischer Kleinarbeit durchgesehen und korrigiert.

Mein Dank geht auch an Herrn Professor Dr. Gerhard Gottsberger, Universität Ulm, Herrn Professor Dr. Reinhard Agerer (Präsident der Deutschen Gesellschaft für Mykologie), Universität München, und Herrn Bürgermeister Dr. Götz Hartung (Stadt Ulm) für ihre freundlichen Grußworte, sowie an Herrn Dr. Hermann Muhle, Universität Ulm, für die Durchsicht und Ergänzung meines vegetationskundlichen Kapitels. Ohne die „Sondergenehmigungen" des (jetzt emeritierten) Herrn Professor Dr. Focko Weberling (Erbach) und danach Herrn Prof. Dr. Gerhard Gottsberger und Herrn Dr. Hermann Muhle hätte mich so mancher Förster aus dem Wald gejagt.

Darüber hinaus halfen mir zahlreiche Pilzspezialisten und Mykologen im In- und Ausland bei schwierigen Bestimmungen. Die Herren werden in einem Sonderkapitel und unter den entsprechenden Pilzarten genannt. Dabei danke ich besonders dem „diagnostischen Genie", Dr. Marcel Bon (Saint-Valery-sur-Somme/Frankreich), ohne dessen Hilfe viele Pilze unbestimmt und unpubliziert geblieben wären. Familie Dr. Bruno Cetto† und Rita Cetto† (Trento/Italien) gaben mir und meiner Familie mehrmals Gelegenheit in ihrer Gegend und in ihrem Haus kostenlos Pilzurlaub zu machen. Meine italienischen Freunde Adler Zuccherelli, Giorgio Pezzi, Merrisiano Caldironi, Massimiliano Melandri und andere vom Pilzverein Ravenna luden mich dankenswerterweise mehrmals zu lehrreichen Dünenpilztagungen am Mittelmeerstrand bei Marina di Ravenna ein.

Für zahlreiche Bestimmungen in der schwierigen Gattung *Conocybe* half mir in vorbildlicher Weise Herr Dipl.-Kfm. Anton Hausknecht (Maissau/Österreich). Leif Örstadius (Kristianstad/Schweden) bestimmte schwierige Psathyrellen.

Schließlich danke ich den folgenden Damen und Herren für ihre Unterstützung:

Herrn Stadtrat Gerd Dusolt, Ulm (Hilfe seitens der Stadt Ulm vor allem in den Gründerjahren der AMU);

Hans-Joachim Altstadt (Foto-Video-Klein, Ulm, fotografische Betreuung); Frau Dr. Irmgard Greilhuber, Wien (lateinische Diagnosen zweier neuer Arten in diesem Buch), Arbeitsgemeinschaft Schwäbisches Donaumoos, Riedheim (Dr. Ulrich Mäck, Giorgio Demartin, Thomas Henle, botanische und ökologische Hinweise); Deutscher Wetterdienst (Offenbach, Wetterkarten), Dr. Gerhard Thost (Neu-Ulm/Ludwigsfeld, geologischer Beitrag), Werner Krause (Geologisches Landesamt, Freiburg, bodenkundlicher Beitrag); Dr. O. Sebald (Staatl. Museum für Naturkunde, Stuttgart, Zusendung des Manuskripts von *Veesenmeyer*); Dr. Jan Vesterholt (Hedensted/Dänemark, Bestimmung von *Hebeloma*-Arten und Mitbeschreibung der neuen *H. vaccinum* var. *cephalotum* in diesem Buch); Mieke Verbeken, Gent/Dänemark (Anfertigung der lateinischen Diagnose der *Hebeloma vaccinum* var. *cephalotum* in diesem Buch); Rüdiger Konrad (Riedheim, interessante biologische Diskussionen); Forstamt Krumbach (Forstoberrat Böhm, Sonderfahrgenehmigung); Forstamt Weißenhorn (Forstoberrat Baumhauer, Sonderfahrgenehmigung); BUND Naturschutz Günzburg (Fr. Rita Jubt, Unterstützung in Naturschutzfragen), Landratsamt Günzburg (H. Frimmel, Fr. Bollinger, Fr. Neuer, Unterstützung in Naturschutzfragen), Regierung von Schwaben (H. Kowanz, Sondergenehmigung), Stadt Leipheim (ehemaliger Bürgermeister Gerhard Hartmann, Bürgermeister Christian Konrad, Sonderfahrgenehmigung); Fliegerhorst Leipheim (HFW Negretti, Sonderfahrgenehmigung), Verwaltungsverband Langenau (H. Th. Feil, Sonderfahrgenehmigung), Stadt Neu-Ulm (Bauverwaltungsamt, Sonderfahrgenehmigung), Stadt Ulm (Liegenschaftsamt, Sonderfahrgenehmigung); Stadtbibliothek Ulm (Herrn Appenzeller, bibliothekarische Hilfe); Gemeinde Elchingen (Sonderfahrgenehmigung),
Wolfgang Döring (Sachverständiger für Innenraumbelastungen, Weißenhorn; Meldung von Schad- und Schimmelpilzfunden);

Der Süddeutschen Verlagsgesellschaft (Herrn Prokurist Kainz) danke ich für ihr großes Engagement und die sorgfältige Drucklegung des Buches.

Spenden und Zuschüsse

Für Spenden und Zuschüsse danke ich den folgenden Städten, Landkreisen, Institutionen und Personen. Sie sind in der Reihenfolge der Spendenhöhe aufgeführt (nur Spenden ab 50,– €).
Besonders gefreut habe ich mich über die allererste Spende vom damaligen Kreisrat Walter Gehrke (Neu-Ulm/Pfuhl), für die sehr schnelle Spende (innerhalb von 2 Wochen) der Neu-Ulmer Oberbürgermeisterin Frau Dr. Beate Merk, für die unerwartet hohe Spende der (Stiftung) Landesbank Baden-Württemberg und für die Spenden von Mitgliedern des Vereins für Naturwissenschaft und Mathematik in Ulm e.V.!

Mit Unterstützung der

Stiftung
Landesbank Baden-Württemberg

LBBW

Stiftung Landesbank Baden-Württemberg, Stuttgart (Herren Kuon und Hauber)
Landratsamt Günzburg (Herr Landrat Hubert Hafner)
Landratsamt Neu-Ulm
(Herr Landrat Erich Josef Geßner)
Stadt Neu-Ulm
(Frau Oberbürgermeisterin Dr. Beate Merk)
Sparkasse Ulm (Herren Oster und Ströbel)

Deutsche Umwelthilfe

„Deutsche Umwelthilfe", Radolfzell
(Herr Dürr-Pucher)
Stadt Ulm (Herr Bürgermeister Dr. Götz Hartung)
Landratsamt Alb-Donau-Kreis
(Herr Landrat Dr. Schürle)
Arbeitsgemeinschaft Mykologie Ulm (AMU)
Gemeinde Nersingen (Herr Bürgermeister Dieter Wegerer und Kämmerer Reinhold Hiller)
Stadt Leipheim (Herr Bürgermeister Christian Konrad und Kämmerer Egon Remmele)
Wieland-Werke AG, Ulm
(Vorstandssprecher, Herr Harald Kröner)
Dr. Dieter Annemaier (Illerkirchberg)
Helene Antonowytsch (Tübingen)
Irene Brenner (Neu-Ulm)
Prof. Dr. Butterfass (Friedrichsdorf)
Gerda Cherbon (Ulm)
Dr. Erich Dahlke (Altenstadt)
Walter Denzel (Erbach)
Lore Dürr (Ulm)
Christine und Manfred Enderle
(Leipheim-Riedheim)
Christian Fischer (Ehingen)
Walter Gehrke (Neu-Ulm/Pfuhl)
Sparkasse Günzburg-Krumbach
(Zweigstelle Leipheim, Herr Oliver Freiß)
Margot Höfs (Friedrichshafen)
Dr. Siglinde Kleinschmidt (Neu-Ulm)
Thomas Koller (Aalen)
Gerhard Kurz (Illerrieden)
Dr. Hermann Muhle (Lonsee)
Elise Ottmann (Laupheim)
Dr. Hans Schäfle (Ulm)
Firma Schlegel, Anlagentechnik zur Emissionserfassung (Senden)
Peter und Sabine Specht (Biederitz)
Brigitte und Ewald Sulzberger (Langenau)
Johanna und Werner Wäsnig (Nersingen)
Anneliese Zweifel (Beimerstetten)

Was ist ein Pilz?

Pilze sind meist kurzlebige, chlorophyllfreie (blattgrünfreie) Organismen mit meist feinfädigen Vegetationskörpern und heterotropher Ernährungsweise. Sie ernähren sich, wie Menschen und Tiere, von anderen Lebewesen, während die grünen Pflanzen „sich selbst" ernähren. Die eigentliche Pilzpflanze, das Myzelium, lebt häufig im Boden oder im Holz bzw. im Substrat und entzieht sich somit dem Auge des Betrachters. Was wir als Pilz wahrnehmen ist nur dessen Frucht. Aufgrund des fehlenden Blattgrüns können Pilze keine Fotosynthese durchführen, um mit Hilfe des Lichtes aus anorganischen Stoffen organische aufzubauen.

Wissenschaftlich gesehen (vergl. DÖRFELT 1988) sind Pilze primär heterotrophe, selten einzellige, meist vielzellige oder coenocytische Organismen mit echten Zellkernen und Mitochondrien (eukaryotische Organismen), denen stets Plastiden fehlen und die in bestimmten Lebensabschnitten, meist während der gesamten vegetativen Entwicklungsphase, keine freie Ortsbewegung zeigen. Pilze sind zudem durch das Fehlen von Gonitangien, durch Sporenvermehrung und -verbreitung und (mit Ausnahme der phagotrophen Schleimpilze) durch pflanzliche (osmotische) Nahrungsaufnahme gekennzeichnet. Die Umgrenzung der Pilze ist immer noch uneinheitlich und problematisch. Einerseits werden tierische Organismen, wie die Schleimpilze, die in die Verwandtschaft der Protozoen (Urtierchen) gehören, als Pilze bezeichnet, andererseits werden die mit Algen lebenden Echten Pilze mitunter abgetrennt und als Flechten in eigene systematische Kategorien gestellt. Pilze sind keine monophyletische Gruppe, sondern bestehen aus mehreren Abstammungsgemeinschaften, die durch zytologische Strukturen und durch ihre Lebensweise zusammengefasst werden können. In der Antike, sogar noch in der Zeit der Renaissance, wurden Pilze mit bestimmten Tieren, z. B. den Schwämmen (Porifera), in Verbindung gebracht. Bis zum Beginn des 20. Jahrhunderts wurden auch Bakterien („Spaltpilze") als Pilze bezeichnet. Gegenwärtig werden neben einigen kleinen, problematischen Splittergruppen die Schleimpilze, die Algenpilze, die Flagellatenpilze und die Echten Pilze unter dem Begriff Pilze zusammengefasst. Das Kernstück der Pilze sind die Echten Pilze. Zu ihnen gehören nahezu alle Organismen, die auch allgemeinsprachlich als Pilze bezeichnet werden.

Ascomyceten (Schlauchpilze) sind eine große Untergruppe der Pilze. Sie haben meist becherartige oder kugelige Fruchtkörper mit oft kleinen bis kleinsten Maßen. Die mikroskopischen Hauptunterschiede sind jedoch die sporenbildenden Organe, die so genannten Schläuche oder Asci, in deren Innerem sich die Fortpflanzungseinheiten (Sporen) entwickeln. Meist sind es 8 Sporen, es können aber auch 2, 4 oder ein Vielfaches davon sein. Im Gegensatz zu den Basidiomyceten (Ständerpilzen) bestehen die Ascomyceten-Fruchtkörper zunächst nur aus einkernigen (haploiden) Hyphen und die Kopulation zweier verschiedener Hyphen findet erst im Fruchtkörper statt. In den entstandenen zweikernigen (diploiden), ascogenen Hyphen kommt es zur Kernverschmelzung (Karyogamie). In den resultierenden Proasci folgen die Kernteilungen und im reifen Schlauch (Ascus) werden die Sporen gebildet.

Neben diesem teleomorphen Zyklus findet man bei vielen Ascomyceten noch einen haplontischen anamorphen Zyklus, d. h. sie vermehren sich ungeschlechtlich mittels Konidien. Weitere Merkmale der Ascomyceten sind septierte Hyphen, wobei jeder Abschnitt ein- oder mehrkernig ist. Die Septen haben einen einfachen, zentralen Porus ohne Porenkappen, wodurch Kerne den Porus passieren können. Hauptbestandteil der Zellwand ist Chitin. Die Großgliederung der Ascomyceten ist immer noch Gegenstand intensiver Diskussionen. In jüngerer Zeit wird besonders die Feinstruktur der Asci verstärkt zur Charakterisierung der Taxa herangezogen. Ascomyceten sind Saprophyten, Parasiten oder leben als Flechten in Symbiose mit Algen.

Basidiomyceten (Ständerpilze), eine andere Großgruppe der Pilze, bilden ihre Sporen auf der Außenseite von so genannten Basidien (Ständern), die meist zylindrische, keulige, kugelige oder birnenförmige Formen haben. Die auskeimende Spore bildet ein haploides (einkerniges) Mycelium, wobei durch Kopulation zweier Hyphen ein diploides (zweikerniges) Mycelium entsteht. Nach erfolgter Fruchtkörperbildung findet die Kernverschmelzung (Karyogamie) in den Probasidien mit anschließender Reduktionsteilung (Meiose) statt. An der reifen Basidie bilden sich die Sporen, welche die aus der Reduktionsteilung entstandenen Zellkerne (meistens 4) enthalten.

Die Basidiomyceten werden hier in die beiden Unterklassen Heterobasidiomyceten und Homobasidiomyceten eingeteilt. Morphologisch unterscheiden sich die Hetero- von den Homobasidiomyceten unter anderem durch längs- oder querseptierte Basidien sowie bei einigen Arten durch ausgeprägte Sekundärsporenbildung. Sie enthält unter anderem die Ordnungen der Tremellales, Auriculariales, Dacrymycetales, Exobasidiales und Tulasnellales. In der Klasse der Homobasidiomycetes, die nicht septierte Basidien aufweisen, ist der Großteil der Makrobasidienpilze untergebracht. Sie enthält u. a. die Ordnungen Agaricales, Boletales, Russulales, etc., sowie die „Ordnungsgruppen" Aphyllophorales und Gastero-

mycetidae (Bauchpilze). Im Unterschied zu den übrigen Basidiomyceten entwickeln die Bauchpilze ihr Hymenium im Inneren eines Fruchtkörpers. Es gibt darunter auch eine Reihe unterirdisch (hypogäisch) wachsender Arten.
Das System der Ständerpilze ist seit Jahrzehnten im Umbau. Die oben genannte Zweigliederung ist insofern akzeptabel, als die Homobasidiomyceten eine monophyletische Gruppe darzustellen scheint. Dies wird nicht nur durch die Charakteristika der Holo- bzw. Homobasidie belegt, sondern auch durch die Ultrastrukturmerkmale der Septenporen und Spindelpolkörper. Dagegen sind die Heterobasidiomyceten, wie der Name schon impliziert, eine heterogene Gruppierung. Bei den jüngeren Homobasidiomycetidae ist die Basidie nicht in Zellen gegliedert. Ihre Basidiosporen bilden weder direkt noch indirekt Sekundärsporen (Konidien), sondern keimen stets mit Hyphen zu einem Myzel aus. Die Merkmale der älteren, ursprünglicheren Heterobasidiomycetidae sind sehr variabel. Die Basidie ist entweder eine Holobasidie, die mit Sekundärsporen, häufig aber mit Sprosszellen auskeimt, es kann sich aber auch um eine im ausgewachsenen Zustand in Zellen gegliederte Phragmobasidie handeln.
Innerhalb der Homobasidiomycetidae wird nach dem Basidiocarpien- und dem Basidien-Typ unterschieden. Beim gasteralen Typ befinden sich die Basidien im Inneren des Fruchtkörpers und die Ablösung der Basidiosporen erfolgt passiv, während die Basidien beim hymenialen Typ äußere Flächen des Fruchtkörpers überziehen und die Sporenablösung aktiv erfolgt.

Lebensweise und Vorkommen der Pilze

Das heimische Artenspektrum an Großpilzen ist deutlich reicher als das der Gefäßpflanzen. In der Bundesrepublik Deutschland (West) wurden bisher über 5.500 Großpilze festgestellt. Demgegenüber gibt es „nur“ ca. 2.500 Gefäßpflanzen. Während deren Zahl in den nächsten Jahren kaum zunehmen wird, ist damit zu rechnen, dass bei verstärkter Erforschung der Großpilze deren Zahl noch weiter ansteigen wird.
Nach Weberling & Schwantes (2000) leben Pilze in allen Klimaten der Erde. Zu ihrem Leben benötigen sie organische Kohlenstoffverbindungen, während Stickstoff, Schwefel, Phosphor und Metallionen häufig überwiegend in anorganischer Form aufgenommen und beim Abbau organischer Substanz sogar freigesetzt werden können. Das Wachstum hängt außer von den Nährstoffkonzentrationen besonders von der Temperatur und der Feuchtigkeit ab. Hohe Temperaturen bis + 60° C und Kältegrade bis tiefer als – 10° C werden mitunter längere Zeit ertragen und bringen das Wachstum nicht ganz zum Erliegen. Pilze leben besonders zahlreich in sauren und kalkhaltigen Waldböden; auch die häufigen Mykosen unserer landwirtschaftlichen Kulturpflanzen und Waldbäume setzen eine pH-Wert zwischen 3,5 und 6,5 im pflanz-

Pilzreiche Ruderalflora, u. a. mit Nickender Distel *(Carduus nutans)*.

lichen Gewebe voraus. Licht-, Sauerstoff- und Kohlendioxydkonzentrationen können sowohl für die vegetative Entwicklung als auch für die Fruchtkörper- oder Sporenbildung eine Rolle spielen.
Pilze beziehen ihre Nährstoffe vielfach aus totem Pflanzenmaterial, tierischen Leichen und Exkrementen; sie leben somit als Fäulnisbewohner (Saprophyten). Besonders unter den Basidiomyceten haben sich wichtige ökophysiologische Spezialisten als holzzerstörende Pilze herausgebildet. Manche von ihnen leben nur auf totem Holz, andere können bei entsprechender Feuchtigkeit im Bauholz Schäden anrichten, so z. B. der Hausschwamm, *Serpula lacrymans*, und der Kellerschwamm *Coniophora cerebella*. Mitunter zeigen die holzabbauenden Pilze einen Übergang vom Saprophytismus zum Parasitismus. Der Hallimasch (*Armillaria mellea*) z. B. fasst, durch Wunden eindringend, zunächst saprophytisch in abgestorbenen Teilen Fuß und breitet sich erst sekundär durch das Abtöten von gesundem Gewebe aus und greift von toten Baumstümpfen ausgehend mit Hilfe seiner Rhizomorphen auf gesunde Bäume über, welche besonders nach einer physiologischen Schwächung (Trockenperiode) infiziert werden können.
Je nach den Ansprüchen unterscheiden wir:
1. Obligate Parasiten, die sich nur in oder auf lebendem Gewebe entwickeln können und deren Kultur auf künstlichem Substrat nicht gelingt. Hierher gehören Echte und Falsche Mehltau-, Rost- und Brandpilze.
2. Fakultative Parasiten, die zwar ebenfalls lebende Pflanzen befallen, aber nach dem Absterben des Wirtes weiter existieren und auf künstlichen Nährböden kultiviert werden können.

Die pflanzenpathogenen Pilze sind mitunter spezifisch in ihrer Wirtswahl. Bei den obligat parasitären Echten Mehltaupilzen gibt es Arten, die nur eine einzige Wirtsart oder sogar nur -rasse befallen, andere Mehltauarten besiedeln dagegen Wirte, die kaum in einem näheren Verwandtschaftsverhältnis stehen. In unseren Kulturbeständen können Pilzkrankheiten, bedingt durch Monokultur, epidemischen Charakter annehmen, was in natürlichen Pflanzengesellschaften selten vorkommt.
Pilze rufen auch Krankheiten bei Mensch und Tier hervor. Tiefe Mykosen im Körperinnern können zum Tod führen. Mykotoxikosen entstehen durch den Genuss unsachgemäß gelagerter Lebensmittel (z. B. Leberschäden durch Aflatoxine und Patulin der Gattungen *Aspergillus* und *Penicillium*). Carnivore Pilze fangen Boden- und Wassertiere mittels Fangschlingen oder klebrigem Schleim.
Das Pilz-Wirt-Verhältnis kann auch beiderseits nützlich sein. Viele Orchideenkeimlinge benötigen Mykorrhizapilze (Wurzelsymbionten) zum Leben. Zahlreiche Bodenpilze sind mit Baumwurzeln, aber auch mit krautigen Pflanzen vergesellschaftet. Mannigfaltige Symbiosen bestehen auch zwischen Pilz und Tier. Die Blattschneiderameisen der Tropen z. B. kultivieren in ihren unterirdischen Bauten das Myzel von Basidiomyceten als Nahrung.
Einige Pilze dienen den Menschen als Nutzpflanzen. Hefen haben in der Gärungsindustrie, Wein- und Bierherstellung Bedeutung. *Penicillium*-Arten spielen bei der Käsebereitung eine wichtige Rolle. In Kulturen von *Penicillium notatum* oder *P. chrysogenum* entsteht das Antibiotikum Penicillin. Im Vergleich zu diesen technischen Nutzungen bleiben die bekannten Speisepilze von geringer Bedeutung. Nur der Kulturchampignon *Agaricus bisporus* lohnt neben dem Austernseitling *Pleurotus ostreatus* und dem Shii-take-Pilz *Lentinus edodes* den Erwerbsanbau.

Sammeln und Bestimmen von Pilzen

Die große Artenzahl und das nicht vorhersehbare, oft kurzzeitige Erscheinen der Pilzfruchtkörper machen die Erfassung der Pilzarten in einem Gebiet schwierig. Bei vielen Pilzgruppen ist eine sichere Artbestimmung oftmals zeit- und literaturaufwändig, weil mikroskopische Untersuchungen erforderlich sind und häufig auf schwer zugängliche, meist fremdsprachige Speziallliteratur zurückgegriffen werden muss. Etliche Pilztaxa sind daher in ihrer Morphologie und Variabilität noch nicht genügend ausgeleuchtet und taxonomisch noch nicht eindeutig festgelegt. Das Verhältnis dieser Pilze zu ihrer Umgebung ist erst in geringem Umfang und nur für einen kleinen Teil erforscht.
Bei einem Pilzgang sollte man nicht zu viele Pilze mitnehmen. Stattdessen beschränke man sich darauf, von einigen wenigen unbekannten Arten mehrere Fruchtkörper in verschiedenen Altersstadien einzupacken. Seltene Arten, die man kennt, sollten geschont und allenfalls in geringer Zahl als Belegexemplare (für das Herbar) mitgenommen werden.
Zum Sammeln größerer Pilze benötigt man einen stabilen, luftdurchlässigen Korb. In Plastiktaschen werden Pilze rasch zerdrückt und unansehnlich. Jede Art sollte separat verpackt werden, damit sich die Sporen für die spätere Untersuchung nicht vermischen. Bei festfleischigen Pilzen eignen sich am besten Papiertüten, worauf man auch Fundnotizen machen kann. Ungeeignet sind Plastikbeutel, da die Pilze darin sehr schnell verfaulen und schimmeln. Brüchige Kleinpilze gibt man am besten in kleine Schächtelchen oder Döschen. Wichtig sind Angaben vom Standort über rasch veränderliche Merkmale, wie z. B. das Vorhandensein von kleinen Velum- oder Cortinaresten, die Farbe junger Lamellen und die Fleischver-

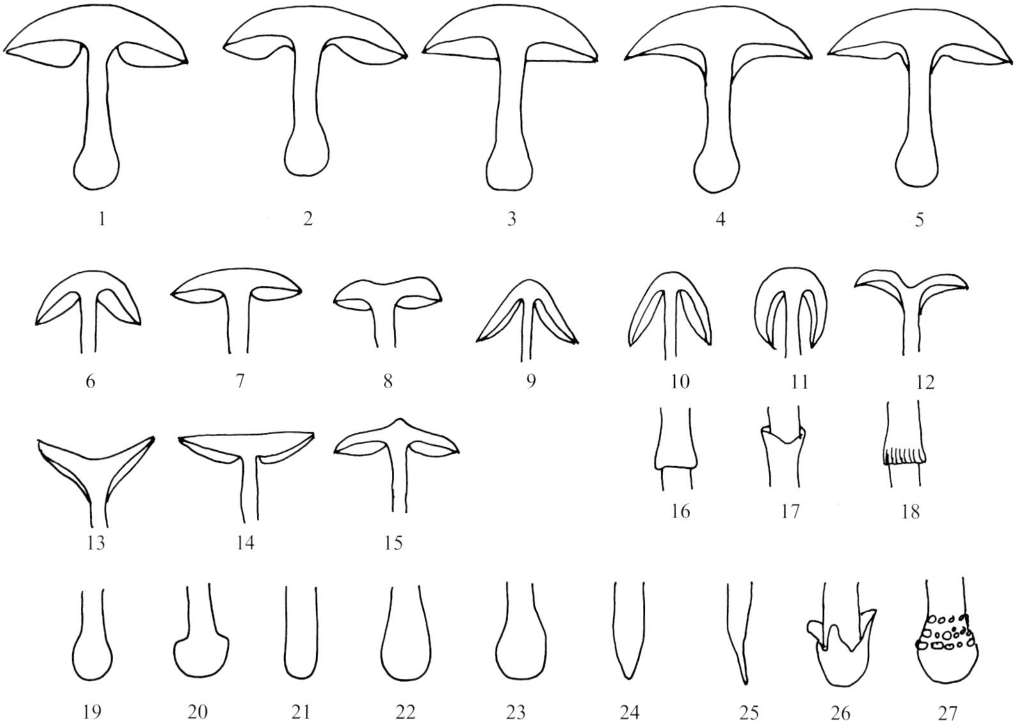

1 = freie Lamellen
2 = ausgebuchtete Lamellen
3 = breit angewachsene Lamellen
4 = am Stiel herablaufende Lamellen
5 = ausgekerbte und mit Zähnchen angewachsene Lamellen
6 = halbkugeliger Hut
7 = konvexer Hut
8 = polsterförmig gewölbter Hut
9 = kegeliger Hut
10 = glockiger Hut
11 = eiförmiger Hut
12 = genabelter Hut
13 = trichterförmiger Hut
14 = flacher Hut
15 = gebuckelter Hut
16 = Stielring hängend
17 = Stielring aufsteigend
18 = Stielring gerieft
19 = knollige Stielbasis
20 = gerandet-knollige Stielbasis
21 = zylindrische Stielbasis
22 = bauchige Stielbasis
23 = keulige Stielbasis
24 = zugespitzte Stielbasis
25 = wurzelnde Stielbasis
26 = Stielbasis mit lappiger Scheide
27 = warzig gegürtelte Stielbasis

färbung an verletzten Fruchtkörperstellen. Zudem sollten Notizen zum Standort gemacht werden. Bei Mykorrhizapilzen kann dies bei der Bestimmung von entscheidender Bedeutung sein. Bei holzbewohnenden Pilzen versucht man, das Holz durch Hinweise am Standort oder durch mikroskopische Untersuchung zu Hause zu bestimmen. Falls man die Pilze nach der Rückkehr aus dem Wald nicht gleich bestimmen kann, lege man sie in einen kühlen Keller oder in den Kühlschrank.

Als erster Bestimmungsschritt wird bei Blätterpilzen die Sporenpulverfarbe festgestellt oder erahnt (Lamellenfarbe!). Dazu schneidet man den Hut ab und legt ihn auf ein weißes Blatt Papier. Das Ganze deckt man mit einer Glashaube ab, damit die Lamellen nicht zu schnell austrocknen können. Häufig zeigt sich schon nach einer oder wenigen Stunden die Farbe der ausgefallenen Sporen auf dem Papier. Jetzt kann man mit einfachen oder komplexen dichtomen Schlüsseln an die Bestimmung gehen. Welche Merkmale wichtig sind, hängt von der einzelnen Gattung ab. In der Regel sind es Details, die man mit dem bloßen Auge sehen kann, wie z. B. Hut-, Lamellen- und Stielform, Farbe, Konsistenz, Größe, aber auch der Geruch und der Geschmack, etc. sowie mikroskopische Merkmale, wie die Sporenform und -größe, Zystidenform und -größe, etc.. Am besten fertigt man sich dazu einen standardisierten Bestimmungsbogen an, der verhindert, dass man wichtige Merkmale vergisst oder übersieht. Für eine spätere Nachuntersuchung müssen die Pilze getrocknet werden. Dies geschieht am besten mit einem elektrischen Heizgerät (Dörrex, zum Trocknen von Kernobst, etc.).

Mikroskopische Untersuchung von Pilzen

Beim Studium der Pilze stößt man ohne Mikroskop bald an seine Grenzen. Spätestens nach 300–400 Arten geht es nicht mehr weiter, da die makroskopischen Unterschiede zu gering und die mikroskopischen Details, welche die Bestimmungsbücher als sicheres Unterscheidungsmerkmal angeben, verlockend sind. Das Mikroskop erschließt uns eine neue Welt interessanter Formen und Strukturen, die uns ansonsten verborgen bliebe. Im Grunde reicht für den Anfang ein einfaches Schülermikroskop, bei dem man mit einer echten Vergrößerung von 200 x bereits wichtige Sporen- und Zystidenmerkmale erkennen kann. Im Laufe der Zeit wird man automatisch mehr sehen wollen und zu einem Gerät mit höherer Leistungsfähigkeit greifen. Unentbehrlich sind auch einige chemische Reagenzien, wie z. B. Melzers Reagens, womit die Amyloidität der Zellwände festgestellt werden kann und Baumwollblau, das zur Färbung der Sporenornamentik verwendet wird.

Zur Messung der Sporengröße wird ein Okularmikrometer benötigt. Die Größe der Sporen bewegt sich meistens zwischen 5 und 15 µm (tausendstel mm). Die Gestalt der Sporen ist überaus vielfältig, innerhalb einer Art aber relativ konstant. Außer der Größe und Gestalt wird auch die Farbe der Sporen zur Bestimmung herangezogen. Ein weiteres wichtiges Bestimmungselement sind die Zystiden, die in der Fruchtschicht des Pilzes zu finden sind. Bei den Ascomyceten wird u. a. die Amyloidität der Schlauchwände, die Anzahl der Sporen im Schlauch, die Schichtung der Wände und Gestalt, Dicke und Färbung der Paraphysen untersucht.

Es gibt Pilzkundler, die können stundenlang vor dem Mikroskop sitzen und sich am Anblick der pilzkundlichen Mikrowelt erfreuen. Das sind Ästhetiker, die es Gott sei Dank gibt, denn gerade unter dem Mikroskop zeigen sich die Schönheit der Natur und die sinnvolle Ordnung im Detail in überwältigender Weise. Der Mykologe hingegen, der Praktiker, möchte nicht nur den Anblick als solches genießen, sondern vergleichend und messend seine Beobachtungen registrieren, um so einen Namen für sein mikroskopisches Objekt zu finden.

Bei vielen Großpilzen sind mikroskopische Strukturen für die Bestimmung nicht immer unbedingt notwendig, denn oft erkennt man den Pilz an seinen makroskopischen Merkmalen: Größe, Form, Farbe, Geruch, Geschmack, Konsistenz und Standort. Wer kein gutes Formen- Farben-, Geruchs- und Namensgedächtnis hat, wird auch mit dem Mikroskop Mühe haben, Pilze zu bestimmen und diese sich zu merken. Zum Glück, für den Mikroskopiker, gibt es auch bei den so genannten Großpilzen Gattungen und Arten,

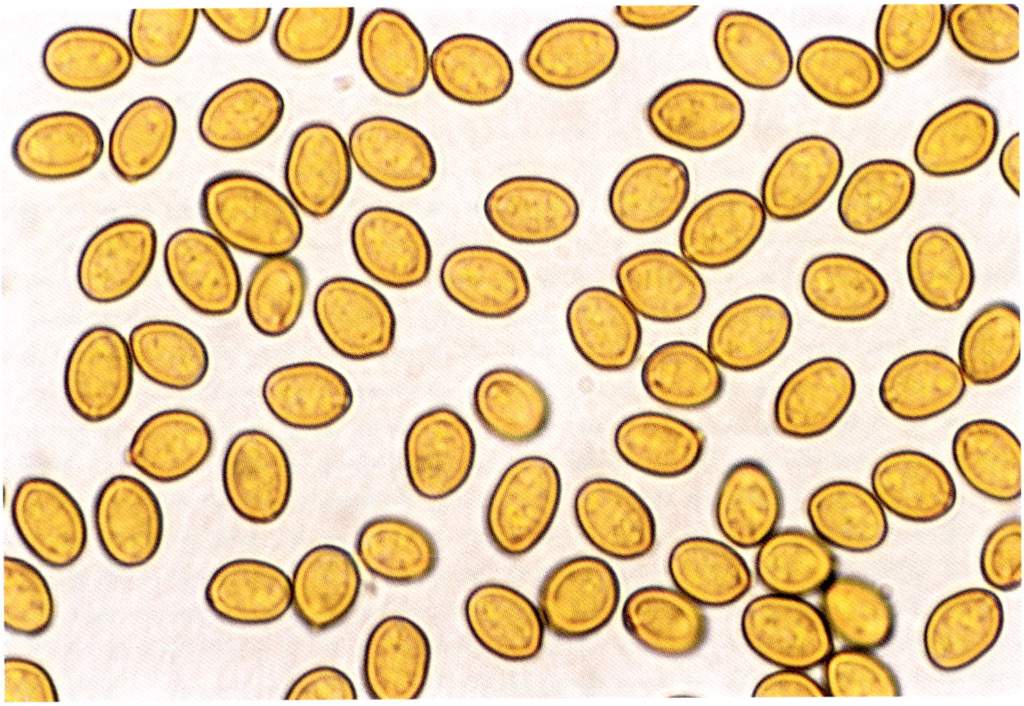

Sporen der *Conocybe intrusa.*

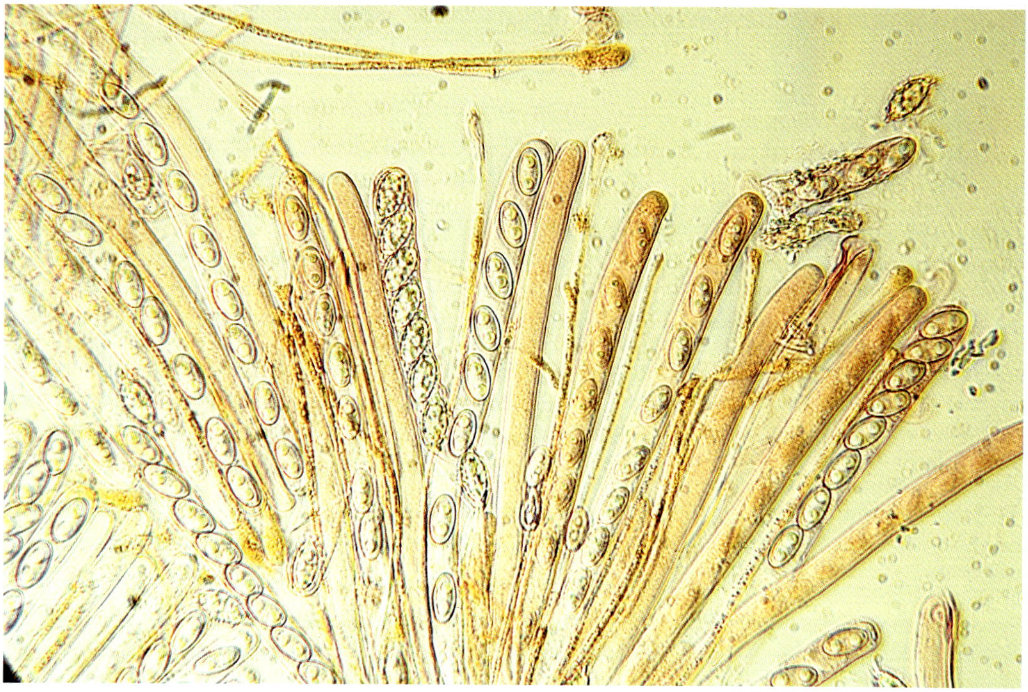

Sporen, Asci und Paraphysen eines Discomyceten *(Aleuria aurantia?)*, Foto: W. Hedlich.

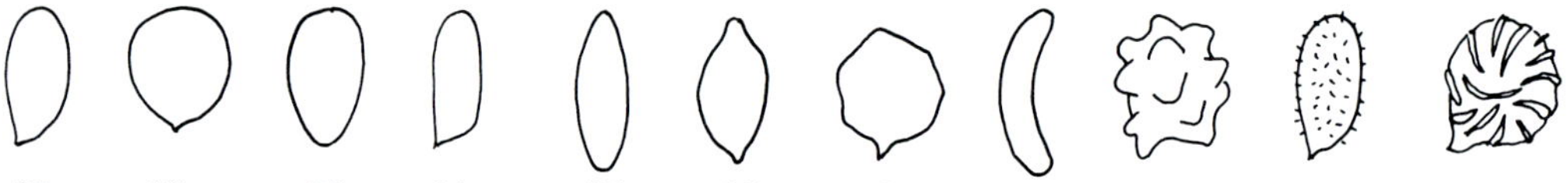

28 29 30 31 32 33 34 35 36 37 38

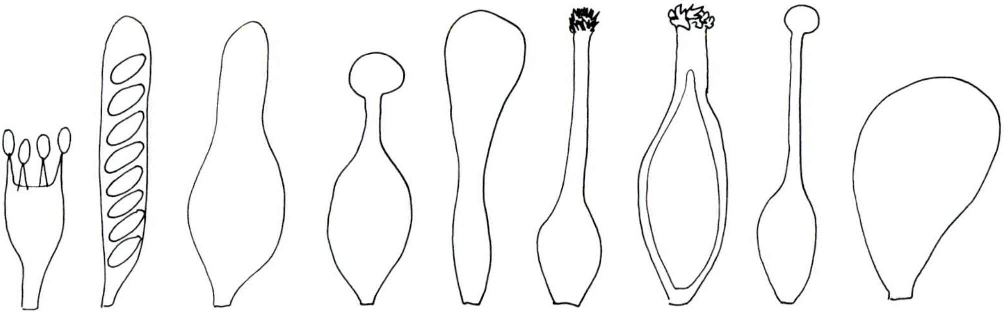

39 40 41 42 43 44 45 46 47

28 = ellipsoide Spore
29 = kugelförmige Spore
30 = eiförmige Spore
31 = zylindrische Spore
32 = stumpf spindelige Spore
33 = zitronenförmige Spore
34 = kantig-eckige Spore
35 = würstenförmige Spore

36 = eckig-buckelige Spore
37 = stachelige Spore
38 = gerippte Spore
39 = Basidie mit 4 Sporen
40 = Ascus (Schlauch) mit 8 Sporen
41 = breit flaschenförmige Zystide

42 = kopfige (lecythiforme) Zystide
43 = keulige Zystiden
44 = brennhaarförmige Zystide
45 = metuloide Zystide
46 = dünnhalsig-kopfige Zystide
47 = blasenförmige Zystide

die sich nur mit Hilfe des Mikroskops sicher bestimmen lassen; bei den meisten Kleinpilzen ist das Mikroskop ohnehin ein notwendiges Hilfsmittel. Wenn man also tiefer in die Pilzwelt eindringen will, wenn man verwandtschaftliche Zusammenhänge begreifen, Feinstrukturen erkennen will, wenn man nach dem systematischen „warum" fragt, dann kommt man ohne Mikroskop nicht aus.

Material und Methoden

In die Gesamtartenliste wurden sämtliche mir bekannt gewordenen Arbeiten aus dem Ulmer Raum eingearbeitet. Ein besonderes Problem stellten die älteren Funde (von Veesenmeyer, Dr. Hans Haas, etc.) dar, da sie in den meisten Fällen unbelegt sind und nicht nachuntersucht werden können. Bei der Auswertung sämtlicher Quellen, wurden nur solche Funde übernommen, die hinlänglich zuverlässig erschienen. Dies ist bei Pilzfundangaben besonders schwierig, da die Bestimmung von Pilzen mit besonderen Problemen behaftet ist.

Die meisten der in den letzten 25 Jahren aus dem Ulmer Raum näher beschriebenen Arten werden hier aus Kosten- und Platzgründen nicht noch einmal ausführlich dargestellt. In diesem Fall wird lediglich auf die entsprechende Literatur verwiesen (z. B. „siehe ENDERLE 1992"). Eine erneute Darstellung aller bisher publizierten Funde würde ein Buch mit über 3.000 Seiten ergeben! Es wurden deshalb nur wenige bereits publizierte Beschreibungen aufgenommen und zwar jene, bei denen eine gewisse Wahrscheinlichkeit bestand, dass sie (vor allem bei den AMU-Mitgliedern) kaum bekannt sind, also Publikationen in ausländischen Zeitschriften oder Büchern oder in nicht mehr verfügbaren inländischen Zeitschriftenserien. Das häufigste Wort in dieser Flora ist deshalb „siehe ...".

Bei ca. 270 „Allerweltsarten" wurden *keine* Fundangaben gemacht, sondern folgender Vermerk angebracht: „Funddaten erübrigen sich. Die Art ist (sehr) häufig und kommt sehr wahrscheinlich in allen MTB im Ulmer Raum vor." Gesammelte Fundangaben von ca. 70 AMU-Mitarbeitern zu diesen häufigen Arten hätten den Umfang dieses Buches um eine weitere 3-stellige Seitenzahl erhöht!

Im Gegensatz zu KRIEGLSTEINERS 5-bändiger, badenwürttembergischer Pilzflora („Die Großpilze Baden-Württembergs") sind in der „Ulmer Pilzflora" auch sehr viele bayerische Funde enthalten, da der Autor und einige AMU-Mitglieder in Bayern wohnen. Insbesondere bei der Gattung *Hebeloma* wurden ausführliche Fundbeschreibungen aufgenommen, die für den Liebhaber dieser Gattung von Interesse sein könnten.

Auf eine ausführliche Beschreibung der vielen verschiedenartigen Biotope im Großraum Ulm wurde verzichtet, da solche, oft mühevoll verfassten Beschreibungen erfahrungsgemäß kaum gelesen werden. Der Schwerpunkt liegt auf den gefundenen Pilzen und deren Beschreibung.

Es sind auch Darstellungen unklarer Funde dabei, die von nachfolgenden Bearbeitern gedeutet bzw. nachbestimmt werden können. Trockenmaterial solcher Funde, sowie vieler anderer Funde, sind in meinem Privatherbar, im Herbar der Botanischen Staatssammlung München (M) oder im Herbarium der Universität Ulm (ULM) deponiert. Einige wenige sind im Herbar in Leiden/Holland oder in anderen Privatherbarien hinterlegt.

Bei dieser Gesamtübersicht ging es ***nicht*** darum, möglichst viele Funde einer häufigen Art zu dokumentieren („kartieren", womöglich auf Quadrantenbasis), sondern möglichst viele **Arten** im Ulmer Raum festzustellen. Die Bestimmung einer schwierigen oder seltenen Art hatte eindeutig Vorrang vor dem Aufsuchen und Kartieren von „Allerweltsarten". Anhand der Funddaten sollte der Leser ungefähr einschätzen können, wie häufig die Art im Ulmer Raum vorkommt. Die Energie, die häufig für die Suche bzw. Kartierung einer häufigen Art in einem bestimmten MTB verwendet wird, sollte nach meiner Meinung besser zur Bestimmung schwieriger Arten verwendet werden, die leider allzu oft in der Mülltonne landen! Eine „flächendeckende" Kartierung durch exzessives Autofahren und übertriebenes Betreten von Flächen, wie es von Pilzfreunden manchmal betrieben wird, ist in meinen Augen heutzutage ökologisch nicht mehr vertretbar (Umweltverschmutzung durch Abgase, Befahren und Betreten von Flächen, etc.).

Für die Ermittlung eines MTB oder gar des MTB-Viertelquadranten eines Fundes wurde kein größerer Aufwand betrieben, stattdessen wurde auf die Benennung der entsprechenden Lokalität Wert gelegt. Wenn Quadranten gemeldet wurden oder leicht zur Verfügung standen, wurden sie natürlich genannt.

Es wurden weiters sämtliche mir zugängliche Fundlisten von Pilzfreunden aus dem Ulmer Raum, sowie Fundlisten von den in Ulm stattgefundenen Pilzausstellungen und Exkursionen ausgewertet.

Artenzahl pro Pilzgruppe im Ulmer Raum

	Arten	Variet. (zusätzl.)	Form (zusätzl.)	cf.	spec.	affin.	ad int.
Myxomycetes (Schleimpilze)	90	4		6			
Peronosporales (Falsche Mehltaupilze)	114						
Endomycetes (Sprosspilze)	4						
Fungi imperfecti (imperfekte Pilze)	18				1		
Moniliales/Mucorales (Schimmelpilze)	16				1		
Pezizales (operculate Becherlinge)	181			3	1		
Leotiales (inoperculate Becherlinge)	141					1	1
Pyrenomycetidae (Kernpilze)	168				1		1
Erysiphales (Echte Mehltaupilze)	22	1					
Tuberales (Trüffelartige)	8						
Ustilaginales (Brandpilze)	44						
Uredinales (Rostpilze)	232						
Auriculariales (Ohrlappenpilze)	4						
Dacrymycetales (Gallerttränen)	5						
Exobasidiales (Nacktbasidien)	1						
Tremellales (Zitterpilze)	18			1			
Tulasnellales	1						
Aphyllophorales s. l. (Nichtbl.pilze s. l.)	133	1		1			
Polyporales (Porlinge s. l.)	27						
Andere poriale Aphyllophoreles	88	2					
Cantharellales (Pfifferlingsartige)	50	2					
Geastrales (Erdsternartige)	25			1			
Nidulariales (Teuerlingsartige)	4						
Phallales (Stinkmorchelartige)	10						
Hymenogastrales	1						
Melanogastrales	3						
Boletales (Röhrlingsartige)	58	1					
Russulales (Sprödblättler)	148	6					
Agaricales (Blätterpilze)	1.067	40	13	29	18	4	2
	2.681	57	13	41	22	5	4

Insgesamt 2.823 Taxa!

Geschichte der Pilzkunde im Ulmer Raum

J. D. Leopold (um 1728)

1728 gab der Verleger und Buchhändler Johann Conrad Wohler zu Ulm ein Taschenbuch (Format 11,5 x 9 cm) mit dem folgenden Titeltext heraus: „Deliciae Sylvestres Florae Ulmensis oder Verzeichniß deren Gewächsen, welche um des H. Röm. Reichs Freye Stadt Ulm in Aeckern/Wiesen/Felsen/Wäldern/Wassern etc. ungepflanzt zu wachsen pflegen. Nach dem Alphabet nebst ihren vornehmsten Benennungen, Ort und Zeit ihrer Blühte, zusammengetragen und auf öfteres Begehren zum Druck befördert durch L. Johann Dietrich **Leopold**, Medicin. Pract. daselbst“.

Diese ersten Aufzeichnungen über Pilzfunde im Ulmer Raum wurden ca. 100 Jahre vor den richtungsweisenden Arbeiten des C. Persoon und des E. Fries vorgenommen, zu einer Zeit also, als das binäre System des C. Linnaeus noch nicht geschaffen und den Lebewesen noch keine Binomina verpasst worden waren.

Es war damals (bis in unser Jahrhundert hinein) durchaus üblich, dass Mediziner sich zugleich als Botaniker engagierten und taxonomische Werke oder auch nur regionale oder lokale Floren verfassten. Und so ist es auch keinesfalls verwunderlich, dass es exakt 140 Jahre nach Leopold in Ulm wiederum ein Arzt war, der Medizinprofessor G. Veesenmeyer, der mit seinem Manuskript „Die Pilze und Schwämme der Ulmer Flora aus der Ordnung der Hymenomyceten“

ein zweites (weit reichhaltigeres) Dokument beisteuerte. Da die Pilze schließlich zu den „Gewächsen" gehörten, war es logisch, dass eine Flora auch Pilze enthielt. Bei LEOPOLD ist das nicht anders: Insgesamt wurden 24 Pilzarten lateinisch vorgestellt; es folgten die volkstümlichen Namen sowie in Deutsch kurze Hinweise auf Fundorte und die Erscheinungszeit. Auf den Seiten 4–6 finden sich 11 „*Agaricus*"-Sippen, S. 20 ein „*Boletus*", auf S. 61–63 weitere 12 „*Fungus*"-Taxa und S. 101–102 „*Lycoperdon*"-Arten. Woran orientierte sich LEOPOLD?

Auf die „Theatri botanici" des G. BAUHIN verweist LEOPOLD immer wieder mit Angabe der Seitenzahl: „C. B. P. 372" bedeutet beispielsweise „C. Baulninus Page 372". Weiter benutzte LEOPOLD das von F. VAN STERBEECK (abgekürzt: „Sterb") verfasste, 1675 in Antwerpen erschienene „Theatrum fungorum". Nicht zuletzt sind die damals gängigen Arbeiten von J. P. de TOURNEFORT (abgekürzt: „Tourn.") zu nennen, darunter vermutlich die 1694 in Paris erschienenen, dreiteiligen „Elements de botanique", dessen Bände I (S. 438–442) und III (Tabs. 327–333) Pilze enthalten. Oder das 1700, ebenfalls in Paris herausgegebene, gleichfalls dreiteilige Werk „Institutiones rei herbariae", dessen Teile I (S. 556–576) und III (S. 327–333) wiederum Pilze beinhalten. Vielleicht kannte er darüber hinaus die 1707 von der Akademie der Wissenschaften verlegten „Observations sur la nais sance et la culture de champignons"?

An „neuerer Literatur" zitiert LEOPOLD J. J. DILLENIUS (= Dillen, abgekürzt „Dill."), und zwar den 1719 in Frankfurt am Main erschienenen „Catalogus plantarum sponte circa Gissam nascentium", zu dem später am gleichen Ort einige Nachdrucke erschienen. Andererseits schien der junge Mediziner Zugang zu einigen schon aus damaliger Sicht „Uralt-Klassikern" gehabt zu haben; jedenfalls zitiert er „J. B.", „Trag." und „Dod.". Wer sind diese? Unter den Stichworten „J. B." und „Trag." versteckt sich die wohl älteste zu dieser Zeit in Deutschland benutzte botanische Referenzliteratur, nämlich das bereits 1552 in Straßburg herausgegebene Werk „De stirpium maxime earum quae in Germania nostra nascunter, usitatis nomenclaturis". Sein Autor ist J. BOCK, auch H. TRAGUS genannt. Und „Dod." ist R. DODOENS (Dodonaeus), dessen 1583 in Antwerpen vorgelegte „Stirpium historia pemptades sec. Sive libri XXX" auf den Seiten 474–478 einige Pilzarten aufführt.

LEOPOLD hinterließ weder Exsikkate noch Zeichnungen. Zu seinen vorgelegten, spärlichen Diagnosen und Literaturzitaten vermerken KIRCHNER & EICHLER (1894: 298–299) kritisch: „... doch sind einmal diese Beschreibungen zum Teil so allgemein und mehrdeutig gehalten, dass nicht immer die vom Autor gemeinte Art mit Sicherheit aus ihnen erkannt werden kann. Andererseits fehlen den Angaben der sicher zu erkennenden Arten vielfach die genaueren Fundortsangaben, so dass im Ganzen jene ältere Literatur für die vorliegende Zusammenstellung nur teilweise und mit allem Vorbehalt Berücksichtigung finden konnte". G. J. KRIEGLSTEINER (1998) ging es 100 Jahre nach dieser Beurteilung nicht anders.

Beispiele:

- S. 4–5: „Agaricus varii coloris squamosus Tourn. Fungus cerasorum imbricatim alter alteri innatur variegatus. C. B. p. 372 ... Kirschen=Schwamm mit vielerley Farben, an alten und faulen Kirschen-Bäumen".
- S. 5–6: „Agaricus flavus Rhabarbaro similis in Betula proveniens. Fungi flavi Rhabarbaro similes ex trunci medii substantia nescentes. Gelber Bircken-Schwamm, wird nicht selten an Bircken-Bäumchen gefunden".
- S. 6: „Agaricus Officinali similis Dill. Agarico similis fungus diversarum arborum caudi-cibus adhaerens. C. B. p. 375. Weißer Baum=Schwamm, wird an unterschiedlichen Bäumen gefunden".

Bei anderen Arten ist immerhin die Gattung klar erkennbar:

- S. 4: „Agaricus pedis equini facje Tourn. Fungus arboreus ad alychnia equini facie C. B. P. 372. Fungi igniarii Trag. Bovista igniaria Dillen. Feuer-Schwämme, wird hin und wieder an den Stämmen alter Bäume gefunden". Deutung: Bereits KIRCHNER & EICHLER (1894: 205) akzeptieren LEOPOLD als Gewährsmann für das Vorkommen von Polyporus igniarius L. im Raum Ulm, und die vorgestellte Sippe ist auch heute noch als ein Vertreter des Phellinus igniarius-Komplexes anzusprechen. Aber selbst bei großzügigster Artauffassung kommen mindestens zwei Sippen von Artrang in Frage: *Ph. igniarius* an *Malus* und *Salix*, *Ph. tuberculosus (P. pomaceus*) an *Prunus*-Arten (Zwetschge, Kirsche u. a.). Eine kartografische Auswertung ist ohnehin unmöglich, da Orts- oder Gewannangaben fehlen.
- S. 63: „Fungus betulaceus orbiculatus albus C. B. p. 373. Fungi Betularum alb maculati perniciosi J. B. Fungus ad Betulam Trog. Bircken-Schwämme, bey Bircken-Bäumen, im Julio". Deutung: Ein Röhrling aus der *Leccinum s*cabrum-Gruppe. Andere Taxa sind dagegen eindeutig zuzuordnen:
- S. 4: „Agaricus auriculae forma Tourn. etc ... Holder=Schwamm, Holder-Öhrlein, werden an Holunder-Stauden gefunden, im Heu-Monat". Deutung: Ohne jeden Zweifel *Auricularia auriculae-judae,* Judasohr. Der „Heu-Monat" (in Bauernkalendern bis heute Heumond") ist der Juni. KIRCHNER & EICHLER (1896; 217) wundern sich, dass LEOPOLD die Art führt, während VEESENMEYER sie „trotz wiederholtem und sorgsamen Suchen, Umfragens etc." nicht fand. Eine kartografische Auswertung ist leider unmöglich.

– S. 5: „Agaricus porosus rubens camosus hepatis facie Dillen ... Leber=förmiger Baum=Schwamm wird an unterschiedlichen, besonders aber an Eich=Bäumen gefunden“. Deutung: Von KIRCHNER & EICHLER (1896: 200) korrekt als *Fistulina hepatica* akzeptiert.
– S. 5: „Agaricus quernus lamellatus coriaceus albus Dillen. Weisser Leber=förmiger Eich=Schwamm an alten faulen Eich=Bäum=Stecken“. Deutung: Bereits VEESENMEYER (ined. 1874) übernimmt diese Passage unter *Daedalea quercina*; (eine Kopie davon findet sich in KRIEGLSTEINER (1997: 249), und auch KIRCHNER & EICHLER (1894: 221) zitieren kommentarlos.
– S. 6: „Agaricus in tybaceus Tourn. Fungus in tybaceus & alius interaneorum vituii similis cinereus. J. B. Eichen=Schwamm und Hasen=Öhrlein Clusii Sterb. Fungus angulosus & velut in lacinias secuts C. B. p. 371, wird bißweilen an Eich=Bäumen angetroffen“. Deutung: Agaricus in tybaceus Tourn. 1700: 562 ist kein binominaler Name; auch liegt (laut FRIES 1838: 447 = Polyporus intybaceus) keine Originaldiagnose vor; dennoch ist die Deutung von KIRCHNER & EICHLER (1894: 215) als *Polyporus frondosus* ohne Zweifel richtig: *Grifola frondosa* (Dickson: Fries) Gray.
– S. 61: „Fungus campestris albus superne, inferne rubens J. B. pileolo lato & rotundo livido C. B. p. 370 ... Amanita campestris sulva superne, inferne coalliformiter rubens Dillen. Feld=Schwämme mit runden breiten Köpffen, im Julio und Augusto, an den Wäldern hinter Söfflingen“. Deutung: Agaricus campestris. KIRCHNER & EICHLER (1896: 455) übernehmen als *Psalliota campestris* (L.). Kartografische Auswertung: MTB/Q 7625/2.
– S. 62: „Fungus pileolo lato orbiculari flavescente ... pallidus Amanita flavescens Dill. Gelber Pfifferling, im Böfinger Holtz, im Julio und Augusto“. Deutung: Von KIRCHNER & EICHLER (1896: 176) korrekt als *Cantharellus cibarius* übernommen. Kartografische Auswertung: MTB/Q 7526/3.
– S. 62/63: „Fungus muscas interficiens C. B. p. 373, muscarius miniatus Sterb. Amanita muscaria miniata Dillen. Fliegen=Schwämme, im Augusto und September, in Wäldern nach Mercklingen“. Deutung: Leicht als *Amanita muscaria* zu erkennen und von KIRCHNER & EICHLER (1896: 327) so akzeptiert. Auf der vorliegenden Xerokopie ist am Seitenrand handschriftlich die Anmerkung „giftig“ eingetragen. Kartografische Auswertung: MTB/Q nicht eindeutig (? 7524/2).

Es folgen die eindeutig zuzuordnenden Artbeschreibungen in alphabetischer Reihung:

Agaricus campestris, Wiesenegerling
Albatrellus confluens, Semmelporling
Amanita muscaria, Fliegenpilz
Auricula auriculajudae, Judasohr
Cantharellus cibarius, Gelber Pfifferling
Daedalea quercina, Eichenwirrling
Fistulina hepatica, Leberreischling, Ochsenzunge
Grifola frondosa, Klapperschwamm
Hypholoma fasciculare, Grünblättriger Schwefelkopf
Lactarius quietus, Eichenmilchling
Polyporus varius, Löwengelber Porling
Trametes versicolor, Schmetterlingstramete
Suillus luteus, Butterröhrling

Mit Fragezeichen könnte man noch zwei (von KIRCHNER & EICHLER nicht anerkannte) Arten anfügen: Den „Brädlin“ (? *Lactarius volemus)* und den „Fungus D. Georgii“ (? *Calocybe gambosa*). Bei „Boletus esculentus rugosus fulvus Tourn“ alias „Fungus porosus C. B.“ bzw. „Morchella minor oblonga fuligine quasi infecta Dillen“. (Laut LEOPOLD um Baltzheim, „im Aprilien und Mayen“) mag es sich um die Spitzmorchel handeln. *Phellinus igniarius* (versus *Ph. tuberculosus, s. o.)* und *Lactarius piperatus* (versus L. *glaucescens)* können als Sammelarten stehen bleiben (vgl. Anmerkung zu BAUHIN). KIRCHNER & EICHLER (1896: 387) ziehen LEOPOLD ferner als Gewährsmann auch für Agaricus esculentus Wuif. (*Strobilurus esculentus)* heran, vermerken für diese Art allerdings bitteren Geschmack“, während *A. tenacellus* („In Kiefernwäldern, herdenweis“) „genießbar“ sei.

G. VEESENMEYER (um 1868)

Aus der Feder des Ulmer Mediziners Prof. Dr. med. G. VEESENMEYER stammt ein 170-seitiges, in deutscher Handschrift verfasstes, bis heute unveröffentlichtes Manuskript:

„Die Pilze und Schwämme der Ulmer Flora aus der Ordnung der Hymenomyceten“. Die erste Fassung lag bereits am 24. Juni 1868 der Generalversammlung des „Vereins für vaterländische Naturkunde in Württemberg“ unter dem Titel *„Die Pilze und Schwämme der Umgebung von Ulm“* vor; warum sie nicht publiziert wurde, ist unklar. Sie enthielt *„151 Arten, die der Verf. teils allein, teils in Gemeinschaft mit seinem Freund, dem weiland Oberarzt Dr. DESENSY in Ulm in der Umgebung von Ulm gesammelt und namentlich auch auf ihre Genießbarkeit geprüft hat“* (KIRCHNER & EICHLER 1894: 300). (Anmerkung: Der k. k. Oberarzt *Desensy* war einige Jahre in Ulm bei der österreichischen Festungsartillerie angestellt; von ihm stammen wohl die meisten damaligen Funde; *Desensy* war Böhme aus Nachod und Schüler von *Krombholz.*)

VEESENMEYER hatte diese Arbeit dem Vorsitzenden des oberschwäbischen Zweigvereins des Vereins für vaterländische Naturkunde, Herrn Dr. Richard KÖNIG-WARTHAUSEN, Freiherr auf Warthausen, gewidmet, der im Raum Biberach Daten über Großpilze zusammentrug. Im Staatlichen Museum für Naturkunde Stuttgart, Abteilung Botanik, ist unter der Archiv-Nummer 493 eine etwas erweiterte Fassung aus dem Jahr 1874 deponiert; Das Format dieser Schrift ist 33 x 21 cm, geht also nach rechts wie nach unten über DIN A4 hinaus. Mit einem Standardkopierer sind nur die wenigen Seiten zufriedenstellend zu vervielfältigen, auf denen der Autor ausnahmsweise nicht die gesamte Blattfläche beschrieben hat, wie dies z. B. auf S. 130 (Gattung *Daedalea)* der Fall ist. Nach einer 7-seitigen Einleitung werden 168 Arten in alphabetischer Folge geführt, beginnend mit „*Agaricus (Amanita) phalloides* Fr., Phallusähnlicher Blätterschwamm". Mit laufenden Nummern kennzeichnete VEESENMEYER in einer Liste am Ende der Schrift aber nur 154 Species, wobei er die Ziffern 117–119 versehentlich doppelt vergab; andererseits verschenkte er bei *A. praecox* (72) eine Ziffer (73) und stellte auch *A. arvensis* (77) zweimal vor, nämlich bereits als *A. cretatus* (Ziffer 76).

Die makroskopischen Beschreibungen der Arten wurden nach dem auch heute noch üblichen Schema verfasst: Hut, Stiel, Geruch, Giftigkeit, Vorkommen. Mikroskopische Daten sind nicht enthalten, auch sind weder Abbildungen noch Zeichnungen beigegeben. Doch wird auf Referenzliteratur verwiesen, vor allem auf die damals geläufigen Werke von FRIES, KROMBHOLZ und SCHAEFFER.

Hin und wieder ist die allgemeine Häufigkeit einer Art im Gebiet angegeben, und teils wurden auch Substrate, Fundorte und Fundzeiten festgehalten, z. B. bei *Agaricus ionides* Bull.: „selten, im Eselswald, Okt. 1869". Den Eselswald nennt VEESENMEYER am häufigsten als Fundort; es handelt sich um den heutigen „Oberen Eselsberg", das Gelände um die Universität Ulm, dessen Pilzbestand von G. DIETL und L. G. KRIEGLSTEINER (1989) erneut aufgenommen wurde, so dass direkte Vergleiche zwischen damals und heute möglich sind. Auch der „Klosterwald bei Söflingen" wird mehrfach erwähnt, sowie die Gegenden unweit „Thalfingen", „auf der Anhöhe bei Mähringen", „bei Bermaringen", „bei Jungingen", „im Böfinger Wäldle" oder „bei Blaubeuren".

Die Einordnung einiger dieser Funddaten in die in heutigen Verbreitungskarten üblichen MTB/Q-Raster erweist sich nicht immer als leicht. Oft wird gar kein Fundort, sondern nur der Standort und die Erscheinungszeit der Fruchtkörper angegeben, so für *Agaricus oreades*. „An Rainen, auf grasigen Waldplätzen, Weiden, von Mai und Juni bis in den Spätherbst".

Unter den 168 vorgestellten Arten, darunter inkl. „Netzblätterpilzen" sowie einigen Milchlingen und Täublingen 113 Blätterpilze (= *Schwämme)* und 16 Röhrlinge (= *Pilze);* der Rest sind gängige Porlinge und Trameten (= *Löcherpilze),* Hydnoide, Keulenpilze, ein paar Gallertpilze, zuletzt vier Schlauchpilzarten: *Spathularia flavida* und drei Morchel-Species. Da es sich um die vermutlich älteste heute noch vorliegende und auswertbare Schrift über Großpilze in Württemberg handelt, seien die in ihr geführten Gattungen und Arten nachstehend wiedergegeben (Anmerkung: die genannten Arten wurden in die vorliegende „Pilzflora des Ulmer Raumes" eingearbeitet und beginnen nach den „Funddaten" mit: „vor 1894 ...").

Ein Großteil dieser Sippen dürfte auch aus heutiger Sicht korrekt gefasst bzw. bestimmt worden sein. Leider hinterließ VEESENMEYER kein Pilzherbar, so dass eine Überprüfung diverser Sippen nicht möglich ist:

I Agaricus, Blätterschwämme

1 Amanita	phalloides, Phallusähnlicher Blätterschwamm
2	muscarius, Fliegenschwamm
	mappa
3	rubescens, Perlschwamm
4	pantherinus, Pantherschwamm
5	vaginatus, Scheidenschwamm
6 Lepiota	procerus, Parasolschwamm
7 Armillaria	mellea, Hallimasch
8	mucidus, Schleimiger Blätterpilz
9 Hygrophorus	eburneus, Knochenweißer Blätterpilz
10 Camarophyllus	virgineus, Jungfernblätterschwamm
10	conicus, Kegelschwämmchen
12 Tricholoma	nudus, Nackter Blätterschwamm
13	graveolens
14	ionides
15	russula
16	tristis, Trauriger Blätterschwamm
17 Lactarius	rufus, Rotbrauner Blätterschwamm
18	tithymalinus, Wolfsmilchbrätling
19	subdulcis, Süßling
20	mitissimus
21	volemus, Birnbrätling, Goldbrätling
22	quietus
23	vietus
24	violascens, Blaumilchreizker
25	chrysorrheus, Gelbmilchender Blätterschwamm
26	flammeolus, Feuerroter Brätling
27	deliciosus, Echter Reizker
28	piperatus
	vellereus
29	pyrogalus, Braunreizker
30	uvidus, Klebriger Blätterschwamm
31	trivialis
32	blennius, Grünlicher Blätterschwamm

33		pubescens, Weichflaumiger Blätterschwamm
34		torminosus, Zottiger Giftreizker
35		turpis, Hässlicher Blätterschwamm, Mordschwamm
36		fuliginosus, Rußiger Blätterschwamm
37	Clitocybe	fragrans, Duftender Blätterschwamm
38		laccatus, Lackblätterschwamm
39		gibbus, Buckeliger Blätterschwamm
40		odorus, Anisschwamm
		nebularis
41	Collybia	androsaceus
		rotula
42		ramealis, Astblätterschwamm
43		scorodonius, Lauchschwamm
44		clavus
45		esculentus
46		oreades. Nelkenblätterschwamm
47		velutipes, Samtstieliger Blätterschwamm
48		fusipes
49	Mycena	acicula
50		galericulata
51	Pleurotus	stypiticus, Zusammenziehender Blätterschwamm
52	Panus	carneo-tomentosus
53		salignus
54		ostreatus
55	Volvaria	speciosus
56	Pluteus	leoninus
57		cervinus
58	Entoloma	rhodopolius
59	Clitopilus	prunulus, Pflaumenblätterschwamm
60		chalybaeus
61	Cortinarius	collinitus (incl. b. mucosus)
62		nitidus, Glänzender Blätterschwamm
63		variicolor
64		caperatus, Runzeliger Blätterschwamm
65		alboviolaceus, Weißvioletter Blätterschwamm
66		violaceocinereus, Violettgrauer Blätterschwamm
67		violaceus, Violetter Blätterschwamm
		bulliardii
68		argentatus, Silberfarbiger Blätterschwamm
69		cinnamomeus, Zimtbräunlicher Blätterschwamm
70		armeniacus, Aprikosenfarbiger Blätterschwamm
71	Pholiota	mutabilis, Stockschwamm
		confertus
		tener
72/73		praecox, Früher Blätterschwamm
74		semiglobatus
75	Psalliota	sylvaticus, Waldblätterschwamm
76		cretatus
77		arvensis
78		campestris, Echter Champignon
	Hebeloma	fastibilis
		crustiliniforme
79	Hypholoma	fasciculare
80		lateritius Pers. non Fr.
81	Coprinus	disseminatus, Gesäter Blätterpilz
82		comatus, Schopfschwamm
83		atramentarius, Tintenschwamm
84		fuscescens
85		cylindraceus Fr. var. tortus Batsch
86		fimentarius, Mistschwamm, Kröenschwamm
87		micaceus, Glimmeriger Blätterschwamm
88		truncorum
89		deliquescens, Zerfließender Blätterschwamm
90		ephemerus
91	Rhymovis	atrotomentosus
92		involuta
93	Gomphidius	glutinosus
94		viscidus
95	Russula	integra
96		lactea, Milchweißer Täubling
97		fragilis (?)
98		virescens, Grünlicher Täubling
99		aeruginosa, Spangrüner Täubling
100		alutacea
101		foetens, Stinktäubling
102		rubra
103		adusta, Brandiger Täubling
104		nigricans
105	Cantharellus	cibaris, Pfifferling, auch Rettling
106	Schizophyllum	commune
107	Lenzites	abietinus, Tannentramete
108		betulinus, Birkentramete
109		trabeus, Balkentramete

II. Polyporei

110	Boletus	castaneus
111		scaber, Kapuzierpilz, Birkenpilz
112		aquosus
113		aercus
114		edulis, Steinpilz, Herrenpilz
115		luridus, Hexenpilz
116		satanas, Satanspilz
117		Calopus, Schönfuß

118		pachypus
119		subtomentosus, Ziegenlippe
117		piperatus
118		badius, Maronenröhrling
119		pascuus
120		granulatus, Schmerling
121		annulatus
		elegans, Schöner Röhrling
122	Polyporus	brumalis, Winterlöcherschwamm
123		squamosus, Schuppiger Löcherschwamm
124		varius (incl. nummularius)
125		frondosus, Klapperschwamm
126		giganteus, Riesenlöcherpilz
127		sulfureus, Schwefelgelber Löcherpilz
128		imbricatus
129		salicinus
130		igniarius, Feuerschwamm
131		betulinus
132		versicolor, Bunter Löcherschwamm
133		abietinus
134	Trametes	suaveolens, Wohlriechende Tramete
		gibbosa
135	Daedalea	quercina
136		unicolor
137	Fistulina	hepatica, Leberschwamm, Blut-, Zungenschwamm
138	Merulius	lacrymans
139	Hydnum	repandum, Stoppelpilz
140		tomentosum, Filziger Stoppelpilz
141		imbricatum coralloides
142	Craterellus	cornucopioides, Totentrompete
143	Thelephora	hirsuta
144		quercina
145	Sparassis	crispa, Krauser Lappenschwamm
146	Clavaria	botrytis
147		pistillaris
148	Calocera	viscosa
149	Spathulea	flavida, Gelblicher Spatelpilz
150	Tremella	foliacea
151	Exidia	auricula judae, Judasohr
152	Morchella	esculenta
153		conica
154		rimosipes

05 – Ag. vaginatus Fr., Scheidenschwamm (Sammelart!)
07 – Ag. melleus Vahl (Sammelart)
13 – Ag. graveolens Pers.
15 – Ag. tristis Krombh. (? Trich. triste [Fries] Quél.)
26 – Ag. flammeolus Pollin
27 – Ag. deliciosus (Sammelart)
28 – Ag. argentatus
– Ag. confertus Bull.
– Ag. tener Pers.
85 – Ag. fuscescens Schaeffer
95 – Russ. integra L. („in Laubwäldern")
96 – Russ. lactea Pers.
100 – Russula alutacea Pers. (wohl R. romellii)
etc.

Auch sind uns Heutigen einige damalige Epitheta nicht mehr geläufig: Wer weiß noch auf Anhieb, dass mit *Polyporus salicinus* Pers. *Phellinus ferruginosus* gemeint ist, mit *Boletus annulatus* Pers. *Suillus luteus*, mit *Boletus aquosus* Krombh. *Boletus impolitus*, mit *Boletus pascuus* Pers. *Xerocomus chrysenteron?*
Dr. VEESENMEYER kommentierte die damaligen Aufzeichnungen LEOPOLDS im Jahresheft des Vereins für vaterländische Naturkunde, Jahrg. 25, 1869, wie folgt: „Nach den zum Theil naiven, kurzen Diagnosen, wie sie damals die prägnantere, von Linné eingeführte Nomenklatur nach Genus und Species ersetzten, namentlich aber nach den Citaten können sie mit mehr oder weniger Sicherheit erkannt und bestimmt werden. In dem Verzeichnisse habe ich dieselben berücksichtigt. Die Beschäftigung mit einem Buche, dessen Verfasser vor anderthalbhundert Jahren dieselben Pilze gesehen hat wie wir, und die Vergleichung der Art und Weise, wie er sie ansieht und beschreibt, hat einen eigenthümlichen Reiz. Und wenn man bedenkt, dass Linné in der letzten Ausgabe seiner *Species plantarum* von 1763 nicht mehr als 85 Arten, darunter allein 62 Hymenomyceten gekannt hat, so ist das Resultat aus dem Jahre 1738 als ein recht bedeutendes anzuerkennen". (Anmerkung: Die genannten Pilzarten hatten deskriptive Namen aus teilweise 3–6 Wörtern, sind jedoch teilweise „heutigen" Arten zuzuordnen. Erst *Linné* hatte, wie wir wissen, das binäre System eingeführt, nachdem ein Pilzname aus Art- und Gattungsname zu bestehen hat.)
1894 und 1896 schrieben O. KIRCHNER und J. EICHLER ihre **„Beiträge zur Pilzflora von Württemberg".** Für den Ulmer Raum sind darin 190 Arten aufgeführt. Die Angaben zu 150 Arten stammen von dem schon genannten Prof. Dr. VEESENMEYER und einem k. k. Oberarzt Dr. DESENSY (in Ulm 1860–1865). Die übrigen Arten wurden von einem Apotheker HAAS/Ulm (Hinweis: nicht zu verwechseln mit Dr. Hans Haas/Schnait!), einem Lehrer G. MAIER (Seißen), einem Forstrat PFITZENMAYR (Blaubeuren) und einem Bäckermeister LAIBLE (Langenau) beschrieben.
In einer leider wenig beachteten Arbeit über **„Die Röhrenpilze der Blaubeurer Umgebung"** beschreibt Dipl.-Ing. Georg SCHEER (1950) 29 Röhrlingsarten aus der Blaubeurer Gegend. Die Fundaufzeichnungen stammten von dem 1946 verstorbenen Amtsgerichtsrat KLUMPP (Blaubeuren) aus den Jah-

ren 1930–1945 und dem Verfasser SCHEER aus den Jahren 1945–1947.

Dr. Hans HAAS erwähnt **1942** in seiner Arbeit **„Beiträge zur Kenntnis der Pilzflora der Ulmer Gegend"** 405 Arten mit Fundortangaben. **1965** folgte der 2. Beitrag mit weiteren 175 Arten, so dass bis dahin insgesamt 580 Arten festgestellt werden konnten. Im Schlusswort seines oben erwähnten 2. Beitrags (1965) schreibt Dr. Hans HAAS: „Die Mykologie ist ein weites, schwieriges, aber auch dankbares Gebiet floristischer Betätigung. Möge unsere Zusammenstellung von mehr als einem Vierteljahrhundert Ansporn und Hilfe sein für die Mykologen der kommenden Dezennien!"

H. u. H. DOPPELBAUR und G. KURZ veröffentlichen **1970** die **„Ulmer Rostpilzflora"**, in der 243 Rostpilzarten für den Ulmer Raum aufgelistet wurden.

Von 1976–2003 konnte der Verfasser (M. ENDERLE), unterstützt durch Mitarbeiter der von ihm gegründeten **Arbeitsgemeinschaft Mykologie Ulm (AMU), die Gesamtzahl der bisher im Ulmer Raum gefundenen Arten auf ca. 2.700 erhöhen (plus Varietäten, Formen, etc.)**. Damit zählt der Ulmer Raum pilzkundlich mit zu den am besten erforschten Gebieten Deutschlands.

Im Zusammenhang mit dem hier gegebenen Überblick über die mykologischen Aktivitäten im Ulmer Raum möchte ich an das erste Treffen der Deutschen Gesellschaft für Pilzkunde (DGfP) nach dem 2. Weltkrieg in Ulm erinnern. Zu diesem von Prof. KILLERMANN, Dozent Dr. H. KÜHLWEIN und Dr. Hans HAAS organisierten Treffen trafen sich am 09. Oktober 1948 27 Pilzkenner im „Bäumle" in Ulm. Neben einer Pilzausstellung und zwei Exkursionen wurde von Dr. KÜHLWEIN ein ausführliches Arbeitsprogramm der Deutschen Gesellschaft für Mykologie (DGfM) vorgetragen.

Gründung und Tätigkeit der Arbeitsgemeinschaft Mykologie Ulm (AMU)

Am 1. Oktober 1976 hielt Adolf KLEMENT, Pilzberater und ehrenamtlicher Marktpilzkontrolleur der Stadt Ulm, an der VHS Ulm einen Vortrag über „Pilze, die nicht jeder kennt". Nach dieser Veranstaltung vereinbarten die Amateur-Mykologen Manfred ENDERLE, Gerd FISCHER, Walter GRÄSER, Adolf KLEMENT und Gertrud KOHL († 1979) gelegentliche Treffs zum Austausch von pilzkundlichen Erfahrungen. Eine von M. ENDERLE organisierte Exkursion im Ulmer Raum mit dem Pilzexperten und damaligen 1. Vorsitzenden der Deutschen Gesellschaft für Mykologie (DGfM), German J. KRIEGLSTEINER, brachte die Gruppe am 23. Oktober 1976 erneut zusammen. Mit der ihm eigenen Überzeugungskraft begeisterte G. J. KRIEGLSTEINER die damalige Gruppe für eine Erweiterung der ursprünglichen Zielsetzung und Mitarbeit am Pilzkartierungsprogramm der Deutschen Gesellschaft für Pilzkunde (heute: Deutsche Gesellschaft für Mykologie – DGfM).

Am 06. Dezember 1976 lud M. ENDERLE zur offiziellen **Gründung** einer mykologischen Arbeitsgemeinschaft in das Nebenzimmer der Gaststätte „Weißbräu" in Ulm, ein. Dabei wurde die Gründung einer „Arbeitsgemeinschaft Mykologie Ulm (AMU)" und die Einrichtung eines monatlichen „Stammtisches" beschlossen. Als Sprecher bzw. „Vorsitzender" der AMU fungierte M. ENDERLE. Das zukünftige Arbeitsprogramm der AMU wurde wie folgt festgelegt:

Kartierung der Pilzflora des Ulmer Raumes mit Anlage einer Kartei und der Veröffentlichung der Ergebnisse.

Teilnahme an dem von G. J. KRIEGLSTEINER geleiteten Kartierungsprogramm der DGfP über die Verbreitung der Makromyceten in Deutschland.

Weiterbildung der AMU-Mitarbeiter durch Exkursionen mit anerkannten Pilzexperten.

Erweiterung der Kenntnisse der AMU-Mitglieder durch interne Exkursionen, Vorträge, Pilzbestimmungen, sowie Einrichtung eines monatlichen „Stammtisches".

Erfahrungsaustausch mit anderen pilzkundlichen Arbeitsgemeinschaften.

Öffentlichkeitsarbeit zur Verbesserung des pilzkundlichen Kenntnisstandes der interessierten Bevölkerung.

Die Erfüllung dieser Zielsetzung erforderte erhebliche finanzielle Aufwendungen. Herrn Stadtrat Gerd DUSOLT sind wir in diesem Zusammenhang zu besonderem Dank verpflichtet. Seiner Unterstützung verdankt die AMU als Dauerleihgabe der Stadt Ulm ein Mikroskop und einige für unsere Arbeit wertvolle Pilzmonografien. Dem **Verein für Naturwissenschaft und Mathematik in Ulm e.V.** danken wir an dieser Stelle für die freundlich gewährte Genehmigung zur Veröffentlichung von Publikationen von Manfred ENDERLE in deren „Mitteilungen", sowie für Zuschüsse zu den Veröffentlichungen der AMU.

In kurzer Zeit wurde unser monatlicher Stammtisch in der Gaststätte „Weißbräu", Ulm (1983 nach Umbau in „Dionysos" umbenannt) zum Treffpunkt der mykologisch interessierten Amateure des Ulmer Großraumes. Unsere erste Mitarbeiterliste (Stand Dez. 1977) enthält, alphabetisch geordnet, die Namen folgender regelmäßiger „Stammtisch"-Besucher (Gründungsmitglieder):

Brauner, Hermann – 7950 Biberach
Enderle, Manfred* – 7911 Unterfahlheim
Fischer, Gerd – 7909 Dornstadt-Bollingen

Gräser, Walter – 7900 Ulm-Söflingen
Klement, Adolf* – 7901 Bernstadt
Kögel, Doris – 7900 Ulm
Kohl, Gertrud* – 7911 Oberfahlheim
Laux, Hans E. u. Helga – 7950 Biberach
Ottmann, Georg* – 7958 Laupheim
Rapp, Eugen* – 7904 Erbach-Ringingen
Reininger, Franz – 7911 Holzheim
Scheidnagl, Peter – 7910 Neu-Ulm/Offenhausen
Weidmann, Elmar – 7902 Gerhausen/Blaubeuren
(Die mit einem * gekennzeichneten Mitarbeiter sind geprüfte Pilzberater.)

Im Jubiläumsheft zum 10-jährigen Bestehen der Arbeitsgemeinschaft Mykologie Ulm (AMU) konstatierten FISCHER & GEHRKE (1986) u. a. folgendes:
„Die AMU betrachtete sich von Anfang an als lockere Vereinigung ohne festgeschriebene Satzung, zusammengehalten durch die Liebe zur Natur und den unermüdlichen Einsatz von Manfred ENDERLE. Er war und ist die treibende Kraft und trug von 1976 bis 1985 als Vorsitzender, Kassenverwalter, Organisator, Schriftleiter und Kartierer die Hauptlast der Arbeit. M. ENDERLE entwickelte sich zu einem der qualifiziertesten und produktivsten Amateur-Mykologen Deutschlands. Seine internationalen mykologischen Kontakte suchen in Europa ihresgleichen. Von M. ENDERLEs Schaffenskraft zeugen zahlreiche im Literaturverzeichnis gelistete Veröffentlichungen, darunter von ihm neu beschriebene, neu kombinierte, im Status veränderte oder validierte (gültig nachbeschriebene) Pilzsippen. Christine SCHNARBACH (jetzt Frau ENDERLE) sind wir zu ganz besonderem Dank verpflichtet, da sie für ENDERLEs mykologische Aktivitäten sehr großes Verständnis aufbringt und bei zahlreichen Exkursionen selbst Raritäten aufspürt."
Die Pilzflora des Ulmer Raumes wurde weiter erforscht und in der von M. ENDERLE geführten Kartei namentlich gespeichert. Von vielen interessanten Arten wurde Material in der Botanischen Staatssammlung München (M), im Rijksherbarium in Leiden (L), im Herbar der Universität Ulm (ULM) bzw. im Herbar M. ENDERLE und anderen Privatherbarien hinterlegt. Darüber hinaus nahmen zahlreiche Mitarbeiter der AMU aktiv am bundesweiten Pilzkartierungsprogramm der Deutschen Gesellschaft für Mykologie (G. J. KRIEGLSTEINER) teil.
Folgende auswärtige Experten besuchten die AMU zum Teil mehrfach und trugen durch Führungen und Vorträge zur Fortbildung der AMU bei:
German J. Krieglsteiner, Durlangen (zuletzt Vorsitzender und Ehrenvorsitzender der Deutschen Gesellschaft für Mykologie; gestorben 2001)
Johann Stangl, Augsburg (international bekannter Amateurpilz- und Risspilzforscher; gestorben 1988)
Dr. Hans Haas, Schnait (international bekannter Amateurpilzforscher; gestorben 2003)
Heinz Engel, Weidhausen (international bekannter Amateurpilzforscher, Röhrlingsspezialist)
Edmund Garnweidner, Fürstenfeldbruck (bekannter Amateurpilzforscher, Pilzfotograf und Pilzbuchautor)
Dr. Helmut Schmidt(-Heckel), Eching (Herausgeber „Roter Listen der gefährdeten Pilzarten", damals 1. Vorsitzender der DGfM)
Prof. Dr. Wulfhart Winterhoff, Sandhausen (international bekannter Pilzforscher, u. a. Bauchpilzspezialist)
Karl Partsch (Allgäu; bekannter Natur- und Umweltschützer)

Am 22.09.2001 konnte die AMU im Naturkundlichen Bildungszentrum der Stadt Ulm ihr
25-jähriges Jubiläum feiern. Dabei hielten folgende Herren Vorträge bzw. kurze Ansprachen:
Gerd Fischer, 1.Vorsitzender der AMU
Manfred Enderle, Ehrenvorsitzender der AMU
Dr. Hans Schäfle, 1.Vorsitzender des Vereins für Naturwissenschaft und Mathematik in Ulm
Prof. Dr. Focko Weberling, ehemaliger Leiter der Abteilung „Spezielle Botanik" der Uni Ulm
Dr. Götz Hartung, „Kulturbürgermeister" der Stadt Ulm
Dr. Jankov, Leiter des Naturkundlichen Bildungszentrums der Stadt Ulm

Den nachfolgend abgedruckten Festvortrag hielt Walter Pätzold, Hornberg, Vorstandsmitglied der Deutschen Gesellschaft für Mykologie:
Sehr geehrter Herr Prof. Dr. Weberling, sehr geehrter Herr Dr. Schäfle, sehr geehrter Herr Dr. Hartung, sehr geehrter Herr Dr. Jankov,
liebe Pilzfreunde und Freunde der AMU aus nah und fern,
– *25 Jahre Arbeitsgemeinschaft Mykologie Ulm* –
das sind 25 Jahre im Dienste der Mykologie im Allgemeinen und 25 Jahre im Dienste der Taxonomie und Systematik im Besonderen.
Es ist nicht gerade gebräuchlich, dass eine mykologische Arbeitsgemeinschaft nationales Interesse erregt. Schaut man sich jedoch die Arbeit der Jubilarin an, so ist unschwer zu erkennen, dass sie nicht nur nationales Interesse verdient, sondern dass sie ein nationales Vorbild ist und vieles von dem, was unter ihrem Dach erarbeitet wurde, internationale Maßstäbe setzte und setzt.
Dies betrifft unter anderem auch die Deutsche Gesellschaft für Mykologie, in deren Namen ich hier sprechen darf und von der ich die herzlichsten Glückwünsche des Präsidenten, Herrn Professor Dr. Reinhard Agerer und des gesamten Vorstandes übermittle.

Vor der beglückwünschten mykologischen Arbeitsgemeinschaft gab es neben der 2 Jahre früher gegründeten AMO gebräuchlicherweise in Deutschland „Pilzfreunde“, „pilzkundliche ...“ für irgendwas, oder eben „Verein für Pilzkunde“, wie auch die Deutsche Gesellschaft für Pilzkunde. 1977, also nach der AMU-Gründung und nach deren Vorbild lag dem Vorstand der DGfP ein Antrag auf Namensänderung vor, der auf Initiative der Ulmer, namentlich auf die von Manfred Enderle zurückging. Die Deutsche Gesellschaft für Pilzkunde beschloss der Zeit gemäß ihren Namen internationalem Standard anzupassen, in deutsche Gesellschaft für Mykologie zu ändern und damit in aller Welt verständlich zu machen.
Manfred Enderle ist ohnehin der Ursprung und die Identität, wenn man über „die Ulmer“ spricht. Am 06. Dezember 1976 war er es, der zur offiziellen Gründung einer mykologischen Arbeitsgemeinschaft einlud. Als Sprecher, bzw. Vorsitzender fungierte er dann die folgenden 9 Jahre. Drehscheibe der Vereinsarbeit war der monatliche mykologische Stammtisch im Vereinslokal. Regelmäßige Stammtischbesucher waren unter anderem einige heute noch in der Verantwortung stehende, wie z. B. der derzeitige 1. Vorsitzende, Gerd Fischer oder das weithin bekannte Erfolgsautorenteam in Sachen Natur, Naturschutz und Mykologie: Hans und Helga Laux.
1985 wollte Manfred Enderle die Arbeit auf andere und vor allem auf mehrere Schultern verteilen, denn bis dahin war er – ohne vereinsrechtlichen Richtlinien zu entsprechen – aber gleichwohl effizienter Vorsitzender, Kassier und Schriftleiter gleichzeitig. Besonders das Amt der Schriftleitung war bei ihm in guten Händen, er hatte bereits 26 Fachaufsätze und umfangreichere Bearbeitungen von Pilzen publiziert und 9 Taxa allein, bzw. zusammen mit so bekannten Mykologen, wie Stangl, Bon und Boekhout beschrieben. Ein Ausdruck der Notwendigkeit pilzfloristisch, systematisch und taxonomisch über die Pilze des Ulmer Raumes zu berichten war konsequenter Weise die Herausgabe des bisweilen unregelmäßigen Periodikums „Ulmer Pilzflora“. Im ersten Heft finden sich neben Manfred Enderle Aufsätze von Gudrun Dietl, G. Fischer und W. Gehrke, G. J. Krieglsteiner, H. E. Laux, G. Ottmann und J. Stangl.
Am 07. Dezember 1985 gab sich die AMU eine Satzung und wählte Adolf Klement zum Vorsitzenden. Manfred Enderle wurde Ehrenvorsitzender. Ein Hauptaugenmerk war auch weiterhin die floristische Erfassung der Ulmer Pilzflora, nunmehr ausgedehnt auf 16 Messtischblätter mit verantwortlichen Kartierungsleitern. 1980 waren 1.235 Taxa im Ulmer Raum erfasst, 1986 waren es immerhin rund 1.700 und bis jetzt – 2001 – sind sage und schreibe 2.492 Arten, 61 niederrangige Taxa und 61 aus verschiedenen Gründen noch der Klärung harrende Aufsammlungen erfasst. Über 2.600 Taxa! Es gibt keine Region in ganz Deutschland und – vielleicht von den Holländern abgesehen – kaum eine Region in ganz Europa, die besser pilzfloristisch bearbeitet wäre.
Der Verein würde sich mit dem schon erwähnten Periodikum „Ulmer Pilzflora“ eine Krone aufsetzen, wenn er als Meilenstein der Zwischenbilanz die „Pilzflora des Ulmer Raumes“ mit Funddaten und, wo notwendig in Beschreibung und Bild, von allen bisher festgestellten Taxa in den 16 MTB zum 25-jährigen herausgeben könnte. Ob zu der Publikation eine Unterstützung der Regierungen beider beteiligter Bundesländer, Bayern und Baden- Württemberg möglich wäre, gilt es abzuklären. Sicher ist es eine Aufgabe, die auch vor dem Hintergrund der besseren Definition von FFH-Gebieten in der Europäischen Union zu sehen ist. Dies soll einerseits auf mögliche Wege der Förderung, andererseits aber auch auf die Vorbildfunktion der hier in 25 Jahren von allen Beteiligten in ehrenamtlicher Tätigkeit, mit viel Zeit und Geldaufwand, aber auch mit viel Freude und Überzeugung geleisteten Arbeit hinweisen.
Vielleicht renne ich eine offene Tür ein. Dann ist es für die Förderung aus EU-Mitteln via Landesregierungen schwieriger. Vielleicht gebe ich hier aber tatsächlich den entscheidenden Anstoß für die fällige Zusammenfassung Ihrer Arbeit, sowohl an die Adresse der Politik als auch an das Selbstbewusstsein des Vereins und seiner Führung gerichtet.
Ein anderes Thema, der Naturschutz, hat seit 1986 einen hervorragenden Platz im Verein und ist soweit ich orientiert bin, niedergeschriebener Satzungsbestandteil. Die Zeichen der Zeit erkennend war es vor allem German J. Krieglsteiner, der auf die Bedeutung des Umwelt- und Naturschutz einerseits und die Wechselwirkung mit dem Bestand der Pilzflora andererseits hinwies. Ich erinnere mich gut an eine Diskussion in dieser Zeit, wo eingefleischte Morphologen meinten, allzu viel Augenmerk auf den Naturschutz würde den Blick auf die Erforschung der einzelnen Arten und ihre Variabilität trüben oder zumindest etwas in den Hintergrund treten lassen. German und ich hielten damals polemisch dagegen: „was will man denn morphologisch erforschen, wenn es nichts mehr zu finden, schon ausgestorben ist?“ Natürlich ist diese Frage überspitzt; gleichwohl ist es aber eine Tatsache, dass nach wie vor ein Vielfaches mehr an Arten pro Zeiteinheit stirbt, als die adaptive Evolution hervorbringen kann. Unter dem Strich kommt eine Verarmung der Artenvielfalt, eine Reduzierung der evolutionär notwendigen Biodiversität heraus. Das ist eine einfache Rechnung, die stimmt! Es ist zugleich ein Teufelskreis, den wir Menschen mit unseren immer kürzer werdenden Zeitmassstäben nicht ermessen können und über dessen Tragweite für die weitere Entwicklung der Erde trefflich gestritten werden kann.

Eines ist jedoch sicher: In dem Maße, wie wir Biotop-Veränderungen vornehmen, verschieben wir Lebensräume. Wir schaffen durch Wegebau im Schwarzwald z. B. seit über 2.000 Jahren ökologische Nischen zur Ausbreitung der glazialrelikten Grünerle. Ihre im natürlichen Verbreitungsgebiet der Alpen beheimateten Mykorrhiza-Pilze jedoch hat sie größtenteils als Partner verloren. Der Lebensraum für die Grünerle wurde also dank unseres Mobilitätsbedürfnisses erweitert, der ihrer Pilze aber nicht. Über gut und schlecht könnte an dieser Stelle nur spekuliert werden.
Ein zweites ist genau so sicher: In dem Maße, wie wir Biotope beseitigen, Lebensräume teeren, betonieren oder überbauen, gehen sie verloren. Ein sich schlau fühlender Raumordnungspolitiker in meiner Region wettert immer gegen die grünen und roten Spinner mit ihrem Schlagwort vom **Flächenverbrauch.** Recht hat er: Kein Quadratmeter Deutscher Landesfläche ist verlorengegangen, also verbraucht worden; tausende Hektar werden aber täglich umgewandelt, überbaut, versiegelt, in Mastfutterbrachen überführt oder mit außerkontinentalen Bäumen bepflanzt und von diesem **Landschaftsverbrauch** will er in arroganter Weise ablenken.
Ein anderer Verbrauch ist der von Luft und Böden. Ich will hier nur kurz auf die gerade für uns Pilzfreunde und Mykologen so bedeutende Zunahme der Stickstoffbelastung eingehen. Auch hier sind Boden und Luft nicht eigentlich „verbraucht" worden; sie sind für viele Lebewesen aber unbrauchbar geworden und die Stickstoffbelastung begünstigt andere in einem Masse, dass sie die ursprüngliche Vielfalt überwuchern und mit ihrer biodiversen Einfalt ersetzen. Ein besonders drastisches Beispiel ist die sprunghafte Ausbreitung von Brombeerarten in den Wäldern. Ist die Zunahme an stängelzersetzenden Ascomyceten wirklich ein Ausgleich für das Fehlen ganzer Heerscharen von Schleierlingen, Täublingen, Milchlingen und anderen Mykorrhizapilzen in den überdüngten Wäldern?
Die Tatsache, dass wir mit wieder steigendem Fleischkonsum den Import von unter menschenverachtenden Arbeitsbedingungen außerkontinental produziertem Mastfutter fördern und damit für das Desaster selbst verantwortlich sind, dass unsere Hunde- und Katzenpopulationen mit Fleischfutter nur vom Feinsten ein übriges dazu tun, sei zumindest am Rande gesagt.
Ich darf an dieser Stelle erwähnen, dass ich in der von mir seit fünf Jahren präsidierten J. E. C. einer europäischen Gesellschaft zur Erforschung und zum Schutz und Erhalt der Cortinarien, entscheidend mit dafür gesorgt habe, dass Umweltschutz auch auf europäischer Ebene in der Mykologie eine bedeutendere Rolle spielt und dass die Mykologie dort gehört wird. Aktuell sind wir damit beschäftigt, eine ausgewählte Zahl von Pilzen im Anhang der Berner Konvention zum Artenschutz unterzubringen. Auch von der Journées Européennes du Cortinaire überbringe ich die herzlichsten Glückwünsche.
Damit wieder zurück in das eigentliche Tagesgeschehen der AMU:
Nach zwei Vorstandsperioden von Herrn Klement übernahm Herr Gräser für acht Jahre die Vereinsführung, bis er vom heutigen Vorsitzenden Gerd Fischer, der jetzt, unterstützt von der 2. Vorsitzenden Helga Steiner, den Verein in der zweiten Wahlperiode führt, abgelöst wurde. Nur vier Vorsitzende in 25 Jahren, das spricht trotz aller notwendigen Auseinandersetzungen für eine hohe Kontinuität, ohne die die vielfältige Öffentlichkeitsarbeit im Dienste der Pilze ja auch nicht möglich gewesen wäre.
Öffentlichkeitsarbeit besonderer Art, nämlich systematische Forschung und die Berichte über deren Ergebnisse in unterschiedlichen Fachorganen hatten wir kontinuierlich von Manfred Enderle zu erwarten. Er hat zeitweise so konzentriert und unermüdlich gearbeitet, dass ich mich, als ich von der Geburt des Sohnes von Christine und Manfred hörte, spontan fragte: Ja wann hat er denn das auch noch gemacht? Es muss überhaupt an dieser Stelle erwähnt werden, dass ohne die unermüdliche Unterstützung durch Christine Schnarbach, seit Mitte der 80er Christine Enderle, viele seiner Leistungen nicht möglich gewesen wäre. Seine Frau Christine hat nicht nur viele Pilze gefunden, sie hat ihn auch immer in seiner mykologischen Arbeit unterstützt, wohl wissend, dass diese Zeit von der knappen gemeinsamen Zeit abgeht.
In den insgesamt 25 Jahren AMU hat Manfred Enderle 106 Publikationen verfasst und allein oder mit anderen Fachleuten gemeinsam publiziert. Darin sind 45 Neubeschreibungen oder systematische Bearbeitungen von Taxa mit klärendem und gültigem Wert enthalten. 45 Taxa, das ist mehr als ein Prozent der in der Bundesrepublik Deutschland registrierten Arten und Varietäten. Dabei muss betont werden, dass seine taxonomische Arbeit stets den Anspruch zur Klärung beizutragen in den Vordergrund stellte und keine Zeile „um des publizieren Willens" zu entdecken ist. 20, also knapp die Hälfte der Neubeschreibungen oder Bearbeitungen sind Pilze aus dem Ulmer Raum: Ein Grund mehr, diese Erkenntnisse in eine eigene **„Pilzflora des Ulmer Raumes"** einfließen zu lassen. Wenn übrigens seine bis jetzt 31 Beiträge zur Kenntnis der Ulmer Pilzflora mit Nr. 3 beginnen, das heißt jetzt bis zur Nr. 34 aufgelaufen sind, so liegt es daran, dass er seine Arbeit in nicht geringerer Kontinuität als der des mykologischen Denkmals Dr. Hans Haas verstanden hat. Haas hatte in den Mitteilungen Nr. 22 des Vereins für Naturwissenschaft und Mathematik in Ulm (1942) und in den Mitteilungen Nr. 27 des Vereins für Naturwissenschaft und Mathematik in Ulm (1965) Beiträge zur Kenntnis der Ulmer Gegend I und

Beiträge zur Kenntnis der Pilzflora der Gegend II publiziert. Mein Freund Dr. Hans Haas erfreut sich guter Gesundheit und wird am 04.11.97 Jahre alt. Vielleicht erlebt er noch die **Pilzflora des Ulmer Raumes**. Ich würde ihm Ihr Geschenk dann gerne persönlich überbringen (Anmerkung: Dr. Hans Haas ist leider 2003 verstorben).
23 Jahre lagen zwischen dem ersten und dem zweiten Beitrag. 14 Jahre später folgte der dritte Beitrag und von 1979 bis 2000, also in 21 Jahren folgten dann die weiteren 30 Beiträge aus Enderles Feder.
Sein Wirken wurde 1988 von der Deutschen Gesellschaft für Mykologie mit dem Adalbert-Ricken-Preis für Nachwuchsmykologen aus dem nicht universitären Bereich gewürdigt und kurze Zeit später erhielt er das Bundesverdienstkreuz am Bande. Seine wissenschaftliche Arbeit wurde neben Diplomkaufmann Anton Hausknecht aus Wien und anderen von neun promovierten oder habilitierten Wissenschaftlern aus vier europäischen Nationen und Professor Dr. Rolf Singer aus Chicago, USA, teilweise in Co-Autorenschaft begleitet.
Dieser Tage wird in der renommierten Österreichischen Zeitschrift für Pilzkunde von Herrn Hausknecht die *Conocybe enderlei*, ein als selbstständige Art erkanntes Sammethäubchen zu Ehren von Manfred Enderle gültig publiziert werden.
Ich halte es fasst schon für überfällig, dass Manfred Enderle von geeigneter Seite die Ehre eines Doktor honoris causa angetragen werden muss. Wenn es der Nachweis selbstständigen wissenschaftlichen Arbeitens mit dauerhaften, gesetzmäßigen und reproduzierbaren Ergebnissen ist, was den Doktorhut ausmacht, dann hat er die Kriterien schon weit übererfüllt. Ich würde ihm und dem Verein gönnen, dass Überdurchschnittliches auch überdurchschnittliche Ehrung erfährt.
Der Verein, neben seiner unersetzlichen Ehefrau **auch** eine Stütze seiner Arbeit und ein Rückfluss der Zufriedenheit, wenn sich andere seiner überragenden Kenntnisse bedienen können und davon im Schneeballsystem profitieren, ist stark geworden. Mit derzeit 71 Mitgliedern zählt er zu den großen regionalen Arbeitsgemeinschaften der Deutschen Gesellschaft für Mykologie. In den 25 Vereinsjahren hat sich neben dem aktiven Vorstand ein ehrenwertes Dach aus den zwei Ehrenvorsitzenden Manfred Enderle und Walter Gräser (9 bzw. 8 Jahre Vorsitzender), sowie den Ehrenmitgliedern Gerd Dusolt (Stadtrat zu Ulm), German Krieglsteiner† (Ehrenvorsitzender der DGfM), Adolf Klement (ehemaliger Vorsitzender) und Peter Handtke (österreichischer Schriftsteller, in dessen Werk ich zu Beginn vor über 25 Jahren Einblick bekam) gebildet.
Ehrengäste und Freunde der AMU waren oder sind u. a.: Mein väterlicher Freund Dr. Hans Haas, Dr. Helmuth Schmid, Professor Dr. Wulfard Winterhoff, Johann Stangl†, Karl Partsch, Edmund Garnweidner, Heinz Engel, Ewald Kajan, German J. Krieglsteiner† und viele andere. Enge Verbindungen bestehen zu anderen Vereinen und Arbeitsgemeinschaften im In- und Ausland. Als ich vor wenigen Wochen an der Tagung des ECCF in Finnland teilnahm, konnte ich feststellen, dass den meisten der 25 Wissenschaftler aus 16 Ländern „die Ulmer" ein Begriff waren und ich konnte mich in meinem Kurzbericht über die gute „Infrastruktur der Amateur-Mykologen" in angenehmer Weise auch auf die vorbildliche Arbeit Ihres Vereins berufen. In diesem Sinne mag sich der Kreis schließen, in dem Sie mich als einen Freund Ihrer Arbeit und Förderer Ihrer Belange, soweit das meine Tätigkeit im Vorstand der DGfM betrifft, sehen können.
Ich danke Ihnen für die Aufmerksamkeit!

Die 1. und 2. Vorsitzenden der Arbeitsgemeinschaft Mykologie Ulm (AMU) seit ihrer Gründung:

06.12.76–07.10.85:	Manfred Enderle (Gründer und 9 Jahre Vorsitzender)
07.10.85–05.01.88:	1. Adolf Klement, 2. Walter Gräser
05.01.88–08.01.90:	1. Adolf Klement, 2. Kurt Köhler
08.01.90–10.02.92:	1. Walter Gräser, 2. Günther Eberwein †
10.02.92–07.02.94:	1. Walter Gräser, 2. Gerd Fischer
07.02.94–20.01.96:	1. Walter Gräser, 2. Gerd Fischer
20.01.96–02.02.98:	1. Walter Gräser, 2. Gerd Fischer
02.02.98–07.02.00:	1. Gerd Fischer, 2. Helga Steiner
07.02.00 – dato:	1. Gerd Fischer, 2. Helga Steiner

Ehrenmitglieder und Ehrenvorsitzende der Arbeitsgemeinschaft Mykologie Ulm (AMU):

Manfred Enderle, am 27.09.1986 zum Ehrenvorsitzenden ernannt

Walter Gräser, am 02.02.98 zum Ehrenvorsitzenden ernannt

Peter Schaidnagl, im Juni 1987 zum Ehrenmitglied ernannt

German J. Krieglsteiner, am 04.10.86 zum Ehrenmitglied ernannt

Adolf Klement, am 01.07.92 zum Ehrenmitglied ernannt

Gerd Dusolt, Stadtrat, am 04.10.86 zum Ehrenmitglied ernannt

Peter Handke, bekannter österr. Schriftsteller, Chaville (bei Paris), Frankreich, am 07.11.97 zum Ehrenmitglied ernannt.

Hinweis: Teile des obigen Kapitels stammen unter anderem aus der folgenden Literatur: Krieglsteiner, G. J. (1998), Kirchner, O. & J. Eichler (1894), Krieglsteiner, G. J. (1997), Fischer, G. & W. Gehrke (1986)

Das Untersuchungsgebiet

Das Untersuchungsgebiet der „Ulmer Pilzflora“ ist auf der beigefügten Karte dargestellt; es stimmt mit dem Territorium der Ulmer Blütenpflanzenflora überein (siehe dazu die „Ulmer Flora“ von H. RAUNEKER, VNM-Heft Nr. 33, 1984, Seite IV) und umfasst die MTB 7424–7427, 7524–7527, 7624–7627 und 7724–7727. Im Wesentlichen wurden nur Funde aus diesen Messtischblättern aufgenommen.
Ein MTB umfasst die Fläche von ca. 132 km² (11 x 12 km), das ergibt bei 16 MTB eine Gesamtuntersuchungsfläche von ca. 2.112 km² (16 x 132 km²). Es leuchtet ein, dass ein so großes Gebiet nicht gleichmäßig und durchgängig bearbeitet werden kann. Allerdings ist ein Großteil der Fläche mykologisch auch wenig ergiebig, da einerseits bebaute, andererseits intensiv landwirtschaftlich genutzte Bereiche einen Löwenanteil am entsprechenden Gebiet belegen. Auch sind Teile der verbleibenden Waldstücke durch Stickstoffeinträge aus der Landwirtschaft (Mineral- und Gülledüngung) stark degradiert und enthalten nur sehr sporadisch seltene oder bemerkenswerte Pilzarten.

Die nachfolgend genannten Städte, Gemeinden und Orte (nach RAUNEKER 1984) sind mit einem Buchstaben gekennzeichnet, der einen Verweis auf die entsprechenden MTB-Gebiete erlaubt.

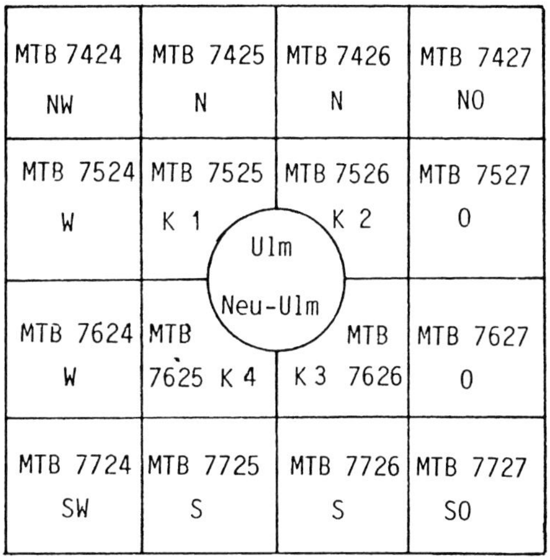

Messtischblätter (MTB) des Untersuchungsgebietes.

Welche Orte liegen in welchem MTB (Messtischblatt)?
Die Kurzangabe hinter dem Ort gibt Auskunft für die jeweilige Lage des Ortes im Untersuchungsgebiet.

Achstetten S
Aichen NW
Aichstetten S
Albeck K 2
Allmendingen W
Allewind K 3
Altbierlingen SW
Altenstadt NW
AltheimAlb N
Altheim-Eh. W
Altheim-Wh. K 4
Altsteußlingen W
Ammerstetten S
Amstetten N
Anhausen N
Anhofen O
Arnegg K 1
Asch b. Blaub. W
Asch b. Weißenh. O
Asselfingen NO
Attenhofen K 3
Au b. Illert. S
Auendorf NW
Aufheim K 3
Aufhausen NW
Autenried O
Ay K 3
Bach b. Erbach K 4
Bachhagel NO
Bad Ditzenbach NW
Bad Überkingen NW
Bächingen NO
Ballendorf N
Balmertshofen O
Baustetten S
Beimerstetten K 1
Beiningen W
Bellenberg S
Berg über Eh. SW
Bergenweiler NO
Berghülen W
Berkach SW
Bermaringen K 1
Bernau NO
Berneck NW
Bernstadt N
Betlinshausen S
Bettighofen SW
Beuren b. Schnürpfl. S
Beuren b. Pfaffenh. O
Beutelreusch K 3
Biberach b. Roggenbg. S
Biberachzell O
Biberberg O
Bibertal O
Bihlafingen S
Bissingen o. L. NO
Blaubeuren W
Bleichen SO
Blienshofen W
Böhmenkirch N
Börslingen N
Böttingen K 1
Bockighofen SW
Bolheim N
Bollingen K 1
Bräunisheim N
Brandenburg S
Breitenthal SO
Breitingen N
Brenz NO
Bronnen S
Bubenhausen SO
Buch b. Obenhausen SO
Bühl b. Günzbg. O
Bühl b. Lauph. S
Bühlenhausen W
Burgberg NO
Burgrieden S
Burlafingen K 2
Bußmannshausen S
Christertshofen SO
Deffingen O
Deggingen NW
Deisenhausen SO
Deilmensingen K 4
Denzingen O
Dettingen b. Eh. SW
Dettingen a. A. N
Diepertshofen K 3
Dietenheirn S
Dietershofen SO
Dietingen K 4
Dintenhofen SW
Dirrfelden SO
Donaurieden K 4
Donaustetten K 4
Dorndorf S
Dornstadt K 1
Domweiler S
Ebersbach b. Günzbg. O
Ebersbach b. Obenhausen SO
Ebershausen SO

Echlishausen O
Eggingen K 4
Ehingen SW,W
Ehrenstein K 1
Einsingen K 4
Eiselau K 1
Ellzee O
Emmausheim O
Emershofen S
Emmenthal 0
Ennahofen W
Erbach K 4
Erbishofen K 3
Ermelau W
Ermingen K 4
Ersingen S
Erstetten K 4
Eselsburg NO
Essendorf K 3
Ettlenschieß N
Ettlishofen O
Eybach N
Finningen K 3
Freudenegg K 3
Friesenhofen SO
Gamerschwang SW
Gannertshofen b. Illert. SO
Geislingen N
Gerhausen W
Gerlenhofen K 3
Gerstetten N
Giengen NO
Gögglingen K 4
Göttingen K 2
Gosbach NW
Grafertshofen S
Griesingen SW
Grimmelfingen K 4
Grötzingen W
Groß-Kissendorf O
Großkötz O
Großschafhausen S
Gruibingen NW
Günzburg O
Gundelfingen O
Gussenstadt N
Hagen K 1
Halbertshofen SO
Halzhausen N
Harthausen K 4
Haslach K 2
Hausen o. A. W
Hausen a. d. F. NW
Hausen-NU K 3
Hausen o. L N
Hausen o. U. W
Hausen b. Ellzee O
Hegelhofen K 3
Heldenfingen N
Herbertshofen SW
Herbrechtingen NO
Hermaringen NO
Heroldstatt W
Herrenstetten S
Herrlingen K 1
Hetschwang O
Heuchlingen N
Heuchstetten N
Heufelden SW
Hinterdenkental N
Hirbishofen K 3
Hittistetten K 3
Hochstetten S
Hochwang O
Hofstett-Emerbuch N
Hörenhausen S
Hörvelsingen K 2
Hohenmemmingen NO
Hohenstadt NW
Holzheim K 3
Holzkirch N
Holzschwang K 3
Hörenhausen S
Hürben NO
Hütten W
Hüttisheim S
Humlangen S
Ichenhausen
Ingerkingen
Ingstetten b. Justingen W
Ingstetten b. Roggenbg. SO
Illerberg S
Illerrieden S
Illertissen S
Illerzell S
Jedelshausen K 3
Jedesheim S
Jungingen K 3
Justingen W
Kadeltshofen K 3
Kesselbronn K 2
Kettershausen SO
Kirchbierlingen SW
Klein-Allmendingen W
Klein-Kissendorf O
Kleinkötz O
Kleinschafhausen S
Klingenstein K 1
Kuchen NW
Laichingen W
Langenau K 2, N
Laupheim S
Lehr K 1
Leibi K 2
Leinheim O
Leipheim O
Limbach O
Lindenau NO
Lonsee N
Lontal NO
Ludwigsfeld K 3
Luippen K 3
Luizhausen N
Machtolsheim W
Mähringen K 1
Markbronn K 4
Medlingen NO
Mehrstetten N
Merklingen NW
Meßhofen SO
Mohrenhausen SO
Muschenwang W
Mussingen K 3/4
Nasgenstadt SW
Nattenhausen SO
Neenstetten N
Nellingen NW
Nerenstetten N
Nersingen K 2
Neuhaus N
Neuhausen K 3
Neu-Ulm K 3
Niederhausen O
Niederhofen W
Niederkirch SW
Niederstotzingen NO
Nordholz SO
Nornheim O
Obenhausen SO
Oberbleichen SO
Oberböhringen NW
Oberdischingen W
Ober-Drackenstein NW
Oberegg SO
Oberelchingen K 2
Oberfahlheim K 2
Oberhaslach K 2
Oberhausen O
Oberholzheim S
Oberkirchberg K 3
Obermedlingen NO
Oberreichenbach O
Oberried SO
Oberschelklingen W
Oberstadion SW
Oberstotzingen NO
Obersulmetingen SW
Oberwiesenbach SO
Offenhausen K 2
Offingen O
Öllingen N
Öpfingen SW
Opferstetten O
Oppingen NW
Orsenhausen S
Osterstetten K 2
Oxenbronn O
Pappelau W
Peterswörth O
Pfaffenhofen K 3
Pfraunstetten W
Pfuhl K 2
Radelstetten N
Rammingen NO
Raunertshofen O
Regglisweiler S
Reichenbach i. T. NW
Reichenbach b. Weißenh. O
Reisensburg O
Remmeltshofen K 3
Rennertshofen SO
Rettighofen SW
Reutti-NU K 3
Reutti b. Urspring N
Rieden a. d. Kötz O
Riedhausen NO
Riedheim O
Ringingen W
Rißtissen SW
Ritzisried SO
Roggenburg SO
Roth K 3
Rottenacker SW
Sachsenhausen N
Sankt Moritz K 2
Schaffelkingen K 4
Schaiblishausen SW
Schalkstetten N
Scharenstetten N
Schechstetten N
Schelklingen W
Schemmerberg SW
Schießen SO
Schlat NW
Schlehbuch SO
Schmiechen W
Schneckenhofen O
Schnürpflingen S
Schwaighofen K 3
Schwörzkirch W
Seifertshofen SO

Seißen W
Senden K 4
Setzingen N
Siessen S
Silheim O
Sinabronn N
Söflingen K 1, K 4
Söglingen N
Sonderbuch W
Sondernach W
Sontbergen N
Sontheim/Heroldstatt W
Sontheim-Br. NO
Sontheim b. Eh. SW
Sotzenhausen W
Staig K 3
Steinberg K 3
Steinenfeld W
Steinenkirch N
Steinheim K 2
Stetten bei Eh. SW
Stetten o. L. NO
Stetten-La. S
Stoffenried O
Straß K 2
Stubersheim N
Stuppelau K 2
Suppingen W
Tafertshofen SO
Talsteußlingen W
Temmenhausen K 1
Teuringshofen W
Thal b. Illerberg S
Thalfingen K 2
Tiefenbach b. Illert. S
Tiefenbach b. Reutti K 3
Tomerdingen K 1
Treffensbuch W
Türkheim NW
Ulm K 1, 2 ,3
Unterbleichen SO
Unterböhringen NW
Unter-Drackenstein NW
Unteregg O
Unterelchingen K 2
Unterfahlheim K 2
Unterhaslach K 2
Unterholzheim S
Unterkirchberg K 3
Untermedlingen NO
Unterreichenbach O
Unterroth SO
Unterstadion SW
Untersulmetingen W
Unterweiler K 4
Unterwiesenbach O
Urspring b. Lonsee N
Urspring b. Schelkl. W
Vöhringen S
Volkershofen K 4
Vorderdenkental N
Wain S
Waldhausen b. Geisl. N
Waldhausen b. Deisenh. SO
Waldstetten O
Wallenhausen O
Walpertshofen S
Wangen S
Wasserburg b. Günzbg. O
Wattenweiler O
Weidach K 1
Weidenstetten N
Weihungszell S
Weiler b. Blaub. W
Weiler o. H. N
Weiler b. Holzschw. K 4
Weilersteußlingen W
Weinstetten S
Weisel SW
Weißingen K 2
Weißenhorn K 3
Wenenden b. Roggenbg .SO
Wennenden W
Wernau K 3
Westerflach SW
Westerheirn W
Westerstetten N
Wettingen N
Wiblingen K 4
Widderstall NW
Wippingen K 1
Witthau K 2
Wittingen b. Amst. N
Witzighausen K 3
Wochenau S
Wullenstetten K 3
Zähringen N
Zaiertshofen SO

Der Donau-Auwald bei Riedheim zählt mit zu den besterforschten Gebieten im Großraum Ulm.

Aus der Erdgeschichte des Ulmer Raumes (Geologie)

in Zusammenarbeit mit Dr. Gerhard Thost, Neu-Ulm/Ludwigsfeld

Zum Untersuchungsgebiet gehören im Norden Teile der östlichen Schwäbischen Alb, der Albsüdrand mit dem Hochsträß südlich des Blautales und das Langenauer Ried. Südlich der Donau folgt als Teil des Alpenvorlandes die stark gegliederte Riedellandschaft der Riß-, Iller-, Roth- und Günzschotterplatten. Kenntnisse über die Entstehung der Landschaft liefern – neben zahlreichen Steinbrüchen, Lehm- und Kiesgruben – einige zur Erschließung von Trinkwasser niedergebrachte Bohrungen.

Den Untergrund bilden Gneise aus dem Erdaltertum in 1.000 m Tiefe (Grundgebirge). Die darüber liegenden Kalksteine und Mergel entstanden vor ca. 230 Mio. Jahren im südlichen Küstenbereich des Meeres der Muschelkalkzeit. Ein Profil, erstellt aus dem erbohrten Gesteinsmaterial der Bohrung „Donautherme" (Atlantis-Bad) in der geologischen Sammlung der Stadt Neu-Ulm im Rathaus Neu-Ulm, zeigt an diesen Schichten wie auch an allen folgenden, den Ablauf der Erdgeschichte in unserem Raum. Grauschwarze Tone und Tonschiefer in 600–650 m Tiefe stammen aus dem Meer des Schwarzen Jura (Lias). Gleichaltrige Schichten, die nördlich der Alb bei Holzmaden an der Oberfläche anstehen, enthalten die berühmten Fossilien (Saurier, Fische). Auch die Schichten der Braunjurazeit (Dogger) sind in unserem Profil dunkel gefärbt, weil unser Gebiet damals in Küstennähe lag. Rund 400 m mächtig sind die Kalke und Mergel aus dem Meer des Weißen Jura (Malm). Anschließend hob sich das Land. Unser Gebiet gehörte in der nachfolgenden Kreidezeit und im Alttertiär zum Festland. Deshalb entstanden keine neuen Ablagerungen, sondern die vorhandenen Steine verwitterten. Bei der Verwitterung der Kalksteine wurde der Kalk aufgelöst und durch die Flüsse weggeführt. Die im Kalkstein in geringer Menge enthaltenen Tonmineralien blieben als Kalkverwitterungslehm zurück. Aus ihm entstanden viele Böden der Alb. Im Jungtertiär entstand durch die beginnende Hebung der Alpen im Süden und der Alb im Norden ein Becken – das heutige Alpenvorland.

Durch Landsenkung wurde es im Jungtertiär zweimal zu einem Randmeer der Tethys, des uralten Mittelmeers der Erdgeschichte. Ähnlich wie sich in der heutigen Ostsee, einem Randmeer des Atlantiks, nach der Eiszeit durch den mehrfachen Wechsel von Land und Meer verschiedenartige Ablagerungen bildeten, entstanden im Tertiär im Alpenvorland Salz- und Süßwasserablagerungen, die von den Geologen als Molasse bezeichnet werden. In großen Seen lagerten sich vor ca. 24–22 Mio. Jahren die Süßwasserkalke, Mergel und Sande der unteren Süßwassermolasse ab, die auf den Höhen um Ulm vom Kuhberg bis Oberelchingen über dem Sockel aus Jurakalk liegen. Aus den Baugruben der Universität Ulm kamen viele Reste von Tieren aus jener Zeit zum Vorschein. Danach drang von Südwesten her das Meer der oberen Meeresmolasse in unser Gebiet ein. Seine Steilküste ist im nördlichen Teil des Untersuchungsgebietes an einigen Stellen noch als Geländestufe erkennbar; am eindrucksvollsten in Heldenfingen. Man unterscheidet südlich dieser Klifflinie den ehemaligen Meeresboden als Flächenalb von der Kuppenalb, die damals nicht mehr vom Meer erreicht wurde. Bekannt ist aus dieser Zeit die Turritellenplatte von Ermingen, eine Schnecken- und Muschelbrekzie mit der vorherrschenden Turmschnecke *Turritella turris*. In der nachfolgenden Zeit der Süßbrackwassermolasse kam es zu stark wechselnden Ablagerungsbedingungen. Von einem wasserreichen Fluss, der von Nordosten durch unseren Raum nach Südwesten floss, stammen die mächtigen Sandablagerungen am Hochsträß-Südrand. Nach den bei Grimmelfingen besonders typisch vorkommenden Quarzsanden heißt er Graupensandfluss. Die Tone und Tonmergel der darüber liegenden Kirchberger Schichten haben bei Illerkirchberg besonders gut erhaltene Fischfossilien geliefert. Beim Autobahnbau fand man westlich von Langenau zahlreiche Reste von Tieren, die damals wohl in ein Flussdelta geschwemmt wurden. Unter den etwa 40 Säugetierarten sind die großen Dinotherien (Hauerelefanten) besonders zu erwähnen. Südlich der Donau liegen – meist überdeckt von den Schottern der Eiszeit – die Sande der oberen Süßwassermolasse. Sie sind teilweise durch Kalk zu harten Konkretionen (Zapfensanden) verbacken. Manchmal werden diese Sande auch als Flinz bezeichnet. Die wichtigsten geologischen Ereignisse dieser Zeit – der Vulkanismus am Nordrand der Alb und die Entstehung der Meteoritenkrater im Ries und Steinheimer Becken – spielten sich außerhalb des Untersuchungsgebietes ab.

Für die Formung unserer Landschaft am Ende des Tertiärs und in der Eiszeit ist vor allem die Arbeit der Flüsse verantwortlich. Dabei muss man beachten, dass zunächst die heutigen Täler noch nicht existierten. Schotter dieser ältesten Flüsse finden sich zum Beispiel auf den Höhen beiderseits des Blautales. Die Ur-Donau, von der diese Schotter stammen (auf dem oberen Eselsberg bis kindskopfgroß), hatte ihre Quellen in der heutigen Zentralschweiz. Der heute von Schmiech, Ach und Blau durchflossene Talzug Ehingen – Blaubeuren – Ulm ist das von der Urdonau eingetiefte Tal. Die Gletscher, die in der Eiszeit mehrfach in das Alpenvorland vordrangen, haben unser Gebiet nicht erreicht. Das Schmelzwasser der Gletscher bedeckte mit riesigen Schottermengen die tertiären Schichten südlich der Donau. Die älteren Schotter der Günz- und Mindeleiszeit sind durch Verwitterung stark verlehmt. Sie bilden die höheren Flächen der zwischen den Flüssen parallel verlaufenden Schotterriedel. In die anschließend eingetieften Täler wurden in der Rißeiszeit die Hochterrassenschotter abgelagert. Sie werden so genannt, weil sie entlang der Talränder deutlich ausgebildete Terrassen bilden (beiderseits des Günztales, besonders ausgedehnt südlich Leipheims; am Ostrand des Rothtales ge-

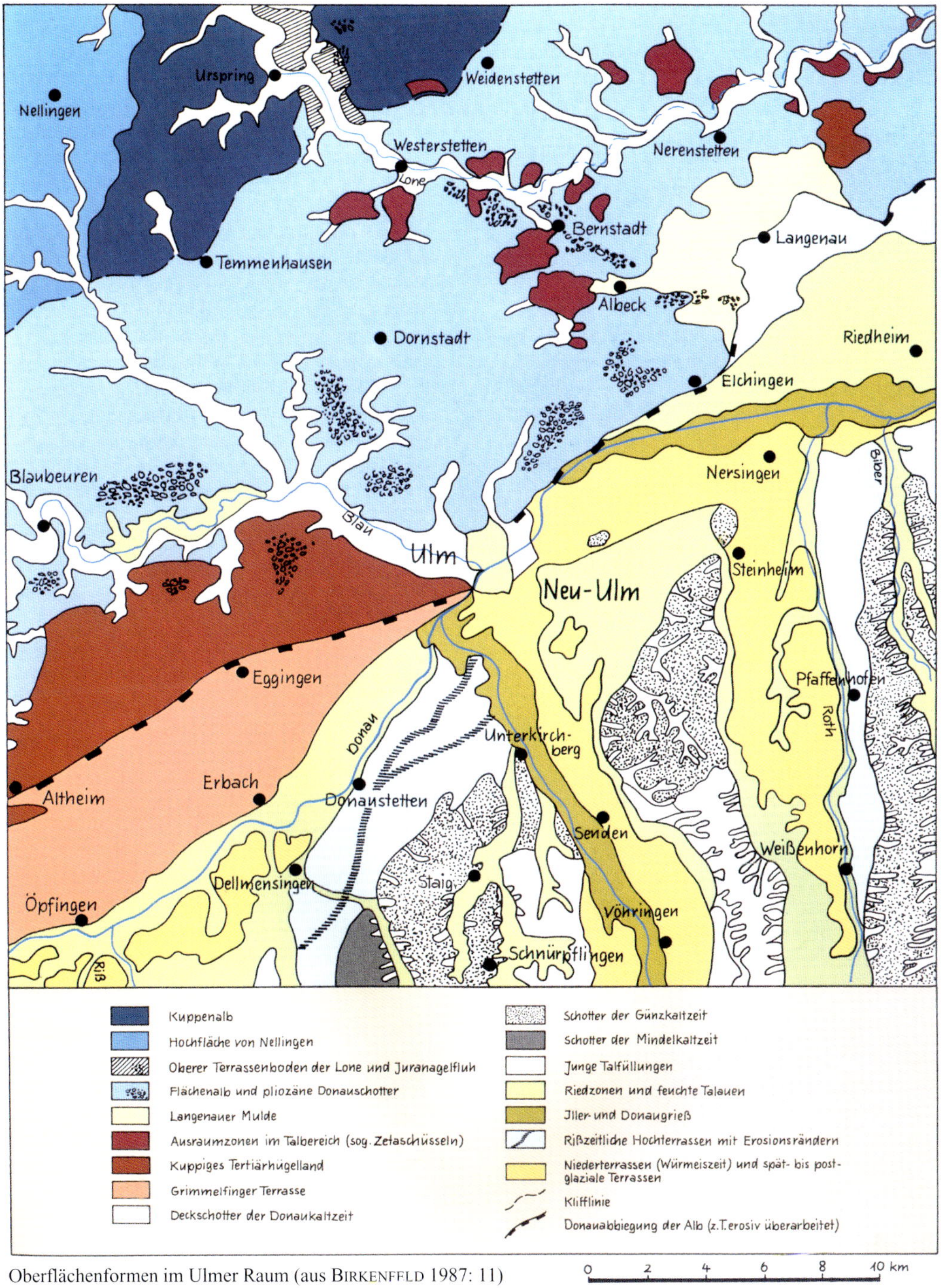

Oberflächenformen im Ulmer Raum (aus BIRKENFELD 1987: 11)

kennzeichnet durch die zahlreichen „-hofen"-Orte). Die Schotter der Würmeiszeit bilden – als Niederterrasse – die jungen Talböden (besonders deutlich zwischen Weißenhorn und Nersingen). Vor allem die Hoch- und Niederterrassen sind häufig von durch eiszeitliche Winde herangeführtem Löß (meist stark verlehmt) bedeckt. Von den nacheiszeitlichen Bildungen sind die ausgedehnten Torfablagerungen im Langenauer Ried und die Schotter im Illerschwemmkegel („Ulmer Winkel") zu nennen.

Die Böden der Ulmer Region

von Werner Krause, Geologisches Landesamt, Freiburg

Die „Ulmer Pilzflora" beschreibt ein Gebiet, welches aus mehreren geologischen Großlandschaften zusammengesetzt ist (s. erdgeschichtliches Kapitel). Entsprechend groß ist die Vielfalt der dort anzutreffenden Böden mit ihren spezifischen Eigenschaften und Funktionen.

Bemerkungen zum Boden

Die Bildung unserer heutigen Böden setzte in der Regel nach der letzten Kaltzeit vor 15.000 Jahren ein. Als Ausgangssubstrat der Bodenbildung dienten feste und lockere Gesteine sowie die unterschiedlichen Fließerden, die sich auf dem permanent gefrorenen Unterboden in der obersten Auftauschicht der kurzen Eiszeitsommer durch Bodenfließen gebildet hatten und großflächig unsere Landschaft bedeckten. In der dann folgenden und bis heute andauernden Warmzeit verwitterte das Ausgangssubstrat (Gestein und Fließerden) durch physikalische, chemische und biologische Prozesse und vermischte sich mit den Zersetzungsprodukten der abgestorbenen pflanzlichen und tierischen Organismen.
Ist die Verwitterung der Gesteine als reiner Abbauprozess weit genug vorangeschritten, entstehen in einem dann einsetzenden Aufbauprozess, der als die eigentliche Bodenbildung verstanden werden kann, Tonminerale, Oxide, Hydroxide und Huminstoffe als echte Neubildungen. Im Laufe der Zeit sind die Böden je nach Standort und Alter vielfältigen Prozessen der Bodenbildung unterworfen. Dazu gehören Entkalkung, Verbraunung, Tonbildung und -verlagerung, Podsolierung, Pseudovergleyung, Vergleyung, Bioturbation und Verdichtung.
Die bodenbildenden Prozesse lassen über die gesamte Tiefe des Bodens mehr oder weniger oberflächenparallele Lagen entstehen, die Bodenhorizonte genannt werden. Diese unterscheiden sich in Aussehen und Eigenschaften und bilden zusammen in ihrer horizontalen Abfolge und Ausprägung ein charakteristisches Bodenprofil. Dabei haben Böden mit einem annähernd gleichen Bodenprofil auch einen ähnlichen Entwicklungsverlauf und vergleichbare Eigenschaften. Sie werden deshalb zu einem Bodentyp zusammengefasst, wie beispielsweise die verbreiteten Bodentypen Rendzina, Braunerde, Parabraunerde, Podsol und Gley. Das alleinige Wissen um die Entstehung und Systematik der Böden gibt noch keine Antwort auf die Frage, was Böden eigentlich sind.
Eine umfassende, naturwissenschaftliche Definition von Boden lautet: Boden ist das mit Luft, Wasser und Lebewesen durchsetzte, unter dem Einfluss von Umweltfaktoren an der Erdoberfläche entstandene und im Ablauf der Zeit sich weiterentwickelnde Umwandlungsprodukt mineralischer und organischer Substanzen mit einer eigenen morphologischen Organisation, das in der Lage ist, höheren Pflanzen als Standort zu dienen und die Lebensgrundlage für Tiere und Menschen bildet (Schroeder 1992, S. 9).
Gemessen am Erddurchmesser ist die Mächtigkeit des belebten Bodens mit wenigen Zentimetern bis maximal einigen Metern hauchdünn. Dennoch ist er für die meisten Lebewesen der einzig mögliche Lebensraum. Deshalb zählen „Böden ... zu den kostbarsten Gütern der Menschheit. Sie ermöglichen Pflanzen, Tieren und Menschen auf der Erdoberfläche zu leben" (Europäischen Bodencharta 1972).
Jeder Boden umfasst vier Lebensräume, die sich in ihm eng durchdringen und untereinander austauschen. Die Bodenbestandteile sind Luft (Atmosphäre – gasförmig), Wasser (Hydrosphäre – flüssig), Gestein (Lithosphäre – fest) und eine vielfältige Lebewelt (Biosphäre – lebendig). Durch diese einzigartige, vermittelnde Stellung zwischen Luft, Wasser, Gestein und Lebewesen wird er selbst zu einem der wichtigsten Lebensräume, die Pedosphäre und erfüllt unverzichtbare Funktionen für das Leben auf der Erde.

Bodenfunktionen:

Speicher und Filter für Wasser und Feststoffe
Quelle für Nährstoffe, Säuren und Gase
Lebensraum für Pflanzen und Tiere
Archiv der Natur- und Kulturgeschichte sowie Fläche für land- und forstwirtschaftliche Kulturen, Fläche für Siedlung und Erholung sowie Rohstofflagerstätten

Im Rahmen dieses Buches will ich zwei Bodenfunktionen herausgreifen und näher betrachten, die neben der Pflanzenernährung oft zu kurz kommen. Zum einen soll der Boden als Lebensraum für Pilze und Bakterien beschrieben werden und zum anderen soll über die Bodenfunktion Speicher und Filter für Wasser und Feststoffe auf den Bodenschutz eingegangen werden.

„Böden als Lebensraum für Pflanzen und Tiere"

Die Gesamtheit der boden- und streubewohnenden

Lebewesen wird Edaphon genannt. Dabei entspricht die Anzahl der Lebewesen in einem Gramm Waldboden etwa den Bevölkerungen Deutschlands und Italiens! Die mit Abstand größte Biomasse, Individuenzahlen und höchste Artenvielfalt aller Bodenlebewesen haben die Mikroorganismen (Mikroflora und -fauna). Am häufigsten sind sie in der Streu, den Auflagehorizonten von Moder und Rohhumus sowie im humosen, mineralischen Oberboden zu finden, wo sie als Destruenten ein großes Nahrungsangebot finden.

Mikroorganismen sind wie alle Lebewesen Teil eines Nahrungsnetzes von fressen und gefressen werden und werden deshalb selbst von vielen Bodentieren als energiereiche Nahrungsquelle „abgeweidet". Die beiden wichtigsten Organismengruppen der Mikroflora im Boden sind aerob und heterotroph lebende Bakterien und Pilze. Die Anzahl der Pilze ist im Vergleich zu den Bakterien etwa 50- bis 500-mal geringer, dagegen ist die Biomasse der Pilze um ein Vielfaches höher. Die entscheidende Bedeutung von Pilzen und Bakterien für die Böden und letztlich die Bodenfruchtbarkeit liegt im Abbau komplexer organischer Substanzen und in der damit verbundenen Freisetzung pflanzenverfügbarer Nährstoffe (s. u.).

Pilze und Bakterien spielen außerdem eine wesentliche Rolle bei der Gefüge stabilisierenden „Lebendverbauung" im Boden. Dabei werden kleinste Humus- und Tonteilchen – oft schon im Regenwurmdarm – durch Pilzfäden (Hyphen) und Bakterienschleim miteinander verkittet, so dass stabile Ton-Humus-Komplexe (Bodenkrümel) entstehen, welche dem humosen Boden seine günstige schwammartige Struktur und hohe Gefügestabilität verleihen. Als typische Vertreter bodenbewohnender Pilze sind hinsichtlich ihrer Ernährungsweise vor allem saprophytische Pilze und Mykorrhiza-Pilze wie Schleim-, Schimmel- und Ständerpilze zu nennen.

Analog zu den Pflanzenwurzeln mit ihren Wurzelhaaren durchwachsen Pilzmyzele auf der Suche nach Nahrung den Boden, dringen mit ihren Hyphen in neue Bodenbereiche vor und erschließen so immer frische Nährstoffquellen für sich und alle anderen Bodenorganismen, die von der Freisetzung von Nährstoffen und den energiereichen Pilzen selbst profitieren. Ausdruck dieses vitalen Pilzwachstums ist, dass ein Liter Boden bis zu 300 m Pilzmyzel enthalten kann (Gisi 1997).

Pilze und Bakterien brauchen im Allgemeinen genügend energieliefernde Nahrung, Wärme, Feuchtigkeit und ein neutrales bis saures Milieu. In einigen dieser Standortsansprüche unterscheiden sich Pilze und Bakterien im Freiland deutlich voneinander und werden in ihrer Aktivität vor allem von den Bodeneigenschaften pH-Wert und Bodenfeuchtigkeit beeinflusst. So haben Pilze gegenüber den meist vorherrschenden Bakterien Standortsvorteile bei niedrigen Säurewerten der Bodenlösung (pH-Werten < 4) und in trockeneren Böden. Sie stellen dann den größten Anteil der Mikroorganismen. Werden diese (Pilz-)Standorte – z. B. durch Kalkungsmaßnahmen im Wald oder Bewässerung – melioriert, wächst die Biomasse insgesamt sehr stark an, gleichzeitig kommt es aber zu einer deutlichen Verschiebung im Verhältnis Bakterien zu Pilzen durch die einseitige Förderung der Bakterien.

Nur in einem Zusammenspiel aller Bodenlebewesen kann die jährlich anfallende Menge an toter pflanzlicher und tierischer Substanz abgebaut werden. Analog der Verwitterung und Bodenbildung kommt es beim Abbau der toten organischen Substanz zuerst zu einer Zerkleinerung der Tier- und Pflanzenteile durch die Bodentiere und damit einhergehend zu einer Umwandlung in Humus durch Mikroorganismen (Humifizierung). Ein anderer Teil der toten organischen Substanz wird in seine mineralischen Bestandteile zerlegt (Mineralisierung) und dient dann den Pflanzenwurzeln als Nährstoffe.

Was die mikrobielle Abbaubarkeit der jährlich anfallenden Streu durch saprophytische Pilze anbelangt, wird Leguminosen-Streu am schnellsten zersetzt, gefolgt von Gras- sowie Kräuter-Streu und die wiederum schneller als Laubstreu von Bäumen und Sträuchern. Nadeln und zuletzt das Laub von Zwergsträuchern werden am langsamsten zersetzt.

Da Pilze und Bakterien immer als Gegenspieler auftreten (s. o.), haben Pilze in sauren Böden mit gehemmter Streuzersetzung einen Vorteil gegenüber Bakterien. So sind die pilzfreundlichen sauren Böden im Wald meist durch die Auflagehumusformen Moder und Rohhumus gekennzeichnet, die durch einen bis mehrere Zentimeter mächtigen, schwarzen Humushorizont definiert sind. Dieser H-Horizont besteht überwiegend aus organischer Feinsubstanz und besitzt fast keinen mineralischen Anteil. Er ist schwarz und enthält keine sichtbaren Pflanzenreste mehr. Durch den Ausfall grabender Regenwürmer, die säureempfindlich sind, kann die Humusauflage nicht in den darunter liegenden Mineralboden eingemischt werden und bildet mächtige Schichten. Auflagehumusform und Säuregrad des zugehörenden Mineralbodens passen nicht immer im oben beschriebenen Sinne zusammen, was hier aber nicht näher erläutert werden soll.

Bei genügend Bodenfeuchte, hoher biologischer Aktivität und Säureverhältnissen im schwach sauren bis neutralen Bereich bildet sich die Humusform Mull, bei der die Streu von Regenwürmern innerhalb eines Jahres vollständig in den humosen Oberboden eingearbeitet wird und sich deshalb keine Auflage von Streu und organischer Feinsubstanz bilden kann. Mull steht für eine gute Nährstoffversorgung der

Pflanzen und ist durch eine hohe Dichte und Aktivität von Regenwürmern und Bakterien bestimmt. Wer also das Vorkommen der Pilze verstehen will, darf nicht nur ihre Vergesellschaftung mit Bäumen und Sträuchern studieren, sondern muss auch deren Lebensraum Boden verstehen lernen („Wer nur die Pilze versteht, versteht auch die nicht!").

„Böden als Speicher und Filter für Wasser und Feststoffe"

Die Fähigkeit Wasser in großen Mengen aufzunehmen, entgegen der Schwerkraft im Porensystem zu speichern und in verträglichen Mengen wieder an die Wurzeln abzugeben, ist eine der herausragenden Eigenschaften vieler Böden. Regenwasser wird in großen Mengen gespeichert und somit daran gehindert, schnell in die Flüsse zu gelangen. Die Hochwasserkatastrophen der letzten Jahre zeigen, wie wichtig z. B. unversiegelte Auenböden für den Schutz der Menschen und Tiere sind. Böden sind nicht nur in der Lage große Mengen an Wasser zu speichern, sondern auch Schadstoffe aus dem Niederschlagswasser und der Umgebung zu filtern und so zunächst unschädlich zu machen.

Unsere Industriegesellschaft belastet seit über 100 Jahren die Böden aus der Luft, sowie durch intensive Düngung und den intensiven Einsatz von Pestiziden aller Art. Ohne zu schaden geht das nur, solange der einzelne Boden Schadstoffe aufnehmen kann und diese derart festlegt, dass sie nicht wieder über die Pflanzen in die Nahrungskette gelangen. Ist ein Boden erst mal an Schadstoffen gesättigt, kann er im Gegensatz zu Luft und Wasser kaum mehr davon gesäubert werden – er muss abgetragen werden und wird zum Sondermüll. Neben dem Eintrag von Schadstoffen sind Böden durch die fast ungebremst scheinende Ausbreitung von Siedlungsflächen, und damit durch Bodenversiegelung, gefährdet und gehen unwiederbringlich verloren. Täglich werden in ganz Deutschland über 120 ha Boden überbaut, allein in Bayern sind es ca. 30 ha täglich! Besonders drastisch verlief diese Entwicklung nach dem 2. Weltkrieg, in der Zeit des Aufbaus und „Wirtschaftswunders".

Neben dem Schadstoffeintrag aus Industrie, Verkehr, Abfallversorgung, Freizeit und Landwirtschaft sowie der fortschreitenden Versiegelung sind noch die Erosion und die Bodenverdichtung durch schwere Landmaschinen als verbreitete Gefährdungen zu nennen. Im Verlauf der letzten Jahrzehnte sind gerade in unserer Industriegesellschaft die Ansprüche an die Böden stetig gewachsen. Eine Übernutzung bis hin zur irreparablen Zerstörung der Böden ist vielerorts die Folge. Auf Bundes- und Länderebene existieren mittlerweile Gesetze zum Schutz des Bodens, doch ist die essentielle Bedeutung der Böden immer noch zu wenig im Bewusstsein der Entscheidungsträger verankert, als dass dieser in den Planungen vor Ort Rechnung getragen würde.

Boden und Relief

Jede Landschaft setzt sich aus charakteristischen Bodengesellschaften zusammen, die wiederum eine regelhafte räumliche Zusammensetzung und Abfolge unterschiedlicher Bodentypen aufweisen. Welche Bodentypen vorkommen und wo diese zu finden sind, wird durch das vernetzte Zusammenwirken der bodenbildenden Faktoren bestimmt. Dazu gehören an erster Stelle die Standortsfaktoren Gestein, Oberflächenbeschaffenheit des Geländes (Relief) und Klima, Zeit sowie die biotischen Faktoren Vegetation, Fauna und nicht zuletzt der Mensch.

Während Ausgangsgestein und Klima den Verlauf der Bodenbildung und damit letztlich die unterschiedlichen Bodengesellschaften bestimmen, spielt für die Verteilung und Abfolge der Bodentypen innerhalb einer Bodengesellschaft das Relief eine bedeutende Rolle. Wechsel im Relief sind eng mit Veränderungen im Entwicklungszustand und Wasserhaushalt der Böden verbunden. So bleiben Böden am Oberhang bei sonst gleichen Bedingungen durch die dort verstärkt wirkende Erosion (flächiger Abtrag von Bodenmaterial durch Regen) in einem flachgründigen, z. T. skelettreichen, „jungen" Entwicklungszustand (A/C-Böden), während am Mittelhang die Erosion geringer ist und von oben erodiertes Material dauernd nachgeliefert wird. Deshalb sind die Böden hier im allgemeinen tiefer entwickelt (A/B/C-Böden) als an Oberhängen und auf Kuppen. Für den Wasserhaushalt gilt entsprechend: Am Oberhang sind die Böden durch Hangwasser-Abfluss trockener als am Mittelhang, wo sowohl Hangwasser-Abfluss als auch -Zufluss von oben herrscht. Dementsprechend sind die kleinsten Erosionsverluste und größten Materialgewinne an Bodensubstanz am Unterhang und vor allem in Mulden und Tälern zu finden. Am Unterhang haben sich tiefgründige A/B/C-Böden entwickelt und bei zusätzlicher Akkumulation von erodiertem Bodenmaterial (M-Horizont), in den Mulden tiefgründig-humose Kolluvien (A/M/B/C-Böden) aus Abschwemmassen von den seitlichen Hängen gebildet. Durch Zuzug von überwiegend sauerstoff- und nährstoffreichem Hangwasser sind die Böden hier meist feucht, aber i. d. R. nicht nass.

In den Auen sind die Böden durch die unterschiedliche Herkunft der Flusssedimente, stark schwankende Grundwasserstände, Überschwemmungen und damit durch den Stoffhaushalt des gesamten Wassereinzugsgebiets eng miteinander verbunden. Bei jeder Überschwemmung lagern sich „junge" Sedimente auf der Bodenoberfläche ab und lassen den Boden ein wenig nach oben „wachsen". Nach dem meist raschen

Ablaufen des Hochwassers wird der Boden sofort wieder gut durchlüftet, die zugeführten Mineral- und Nährstoffe sorgen für eine hohe Produktivität der Böden und ein intensives Bodenleben. Es bilden sich Auenböden (A/M/G-Böden), wobei der M-Horizont aus fluviatil verlagertem Bodenmaterial besteht und der G-Horizont durch Grundwasser beeinflusst ist.
Die hier kurz skizzierten Beziehungen zwischen Boden und Relief lassen sich sinngemäß auf alle nachfolgend beschriebenen regionalen Bodengesellschaften übertragen.

Die farbige Übersichtskarte kann nur einen groben Hinweis auf das Hauptverbreitungsgebiet der beschriebenen Bodengesellschaften und Böden des Ulmer Raumes geben. Für detailliertere Angaben wird auf die entsprechenden Bodenkarten verwiesen.
Die folgenden Textangaben in eckiger Klammer beziehen sich auf die Nummern der Kartiereinheiten in der Übersichtskarte.

Quadrate und Ziffern in der Übersichtskarte bezeichnen den Blattschnitt und die entsprechenden Blattnummern der Topographischen Karte 1 : 25.000 (z. B. Blatt 7625 Ulm-Südwest).

1. Böden der Schwäbischen Alb [Kartiereinheiten 1.1–1.4]

Kalksteine, Gesteinsschutt, Mergelkalke und eiszeitliche Fließerden sind die Ausgangssubstrate für die Bodenbildung auf der Schwäbischen Alb. Auf der hügeligen Kuppenalb sind die Böden stark an die Landschaftsform gebunden. So hat sich in den Erosionslagen der Kuppen und steilen Talhänge eine **steinig-flachgründige Rendzina** aus Karbonatgestein und Gesteinsschutt gebildet, dagegen findet man am flacheren Mittelhang eine mittelgründige **Ackerrendzina**, **Braunerde-Rendzina** oder basen-

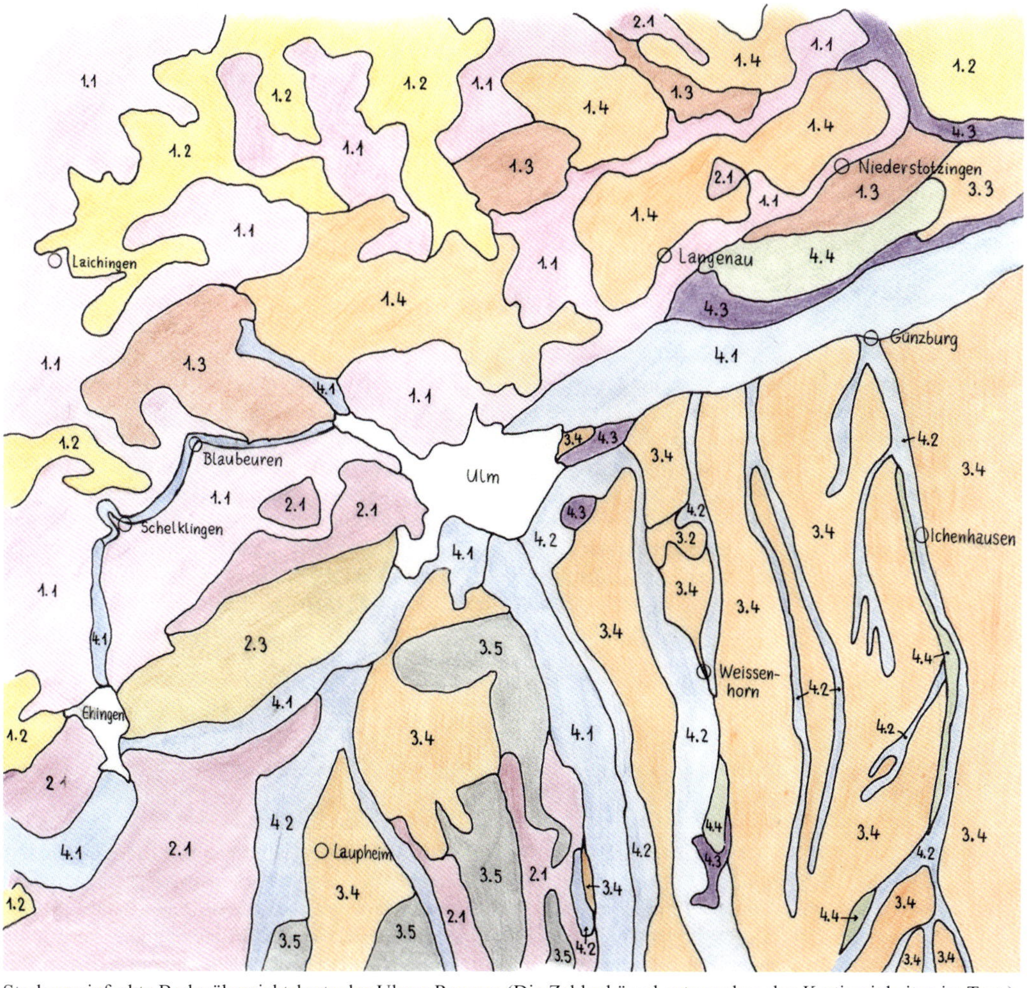

Stark vereinfachte Bodenübersichtskarte des Ulmer Raumes (Die Zahlenkürzel entsprechen den Kartiereinheiten im Text.).

reiche **Braunerde**. Die ökologischen Eigenschaften sind weitgehend durch relativ hohe Humusgehalte im Oberboden und einen problematischen Wasserhaushalt bestimmt. Allgemein gilt: je flacher die Böden sind, umso weniger Wasser ist für die Pflanzen verfügbar.

Analog zur flachgründigen Rendzina aus kalkreichem Festgestein bildet sich aus Lockergestein mit mittlerem Kalkgehalt und relativ hohen Anteilen an Silikaten (z. B. Zementmergel) eine **Pararendzina**, deren Oberboden – im Gegensatz zur Rendzina – immer kalkhaltig ist. Sie hat zwar eine hohe nutzbare Feldkapazität (pflanzenverfügbares Wasser) und gute Nährstoffnachlieferung, doch gilt sie in der Landwirtschaft als schwieriger Boden. Pararendzina entwickelt sich bei zunehmender Entkalkung zum **Pelosol**, einem Tonboden, und neigt dann bei fehlender Karstdrainage zur Vernässung [Kartiereinheit 1.1].

Auf reinem Karbonatgestein mit sehr wenig silikatischen Beimengungen (z. B. Ulmer Blaukalk) findet man in den flacheren Mittel- und Unterhanglagen, aber auch in den Karsttaschen der steileren Lagen, **Terra fusca** und **Braunerde-Terra fusca**. Sie besitzen einen mehrere Dezimeter mächtigen, gelb- bis rötlichbraunen, tonigen Unterboden, der sich besonders in vor Erosion geschützten Lagen als Lösungsrückstand von Kalkgesteinen (Kalksteinverwitterungslehm) angereichert hat. Die Terra fusca neigt trotz tonigem Unterboden durch eine hohe Wasserleitfähigkeit bei ausgeprägter Aggregierung nicht zur Vernässung und hat eine hohe Basensättigung, die sich positiv auf die Nährstoffversorgung und Gefügestabilität auswirkt [Kartiereinheit 1.2].

Auf der nach Südosten anschließenden ebenen Flächenalb haben sich auf den dort im Untergrund verbreitet vorkommenden Kalksteinverwitterungslehmen während der letzten Kaltzeiten mächtige Lösslehmdecken gebildet. Aus diesen mehrschichtigen Ausgangssubstraten haben sich infolge von Tonverlagerung von oben nach unten innerhalb des Bodenprofils tiefgründige **Terra fusca-Parabraunerden** im Wechsel mit tongründigen **Parabraunerden** gebildet [Kartiereinheit 1.3]. **Tiefgründige Parabraunerde aus Lösslehm** bedeckt den Rest der Flächenalb, sie sind sehr gute Pflanzenstandorte und nahezu vollständig unter Ackernutzung. Nur an den Steilhängen der in die Flächenalb tief eingeschnittenen Täler und in wenigen anderen Erosionslagen findet man auch hier die flachgründigen Böden der Kuppenalb [Kartiereinheit 1.4].

In den oft breiten Trockentälern der Albhochfläche liegen verbreitet **Kolluvien** aus holozänen Abschwemmmassen. In den wenigen Tälern mit Fließgewässern wurden **Auenrendzina** (Kalkpaternia), **Auenpararendzina** und der aus umgelagertem, humosem Bodenmaterial bestehende **Braune Auenboden** (Vega) sedimentiert. Oberhalb von Blaustein finden sich im Blautal verbreitet Böden wie **Auengley** und **kalkhaltiges Niedermoor**, die von ständig hoch stehendem Grundwasser geprägt sind und daher überwiegend als Grünland genutzt werden [Kartiereinheiten 1.1–1.4].

2. Böden des Tertiärhügellandes
[Kartiereinheiten 2.1–2.3]

Die Böden des Tertiärhügellandes wechseln auf engem Raum in Abhängigkeit vom geologischen Ausgangssubstrat und der Reliefposition. Als Ausgangssubstrate sind schwach verfestigte, kalk- und tonhaltige Molassesedimente (Mergelgesteine mit stark wechselnden Ton- und Karbonatanteilen) verbreitet, die unter limnischen Bedingungen sedimentiert worden sind. Aus ihnen hat sich in Süd- bis Westlagen der Hänge als Anfangsstadium der Bodenbildung eine **humose Pararendzina aus sandig-tonigem Lehm** gebildet, diese wechselt mit meist **kalkhaltigem Pelosol**, der aus tertiären Tonmergellinsen entstanden ist, und bildet mit vereinzelt vorkommender **Parabraunerde aus Lösslehm**, **Pseudogley** sowie, an Quellaustritten, **Quellen-**, **Anmoor-** und **Nassgley** ein engräumiges Bodenmosaik [Kartiereinheit 2.1].

Die nord-, nordost- und ostexponierten Hänge und die plateauartigen Hochflächen tragen eine mächtige Löss- und Lösslehmdecke, die vor allem in den Randbereichen über tertiären Tonfließerden liegt. Tiefgründige **pseudovergleyte Parabraunerde aus Lösslehm** herrscht hier vor. Vereinzelt sind auch **Pararendzina** und **Parabraunerde aus Löss** zu finden. Unter Acker neigen die schluffreichen und damit leicht verschlämmbaren Oberböden der Parabraunerden zur Erosion. Wird die Lösslehmdecke in ihren Randbereichen dünner und kommen die Tonfließerden nahe an die Bodenoberfläche, konnte sich **Pelosol-Parabraunerde** ausbilden. In abflussträgen Flachlagen, aber auch in Muldenlagen, finden sich Staunässeböden wie **Pseudogley-Parabraunerde** und **Pseudogley**. Bei anhaltender Vernässung des Unterbodens, z. B. durch einen dichten, tonigen Untergrund und ausreichenden Niederschlag, kommt es zur Bildung von **Stagnogley** [Kartiereinheit 2.2].

Auf dem Hochsträß, südwestlich von Ulm, kommt verbreitet tiefgründige **sandige Parabraunerde** vor, die sich aus den feinkörnigen, silikatreichen Sanden der Brackwassermolasse entwickelt hat und zu leichter Podsoligkeit neigen kann. Bei höherem Quarzgehalt und Grobkörnigkeit des sandigen Ausgangssubstrats hat sich vereinzelt auch saure **podsolige Braunerde** und **Bänderpara-Braunerde** gebildet [Kartiereinheit 2.3].

Muldentäler und Senken werden von **Kolluvium** aus holozänen Abschwemmassen eingenommen. Im Gegensatz zur verkarsteten Kuppen- und Flächenalb gibt es im Tertiärhügelland häufig Täler mit kleinen Bachläufen, in denen sandig-lehmige, oft von Grundwasser beeinflusste **Auenböden** vorkommen. An einzelnen Stellen haben sich Täler bis in die tiefer liegenden Juraschichten eingeschnitten. Dort sind an den steilen Talhängen **Rendzina** und **Terra fusca** aus Kalksteinverwitterung zu finden. Vor allem die lössbedeckten Bereiche des Tertiärhügellandes haben fruchtbare Parabraunerden hervorgebracht. Sie sind tiefgründig, nährstoffreich und verfügen über viel pflanzenverfügbares Wasser. Daher sind sie unter intensiver Ackernutzung. Die tongründigen Parabraunerden aus Lösslehm dagegen sind gute Buchenwaldstandorte [Kartiereinheiten 2.1–2.3].

3. Böden der Deckenschotterplatten [Kartiereinheiten 3.1–3.5]

Die weit gespannte Terrassenlandschaft der Deckenschotterplatten (Iller-Riß-Platte) südlich der Donau reicht von den hochliegenden, ältestpleistozänen Schottern der Donaukaltzeit im Gebiet „Holzstöcke" bis zu den Niederterrassenschottern der Würmeiszeit im Donau-, Iller- und Günztal. Die sandig-kiesigen Terrassenschotter liegen auf tertiären, feinsandig-mergeligen Molasseschichten, die vor allem an den Terrassenrändern bodenbildend sind und sandig-lehmige, nährstoffreiche **Parabraunerde** hervorbringen. Ausgangssubstrat und Böden der einzelnen Schotterterrassen sind sehr unterschiedlich. Bei ursprünglich ähnlicher Gesteinszusammensetzung der verschieden alten Schotter unterscheiden sie sich deutlich durch die mit dem Alter der Ablagerungen zunehmende Entkalkungstiefe und damit durch das Entwicklungsalter der Böden. So findet sich auf den jüngsten, kalkreichen Schottern noch **Pararendzina** [Kartiereinheit 3.1] und großflächig unter Acker **kiesig-lehmige Parabraunerde,** bei starker Erosion auch **Pararendzina** [Kartiereinheit 3.4].
Je älter die Deckenschotter sind, um so mächtiger und älter sind auch die pleistozänen Löss- und Lösslehmdecken. Auf den Iller-Riß-Platten konnte sich fruchtbare **Parabraunerde aus Löss** bilden, die vor allem als Acker genutzt wird [Kartiereinheit 3.2].
In den tief entkalkten, altpleistozänen Deckenschottern und den meist degradierten Lösslehmen der abflussträgen Zentralbereiche dieser Gebiete verläuft die Bodenentwicklung zu dichten und „kalten" Böden wie **podsoliger Pseudogley-Parabraunerde**, **Parabraunerde-Pseudogley**, **Pseudogley** und, im Extrem, zum **Stagnogley**. Diese Flächen sind heute weitgehend bewaldet. Unter Fichtenreinkultur tritt verbreitet Podsoligkeit auf [Kartiereinheit 3.5].
Die flachwelligen Lössgebiete im Donautal, südöstlich von Niederstotzingen, sind durch **humose Parabraunerde** und, örtlich, **Tschernosem-Parabraunerde aus Löss** ausgezeichnet [Kartiereinheit 3.3].
Unter landwirtschaftlicher Nutzung sind in den Mulden und Senken **Kolluvium**, bei höher ansteigendem Grundwasserstand Übergangstypen bis zum **Gley-Kolluvium** zu finden. In Waldgebieten dagegen werden die selben Standorte von **Pseudogley** und **Gley** dominiert, je nachdem ob Stau- oder Grundwasser die Böden prägt. In den Talauen der kleineren Bachläufe ist sandig-lehmiger **Brauner Auenboden** (Vega) und, bei hohem Grundwasserstand, **Auengley** bis **Niedermoor** zu finden. Im Gegensatz zu den Böden an Donau und Iller sind die Auenböden, ihrer im Alpenvorland entspringenden Nebenflüsse überwiegend kalkfrei [Kartiereinheiten 3.1–3.5].

4. Böden an Donau, Iller und ihren größeren Nebenflüssen [Kartiereinheiten 4.1–4.4]

Natürliche Auenstandorte sind wegen ihres Artenreichtums an Pflanzen und Tieren wertvolle Biotope, sie sind aber selten geworden. Auch Donau und Iller sind zum Großteil durch Kanalisierung, Dammbau und Staustufen von ihren ehemaligen Auen abgetrennt. Die meisten Auenflächen sind heute ohne regelmäßige Überflutung und werden als Acker genutzt. Natürliche Auenböden können sich nur noch auf Flächen zwischen den Deichen bilden und erhalten. Nur die relativ starken Schwankungen des Grundwasserspiegels in den flussnahen Bereichen deuten auf den ehemals ausgeprägten Jahresgang der sommerlichen Hochwasser- und herbstlichen Niedrigwasserstände hin.
Entlang der großen Flüsse und deren Nebenflüssen wurden im Holozän über kalkreichem Kies und Sand kalkhaltige Auensedimente abgelagert, die nach Mineralzusammensetzung, Kalk- und Humusgehalt sowie Bodenart unterschieden werden können. So liefert die Donau vor allem schluffig-lehmige Sedimente, die aus den lösslehmbedeckten Gebieten ihres Oberlaufs stammen. Die Iller dagegen lagert vorwiegend glimmerhaltiges, sandiges Material aus ihrem Wassereinzugsgebiet in den Molasse-Sanden ab. In den Tälern kommt daher verbreitet **kalkhaltiger Brauner Auenboden** (Vega) vor, dessen schwach humose Sedimente keine deutliche Horizontierung zeigen. Wird nichtvorverwittertes Material (Gesteinszerreibsel) erodiert und abgelagert, bilden sich **Auenkarbonatrohboden** (Kalkrambla), **Auenrendzina** (Kalkpaternia) und **Auenpararendzina**. Diese Bodentypen sind im Gegensatz zum Braunen Auen-

Donau bei Leipheim mit Weichholzaue.

boden deutlich horizontiert. Kleinflächig kommen bei entsprechend hohen Grundwasserständen zusätzlich alle nachfolgend beschriebenen Grundwasserböden vor [Kartiereinheit 4.1].

Mit steigendem mittlerem Grundwasserstand bildeten sich **Auengley**, **Gley**, stellenweise auch **Nass-** und **Anmoorgley** aus lehmig-tonigen Auensedimenten und, bei Torfbildung, **Niedermoor** [Kartiereinheit 4.2]. Bei zunehmender Vernässung findet sich eine Bodenabfolge vom **Anmoor-** zum **Niedermoor-Gley** [Kartiereinheit 4.3] und, wenn die Mächtigkeit der Torfschicht 30 cm überschreitet, schließlich **Niedermoor**, das große Auenflächen der Donau, Blau und Nau einnimmt. In diesen Rieden steht das Grund- bzw. Quellwasser ganzjährig hoch an und verhindert durch Luftmangel den Abbau der auf den wüchsigen Flächen reichlich anfallenden organischen Substanz – es kommt zur Bildung von Torf. Im basenreichen und kalkhaltigen Niedermoor liefert das sauerstoff- und kalkreiche Grundwasser ausreichend Nährstoffe in gelöster Form oder in Schwebstoffen. Die Niedermoortorfe sind deshalb bei schwach alkalischem pH-Wert (Säuregrad) des Wassers stark zersetzt (dunkel) und haben einen hohen Mineralgehalt. Die Riedflächen werden meist als Grünland genutzt und sind durch Grundwasserabsenkung und Überbauung stark gefährdet (Kartiereinheit 4.4).

Vegetationskunde

Unter anderem nach Angaben aus Rauneker (1978) und mit weiteren Hinweisen von Herrn Dr. Hermann Muhle, Universität Ulm, Abt. Systematische Botanik und Ökologie.

Die Geschichte der mitteleuropäischen Menschen begann im Wald und ist bis heute entscheidend durch den Wald geprägt worden. Wald ist die ursprüngliche, die natürliche Vegetation: Wald mit Wild und Wasser. Mehr brauchten die Menschen anfangs nicht und sie hatten mehr als genug davon. Ihre Sprache und Religion, ihre Märchen und Sagen spiegelten ihr Leben im Wald. Mit dem ersten Baum, den sie zu fällen imstande waren, begann unsere Kultur. Und mit dem letzten, den wir töten werden, wird sie zu Ende sein!

Zwischen den klimatisch-morphologischen Bedingungen und der Pflanzenwelt unseres Raumes besteht ein enger Zusammenhang. Wenn auch die natürliche Vegetation im Zuge der Entwicklung zur Kulturlandschaft auf einige wenige Restflächen zurückgedrängt wurde, so lässt sich die ursprüngliche Pflanzenbedeckung doch weitestgehend rekonstruieren. Noch heute findet man am Rande einiger Albtäler die wohl artenreichste Pflanzengesellschaft unseres Raumes, den lichten Steppenheidewald. Der überwiegende Teil der Region war früher mit Buchenwäldern bestanden. Diese sind vielfach der landwirtschaftlichen

Nutzung gewichen bzw. durch leicht zu bewirtschaftende Fichtenbestände ersetzt worden. Die noch vor wenigen Jahrhunderten zusammenhängenden Feuchtgebiete, wie etwa die Auwälder und Niedermoorkomplexe in den Tallandschaften der Donau und ihrer Nebenflüsse, wurden durch menschliche Eingriffe (Flussbegradigungen, Entwässerungen, Torfabbau, Siedlungswachstum, etc.) stark dezimiert und nicht selten auch in ihrer Struktur verändert.

Nach Rauneker (1978) ist die Blütenpflanzenflora des Ulmer Raumes sehr vielgestaltig und artenreich. Dies rührt von der Lage des Gebietes an der Nahtstelle zweier Großlandschaften her, nämlich der Schwäbischen Alb und dem Alpenvorland; zudem stoßen hier zwei nacheiszeitliche Zugstraßen aufeinander. Die Verschiedenheit der Böden auf der Alb und im Alpenvorland hat entscheidenden Anteil am Zustandekommen des heutigen Artenbestandes im Ulmer Raum. Weiterhin haben die Eiszeiten mit den dazwischenliegenden Warmzeiten und besonders die Nacheiszeit mit ihrer Klimaverbesserung und der damit verbundenen Zuwanderung von Fremdpflanzen viel zum Artenreichtum beigetragen. Während der Eiszeit waren große Flächen Norddeutschlands ebenso wie die Alpen und ihr Vorland von den Eismassen der Gletscher bedeckt. Der Ulmer Raum war zwar eisfrei, aber in allernächster Nähe standen die Eismassen (Biberach), türmten sich Endmoränen auf und entließen ihre kalten Schmelzwasser in die Donau. Die Schotter- und Sandflächen im eisfreien, südlich der Donau gelegenen Raum wurden immer wieder überschwemmt, so dass ein Siedeln der Pflanzen auf diesen Flächen nur sehr schwer möglich war. Weniger extreme Bedingungen herrschten oben auf der Alb, hier entsprach das eiszeitliche Klima etwa dem eines heutigen nordnorwegischen Fjälls. Der größte Teil der Alb war von einer Kältetundra mit Polsterpflanzen, Moosen, Flechten und Gräsern bedeckt. Alle tertiären Warmpflanzen waren in der Eiszeit vernichtet worden. Buche und Tanne hatten sich nach Südwest- und Südosteuropa zurückgezogen, die Kiefer hatte im osteuropäischen Raum Zuflucht gefunden.

Da die Umwandlung des Klimas in sehr langen Zeiträumen erfolgte, hatten die kältegewohnten Pflanzen Norwegens und der Alpen Zeit, in die für sie günstigsten Räume abzuwandern. Sie zogen sich auf die Alb zurück, die ihnen optimale Lebensbedingungen bot. Mit dem Abklingen der Eiszeit wanderten mit zunehmender Wärme viele Pflanzen (und Pilze) aus ihren Rückzugsgebieten um das Mittelmeer und Osteuropa in unseren Raum ein. Um 20.000 v. Chr. waren zunächst Kiefer, Weide und Birke verbreitet. Ihnen folgten um 10.000 v. Chr. die Hasel, die Eiche und die Fichte. Erst um 3.000 v. Chr. zog die Buche in unsere nacheiszeitlichen Wälder ein. Auch die Niederschläge ließen mit zunehmender Erwärmung nach. Dort wo das Wasser rasch ablaufen konnte, wo die Sonne das Erdreich stark austrocknete und oft winterliche Stürme den wärmenden Schnee hinweg fegten, entstand ein steppenartiges Kleinklima. Diese Klimabedingungen finden sich an Stellen, wo die Albhochfläche in die steilen, nach Süden und Südwesten geneigten Talhänge übergeht und auch dort, wo gleitende Gesteinsschichten, große Felsen und Verwitterungsschuttmassen eine Besiedelung durch den Wald nicht zulassen.

Die Steppenheide und der Steppenheidewald

Diese lückige Pflanzengesellschaft befindet sich z. B. an den ostwärtigen Hängen des Lautertales, an den nach Süden und Südwesten weisenden Hangkanten des Mähringer Tobels und überall dort im Blautal, Kiesental und Schmiechtal, samt den Nebentälern, wo die oben erwähnten klimatischen Bedingungen herrschen. In direkter Nachbarschaft zu diesen Trockenstandorten finden sich die Pflanzengesellschaften der Schwammfelsen. Ihre pflanzlichen und pilzlichen Vertreter kamen in der Nacheiszeit aus den Steppen des Ostens zu uns. Sie haben als Hauptwanderstraßen sicherlich den Donauraum benutzt, sind also zwischen den Karpaten und den Alpen nach Westen gewandert. Besonders interessant sind die „Stromtalpflanzen“, die sehr eng an die Niederung der Donau gebunden sind und in das Langenauer Ried, in den Iller- und Rißraum bis zum Schmiechener See vorgedrungen sind. Die Steppenheide und der Steppenheidewald sind sicherlich wegen ihres Artenbestandes naturschutzfachlich die wertvollsten Pflanzengesellschaften unseres Raumes.

Die Wacholder- und Schafweiden

Schon seit Jahrhunderten greifen hier Mensch und Tier in den Haushalt der Natur ein. Der Trockenheit, der dünnen Humusdecke zufolge und vor allem dem dauernden Verbiss durch die Schafe hat sich auf den Wacholderheiden eine typische Pflanzen- und Pilzgesellschaft angepasst. Die Flora der Schafweiden ist eine typische Auslesegesellschaft. Blieben diese Flächen sich selbst überlassen, wären sie in wenigen Jahrzehnten verschwunden; der Wald würde sich ihrer bemächtigen. Man kann dies gerade in den letzten Jahren dort beobachten, wo der Schäfer verschwunden ist. Der Rasen verfilzt und Gebüsche breiten sich aus. Typische Gebiete sind die Wacholderheiden bei Bermaringen und Altheim/Gerstetten, der „Salachberg“ bei Lonsee, der „Loshaldenberg“ bei Bollingen, die Heiden um den „Mädlesbaum“ bei Weidach und der „Berg“ bei Temmenhausen.

Wacholderheide auf der Schwäbischen Alb.
Foto: H. E. Laux

Der Buchenwald

Sicherlich schon seit der Bronzezeit (2.000 bis 1.000 v. Chr.) wurden auf den mehr oder weniger ebenen Teilen der Albhochfläche und des Hochsträß die Wälder in Ackerfluren verwandelt. Die alemannische Landnahme (260 n. Chr.) brachte einen weiteren Einbruch in den Wald. Deshalb finden sich Wälder vorwiegend in für landwirtschaftliche Nutzung weniger geeigneten hängigen Lagen, während auf der Hochfläche der Alb und auf dem Hochsträß neben weiten Ackerflächen nur wenige ausgedehnte Wälder vorhanden sind. Zu den größten zählen das „Englenghäu" nordwestlich von Langenau, der „Hagenbuch" zwischen Scharenstetten und Berghülen, die Wälder zwischen Ermingen und Ringingen und die Wälder westlich von Allmendingen („Roter Berg", etc.). Überall herrscht die Rotbuche, die die Wälder aufbaut. Einzeln können auch Stiel- und Traubeneiche, auf frischen Standorten auch die Esche und die Hainbuche beigemengt sein. Meist handelt es sich bei den Buchenwäldern um hochwüchsige Hallenwälder, wobei die Strauchschicht im Schatten der Baumkronen ausgesprochen spärlich ist. Reichlicher treten Sträucher wie Haselnuss, Feldahorn, Weißdorn, Schlehe, Pfaffenhütchen, Hundsrose, Roter Hartriegel, Wolliger Schneeball, Liguster, auch Hainbuche und Vogelkirsche am Waldrand auf, wo sie einen Saum bilden. Die Krautflora bildet im Sommer lückenhafte, teilweise auch dichte Bestände, je nach Lichtmenge, die den Waldboden noch erreicht.
Auf ärmeren Böden, die vor allem mehr oder weniger sauer sind und die man über den pliozänen Schottern der Ur-Donau, über Graupensanden oder auch auf lehmiger Albüberdeckung finden kann, wächst der

Laubmischwald mit Eichen/Rotbuchen bei Echlishausen (Bubesheimer Wald).

Donau-Auwald (Hartholzaue) bei Leipheim-Riedheim, im Vorfrühling mit Märzenbechern.

Hainsimsen-Buchenwald mit seinen säureliebenden Arten. Sind dagegen die Böden reicher, aber immer noch mehr oder weniger kalkarm, wie wir sie auf manchen Tertiärschichten, vor allem aber auf der lehmigen Albüberdeckung antreffen, dann stellt sich der Waldmeister-Buchenwald ein. Hier fehlen in der Regel die säureliebenden Arten. Schließlich gedeihen auf kalkreichen Böden sowohl über Jura- als auch Tertiärkalken die „Kalk"-Buchenwälder. Den Frühlingsblatterbsen-Buchenwald findet man vorwiegend an absonnigen Hängen, so z. B. des Blautales und seiner Nebentäler, aber auch in mehr oder weniger ebenen Lagen. Das Gegenstück zu ihm ist der wärmeliebende Seggen-Buchenwald, den man vor allem in sonniger Hanglage antrifft und der zum Steppenheidewald überleitet.

Linden-Ahornwälder (Kleeb- und Schluchtwälder)

An steileren Hanglagen mit Steinschutt tritt die Rotbuche ganz in den Hintergrund. Berg-Ahorn, Sommer-Linde, Berg-Ulme, Esche und Spitz-Ahorn beherrschen die Baumschicht. Kleeb- und Schluchtfinder finden sich im Hagener Tobel südostwärts Beimerstetten, im Mähringer Tobel, im Kiesental, besonders in den Seitentälern des Blautales wie im Lautertal oberhalb des Lauterursprungs, im Tiefental, im Schmiechtal, zwischen Arnegg und Gerhausen, im Rieden- und im Höllental.

Eichen-Hainbuchen-Mischwälder

Vorwiegend auf schweren, zeitweise vernässenden Böden, wie sie zum Teil auf lehmiger Albüberdeckung, aber auch auf dem Hochsträß und in Talniederungen vorkommen, kann die Rotbuche sich nicht mehr allein durchsetzen und damit keine Buchenwälder bilden. Hier findet man Eichen-Hainbuchen-Mischwälder.

Auwälder

Die Schwemmschotter zu beiden Seiten der Donau und der Iller mit ihren hohen Grundwasserständen, der dadurch bedingten Bodenfeuchtigkeit und den immer wieder eingestreuten Altwassern ließen Wald- und Krautgesellschaften entstehen, die nur in der unmittelbaren Nähe der beiden Flüsse ihre optimalen Lebensbedingungen finden. Unmittelbar am Ufer finden wir einen Saum mit Brennnessel, Kleb-Labkraut, Zaunwinde, Gemeinem Wasserdost und im Donautal mit Fluss-Greiskraut. Danach folgt die Weichholzaue mit Purpurweide, Korbweide, Mandelweide, seltener mit der Lavendelweide und der Seidelbastweide. In der etwas höher gelegenen Baumweidenaue gedeihen vor allem die Silberweide, ihr Bastard mit der Bruchweide, selten die Bruchweide, gelegentlich die Schwarzpappel, die aber meist durch Bastardpappeln ersetzt ist. Im Hartholz-Auenwald wachsen Stieleiche, Esche, Feldulme, Flatterulme, Bergulme, Grauerle, Silberpappel, Traubenkirsche, Hopfen,

Saurer, nur mäßig nährstoffreicher Fichtenforst bei Echlishausen (Bubesheimer Wald).

Waldrebe, Winterschachtelhalm, Bärlauch, Aronstab, Zweiblättriger Blaustern, Wald-Gelbstern und Blauer und Gelber Eisenhut. Dadurch, dass die Donau weitgehend kanalähnlich gestaltet wurde, findet man kaum noch standörtliche Differenzierungen zwischen Weich- und Hartholzaue.

Fichten- und Kiefernforste

Fichten und Tannen findet man natürlich selten auf der Westalb auf Grobblockhalden, während sie auf der mittleren Alb aus wirtschaftlichen Gründen in Forsten genutzt werden. Von der schnellwüchsigen Fichte erwartet man einen raschen Holzzuwachs und damit eine größere Rentabilität des Waldbestandes. Leider sind die Bestände nicht mehr stabil, sodass Stürme und Orkane in den letzten Jahren große Schäden verursacht haben. Mischwald wird wieder gefördert, denn er trotzt Schädlingen und Naturkatastrophen weitaus besser. Ihre Pflanzengesellschaften unterscheiden sich, wenn man von dem meist größeren Moosreichtum und einigen Rohhumusbesiedlern absieht, nur wenig von denen der Laubwälder. In den großen zusammenhängenden Fichtenbeständen südlich der Donau finden sich in der Krautflora einige Arten, die auf der Alb in den kleinräumigeren Arealen seltener anzutreffen sind. Lokale Schwarzkiefernbestände und Rotföhrenforste gibt es nur kleinflächig.

Wetter und Klima im Ulmer Raum

Ozeanische und kontinentale Einflüsse bestimmen das Klima im Ulmer Raum. Es handelt sich im Wesentlichen um ein typisches Übergangsklima, welches ausreichende Niederschläge zu allen Jahreszeiten und relativ hohe Temperaturunterschiede zwischen Sommer und Winter mit sich bringt. Als hauptsächliche, die großklimatische Situation modifizierende Faktoren gelten die Höhenlage, die Nähe zu den Alpen sowie die Entfernung zur Küste bzw. die Abschwächung ozeanischer Einflüsse durch die im Norden vorgelagerten Mittelgebirge. Der landschaftlichen Gliederung entsprechend kann zwischen drei annähernd einheitlichen Klimaräumen unterschieden werden:

a) Das breite Donautal mit den innerhalb der Region geringsten Niederschlägen (als Folge der Lee- und Föhnwirkung, die durch die Schwäbische Alb, den Schwarzwald und die Alpen hervorgerufen wird) und einer mittleren Jahrestemperatur von über 8 Grad Celsius.
b) Die Albhochfläche, die bedingt durch ihre freie Höhenlage mit 6,5 bis 7 Grad Celsius im jährlichen Mittel ein vergleichsweise kühles und dabei recht niederschlagsreiches Klima aufweist.
c) Die Schotter- und Flussterrassenlandschaft zu beiden Seiten der Iller mit Klimamerkmalen, wie sie

für den Übergang zum Alpenvorland kennzeichnend sind (langsame Temperaturaufnahme nach Süden hin bei gleichzeitig leicht steigenden Jahresniederschlägen).

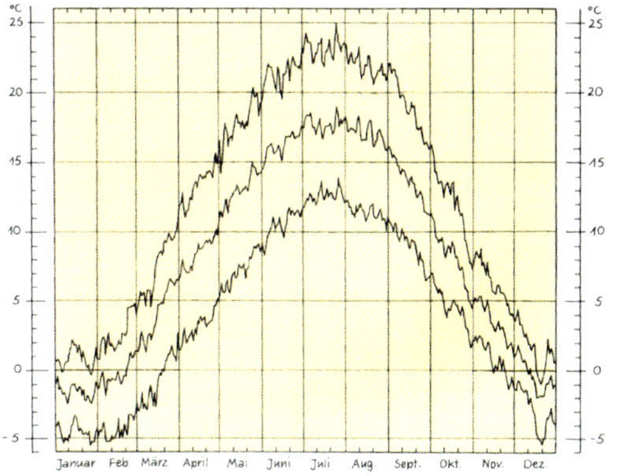

Mittlerer jährlicher Temperaturverlauf in Ulm: Tagesmittel-, tägliche Höchst- und Tiefsttemperaturen (aus BIRKENFELD 1987: 14).

Nach BACH (1957) stellt der Ulmer Raum klimatisch keine einheitliche Landschaft dar. Er setzt sich aus dem Donautal zwischen Ehingen und Günzburg, dem Hochsträß, der Blaubeurer, Ulmer und Heidenheimer Alb im Norden und den Moränenhügeln im Süden zwischen Riß, Iller, Roth und Günz zusammen. Aus der allgemeinen Richtung des südlichen Albabfalls und des Donautals lässt sich jedoch ableiten, dass die Südwestwinde mit zu den häufigsten zählen. Dagegen bleibt der Schutz, den die Alb dem Donautal gegen Norden hin gewährt, praktisch ohne Bedeutung, da die Nordwinde in Süddeutschland allgemein recht selten sind.

In 60–80 km Entfernung erhebt sich im Süden das Alpenmassiv, das in zweifacher Weise einen erheblichen Einfluss auf unser Klima ausübt. Einmal werden bei nordwestlicher bis nordöstlicher Strömung die Luftmassen an der langen, bis zu 3.000 m aufragenden Gebirgskette gestaut. Die dadurch vermehrte Wolken- und Niederschlagsbildung dehnt sich bei solchen Wetterlagen teilweise bis in den Ulmer Raum aus. Bei beginnender Nordostströmung kann man häufig beobachten, wie sich das Dreieck zwischen den Alpen und der Schwäbischen Alb vom Bodensee her mit einer Wolkendecke überzieht, die sich erst nach Drehung des Windes auf südöstliche Richtung auflöst. Zum anderen reicht der Einfluss des Föhns, der bei Süd- bis Südweströmung durch das Alpenmassiv ausgelöst wird, oft bis in das Donaugebiet und greift bisweilen sogar noch über die Alb nach Norden hinüber. An solchen Tagen wird dann von Ulm aus die ganze Alpenkette sichtbar. Meist ist aber eine solche Fernsicht nur der Vorbote einer bevorstehenden Wetterverschlechterung.

Das Klima im Ulmer Raum stellt deshalb einen Übergang vom maritimen zum kontinentalen Typus dar. Die größere Entfernung von der Küste und die vorgelagerten deutschen Mittelgebirge schwächen den ozeanischen Einfluss zwar stark ab, so dass z. B. die Temperaturextreme zwischen Sommer und Winter weit mehr in den Vordergrund treten als in Mittel- und Norddeutschland, aber er lässt sich keinesfalls übersehen. Er ist zum größten Teil eine Folge der beiden Hauptzirkulationssysteme, des planetarischen und monsunalen, die meist über längere Zeit den Wetterablauf unserer Breiten beherrschen.

Wegen des Überwiegens der Westwetterlagen sind in unserem Gebiet die West- und Südwestwinde unter allen Windrichtungen am häufigsten vertreten. Als zweithäufigste Windrichtung hebt sich Ost bzw. infolge lokaler Beeinflussung Südost und Nordost hervor. Am südlichen Albrand und in den tief eingeschnittenen Tälern der Blau und Brenz kommen beachtliche Abweichungen von der geschilderten Windrichtung vor. Auf der Alb weht der Wind im Jahresdurchschnitt etwa mit der doppelten Geschwindigkeit wie im Donautal. Dies gilt vor allem für den Herbst und Winter, wenn eine Temperatur-Umkehrschicht die Donauniederung von der freien Strömung auf der Albhochfläche abschirmt.

Einer Höhenzunahme von 100 m entspricht in der freien Atmosphäre im allgemeinen eine Temperaturzunahme von 0,5–1 Grad, je nachdem ob es sich um wasserdampfgesättigte oder trockene Luft handelt. Bei einem Höhenunterschied von rund 300 m zwischen dem Donautal und der Albhochfläche wären somit Temperaturdifferenzen von 1,5–3 Grad zu erwarten. Sie treten allerdings nur von April bis August tatsächlich auf.

Der Juni und Juli sind im Ulmer Raum die niederschlagreichsten Monate. Damit gehört der jährliche Niederschlagsgang dem Binnenlandtypus mit vorherrschendem Sommerregen an. Die Alb nimmt unter den deutschen Mittelgebirgen eine Sonderstellung ein, indem ihre Winterniederschläge nicht bis zur Höhe des Sommermaximums anwachsen oder sie sogar noch übertreffen, wie z. B. im Schwarzwald. Hierfür lassen sich zwei Gründe anführen: Im Winter liegt die Alb wegen des Überwiegens der Südwest- und Westwinde im Lee des Schwarzwaldes, der bereits einen großen Teil des Niederschlags abfängt. Im Sommer hingegen liegt sie quer zu den häufig aus Nordwesten wehenden Winden, wobei die Stauerscheinungen an ihrer Nordseite zum Teil noch auf die Hochfläche übergreifen.

Das Niederschlagsminimum fällt im ganzen Gebiet auf den Februar. Jedoch bringen im Durchschnitt auch schon der Oktober und November recht geringe Beiträge. Zwischen dem niederschlagsarmen Donau-

tal mit den südlich angrenzenden flachen Endmoränen und der Alb bestehen im Winter erhebliche Niederschlagsdifferenzen. Den wenigsten Niederschlag empfängt das Donautal zwischen Ehingen und Langenau, sowie das Iller- und Rothtal bei Weißenhorn, den meisten die Blaubeurer und Heidenheimer Alb.
Zu den markantesten Erscheinungen der Herbst- und zum Teil auch Winterwitterung im Ulmer Raum zählt der Nebel. Seine besondere Häufigkeit erstreckt sich dabei nicht nur auf die engere Umgebung Ulms, sondern über die gesamte Donauniederung. Die Ursache für die Gleichförmigkeit seines Auftretens ist außer in den meteorologischen Gegebenheiten in den Untergrundverhältnissen und der Oberflächengestaltung des Ulmer Raumes zu suchen. Im Donautal liegen große Riedflächen, in denen sich bei geeigneten Wetterlagen in bevorzugtem Maße Kaltluft bildet. Sie erhält einen weiteren Zufluss von den Hängen der Schwäbischen Alb im Norden und den Moränenzügen im Süden. Der Zustrom erfolgt dabei nicht nur von den unmittelbar angrenzenden Hängen herab, sondern zu einem nicht unerheblichen Maße auch aus den größeren Seitentälern, die ihrerseits vielfach als selbständige Kaltluftbecken anzusehen sind. Das bei Ulm einmündende Blautal ist ein solches. Es weist hinsichtlich seines Untergrundes und seiner Berghänge dieselben Voraussetzungen für die bevorzugte Nebelbildung auf wie das breite Donautal.

Natur- und Pilzschutz (mit Rote-Liste-Arten)

Bedeutung der Pilzflora für den Wald

Im Gegensatz zu einer vergleichsweise geringen Zahl an Höheren Pflanzen können Wälder einen außerordentlichen Reichtum an Pilzarten aufweisen. Aufgrund der Schlüsselfunktion, die Pilze im Ökosystem Wald haben, können sie wertvolle Informationen zum Zustand und zur Wertigkeit von Waldbeständen liefern. Zahlreiche Pilze haben auch eine wichtige Funktion als Nahrungsquelle, z. B. für Schnecken, Kleinsäuger und Insekten. Von überragender Bedeutung sind die Mykorrhizapilze für den Wald. Sie tauschen mit den Bäumen und Pflanzen wichtige Stoffe aus und sind deswegen von beiderseitigem Nutzen.
Einige Arten reagieren sehr empfindlich auf Wuchsortbedingungen und können deshalb als Indikatoren für Standortverhältnisse, wie pH-Wert des Bodens, Nährstoffangebot, Feuchtigkeitsverhältnisse, Höhenlage oder Temperaturhaushalt gelten. Sie geben Aufschluss über den Baumbestand, die forstliche Nutzung und Naturnähe eines Bestandes. Besonders die in enger Wurzelsymbiose mit Waldbäumen lebenden Mykorrhizapilze reagieren am empfindlichsten auf Bewirtschaftungsmaßnahmen oder sich verändernde Bodenbedingungen.

Station ULM (WST)

Breite 48 Grad 23 Min. N
Laenge 9 Grad 58 Min. E
Hoehe 522 m ueber NN

Zahl der verwendeten Jahre: 30

	LUFTTEMPERATUR (Grad C)								FEUCHTE		NIEDERSCHLAG			SONNE	WOLKEN
	mittl. Tagesmittel	mittl. taegl. Max.	mittl. taegl. Min.	abs. taegl. Max.	abs. taegl. Min.	mittl. Zahl der Eistage	Frosttage	Sommertage	mittl. Dampfdruck (hPa)	mittl. relat. Feuchte (Prozent)	mittl. Niederschlagshoehe (mm)	mittlere Zahl der Tage mit Niederschlag von mindestens 1 mm	10 mm	mittl. Sonnenscheindauer (Stunden)	mittlere Bewoelkung (Prozent)
Jan	-1.8	.8	-4.3	13.5	-24.6	12	25		5.0	89	48.3	11	1	45.2	82
Feb.	-.3	3.1	-3.3	19.6	-21.7	7	21		5.3	85	44.0	10	1	74.6	74
Mrz.	3.4	7.9	-.5	24.3	-16.4	2	16		6.2	78	43.7	10	1	123.2	70
Apr.	7.5	12.6	2.8	27.2	-5.0	0	6	0	7.5	73	58.3	11	1	158.6	68
Mai	12.1	17.3	6.8	29.7	-2.8		1	2	10.1	72	76.6	13	2	199.7	67
Juni	15.3	20.4	10.1	31.5	.4			6	12.7	73	100.2	13	3	216.1	65
Juli	17.3	22.7	11.7	37.4	4.0			10	14.2	72	80.8	11	2	242.2	59
Aug.	16.4	22.2	11.4	33.7	3.0			9	14.1	75	83.4	11	3	213.8	59
Sep.	13.1	18.9	8.5	31.1	-1.0		0	3	12.2	80	60.6	8	2	167.9	59
Okt.	8.2	12.8	4.7	27.3	-6.6	0	3	0	9.5	85	47.4	8	1	104.9	69
Nov.	2.8	5.8	.1	19.0	-14.2	3	14		6.8	88	55.6	9	1	52.6	80
Dez.	-.6	1.8	-3.0	15.1	-20.2	10	23		5.4	88	49.6	10	1	41.9	83
Jahr	7.8	12.2	3.7	37.4	-24.6	34	108	30	9.1	80	748.3	124	20	1640.5	69

Wetterkarte von Ulm (Deutscher Wetterdienst).

Gefährdung der Pilze:
Bei einer derzeit für die Bundesrepublik bekannten Gesamtzahl von fast 6.000 Großpilzarten (Großpilze sind Pilze, die mit dem bloßen Auge gut sichtbare Fruchtkörper bilden) sind etwa 1.400 Arten (= ca. 31 %) gefährdet. Von 3.083 in Bayern bewerteten Großpilzen sind nach SCHMID (1990) 42,25 % gefährdet, 0,46 % davon sind ausgestorben, 2,7 % vom Aussterben bedroht, 22,9 % stark gefährdet, 43,1 % gefährdet, die übrigen potenziell gefährdet. Die Anzahl der gefährdeten Arten in Bayern (Wohnort des Autors!) liegt mit rund 42 % höher als der Durchschnitt anderer Bundesländer, was mit der Sonderstellung Bayerns zusammen hängt, das vor allem in den Alpen und den ostbayerischen Grenzgebirgen zahlreiche Arten aufweist, die fast nur dort vorkommen.
SCHMID (1990) weist darauf hin, dass Arten naturnaher Wälder besonders betroffen sind.
58 % der gefährdeten Arten sind Waldarten, 17,2 % Holzpilze, daneben sind vor allem Pilzarten auf Trocken- und Nassstandorten gefährdet. Zu den wichtigsten Gefährdungsursachen in Bayern zählen:
- hoher Fichtenanteil auf potenziellen Laub- und Mischwaldstandorten
- geringer Anteil von Baumarten wie Birke oder Erle in Beständen, die mit seltenen Pilzarten symbiontisch leben
- Entwässerung von Feuchtwäldern
- schadstoffbedingte Lebensraumveränderungen
- Beseitigung stehenden und liegenden Totholzes
- Einsatz von Bioziden (neben den Schadorganismen werden auch Nutzorganismen geschädigt)
- Veränderung des Substrats durch Düngung, Kalkung, Entwässerung oder Bewässerung
- Aufbau nicht heimischer Baumarten, die nur mit wenigen heimischen Pilzarten Mykorrhiza bilden
- maschinell durchgeführte Pflegemaßnahmen (Bodenverdichtung durch schwere Maschinen; „Harvester"; Erstickung der Pilzmyzelien)
- plötzliches Entfernen größerer Bestände, das auch die Pilzflora bedroht (Kahlhiebe, Saumschlagverfahren)
- direkte Biotopzerstörung (Überbauung)
- zunehmender Flächenverbrauch durch Siedlung, Gewerbe und Verkehr. Allein in Bayern sind es **täglich** 28 ha, bundesweit ca. 110 ha! Wenn die Baukonjunktur besser liefe, wären diese Zahlen noch weitaus eklatanter.
- Grundwasserabsenkung und Eutrophierung
- Verbrachung, Eutrophierung oder Zerstörung von Trockenstandorten (Magerrasen, Halbtrockenrasen)
- Zunahme der Pferdedichte durch vermehrtes Freizeitangebot. Pferde zertrampeln in Wäldern und Wiesenlandschaften auf unbefestigten Wegen die spezifische Wegrandflora und verändern sie durch ihre Exkremente. Dies ist vor allem in Sonderbiotopen (Auwäldern, Halbtrockenrasen, Feuchtgebieten, etc.) von Übel.

Großseggenbulte mit Grauweidengebüsch im NSG nordöstlich von Riedheim; bedroht durch Wasserverlust.

Moorlandschaften enthalten eine große Zahl akut gefährdeter Pilzarten: Niedermoor (Kalkflachmoor) mit Mehlprimeln im Donaumoos bei Riedheim.

Ein weitgehender Schutz vieler gefährdeter Pilzarten ist z. Zt. wohl nur noch in großflächigen Naturschutzgebieten gewährleistet. Bei Bedarf sollte um diese Schutzgebiete eine genügend große Pufferzone geschaffen werden.

Für die Rückläufigkeit einer Pilzart kann im Allgemeinen nicht nur eine einzige Ursache verantwortlich gemacht werden. In sehr vielen Fällen führt erst das Zusammenwirken mehrerer Faktoren zu einem auch langfristig beobachtbaren Rückgang.

Ob ein anhaltendes Auftreten ungünstiger Witterungsverhältnisse das Pilzmyzel schädigen kann, ist noch relativ unerforscht. Es ist aber damit zu rechnen, dass hierdurch die Wirkung anderer Faktoren verstärkt wird.

Fortschreitende Eingriffe des Menschen in das natürliche Beziehungsgefüge der Umwelt führen zu einer wachsenden Gefährdung der Existenz von Pflanzen-, Tier- und Pilzarten. Seit etwa 35 Jahren werden deshalb so genannte „Rote Listen" bedrohter Pflanzen, Tiere und Pilze in allen Erdteilen aufgestellt, die auf die bisher bekannte Gefährdung der verschiedenen Organismengruppen hinweisen.

Pilze wurden vom Naturschutz lange Zeit kaum beachtet. Sie gehörten zu den „Vergessenen der Natur" (Plank 1980). Erst seitdem der Rückgang von Pilzen in der Öffentlichkeit starke Aufmerksamkeit erregt, werden entsprechende Schutzmaßnahmen durchgeführt. Ein Hauptziel dieses Buches ist es, Impulse und Fakten zu liefern, damit Pilze verstärkt in die praxisorientierte Naturschutzarbeit einbezogen werden. Voraussetzung ist die Kenntnis der in einem Land oder Gebiet vorkommenden Pilzarten, die Kenntnis der gefährdeten Arten und deren Gefährdungsursachen. Nach heutigem Kenntnisstand sind in der Bundesrepublik Deutschland mind. 1.400 Pilzarten gefährdet, das entspricht etwa 32 % der festgestellten Arten. Wenn die Vielfalt der Natur erhalten werden soll, dann müssen auch diese 1.400 Pilzarten vor der weiteren Dezimierung bzw. Ausrottung bewahrt werden.

Nachdem über Jahrzehnte Biotopveränderungen in unserer Landschaft stattgefunden haben, wie Umwandlung naturnaher Laubwälder in Nadelholzforste, Veränderungen des Bodens und der Strauch- und Krautschicht, Zurückdrängen vieler Waldsäume und Heckenmäntel, Entwässerung, Gewässerbegradigung, Grundwasserabsenkung, Umstellung von extensiver auf intensive Gründlandbewirtschaftung, die zur Folge haben, dass viele anspruchsvolle, auf Biotopveränderungen empfindlich reagierende Pilzarten in ihrem Bestand gefährdet sind, sollte nun mit größter Anstrengung versucht werden, diese nachteiligen Veränderungen zu stoppen, um die Lebensqualität weiterhin zu sichern. Nach den Untersuchungen mehrerer Autoren, benötigt der Lebensraum des extensiv bewirtschafteten Grünlands lange Zeit, bis sich die für ihn charakteristische Vielfalt an Großpilzen herausbildet. Ist der Boden auch nur ein einziges Mal mit Mineraldünger oder Gülle versetzt worden, so werden sich selbst bei extensiver Bewirtschaftung bestimmte Arten in den darauf folgenden Jahrzehnten nicht wieder ansiedeln!

Zusammenfassende Beurteilung der Gefährdungsursachen:

Der Rückgang unserer Pilzflora hat viele verschiedene Ursachen, von denen wir sicher noch nicht alle kennen. Die meisten Arten sind nicht direkt durch Nutzung oder „Verfolgung“ bedroht, sondern durch Zerstörung oder Veränderung ihrer Lebensräume, insbesondere durch Änderung des Mikroklimas und des Bodens, durch Entzug von Partnerpflanzen und Substraten oder durch Eintrag von Schadstoffen, die ihrerseits den Lebensraum verändern oder die Pilze direkt angreifen.
Gefährlich sind nicht nur Ereignisse bei denen der gesamte Pilzbewuchs einer betroffenen Fläche dauerhaft vernichtet oder vermindert wird, sondern auch jene Eingriffe, die nur einen Wandel des Pilzbestandes oder den Verlust einzelner Arten zur Folge haben. Bereits die flächenmäßige Verkleinerung bestimmter Ökosysteme oder die Dezimierung von Partnerpflanzen und Substraten können zum Verschwinden von Pilzarten führen, da die Pilzflora eines Ökosystems erst auf einer sehr großen Fläche bzw. bei reichlichem Vorkommen der Partnerpflanzen und Substrate einigermaßen vollständig vertreten ist.
Der bisherige Rückgang der Pilzflora wurde vor allem durch intensive Bewirtschaftung der Natur und durch Freisetzung von Schadstoffen verursacht. Dabei sind offenbar besonders viele Pilzarten durch Entwässerungen, durch Aufgabe oder Düngung von Magerrasen und Streuwiesen, durch Umforstung, durch Forstdüngung, sowie durch Immission von Stickoxiden, Schwefeldioxid und vielleicht auch Ozon gefährdet.
Das Sammeln von Fruchtkörpern (Speisepilzen) wird gerne als wichtigstes Argument der Gefährdungsursachen genannt. Experimentelle Untersuchungen über den Einfluss der Pilzernte auf die Pilzflora über einen größeren Zeitraum haben gezeigt, dass hier keine signifikante Beeinflussung vorliegt. Das Ernten von essbaren Pilzen kann keinen bedeutenden Einfluss auf den Pilzrückgang haben, da auf der Roten Liste der gefährdeten Großpilze fast ausschließlich ungenießbare, giftige oder wegen ihrer geringen Größe bzw. Seltenheit unbeachtete Pilzarten zu finden sind und der quantitative Rückgang bei ungenießbaren oder giftigen Pilzarten ähnlich gravierend ist, wie bei den so genannten Speisepilzen. Beschädigung von Myzelien oder Verdichtung des Waldbodens durch Tritt der Pilzsammler ist auch nicht sehr wahrscheinlich, da Waldböden dank ihrer Durchwurzelung besonders trittfest sind und die Pilzmyzelien im Boden vergleichsweise besser geschützt sind als die oberirdischen Teile höherer Pflanzen. Es ist denkbar, und wird kaum diskutiert, dass Pilzsammler durch den Transport von sporentragenden Pilzen in ihren Körben und Behältnissen sogar zur Verbreitung der Pilze beitragen.
Man würde es sich wünschen, dass Verstöße gegen Naturschutzgesetze, Landschaftsschutzverordnungen, etc. mit derselben Schärfe geahndet werden wie Verstöße im Straßenverkehr oder gegen das Rauschgiftgesetz. In vielen Fällen werden sie leider immer noch als Kavaliersdelikte betrachtet. Hier muss dringend ein Umdenken zugunsten unserer schützenswerten Natur stattfinden!
Zum Ausklang ein paar aufrüttelnde Worte aus der BUND-Information Nr. 11 „Fünf Sekunden nach zwölf“ von German J. Krieglsteiner:
„Zurzeit rottet der Mensch täglich 5 Tierarten aus. Rechnet man höhere und niedere Pflanzen, Pilze, Protozoen und sonstige Protobionten hinzu, so gehen Tag für Tag, gestern wie heute und morgen, 20 Arten von Lebewesen unwiederbringlich von dieser Erde. Das ist die durch den Menschen verursachte über 3.000-fache Beschleunigung der natürlichen Aussterberate. Ersatz gibt es nicht, denn die Evolution lässt sich nicht ebenso beschleunigen. Zahlen allein, Statistiken, Tabellen, Grafiken, sagen jedoch wenig aus. Eine Art ist längst ‚tot‘, ist abzuschreiben, bevor ‚in freier Wildbahn‘ oder in Reservaten und Freilandgehegen oder gar im Zoo ihre letzten Exemplare, oft hunderte von Kilometern getrennt und ohne Genkontakt, degenerieren, aussterben und ihre Stopfpräparate in Museen und Jagdhütten verstauben. Sie ist ‚erledigt‘, sobald ihre angestammten ökologischen Nischen stark verändert, belastet oder zugrunde gerichtet werden“. Von den 130 in der Bundesrepublik beschriebenen Ökosystem-Typen sind inzwischen 20 durch Wirtschaft und Siedlung zerstört; die übrigen verteilen sich auf 3 % (!) der Bundesfläche … Naturschutz *ohne* Natur!
Im Ulmer Raum kommen nach den bisherigen Untersuchungen ca. 2.800 Pilzsippen vor. Viele davon sind nach der „Roten Liste der gefährdeten Großpilze in Deutschland (1992)“ in irgend einer Form gefährdet. Die entsprechenden Arten wurden im Text gekennzeichnet; die Kategorien sind wie folgt:
Erloschen bzw. verschollen: Arten, die vor 1950 in der Bundesrepublik mit Sicherheit festgestellt und später trotz intensiver Nachforschung nicht mehr nachgewiesen werden konnten.
Vom Aussterben bedroht: Fast erloschene bis sehr seltene Arten mit hoher Rückgangstendenz, erschlos-

„Brennen“ sind nicht nur wegen ihrer Orchideenstandorte schützenswerte Biotope (Donau-Auwald bei Nersingen-Leibi); sie beherbergen eine große Zahl von besonderen Kleinpilzen.

sen aus Dokumentation oder aus enger Bindung an stark gefährdete Biotope.
Stark gefährdet: Seltene Arten mit deutlicher Rückgangstendenz, erschlossen aus Dokumentation oder aus enger Bindung an gefährliche Biotope. Oder Arten, die in Teilgebieten bereits erloschen oder akut vom Aussterben bedroht sind.
Gefährdet: Derzeit noch nicht seltene Arten mit Rückgangstendenz.
Rarität (latent gefährdet): Sehr seltene Art ohne erkennbare Rückgangstendenz, gefährdet durch unvorhersehbare Eingriffe

Im Ulmer Raum vom Aussterben bedrohte Pilzarten

(Nach der „Roten Liste der gefährdeten Großpilze in Deutschland“, an der der Verfasser mitgearbeitet hat.)

Sclerotiniaceae: Moellerodiscus tenuistipes
Basidiomycetes: Hyphodontia juniperi, Bovista paludosa
Agaricales, Boletales, Russulales: Boletus regius, Entoloma glaucobasis, Entoloma occultopigmentatum, Hygrocybe riparia, Panaeolus reticulatus, Squamanita schreieri

Im Ulmer Raum stark gefährdete Pilzarten:

Pezizales: Caloscypha fulgens, Sarcoscypha jurana, Trichophaeopsis paludosa, Tuber puberulum
Leotiales: Microglossum viride
Sclerotiniaceae: Gloeotinia aschersoniana, Verpatinia spiraeicola
Sphaeriales: Hypoxylon mammatum
Basidiomycetes: Eichleriella deglubens, Phleogena faginea, Fomitopsis rosea, Hydnellum caeruleum, Hymenochaete cruenta, Ischnoderma trogii, Phellinus hartigii, Phellinus lundellii, Phellinus rhamni, Phellodon niger, Pterula gracilis, Pycnoporellus fulgens, Ramaria aurea,
Ramaria bortrytis, Scutiger confluens, Scutiger cristatus
Agaricales, Boletales, Russulales : Arrhenia retirugis, Boletus aereus, Boletus appendiculatus, Boletus fechtneri, Boletus impolitus, Boletus satanus, Cathathelasma imperiale, Cortinarius atrovirens, Cortinarius cephalixus, Cortinarius fulvescens, Cortinarius variecolor, Cortinarius variegatus, Dermoloma pseudocuneifolium, Entoloma ameides, Entoloma argenteostriatum, Entoloma dichroum, Entoloma griseoluridum, Entoloma phaeocyathus, Entoloma rusticoides,

Gyroporus castaneus, Hebeloma collariatum, Hebeloma helodes, Hygrocybe calciphila, Hygrocbe colemanniana, Hygrocybe persistens, Hygrocybe laeta, Hygrocybe obrussea, Hygrocybe parvula, Hygrocybe russocoriacea, Hygrophorus latitabundus, Hygrophorus ligatus, Hygrophorus mesotephrus, Hygrophorus pudorinus, Inocybe albomarginata, Inocybe proximella, Lactarius aspideus, Lactarius hysginus, Lactarius insulsus, Lactarius intermedius, Lactarius repraesentaneus, Lepiota alba, Lepiota hystrix, Pulveroboletus lignicola, Russula alutacea, Russula lilacea, Russula lundelli, Russula pungens.

Im Ulmer Raum gefährdete Pilzarten:

Pezizales: Flavoscypha cantharella, Gyromitra gigas, Helvella atra, Otidea onotica, Paychella babingtonii, Sarcoscypha emarginata, Sarcosphaera coronaria, Sowerbyella fagicola
Leotiales: Cudonia circinans, Geoglossum umbratile, Heyderia sclerotipus, Trichoglossum hirsutum
Sphaeriales: Camarops microspora
Basidiomycetes: Aleurodiscus amorphus, Aleurodiscus disciformis, Amyloysterium laevigatum, Aurantioporus fissilis, Cantharellus cibarius, Ceriporia purpurea, Ceriporiopsis resinascens, Clavaria luteoalba, Clavariadelphus pistillaris, Coriolopsis gallica, Gloeoporus dichrous, Inonotus dryadeus, Inonotus dryophilus, Inonotus hastifer, Inonotus rheades, Ischnoderma resinosum, Lentinis suavissimus, Phallinus laevigatus, Phellinus tremulae, Ramaria flava, Ramaria pallida, Sarcodon imbricatus, Sarcodontia crocea, Scutiger ovinus, Vuilleminia cystidiata
Gasteromycetes: Astraeus hygrometricus
Gasteromycetes: Lycoperdon ericaeum, Melanogaster broomeianus, Stephanospora caroticolor, Tulostoma brumale
Agaricales, Boletales, Russulales: Agaricus altipes, Agaricus cupreobrunneus, Agaricus spissicaulis, Agrocybe paludosa, Alnicola alnetorum, Alnicola langei, Amanita beckeri, Amanita ceciliae, Amanita mairei, Amanita solitaria, Amanita strobiliformis, Boletus calopus, Boletus pinophilus, Boletus radicans, Calocybe ionides, Chamaemyces fracidus, Conocybe bulbifera, Coprinus friesii, Coprinus stanglianus, Cortinarius anthracinus, Cortinarius arcuatorum, Cortinarius bibulus, Cortinarius bicolor, Cortinarius bolaris, Cortinarius bulliardii, Cortinarius cinnabarinus, Cortinarius cliduchus, Cortinarius coerulescens, Cortinarius cotoneus, Cortinarius dilutus, Cortinarius elegantior, Cortinarius fulmineus, Cortinarius pholideus, Cortinarius purpurascens, Cortinarius rufoolivaceus, Cortinarius sebaceus, Cortinarius triumphans, Cortinarius violaceus, Cystolepiota hetieri, Entoloma aprile, Entoloma araneosum, Entoloma bloxamii, Entoloma byssisedum, Entoloma dysthales, Entoloma excentricum, Entoloma griseocyaneum, Entoloma lampropus, Entoloma lividocyanulum, Entoloma minutum, Entoloma mougeotii, Entoloma neglectum, Entoloma nitidum, Entoloma papillatum, Entoloma porphyrophaeum, Entoloma serrulatum, Entoloma versatile, Gomphidius roseus, Gymnopilus flavus, Gyrodon lividus, Hebeloma leucosarx, Hebeloma pusillum, Hygrocybe ceracea, Hygrocybe chlorophana, Hygrocybe citrina, Hygrocybe coccinea, Hygrocybe insipida, Hygrocybe pratensis, Hygrocybe punicea, Hygrocybe reai, Hygrocybe unguinosa, Hygrophorus agathosmus, Hygrophorus erubescens, Hygrophorus hedrychii, Hygrophorus persoonii, Hygrophorus poetarum, Hygrophorus russula, Inocybe acuta, Inocybe alnea, Inocybe bresadolae, Inocybe queletii, Inocybe salicis, Inocybe tenebrosa, Lactarius acris, Lactarius lilacinus, Lactarius salmonicolor, Lactarius sanguifluus, Lactarius semisanguifluus, Lactarius trivialis, Lactarius uvidus, Lactarius volemus, Lactarius zonarius, Leccinum nigrescens, Leccinum quercinum, Lepiota brunneoincarnata, Lepiota calcicola, Lepiota echinaceae, Lepiota fuscovinacea, Lepiota grangei, Lepiota langei, Lepiota ochraceofulva, Lepiota oreadiformis, Lepiota pseudohelveola, Leucocortinarius bulbiger, Limacella glioderma, Lyophyllum caerulescens, Lyophyllum leucophaeatum, Macrolepiota excoriata, Mycena adonis, Mycena erubescens, Mycena meliigena, Mycena olida, Mycena renati, Omphalina hepatica, Oudemansiella pudens, Phaeocollybia arduennensis, Phaeocollybia christinae, Phaeocollybia festiva, Phaeocollybia jennyae, Phaeocollybia lugubris, Phyllotopsis nidulans, Pluteus diettrichii, Pluteus exiguus, Pluteus hispidulus, Pluteus roseipes, Psathyrella canoceps,Psathyrella leucotephra, Psathyrella typhae, Rozites caperatus, Russula adulterina, Russula anthracina, Russula aurea, Russula cavipes, Russula claroflava, Russula farinipes, Russula gracillima, Russula grisea, Russula heterophylla, Russula maculata, Russula pseudointegra, Russula romellii, Russula sericatula, Russula solaris, Russula virescens, Stropharia albocyanea,
Stropharia hornemannii, Stropharia inuncta, Stropharia melasperma, Tephrocybe mephitica, Tricholoma albobrunneum, Tricholoma atrosquamosum, Tricholoma aurantium, Tricholoma cingulatum, Tricholoma equestre, Tricholoma fracticum, Tricholoma orirubens, Tricholoma pessundatum, Tricholoma portentosum, Tricholoma sejunctum, Tricholoma tigrinum, Tricholoma ustaloides, Tricholoma virgatum, Xerocomus parasiticus

Im Ulmer Raum latent gefährdete Pilzarten:

Pezizales: Arpinia luteola, Helvella albella, Helvella cupuliformis, Smardaea protea, Sowerbyella imperialis
Basidiomycetes: Ceriporiopsis aneirina, Lindtneria trachyspora, Phanerochaete septocystidia, Stromatocypha fimbriata
Agaricales, Boletales, Russulales: Agaricus benesii, Agaricus gennadii, Agaricus lutosus, Clitocybe diosma, Cortinarius cinnamomeoluteus, Cystoderma superbum, Cystolepiota moelleri, Flammulina fennae, Gymnopilus picreus, Hebeloma fastibile, Hebeloma pseudoamarescens, Hydropus trichoderma, Inocybe abjecta, Inocybe inodora, Inocybe reisneri, Melanoleuca rasilis, Mycena corynephora, Omphalina cyanophylla, Pholiotina aeruginosa, Pholiotina exannulata, Pholiotina subnuda, Pluteus pusillulus, Psathyrella impexa, Psathyrella vinosofulva, Ramicola sumptuosa, Russula pallidospora, Squamanita paradoxa, Stropharia luteonitens, Tephrocybe coracina, Volvariella caesiotincta, Volvariella surrecta

Nomenklatur, Systematik, wissenschaftliche und deutsche Pilz- und Pflanzennamen

Die verwendeten Pilznamen richten sich zum großen Teil nach den (derzeit) 4 Bänden KRIEGLSTEINERS et al. über die „Großpilze Baden-Württembergs" (KRIEGLSTEINER 2000–2003) und den beiden „Verbreitungsatlanten der Großpilze Deutschlands (West)" (KRIEGLSTEINER 1991 und 1993). Wo sich aus anderen, vor allem neuen Arbeiten korrekter erscheinende Binomina bzw. Epitheta ergaben, wurden diese verwendet. Was die Abgrenzung bzw. Aufteilung der Gattungen angeht, so wurde oft relativ konservativ verfahren, um zu einer Stabilisierung der Namen beizutragen.
Als Synonyme werden hauptsächlich Namen geführt, die sich noch immer eines höheren Bekanntheitsgrades erfreuen als die derzeit als korrekt erscheinenden Namen.
Bei den deutschen Pilznamen wurden diejenigen verwendet, die in der rezenten deutschsprachigen Literatur zu finden waren, z. B. KRIEGLSTEINER et al. (2000–2003), BOLLMANN, GMINDER & REIL (2002); teilweise wurden eigene kreiert.
In der Systematik folge ich u. a. G. J. KRIEGLSTEINER et al. (2000–2003), MOSER (1983), L. KRIEGLSTEINER

Auwälder bedürfen eines stärkeren Schutzes, nicht nur wegen der besonderen Pilzflora: Altwasser im Donau-Auwald bei Leipheim-Günzburg.

„Abrasierter" Donaustaudamm mit Standardbegrasung bei Leipheim-Weißingen; ehemals der wohl ausgedehnteste heimische Standort des Helmknabenkrautes *(Orchis militaris)* und seltener Pilzarten.

(1999), BREITENBACH & KRÄNZLIN (1981–2000), etc. Ich habe in den meisten Fällen den Herausgeber G. J. KRIEGLSTEINER zitiert, da von ihm wohl die meisten Fundpunkte in den 4 Bänden stammen. Bei Textzitaten aus diesen 4 Bänden habe ich den jeweiligen Bearbeiter zitiert, z. B. GMINDER in KRIEGLSTEINER (2000b), etc.

Hinweise zur gegenwärtigen systematischen Entwicklung siehe KRIEGLSTEINER (1993: 10–11).

In diesem Buch neu beschriebene oder im Rang veränderte Arten bzw. Taxa:

Coprinus annuloporus Enderle nov. spec.
Siehe dazu die Anmerkungen unter dieser neuen Art.

Coprinus deminutus Enderle nov. spec.
Siehe dazu die Anmerkungen unter dieser neuen Art.

Hebeloma vaccinum Romagn. var. *cephalotum* Enderle & Vesterholt var. nov. Beschreibung siehe im Text unter dieser Sippe.

Tricholoma vaccinum f. *fulvosquamosum* (M. Bon) M. Enderle stat. nov.
Beschreibung siehe im Text unter dieser Sippe.

Fachausdrücke

allantoid: gekrümmt-zylindrisch, würstchenförmig

amyloid: bestimmte Strukturen (z. B. die Sporenmembran) färben sich in Melzers Reagens dunkelblau bis violettlich grau

Anastosomen: queraderige Verbindungen zwischen den Lamellen, Adern oder Leisten der Fruchtschicht

Anamorphe: „Nebenfruchtform", Organ der vegetativen (asexuellen) Fortpflanzung

Apikulus: vorgezogener basaler Teil der Spore, mit dem diese auf dem Sterigma sitzt

Appendix: Anhang, Fortsatz

Ascomyceten: Pilzklasse der Schlauchpilze, bei denen die Sporen in Schläuchen (Asci) gebildet werden.

Ascus (Mehrzahl Asci): schlauch- oder sackartige Zelle der Schlauchpilze, in der die Sporen gebildet werden.

Basidie: ein- bis vierzellige Struktur des Hymeniums, in der die Meiose stattfindet. Die Basidien bilden (1)–4–(8) Sporen, die gewöhnlich auf Sterigmen sitzen und bei der Reife abfallen oder abgeschossen werden.

Basidiocarp, Basidiocarpium: Bezeichnung der Meiosesporen erzeugenden „Fruchtkörper" bei Basidiomyceten.

Basidiomyceten: Pilzklasse der Ständerpilze, bei denen die Sporen auf Basidien gebildet werden.
bereift: Basidiocarp mit meist weißlichen, hellgrauem oder bläulichem, reifartigem Belag.
Binomen, Binomina: Wissenschaftlicher Doppelname einer biologischen Art, bestehend aus dem Nomen (Gattungsname) und dem Epithet (Epithetum; Artname).
Braunfäule: Holzfäule, bei der nur die Zellulose zersetzt und das zerstörte Holz rotbräunlich verfärbt wird.
Chorologie: Verbreitungsgeografie
clavarioid: korallenförmig verzweigt
Cortex: Rindenschicht (an Hutoberseite oder Stiel)
Cutis: sterile Oberfläche des Basidiocarpiums, soweit sie sich von dem darunter gelegenen Context durch andere Konsistenz unterscheidet.
cyanophil: Plasmateile oder Wände (der Basidien, Cystiden, Sporen) färben sich in
Baumwollblau-Lactophenol deutlich blau.
dextrinoid: Bestimmte Strukturen (z. B. die Wände der Basidien, Zystiden oder Sporen) färben sich in Melzers Reagens rotbraun.
dichotom: gabelig, bei Hyphen und Basidiocarpien, wobei zwei Äste gebildet werden.
dimitisch: Hyphenstruktur mit generativen Hyphen und Skeletthyphen; seltener mit generativen und Bindehyphen.
effuso-reflux: Fruchtkörper mit resupinatem und umgebogen-hütchenförmigem Teil
Endoperidie: innere Schicht einer zweischichtigen Peridie
epigäisch: oberirdisch
Epidermis: Oberhaut
Epithet: In der binären (zweiteiligen) wissenschaftlichen Benennung einer Art der zweite, klein geschriebene Namensteil.
Exoperidie: äußere Schicht einer zweischichtigen Peridie.
Exsikkat: getrockneter und etikettierter wissenschaftlicher Beleg, der zur Überprüfung der Bestimmung und für Untersuchungen herangezogen werden kann.
Exzentrisch: Bezeichnung für Stiele, die nicht in der Mitte, sondern seitlich versetzt angewachsen sind.
fertil: fruchtbar, Sporen bildend
frei: Bezeichnung für Lamellen, die nicht mit der Stielspitze verbunden sind.
Gasteromyceten: Bauchpilze bei denen die Sporen in einem Hohlkörper gebildet werden.
Gleba: sporenbildender Innenteil der Basidiocarpien von Bauchpilzen.
Gloeozystiden: Zystiden mit Öltropfen im Plasma.
Habitat: Wuchsort, Standort
Habitus: Gesamteindruck, Haltung
hyalin: farblos (betrifft die Wände und Sporen oder Hyphen)
hygrophan: Bezeichnung für Fruchtkörper, insbesondere Hutoberflächen, die beiWasseraufnahme oder -verlust ihre Farbe deutlich verändern.
Hymenium: äußere Schicht des Basidiocarps, welche die sporenbildenden Organe trägt.
Hymenophor: Träger des Hymeniums.
Hyphen: schlauchartige Zellen, aus denen Pilze aufgebaut sind.
hypogäisch: unterirdisch
inkompatibel: Kreuzungsversuche verlaufen negativ.
inkrustiert: die Hyphen oder Zystiden sind mit Körnchen oder Kristallen bedeckt.
Ixocutis: verschleimte Hutoberhaut
KOH: Kalilauge, meist 3–5 %ig, die in der Pilzmikroskopie verwendet wird.
Konidien: ungeschlechtliche, aus Hyphen durch Abschnürung entstandene Vermehrungszellen.
konkav: schüssel- bis becherförmig
Kontext: steriler innerer Teil des Basidiocarpiums
konvex: linsenförmig bis rundlich gewölbt
Lamprozystiden: dickwandige, stark inkrustierte Zystiden
Meiose, Meiosis: „Verminderung"; Reifeteilung bei gleichzeitiger Halbierung des zuvor doppelten Chromosomensatzes.
merulioid: Hymenium faltig-poroid
monomitisch: es kommen nur generative Hyphen im Basidiocarpium vor
Mycel, Myzel, Myzelium: gesamtes Hyphengewebe eines Pilzes.
Mykorrhiza: Wurzelsymbiose eines Pilzes mit einer Sprosspflanze, bei der ein Stoffaustausch stattfindet.
nitrophil: positive Reaktion auf Stickstoffverbindungen
nodulos: Basidiocarpien mit kleinen, knoten- bis treppenförmigen Vorsprüngen
Papille: warzen- bis zitzenförmige Spitze der Hutmitte
Peridie: sterile Hülle des Basidiocarps.
Peridiolen: mit eigener Hülle versehene, rundliche Körperchen, in denen die Sporen gebildet werden.
Perispor: sackartige Hülle um die Spore
Perithecium: Fruchtkörper der Pyrenomyceten, der das Hymenium mit den Asci enthält.
phleboid: Hymenophor mit nicht oder kaum vernetzten Falten.
pileat: hut- oder konsolenförmiges Basidiocarpium
poroid: mit deutlichen Poren, deren Rand steril ist
Pseudoparenchymschicht: innere, meist fleischige Schicht der Exoperidie
raduloid: mit zähnchenförmigem Hymenophor
resupinat: Die Basidiocarpien sind flach ausgebreitet.
Rhizomorphen: sterile Hyphenstränge

Saprobiont: sich von totem organischem Material ernährendes Lebewesen.
Schnallen: kurze, bogige Hyphenstücke, welche die Querwand zwischen zwei Hyphenzellenumgreifen und sie miteinander verbinden. Meist ist pro Querwand nur eine Schnallevorhanden.
Schneide: untere Kante der Lamelle
Septen: Querwände zwischen Hyphenzellen oder dünne, oft gebogene Scheidewände, welche die alten, +/- leeren Teile von Hyphen, Basidien, Zystiden oder Sporen von den lebenden, mit Plasma und Zellkern gefüllten Teilen abgrenzen.
Setae, Seten: sterile Strukturen im Hymenium oder Kontext von *Hymenochaetales*: braun, dickwandig, spitz, nicht oder sehr wenig inkrustiert.
Skeletozystiden: unverzweigte Skeletthyphen, die apikal breiter werden und im Hymenium als Zystiden enden.
Skeletthyphen: dickwandige, nicht oder nur wenig verzweigte, meist schnallenlose und kaum septierte Hyphen; schon sehr früh röhrig-hohl.
Spore (Basidiospore): sexuell, d. h. auf dem Weg über eine Meiose auf einer Basidie erzeugte Fortpflanzungszelle.
Sterigmen: fadenförmige bis kurz pfriemförmige Auswüchse der Basidien, auf denen die Basidiosporen gebildet werden.
Stroma: flächiges bis kissenförmiges Hyphengewebe, auf oder in welchem sich Basidiocarpien entwickeln.
Subgleba: steriler Innenteil des Basidiocarps unterhalb der Gleba, der gemeinsam mit der Gleba von der Peridie umschlossen wird.
Subikulum: unterste, dem Substrat anliegende Hyphenschicht.
Substrat: Nährsubstanz, Nährboden, in und von der viele Pilze saprobiontisch leben und auf dem sie ihre Basidiocarpien bilden (Holz, Rinde, abgefallene Nadeln, Blätter, Erde, etc.)
Synonym: gleichbedeutender wissenschaftlicher Name, der jedoch den gültigen Nomenklaturregeln nicht entspricht und daher ungültig ist. Da viele Synonyme (meist aus historischen Gründen) weit geläufiger sind als die als gültig erachteten Namen wurden sie im vorliegenden Text mit aufgeführt.
Taxon, Taxa: Sippe; genau umschriebene biologische Einheit unterschiedlicher Ranghöhe (Art, Gattung, Familie, etc.).
Taxonomie: Klassifizierung
Teleomorphe: „Hauptfruchtform", s. Anamorphe
Tomentum: behaarte Oberfläche hutförmiger Basidiocarpien
Trama: siehe Kontext
trimitisch: Hyphensystem mit generativen Skelett- und Bindehyphen
Varietät: systematische Kategorie unterhalb der Art
Velum: Schutzhülle junger Fruchtkörper bestimmter Blätterpilzgattungen. Velum universale = Gesamthülle; Velum partiale = Teilhülle
Volva: scheidenartiges, häutiges Gebilde an der Stielbasis
Weißfäule: das Pilzmyzel baut nicht nur Zellulose und Hemizellulosen, sondern auch die Ligninbestandteile des Holzes ab. Das Holz verfärbt sich hell. Es verliert langsamer an Gewicht als bei der Braunfäule. Eine Sonderform der Weißfäule ist die sog. Rotfäule: Das Myzel scheidet einen rötlichen Farbstoff ins Holz aus.
Zystide, Cystide: sterile Struktur des Hymeniums oder der Trama, aus generativen Hyphen entstehend, oft charakteristisch geformt.

Abkürzungen und Zeichenerklärungen

Abb.	= Abbildung
Anm.	= Anmerkung
agg.	= Aggregat, Kollektivart (Gruppe nahe verwandter, schwer zu unterscheidender Varietäten)
AMO	= Arbeitsgemeinschaft Mykologie Ostwürttemberg (Gründer: German J. Krieglsteiner)
AMU	= Arbeitsgemeinschaft Mykologie Ulm (Gründer: Manfred Enderle)
Bu	= Burlafingen
Ca	= Caulozystiden (Zystiden an der Stieloberfläche)
ca.	= cirka
cf.	= vergleiche mit, noch zu bestätigen
Ch	= Cheilozystiden (Zystiden an der Lamellenschneide)
conf.	= bestätigt von, vergleiche mit, noch zu bestätigen
Des.	= Oberarzt Dr. Desensy, Ulm
det.	= determiniert, bestimmt von
d. h.	= das heißt
et al.	= et aliae, und andere
etc.	= et cetera, und so weiter
f.	= forma (taxonomische Rangstufe)
Frk.	= Fruchtkörper
Fung. Kri	= Fungarium Krieglsteinerii et filii (Stuttgart)
Gz	= Günzburg
Haas	= Apotheker Haas (*nicht* der Mykologe Dr. Hans Haas, Schnait)
Haug	= Reallehrer Haug
Hh	= Huthaut (Pileipellis)
ined.	= unveröffentlicht
indet.	= unbestimmt
inkl.	= inklusive, einschließlich
in litt.	= in littera, brieflich

Kri-Exk.	= Exkursion mit German J. Krieglsteiner (Durlangen)
La	= Langenau
leg.	= gefunden von (bzw. gefunden und bestimmt von)
Lh	= Leipheim
Lit.	= Literatur
(M)	= Herbar der Botanischen Staatssammlung München
MTB	= Messtischblatt (topografische Karte 1:25.000)
N	= Stickstoff
Ne	= Nersingen
NH_4OH	= Ammoniumhydroxid
NN	= über Normal Null (Meereshöhe)
NSG	= Naturschutzgebiet
Oe	= Oberelchingen
PA	= Pilzausstellung
pers. Mitt.	= persönliche Mitteilung
Pi	= Pileozystiden (Zystiden auf der Huthaut)
Pl	= Pleurozystiden (Zystiden an der Lamellenfläche)
Q	= Quotient zwischen Länge und Breite
REM	= Raster-Elektronenmikroskop
Rh	= Riedheim
s. l.	= sensu lato, im weiteren Sinn
Sp	= Sporen (Vermehrungseinheiten der Pilze)
s. str.	= sensu stricto, im engeren Sinn
Syn.	= Synonym
u. a.	= unter anderem
Ue	= Unterelchingen
Uf	= Unterfahlheim (Gemeinde Nersingen)
ULM	= Herbarium der Universität Ulm, Biologie V, Oberer Eselsberg, Ulm
V.	= Prof. Dr. Veesenmeyer, Ulm
Vel	= Velum
Verf.	= Verfasser
vgl.	= vergleiche
VNM-Exk.	= Exkursion des Vereins für Naturwiss. u. Math. in Ulm e.V.
VNM-Heft	= Mitteilungsheft des Vereins für Naturwiss. u. Mathematik in Ulm e.V.
z. B.	= zum Beispiel
z. T.	= zum Teil
<	= kleiner als
>	= größer als
µm	= Mikrometer (1/1000 mm)

Legende für die Funde von Dr. Hans Haas von 1937–40/41 und 1943–63

Abkürzung	MTB	Fundort
A	–	Pilzausstellung Ulm, Aufsammlungen von Wäldern auf Moränenboden
Ah	7625	Altheim(-Unterweiler-Unterkirchberg) 26.09.59, 18.09.60, 24.09.60
AK	–	Ausstellung Klingenstein, 18.09.60
AU	–	Ausstellung Ulm, 10./11.10.48
Bl	7524	Hochfläche über Blautopf bei Blaubeuren
Bm	7525	Beimerstetten (-Jungingen-Bernstadt), Wald „Filde", 03./04.10.48, 04.10.58, 16.09.62, 22. und 29.09.63
E	7525	Eselsberg in Ulm
H	7525	Wälder bei Herrlingen
Ge	7626	Gerlenhofen (-Senden), 05.10.52
He	7525	Herrlingen (-Klingenstein-Söflingen), 1948
J	7525	Wald bei Jungingen
Ok	7626	Oberkirchberg, 15.05.60
Pa	7624	Pappelau, 18.09.60
S	7625	Maien- und Klosterwald bei Ulm-Söflingen

Bei den „Funddaten" bedeutet der Terminus „vor 1894" folgendes: Diese Funde stammen aus „Beiträge zur Pilzflora von Württemberg I + II" von O. Kirchner & J. Eichler, 1894, Jahreshefte des Vereins für vaterländische Landeskunde in Württemberg, 50. Jahrgang.

Hinweis: Die Funde aus der Gegend von L**au**pheim (meist leg. G. Ottmann) sollten nicht mit Funden aus L**ei**pheim (meist M. Enderle) verwechselt werden.

Häufige Finder und Bestimmer:

Finder mit nur einem oder wenigen Funden werden hier nicht aufgeführt, sondern im Text (meist) ungekürzt genannt.

A. B.	= Anton Bauer, Neu-Ulm
A. K.	= Adolf Klement, Litzendorf (früher: Bernstadt)
B. S.	= Dr. Bernhard Schmid, Altheim/Alb
C. E.	= Christine Enderle (geb. Schnarbach), Riedheim

C. S. = Christine Schnarbach (jetzt Christine Enderle), Riedheim
E. G. = Edmund Garnweidner, Fürstenfeldbruck
E. Ga. = Eduard Galajda, Gerstetten
E. Ge. = Dr. Ewald Gerhardt, Berlin
E. M. = Elmar Maier, Heidenheim
E. R. = Eugen Rapp, Erbach-Ringingen
E. S. = Eugen Schätzle, Ulm
F. G. = Felix Glöckner†, (AMO)
F. R. = Franz Reininger, Ulm-Ermingen (Holzheim)
G. B. = Dr. Helga Große-Brauckmann, Seeheim-Jugenheim
G. D. = Dr. Gudrun Dietl-Starnecker, Mähringen
G. F. = Gerd Fischer, Dornstadt-Bollingen
G. J. K. = German J. Krieglsteiner †, Durlangen
G. K. = Gerhard Kuhnle, Neu-Ulm/Ludwigsfeld
G. Ku. = Gerhard Kurz, Illerrieden
G. O. = Georg Ottmann †, Laupheim
G. S. = Georg Schabel, Gerstetten
G. St. = Dr. Gerhard Starnecker, Mähringen
G. W. = Gerhard Wölfel, Erlangen
H. B. = Hermann Brauner, Biberach/Riß
H. Be = Hans Bender, Mönchengladbach
H. D. = Dr. Hans Doppelbaur †
H. H. = Dr. Hans Haas (früher Schnait)
H. L. = Hans E. Laux, Biberach/Riß
H. M. = Dr. Hermann Muhle, Lonsee
H. O. B. = Hans-Otto Baral, Tübingen
H. P. = Heiner Pless, Söhnstetten
H. R. = Hiltrud Riederle†, Ulm
H. S. = Helmut Schwöbel, Pfinztal-Söllingen
H .St. = Helga Steiner, Deggingen
J. H. = Jürgen Häffner, Mittelhof
J. I. = Josef Ilg, Bellenberg
J. M. = Dr. Johanna Maser, Leonberg
J. St. = Johann Stangl†, Augsburg
K. Ke. = Karl Keck, Biberach/Riß
K. K. = Kurt Köhler, Neu-Ulm-Offenhausen
L. K. = Dr. Lothar Krieglsteiner, Schwäbisch Gmünd-Bettringen
L. T. = Lothar Taglang, Neu-Ulm
M. E. = Manfred Enderle, Leipheim-Riedheim (früher Unterfahlheim)
M. I. = Martin Itschert, Ulm
N. E. = Nikolai Enderle, Leipheim-Riedheim
O. H. = Dr. Oswald Hilber, Tegernheim
R. E. = Robert Enderle, Leipheim-Riedheim
R. St. = Rudi Strödel, Eislingen
R. W. = Dr. Roy Watling (Edingburgh/Schottland)
T. B. = Thaddäus Bamberger, Ehingen
W. G. = Walter Gräser, Neu-Ulm-Pfuhl
W. Ge. = Walter Gehrke, Neu-Ulm-Pfuhl
W. H. = Werner Hedlich, Jungingen

Legende zu den Mikrozeichnungen

B = Basidien
Ca = Caulozystiden
Ch = Cheilozystiden
Cz = Caulozystiden
H = Habitus
Hh = Huthaut
Hy = Hyphen, Hymenium
Kz = Kaulozystiden
Pi = Pileozystiden
Pl = Pleurozystiden
Pz = Pileozystiden
Sp = Sporen
Vel = Velum

Häufigkeitsangaben:

Zur Angabe der Häufigkeit der einzelnen Arten im Ulmer Raum wurden vor allem folgende Termini benützt:

„Selten“ Es sind im Bearbeitungsgebiet nur sehr wenige Wuchsorte bekannt (höchstens 5).

„Sehr zerstreut“: Die Art ist in ihrem Biotop nur gelegentlich anzutreffen.

„Zerstreut“: Die Art kommt in ihrem Biotop meistens vor, jedoch nicht immer dort, wo das Biotop als geeignet erachtet wird.

„Verbreitet“: Die Art kommt fast sicher in ihrem Biotop vor.

Bei „häufigen bzw. sehr häufigen Arten“ wurde oft auf Fundangaben verzichtet und vermerkt, dass die Art häufig bzw. sehr häufig sei und sehr wahrscheinlich in allen MTB im Ulmer Raum vorkomme.

Wichtige Pilzbestimmer und Spezialisten, denen Dank gebührt:

Hans-Otto Baral, Tübingen (*Discomycetes*)
Hans Bender, Mönchengladbach (*Coprinus*)
Dr. Marcel Bon, Saint-Valery-sur-Somme/Frankreich (*Agaricales*)
Dr. Hans und Hanna Doppelbaur, Günzburg (Rost-, Brand- und Mehltaupilze)
Alfred Einhellinger, München (*Agaricales*)
Heinz Engel, Weidhausen (*Boletales*)
Edmund Garnweidner, Fürstenfeldbruck (*Boletales*, etc.)
Dr. Ewald Gerhardt, Berlin (*Panaeolus*)
Dr. Maas Geesteranus†, Leiden/Holland (*Mycena*)
Andreas Gminder, Jena (div. Gattungen)
Frieder Gröger, Berlin (vormals Warza) (div. Gattungen)

Dr. Helga Große-Brauckmann, Seeheim-Jugenheim (div. Rindenpilze)
Dr. Hans Haas, Seewald (div. Gattungen)
Jürgen Häffner, Mittelhof (*Discomycetes*)
Anton Hausknecht, Maissau/Österreich (*Bolbitiaceae*)
Dr. Oswald Hilber, Tegernheim (*Pyrenomycetes*)
Dr. Egon Horak, ETH Zürich (*Galerina*)
Dr. Hans-Joachim Hübner, Kaufbeuren-Neugablonz (div. Gattungen)
Dr. Roger Kemp, Edinburgh/Schottland (*Coprinus*)
Dr. Hennig Knudsen, Kopenhagen/Dänemark (*Lepiota*)
German J. Krieglsteiner†, Durlangen (div. Gattungen)
Dr. Lothar Krieglsteiner, Schwäbisch Gmünd-Bettringen (*Myxomycetes* u. div. Gattungen)
Dr. Thomas W. Kuyper, Wageningen (*Inocybe*)
Dr. Johanna Maser, Leonberg (*Corticiaceae*)
Dr. Hermann Neubert, Bühl/Baden (*Myxomycetes*)
Leif Örstadius, Kristianstad/Schweden (*Psathyrella*)
Peter Schirmer, Hofgeismar (*Myxomycetes*)
Helmut Schwöbel, Pfinztal-Söllingen (div. Gattungen)
Johann Stangl†, Augsburg (*Inocybe*, div. Gattungen)
Dr. Jan Vesterholt, Hedensted/Dänemark (*Hebeloma*)
Dr. Roy Watling, Edinburgh/Schottland (*Conocybe, Coprinus*)
Gerhard Wölfel, Erlangen (*Entoloma*)
Prof. Dr. W. Winterhoff, Sandhausen (*Gasteromycetes*)

Von M. Enderle neu beschriebene, neu kombinierte, im Status veränderte oder validierte Pilzarten bzw. -sippen

Wichtigste Mitautoren:

Hans Bender, Mönchengladbach
Dr. Toen Boekhout, Centraalbureau voor Schimmelcultures, Delft, Holland
Dr. Marcel Bon, Saint-Valery-sur-Somme, Frankreich
Dr. Marco Contu, Sardinien
Dr. Esteve-Raventos, Universität Madrid (Alcala de Henares), Spanien
Frieder Gröger, Pfarrgasse, Berlin (Warza), Deutschland
Anton Hausknecht, Maissau, Österreich
Dr. H.-J. Hübner, Neugablonz, Deutschland
Dr. Marcel Josserand, Lyon, Frankreich
Dr. Maas Geesteranus, Rijksherbarium Leiden, Holland
Prof. Dr. Machiel Noordeloos, Rijksherbarium Leiden, Holland
Dr. Leif Örstadius, Kristianstad, Schweden
Prof. Dr. Rolf Singer, Chicago Field Museum, U.S.A.
Johann Stangl, Von-der-Tann-Str. 48, Augsburg

1. *Inocybe variabillima* Speg. var. *ionipes* (Boud.) Enderle et Stangl
   in Mitteilungen des Vereins für Naturwissenschaft und Mathematik in Ulm e. V. 31: 162, 1981
2. *Inocybe curvipes* var. *ionipes* (Boud.) Enderle & Stangl comb. nov.
   in Zeitschrift für Mykologie 49 (1): 116, 1983 (unbeabsichtigte, aber gültige Neukomb.)
3. *Inocybe lanuginosa* (Bull.: Fr.) Kummer var. *longicystis* (Atk.) Stangl et Enderle
   in Zeitschrift für Mykologie 49 (1): 120, 1983
4. *Psathyrella sacchariolens* Enderle
   in Beiträge zur Kenntnis der Pilze Mitteleuropas 1: 35–39, 1984
5. *Ripartites tricholoma* (A.-S.: Fr.) P. Karst. var. *macrosporus* Bon et Enderle
   in Documents Mycologique 15 (60): 42, 1985
6. *Pholiotina dentatomarginata* (Watling) Enderle
   in Beiträge zur Kenntnis der Pilze Mitteleuropas 2: 142–144, 1986
7. *Pholiotina mairei* (Kühn. ex Watl.) Singer ex Enderle
   in Beiträge zur Kenntnis der Pilze Mitteleuropas 2: 113–114, 1986
8. *Volvariella gloiocephala* (DC: Fr.) Boekhout et Enderle
   in Beiträge zur Kenntnis der Pilze Mitteleuropas 2: 77–80, 1986

9. *Coprinus marculentus* Britz. var. *homosetulosus* (Malencon) Enderle
10. *Coprinus marculentus* Britz. f. *stephanosporus* (Joss.) Enderle
    in Zeitschrift für Mykologie 52 (1): 121, 1986

11. *Psathyrella corrugis* (Pers.: Fr.) Konr. & Maublanc f. *gracilis* (Fries) Enderle
    in Beiträge zur Kenntnis der Pilze Mitteleuropas 3: 244, 1987
12. *Coprinus stanglianus* Enderle, Bender et Gröger
    in Zeitschrift für Mykologie 54 (1): 57–64, 1988
13. *Coprinus verrucispermus* Josserand et Enderle
    in Zeitschrift für Mykologie 54 (1): 66–67, 1988
14. *Ripartites krieglsteineri* Enderle et M.Bon
    in Zeitschrift für Mykologie 56 (1): 9–12, 1990
15. *Conocybe subpallida* Enderle
    in Zeitschrift für Mykologie 57 (1): 91–93, 1991

16. *Conocybe gigasperma* Enderle & Hausknecht
17. *Conocybe sabulicola* Hausknecht & Enderle
18. *Conocybe cettoiana* Hausknecht & Enderle
    in Zeitschrift für Mykologie 58 (2): 197–204, 1992

19. *Psathyrella halophila* Esteve-Raventos & Enderle
in Zeitschrift für Mykologie 58 (2): 205–210, 1992
20. *Psathyrella corrugis* (Pers.: Fr.) Konr. & Maubl. forma *substerilis* (Kits van Waveren) Enderle
in Beiträge zur Kenntnis der Pilze Mitteleuropas IX: 60–61, 1994
21. *Conocybe hexagonospora* Métrod ex Hausknecht & Enderle
in Österreichische Zeitschrift für Pilzkunde 2 : 40–42, 1993
22. *Mycena caliginosa* Maas G. & Enderle
in Zeitschrift für Mykologie 60 (2): 373–376, 1994
23. *Pholiotina friesii* (Lundell) Enderle
in Zeitschrift für Mykologie 60 (1): 46, 1994
24. *Pholiotina striipes* (Cooke) Singer forma *alba* Enderle
in Zeitschrift für Mykologie 60 (1): 47, 1994

25. *Entoloma inusitatum* Noordeloos, Enderle & Lammers
26. *Entoloma sordidolamellatum* Noordeloos & Enderle
27. *Entoloma riedheimensis* Noordeloos & Enderle
in Zeitschrift für Mykologie 61 (2): 183–196, 1995

28. *Psathyrella fagetophila* Örstadius & Enderle
29. *Psathyrella agraria* Enderle ad int.
in Beiträge zur Kenntnis der Pilze Mitteleuropas X: 35–58, 1996:
30. *Entoloma lepidissimum* (Svrcek) Noordeloos var. *pauciangulatum* Gminder & Enderle
in Beiträge zur Kenntnis der Pilze Mitteleuropas X: 59–64, 1996
31. *Bolbitius reticulatus* (Pers. 1798: Fries) Ricken f. *aleuriatus* (Fr.) Enderle
in Ulmer Pilzflora IV: 50, 1996
32. *Rugosomyces ionides* (Bull.) M. Bon var. *obscurissima* (Pearson) Enderle
in Ulmer Pilzflora IV: 86, 1996

33. *Conocybe laricina* (Kühner 1925) Kühner 1935 var. *austriaca* (Hausknecht) Enderle
34. *Pholiotina flexipes* (Watling) Enderle
35. *Pholiotina stercoraria* (Watling) Enderle
36. *Pholiotina fimicola* (Watling) Enderle
37. *Pholiotina pinguis* (Watling) Enderle
in Zeitschrift für Mykologie 63 (1): 3–34, 1997

38. *Pholiotina utricystidiata* Enderle & Hübner
39. *Conocybe tenera* (Schaeff.: Fr.) Fayod forma *aurea* (J. Schäffer) Enderle
40. *Pholiotina smithii* (Watling) Enderle
in Zeitschrift für Mykologie 65 (1) : 3–22, 1999

41. *Psathyrella obscurotristis* Enderle & Wilhelm *in* Zeitschrift für Mykologie 66 (1): 12–14, 2000
42. *Psathyrella conopilus* (Fr.: Fr.) Pearson & Dennis forma *substerilis* Enderle
in Zeitschrift für Mykologie 66 (1): 7–8, 2000
43. *Lepista pseudoparilis* Enderle & Contu *in* Beiträge zur Kenntnis der Pilze Mitteleuropas XIII: 11–14, 2000
44. *Conocybe macrocephala* Kühner & Watling var. *riedheimensis* Hausknecht & Enderle *apud* HAUSKNECHT *in* Österreichische Zeitschrift für Pilzkunde 9: 95–96, 2000

Fund- und Artenliste

(mit Hinweisen zu bereits publizierten Funden und mit bisher noch nicht publizierten Beschreibungen)

Abteilung **Myxomycota** (Echte Schleimpilze)

Klasse **Myxomycetes**

Hinweis: L. KRIEGLSTEINER (1992 a) gibt in seiner Arbeit über „Die *Myxomyceten* im Ulmer Raum" zum Teil nur die MTB der Funde an. Um ein eventuelles Wiederauffinden der Arten zu ermöglichen, gebe ich nachfolgend, falls in seinem Aufsatz nicht erwähnt, die in seiner Funddatei enthaltenen genauen Fundorte bekannt:

Arcyria affinis Rost emend. Nann.-Brem.
Funddaten siehe L. KRIEGLSTEINER (1992 a).

Arcyria cinerea (Bull.) Pers.
Funddaten siehe L. KRIEGLSTEINER (1992 a). Funddaten von M. Enderle: 13.08.78, bei Uf, MTB 7527, leg. M. E., det. Dr. H. Neubert; 08.08.80, „Muna" bei Straß/Silheim, Fichtenwald, auf Picea(?)-Stumpf, leg. Christine Schnarbach, det. Dr. H. Neubert; Funddaten von L. KRIEGLSTEINER (pers. Aufzeichn.): 09.08.81, Bubesheimer Wald, MTB 7527/3, leg. Christine Enderle, det. P. Schirmer; 10.08.88, südlich Sontheim, MTB 7724/3, leg. L. K.; 29.07.89, südlich Laichingen, an morscher Buche, MTB 7524/1, leg. L. K.; 03.08.89, bei Hirbishofen, an Eiche, Fichte, MTB 7626/2, leg. L. K.; Februar 1990, Herrlingen, im Garten an der Erwin-Rommel-Steige, an *Aesculus*, MTB 7525/3, leg. M. E.; det. Dr. Neubert; 21.06.90, Steinbruch Schammental, an entrindeter Eiche, MTB 7525/4, leg. L. K.; 11.09.90, BW „Tiefental", an sehr morscher, entrindeter Buche, MTB 7624/, leg. L. K.

Arcyria denudata (L.) Wettst.
Funddaten siehe L. KRIEGLSTEINER (1992 a). Funddaten von M. Enderle: März 1976, Auwald Uf-Lh, an der Unterseite von *Ganoderma applanatum*, MTB 7527/1, leg. M. E., det. Dr. H. Neubert 03.04.79, Auwald Lh – Gz, auf der Unterseite eines morschen Laubbaumstamms, MTB 7527/1, leg. M. E., det. Dr. H. Neubert; 27.01.81, Bubesheimer Wald bei Kissendorf, MTB 7527, leg. W. G., det. P. Schirmer; DIETL & KRIEGLSTEINER (1989), am Oberen Eselsberg in Ulm; weitere Funddaten erübrigen sich. Die Art ist sehr häufig und kommt sehr wahrscheinlich in allen MTB im Ulmer Raum vor.

Arcyria incarnata (Pers.) Pers.
Funddaten siehe L. KRIEGLSTEINER (1992 a); DIETL & KRIEGLSTEINER (1989), am Oberen Eselsberg in Ulm; weitere Funddaten erübrigen sich. Die Art ist sehr häufig und kommt sehr wahrscheinlich in allen MTB im Ulmer Raum vor.

Arcyria major (G. Lister) Ing
Funddaten siehe L. KRIEGLSTEINER (1992 a).

Arcyria obvelata (Oeder) Onsberg
Nickender Kelchstäubling
Syn.: *A. nutans*
Funddaten siehe L. KRIEGLSTEINER (1992 a). Funddaten von M. Enderle: 12.07.78, „Muna" bei Straß, MTB 7526, leg. M. E., det. Dr. H. Neubert; 04.06.79, Donau-Auwald bei Lh/Gz, MTB 7527/1, an liegendem Laubbaumstamm, leg. Chr. Schnarbach, det. M. E., conf. Dr. H. Neubert; Funddaten von L. KRIEGLSTEINER (pers. Aufzeichn.): 09.07.89, „Ulmerhalde"/Altental, an Buchenast, MB 7525/3, leg. L. K.; 29.07.89, südlich Laichingen, an morscher, entrindeter Buche, MTB 7524/1, leg. L. K.; 01.08.89, „Schildhau" westlich Seißen, an Fichte/Buche, MTB 7524/3, leg. L. K.; 29.09.91, südwestlich Illerrieden, Unterseite Fichte, MTB 7726/1, leg. L. K.

Arcyria pomiformis (Leers.) Rost.
Funddaten siehe L. KRIEGLSTEINER (1992 a). Funddaten von L. KRIEGLSTEINER (pers. Aufzeichn.): 09.07.89, „Ulmerhalde"/Altental, an entrindetem Buchenast, MTB 7525/3, leg. L. K.; 29.07.89, südlich Laichingen, an entrindetem Buchenast, MTB 7524/1, leg. L. K.; 31.08.90, Weidach/Wiesental, an entrindeter *Carpinus*, MTB 7525/3, leg. L. K.; 14.09.90, Weidach/Wiesental, an entrindeter Fichte, MTB 7525/3, leg. L. K.; 06.01.91, Weidach/„Hohenstein", an entrindeter Buche, MTB 7525/3, leg. L. K.; 25.06.91, „Filde" nördlich Eiselau, an entrindetem Fichtenast, MTB 7525/2, leg. L. K.

Arcyria stipata (Schw.) Lister
Funddaten siehe L. KRIEGLSTEINER (1992 a). Funddaten von M. Enderle: 26.12.78, Mischwald bei Holzheim, Laubholzstumpf, MTB 7626, leg. M. E., det. Dr. H. Neubert (Herbar-Nr. M 2686 Neubert)

Badhamia panicea (Fr.) Rost.
Funddaten siehe L. KRIEGLSTEINER (1992 a).

Badhamia utricularis (Bull.) Berk.
Funddaten siehe L. KRIEGLSTEINER (1992 a). DIETL & KRIEGLSTEINER (1989), am Oberen Eselsberg in Ulm;

01.05.97, Ludwigsfeld Illerholz, MTB 7626/1/, leg. K. Ke. mit Helgo Bran, Wirt/Substrat: Laubbaum, Laubholz, Organ/Wuchsstelle: Stamm, Höhe über NN: 475 m, Bodentyp: Aue-Boden, Bodenfeuchtigkeit: feucht
Funddaten von M. Enderle: 17.11.81, Auwald Lh, an stehender Kopfweide, MTB 7527/1, leg. Chr. Schnarbach, det. Dr. H. Neubert (Herbar Nr. M 4082 Neubert); Funddaten von L. KRIEGLSTEINER (pers. Aufzeichn.): 04.01.88, Schmiechener See, an *Salix*-Ast am Strauch, MTB 7624/1, leg. L. K.; 22.10.88, Umgebung der Uni Ulm, Oberer Eselsberg, an Laubholzrinde, MTB 7525/4, leg. L. K.; 30.10.89, Neu-Ulm/Reutti, an *Alnus*-Ast am Baum, MTB 7626/1, leg. L. K.; 05.11.89, Ehingen/Schlechtenfeld, an Laubholzrinde, MTB 7724/1, leg. L. K.; 08.02.90, westlich Asch, an Buchenrinde, MTB 7524/4, leg. L. K.; 15.06.90, Arnegger Ried, an *Salix* am Strauch, MTB 7525/3, leg. L. K.

Brefeldia maxima (Fr.) Rost.
Funddaten siehe L. KRIEGLSTEINER (1992 a).
Funddaten von M. Enderle: 08.10.78l, zwischen Uf + Lh, auf Rühmer-Halbinsel, MTB 7527, auf morschem Laubholzstumpf, Frk. ca. 20 x 20 cm groß, leg. M. E., det. Dr. H. Neubert

Calomyxa metallica (Berk.) Nieuwl.
Funddaten siehe L. KRIEGLSTEINER (1992 a).

Ceratiomyxa fruticulosa (Müll.) MacBr.
Funddaten siehe L. KRIEGLSTEINER (1992 a).
Funddaten von M. Enderle: Okt. 1977, „Muna" bei Bühl, auf Laubholzast am Boden, MTB 7527, leg. M. E., det. Dr. H. Neubert; 11.06.78, bei Roggenburg, im Fichtenwald bei morschem *Picea*-Stubben, leg. M. E.; DIETL & KRIEGLSTEINER (1989), am Oberen Eselsberg in Ulm; 05.11.86, Rote Wand bei Ludwigsfeld, MTB 7725, auf morschem Buchenast, leg. K. K.; weitere Funddaten erübrigen sich. Die Art ist sehr häufig und kommt sehr wahrscheinlich in allen MTB im Ulmer Raum vor.

Ceratiomyxa porioides (A. & S.) Schroet.
Funddaten siehe L. KRIEGLSTEINER (1992 a).

Collaria cf. **arcyrionema** (Rost). Nann.-Brem.
Funddaten siehe L. KRIEGLSTEINER (1992 a).

Collaria elegans (Racib) Dhillon & Nann.-Brem.
Funddaten siehe L. KRIEGLSTEINER (1992 a).

Comatricha cf. **ellae** Härkönen
Funddaten siehe L. KRIEGLSTEINER (1992 a).

Comatricha cf. **laxa** Rost.
Funddaten siehe L. KRIEGLSTEINER (1992 a).

Comatricha nigra (Pers.) Schroeter
Funddaten: DIETL & KRIEGLSTEINER (1989), am Oberen Eselsberg in Ulm; L. KRIEGLSTEINER (1992 a).
Funddaten von M. Enderle: 02.01.81, bei Gz, am morschem Baumstumpf, MTB 7527/1, leg. M. E., det. P. Schirmer; weitere Funddaten erübrigen sich. Die Art ist sehr häufig und kommt sehr wahrscheinlich in allen MTB im Ulmer Raum vor.

Comatricha pulchella (C. Bab.) Rost.
Funddaten: DIETL & KRIEGLSTEINER (1989), am Oberen Eselsberg in Ulm;
L. KRIEGLSTEINER (1992 a).

Comatricha cf. **rigidireta** Nann.-Brem.
Funddaten siehe L. KRIEGLSTEINER (1992 a).

Comatricha tenerrima (Curtis) G. Lister
Funddaten siehe L. KRIEGLSTEINER (1992 a).

Craterium aureum (Schum.) Rost.
Funddaten siehe L. KRIEGLSTEINER (1992 a).

Craterium minutum (Leers.) Fr.
Funddaten siehe L. KRIEGLSTEINER (1992 a).

Cribaria argillacea (Pers.) Pers.
Funddaten siehe L. KRIEGLSTEINER (1992 a).

Cribaria aurantiaca (Schrad.)
Funddaten siehe L. KRIEGLSTEINER (1992 a).

Cribaria cancellata (Batsch) Nann.-Brem.
Funddaten siehe L. KRIEGLSTEINER (1992 a). Funddaten von L. KRIEGLSTEINER (pers. Aufzeichn.): 09.07.89, „Ulmerhalde"/Altental, an morschem Buchenstämmchen, Unters.; MTB 7525/3, leg. L. K.; 05.11.89, Ehingen/Schlechtenfeld, an Fichtenstämmchen, MTB 7724/1, leg. L. K.; 09.07.89, „Ulmerhalde"/Altental, an morschem Buchenstämmchen, Unters.; MTB 7525/3, leg. L. K.; 05.11.89, Ehingen/Schlechtenfeld, an Fichtenstämmchen, MTB 7724/1, leg. L. K.; 29.09.91, südwestlich Illerrieden, an Fichtenstämmchen, MTB 7726/1, leg. L. K.

Cribaria cf. **confusa** Nann.-Brem. & Yamam
Funddaten siehe L. KRIEGLSTEINER (1992 a).

Cribaria persoonii Nann.-Brem.
Funddaten siehe L. KRIEGLSTEINER (1992 a).

Cribaria rufa (Roth) Rost.
Funddaten siehe L. KRIEGLSTEINER (1992 a). Funddaten von L. KRIEGLSTEINER (pers. Aufzeichn.): 01.09.88, Blaubeuren/Seißen, an Fichtenstamm, MTB 7524/4, leg. L. K.; 02.08.89, Waldlehrpfad Dornstadt, an Fichtenstamm, MTB 7525/2, leg. L. K.; 03.08.89, bei Hirbishofen, an rotfaulem Fichtenstamm, MTB 7626/2, leg. L. K.

Cribaria violacea Rex
Fundaten siehe L. KRIEGLSTEINER (1992 a).

Cribaria vulgaris Schrad.
Funddaten siehe L. KRIEGLSTEINER (1992 a).
Funddaten von M. Enderle: 08.03.81, Auwald Lh, MTB 7527/1, an morschem Holz, leg. M. E., det. P. Schirmer (Herbar P. Schirmer Nr. 613); Funddaten von L. KRIEGLSTEINER (pers. Aufzeichn.): 01.08.89, „Schildhau" westlich Seißen, an Fichtenstamm/Moos, MTB 7524/3, leg. L. K.; 01.11.90, Weidach, „Buchbrunnen", an *Pinus*-Strunk, MTB 7525/3, leg. L. K.

Dianema depressum (A. Lister) G. Lister
Funddaten siehe L. KRIEGLSTEINER (1992 a).

Dictydiaethalium plumbeum (Schum.) Rost.
Funddaten siehe L. KRIEGLSTEINER (1992 a).
Funddaten von M. Enderle: 09.02.80, Auwald zwischen Lh + Weißingen, an liegendem *Corylus*-Stamm, MTB 7527/1, leg. M. E., det. Dr. H. Neubert; 02.01.81, zwischen Uf + Lh, auf Unterseite eines *Quercus*-Astes, MTB 7527, leg. M. E., det. P. Schirmer (Herbar P. Schirmer Nr. 614); 15.11.81, Auwald Lh, an liegendem Corylus-Stamm, leg. M. E., det. Dr. H. Neubert; Rezente Funddaten von L. KRIEGLSTEINER (pers. Aufzeichn.): 06.01.91, Weidach „Hohenstein", an liegendem Buchenast, auf der Unterseite, MTB 7525/1, leg. L. K.; 20.01.91, Lonetal, an berindetem Buchenast, auf der Unterseite, mit *Hypoxylon fragiforme*, MTB 7427/1, leg. L. K.; 07.11.91, Ermingen, beim Fernmeldeturm, an Rinde von liegendem, dickem Buchenstamm, MTB 7525/3, leg. L. K.

Diderma globosum Pers.
Funddaten siehe L. KRIEGLSTEINER (1992 a).
Funddaten von M. Enderle: 06.03.81, „Muna" bei Straß, auf einem Blatt, MTB 7526, leg. M. E., det. P. Schirmer (Herbar P. Schirmer Nr. 611)

Diderma hemisphaericum (Bull.) Hornem.
Funddaten siehe L. KRIEGLSTEINER (1992 a).

Diderma montanum (Meylan) Meylan
Funddaten siehe L. KRIEGLSTEINER (1992 a).
Funddaten von M. Enderle: 17.11.81, Auwald Lh, an Laubholz, MTB 7527/1, leg. Chr. Schnarbach, det. Dr. H. Neubert (Herbar Neubert M 4084);

Diderma spumarioides (Fr.) Fr.
Funddaten siehe L. KRIEGLSTEINER (1992 a).
Funddaten von M. Enderle: Mai 1977, bei Schmiechen (Rauneker-Exk.), Blatt einer Pflanze überziehend, leg. M. E., det. Dr. H. Neubert

Diderma umbilicatum Pers. var. **umbilicatum**
Funddaten siehe L. KRIEGLSTEINER (1992 a).
Funddaten von M. Enderle: 18.11.78, Auwald Lh/Gz, auf vermoostem Laubbaumstumpf, am Moos, MTB 7527/1, leg. M. E., det. Dr. H. Neubert; 20.12.80, zwischen Uf + Lh, auf der Unterseite von nacktem Holzzaun (am Boden liegend), MTB 7527, leg. M. E., det. P. Schirmer

Didymium clavus (A. & S.) Rab.
Funddaten: DIETL & KRIEGLSTEINER (1989), am Oberen Eselsberg in Ulm;
L. KRIEGLSTEINER (1992 a).

Didymium cf. **comatum** Nann.-Brem.
Funddaten siehe L. KRIEGLSTEINER (1992 a).

Didymium difforme (Pers.) S. F. Gray
Funddaten siehe L. KRIEGLSTEINER (1992 a).

Didymium melanospermum (Pers.) Rost.
Funddaten siehe L. KRIEGLSTEINER (1992 a).
Funddaten von M. Enderle: Okt. 1977, „Muna" bei Uf, MTB 7526, auf Fichtenzapfen, leg. M. E., det. Dr. H. Neubert 20.07.80, „Muna" bei Straß, an *Polytrichum*, leg. Chr. Schnarbach, det. Dr. H. Neubert

Didymium minus (A. Lister) Morgan
Funddaten siehe L. KRIEGLSTEINER (1992 a).

Didymium nigripes (Link) Fr.
Funddaten siehe L. KRIEGLSTEINER (1992 a).
Funddaten von M. Enderle: Nov. 1976, Auwald Uf, auf Laubholzast, MTB 7527, leg. M. E., det. Dr. H. Neubert; 14.07.80, zwischen Uf + Lh, „Lechfeld", auf Blättern von *Quercus* + *Fagus*, Diapositiv in Diathek Enderle, leg. M. E. det. Dr. H. Neubert

Didymium serpula Fr.
Funddaten siehe L. KRIEGLSTEINER (1992 a).

Didymium squamulosum (A. & S.) Fr.
Funddaten siehe L. KRIEGLSTEINER (1992 a); Funddaten von L. KRIEGLSTEINER (pers. Aufzeichn.): 24.06.89, östlich Treffensbuch, an *Lamiastrum*-Stängel, MTB 7524/2, leg. L. K.; 20.04.90, südöstlich

Rieden, an alter Laubholzrinde, MTB 7627/2, leg. L. K.; 15.06.90, Arnegger Ried, an *Phragmites*-Halm, MTB 7525/3, leg. L. K.; 30.06.91, am Schmiechener See, an *Carex*-Laub, MTB 7624/1, leg. L. K.

Echinostelium minutum de Bary
Funddaten siehe L. KRIEGLSTEINER (1992 a).

Enerthenema papillatum (Pers.) Rost.
Funddaten siehe L. KRIEGLSTEINER (1992 a).

Enteridium lycoperdon (Bull.) Farr.
Stäublings-Schleimpilz
Syn.: Reticularia lycoperdon
Funddaten siehe L. KRIEGLSTEINER (1992 a).
Funddaten von M. Enderle: 23.10.76, Kri-Exk. zwischen Uf + Lh, auf altem Laubholzstumpf, MTB 7527, leg. M. E.; 05.08.78, bei Heidenheim/Brenz, auf Baumstumpf, leg. F. R., det. Dr. H. Neubert; 24.06.79, Uf, im Garten von Karl Steck, an Apfelbaum, MTB 7526, leg. M. E.; 02.11.79, zwischen Lh + Gz, MTB 7527, an totem Laubbaum, leg. M. E., det. Dr. H. Neubert; 19.05.81, „Kirchholz" bei Of, MTB 7526, an morschem Laubholz, leg. M. E., det. P. Schirmer; 04.08.03, bei Illerrieden, bei Fichten, am Boden an Holzästchen, leg. J. I., det. Hausmann, conf. M. E.

Enteridium splendens (Morgan) Farr var. **juranum** (Meylan) Härkönen
Funddaten siehe L. KRIEGLSTEINER (1992 a).

Fuligo leviderma Neubert, Nowotny & Baumann
Funddaten: DIETL & KRIEGLSTEINER (1989), am Oberen Eselsberg in Ulm;
L. KRIEGLSTEINER (1992 a).

Fuligo septica (Fr.) Wiggers – Gelbe Lohblüte
Funddaten siehe L. KRIEGLSTEINER (1992 a).
Funddaten von M. Enderle: 23.10.76, Kri-Exk. in „Muna" bei Bühl, MTB 7527; 11.02.78, bei Holzheim, Schloß Neubronn, seitlich an Baumstumpf, MTB 7626, leg. M. E. + F. R., det. Dr. H. Neubert; DIETL & KRIEGLSTEINER (1989), am Oberen Eselsberg in Ulm; weitere Funddaten erübrigen sich. Die Art ist sehr häufig und kommt sehr wahrscheinlich in allen MTB im Ulmer Raum vor.

Fuligo septica (Fr.) Wiggers var. **candida** (Pers.) G. Lister
Funddaten siehe L. KRIEGLSTEINER (1992 a).

Fuligo septica (Fr.) Wiggers var. **rosea**
Funddaten von M. Enderle: 05.09.81, bei Illerrieden, an Fichtenrinde, leg. J. Ilg, det. P. Schirmer (Herbar P. Schirmer No. 610)

Fuligo septica (Fr.) Wiggers var. **rufa** (Pers.) R.E. Fries
Funddaten siehe L. KRIEGLSTEINER (1992 a).
Funddaten von M. Enderle: 03.07.82, bei Ramminngen, MTB 7527, an totem Laubholz, leg. M. E., det. Dr. H. Neubert (Herbar Neubert Nr. M 4079)

Hemitrichia clavata (Pers.) Rost.
Funddaten siehe L. KRIEGLSTEINER (1992 a).
Funddaten von M. Enderle: 16.04.78, Exkursion Heinz Engel (Weidhausen), bei Ay, MTB 7626, det. Dr. H. Neubert (Herbar Engel M 1952 und Engel 2634); Funddaten von L. KRIEGLSTEINER (pers. Aufzeichn.): 05.06.88, Brunnenstein, an Laubholz, MTB 7525/3, leg. L. K.; 01.09.88, Blaubeuren/Seißen, an Laubholz, MTB 7524/4, leg. L. K.; 07.04.89, Iller südlich Oberkirchberg, an *Fraxinus*-Rinde, MTB 7626/3, leg. L. K.; 03.02.90, Klinge westlich Bermaringen, an morschem *Tilia*-Ast, MTB 7524/2, leg. L. K.

Hemitrichia serpula (Scop.) Rost.
Funddaten siehe L. KRIEGLSTEINER (1992 a).
Funddaten von M. Enderle: 24.12.78, Auwald Uf/Lh, MTB 7527/1, an morschem Laubholzstumpf, leg. M. E.; 08.12.79, bei Illerkirchberg, MTB 7626, an liegendem Laubholz, leg. Chr. Schnarbach, det. Dr. H. Neubert; 08.12.79, zwischen Lh + Uf, an morschem Laubholz, MTB 7527/1, leg. Chr. Schnarbach, det. Dr. H. Neubert; 20.10.82, Auwald Lh, MTB 7527/1, an Laubholzstumpf, leg. M. E.

Leocarpus fragilis (Dicks.) Rost.
Löwenfrüchtchen
Funddaten siehe L. KRIEGLSTEINER (1992 a).
Funddaten von M. Enderle: Sept. 1977, Wald zwischen Bühl + Kissendorf, an Gräsern, MTB 7527, leg. M. E. + Günther Brunner, det. Dr. H. Neubert; 23.10.76, Kri-Exk. zwischen Uf + Lh, MTB 7527, leg. M. E.;

Licea parasitica Zukal
Funddaten siehe KRIEGLSTEINER, L. (1991 c); L. KRIEGLSTEINER (1992 a).

Licea pusilla Schrad.
Funddaten siehe L. KRIEGLSTEINER (1992 a).

Licea variabilis Schrad.
Funddaten siehe L. KRIEGLSTEINER (1992 a).

Lycogala conicum Pers.
Funddaten siehe L. KRIEGLSTEINER (1992 a). Funddaten von L. KRIEGLSTEINER (pers. Aufzeichn.): 08.07.88, bei Altheim, an morscher Eiche, MTB 7426/1, leg. L. K.; 09.07.89, „Ulmerhalde"/Altental,

an morschem Buchenholz, MTB 7525/3, leg. L. K.; 01.09.89, südwestlich Schnürpflingen, an Buchenstamm/Moos, MTB 7725/2, leg. L. K.

Lycogala epidendron L.: Fr. – Blutmilchpilz
Funddaten siehe L. KRIEGLSTEINER (1992 a).
Funddaten von M. Enderle: 23.10.76, Kri-Exk. in „Muna" bei Bühl, MTB 7527; 20.03.77, Auwald bei Ne, auf kleinem Sägemehlhaufen, MTB 7526, leg. M. E., det. Dr. H. Neubert; 07.10.78, Sta-Exk. Auwald Lh, MTB 7527; 19.10.80, Haas-Exk.bei Breitingen, MTB 7425; DIETL & KRIEGLSTEINER (1989), am Oberen Eselsberg in Ulm; weitere Funddaten erübrigen sich. Die Art ist sehr häufig und kommt sehr wahrscheinlich in allen MTB im Ulmer Raum vor.

Lycogala flavofuscum (Ehrenb.) Rost.
Funddaten siehe L. KRIEGLSTEINER (1992 a).
Funddaten von M. Enderle: 01.09.79, Fichtenwald bei Harthausen (Bayern), aus Narbe einer Fichte herauswachsend, MTB 7528, leg. M. E., det. Dr. H. Neubert; 28.11.80, Auwald Lh/Gz, an Strauch von Sambucus nigra, MTB 7527, leg. M. E., det. P. Schirmer (Herbar P. Schirmer No. 616)

Macbrideola cornea (G. Lister & Cran) Alex.
Funddaten siehe L. KRIEGLSTEINER (1992 a).

Metatrichia floriformis (Schw.) Ing. & Nann.-Brem.
Funddaten siehe L. KRIEGLSTEINER (1992 a).
Funddaten von M. Enderle: 24.10.78, Auwald Lh/Uf, MTB 7527, auf Laubholzstumpf; 05.04.81, bei Kri-Exk. im Illerauwald bei Vöhringen, MTB 7726 und 7826, leg. Chr. Schnarbach, det. G. J. K.

Metatrichia vesparium (Batsch) Nann.-Brem. „Wespennest"
Funddaten siehe L. KRIEGLSTEINER (1992 a).
Funddaten von M. Enderle: 02.01.81, bei Gz, an Laubholzstumpf, MTB 7527, leg. M. E., det. P. Schirmer; Funddaten von L. KRIEGLSTEINER (pers. Aufzeichn.): 12.01.88, Arnegg, Laubholz, MTB 7525/3, leg. L. K.; 05.11.89, Ehingen/Schlechtenfeld, an morschem Laubholz, MTB 7724/1, leg. L. K.; 18.04.76, Neu-Ulm, beim Sägewerk, an Eichenrinde, MTB 7626/1, leg. W. G., det. Dr. Neubert; 31.10.63, Auwald bei Leibi, an *Fraxinus,* MTB 7526/4, leg. Doppelbaur, det. Dr. Neubert (?); 11.09.090, BW „Tiefental", an Buchenkernholz, sehr morsch, weißfaul, MTB 7624/1, leg. L. K.

Mucilago crustacea Wiggers
Funddaten: DIETL & KRIEGLSTEINER (1989), am Oberen Eselsberg in Ulm;
L. KRIEGLSTEINER (1992 a). Funddaten von L. KRIEGLSTEINER (pers. Aufzeichn.): Herbst 1988, Ulm, Wiblinger Str., an Endiviensalat, MTB 7625/3, leg. Bader, det. L. K.; 22.10.88, Umgebung der Uni Ulm, Oberer Eselsberg, Grasland, MTB 7525/4, leg. L. K.; 30.10.89, Neu-Ulm/Reutti, *Alnetum*, MTB 7626/1, leg. L. K.

Paradiacheopsis fimbriata (G. Lister & Cran) Hertel
Funddaten siehe L. KRIEGLSTEINER (1992 a).

Perichaena corticalis (Batsch) Fries
Funddaten siehe L. KRIEGLSTEINER (1992 a).
Funddaten von M. Enderle: 24.02.79, Illerauwald bei Gerlenhofen, MTB 7626, an Laubholzstumpf, leg. M. E., det. Dr. H. Neubert; Funddaten von L. KRIEGLSTEINER (pers. Aufzeichn.): 03.02.90, Klinge westlich Bermaringen, an *Tilia*-Ast, MTB 7524/2, leg. L. K.; 28.03.63, Auwald Leibi, an *Fraxinus*, MTB 7526/4, leg. Dr. Doppelbaur, det. Dr. Neubert (?); 14.09.90, Weidach/Kiesental, an *Fraxinus*-Rinde, MTB 7525/3, leg. L. K.

Perichaena depressa Libert
Funddaten siehe L. KRIEGLSTEINER (1992 a).

Perichaena vermicularis (Schw.) Rost.
Funddaten siehe L. KRIEGLSTEINER (1992 a).

Physarum bitectum G. Lister
Funddaten siehe L. KRIEGLSTEINER (1992 a).

Physarum cinereum (Batsch) Pers.
Funddaten siehe L. KRIEGLSTEINER (1992 a).
Funddaten von M. Enderle: 03.08.80, bei Gundremmingen, MTB 7528, Auwald in Fichtenparzelle, leg. M. E., det. Dr. H. Neubert

Physarum didermoides (Pers.) Rost.
Funddaten siehe L. KRIEGLSTEINER (1992 a).
Funddaten von M. Enderle: 28.07.81, auf Kuhmisthaufen bei Bühl, MTB 7526, leg. M. E., det. P. Schirmer (Herbar P. Schirmer Nr. 615)

Physarum leucophaeum Fr.
Funddaten: DIETL & KRIEGLSTEINER (1989), am Oberen Eselsberg in Ulm;
L. KRIEGLSTEINER (1992 a). Funddaten von L. KRIEGLSTEINER (pers. Aufzeichn.): 12.10.88, Umgebung der Uni Ulm, Oberer Eselsberg, an Laubholz, MTB 7525/4, leg. L. K.; 29.07.89, südlich Laichingen, an Buchenast, MTB 7524/1, leg. L. K.; 03.08.89, bei Hirbishofen, an Laubholzast, MTB 7626/2, leg. L. K.; 02.11.89, Ringingen, am Pfifferlingsberg, an Stroh, MTB 7624/4, leg. L. K., det. Dr. Neubert;

21.09.90, „Spitalwald“ Ermingen, an morschem Laubholz, MTB 7625/1, leg. L. K.

Physarum murinum A. Lister
Funddaten siehe L. KRIEGLSTEINER (1992 a).

Physarum nudum Macbr.
Funddaten siehe L. KRIEGLSTEINER (1992 a).

Physarum nutans Pers.
Funddaten: DIETL & KRIEGLSTEINER (1989), am Oberen Eselsberg in Ulm;
L. KRIEGLSTEINER (1992 a).
Funddaten von M. Enderle: 28.11.80, Auwald Lh/Weißingen, MTB 7527/1, leg. Chr. Schnarbach, det. P. Schirmer; 08.06.81, „Kirchholz“ bei Of, an morschem Holz von *Carpinus betula* oder *Quercus sp.*, MTB 7526, leg. Chr. Schnarbach, det. P. Schirmer; 17.11.81, Auwald Lh, MTB 7527/1, an morschem Laubholz, leg. Chr. Schnarbach, det. Dr. H. Neubert (Herbar Nr. M 4083); weitere Funddaten erübrigen sich. Die Art ist sehr häufig und kommt sehr wahrscheinlich in allen MTB im Ulmer Raum vor.

Physarum pusillum (Bk. & Curt.) G. Lister
Funddaten siehe L. KRIEGLSTEINER (1992 a).

Physarum virescens Ditmar
Funddaten siehe L. KRIEGLSTEINER (1992 a).

Physarum viride (Bull.) Pers.
Funddaten: DIETL & KRIEGLSTEINER (1989), am Oberen Eselsberg in Ulm;
L. KRIEGLSTEINER (1992 a). Funddaten von L. KRIEGLSTEINER (pers. Aufzeichn.): 22.10.88, Umgebung der Uni Ulm, Oberer Eselsberg, an Laubholz, MTB 7525/4, leg. L. K.; 29.07.89, südlich Laichingen, an morschem Buchenholz, MTB 7524/1, leg. L. K.; 12.10.89, Tiefental, an morscher Laubholzrinde, MTB 7624/1, leg. L. K.
Funddaten von M. Enderle: 1976 von Frau Kohl (Of) erhalten, wo gefunden?, det. Dr. H. Neubert

Stemonitis axifera (Bull.) MacBr.
Fadenstäubchen
Funddaten siehe L. KRIEGLSTEINER (1992 a).
Funddaten von M. Enderle: 20.06.77, „Muna“ bei Straß, MTB 7526, leg. M. E., det. Dr. H. Neubert; 06.07.78, „Muna“ bei Straß, MTB 7526, seitlich an morschem *Picea*-Stubben, leg. M. E., det. Dr. H. Neubert; 12.07.78, „Muna“ bei Straß, leg. M. E., det. Dr. H. Neubert

Stemonitis fusca Roth var. **fusca**
Funddaten siehe L. KRIEGLSTEINER (1992 a).
Funddaten von M. Enderle: 01.07.79, Höhenanlage bei Laupheim, MTB 7725, leg. G. O., det. Dr. H. Neubert; 07.06.80, im Kindergarten Lh, im Freien, an nacktem Laubholzstumpf, MTB 7527, leg. Chr. Schnarbach, det. Dr. H. Neubert; 26.08.80, „Muna“ bei Straß, Fichtenwald, an liegendem *Picea*-Ästchen, leg. M. E.; DIETL & KRIEGLSTEINER (1989), am Oberen Eselsberg in Ulm;

Stemonitis herbatica Peck
Funddaten: siehe DIETL & KRIEGLSTEINER (1989) und L. KRIEGLSTEINER (1992 a). Weitere Funddaten von M. Enderle: 11.07.78, „Muna“ bei Straß, MTB 7526, an morschem *Picea*-Stubben, leg. M. E., det. Dr. H. Neubert

Stemonitis smithii Macbr.
Funddaten: siehe DIETL & KRIEGLSTEINER (1989) und L. KRIEGLSTEINER (1992 a).

Stemonitis virginiensis Rex
Funddaten: DIETL & KRIEGLSTEINER (1989), am Oberen Eselsberg in Ulm;
L. KRIEGLSTEINER (1992 a).

Stemonitopsis dictyospora (Celak) Nann.-Brem. illeg.
Funddaten siehe L. KRIEGLSTEINER (1992 a).

Stemonitopsis hyperopta (Meylan) Nann.-Brem.
Funddaten siehe L. KRIEGLSTEINER (1992 a).

Stemonitopsis typhina (Wiggers) Nann.-Brem.
Funddaten: DIETL & KRIEGLSTEINER (1989), am Oberen Eselsberg in Ulm;
L. KRIEGLSTEINER (1992 a). Funddaten von L. KRIEGLSTEINER (pers. Aufzeichn.): 12.09.88, Umgebung Uni Ulm, Laubholz, MTB 7525/4, leg. L. K.; 22.09.88, Baurenhau östlich Rot, an Laubholzstamm, MTB 7725/4, leg. L. K. + G. D.; 11.09.90, BW „Tiefental“, an Buchenkernholz, sehr morsch und weißfaul, MTB 7624/1, leg. L. K.; 21.09.90, „Spitalwald“ Ermingen, an morschem Laubholzstamm, MTB 7625/1, leg. L. K.

Trichia botrytis (Gmel.) Pers.
Funddaten: DIETL & KRIEGLSTEINER (1989), am Oberen Eselsberg in Ulm;
L. KRIEGLSTEINER (1992 a).
Funddaten von M. Enderle: 18.11.80, bei Of, an liegendem Eichel-Becherchen, MTB 7526, leg. M. E., det. P. Schirmer

Trichia contorta (Ditmar) Rost.
Funddaten siehe L. KRIEGLSTEINER (1992 a). Funddaten von L. KRIEGLSTEINER (pers. Aufzeichn.): 11.12.87, nördlich Gerhausen, an Laubholz, MTB 7524/4, leg. L. K.; 12.10.89, BW Tiefental, an Unterseite von Buchenrinde am Stamm, MTB 7624/1, leg. L. K.; 03.02.90, „Kirchäcker"/Bermaringen, an stehendem Apfelbaum, auf Rinde, MTB 7525/1, leg. L. K.; 18.02.91, Arnegg, an Rinde von Apfelbaum, MTB 7525, leg. L. K.

Trichia contorta var. **attenuata** Meylan
Funddaten siehe L. KRIEGLSTEINER (1992 a).

Trichia decipiens (Pers.) Macbr.
Funddaten: DIETL & KRIEGLSTEINER (1989), am Oberen Eselsberg in Ulm;
L. KRIEGLSTEINER (1992 a). Funddaten von L. KRIEGLSTEINER (pers. Aufzeichn.): 07.01.88, Lautern, an Laubholz, MTB 7525/3, leg. L. K.; 12.10.88, Umgebung der Uni Ulm, Oberer Eselsberg, an Laubholz, MTB 7525/4, leg. L. K.; 29.07.89, südlich Laichingen, an morschem Buchenholz, MTB 7524/1, leg. L. K.; 05.08.89, Witthau, an Laubholz, MTB 7526/1, leg. L. K.; 12.10.89, Tiefental, an morschem Laubholz, MTB 7624/1, leg. L. K.; 02.11.89, Ringingen, Pfifferlingsberg, an morschem Laubholz, MTB 7624/4, leg. E. S., det. L. K.; 08.02.90, westlich Asch, an Laubholzrinde, MTB 7524/4, leg. L. K.; 02.07.90, „Buchwald" östlich Reutti, an Laubholzrinde, MTB 7626/2, leg. A. B., det. L. K.; 01.05.91, „Silberwald" bei Ludwigsfeld, an Laubholzrinde, MTB 7626/1, bei AMU-Exkursion, det. L. K.

Trichia favoginea (Batsch) Pers.
Funddaten: DIETL & KRIEGLSTEINER (1989), am Oberen Eselsberg in Ulm;
L. KRIEGLSTEINER (1992 a). Funddaten von L. KRIEGLSTEINER (pers. Aufzeichn.): 22.12.88, Umgebung der Uni Ulm, Oberer Eselsberg, an Eichenast, MTB 7525/4, leg. L. K. + H. H. O. B.; 10.08.88, südlich Sontheim, an Laubholz, MTB 7724/3, leg. L. K.; 07.04.9l, Iller südlich Oberkirchberg, an Laubholz, MTB 7626/3, leg. L. K.
Funddaten von M. Enderle: 30.01.78, Bubesheimer Wald bei Echlishausen, auf *Phellinus punctatus* parasitierend, MTB 7527, leg. M. E., det. Dr. H. Neubert;

Trichia persimilis Karst.
Funddaten siehe L. KRIEGLSTEINER (1992 a).
Funddaten von M. Enderle: 18.02.79, zwischen Gz + Sontheim, MTB 7527, an Laubholzstumpf im Donauried, leg. M. E.; 24.12.78, Auwald Uf/Lh, MTB 7527/1, an Laubholzstamm; 09.03.80, Auwald bei Lh-Weißingen, an Frk. von *Xylaria longipes,* MTB 7527/1, leg. M. E., det. Dr. H. Neubert

Trichia scabra Rost.
Funddaten siehe L. KRIEGLSTEINER (1992 a).
Funddaten von M. Enderle: 24.03.78, Exk. mit H. L., im Bannwald ca. 30 km nordwestlich von Biberach/Riß, an liegendem Stamm, leg. M. E., det. Dr. H. Neubert; 09.04.79, Auwald Uf/Lh, MTB 7527, leg. M. E.; 01.12.79, bei Oberkirchberg, an morschem Laubholzstamm im Illerauwald, MTB 7526, leg. M. E.; 05.02.80, Auwald Uf, beim Biberberg, an Laubholzstumpf, MTB 7527, leg. M. E., det. Dr. H. Neubert

Trichia subfusca Rex
Funddaten siehe L. KRIEGLSTEINER (1992 a).
Funddaten von M. Enderle: 20.12.80, zwischen Uf + Lh, an liegendem *Corylus*-Ast, MTB 7527, leg. M. E., det. P. Schirmer (Schirmer Herbar Nr. 609)

Trichia varia (Pers.) Pers.
Funddaten: DIETL & KRIEGLSTEINER (1989), am Oberen Eselsberg in Ulm;
L. KRIEGLSTEINER (1992 a).
Funddaten von M. Enderle: 24.02.79, Illerauwald bei Gerlenhofen, an Laubholzstumpf, MTB 7626, leg. M. E.; weitere Funddaten erübrigen sich. Die Art ist sehr häufig und kommt sehr wahrscheinlich in allen MTB im Ulmer Raum vor.

Tubifera ferruginosa (Batsch) Gmelin
Funddaten siehe L. KRIEGLSTEINER (1992 a).
Funddaten von M. Enderle: 17.07.78, Kri-Exk. bei Hörvelsingen, MTB 7526; 17.07.78, Kri-Exk. bei Westerstetten, MTB 7425; 06.08.78, 5 km nördlich von Isny/Allgäu, in Fichtenwald auf morschem Stumpf, leg. M. E.; 30.09.78, Auwald Lh/Gz, MTB 7527/1, an Laubbaumstumpf, leg. M. E.; 13.07.79, Auwald Uf, auf morschem Holzast, MTB 7526, leg. M. E., det. Dr. H. Neubert; 25.06.79, Auwald Lh/Gz, auf abgebrochenem Laubbaum, leg. M. E.; 17.02.79, zwischen Rh + La, bei den „Riedhöfen", auf Stirnseite von Laubbaum, MTB 7526, leg. M. E.; 29.08.81, Auwald bei Illerkirchberg, auf morschem Laubholz, leg. M. E., det. P. Schirmer (Herbar Schirmer Nr. 612); 28.08.02, Donaustetten, Eichhau, MTB 7625/4/3, an Fichtenstumpf, leg. K. Ke.; 12.06.02, Eichhau, MTB 7724/1/1, an Fichtenstamm, leg. K. Ke.; weitere Funddaten erübrigen sich. Die Art ist sehr häufig und kommt sehr wahrscheinlich in allen MTB im Ulmer Raum vor.

Abteilung **Oomycota** („Eipilze“)

Ordnung **Peronosporales** (Falsche Mehltaupilze)

Funde nach Doppelbaur & Doppelbaur (1975 a) und Doppelbaur & Doppelbaur (1975 b); Funddaten siehe dort. Weitere Funde von L. Krieglsteiner (pers. Aufzeichn.) sind nachfolgend aufgeführt:

Albugo bliti (Biv.) Kze.
Funddaten von L. Krieglsteiner (pers. Aufzeichn.): Sept. 1989, Straß, Maisfeld, an Blattunterseite von *Amaranthus retrofl.*, MTB 7526/4, leg. S. Schüle, det. L. K.

Albugo candida (Pers.) Ktze.
Weitere Funde außer bei Doppelbaur & Doppelbaur (1975): L. Krieglsteiner (pers. Aufzeichn.): Mai 1990, bei Weidach, an *Capsella b.p.*, MTB 7525/3, leg. L. K.

Funddaten zu den nachfolgenden Arten
siehe Doppelbaur & Doppelbaur (1975 a) und Doppelbaur & Doppelbaur (1975 b):

Albugo tragopogonis (Pers.) S. F. Gray
Basidiospora entospora Roze & Cornu
Bremia centaureae Syd.
Bremia lactucae Regel
Bremia lampsanae Syd.
Bremia sonchi Saw.
Bremia tulasnei (Hoffm.) Syd.
Peronospora aestivalis Syd.
Peronospora agrestis Gm.
Peronospora alchemillae Otth.
Peronospora alsinenearum Casp.
Peronospora alta Fuckel
Peronospora anthemidis Gm.
Peronospora aquatica Gm.
Peronospora arabidis-hirsutae Gm.
Peronospora arabidopsidis Gm.
Peronospora arborescens (Berk.) De Bary
Peronospora arenariae (Berk.) Tul.
Peronospora arvensis Gm.
Peronospora boni-henrici Gm.
Peronospora brassicae Gm.
Peronospora bulbocapni Beck
Peronospora buniadis Gm.
Peronospora calotheca De Bary
Peronospora chenopodii Schlecht.
Peronospora chenopodii-polyspermi Gm.
Peronospora conferta Ung.
Peronospora conglomerata Fuckel
Peronospora coronillae Gm.
Peronospora cyparissiae De Bary
Peronospora dentariae Rabenh.
Peronospora destructor (Berk.) Casp.
Peronospora effusa (Grav.) Tul.
Peronospora erucastri Gm.
Peronospora erythraeae (Kühn) Gm.
Peronospora euphorbiae Gm.
Peronospora ficariae (Thul.) De Bary
Peronospora fragariae Roze & Cornu
Peronospora fulva Syd.
Peronospora galii Fuckel
Peronospora galligena Blum.
Peronospora gei Syd.
Peronospora grisea Ung.
Peronospora knautiae Fuckel
Peronospora lamii A. Br.
Peronospora leptosperma De Bary
Peronospora linariae Fuckel
Peronospora lini Schroet
Peronospora lotorum Syd.
Peronospora mayorii Gm.
Peronospora melandryi Gm.
Peronospora meliloti Syd.
Peronospora minor (Casp.) Gm.
Peronospora myosotidis De Bary
Peronospora nasturtii-aquatici Gm.
Peronospora niessleana Berl.
Peronospora obovata Bonord
Peronospora oertliana Kühn
Peronospora ononidis G.W. Wils.

Peronospora parasitica (Pers.) Fr.
zusätzliche Funddaten von L. Krieglsteiner (pers. Aufzeichn.): 14.05.89, „Roter Berg“/Allmendingen, an *Capsella bursa-pastoris*, MTB 7624/3, leg. L. K.; 02.07.89, Weidach, am Rand eines Gerstenfeldes, MTB 7525/3, leg. L. K.; 30.06.91, Schmiechen, MTB 7624/1, leg. L. K.

Funddaten zu den nachfolgenden Arten
siehe Doppelbaur & Doppelbaur (1975 a) und Doppelbaur & Doppelbaur (1975 b):

Peronospora parva Gm.
Peronospora phyteumatis Fuckel
Peronospora pisi DC
Peronospora polygoni A. Fischer
Peronospora polygoni-convolvuli A. Gust.
Peronospora potentillae-anserinae Gm.
Peronospora potentillae-reptantis Gm.
Peronospora ranunculi Gm.
Peronospora romanica Sav. & Rayss.
Peronospora rorippae-islandicae Gm.
Peronospora rupi Rabenh.
Peronospora rumicis Cda.

Peronospora sanguisorbae Gm.
Peronospora sepium Gm.
Peronospora silvatica Gm.
Peronospora sisymbrii-officinalis Gm.
Peronospora sordida Berk. & Br.
Peronospora stachydis Syd.
Peronospora swinglei Ell. & K.
Peronospora tanaceti Gm.
Peronospora thlaspeos-arvensis Gm.
Peronospora thlaspeos-perfoliata Gm.
Peronospora tomentosa Fuckel
Peronospora trifolii-hybridi Gm.
Peronospora trifolii-pratensis A. Gust.
Peronospora trifolii-repentis Gm.
Peronospora trifoliorum De Bary
Peronospora valerianae Trail

Peronospora valerianella Fuckel
Zusätzliche Funddaten von L. Krieglsteiner (pers. Aufzeichn.): 04.06.90, Weidach, Sportplatz, Rapsfeld, Blattunterseite von *Valerianella spec.,* MTB 7525/3, leg. L. K.

Funddaten zu den nachfolgenden Arten

siehe Doppelbaur & Doppelbaur (1975 a) und Doppelbaur & Doppelbaur (1975 b):

Peronospora verbasci Gm.
Peronospora viciae (Berk.) De Bary
Peronospora violacea Berk.
Peronospora violae De Bary
Phythophthora infestans (Mont.) De Bary
Plasmopara aegopodii (Casp.) Trott.
Plasmopara anemones-nemerosae Tr. & O. Savul.
Plasmopara anemones-ranunculoides Tr. & O. Savul.
Plasmopara angelicae (Casp.) Trott.
Plasmopara baudysii Skaicky
Plasmopara chaerophylli (Casp.) Trott.
Plasmopara densa (Rabenh.) Schroet.
Plasmopara epilobii (Rabenh.) Schroet.
Plasmopara gernaii-pratensis O. & Tr. Savul.
Plasmopara obducens Schroet.
Plasmopara pastinaceae Tr. & O. Savul.
Plasmopara pimpinellae Tr. & O. Savul.
Plasmopara pusilla (De Bary) Schroet.
Plasmopara silai Tr. & O. Savul
Plasmopara viticola (Berk. & Curt.) Berk. & De Toni
Pseudoperonospora erodii (Fuckel) Wils.
Pseudoperonospora sparsa (Berk.) Jacz.
Pseudoperonospora urticae (Lib.) Salm. & Ware

Klasse **Endomycetes** (Sprosspilze)

Ordnung **Protomycetales**

Protomyces macrosporus Unger
Funddaten von L. Krieglsteiner (pers. Aufzeichn.): 19.06.90, Schammental/Herrlingen, an St. von *Aegopodium,* MTB 7525/4, leg. L. K.; 23.04.90, Brenz südlich Hermaringen, an *Aegopodium,* MTB 7427/1, leg. L. K.

Ordnung **Taphrinales**

Familie **Taphrinaceae**

Taphrina betulina Rostrup – Birken-Hexenbesen
Die Art ist an abwehrschwachen Birken relativ häufig und wird oft mit einem Vogelnest oder einer Mistel verwechselt!
Funddaten: 20.02.80, bei Of, MTB 7526, an Birke, leg. M. E.; weitere Funddaten erübrigen sich. Die Art ist häufig an Birke und kommt sehr wahrscheinlich in allen MTB im Ulmer Raum vor.

Taphrina betulina

Taphrina deformans (Berk.) Tul.
Funddaten: Eselswald Ulm, leg. H. R., siehe RIEDERLE (1991); Funddaten von L. KRIEGLSTEINER (pers. Aufzeichn.): 17.06.89, Burlafingen, an Bäumen von *Prunus persica*, MTB 7526/3, leg. L. K.

Taphrina pruni Tul. – Narrentasche an Zwetschgen, Traubenkirschen
Funddaten: 1980, in Erbach-Ringingen, Garten von E. R., leg. E. R.; April 1989, Friedrichsau und Blauweg zum Roten Berg, an Kornelkirsche, leg. H. R., weitere Funde siehe RIEDERLE (1991); Funddaten von L. KRIEGLSTEINER (pers. Aufzeichn.): 02.06.89, in Ulm bei der Spitalhofschule und am Seelengraben, an *Prunus domestica,* leg. L. K.; 08.05.2002, Ulm, bei der Donauhalle, Spaziergang mit Michael Gommel, Narrentaschen an *Prunus padus*, leg. M. E.;

„Klasse" **Fungi imperfecti** (Deuteromycetes, Zygomycetes, Imperfekte Pilze)

Bispora monilioides Corda
Syn.: *Bispora antennata*
Funddaten: 26.04.81, bei Oe, MTB 7526, an liegendem Rotbuchen-Stamm, leg. Chr. Schnarbach, det. M. E.; 18.10.85, Maienwäldle bei Harthausen, MTB 7725, auf der Schnittfläche eines liegenden Buchenstammes, leg. K. K.; 28.10.01, Pfifferlingsberg, MTB 7624/2/4, leg. K. Ke., AMU-Exkursion, Wirt/Substrat: Buche (Rotbuche) *Fagus silvatica*, Pflanzengesellschaft: Buchen-, Tannen-Buchen- und Tannenwälder, Organ/Wuchsstelle: Stumpf, Strunk, Wurzel, Höhe über NN: 625 m, pH: basisch; weitere Funde von K. Ke.: 28.06.00, Pifferlingsberg, an Rotbuche; 28.08.02, Donaustetten, Eichhau, an Rotbuche, MTB 7625/4/3; 01.05.99, Ludwigsfeld, Illerholz, MTB 7626/1, AMU-Exkursion, an Rotbuche; 25.06.02, Kohlberg, MTB 7724/1/1, an Rotbuche; 11.06.97, Taxis-Wald, an Rotbuche, MTB 7724/2/433; 27.03.02, Kirchberger Holz, MTB 7725/4/2, an Rotbuche; 15.03.02, Brautspindel, MTB 7725/4/4, an Rotbuche; die Art ist häufig auf der Stirnseite liegender Rotbuchenstämme und kommt im Ulmer Raum wahrscheinlich in jedem MTB vor.

Cristulariella depraedans (Cke.) v. Höhnel
Funddaten von L. KRIEGLSTEINER (pers. Aufzeichn.): 23.06.89, Steinbruch Sotzenhausen, an Blättern von *Acer pseudoplatanus*, MTB 7624/2, leg. L. K.

Cytospora ambiens Sacc.?
Funddaten: 29.03.80, Donau-Auwald Lh, MTB 7527, an liegenden Eschenästen und -zweigen, leg. M. E., Sporen allantoid, hyalin, ca. 4–5 x 1–1,5 µm; 21.01.80, zwischen Lh + Gz, auf einem Schuttabladeplatz, MTB 7527, leg. M. E., Sporen hyalin, leicht allantoid, ca. 4–5 x 1 µm

Cytosporina ludubinda Sacc.
Funddaten: 29.03.80, Donau-Auwald bei Lh, beim Tennisplatz, an liegendem Laubholz, leg. M. E., det. O. H., Beleg in (M)

Dichomera saubinetii Cooke
Funddaten: 10.02.80, Bubesheimer Wald bei Kissendorf, MTB 7527, an Hasel, leg. M. E., det. O. H.

Dinemasporium graminum agg.
Anamorphe Form der *Phomatospora dinemasporium* (Pyrenomycet).
Funddaten von L. KRIEGLSTEINER (pers. Aufzeichn.): 15.06.90, NSG Arnegger Ried, an *Phragmites*-Halm, MTB 7525/3, leg. L. K.

Diplodia herbarum (Corda) Lév.
Funddaten: 27.03.80, in Uf, an abgeschnittenen Stängeln von Sonnenblumen, MTB 7526, leg. M. E., det. Dr. O. Hilber, Beleg in (M); KRIEGLSTEINER (1991) nennt in seinem Verbreitungsatlas einen Fund in MTB 7527. Nähere Fundangaben liegen mir nicht vor.

Entomophtora muscae Autor?
Funddaten: 23.10.01, Rangierbahnhof Ulm, Ablaufberg „Rücken 9", MTB 7726, auf der Fensterscheibe eines verlassenen Rangierhäuschens, leg. K. K. (Kommentar des Finders: „häufig, aber oft übersehen oder nicht als Pilz erkannt")

Isaria umbrina Autor?
Funddaten: 23.10.87, Spitalwald bei Ermingen, MTB 7725, auf Hypoxylon fragiforme, leg. K. K.

Macrophoma fraxini Delacr.
Funddaten: 29.03.80, Donau-Auwald Lh, an liegenden Eschenästen, MTB 7527, leg. M. E., det. Dr. O. Hilber, Beleg in (M); 05.04.80, bei Rh, am Schwarzen Graben, an liegenden Eschenästen, MTB 7527, leg. M. E., det. Dr. O. Hilber, Beleg in (M); 20.04.80, Donau-Auwald bei Lh-Weißingen, an liegenden Eschenästen, massenhaft, ganze Äste überziehend, MTB 7527, leg. M. E., det. Dr. O. Hilber, Beleg in (M); 05.03.81, Schloßpark Laupheim, MTB 7725, leg. G. Ottmann, an Esche; Funddaten von L. KRIEGLSTEINER (pers. Aufzeichn.): 04.04.81, Auwaldrest Donaurieden, MTB 7625/3, leg. G. Krieglsteiner und

M. E.; 05.04.81, Auwald Illerrieden, MTB 7726/1, leg. G. Krieglsteiner + M. E.

Melanconium betulinum Schum. et Kunze ex Sacc.
Funddaten: 22.02.80, bei Uf, MTB 7526, an liegendem Birkenast, leg. M. E., Beleg in (M); 06.08.80, bei Deisenhausen, MTB 7727, an liegendem Birkenast, leg. M. E., conf. O. H., Beleg in (M)

Melanconium sphaeroideum Link
Funddaten: 06.04.80, Donau-Auwald Lh/Gz, an Erlenästen, MTB 7527, leg. M. E., det. O. H.

Monilia laxa/M. fructigena
Monilia-Fruchtfäule
Funddaten: Frühherbst 1999, in verschiedenen Obstgärten bei Riedheim, MTB 7527, an Zwetschgen, leg. M. E., Bestimmung verifiziert durch Bilder bei Baumschule Haage, Leipheim.

Pseudolachnea hispidula (Schrad.) Sutton
Syn.: *Dinemasporiella hispidula*
Funddaten von L. KRIEGLSTEINER (pers. Aufzeichn.): 03.02.90, Bermaringen, „Kirchäcker", an *Urtica*-Stängel, MTB 7525/1; 14.06.90, „Holzstöckle", Orsenhausen, an *Urtica*-Stängel, MTB 7725/4, leg. L. K.; 31.08.90, Weidach/Wiesental, an Kräuterstängel, MTB 7525/3, leg. L. K.

Septoria petroselina Desm.
Funddaten von L. KRIEGLSTEINER (pers. Aufzeichn.): Juli 1990, Weidach, in einem Garten, an Petersilie (Blattflächen), MTB 7525/3, leg. L. K.

Sirococcus strobilinus Preuss
Funddaten erübrigen sich. Die Art ist sehr häufig an Fichtenzapfen und kommt sehr wahrscheinlich in allen MTB im Ulmer Raum vor (L. Krieglsteiner fand sie an 12 verschiedenen Fundorten.)

Sphaeronaema brunneo-viride Auersw.
Funddaten: 23.02.80, bei Lh-Weißingen, Donau-Auwald, MTB 7527, an totem Ast von Traubenkirsche, leg. M. E., Beleg in (M); 17.03.80, Donau-Auwald Lh/Gz, MTB 7527, an toten Ästen von Traubenkirsche (zusammen mit *Dermea padi* [Fr.] Fr.), leg. M. E.
Anmerkung: Die systematische Stellung dieses Pilzes konnte kurzfristig nicht geklärt werden. Imperfekter Pilz?

Sporidesmium spec.
Funddaten: 04.08.80, bei Straß, an liegenden Weidenstämmen, auf der Stirnseite, MTB 7526; Stroma wie bei *Daldinia concentrica*, Sporen dunkelbraun, Sporen 50–70 x 8–10 µm, leg. M. E., det. Dr. O. Hilber

Trimmatostoma salicis Corda
Funddaten von L. KRIEGLSTEINER (pers. Aufzeichn.): 27.01.90, Arnegger Ried, sehr häufig, an *Salix*-Ästen, MTB 7525/3; 14.06.90, „Holzstöcke" Orsenhausen, an *Salix caprea*, MTB 7725/4; 15.07.90, NSG „Gronne"/Wiblingen, an *Salix*, MTB 7625/2;

Form-Ordnung **Moniliales**, Ordnung **Mucorales** (Abt. Eumycota), etc. „Schimmelpilze"

„Schimmelpilze" sind systematisch schwer zu umgrenzen. Es handelt sich dabei um meist watteartige Myzelien bzw. sporulierende Konidienträger. Der Schwerpunkt des Schimmelbegriffs liegt bei oberflächlich wachsenden, schnellwüchsigen, imperfekten Pilzen bzw. bei ebenso lebenden Myzelien von Asco- und Zygomyceten, die meist rasch Anamorphen bilden. Darüber hinaus werden auch viele Phytoparasiten als Schimmelpilze bezeichnet (z. B. Blauschimmel, Grauschimmel, Schneeschimmel).
Die nachfolgend genannten Schimmelpilzarten wurden von *Wolfgang Döring*, Sachverständiger für Innenraumbelastungen, Weißenhorn, in den letzten Jahren gefunden:

Alternaria sp.	Weißenhorn
Aspergillus niger	Weißenhorn, Gerlenhofen, Senden
Aspergillus flavus	Weißenhorn, Illertissen
Aspergillus fumigatus	Weißenhorn, Altenstadt, Neu-Ulm
Aspergillus nidulans	Wiblingen
Aureobasidium pullulans	Oberroth, Weißenhorn, Schießen
Chaetomium globosum	Weißenhorn
Cladosporium herbarum	Weißenhorn, Senden
Epicoccum purpurascens	Ulm
Mucor mucedo	Weißenhorn, Illertissen, Holzheim
Penicillium brevicompactum	Oberroth, Buch, Obenhausen
Penicillium expansum	Weißenhorn, Vöhringen
Penicillium granulatum	Weißenhorn, Roggenburg, Ne
Penicillium chrysogenum	Ulm
Rhizopus oryzae	Neu-Ulm
Scopulariopsis brevicaulis	Ulm

Spinellus fusiger (Link:Fr.) van Tieghem
„Köpfchenschimmel"
Funddaten: 17.10.01, Griesingen, Taxiswald, auf Mycena inclinata, MTB 7724/2/41, leg. K. Ke.

Klasse **Ascomycetes**

Ordnung **Pezizales** (Operculate Becherlinge)

Familie **Ascobolaceae**

Ascobolus furfuraceus Pers. ex Fr.
Kleiiger Kotling
Funddaten: 23.04.88, bei Leimberg, auf Rehlosung, MTB 7424/1, AMO-Fundkartei, leg. R. St.

Ascobolus immersus Pers.: Fr.
Funddaten: 27.11.82, auf Schafkot im MTB 7425/1 und 7424/1, leg. R. St. (AMO-Fundkartei)

Saccobolus depauperatus (Berk. & Br.) E.C. Hansen
Funddaten: 23.04.83, Leimberg, MTB 7424/1, auf Rehkot, leg. R. St. (AMO-Fundkartei)

Thecotheus holmskjoldii (Hansen) Eckblad
Funddaten von L. KRIEGLSTEINER (pers. Aufzeichn.): 27.11.82, Tiefental, auf Schafkot, MTB 7425/1, leg. R. St.

Familie **Dermataceae**

Callorina neglecta (Lib.) Hein
Orangefarbiges Brennnesselbecherchen
Syn.: *C. fusarioides*
Funddaten: 03.06.00, Eschen/Pappelwald entlang des Bahndammes zwischen Einsingen und Erbach, MTB 7725, an *Urtica dioica*, leg. K. K.; weitere Funddaten erübrigen sich. Die Art ist sehr häufig und kommt sehr wahrscheinlich in allen MTB im Ulmer Raum vor (im Winter überall im Konidienstadium *Cylindrocolla urtica* (Pers.) Bonorden an *Urtica dioica* zu finden: kleine, orangefarbene, gallertige, flache Klümpchen!

Dermea padi (Alb. & Schw.) Fr.
Funddaten von L. KRIEGLSTEINER (pers. Aufzeichn.): 26.01.90, südlich Weidach, „Mähdlesbaum", an *Prunus spinosa* (Teleom. + Anamorph), MTB 7525/3, leg. H. O. B.; 27.01.90, BW Tiefental, an *Prunus spinosa*, MTB 7624/1, leg. L. K. + H. O. B.; 03.02.90, Klinge bei Bermaringen, an *Prunus spinosa* (nur Anamorphe); MTB 7524/2, leg. L. K.

Dermea prunastri (Pers.) Fr.
Funddaten: 07.04.80, Uf, Garten Bärbel Enderle, MTB 7527, an liegenden Zwetschgen-Zweigen (*Prunus*), leg. M. E., Beleg in (M)

Durandiella gallica Morelet
Büscheliger Tannenbecher
Funddaten: KRIEGLSTEINER (1993) nennt in seinem Verbreitungsatlas Funde in den MTB 7424 und 7425. Nähere Fundangaben liegen mir nicht vor.

Laetinaevia carneoflavida (Rehm) Nannfl. ex Heim
Syn.: *Callorina carneoflavida*
Funddaten: KRIEGLSTEINER (1993) nennt in seinem Verbreitungsatlas Funde in den MTB 7526 und 7527. Nähere Fundangaben liegen mir nicht vor.

Leptotrochila astrantiae (Ces.) Schüepp
Fundhinweis siehe KRIEGLSTEINER L. (1991 b): an Blattflecken lebender Blätter von Großer Sterndolde (*Astrantia major*), parasitisch; Funddaten von L. KRIEGLSTEINER (pers. Aufzeichn.): 23.08.89, „Brunnenstein", an *Astrantia major*, MTB 7625/3, leg. L. K.

Leptotrochila cerastiorum (Wallr.) Schüepp
Funddaten: 09.09.03, Moosholz, MTB 7726/2/3, an Hornkrautblättern, leg. K. Ke.

Leptotrochila ranunculi (Fr.) Schüepp
Funddaten: DIETL & KRIEGLSTEINER (1989), am Oberen Eselsberg in Ulm; siehe auch KRIEGLSTEINER L. (1991 b): an lebenden Blättern von *Ranunculus repens*;

Mollisia amenticola (Sacc.) Rehm
Funddaten von L. KRIEGLSTEINER (pers. Aufzeichn.): 30.10.89, Neu-Ulm/Reutti, an *Alnus*-Kätzchen, MTB 7626/1, leg. L. K.

Mollisia aquosa (Berk. & Br.) Phill.
Funddaten von L. KRIEGLSTEINER (pers. Aufzeichn.): 21.04.91, „Hau" nordwestlich Erbach, an *Malus*-Rinde, MTB 7625/3, leg. L. K., det. H. O. B.

Mollisia cinerea (Batsch) Karsten
Aschfahles Weichbecherchen
Funddaten: 26.05.79, Donau-Auwald bei Uf, auf der Unterseite eines morschen Laubholzstubbens, MTB

7526, leg. M. E.; DIETL & KRIEGLSTEINER (1989), am Oberen Eselsberg in Ulm; weitere Funddaten von L. KRIEGLSTEINER (pers. Aufzeichn.): in ca. 30 MTB-Quadranten festgestellt! 28.10.01, Pfifferlingsberg, MTB 7624/2/4, AMU-Exkursion, leg. K. Ke.

Mollisia cinerella (Sacc.) Rehm
Funddaten: KRIEGLSTEINER (1993) nennt in seinem Verbreitungsatlas einen Fund in MTB 7525. Nähere Fundangaben liegen mir nicht vor.

Mollisia fusca (Pers. ex Merat: Fr.) Karsten
Dunkelgraues Filzbecherchen
Funddaten: 16.04.78, Exkursion mit Heinz Engel (Weidhausen), bei Senden-Ay, an Unterseite eines liegenden Eschenastes, MTB 7626, det. H. Engel; siehe EBERWEIN (1989); DIETL & KRIEGLSTEINER (1989), am Oberen Eselsberg in Ulm; weitere Funddaten von L. KRIEGLSTEINER (pers. Aufzeichn.): 22.10.88, Umgebung der Uni Ulm, Oberer Eselsberg, an entrindetem Laubholz, MTB 7525/4, leg. L. K.; 23.05.89, „Hörnle" bei Grimmelfingen, an entrindeter Buche, MTB 7625/2, lleg. L. K.; 08.02.90, westlich Asch, an entrindetem Buchenholz, MTB 7524/4, leg. L. K.; 01.05.90, bei Ne, an entrindeter *Fraxinus*, MTB 7527/3, leg. L. K.; 14.06.90, „Holzstöcke"/Orsenhausen, an *Salix caprea*, MTB 7725/4, leg. L. K.; 21.04.91, „Hau" nordwestlich Erbach, an *Malus, Fraxinus*, MTB 7625/3, leg. L. K.

Mollisia hydrophila (P. Karsten) Sacc.
Funddaten von L. KRIEGLSTEINER (pers. Aufzeichn.): 15.06.90, NSG Arnegger Ried, an *Phragmites*-Halmen, MTB 7525/3, leg. L. K.

Mollisia ligni (Desm.) P. Karsten
Funddaten von L. KRIEGLSTEINER (pers. Aufzeichn.): 14.01.89, nördlich Weidach, an entrindetem Laubholz, MTB 7525/1, leg. L. K.; 18.03.89, östlich Donaustetten, an Birkenrinde, MTB 7625/4, leg. L. K.; 07.04.89, Iller südlich Oberkirchberg, an *Acer pseudoplatanus*, MTB 7626/3, leg. L. K.; 26.01.90, „Buchhalde" östlich Weidach, an entrindetem *Acer*, MTB 7525/3, leg. H. O. B.; 03.02.90, Albeck, an *Fraxinus*, MTB 7526/1, leg. L. K.; 03.02.90, Klinge westlich Bermaringen, an *Prunus spinosa* und *Tilia*, MTB 7524/2, leg. L. K.; 01.04.91, „Hau" nordwestlich Erbach, an *Malus*, MTB 7625/3, leg. L. K.

Mollisia lividofusca (Fr.) Gillet
Funddaten von L. KRIEGLSTEINER (pers. Aufzeichn.): 21.06.91, Arnegger Ried, an *Salix*-Zweig, MTB 7525/3, leg. L. K.
Funddaten von L. KRIEGLSTEINER (pers. Aufzeichn., als *M. strobilicola*): 25.04.86, Bollingen, am alten Schlossberg, an Kiefernzapfen, MTB 7525/1, leg. G. F., det. P. Blank; 22.06.89, Weidach/Lautertal, an Kiefernzapfen, MTB 7525/3, leg. L. K.

Molissia melaleuca (Fr.) Sacc.
Schwarzweißes Weichbecherchen
Funddaten: 03.04.77, Kri-Exk. im Auwald bei Lh, MTB 7527; Funddaten von L. KRIEGLSTEINER (pers. Aufzeichn.): 05.11.89, Ehingen-Schlechtenfeld, an entrindeter Buche, MTB 7724/1, leg. L. K.

Mollisia retincola (Rabenh.) P. Karsten
Funddaten von L. KRIEGLSTEINER (pers. Aufzeichn.): 15.06.90, NSG Arnegger Ried, an *Phragmites*-Halmen, MTB 7525/3, leg. L. K.

Mollisia revincta P. Karsten
Funddaten von L. KRIEGLSTEINER (pers. Aufzeichn.): 14.06.89, Ulm-Wiblingen, am „Lichternsee", an *Filipendula ulmaria*-Stängel, MTB 7625/2, leg. L. K.; 05.06.90, am Rand des Arnegger Riedes, an *Filipendula ulmaria*-Stängel, massenhaft, MTB 7525/3, leg. L. K.

Mollisia rosea (Pers.) P. Karsten
Funddaten von L. KRIEGLSTEINER (pers. Aufzeichn.): 20.01.89, Kiesental, an *Rosa*-Ranken, MTB 7525/3, leg. L. K.; 23.05.89, Thalfingen, an *Rosa*-Ranken, MTB 7526/3, leg. L. K.; 30.06.89, Steinbruch Sotzenhausen, an *Rosa*-Ranken, MTB 7624/2, leg. L. K.; 14.06.90, „Holzstöcke"/Orsenhausen, an *Rosa*-Ranken, MTB 7725/4, leg. L. K.

Mollisia spectabilis Kirschstein in Rehm
Funddaten von L. KRIEGLSTEINER (pers. Aufzeichn.): 24.09.88, Ermingen, beim Fernmeldeturm, an Buchenlaub, MTB 7525/3, leg. L. K.

Mollisina acerina (Mouton) von Höhnel
Funddaten von L. KRIEGLSTEINER (pers. Aufzeichn.): 01.11.90, Weidach, „Buchbrunnen", Unterseite Bergahornlaub, MTB 7525/3, L. K.; 06.11.90, Ulm, bei der Wilhelmsburg, Unterseite Bergahornlaub, MTB 7525/4, leg. L. K.
Fundbeschreibung siehe KRIEGLSTEINER L. (1991 b)

Ocellaria ocellata (Pers.: Fr.) Schroeter
Funddaten von L. KRIEGLSTEINER (pers. Aufzeichn.): 18.06.87, Amstetten, an *Salix viminalis*, MTB 7425/1, leg. R. St.; 27.01.90, Arnegger Ried, an *Salix*-Ästen, MTB 7525/3, leg. L. K., det. H. O. B.; 14.06.90, „Holzstöckle"/Orsenhausen, an Stämmchen von *Salix caprea*, MTB 7725/4, leg. L. K.

Pezicula spec.
Funddaten: 30.12.79, bei Riedheim, am „Schwarzen Graben", in Pappelforst, an stehendem Laubbaum-

stamm, auf Rinde; Frk. orangegelb, Sporen ca. 28–35 x 7–10 µm, leg. M. E., det. H. O. B.

Pezicula carpinea (Pers.) Tul.
Funddaten: KRIEGLSTEINER (1993) nennt in seinem Verbreitungsatlas Funde in den MTB 7424, 7425, 7426, 7427 und 7527. Nähere Fundangaben liegen mir nicht vor.

Pezicula livida (Berk. & Br.) Rehm
Funddaten von L. KRIEGLSTEINER (pers. Aufzeichn.): 17.09.83, Leimberg, an Kiefern, MTB 7524/1, leg. R. St.

Pseudopeziza trifolii (Bivona-Bernardi) Fuckel
Funddaten: DIETL & KRIEGLSTEINER (1989), am Oberen Eselsberg in Ulm;
Fundhinweis siehe auch bei KRIEGLSTEINER L. (1991 b): parasitisch an lebenden Kleeblättern; weitere Funddaten von L. KRIEGLSTEINER (pers. Aufzeichn.): 14.10.87, „Ulmerhalde"/Altental, an *Trifolium pratense*, MTB 7525/3, leg. L. K.; 12.06.88, Pfuhl, Baggersee, an *Trifolium repens*, MTB 7526/3, leg. L. K.; 22.10.88, Umgebung der Uni Ulm, Oberer Eselsberg, an *Trifolium pratense*, MTB 7525/4; 30.06.89, Steinbruch Sotzenhausen, an *Trifolium spec.*, MTB 7624/2, leg. L. K.; 12.08.89, Friedrichsau Ulm, leg. H. R.

Pyrenopeziza carduorum Rehm
Funddaten von L. KRIEGLSTEINER (pers. Aufzeichn.): 23.06.91, „Schlag"/Asch, an *Cirsium arvense*-Stängel, MTB 7524/4, leg. E. S., det. H. O. B.

Pyrenopeziza compressula Rehm
Funddaten von L. KRIEGLSTEINER (pers. Aufzeichn.): 28.08.88, Steinbruch Schammental, an *Melilotus*-Stängel, MTB 7525/3, leg. L. K.

Pyrenopeziza ebuli (Fr.) P. Karsten
Funddaten von L. KRIEGLSTEINER (pers. Aufzeichn.): 09.07.89, „Ulmerhalde"/Altental, an Attich-Stängel (vorj.), MTB 7525/3, leg. L. K.

Pyrenopeziza escharodes ss. H. O. Baral
Syn.: *Mollisia atrata*?
Funddaten: 21.04.80, Donau-Auwald bei Of, MTB 7526, massenhaft an feucht liegenden Kräuter-Stängeln, leg. M. E., det. H. O. B.

Pyrenopeziza euphrasiae (Fuckel) J Kuntze
Funddaten von L. KRIEGLSTEINER (pers. Aufzeichn.): 14.05.91, Weidach, Sportplatz, MTB 7525/3, leg. L. K.

Pyrenopeziza mercurialis (Fuckel) Sacc.
Funddaten von L. KRIEGLSTEINER (pers. Aufzeichn.): 10.05.87, bei Merklingen, an *Mercurialis*-Stängel,

Ein Hort kleiner Ascomyceten: Jungwuchs mit Erlen/Traubenkirschen und Waldbingelkraut im Auwald bei Leipheim.

MTB 7424/4, leg. R. St.; 24.06.89, östlich Treffensbuch, an *Mercurialis*-Stängel, MTB 7524/2, leg. L. K.

Pyrenopeziza millegrana Boudier
Funddaten von L. KRIEGLSTEINER (pers. Aufzeichn.): 05.06.88, Arnegger Ried, an *Filipendula ulmaria*-Stängel, rasig, MTB 7525/3, leg. L. K.

Pyrenopeziza petiolaris (Alb. & Schw.: Fr.) Nannf.
Fundhinweis siehe KRIEGLSTEINER L. (1991 b): häufig im Mai und Juni an Bergahorn-Petiolen; Funddaten von L. KRIEGLSTEINER (pers. Aufzeichn.), immer an Bergahorn-Petiolen: 05.06.88, Brunnenstein, MTB 7525/3, leg. L. K.; 14.05.89, am Roten Berg in Ulm, MTB 7624/3, leg. L. K.; 19.05.89, östlich Treffensbuch, MTB 7524/2, leg. L. K.; 27.05.89, nordöstlich Bach, MTB 7625/3, leg. L. K.; 23.05.89, „Hörnle" bei Grimmelfingen, MTB 7625/2, leg. L. K.; 30.06.89, Steinbruch Sotzenhausen, MTB 7624/2, leg. L. K.; 01.05.02, Ludwigsfeld, Illerholz, MTB 7626/1, AMU-Exkursion, an Bergahorn-Blättern, leg. K. Ke.; 18.04.02, Narrenloch, MTB 7724/3/4, an Bergahorn-Blättern, leg. K. Ke.; 08.03.02, Baustetter Hölzle, MTB 7725/3/4, an Bergahorn-Blättern, leg. K. Ke.; 01.04.03, Rißtissen, Heuberg, MTB 7724/2, an Bergahornblättern, leg. K. Ke.

Pyrenopeziza rubi (Fr.) Rehm
Funddaten von L. KRIEGLSTEINER (pers. Aufzeichn.): 01.08.89, „Schildhau" westlich Seißen, an *Rubus idaeus*, MTB 7524, leg. L. K.

Trochila ilicina (Nees: Fr.) Greenhalgh & Morgan-Jones – Stechpalmen-Deckelbecherchen
Funddaten: 16.11.98, Neu-Ulm/Offenhausen, MTB 7628, auf abgefallenen Blättern von *Ilex*, leg. K. K. (Anmerkung des Finders: bei gründlicher Suche wohl häufig).

Familie **Geoglossaceae**

Cudonia circinans (Pers.: Fr.) Fr. – Helm-Kreisling
Rote-Liste-Art: gefährdet
Funddaten von L. KRIEGLSTEINER (pers. Aufzeichn.): 26.08.87, „Mönchsteig", Fichtenstreu, MTB 7424/4, leg. R. St.; 30.08.87, Radelstetten, Fichtenstreu, MTB 7425/3, leg. R. St.; 23.08.81, „Lauberhau"/Bollingen, MTB 7525/1, leg. G. F.; 13.10.87, Roter Berg bei Söflingen, MTB 7625, in lichtem, hochstämmigem Fichtenwald auf moosigem Boden, leg. K. K.

Cudonia confusa Bres.
Schlanker Helmkreisling
Funddaten: 19./20.09.96, bei Pilzausstellung in Ulm

Geoglossum nigritum Cooke
Funddaten: 01.11.79/15.10.00, im Garten von Bärbel Enderle, MTB 7526, im Moos und kurzen Gras, sehr gesellig, leg. M. E., det. H. O. B. (Fund vom 15.10.00, det. M. E.); Exsikkat im Herbar der Universität Ulm (ULM).
Anmerkungen: *G. nigritum* ist ein unklares Taxon. Vielleicht gehört es zu *G. umbratile.*

Geoglossum sphagnophilum Ehrenb.
Sumpf-Erdzunge
Syn.: *G. glabrum*
Funddaten: 05.07.93, im Osterried bei Laupheim, MTB 7825/1, leg. G. O.

Geoglossum umbratile Sacc.
Schwarze Erdzunge
Rote-Liste-Art: gefährdet
Funddaten: 08.11.98, Steinbruch Sotzenhausen, MTB 7624/2, leg. L. K.

Microglossum viride (Pers.: Fr.) Gillet
Grüne Erdzunge
Rote-Liste-Art: stark gefährdet!
Funddaten: 02.10.02, bei Waldkirch (östlich von Burgau), MTB 7528, in Fichtenwald, leg. Frau Mandl während Exkursion für Waldkircher Bürger; 2002, im Schwäbischen Wald, leg. H. St. (mit schönem Dia)

Spathularia flava Pers. – Dottergelber Spateling
Funddaten: 15.10.77, Stangl-Exk. in „Muna" bei Straß, MTB 7526, leg. M. E.; 26.07.91, „Muna" bei Uf/Bühl, MTB 7527, in Fichtenwald, leg. M. E., Beleg in (M); 05.10.92, Herrenfilde südlich von Westerstetten, MTB 7425/4, leg. E. S.; Funddaten von L. KRIEGLSTEINER (pers. Aufzeichn.): 1989, Spitalwald Ermingen, MTB 7625/1, leg. E. S./L. K.; 11.10.86, Roter Berg bei Söflingen, MTB 7625, auf Nadelstreu von *Larix decidua,* leg. K. K.; Herbst 1999, bei Scharenstetten, bei Fichte, leg. W. H.
(Anmerkung von K. K.: Laut W. Pätzold ist diese Art ein obligatorischer Begleiter von Lärche, wenn nicht sogar ein Symbiont. Daraufhin habe ich in den folgenden Jahren alle mir bekannten Standorte in den Räumen Hegau-Freising-Hunsrück überprüft. Es waren überall Lärchen vorhanden!)
Nach KLINKOVA (1954) handelt es sich um einen Mykorrhizapilz von *Picea abies* und *Pinus*-Arten.

Trichoglossum hirsutum (Pers.: Fr.) Boudier
Rauhaarige Erdzunge
Rote-Liste-Art: gefährdet
Funddaten von L. KRIEGLSTEINER (pers. Aufzeichn.): 28.10.76, Uf, MTB 7527/3, leg. AMO/AMU

Gyromitra esculenta

Familie **Helvellaceae**

Gyromitra ancilis (Pers.: Fr.) Kreisel
Größter Scheibling
Syn.: *Discina perlata* (Fr.) Fr.
Funddaten: 02.05.78, bei Bernstadt, im Lonetal, an *Picea*-Stümpfen, MTB 7526, leg. M. E.; 14.04.79, Donau-Auwald zwischen Uf + Lh, MTB 7527, leg. M. E.; 03.05.80, Donau-Auwald zwischen Lh + Gz, MTB 7527, an vermoostem Fichtenstumpf, leg. M. E., conf. J. Breitenbach; 24.04.80, Bubesheimer Wald bei Bühl, MTB 7527, leg. Bärbel Enderle, det. M. E.; 1974–83, leg. A. K. in MTB 7525; weitere Funddaten erübrigen sich. Die Art ist häufig und kommt sehr wahrscheinlich in allen MTB im Ulmer Raum vor.

Gyromitra esculenta (Pers.: Fr.) Fr.
Frühjahrs-Lorchel
Funddaten: Frühling 199?, Donaumoos, östlich von Weißingen, leg. W. H.; Frühling 199?, bei Gannertshofen/Buch, im Ried, leg. J. I.;

Gyromitra gigas (Krbh.) Cooke – Riesen-Lorchel
Rote-Liste-Art: gefährdet
Funddaten: 07.05.79, zwischen Osterberg und Oberroth, MTB 7876, leg. Frau Schaidnagl, Neu-Ulm, det. M. E.; 22.04.79, bei Autenried, im Fichtenforst, MTB 7627, auf morschem Baumstumpf, leg. Bärbel Enderle, det. M. E.; von E. R. (Erbach-Ringingen) 1979 aus dem MTB 7624 (Schelklingen) gemeldet; 30.04.2002, bei Rißtissen, MTB 7725, leg. T. B.; 02.05.00, Freichshau s.w. Egging, MTB 7625/1/4, Fichtenforst, leg. K. Ke., det. H. L.; 01.05.01, Freichshau s.w. Egging, Fichtenforst, leg. K. Ke.; 25.04.00, 22.04.01, Rißschleife Rißtissen, MTB 7725/3, leg. T. B.; Frühjahr 2001, Donau-Auwald bei Leipheim, MTB 7527, leg. W. H.

Gyromitra parma (Breitenb. & Maas G.)
Kreisel – Schildförmige Scheibenlorchel
Syn.: *Discina parma* Breitenbach & Maas Geest.
Fundbeschreibung siehe ENDERLE (1981 a).
Funddaten: 30.04.79, Donau-Auwald zwischen Lh + Gz, an Laubholzstumpf, leg. M. E., conf. Maas Geest.; 05.05.79 und 21.05.79, Donau-Auwald zwischen Lh und Gz, MTB 7527, auf moosigem Baumstumpf, leg. M. E. beide det. H. O. B.; 01.05.00, Ludwigsfeld, Illerholz, MTB 7626/1, AMU-Exkursion, leg. K. Ke.

Helvella acetabulum (L.) Quélet
Hochgerippte Lorchel
Funddaten: 01.06.81, bei Bernstadt, im Laubwald, leg. W. G., det. M. E., Beleg in (M); 1974–83, leg. A. K. in MTB 7525; DIETL & KRIEGLSTEINER (1989), am Oberen Eselsberg in Ulm; weitere Funddaten von L. KRIEGLSTEINER (pers. Aufzeichn.): MTB 7625/2, 7525/1, 7725/3, 7726/3, 7525/ und 7525/4;

Helvella cf. **albella** Quélet – Weißliche Lorchel
Rote-Liste-Art: latent gefährdet
Funddaten: 31.07.93 und 08.08.93, nördlich Riedheim, im „Windschutzstreifen", unter Laubbäumen, an mehreren Stellen, MTB 7527, leg. M. E., det. J. H.

Helvella atra Holmsk. – Schwarze Lorchel
Rote-Liste-Art: gefährdet
Funddaten: 01.05.84, Bubesheimer Wald, bei Kissendorf, MTB 7527, am Wegrand bei *Fagus*, leg. C. E., det. J. H.; 05.08.84, bei Bellenberg, MTB 7726, auf grasigem Waldweg, leg. J. I., det. J. H.; 05.08.91, in La, Baden-Württemberg, direkt vor dem Krankenhaus, unter Laubbäumen, im Schatten, auf mossiger Erde, leg. M. E., det. J. H.

Helvella crispa Fr. – Herbst-Lorchel
Funddaten erübrigen sich. Die Art ist auf kalkhaltiger Unterlage relativ häufig.

Helvella cupuliformis Dissing & Nannf.
Napfförmige Lorchel
Rote-Liste-Art: latent gefährdet
Funddaten: 29.08.81, „Muna" bei Straß, MTB 7526/4, grasiger Weg im Fichtenforst, leg. M. E., det J. H.; 02.08.87, bei Günzburg, beim Emmausheim, unter Laubbäumen, MTB 7427, Exkursion mit G. J. K.; Funddaten von L. Krieglsteiner (pers. Aufzeichn.): 1989, „Gronne" bei Wiblingen, am Seeufer bei Weide und Schilf, MTB 7625/2, leg. L. K.

Helvella dissingii Korf – Wolligfilzige Lorchel
Syn.: *Helvella villosa*
Funddaten: 08.09.97, bei Riedheim, im „Windschutzstreifen", MTB 7527, leg. M. E., det. J. H.

Helvella elastica Bull. ex St. Amans
Elastische Lorchel
Funddaten erübrigen sich. Die Art ist relativ häufig. Sie kann jedoch mit *H. lata* verwechselt werden!

Helvella ephippium Lév. – Sattel-Lorchel
Funddaten: nach L. Krieglsteiner (pers. Aufzeichn.): 21.09.89, „Lempenhau" nw. Asch, MTB 7524/2, am Wegrand, leg. „Sch" (E. S.?), det. J. H.; 08.08.93, nördlich Riedheim, MTB 7527, Baden-Württemberg, im „Windschutzstreifen", auf schwarzer Riederde, unter Laubbäumen, leg. M. E., det. J. H., Beleg in (M); 11.08.93, auf dem Alten Friedhof in Lh, MTB 7527, auf schütter bewachsener Erde, unter Hainbuche, leg. R. Enderle, det. J. H.

Helvella lacunosa Afz.: Fr. – Gruben-Lorchel
Funddaten: Dietl & Krieglsteiner (1989), am Oberen Eselsberg in Ulm; weitere Funddaten erübrigen sich. Die Art ist häufig und kommt sehr wahrscheinlich in allen MTB im Ulmer Raum vor.

Helvella latispora Peck – Blassgraue Lorchel
Funddaten: 27.07.81, Bubesheimer Wald bei Kissendorf, MTB 7527, an feuchtem Wegrand, unter Laubbäumen, leg. M. E., det. J. H. (Mikrozeichnungen in meinem Herbar); 29.08.81, „Muna" bei Straß/Silheim, Haas-Exk., im Fichtenforst am Wegrand, leg. M. E., det. J. H. (Mikrozeichnungen in meinem Herbar); siehe Dietl & Krieglsteiner (1989) am Oberen Eselsberg in Ulm.
Funddaten von L. K. (pers. Aufzeichn.): 12.10.88, Umgebung der Uni Ulm, MTB 7525/4, leg. L. K., det. J. H.; 31.08.89, Spitalwald Ermingen, MTB 7625/1, am Wegrand, leg. „Sch", det. L. K.; 09.07.90, Klosterwald Söflingen, MTB 7625/2, auf Erde am Bachufer, leg. „Sch", det. L. K.

Helvella leucomelaena (Pers.) Nannfeld
Schwarzweiße Becherlorchel
Funddaten: 14.07.80, zwischen Uf + Lh, im „Lechfeld", Fichtenforst, auf dem Weg, leg. M. E. (bestimmt nach Dissing); 13.07.80, „Muna" bei Bühl, MTB 7526, am Wegrand im Fichtenforst, leg. M. E.; 23.06.80, „Muna" bei Straß, Fichtenforst, am Wegrand, MTB 7526, leg. M. E., conf. H. O. B.

Helvella macropus (Pers.: Fr.) Karsten
Langfuß-Lorchel
Funddaten: nach L. K. (pers. Aufzeichn.): 26.09.88, Spitalwald Ermingen, MTB 7625/1, Laubwald am Wegrand, leg. L. K.; 07.08.89, Klosterwald Söflingen, MTB 7625/2, leg. „Sch", det. L. K.; weitere Funddaten: 02.08.93, bei Laupheim, im Osterried, MTB 7825, leg. G. O., det. J. H., Beleg in (M); 05.08.93, 26.09.93, 16.09.94, nördlich Riedheim, MTB 7527, im NSG, auf bayerischer Seite, leg. M. E., det. J. H., Belege in (M); 26.09.96, Bayern, im NSG Riedheimer Moos, Riedlandschaft mit teilweise Heidecharakter (ehemaliges, ausgetrocknetes Moor), MTB 7527/1, leg. Robert Enderle; det. J. H.; Häffner-Herbar Nr. 2681; Dia in Diathek Enderle

Helvella oblongispora Harmaja
Länglichsporige Becherlorchel
Fruchtschicht hellbeige bis hell rußig-beige, Unterseite cremeweißlich
Funddaten: 31.08.96, Bayern, Donau-Auwald bei Uf, MTB 7526, in Fichtenparzelle, leg. Robert Enderle; Dia in Diathek Enderle
(Fehlbestimmung bei Breitenbach & Kränzlin laut Häffner, briefl. Mitt.)
Funddaten von L. K. (pers. Aufzeichn.): 09.07.90, Klosterwald Söflingen, MTB 7625/2, auf Erde im

Laubwald, leg. „Sch“, det. L. K.; 03.06.01, Buchwald bei Reutti, MTB 7726, zwischen Waldrand eines Jungfichtenbestandes und Bachufer, leg. K. K.

Helvella pezizoides Afz.: Fr.
Becherförmige Lorchel
Funddaten: 08.08.81, „Muna“ bei Straß/Silheim, im Fichtenforst; leg. C. S., det. J. H.; 29.08.81, „Muna“ bei Straß/Silheim, MTB7526, bei Haas-Exk., im sauren Fichtenforst, leg. M. E., det. J. H.; ausführliche Mikrozeichnungen von J. H. befinden sich im Herbar Enderle.

Helvella solitaria P. Karsten ss. Harmaja
Rippenstielige Lorchel
Funddaten: 31.07.80, Donau-Auwald bei Uf, bei Staubecken, in Fichtennachfolgeparzelle, leg. C. S., det. M. E., conf. H. O. B.; 26.06.84, zwischen Lh + Uf, MTB 7527, Wald „Lechfeld“, bei alter Silberfuchsfarm, auf grasigem Waldweg, leg. M. E., det J. H.; 05.06.93, nördlich Riedheim, MTB 7527, im „Windschutzstreifen“, Baden-Württemberg, unter Bergahorn, auf schwarzer Riederde, leg. M. E., det. J. H.

Rhizina undulata Fr.: Fr. – Wurzellorchel
Syn.: *R. inflata*
Funddaten: 26./27.08.78, Pilzausstellung in Ulm; 1974–83, leg. A. K. in MTB 7426; 01.08.83, bei Weihungszell (Nähe Regglisweiler), auf Moos!, MTB 7726, leg. J. I., det. M. E., conf. G. O.; Funddaten von L. K. (pers. Aufzeichn.): 12.10.89, „Heide“ westlich Seißen, MTB 7524/3, leg. „Sch“, det. L. K.

Familie **Humariaceae**

Aleuria aurantia (Pers.) Fuckel
Gemeiner Orange Becherling
Funddaten erübrigen sich. Die Art ist sehr häufig und kommt sehr wahrscheinlich in allen MTB im Ulmer Raum vor.

Anthracobia macrocystis (Cooke) Boudier
Funddaten: Laut Fundnotizen von L. K. (pers. Aufzeichn.) wurde diese Art am 28.06.87 bei „Hochbuch“ auf einer Brandstelle gefunden, leg. „G. Str.“, MTB 7424/1

Anthracobia melaloma (Alb. & Schw.: Fr.) Boudier – Schwarzgesäumter Brandstellenbecherling
Funddaten: laut Fundnotizen von L. K. (pers. Aufzeichn.): 23.04.83, auf Brandstelle bei „Leimberg“, MTB 7424/1, leg. „Str“; 03.07.89, Brandstelle unter Fichten, „Stockert“ nord-westlich Ermingen, MTB 7625/1, leg. „Sch“, det. L. K.; 12.10.89, Brandstelle bei „Heide“ westlich Seißen, MTB 7524/3, leg. „Sch“, det. L. K.; 17.10.89, Brandstelle sw. Arnegg, MTB 7525/3, leg. L. K.

Byssonectria fusispora (Berk.) Rogerson & Korf – Spindelsporiger Becherling
Syn.: *Inermisia fusispora*
Beschreibung siehe BAUER (1989 a); DIETL & KRIEGLSTEINER (1989), am Oberen Eselsberg in Ulm; Funddaten von L. K. (pers. Aufzeichn.): 01.05.82, „Gaibenhau“, im Moos/Streu unter Tanne, MTB 7424/2, leg. „Str“; April 1988, Reutti/Buchwald, in Fichtennadelstreu, MTB 7626/2, leg. A. B., det. K. K.; April 1988, „Wanne“ bei Bernstadt, Lonetal, MTB 7426/3, leg. W. H.; 03.11.02, Ulm, Industriegebiet Donautal, MTB 7725, auf nackter Erde und verrottetem Laub von Ulme, leg. K. K.

Byssonectria semiimmersa (P. Karsten) Benkert
Syn.: *Leucoscypha patavina*
Funddaten: 14.10.90, Steinbruch Schammental, auf Erde unter *Salix caprea*, MTB 7525/4, leg. L. K. (Krieglsteiner-Herbar-Nr. 298/96)

Byssonectria tetraspora (Fuckel) Korf
Funddaten: KRIEGLSTEINER (1993) nennt in seinem Verbreitungsatlas einen Fund in MTB 7724. Nähere Fundangaben liegen mir nicht vor.

Caloscypha fulgens (Pers.: Fr.) Boud.
Leuchtender Prachtbecher
Rote-Liste-Art: stark gefährdet!
Fundbeschreibung siehe KRIEGLSTEINER (1996).
Weiterer Fund: Frühjahr 2002, Osterzeit, zwischen Bernstadt und Börslingen, westliches Englenghäu, leg. W. H.

Cheilymenia crucipila (Cke. & Phill.) Le Gal
Funddaten: 29.06.84, bei Lh-Weißingen, im Donau-Auwald, MTB 7527, auf altem Treber (für Wildfütterung), rasig: Häffner-Kommentar: „typ. Sporenornament vorhanden, mehrschenkelige Basishaare an der Außenseite, Randhaare unauffällig.“

Cheilymenia oligotricha (P. Karsten) Moravec
Dottergelber Erdborstling
Syn.: *C. vitellina*
Funddaten von L. K. (pers. Aufzeichn.): 12.09.87, an *Urtica dioica* im MTB 7423/1,4, leg. „Str“; 29.10.89, Rot n. Gutenzell, an *Urtica* am Flußufer, MTB 7825/4; weitere Funddaten: 01.09.92, bei Rh, gegenüber dem ehemaligen Café Wedelek, in einer Kuhweide unter Brennnesseln, leg. C. E., det. J. H.

Cheilymenia theleboloides

Cheilymenia pulcherrima (Crouan) Boudier
Funddaten: Krieglsteiner (1993) nennt in seinem Verbreitungsatlas einen Fund in MTB 7527. Nähere Fundangaben liegen mir nicht vor.

Cheilymenia rubra (Cooke ex Phill.) Boudier
Funddaten von L. K. (pers. Aufzeichn.): 26.08.87, auf Mist im MTB 7424/2, leg. „Str“

Cheilymenia theleboloides (Alb. & Schw.: Fr.) Boudier – Blassgelber Erdborstling
Funddaten von L. K. (pers. Aufzeichn.): 25.09.87, Winkelbachtal, im „Grasmulm“, MTB 7423/2, leg. „G“; weitere Funddaten: 19.09.93, Donau-Auwald bei Riedheim, MTB 7527, auf vorjährig abgeladenen, dicken Resten von Getreideschrot, leg. M. E., det. J. H., Beleg in (M)

Coprobia granulata (Bull.: Fr.) Boudier
Funddaten: Krieglsteiner (1993) nennt in seinem Verbreitungsatlas einen Fund in MTB 7424. Nähere Fundangaben liegen mir nicht vor.

Geopora arenicola (Lév.) Kers.
Großsporiger Sandborstling
Syn.: *Sepultaria arenosa*
Funddaten von L. K. (pers. Aufzeichn.): 16.10.89, Ulm, alte Brücke am Stadteingang, Mauer zwischen Moos, MTB 7525/4, leg. H.M., det. L. K.

Geopora tenuis (Fuckel) Boudier
Verflachender Sandborstling
Funddaten von L. K. (pers. Aufzeichn.): 13.07.90, Gz, bei den Fetzer-Seen, auf lehmiger Erde, am Seeufer bei *Alnus* und *Salix*, MTB 7527/2, leg. L. K.

Geopyxis carbonaria (Alb. & Schw.: Fr.) Sacc.
Kohlenbecherling
Funddaten: 1943–63, Haas-Funde bei Ulm; Funddaten von L. K. (pers. Aufzeichn.): 1980, im MTB 7728/1, leg. „Ot“, 28.04.89, Spitalwald bei Ermingen, an Brandstelle, MTB 7625/1, leg. „Sch“, det. L. K.; 15.09.90, bei Wenenden, auf Brandstelle, MTB 7727/1, leg. L. K.; 01.05.86, Roter Berg bei Söflingen, MTB 7625, auf Brandstelle, leg. K. K.

Geopyxis majalis (Fr.) Sacc. (aggr.)
Funddaten: Krieglsteiner (1993) nennt in seinem Verbreitungsatlas einen Fund in MTB 7526. Nähere Fundangaben liegen mir nicht vor.

Humaria hemisphaerica (Weber in Wiggers: Fr.) Fuckel – Halbkugeliger Borstling
Funddaten: 1941, Haas-Fund am Eselsberg bei Ulm, MTB 7525; 13.10.79, Haas-Exk. zwischen Ne + Bu, MTB 7526, leg. M. E.; 05.10.80, Bubesheimer Wald, MTB 7527, leg. C. S., det. M. E.; 29.08.81, Haas-Exk. im Bubesheimer Wald, MTB 7527; 15.08.89,

Ulm, Eselswald, leg. H. R.; DIETL & KRIEGLSTEINER (1989), am Oberen Eselsberg in Ulm;

Lamprospora carbonicola Boudier
Brandstellen-Moosling
Funddaten von L. K. (pers. Aufzeichn.): 08.04.88, Kiesental, Böschung, Moos, MTB 7525/3, leg. L. K., det. J. H.; 15.09.90, westlich Wenenden, an Brandstelle, MTB 7727/1, leg. L. K.

Lamprospora miniata de Not.
Funddaten von L. K. (pers. Aufzeichn.): 28.10.88, Mähringen, Tobeltal, moosige Böschung, MTB 7525/4, leg. L. K., det. J. H.

Melastiza chateri (W. G. Smith) Boudier
Roter Kurzhaarborstling
Funddaten: 01.07.79, auf dem Kinderfestplatz in Lh, MTB 7527, leg. M. E., det. H. O. B.

Melastiza rubra (Batra) Maas Geesteranus (?)
Funddaten: 21.07.84, Bubesheimer Wald, MTB 7527, in Fichtenparzelle, auf Weg an feuchter Fahrrinne, leg. M. E., det. J. H.

Neotiella rutilans (Fr.) Dennis
Gelblichroter Moosborstling
Syn.: *Octospora rutilans*
Funddaten: 1974–83, leg. A. K. in MTB 7527;

Octospora axillaris (Nees: Pers.) Mooser var. **dennisii** Itzerott
Funddaten: KRIEGLSTEINER (1993) nennt in seinem Verbreitungsatlas einen Fund in MTB 7724. Nähere Fundangaben liegen mir nicht vor.

Octospora coccinea (H. & P. Crouan) van Brumm. – Scharlachroter Moosbecherling
Funddaten: KRIEGLSTEINER (1993) nennt in seinem Verbreitungsatlas einen Fund in MTB 7724. Nähere Fundangaben liegen mir nicht vor.

Octospora humosa Dennis
Gemeiner Moosbecherling
Funddaten: bei Limbach, MTB 7528, zwischen Moos, leg. M. E., det. H. O. B.

Octospora leucoloma Hedwig ex S. F. Gray
Funddaten von L. K. (pers. Aufzeichn.): 28.10.88, Mähringen, Tobeltal, MTB 7525/4, moosige Böschung, leg. L. K., det. J. H.

Octospora roxheimii Dennis & Itzerott
Fundbeschreibung siehe KRIEGLSTEINER (1989).

Octospora wrightii (Berk. & Curt.) J. Moravec
Syn.: Lamprospora wrightii
Funddaten: 08.02.81, Donau-Auwald bei Lh, MTB 7527, im Moos auf altem Baumstumpf, leg. C. S., det. M. E.

Pyronema domesticum (Sow.: Fr.) Sacc.
Großsporiges Feuerkissen
Funddaten von L. K. (pers. Aufzeichn.): 16.10.87, oberes Kiesental, an Brandstelle, MTB 7525/3, leg. L. K.

Scutellinia cejpii (Vel.) Svrcek
Warzigsporiger Schildborstling
Funddaten von L. K. (pers. Aufzeichn.): 24.08.89, „Stockert"/Ermingen, MTB 7625/1, lehmige Erde/Moos, leg. „Sch", det. L. K.; 27.09.89, „Heide" nordwestlich Seißen, MTB 7524/3, leg. „Sch", det. L. K.

Scutellinia crinita (Bull.: Fr.) Lamb.
Syn.: *S. cervorum*
Funddaten von L. K. (pers. Aufzeichn.): 29.05.86, Bissingen, Lonetal, auf altem Birkenporling, MTB 7427/1, leg. L. K.; 30.08.89, östlich Treffensbuch, unter Brennnessel, MTB 7524/2, leg. L. K.; 14.06.90, Ulm-Ost, Gutenbergstr., MTB 7526/3, an naß liegendem Holz im Garten, leg. L. K.

Scutellinia diaboli (Vel.) Le Gal ss. Svrcek
Funddaten: ohne Datum, leg. G. O., bei Laupheim, auf feuchter Erde, MTB 7725, det. M. E., conf. J. H.; 10.10.87, Weidach, beim Schützenhaus, auf lehmiger Erde, MTB 7525/1, leg. L. K.; 29.07.89, südlich Laichingen, auf Waldweg, im Lehm, MTB 7524/1, leg. L. K.; 31.08.89, im Spitalwald, Ermingen, MTB 7625/1, auf Waldweg, leg. „Sch", det. L. K.; 02.07.90, „Buchwald" östlich Reutti, auf Erde, MTB 7626/2, leg. A. B., det. L. K.; 13.07.90, Gz, bei den Fetzer-Seen, auf lehmiger Erde am Seeufer, MTB 7527/2, leg. L. K.

Scutellinia erinaceus (Schw.: Fr.) Sacc.
Syn.: *Lachnea erinaceus*
Fundbeschreibung siehe KRIEGLSTEINER (1989). Weitere Funddaten: 08.12.79, bei Illerkirchberg, MTB 7626, an liegendem, morschem Laubbaum, leg. M. E., det. H. O. B. (Bestimmung nicht eindeutig); Funddaten von L. K. (pers. Aufzeichn.): 21.02.89, Ulm, Gewächshaus der Universität, in Blumenerde/Moos, MTB 7525/4, leg. L. K.

Scutellinia scutellata (L. ex St. Amans) Lamb.
Gemeiner Schildborstling
Funddaten: 25.05.78, Krieglsteiner-Exk. im Auwald bei Lh, auf faulem Laubholz, MTB 7527; 30.06.84,

bei Lh-Weißingen, im Donau-Auwald, MTB 7527, auf altem Treber, leg. M. E., det. J. H.; DIETL & KRIEGLSTEINER (1989), am Oberen Eselsberg in Ulm; Funddaten von L. K. (pers. Aufzeichn.): zahlreiche Funde in mehreren MTB; 14.10.01, bei Altheim/Alb, MTB 7426/1, im Mischwald, Waldrand, auf Reisighaufen, an kleinen Fichtenästchen, leg. B. S.

Scutellinia trechispora (Berk. & Br.) Lambotte
Sternsporiger Schildborstling
Syn.: *S. armatospora*
Funddaten: 1943–63, Haas-Fund, in „Filde" bei Beimerstetten, MTB 7525; 04.08.80, bei Gundremmingen, MTB 7428, im Donau-Auwald, an feuchtem Wegrand, unter Springkraut, leg. M. E., det. H. O. B.; 08.11.98, Steinbruch Sotzenhausen, MTB 7624/2, auf nackter Erde, leg. L. K.; 21.09.86, Roter Berg bei Söflingen, MTB 7625, auf mit Pferdemist vermischter Erde an einem Reitweg, leg. K. K.

Scutellinia umbrarum (Fr.) Lamb.
Orangeroter Schildborstling
Funddaten: 01.07.83, Bubesheimer Wald, Laubwald am Boden, auf feuchter Erde, MTB 7527, leg. M. E., det. J. H.; Funddaten von L. K. (pers. Aufzeichn.): 26.09.88, „Spitalwald" Ermingen, an morschem Laubholz, MTB 7625/1, leg. L. K.; 13.10.89, Tiefental, an morscher Laubholzrinde, MTB 7624/1, leg. L. K.

Tricharina cretea (Cooke) Thind & Waraitsch
Funddaten: KRIEGLSTEINER (1993) nennt in seinem Verbreitungsatlas einen Fund in MTB 7525. Nähere Fundangaben liegen mir nicht vor.

Tricharina gilva (Boudier in Cooke) Eckblad
Gemeiner Pelzbecher
Funddaten von L. K. (pers. Aufzeichn.): 23.04.83, Leimberg, an Brandstelle, MTB 7424/1, leg. R. St.

Tricharina japonica Yang & Korf
Japanischer Pelzbecher
Funddaten: Fundbeschreibung siehe KRIEGLSTEINER (1979); leg. L. K., det. J. Häffner, Gronne bei Wiblingen, feucht-schlammige Erde unter Erlen und Weiden

Tricharina praecox (P. Karsten) Dennis
Frühjahrs-Pelzbecher
Funddaten von L. K. (pers. Aufzeichn.): 16.10.87, Oberes Wiesental, gesellig auf Brandstelle, MTB 7525/3, leg. L. K., det. J. H.

Trichophaea hemisphaerioides (Mouton) Graddon – Halbkugeliger Borstling
Funddaten von L. K. (pers. Aufzeichn.): 04.05.85, nördlich Altheim/Alb, auf Brandstelle, MTB 7426/1, leg. L. K.; 15.09.90, westlich Wenenden, auf Brandstelle, MTB 7725/1, leg. L. K.

Trichophaea woolhopeia (Cooke & Phill. in Cooke) Boudier
Funddaten: 10.06.1997, Ulm, Höhe Blaubeurer Str., bei Gärtnerei Frey an der Blau, leg. L. K.

Trichophaeopsis paludosa (Boudier) Häffner & L. Krglst. var. **tuberculata** (Seaver) Häffner & L. Krieglsteiner
Rote-Liste-Art: stark gefährdet!
Funddaten von L. K. (pers. Aufzeichn.): Juli 1990, Gz, bei den Fetzer-Seen, MTB 7527/2, am Seeufer, leg. L. K., det. J. H.

Familie **Morchellaceae**

Disciotis venosa (Pers.: Fr.) Arnaud
Morchelbecherling
Funddaten erübrigen sich. Die Art kommt sehr wahrscheinlich in allen MTB im Ulmer Raum vor, wo es Auwälder gibt. Sie ist allgemein jedoch rückläufig und in der gesamtdeutschen Roten Liste mit dem Status „gefährdet" deklariert.

Morchella elata Fr. – Spitzmorchel
Syn.: *M. conica, M. costata, M. hortensis*
Funddaten erübrigen sich. Die Art kommt sehr wahrscheinlich in allen MTB im Ulmer Raum vor. Sie ist allgemein jedoch rückläufig.

Morchella esculenta (L.) Pers.
Speisemorchel
Syn.: *M. crassipes, M. rotunda, M. umbrina, M. vulgaris*
Foto siehe ENDERLE (1995 d).
Funddaten: alljährlich im Donau-Auwald zwischen Thalfingen und Gz, meist unter Eschen und Bergahorn, zwischen schütterer Bingelkraut- und Bärlauchvegetation, leg. M. E.; 15.05.96, 24.04.00, 01.05.00, 01.05.02, Ludwigsfeld, Illerholz, MTB 7626/1, leg. K. Ke.; 08.05.02, Illerholz, MTB 7626/1, leg. K. Ke.; weitere Funddaten erübrigen sich. Die Art kommt sehr wahrscheinlich in allen MTB im Ulmer Raum vor, wo es Auwälder gibt. Sie ist allgemein jedoch rückläufig.

Morchella gigas (Batsch: Fr.) Pers.
Halbfreie Käppchen-Morchel
Syn.: *Mitrophora semilibera*
Funddaten: 1943–63, Haas-Fund bei Oberkirchberg, MTB 7626; alljährlich relativ häufig in den Donau- und Illerauwäldern.

Verpa bohemica

Verpa bohemica (Krombh.) Boudier
Böhmische Verpel
Syn.: *Ptychoverpa bohemica*
Rote-Liste-Art: gefährdet
Funddaten: 02.05.78, Ne, hinter dem Sportplatz, in *Salix*-Gebüsch, MTB 7526, leg. M. E.; 1981, Bärenmahd nördlich Illerrieden, MTB 7726/1, leg. M. E.; 18.04.82, Donau-Auwald bei Gz, MTB 7527, leg. C. S., det. M. E.; Funddaten von L. K. (pers. Aufzeichn.): 01.05.91, „Silberwald" bei Ludwigsfeld, leg. G. O.; 01.05.97. Weißingen, Donau-Auen, MTB 7526/4, AMU-Exkursion, leg. K. Ke.; Mai 2002, Donau-Auwald bei Thalfingen, MTB 7526, leg. W. H.

Verpa conica Swartz ex Pers.
Fingerhutverpel, Glockenverpel
Funddaten: 02.05.98, Donau-Auwald bei Riedheim, MTB 7527, beim Schurr-Kieswerk, am sandigen Wegrand, alljährlich, leg. M. E.; 01.05.99, Ludwigsfeld, Illerholz, AMU-Exkursion, MTB 7626/1, leg. K. Ke.; weitere Funddaten erübrigen sich. Die Art kommt sehr wahrscheinlich in allen MTB im Ulmer Raum vor, wo es Auwälder gibt. Sie ist allgemein jedoch rückläufig.

Familie **Orbiliaceae**

Orbilia auricolor (Blox. ex Berk.) Sacc.
Syn.: *O. curvatospora*
Funddaten: 14.06.79, bei Uf, MTB 7527, leg. M. E., det. H. O. B.; Funddaten von L. K. (pers. Aufzeichn.): 02.05.89, Iller östlich Illerrieden, an Laubholz, MTB 7726/1, leg. L. K.; 01.08.89, „Schildhau" westlich Seißen, an entrindeter Fichte, MTB 7524/3, leg. L. K.; 1990, südöstlich Rieden, an Hasel, auf alter *Diatrype verrucaeformis*, MTB 7627/2; 18.10.88, Eselsberg bei Uni Ulm, MTB 7625, auf umbestimmbarem Laubholz in einem Holzhaufen über sumpfigem Grund, leg. K. K.

Orbilia coccinella (Sommerf.) Fr.
Funddaten von L. K. (pers. Aufzeichn.): 05.06.88, Arnegger Ried, an Weide, MTB 7525/3, leg. L. K.

Orbilia delicatula (P. Karsten) P. Karsten
Gelbes Knopfbecherchen
Syn.: *O. xanthostigma*
Funddaten: Krieglsteiner (1993) nennt in seinem Verbreitungsatlas Funde in den MTB 7424, 7425, 7426, 7524, 7525, 7526, 7624, 7625 und 7626. Nähere Fundangaben liegen mir nicht vor. 19.05.81, bei Of, im Kirchholz, an morschem Holz, MTB 7526, leg. M. E.;); 03.11.86, Mähringer Berg bei Blaustein, MTB 7625, an entrindetem Buchenast, leg. K. K.; Dietl & Krieglsteiner (1989), am Oberen Eselsberg in Ulm; weitere Funddaten von L. K. (pers. Aufzeichn.): in MTB 7525, 7624, 7625, 7626, 7524, 7526, 7725, 7724.

Orbilia inflatula (P. Karsten) P. Karsten
Funddaten: Krieglsteiner (1993) nennt in seinem Verbreitungsatlas Funde in den MTB 7524, 7527, 7627 und 7726. Nähere Fundangaben liegen mir nicht vor.

Orbilia luteorubella (Nyl.) P. Karsten
Funddaten von L. K. (pers. Aufzeichn.): 05.08.89, Witthau, an entrindetem Eichenast, MTB 7526/1, leg. L. K.; 01.08.89, b. Schöneberg, an entrindetem Buchenast, MTB 7525/2, leg. L. K.; 02.07.82, „Klosterwald" in Söflingen, MTB 7625/2, leg. L. K.

Orbilia („Hyalina") rectispora Boudier
Funddaten: siehe Dietl & Krieglsteiner (1989) am Oberen Eselsberg in Ulm; Funddaten von L. K. (pers. Aufzeichn.): 31.05.88, Umgebung der Uni Ulm, Oberer Eselsberg, MTB 7525/4, an *Typha*-Rohr, leg. L. K.

Familie **Pezizaceae**

Flavoscypha cantharella (Fr.) Harmaja
Rote-Liste-Art: gefährdet.
Funddaten: 1943–63, Haas-Fund in einem Wald bei Herrlingen, MTB 7525

Otidea alutacea (Pers.) Massee
Lederbrauner Öhrling
Ascosporen lt. Häffner: 13,7/6,7–14,1/7,3–11,0/6,1–14,1/5,3–14,7–6,5–10,7/5,9 µm, 1- bis 2 Guttulen, glatt; P.Spi 4–5 µm, fädig bis leichtest kopfig endend, überwiegend leicht bis krückstockartig gebogen. Nicht sehr freudig ockerlich gefärbt
Funddaten: 26.09.96, Bayern, im NSG Riedheimer Moos, auf heideartiger Wiese, MTB 7527/1, leg. Robert Enderle, det. J. H. (Häffner-Herbar Nr. 2678); Dia in Diathek Enderle; KRIEGLSTEINER (1993) nennt in seinem Verbreitungsatlas Funde in den MTB 7424 und 7425. Nähere Fundangaben liegen mir nicht vor.

Otidea cochleata (L. ex St. Amans) Fuckel
Schnecken-Öhrling
Syn: *O. umbrina*
Funddaten von L. K. (pers. Aufzeichn.): 1 Fund leg. Ottmann in MTB 7725; KRIEGLSTEINER (1993) nennt in seinem Verbreitungsatlas Funde in den MTB 7525 und 7526. Nähere Fundangaben liegen mir nicht vor.

Otidea leporina (Basch) Fuckel
Hasen-Öhrling
Funddaten: 1937–40, Haas-Fund am Eselsberg bei Ulm, MTB 7525; August 1977, bei Pilzausstellung in Ulm; Funddaten von L. K. (pers. Aufzeichn.): 1981, „Beutenlay", MTB 7523/3, leg. Schill; 31.08.89, Spitalwald Ermingen, im Laub der Rotbuchen, MTB 7625/1, leg. „Sch", det. J. H.

Otidea onotica (Pers.) Fuckel – Eselsohr
Rote-Liste-Art: gefährdet
Funddaten: 29.09.96, Bayern, bei Welden (Nähe Zusmarshausen), Fichtenwald im Moos, leg. M. E., det. J. H., Dia in Diathek Enderle (Fruchtschicht mittelbräunlich, Außenseite +/- gleich gefärbt. Lt. Häffner's Untersuchungen: „Ascosporen 11,1/7,1–12,7/8,1–12,3/7,9–13,3/8,0–11,5/6,9–14,1/8,7–14,1/8,3–12,1/6,7 µm, 1 bis 2 Guttulen, Asci teilweise stärkstens gabelnde Basen, auch einfach pleurorhynche. 3 Apos (Exsikk.) zwischen trunkat und auriculat, eher auriculat, kleine Formen"); weitere Funde: 25.09.77, Krieglsteiner-Exk. am Roten Berg bei Ulm, MTB 7525/4; 11.09.77, VHS-Führung bei Weißenhorn, leg. M. E.; 01.10.79, Bubesheimer Wald bei Bühl, unter Eichen/Hasel, MTB 7527; siehe auch DIETL & KRIEGLSTEINER (1989) am Oberen Eselsberg in Ulm; 28.10.01, Pfifferlingsberg, MTB 7624/2/4, AMU-Exkursion, bei Picea, leg. K. Ke.; Mitte Sept. 2000 und 2002, Kirchbierlinger Wald, MTB 7624/3, 7724/4, leg. T. B.; 01.09.02, bei Altheim/Alb, MTB 7426/1, Buchenwald, im Laubstreu, leg. B. S.

Pachyella cf. **babingtonii** (Berk.) Boudier
Babington'scher Dickbecherling
Rote-Liste-Art: gefährdet
Funddaten: 08.12.79, bei Illerkirchberg, MTB 7626, im Illerauwald, auf liegendem, entrindetem und bemoostem Baum, an einem Bach, leg. M. E., det. H. O. B.

Peziza ampelina Quélet – Weinroter Becherling
Funddaten: 04.05.83, Ulm-Donautal, auf dem Werksgelände der Wieland-Werke AG, auf gehäckseltem Holz mit Humus vermischt, leg. M. E., det. J. H. (als cf.); 10.05.83, Donau-Auwald bei Riedheim, MTB 7527, leg. M. E., det. J. H. (als cf.)

Peziza arvernensis Boudier
Buchenwald-Becherling
Funddaten: 12.07.80, bei Kissendorf, unter Rotbuchen, am Wegrand, MTB 7527, leg. M. E., det. H. O. B.; siehe EBERWEIN (1989); DIETL & KRIEGLSTEINER (1989), am Oberen Eselsberg in Ulm; 05.09.86, Klingensteiner Wald, MTB 7625, auf mit Laubresten vermischtem Boden im Buchenwald, leg. K. K.

Peziza badia Pers. ex Merat
Kastanienbrauner Becherling
Funddaten: 1943–63, Haas-Fund bei Altheim, MTB 7625; 1974–83, leg. A. K. in MTB 7526; 16.07.80, in Uf, am Hirtenbergweg, entlang einer Mauer, leg. C. S., det. H. O. B. („zur P. badia-Gruppe gehörend"); 08.08.81, „Muna" bei Straß/Silheim, MTB 7526, Fichtenforst auf einem Weg, leg. M. E., det. J. H.; 22.08.81, zwischen Straß und Silheim, Fichtenforst am Wegrand, MTB 7526, leg. M. E., det. J. H. (ausführliche Mikrozeichnungen von J. H. befinden sich im Herbar M. Enderle); DIETL & KRIEGLSTEINER (1989), am Oberen Eselsberg in Ulm;

Peziza celtica (Boudier) Moser
Blauvioletter Erdbecherling
Funddaten von L. K. (pers. Aufzeichn.): 21.08.82, Talwald, am Wegrand, MTB 7424/1, leg. „Str"

Peziza cerea Bull. ex Merat – Wachs-Becherling
Funddaten: 20.10.93, Ulm-Donautal, bei der Firma Wieland-Werke, auf Sägemehlresten, leg. M. E., det. J. H.

Peziza depressa

Peziza depressa Pers.: Fr.
Niedergedrückter Becherling
Syn.: *Pachyella castanea*
Fruchtkörper außen und innen +/- gleich gefärbt, hell ocker-bräunlich bis kandisbraun
Mikromerkmale nach J. H.: Ascus 270/12 µm, stark pleurorhynch, Ascosporen 15,8/7,5–16,1/7,9–15,6/7,9–14,1/7,6–16,0/8,1 µm (mit Ornam.), fast grob spitzwarzig, meist 2 mittelgroße Guttulen, gelegentlich zu einer zusammengeflossen, Paraphysen 3–4 µm, innen fein granuliert, hyalingelb, Spitzen fast fädig abgerundet, kaum verdickt, gerade.
Funddaten: 11.08.84, Donau-Auwald Lh, (Fung. Häf. 359), leg. C. E., det. J. H.; 10.07.85, auf schwarzer anmooriger Erde im Ried im Windschutzstreifen, unter Laubbäumen, leg. M. E., det. J. H.; 28.08.86, Auwald Lh, MTB 7527, leg. Christine Enderle, det. J. H. (als *P. depressa*); 08.09.87 (?), bei Riedheim, MTB 7527, im Windschutzstreifen, leg. M. E., det. J. H. (Fung. Häf. 78); 31.08.96, Bayern, Donau-Auwald bei Uf, auf Weg in Fichtenparzelle, Exkursion mit Robert Enderle, MTB 7526; leg. M. E., det. J. H.; Häffner-Herbar Nr. 2680; Dia in Diathek Enderle.
Apothecium schön zart lila (schmutzig lila), Unterseite hell grau-beige
Funddaten: 31.08.96, Bayern, Donau-Auwald bei Uf, MTB 7526, in Fichtenparzelle, Exkursion mit Robert Enderle, det. J. H.; Dia in Diathek Enderle

Peziza echinospora P. Karsten
Brauner Brandstellenbecherling
Funddaten von L. K. (pers. Aufzeichn.): 24.08.89, „Stockert", Ermingen, an moosiger Brandstelle, MTB 7625/1, leg. „Sch", det. L. K.

Peziza granularis Donadini – Körnchen-Becherling
Funddaten: 30.06.84, bei Lh-Weißingen, MTB 7527, auf altem Treber, leg. M. E., det. J. H.

Peziza cf. **granulosa** Schum.: Fr.
Granulierter Becherling
Funddaten: 28.07.80, zwischen Uf + Lh, am Waldweg, auf nackter Erde, MTB 7527, leg. M. E., det. H. O. B.

Peziza lividula Phill. – Unscheinbarer Becherling
Funddaten: 23.06.84, Auwald Lh, auf Waldweg, auf nackter Erde, MTB 7527, leg. M. E., det. J. H.

Peziza michelii (Boud.) Dennis
Gelbfleischiger Lilabecherling
Funddaten: 18.07.92, nördlich Riedheim, MTB 7527/1, im Windschutzstreifen, unter Bergahorn auf nackter, schwarzer Riederde, leg. M. E., det. J. H.; 31.07.93, nördliche Riedheim, MTB 7527, Baden-Württemberg, im „Windschutzstreifen", auf schwarzer Riederde, leg. M. E., det. J. H., Beleg in (M);

02.08.93, Donau-Auwald bei Lh/Gz, MTB 7527, auf nackter Erde, an feuchter Stelle, unter Laubbäumen, leg. M. E., det. J. H. (als cf.), Beleg in (M); Funddaten von L. K. (pers. Aufzeichn.): 15.09.90, nord-westlich Dietenheim, am Wegrand bei Hasel, MTB 7726/3, leg. L. K.

Peziza micropus Pers.
Kurzstieliger Holzbecherling
Funddaten: 20.12.80, Donau-Auwald Lh, MTB 7527, leg. C. S., det. M. E.; 1974–83, leg. A. K. in MTB 7526; Funddaten von L. K. (pers. Aufzeichn.): 16.09.82, Linsenhofen, MTB 7422/2, leg. „Str".

Peziza proteana (Boudier) Seaver
Glucken-Becherling
Funddaten: KRIEGLSTEINER (1993) nennt in seinem Verbreitungsatlas einen Fund in MTB 7526. Nähere Fundangaben liegen mir nicht vor.

Peziza succosa Berk. – Gelbmilchender Becherling
Funddaten erübrigen sich. Die Art ist sehr häufig und kommt sehr wahrscheinlich in allen MTB im Ulmer Raum vor.

Peziza tenacella Phillips in Cooke
Braunvioletter Brandstellenbecherling
Funddaten: KRIEGLSTEINER (1993) nennt in seinem Verbreitungsatlas Funde in den MTB 7524 und 7525. Nähere Fundangaben liegen mir nicht vor.

Peziza varia (Hedw.) Fr. – Riesenbecherling
Funddaten: 1937–40, Haas-Fund auf Hochfläche über dem Blautopf bei Blaubeuren, MTB 7524; am Eselsberg bei Ulm, MTB 7524, in einem Wald bei Jungingen, MTB 7525; 24.12.80, Donau-Auwald Lh/Gz, MTB 7527, an Wurzeln und im Humus, leg. M. E., det. J. H. (Mikrozeichnung im Herbar Enderle); 1982, Lh, auf dem Gelände des Kindergartens, leg. C. S., MTB 7527, auf altem Stamm in Bodennähe, det. M. E., conf. H. O. B.; DIETL & KRIEGLSTEINER (1989), am Oberen Eselsberg in Ulm;

Peziza vesiculosa Bull ex St. Amans
Blasiger Becherling
Apothecien –100 mm breit, mit –20 mm langem Stiel, Apothecium ocker-bräunlich, Außenseite gleich gefärbt oder heller, Geruch leicht spermatisch, Asci 320/18 µm, pleurorhynch, viele abgeschossen; Ascosporen 22,4/13,9–21,8/11,00–22,6/13,7–21,0/10,1–23,6/14,3–24,2/12,1–19,9/10,7 µm, ohne Guttulen, jedoch Inneres oft zurückgezogen oder Epispor zerknittert, Zellkern, glatt, hochreif (Tendenzen zu Hypertrophie), Paraphysen fädig, selten vollständig erhalten, ca. 4 µm, Spitzen keulig, bis 14 µm. Esc. globulos/angular nach außen, Zellen über 100/70 µm

Funddaten zum oben genannten Fund: 04.09.98, Bayern, in Lh-Weißingen, bei Familie Bühler, in einem Maissilo, am Boden, MTB 7527/1, leg. Bernd Bühler, det. J. H.; Häffner-Herbar Nr. 2679; Dia in Diathek Enderle; 29.04.2000, Jürgen Quack, Bibertal-Kissendorf, auf Misthaufen; weitere Funddaten erübrigen sich. Die Art ist sehr häufig und kommt sehr wahrscheinlich in allen MTB im Ulmer Raum vor.

Plicaria endocarpoides (Berk.) Rifai
Gilbender Holzkohlenbecherling
Funddaten von L. K. (pers. Aufzeichn.): 19.03.82, b. Steigmühle, an Brandstelle, MTB 7425/1, leg. „Str"

Sowerbyella fagicola J. Moravec
Buchenwald-Wurzelbecherling
Rote-Liste-Art: gefährdet
Funddaten von L. K. (pers. Aufzeichn.): 07.09.88, Bannwald Tiefental, Schluchtwald, tief im Buchenlaub, MTB 7624/1, leg. L. K., conf. J. Häffner

Sowerbyella imperialis (Peck) Korf
Orangegelber Wurzelbecherling
Syn.: *S. unicolor*
Rote-Liste-Art: gefährdet
Funddaten von L. K. (pers. Aufzeichn.): 01.09.76, Heuchlingen, in Fichtennadelstreu, MTB 7426/2, leg. „N", det. „K"; 09.08.00, Dreierberg bei Klingenstein, MTB 7625, auf Fichtenstreu (Boden?) über Kalk, leg. K. K.

Sowerbyella radiculata (Sow.: Fr.) Nannfeld
Wurzel-Becherling
Fundbeschreibung siehe ENDERLE (1981 a)
Funddaten: 17.09.78, Krieglsteiner-Exk. bei Hörvelsingen, MTB 7526; 07.10.78, Stangl-Exk. im Bubesheimer Wald bei Echlishausen, MTB 7527; 19.11.79, bei Leibi, in Fichtenforst „Fuchshölzle", MTB 7526; 19.10.80, bei Thalfingen, in Fichtenparzelle im Auwald, MTB 7526, leg. M. E., Beleg in (M); 04.12.81, bei Bernstadt, MTB 7426, leg. A. K., det. G. J. K.; 1990 (?), Eschach bei Holzschwang, MTB 7626/4, unter mächtiger Esche, Fichten in der Nähe, auf Erde in einem Wassergraben, leg. E. Schätzle, det. J. H.;

Tarzetta catinus (Holmsk.: Fr.) Korf & Rog
Tiegelförmiger Kelchbecherling
Funddaten werden keine angegeben wegen der Konfusion mit *T. cupularis*. Es liegen jedoch zahlreiche Fundmeldungen vor, die als *T. catinus? cupularis?* bestimmt wurden. Fund von 1980, die H. O. B. zur Bestimmung zugesandt wurden, kamen mit dem Hinweis zurück, dass eine Trennung derzeit nicht möglich sei. KRIEGLSTEINER führt jedoch beide Taxa in seinem Verbreitungsatlas!

KRIEGLSTEINER (1993) nennt in seinem Verbreitungsatlas Fund in den MTB 7524, 7525, 7526, 7527, 7624, 7525 und 7725.

Tarzetta cupularis (L.: Fr.) Lambotte ss. Dennis – Napfförmiger Kelchbecherling
Siehe Bemerkungen unter *T. catinus*. KRIEGLSTEINER (1993) nennt in seinem Verbreitungsatlas Funde in den MTB 7526, 7527 und 7724. Nähere Fundangaben liegen mir nicht vor.

Familie **Phacidiaceae**

Phacidium lacerum Fr.
Funddaten von L. K. (pers. Aufzeichn.): 10.10.87, Weidach, beim Schützenhaus, an Kiefernnadeln, MTB 7525/1, leg. L. K.; 14.05.89, Ulm, Roter Berg, an Kiefernnadeln, MTB 7624/3, leg. L. K.; 01.10.89, „Reinhau“ nordwestlich Bach, an Kiefernnadeln, MTB 7625/3, leg. L. K.

Familie **Pyrenemataceae**

Arpinia luteola Geesink var. **pallidorosea** Benkert, Häffner & Hohmeyer
Rote-Liste-Art: latent gefährdet
Funddaten von L. K. (pers. Aufzeichn.): 07.09.87, im Donau-Auwald bei Uf, in Fichten-Schonung, MTB 7527, 2 Frk., leg. E. Vellinga, det. J. H.

Familie **Sarcoscyphaceae**

Pseudoplectania nigrella (Pers.: Fr.) Fuckel
Fichtenwald-Schwarzborstling
Funddaten: von E. R. (Erbach-Ringingen) 1979 aus dem MTB 7625/3 gemeldet.

Sarcoscypha emarginata (Berk. & Br.) Harrington – Zinnoberroter Kelchbecherling
Syn.: *S. coccinea, S. jurana*
Rote-Liste-Art: stark gefährdet
Foto siehe HEDLICH (1989). Funddaten: von E. R. (Erbach-Ringingen) 1979 aus den MTB 7525/1, 7624/2,3 und 7723/3 gemeldet.
Als *S. jurana* aufgesammelt: 02.06.80, von E. R., Erbach-Ringingen, erhalten, gefunden wo?, det. H. O. B.; Funddaten von L. K. (pers. Aufzeichn.): 07.01.88, Lautern, Schluchtwald an *Tilia*-Ast, MTB 7525/3, leg. L. K., det. H. O. B.; 12.01.88, Arnegg, Hangwald, an *Tilia*, MTB 7525/3, leg. L. K.; 1989, in den MTB 7723/1 und 7623/4, leg. G. O.; 26.01.90, Weidach, „Buchholz“, Oberes Kiesental, MTB 7525/3, leg. H. O. B.; alljährlich, im März, Lonetal, Fohlenhaus, leg. W. H.

Sarcosphaeria coronaria (Jacq.: Cooke) Boudier – Kronenbecherling
Syn.: *S. crassa*
Rote-Liste-Art: gefährdet
Funddaten: von E. R. (Erbach-Ringingen) 1979 aus dem MTB 7624/2 gemeldet. Funddaten von L. K. (pers. Aufzeichn.): Roter Berg, Allmendingen, MTB 7624/3, bei Buchen, leg. L. K.; 1987 und 1989, „Heiligenberg“/Eggingen, MTB 7625/1, leg. „Gr“; 2000, Hitzinger Heide, MTB 7226, leg. H.P. (H. St.); 15.05.99, Allmendingen „Lixe“, MTB 7624, bei Rotbuche, Esche, Fichte, leg. T. B.; 02.06.03, Ehingenr Alb, Alt-Steißlingen, MTB 7624, leg. T. B.; 08.06.00, bei Altheim/Alb, MTB 7426/1, Mischwald, Buche, Fichte, im Übergangsbereich von Buche zu Fichte, tief im Nadelstreu eingegraben, leg. B. S.

Familie **Thelebolaceae**

Lasiobolus cuniculi Vel.
Funddaten: DIETL & KRIEGLSTEINER (1989), am Oberen Eselsberg in Ulm; 22.10.88, Umgebung der Uni Ulm, Oberer Eselsberg, auf Kot von Reh?, MTB 7525/4, leg. L. K.; 01.08.89, „Schildhau“ westlich Seißen, auf Rehkot, MTB 7524/3, leg. L. K.

Trichobolus zukalii (Heimerl) Kimbrough
Funddaten von L. K. (pers. Aufzeichn.): 30.04.83, Leimberg, Rehkot in vitro, MTB 7424/1, leg. R. St.

Ordnung **Leotiales** (Helotiales, inoperculate Becherlinge)

Familie **Ascocorticiaceae**

Ascocorticium anomalum (Ellis & Harkn.) Schroeter – Gemeiner Schlauchrindenpilz
Funddaten von L. K. (pers. Aufzeichn.): 21.10.89, „Reinhau“ nordwestlich Bach, an Kiefern(?)-Rinde, Innenseite, MTB 7625/3, leg. L. K.

Familie **Hyaloscyphaceae**

Antinoa strobilina (Fr.: Fr.) Vel.
Funddaten von L. K. (pers. Aufzeichn.): 05.02.90, „Spitalwald“/Ermingen, MTB 7625/1, leg. E. S., det. L. K.

Arachnopeziza aurata Fuckel
Blassgoldenes Spinnweb-Becherchen
Funddaten von L. K. (pers. Aufzeichn.): Arnegger Ried, an entrindeter Weide, MTB 7525/3, leg. L. K. + H. O. B.

Arachnoscypha aranea (de Not.) Boudier ex Dennis
Syn.: *Arachnopeziza aranea*
Fundhinweis siehe KRIEGLSTEINER L. (1991 b): an Eichenblättern; 11.09.76, Urspring, an *Quercus robur*-Blättern, MTB 7425/1, leg. H. O. B.

Brunnipila calyculiformis (Schum.: Fr.) Baral in Baral & Krglst.
Funddaten von L. K. (pers. Aufzeichn.): 19.05.89, bei Treffensbuch, an berindeter Hasel, MTB 7524/2, leg. L. K.

Brunnipila clandestina (Bull.: Fr.) Baral
Verborgengewachsenes Haarbecherchen
Funddaten: 17.09.78, Krieglsteiner-Exk. bei Hörvelsingen, MTB 7526; 15.05.79, bei Straß (?), an Himbeerästchen, MTB 7526, leg. M. E., det. H. O. B.; Funddaten von L. K. (pers. Aufzeichn.): 30.08.89, bei Treffensbuch, an *Rubus idaeus*, MTB 7524/2, leg. L. K.; 14.06.90, „Holzstöckle"/Orsenhausen, MTB 7725/4, leg. L. K.

Brunnipila fuscescens (Pers.: Fr.) Baral in Baral & Krieglst.
Syn.: *B. fagicola*
Fundhinweis siehe KRIEGLSTEINER L. (1991 b): an Buchenlaub und -cupulen, häufig; weitere Funddaten von L. K. (pers. Aufzeichn.): 05.06.88, Brunnenstein, an Buchen-Cupulen, MTB 7525/3, leg. L. K.; 14.05.89, am Roten Berg, an Buchen-Cupulen, MTB 7624/3, leg. L. K.; 16.05.89, Umgebung der Uni Ulm, Oberer Eselsberg, an Buchen-Cupulen, MTB 7525/4, leg. L. K.; 19.05.89, bei Treffensbuch, an Buchen-Cupulen, MTB 7524/2, leg. L. K.; 23.05.89, Thalfingen, an Buchen-Cupulen, MTB 7526/3, leg. L. K.; 14.06.90, „Holzstöckle", Orsenhausen, an Buchen-Cupulen, MTB 7725/4, leg. L. K.; 18.04.02, Narrenloch, MTB 7724/3/4, leg. K. Ke., an Rotbuchen-Früchten; 14.6.02, Osterholz, MTB 7625/3, an Rotbuchenfrüchten, leg. K. Ke.

Brunnipila palearum (Desm.) Baral in Baral & Krglst.
Funddaten von L. K. (pers. Aufzeichn.): 02.07.89, Weidach, an totem Stängel von ?-Getreide, MTB 7525/3, leg. L. K.

Calycellina alniella (Nyl.) Baral
Blasses Erlenbecherchen
Syn.: *Calycina alniella*
Funddaten von L. K. (pers. Aufzeichn.): 30.10.89, Reutti, an *Alnus*-Kätzchen, MTB 7626/1, leg. L. K.

Calycellina araneocincta (Phill.) Baral & Blank in Baral
Syn.: *C. lachnobrachya* var. *araneocincta*
Fundhinweis siehe KRIEGLSTEINER L. (1991 b): an *Betula*-Laub; Funddaten von L. K. (pers. Aufzeichn.): 30.10.89, Reutti, an *Betula*-Laub im Graben, MTB 7626/, leg. L. K.

Calycellina chlorinella (Ces.) Dennis
Funddaten von L. K. (pers. Aufzeichn.): 28.09.89, „Heide" westlich Wennenden, an *Urtica*-Stängel, MTB 7524/3, leg. E. Schätzle, det. L. K.; 23.10.90, Mähringen, Tobeltal, an *Urtica*-Stängel, MTB 7525/4, leg. L. K.; 03.11.90, Steinbruch Schammental, an *Urtica*-Stängel, MTB 7525/4, leg. L. K.

Calycellina fagina (A. Schmidt & Arendholz) Baral in Baral & Krieglst.
Funddaten: siehe DIETL & KRIEGLSTEINER (1989) am Oberen Eselsberg in Ulm; Fundhinweis siehe auch KRIEGLSTEINER L. (1991 b): an Buchenlaub, im Spätherbst, sehr unauffällig; weitere Funddaten von L. K. (pers. Aufzeichn.): 02.09.88, Herrlingen, Garten E. Rommelsteige 1, an Buchenlaub, MTB 7525/3, leg. L. K.; 07.09.88, Bannwald, Tiefental, an Buchenlaub, MTB 7624/1, leg. L. K.; 21.09.90, „Spitalwald"/Ermingen, an Buchenlaub, MTB 7625/1, leg. L. K.

Calycellina indumenticola Graddon
Fundhinweis siehe KRIEGLSTEINER L. (1991 b): an *Salix caprea*-Laub; weitere Funddaten von L. K. (pers. Aufzeichn.): 02.10.88, Steinbruch Schammental, an *Salix caprea*-Laubfilz, MTB 7525/3, leg. L. K.

Calycellina lachnobrachya (Desm.) Baral in Baral & Krieglst.
Fundhinweis siehe KRIEGLSTEINER L. (1991 b): an Bergahorn-Laub; Funddaten von L. K. (pers. Aufzeichn.): 21.10.89, „Reinhau" nordwestlich Bach, an Laub von *Acer pseudoplantus*, MTB 7625/3, leg. L. K.; 06.11.90, Ulm, bei Wilhelmsburg, an *Aesculus*-Laub, MTB 7525/4, leg. L. K., det. H. O. B.

Calycellina punctata (Fr.) Lowen & Dumont
Funddaten: DIETL & KRIEGLSTEINER (1989), am Oberen Eselsberg in Ulm; siehe auch KRIEGLSTEINER L. (1991 b): an Eichenlaub, im Spätherbst, nicht selten.

Calycina gemmarum

Calycellina ulmariae (Lach in Rabenh.) Korf
Funddaten von L. K. (pers. Aufzeichn.): 03.07.88, Arnegger Ried, an *Filipendula ulmaria*, MTB 7525/3, leg. L. K.; 30.06.91, Schmiechener See, an *Filipendula ulmaria*, MTB 7624/1, leg. L. K.; 04.07.91, Blau-Ufer b. Gerhausen, an *Filipendula ulmaria*, MTB 7524/4, leg. L. K.

Calycina discreta (P. Karsten) O. Kuntze
Funddaten von L. K. (pers. Aufzeichn.): Steinbruch Schammental, an *Solidago canad.*-Stängel, MTB 7525/4, leg. L. K.

Calycina gemmarum (Boud.) Baral in Baral & Krieglst. – Pappelknospen-Becherchen
Syn.: *Pezizella gemmarum*
Funddaten: 30.03.81, Donau-Auwald zwischen Thalfingen + Oe, MTB 7526, massenhaft an liegenden, vorjährigen Pappelknospen, leg. M. E.; 17.04.82, bei Lh, Donau-Auwald, unter Bastardpappel, unter dem Fallaub, MTB 7527, leg. M. E., Beleg in (M); weitere Funddaten erübrigen sich. Die Art ist sehr häufig und kommt sehr wahrscheinlich in allen MTB im Ulmer Raum vor.

Calycina herbarum (Pers.: Fr.) Gray
Kraut-Stängelbecherling
Syn.: *Hymenoscyphus herbarum*
Funddaten: 31.12.83, Donau-Auwald bei Lh, an abgeladenen, dicken Kräuter-Stängeln, MTB 7527, leg. M. E.; Dietl & Krieglsteiner (1989), am Oberen Eselsberg in Ulm; 23.09.00, Böfinger Halde bei Ulm, MTB 7628, auf liegendem Stängel von *Clematis vitalba*, leg. K. K.; weitere Funddaten erübrigen sich. Die Art ist sehr häufig und kommt sehr wahrscheinlich in allen MTB im Ulmer Raum vor (L. K. fand die Art in den meisten MTB im Großraum Ulm)

Calycina aff. **parilis** (Karst.) Kunze
Funddaten: siehe Dietl & Krieglsteiner (1989) am Oberen Eselsberg in Ulm.

Calycina subtilis (Fr.) Baral in Baral & Krglst.
Funddaten von L. K. (pers. Aufzeichn.): 14.10.88, „Klingenhau“ westlich Holzkirch, an Fichtennadeln im Streu, MTB 7425/4, leg. L. K., det. H. O. B.

Calycina vulgaris (Fr.) Baral
Funddaten von L. K. (pers. Aufzeichn.): 488, Schmiechener See, an *Salix*-Zweig, MTB 7624/1, leg. L. K., det. H. O. B.

Capitotricha bicolor (Bull. ex Merat: Fr.) Baral in Baral & Krglst. – Zweifarbiges Haarbecherchen
Funddaten von L. K. (pers. Aufzeichn.): 19.05.89, bei Treffensbuch, an Hasel, MTB 7524/2, leg. L. K.; 05.08.89, Witthau, an *Crataegus*-Stämmchen, MTB 7526/1, leg. L. K.

Capitotricha fagiseda Baral ad int.
Funddaten von L. K. (pers. Aufzeichn.): 24.04.89, Weidach-Lautertal, an Buchen-Cupulen, MTB 7525/3, leg. L. K.

Capitotricha rubi (Bres. in Bres. & Sacc.) Baral in Baral & Krglst.
Funddaten von L. K. (pers. Aufzeichn.): 14.06.90, „Holzstöckle“/Orsenhausen, an *Rubus idaeus*, MTB 7725/4, leg. L. K.

Cistella acuum (Alb. & Schw.) Svrcek
Funddaten von L. K. (pers. Aufzeichn.): 10.10.87, Weidach, beim Schützenhaus, an Fichtennadeln, MTB 7525/1, leg. L.G.; 30.08.89, östlich Treffensbuch, an Fichtennadeln, MTB 7524/2, leg. L. K.; 21.10.89, „Reinhau“ nordwestlich Bach, an Kiefernadeln, MTB 7625/3, leg. L. K.; 07.11.89, südlich Oxenbronn, in Fichtennadelstreu, MTB 7627/2, leg. L. K.; 08.02.90, westlich Asch, an Kiefernadeln, MTB 7524/4, leg. L. K.; 21.09.90, „Spitalwald“/Ermingen, an Fichtennadeln, MTB 7625/1, leg. L. K.; 05.01.91, Weidach, „Buchbrunnen“, an Kiefernnadeln, MTB 7525/3, leg. L. K.

Cistella amenticola Matheis
Funddaten: KRIEGLSTEINER (1993) nennt in seinem Verbreitungsatlas einen Fund in MTB 7425. Nähere Fundangaben liegen mir nicht vor.

Cistella chlorosticta (E.P. Fries ex Cooke) Nannf.
Funddaten von L. K. (pers. Aufzeichn.): 18.02.91, Arnegg (Erminger Höhe), an Rinde von *Malus*, MTB 7525/3, leg. L. K.

Cistella deflexa (Graddon) Raitviir
Syn.: *Dasyscpyhus deflexus*
Fundbeschreibung siehe KRIEGLSTEINER (1991 b); Funddaten von L. K. (pers. Aufzeichn.): 15.10.90, Steinbruch Schammental, an feuchtliegenden *Salix*-Blättern, MTB 7525/4, leg. L. K., det. H. O.Baral

Cistella grevillei (Berk.) Raschle
Funddaten von L. K. (pers. Aufzeichn.): 05.06.88, Brunnenstein, an *Lunaria*, MTB 7525/3, leg. L. K.; 09.07.89, „Ulmerhalde“/Altental, an *Cirsium arvense,* MTB 7525, leg. L. K.; 14.06.90, „Holzstöckle“/Orsenhausen, an *Tanacetum vulgare*, MTB 7725/4, leg. L. K.

Schilfgürtel an den Rühmer-Seen (NSG) bei Unterfahlheim, Hort des seltenen (oder übersehenen?) Spitzhaarigen Schilfbecherchen.

Cistella mali (Rehm) Nannf.
Funddaten von L. K. (pers. Aufzeichn.): 03.02.90, „Kirchäcker"/Bermaringen, an Rinden von stehendem *Malus*, MTB 7525/1, leg. L. K.

Claussenomyces prasinulus (P. Karsten) Korf & Abawi
Funddaten von L. K. (pers. Aufzeichn.): 01.08.89, „Schildhau" westlich Seißen, an entrindetem Buchenast, MTB 7524/3, leg. L. K.; 01.09.89, südwestlich Schnürpflingen, an entrindetem Buchenast, MTB 7725/2, leg. L. K.

Dasyscyphella acutipila (P. Karsten) Baral & Weber in Weber – Spitzhaariges Schilfbecherchen
Funddaten von L. K. (pers. Aufzeichn.): 30.06.91, Schmiechener See, an *Carex*-Laub; MTB 7624/1, leg. L. K.; 22.05.96, Rühmer-Seen bei Unterfahlheim, MTB 7527, an Schilfresten, leg. M. E.

Dasyscyphella nivea (Hedw.:Fr.) Raitv.
Schneeweißes Haarbecherchen
Syn.: *Dasyscyphus niveus*
Funddaten: 09.11.79, Bubesheimer Wald bei Bühl, MTB 7527, auf entrindetem Eichenstamm, leg. M. E., conf. H. O. B.; 08.03.80, Donau-Auwald bei Lh, an Laubbaumstumpf (morsche Eiche?), MTB 7527, leg. M. E., det. H. O. B.; 01.03.80, bei Lh-, im Donau-Auwald, MTB 7527, an morschem Laubbaumstumpf, leg. M. E.; DIETL & KRIEGLSTEINER (1989), am Oberen Eselsberg in Ulm; weitere Funddaten von L. K. (pers. Aufzeichn.): 05.06.88, Brunnenstein, an Eichenstumpf, MTB 7525/3, leg. L. K.; 28.05.88, südwestlich Autenried, an Eichenstumpf, MTB 7627/1, leg. G. J. K. + M. E.; 22.12.88, Umgebung der Uni Ulm, Obererer Eselsberg, MTB 7525/4, leg. L. K., det. H. O. B.; 21.08.84, „Hochbuch" bei Laichingen, MTB 7524/1, leg. „G"; 17.09.97, Griesingen, Taxiswald, MTB 7724/2/43, an Eiche, leg. K. Ke.; 02.04.02, Unterstadion, Burrain, an Eiche, MTB 7724/3/32, leg. K. Ke.; 09.09.03, Moosholz, MTB 7726/1, an Eiche, leg. K. Ke.

Dematioscypha dematiicola (Berk. & Br.) Svrcek
Funddaten von L. K. (pers. Aufzeichn.): 23.05.88, Amstetten/Urspring, an entrindetem Laubholz, MTB 7425/1, leg. L. K.

Dematioscypha richonis (Boud.) Huhtinen
Funddaten von L. K. (pers. Aufzeichn.): 22.06.90, Steinbruch Schammental, an entrindeter Eiche (?), MTB 7525/4, leg. L. K., det. H. O. B.

Eriopeziza caesia (Pers.) Rehm
Funddaten: 25.12.80, zwischen Gz und Gundelfingen, MTB 7427, an liegendem, entrindetem Eichenast, leg. M. E., det. H. O. B.; DIETL & KRIEGLSTEINER (1989), am Oberen Eselsberg in Ulm; Funddaten von L. K. (pers. Aufzeichn.): 12.01.88, Arnegg, Stirn eines Eichenstammes, MTB 7525/3, leg. L. K.; 12.10.88, Umgebung der Uni Ulm, Oberer Eselsberg, MTB 7525/4, leg. L. K.

Hyalopeziza ciliata Fuckel
Funddaten siehe KRIEGLSTEINER L. (1991 b); Funddaten von L. K. (pers. Aufzeichn.): 01.11.90, Weidach, „Buchbrunnen", unter Bergahornlaub, MTB 7525/3, leg. L. K.

Hyaloscypha aureliella (Nyl.) Huhtinen
Syn.: *H. stevensonii*
Funddaten: 01.05.79, bei Uf (?), MTB 7527, leg. M. E., det. H. O. B.; DIETL & KRIEGLSTEINER (1989), am Oberen Eselsberg in Ulm; Funddaten von L. K. (pers. Aufzeichn.): 12.10.88, Tiefental, an Fichtenstumpf, MTB 7624/1, leg. L. K.; 11.01.88, Wippingen, an Fichtenbrett, MTB 7525/3, leg. L. K.; 22.10.88, Umgebung der Uni Ulm, Oberer Eselsberg, MTB 7525/4, leg. L. K.; 14.05.89, Roter Berg, Ulm, an Fichtenbrett, MTB 7524/2, leg. L. K.; 19.05.89, bei Treffensbuch, an Fichtenbrett, MTB 7524/2, leg. L. K.; 01.08.89, „Schildhau" westlich Seißen, an Fichtenstumpf, MTB 7626/2, leg. L. K.; 21.10.89, „Reinhau" nordwestlich Bach, an Fichtenstumpf, MTB 7625/3, leg. L. K.; 14.06.90, „Holzstöcke"/Orsenhausen, an berindetem Fichtenast, MTB 7725/4, leg. L. K.

Hyaloscypha daedaleae Vel.
Syn.: *H. hyalina*
Funddaten: DIETL & KRIEGLSTEINER (1989), am Oberen Eselsberg in Ulm; Funddaten von L. K. (pers. Aufzeichn.): 14.10.87, „Ulmerhalde" östlich Altental, an entrindetem Laubholz, MTB 7525/3, leg. L. K.; 22.10.88, Ulm, Umgebung der Uni, Oberer Eselsberg, MTB 7525/4, leg. L. K., + G. D.; 24.04.89, Weidach, Lautertal, *Fagus*-Unterseite, MTB 7525/3, leg. L. K., 02.05.89, bei Illerrieden, an Laubholz, MTB 7726/1, leg. L. K.; 15.04.91, Roter Berg, Ermingen, an Buchenast, MTB 7525/4, leg. L. K.

Hyaloscypha intacta Svrcek
Funddaten von L. K. (pers. Aufzeichn.): 28.01.90, Weidach, „Mädlesbaum", an *Prunus spinosa*, MTB 7525/3, leg. H. O. B.

Hyaloscypha leuconica (Cooke in Stevenson) Nannf.
Funddaten von L. K. (pers. Aufzeichn.): Gaibenhau, an Fichtenast, MTB 7424/2, leg. R. St.

Incrucipulum ciliare (Schrad.: Fr.) Baral in Baral & Krieglst.
Fundhinweis siehe Krieglsteiner L. (1991 b): im September an Eichenlaub, nicht selten; weitere Funddaten von L. K. (pers. Aufzeichn.): 24.09.88, Ermingen, beim Fernmeldeturm, an Eichenlaub, MTB 7525/3, leg. L. K.; 07.09.88, Bannwald Tiefental, MTB 7624/1, leg. L. K.; 02.09.90, nördlich Bernstadt, an Eichenlaub, MTB 7426/3, leg. L. K.

Lachnellula calyciformis (Willd.: Fr.) Dharne
Funddaten von L. K. (pers. Aufzeichn.): 14.06.90, „Holzstöckle"/Orsenhausen, an *Abies*-Zweigen, MTB 7725/4, leg. L. K.; 17.07.87, Dreierberg, MTB 7625, an abgefallenem Fichtenast, leg. K. K.

Lachnellula gallica (P. Karsten & Hariot) Dennis
Funddaten: 12.09.87, am Roten Berg bei Söflingen, MTB 7625, an Fichtenast, leg. K. K.

Lachnellula occidentalis (Hahn & Ayers) Dharne – Lärchen-Haarbecherchen
Funddaten: 23.10.76, Krieglsteiner-Exk. bei Bühl, in „Muna", MTB 7527; 11.10.88, Buchwald bei Reutti, MTB 7726, an abgefallenem Ast von Lärche, leg. K. K.; Dietl & Krieglsteiner (1989), am Oberen Eselsberg in Ulm; weitere Funddaten von L. K. (pers. Aufzeichn.): in MTB 7625, 7525, 7624, 7524, 7527, 7627 7725, 7727; 18.04.02, Narrenloch, MTB 7724/3/4, an Lärchenast, leg. K. Ke.; 27.03.02, Kirchberger Holz, MTB 7725/4/2, an Lärchenzweig, leg. K. Ke.; 15.03.02, Sießer Hau, MTB 7726/3/3, an Lärchenast, leg. K. Ke.

Lachnellula subtilissima (Cke.) Dennis
Weißtannen-Haarbecherchen
Funddaten: 25.12.79, zwischen Gz und Gundelfingen, an liegenden Kiefernästen, MTB 7427, leg. M. E.; 18.04.80, Donau-Auwald bei Lh-Weißingen, MTB 7527, an liegenden Kiefernästen, leg. M. E.; von E. R. (Erbach-Ringingen) 1979 aus dem MTB 7624 (Schelklingen) gemeldet; weitere Funddaten von L. K. (pers. Aufzeichn.): 21.08.84, „Hochbuch" östlich Laichingen, MTB 7524/1, leg. „G"; 03.02.90, Klinge westlich Bermaringen, an berindetem *Picea*-Stämmchen, MTB 7524/2, leg. L. K.; 05.02.90, „Spitalwald"/Ermingen, an berind. *Picea*-Stämmchen, MTB 7625/1, leg. E. Schätzle, det. L. K.; 08.02.90, westlich Asch, an *Pinus*-Ast, MTB 7524/4, leg. L. K.; 15.09.90, nordwestlich Dietenheim, an *Abies*-Zweig, MTB 7726/3, leg. L. K.

Lachnum brevipilosum Baral in Baral & Krieglst.
Funddaten: 24.02.79, Illerauwald bei Ludwigsfeld, auf der Unterseite eines entrindeten Laubholzstamms, MTB 7626, leg. M. E.; 17.02.79, zwischen Rh und La, MTB 7526, bei den Riedhöfen, auf der Unterseite von Laubholz, leg. M. E.; Funddaten von L. K. (pers. Aufzeichn.): 07.04.89, Iller südlich Oberkirchberg, an *Fraxinus* im Auwald, MTB 7626/3, leg. L. K.; 03.02.90, Albeck, an *Fraxinus*-Stammwunde, MTB 7526/1, leg. L. K.; 03.02.90, Klinge westlich Bermaringen, an *Fraxinus*-Stammwunde, MTB 7524/2, leg. L. K.; 21.04.91, „Hau" nordwestlich Erbach, an *Fraxinus*, MTB 7625/3, leg. L. K.

Lachnum carneolum (Sacc.) Rehm
Funddaten von L. K. (pers. Aufzeichn.): 18.04.91, NSG „Gronne", Wiblingen, an *Phragmites*-Halm, MTB 7625/2, leg. L. K.

Lachnum controversum (Cooke) Rehm
Funddaten von L. K. (pers. Aufzeichn.): 15.06.90, NSG Arnegger Ried, an *Phragmites*-Halmen, MTB 7525/3, leg. L. K.

Lachnum eburneum Kirschstein
Funddaten von L. K. (pers. Aufzeichn.): 05.06.88, Brunnenstein, an *Polygonatum multiflorum*, MTB 7525/3, leg. L. K.

Lachnum impudicum Baral in Baral & Krglst.
Funddaten von L. K. (pers. Aufzeichn.): 16.10.89, „Deutschhau" westlich Ermingen, an morschem Buchenholz, MTB 7625/1, 08.02.90, westlich Asch, an morschem Buchenholz, MTB 7524/4, leg. L. K.

Lachnum luteodiscum (Peck) Haines
Syn.: *L. albidoroseum*
Funddaten von L. K. (pers. Aufzeichn.): 30.06.91, am Schmiechener See, an *Schoenopl. lacustis*, MTB 7624/1, leg. L. K.

Lachnum nudipes (Fuckel) Nannf. var. **nudipes**
Funddaten von L. K. (pers. Aufzeichn.): 05.06.88, Arnegger Ried, an *Filipendula ulmaria*, MTB 7525/3, leg. L. K.; 14.06.89, Ulm-Wiblingen, am Lichternsee, an *Filipendula ulmaria,* MTB 7625/2, leg. L. K.; 30.06.91, Schmiechener See, an *Filipendula ulmaria,* MTB 7624/1, leg. L. K.; 04.07.91, Blauufer bei Gerhausen, an *Filipendula ulmaria,* MTB 7524/4, leg. L. K.

Lachnum pubibundum (Quélet) Schroeter
Funddaten von L. K. (pers. Aufzeichn.): 18.07.84, an Laubholz, Fundort?, MTB 7424/2, leg. R. St.

Lachnum pudicellum (Quélet) Schroeter
Funddaten von L. K. (pers. Aufzeichn.): 13.06.88, Baggerseen bei Leibi, an Halmen, MTB 7526/4, leg. L. K.

Lachnum salicariae (Rehm) Velen.
Funddaten von L. K. (pers. Aufzeichn.): 13.07.90, Gz, bei den Fetzer-Seen, an Stängelbasis von *Lythrum*, MTB 7527/1, leg. L. K.

Lachnum subvirgineum Baral in Baral & Krieglst., nom. prov.
Funddaten: DIETL & KRIEGLSTEINER (1989), am Oberen Eselsberg in Ulm; weitere Funddaten von L. K. (pers. Aufzeichn.): 01.09.88, Blaubeuren-Seißen, an Buchenast, MTB 7524/4, leg. L. K.; 22.12.88, Umgebung Uni Ulm, Oberer Eselsberg, an Stammwunde von *Salix caprea*, MTB 7525/4, leg. L. K. + H. O. B.; 27.08.89, Wiblingen, „Gronne", an *Viburnum opulus*, am Seeufer, MTB 7625/2, leg. L. K.; 15.06.90, „Holzstöcke"/Orsenhausen, an Eichenblatt, MTB 7725/4, leg. L. K.

Lachnum virgineum (Batsch: Fr.) Karsten
Weißes Haarbecherchen
Syn.: *Dasyscyphus virgineus*
Funddaten: Mai 1977 und 1980, Bubesheimer Wald, auf mit Laub bedeckten Bucheckern, MTB 7527, leg. M. E.; 18.04.81, Bubesheimer Wald bei Bühl, MTB 7527, leg. M. E., Beleg in (M); 12.10.87, Dreierberg bei Klingenstein, MTB 7625, auf Schalen von Bucheckern, leg. K. K.; vergleiche auch KRIEGLSTEINER L. (1991 b): einer unserer häufigsten Becherlinge auf allerlei Substraten, auf Laub eher selten (Buche); weitere Funddaten von L. K. (pers. Aufzeichn.): in MTB 7525, 7625, 7624, 7524, 7526, 7625, 7627, 7725; 21.04.02, bei Altheim/Alb, MTB 7426/1, Buchenwald, auf in der Laubstreu vergrabenen Buchecker-schalen (äußere Gesamthülle), leg. B. S.

Lasiobelonium variegatum (Fuckel) Raitviir
Funddaten von L. K. (pers. Aufzeichn.): 14.03.88, Lautern, an entrindeter *Fraxinus*, MTB 7525/3, leg. L. K.; 27.01.90, Arnegger Ried, an entrindeter *Salix*, MTB 7525/3, leg. L. K., det. H. O. B.

Neodasyscypha cerina (Pers.: Fr.) Spooner
Syn.: *Dasyscyphus cerinus*
Funddaten nach L. K. (pers. Aufzeichn.): 14.10.87, „Ulmerhalde" östlich Altental, an entrindetem Laubholz, MTB 7525/3, leg. L. K.; 11.12.87, nördlich Gerhausen, an Buche, MTB 7524/4, leg. L. K.; 10.08.88, westlich Pappelau, an Buchenstirnseite, MTB 7624/2, leg. L. K.; 20.01.89, Kiesental, an Corylus-Stirnseite, MTB 7525/3, leg. L. K.; 11.04.89, östlich Böttingen, an entrindeter Buche, MTB 7523/3, leg. L. K., 01.08.89, „Schildhau" westlich Seißen, an entrindeter Buche, MTB 7524/3, leg. L. K., 12.10.89, Tiefental, an Stirnseite von Buche und Hasel, MTB 7624/1, leg. L. K.; 08.02.90, westlich Asch, an entrindeter Buche, MTB 7524/4, leg. L. K.

Olla scrupulosa (P. Karsten) Svrcek
Funddaten von L. K. (pers. Aufzeichn.): 30.06.91, Schmiechener See, an Weide, auf Pyrenomycet, MTB 7624/1, leg. L. K., det. H. O. B.

Parorbiliopsis minuta Spooner & Dennis
Funddaten von L. K. (pers. Aufzeichn.): 27.01.90, Arnegger Ried, an morscher, entrindeter Weide, MTB 7525/3, leg. L. K., det. H. O. B.; 08.02.90, westlich Asch, an entrindetem Buchenast, MTB 7524/4, leg. L. K.

Pezizella amenti (Batsch: Fr.) Dennis
Weidenkätzchen-Becherling
Syn.: *Calycina amenti, Hymenoscyphus amenti*
Funddaten nach L. K. (pers. Aufzeichn.): 16.04.89, Weidach, Lautertal, an *Salix* spec., MTB 7525/3, leg. L. K., 18.04.91; NSG „Gronne", Ulm-Donautal, an *Salix*-Kätzchen, MTB 7625/2, leg. L. K.

Polydesma pruinosa (Jerdon in Berk. & Br.) Boud. – Bereiftes Kernpilzbecherchen
Funddaten: 04.02.80, bei Laupheim, MTB 7725, „im Grund", auf altem Frk. von *Lopadostoma turgidum*, leg. G. O., det. M. E.; 10.02.80, Bubesheimer Wald bei Kissendorf, MTB 7527, auf altem Frk. von *Melanamphora spiniferum*, leg. M. E.; 24.12.80, Donau-Auwald Ne/Oe, MTB 7526, massenhaft auf altem Frk. von *Valsa? Diaporthe? spec.*, leg. M. E.; DIETL & KRIEGLSTEINER (1989), am Oberen Eselsberg in Ulm; 13.10.00, im Maienwäldle bei Söflingen, MTB 7725, auf *Diatrype stigma*, leg. K. K.; 01.05.03, AMU-Maiwanderung im „Silberwald" bei Neu-Ulm/Ludwigsfeld, auf alten Fruchtkörpern von *Eutypella alnifraga*, leg. M. E.; weitere Funddaten erübrigen sich. Die Art ist sehr häufig und kommt sehr wahrscheinlich in allen MTB im Ulmer Raum vor.

Proliferodiscus pulveraceus (Alb. & Schw.: Fr.) Baral in Baral & Krieglst.
Funddaten: DIETL & KRIEGLSTEINER (1989), am Oberen Eselsberg in Ulm; weitere Funddaten von L. K. (pers. Aufzeichn.): 22.10.88, Umgebung der Uni Ulm, Oberer Eselsberg, an *Salix caprea*, Wunde, MTB 7525/4, leg. L. K. det. H. O. B.; 07.04.89, Iller südlich Oberkirchberg, an *Prunus spinosa*, MTB 7626/3, leg. L. K.; 03.08.89, bei Hirbishofen, an *Lonicera*, MTB 7626/2, leg. L. K.

Psilachnum chrysostigmum (Fr.) Raitviir
Weißes Farnbecherchen
Funddaten: DIETL & KRIEGLSTEINER (1989), am Oberen Eselsberg in Ulm; weitere Funddaten von L. K. (pers. Aufzeichn.): 12.10.88, Umgebung der Uni Ulm, Oberer Eselsberg, an Dornfarn, MTB 7525/4, leg. L. K.; 01.09.88, Blaubeuren/Seißen, an Dornfarn, MTB 7524/4, leg. L. K.; 24.06.89, östlich Treffensbuch, an Dornfarn, MTB 7524/2, leg. L. K. und G. D.; 24.04.91, Salenhau nordwestlich Eggingen, an *Dryopteris spec.*, MTB 7625/1, leg. E. Schätzle, det. Schätzle/L. K.; 29.09.91, südwestlich Illerrieden, an *Athyrium*, MTB 7726/1, leg. L. K.

Psilachnum inquilinum (P. Karsten) Dennis
Schachtelhalm-Wollbecherchen
Funddaten von L. K. (pers. Aufzeichn.): 16.08.87, an Bahndamm, wo?, *Equisetum arvense*, MTB 7425/1, leg. R. St.; KRIEGLSTEINER (1993) nennt in seinem Verbreitungsatlas einen Fund in MTB 7424. Nähere Fundangaben liegen mir nicht vor.

Psilocistella conincola (Vel.) Svrcek
Funddaten von L. K. (pers. Aufzeichn.): 26.04.86, Alter Schlossberg, Bollingen, an Kiefernzapfen, MTB 7525/1, leg. G. F., det. P. Blank.

Trichopeziza mollissima (Lasch) Fuckel
Gelbes Haarbecherchen
Syn.: *Belonidium mollissimum, Dasyscyphus mollissimus*
Funddaten: 30.04.80, Donau-Auwald bei Of, bei den Baggerseen entlang der Roth, an liegenden, alten Stängeln einer Klette, leg. M. E., conf. H. O. B.; 08.10.87, Weidach, beim Schützenhaus, an *Umbelliferen*-Stängel, MTB 7525/1, leg. L. K.; 19.05.89, östlich Treffensbuch, an Stängel von *Ranunculus platanifolius*, MTB 7524/1, leg. L. K.; 20.05.89, Brunnenstein, an Stängel von *Lunaria*, MTB 7525/3, leg. L. K.; 09.07.89, „Ulmerhalde"/Altental, an Stängel von *Cirsium arvense*, MTB 7525/3, leg. L. K.; 30.10.89, Reutti, an Stängel von *Apiacea*, MTB 7626/1, leg. L. K.; 14.06.90, „Holzstöcke"/Orsenhausen, an *Tanacetum*-Stängel, MTB 7725/4, leg. L. K.; 02.09.90, bei Bernstadt, an Kräuterstängel, MTB 7426/3, leg. L. K.

Trichopeziza sulphurea (Pers.: Fr.) Fuckel
Syn.: *Belonidium sulphureum*
Beschreibung siehe ENDERLE (1981 a) sub *Dasyscyphus sulfureus*
Funddaten von L. K. (pers. Aufzeichn.): häufige Art, Funde in den MTB 7527/3, 7524/2, 7526/1, 7525/3, 7523/2, 7426/3, 7727/1, 7726/3, 7525/4, immer an Stängeln von *Urtica dioica.*

Trichopezizella barbata (Kunze in Fr.) Raitviir
Funddaten von L. K. (pers. Aufzeichn.): 02.02.90, nördlich Weidach, „Eichbühlberg", *Lonicera*-Zweige, MTB 7525/1, leg. L. K.; 13.02.90, Klinge bei Bermaringen, an *Lonicera*-Zweigen, MTB 7524/2

Trichopezizella nidulus (Fr.) Raitv.
Nestförmiges Haarbecherchen
Funddaten: 01.05.79, Donau-Auwald bei Lh, an liegendem Pflanzenstängel, MTB 7527, leg. M. E., det. Dr. Oswald Hilber (Tegernheim); DIETL & KRIEGLSTEINER (1989), am Oberen Eselsberg in Ulm; weitere

Trichopeziza sulphurea

Funddaten von L. K. (pers. Aufzeichn.): in den MTB 7525/3, 7623/4, 7624/3, 7524/2, 7625/2+3, 7524/1; 11.09.02, Donaustetten, Eichhau, MTB 7625/4/3, an *Polygonatum multiflorum*, leg. K. Ke.; 01.05.01, Ludwigsfeld, Illerholz, MTB 7626/1, an Stängeln von *Polygonatum multiflorum*, leg. K. Ke.;01.05.02, Ludwigsfeld, Illerholz, an Stängeln von *P. multiflorum*, leg. K. Ke.; 25.06.02, Kohlberg, MTB 7724/1/1, an Stängeln von *P. multiflorum*, leg. K. Ke.; 22.5.02, Narrenloch, MTB 7724/3, an *Polygonatum multiflorum*, leg. K. Ke.

Familie **Leotiaceae**

Allophylaria subhyalina (Rehm) Baral in Baral & Krieglst.

Fundhinweis siehe Krieglsteiner L. (1991 b): an Bergahorn-Petiolen; weitere Funddaten von L. K. (pers. Aufzeichn.): 25.10.87, Mittelberg nördlich Altheim, an *Acer*-Petiolen, MTB 7426/1, leg. L. K.; 21.10.89, „Reinhau" nordwestlich Bach, MTB 7625/3, an *Acer*-Petiolen, leg. L. K.; 01.11.89, Nattenbuch südlich Feldstetten, MTB 7523/2, an *Acer*-Petiolen, leg. L. K.

Ascocoryne cylichnium (Tul.) Korf

Großsporiger Gallertbecher

Funddaten: 20.10.79, zwischen Uf + Lh, auf der Rühmer-Halbinsel, auf morschem Laubholzstamm, MTB 7527; 20.11.79, Donauried bei der „Sixenmühle", zwischen Rh und La, MTB 7527, bei Pappeln, leg. C. S., det. M. E.; 18.11.80, Donau-Auwald bei Lh, MTB 7527, auf Laubholzstumpf, leg. M. E.; 20.12.80, Donau-Auwald bei Lh, an Laubholz, leg. C. S., det. M. E.; Dietl & Krieglsteiner (1989), am Oberen Eselsberg in Ulm; weitere Funddaten erübrigen sich. Die Art ist sehr häufig und kommt sehr wahrscheinlich in allen MTB im Ulmer Raum vor.

Ascocoryne sarcoides (Jacq.) Groves & Wilson

Fleischroter Gallertbecher

Funddaten erübrigen sich. Die Art ist sehr häufig und kommt sehr wahrscheinlich in allen MTB im Ulmer Raum vor.

Ascocoryne solitaria (Rehm) Dennis

Funddaten: siehe Dietl & Krieglsteiner (1989) am Oberen Eselsberg in Ulm; weitere Funddaten von L. K. (pers. Aufzeichn.): 22.10.88, Umgebung der Uni Ulm, Oberer Eselberg, MTB 7625/3, leg. L. K.; 21.10.89, „Reinhau" nordwestlich Bach, MTB

Ascocoryne sarcoides

Ascotremella faginea

7625/3, leg. L. K.; 07.10.89, „Sternberg“/Gomadingen, MTB 7622/1, leg. „Stgt“, det. H. O. B.;

Ascotremella faginea (Peck) Seaver
Buchen-Schlauchzitterpilz
Fundbeschreibung siehe ENDERLE (1981 a)
Funddaten: 21.10.79, Donau-Auwald zwischen Lh + Gz, MTB 7527, an totem Haselast, leg. M. E., conf. H. O. B.; 18.11.80, Kirchholz bei Of, an liegendem Laubholzast, MTB 7526, leg. M. E.; 1982, leg. A. K. in MTB 7426; Funddaten von L. K. (pers. Aufzeichn.): 01.09.88, Blaubeuren-Seißen, an *Fagus*, MTB 7524/4, leg. L. K.; 01.08.89, „Schildhau“ westlich Seißen, an Buchenast, MTB 7524/3, leg. L. K.; 03.08.89, bei Hirbishofen, an *Fraxinus*-Ast, MTB 7626/2, leg. L. K.; 17.08.89, Dreierberg, an entrindeter Rotbuche, MTB 7525/4, leg. E. Schätzle, det. L. K.

Bisporella citrina (Batsch: Fr.) Korf & Carpe
Zitronen-Reisigbecherchen
Funddaten erübrigen sich. Die Art ist sehr häufig und kommt sehr wahrscheinlich in allen MTB im Ulmer Raum vor.

Bisporella pallescens (Pers.) Carp. & Korf
Blasses Buchenbecherchen
Syn.: *Calycella monilifera*
Funddaten: von E. R.: 1979 aus dem MTB 7624 (Schelklingen) gemeldet. Funddaten von L. K. (pers. Aufzeichn.): 26.09.88, „Spitalwald“/Ermingen, an Bu-Stirn, MTB 7625/1, leg. L. K.; 18.10.85, Maienwäldle bei Harthausen, MTB 7725, auf *Bispora monilioides*, leg. K. K.; 13.10.02, Ehingen Faudertal, MTB 7724/1, Waldmeister-Buchenwald, an Strunk, leg. K. Ke.

Bisporella subpallida (Rehm) Dennis
Funddaten: 01.12.79, bei Illerkirchberg, MTB 7626, im Illerauwald, auf Holz, leg. M. E., det. H. O. B.; DIETL & KRIEGLSTEINER (1989), am Oberen Eselsberg in Ulm; weitere Funddaten von L. K. (pers. Aufzeichn.): 14.03.88, Lautern, an *Fraxinus*-Stumpf, MTB 7525/3, leg. L. K.; 12.10.88, Umgebung der Uni Ulm, Oberer Eselsberg, MTB 7525/4, leg. L. K.; 20.01.89, Kiesental, an *Corylus*-Stirn, MTB 7525/3, leg. L. K.; 12.10.89, Tiefental, MTB 7624/1, leg. L. K.; 1981, Bärenmahd nördlich Illerrieden, MTB 7726/1, leg. M. E.; 03.02.90, Klinge westlich Bermaringen, an *Corylus*-Stirn, MTB 7524/2, leg. L. K.

Bisporella sulfurina (Quélet) Carp.
Schwefelgelbes Kernpilzbecherchen
Funddaten: 23.10.76, Krieglsteiner-Exk. im Donau-Auwald bei Uf-Lh, Südseite, MTB 7527

Bulgaria inquinans (Pers.) Fr.
Schmutzbecherling
Funddaten erübrigen sich. Die Art ist sehr häufig und kommt sehr wahrscheinlich in allen MTB im Ulmer Raum vor.

Catinella olivacea (Batsch: Pers.) Boudier
Olivfarbenes Kelchbecherchen
Funddaten von L. K. (pers. Aufzeichn.): 17.09.83, Leimberg, an *Fagus*, MTB 7424/1, leg. R. St.

Cenangium ferruginosum Fr.
Funddaten: 19.02.80, Donau-Auwald bei Lh-Weißingen, an liegenden Kiefernästchen, leg. M. E., det. H. O. B., Beleg in (M); Funddaten von L. K. (pers. Aufzeichn.): Bärenmahd nördlich Illerrieden, MTB 7726/1, leg. M. E.; 26.01.90, „Mähdlesbaum"/Weidach, an *Pinus*, MTB 7525/3, leg. H. O. B.

Chlorociboria aeruginascens (Nyl.) Kanouse ex Ram., Korf et al. – Grünspan-Becherling
Funddaten erübrigen sich. Die Art ist nicht selten an totem Laubholz.

Chlorociboria aeruginosa (Pers.: Fr.) Seaver ex Ramam., Korf & Batra
Großsporiger Grünspan-Becherling
Funddaten: KRIEGLSTEINER (1993) nennt in seinem Verbreitungsatlas einen Fund in MTB 7526. Nähere Fundangaben liegen mir nicht vor.

Claussenomyces atrovirens (Pers.: Fr.) Korf & Abawi
Funddaten: KRIEGLSTEINER (1993) nennt in seinem Verbreitungsatlas einen Fund in MTB 7426. Nähere Fundangaben liegen mir nicht vor.

Cudoniella acicularis (Bull.: Fr.) Schröter
Dünnstieliger Helmkreisling
Funddaten: 27.07.81, Bubesheimer Wald, an morschem Eichenstumpf, MTB 7527, leg. M. E.; 11.09.02, Donaustetten, Eichhau, MTB 7625/4/3, an Eiche, leg. K. Ke.

Cudoniella clavus (Alb. & Schw.: Fr.) Dennis
Wasserkreisling
Funddaten von L. K. (pers. Aufzeichn.): 28.05.88, südwestlich Autenried, MTB 7627/1, leg. G. J. K. + M. E.

Cyathicula coronata (Bull.: ex Mérat) de Not in P. Karsten – Gekrönter Stängelbecherling
Funddaten: 27.09.79, beim Kinderfestplatz in Lh, MTB 7527, auf flachem Pferdemisthaufen, massenhaft an *Acer*-Blattstängeln zusammen mit *Lanzia luteovirescens*, leg. M. E.; einen weiteren Fund aus dem Ulmer Raum nennt KRIEGLSTEINER L. (1991 b): häufig im Spätherbst an *Fraxinus*-Petiolen. Weitere Funddaten von L. K. (pers. Aufzeichn.): in MTB 7525/1–3, 7525/4, 7624/1

Cyathicula culmicola (Desm.) Carp.
Funddaten von L. K. (pers. Aufzeichn.): 15.06.89, Weidach, Heide beim Spatzennest, an Grashalmen, MTB 7525/3, leg. L. K.; 30.06.89, Steinbruch Sotzenhausen, an Grashalmen, MTB 7624/2, leg. L. K.; 31.08.90, Weidach, Kiesental, an Grashalmen, MTB 7525/3, leg. L. K.

Cyathicula cyathoidea (Bull. ex Mérat: Fr.) de Thuemen – Pokalförmiger Stängelbecherling
Funddaten: DIETL & KRIEGLSTEINER (1989), am Oberen Eselsberg in Ulm; weitere Funddaten von L. K. (pers. Aufzeichn.): in MTB 7525, 7726, 7524, 7624, 7625, 7524, 7626, 7627 (Funde meist an *Urtica dioica*); 01.01.97, Knäulesberg Nord, MTB 7725/1, an Springkraut, leg. K. Ke.; die Art ist laut L. K. sehr häufig und wohl in allen Ulmer MTB zu finden.

Cyathicula fraxinophila (Svrcek) Baral
Fundhinweis siehe KRIEGLSTEINER L. (1991 b): im Spätherbst an Fraxinus-Petiolen; Funddaten von L. K. (pers. Aufzeichn.): 14.10.87, „Ulmerhalde" östlich Altental, an *Fraxinus*-Petiolen, MTB 7525/3, leg. L. K.; 07.09.88, Bannwald Tiefental, an *Fraxinus*-Petiolen, MTB 7624/1, leg. L. K.

Discinella cf. **boudieri** (Quélet) Boudier
Funddaten von L. K. (pers. Aufzeichn.): 02.07.89, Weidach, am moosigen Rand eines Rapsfeldes, MTB 7525/3, leg. L. K., det. J. H.

Durella atrocyanea (Fr.) v. Höhnel
Funddaten von L. K. (pers. Aufzeichn.): 26.01.90, „Mähdlesbaum"/Weidach, an entrindetem Laubholz, MTB 7525/3, leg. H. O. B.

Durella connivens (Fr.) Rehm
Funddaten von L. K. (pers. Aufzeichn.): 27.01.90, BW Tiefental, entrindetem *Acer* (?), MTB 7624/1, leg. L. K. + H. O. B.; 27.01.90, Arnegger Ried, an entrindeter morscher *Salix*, MTB 7525/3, leg. L. K. + H. O. B.

Durella macrospora Fuckel
Funddaten von L. K. (pers. Aufzeichn.): 06.01.91, Weidach, „Hohenstein", an der Unterseite eines liegenden morschen Eichenstammes, MTB 7525/1, leg. L. K.

Encoelia fascicularis (Alb. & Schw.: Fr.) Karsten
Schwarzbrauner Büschelbecherling
Funddaten: 19.04.80, Donau-Auwald bei Lh-Weißingen, an liegenden Eschenästen und -stämmen, MTB

7527, leg. M. E., det. H. O. B., Beleg in (M); Funddaten von L. K. (pers. Aufzeichn.): 1981, Bärenmahd nördlich Illerrieden, MTB 7726/1, leg. M. E.

Encoelia furfuracea (Roth: Pers.) Karsten
Kleiiger Büschelbecherling
Farbfoto siehe ENDERLE & LAUX (1980)
Funddaten: 22.05.76, Krieglsteiner-Exk. im Auwald zwischen Uf + Lh, an Haselstämmen, MTB 7527; 01.05.00, „Silberwald" bei Ludwigsfeld, MTB 7726, auf totem Haselstrauch, leg. K. K.; weitere Funddaten erübrigen sich. Die Art ist sehr häufig und kommt sehr wahrscheinlich in allen MTB im Ulmer Raum an Hasel vor;

Encoelia glaberrima (Rehm) Kirschstein
Funddaten von L. K. (pers. Aufzeichn.): 27.09.87, b. Türkheim, an *Carpinus*, MTB 7424/2, leg. R. St.; 28.09.90, Weidach, „Buchbrunnen", an *Carpinus*, MTB 7525/3

Heterosphaeria patella (Tode: Fr.) Grev
Schüsselförmiges Kugelbecherchen
Funddaten: 24.05.80, bei Leutkirch (Allgäu), an alten Stängeln von Doldenblütlern, leg. M. E., det. H. O. B.

Heyderia abietis (Fr.) Link
Nadel-Häubchenpilz
Funddaten von L. K. (pers. Aufzeichn.): 17.11.87, nördlich Bernstadt, Fichtennadelstreu, MTB 7426/3, leg. L. K.

Heyderia sclerotipus (Boudier) Benkert
Gelber Sklerotien-Häubchenpilz
Rote-Liste-Art: gefährdet
Funddaten von L. K. (pers. Aufzeichn.): 06.11.83, „Aimer", MTB 7424/1, leg. R. St.

Hymenoscyphus albidus (Rob. ex Desm.) Phill.
Funddaten: 15.08.79, bei Uf, auf der Rühmer-Halbinsel, zahlreich an liegenden Blattstängeln von Esche (diese schwärzend), MTB 7527, leg. M. E., Beleg in (M); Fundhinweis siehe KRIEGLSTEINER L. (1991 b): an *Fraxinus*-Petiolen im Frühherbst; Funddaten von L. K. (pers. Aufzeichn.): 07.09.88, Bannwald Tiefental, an *Fraxinus*-Petiolen, MTB 7624/1, leg. L. K.

Hymenoscyphus calyculus (Sow.: Fr.) Phill.
Kelchförmiger Stängelbecherling
Funddaten: 19.10.79, Bubesheimer Wald bei Lh, auf Laubholzast, MTB 7527, leg. M. E., det. H. O. B.; 05.01.80, Ulm, bei der Volksbank, an liegenden Linden(?)-Ästchen, leg. M. E., det. H. O. B. (als H. *calyculus* s. l.);

Hymenoscyphus caudatus (P. Karsten) Dennis agg.
Fundhinweis siehe KRIEGLSTEINER L. (1991 b): recht häufig im Herbst, im Gebiet an Laub von Eiche, Buche und Salweide; weitere Funddaten von L. K. (pers. Aufzeichn.): 30.09.88, bei Temmenhausen, an Eichenlaub, MTB 7525/1, leg. L. K. + G. D.; 02.10.88, Steinbruch Schammental, an Laub von *Salix caprea*, MTB 7525/3, leg. L. K.; 12.10.89, Tiefental, an Buchenlaub, MTB 7624/1, leg. L. K.

Hymenoscyphus conscriptus (Karst.) Korf & Kobayasi & al. – Weiden-Stängelbecherling
Funddaten: 17.11.81, Donau-Auwald bei Lh, MTB 7527, an Weidenästchen, leg. M. E., Beleg in (M); Funddaten von L. K. (pers. Aufzeichn.): 02.10.88, Steinbruch Schammental, an *Salix*-Zweigen, MTB 7525/3, leg. L. K.; 04.01.88, am Schmiechener See, an *Salix*, MTB 7624/1, leg. L. K.; 27.01.90, Arnegger Ried, an *Salix*-Zweigen- und -ästen, MTB 7525/3, leg. L. K. + H. O. B.; 15.12.79, zwischen Of + Ne, MTB 7526, Donau-Auwald an anhängenden *Salix*-Ästchen, leg. M. E., conf. H. O. B., Beleg in (M) (als *H. calyculus*).

Hymenoscyphus epiphyllus (Pers.: Fr.) Rehm ex Kauffm.
Funddaten: siehe DIETL & KRIEGLSTEINER (1989) am Oberen Eselsberg in Ulm und KRIEGLSTEINER L. (1991 b): im September an Eichenlaub und Detritus; weitere Funddaten von L. K. (pers. Aufzeichn.): 08.09.88, Umgebung der Uni Ulm, Oberer Eselsberg, an Eichenlaub, Moder, Zweigen, MTB 7525/4, leg. L. K.; 26.09.88, Spitalwald, Ermingen, an Eichenlaub, Moder, Zweigen, MTB 7625/1, leg. L. K.

Hymenoscyphus fagineus (Pers.: Fr.) Dennis
Bucheckern-Becherling
Funddaten: DIETL & KRIEGLSTEINER (1989), am Oberen Eselsberg in Ulm; weitere Funddaten von L. K. (pers. Aufzeichn.): 24.08.88, Ermingen, nahe dem Fernmeldeturm, MTB 7525/3, leg. L. K.; 12.10.88, Umgebung der Uni Ulm, Oberer Eselsberg, MTB 7525/4, leg. L. K.; 27.10.87, „Hörnle" bei Grimmelfingen, MTB 7625/2, leg. L. K. + M. E.; 01.09.88, Blaubeuren, Seißen, MTB 7524/4, leg. L. K.; 26.09.88, „Spitalwald" Ermingen, MTB 7625/1, leg. L. K.; 22.09.88, Baurenhau östlich Rot, MTB 7725/4; Herbst 1989, Lempenhau nordwestlich Asch, MTB 7524/2, leg. E. Schätzle, det. L. K.

Hymenoscyphus fructigenus (Bull. ex Mer.:Fr.) Gray – Fruchtschalenbecherling
Funddaten: 23.10.76, Krieglsteiner-Exk. im Donau-Auwald bei Uf-Lh; 18.11.80, im Kirchholz bei Of, an am Boden liegenden Früchten von Hainbuche, MTB

7526, leg. M. E., Beleg in (M); DIETL & KRIEGLSTEINER (1989), am Oberen Eselsberg in Ulm; weitere Funddaten von L. K. (pers. Aufzeichn.): in MTB 7524/4, 7624/1, 7525/4, 7625/2, 7525/3, 7527/3, 7726/3

Hymenoscyphus imberbis (Bull.: Fr.) Dennis
Funddaten von L. K. (pers. Aufzeichn.): 23.08.89, „Gronne" bei Wiblingen, an *Alnus*(?)-Ast, MTB 7625/2, leg. L. K.

Hymenoscyphus menthae (Phill.) Baral in Baral & Kriglst.
Syn.: *H. consobrinus*
Funddaten von L. K. (pers. Aufzeichn.): 09.07.89, „Ulmerhalde"/Altental, an *Cirsium arvense*-St., MTB 7525/3, leg. L. K.

Hymenoscyphus repandus (Phill.) Dennis
Funddaten von L. K. (pers. Aufzeichn.): 24.06.89, östlich Treffensbuch, an *Urtica*?, MTB 7524/2, leg. L. K.; 05.07.89, „Spitalwald" Ermingen, an Kräuterstängeln, MTB 7625/1, leg. L. K.; 01.08.89, „Schildhau" westlich Seißen, an *Impatiens noli-tangere*, MTB 7524/3, leg. L. K.; 03.08.89, bei Hirbishofen, an *Impatiens noli-tangere*, MTB 7626/2, leg. L. K.

Hymenoscyphus rokebyensis (Svrcek) Matheis
Funddaten von L. K. (pers. Aufzeichn.): 01.11.87, „Obere Buchhalde"/Westerstetten, an Bucheckern, MTB 7524/4, leg. L. K.; 12.10.89, Tiefental, an Bucheckern, MTB 7624/1, leg. L. K.

Hymenoscyphus scutula (Pers.: Fr.) Phill.
Funddaten von L. K. (pers. Aufzeichn.): 02.10.88, Seinbruch Schammental, an Kräuterstängel, MTB 7525/3, leg. L. K.; 12.10.89, Tiefental, an *Rubus fruticosus*, MTB 7624/1, leg. L. K.; 13.10.89, Kiesental, an *Artemisia vulgaris*, MTB 7525/3, leg. L. K.

Hymenoscyphus serotinus (Pers.: Fr.) Phill.
Kommasporiger Becherling
Funddaten: 13.10.79, Haas-Exk. im Bubesheimer Wald, auf Buchenästchen, MTB 7527, leg. M. E., conf. H. O. B.; 19.10.80, Haas-Exk. in MTB 7425; 24.10.80, Donau-Auwald bei Lh, an liegenden Laubholzästchen, MTB 7527, leg. M. E., det. T. Lohmeyer, Beleg in (M); DIETL & KRIEGLSTEINER (1989), am Oberen Eselsberg in Ulm; weitere Funddaten von L. K. (pers. Aufzeichn.): in MTB 7525/1,3,4, 7625/1,2, 7624/1,4, 7524/1; 23.09.87, Roter Berg bei Söflingen, MTB 7625, auf liegendem Buchenast, leg. K. K.

Hymenoscyphus suspectus (Nyl.) Hengstmengel
Funddaten von L. K. (pers. Aufzeichn.): 05.11.89, Ehingen-Schlechtenfeld, an *Phalaris arundinacea*, MTB 7724/1, leg. L. K.

Hymenoscyphus vacini (Velen.) Baral & Weber in Weber
Fundhinweis siehe KRIEGLSTEINER L. (1991 b): an halbskelettierten Bergahornblättern; weitere Funddaten von L. K. (pers. Aufzeichn.): 30.08.89, östlich Treffensbuch, an halbskelettierten Blättern von Bergahorn, MTB 7524/1, leg. L. K.

Ionomidotis fulvotingens (Berk. & Curt.) Cash
(Die Art kommt bei KRIEGLSTEINER 1993 unter der Gattung *Cordieritis* vor.)
Funddaten von L. K. (pers. Aufzeichn.): 04.01.88, am Schmiechener See, an *Salix*, MTB 7624/1, leg. L. K., det. L. K. & H. O. B.

Leotia lubrica (Scop.) Pers.
Gemeines Gallertkäppchen
Funddaten: 1937–40, Haas-Fund im Kloster- und Maienwald bei Söflingen, MTB 7625, in einem Wald bei Jungingen, MTB 7525; 07.10.78, Stangl-Exk. zwischen Uf + Lh, im Wald „Lechfeld" und im Bubesheimer Wald bei Echlishausen, MTB 7527; 05.10.92, Herrenfilde südlich von Westerstetten, MTB 7425/4, leg. E. S.; Funddaten von L. K. (pers. Aufzeichn.): 12.10.88, Umgebung der Uni Ulm, Oberer Eselsberg, Laubwald, MTB 7525/4, leg. L. K. + G. D.;

Ombrophila pura (Pers.: Fr.) Baral in Baral & Krieglst. – Gemeiner Buchenkreisling
Syn.: *Neobulgaria pura*
Funddaten: 19.10.80, Haas-Exk.bei Breitingen, Mischwald mit Fichten, MTB 7425; Farbfoto siehe ENDERLE & LAUX (1980) als *Neobulgaria pura*; DIETL & KRIEGLSTEINER (1989), am Oberen Eselsberg in Ulm; weitere Funddaten von L. K. (pers. Aufzeichn.): in den MTB 7624, 7625, 7525, 7524, 7724 und 7726; 30.09.01, bei Altheim/Alb, MTB 7426/1, im Buchenwald, an liegenden Buchen-Stämmen, leg. B. S.

Phaeohelotium geogenum (Cke.) Svrcek & Matheis
Funddaten: 13.10.79, Bubesheimer Wald bei Bühl, MTB 7527, auf Eicheln-Fruchtschalen, leg. M. E., det. H. O. B.; Funddaten von L. K. (pers. Aufzeichn.): 14.10.88, „Grubenhau" Öllingen, auf halbvergrabenen Eicheln, MTB 7426/4, leg. L. K. + G. D.

Phaeoleotium imberbe (Bull.: Fr.) Svrcek
Funddaten: 05.04.81, bei Illertissen, det. G. J. K., MTB 7826

Stamnaria persoonii (Mougeot: Pers.) Fuckel
Funddaten von L. K. (pers. Aufzeichn.): Mai 1987, an einem Bahndamm im MTB 7425/1 und 7425/1, leg. R. St.

Tympanis alnea (Pers.) Fr.
Funddaten von L. K. (pers. Aufzeichn.): 03.02.80, „Kirchäcker" Bermaringen, an *Malus*, toter Ast, MTB 7525/1, leg. L. K.

Velutarina rufoolivacea (Alb. & Schw.: Fr.) Fuckel
Funddaten von L. K. (pers. Aufzeichn.): 23.04.83, an *Juniperus*-Zweig, im MTB 7424/1, genauer Fundort unbekannt, leg. R. St.; 30.04.83, an *Juniperus*-Zweig im MTB 7425/3, genauer Fundort unbekannt, leg. R. St.

Familie **Sclerotiniaceae**

Botryotinia ficariarum Henneb. in Henneb. & Groves
Funddaten von L. K. (pers. Aufzeichn.): 07.04.89, Iller südlich Oberkirchberg, MTB 7626/3, u. *Ficaria*, leg. L. K.; 15.04.91, Roter Berg, Ermingen, unter *Ficaria*, MTB 7525/4, leg. L. K.; 18.04.91, NSG „Gronne", Ulm-Donautal, MTB 7625/2, leg. L. K.; 21.04.91, „Hau" nordwestlich Erbach, u. *Ficaria*, MTB 7625/3, leg. L. K.

Ciboria amentacea (Balbis: Fr.) Fuckel
Funddaten von L. K. (pers. Aufzeichn.): 01.04.88, Weidach, Lautertal, an *Corylus*-Kätzchen, MTB 7525/3, leg. L. K.

Ciboria bolaris (Batsch: Fr.) Fuck.
Syn.: *Rutstroemia bolaris*
Funddaten von L. K. (pers. Aufzeichn.): 22.01.89, Kiesental b. Weidach, an *Carpinus*-Zweig in Erde steckend, MTB 7525/3, leg. L. K.

Ciboria bulgarioides (Rabh.) Baral in Baral & Krieglst. – Fichtenzapfen-Becherling
Syn.: *Piceomphale bulgarioides, Rutstroemia bulgarioides*
Funddaten erübrigen sich. Die Art ist nicht selten im Ulmer Raum.

Ciboria calyculus (Batsch: Pureton) Hengstm.
Brauner Eichel-Stromabecherling
Syn.: *Ciboria batschiana*
Funddaten: 13.10.79, Bubesheimer Wald bei Bühl, MTB 7527, bei Eichen, am Boden auf mumifizierten Eichelkapseln, leg. M. E., conf. H. O. B.; 18.11.80, im Kirchholz bei Of, MTB 7526, leg. C. S.; Funddaten von L. K. (pers. Aufzeichn.): 14.10.88, „Klingenhau" westlich Holzkirch, MTB 7425/4, an Eicheln, leg. L. K. und G. D.; 15.09.90, nordwestlich Dietenheim, an Eicheln, MTB 7726/3, leg. L. K.

Ciboria caucus (Rebent. per Pers.) Fuckel
Kätzchen-Stromabecherling
Foto siehe ENDERLE (1995 d).

Monilinia johnsonii

Funddaten: 16.2.80, „Muna" bei Uf, an abgefallenen Weidenkätzchen, MTB 7526, leg. M.E., det. H.O.B. (Bestimmung nicht ganz sicher);

Ciboria rufofusca (Weberbauer) Sacc.
Tannenzapfenschuppen-Stromabecherling
Funddaten von L. K. (pers. Aufzeichn.): 28.05.88, südwestlich Autenried, an *Abies*-Zapfenschuppen, MTB 7627/1, leg. M. E.; 14.06.90, „Holzstöckle"/Orsenhausen, an *Abies*-Zapfenschuppen, MTB 7725/4, leg. L. K.

Dumontinia tuberosa (Bull. ex Merat) Kohn
Anemonen-Becherling
Syn.: *Sclerotinia tuberosa*
Funddaten: im Donau- und Iller-Auwald alljährlich häufig an abwehrschwachen Buschwindröschen; Dietl & Krieglsteiner (1989), am Oberen Eselsberg in Ulm; 31.03.03, Reggliswweiler, Mühlberg, MTB 7726/3/1, an Buschwindröschen, leg. K. Ke.

Gloeotinia aschersoniana (Henn. & Ploettner) Baral in Baral & Krglst.
Rote-Liste-Art: stark gefährdet!
Habitat: saprophytisch auf Früchten von *Carex*, meist an feuchten Standorten.
Fundbeschreibung siehe Krieglsteiner L. (1991 a); weitere Funddaten von L. K. (pers. Aufzeichn.): 23.04.90, NSG Schmiechener See, an *Carex rostrata*, MTB 7624/1, leg. L. K.

Moellerodiscus tenuistipes (Schroet.) Dum.
Rote-Liste-Art: vom Aussterben bedroht!
Fundbeschreibung siehe Krieglsteiner (1992); weitere Funddaten von L. K. (pers. Aufzeichn.): 21.06.91, Arnegger Ried, in faulem *Filipendula*-Laub, MTB 7525/3, leg. L. K.

Monilinia johnsonii (Ellis & Everh.) Honey
Weißdornfrucht-Becherling
Funddaten: 27.04.82, Donau-Auwald Lh, unter *Crataegus*, leg. M. E., Beleg in (M)

Mycrosclerotinia sulcatula (Schum.) Kohn
Syn.: *M. sulcata, ?M. duriaena*
Fundbeschreibung siehe Krieglsteiner L. (1991 a) Funddaten von L. K. (pers. Aufzeichn.): 23.04.90, NSG Schmiechener See, Sklerotien unter *Carex rostrata*-Bulten, MTB 7624/1, leg. L. K.

Rutstroemia elatina (Alb. & Schw.: Fr.) Rehm
Weisstannen-Stromabecherling
Funddaten: Krieglsteiner (1993) nennt in seinem Verbreitungsatlas einen Fund in MTB 7424 und 7425. Nähere Fundangaben liegen mir nicht vor.

Rutstroemia firma (Pers.) P. Karsten
Zäher Stromabecherling
Syn.: *Poculum firmum, Lanzia firma*
Funddaten: Dietl & Krieglsteiner (1989), am Oberen Eselsberg in Ulm; weitere Funddaten von L. K. (pers. Aufzeichn.): 24.09.88, Ermingen, unter Fermeldetum, an Eichen-Zweigen; MTB 7525/3, leg. L. K.; 12.10.88, Umgebung der Uni Ulm, Oberer Eselsberg, MTB 7525/4, leg. L. K.; 15.11.87, Weidach, Lautertal, an Eichen-Zweigen, MTB 7525/3, leg. L. K.; 30.09.89, am Roten Berg in Ulm, an Eichen-Zweigen; MTB 7525/4, leg. E. S., det. L. K.; 05.11.89, Ehingen/Schlechtenfeld, an Eichen-Zweigen, MTB 7724/1, leg. L. K.; 07.11.89, östlich Ettenbeuren, an Eichen-Zweigen, MTB 7628, leg. L. K.; 16.10.89, „Deutschhau" westlich Ermingen, an Eichen-Zweigen, MTB 7625/1, leg. E. S., det. L. K.; Herbst 1989, Lempenhau nordwestlich Asch, an Eichen-Zweigen, MTB 7524/2, leg. E. S., det. L. K.;01.06.01, Rote Wand bei Ludwigsfeld, MTB 7725, in Reisighaufen auf Eichenast, leg. K. K.

Rutstroemia luteovirescens (Rob. ex Desm.) White – Ockergelber Stromabecherling
Syn.: *Lanzia luteovirescens*
Funddaten: 27.09.79, Kinderfestplatz Lh, auf Pferdemisthaufen, massenhaft an abgefallenen Bergahorn-Blättern zusammen mit *Cyathicula coronata*, Stiel geschwärzt, MTB 7527, leg. M. E.; Dietl & Krieglsteiner (1989), am Oberen Eselsberg in Ulm; siehe auch Krieglsteiner L. (1991 b): häufig im Herbst an Bergahorn-Petiolen; Funddaten von L. K. (pers. Aufzeichn.): 12.10.88, Umgebung der Uni Ulm, Oberer Eselsberg, an Bergahorn-Petiolen, MTB 7525/4, leg. L. K.; 26.09.88, „Spitalwald" Ermingen, an Bergahorn-Petiolen, MTB 7625/1, leg. L. K.; 12.10.88, Bannwald Tiefental, an Bergahorn-Petiolen, MTB 7624/1, leg. L. K.; 30.08.89, östlich Treffensbuch, an Petiolen von Spitzahorn!, MTB 7524/2, leg. L. K.; 21.10.89, „Reinhau" nordwestlich Bach, an Bergahorn-Petiolen, MTB 7625/3, leg. L. K.

Rutstroemia petiolorum (Rob.: Desm.) White
Buchenblattstiel-Stromabecherling
Funddaten: 15.08.89, Ulm, Eselswald, leg. H. R.; Dietl & Krieglsteiner (1989), am Oberen Eselsberg in Ulm; siehe auch Krieglsteiner L: (1991 b): häufig im Spätherbst an Buchen-Blattstielen; weitere Funddaten von L. K. (pers. Aufzeichn.), alle an Buchen-Petiolen: 14.10.87, „Ulmerhalde"/Altental, MTB 7525/3, leg. L. K.; 12.10.88, Umgebung der Uni Ulm, Oberer Eselsberg, MTB 7525/4, leg. L. K.; 27.10.88, „Hörnle" bei Grimmelfingen, MTB 7625/2, leg. L. K.; 12.10.89, Tiefental, MTB 7624/1,

leg. L. K.; 05.11.89, Ehingen/Schlechtenfeld, MTB 7724/1, leg. L. K.

Rutstroemia sydowiana (Rehm) Dumont
Eichenblatt-Stromabecherling
Syn.: *Lanzia sydowiana*
Fundhinweis siehe KRIEGLSTEINER L. (1991 b): im Spätherbst an Eichen-Petiolen; weitere Funddaten von L. K. (pers. Aufzeichn.): 24.09.88, Ermingen beim Fernmeldeturm, an Eichen-Petiolen, MTB 7525/3, leg. L. K.; 12.10.89, Tiefental, an Eichen-Petiolen, MTB 7624/1, leg. L. K.; 06.11.90, Ulm, nahe Wilhelmsburg, an Eichen-Petiolen, MTB 7525/4, leg. L. K.

Rutstroemia ulmariae (L. Krieglst. & Baral) G. J. K.
Syn.: *Lanzia ulmaria*
Fundbeschreibung siehe KRIEGLSTEINER (1992); weitere Funddaten von L. K. (pers. Aufzeichn.): 21.06.91, Arnegger Ried, an *Filipendula*-Petiole, MTB 7525/3, leg. L. K.

Sclerotinia sclerotiorum (Libert) de Bary
Funddaten: KRIEGLSTEINER (1993) nennt in seinem Verbreitungsatlas einen Fund in MTB 7424. Nähere Fundangaben liegen mir nicht vor.

Verpatinia spiraeicola Dennis
Rote-Liste-Art: stark gefährdet!
Fundbeschreibung siehe KRIEGLSTEINER (1992). Funddaten von L. K. (pers. Aufzeichn.): 21.06.91, Arnegger Ried, an faulem *Filipendula*-Laub, MTB 7525/3, leg. L. K.; 30.06.91, Schmiechener See, an *Filipendula*, MTB 7624/1, leg. L. K.

Unterklasse **Pyrenomycetidae** (Kernpilze)

Ordnung **Clavicipitales**

Familie **Acrospermataceae**

Acrospermum compressum Tode: Fr.
Funddaten von L. K. (pers. Aufzeichn.): 05.06.88, Brunnenstein, an *Lunaria*, MTB 7525/3, leg. L. K.; 19.05.89, östlich Treffensbuch, an *Ranunculus platanifolius*-Stängel, MTB 7524/2, leg. L. K.; 10.06.89, Umgebung der Uni Ulm, Oberer Eselsberg, an *Urtica*-Stängel, MTB 7525/4, leg. L. K.; 30.10.89, Neu-Ulm/Reutti, an *Urtica*-Stängel, MTB 7626/1, leg. L. K.; 05.11.89, Ehingen/Schlechtenfeld, an *Urtica*-Stängel, MTB 7724/1, leg. L. K.; 07.11.89, südlich Oxenbronn, an *Urtica*-Stängel, MTB 7627/2, leg. L. K.; 27.01.90, BW Tiefental, an *Urtica*-Stängel, MTB 7624/1, leg. L. K. + H. O. B.; 03.02.90, „Kirchholz“ Bermaringen, an *Urtica*-Stängel, MTB 7525/1, leg. L. K.; 08.02.90, westlich Asch, an *Urtica*-Stängel, MTB 7524/4, leg. L. K.; 14.06.90, „Holzstöcke“ Orsenhausen, an *Urtica*-Stängel, MTB 7724/4 leg. L. K.; 21.04.91, „Hau“ nordwestlich Erbach, an *Urtica*-Stängel, MTB 7625/3, leg. L. K.

Familie **Clavicipitaceae**

Barya parasitia Fuckel
Funddaten von L. K. (pers. Aufzeichn.): immer an *Bertia moriformis:* 18.03.89, östlich Donaustetten, MTB 7625/4, leg. L. K.; 14.05.80, „Roter Berg“ bei Ulm, MTB 7624/3, leg. L. K.; 29.07.89, südlich Laichingen, MTB 7524/1, leg. L. K.; 01.08.89, „Schildhau“ westlich Seißen, MTB 7524/3, leg. L. K.; 05.11.89, Ehingen/Schlechtenfeld, MTB 7724/1, leg. L. K.

Claviceps purpurea (Fr.) Tul. – Mutterkorn
Funddaten: mehrere Funde vor allem an Getreide; Foto siehe ENDERLE (1995 d); DIETL & KRIEGLSTEINER (1989), am Oberen Eselsberg in Ulm; weitere Funddaten erübrigen sich. Die Art ist häufig und kommt sehr wahrscheinlich in allen MTB im Ulmer Raum vor.

Cordyceps canadensis Ell. & Everh.
Kopfige Kernkeule
Syn.: *C. capitata*
Funddaten von L. K. (pers. Aufzeichn.): 02.07.90, „Buchwald“ östlich Reutti, an *Elaphomyces muricatus*, MTB 7626/2, leg. A. B., vide L. K.

Cordyceps entomorrhiza (Fr.) Link
Käferlarven-Kernkeule
Funddaten: ca. 1980, bei Uf, leg. et phot. M. E.

Cordyceps militaris (L.: Fr.) Link
Orangegelbe Puppenkernkeule
KRIEGLSTEINER (1991) nennt in seinem Verbreitungsatlas Funde in den MTB 7426 und 7427. Nähere Fundangaben liegen mir nicht vor.

Cordyceps ophioglossoides (Ehrhard: Pers.) Link – Zungen-Kernkeule
Funddaten: 1943–63, Haas-Fund bei Altheim, MTB 7625; 15.10.77, Stangl-Exk. in „Muna“ bei Straß, MtB 7526; 26./27.08.78, Pilzausstellung in Ulm; Funddaten von L. K. (pers. Aufzeichn.): 22.09.88,

Cordyceps entomorrhiza

Baurenhau östlich Rot, Laubmischwald, vergrabene *Elaphomyces gran.*, MTB 7725/4, leg. L. K. + G. D.; 06.09.02, Donaustetten, Eichhau, MTB 7625/4/3, an *Elaphomyces,* leg. K. Ke.

Cordyceps sphecocephala (Klotzsch: Berk.) Berk. & Curtis – Wespen-Kernkeule
Funddaten: 12.10.87, Widenmannwald bei Neu-Ulm, MTB 7726, in Fichtennadelstreu, leg. K. K.

Epichloe typhina (Pers.: Fr.) Tul. & C. Tul.
Gras-Kernpilz
Funddaten von L. K. (pers. Aufzeichn.): 03.06.88, Auwald beim Kloster Wiblingen, an unbestimmtem Gras, MTB 7625/2, leg. L. K.; 23.05.89, nordöstlich Bach, an unbestimmtem Gras, MTB 7625/3, leg. L. K; 23.08.89, „Brunnenstein", an Waldgras, MTB 7525/3, leg. L. K.; 03.07.83, westlich Ermingen, an Gras, MTB 7625/1, leg. L. K.; 03.07.83, Blaubeuren, Rusenschloß, an Gras, MTB 7524/4, leg. L. K.; 25.06.91, „Filde" nördlich Eiselau, an *Arrhenum elatius*, MTB 7525/2, leg. L. K.; 04.07.91, „Bruckfels" Weiler, an *Poa nemoralis,* MTB 7624/2, leg. L. K.; Krieglsteiner (1991) nennt in seinem Verbreitungsatlas Funde in den MTB 7424, 7425 und 7427. Nähere Fundangaben liegen mir nicht vor.

Ordnung Diaporthales

Familie **Diaporthaceae**

Diaporthe detrusa (Fr.) Fuckel
Funddaten: 16.02.80, Donau-Auwald bei Of, an Berberitze, MTB 7526, leg. M. E.; 18.03.80, Donau-Auwald bei Leibi, an liegenden Ästen der Berberitze (*Berberis vulgaris*), MTB 7526, leg. M. E., conf. O. H., Beleg in (M)

Diaporthe leiphaemia (Fr.) Sacc.
Funddaten: 25.04.80, Donau-Auwald bei Ne-Leibi, an liegenden Eichen-Ästen, MTB 7526, leg. M. E.; 18.03.80, Donau-Auwald zwischen Leibi und Oe, MTB 7526, an liegenden Eichen-Ästen, leg. M. E., det. O. H.; 12.02.80, Donau-Auwald bei Uf, an liegenden Eichen-Ästen, MTB 7526, leg. M. E., conf. O. H., Beleg in (M); 22.02.80, Donau-Auwald bei Uf, an liegenden, abgeschlagenen Eichen(?)-Ästen und -zweigen, MTB 7526, leg. M. E.; 30.11.80, Donau-Auwald Uf, MTB 7526, an Eichenast, leg. C. S., det. M. E.

Diaporthe padi Otth.
Funddaten: 04.04.80, bei Rh, bei der Sixenmühle, MTB 7527, an liegendem Ast von Traubenkirsche (*Prunus padus*), leg. M. E., conf. O. H., Beleg in (M); 05.04.81, bei Exkursion mit G. J. K. und C. S. im Illerauwald bei Vöhringen, MTB 7726, an Traubenkirsche, leg. M. E.

Diaporthe strumella (Fr.) Fuckel
Funddaten von L. K. (pers. Aufzeichn.): 03.02.90, „Kirchäcker" bei Bermaringen, an *Ribes ?nigrum,* MTB 7525/1, leg. L. K.

Familie **Gnomoniaceae**

Gnomonia cerastis (Riess) Ces. & de Not.
Funddaten von L. K. (pers. Aufzeichn.): immer an Blattstängeln von *Acer pseudoplatanus,* L. K. fand diese Art in ca. 10 MTB im Großraum Ulm.
08.03.02, Baustetter Hölzle, MTB 7725/3/4, an Bergahorn-Blättern, leg. K. Ke.; 27.03.02, Kirchberger Holz, MTB 7725/4/2, an Bergahornblättern, leg. K. Ke.; 15.03.02, Haderhöhe, MTB 7725/4/4, an Bergahornblättern, leg. K. Ke.; 1.4.03, Rißtissen Heuberg, MTB 7724/2, an Bergahorn-Blättern, leg. K. Ke.

Gnomonia gnomon (Tode: Fr.) Schroeter
Funddaten von L. K. (pers. Aufzeichn.): 30.08.89, östlich Treffensbuch, an *Corylus*-Blatt, MTB 7524/2, leg. L. K.

Familie **Melanconidiaceae**

Melanconis spodiaea Tul. & C. Tul.
Fundbeschreibung siehe HILBER, O. u. R. & ENDERLE (1983).

Familie **Melogrammataceae**

Melogramma campylosporum Fr.
Fundbeschreibung siehe HILBER, O. u. R. & ENDERLE (1983).

Familie **Pseudovalsaceae**

Coryneum microstictum Berk. & Br.
= Konidienstadium von *Pseudovalsa*
Funddaten: 07.03.80, Donau-Auwald bei Uf, MTB 7526, an abgeladenen Rosenzweigen, leg. M. E., det. O. H., Beleg in (M)

Coryneum notarisianum Sacc.
= Konidienstadium von *Pseudovalsa*
Funddaten: 05.04.80, zwischen Rh + La, MTB 7527, an liegenden Ästen von Birke (?), leg. M. E., det. O. H.

Melanamphora spiniferum (Wallr.) Laflamme
Syn.: *Melogramma spiniferum*
Fundbeschreibung siehe HILBER, O. u. R. & ENDERLE (1983).
Funddaten: 09.02.80, Donau-Auwald zwischen Lh + Gz, MTB 7527, an der Basis eines Rotbuchenstammes, leg. M. E., Beleg in (M); 02.01.80, Bubesheimer Wald bei Kissendorf, Exkursion mit Günther Brunner, an der Basis eines Rotbuchenstumpfes, MTB 7527, leg. M. E.; DIETL & KRIEGLSTEINER (1989), am Oberen Eselsberg in Ulm; 21.08.85, Böfinger Heide, MTB 7628, am Stammgrund einer abgestorbenen Buche, leg. K. K.; 27.03.02, Kirchberger Holz, MTB 7725/4/2, an Rotbuchenstamm, leg. K. Ke.; weitere Funddaten erübrigen sich. Die Art ist sehr häufig an Rotbuchenstümpfen und kommt sehr wahrscheinlich in allen MTB im Ulmer Raum vor.

Familie **Valsaceae**

Cryptodiaporthe salicella (Fr.) Petrak
Syn.: *Diaporthe salicis*
Funddaten: DIETL & KRIEGLSTEINER (1989), am Oberen Eselsberg in Ulm;

Cryptodiaporthe salicina (Pers.) Weymeyer
Syn.: *Valsa salicina*
Fundbeschreibung siehe HILBER, O. u. R. & ENDERLE (1983).

Leucostoma auerswaldii (Nitschke) v. Höhnel
Fundbeschreibung siehe HILBER, O. u. R. & ENDERLE (1983).
Weitere Funddaten: 29.03.80, Donau-Auwald bei Lh, beim Kinderfestplatz, MTB 7527, an liegendem Traubenkirschenast, leg. M. E., det. O. H., Beleg in (M); 26.04.80, Donau-Auwald bei Ne/Leibi, MTB 7526, an liegenden Ästen von *Prunus* oder *Frangula*, leg. M. E., Beleg in (M);

Leucostoma cinctum (Fr.) v. Höhnel
Fundbeschreibung siehe HILBER, O. u. R. & ENDERLE (1983).

Leucostoma curreyi (Nitschke) Défago
Fundbeschreibung siehe HILBER, O. u. R. & ENDERLE (1983).

Leucostoma niveum (Hoffm.: Fr.) v. Höhnel
Fundbeschreibung siehe HILBER, O. u. R. & ENDERLE (1983).
Funddaten: 14.04.79, Donauried zwischen Lh + Rh, an liegenden, abgesägten Laubstrauchästen (Weide?), MTB 7527, leg. M. E., det. O. H., Beleg in (M); 14.02.80, „Muna" bei Bühl, MTB 7526, an liegenden Pappelästen, leg. M. E.; 04.04.80, zwischen Rh und La, an Pappelästen, MTB 7526, leg. M. E., det. O. H., Beleg in (M)

Ophiovalsa corylina (Tul. & C. Tul.) Petrak
Funddaten von L. K. (pers. Aufzeichn.): April 1988, Galgenberg, an *Corylus*, MTB 7424/1, leg. F. G., det. L. K.

Ophiovalsa suffusa (Fr.) Petrak
Fundbeschreibung siehe HILBER, O. u. R. & ENDERLE (1983).

Valsa ambiens (Pers.) Fr.
Fundbeschreibung siehe HILBER, O. u. R. & ENDERLE (1983).
Weitere Funddaten: 03.03.80, bei Laupheim, MTB 7725, Asthaufen auf Obstbaumwiese, leg. G. O.; Bestimmung etwas unsicher (Asci 8-sporig, Sporen allantoid, hyalin, ca. 15,5 x 3 µm)

Valsa malicola Urban

Apfelbaum-Valsa

a) Hauptfruchtform

Stroma: 1,5–2 mm im Durchmesser und 1–1,4 mm hoch, in dichten, großen Gruppen in der Rinde nistend; in einen abgestutzten, rundlichen, (dun-

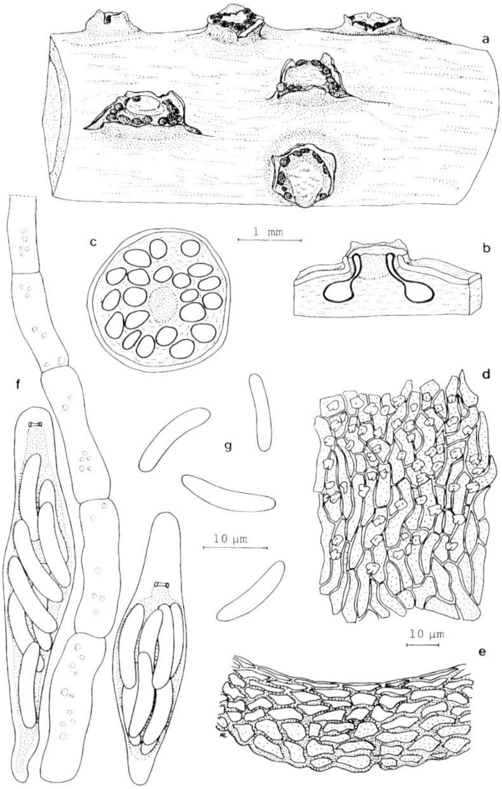

Valsa malicola (Hauptfruchtform)
a Habitus, b Stroma längs-, c Stroma quergeschnitten, d Ektostroma (mit Kristallen), e Perithecienwand, f Asci mit Paraphyse, g Ascosporen

kel-)grauen bis graubraunen, an der Basis durch eine dünne, schwarze Linie scharf abgegrenzten ektostromatischen Kegel und in ein reduziertes Endostroma gegliedert. Perithecien in zwei Kreisen im Endostroma sitzend. Sieben bis elf knopfförmige Ostiola in einem peripheren Ring auf der ektostromatischen Scheibe angeordnet. Diese 0,5–0,75 mm im Durchmesser und 0,3–0,4 mm in der Mitte hoch, rundlich, leicht genabelt oder median säulenförmig gewölbt; von aufgerissenen Peridermlappen umgeben. Pustel und das angrenzende Korkgewebe dunkler als das übrige sekundäre Abschlussgewebe gefärbt. Ektostroma eine textura porrecta aus 18–22 x 4,6–6,8 µm großen, dickwandigen (–2,3 µm), gelbbraunen Hyphensegmenten; mit kleinen, verstreuten Kristallklumpen. Endostroma vom Substrat nicht abgegrenzt und von diesem farblich nicht unterschieden; aus 2,5 µm breiten, dünnwandigen, farblosen und locker im Wirtsgewebe verflochtenen Hyphen (textura intricata).

Perithecien: 350–410 µm im Durchmesser und 250–370 µm hoch, seitlich abgeflacht, mit schnabelartig verlängertem Ostiolum; schwarz, zu 10 bis 18 im Stroma angeordnet. Ostiolum
500–730 x 105–135 (Basis) –180–205 µm (Scheitel).

Perithecienwand: 20–25 um breit, zweischichtig. Äußere Zone aus drei bis vier Reihen 6,4–8,5 x 3,2–5,3 µm großer, unregelmäßig eckiger, dickwandiger (–1,5 µm), vor allem an den Kanten verkohlter, dunkelbrauner Zellen (textura angularis-prismatica). Zellen der inneren Lage längsgestreckt und abgeflacht (8,5–13 x 2–3,7 µm), hellbraun bis hyalin, leicht dickwandig (textura prismatica-angularis). Wand des Ostiolums 30–40 µm, am Apex 50–100 µm breit (textura porrecta). Zellen 10–15 x 2–4 µm, leicht dickwandig (1 µm), dunkel olivbraun, zum 40–60 µm breiten Ostiolarkanal nahezu hyalin. Zellreihen zum Porus hin fächerartig angeordnet. Periphysen 14–18 (–23) x 1,6 µm, unverzweigt, fein septiert.

Asci: 42–58 x 8,5–11 µm, unitunikat, keulig bis spindelförmig, zum breit abgerundeten Scheitel (5–6 µm) verschmälert; sitzend oder mit stummelartig verlängerter Basis; mit deutlichem (1–1,5 x 2 µm), refraktiven, acyanophilen, inamyloiden Apikalring; verschleimend. Acht Sporen unregelmäßig zweireihig bis traubenartig angeordnet.

Paraphysen: 115 x 4,6 (Spitze)–5,7 µm (Basis), septiert, hyalin, mit kleinen Öltropfen; rasch verschleimend.

Sporen: 11,5–15 x 2,1–2,9 µm, einzellig, kurz zylindrisch bis leicht allantoid, zu den Enden bisweilen verjüngt und dort breit abgerundet; ohne Öltropfen.

b) Nebenfruchtform

Stroma: 0,9–1,25 mm breit und 0,5–0,8 mm hoch, in der Rinde sitzend, sich von dieser deutlich kegelförmig abgrenzend, vor allem das Periderm pustelartig wölbend; schließlich dieses mit einer 0,35–0,5 mm breiten und 0,3–0,45 mm hohen, säulenförmigen, rundlichen bis ovalen, gewölbten oder abgestutzten, (grau)braunen, im Alter schwärzlichen Scheibe durchbrechend. Keine Gliederung in Ekto- und Endostroma, innen grau, an der Basis mit zahlreichen, kreisartig angeordneten, bisweilen verschmelzenden Kammern, deren Öffnungen sich in ein oder zwei Kanälen vereinigen und zentral an die Oberfläche tretend. Zwischen den Stromata der Hauptfruchtform in dichten Gruppen oder vereinzelt liegend.

Pyknidien: als unregelmäßig geformte Kammern im Stroma angeordnet. Wand 15–20 µm breit, einschichtig (textura angularis), aus 2–10 x 2–6 µm großen, dickwandigen, (dunkel)braunen, unregelmäßig vieleckigen Zellen, denen im Innersten die Konidienträger entspringen.

Konidienträger: 16–18 x 1,5 µm; terminal sechs bis sieben 9,5–11 x 1–1,5 µim große, flaschenförmige, hyaline Phialiden quirlartig auf einem 5–6,5 µm lan-

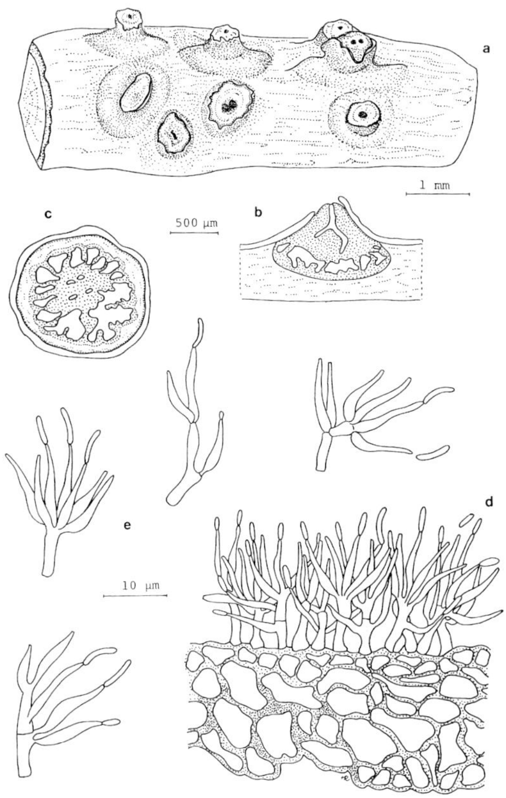

Valsa malicola (Nebenfruchtform)
a Habitus, b Längs- und c Querschnitt durch ein stromatisches Pyknidium, d Pyknidienwand mit Konidienträgern, e Konidienträger mit Konidien

gen Basisteil angeordnet, seltener konidiogene Zellen lateral entspringend.
Pyknosporen: 5,3–6,4 x 0,8–1 µm, dünnwandig, allantoid, hyalin.
Funddaten: Bundesrepublik Deutschland (Bayern): zwischen Leipheim und Günzburg (MTB 7527), am Schuttabladeplatz, auf toten *Malus* (?)-Ästen, 26.01.1980 (Herb. Hilber 23/80) – Unterfahlheim (MTB 7527, Garten Enderle, auf liegenden Zweigen von *Malus domestica,* 18.02.1980 (Herb. Huber 145/80) – Leipheim (MTB 7527), in einem Obstgarten auf abgeschnittenen *Malus*(?)-Zweigen, 02.04.1980 (Herb. Hilber 28/80 – zusammen mit 145/80 Abbildungsbeleg).
Bemerkungen: *Valsa malicola* wurde von URBAN (1956) als eine, *Valsa ambiens* nahe stehende Sippe beschrieben. Das Taxon soll nach URBAN (1958) nur Bäume und Sträucher der Unterfamilie *Maloideae* bewohnen. Als morphologische Charakteristika nennt URBAN (1958) das außen wie innen dunkelgraue Ektostroma, die schmalen Sporen (nur selten bis zu 4 µm), die Stromata, die Perithecien wie Pyknidien enthalten können oder stromatische Pyknidien, eng benachbart zu den Stromata der Hauptfruchtform.
Alle *Valsa*-Arten haben Sippen des Genus *Cytospora* Ehrenb. als anamorphe Form. Für *Valsa malicola* nennt URBAN (1958) *Cytospora schulzeri* Sacc. et Syd. URBAN (1956) hat nach HUBBES(1960) aufgrund der Nebenfruchtform *Valsa malicola* von *Valsa ambiens* getrennt. Doch haben, wie schon HUBBES(1960) beobachtet hat, die stromatischen Pyknidien häufig nur ein bis zwei Mündungen. Ob die geringen morphologischen Unterschiede ausreichen, *Valsa ambiens* und *Valsa malicola* als zwei getrennte Arten zu führen, sollen auch hier Infektions – und Kreuzungsversuche klären. Eine rasche Antwort wäre hier von Nöten, um die Frage des Typusmaterials richtig interpretieren zu können.
Valsa malicola ist bis jetzt aus Europa (einschließlich des europäischen Teiles der UdSSR) sowie den USA bekannt. Von Japan beschrieben MIYABE et YAMADA (1915) *Valsa mali.* Diese unterscheidet sich von *Valsa malicola* durch wesentlich kleinere Sporen. Zudem zeigen nach TOGASHI (1924) von *Valsa mali* befallene Apfelbäume starke Krebswucherungen.
Weitere Anmerkungen: Die oben stehende Beschreibung stammt aus unserer Publikation von 1983 (HILBER, O. u. R. & ENDERLE 1983). Ich wiederhole sie hier, um auf die Existenz dieser häufigen Art hinzuweisen. Sie ist in „jedem“ Obstgarten an liegenden Apfelbaumzweigen zu finden.

Valsa verrucula Nitschke
Funddaten: 17.02.79, zwischen Rh + La, MTB 7526, bei den Riedhöfen, an stehender Weide, leg. M. E., det. O. H., Beleg in (M)

Familie **Valsellaceae**

Valsella cf. **salicis** Fuckel
Funddaten: 30.11.80, Donau-Auwald bei Uf/Of, an liegenden Weidenästen, MTB 7526, leg. M. E.

Ordnung **Dothideales**

Familie **Cucurbitariaceae**

Cucurbitaria berberidis (Pers.) S. F. Gray – Berberitzen-Kugelpilz
Syn.: *Sphaeria berberidis* Pers. 1801
Sphaeria berberidis Pers. ex Fr. 1823
Gibberidea berberidis (Pers.) Kuntze 1898
Crotonocarpia moriformis Fuckel (?) 1869

a) Hauptfruchtform

Stroma: als Basalstroma unter und zwischen den Fruchtkörpern; aus 3,4 µm breiten, leicht dickwandigen, septierten, bräunlichen, locker bis dicht verflochtenen Hyphen (textura intricata); meist in der Rinde eingesenkt, seltener flach am Holz.

Pseudothecien: 500–625 µm im Durchmesser und 370–625 µm hoch, kugelig, bisweilen oben abgeflacht, seltener mit verlängertem Basisteil und dadurch obovat, schwarz, matt, ohne deutlich ausgeprägte Papille; durch das Periderm aus Längs- oder Querspalten in größeren Gruppen brechend, manchmal krustenartig auf dem Holz wachsend.

Pseudothecienwand: meist unregelmäßig felderigrissig, 55–70 (Basis) –140 µm (seitlich und in der Ostiolarregion) breit. Periphere Schicht 5–10 (Basis)–80 µm (in der gefelderten Region), opak schwarz, verkohlt, mit schwer sichtbaren, kleinen Lumina 4,5–6,8 (–11,5) µm großen Zellen (textura angularis). Mittlere Zone 45–70 µm, eine textura angularis von 6,4–13 x 4,2–9,5 µm großen, dünnwandigen, hyalinen, unregelmäßig polyedrischen Zellen. Diese im Grenzbereich zumindest an den Ecken verdickt. Innere Lage 10–15 µm, schwer differenzierbar, hyalin. Ostiolarkanal 60–90 µm lang und 20–25 µm (Porus) im Durchmesser. Wand nur zweischichtig, aber sonst jener des Pseudotheciumkörpers entsprechend. Periphysen 15–20–(42) x 2 µm, an den Enden keulig angeschwollen (2,6–3,2 µm) und breit abgerundet; hyalin, um den Porus gelblich, dünnwandig, zart septiert, der innersten farblosen Zellreihe entspringend.

Asci: 170–200 x 16–18,2 µm, bitunikat, zylindrisch, am Scheitel breit abgerundet; darunter mit stöpselartigem Gebilde. Stiel kurz (11–14 µm), mit schuhartiger Basis. In der pars sporifera acht Sporen schräg einreihig (außer der distalen) angeordnet.

Pseudoparaphysen: 1,1–1,7 µm breit, hyalin, fadenförmig, septiert, anastomosierend, sehr dicht und mit den freien Enden sogar in den Ostiolarkanal ragend.

Sporen: 24–30 x 10,5–12,5 µm, oval bis ellipsoid, in der Mitte stark, ansonsten kaum eingeschnürt; mit 6 Quer- und (1)–3 unvollständigen Längssepten sowie (vor allem bei den Endzellen) mit Schrägwänden; jung hyalin, dann gelbgrün, oliv- bis durchscheinend dunkelbraun, mit dicker, dunkler Wand. Endzellen schmal bis breit kegelförmig. Obere Sporenhälfte etwas länger und um 1 µm breiter als die untere.

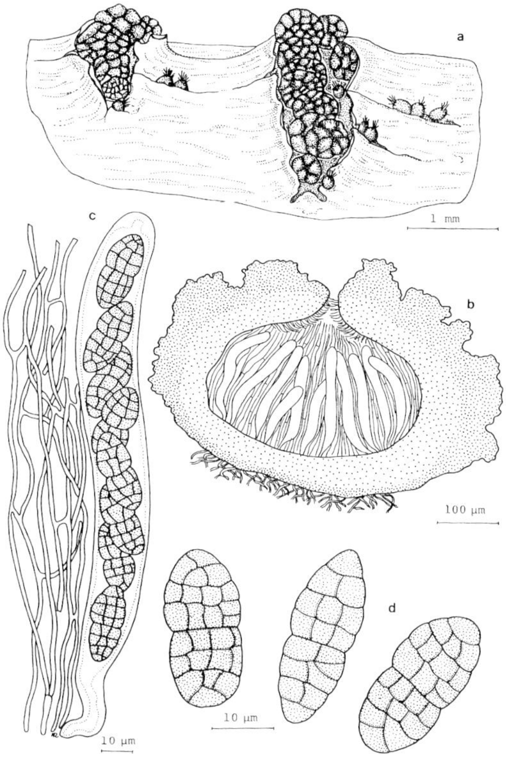

Cucurbitaria berberidis (Hauptfruchtform)
a Habitus, b Längsschnitt durch ein Pseudothecium,
c Ascus mit Pseudoparaphysen, d Ascosporen

b) Nebenfruchtform – *Pyrenochaeta berberidis* (Sacc.) Brun.

Stroma: anscheinend fehlend

Pykniden: 90–200 µm im Durchmesser und 130–260 µm hoch, kugelig bis oval, schwarz; im oberen Bereich mit 25–105 x 4,5–7 µm großen, steifen, einfachen, opak schwarzbraunen, nicht septierten, terminal verjüngten und schmal abgerundeten, dickwandigen (1,1–1,7 µm) Borsten; einzeln oder in kleinen, rundlichen Gruppen durch das Substrat brechend.

Pyknidienwand: 11–16 µm breit, einschichtig, eine textura angularis aus 4–7,5 x 2,5–4,5 µm großen, außen dickwandigen (1,6–2 µm) sowie dunklen Zellen.

Konidienträger: 20–25 x 1,6–3,2 µm, zylindrisch, zur Spitze verjüngt, septiert, hyalin, der innersten Wandschicht des Pyknidiums entspringend; an den Septen mit seitlich auswachsenden, gestielten (2 µm) Konidien.

Pyknidiosporen: (2)–2,8–3,2 x 0,9–1,1 µm, länglich ellipsoid, einzellig, hyalin.

Funddaten: Bundesrepublik Deutschland (Bayern): Nersingen (MTB 7526), am Buchberg, an abgestorbenen Ästen von *Berberis vulgaris, 08.02.1980* (Herb. Hilber 258/80) – zwischen Riedheim und Langenau (MTB 7526), auf liegenden, toten *Berberis vulgaris*-Zweigen, 04.04.1980 (Herb. Hilber 110/80 – Abbildungsbeleg). 30.11.80, Donau-Auwald bei Lh, an Berberitze, leg. M. E.; 03.08.1986, Baumschule Glöckler bei der Illerbrücke zwischen Ulm und Wiblingen, MTB 7725, auf *Berberis vulgaris* im ganzen Baumschulgebiet häufig, leg. K. K.; Die Art ist sehr häufig und kommt sehr wahrscheinlich in allen MTB im Ulmer Raum vor.

Bemerkungen: Die Gattung *Cucurbitaria* wurde 1821 von S. F. Gray aufgestellt, von Welch (1926) in einem engeren Sinne gesehen und schließlich von Mirza (1968) emendiert. Als wichtigste Kennzeichen gelten für uns:

- ein, meist eingesenktes Basalstroma, auf dem die Pseudothecien, untermischt mit Pyknidien, oder getrennt von diesen gehäuft sitzen;
- kugelige, obpyriforme bis kreiselförmige, an der Oberfläche des öfteren weit genabelte Pseudothecien, deren Wand stark verkohlt, bisweilen warzig oder felderig-rissig ist;
- bitunikate Asci mit deutlich stöpselartigem Gebilde an der Spitze und von zahlreichen Pseudoparaphysen umgeben;
- ein, meist von Periphysen ausgekleideter, Ostiolarkanal; muriforme, mit Längs- und Schrägsepten versehene, einer Schleimhülle ermangelnde Ascosporen. Die longitudinalen Wände bleiben oft unvollständig.

Barr (1976) führt die *Cucurbitariaceae* (Winter, 1885) in der Ordnung der *Pleosporales,* um die zutreffende Verwandtschaft dieser Familie mit den *Pleosporaceae* anklingen zu lassen, was auch das neue System von Erikson (1982) zeigt.

Das Genus *Cucurbitaria* gliedert Mirza (1968) in die *C. berberdis-, C. elongata-, C. spartii-* sowie *C. indigoferae*-Gruppe, wobei wir hier nicht näher darauf eingehen wollen, ob diese Einteilung sinnvoll ist.

Bemerkenswert sind die Kulturversuche von Mirza (1968), bei denen u. a. *C. ahmadi* Mirza, *C. berberidis, C. cytisi* Mirza, *C. elongata, C. emeni* Mirza und *C. spartii* (Nees) Ces. et de Not. Pyknidien, *C. spartii* darüber hinaus auch die Hauptfruchtform bildeten. Da *Cucurbitaria-Sippen* also in Reinkultur gezüchtet werden können, sollten zukünftig noch zwei Fragen geklärt werden:

- ist die, von Mirza (1968) dargelegte Sippenstruktur mit insgesamt 28 Taxa gerechtfertigt?
- handelt es sich bei *Cucurbitaria* nur um Saprophyten oder leben die anamorphen Formen parasitisch?

Die Typusart der Gattung ist *Cucurbitaria berberidis* mit der Nebenfruchtform *Pyrenochaeta berberidis* (Mirza, 1968), deren terminal behaarte, winzige Pyknidien in kleinen Gruppen auf dem Substrat eng benachbart zu den Pseudothecien sitzen. Schneider (1976) belässt *Pyrenochaeta berberidis* nur unter Vorbehalt in dem Genus *Pyrenochaeta* de Not., weil sie im Bau der Pyknidien stärker abweicht und damit nicht dem Gattungskonzept von de Notaris, begründet auf *Pyrenochaeta nobilis* de Not. entspricht. Ein Basalstroma, wie von Schneider (1976) berichtet, konnten wir bei *Pyrenochaeta berberidis* nicht entdecken.

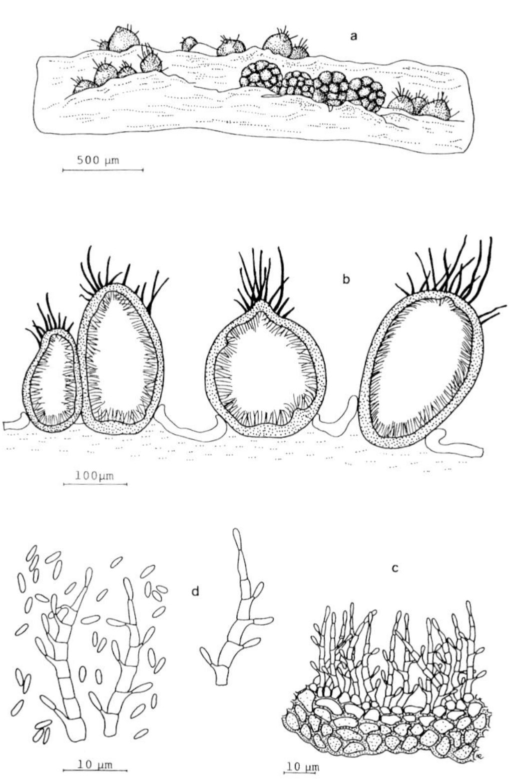

Pyrenochaeta berberidis (= Nebenfruchtform)
Pyrenochaeta berberidis – a Habitus, b Längsschnitt durch ein Pyknidium, c Pyknidienwand, d Konidienträger mit Pyknidiosporen

Cucurbitaria berberidis ist vor allem an seiner felderig-rissigen Pseudotheciumwand zu erkennen. Mehrere unvollständige Längswände gestalten, zusammen mit den Quer- und Schrägsepten, die Ascosporen vielzellig. Zahlreiche Periphysen bekleiden den durchgehenden Ostiolarkanal und sind an der Papillarmündung dunkler gefärbt.

Cucurbitaria berberidis gilt als sehr häufige Art auf *Berberis* und *Phellodendron(?).* Sie ist zumindest in der gesamten Nordhemisphäre verbreitet (Winter, 1887; Ellis et Everhart, 1892; Sanduville, 1971; Kursanov, 1954; Mirza, 1968; Enderle, 1981).

Weitere Anmerkungen: Die oben stehende Beschreibung stammt aus unserer Publikation von 1983 (Hilber, O. u. R. & Enderle 1983). Ich wiederhole sie hier, um auf die Existenz und Schönheit dieser häufigen Art hinzuweisen. Bei gezielter Suche ist sie an abgestorbenen Berberitzen-Ästen oft zu finden.

Cucurbitaria conglobata (Fr.) Ces. et de Not.
Funddaten: 02.05.79, „Muna" bei Straß, MTB 7526, an liegendem Erlenstamm, auf der Rinde, zusammen mit einer *Nectria*-Art, leg. M. E., det. O. H., Beleg in (M)

Cucurbitaria elongata ((Fr.) Grev.
Fundbeschreibung siehe HILBER, O. u. R. & ENDERLE (1983).
Funddaten: 20.01.80, zwischen Lh und Gz, Donau-Auwald, auf einem Schuttplatz, an abgeladenen Robinien-Zweigen, leg. M. E., conf. O. H., Beleg in (M)

Cucurbitaria laburni (Pers.: Fr.) Ces. & de Not.
Fundbeschreibung siehe HILBER, O. u. R. & ENDERLE (1983).
Funddaten: 04.04.80, zwischen Rh + La, MTB 7526, an liegenden Ästchen, leg. M. E., det. O. H.

Familie **Dothideaceae**

Dothidea sambuci Fr.
Funddaten: 10.06.97, Ulm, Höhe Blaubeurer Str. bei Gärtnerei Frey an der Blau, an dünnen, berindeten Zweigen von *Sambucus nigra*, MTB 7525/4, leg. L. K. (pers. Mitt.)

Dothiora ribesia (Fr.) Barr
Fundbeschreibung siehe HILBER, O. u. R. & ENDERLE (1983). KRIEGLSTEINER (1991) nennt in seinem Verbreitungsatlas Funde in den MTB 7424 und 7425. Nähere Fundangaben liegen mir nicht vor.

Mycosphaerella fragariae
Weißfleckenkrankheit der Erdbeere
Funddaten: 02.06.2000, im Garten von Bärbel Enderle, Unterfahlheim, MTB 7526, leg. M. E.,
an kranken Erdbeerpflanzen (lange Regenzeit); Bestimmung verifiziert durch Bilder bei Baumschule Haage, Leipheim.

Mycosphaerella punctiformis (Pers.: Fr.) Starb.
Funddaten: DIETL & KRIEGLSTEINER (1989), am Oberen Eselsberg in Ulm; Funddaten von L. K. (pers. Aufzeichn.): 30.06.89, Steinbruch Sotzenhausen, an *Acer pseudoplatanus*, MTB 7624/2, leg. L. K.

Sclerophoma pithyophila (Corda) v. Höhnel
Anamorphe von *Sydowia polyspora* (Bref. & v. Travel) E. Müller
Funddaten von L. KRIEGLSTEINER (pers. Aufzeichn.): 20.01.88, Kiesental, an Kiefernadeln, MTB 7525/3, leg. L. K.

Familie **Fenestellaceae**

Fenestella spec.
Funddaten: 29.03.80, Donau-Auwald Lh, MTB 7527, an liegendem Laubholz, Beleg in (M)

Familie **Herpotrichiellaceae**

Herpotrichiella moravica Petrak
Fundbeschreibung siehe HILBER, O. u. R. & ENDERLE (1983).

Familie **Hysteriaceae**

Gloniopsis praelonga (Schw.) Zogg
Funddaten von L. K. (pers. Aufzeichn.): 01.08.89, „Schildhau" westlich Seißen, an entrindeter Buche, MTB 7524/1, leg. L. K.; 21.04.91, „Hau" nordwestlich Erbach, an entrindetem Laubholz, MTB 7625/3, leg. L. K.

Glonium lineare (Fr.) de Not.
Funddaten von L. K. (pers. Aufzeichn.): 27.01.90, BW Tiefental, an entrindeter *Prunus spinosa*, MTB 7624/1, leg. L. K. + H. O. B.

Hysterium angustatum Alb. & Schw. ex Mer.
Funddaten: 22.04.79, Donau-Auwald Lh-Weißingen, MTB 7527, an toter, liegender Esche, leg. M. E., det. O. H., Beleg in (M); 07.04.80, Donau-Auwald Lh/Gz, an *Crataegus* (?), MTB 7527, leg. M. E., conf. O. H., Beleg in (M); 10.04.80, Donau-Auwald Lh, MTB 7527, an liegendem Traubenkirschenast, leg. M. E., det. O. H., Beleg in (M); 25.04.80, Donau-Auwald bei Lh/Gz, MTB 7527, an liegendem Laubbaum, auf blankem Holz, leg. M. E., det. O. H., Beleg in (M); Funddaten von L. K. (pers. Aufzeichn.): 11.12.90, Herrlingen, Erwin-Rommel-Steige, an Rinde von stehendem *Aesculus*, MTB 7625/3, leg. L. K.

Hysterium insidens Schw.
Funddaten: 22.05.76, Krieglsteiner-Exk. im Donau-Auwald bei Uf-Lh, MTB 7527

Hysterium pulicare Pers.: Fr.
Funddaten: DIETL & KRIEGLSTEINER (1989), am Oberen Eselsberg in Ulm; Funddaten von L. K. (pers. Aufzeichn.): 19.04.90, Lautern, an Rinde stehender *Aesculus*, MTB 7525/3, leg. L. K.; 01.05.02, Ludwigsfeld, Illerholz, MTB 7626/1, AMU-Exkursion, leg. K. Ke.; 15.4.03, Regglisweiler, Illerau, MTB 7726/3, an Bergahorn, leg. et det. K. Ke., conf. Klaus Siepe; weitere Funddaten erübrigen sich. Die Art ist

Hysterium angustatum

häufig und kommt sehr wahrscheinlich in allen MTB im Ulmer Raum vor.

Hysterographium fraxini (Pers.: Fr.) de Not.
Funddaten von L. K. (pers. Aufzeichn.): 05.01.91, Weidach, „Buchbrunnen", an dünnem *Fraxinus*-Zweig, MTB 7525/3, leg. L. K.; 02.04.02, Unterstadion, Burrain, MTB 7724/3/32, an Eschenästchen, leg. K. Ke.; 1.4.03, Rißtissen, Heuberg, MTB 7724/2, an Eschenzweig am Boden, leg. K. Ke.

Familie **Lophiostomataceae**

Lophiostoma macrostomoides (de Not.) Ces. et de Not.
Fundbeschreibung siehe HILBER, O. u. R. & ENDERLE (1983).

Lophiostoma viridarium Cooke
Fundbeschreibung siehe HILBER, O. u. R. & ENDERLE (1983). Funddaten von L. K. (pers. Aufzeichn.): 28.04.88, Stadtwald Lauingen, an entrindetem Laubholz in der Au, MTB 7428/2, leg. L. K.

Familie **Massarinaceae**

Pseudotrichia minor Munk
Fundbeschreibung siehe HILBER, O. u. R. & ENDERLE (1983) (Bestimmung etwas unsicher); weitere Funddaten: 29.03.81, Bubesheimer Wald bei Kissendorf, MTB 7527, leg. M. E., conf. O. H.

Familie **Phaeotrichiaceae**

Sporormiella minima (Auerswald) Ahmed & Cain
Funddaten von L. K. (pers. Aufzeichn.): 27.11.82, auf Kuhfladen, MTB 7425/1, leg. R. St.

Familie **Tubeufiaceae**

Tubeufia cerea (Berk. & Curt.) Booth
Funddaten: DIETL & KRIEGLSTEINER (1989), am Oberen Eselsberg in Ulm; Funddaten von L. K. (pers. Aufzeichn.): immer an *Diatrype stigma:* 23.05.89, nordöstlich Bach, MTB 7625/3, leg. L. K.; 03.08.89, bei Hirbishofen, MTB 7626/2, leg. L. K.; 12.10.89, Tiefental, an *Hypoxylon cohaerens*, MTB 7624/1, leg. L. K.; 21.10.89, „Reinhau" nordwestlich Bach,

MTB 7625/3, leg. L. K.; 05.11.89, Ehigen/Schlechtenfeld, MTB 7724/, leg. L. K.; 08.02.90, westlich Asch, MTB 7524/4, leg. L. K.; 01.11.90, Weidach, „Buchbrunnen", MTB 7525/3, leg. L. K.

Familie **Venturiaceae**

Platychora ulmi (Schleicher ex Fr.) Petrak
Funddaten: 15.05.02, Ulm-Donautal, beim ehemaligen Haltepunkt, MTB 7725, auf vorjährig liegendem Ulmenlaub, leg. K. K.

Venturia inequalis (Cke.) Winter
Obstfäule, Apfelschorf
Anamorphe. Perfekte Fruchtkörper findet man auf *Rosaceae*
Funddaten: häufig an faulenden, meist am Boden liegenden Äpfeln

Venturia rumicis (Desm.) Winter in Rabenh.
Funddaten von L. K. (pers. Aufzeichn.): 17.06.82, in MTB 7424/1, leg. R. St. (AMO-Kartei), an *Rumex*-Blatt, MTB 7424/1.

Ordnung **Erysiphales** (Echte Mehltaupilze)

Zur Biologie der Echten Mehltaupilze siehe KRIEGLSTEINER L. (1992)

Familie **Erysiphaceae**

Blumeria graminis (DC ex Merat) Speer
Syn.: Erysiphe graminis
Funddaten: KRIEGLSTEINER L. (1992), im MTB 7625, auf *Pao annua* und *Poa trivialis,* keine näheren Fundortangaben. Funddaten von L. K. (pers. Aufzeichn.): 05.06.90, „Spitalwald" Ermingen, an *Poa trivialis*, MTB 7625/1, leg. L. K.

Erysiphe aquilegiae DC ex Merat
Funddaten: KRIEGLSTEINER L. (1992), im MTB 7526 (keine näheren Fundortangaben), auf Blattoberseiten von *Aquilegia vulgaris.*
Funddaten von L. K. (pers. Aufzeichn.): 16.10.91, Donauau zwischen Burlafingen und Leibi, MTB 7526/4, leg. L. K.

Erysiphe aquilegiae var. **ranunculi** (Greville) Zheng & Chen
Funddaten: KRIEGLSTEINER L. (1992), im MTB 7525 (keine näheren Fundortangaben), an *Ranunculus repens*

Erysiphe cichoracearum DC var. **fischeri** (Blumer) U. Braun
Funddaten: KRIEGLSTEINER L. (1992), im MTB 7525 (keine näheren Fundortangaben), 27.10.90, am Spross von *Senecio vulgaris*
Funddaten von L. K. (pers. Aufzeichn.): 27.10.90, Uni Ulm, Oberer Eselsberg, an Stängel von *Senecio vulgaris* (nur Oidien), MTB 7525/4, leg. L. K.

Erysiphe convolvoli DC ex St. Amans
Funddaten: KRIEGLSTEINER L. (1992), im MTB 7526 (keine näheren Fundortangaben), 05.09.89, an *Convolvulus arvensis;* Funddaten von L. K. (pers. Aufzeichn.): 05.09.89, Straß/Fahlheim, an *Convolvulus arvensis*, MTB 7526/4, leg. L. K.

Erysiphe cruciferarum Opiz ex Junell
Funddaten: KRIEGLSTEINER L. (1992), im MTB 7525, 23.08.89, „Brunnenstein", im Blautal zwischen Arnegg und Gerhausen, montaner Schluchtwald, an Blättern von *Lunaria rediviva*, MTB 7525/3.

Erysiphe galeopsidis DC ex Merat
Funddaten: KRIEGLSTEINER L. (1992), im MTB 7524, 7525 (ohne nähere Fundortangaben), zwei Notizen an *Galeopsis tetrahit.* DIETL & KRIEGLSTEINER (1989), Ulm, Oberer Eselsberg, an *Galeopsis tetrahit* Funddaten von L. K. (pers. Aufzeichn.): 12.10.88, Umgebung der Uni Ulm, Oberer Eselsberg, an *Galeopsis tetrahit,* MTB 7525/4, leg. L. K.; 01.09.88, Blaubeuren/Seißen, an *Galeopsis tetrahit,* MTB 7524/4, leg. L. K.

Erysiphe heraclei DC ex St. Amans
Funddaten: KRIEGLSTEINER L. (1992), in den MTB 7524, 7525, 7724, 7725, 7726 (ohne nähere Fundortangaben); Kleistothezien ab Mitte August an *Heracleum sphondylium* und *Torilis japonica*. Einer unserer häufigsten und auffälligsten Mehltaupilze
Funddaten von L. K. (pers. Aufzeichn.): 10.08.88, südlich Sontheim, an *Heracleum sphondylium,* MTB 7724/3, leg. L. K.; 30.08.89, östlich Treffensbuch, an ?*Torilis japonica,* MTB 7524/2, leg. L. K.;01.09.89, südwestlich Schnürpflingen, an *Heracleum sphondylium,* MTB 7725/2, leg. L. K.; 15.09.90, nordwestlich Dietenheim, an *Heracleum sphondylium,* MTB 7726/3, leg. L. K.; 12.09.91, Blaustein/Arnegg, an lebendem Blatt von *Heracleum sphondylium,* MTB 7525/3, leg. L. K.; 27.09.91, Illerrieden/lWeihungszell, an leb. Blatt von *Heracleum sphondylium,* MTB 7726/1, leg. L. K.; 20.8.03, Niederkirch Rißufer, MTB 7724/4, an Bärenklau, leg. K. Ke.

Erysiphe pisi DC ex St. Amans
Funddaten: KRIEGLSTEINER L. (1992), im MTB 7524 (ohne nähere Fundortangaben), an Blattoberseiten

von *Vicia silvatica*; Funddaten von L. K. (pers. Aufzeichn.): 01.09.88, Blaubeuren/Seißen, an *Vicia silvatica,* MTB 7524/4, leg. L. K.

Erysiphe polygoni DC (s. str.)
Funddaten: KRIEGLSTEINER L. (1992), im MTB 7426, 7525 (ohne nähere Fundortangaben), alle an *Polygonum aviculare*
Funddaten von L. K. (pers. Aufzeichn.): 02.09.90, nördlich Bernstadt, an *Polygonum aviculare,* MTB 7624/1, leg. L. K.; 27.09.91, in Weidach, an *Polygonum aviculare*, MTB 7525/3, leg. L. K.

Erysiphe sordida Junell
Funddaten von L. K. (pers. Aufzeichn.): 29.09.91, Illerrieden/Weihungszell, an *Plantago major*, MTB 7726/1 leg. L. K.

Erysiphe urticae (Wallroth) Blumer
Funddaten: KRIEGLSTEINER L. (1992), im MTB 7525 (ohne nähere Fundortangaben), Kleistothezien ab Mitte September an *Urtica dioica*; Funddaten von L. K. (pers. Aufzeichn.): 25.09.91, Hof Denzel, Weidach, an *Urtica dioica*, MTB 7525/3, leg. L. K.

Microsphaera alphitioides Griffon & Maublanc – Eichen-Mehltau
Funddaten: DIETL & KRIEGLSTEINER (1989), Ulm, Oberer Eselsberg, an *Quercus robur;* KRIEGLSTEINER L. (1992), im MTB 7525, 7626, 7725, 7726 (ohne nähere Fundortangaben). Funddaten von L. K. (pers. Aufzeichn.): alle an Eichenlaub, 11.10.87, Jedelhausen, MTB 7626/1, leg. L. K.; 18.10.87, Umgebung der Uni Ulm, MTB 7525/4, leg. L. K.; 01.09.89, südwestlich Schnürpflingen, MTB 7725, leg. L. K.; 14.09.90, Weidach/Wiesental, MTB 7525/3, leg. L. K.; 15.09.90, Wangen, beim Bolzplatz, MTB 7726/1, leg. L. K.; 28.08.02, Donaustetten, Eichhau, MTB 7625/4/3, an Eiche, leg. K. Ke.; 03.10.02, Bockighofer Holz, MTB 7724/4/32, an Eichenblättern, leg. K. Ke.

Microsphaera astragali (DC ex Merat) Trevisan
Funddaten: KRIEGLSTEINER L. (1992), im MTB 7525 (ohne nähere Fundortangabe)
Funddaten von L. K. (pers. Aufzeichn.): 09.07.89, „Ulmerhalde"/Altental, an *Astragalus glycyphyllos,* MTB 7525/3, leg. L. K.; 09.07.90, Unteres Kiesental/Herrlingen, an *Astragalus glycyphyllos,* MTB 7525/4, leg. L. K.

Microsphaera euonymi (DC ex Merat) Sacc.
Funddaten: KRIEGLSTEINER L. (1992), im MTB 7625 (ohne nähere Fundortangabe), Kleistothezien ab Ende August an heurigen Trieben von *Euonymus europaea.*
Funddaten von L. K. (pers. Aufzeichn.): 24.08.89, „Gronne" bei Wiblingen, an Neuaustrieb von *Euonymus europaea,* MTB 7625/4, leg. L. K.

Microsphaera trifolii (Grev.) U. Braun
Funddaten: KRIEGLSTEINER L. (1992), im MTB 7526, 7726 (ohne nähere Fundortangabe), im September an *Trifolium medium* und *Trifolium pratense.*
Funddaten von L. K. (pers. Aufzeichn.): Herbst 1988, Umgebung der Uni Ulm, Oberer Eselsberg, an *Trifolium pratense,* MTB 7525/4, leg. L. K.; 29.09.91, Illerrieden/Weihungszell, an *Trifolium medium,* MTB 7726/11, leg. L. K.; DIETL & KRIEGLSTEINER (1989), Ulm, Oberer Eselsberg, an *Trifolium pratense*

Podosphaera leucotricha – Apfelmehltau
Funddaten: Sommer 1999, Obstgarten am Rande Riedheim, an Apfelbaum, leg. M. E., Bestimmung verifiziert durch Bilder bei Baumschule Haage, Lh

Sawadaea bicornis (Wallroth: Fr.) Miyabe
Funddaten: KRIEGLSTEINER L. (1992), im MTB 7525, 7624 (ohne nähere Fundortangaben), im September an *Acer campestre.*
Funddaten von L. K. (pers. Aufzeichn.): 02.11.87, „Weiherhalden" nördlich Herrlingen, an *Acer campestre*, MTB 7525/3, leg. L. K.; 07.09.88, Tiefental, an *Acer campestre*, MTB 7624/1, leg. L. K.

Sphaerotheca aphanis (Wallr.) Braun
Erdbeermehltau
Funddaten: Sommer 1999, auf Erdbeerfeld, bei Lh, MTB 7527, leg. M. E., Bestimmung verifiziert durch Bilder bei Baumschule Haage, Lh.

Sphaerotheca balsaminae (Wallroth: Fr.) Sandu-Ville
Funddaten: DIETL & KRIEGLSTEINER (1989), Ulm, Oberer Eselsberg, an *Impatiens noli-tangere;* KRIEGLSTEINER L. (1992), im MTB 7524, 7525, 7725, 7726 (ohne nähere Fundortangaben); einer unserer häufigsten Mehltaupilze.
Funddaten von L. K. (pers. Aufzeichn.): immer an *Impatiens noli-tangere*: 12.10.88, Umgebung der Uni Ulm, Oberer Eselsberg, MTB 7525/4, leg. L. K.; 01.09.88, Blaubeuren/Seißen, MTB 7524/4, leg. L. K.; 30.08.89, östlich Treffensbuch, MTB 7524/2, leg. L. K.; 01.09.89, südwestlich Schnürpflingen, MTB 7725/2, leg. L. K.; 15.09.90, nordwestlich Dietenheim, MTB 7726/3, leg. L. K.; 10.09.91, Arnegg/Blaustein, MTB 7525/3, leg. L. K.; 29.09.91, Illerrieden/Weihungszell, MTB 7726/1, leg. L. K.

Sphaerotheca fusca (Fr.) Blumer
Funddaten: KRIEGLSTEINER L. (1992), im MTB 7525 (ohne nähere Fundortangabe), an *Taraxacum offici-*

nale. Funddaten von L. K. (pers. Aufzeichn.): Oktober 1990, Temmenhausen, in einem Garten, an Blattoberseite von *Taraxacum,* leg. L. K.

Sphaerotheca mors-uvae (Schw.) Berk. & Curt. – Amerikanischer Stachelbeer-Mehltau
Funddaten: Sommer 1999, leg. M. E. (bei Baumschule Haage, Lh, an Fotos verifiziert)

Uncinula adunca (Wallroth: Fr.) Lév.
Funddaten: KRIEGLSTEINER L. (1992), im MTB 7625, 7626 (ohne nähere Fundortangabe), Kleistothezien ab Mitte Juli an langblättrigen *Salix*-Arten.
Funddaten von L. K. (pers. Aufzeichn.): 27.07.89, Senden, bei den Baggerseen, an langlbättriger *Salix*, MTB 7626/3, leg. L. K.; 23.08.89, Wiblingen, „Gronne", an langblättriger *Salix*, MTB 7625/2, leg. L. K.

Ordnung **Gymnoascales**

Familie **Onygenaceae**

Onygena corvina Alb. & Schw.: Fr.
Gewöll-Hornpilz
Funddaten: KRIEGLSTEINER (1991) nennt in seinem Verbreitungsatlas einen Fund in MTB 7526. Nähere Fundangaben liegen mir nicht vor.

Onygena equina (Willd.) Pers. ex Fr.
Funddaten: KRIEGLSTEINER (1991) nennt in seinem Verbreitungsatlas einen Fund in MTB 7725. Nähere Fundangaben liegen mir nicht vor.

Ordnung **Hypocreales**

Familie **Hypocreaceae**

Hypocrea citrina (Pers.: Fr.) Fr.
Ausgebreiteter Krusten-Pustelpilz
Syn.: *H. lactea*
Funddaten: DIETL & KRIEGLSTEINER (1989), am Oberen Eselsberg in Ulm; Funddaten von L. K. (pers. Aufzeichn.): 15.09.90, westlich Wenenden, MTB 7727/1, leg. L. K.; weitere Fund-MTB sind 7426, 7427, 7524, 7526, 7527, 7725 und 7727.

Hypocrea fungicola P. Karsten
Pilzbewohnender Krusten-Pustelpilz
KRIEGLSTEINER (1991) nennt in seinem Verbreitungsatlas Funde in den MTB 7426 und 7427. Nähere Fundangaben liegen mir nicht vor.

Hypocrea gelatinosa (Tode: Fr.) Fr.
Funddaten: 12.08.1989 und November 1989, Ulm, Eselswald, leg. H. R.; DIETL & KRIEGLSTEINER (1989), am Oberen Eselsberg in Ulm; weitere Funddaten erübrigen sich. Die Art ist sehr häufig und kommt sehr wahrscheinlich in allen MTB im Ulmer Raum vor.

Hypocrea rufa (Pers.: Fr.) Fr.
Rotbrauner Scheibenpustelpilz
Funddaten: DIETL & KRIEGLSTEINER (1989), am Oberen Eselsberg in Ulm; Funddaten von L. K. (pers. Aufzeichn.): weitere Funde in den MTB 7625/1 + 4, 7524/3, 7525/2, 7624/1, 7625/3, 7724/1, immer an entrindeten Buchenästen

Nectria cinnabarina (Tode: Fr.) Tode
Zinnoberroter Pustelpilz
Funddaten: 26.05.76, Kri-Exk. bei Uf-Lh, an Laubholzästen, MTB 7527; 24.12.78, Auwald Lh, an Buche (?), MTB 7527, leg. M. E., det. O. H.; 05.11.79, Uf, Garten Bärbel Enderle, massenhaft auf abgeschnittenen Zwetschgenzweigen, MTB 7527, leg. M. E., det. O. H.; DIETL & KRIEGLSTEINER (1989), am Oberen Eselsberg in Ulm; K. Ke. meldete aus dem Biberacher Raum mehrere Funde. Weitere Funddaten erübrigen sich. Die Art ist sehr häufig (wenn richtig bestimmt?) und kommt sehr wahrscheinlich in allen MTB im Ulmer Raum vor.

Nectria coccinea (Pers.: Fr.) Fr.
Scharlachrotes Pustelpilzchen
Funddaten von L. K. (pers. Aufzeichn.): 14.05.89, Ulm, am Roten Berg, an berindetem Buchenast, MTB 7624/3, leg. L. K.; 20.11.89, westlich Pappelau, an berindetem Buchenast, MTB 7624/2, leg. E. S., det. L. K.

Nectria coryli Fuckel
Funddaten von L. K. (pers. Aufzeichn.): 26.01.90, „Mähdlesbaum" südlich Weidach, an *Prunus spinosa,* MTB 7525/3, leg. H. O. B. + L. K.; 23.04.90, NSG Schmiechener See, an *Salix*-Zweigen, MTB 7624/1, leg. L. K.

Nectria cosmariospora Ces. & de Not.
Funddaten von L. K. (pers. Aufzeichn.): immer an *Inonotus nodulosus:* 21.09.88, „Spitalwald" Ermingen, leg. L. K.; 07.04.89, Iller südlich Oberkirchberg, MTB 7626/3, leg. L. K.; 19.05.89, östlich Treffensbuch, MTB 7524/2, leg. L. K.

Nectria episphaeria (Tode: Fr.) Fr.
Funddaten: 02.05.79, „Muna" bei Straß, MTB 7526, an liegendem Erlenstamm (hinter Bessing-Bunker), zusammen mit *Cucurbitaria conglogaba*, leg. M. E., det O. H. (bestimmt als *N. sanguinea*); 22.05.76, Kri-Exk. im Donau-Auwald bei Uf-Lh, MTB 7527, auf

alten Stromata von *Diatrpye stigma*, leg. M. E.; 26.12.79, zwischen Gz und Gundelfingen, MTB 7525, an liegenden Haselästen, auf alten Stromata von *Diatrype stigma*, leg. M. E.; 04.04.81, bei Bernstadt, an Rotbuchen-Ast, auf alten Stromata von *Eutypella quaternata*, leg. A. K., det. M. E.; DIETL & KRIEGLSTEINER (1989), am Oberen Eselsberg in Ulm; 13.10.00, Maienwäldle bei Söflingen, MTB 7725, auf *Diatrype stigma*, leg. K. K.; K. Ke. fand die Art mehrere Male im Biberacher Raum; weitere Funddaten erübrigen sich. Die Art ist sehr häufig und kommt sehr wahrscheinlich in allen MTB im Ulmer Raum, hauptsächlich an *Diatrype stigma*, vor.

Nectria fuckeliana C. Booth
Funddaten: 1977, an Fichtenast in einem Holzhaufen im Garten der Familie H. + Bärbel Enderle, Uf, MTB 7527, leg. M. E.; 10.03.81, Garten Enderle, Uf, an Fichtenholz, leg. H. + Bärbel Enderle, det. M. E. (Sporen 14–16,5 x 6–7 µm); Funddaten von L. K. (pers. Aufzeichn.): 13.10.89, Kiesental, an berindeter Kiefer in Holzstapel, MTB 7525/3, leg. L. K.; 03.02.90, Klinge westlich Bermaringen, an berindeter Fichte, MTB 7524/2, leg. L. K.; 14.07.88, Buchwald bei Reutti, auf der Rinde eines lagernden Fichtenstapels, auf gesägtem Fichtenholz mit relativ kleinem Durchmesser, häufig, leg. K. K.

Nectria galligena Bres. in Strasser
Obstbaum-Krebs
Funddaten: 01.03.80, Donau-Auwald bei Lh-Weißingen, an liegenden Ästen von Bergahorn (?), MTB 7527, in seinem Konidienstadium *Cylindrocarpon heteronema* (Berk. & Br.) Wr., leg. M. E., det. O. H., Beleg in (M); allährlich auch an vielen Obstbäumen im Großraum Ulm festgestellt (Bestimmung verifiziert durch Bilder in der Baumschule Haage, Lh).

Nectria leptosphaeriae Niessl apud Krieger
Funddaten von L. K. (pers. Aufzeichn.): 12.10.89, Tiefental, an *Urtica-Stängel*, *Leptosphaeria acuta,* MTB 7624/1, leg. L. K.; 19.09.90, südwestlich Westerflach, an *Urtica-Stängel*, MTB 7724/4, leg. L. K.

Nectria magnusiana Rehm ex Sacc.
Funddaten: 06.01.80, Donau-Auwald bei Lh, MTB 7527, auf Stromata von *Diatrypella favaceae*, vorliegend im Konidienstadium *Dendrodochium epistroma* (Syd.) v. Höhn., leg. M. E.; 07.04.80, bei Baustetten-Osterried, MTB 7725 und 7825, auf Stromata von *Diatrype bullata*, leg. M. E., conf. O. H.

Nectria mammoidea Phill. et Plowr.
Funddaten von L. K. (pers. Aufzeichn.): 04.11.90, Steinbruch Schammental, an *Rubus idaeus*-Stängel, MTB 7525/4, leg. L. K.

Nectria punicea (Schmidt: Fr.) Fr.
Funddaten: 24.04.79, zwischen Rh und La, MTB 7526, an liegendem Stamm von Faulbaum (*Frangula alnus*), leg. M. E., det. O. H., Beleg in (M); 29.03.80, Donau-Auwald bei Lh, MTB 7527, beim Tennisclub, an liegendem Laubholz, leg. M. E.; 19.04.80, Donau-Auwald Lh-Weißingen, MTB 7527, an liegenden Stämmen von Faulbaum, leg. M. E., conf. O. H., Beleg in (M); 25.12.80, „Muna" bei Uf, massenhaft an Faulbaum, MTB 7526, leg. M. E.; Funddaten von L. K. (pers. Aufzeichn.): 23.05.89, nordöstlich Bach, an *Frangula*, MTB 7625/3, leg. L. K.; 03.08.89, bei Hirbishofen, an *Frangula*, MTB 7626/2, leg. L. K.; 30.10.89, Reutti, an *Frangula*, MTB 7626/1, leg. L. K.; 08.04.90, südöstlich Rieden, an *Frangula*, MTB 7627/2, leg. L. K.

Nectria ribis (Tode) Oudeman.
Funddaten: 16.11.80, zwischen Uf + Lh, auf altem Schuttabladeplatz bei Echlishausen, an Stachelbeerzweigen, leg. M. E. (Sporen größer als bei *N. cinnabarina*, 16–22 µm lang)

Nectriopsis violacea (Schmidt: Fr.) R. Maire
Funddaten von L. K. (pers. Aufzeichn.): immer an *Fuligo septica,* 30.08.89, östlich Treffensbuch, MTB 7524/2, leg. L. K.; 21.10.89, „Reinhau" nordwestlich Bach, MTB 7625/3, leg. L. K.; Oktober 1978, bei La, MTB 7426/4, leg. M. E., det. Dr. Neubert; 15.09.90, westlich Wenenden, MTB 7727/1, leg. L. K.; 5.08.91, Illerrieden/Weihungszell, MTB 7726/1, leg. Hg, det. L. K.; 28.09.91, Ulm, Roter Berg, MTB 7525/4, leg. L. K.; 29.09.91, südwestlich Illerrieden, MTB 7726/1, leg. L. K.

Scoleconectria cucurbitaria (Tode: Fr.) C. Booth
Funddaten von L. K. (pers. Aufzeichn.): 02.03.91, Weidach, „Buchbrunnen", an *Pinus*-Zweigen, MTB 7525/3, leg. L. K.

Familie **Hypomycetaceae**

Hypomyces aurantius (Pers.: Fr.) Tul.
Funddaten: 01.07.82, bei Rh, im Windschutzstreifen nördlich Riedheim, MTB 7527, auf altem Frk. von *Polyporus squamosus*, leg. M. E., det. L. K.; Funddaten von L. K. (pers. Aufzeichn.): 07.11.89, südlich Oxenbronn, an altem Blätterpilz, MTB 7627/2, leg. L. K.; 19.09.90, südwestlich Westerflach, an altem Porling, MTB 7724/4, leg. L. K.; 29.09.91, südwestlich Illerrieden, an *Piptoporus,* MTB 7726/1; 25.02.01, Widenmannwald bei Neu-Ulm, MTB 7726, auf verfaultem Rest von *Climacocystis borealis*, leg. K. K.

Hypomyces chrysospermus Tul. s. l.
Goldschimmel
Syn.: *Apiocrea chrysosperma*
Fundaten: KRIEGLSTEINER (1991) nennt in seinem Verbreitungsatlas Funde in den MTB 7425, 7426, 7427, 7524, 7525, 7725, 7726 und 7727. Nähere Fundangaben liegen mir nicht vor. Die Art wächst meist auf alten Röhrlingen.
Funddaten von K. Ke.: 16.10.98, Dischinger Holz, MTB 7724/4/23, Wirt/Substrat: *Xerocomus chrysenteron*, Pflanzengesellschaft: Fichten-Forste; 22.08.02, Bucher Wald, MTB 7727/3, Wirt/Substrat: *Xerocomus chrysenteron*, Pflanzengesellschaft: Fichten-Forste, Höhe über NN: 575 m. Bodenart: Kies, Bodentyp: Parabraunerde, pH: sauer.

Hypomyces rosellus (Alb. & Schw.: Fr.) Tul.
Funddaten von L. K. (pers. Aufzeichn.): 06.11.89, „Roter Hau" südlich Ringingen, an morschem Holz, MTB 7624/4, leg. E. S., det. L. K.; Herbst 1989, Lempenhau nordwestlich Asch, an morschem Holz, MTB 7524/2, leg. E. S., det. L. K.; 20.04.90, südöstlich Rieden, an altem Blauenden Saftporling, MTB 7627/2, leg. L. K.

Ordnung **Lecandidiales**

Familie **Lecandidiaceae**

Lecanidion atratum (Hedw.) Rabenh.
Funddaten von L. K. (pers. Aufzeichn.): 01.04.88, Weidach/Lautertal, an hängendem Ast von toter *Tilia*, MTB 7525/3, leg. L. K. + H. O. B.; 28.08.88, Steinbruch Schammental, an entrindetem Laubholz, MTB 7525, leg. L. K.; 05.08.89, Witthau, an *Tilia*-Ast, MTB 7526/1, leg. L. K.

Ordnung **Leptosporales**

Familie **Leptosporaceae**

Ophiobolus acuminatus (Sow.: Fr.) Duby in Rabenh.
Fundbeschreibung siehe ENDERLE (1981 a).
Funddaten: 25.04.80, Donau-Auwald bei Leibi/Ne, MTB 7526, an der Donau, am Staudamm, an Umbelliferen-Stängeln, leg. M. E., conf. O. H., Beleg in (M); 27.04.80, Donau-Auwald bei Ne, an Stängeln von Umbelliferen, MTB 7527, leg. M. E.; 28.04.80, Donau-Auwald Uf-Of, MTB 7526, an liegenden Umbelliferen-Stängeln, leg. M. E.;

Ophiobolus cirsii (P. Karsten) Sacc.
Funddaten von L. K. (pers. Aufzeichn.): 17.06.82, „Aimer", an *Cirsium spec.*, MTB 7424/11, leg. R. St., 01.08.89, „Schildhau" westlich Seißen, an *Cirsium palustre*, MTB 7524/3, leg. L. K.

Ordnung **Ophiostomatales**

Familie **Ophiostomataceae**

Ophiostoma ulmi (Buism.) Nannf.
Funddaten: 08.11.80, Donau-Auwald Lh, MTB 7527, zahlreiche Ulmen vom „Ulmensterben" befallen! vide. M. E. Ob die abgestorbenen Ulmen von diesem Pilz wirklich befallen waren oder ob u. U. andere Erreger (*Verticillium*-Welke) im Spiel waren, konnte nicht sicher nachgewiesen werden.

Ordnung **Ostropales**

Familie **Ostropaceae**

Apostemidium leptospora (Berk. & Br.) Boud.
Dünnsporiges Kranzbecherchen
Funddaten: 04.04.86, Ulm, Eselsberg, MTB 7625, auf entrindetem Holz von *Malus domesticus*, leg. K. K.

Familie **Stictidaceae**

Cryptodiscus foveolaris (Rehm) Rehm
Funddaten von L. K. (pers. Aufzeichn.): 27.01.90, Arnegger Ried; auf entrindeter und berindeter *Salix*; MTB 7525/3, leg. L. K. + H. O. B.

Cryptodiscus rhopaloides Sacc.
Funddaten von L. K. (pers. Aufzeichn.): 05.01.91, Weidach, „Buchbrunnen" auf berindetem Schlehenast, MTB 7525/3, leg. L. K.

Stictis arundinacea Pers.
Syn.: *St. junci*
KRIEGLSTEINER (1991) nennt in seinem Verbreitungsatlas einen Fund in MTB 7527. Dieser stammt von L. K. (persönl. Mitt.) aus den Auen bei Leipheim, an *Juncus inflexus*
(Beleg in S!). Publiziert in L. Krieglsteiner (1999, Diss.)

Ordnung **Pleosporales**

Familie **Pleosporaceae**

Leptosphaeria acuta (Hoffm.: Fr.) P. Karsten
Zugespitzter Kugelpilz
Funddaten: 10.06.79, bei Tennisclub in Straß, MTB 7526, an liegenden, toten Stängeln von Brennnessel, leg. M. E., det. O. H., Beleg in (M); 25.04.80, Donau-Auwald bei Leibi/Oe, am Donau-Staudamm, an liegenden Stängeln von Brennnesseln (mit Konidienstadium *Callorina carneo-flavida* (Rehm) Dennis), MTB 7526, leg. M. E., conf. O. H. 10.09.80, bei Uf, an alten Brennnesseln, MTB 7527, leg. M. E.; conf. O. H., Beleg in (M); DIETL & KRIEGLSTEINER (1989), am Oberen Eselsberg in Ulm; 23.05.00, Holzplatz Ulm Hbf, MTB 7625, auf vorjährigem Stängel von *Urtica dioica*, leg. K. K.; weitere Funddaten erübrigen sich. Die Art ist sehr häufig und kommt sehr wahrscheinlich in allen MTB im Ulmer Raum vor.

Leptosphaeria agnita (Desm.) Ces. & de Not.
Funddaten von L. K. (pers. Aufzeichn.): Juni 1990, Gz, Fetzer-Seen, an *Eupatorium-Stängel*, MTB 7527/2, leg. L. K.

Leptosphaeria doliolum (Pers.: Fr.) Ces. & de Not. – Brustwurz-Kugelpilz
Funddaten: 12.05.80, Donau-Auwald bei Leibi/Oe, MTB 7526, an liegenden, alten, dicken Umbelliferen-Stängeln, leg. M. E.; Funddaten von L. K. (pers. Aufzeichn.):
30.09.89, Weidach/Lautertal, an Stängel von *Solidago canadensis*, MTB 7525/3, leg. L. K.; 26.3.03, Stoffelberg, MTB 7624/3, an Engelwurz, leg. K. Ke.

Leptosphaeria nigricans (Rob.: Desm.) L. Holm
KRIEGLSTEINER (1991) nennt in seinem Verbreitungsatlas einen Fund in MTB 7425. Nähere Fundangaben liegen mir nicht vor.

Leptospora rubella (Pers.: Fr.) Rabenh.
Fadensporiges Kugelpilzchen
Funddaten: DIETL & KRIEGLSTEINER (1989), am Oberen Eselsberg in Ulm; Funddaten von L. K. (pers. Aufzeichn.): 14.06.90, „Holzstöcke“ Orsenhausen, an Raps, MTB 7725/4, leg. L. K.; 04.08.90, nördlich Bernstadt, an *Urtica*-Stängel, MTB 7426/3, leg. L. K.

Melanomma pulvis-pyrius (Pers.: Fr.) Fuckel
Brandschwarzes Kugelkissen
Funddaten: 01.05.79, Donau-Auwald bei Lh.-Weißingen, MTB 7527, an liegendem, totem Laubholz-

Leptosphaeria acuta

stamm, leg. M. E.; 11.01.80, zwischen Lh + Gz, Donau-Auwald, an totem, anstehendem Haselstamm, MTB 7527, leg. M. E., conf. O. H.; 12.01.80, Donau-Auwald zwischen Lh + Rh, an liegenden Laubholzästen, MTB 7527, leg. M. E., Beleg in (M); 16.02.80, bei Ettlishofen, in einem Erlenbruch, an liegendem Stamm, MTB 7527, leg. M. E.; 10.04.80, Donau-Auwald Lh, an abgesägten Haselstämmen, leg. M. E., Beleg in (M); 05.04.81, bei Exkursion mit G. J. K. und C. S. im Illerauwald bei Vöhringen, MTB 7726, leg. M. E.; DIETL & KRIEGLSTEINER (1989), am Oberen Eselsberg in Ulm; 21.11.85, bei Markbronn, MTB 7725, auf Rinde von liegendem Buchenstamm, leg. K. K.; weitere Funddaten erübrigen sich. Die Art ist sehr häufig und kommt sehr wahrscheinlich in allen MTB im Ulmer Raum vor.

Familie **Trypetheliaceae**

Massaria conspurcata (Wallr.) Sacc.
Funddaten: 29.03.80, Donau-Auwald Lh, beim Tennisheim, an liegenden Laubholzästen (Traubenkirsche?), leg. M. E., conf. O. H.

Massaria inquinans (Tode: Fr.) de Not.
Fundbeschreibungen siehe ENDERLE (1981 a) und HILBER, O. u. R. & ENDERLE (1983).

Funddaten: 08.03.80, Donau-Auwald bei Lh-Weißingen, an liegenden Laubholzästen, MTB 7527, leg. M:E., conf. O. H.; 10.04.80, Donau-Auwald Lh, an liegenden Berg-Ahornästen, MTB 7527, leg. M. E., Beleg in (M); 18.04.80, Donau-Auwald Lh-Weißingen, an liegenden Zweigen von Bergahorn, MTB 7527, leg. M. E., conf. O. H., Beleg in (M)

Familie **Venturiaceae**

Coleroa potentilla (Wallr.: Fr.) Winter
Funddaten von L. K. (pers. Aufzeichn.): 02.06.90, Weidach, beim Spatzennest, an Blattoberseite lebender *Potentilla anserina*, MTB 7525/3, leg. L. K.; 02.09.90, nördlich Bernstadt, an *Potentilla anserina*, MTB 7426/3, leg. L. K.

Coleroa robertiani (Fr.) E. Müller
Syn.: *Stigmatea robertiani*
Fundbeschreibung siehe ENDERLE (1981 a)
Funddaten: 10.08.79, „Muna" bei Uf, bei der Firma Imbau, an *Geranium robertianum*, MTB 7527, leg. M. E.; DIETL & KRIEGLSTEINER (1989), am Oberen Eselsberg in Ulm; weitere Funddaten erübrigen sich. Die Art ist sehr häufig an *Geranium robertianum* und kommt sehr wahrscheinlich in allen MTB im Ulmer Raum vor, insbesondere an darbenden Pflanzen.

Coleroa robertiani

Ordnung **Sordariales**

Familie **Amphisphaeriaceae**

Discostroma corticola (Fuckel) Brockmann
Syn.: *Clathridium corticola, Griphosphaeria corticola*
Fundbeschreibung siehe HILBER, O. u. R. & ENDERLE (1983); 26.01.80, Auwald bei Gz, MTB 7527/2, leg. M. E.; Funddaten von L. K. (pers. Aufzeichn.): immer an *Rosa*-Ranken; 04.04.80, zwischen Rh + La, MTB 7526, an abgeladenen Rosenzweigen, leg. M. E., det. O. H., Beleg in (M); 20.01.89, Kiesental, MTB 7525/3, leg. L. K.; 14.04.89, Waldlehrpfad Dornstadt, MTB 7525/2, leg. L. K.; 30.06.89, Steinbruch Sotzenhausen, MTB 7624/2, leg. L. K.; 07.08.89, Spitalwald Ermingen, MTB 7625/1, leg. L. K.; 05.11.89, Ehingen/Schlechtenfeld, MTB 7724/1, leg. L. K.; 21.04.84, „Hochbuch" östlich Laichingen, MTB 7525/1, leg. F. G.
KRIEGLSTEINER (1991) nennt in seinem Verbreitungsatlas Funde in den MTB 7524, 7525, 7526, 7527, 7624 und 7625. Nähere Fundangaben liegen mir nicht vor.

Familie **Lasiosphaeriaceae**

Bombardia bombarda (Batsch: Fr.) Schoert.
Syn.: *B. fasciculata*
Funddaten: 05.04.81, Kri-Exkursion, im Illerauwald bei Vöhringen, MTB 7726, leg. C. S., an Eschen- oder Ahornstumpf, det. Dr. O Hilber (?); KRIEGLSTEINER (1991) nennt in seinem Verbreitungsatlas einen Fund in MTB 7527. Nähere Fundangaben liegen mir nicht vor.

Podospora curvicolla (Winter) Niessl
Funddaten von L. K. (pers. Aufzeichn.): 06.12.82, Tiefental, an Schafkot, MTB 7425/1, leg. R. St.

Podospora decipiens (Winter ex Fuckel) Niessl
KRIEGLSTEINER (1991) nennt in seinem Verbreitungsatlas einen Fund in MTB 7425. Nähere Fundangaben liegen mir nicht vor.

Schizothecium conicum (Fuckel) Lundqu.
Funddaten: KRIEGLSTEINER (1991) nennt in seinem Verbreitungsatlas einen Fund in MTB 7425. Nähere Fundangaben liegen mir nicht vor.

Familie **Nitschkiaceae**

Acanthonitschkia tristis (Pers.) Nannf.
Fundbeschreibung siehe HILBER, O. u. R. & ENDERLE (1983).
Weitere Funddaten: 01.01.80, Donau-Auwald zwischen Lh + Gz, MTB 7527, Donau-Südseite, an liegendem Eschenast, in einem Asthaufen, leg. M. E.;
Fruchtkörper zuerst kugelig, nach 2 Stunden alle kollabiert, Sporen 7–9 x 2 µm, hyalin, mit 4 Öltropfen, schwach allantoid; im Quetschpräparat mit dunkelbraunen Setae: 120–200 x 12 µm und mit weiteren, gleichfarbigen, braunen Sporen/Konidien?: 11–12 x 6–7 µm, ellipsoid;
29.03.80, Donau-Auwald bei Lh, auf Rinde von Pappelstamm, leg. M. E., det. O. H., Beleg in (M)

Bertia moriformis (Tode: Fr.) de Not.
Maulbeerpilz
Funddaten: 22.05.76, Kri-Exkursion im Auwald bei Uf-Lh, MTB 7527; 25.04.79, Donau-Auwald bei Uf, an liegendem, entrindetem Laubholzast, MTB 7527, leg. M. E., det. O. H. (Tegernheim); 03.02.80, Bubesheimer Wald bei Bühl, MTB 7527, auf entrindeten Passagen von Rotbuchenästen, leg. M. E., Beleg in (M); 20.04.80, Bubesheimer Wald bei Lh, an Rotbuchenast, auf nacktem Holz, MTB 7527, leg. C. S., det. M. E.; 04.08.80, bei Burtenbach, MTB 7628, an nacktem Fichtenast (!!), leg. M. E.; 25.04.81, bei Oe, MTB 7526, an liegenden Rotbuchenästen, leg. M. E.; DIETL & KRIEGLSTEINER (1989), am Oberen Eselsberg in Ulm; 05.07.86, Roter Berg bei Söflingen, auf liegenden Buchenästen, MTB 7625, leg. K. K.;
Weitere Funddaten erübrigen sich. Die Art ist sehr häufig und kommt sehr wahrscheinlich in allen MTB im Ulmer Raum vor.

Nitschkia cupularis (Pers.) P. Karsten
Funddaten: 05.04.80, bei Rh, MTB 7527, am Schwarzen Graben, an liegendem Pappelast, leg. M. E., det. O. H., Beleg in (M)

Nitschkia grevillei (Rehm in Starb.) Nann.
Fundbeschreibung siehe HILBER, O. u. R. & ENDERLE (1983).

Nitschkia parasitans (Schw.) Nannf.
Fundbeschreibung siehe HILBER, O. u. R. & ENDERLE (1983).

Ordnung **Rhytismatales**

Familie **Ascodichaenaceae**

Ascodichaena rugosa Butin
Funddaten: 07.07.03, K. Ke., Dischinger Holz, MTB 7724/4, an Rotbuche; 09.09.03, Illerrieden, Weißenberg, MTB 7726/1, leg. K. Ke.; DIETL & KRIEGLSTEINER (1989), am Oberen Eselsberg in Ulm;
An Rinde stehender Buchen; weitere Funddaten erübrigen sich. Die Art ist sehr häufig und kommt sehr wahrscheinlich in allen MTB im Ulmer Raum vor.

Familie **Rhytismataceae**

Coccomyces juniperi P. Karsten
Wacholder-Schildbecherling
Syn: *Colpoma juniperi*
Funddaten: KRIEGLSTEINER (1991) nennt in seinem Verbreitungsatlas Funde in den MTB 7524 und 7525. Nähere Fundangaben liegen mir nicht vor.

Colpoma quercinum (Pers. ex St. Amans: Fr.) Wallr. – Eichen-Schildbecherling
Funddaten: 1976, „Muna" bei Uf, an Eichen-Ästen, MTB 7527, leg. M. E.; DIETL & KRIEGLSTEINER (1989), am Oberen Eselsberg in Ulm; 30.10.00, Buchwald bei Reutti, MTB 7726, an hängenden Ästen von Eiche, leg. K. K.; 02.04.02, Unterstadion, Burrain, MTB 7724/3/32, leg. K. Ke., an Eiche, Zweig in der Luft; 03.10.02, Bockighofer Holz, MTB 7724/4/32, leg. K. Ke., an Eichenzweig in der Luft; 15.03.02, Brautspindel, MTB 7725/4/4, an Eichenzweig, leg. K. Ke.; 15.03.02, Mühlhalde, MTB 7726/3/1, an Eichenzweig, leg. K. Ke.; weitere Funddaten erübrigen sich. Die Art ist häufig und kommt sehr wahrscheinlich in allen MTB im Ulmer Raum vor.

Cyclaneusma minus (Butin) Peredo & Winter
Funddaten: DIETL & KRIEGLSTEINER (1989), am Oberen Eselsberg in Ulm;

Lophodermium juniperum (Fr.) de Not.
Funddaten von L. K. (pers. Aufzeichn.): 16.10.87, Oberes Kiesental, an *Juniperus*-Nadeln, MTB 7525/3, leg. L. K.; 03.02.90, Bermaringen „Kirchäcker", an *Juniperus*-Nadeln, MTB 7525/1, leg. L. K.; KRIEGLSTEINER (1991) nennt in seinem Verbreitungsatlas Funde in den MTB 7424, 7425 und 7426. Nähere Fundangaben liegen mir nicht vor.

Lophodermium piceae (Fckl.) von Höhnel
Funddaten: 12.09.01, Bockighofer Holz, MTB 7724/4/32, an Fichtennadeln, leg. K. Ke.; 14.06.02, Osterholz, MTB 7625/3, an Fichte, leg. K. Ke.

Propolomyces versicolor

Lophodermium pinastri (Schrader: Fr.) Chévalier
Funddaten: DIETL & KRIEGLSTEINER (1989), am Oberen Eselsberg in Ulm; KRIEGLSTEINER (1991) nennt in seinem Verbreitungsatlas einen Fund in MTB 7425. Nähere Fundangaben liegen mir nicht vor.

Naemacyclus niveus agg.
Funddaten von L. K. (pers. Aufzeichn.): 14.11.87, Oberes Kiesental, an Kiefernnadeln, MTB 7525/3, leg. L. K.; 14.03.88, Lautern, an Kiefernnadeln, MTB 7525/3, leg. L. K.; 22.10.88, Umgebung der Uni Ulm, Oberer Eselsberg, MTB 7525/4, an Kiefernnadeln, leg. L. K.; 02.11.89, Häulesberg östlich Allmendingen, an Kiefernnadeln, MTB 7624/3, leg. E. S., det. L. K.; 06.11.90, Ulm, nahe der Wilhelmsburg, an *Pinus nigra*-Nadeln, MTB 7525/4, leg. L. K.

Propolomyces versicolor (Fr.) Dennis
Grauweißes Holzscheibchen, s. Foto S. 123
Syn.: *Propolis versicolor, Propolomyces farinosus*
Funddaten: 28.03.80, „Muna" bei Uf, MTB 7526, an liegendem Weiden- oder Pappelast, leg. M. E., conf. H. O. B.; 19.04.80, Donau-Auwald bei Lh-Weißingen, MTB 7527, an Eschenast, auf Rinde und nacktem Holz, leg. M. E.; DIETL & KRIEGLSTEINER (1989), am Oberen Eselsberg in Ulm; weitere Funddaten von L. K. (pers. Aufzeichn.): in MTB 7525, 7524, 7624, 7625, 7724; 13.10.87, im „Silberwald" bei Ludwigsfeld, MTB 7726, an totem, noch am Baum hängendem Eichenast, leg. K. K.

Rhopographus filicinus Fr.
20.8.02, Hohe Halde, an Adlerfarn, MTB 7726/3, leg. K. Ke.

Rhytisma acerinum (Pers.: St. Am.) Fr.
Ahorn-Runzelschorf, Teerfleckenkrankheit des Berg-Ahorns; Funddaten erübrigen sich. Die Art ist sehr häufig und kommt sehr wahrscheinlich in allen MTB im Ulmer Raum vor.

Rhytisma salicinum (Pers.) Fr.
Funddaten von L. K. (pers. Aufzeichn.): 14.06.90, „Holzstöcke" Orsenhausen, an Laub von *Salix caprea*, MTB 7725/4, leg. L. K.

Therrya fuckelii (Rehm) Kujala
Funddaten von L. K. (pers. Aufzeichn.): 17.09.82, Leimberg, an *Pinus silvestris,* MTB 7424/1, leg. R. St.

Ordnung **Sphaeriales**

Familie **Diatrypaceae**

Diatrype bullata (Hoffm.: Fr.) Fr.
Blasiges Eckenscheibchen
Funddaten: 17.02.79, zwischen Rh + La, bei den Riedhöfen, an Weide, MTB 7526, leg. M. E., conf. O. H., Beleg in (M); 30.12.79, zwischen Of + Ne, MTB

Rhytisma acerinum

7526, an Weide, leg. M. E., det. O. H.; 22.03.80, Baustetten-Osterried, an Weide, MTB 7725 + 7825, leg. H. L. und G. O.; 20.03.81, Donau-Auwald bei Thalfingen, MTB 7526, an Weide, leg. W. Gehrke, det. M. E.; weitere Funddaten erübrigen sich. Die Art ist häufig an Weiden und kommt sehr wahrscheinlich in allen MTB im Ulmer Raum vor.

Diatrype disciformis (Hoffm.: Fr.) Fr.
Buchen-Eckenscheibchen
Funddaten erübrigen sich. Die Art ist sehr häufig und kommt sehr wahrscheinlich in allen MTB im Ulmer Raum, immer an toten Rotbuchenästen und -zweigen, vor.

Diatrype flavovirens (Pers.: Fr.) Fr.
Gelbgrüner Krustenkugelpilz
Syn.: *Eutypa flavovirens*
Funddaten: 01.01.80, zwischen Lh + Gz, MTB 7527, im Donau-Auwald, an liegendem Laubholzast, leg. M. E.; 04.04.80, zwischen Rh + La, MTB 7527, an abgeladenen Rosenzweigen, leg. M. E., det. O. H.; 03.03.80, Donau-Auwald bei Uf, MTB 7527, leg. M. E., Beleg in (M); 26.04.80, Donau-Auwald bei Leibi, MTB 7526, an liegendem, entrindetem Laubholzast, leg. M. E.; Dietl & Krieglsteiner (1989), am Oberen Eselsberg in Ulm; weitere Funddaten erübrigen sich. Die Art ist sehr häufig und kommt sehr wahrscheinlich in allen MTB im Ulmer Raum vor.

Diatrype stigma (Hoffm.: Fr.) Fr.
Flächiges Eckenscheibchen
Funddaten erübrigen sich. Die Art ist sehr häufig und kommt sehr wahrscheinlich in allen MTB im Ulmer Raum vor.

Diatrypella favacea (Fr.) Sacc.
Birken-Diatrypella
Syn.: *D. aspera*
Funddaten: 25.12.78, bei Holzheim, an liegendem Birkenast, leg. M. E., det. O. H.; 01.01.80, Donau-Auwald bei Reisensburg, MTB 7527, an liegendem, dickem Birkenast, leg. M. E., Beleg in (M); 01.03.80, Donau-Auwald bei Lh-Weißingen, MTB 7527, an liegenden Rotbuchen-Ästen, leg. M. E., Beleg in (M); 05.04.81, bei Exkursion mit G. J. K. und C. S., im Illerauwald bei Vöhringen, Illertissen, MTB 7826, leg. M. E.; 01.05.00, Ludwigsfeld, Illerholz, MTB 7626/1, AMU-Exkursion, an Birke, leg. K. Ke.; 28.02.98, Knäulesberg, MTB 7725/1, an Birke, Ast am Boden, leg. K. Ke.; weitere Funddaten erübrigen sich. Die Art ist sehr häufig und kommt sehr wahrscheinlich in allen MTB im Ulmer Raum vor.

Diatrypella quercina (Pers.: Fr.) Cooke
Eichen-Eckenscheibchen
Funddaten: 02.02.80, Donau-Auwald zwischen Lh + Gz, an liegendem Eichenast, MTB 7527, leg. M. E., Beleg in (M); 02.02.80, Donau-Auwald zwischen Lh + Gz, an Eichen-Ästen, leg. M. E., conf. O. H., MTB 7527, Beleg in (M); 08.02.80, am Buchberg bei Ne,

Diatrype flavovirens

Diatrypella quercina

MTB 7526, an liegendem Laubholz, leg. M. E., det. O. H.; 09.02.81, im „Fuchshölzle" zwischen Ne + Bu, MTB 7526, leg. W. Gehrke, det. M. E.; 28.02.81, bei Gz, an liegenden Eichen-Ästen, MTB 7527, leg. R. Wehrlein, det. M. E.; 03.04.81, bei Herbishofen-Barabein, MTB 7824, an Eiche, leg. G. O., det. M. E.; DIETL & KRIEGLSTEINER (1989), am Oberen Eselsberg in Ulm; 03.11.01, Rote Wand bei Ludwigsfeld, MTB 7725, auf Rinde von liegendem Eichenast, leg. K. K.; weitere Funddaten erübrigen sich. Die Art ist sehr häufig und kommt sehr wahrscheinlich in allen MTB im Ulmer Raum vor.

Diatrypella verruciformis (Erh. ex Pers.) Nitschke – Warzige Diatrypella
Funddaten erübrigen sich. Die Art ist sehr häufig und kommt sehr wahrscheinlich in allen MTB im Ulmer Raum vor, vorzugsweise an toten Haselästen und -stämmen.

Eutypa lata (Pers.: Fr.) Tul. & C. Tul.
Funddaten: 16.12.78, zwischen Uf + Lh, am Biberberg, an Laubholz-Lagerstammstapel, leg. M. E., det. O. H.; 17.02.79, zwischen Rh + La, MTB 7526, nördlich der Sixenmühle, an liegenden Pappelstämmen, leg.M. E., det. O. H., Beleg in (M); 24.02.79, Illerauwald bei Gerlenhofen, MTB 7526, an totem Ast von Roter Heckenkirsche, leg. M. E., det. O. H.; 18.04.79, bei Uf, beim Weg zum alten Sportplatz im Auwald, in Pappelpflanzung, an liegendem, totem Stamm, leg. M. E., conf. O. H., Beleg in (M); 14.03.80, bei Uf, an Pappel, MTB 7527, leg. M. E., Beleg in (M), 24.12.80, Donau-Auwald bei Leibi, an liegenden Pappelästen, MTB 7526, leg. M. E.; 18.04.81, Donau-Auwald bei Gz , MTB 7527, an Pappelästen, leg. M. E.

Eutypa maura (Fr.: Fr.) Fuckel
Ahorn-Kohlenkrustenpilz
Syn. *E. acharii*
Funddaten: 03.02.79, Donau-Auwald bei Lh, MTB 7527, an liegendem Baum, leg. M. E., det. O. H., Beleg in (M); 03.10.88, am Roten Berg bei Ludwigsfeld, MTB 7625, an totem, entrindetem Ahornast, leg. K. K.; weitere Funddaten erübrigen sich. Die Art ist sehr häufig und kommt sehr wahrscheinlich in allen MTB im Ulmer Raum vor.

Eutypa polycocca (Fr.: Fr.) P. Karsten
Syn.: *E. aspera*
Funddaten: 22.02.80, Donau-Auwald bei Lh, MTB 7527, an Heckenkirsche, leg. M. E., conf. O. H., Beleg in (M); Funddaten von L. K. (pers. Aufzeichn.): L. K. fand die Art in ca. 10 MTB im Großraum Ulm (immer an *Lonicera*)

Eutypa scabrosa (Bull.) Auerswald
Höckeriger Krustenkugelpilz
Funddaten: 14.04.79, Donau-Auwald zwischen Uf + Lh, MTB 7527, an liegendem Eschenast (?), leg. M. E., det. O. H., Beleg in (M); 12.12.79, zwischen Rh + La, bei den Riedhöfen, an liegendem Eschenstamm, leg. M. E., det. O. H., Beleg in (M); 17.12.79, zwischen Rh + La, bei der Sixenmühle, an Laubholz-Lagerstämmen, auf entrindeten Passagen, MTB 7527, leg. M. E., det. O. H.; 05.04.80, bei Rh, am Schwarzen Graben, an liegendem Pappelast, MTB 7527, leg. M. E., conf. O. H., Beleg in (M); Funddaten von L. K. (pers. Aufzeichn.):
21.04.91, „Hau" nordwestlich Erbach, an entrindetem Laubholz, MTB 7625/3, leg. L. K.

Eutypa spinosa (Pers.: Fr.) Tul. & C. Tul.
Funddaten: 10.04.80, Donau-Auwald bei Lh, MTB 7527, an liegendem Stamm von Bergahorn? Esche?, auf entrindeter Passage seitlich unten am Stamm, leg. M. E., det. O. H., Beleg in (M); Funddaten von L. K. (pers. Aufzeichn.): 21.04.84, „Hochbuch" östlich Laichingen, an *Fagus*, MTB 7524/1, leg. F. G..

Eutypella cerviculata (Fr.: Fr.) Sacc.
Gefurchter Erlenkugelpilz
Syn.: *E. alnifraga*
Funddaten: 12.04.79, Donau-Auwald bei Uf, zwischen der Bahnlinie und der Donau, bei den Rühmer-Weihern, an liegenden Erlenstämmen, MTB 7527, leg. M. E., det. O. H., Beleg in (M); 13.04.79, Donau-Auwald bei Lh-Weißingen, an stehenden Erlen, leg. M. E., det. O. H., Beleg in (M); 06.02.81, Donau-Auwald bei Lh, an Erle, MTB 7527, leg. M. E.; 05.04.81, bei Exkursion mit G. J. K. und C. S., im Illerauwald bei Vöhringen, MTB 7826, leg. M. E.; Funddaten von L. K. (pers. Aufzeichn.): 30.10.89, Neu-Ulm/Reutti, an *Alnus glutinosa*, MTB 7626/1, leg. L. K.; 05.04.81, Auwald Illerrieden, an *Alnus glutinosa*, MTB 7726/1, leg. G. J. K. und M. E.; 01.05.03, AMU-Maiwanderung im „Silberwald" bei Neu-Ulm/Ludwigsfeld, leg. M. E.

Eutypella prunastri (Pers.: Fr.) Sacc.
Funddaten: 24.04.79, Donau-Auwald bei Uf, an liegenden, dürren Ästen von Schlehe, MTB 7526, leg. M. E., det. O. H., Beleg in (M); 06.04.80, Donau-Auwald bei Lh/Gz, an liegendem Laubholzstamm (Hasel?), MTB 7527, leg. M. E., det. O. H.; 12.04.80, Donau-Auwald bei Lh-Weißingen, MTB 7527, an totem Ast von *Prunus spinosa*, leg. M. E. conf. O. H., Beleg in (M); 04.06.81, Osterried bei Baustetten-Laupheim, leg. G. O., det. M. E.; 05.04.81, bei Exkursion mit G. J. K. und C. S., im Illerauwald bei Vöhringen/Illertissen, MTB 7826, leg. M. E.; weitere Funddaten erübrigen sich. Die Art ist sehr häufig und kommt sehr wahrscheinlich in allen MTB im Ulmer Raum vor.

Eutypella quaternata

Eutypella quaternata (Pers.: Fr.) Rappaz
Syn.: *Quaternaria quaternata,* s. Foto S. 127
Funddaten: 07.02.80, Bubesheimer Wald bei Kissendorf, MTB 7527, an totem Rotbuchenstamm, leg. M. E., conf. O. H.; 20.01.80, bei Lh-Weißingen, im Donau-Auwald, in Buchenmischbestand, massenhaft an liegenden Rotbuchenästen, MTB 7527, leg. M. E., conf. O. H., Beleg in (M); 16.11.80, zwischen Uf + Lh, am Biberberg, an liegenden Rotbuchenästen, MTB 7527, leg. M. E.; 28.02.81, bei Gz, an Rotbuche, MTB 7527, leg. R. Wehrlein, det. M. E.; weitere Funddaten erübrigen sich. Die Art ist sehr häufig und kommt sehr wahrscheinlich in allen MTB im Ulmer Raum vor.

Eutypella sorbi (Alb. & Schw.: Fr.) Sacc.
Syn.: *E. similis*
Funddaten: 24.02.79, Iller-Auwald bei Gerlenhofen, MTB 7626, an Laubholz, leg. M. E., det. O. H.

Familie **Nectriaceae**

Thyronectria berolinensis (Sacc.) Seaver
KRIEGLSTEINER (1991) nennt in seinem Verbreitungsatlas einen Fund in MTB 7424. Nähere Fundangaben liegen mir nicht vor.

Familie **Sordariaceae**

Lasiosphaeria ovina (Fr.) Ces. & de Not.
Eiförmiger Kohlenkugelpilz
Funddaten: 25.04.97, Donau-Auwald bei Uf, MTB 7526, leg. M. E., det. H. O. B.; 23.09.87, Dreierberg bei Klingenstein, MTB 7724, auf entrindetem Stamm von Buche, leg. K. K.; DIETL & KRIEGLSTEINER (1989), am Oberen Eselsberg in Ulm; Lothar und German J. KRIEGLSTEINER meldeten die Art aus den MTB 7425, 7426, 7524, 7525, 7624 und 7626.

Lasiosphaeria spermoides (Hoffm.: Fr.) Ces. & de Not. – Gesäter Kohlenkugelpilz
Funddaten: 25.03.79, Donau-Auwald bei Lh, MTB 7527, an liegendem Laubholzstamm, sehr häufig, leg. M. E., Beleg in (M); 14.04.79, Donau-Auwald bei Uf/Lh, MTB 7527, an liegendem, teilweise entrindetem Stamm von Bergahorn? Esche?, leg. M. E., det. O. H.; 18.03.80, Donau-Auwald bei Lh, an liegendem, entrindetem Ast von Bergahorn? Esche?, MTB 7527, leg. M. E., det. O. H.; 20.12.80, Donau-Auwald bei Lh, MTB 7527, an Laubbaumstumpf, leg. C. S., det. M. E., Beleg in (M); 06.02.81, Donau-Auwald bei Lh, MTB 7527, zahlreich, meist auf der Stirnseite von morschen Laubholzstümpfen, leg. C. S., det. M. E., Beleg in (M); 04.07.81, „Muna" bei Uf, bei Firma Imbau, auf Fichtenstumpf (!), MTB 7526, leg. M. E.; DIETL & KRIEGLSTEINER (1989), am Oberen Eselsberg in Ulm; weitere Funddaten erübrigen sich. Die Art ist sehr häufig und kommt sehr wahrscheinlich in allen MTB im Ulmer Raum vor.

Lasiosophaeria strigosa (Alb. & Schw.) Sacc.
Funddaten: DIETL & KRIEGLSTEINER (1989), am Oberen Eselsberg in Ulm;

Familie **Trichosphaeriaceae**

Chaetosphaerella fusca (Fuckel) E. Müller & C. Booth
Syn.: *Thaxteria fusca* im Konidienstadium *Oedium*
Funddaten: 17.02.80, zwischen Leibi und Oe, MTB 7526, an liegenden Ästen von Heckenkirsche, leg. M. E., Beleg in (M); KRIEGLSTEINER (1991) nennt in seinem Verbreitungsatlas einen Fund in MTB 7527. Nähere Fundangaben liegen mir nicht vor.

Chaetosphaerella phaeostroma
(Dur. & Mont.) E. Müller & C. Booth
Fundbeschreibung siehe HILBER, O. u. R. & ENDERLE (1983).
Funddaten: 01.03.80, bei Lh-Weißingen, Donau-Auwald, MTB 7527, an liegendem Ast von Bergahorn oder Esche, 05.04.80, bei Rh, am „Schwarzen Graben", an Pappel (?), MTB 7527, leg. M. E., det. O. H.; leg. M. E., conf. O. H.; 11.01.80, zwischen Lh + Gz, Donau-Auwald, MTB 7527, an liegendem Eschenast, leg. M. E., det. O. H.; 09.05.81, bei Urspring, an Laubholz (Rotbuche?), leg. M. E.; Funddaten von L. K. (pers. Aufzeichn.): 09.02.90, westlich Asch, an enrindetem *Fagus*, MTB 7524/4, leg. L. K.

Melanopsamma pomiformis (Pers.) Sacc.
Funddaten: 13.04.79, Donau-Auwald bei Uf-Lh, MTB 7527, an anstehendem, totem Ast vom Ulme (?), leg. M. E., det. O. H., Beleg in (M)

Zignoella fallax (Sacc.) Sacc.
Funddaten: 04.04.80, zwischen Rh + La, an liegendem, entrindetem Fichtenast, MTB 7526, leg. M. E., det. O. H.

Familie **Xylariaceae**

Camarops microspora (P. Karsten) Shear
Kleinsporiger Kugelschwamm
Rote-Liste-Art: gefährdet
Funddaten: 16.04.78, bei Senden-Ay, MTB 7626, Führung von Heinz Engel (Weidhausen), an stehendem Laubbaum (Erle?); 18.12.78, Donau-Auwald

Lh/Gz, MTB 7527, an Stamm von Hasel oder Erle, leg. M. E., det. O. H.; 12.04.79, Donau-Auwald bei Uf, MTB 7527, bei der Bahnlinie, beim Biber-Durchfluss unter der Bahnlinie), an stehenden und teilweise liegenden Erlenstämmen, massenhaft, leg. M. E., det. O. H.; 24.04.79, Illerauwald bei Gerlenhofen, MTB 7526, an toter, stehender Erle, leg. M. E., det. O. H.; 06.05.79, Donau-Auwald zwischen Lh + Gz, an stehender, toter Erle, MTB 7527, leg. M. E., det. O. H.; 27.10.79, bei Riedhausen, MTB 7527, im Birkenmischwald, bei einem Erlenbruch, an stehendem, abgeknicktem Erlenstamm, leg. M. E.; 01.02.80, Donau-Auwald bei Lh, an *Alnus incana*, leg. M. E., Beleg in (M); 17.01.80, Donau-Auwald bei Uf, an Erle, MTB 7527, leg. M. E., Beleg in (M), 16.04.81, „Kirchholz" bei Of, an liegendem, morschem Ast von Hainbuche, leg. M. E., Beleg in (M)

Coniochaeta ligniaria (Grev.) Cooke
Funddaten: 16.02.80, bei Ne, MTB 7526, im Donau-Auwald, auf dickem, entrindetem Stamm (Pappel?), leg. M. E., det. O. H., Beleg in (M)

Coniochaeta malacotricha
(Auerswald ex Niessl) Fuckel
Funddaten: KRIEGLSTEINER (1991) nennt in seinem Verbreitungsatlas einen Fund in MTB 7426. Nähere Fundangaben liegen mir nicht vor.

Coniochaeta velutina (Fuckel) Cooke
Funddaten von L. K. (pers. Aufzeichn.): 23.10.90, Mähringen, Tobeltal, an weißfaulem Laubholzast, MTB 7525/4, leg. L. K.

Daldinia concentrica (Bolt.: Fr.)
Ces. & de Not. ss. lato
Kohliger Kugelpilz
Funddaten: von M. E. an mehreren Stellen im MTB 7527 und 7526 gefunden.
1977 + 1978, mehrere Funde im Donau-Auwald Uf-Lh, MTB 7527, an G. J. K. zur weiteren Bestimmung gegeben (Untersuchung auf mögliche *D. vernicosa*); 08.05.79, zwischen Tennisplatz Straß und Kirchholz Of, an Pflaumenbaum-Stamm, MTB 7526, leg. M. E.; 01.05.80, Donau-Auwald Lh/Gz, MTB 7527, an Laubholzast (Erle?), leg. C. S., det. M. E.; 07.03.81, 26.04.81 und 20.05.81, Donau-Auwald bei Lh, an Laubholzästen (*Alnus? Populus?)*, leg. M. E., Beleg in (M); Funddaten von L. K. (pers. Aufzeichn.): 02.05.89, Iller östlich Illerrieden, an *Prunus padus*, MTB 7726/1, leg. L. K.; 01.05.02, Ludwigsfeld, Illerholz, MTB 7626/1, AMU-Exkursion, an Erle, leg. K. Ke.; 01.05.03, AMU-Maiwanderung im „Silberwald" bei Neu-Ulm/Ludwigsfeld, leg. M. E.

Hypoxylon

Die meisten *Hypoxylon*-Funde aus dem Ulmer Raum wurden bereits von ENDERLE (1982 a) bzw. von KRIEGLSTEINER & ENDERLE (1989) veröffentlicht. Nachfolgend werden weitere Funde genannt und Stroma- und Sporenzeichnungen der entsprechenden Arten (aus KRIEGLSTEINER & ENDERLE 1989) gegeben:

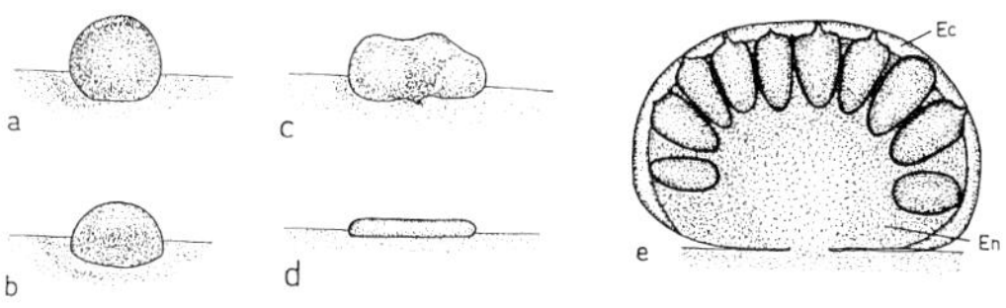

Stromaformen, Stromaaufbau und Ostiolensituation bei *Hypoxylon* (Fig. a–e nach PETRINI & MÜLLER 1986)
a–d Stromaformen: a kugelig, b halbkugelig, c kissenförmig, d flach ausgebreitet; e Verikalschnitt durch ein Stroma: Ec. Ectostroma, En. Entostroma

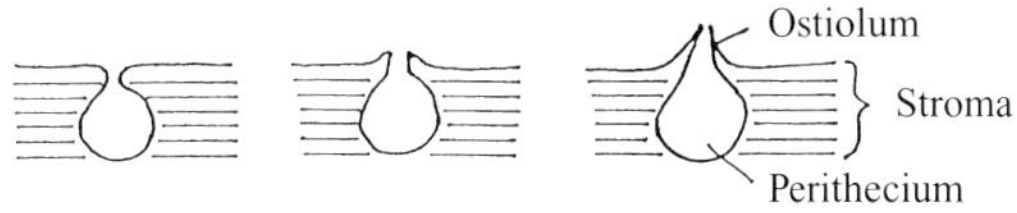

Perithecium mit rein nabelförmigem oder porigem Ostiolum	Häufige, noch als nabelförmig bezeichnete Zwischenform (z. B. bei H. fragiforme/ howeianum)	Perithecium mit papillenförmigem Ostiolum (Beispiel: H. multiforme/ cohaerens)

Weitere, bisher nicht publizierte Funde:
Hypoxylon cercidicolum (Berk. & Curt.)
Ju & Rogers, s. Foto S. 130
Syn.: *H. moravicum*
Fundbeschreibung und Foto siehe ENDERLE (1982 a). Die Funde aus dem Leipheimer Raum waren Erstfunde für Deutschland! Funddaten von L. K. (pers. Aufzeichn.): L. K. fand sie mind. in 10 MTB im Großraum Ulm, an liegenden Eschenästen; 29.08.02, Donaustetten, Eichhau, MTB 7625/4/3, an Eschenstamm, leg. K. Ke.; 01.05.01, Ludwigsfeld, Illerholz, an Esche, MTB 7626/1, leg. K. Ke.; 01.05.02, Ludwigsfeld, Illerholz, MTB 7626/1, an Eschenast, leg. K. Ke.; 02.04.02, Unterstadion, Burrain, MTB 7724/3/32, an Eschen, leg. K. Ke.; 18.04.02, Narrenloch, MTB 7724/3/4, an Esche, leg. K. Ke.; 22.08.02, Bucher Wald, MTB 7727/3, an Bergahornast, leg. K. Ke.; 1.4.03, Rißtissen Heuberg, MTB 7724/2, an Eschenast am Boden, leg. K. Ke.; 15.4.03, Regglisweiler, Illerau, MTB 7726/3, an liegendem Eschenast, leg. K. Ke.

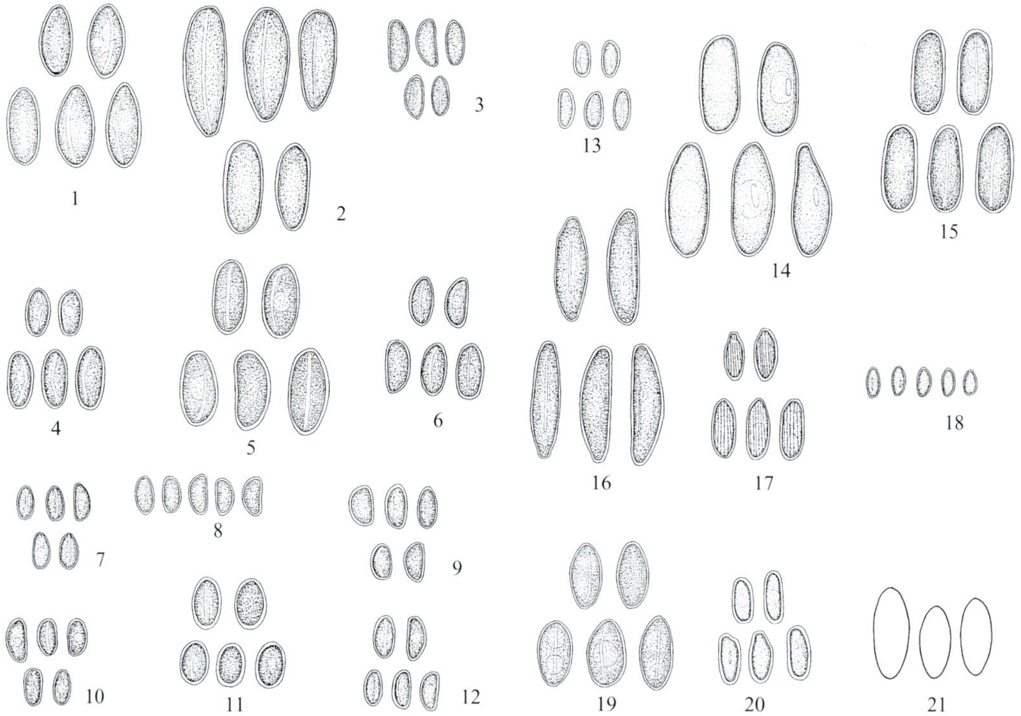

Sporenformen (nach Petrini & Müller 1986)
1 H. vogesiacum var. vogesiacum; 2 H. vogesiacum var. macrosporum; 3 H. macrosporum; 4 H. fuscum; 5 H. fraxinophilum; 6 H. fragiforme; 7 H. howeianum; 8 H. rutilum; 9 H. moravicum; 10 H. rubiginosum var. rubiginosum; 11 B. nummularia; 12 H. cohaerens var. cohaerens
13 H. multiforme; 14 H. udum; 15 H. mammatum; 16 H. deustum; 17 H. chestersii; 18 H. effusum; 19 H. confluens; 20 H. serpens s. str.; 21 H. mediterraneum var. mediterraneum
(Fig. nach Enderle)

Hypoxylon cercidicolum

Hypoxylon cohaerens

Hypoxylon cohaerens (Pers.: Fr.) Fr.
Zusammengedrängte Buchenkohlenbeere
Fundbeschreibung und Foto siehe ENDERLE (1981 a) und ENDERLE (1982 a); DIETL & KRIEGLSTEINER (1989), am Oberen Eselsberg in Ulm; weitere Funddaten erübrigen sich. Die Art ist sehr häufig an liegenden, berindeten *Fagus*-Stämmen und -Ästen und kommt sehr wahrscheinlich in allen MTB im Ulmer Raum vor.

Hypoxylon columbinum Pouzar ad. int.
Funddaten: 06.03.81, Bubesheimer Wald bei Kissendorf, MTB 7527, an liegendem Ast von *Fraxinus*(?), leg. M. E., det. Dr. Pouzar (Prag); dieser Fund wurde von mir als *H. cf. rubiginosum* bestimmt.

Hypoxylon deustum (Hoffm.: Fr.) Grev.
Brandiger Krustenpilz
Syn.: *Ustulina deusta*
Funddaten erübrigen sich. Die Art ist sehr häufig und kommt sehr wahrscheinlich in allen MTB im Ulmer Raum vor.

Hypoxylon fragiforme (Scop.: Fr.) Kickx
Rötliche Kohlenbeere
Fundbeschreibung siehe ENDERLE (1982 a); DIETL & KRIEGLSTEINER (1989), am Oberen Eselsberg in Ulm; weitere Funddaten erübrigen sich. Die Art ist sehr häufig und kommt sehr wahrscheinlich in allen MTB im Ulmer Raum vor.

Hypoxylon fraxinophilum Pouzar
Eschen-Kohlenbeere, s. Foto S. 132
Fundbeschreibung siehe ENDERLE (1982 a); Funddaten von L. K. (pers. Aufzeichn.): 01.05.91, „Silberwald" bei Ludwigsfeld, an *Fraxinus*, MTB 7626/1, bei AMU-Exkursion, det. L. K.

Hypoxylon fuscum (Pers.: Fr.) Fr.
Rotbraune Kohlenbeere
Fundbeschreibung und Foto siehe ENDERLE (1982 a); DIETL & KRIEGLSTEINER (1989), am Oberen Eselsberg in Ulm; weitere Funddaten erübrigen sich. Die Art ist sehr häufig, vor allem an Hasel und kommt sehr wahrscheinlich in allen MTB im Ulmer Raum vor.

Hypoxylon howeianum Peck
Zimtbraune Kohlenbeere, s. Foto S. 132
Fundbeschreibung und Foto siehe ENDERLE (1982 a); in dieser Publikation wurden die Sporenangaben versehentlich nicht abgedruckt. Hier sind sie: Ascosporen klein, ca. (6) 7–9 (9,5) x 3–4 (4,5) µm, mittel- bis dunkelbraun, ungleichseitig ellipsoid; DIETL & KRIEGLSTEINER (1989), am Oberen Eselsberg in Ulm; weitere Funddaten erübrigen sich. Die Art ist sehr

Hypoxylon fraxinophilum

häufig und kommt sehr wahrscheinlich in allen MTB im Ulmer Raum vor.

Hypoxylon macrocarpum Pouzar
Großfrüchtige Kohlenbeere
Fundbeschreibung siehe ENDERLE (1982 a). Der Fund war Erstfund für Deutschland!

Hypoxylon mammatum (Wahlenb.) Miller
Rote-Liste-Art: stark gefährdet!
Fundbeschreibung siehe ENDERLE (1982 a)

Hypoxylon multiforme (Fr.: Fr.) Fr.
Vielgestaltige Kohlenbeere
Fundbeschreibung und Foto siehe ENDERLE (1982 a); DIETL & KRIEGLSTEINER (1989), am Oberen Eselsberg in Ulm; weitere Funddaten erübrigen sich. Die Art ist sehr häufig an Birke, Erle und Traubenkirsche und kommt sehr wahrscheinlich in allen MTB im Ulmer Raum vor.

Hypoxylon nummularium Bull.
Rotbuchen-Kohlenbeere
Syn.: *Biscogniauxia nummularia*
Fundbeschreibung und Foto siehe ENDERLE (1982 a);

Hypoxylon howeianum

Hypoxylon macrocarpum

Weitere Funde: 22.05.76, Krieglsteiner-Exkursion im Donau-Auwald bei Uf-Lh, MTB 7527;
Funddaten von L. K. (pers. Aufzeichn.): 29.07.89, südlich Laichingen, an berindetem Buchenast, MTB 7524/1, leg. L. K.; KRIEGLSTEINER (1991) nennt in seinem Verbreitungsatlas Funde in den MTB 7424, 7425 und 7525. Nähere Fundangaben liegen mir nicht vor. 28.10.01, Pifferlingsberg, MTB 7624/2/4, leg. K. Ke., AMU-Exkursion;
Wirt/Substrat: Buche (Rotbuche), Pflanzengesellschaft: Buchen-, Tannen-Buchen- und Tannenwälder, Organ/Wuchsstelle: Ast, Zweig auf dem Boden liegend, Höhe über NN: 625 m, pH: basisch

Hypoxylon rubiginosum (Pers.: Fr.) Fr.
Ziegelrote Kohlenkruste
Fundbeschreibung und Foto siehe ENDERLE (1982 a); DIETL & KRIEGLSTEINER (1989), am Oberen Eselsberg in Ulm; weitere Funddaten erübrigen sich. Die Art ist sehr häufig und kommt sehr wahrscheinlich in allen MTB im Ulmer Raum vor.

Hypoxylon rutilum Tul.
Fundbeschreibung siehe ENDERLE (1982 a)

Hypoxylon semiimmersum Nitschke
Halbeingesenkte Kohlenbeere
Syn.? *Hypoxylon confluens* (Tode: Fr.) Westend.
Fundbeschreibung siehe ENDERLE (1982 a); 01.05.00, Ludwigsfeld, Illerholz, MTB 7626/1, AMU-Exkursion, an Esche, leg. K. Ke.; 03.03.02, Bürgerholz, MTB 7724/4/3, an Eiche, leg. K. Ke.

Hypoxylon serpens (Pers.: Fr.) S. F. Gray
Gewundene Kohlenbeere, s. Foto S. 134
Fundbeschreibung und Foto siehe ENDERLE (1982 a); DIETL & KRIEGLSTEINER (1989), am Oberen Eselsberg in Ulm; Funddaten siehe KRIEGLSTEINER & ENDERLE (1989).
Weitere Funddaten erübrigen sich. Die Art ist sehr häufig und kommt sehr wahrscheinlich in allen MTB im Ulmer Raum vor. Ähnlich ist *Hypoxylon chestersii* (siehe dazu ENDERLE & SIEPE 1985). Sie scheint jedoch etwas großflächiger zu wachsen und hat, im Gegensatz zu *H. serpens* leicht gestreifte Sporen. Nach dieser besonderen Art sollte im Ulmer gefahndet werden. Ich gebe nachfolgend eine vergleichende Sporenzeichnung, eine REM-Aufnahme sowie eine Makroaufnahme der *H. chestersii.*

Hypoxylon udum (Pers.: Fr.) Fr.
Keimporige Kohlenbeere
Fundbeschreibung siehe ENDERLE (1982 a); Funddaten von L. K. (pers. Aufzeichn.): 27.01.90, BW Tiefental, an ?*Carpinus* (nicht Eiche!), MTB 7624/1, leg. L. K. + H. O. B.

Hypoxylon vogesiacum (Pers.) Sacc.
Funddaten: 11.09.90, BW „Tiefental“, MTB 7624/1, an Holz von ?*Acer pseudoplatanus*, leg. L. K.

Lopadostoma gastrinum (Fr.) Traverso
Funddaten: April 1981, bei Lh-Weißingen, an den Ästen eines liegenden Baumes (Ulme?), MTB 7527, leg. M. E., det. Dr. Pouzar (Prag), Beleg in (M); Fund-

Hypoxylon semiimmersum

daten von L. K. (pers. Aufzeichn.): 27.01.90, BW Tiefental, an stehendem, totem *Ulmus*, MTB 7624/1, leg. L. K. + H. O. B.

Lopadostoma turgidum (Pers.: Fr.) Traverso
Funddaten: 04.02.80, bei Laupheim, an liegendem Ast, darauf *Polydesma pruinosa*, leg. G. O., det. M. E.; 08.03.81, bei Krumbach-Hirschfelden, MTB 7825, leg. G. O., det. M. E.
1980–90, mehrere Funde bei Uf und Lh, an liegenden Rotbuchenästen, leg. M. E.; 20.01.80, Bubesheimer Wald bei Echlishausen, MTB 7527, an liegendem Rotbuchenast, leg. M. E., det. O. H. (Tegernheim), Beleg in (M); 12.04.80, Donau-Auwald bei Lh-Wei-

Hypoxylon serpens

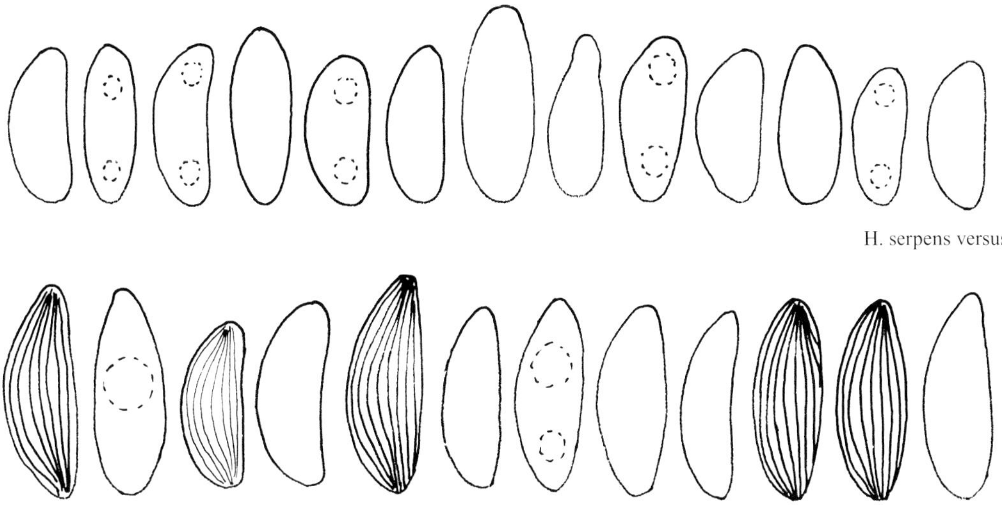

H. serpens versus

H. chestersii

Hypoxylon serpens
Sporenvergleich *H. serpens* versus *H. chestersii*

Hypoxylon chestersii

ßingen, an liegenden Rotbuchenästen, MTB 7527, leg. M. E., Beleg in (M)
Funddaten von L. K. (pers. Aufzeichn.): alle an Buchenästen: 23.05.89, Wald „Hörnle“ bei Ulm-Grimmelfingen, MTB 7625/2, leg. L. K.; 29.07.89, südlich Laichingen, MTB 7524/1, leg. L. K.; 01.08.89, „Schildhaus“ westlich Seißen, MTB 7524/3, leg. L. K.; 05.11.89, Ehingen/Schlechtenfeld, MTB 7724/1, leg. L. K., **siehe Foto S. 137!**

Nummularia succenturiata (Tode: Fr.) Nke.
Fundbeschreibung siehe ENDERLE (1981 a); weitere Funde: 09.02.80, Donau-Auwald bei Lh, an liegendem Laubholzast, MTB 7527, leg. C. S., Beleg in (M); 18.04.80, beim Kinderfestplatz Lh, an liegendem, abgesägten, armdicken Laubholzast (Eiche?), MTB 7527, leg. M. E., conf. O. H. (Tegernheim)

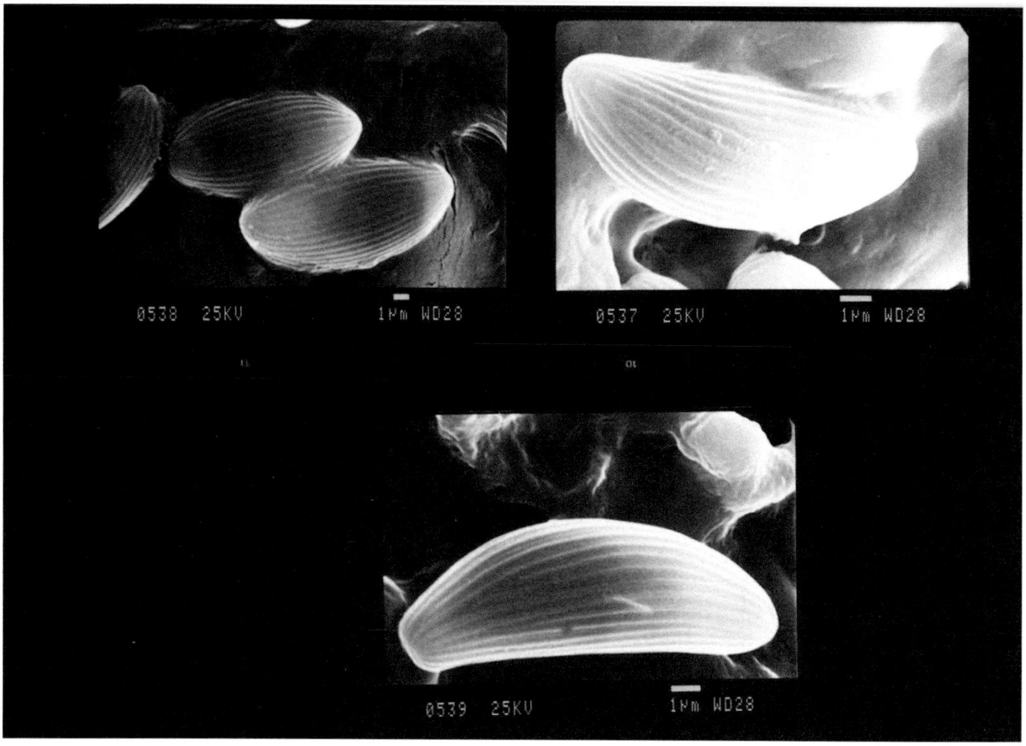

Hypoxylon chestersii, REM-Aufnahme

Rosellinia aquila (Fr.) de Not.
Funddaten: 05.04.80, bei Rh, an liegendem Pappelstamm, auf nacktem Holz, MTB 7527, leg. M. E., Beleg in (M); 16.03.80, Donau-Auwald Lh/Gz, an morschen, liegenden Laubholzästen, MTB 7527, leg. M. E., det. O. H.; 06.04.80, Donau-Auwald Lh/Gz, MTB 7527, an morschem Laubholz, leg. M. E., conf. O. H.; Funddaten von L. K. (pers. Aufzeichn.): 22.09.90, Weidach, an Laubholzast, MTB 7525/3, leg. L. K.; KRIEGLSTEINER (1991) nennt in seinem Verbreitungsatlas Funde in den MTB 7425, 7625 und 7726. Nähere Fundangaben liegen mir nicht vor.

Rosellinia mammiformis (Pers.: Fr.) Ces. & de Not.
Funddaten: 11.01.80, an liegenden Laubholzästen, MTB 7527, leg. M. E., Beleg in (M); 18.01.80, zwischen Uf + Lh, bei der Bundesstraße B10, auf einem Schuttabladeplatz, massenhaft an abgeladenen, verfaulenden Laubholzzweigen, leg. M. E., det. O. H., Beleg in (M); 16.03.80, Donau-Auwald Lh/Gz, MTB 7527, an morschen, liegenden Laubholzästen (zusammen mit R. aquila wachsend), leg. M. E., det. O. H.; Funddaten von L. K. (pers. Aufzeichn.): 05.11.89, Ehingen/Schlechtefeld, an entrindeter Buche, MTB 7724/1, leg. L. K.; Juli 1981, Bärenmahd nördlich Illerrieden, MTB 7726/1, leg. M. E.; 27.01.90, Arnegger Ried, an berindeter *Salix*, MTB 7525/3, leg. L. K. + H. O. B.; 05.06.88, Brunnenstein, an entrindetem Laubholz, MTB 7525/3, leg. L. K. (Fund mit Subiculum);

Rosellinia thelena (Fr.) Rabenh.
Funddaten von L. K. (pers. Aufzeichn.): 13.10.89, Kiesental, an berindeter Kiefer im Holzstapel, MTB 7525/3, leg. L. K.

Xylaria carpophila (Pers.) Fr.
Buchencupulen-Holzkeule
Funddaten: 19.05.80, Bubesheimer Wald bei Echlishausen, MTB 7527, leg. M. E. (Angeregt durch den schönen Aufsatz von Hermann Jahn in den Westfälischen Pilzbriefen 1967/7, machte ich mich auf die Suche nach diesem unauffälligen Pilz und fand ihn beim Aufwühlen von 1 m² Rotbuchenlaub sofort!); 05.04.81, Iller-Auwald bei Vöhringen, MTB 7826, leg. M. E.; mehrfach im Bubesheimer Wald bei Echlishausen, MTB 7527, an Buchencupulen, leg. M. E.; DIETL & KRIEGLSTEINER (1989), am Oberen Eselsberg in Ulm; 25.06.02, Kohlberg, MTB 7724/1/1, an Rotbuchenfrüchten, leg. K. Ke.; 18.04.02, Narrenloch, MTB 7724/3/4, an Rotbuchenfruchthüllen, leg. K. Ke.; weitere Funddaten erübrigen sich. Die Art ist sehr häufig und kommt sehr wahrscheinlich in allen MTB im Ulmer Raum vor.

Lopadostoma turgidum

Xylaria filiformis (Alb. & Schw.: Fr.) Fr.
Fädige Holzkeule
Funddaten: 08.06.81, Donau-Auwald bei Uf, MTB 7526, auf altem Treber und Blättern, hunderte von Fruchtkörpern!, leg. C. S., det. M. E.; 26.06.81, Auwald Lh, unter Esche, MTB 7527, sehr wahrscheinlich an Eschenblattstielen, leg. C. S., det. M. E.; 20.03.81, bei Uf, am Biberberg, MTB 7527, leg. M. E.; 16.04.81, Bubesheimer Wald bei Bühl, MTB 7527, leg. M. E., Beleg in (M); 1974–83, leg. A. K. in MTB 7425, 7525, 7426, 7526; 26.06.81, Auwald Lh, leg. C. S., Beleg in (M); 10.06.81, Auwald Uf, MTB 7526, leg. C. S., Beleg in (M)
Funddaten von L. K. (pers. Aufzeichn.): an *Fraxinus*-Petiolen: 23.10.82, Brunnhalde, MTB 7424/2, leg. R. St.; 11.06.88, Heiligenbühl, MTB 7424/, leg. R. St.; 1981, Bärenmahd nördlich Illerrieden, MTB 7726/1, leg. M. E.; weitere Funde von M. E. liegen aus den MTB 7526 und 7527 vor.

Xylaria hypoxylon (L.: Hooker) Grev.
Geweihförmige Holzkeule
Funddaten erübrigen sich. Die Art ist sehr häufig und kommt sehr wahrscheinlich in allen MTB im Ulmer Raum vor.

Xylaria longipes Nitschke
Langstielige Ahorn-Holzkeule
Funddaten: häufig im Donau-Auwald bei Lh-Riedheim an liegenden Laubholzästen, MTB 7527, leg. M. E.; Dietl & Krieglsteiner (1989), am Oberen Eselsberg in Ulm; 13.10.96, Pfifferlingsberg, leg. K. Ke.; 28.08.02, Donaustetten, Eichhau, MTB 7625/4/3, an Bergahornast, leg. K. Ke.; 01.05.99, Ludwigsfeld, Illerholz, MTB 7626/1, AMU-Exkursion, an Bergahornast, leg. K. Ke.; 05.09.02, Ehingen, Kohlberg, MTB 7724/1/1, an Bergahornast, leg. K. Ke.; weitere Funddaten erübrigen sich. Die Art ist sehr häufig und kommt sehr wahrscheinlich in allen MTB im Ulmer Raum vor, hauptsächlich in den Auwäldern.

Xylaria polymorpha (Pers.: Mer.) Grev.
Vielgestaltige Holzkeule
Funddaten erübrigen sich. Die Art ist sehr häufig und kommt sehr wahrscheinlich in allen MTB im Ulmer Raum vor.

Ordnung **Tuberales**

Choiromyces maeandriformis Vitt.
Deutsche Trüffel, s. Foto S. 138
Rote-Liste-Art: stark gefährdet.
Funddaten: 1973–40, Haas-Fund am Eselsberg bei Ulm, MTB 7525; August 1977, bei Pilzausstellung in Ulm; 26./27.08.78 bei Pilzausstellung in Ulm; 17.09.78, Kri-Exkursion bei Hörvelsingen, am „Ofenloch", MTB 7526; 1974–83, leg. A. K. in MTB 7526 und 7525; 23.08.80, Pilzexkursion für die VHS

Choiromyces maeandriformis

Burtenbach, leg. C. S., det. M. E., MTB 7625; Fundnotizen von L. K. (pers. Aufzeichnungen): 1989, leg. G. O. in MTB 7726/3; 06.07.89, Gehrenberg südwestlich Wippingen, MTB 7525/3, leg. E. S.; 21.10.89, „Buchwald“ östlich Reutti, MTB 7626/2, leg. W. G. und A. B.; 03.07.89, westlich Ermingen, MTB 7625/1, leg. L. K.; 04.09.2000, im MTB 7724 (auf der Alb), leg. T. B.; 14.09.01, Taxischer Wald, MTB 7724/2, 480 Gramm!, leg. T. B.

Elaphomyces granulatus Fr.
Warzige Hirschtrüffel
Funddaten: 1943–63, Haas-Fund bei Altheim, MTB 7625; 1974–83, leg. A. K. in MTB 7425; Fundangaben von L. Krieglsteiner (pers. Mitt.): 22.09.88, Baurenhau östlich Rot, Laubmischwald, MTB 7725/4, leg. L. K. + G. D.; 7.7.03, Dischinger Holz, bei Fichte, MTB 7724/4, leg./det. K. Ke., conf. P. Reil

Elaphomyces muricatus Fr. s. l.
Fundangaben von L. K. (pers. Mitt.): 02.07.90, „Buchwald“ östlich Reutti, MTB 7626/2, leg. A. B., vide L. K.

Genea verrucosa Vitt.
Grobwarzige Blasentrüffel
Funddaten: 13.07.90, bei Gz, bei den Fetzer-Seen, MTB 7527/2, leg. L. K., det. J. H. (Krieglsteiner-Herbar-Nr. 299/6)

Gyrocratera ploettneriana P. Hennings
Funddaten: 13.07.90, Günzburg, bei den Fetzer-Seen, MTB 7527/2, leg. L. Krieglsteiner, det. Häffner

Hydnotria tulasnei Berk. & Br.
Rotbraune Rasentrüffel
Funddaten: 1974–63, leg. A. K. in MTB 7426; Fundangaben von L. K. (pers. Mitt.): 04.08.80, leg. A. K. in MTB 7525/4; 30.07.02, bei Gz-Limbach, MTB 7527, bei Laubbäumen, mehrere Frk., leg. Frau Stahlbauer (Nornheim, Lohnholzweg 5), conf. M. E.

Tuber rapaeodorum Tul.
Rote-Liste-Art: gefährdet
Funddaten von L. K. (pers. Mitt.): Ottmann/Groß fanden die Art im MTB 7725. Nähere Fundangaben liegen mir nicht vor.

Tuber rufum Pico ex Fr.
Funddaten: 1937–40, Haas-Fund, im Kloster- und Maienwald bei Söflingen, MTB 7625

Klasse **Basidiomycetes** Sachs ex Winter (Ständerpilze)

Unterklasse **Heterobasidiomycetidae**

Ordnungsgruppe **Teliomycetanae**

Ordnung **Ustilaginales** (Brandpilze)

Die Funde von DOPPELBAUR (s. Lit.) wurden von L. K. zum Teil den heutigen Kartierungs-MTB zugeordnet. Die Aufzeichnungen enthalten auch Funde von Karl Müller, dem bekannten Ulmer Botaniker und Begründer der „Ulmer Flora" sowie von Prof. Dr. H. Fischer (Augsburg), den Herren Dr. Huber, Dr. Pöverlin und einigen anderen.

Anthracoidea caricis-albae (H. Sydow) Kukkonen
Funddaten: nach SCHOLZ, H. & I. SCHOLZ (1988): 16.07.61, Seißen, Tiefental, an *Carex alba,* MTB 7524/3, leg. G.Ku.

Anthracoidea irregularis (Liro) Boidol et Poelt
Funddaten: nach SCHOLZ, H. & I. SCHOLZ (1988): 09.06.77, Schelklingen: Hartenbuch, an *Carex ornithopoda*, MTB 7624/1, leg. Oberwinkler

Anthracoidea pratensis (H. Sydow) Boidol & Poelt
Funddaten: nach SCHOLZ, H. & I. SCHOLZ (1988): 09.06.77, Schelklingen, Hartenbuch, an *Carex flacca*, MTB 7624/1, leg. Oberwinkler

Anthracoidea subinclusa (Körn.) Bref.
Funddaten: nach SCHOLZ, H. & I. SCHOLZ (1988): 29.07.70, Kreis Krumbach: Deisenhausen, an *Carex vesicaria*, MTB 7727/2, leg. G.Ku.

Entyloma achilleae Magnus
Funddaten: nach SCHOLZ, H. & I. SCHOLZ (1988): alle Funde leg. H.D., alle Funde an *Achillea millef.:* 17.05.63, Gz, MTB 7527/2, 11.06.65, Oxenbronn/Waldstetten, MTB 7627/2, 12.10.67, Hochwang, MTB 7627/2; 28.10.67, Nornheim/Harthausen, MTB 7527/2; 22.08.69, Riedheim bis Lh-Weißingen (Lh), MTB 7526/2 und 7527/1; 17.10.68, Rammingen, MTB 7427/3.

Entyloma bellidis Krieger
Funddaten: nach SCHOLZ, H. & I. SCHOLZ (1988): 20.04.68, Gz/Freihalden, an *Bellis perennis,* leg. H.D.; 10.11.68, Reisensburg bei Gz, MTB 7527/2, an *Bellis perennis*, leg. H. D.

Entyloma boraginis Ciferri
Funddaten: nach SCHOLZ, H. & I. SCHOLZ (1988): 01.09.67, Gz, an *Borago officinalis,* MTB 7527/2, leg. H.D.

Entyloma calendula (Oud.) de Bary
Funddaten: nach SCHOLZ, H. & I. SCHOLZ (1988): 06.10.67, Wasserwerk Echlishausen, an *Calendula officinalis,* MTB 7527/3, leg. H. D.

Entyloma callitrichis Liro
Funddaten: nach SCHOLZ, H. & I. SCHOLZ (1988): 13.09.69, Neu-Ulm/Wallenhausen, an *Callitriche stagnalis,* MTB 7626/1, leg. H. D.

Entyloma fergusonii (Berk. & Br.) Plowr.
Funddaten: nach SCHOLZ, H. & I. SCHOLZ (1988): 22.05.68, Gz, an *Myosotis palustris,* MTB 7527/2, leg. H. D.; 26.06.68, Gz-Reisensburg, an *Myosotis palustris,* MTB 7527/2, leg. H. D.

Entyloma ficariae Fischer v. Waldheim
Funddaten: nach SCHOLZ, H. & I. SCHOLZ (1988): alle Funde an *Ficaria:* 03.05.68, Gz, MTB 7527/2, leg. H. D.; 26.05.68, Gz-Reisensburg, MTB 7527/2, leg. H. D.; 15.05.37, Herrlingen, MTB 7525/3, leg. Pöverlein/Huber.

Entyloma flavum Ciferri
Funddaten: nach SCHOLZ, H. & I. SCHOLZ (1988): 11.08.69, Ichenhausen, an *Berula erecta,* MTB 7627/2, leg. H. D.

Entyloma heliosciadii Magnus
Funddaten: nach SCHOLZ, H. & I. SCHOLZ (1988): 26.08.69, Waldstetten, an *Apium repens,* MTB 7627/4, leg. H. D.

Entyloma linariae Schroet.
Funddaten: nach SCHOLZ, H. & I. SCHOLZ (1988): 12.10.67, Hochwang, an *Linaria vulgaris,* MTB 7627/2, leg. H. D.; 17.07.68, Gz, an *Linaria vulgaris,* MTB 7527/2, leg. H. D.

Entyloma microsporum (Unger) Schroet.
Funddaten: nach SCHOLZ, H. & I. SCHOLZ (1988): alle Funde leg. H. D., alle Funde an *Ranunculus repens:* 07.07.68, Biberberg, MTB 7626/1; 17.08.69, Großkötz, MTB 7527/4; 16.09.69, Deffingen, MTB 7527/4; 06.10.46, Mähringen, MTB 7525/4, leg. K. Müller

Entyloma ranunculi-repentis Sternon
Funddaten: nach SCHOLZ, H. & I. SCHOLZ (1988): 10.09.68, Gz, an *Ranunculus acris,* MTB 7527/2, leg. H. D.; 17.10.68, Rammingen, an *Ranunculus acris,* MTB 7427/3, leg. H. D.

Entyloma serotinum Schroet.
Funddaten: nach SCHOLZ, H. & I. SCHOLZ (1988): 29.05.68, Gz, an *Symphytum officinale,* MTB 7527/2, leg. H. D.

Entyloma tanaceti H. Sydow
Funddaten: nach SCHOLZ, H. & I. SCHOLZ (1988): 24.10.67, Gz, an *Tanacetum vulgare,* MTB 7527/2.

Melanotaenium ari (Cooke) Lagerh.
Funddaten: nach SCHOLZ, H. & I. SCHOLZ (1988): 30.04.68, Reisensburg, an *Arum maculatum,* MTB 7527/2, leg. H. D.; 09.05.68, Donauleiten/Lh, an *Arum maculatum,* MTB 7527/3, leg. H. D.

Melanotaenium endogenum (Unger) de Bary
Funddaten: nach SCHOLZ, H. & I. SCHOLZ (1988): alle an *Gallium mollugo:* 26.05.63, Gz, MTB 7527/2, leg. H. D.; 18.06.64, Ichenhausen, MTB 7627/2; 14.05.65, Ichenhausen/Ettenbeuren, MTB 7627/2; 14.05.65, Gz/Bubesheim, MTB 7527/4, leg. H. D.; 23.05.65, Reisensburg, MTB 7527/2

Microbotryum lychnidis-dioicae
Funddaten: nach SCHOLZ, H. & I. SCHOLZ (1988): 20.06.88, Arnegger Ried, an *Silene dioica*, MTB 7525/3, leg. L. K.; 14.05.88, „Gronne" bei Wiblingen, an *Silene dioica*, MTB 7625/2, leg. L. K.; 17.05.89, Thalfingen, an *Silene dioica,* MTB 7526/3, leg. L. K.; 25.05.63, Gz, an *Silene alba, Silene dioica,* MTB 7527/2, leg. H. D.; 18.05.37, Herrlingen, an *Silene dioica*, MTB 7525/3, leg. Schönau.

Microbotryum scabiosae (Sow.) Deml & Oberw.
Funddaten: nach SCHOLZ, H. & I. SCHOLZ (1988): 17.07.63, Lh, an *Knautia arvenis,* MTB 7527/3, leg. H. D.; 17.06.63, Gz, an *Knautia arvensis,* MTB 7527/2, leg. H. D.

Microbotryum scorzonerae (Alb. & Schw.) Bauer & Oberw.
Funddaten: nach SCHOLZ, H. & I. SCHOLZ (1988): 18.05.42, Gz, Herrnholz, an *Scorzonera humilis,* MTB 7527/2, leg. Huber.

Microbotryum stellariae (Sowerby) Deml & Oberwinkler
Funddaten: nach SCHOLZ, H. & I. SCHOLZ (1988): 16.09.68, Donauried, an *Myosoton aquaticum,* MTB 7527/1, leg. H. D.; 02.09.90, Weidach, an *Stellaria graminea,* MTB 7525/3, leg. L. K.

Microbotryum tragopogonis-pratensis (Pers.) Bauer & Oberw.
Funddaten: nach SCHOLZ, H. & I. SCHOLZ (1988): 13.05.59, Gz, an *Tragopogon pratensis,* MTB 7527/2, leg. H. D.

Microbotryum violaceum (Pers.) Deml & Oberwinkler
Funddaten: nach SCHOLZ, H. & I. SCHOLZ (1988): 07.07.70, Gz-Reisensburg, an *Saponaria officinalis,* MTB 7527/2, leg. H. D.; 24.08.89, Senden, am Iller-kanal, an *Saponaria officinalis,* MTB 7626/3, leg. L. K.

Schizonella melanogramma (DC) Schroet.
Funddaten: nach SCHOLZ, H. & I. SCHOLZ (1988): 20.05.66, Thalfingen, an *Carex ornithopoda,* MTB 7526/3, leg. Doppelbaur; 23.04.61, Herrlingen/Lautern, an *Carex ornithopoda,* MTB 7525/3, leg. H. D.

Tolyposporium junci (Schroeter) Woronin
Funddaten: nach SCHOLZ, H. & I. SCHOLZ (1988): 07.07.68, Autenried, an *Juncus bufonius,* MTB 7627/1, leg. H. D.

Urocystis agropyri (Preuss) Fischer v. Waldheim
Funddaten: nach SCHOLZ, H. & I. SCHOLZ (1988): 27.05.68, Gz, an *Agropyron repens,* MTB 7527/2, leg. H. D.

Urocystis anemones (Pers.) Wint.
Funddaten: nach SCHOLZ, H. & I. SCHOLZ (1988): 23.05.69, Rieden/Kötz, an *Anemone nemorosa,* MTB 7627/1, leg. H. D.; Juni 1962, Herrlingen/Blaubeuren, an *Anemone silvestris,* MTB 7525/3, leg. H. D.

Urocystis colchici (Schlechtendal.) Rabh.
Funddaten: nach SCHOLZ, H. & I. SCHOLZ (1988): 22.05.66, Burlafingen, an *Colchicum autumnale,* MTB 7526/3, leg. H. D.; 23.05.68, Gz, an *Colchicum autumnale,* MTB 7527/2, leg. H. D.

Urocystis melicae (Lagerh. & Liro) Zundel
Funddaten: nach SCHOLZ, H. & I. SCHOLZ (1988): 23.05.68, Gz, an *Melica nutans*, MTB 7527/2, leg. H. D.

Urocystis ranunculi (Libert) Moesz
Funddaten: nach SCHOLZ, H. & I. SCHOLZ (1988): 16.09.69, Dünzburg/Deffingen, an *Ranunculus repens,* MTB 7527/4, leg. H. D.

Urocystis scillae (Ciferri) Zundel
Funddaten: nach SCHOLZ, H. & I. SCHOLZ (1988): 18.05.68, Lh, an *Scilla bifolia,* MTB 7527/3, leg. Doppelbaur; 18.05.68, Gz, an *Scilla bifolia,* MTB 7527/2, leg. H. D.

Ustigalo avenae (Pers.) Rostr.
Funddaten: nach SCHOLZ, H. & I. SCHOLZ (1988): alle Funde an *Arrhenatherum elatius:* 04.06.88, bei Witthau, MTB 7526/1, leg. L. K.; 12.06.63, Gz, MTB 7527/2; 30.07.61, Oe, MTB 7526/3; 24.06.89, Arnegg, in Garten, MTB 7525/3; 01.07.89, am Rand des Arnegger Rieds, MTB 7525/3, leg. L. K.

Ustilago bistortarumm (d.C.) Körnicke
Funddaten: nach SCHOLZ, H. & I. SCHOLZ (1988): 04.04.44, Laichingen, an *Polygonum bistorta,* MTB 7524/1, leg. Müller

Ustilago cordae Liro
Funddaten: nach SCHOLZ, H. & I. SCHOLZ (1988): 06.09.66, zwischen Offingen und Reisensburg, an *Polygonum mite,* MTB 7527/2, leg. H. D.

Ustilago filiformis (Schrank) Rostr.
Syn.: *U. longissima*
Funddaten: nach SCHOLZ, H. & I. SCHOLZ (1988): 05.05.43, Burlafingen, an *Glyceria fluitans, maxima,* MTB 7526/3, leg. K. Müller; 19.09.66, Reisensburg, an *Glyceria maxima,* MTB 7527/2, leg. H. D.; 14.06.89, Ulm-Wiblingen, am Lichternsee, an *Glyceria maxima,* MTB 7625/2, leg. L. K.; 23.06.90, Hurbe (Brenz) südlich Bermaringen, MTB 7427/1, leg. L. K.; 15.07.90, NSG „Gronne" Wiblingen, MTB 7625/2, leg. L. K.; 30.06.91, Schmiechener See, an *Glyceria maxima,* MTB 7624/1, leg. L. K.

Ustigalo hordei (Pers.) Lagerh.
Funddaten: nach SCHOLZ, H. & I. SCHOLZ (1988): 25.04.88, nördlich Böttingen (Tomerdingen); an *Hordeum*-Feld, zahlreich, MTB 7525/1, leg. L. K.; 03.07.89, Spitalwald Ermingen, an *Hordeum*-Feld, MTB 7625/1, leg. L. K.

Ustigalo maydis (d.C.) Corda – Maisbrandpilz
Funddaten: nach SCHOLZ, H. & I. SCHOLZ (1988): 05.09.89, Straß/Fahlheim, an *Zea mays*, starker Befall, MTB 7526/4, leg. L. K.; Herbst 1989, nordwestlich Asch, an *Zea mays,* MTB 7524/2, leg. E. S., det. L. K.; 1980–1999, alljährlich im Riedheimer Raum, an Zuchtmais, leg. M. E.

Ustilago oxalidis Ellis & Tracy
Funddaten: nach SCHOLZ, H. & I. SCHOLZ (1988): 02.07.68, Gz, an *Oxalis fontana,* MTB 7527/2, leg. H. D., 02.07.68, Riedheim, an *Oxalis fontana,* MTB 7527/1, leg. H. D.

Ustigalo maydis

Ustilago reticulata Liro
Funddaten: nach SCHOLZ, H. & I. SCHOLZ (1988): 14.08.68, Vöhringen, an *Polygonum lapathifolium,* MTB 7726/1, leg. H. D.

Ustilago tritici (Pers.) Rostr.
Funddaten: nach SCHOLZ, H. & I. SCHOLZ (1988): 06.07.70, Gz-Denzingen, an *Hordeum vulgare, Triticum aestivum,* MTB 7527, leg. H. D.

Ustilago vaillanti L.R. & C. Tul.
Funddaten: nach SCHOLZ, H. & I. SCHOLZ (1988): 14.04.44, Gz, an *Scilla bifolia,* MTB 7527/2, leg. Huber; 01.04.59, Lh, an *Scilla bifolia,* MTB 7527/3, leg. H. D.

Ordnung **Uredinales** (Rostpilze)

Es wurden die Arbeiten von DOPPELBAUR, DOPPELBAUR & KURZ (1971), DOPPELBAUR & DOPPELBAUR (1975 a) und DOPPELBAUR & DOPPELBAUR (1975 b) und KRIEGLSTEINER L. (1992), sowie die Aufzeichnungen von DR. LOTHAR KRIEGLSTEINER ausgewertet:
Hinweis: Als Günzburger hat Hans Doppelbaur (mit seiner Frau) oft östlich von Günzburg, in den MTB 7428, 7528 und 7628 gesammelt. Diese Funde wurden nicht aufgenommen, da sie außerhalb der „Grenze" der „Ulmer Pilzflora" liegen.

Calyptospora goeppertiana Kuehn
ohne Funddatum, Tomerdingen, an *Abies alba,* MTB 7525/1, leg. K. Müller

Chrysomyxa pyrolatum (Schwein.) Wint.
ohne Funddatum, Tomerdingen, an *Pyrola minor,* MTB 7525/1, leg. K. Müller

Coloeosporium campanulae (Strauß) Tulasne
Funddaten siehe DOPPELBAUR, DOPPELBAUR & KURZ (1971)

Coloeosporium euphrasiae (Schum.) Wint.
Funddaten siehe DOPPELBAUR, DOPPELBAUR & KURZ (1971)

Coloeosporium melampyri Tul.
Funddaten siehe DOPPELBAUR, DOPPELBAUR & KURZ (1971)

Coloeosporium petasitis (DC) Lev.
Funddaten siehe DOPPELBAUR, DOPPELBAUR & KURZ (1971); Funddaten von L. K. (pers. Aufzeichn.): 01.09.88, Blaubeuren/Seißen, an *Petosites hybridus*, MTB 7524/4, leg. L. K.; 06.09.88, Baggerseen Donaurieden, an *Petosites hybridus,* MTB 7625/3, leg. L. K.; 23.08.89, Senden, am Illerkanal, an *Petosites hybridus,* MTB 7626/3, leg. L. K.

Coloeosporium pulsatillae (Str.) Lev.
ohne Funddatum, Bermaringen, an *Pulsatilla vulgaris,* MTB 7525/1, leg. K. Müller

Coloeosporium senecionis (Pers.) Fr.
Funddaten siehe DOPPELBAUR, DOPPELBAUR & KURZ (1971).

Coloeosporium sonchi (Schum.) Lev.
Funddaten siehe DOPPELBAUR, DOPPELBAUR & KURZ (1971).

Coloeosporium tussilaginis (Pers.) Lev.
Funddaten siehe DOPPELBAUR, DOPPELBAUR & KURZ (1971). Funddaten von L. K. (pers. Aufzeichn.): 01.09.89, südwestlich Schnürpflingen, an *Uredo Tussilago farfara,* MTB 7725/2, leg. L. K.; 17.10.89, südwestlich Arnegg, an *Uredo Tussilago farfara,* MMTB 7525/3, leg. L. K.

Cronartium flaccidum
Syn.: *C. asclepiadeum*
Funddaten siehe DOPPELBAUR, DOPPELBAUR & KURZ (1971).

Cronartium ribicola J.C. Fischer
Säulenrost der Schwarzen Johannisbeere
Funddaten siehe DOPPELBAUR, DOPPELBAUR & KURZ (1971).

Cumminsiella sanguinea (Peck) Arth.
Syn.: *C. mirabil.*
Funddaten von L. K. (pers. Aufzeichn.): April 1988, Söflingen, *Mahonia aquifolium, Uredo,* MTB 7625/2, leg. L. K.

Endophyllum euphorbiae-silvaticae (DC) Wint.
Funddaten siehe DOPPELBAUR, DOPPELBAUR & KURZ (1971); Funddaten siehe DOPPELBAUR (1971); Funddaten von L. K. (pers. Aufzeichn.): 14.05.89, „Roter Berg"/Allmendingen, an *Aecidien Euphorbia amygdaloides,* MTB 7624/3, leg. L. K.; Mai 1990, bei Arnegg, an *Euphorbia,* MTB 7525/3, leg. R. Sailer, det. L. K.

Frommea tomentilla
Syn.: *Fr. obtusa* (Str.) Arth.
Funddaten siehe DOPPELBAUR, DOPPELBAUR & KURZ (1971).

Gymnoconia interstitialis (Schlecht.) Lagerh.
Funddaten siehe DOPPELBAUR, DOPPELBAUR & KURZ (1971)

Gymnosporangium clavariaeforme (Jacq.) DC
Funddaten siehe DOPPELBAUR, DOPPELBAUR & KURZ (1971).

Gymnosporangium juniperi Bres.
Funddaten siehe DOPPELBAUR, DOPPELBAUR & KURZ (1971); 20.09.98, Bach, Eggingen, an anhängendem Wacholderzweig, MTB 7625/3, leg. K. Ke.

Gymnosporangium sabinae

Gymnosporangium sabinae Wint.
Birnengitterrost
Funddaten siehe DOPPELBAUR, DOPPELBAUR & KURZ (1971).
Die Art kommt alljährlich an vielen Birnenbäumen im gesamten Ulmer Großraum vor.

Hyalospora polypodii (Pers.) Magn.
Funddaten siehe DOPPELBAUR, DOPPELBAUR & KURZ (1971).

Melampsora allii-populina Kleb.
Funddaten siehe DOPPELBAUR, DOPPELBAUR & KURZ (1971).

Melampsora caprearum
Syn.: *M. larici-caprearum* Kleb.
Funddaten siehe DOPPELBAUR, DOPPELBAUR & KURZ (1971).

Melampsora euphorbiae (Schub.) Cast.
Funddaten siehe DOPPELBAUR, DOPPELBAUR & KURZ (1971).

Melampsora euphorbiae-dulcis Otth.
Funddaten siehe DOPPELBAUR, DOPPELBAUR & KURZ (1971).

Melampsora evonymi-caprearum Kleb.
Funddaten von L. K. (pers. Aufzeichn.): 01.05.91, „Silberwald" bei Ludwigsfeld, MTB 7626/1, bei AMU-Exkursion, leg. L. K.

Melampsora helioscopiae (Pers.) Cast.
Funddaten siehe DOPPELBAUR, DOPPELBAUR & KURZ (1971).

Melampsora hypericorum (DC) Wint.
Funddaten siehe DOPPELBAUR, DOPPELBAUR & KURZ (1971).

Melampsora larici-epitea Kleb.
Funddaten siehe DOPPELBAUR, DOPPELBAUR & KURZ (1971).

Melampsora larici-populina Kleb.
Funddaten siehe DOPPELBAUR, DOPPELBAUR & KURZ (1971). Funddaten von L. K. (pers. Aufzeichn.): 06.09.88, Baggerseen Donaurieden, an *Populus canadensis, Uredo,* MTB 7625/3, leg. L. K.

Melampsora lini (Ehrenb.) Desm.
Funddaten siehe DOPPELBAUR, DOPPELBAUR & KURZ (1971). Funddaten von L. K. (pers. Aufzeichn.): 12.06.89, Weidach/Lautertal, an *C. Linum catharticum,* MTB 7525/3, leg. L. K.

Melampsora repentis Plowr.
ohne Funddatum, La, MTB 7526/2, an *Gymnadenia conopsea,* leg. K. Müller; ohne Fundatum, Lh, MTB 7527/3, an *Orchis militiaris,* leg. H. D.

Melampsora ribesii-viminalis Kleb.
Funddaten: Arnegg, ohne Funddatum, an *Salix viminalis,* MTB 7525/3, leg. K. Müller; Bernstadt, ohne Funddatum, MTB 7526/2, leg. K. Müller

Melampsora rostrupii Wagn.
Funddaten siehe DOPPELBAUR, DOPPELBAUR & KURZ (1971). Funddaten von L. K. (pers. Aufzeichn.): 14.05.88, „Gronne" Wiblingen, an *Cacoma Mercurialis perennis,* MTB 7625/2, leg. L. K.; 17.05.89, Auwald Lh-Weißingen, an *Cacoma Mercurialis perennis,* MTB 7526/4, leg. L. K.; 20.05.89, Brunnenstein, MTB 7525/3, leg. L. K.; 30.08.89, östlich Treffensbuch, MTB 7525/2, leg. L. K.; 10.05.2002, Donau-Auwald bei Rh, sehr häufig in diesem Jahr an Wald-Bingelkraut, leg. M. E.

Melampsora salicis-albae Kleb.
Funddaten siehe DOPPELBAUR, DOPPELBAUR & KURZ (1971).

Melampsora tremulae Kleb.
Funddaten siehe DOPPELBAUR, DOPPELBAUR & KURZ (1971).

Melampsorella caryophyllacearum (Lk.) Schroet.
Funddaten siehe DOPPELBAUR, DOPPELBAUR & KURZ (1971).

Melampsorella symphyti (DC) Bub.
Funddaten siehe DOPPELBAUR, DOPPELBAUR & KURZ (1971). Funddaten von L. K. (pers. Aufzeichn.): 8.05.90, Erbach/Wernau, an *Symphytum officinale, Uredo,* MTB 7625/3, leg. L. K.; Bellenberg, ohne Funddatum, an *Symphytum officinale,* MTB 7726/2, leg. Huber & Pöverlin;

Melampsoridium betulinum (Fr.) Kleb.
Funddaten siehe DOPPELBAUR, DOPPELBAUR & KURZ (1971). Funddaten von L. K. (pers. Aufzeichn.): 12.04.88, Umgebung der Uni Ulm, Oberer Eselsberg, an *Uredo Betula pendula,* MTB 7525/4, leg. L. K., siehe auch DIETL & KRIEGLSTEINER (1989).

Milesia blechni (Syd.) Arth.
Funddaten: Altheim/W., ohne Funddatum, an *Blechnum spicant,* MTB 7625/4, leg. K. Müller

Ochropsora arisae
Syn.: *O. sorbi* (Oud.) Diet.
Funddaten siehe DOPPELBAUR, DOPPELBAUR & KURZ (1971). Funddaten von L. K. (pers. Aufzeichn.): 19.04.88, Lautern, an *Aec. Anemone nemorosa,* MTB 7525/3, leg. L. K.; 16.05.89, Umgebung der Uni Ulm, Oberer Eselsberg, an *Anemone nemorosa,* MTB 7525/4, leg. L. K.; 13.05.91, Ulm, Oberberghof, Hangkante Schammental, an *Anemone nemorosa,* MTB 7525, leg. L. K.

Phragmidium bulbosum (Str.) Schlecht.
Funddaten siehe DOPPELBAUR, DOPPELBAUR & KURZ (1971). Funddaten von L. K. (pers. Aufzeichn.): 06.11.89, Roter Hau südlich Ringingen, an *Uredo Rubus fruticosus,* MTB 7624/4, leg. E. S., det. L. K.

Phragmidium fragariae (DC) Rabenh.
Syn.: *Phr. granulatum*
Funddaten: Tomerdingen, ohne Funddatum, an *Potentilla sterilis,* MTB 7525/2, leg. K. Müller; Herrlingen, ohne Funddatum, an *Potentilla sterilis,* MTB 7525/3, leg. Pöverlein/Bertsch

Phragmidium mucronatum (Pers.) Schlecht.
Funddaten siehe DOPPELBAUR, DOPPELBAUR & KURZ (1971).

Phragmidium potentillae (Pers.) Karst.
Funddaten siehe DOPPELBAUR, DOPPELBAUR & KURZ (1971).

Phragmidium rubi-idaei (DC) Karst.
Funddaten siehe DOPPELBAUR, DOPPELBAUR & KURZ (1971).

Phragmidium sanguisorbae (DC) Schroeter
Syn.: *P. poterii*
Funddaten siehe DOPPELBAUR, DOPPELBAUR & KURZ (1971). Funddaten von L. K. (pers. Aufzeichn.): 19.05.88, Weidach/Lautertal, an *Sanguisorba minor*, MTB 7525/3, leg. L. K.

Phragmidium tuberculatum J. Müller
Funddaten siehe DOPPELBAUR, DOPPELBAUR & KURZ (1971).

Puccinia acetosae Koern.
Funddaten siehe DOPPELBAUR, DOPPELBAUR & KURZ (1971).

Puccinia aconiti-rubrae Lüdi
Funddaten siehe DOPPELBAUR, DOPPELBAUR & KURZ (1971).

Puccinia actaeae-agropyri Ed. Fischer
Funddaten siehe DOPPELBAUR, DOPPELBAUR & KURZ (1971).

Puccinia adoxae Hedw.f.
Funddaten siehe DOPPELBAUR, DOPPELBAUR & KURZ (1971). Funddaten von L. K. (pers. Aufzeichn.): 18.04.91, NSG „Gronne", Ulm-Wiblingen, an *Tel. Adoxa*, MTB 7625/2, leg. L. K.

Puccinia aegopodii Röhling
Funddaten siehe DOPPELBAUR, DOPPELBAUR & KURZ (1971). Funddaten von L. K. (pers. Aufzeichn.): 14.05.88, „Gronne" bei Wiblingen, an *Aegopodium podagraria,* MTB 7625/2, leg. L. K.; 02.05.89, Iller östlich Illerrieden, an *Aegopodium podagraria,* MTB 7726/1, leg. L. K.; 01.05.90, zwischen Lh und Ne, an *Aegopodium podagraria,* MTB 7527/3, leg. L. K.

Puccinia albescens (Grev.) Plowr.
Funddaten siehe DOPPELBAUR, DOPPELBAUR & KURZ (1971).

Puccinia alternans Arth.
Funddaten siehe DOPPELBAUR, DOPPELBAUR & KURZ (1971).

Puccinia angelicae (Schum.) Fuck.
Funddaten siehe DOPPELBAUR, DOPPELBAUR & KURZ (1971).

Puccinia angelicae-mammilatae Kleb.
Funddaten siehe DOPPELBAUR, DOPPELBAUR & KURZ (1971).

Puccinia anthoxanthina (Bub.) Gm.
Funddaten siehe DOPPELBAUR, DOPPELBAUR & KURZ (1971).

Puccinia antirrhini Diet. et Holway
Funddaten siehe DOPPELBAUR, DOPPELBAUR & KURZ (1971).

Puccinia arenariae (Schum.) Wint.
Funddaten siehe DOPPELBAUR, DOPPELBAUR & KURZ (1971). Funddaten von L. K. (pers. Aufzeichn.): 14.05.90, oberhalb Steinbruch Schammental, MTB 7525/4, leg. L. K.; 15.09.90, nordwestlich Dietenheim, an *Silene dioica,* MTB 7726/3, leg. L. K.

Puccinia argentata (Schultz) Winter
Syn.: *P. noli-tangeris* Corda
Funddaten siehe DOPPELBAUR, DOPPELBAUR & KURZ (1971). Funddaten von L. K. (pers. Aufzeichn.): 24.04.91, Kleines Lautertal/Lautern, an *Aec. Adoxa*, MTB 7525/3, leg. L. K.

Puccinia arrhenatheri (Kleb.) Eriks.
Funddaten siehe DOPPELBAUR, DOPPELBAUR & KURZ (1971).

Puccinia artemisiella Syd.
Funddaten siehe DOPPELBAUR, DOPPELBAUR & KURZ (1971).

Puccinia asarina Kunze
Funddaten siehe DOPPELBAUR, DOPPELBAUR & KURZ (1971). Funddaten von L. K. (pers. Aufzeichn.): alle an *Asarum europaeum:* 05.06.88, Brunnenstein, MTB 7525/3, leg. L. K.; 07.09.88, BW Tiefental, MTB 7624/1, leg. L. K.; 01.09.88, Blaubeuren/Seißen, MTB 7524/4, leg. L. K.; 05.08.89, Witthau, MTB 7526/1, leg. L. K.; 15.08.86, Seißen/Heroldstatt, MTB 7524/3, leg. F. G.; siehe auch DIETL & KRIEGLSTEINER (1989)

Puccinia asperulae-cynanchicae Wurth
Funddaten siehe DOPPELBAUR, DOPPELBAUR & KURZ (1971).

Puccinia asperulae-odoratae Wurth
Funddaten siehe DOPPELBAUR, DOPPELBAUR & KURZ (1971).

Puccinia asteris Duby
Funddaten siehe DOPPELBAUR, DOPPELBAUR & KURZ (1971).

Puccinia astranthiae Kalchbr.
Funddaten siehe DOPPELBAUR, DOPPELBAUR & KURZ (1971).

Puccinia bardanae Corda
Funddaten siehe DOPPELBAUR, DOPPELBAUR & KURZ (1971).

Puccinia behenis (DC) Otth.
Funddaten siehe DOPPELBAUR, DOPPELBAUR & KURZ (1971).

Puccinia betonicae (Alb. & Schw.) DC
Funddaten siehe DOPPELBAUR, DOPPELBAUR & KURZ (1971).

Puccinia brachycyclica Ed. Fischer
Funddaten siehe DOPPELBAUR, DOPPELBAUR & KURZ (1971).

Puccinia brachypodii Otth
Funddaten siehe DOPPELBAUR, DOPPELBAUR & KURZ (1971).

Puccinia buxi DC
Funddaten siehe DOPPELBAUR, DOPPELBAUR & KURZ (1971).

Puccinia calthicola Schroet.
Funddaten siehe DOPPELBAUR, DOPPELBAUR & KURZ (1971).

Puccinia carduorum Jacky
Funddaten siehe DOPPELBAUR, DOPPELBAUR & KURZ (1971).

Puccinia cari-bistortae Kleb.
Funddaten siehe DOPPELBAUR, DOPPELBAUR & KURZ (1971).

Puccinia carlinae Jacky
Funddaten siehe DOPPELBAUR, DOPPELBAUR & KURZ (1971).

Puccinia centaureae DC
Funddaten siehe DOPPELBAUR, DOPPELBAUR & KURZ (1971).

Puccinia chaerophylli Purt.
Funddaten siehe DOPPELBAUR, DOPPELBAUR & KURZ (1971).

Puccinia chamaedryos Ces.
Funddaten siehe DOPPELBAUR, DOPPELBAUR & KURZ (1971).

Puccinia chondrillae Corda
Funddaten siehe DOPPELBAUR, DOPPELBAUR & KURZ (1971).

Puccinia cibrata Arth. & Cumm.
Funddaten: Ulm, ohne Funddatum, an *Vinca minor,* MTB 7625/2, leg. K. Müller

Puccinia cichorii (DC) Bell.
Funddaten siehe DOPPELBAUR, DOPPELBAUR & KURZ (1971).

Puccinia circaeae Pers.
Funddaten siehe DOPPELBAUR, DOPPELBAUR & KURZ (1971).

Puccinia circaeae-caricis Hasl.
Funddaten siehe DOPPELBAUR, DOPPELBAUR & KURZ (1971).

Puccinia cirsii-lanceolati Schroet.
Funddaten siehe DOPPELBAUR, DOPPELBAUR & KURZ (1971).

Puccinia conii (Str.) Fuck.
Funddaten siehe DOPPELBAUR, DOPPELBAUR & KURZ (1971).

Puccinia coronata Corda
Funddaten siehe DOPPELBAUR, DOPPELBAUR & KURZ (1971). Sehr häufig.

Puccinia crepidis Schroet.
Funddaten siehe DOPPELBAUR, DOPPELBAUR & KURZ (1971).

Puccinia cyani Pass.
Funddaten siehe DOPPELBAUR, DOPPELBAUR & KURZ (1971).

Puccinia deschampsiae
Syn.: *P. airae*
Funddaten: bei Bollingen, ohne Funddatum, an *Deschampsia caespitosa*, MTB 7525/1, leg. K. Müller

Puccinia digraphidis Soppitt
Funddaten siehe DOPPELBAUR, DOPPELBAUR & KURZ (1971).

Puccinia difformis Kunze
Funddaten siehe DOPPELBAUR, DOPPELBAUR & KURZ (1971).

Puccinia dioicae Magn.
Syn.: *P. caricis-montanae*
Funddaten siehe DOPPELBAUR, DOPPELBAUR & KURZ (1971).

Puccinia dispersa Erikss.
Funddaten siehe DOPPELBAUR, DOPPELBAUR & KURZ (1971).

Puccinia divica
Syn.: *P. senecionis-acutiformis, P. silvatica*
Funddaten siehe DOPPELBAUR, DOPPELBAUR & KURZ (1971).

Puccinia divicae
Syn.: *P. aecidii-leucanthemi*
Funddaten siehe DOPPELBAUR, DOPPELBAUR & KURZ (1971).

Puccinia doronicella Sydow
Funddaten siehe DOPPELBAUR, DOPPELBAUR & KURZ (1971).

Puccinia echinopis DC
Funddaten siehe DOPPELBAUR, DOPPELBAUR & KURZ (1971).

Puccinia falcariae (Pers.) Fuck.
Funddaten siehe DOPPELBAUR, DOPPELBAUR & KURZ (1971).

Puccinia ferruginosa Sydow
Funddaten siehe DOPPELBAUR, DOPPELBAUR & KURZ (1971).

Puccinia festucae Plowr.
Funddaten siehe DOPPELBAUR, DOPPELBAUR & KURZ (1971).

Puccinia glechomatis DC
Funddaten siehe DOPPELBAUR, DOPPELBAUR & KURZ (1971).

Puccinia graminis Pers.
Funddaten siehe DOPPELBAUR, DOPPELBAUR & KURZ (1971). Funddaten von L. K. (pers. Aufzeichn.): 19.05.88, Weidach/Lautertal, an Aec. *Berberis vulgaris,* MTB 7525/3, leg. L. K.; 20.09.88, AB nördlich Jungingen, an Tel. *Agropyrum repens,* MTB 7525/2, leg. L. K.; 14.05.89, bei Burlafingen, an Aec. *Berberis,* MTB 7526/3, leg. L. K.; 17.05.89, Auwald Lh-Weißingen, an Aec. *Berberis,* MTB 7526/4, leg. L. K.; 02.05.89, Iller östlich Illerrieden, an Aec. *Berberis,* MTB 7726/1, leg. L. K.; 05.08.89, Witthau, an Aec. *Berberis,* MTB 7526/1, leg. L. K.; 26.09.89, Steinbruch Sotzenhausen, an Tel. *Agropyrum repens,*

MTB 7624/2, leg. L. K.; 12.05.02, Donau-Auwald bei Gz, MTB 7527, an *Berberis vulgaris*, leg. M. E.

Puccinia helianthi Schw.
Funddaten siehe DOPPELBAUR, DOPPELBAUR & KURZ (1971).

Puccinia hieracii (Schum.) Mart.
Funddaten siehe DOPPELBAUR, DOPPELBAUR & KURZ (1971).

Puccinia hordei Otth.
Funddaten siehe DOPPELBAUR, DOPPELBAUR & KURZ (1971).

Puccinia hypochoeridis Oud.
Funddaten siehe DOPPELBAUR, DOPPELBAUR & KURZ (1971).

Puccinia intybi (Juel.) Sydow
Funddaten siehe DOPPELBAUR, DOPPELBAUR & KURZ (1971).

Puccinia jaceae Otth.
Funddaten siehe DOPPELBAUR, DOPPELBAUR & KURZ (1971).

Puccinia lactucarum Syd.
Funddaten siehe DOPPELBAUR, DOPPELBAUR & KURZ (1971).

Puccinia lapsanae (Schultz) Fuck.
Funddaten siehe DOPPELBAUR, DOPPELBAUR & KURZ (1971).

Puccinia laschii Lag.
Syn.: *P. cirsii*
Funddaten siehe DOPPELBAUR, DOPPELBAUR & KURZ (1971). Funddaten von L. K. (pers. Aufzeichn.): 19.09.90, südwestlich Westerflach, MTB 7724/4, leg. L. K.

Puccinia leontodontis Jacky
Funddaten siehe DOPPELBAUR, DOPPELBAUR & KURZ (1971).

Puccinia lycoctoni Fuck.
Funddaten siehe DOPPELBAUR, DOPPELBAUR & KURZ (1971).

Puccinia major Diet.
Funddaten siehe DOPPELBAUR, DOPPELBAUR & KURZ (1971).

Puccinia malvacearum Bert.
Funddaten siehe DOPPELBAUR, DOPPELBAUR & KURZ (1971). Funddaten von L. K. (pers. Aufzeichn.): 08.07.89, Weidach, Kapellenstr. 14, an *Malva silvestris,* MTB 7525/3, leg. L. K.

Puccinia melicae (Erikss.) Syd.
Funddaten siehe DOPPELBAUR, DOPPELBAUR & KURZ (1971).

Puccinia menthae Pers.
Funddaten siehe DOPPELBAUR, DOPPELBAUR & KURZ (1971).

Puccinia millefolii Fuck.
Funddaten siehe DOPPELBAUR, DOPPELBAUR & KURZ (1971).

Puccinia mixta Fuckel
Syn.: *P. porri*
Funddaten siehe DOPPELBAUR, DOPPELBAUR & KURZ (1971).

Puccinia nitida (Str.) Röhling
Syn.: *P. aethusae*
Funddaten siehe DOPPELBAUR, DOPPELBAUR & KURZ (1971). Funddaten von L. K. (pers. Aufzeichn.): 09.07.89, „Ulmerhalde"/Altental, *Uredo Aethusa cynapium,* MTB 7525/3, leg. L. K.

Puccinia obscura Schroet.
Funddaten siehe DOPPELBAUR, DOPPELBAUR & KURZ (1971).

Puccinia opizii Bub.
Funddaten siehe DOPPELBAUR, DOPPELBAUR & KURZ (1971).

Puccinia orchidearum-phalaridis Kleb.
Funddaten siehe DOPPELBAUR, DOPPELBAUR & KURZ (1971).

Puccinia pedunculata Schroet.
Funddaten siehe DOPPELBAUR, DOPPELBAUR & KURZ (1971).

Puccinia pelargonii-zonalis Doidge
Funddaten siehe DOPPELBAUR, DOPPELBAUR & KURZ (1971).

Puccinia perplexans Plowr.
Funddaten siehe DOPPELBAUR, DOPPELBAUR & KURZ (1971).

Puccinia persistens Plowr.
Funddaten siehe DOPPELBAUR, DOPPELBAUR & KURZ (1971).

Puccinia petasiti-poarum Plowr.
Funddaten siehe DOPPELBAUR, DOPPELBAUR & KURZ (1971).

Puccinia phalaridis Plowr.
Funddaten siehe DOPPELBAUR, DOPPELBAUR & KURZ (1971). Funddaten von L. K. (pers. Aufzeichn.): 17.05.89, Auwald Lh-Weißingen, an Aec. *Arum maculatum,* MTB 7526/4, leg. L. K.; 20.05.89, Brunnenstein, an Aec. *Arum maculatum,* MTB 7525/3, leg. L. K.; 01.05.91, „Silberwald" bei Ludwigsfeld, an Aec. *Arum maculatum,* MTB 7626/1, bei AMU-Exkursion, det. L. K.

Puccinia phragmitis (Schum.) Koern.
Funddaten siehe DOPPELBAUR, DOPPELBAUR & KURZ (1971).

Puccinia picridis Hazsl.
Funddaten siehe DOPPELBAUR, DOPPELBAUR & KURZ (1971).

Puccinia piloselloidarum Probst
Funddaten siehe DOPPELBAUR, DOPPELBAUR & KURZ (1971).

Puccinia pimpinellae (Str.) Mart.
Funddaten siehe DOPPELBAUR, DOPPELBAUR & KURZ (1971).

Puccinia poarum Nielsen
Funddaten siehe DOPPELBAUR, DOPPELBAUR & KURZ (1971). Funddaten von L. K. (pers. Aufzeichn.): alle an Aec. *Tussilago farfara:* 31.05.88, Umgebung der Uni Ulm, Oberer Eselsberg, MTB 7525/4, leg. L. K.; 01.08.88, Blaubeuren/Seißen, MTB 7524/4, leg. L. K.; 04.06.88, Witthau, MTB 7526/1, leg. L. K.; 12.06.89, Weidach/Lautertal, MTB 7525/3, leg. L. K.; 13.06.89, Sotzenhausen, MTB 7624/2, leg. L. K.; 23.08.89, Senden, am Illerkanal, MTB 7626/3, leg. L. K.; 12.10.89, BW Tiefental, MTB 7624/1, leg. L. K.; 30.10.89, Neu-Ulm/Reutti, MTB 7626/1, leg. L. K.; 15.08.86, Seißen/Heroldstatt, MTB 7524/3, leg. F. G.; siehe auch DIETL & KRIEGLSTEINER (1989)

Puccinia polygoni Alb. & Schw.
Funddaten siehe DOPPELBAUR, DOPPELBAUR & KURZ (1971).

Puccinia polygoni-amphibii Pers.
Funddaten siehe DOPPELBAUR, DOPPELBAUR & KURZ (1971).

Puccinia praecox Bub.
Funddaten siehe DOPPELBAUR, DOPPELBAUR & KURZ (1971).

Puccinia pringsheimiana Kleb.
Funddaten siehe DOPPELBAUR, DOPPELBAUR & KURZ (1971).

Puccinia pulverulenta Grev.
Funddaten siehe DOPPELBAUR, DOPPELBAUR & KURZ (1971).

Puccinia punctata Link
Funddaten siehe DOPPELBAUR, DOPPELBAUR & KURZ (1971).

Puccinia punctiformis
Syn.: *P. suaveolens*
Funddaten siehe DOPPELBAUR, DOPPELBAUR & KURZ (1971). Funddaten von L. K. (pers. Aufzeichn.): alle an *Cirsium arvense:* 20.06.88, Arnegger Ried, MTB 7525/3, leg. L. K.; 01.08.89, „Schildhau" westlich Seißen, MTB 7524/3, leg. L. K; 15.08.86, Seißen/Heroldstatt, MTB 7524/3, leg. F. G.

Puccinia pygmaea Erikss.
Funddaten siehe DOPPELBAUR, DOPPELBAUR & KURZ (1971).

Puccinia pyrethri (Wallr.) Rabh.
Funddaten siehe DOPPELBAUR, DOPPELBAUR & KURZ (1971).

Puccinia retifera Lindr.
Funddaten siehe DOPPELBAUR, DOPPELBAUR & KURZ (1971).

Puccinia ribesii-caricis Kleb. – Formenkreis (Aecidien an *Ribes*)
Funddaten siehe DOPPELBAUR, DOPPELBAUR & KURZ (1971).

Puccinia ribesii-pseudocyperi Kleb.
Funddaten siehe DOPPELBAUR, DOPPELBAUR & KURZ (1971).

Puccinia rossiana Sacc.
Funddaten siehe DOPPELBAUR, DOPPELBAUR & KURZ (1971).

Puccinia saniculae Grev.
Funddaten siehe DOPPELBAUR, DOPPELBAUR & KURZ (1971).

Puccinia schoeleriana
Funddaten siehe DOPPELBAUR, DOPPELBAUR & KURZ (1971). Funddaten von L. K. (pers. Aufzeichn.): 27.10.90, Uni Ulm, am Oberen Eselsberg, Aec. *Senecio vulgaris,* MTB 7525/4, leg. L. K

Puccinia scillae-rubrae Cruch.
Funddaten siehe DOPPELBAUR, DOPPELBAUR & KURZ (1971).

Puccinia semadenii Gm.
Funddaten siehe DOPPELBAUR, DOPPELBAUR & KURZ (1971).

Puccinia senecionis Lib.
Funddaten siehe DOPPELBAUR, DOPPELBAUR & KURZ (1971).

Puccinia sesleriae Reichardt
Funddaten siehe DOPPELBAUR, DOPPELBAUR & KURZ (1971).

Puccinia sessilis Schroeter
Aronstab-Rostpilz
Funddaten: 07.05.02, Ludwigsfeld, Illerholz, MTB 7626/1, auf Aronstab-Blättern, im Eschen-Schwarz-Erlen-Auwald, leg. K. Ke.

Puccinia silai Fuck.
Funddaten siehe DOPPELBAUR, DOPPELBAUR & KURZ (1971).

Puccinia stachyolis DC
Funddaten siehe DOPPELBAUR, DOPPELBAUR & KURZ (1971).

Puccinia striiformis
Syn.: *P. glumarum*
Funddaten siehe DOPPELBAUR, DOPPELBAUR & KURZ (1971).

Puccinia symphyti-bromorum F. Müller
Funddaten siehe DOPPELBAUR, DOPPELBAUR & KURZ (1971). Funddaten von L. K. (pers. Aufzeichn.): 04.06.88, Witthau, Aec. *Pulmonaria officinalis,* MTB 7526/1, leg. L. K.

Puccinia tanaceti DC
Funddaten siehe DOPPELBAUR, DOPPELBAUR & KURZ (1971).

Puccinia taraxaci (Rabenh.) Plowr.
Funddaten siehe DOPPELBAUR, DOPPELBAUR & KURZ (1971).

Puccinia thesii (Desv.) Chaill.
Funddaten siehe DOPPELBAUR, DOPPELBAUR & KURZ (1971).

Puccinia thlaspeos Schub.
Funddaten siehe DOPPELBAUR, DOPPELBAUR & KURZ (1971). Funddaten von L. K. (pers. Aufzeichn.): 20.05.89, Brunnenstein, Tel. *Thlaspi montanum,* MTB 7525/3, leg. L. K.

Puccinia tinctoriicola Magn.
Funddaten siehe DOPPELBAUR, DOPPELBAUR & KURZ (1971).

Puccinia tragopogonis Corda
Funddaten siehe DOPPELBAUR, DOPPELBAUR & KURZ (1971).

Puccinia trailii Plowr.
Funddaten siehe DOPPELBAUR, DOPPELBAUR & KURZ (1971).

Puccinia triseti Erikss.
Funddaten siehe DOPPELBAUR, DOPPELBAUR & KURZ (1971).

Puccinia triticina Erikss.
Funddaten siehe DOPPELBAUR, DOPPELBAUR & KURZ (1971).

Puccinia urticae-acutae Kleb.
Funddaten siehe DOPPELBAUR, DOPPELBAUR & KURZ (1971).

Puccinia urticae-acutiformis Kleb.
Funddaten siehe DOPPELBAUR, DOPPELBAUR & KURZ (1971).

Puccinia urticae-caricis Kleb. – Formenkreis
Aecidien an *Urtica*
Funddaten siehe DOPPELBAUR, DOPPELBAUR & KURZ (1971). Funddaten von L. K. (pers. Aufzeichn.): alle an *Urtica dioica*, MTB 7526/3, leg. G. St., det. L. K.; Juni 1989, Ulm, Umgebung der Uni, Oberer Eselsberg, MTB 7525/4, leg. G. St.; 01.05.91, „Silberwald" bei Ludwigsfeld, MTB 7626/1, bei AMU-Exkursion, det. L. K.; 30.06.91, Schmiechener See, MTB 7624/1, leg. L. K.

Puccinia urticae-flaccae Hasler
Funddaten siehe DOPPELBAUR, DOPPELBAUR & KURZ (1971).

Puccinia urticae-hirtae Kleb.
Funddaten siehe DOPPELBAUR, DOPPELBAUR & KURZ (1971).

Puccinia urticae-inflatae Hasler
Funddaten siehe DOPPELBAUR, DOPPELBAUR & KURZ (1971).

Puccinia urticae-pallescentis Tranzsch.
Funddaten siehe DOPPELBAUR, DOPPELBAUR & KURZ (1971).

Puccinia urticae-paniceae Mayer
Funddaten siehe DOPPELBAUR, DOPPELBAUR & KURZ (1971).

Puccinia urticae-pilosae Hasler
Funddaten siehe DOPPELBAUR, DOPPELBAUR & KURZ (1971).

Puccinia urticae-ripariae Hasler
Funddaten siehe DOPPELBAUR, DOPPELBAUR & KURZ (1971).

Puccinia valantiae Pers.
Funddaten siehe DOPPELBAUR, DOPPELBAUR & KURZ (1971).

Puccinia variabilis Grev.
Funddaten siehe DOPPELBAUR, DOPPELBAUR & KURZ (1971). Funddaten von L. K. (pers. Aufzeichn.): 30.04.88, Ulm, Umgebung der Uni, Oberer Eselsberg, an Aecidien*Taraxacum officinalis,* MTB 7525/4, leg. L. K.; 16.05.89, Söflingen/Donautal, an Aecidien *Taraxacum officinalis,* MTB 7625/2, leg. L. K.; siehe auch DIETL & KRIEGLSTEINER (1989)

Puccinia violae (Schum.) DC
Funddaten siehe DOPPELBAUR, DOPPELBAUR & KURZ (1971). Funddaten von L. K. (pers. Aufzeichn.): 02.05.89, Iller östlich Illerrieden, Aecidien *Viola ? reichenbachiana,* MTB 7726/1, leg. L. K.; 01.05.91, „Silberwald“ bei Ludwigsfeld, an Aecidien *Viola reichenbachiana*, MTB 7626/1, bei AMU-Exkursion, det. L. K.

Puccinia winteriana Magn.
Funddaten siehe DOPPELBAUR, DOPPELBAUR & KURZ (1971).

Pucciniastrum agrimoniae (DC) Tranzsch.
Funddaten siehe DOPPELBAUR, DOPPELBAUR & KURZ (1971).

Pucciniastrum circaeae (Schum.) Speg.
Funddaten siehe DOPPELBAUR, DOPPELBAUR & KURZ (1971).

Pucciniastrum epilobii (Pers.) Otth.
Funddaten siehe DOPPELBAUR, DOPPELBAUR & KURZ (1971).

Pucciniastrum pyrolae (Pers.) Schroet.
Funddaten siehe DOPPELBAUR, DOPPELBAUR & KURZ (1971).

Thekopsora areolata (Fr.) Magn.
Funddaten siehe DOPPELBAUR, DOPPELBAUR & KURZ (1971).

Thekopsora guttata
Syn.: *Th. galii*
Funddaten siehe DOPPELBAUR, DOPPELBAUR & KURZ (1971).

Thekopsora vaccinii (Wint.) N. Hiratsuka
Syn.: *Th. myrtillina*
Funddaten von L. K. (pers. Aufzeichn.): 15.09.89, Steinbruch Sotzenhausen, Uredo Heidelbeere, MTB 7624/2, leg. L. K.

Trachyspora intrusa
Syn.: *Tr. alchemillae*
Funddaten siehe DOPPELBAUR, DOPPELBAUR & KURZ (1971).

Tranzschelia discolor – Zwetschgenrost
Funddaten: Frühherbst 1999, an verschiedenen Zwetschgenbäumen bei Riedheim, MTB 7527, leg. M. E., Bestimmung verifiziert durch Bilder bei Baumschule Haage, Lh.

Tranzschelia fusca (Relh.) Diet.
Funddaten siehe DOPPELBAUR, DOPPELBAUR & KURZ (1971). Funddaten von L. K. (pers. Aufzeichn.): 18.04.91, NSG „Gronne“ bei Wiblingen, an Tel. *Anemone nemorosa,* MTB 7625/2, leg. L. K.

Tranzschelia pruni-spinosae (Pers.) Diet.
Funddaten siehe DOPPELBAUR, DOPPELBAUR & KURZ (1971). Funddaten von L. K. (pers. Aufzeichn.): Sept. 1989, Straß, in einem Garten, an *Prunus spec.,* MTB 7526/4, leg. S. Schüle, det. L. K.

Triphragmium ulmariae (Schum.) Lk.
Funddaten siehe DOPPELBAUR, DOPPELBAUR & KURZ (1971). Funddaten von L. K. (pers. Aufzeichn.): 05.06.88, Arnegger Ried, an Uredo *Filipendula ulma-*

ria, MTB 7525/3, leg. L. K.; 14.05.88, „Gronne“ bei Wiblingen, an *Filipendula ulmaria,* MTB 7625/2, leg. L. K.

Uromyces aconiti Fuck.
Funddaten siehe DOPPELBAUR, DOPPELBAUR & KURZ (1971). Funddaten von L. K. (pers. Aufzeichn.): 19.05.89, östlich Treffensbuch, an Aecidien *Aconitum vulparia,* MTB 7524/2, leg. L. K.

Uromyces airae-flexuosae Liro
Funddaten siehe DOPPELBAUR, DOPPELBAUR & KURZ (1971).

Uromyces alcidiformis
Syn.: *U. lilii*
Funddaten siehe DOPPELBAUR, DOPPELBAUR & KURZ (1971).

Uromyces anthyllidis (Grev.) Schroet.
Funddaten siehe DOPPELBAUR, DOPPELBAUR & KURZ (1971).

Uromyces appendiculata
Syn.: *U. phasaeoli*
Funddaten siehe DOPPELBAUR, DOPPELBAUR & KURZ (1971).

Uromyces avicularıae
Syn.: *U. polygoni*
Funddaten siehe DOPPELBAUR, DOPPELBAUR & KURZ (1971).

Uromyces behenis (DC) Ung.
Funddaten siehe DOPPELBAUR, DOPPELBAUR & KURZ (1971).

Uromyces betae (Pers.) Tul.
Funddaten siehe DOPPELBAUR, DOPPELBAUR & KURZ (1971).

Uromyces dactylidis Otth
Funddaten siehe DOPPELBAUR, DOPPELBAUR & KURZ (1971). Funddaten von L. K. (pers. Aufzeichn.): 09.07.89, „Ulmerhalde“/Altental, Ur, Tel. *Dactylis,* MTB 7525/3, leg. L. K.

Uromyces ervi (Wallr.) Westend.
Funddaten siehe DOPPELBAUR, DOPPELBAUR & KURZ (1971).

Uromyces euphorbiae-corniculati
Syn.: *U. loti*
Funddaten siehe DOPPELBAUR, DOPPELBAUR & KURZ (1971).

Uromyces excavatus (DC) Lev.
Funddaten siehe DOPPELBAUR, DOPPELBAUR & KURZ (1971).

Uromyces ficariae (Schum.) Lev.
Funddaten siehe DOPPELBAUR, DOPPELBAUR & KURZ (1971). Funddaten von L. K. (pers. Aufzeichn.): alle an Tel. *Ficaria:* 30.04.88, Umgebung der Uni Ulm, Oberer Eselsberg, MTB 7525/4, leg. L. K.; 07.04.89, Iller südlich Oberkirchberg, MTB 7626/3, leg. L. K.; 02.05.89, Iller östlich Illerrieden, MTB 7726/1, leg. L. K.; 01.05.90, zwischen Lh und Ne, MTB 7525/3, leg. L. K.; 21.04.91, „Hau“ nordwestlich Erbach, MTB 7625/3, leg. L. K.; 21.04.91, Kleines Lautertal, MTB 7525/3, leg. L. K.; 01.05.91, „Silberwald“/Ludwigsfeld, MTB 7626/1, bei AMU-Exkursion, det. L. K.; siehe auch DIETL & KRIEGLSTEINER (1989)

Uromyces fischeri-eduardi Magn.
Funddaten siehe DOPPELBAUR, DOPPELBAUR & KURZ (1971).

Uromyces gageae Beck
Funddaten siehe DOPPELBAUR, DOPPELBAUR & KURZ (1971).

Uromyces geranii (DC) Fr.
Funddaten siehe DOPPELBAUR, DOPPELBAUR & KURZ (1971). Funddaten von L. K. (pers. Aufzeichn.): 14.05.88, „Gronne“, an Aecidien *Geranium pratense,* MTB 7625/2, leg. L. K.; 12.10.89, Tiefental, an Tel. *Geranium palustre,* MTB 7624/1, leg. L. K.

Uromyces junci (Desm.) Tul.
Funddaten siehe DOPPELBAUR, DOPPELBAUR & KURZ (1971).

Uromyces kabatianus Bub.
Funddaten siehe DOPPELBAUR, DOPPELBAUR & KURZ (1971). Funddaten von L. K. (pers. Aufzeichn.): 14.05.88, „Gronne“ bei Wiblingen, an Tel. *Geranium pyrenaicum,* MTB 7625/2, leg. L. K.

Uromyces laburni (DC) Fuck.
Funddaten siehe DOPPELBAUR, DOPPELBAUR & KURZ (1971).

Uromyces minor Schroet.
Funddaten siehe DOPPELBAUR, DOPPELBAUR & KURZ (1971).

Uromyces onobrychidis (Desm.) Lev.
Funddaten siehe DOPPELBAUR, DOPPELBAUR & KURZ (1971).

Uromyces orobi (Schum.) Fuck.
Fundtaten siehe DOPPELBAUR, DOPPELBAUR & KURZ (1971).

Uromyces phyteumatum (DC) Ung.
Funddaten siehe DOPPELBAUR, DOPPELBAUR & KURZ (1971).

Uromyces pisi (Pers.) Winter
Funddaten siehe DOPPELBAUR, DOPPELBAUR & KURZ (1971). Funddaten von L. K. (pers. Aufzeichn.): alle an Aecidien *Euphorbia cyparissias:* 19.05.88, Weidach/Lautertal, MTB 7525/3, leg. L. K.; 14.05.88, „Gronne“ bei Wiblingen, MTB 7625/2, leg. L. K.; 13.05.89, südlich Thalfingen, MTB 7526/3, leg. L. K.; 14.05.89, „Roter Berg“/Allmendingen, MTB 7624/3, leg. L. K.; 13.06.89, Sotzenhausen, MTB 7624/2, leg. L. K.; 08.06.90, Witthau, MTB 7526/1, leg. L. K.

Uromyces poae Rabh.
Funddaten siehe DOPPELBAUR, DOPPELBAUR & KURZ (1971).

Uromyces punctatus Schroet.
Funddaten siehe DOPPELBAUR, DOPPELBAUR & KURZ (1971).

Uromyces rumicis (Schum.) Wint.
Funddaten siehe DOPPELBAUR, DOPPELBAUR & KURZ (1971).

Uromyces scillarum (Grev.) Wint.
Funddaten siehe DOPPELBAUR, DOPPELBAUR & KURZ (1971).

Uromyces scutellatus (Pers.) Lev.
Funddaten siehe DOPPELBAUR, DOPPELBAUR & KURZ (1971). Funddaten von L. K. (pers. Aufzeichn.): 24.05.89, Tel. *Euphorbia cyparissias,* MTB 7525/3, leg. L. K.; 08.06.90, Witthau, an Tel. *Euphorbia cyparissias,* MTB 7526/1, leg. L. K.

Uromyces striatus Schroet.
Funddaten siehe DOPPELBAUR, DOPPELBAUR & KURZ (1971).

Uromyces trifolii (Hedw.f.) Lev.
Syn.: *U. flectens*
Funddaten siehe DOPPELBAUR, DOPPELBAUR & KURZ (1971).

Uromyces trifolii-hybridi Paul
Funddaten siehe DOPPELBAUR, DOPPELBAUR & KURZ (1971).

Uromyces trifolii-repentis (Cast.) Liro
Funddaten siehe DOPPELBAUR, DOPPELBAUR & KURZ (1971). Funddaten von L. K. (pers. Aufzeichn.): 12.10.88, Umgebung der Uni Ulm, Oberer Eselsberg, an *Trifolium repens,* MTB 7525/4, leg. L. K.; siehe auch DIETL & KRIEGLSTEINER (1989)

Uromyces valerianae (Schum.) Fuck.
Funddaten siehe DOPPELBAUR, DOPPELBAUR & KURZ (1971).

Uromyces verrucosae-craccae Mayor
Funddaten siehe DOPPELBAUR, DOPPELBAUR & KURZ (1971).

Uromyces verrucolosus Schroet.
Funddaten siehe DOPPELBAUR, DOPPELBAUR & KURZ (1971).

Uromyces viciae-fabae
Syn.: *U. fabae*
Funddaten siehe DOPPELBAUR, DOPPELBAUR & KURZ (1971).

Ordnungsgruppe **Sonstige Heterobasidiomycetidae**

Ordnung **Auriculariales** Schröter 1885

Familie **Auriculariaceae** Fries 1838

Auricularia auricula-judae (Linn.: Fr.) Schröter – Judasohr
Funddaten erübrigen sich. Die Art ist häufig und kommt, fast immer am Schwarzen Holunder (*Sambucus nigra*) an geschwächten und absterbenden Ästen sehr wahrscheinlich in allen MTB im Ulmer Raum vor.

Auricularia mesenterica (Dicks.: Fr.) Pers.
Gezonter Ohrlappenpilz
Funddaten: 1990, Böfinger Halde, an Ulme, MTB 7526/3, leg. H. R.; Januar 1991, Garten in Bellenberg, an Ulme, MTB 7726/2, leg. J. I., det. H. R.; Dez. 2002, bei Ermingen, an Pappel, leg. L. K. und Ralph Sipple; 28.05.86, „Silberwald“ bei Ludwigsfeld, MTB 7726, auf altem, bemoostem Eschenstamm, leg. K. K.; Jan. 2000 und 2001, beim Schwimmbad Laupheim, leg. T. B.

Helicobasidium brebissonii (Desm.) Donk
Violette Schneckenbasidie
Funddaten: 19.03.83, zwischen Rh + La, MTB 7526, bei der Sixenmühle, an der Basis eines toten Faulbaums (*Frangula alnus*), Hymenium schön graupurpurn, leg. M. E., det. G. B.

Familie **Ecchynaceae** Maire & Lotsy 1907

Phleogena faginea (Fr.: Fr.) Link
Hütchenträger
Rote-Liste-Art: stark gefährdet!
Funddaten von L. K. (pers. Aufzeichn.): 23.11.87, „Ballhart" westlich von Hausen/Lone, an stehendem, totem Fichtenstämmchen, auf der Rinde, MTB 7426/2, leg. L. K.

Ordnung **Dacrymycetales** Lindau 1897

Familie **Dacrymycetaceae** Brefeld 1888

Calocera cornea (Batsch: Fr.) Fr.
Pfriemlicher Hörnling
Funddaten: 1937–40, Haas-Exk. im Maien- und Klosterwald bei Söflingen, MTB 7625; 23.10.76, Kri-Exkursion zwischen Uf + Lh, Wald „Lechfeld", MTB 7527; 21.07.80, bei Limbach, im Fichtenforst, MTB 7528, leg. C. S., an morschem Fichtenast; 19.10.80, Haas-Exk. bei Breitingen, MTB 7425; 06.08.81, Kirchholz bei Of, MTB 7526, leg. C. S.; Dietl & Krieglsteiner (1989), am Oberen Eselsberg in Ulm; weitere Funddaten erübrigen sich. Die Art ist sehr häufig und kommt sehr wahrscheinlich in allen MTB im Ulmer Raum vor.

Calocera furcata (Fr.) Fr. – Gegabelter Hörnling
Funddaten von L. K. (pers. Aufzeichn.): 01.08.89, „Schildhau" westlich Seißen, an entrindeter Fichte, MTB 7524/3, leg. L. K.; 14.06.90, „Holzstöcke" Orsenhausen, an berindeter Tanne, MTB 7725/4, leg. L. K.; 28.09.86, Gentersloh bei Ermingen, MTB 7725, an altem, liegendem Fichtenstamm, leg. K. K.

Calocera viscosa (Pers.: Fr.) Fr.
Klebriger Hörnling
Funddaten: vor 1896, leg. Veesenmeyer und Haas, Thalfingen, Oberamt Ulm; weitere Funddaten erübrigen sich. Die Art ist sehr häufig und kommt sehr wahrscheinlich in allen MTB im Ulmer Raum vor.

Dacryomyces stillatus Nees: Fr. (aggr.)
Zerfließende Gallertträne
Syn.: *D. deliquescens*
Funddaten erübrigen sich. Die Art ist sehr häufig und kommt sehr wahrscheinlich in allen MTB im Ulmer Raum vor.

Dacryomyces variisporus McNabb
Verschiedensporige Gallertträne
Funddaten: 01.11.86, Ulm, Eichenhang, MTB 7628, an liegendem Ast von *Abies alba*, leg. K. K.

Ordnung **Exobasidiales** Lindau 1897

Exobasidium rhododendri (Fuckel) Cram.
Alpenrosen-Nacktbasidie
Funddaten von L. K. (pers. Aufzeichn.): 03.06.91, Ulm-Böfingen, Privatgarten, an *Rhododendron ferrugineum*, MTB 7526/3, leg. E. S., det. E. S. + L. K.; Juni 1991, Ulm, Friedrichsau, an *Rhododendron cult.*, leg. H. R.

Ordnung **Tremellales** Rea 1922

Familie **Tremellaceae** Fries 1821 Gallertpilzartige

Craterocolla cerasi (Tul.) Brefeld
Kirsch-Drüsling
Funddaten: 26.10.02, Obstgarten in Neu-Ulm, MTB 7725, auf *Prunus spec.*, leg. K. K.

Eichleriella deglubens (Berk. & Br.) Reid
Dornige Wachskruste
Rote-Liste-Art: stark gefährdet!
Funddaten von L. K. (pers. Aufzeichn.): 04.11.88, Mähringen, Tobeltal, auf Rinde stehender Hasel, MTB 7525/4, leg. L. K.; 07.04.89, Illerau südlich Oberkirchberg, an berindeter Esche, MTB 7626/3, leg. L. K.; 14.05.89, Roter Berg, Ulm, an berindetem Eschenast, MTB 7624/3, leg. L. K.; 05.08.89, Witthau, an Eichenast, MTB 7526/1, leg. L. K.; 30.10.89, Neu-Ulm/Reutti, an entrindetem Laubholz, MTB 7626/1, leg. L. K.; 27.01.90, BW Tiefental, MTB 7524/3, leg. L. K. + H. O. B.; 03.02.90, Klinge westlich Bermaringen, an stehender, berindeter Hasel, MTB 7524/2, leg. L. K.; 08.02.90, westlich Asch, an Buchenästen, MTB 7524/4, leg. L. K.; 10.02.90, Weidach/Lautertal, an stehender Hasel, MTB 7525/3, leg. L. K.; 01.05.91, „Silberwald" bei Ludwigsfeld, an

stehender Hasel, MTB 7626/1, leg. L. K. bei AMU-Exkursion.

Exidia cartilaginea Lund. & Neuh. in Neuh.
Knorpeliger Drüsling
Funddaten von L. K. (pers. Aufzeichn.): 14.01.89, nördlich Weidach, an Hasel (?), MTB 7525/1, leg. L. K.; 05.06.88, Arnegger Ried, an Weide, MTB 7525/3, leg. L. K.; 01.05.91, „Silberwald" bei Ludwigsfeld, an Pappel (?), MTB 7626/1, leg. L. K. bei AMU-Exkursion; KRIEGLSTEINER (1991) nennt in seinem Verbreitungsatlas einen Fund in MTB 7426. Nähere Fundangaben liegen mir nicht vor

Exidia glandulosa (Bull.: St. Amans 1821) Fr.
Becherförmiger Drüsling
Syn. *E. truncata*
Funddaten erübrigen sich. Die Art ist sehr häufig und kommt sehr wahrscheinlich in allen MTB im Ulmer Raum vor.

Exidia pithya Alb. & Schw. Fr.
Teerflecken-Drüsling
Funddaten: 1977, Donau-Auwald bei Uf, an totem Fichtenast, im „Stallholz", MTB 7526, leg. M. E.; 25.09.77, Kri-Exkursion am Roten Berg bei Ulm, MTB 7525/4; 20.01.79, bei Holzheim (Schloß Neubronn), an liegendem Fichtenstamm, Exkursion mit F. R., leg. M. E.; Eselswald Ulm, leg. H. R. †; von E. R. (Erbach-Ringingen) 1979 aus dem MTB 7624 (Schelklingen) gemeldet; DIETL & KRIEGLSTEINER (1989), am Oberen Eselsberg in Ulm; 13.08.00, Widenmannwald bei Neu-Ulm, MTB 7726, auf zu einem Jägerstand verbauten Fichtenstamm, leg. K. K.; weitere Funddaten erübrigen sich. Die Art ist häufig und kommt sehr wahrscheinlich in allen MTB im Ulmer Raum an berindetem Fichtenholz vor.

Exidia plana (Wigg.: Schleich) Donk
Warziger Drüsling
Syn.: *Exidia glandulosa*
Funddaten erübrigen sich. Die Art ist sehr häufig und kommt sehr wahrscheinlich in allen MTB im Ulmer Raum vor.

Exidia recisa (Ditm.: S. F. Gray) Fr.
Kreisel-Drüsling
Funddaten: 23.10.76, Kri-Exkursion in „Muna" bei Bühl und in einem Wald bei Uf-Lh, MTB 7527; 26.12.78, Donau-Auwald bei Lh-Uf, bei Rod & Gun-Club, an stehender Weide, MTB 7527, leg. M. E.; DIETL & KRIEGLSTEINER (1989), am Oberen Eselsberg in Ulm; Funddaten von L. K. (pers. Aufzeichn.): 25.11.88, Weidach beim Schützenhaus, an Salweide (am Strauch), MTB 7525/1, leg. L. K.; 07.01.88, Lautern, an Weide, MTB 7525/3, leg. L. K.; 04.01.88, Schmiechener See, an Weide, MTB 7624/1, leg. L. K.; 06.11.90, Roggenburger Weiher, an Weide, MTB 7727/1, leg. L. K.; 01.05.91, „Silberwald" bei Ludwigsfeld, an Weide, MTB 7626/1, leg. L. K. bei AMU-Exkursion. 15.10.00, Bayern, Naturschutzgebiet bei Riedheim, an *Salix cinerea*, leg. M. E. (mit Foto); 15.03.02, Hader Höhe, MTB 7725/4/4, an Weide, leg. K. Ke.

Exidia saccharina Alb. & Schw.: Fr.
Kandisbrauner Drüsling
Funddaten: 30.12.87, Eselsberg bei Uni Ulm, MTB 7625, an liegendem Stamm von *Pinus silvestris*, leg. K. K.

Exidia thuretiana (Lév.) Fr.
Weißlicher Drüsling
Funddaten: 21.10.89, Ulm, Eselswald, leg. H. R.; von E. R. (Erbach-Ringingen) 1979 aus dem MTB 7624 (Schelklingen) gemeldet; Funddaten von L. K. (pers. Aufzeichn.): 15.11.87, Weidach/Lautertal, an Laubholz, MTB 7525/3, leg. L. K.; 07.01.88, Lautern, an Esche, MTB 7525/3, leg. L. K.; 12.10.88, Tiefental, an Laubholz, MTB 7524/3, leg. L. K.; 14.05.89, am Roten Berg, Ulm, an Feld-Ahorn, MTB 7624/3, leg. L. K.; 01.08.89, „Schildhau" westlich Seißen, an entrindetem Buchenast, MTB 7524/3, leg. L. K.; 05.08.89, Witthau, an Hasel, MTB 7526/1, leg. L. K.; 05.11.89, Ehingen/Schlechtenfeld, an Buchenast, MTB 7724/1, leg. L. K.; 03.02.90, Bermaringen, „Kirchäcker", an Linde, MTB 7525/1, leg. L. K.; 03.02.90, Klinge westlich Bermaringen (Asch), an Hasel, MTB 7524/2, 8.02.90, westlich Asch, an Eiche, MTB 7524/4, leg. L. K.; 25.10.99, Plattenhau bei Altheim, MTB 7725, an liegendem, entrindetem Buchenstamm, leg. K. K.

Exidiopsis calcea (Pers.: St. Amans) Wells
Kalkfarbene Wachskruste
Funddaten: 03.03.88, Klingensteiner Wald, MTB 7625, an liegendem Fichtenstamm, leg. K. K.; weitere Funddaten siehe ENDERLE (1979); KRIEGLSTEINER (1991) nennt in seinem Verbreitungsatlas einen Fund in MTB 7424. Nähere Fundangaben liegen mir nicht vor

Exidiopsis grisea (Pers.) Bourdot & Mre. var. effusa – Rosa getönte Wachskruste
Funddaten: 08.03.02, Klingensteiner Wald, MTB 7625, an liegendem Baumstamm, leg. K.K:

Pseudohydnum gelatinosum (Scop.: Fr.) P. Karsten – Eis-Zitterzahn
Funddaten: August 1977, bei Pilzausstellung im Kornhaus in Ulm; 26./27.08.78, bei Pilzausstellung in Ulm; im Ulmer Raum weitverbreitet (auch in der

bräunlichen Form); vermutlich in jedem MTB vorkommend. Funddaten von L. K. (pers. Aufzeichn.): in den MTB 7725/2, 7627/2+4, 7625/4, 7624/2+4, 7727/1; Sept. 2002, Ehingen-Altst.-Nord, MTB 7624/3, leg. T. B.

Sebacina incrustans (Pers.: Fr.) Tul.
Erd-Wachskruste
Funddaten: KRIEGLSTEINER (1991) nennt in seinem Verbreitungsatlas einen Fund in MTB 7527. Nähere Fundangaben liegen mir nicht vor.

Stypella vermiformis (Berk.) Reid 1974
Körnige Zystidenwachskruste
Funddaten: Eselswald Ulm, leg. H. R. †

Tremella candida Pers.: Pers. var. **globospora**
Funddaten: 27.10.02, Arnegger Tal, MTB 7725, auf noch hängendem Ast von *Malus domesticus*, leg. K. K.

Tremella encephala Pers.: Pers.
Alabaster-Kernling
Funddaten: 2.11.02, Dreierberg bei Klingenstein, MTB 7625, auf der Rinde eines liegenden Stammes von *Pinus sylvestris* auf *Stereum sanguinolentum*, leg. K. K.

Tremella foliacea (Pers.: S. F. Gray) Pers.
Rotbrauner Zitterling
Funddaten: vor 1896, Dr. Desensy, Ulm, im Ruhetal; 14.02.80, zwischen Uf + Lh, MTB 7527, Donau-Auwald, an Laubholz (Sporen 6–9 μ, fast kugelig, mit deutlichem, seitlichem Apikulus), leg. M. E.; 16.09.87, Arnegg, MTB 7625, auf liegendem Ast von Rotbuche, leg. K. K.; KRIEGLSTEINER (1991) nennt in seinem Verbreitungsatlas einen Fund in MTB 7424. Nähere Fundangaben liegen mir nicht vor

Tremella cf. **indecorata** Sommerf.: Fr.
Funddaten: Winter 1980, „Muna" bei Uf (hinter Bessing-Bunker), an Weidenästen, MTB 7526, leg. M. E. (Foto in Diathek M. Enderle)

Tremella juniperina P. Karsten
KRIEGLSTEINER (1991) nennt in seinem Verbreitungsatlas einen Fund in MTB 7424. Nähere Fundangaben liegen mir nicht vor.

Tremella mesenterica Retz in Hook.: Fr.
Goldgelber Zitterling
Funddaten erübrigen sich. Die Art ist sehr häufig und kommt sehr wahrscheinlich in allen MTB im Ulmer Raum vor.

Tremiscus helvelloides (DC.: Pers.) Donk
Fleischroter Gallerttrichter
Funddaten: August 1977, bei Pilzausstellung im Kornhaus in Ulm; 1977, „Muna" bei Uf, MTB 7527, leg. M. E.; 26./27.08.78, bei Pilzausstellung in Ulm; 24.10.80 + 27.10.01, Donau-Auwald Lh, an morschem Holzstumpf, MTB 7527, leg. M. E.; DIETL & KRIEGLSTEINER (1989), am Oberen Eselsberg in Ulm; Funddaten von L. K. (pers. Aufzeichn.): 15.09.89, bei Sotzenhausen, am Wegrand im Gras, MTB 7624/2, leg. L. K.; Sept. 89, im Kiesental bei Bollingen, am Wegrand auf kalkigem Untergrund, MTB 7525/3, leg. L. K.; 15.08.86, Seißen/Heroldstatt, MTB 7524/3, leg. F. G.; ab Sept. 2000 und Sept. KRIEGLSTEINER (1991) nennt in seinem Verbreitungsatlas einen Fund in MTB 7525. Nähere Fundangaben liegen mir nicht vor

Ordnung **Tulasnellales** Rea 1922

Familie **Tulasnellaceae** Juel 1897

Tulasnella violea (Quélet) Bourdot & Galzin
Funddaten: 05.05.87, Rote Wand bei Ludwigsfeld, MTB 7725, an liegendem, noch berindetem Eichenstamm, leg. K. K.; KRIEGLSTEINER (2000a) nennt einen Fund in MTB 7425; genauere Details sind mir nicht bekannt.

Unterklasse **Homobasidiomycetidae**

Ordnungsgruppe **Aphyllophorales** s. l. (Nichtblätterpilze s. l.)

Familie **Corticiaceae** s. l. Rinden- und Schichtpilze

Aleurodiscus amorphus (Pers.: Fr.) Schroet.
Orangefarbene Mehlscheibe
Rote-Liste-Art: gefährdet
Funddaten: siehe ENDERLE (1979); weitere Funde: 1974–83, leg. A. K. in MTB 7525, 7526; DIETL & KRIEGLSTEINER (1989), am Oberen Eselsberg in Ulm;

Aleurodiscus disciformis (DC: Fr.) Pat.
Schüsselförmige Mehlscheibe
Rote-Liste-Art: gefährdet

Funddaten: immer an Eichenborke; siehe ENDERLE (1979); weitere Funde: 1974–83, leg. A. K. in MTB 7426, 7525, 7526; 12.12.89, Ulm, Eselswald, leg. H. R.; DIETL & KRIEGLSTEINER (1989), am Oberen Eselsberg in Ulm, MTB 7525/4. Funddaten von L. K. (pers. Aufzeichn.): 02.08.89, Waldlehrpfad Dornstadt, MTB 7525/2, leg. L. K.; 05.08.89, Witthau, MTB 7526/1, leg. L. K.; 07.08.89, Spitalwald Ermingen, MTB 7625/1, leg. L. K.; 05.11.89, Ehingen-Schlechtenfeld, MTB 7724/1, leg. L. K.; 06.12.91, Weidach/Lautertal, MTB 7525/3, leg. L. K.

Amphinema byssoides (Pers.: Fr.) Eriks.
Fransiger Wollrindenpilz
Funddaten: 13.10.00, Borgerhau bei Wippingen, MTB 7625, Fichtenforst über Kalk, leg. K. K.

Amylostereum areolatum (Chaill. in Fr.) Boid.
Braunfilziger Fichten-Schichtpilz
Funddaten: siehe ENDERLE (1979); weitere Funde: 17.09.78, Kri-Exkursion bei Hörvelsingen, MTB 7526; DIETL & KRIEGLSTEINER (1989), am Oberen Eselsberg in Ulm; 03.03.85, Buchwald bei Reutti, auf stark vermorschtem Fichtenstumpf, MTB 7726, leg. K. K.; 28.10.01, Pfifferlingsberg, MTB 7624/2/4, leg. K. Ke., AMU-Exkursion, Pflanzengesellschaft: Buchen-, Tannen-Buchen- und Tannenwälder, Höhe über NN: 625 m, pH: basisch; weitere Funddaten erübrigen sich. Die Art ist sehr häufig und kommt sehr wahrscheinlich in allen MTB (an Fichte) im Ulmer Raum vor.

Amyloystereum chailletii (Pers.: Fr.) Boidin
Tannenschichtpilz
Funddaten von L. K. (pers. Aufzeichn.): 19.05.89, östlich Treffensbuch, an Fichtenstämmchen, MTB 7524/2, leg. L. K.; KRIEGLSTEINER (1991) nennt in seinem Verbreitungsatlas einen Fund in MTB 7424. Nähere Fundangaben liegen mir nicht vor

Amylostereum laevigatum (Fr.) Boid.
Wacholder-Schichtpilz
Rote-Liste-Art: gefährdet
Funddaten von L. K. (pers. Aufzeichn.): 03.05.88, Weidach/Lautertal, an Juniperus, MTB 7525, leg. L. K.; KRIEGLSTEINER (1991) nennt in seinem Verbreitungsatlas Funde in den MTB 7424, 7425, 7426 und 7427. Nähere Fundangaben liegen mir nicht vor

Athelia decipiens (v. Hoehn. & Litsch.) J. Erikss.
KRIEGLSTEINER (1991) nennt in seinem Verbreitungsatlas einen Fund in MTB 7527. Nähere Fundangaben liegen mir nicht vor.

Athelia epiphylla Pers. aggr.
Funddaten: DIETL & KRIEGLSTEINER (1989), am Oberen Eselsberg in Ulm; Funddaten von L. K. (pers. Aufzeichn.): 14.01.89, nördlich Weidach, an entrindeter Eiche, MTB 7525/1, leg. L. K.; 18.03.89, östlich Donaustetten, an morscher Buche, MTB 7625/4, leg. L. K.; 03.02.90, bei Albeck, an Fraxinus, MTB 7526/1, leg. L. K.; 14.06.90, „Holzstöcke“ Orsenhausen, MTB 7725/4, leg. L. K.

Botryobasidium botryosum (Bres.) Eriksson
Schiffchensporige Traubenbasidie
Funddaten: KRIEGLSTEINER (2000a) nennt einen Fund in den MTB 7427 und 7526. Details sind mir nicht bekannt.

Botrobasidium pruinatum (Bres.) J. Eriksson
Funddaten: 03.09.02, Rote Wand bei Ludwigsfeld, MTB 7725, auf Buchenstamm, leg. K. K. (Kommentar Kurt Köhler: „Einer der vielen ungeliebten und daher unbestimmten Rindenpilze“)

Botryobasidium subcoronatum (v. Hoehn. & Litsch.) Donk – Schnallentragende Traubenbasidie
Funddaten von L. K. (pers. Aufzeichn.): 18.03.89, östlich Donaustetten, an entrindetem Fichtenholz, MTB 7625/4, leg. L. K.; 06.06.03, Salenhau bei Erstetten, MTB 7725, an morschem, liegendem Stamm von *Pinus sylvestris*, leg. K. K.

Bulbillomyces farinosus (Bres.) Jülich
Körnchen-Rindenpilz
Funddaten: Brühl zwischen Klingenstein und Arnegg, regelmäßig überschwemmtes Auwaldstückchen in der Blauniederung, MTB 7625, auf feucht liegendem Holz von *Alnus glutinosa*, leg. K. K.

Ceraceomyces crispatus (O.F. Müller: Fr.) Rauschert – Faltiggewundener Wachsrindenpilz
Syn.: *Ceraceomerulius serpens, Ceraceomyces serpens*
Funddaten: 15.10.01, Kiesental bei Herrlingen, MTB 7625, an liegendem Fichtenstamm, leg. K. K.; weitere Funddaten siehe ENDERLE (1979).

Ceraceomyces violascens (Fr.: Fr.) Jül.
KRIEGLSTEINER (1991) nennt in seinem Verbreitungsatlas einen Fund in MTB 7527. Nähere Fundangaben liegen mir nicht vor.

Cerocorticium confluens (Fr.:Fr.) Jülich & Stalpers – Zusammenfließender Reibeisenpilz
Syn: *Radulomyces confluens*
Funddaten: siehe ENDERLE (1979); DIETL & KRIEGLSTEINER (1989), am Oberen Eselsberg in Ulm; Funddaten von L. K. (pers. Aufzeichn.): 14.06.90, „Holz-

stöcke" bei Orsenhausen, an Holunder, MTB 7725/4, leg. L. K.; 06.01.91, Weidach/Hohenstein, an berindetem Buchenast, MTB 7525/1, leg. L. K., det. J. M.

Cerocorticium molare (Chaillet: Fr.) Jülich & Stalpers – Gezähnter Reibeisenpilz
Syn.: *Radulomyces molare*
Funddaten: siehe ENDERLE (1979); DIETL & KRIEGLSTEINER (1989), am Oberen Eselsberg in Ulm; Funddaten von L. K. (pers. Aufzeichn.): 27.01.90, Arnegger Ried, an Weide, MTB 7525/3, leg. L. K. + H. O. B.; 21.04.91, „Hau" nordwestlich Erbach, an Laubholz, MTB 7625/3, leg. L. K.

Chondrostereum purpureum (Pers.: Fr.) Pouzar – Violetter Knorpelschichtpilz
Funddaten: siehe ENDERLE (1979), Foto siehe ENDERLE (1995 d); die Art ist sehr häufig und kommt sehr wahrscheinlich in allen MTB im Ulmer Raum vor.

Cotylidia pannosa (Sow.: Fr.) Reid
Kreiselpilz, Striegeliger Erdwarzenpilz
Syn.: *Thelephora pallida*
Funddaten: 2002, Sachsenhardt, MTB 7326/3, leg. H. St. (Dia und Exsikkat vorhanden).

Cylindrobasidium laeve (Pers.: Fr.) Chamuris
Ablösender Rindenpilz
Syn.: *Corticium evolvens, Cylindrobasidium evolvens*
Funddaten: 03.05.85, Roter Berg bei Söflingen, MTB 7625, auf liegendem Buchenstamm an der Schnittfläche, leg. K. K.; weitere Funddaten siehe ENDERLE (1979); die Art ist häufig und kommt sehr wahrscheinlich in allen MTB im Ulmer Raum vor.

Cytidia salicina (Fr.) Burt.
Roter Weiden-Scheibenpilz
Funddaten: 23.09.88, „Silberwald" bei Ludwigsfeld, MTB 7726, auf Salix in einem dichten, moorigen Weidengestrüpp, leg. K. K.

Dacryobolus sudans (Alb. & Schw.: Fr.) Fr.
Tränender Stachelrindenpilz
Funddaten: 02.10.01, Muckenmahd bei Wiblingen, MTB 7725, an liegendem Fichtenstamm, leg. K. K.

Dendrothele acerina (Pers.: Fr.) Lemke
Ahorn-Mehlscheibe
Funddaten: 22.06.96, Auwald Lh, ca. 100 m von kath. Kirche entfernt, am Steilhang, an altem Feld-Ahorn, MTB 7527/1, leg. M. E.; DIETL & KRIEGLSTEINER (1989), am Oberen Eselsberg in Ulm; Funddaten von L. K. (pers. Aufzeichn.): Funde in den MTB 7525/1+3+4, 7624/3, 7524/2, 7526/1+3, 7723/1, 7724/1, 7626/1; 9.9.03, Illerrieden Weißenberg, an Feldahorn, MTB 7726/1, leg. K. Ke.

Dendrothele commixta (v. Höhn. & Litsch.) Erikss. & Ryv.
Funddaten von L. K. (pers. Aufzeichn.): Dez. 88, Oberes Kiesental, an Rinde einer stehenden Linde, MTB 7525/3, leg. L. K.; 02.08.89, Waldlehrpfad Dornstadt, an Rinde einer stehenden Eiche, MTB 7525/2, leg. L. K.; 07.08.89, Spitalwald Ermingen, an Rinde stehender Eiche, MTB 7625/1, leg. L. K.; 05.11.89, Ehingen/Schlechtenfeld, an Rinde einer stehenden Eiche, MTB 7724/1, leg. L. K.

Epithele typhae (Pers.: Fr.) Pat.
Sumpfgras-Hautkruste
Funddaten von L. K. (pers. Aufzeichn.): Juni 1990, bei Gz, bei den Fetzer-Seen, am Seeufer, an Blattscheiden von *Carex*, MTB 7527/2, leg. L. K.

Erythricium laetum (P. Karsten) J. Erikss. & Hjortst. – Rosa Rindenpilz
KRIEGLSTEINER (1991) nennt in seinem Verbreitungsatlas einen Fund in MTB 7527. Nähere Fundangaben liegen mir nicht vor.

Fibrodontia gossypina Parmasto
Funddaten: 27.03.83, Donau-Auwald bei Lh-Weißingen, MTB 7527, an liegendem, totem Laubbaum (mit Bodenfreiheit), winzige weiße Zähnchen, leg. M. E., det. G. B.

Gloeocystidiellum luridum (Bres.) Boid.
Fahlgelber Gloeozystidenrindenpilz
Funddaten von L. K. (pers. Aufzeichn.): 12.11.86, „Scheiterhau" südlich Geislingen, MTB 7424/2, an Eschenästen, leg. F. G., det. G. B.; KRIEGLSTEINER (2000a) nennt einen Fund in MTB 7427, Details sind mir unbekannt.

Gloeocystidiellum porosum (Berk. & Curt.) Donk – Strohfarbener Saftzystidling
Funddaten: siehe ENDERLE (1979);

Kavinia himantia (Schw.: Fr.) Erikss.
Funddaten von L. K. (pers. Aufzeichn.): 05.11.89, Ehingen/Schlechtenfeld, an Rotbuchen- und Eschenholz-/laub, MTB 7724/1, leg. L. K., conf. J. M.

Hymenochaete carpatica Pilat
Berg-Ahorn-Borstenscheibling
Funddaten: im Leipheimer Raum, vor allem im Donau-Auwald an mehreren Stellen an Berg-Ahorn gefunden (unter der abblätternden Rinde), auch im Ulmer Raum festgestellt, leg. M. E., Belege in (M);

13.09.02, Pfifferlingsberg bei Ringingen, MTB 7724, auf altem stehendem Ahorn, leg. K. K.

Hymenochaete cinnamomea (Pers.: Fr.) Bres.
Zimtfarbener Borstenscheibling
Funddaten: siehe ENDERLE (1979); Funddaten von L. K. (pers. Aufzeichn.): 19.05.89, östlich Treffensbuch, an Hasel, MTB 7525/3, leg. L. K.; 09.07.89, „Ulmerhalde“ Altental, an entrindetem Buchenast, MTB 7525/3, leg. L. K.; 05.08.89, Witthau, an Hasel, MTB 7526/1, leg. L. K.; 27.01.90, Arnegger Ried, an Weide, MTB 7525/3, leg. L. K. + H. O. B.; 27.01.90, BW Tiefental, an *Prunus spinosa*, MTB 7524/3, leg. L. K. + H. O. B.; 04.07.91, „Bruckfels“/Weiler, an Hasel, MTB 7624/2, leg. L. K.; 03.10.87, Spitalwald bei Ermingen, MTB 7725, alter Haselstamm an sonnigem Waldrand, leg. K. K.

Hymenochaete cruenta (Pers.: Fr.) Donk
Blutroter Borstenscheibling
Syn.: *H. mougeotii*
Rote-Liste-Art: stark gefährdet!
Funddaten: von H. L. im Großraum Ulm/Biberach gefunden; Farbfoto siehe ENDERLE & LAUX (1980)

Hymenochaete rubiginosa (Dicks.: Fr.) Lév.
Rotbrauner Borstenscheibling
Funddaten: siehe ENDERLE (1979); weitere Funddaten erübrigen sich. Die Art ist sehr häufig und kommt sehr wahrscheinlich in allen MTB im Ulmer Raum vor; Farbfoto siehe ENDERLE & LAUX (1980)

Hymenochaete tabacina (Sow.: Fr.) Lév.
Tabakbrauner Borstenscheibling
Funddaten: siehe ENDERLE (1979); Farbfoto siehe ENDERLE & LAUX (1980); Funddaten von L. K. (pers. Aufzeichn.): 24.04.89, Weidach (Lautertal), an Haselast, MTB 7525/3, leg. L. K.; 05.07.86, Dreierberg, MTB 7626, auf dünnen Weidenästchen, leg. K. K.

Hyphoderma mutatum (Peck) von Höhnel & Litschauer
Funddaten: KRIEGLSTEINER (2000a) nennt einen Fund in MTB 7427; Details sind mir nicht bekannt.

Hyphoderma puberum (Fr.) Wallroth
Flaumiger Rindenpilz
Funddaten: KRIEGLSTEINER (2000a) nennt einen Fund in MTB 7427; Details sind mir nicht bekannt.

Hyphoderma radula (Fr.: Fr.) Donk
Reibeisen-Rindenpilz
Funddaten: siehe ENDERLE (1979); DIETL & KRIEGLSTEINER (1989), am Oberen Eselsberg in Ulm; Funddaten von L. K. (pers. Aufzeichn.): 05.08.89, Witthau, an *Prunus avium*, MTB 7526/1, leg. L. K.; 05.11.89, Ehingen/Schlechtenfeld, an Eiche, MTB 7724/1, leg. L. K.; 23.10.87, Heidenhau bei Pappelau, MTB 7724, Waldrand auf *Prunus spec.*, leg. K. K.

Hyphoderma roseocremeum (Bres.) Donk
Rosafleckiger Rindenpilz
Funddaten: KRIEGLSTEINER (2000a) nennt einen Fund in MTB 7624; Details sind mir nicht bekannt.

Hyphodontia alutaria (Burt) Eriksson
Ledergelber Zähnchenrindenpilz
Funddaten: KRIEGLSTEINER (2000a) nennt einen Fund in MTB 7427; Details sind mir nicht bekannt.

Hyphodontia arguta (Fr.) J. Erikss.
Spitzstacheliger Zähnchenrindenpilz
Syn.: *Grandinia arguta*
Funddaten von L. K. (pers. Aufzeichn.): 14.06.86, Galgenberg, an morschem Holunder, MTB 7424/1, leg. R. St.

Hyphodontia barbajovis (Bull.: Fr.)
J. Eriksson – Bärtiger Zähnchenrindenpilz
Funddaten: 13.09.79, bei Ottobeuren/Schwaben, an liegender Birke, MTB 8027, leg. M. E., det. G. B.

Hyphodontia cf. **breviseta** (P. Karsten) Erikss.
Kurzstacheliger Zähnchenrindenpilz
Funddaten: siehe ENDERLE (1979)

Hyphodontia crustosa (Pers.: Fr.) Erikss.
Krustiger Zähnchenrindenpilz
Syn.: *Grandinia crustosa*
Funddaten: DIETL & KRIEGLSTEINER (1989), am Oberen Eselsberg in Ulm; Funddaten von L. K. (pers. Aufzeichn.): 19.09.90, südwestlich Westerflach, an Esche, MTB 7724/4, leg. L. K.; 21.04.91, „Hau“ nordwestlich Erbach, an Malus-Ast, MTB 7625/3, leg. L. K., det. J. M.; KRIEGLSTEINER (1991) nennt in seinem Verbreitungsatlas einen Fund in MTB 7426. Nähere Fundangaben liegen mir nicht vor.

Hyphodontia granulosa (Pers.: Fr.)
Syn.: *Grandinia granulosa, Hyphodontia aspera*
KRIEGLSTEINER (1991) nennt in seinem Verbreitungsatlas einen Fund in MTB 7527. Nähere Fundangaben liegen mir nicht vor.

Hyphodontia juniperi (Bourd. & Galz.) Juel.
Syn.: *Grandinia juniperi*
Rote-Liste-Art: vom Aussterben bedroht!
Funddaten von L. K. (pers. Aufzeichn.): 16.05.89, Weidach/Lautertal, Unterseite der Rinde von *Juniperus communis*, MTB 7525/3, leg. L. K., det. J. M.

Hyphodontia nespori (Bres.) J. Erikss. & Hjortst. – Warziger Zähnchenrindenpilz
KRIEGLSTEINER (1991) nennt in seinem Verbreitungsatlas einen Fund in MTB 7526. Nähere Fundangaben liegen mir nicht vor.

Hyphodontia pallidula (Bres.) J. Erikss.
Funddaten: siehe ENDERLE (1979); Funddaten von L. K. (pers. Aufzeichn.): 15.04.91, Roter Berg bei Ulm, Unterseite Fichtenstamm, MTB 7525/4, leg. L. K., det. J. M.

Hyphodontia quercina (Fr.) Eriksson
Eichen-Zystidenrindenpilz
Funddaten: KRIEGLSTEINER (2000a) nennt einen Fund in MTB 7725; Details sind mir nicht bekannt.

Hyphodontia sambuci (Pers.) J. Erikss.
Holunder-Rindenpilz
Syn.: *Lyomyces sambuci*
Funddaten: siehe ENDERLE (1979); DIETL & KRIEGLSTEINER (1989), am Oberen Eselsberg in Ulm; 01.07.99, Industriegebiet Donautal, MTB 7725, an *Sambucus nigra*, leg. K. K.; weitere Funddaten erübrigen sich. Die Art ist sehr häufig und kommt sehr wahrscheinlich in allen MTB im Ulmer Raum vor.

Hypochnicium bombycinum (Sommerf.: Fr.) J. Erikss. – Seidiger Rindenpilz
Funddaten: siehe ENDERLE (1979); weitere Funde: 19.03.83, bei Rh, bei der „Sixenmühle", MTB 7526, an toter Weide, leg. M. E., det. G. B., Beleg in (M); 04.12.83, Donauried zwischen Rh und La, bei der Sixenmühle, MTB 7527, an totem, schräg stehendem Weidenstamm, leg. M. E., det. G. B.; Funddaten von L. K. (pers. Aufzeichn.): 01.04.88, Weidach/Lautertal, an Lindenast, MTB 7525/3, leg. L. K.; 22.11.87, westlich Hausen/Lone, an Rinde stehender Jungbuche, MTB 7426/2, leg. L. K., det. J. M.

Hypochnicium geogenium (Bres.) J. Erikss.
Strohweißer Rindenpilz
Funddaten von L. K. (pers. Aufzeichn.): 21.10.89, „Reinhau" nordwestlich Bach, an entrindeter Buche, MTB 7625/3, leg. L. K., det. J. M.

Irpex lacteus (Fr.: Fr.) Fr.
Milchweißer Eggenpilz
Funddaten: 10.09.82, Donau-Auwald bei Uf, MTB 7527, an totem Laubholz (?), leg. M. E., Beleg in (M).

Laeticorticium roseum (Fr.) Donk
Rosafarbener Rindenpilz
Funddaten: siehe ENDERLE (1979), Foto siehe ENDERLE & REININGER (1995).
Weitere Funde: 19.03.83, zwischen Rh + La, bei der Sixenmühle, MTB 7526, an toten Weidenästchen, leg. M. E., conf. G. B., Beleg in (M); 28.08.86, Grießholz bei Ne, MTB 7526, auf Ast von lebender Weide, leg. K. K.; die Art ist im Donauried und Donau-Auwald an Weiden weit verbreitet; Funddaten von L. K. (pers. Aufzeichn.): in den MTB 7624/1, 7525/3, 7727/1, 7625/2 und 7626/1.

Laxitextum bicolor (Pers.: Fr.) Lenz
Zweifarbiger Schichtpilz, s. Foto S. 160
Funddaten: siehe ENDERLE (1979); weiterer Fund: 06.04.81, im Osterried bei Laupheim, MTB 7725, leg. G. O., det. G. B.; Funddaten von L. K. (pers. Aufzeichn.): 17.07.88, „Lempenhau", an Buchenast, MTB 7524/2, leg. G. F.; 01.08.89, „Schildhau" westlich Seißen, an Buchenast, MTB 7524/3, leg. L. K.; 05.08.00, Arnegger Tal, MTB 7724, an liegendem Buchenstamm, leg. K. K.; KRIEGLSTEINER (1991) nennt in seinem Verbreitungsatlas Funde in den MTB 7424, 7425, 7426 und 7427. Nähere Fundangaben liegen mir nicht vor.

Leptosporomyces fuscostratus (Burt) Hjortstam
Syn: *Confertobasidium olivaceoalbum*
Funddaten: siehe ENDERLE (1979);

Melzerizium udicola (Bourdot) Hauersl.
Funddaten von L. K. (pers. Aufzeichn.): 04.01.88, Schmiechener See, an Weidenstrauch, MTB 7624/1, leg. L. K., det. J. M. (s. G. J. K. in BKPM 5: 161–166).

Meruliopsis corium (Pers.: Fr.) Ginns
Lederartiger Fältling
Syn.: *Byssomerulius corium*
Funddaten: siehe ENDERLE (1979); 12.10.00, am Pfifferlingsberg bei Schelklingen, MTB 7724, an liegendem Buchenstamm, leg. K. K.; die Art kommt sehr wahrscheinlich in allen MTB im Ulmer Raum vor; Farbfoto siehe ENDERLE & LAUX (1980)

Meruliopsis taxicola (Pers.: Fr.) Bond. in Parm.
Weinroter Lederfältling
Funddaten: siehe ENDERLE (1979); KRIEGLSTEINER (1991) nennt in seinem Verbreitungsatlas Funde in den MTB 7424 und 7425 . Nähere Fundangaben liegen mir nicht vor.

Metulodontia nivea (P. Karsten) Parm.
Funddaten: 28.03.83, Donauried bei Rh, an toter, liegender Weide, MTB 7527, leg. M. E., det. G. B., Beleg in (M).

Laxitextum bicolor

Microstroma juglandis
Walnußblatt-Rindenpilz
Funddaten: 13.05.00, Ulm-Donautal beim ehem. Asylantenheim, MTB 7725, auf Blättern von Juglans regia, leg. K. K. (Anmerkung des Finders: Die Art fehlt in Krieglsteiners Verbreitungsatlas. Laut Karin Montag häufig, was ich bestätigen kann. Bei gezielter Suche sehr häufig. Das Fehlen beruht sicherlich auf Bestimmungsschwierigkeiten, da diese Art nicht so leicht als Basidiomycet erkannt wird.)

Mycoacia aurea (Fr.) J. Erikss. & Ryv.
Goldgelber Fadenstachelpilz
Funddaten: 26.11.83, Donau-Auwald Lh, MTB 7527, seitlich an Laubbaumstumpf, Frk. schmutzig weißlich bis ockerlich, „resupinater Stachelpilz", leg. M. E., det G. B., Beleg in (M)

Mycoacia fuscoatra (Fr.: Fr.) Donk
Schwarzbrauner Fadenstachelpilz
Funddaten: 29.03.80, Donau-Auwald bei Lh, MTB 7527, an liegendem, morschem Laubholzast, auf der Unterseite, Stacheln dunkelbraun-schwärzlich, Sporen hyalin, ca. 5–6 x 2–2,5 µm, leg. M. E., conf. prima vista Dr. Jaquenod (Schweiz); DIETL & KRIEGLSTEINER (1989), am Oberen Eselsberg in Ulm; weitere Funddaten von L. K. (pers. Aufzeichn.): Funde in den MTB 7524/4, 7626/2, 7624/1, 7526/1, 7525/3+4.

Mycoacia uda (Fr.) Donk
Wachsgelblicher Fadenstachelpilz
Funddaten: siehe ENDERLE (1979); DIETL & KRIEGLSTEINER (1989), am Oberen Eselsberg in Ulm;

Peniophora cinerea (Pers.: Fr.) Cooke
Aschgrauer Zystidenrindenpilz
Funddaten: siehe ENDERLE (1979); weitere Funde: 19.03.83, zwischen Rh und La, bei der Sixenmühle, an einem Ast von *Frangula alnus*, MTB 7527, leg. M. E., det. G. B., Beleg in (M); DIETL & KRIEGLSTEINER (1989), am Oberen Eselsberg in Ulm; die Art ist sehr häufig. L. K. (pers. Aufzeichn.) nennt Funde aus über 30 MTB-Quadranten rund um Ulm. 15.03.02, Brautspindel, MTB 7725/4/4, an Rotbuche, leg. K. Ke.

Peniophora incarnata (Pers.: Fr.) P. Karsten
Fleischroter Zystidenrindenpilz
Funddaten: siehe ENDERLE (1979); DIETL & KRIEGLSTEINER (1989), am Oberen Eselsberg in Ulm; 03.10.85, Rote Wand bei Ludwigsfeld, MTB 7725, auf Buche, leg. K. K.; die Art ist sehr häufig und

kommt sehr wahrscheinlich in allen MTB im Ulmer Raum vor.

Peniophora laeta (Fr.) Donk
Hainbuchen-Zystidenrindenpilz
Funddaten: siehe ENDERLE (1979); DIETL & KRIEGLSTEINER (1989), am Oberen Eselsberg in Ulm;

Peniophora limitata (Fr.) Cooke
Eschen-Zystidenrindenpilz
Funddaten: siehe ENDERLE (1979); DIETL & KRIEGLSTEINER (1989), am Oberen Eselsberg in Ulm; die Art ist sehr häufig, vor allem in den Auwäldern und kommt sehr wahrscheinlich in allen MTB im Ulmer Raum vor.

Peniophora longispora (Pat.) Bourd. & Galzin
Funddaten: siehe ENDERLE (1979)

Peniophora nuda (Fr.) Bres.
Nackter Zystidenrindenpilz
Funddaten: siehe ENDERLE (1979)

Peniophora pini (Fr.) Boid.
Kiefern-Zystidenrindenpilz
Funddaten: von H. L. im Großraum Ulm/Biberach gefunden; Farbfoto siehe ENDERLE & LAUX (1980); Funddaten von L. K. (pers. Aufzeichn.): 05.01.91, Weidach, am „Buchbrunnen", an Kiefer, MTB 7525/3, leg. L. K.; 02.11.91, „Bärenlau" nordöstlich Suppingen, MTB 7524/1; 28.02.98, Knäulesberg, MTB 7725/1, an Kiefer, leg. K. Ke.

Peniophora pithya (Pers.) J. Erikss.
Nadelholz-Zystidenrindenpilz
Funddaten von L. K. (pers. Aufzeichn.): 04.05.85, Altheim/Alb, an Fichtenästchen, MTB 7426/1, leg. L. K., det. G. B.

Peniophora polygonia (Pers.: Fr.) Bourd. & Galzin – Espen-Zystidenrindenpilz
Funddaten: siehe ENDERLE (1979); Funddaten von L. K. (pers. Aufzeichn.): 16.07.86, BW Bissingen/Öllingen, an hängendem Pappelast, MTB 7426/4, leg. K. Neff, det. J. M.

Peniophora quercina (Pers.: Fr.) Cke.
Eichen-Zystidenrindenpilz
Funddaten: siehe ENDERLE (1979); weitere Funde: vor 1896, leg. Veesenmeyer, Ulm, an faulenden Eichen- und Buchenästen; 21.09.85, „Silberwald" bei Ludwigsfeld, MTB 7726, auf noch am Baum hängenden Eichenast, leg. K. K.; die Art ist sehr häufig und kommt sehr wahrscheinlich in allen MTB im Ulmer Raum vor.

Peniophora rufomarginata (Pers.) Litsch.
Linden-Zystidenrindenpilz
Funddaten: siehe ENDERLE (1979); Funddaten von L. K. (pers. Aufzeichn.): 02.10.89, Weidach/Lautertal, an dickem Lindenast, MTB 7525/3, leg. L. K.

Peniophora violaceolivida (Sommerf.) Massee
Violetter Zystidenrindenpilz
Funddaten: siehe ENDERLE (1979); Fund laut L. K. (pers. Mitt.) wohl zweifelhaft.

Phanerochaete filamentosa (Berk. & Curtis) Burds. – Fransiger Zystidenrindenpilz
Funddaten von L. K. (pers. Aufzeichn.): 19.08.86, BW Bissingen/Öllingen, an liegendem Birkenstamm, MTB 7426/4, leg. K. Neff, det. G. B.

Phanerochaete septocystidia (Burt.) J. Erikss.
Rote-Liste-Art: latent gefährdet
Funddaten: Eselswald Ulm, leg. H. R. †

Phanerochaete sordida (P. Karsten) J. Erikks. & Ryv. – Cremefarbener Zystidenrindenpilz
Funddaten: DIETL & KRIEGLSTEINER (1989), am Oberen Eselsberg in Ulm; 02.11.87, im Butzental, MTB 7725, an noch berindetem, liegendem Buchenstamm, leg. K. K.

Phanerochaete tuberculata (P. Karst.) Parm.
Milchweißer Zystidenrindenpilz
Funddaten von L. K. (pers. Aufzeichn.): 26.08.86, „Schönbachtal", an entrindetem Laubholz, MTB 7424/1, leg. ? det. J. M.; 16.06.89, Weidach/Lautertal, an liegenden Lindenästen, MTB 7525/3, leg. L. K.

Phlebia merismoides (Fr.) Fr.
Orangeroter Kammpilz
Syn.: *Phlebia radiata*
Funddaten: siehe ENDERLE (1979); 30.09.87, Dreierberg bei Klingenstein, MTB 7625, auf Buchenstumpf, leg. K. K.; weitere Funddaten erübrigen sich. Die Art ist sehr häufig und kommt sehr wahrscheinlich in allen MTB im Ulmer Raum vor.

Phlebia rufa (Pers.: Fr.) Christ.
Braunroter Kammpilz
Funddaten: siehe ENDERLE (1979); DIETL & KRIEGLSTEINER (1989), am Oberen Eselsberg in Ulm; Funddaten von L. K. (pers. Aufzeichn.): 07.04.89, Illerauwald südlich Oberkirchberg, an Esche, MTB 7626/3, leg. L. K.; 02.05.89, Illerauwald östlich Illerrieden, an Laubholz, MTB 7726/1, leg. L. K.; 12.10.89, Tiefental, an entrindeter Buche, MTB 7524/3, leg. L. K.

Phlebia tremellosa (Schrad.: Fr.) Nakasone & Burds. – Gallertfleischiger Fältling
Syn.: *Merulius tremellosus*
Funddaten: siehe ENDERLE (1979); weitere Funddaten erübrigen sich. Die Art ist sehr häufig und kommt sehr wahrscheinlich in allen MTB im Ulmer Raum vor.

Phlebiella tulasnelloidea (Hoehn. & Litsch.) Oberw.
Funddaten von L. K. (pers. Aufzeichn.): 25.07.86, im MTB 7424/1, an Buchenast, leg. F. G., det. J. M.

Phlebiella vaga (Fr.) P. Karsten
Schwefelgelber Rindenpilz
Syn.: *Trechispora vaga*
Funddaten: DIETL & KRIEGLSTEINER (1989), am Oberen Eselsberg in Ulm; weitere Funddaten erübrigen sich. 31.10.86, Widenmannwald bei Reutti, MTB 7726, an entrindetem, liegendem Buchenstamm, leg. K. K.; die Art ist sehr häufig und kommt sehr wahrscheinlich in allen MTB im Ulmer Raum vor. L. K. (pers. Aufzeichn.) meldete Funde aus mind. 30 MTB-Quadranten rund um Ulm.

Plicatura crispa (Pers.: Fr.) Rea
Krauser Aderzähling
Funddaten: siehe ENDERLE (1979); weitere Funde: von E. R. (Erbach-Ringingen) 1979 aus dem MTB 7624 (Schelklingen) gemeldet; DIETL & KRIEGLSTEINER (1989), am Oberen Eselsberg in Ulm; 09.02.90, Laupheim, an Rosskastanienast, MTB 7725/3, leg. G. O., det. L. K.; 01.05.91, „Silberwald" bei Ludwigsfeld, an stehendem Haselstamm, MTB 7626/1, leg. L. K.

Porostereum spadiceum (Pers.: Fr.) Hjortst. & Ryv. – Rußbrauner Schichtpilz
Syn.: *Lopharia spadicea*
Funddaten: siehe ENDERLE (1979); Farbfoto siehe ENDERLE & LAUX (1980); Funddaten von L. K. (pers. Aufzeichn.): 08.04.88, Weidach beim Schützenhaus, an Eiche, MTB 7525/1, leg. L. K.; 16.05.89, Söflingen/Donautal, an Laubholz, MTB 7625/2, leg. L. K.; 05.11.89, Ehingen/Schlechtenfeld, an Laubholz, MTB 7724/1, leg. L. K.; 23.09.89, Roter Hau bei Oberdischingen, MTB 7724, in lichtem Buchenwald, leg. K. K.

Resinicium bicolor (Alb. & Schw.: Fr.) Parm.
Zweifarbiger Harz-Rindenpilz
Funddaten: siehe ENDERLE (1979); weitere Funde: 02.04.83, Donau-Auwald bei Lh-Weißingen, an liegendem, übermoostem Fichtenstamm, auf der Stammunterseite, auf der Rinde, MTB 7527, leg. M. E., det G. B.; 18.08.89, Ulm, Eselswald, leg. H. R.; DIETL & KRIEGLSTEINER (1989), am Oberen Eselsberg in Ulm; Funddaten von L. K. (pers. Aufzeichn.): 20.04.90, südöstlich Rieden, an Fichtenholz, MTB 7627/2, leg. L. K.; 14.06.90, „Holzstöcke"/Orsenhausen, an Fichte, MTB 7725/4, leg. L. K.; 15.04.91, am Roten Berg bei Ulm, an weißfauler Fichte, MTB 7525/4, leg. L. K., det. J. M.; 5.11.86, Hesserhau bei Sonderbuch, MTB 7625, an liegenden Fichtenstamm, leg. K. K.; KRIEGLSTEINER (1991) nennt in seinem Verbreitungsatlas Funde in den MTB 7424, 7425, 7426 und 7427. Nähere Fundangaben liegen mir nicht vor

Sarcodontia crocea (Schw.: Fr.) Kotl.
Krustenförmiger Stachelbart, Apfelbaum-Stachelbart
Syn.: *S. setosa*
Rote-Liste-Art: gefährdet
Funddaten: 23.12.79, bei Ettlishofen, MTB 7627, an altem Apfelbaum, aus Rinde hervorbrechend, Geruch nach Marzipan, leg. M. E., conf. Dr. H. Jahn, Beleg in (M); Funddaten von L. K. (pers. Aufzeichn.): 11.09.81, bei Illerrieden, an stehendem Apfelbaum, MTB 7726/1, leg G. J. K.

Schizopora paradoxa (Schrad.: Fr.) Donk
Veränderlicher Spaltporling
Funddaten: siehe ENDERLE (1979). Dies ist eine Sammelart unter Einschluss der *Schizopora radula* (Pers.: Fr.) Hallenb.
Die Art ist sehr häufig und kommt sehr wahrscheinlich in allen MTB im Ulmer Raum vor.

Scopuloides rimosa (Cke. 6 Mass.) Hjorst. & Ryv. – Feinwarziger Zystidenrindenpilz
Syn.: *S. hydnoides*
Funddaten: 1981 im Ulmer Raum gefunden (brieflich bestätigt von Frau Dr. Große-Brauckmann am 15.02.82), genauer Fundort nicht mehr nachvollziehbar.
Funddaten von L. K. (pers. Aufzeichn.): 12.11.88, „Buch"/Scharenstetten, an morschem Laubholz, MTB 7424/4, leg. L. K.

Scytinostroma portentosum (Berk. & Curtis) Donk – Riechender Lederrindenpilz
Funddaten: KRIEGLSTEINER (2000a) nennt einen Fund in MTB 7526; Details liegen mir nicht vor.
Anmerkung: Frische Fruchtkörper riechen nach Kampfer bzw. Mottenpulver!

Sistotrema brinkmannii (Bres.) J. Erikss.
Funddaten von L. K. (pers. Aufzeichn.): 31.01.88, Arnegg, an Laubholz, MTB 7525/3, leg. L. K., det. J. M.

Sistotrema efibulatum (J. Eriks.) Hjortst.
Schnallenloser Vielsporenpilz
Funddaten: 20.08.89, Ulm, Südlich der Universität, beim Wasserbehälter, leg. H. R.

Steccherinum bourdotii Saliba & David
Syn.: *St. laeticolor, St. robustius*
Funddaten: siehe Enderle (1979); Funddaten von L. K. (pers. Aufzeichn.): 02.04.88, westlich Nerenstetten, an morschem Buchenholz, MTB 7426/4, leg. L. K.

Steccherinum fimbriatum (Pers.: Fr.) J. Erikss.
Gefranster Resupinatstacheling
Funddaten: siehe Enderle (1979), mit Schwarzweißfoto; Farbfoto siehe Enderle & Laux (1980); weiterer Fund siehe Dietl & Krieglsteiner (1989), am Oberen Eselsberg in Ulm; 12.09.88, Spitalwald bei Ermingen, MTB 7725, an liegendem Buchenstamm, leg. K.; weitere Funddaten erübrigen sich. Die Art ist sehr häufig und kommt sehr wahrscheinlich in allen MTB im Ulmer Raum vor.

Steccherinum ochraceum (Pers.: Fr.) S. F. Gray
Ockerrötlicher Resupinatstacheling
Funddaten: siehe Enderle (1979); weiterer Fund siehe Dietl & Krieglsteiner (1989), am Oberen Eselsberg in Ulm; weitere Funddaten von L. K. (pers. Aufzeichn.): 15.06.90, Arnegger Ried, an Weide, MTB 7525/3, leg. L. K.; 21.04.91, „Hau“ nordwestlich Erbach, an Holunder, MTB 7625/3, leg. L. K.; 01.05.96, Ludwigsfeld, Illerholz, MTB 7625/1, leg. K. Ke.; 28.02.98, Knäulesberg, MTB 7725/1, an Erle, leg. K. Ke.;
Krieglsteiner (1991) nennt in seinem Verbreitungsatlas Funde in den MTB 7424, 7425, 7426, 7427. Nähere Fundangaben liegen mir nicht vor

Stereum gausapatum (Fr.) Fr.
Zottiger Eichen-Schichtpilz
Funddaten: 19./20.09.96, bei Pilzausstellung in Ulm; Dietl & Krieglsteiner (1989), am Oberen Eselsberg in Ulm; Funddaten von L. K. (pers. Aufzeichn.): 12.10.89, Tiefental, an Eichenast, MTB 7624/1, leg. L. K.; 01.11.90, Weidach „Buchbrunnen“, an entrindetem Eichenast, MTB 7525/3, leg. L. K.; 03.10.86, am Roten Berg bei Söflingen, MTB 7625, an liegendem Eichenstamm, leg. K. K.

Stereum hirsutum (Willd.: Fr.) S. F. Gray
Striegeliger Schichtpilz
Funddaten erübrigen sich. Die Art ist sehr häufig und kommt sehr wahrscheinlich in allen MTB im Ulmer Raum vor.

Stereum rameale (Pers.: Fr. Burt
Ästchen-Schichtpilz
Syn.: *St. ochraceoflavus*
Funddaten: Dietl & Krieglsteiner (1989), am Oberen Eselsberg in Ulm; Krieglsteiner (1991) nennt in seinem Verbreitungsatlas einen Fund in MTB 7425. Nähere Fundangaben liegen mir nicht vor

Stereum rugosum (Pers.: Fr.) Fr.
Rötender Runzelschichtpilz
Funddaten erübrigen sich. Die Art ist sehr häufig und kommt sehr wahrscheinlich in allen MTB im Ulmer Raum vor.

Stereum sanguinolentum (Alb. & Schw.: Fr.) Fr. – Blutender Nadelholz-Schichtpilz
Funddaten erübrigen sich. Die Art ist sehr häufig und kommt sehr wahrscheinlich in allen MTB im Ulmer Raum vor.

Stereum subtomentosum Pouzar
Samtiger Schichtpilz
Funddaten: 28.03.80, „Muna“ bei Uf, an liegendem Stamm von Weide oder Pappel, MTB 7526, leg. M. E., conf. Dr. H. Jahn, Beleg in (M); 1982, leg. A. K. in MTB 7426/3; Funddaten von L. K. (pers. Aufzeichn.): 27.01.90, Arnegger Ried, an Weide, MTB 7525/3, leg. L. K. + H. O. B.; 15.06.90, Arnegger Ried, an Weide, MTB 7525/3, leg. L. K.; 11.09.90, BW „Tiefental“, an entrindetem Buchenstamm, MTB 7524/3, leg. L. K.; 15.10.00, bei Nerenstetten, in Eichen-Buchenwald auf Kalk, an liegendem Ast, leg. M. E. (mit Foto); 28.10.01, Pfifferlingsberg, MTB 7624/2/4, AMU-Exkursion, an Eichenast, leg. K. Ke.; 01.05.96, Ludwigsfeld, Illerholz, MTB 7625/1, an Rotbuche, leg. K. Ke.; 25.06.02, Kohlberg, MTB 7724/1/1, an Laubholzstamm, leg. K. Ke.

Terana caerula (Lamarck ex St. Amans: Fr.) O. Kuntze – Blauer Rindenpilz
Syn.: *Pulcherricium caeruleum*
Funddaten: 13.10.85, am Eichenhang in Ulm, auf *Abies alba*, leg. K. K.

Trechispora farinacea (Pers.: Fr.) Lib.
Mehliger Stachelsporling
Funddaten von L. K. (pers. Aufzeichn.): 18.03.89, östlich Donaustetten, an Fichtenzapfen, MTB 7625/4, leg. L. K.; 15.09.90, nordwestlich Dietenheim, an Fichtenzapfen, MTB 7726/3, leg. L. K.; 16.10.88, Maienwäldle, MTB 7725, auf Fichtenzapfen, leg. K.K; Krieglsteiner (1991) nennt in seinem Verbreitungsatlas einen Fund in MTB 7424. Nähere Fundangaben liegen mir nicht vor.

Trechispora hymenocystis (Berk. & Br.) K.-H. Larss.
Syn.: *T. mollusca*
Funddaten: DIETL & KRIEGLSTEINER (1989), am Oberen Eselsberg in Ulm; KRIEGLSTEINER (1991) nennt in seinem Verbreitungsatlas Funde in den MTB 7425 und 7426. Nähere Fundangaben liegen mir nicht vor.
Funddaten von L. K. (pers. Aufzeichn.): 11.10.87, Jedelhausen, an Fichtenholz, MTB 7626/1, leg. L. K.; 01.09.89, südwestlich Schnürpflingen, an Fichtenästen und -wurzeln, MTB 7725/2, leg. L. K.; 21.10.89, „Reinhau" nordwestlich Bach, an Fichte, MTB 7625/3, leg. L. K.; 05.11.89, Ehingen/Schlechtenfeld, an Fichte, MTB 7724/1, leg. L. K.; 07.11.89, südlich Oxenbronn, an Fichte, MTB 7627/2, leg. L. K.

Tubulicrinis subulatus (Bourdot & Galzin) Donk – Pfriemförmiger Röhren-Zystidenrindenpilz
KRIEGLSTEINER (1991) nennt in seinem Verbreitungsatlas einen Fund in MTB 7527. Nähere Fundangaben liegen mir nicht vor

Vesiculomyces radiosus (Fr.: Fr.) Rauschert
Zitronengelber Gloeozystidenrindenpilz
Funddaten von L. K. (pers. Aufzeichn.): 18.03.89, östlich Donaustetten, an morschem Fichtenholz, MTB 7625/4, leg. L. K.; KRIEGLSTEINER (1991) nennt in seinem Verbreitungsatlas Funde in den MTB 7424 und 7425. Nähere Fundangaben liegen mir nicht vor

Vuilleminia comedens (Nees: Fr.) R. Maire
Gemeiner Rindensprenger
Funddaten: siehe ENDERLE (1979). Die Art ist sehr häufig und kommt sehr wahrscheinlich in allen MTB im Ulmer Raum vor.

Vuilleminia coryli Boidin
Funddaten: 01.04.03, Hinteres Ried, MTB 7724/2, an Hasel, leg. K. Ke.
KRIEGLSTEINER (2000a) nennt Funde in den MTB 7524, 7526 und 7625; Details sind mir nicht bekannt.

Vuilleminia coryli var. **alni** (Boidin, Lanquetin & Gilles) Krieglsteiner 1999
Syn.: *Vuilleminia alni*
Funddaten: KRIEGLSTEINER (2000a) nennt Funde im MTB 7725; Details sind mir nicht bekannt.

Vuilleminia cystidiata Parm.
Rote-Liste-Art: gefährdet
KRIEGLSTEINER (1991) nennt in seinem Verbreitungsatlas Funde in den MTB 7424, 7425 und 7426. Nähere Fundangaben liegen mir nicht vor.

Familie **Coniophoraceae** Ulbrich 1928

Coniophora arida (Fr.) P. Karsten
Dünnhäutiger Braunsporrindenpilz
Funddaten: 15.04.87, Spitalwald, MTB 7725, auf stark vermorschtem Stumpf von Fichte, leg. K. K. (Anmerkung Kurt Köhler: „Leider habe ich nicht auf die var. *suffocata* geachtet.")

Coniophora puteana (Schum.: Fr.) P. Karsten
Dickhäutiger Braunsporrindenpilz
Funddaten: siehe ENDERLE (1979); DIETL & KRIEGLSTEINER (1989), am Oberen Eselsberg in Ulm;

Leucogyrophana mollusca (Fr.) Pouzar
Kiefernfältling
Funddaten: 22.10.82, Bubesheimer Wald bei Echlishausen, MTB 7527, an Fichtenstumpf, aber auch an Erde im Umkreis von 1 m; Fruchtschicht merulioid, kräftig orange, effus-reflex mit kleinen, weißlichen Hütchen, Sporen hyalin, ca. 5–6,5 x 4,1 µm, leg. M. E., det. G. B., Beleg in (M)

Serpula himantioides (Fr.) P. Karsten
Wilder Hausschwamm
Funddaten von L. K. (pers. Aufzeichn.): 25.10.86, Duchstetten, MTB 7424/1, leg. R. St.; 22.09.90, Weidach, an braunfaulem Fichtenstumpf, MTB 7525/3, leg. L. K.

Serpula lacrymans (Wulf. ap. Jacq.: Fr.) Schroet. – Echter Hausschwamm
Die Art wurde zum „Pilz des Jahres 2004" ernannt.
Funddaten: vor 1980, Ulm, Frauenstraße, im Keller eines Wohnhauses, ausgedehnte Fruchtkörper, leg. M. E.; Funddaten von L. K. (pers. Aufzeichn.): Juli 1989, Ulm-Lehr, in einem Hauskeller, an Holz, MTB 7525/4, leg. G. D., det. L. K.; 03.10.00, Ulm, Rangierbahnhof, ehemaliges Stellwerk 5, MTB 7625, in einem alten, aus Holz gebauten Stellwerk im Erdgeschoss, leg. K. K.

Hydnellum caeruleum (Hornem.: Pers.) P. Karsten – Bläulicher Korkstacheling
Rote-Liste-Art: stark gefährdet!
Funddaten: 1941, Haas-Fund in einem Wald bei Jungingen, MTB 7525

Hydnellum ferrugineum (Fr.: Fr.) P. Karsten
Rotbrauner Korkstacheling
Funddaten: 29.09.01, Schellenbühl bei Humlangen, MTB 7725, auf dicker Nadelstreuauflage an einem Waldweg unter Fichte, leg. K. K.

Hydnellum peckii Banker in Peck
Scharfer Korkstacheling
Funddaten: 19.09.87, Klingensteiner Wald, MTB 7625, ausgetrockneter Fichtenwald (ehemaliger Windwurf), leg. K. K.

Hydnellum scrobiculatum (Fr.) P. Karsten
Grubiger Korkstacheling
Funddaten von L. K. (pers. Aufzeichn.): 05.09.76, Mischwald bei Bernstadt, MTB 7526/1, leg. A. K.

Phellodon niger (Fr.: Fr.) P. Karsten
Schwarzer Duftstacheling
Rote-Liste-Art: stark gefährdet
Funddaten: siehe Enderle (1979); 26.09.82, bei Ulm-Wiblingen, im Gögglinger Wäldchen, in feuchtem Fichtenforst, leg. M. E., det. Dr. Maas Geesteranus (Holland), Beleg in (M); Funddaten von L. K. (pers. Aufzeichn.): 02.11.89, Hänlesberg östlich Allmendingen, unter Kiefern, MTB 7624/3, leg. E. S., det. L. K.; Ende Sept./Anf. Oktober 2001, in Fichtenbestand, geschlossene Moosdecke, Nordwesthang auf Kalk, bei Gerstetten, MTB 7327/1/32, leg. G. S.; 03.10.87, Eichhau bei Donaustetten, MTB 7725, auf moosigem, grasigem Waldweg im Fichtenwald, leg. K. K.

Phellodon tomentosus (Linn.: Fr.) Banker
Becherförmiger Duftstacheling
Funddaten: Krieglsteiner (2000a) nennt einen Fund in MTB 7525; Details sind mir unbekannt.

Porotheleum fimbriatum (Pers.: Fr.) Fr.
Gefranstes Becherstroma
Syn.: *Stromatoscypha fimbriata*
Rote-Liste-Art: latent gefährdet
Funddaten von L. K. (pers. Aufzeichn.): 12.01.88, Arnegg, an Buchen(?)-Ast, MTB 7525/3, leg. L. K.; Krieglsteiner (1991) nennt in seinem Verbreitungsatlas einen Fund in MTB 7425. Nähere Fundangaben liegen mir nicht vor

Sarcodon imbricatus (L.: Fr.) P. Karsten
Habichtspilz
Rote-Liste-Art: gefährdet
Funddaten: siehe Enderle (1979); weitere Funddaten: 1982, leg. A. K. in MTB 7426 und 7525; bei Pilzausstellung in Ulm am 01./02.10.88; Funddaten von L. K. (pers. Aufzeichn.): 22.08.82, Tomerdingen, beim alten Sportplatz, MTB 7525/1, leg. Dr. Gemrich, det. G. F.; 28.09.86, „Schammental"/Mähringen, Fichten auf Kalk, MTB 7525/4, leg. G. F.; 28.10.01, Pfifferlingsberg, MTB 7624/2/4, AMU-Exkursion, leg. K. Ke.; 16.10.99, Bockighofer Holz, MTB 7724/4/32, bei Fichten, leg. K. Ke.

Thelephora anthocephala (Bull.) Fr.
Blumenartige Lederkoralle
Funddaten von L. K. (pers. Aufzeichn.): 31.08.89, „Spitalwald" Ermingen, an grasiger Waldstelle, MTB 7625/1, leg. E. S., det. E. S./L. K.

Thelephora caryophyllea Schaeff.: Fr.
Trichterförmiger Wärzling
Funddaten: siehe Enderle (1979)

Thelephora palmata Scop.: Fr.
Stinkende Lederkoralle
Funddaten: siehe Enderle (1979); weitere Funddaten erübrigen sich. Die Art ist sehr häufig und kommt sehr wahrscheinlich in allen MTB im Ulmer Raum vor.

Thelephora terrestris Ehrh. ex Willd.: Fr.
Erd-Warzenpilz
Funddaten: siehe Enderle (1979); weitere Funddaten erübrigen sich. Die Art ist sehr häufig und kommt sehr wahrscheinlich in allen MTB im Ulmer Raum vor.

Tomentella albomarginata (Bourd. & Galz.) Lars.
Funddaten von L. K. (pers. Aufzeichn.): 15.09.90, westlich Wennenden, auf nackter, lehmiger Erde, MTB 7727/1, leg. L. K., det J. M.

Tomentella crustacea (Schum.) ss. Bourd. & Galzin
Funddaten von L. K. (pers. Aufzeichn.): 22.09.90, „Hohenstein"/Weidach, an berindeter Buche auf Kalk, MTB 7525/3, leg. L. K., det. J. M.

Tomentella fibrosa (Berk. & Curtis) Köljalg
Syn.: *Tomentellina fibrosa*
Funddaten: 08.11.98, Steinbruch Sotzenhausen, MTB 7624/2, leg. L. K. (bisher nur ein paar Funde in Deutschland!!)

Tomentella pilosa (Burt) Bourd. & Galzin
Funddaten: 28.10.89, Ulm, Eselswald, leg. H. R.

Tomentella stuposa (Link) Stalpers
Syn.: *T. ruttneri*
Funddaten von L. K. (pers. Aufzeichn.): 26.09.88, Spitalwald Ermingen, auf der Unterseite von *Heterobasidion annosum*, MTB 7625/1, leg. L. K., det. J. M.; 15.07.90, NSG „Gronne"/Wiblingen, an weißfaulem Eschenast, MTB 7625/2, leg. L. K.

Schizophyllum commune Fr.: Fr.
Spaltblättling
Funddaten erübrigen sich. Die Art ist sehr häufig und kommt sehr wahrscheinlich in allen MTB im Ulmer Raum vor. Es gibt weltweit zahlreiche intersterile Sippen!

Familie **Cyphellaceae**

Cyphella digitalis (Alb. & Schw.: Fr.) Fr.
Weißtannen-Fingerhut
Funddaten: 18.08.85, Wohngebiet Eichenhang, an hängendem Ast von *Abies alba*, MTB 7628, leg. K. K. + H. R.

Ordnung **Polyporales** Gäumann 1926 s. l.

Familie **Ganodermataceae** (Donk) Donk 1948

Ganoderma australe (Fr.) Pat.
Wulstiger Lackporling
Syn.: *G. europaeum, G. adspersum*
Funddaten: KRIEGLSTEINER (2000a) nennt einen Fund in MTB 7725; Details sind mir nicht bekannt.

Ganoderma lipsiense (Batsch) Atk.
Flacher Lackporling
Syn: *G. applanatum*
Funddaten: siehe ENDERLE (1979); 18.06.77, zwischen Uf-Lh, an der Biber, seitlich an Laubholzstumpf, leg. Rudolf Brunner (Kissendorf), MTB 7527.
Weitere Funddaten erübrigen sich. Die Art ist sehr häufig und kommt sehr wahrscheinlich in allen MTB im Ulmer Raum vor.

Ganoderma lucidum (Curt.: Fr.) P. Karsten
Glänzender Lackporling
Funddaten von L. K. (pers. Aufzeichn.): 05.09.89, Straß/Fahlheim, MTB 7526/4, leg. L. K.; 1989, im MTB 7725/3, leg. G. O.; weitere Funddaten: Funddaten: 07.07.96, im „Mooswald" nördlich Gz, an morschem Baumstumpf (*Picea*?), leg. M. E., MTB 7527/1; 20.09.96, nördlich Gz, bei den Mooswaldseen, im Fichtenforst auf dunkler Riederde, MTB 7527, leg. M. E.; 02.09.87, Spitalwald bei Ermingen, MTB 7725, am Stumpf einer gefällten Buche, leg. K. K.

Familie **Hymenochaetaceae** Donk 1948

Coltricia perennis (L.: Fr.) Murr. – Dauerporling
Funddaten: siehe ENDERLE (1979); Funddaten von L. K. (pers. Aufzeichn.): 1991, Buchwald bei Reutti, MTB 7626/2, leg. A. B., det. L. K.; Herbst 1986, Kinderfestplatz Lh, leg. L. K., publiziert und diskutiert in L. KRIEGLSTEINER (1999).

Inonotus dryadeus (Pers.: Fr.) Murrill
Tropfender Schillerporling
Rote-Liste-Art: gefährdet
Funddaten: siehe ENDERLE (1979); weitere Funde: Eselswald Ulm, leg. H. R. †; Farbfoto siehe ENDERLE & LAUX (1980); Funddaten von L. K. (pers. Aufzeichn.): 02.08.87, nordwestlich Emmausheim, an Eichenstammbasis, MTB 7427/4, leg. G. J. K. + Enderle; 29.05.88, Peterswörth, an Eichenstammbasis; MTB 7428/3, leg. G. J. K. + Enderle; vor 1988, Neu-Ulm, MTB 7625/2, leg. A. B., det. G. O.; 11.09.00, Burren b. Erbach, MTB 7725, an altem Eichenstamm, leg. K. K.

Inonotus dryophilus (Berk.) Murrill
Eichen-Schillerporling
Rote-Liste-Art: gefährdet
Funddaten: 09.09.97, Baden-Württemberg, Griesingen, Taxisscher Wald, MTB 7724/2.34, 510 m ü. NN, an einem Eichenstamm (nordseitig), ca. 100 cm über dem Erdboden, leg. K. Ke., conf. H. L., Diapositiv in der Diathek von H. L., Biberach; 06.09.03, bei Bellenberg an stehender Eiche, ca. 1 m hoch, leg J. I.

Inonotus hastifer Pouzar
Vielgestaltiger Schillerporling
Syn.: *I. polymorphus*
Rote-Liste-Art: gefährdet
Funddaten siehe ENDERLE (1979) sub *I. polymorphus*
Funddaten von L. K. (pers. Aufzeichn.): 22.11.87, „Ballhart" westlich Hausen/Lone, an stehender, toter Buche, MTB 7426/2, leg. L. K.

Inonotus hispidus (Bull.: Fr.) P. Karsten
Zottiger Schillerporling
Funddaten: siehe ENDERLE (1979); weitere Funddaten erübrigen sich. Die Art ist sehr häufig, vor allem an abwehrgeschwächten Apfelbäumen und kommt sehr wahrscheinlich in allen MTB im Ulmer Raum vor.

Inonotus nodulosus (Fr.) P. Karsten
Buchen-Schillerporling
Funddaten: siehe ENDERLE (1979); 08.08.01, am Roten Berg bei Söflingen, MTB 7625, Buchenwald auf

Kalkboden, leg. K. K.; weitere Funddaten erübrigen sich. Die Art ist sehr häufig an geschwächten Rotbuchen und kommt sehr wahrscheinlich in allen MTB im Ulmer Raum vor.

Inonotus obliquus (Pers.: Fr.) Pilat
Schiefer Schillerporling
Funddaten von L. K. (pers. Aufzeichn.): 29.04.86, Lontetal, Vogelherdhöhle, an Birke, MTB 7427/1, leg. Mahl + K. Neff

Inonotus radiatus (Sow.: Fr.) P. Karsten
Erlen-Schillerporling
Funddaten: siehe ENDERLE (1979); 28.09.01, „Silberwald" bei Ludwigsfeld, MTB 7726, an altem Stamm von *Alnus glutinosa*, leg. K. K.; weitere Funddaten erübrigen sich. Die Art ist sehr häufig und kommt sehr wahrscheinlich in allen MTB im Ulmer Raum vor, vor allem in Flußtälern an Erlen.

Inonotus rheades (Pers.) P. Karsten
Fuchsroter Schillerporling
Rote-Liste-Art: gefährdet
Funddaten: im Großraum Ulm (Biberach?) von H. L. gefunden; Farbfoto siehe ENDERLE & LAUX (1980).

Pelloporus tomentosus (Fr.) Quélet
Gestielter Filzporling
Syn.: *Onnia tomentosa, Coltricia tomentosa*
Funddaten: siehe ENDERLE (1979); Funddaten von L. K. (pers. Aufzeichn.): 20.09.88, Jungingen bei Autobahn, in Fichtenforst auf Kalk, MTB 7525/2, leg. L. K. + G. D.; 06.09.81, Dornstadt, unter Fichten, MTB 7525/2, leg. G. F.; 07.08.89, Klosterwald Söflingen, MTB 7625/2, leg. E. S., det. L. K.; Herbst 1989, „Heiligenberg" westlich Eggingen, MTB 7625/1, leg. E. S., det. L. K.

Pelloporus triqueter (Fr.) Krieglsteiner 1999
Kiefern-Filzporling
Syn.: *Onnia triquetra*
Funddaten: siehe ENDERLE (1979)

Phellinus conchatus (Pers.: Fr.) Quélet
Muschelförmiger Feuerschwamm
Funddaten: siehe ENDERLE (1979); Funddaten von L. K. (pers. Aufzeichn.): 12.01.88, Arnegg, an Esche (?), MTB 7525/3, leg. L. K.; 07.09.88, Tiefental, an Esche, MTB 7524, leg. L. K.; 05.04.81, Illerau bei Illerrieden, MTB 7726/1, leg. G. J. K. + Enderle; 30.11.79, Illerkirchberg nahe Schlossberg, MTB 7626/3, leg. M.E; 01.05.91, „Silberwald" bei Ludwigsfeld, an Weide, MTB 7626/1, leg. L. K.

Phellinus contiguus (Pers.: Fr.) Pat.
Großporiger Feuerschwamm
Funddaten: siehe ENDERLE (1979); Farbfoto siehe ENDERLE & LAUX (1980);

Phellinus ferruginosus (Schrader: Fr.) Pat.
Rostbrauner Feuerschwamm
Funddaten: siehe ENDERLE (1979); Farbfoto siehe ENDERLE & LAUX (1980); siehe DIETL & KRIEGLSTEINER (1989), am Oberen Eselsberg in Ulm; weitere Funddaten erübrigen sich. Die Art ist sehr häufig und kommt sehr wahrscheinlich in allen MTB im Ulmer Raum vor.

Phellinus hartigii (Allescher & Schnabel) Bond.
Tannen-Feuerschwamm
Rote-Liste-Art: stark gefährdet!
Funddaten: bei Pilzausstellung in Ulm am 01./02.10.88; KRIEGLSTEINER (1991) nennt in seinem Verbreitungsatlas einen Fund in MTB 7425. Nähere Fundangaben liegen mir nicht vor.

Phellinus hippophaecola H. Jahn
Sanddorn-Feuerschwamm
Funddaten: siehe ENDERLE (1979), mit Schwarzweißfoto; Farbfoto siehe ENDERLE & LAUX (1980)

Phellinus igniarius (L.: Fr.) Quélet s. l.
Gemeiner Feuerschwamm
Funddaten: siehe ENDERLE (1979); weitere Funddaten erübrigen sich. Die Art ist sehr häufig und kommt sehr wahrscheinlich in allen MTB im Ulmer Raum vor, meist an Apfelbaum und Weide. KRIEGLSTEINER (2000a) akzeptiert eine Aufteilung dieser plastischen Art in die folgenden drei genetisch geschiedenen, gegeneinander inkompatiblen, mikroskopisch dagegen nicht und auch makroskopisch kaum trennbare Taxa (Arten oder Varietäten):
Ochroporus cinereus (= *Phellinus igniarius* var. *cinereus*), Moorbirken-Feuerschwamm
Phellinus igniarius (= *Phellinus trivialis*), Weiden-Feuerschwamm
Phellinus alni (= *Phellinus igniarius* f. *alni*), Erlen- oder Apfelbaum-Feuerschwamm

Phellinus laevigatus (Fr.) Boudot & Galzin
Birken-Feuerschwamm
Rote-Liste-Art: gefährdet
Funddaten: Eselswald Ulm, leg. H. R. †;

Phellinus lundelli Niem.
Konsoliger Birken-Feuerschwamm
Rote-Liste-Art: stark gefährdet!
Funddaten: von H. L. im Großraum Ulm/Biberach gefunden; Farbfoto siehe ENDERLE & LAUX (1980)

Phellinus punctatus (P. Karsten) Pilat
Polsterförmiger Feuerschwamm
Fundddaten: siehe ENDERLE (1979); Farbfotos siehe ENDERLE & LAUX (1980) und KRIEGLSTEINER (2000a: 460); weiterer Fund siehe DIETL & KRIEGLSTEINER (1989), am Oberen Eselsberg in Ulm; weitere Funddaten erübrigen sich. Die Art ist sehr häufig und kommt sehr wahrscheinlich in allen MTB im Ulmer Raum vor.

Phellinus rhamni H. Jahn
Faulbaum-Feuerschwamm
Rote-Liste-Art: stark gefährdet!
Funddaten: siehe ENDERLE (1979), mit Schwarzweißfoto; Farbfotos siehe ENDERLE & LAUX (1980) und KRIEGLSTEINER (2000a: 460).

Phellinus ribis (Schum.: Fr.) P. Karsten
Stachelbeer-Feuerschwamm
Funddaten: siehe ENDERLE (1979); weitere Funde: vor 1894, leg. Haas, Ulm; Laible, La; 07.04.80, Baustetten-Osterried, MTB 785, leg. G. O. (als forma *evonymi*), Beleg in (M); von E. R. (Erbach-Ringingen) 1979 aus dem MTB 7624 (Schelklingen) als forma *evonymi* gemeldet.; Funddaten von L. K. (pers. Aufzeichn.): 10.02.90, Lautertal/Weidach, an Pfaffenhütchen, MTB 7525/3, leg. L. K.

Phellinus robustus (P. Karsten) Bourd. & Galz.
Eichen-Feuerschwamm
Funddaten: siehe ENDERLE (1979); Farbfoto siehe ENDERLE & LAUX (1980); weiterer Fund siehe DIETL & KRIEGLSTEINER (1989), am Oberen Eselsberg in Ulm; Funddaten von L. K. (pers. Aufzeichn.): 16.05.87, Hörvelsingen, MTB 7526/1, leg. G. F.; 12.07.86, bei Ermingen, MTB 7625/1, leg. G. F.; 07.11.89, südlich Oxenbronn, an stehender Eiche, MTB 7627/2, leg. L. K.; 1989, „Buchwald“ östlich Reutti, MTB 7626/2, leg. A. B., det. W. G.; 14.10.01, bei Altheim/Alb, MTB 7426/1, an freistehender abgestorbener Eiche, leg. B. S.; 1996, Lonetal, bei Börslingen, Wald „Markhau“, leg. W. H.

Phellinus tremulae (Bond.) Bond. & Boris
Espen-Feuerschwamm
Rote-Liste-Art: gefährdet
Funddaten: siehe ENDERLE (1979), mit Schwarzweißfoto; Farbfoto siehe ENDERLE & LAUX (1980); 21.10.00, Burren beim Erbacher Flugplatz, MTB 7725, auf totem Espenstamm entlang einer Espenallee, leg. K. K.

Phellinus tuberculosus

Phellinus tuberculosus (Baumg.) Niem.
Pflaumen-Feuerschwamm
Syn.: *Ph. pomaceus*
Funddaten: siehe ENDERLE (1979); weitere Funddaten erübrigen sich. Die Art ist sehr häufig und kommt sehr wahrscheinlich in allen MTB im Ulmer Raum vor, meist an alten oder abwehrschwachen Pflaumen- und Zwetschgenbäumen, sowie an Schwarzdorn.

Weitere poriale Aphyllophorales

In Anlehnung an KRIEGLSTEINER (2000: 467) werden die weiteren porialen Aphyllophorales keinen Familien unterstellt (etwa den *Albatrellaceae, Bondarzewiaceae, Coriolaceae, Fistulinaceae*) zumal die vorgelegten Arrangements „höherer Taxa" teilweise beträchtlich divergieren; sie werden in alphabetischer Reihenfolge aufgeführt. Eine Ausnahme wird zuletzt für die Familie *Polyporaceae* gemacht.

Abortiporus biennis (Bull.: Fr.) Singer
Rötender Saftwirrling
Funddaten: siehe ENDERLE (1979); weitere Funde: 02.11.80, bei Universität in Ulm, leg. G. D.; Sept. 1987, Donau-Auwald bei Lh, auf dem Zirkusplatz neben dem Kinderfestplatz, unter Eschen im Gras, MTB 7527, leg. M. E.; Funddaten von L. K. (pers. Aufzeichn.): 11.09.81, bei Illerrieden, MTB 7726/1, leg. L. K.; 23.09.85, Spitalwald bei Ermingen, an verrottetem Buchenstumpf, MTB 7725, leg. K. K.

Albatrellus confluens (Alb. & Schw.: Fr.) Kotlaba & Pouzar – Semmelporling
Rote-Liste-Art: stark gefährdet!
Funddaten: siehe ENDERLE (1979); weitere Funde: August 1997, bei Pilzausstellung im Kornhaus in Ulm

Albatrellus cristatus (Schaeffer: Fr.) Kotlaba & Pouzar – Grüner Kammporling
Syn.: *Scutiger cristatus*
Rote-Liste-Art: stark gefährdet!
Funddaten: siehe ENDERLE (1979);

Albatrellus ovinus (Schaeffer: Fr.) Kotlaba & Pouzar – Schafporling
Syn.: *Scutiger ovinus*
Rote-Liste-Art: gefährdet
Funddaten: siehe ENDERLE (1979); weitere Funde: 26./27.08.78, bei Pilzausstellung in Ulm; 01./02.10.88 bei Pilzausstellung in Ulm

Antrodia serialis (Fr.) Donk – Reihige Tramete
Syn.: *Trametes serialis*
Funddaten: siehe ENDERLE (1979); Funddaten von L. K. (pers. Aufzeichn.): alle Funde an Fichtenstümpfen; 25.09.77, Ulm, Roter Berg, MTB 7525/4, leg. G. F. und L. K.; 14.05.86, Roter Berg bei Ulm-Söflingen, MTB 7625, auf morschem Fichtenstumpf, leg. K. K.; 05.07.89, Spitalwald Ermingen, MTB 7625/1, leg. L. K.; 20.04.90, südöstlich Rieden, MTB 7627/2, leg. L. K.; 08.03.02, Baustetter Hölzle, MTB 7725/3/4, leg. K. Ke., an Fichte, Pflanzengesellschaft: Gemischte Forste, Organ/Wuchsstelle: Stumpf, Strunk, Wurzel, Höhe über NN: 525 m.

Antrodia xantha (Fr.: Fr.) Ryvarden
Gelbe Tramete
Syn: *Amyloporiella flava, Poria xantha*
Funddaten: siehe ENDERLE (1979), mit Schwarzweißfoto

Antrodiella hoehnelii (Bres. in von Hoehn.) Niem. – Spitzwarzige Tramete
Funddaten: immer an Rotbuche, meist auf alten Fruchtkörpern von *Inonotus*; siehe ENDERLE (1979); 13.10.85, Roter Berg bei Ulm-Söflingen, MTB 7625, an liegendem Buchenstamm, leg. K. K. (Anmerkung K. Köhlers: oft, aber nicht immer mit Schillerporlingen vergesellschaftet); Funddaten von L. K. (pers. Aufzeichn.): Funde in den MTB 7724/3, 7525/2, 7524/2, 7724/1, 7624/2, 7726/1.

Antrodiella onychoides (Egel.) Niem.
Funddaten von L. K. (pers. Aufzeichn.): 23.04.89, Weidach/Lautertal, an Buchenast, MTB 7525/3, leg. L. K.; 05.01.90, Weidach „Buchbrunnen", an morschem, entrindetem *Sambucus*-Ast, MTB 7525/3, leg. L. K., det. J. M.

Antrodiella semisupina (Berk. & Curt.) Ryv. & Johan. – Knorpelige Tramete
Syn.: *Trametes semisupina*
Funddaten: siehe ENDERLE (1979); Funddaten von L. K. (pers. Aufzeichn.): 10.08.88, südlich Sontheims, an Buche, MTB 7724/3, leg. L. K.; 03.07.89, Spitalwald Ermingen, an Buchenast, MTB 7625/1, leg. L. K.; 03.08.89, bei Hirbishofen, an Buchenast, MTB 7626/2, leg. L. K.; 05.08.89, Witthau, MTB 7526/1, leg. L. K.; 14.06.90, „Holzstöcke" Orsenhausen, an Rotbuche, MTB 7725/4, leg. L. K.

Auriporia aurulenta David, Tortic & Jelic
Duftender Goldporling
Funddaten: 21.10.89, Ulm, Eselswald, leg. H. R.

Bjerkandera adusta (Willd.: Fr.) P. Karsten
Angebrannter Rauchporling
Funddaten: siehe ENDERLE (1979). Die Art ist sehr häufig und kommt sehr wahrscheinlich in allen MTB im Ulmer Raum vor.

Bjerkandera fumosa (Pers.: Fr.) P. Karsten
Graugelber Rauchporling
Funddaten: siehe ENDERLE (1979); die Art kommt sehr wahrscheinlich in allen MTB im Ulmer Raum vor; Farbfoto siehe ENDERLE & LAUX (1980)

Ceriporia purpurea (Fr.) Donk
Purpurfarbener Wachsporling
Rote-Liste-Art: gefährdet
Funddaten: siehe ENDERLE (1979)

Ceriporia reticulata (Hoffm.: Fr.) Dom.
Netziger Wachsporling
Funddaten: DIETL & KRIEGLSTEINER (1989), am Oberen Eselsberg in Ulm; Funddaten von L. K. (pers. Aufzeichn.): 11.01.88, Lautern, an Laubholz, MTB 7525/3, leg. L. K.; 19.05.89, östlich Treffensbuch, an morschem Eichenast, MTB 7524/2, leg. L. K.; 03.07.89, Spitalwald Ermingen, an entrindetem Buchenast, MB 7625/1, leg. L. K.; 29.07.89, südlich Laichingen, an *Acer pseudoplatanus*, MTB 7524/1, leg. L. K.; 19.09.90, südwestlich Westerflach, an entrindeter Esche, MTB 7724/4, leg. L. K.

Ceriporia viridans (Berk. & Br.) Donk var. **viridans** – Grünfärbender Wachsporling
Funddaten: siehe ENDERLE (1979); Funddaten von L. K. (pers. Aufzeichn.): 14.10.87, „Ulmerhalde"/Altental, an Esche, MTB 7525/3, leg. L. K.; 11.12.87, nördlich Gerhausen, an Buche, MTB 7524/4, leg. L. K.; 14.01.89, nördlich Weidach, an entrindeter Eiche, MTB 7525/1, leg. L. K.; 02.05.89, Iller östlich Illerrieden, an Laubholz, MTB 7726/1, leg. L. K.; 27.01.90, BW Tiefental, an entrindetem Laubholz, MTB 7624/1, leg. L. K. und H. O. B.; 23.10.90, Mähringen, „Tobeltal", an Esche und Hasel, MTB 7525/4, leg. L. K.

Ceriporia viridans var. **excelsa** (Lund.) Krieglsteiner & L. K. 1989
Syn.: *Ceriporoa excelsa*
Funddaten: KRIEGLSTEINER (2000a) nennt einen Fund in MTB 7526; Details sind mir nicht bekannt.

Cerioporiopsis aneirina (Sommerf.: Fr.) Dom.
Syn.: *Poria aneirina*
Rote-Liste-Art: latent gefährdet
Funddaten: siehe ENDERLE (1979)

Ceriporiopsis mucida (Pers.: Fr.) Gilb. & Ryvarden – Weicher Schnallenporling
Syn: *Porpomyces mucidus, Fibuloporia donki*
Funddaten: 29.10.00, Rotes Holz bei Unterweiler, MTB 7725, an liegendem Fichtenast, leg. K. K.; weitere Funddaten siehe ENDERLE (1979); 21.09.00, am Dreierberg bei Klingenstein, MTB 7625, an liegendem, morschem Fichtenstamm, leg. K. K.

Ceriporiopsis resinascens (Rom.) Dom.
Harziger Wachsporling
Rote-Liste-Art: gefährdet
Funddaten: siehe ENDERLE (1979); weitere Funde: 07.04.80, bei Baustetten-Osterried, an Weide, MTB 7825, leg. G. O., det. Jaquenod (Schweiz)

Cerrena unicolor (Bull.: Fr.) Murr.
Aschgrauer Wirrling
Funddaten: siehe ENDERLE (1979); Funddaten von L. K. (pers. Aufzeichn.): 17.05.89, Kuhberg/Donautal, an Feld-Ahorn, MTB 7625/2, leg. L. K.

Climacocystis borealis (Fr.) Kotl. & Pouz.
Nordischer Schwamm-Porling
Funddaten: siehe ENDERLE (1979); weitere Funddaten: 07.09.80, bei Weißenhorn, leg. M. E., 16.09.80, bei Gz, MTB 7527, im „Birket", an Fichte leg. Wehrlein, det. M. E.; 02.10.80, bei Illerrieden, an Fichtenstumpf, leg. J. I., det. M. E., 17.10.80, bei Illerrieden, an stehender Fichte am Stammgrund, leg. M. E.; 06.08.79, bei Laupheim, MTB 8026, an stehender Fichte, leg. G. O., det. Dr. H. Jahn; bei Pilzausstellung in Ulm am 01./02.10.88; Farbfoto siehe ENDERLE & LAUX (1980); Funddaten von L. K. (pers. Aufzeichn.): 12.07.86, bei Ermingen, an Fichtenstumpf, MTB 7625/1, leg. G. F.; 05.08.91, Illerrieden/Weihungszell, MTB 7726/1, leg. J. I.; H. Weyh fand sie häufig an Fichte in den MTB 7625/2+3+4; 04.09.2000, im MTB 7724 (Schwäb. Alb?), leg. T. B.; 16.06.85, Buchwald bei Reutti, MTB 7726, auf verrottendem Fichtenstumpf, leg. K. K.; 28.10.01, Pfifferlingsberg, MTB 7624/2/4, an Fichte, leg. K. Ke.

Coriolopsis gallica (Fr.) Ryv.
Braune Borstentramete
Syn.: *Trametes extenuata, Funalia extenuata*
Rote-Liste-Art: gefährdet
Funddaten: siehe ENDERLE (1979); Farbfoto siehe ENDERLE & LAUX (1980) sub *F. extenuata*; 01.05.96, Ludwigsfeld, Illerholz, MTB 7626/1, leg. K. Ke., an Esche. Weitere Funddaten erübrigen sich. Die Art ist sehr häufig und kommt sehr wahrscheinlich in allen MTB im Ulmer Raum, schwerpunktmäßig in den Auwäldern an Esche, vor.

Coriolopsis trogii (Berk.) Domanski
Blasse Borstentramete
Syn.: *Funalia trogii*
Funddaten: KRIEGLSTEINER (2000a) nennt einen Fund in MTB 7626; Details sind mir nicht bekannt. Zudem nennt KRIEGLSTEINER (1991) in seinem Verbreitungs-

atlas einen Fund in MTB 7724. Nähere Fundangaben liegen mir nicht vor

Daedalea quercina (L.) Fries – Eichenwirrling
Syn.: *Trametes quercina*
Funddaten: siehe ENDERLE (1979); die Art kommt sehr wahrscheinlich in allen MTB im Ulmer Raum vor.

Daedaleopsis confragosa (Bolt.: Fr.) Schroet.
Rötende Tramete
Funddaten: ENDERLE (1979); die Art kommt sehr wahrscheinlich in allen MTB im Ulmer Raum vor.

Daedaleopsis confragosa var. **tricolor** (Pers.) Bondarzev
Funddaten: s. ENDERLE (1979)

Datronia mollis (Sommerf.: Fr.) Donk
Großporige Datronie
Funddaten: siehe ENDERLE (1979), mit Schwarzweißfoto; Farbfoto siehe ENDERLE & LAUX (1980); die Art kommt sehr wahrscheinlich in allen MTB im Ulmer Raum vor.

Diplomitoporus lindbladii (Berk.) Gilbertson & Ryvarden – Grauschillernder Resupinatporling
Syn.: *Cinereomyces lindbladii*
Funddaten: siehe ENDERLE (1979); weitere Funde: 27.10.79, bei Riedhausen, Birkenmischwald, an liegender, entrindeter Fichte (?), MTB 7527, leg. M. E., det. Dr. H. Jahn, Beleg in (M); Funddaten von L. K. (pers. Aufzeichn.): 01.09.88, Blaubeuren/Seißen, an Kiefer, MTB 7524/4, leg. L. K.; 26.09.88, Spitalwald Ermingen, an Fichte, MTB 7625/1, leg. L. K.

Donkiporia expansa (Desm.) Kotl. & Pouzar
Funddaten: 13.10.01, Ulm, ehemaliger Rangierbahnhof bei der alten Bahnmeisterei, MTB 7625, auf alter Eisenbahnschwelle aus Eichenholz, leg. K. K.

Fistulina hepatica Schaeffer: Fries
Leberreischling, Ochsenzunge
Funddaten: vor 1894, leg. Leopold, Desensy, in Ulm im Eselswald; leg. Veesenmeyer in Thalfingen; 1937–40, Haas-Fund im Maien- und Klosterwald bei Söflingen, MTB 7625; 1974, im „Großen Gehr", bei Autobahn Ulm-Ost, an lebender Eiche, leg. M. E.; 1977, in Bernstadt, an Eichenstamm im Garten von A. K., leg. A. K.; 02.08.82, bei Rh, MTB 7527, an Eiche, leg. A. Schnarbach; 15.09.82, bei Bermaringen, an Laubbaum, leg. F. R. (Holzheim); 1974–1982, leg. A. K. in MTB 7526; Funddaten von L. K. (pers. Aufzeichn.): 1987, „Buchwald" östlich Reutti, MTB 7626/2, leg. A. B.; 12.09.91, Blaustein, an Eichenbasis, MTB 7525/3, leg. L. K.; 02.09.87, Dreierberg, MTB 7625, an Eichenstumpf mit großem Durchmesser, leg. K. K.; 01.09.03, Donau-Auwald bei Rh, MTB 7527, an Eichenstumpf, 3 Frk., leg. M. E.; 09.09.03, Moosholz, an Eichenstamm, MTB 7726/1, leg. J. I. + K. Ke.
KRIEGLSTEINER (1991) nennt in seinem Verbreitungsatlas einen Fund im MTB 7424. Nähere Fundangaben liegen mir nicht vor. KRIEGLSTEINER (2000a) nennt Funde in den MTB 7424, 7425, 7524 und 7525; Details sind mir nicht bekannt.

Fomes fomentarius (L.: Fr.) Fr.
Echter Zunderschwamm
Funddaten: siehe ENDERLE (1979); Funddaten von L. K. (pers. Aufzeichn.): 09.09.80, nordwestlich Feldstetten, an ca. 10 Buchen, MTB 7523/2, leg. F. G. + Krieglsteiner; 29.09.91, südwestlich Illerrieden, an liegender Birke, MTB 7726/1, leg. L. K.; weitere Funddaten erübrigen sich. Die Art ist häufig und kommt sehr wahrscheinlich in allen MTB im Ulmer Raum vor. Vergleiche auch KRIEGLSTEINERS (1991) Verbreitungsatlas.

Fomitopsis pinicola (Swartz: Fr.) P. Karsten
Rotrandiger Baumschwamm
Funddaten: siehe ENDERLE (1979); 04.10.1977, zwischen Lh und Gz, an Laubholz, MTB 7527, leg. Horst Martin (Lh), det. M. E.; 15.03.2003, Donau-Auwald bei Lh, an Erle, leg. Wolfgang Steiner (während Aufräumaktion der „Riedheimer Hechte"), det. M. E.
Die Art ist sehr häufig und kommt sehr wahrscheinlich in allen MTB im Ulmer Raum vor.

Fomitopsis rosea (Alb. & Schw.: Fr.) P. Karsten
Rosenroter Baumschwamm
Rote-Liste-Art: stark gefährdet!
Funddaten: siehe ENDERLE (1979); Farbfoto siehe ENDERLE & LAUX (1980)

Gloeophyllum abietinum (Bull.: Fr.) P. Karsten
Tannen-Blättling
Funddaten: siehe ENDERLE (1979); Funddaten von L. K. (pers. Aufzeichn.): 12.04.88, Umgebung der Universität, Oberer Eselsberg, Ulm, an Fichtenbrettern, MTB 7525/4, leg. L. K.; 01.09.88, Blaubeuren/Seißen, MTB 7524/4, leg. L. K.; 22.09.88, Baurenhau östlich Rot, an Fichtenbalken, MTB 7725/4, leg. L. K. und G. D.; 25.07.87, Katharinenholz bei Böttingen, MTB 7525/1, leg. G. F.

Gloeophyllum odoratum (Wulf.: Fr.) Imaz.
Fenchelporling
Funddaten: siehe ENDERLE (1979); die Art kommt sehr wahrscheinlich in allen MTB im Ulmer Raum vor.

Heterobasidion annosum

Gloeophyllum sepiarium (Wulf.: Fr.) P. Karsten – Zaunblättling
Funddaten: siehe Enderle (1979); die Art kommt sehr wahrscheinlich in allen MTB im Ulmer Raum vor.

Gloeophyllum trabeum (Pers. Fr.) Murr.
Balken-Blättling
Funddaten: siehe Enderle (1979), mit Schwarzweißfoto S. 60.

Gloeoporus dichrous (Fr.) Bres.
Zweifarbiger Porling
Rote-Liste-Art: gefährdet
Funddaten: siehe Enderle (1979); Farbfoto siehe Enderle & Laux (1980)

Grifola frondosa (Dicks.: Fr.) S. F. Gray
Klapperschwamm
Rote-Liste-Art: gefährdet
Funddaten: siehe Enderle (1979); weitere Funddaten: vor 1894, Leopold, V., Wacker: bei Ulm; 1948–63, leg. H. H., bei Beimerstetten, MTB 7527, an Eichen; 11.08.66, Maienwald Ulm, leg. phot., det, W. G.; 1974–83, leg. A. K. in MTB 7526; bei Pilzausstellung in Ulm am 01./02.10.88; 09.09.03, Moosholz, an Eiche, MTB 7726/2, leg. J. I. + K. Ke.

Hapalopilus nidulans (Fr.) P. Karsten
Zimtfarbener Weichporling
Syn.: *H. rutilans*
Funddaten: siehe Enderle (1979); Farbfoto siehe Enderle & Laux (1980); Funddaten von L. K. (pers. Aufzeichn.): Funde in den MTB 7625/1+2, 7525/4, 7627/2, 7624/3+4, 7726/1, 7626/3+4, 7727/1.

Heterobasidion annosum (Fr.) Bref.
Wurzelschwamm
Funddaten: siehe Enderle (1979); die Art ist sehr häufig und kommt sehr wahrscheinlich in allen MTB im Ulmer Raum vor. Sie ist ein gefährlicher Forstschädling (Rotfäuleerreger) und befällt vorwiegend abwehrschwache Fichten.

Ischnoderma resinosum (Schrader: Fr.) P. Karsten – Harzporling
Syn.: *Lasiochlaena anisea, ?Ischnoderma benzoinum, Lasiochlaena benzoina*
Rote-Liste-Art: gefährdet
Funddaten: siehe Enderle (1979)

Ischnoderma trogii (Fr.) Donk
Tannen-Stielporling
Syn.: *Lasiochlaena trogii, Podofomes trogii*
Rote-Liste-Art: stark gefährdet!
Funddaten: siehe Enderle (1979)

Junghuhnia nitida (Pers.: Fr.) Ryv.
Schönfarbiger Resupinatporling
Funddaten: siehe ENDERLE (1979); Funddaten von L. K. (pers. Aufzeichn.): 01.08.89, „Schildhau“ westlich Seißen, an Buchenast, MTB 7524/3, leg. L. K.; 15.09.90, westlich Wennenden, an entrindeter Buche, MTB 7727/1, leg. L. K.; 06.05.00, Spitalwald bei Ermingen, MTB 7725, an entrindetem, dickem Rotbuchenast, leg. K. K.

Laetiporus sulphureus (Bull.: Fr.) Murr.
Schwefelporling
Funddaten: siehe ENDERLE (1979); weitere Funddaten erübrigen sich. Die Art ist sehr häufig und kommt sehr wahrscheinlich in allen MTB im Ulmer Raum vor.

Lenzites betulinus (L.) Fr. – Birken-Blättling
Funddaten: siehe ENDERLE (1979); weitere Funde: vor 1896, leg. Veesenmeyer, Ulm, nicht selten; 06.02.81, Lh, beim Kinderfestplatz, an liegendem Stamm von Traubenkirsche, MTB 7527, leg. M. E.; 1974–83, leg. A. K. in MTB 7525, 7526; Funddaten von L. K. (pers. Aufzeichn.): 04.07.91, „Bruckfels“/Weiler, an Buchenstumpf, MTB 7624/2, leg. L. K.

Leptoporus mollis (Pers.: Fr.) Pilat
Rötender Saftporling
Funddaten: Eselswald Ulm, leg. H. R. †; Funddaten von L. K. (pers. Aufzeichn.): 1986, Finninger Ried nördlich Finningen, MTB 7626/1, leg. W. G.

Lindtneria trachyspora (Bourd. & Galzin) Pilat
Rote-Liste-Art: latent gefährdet
Funddaten: 08.11.98, Steinbruch Sotzenhausen, MTB 7624/2, unter Moosresten, leg. L. K.
Laut L. K. (briefl. Mitt.) ist die Art nicht so selten; sie wird vermutlich nur übersehen.

Meripilus giganteus (Pers.: Fr.) P. Karsten
Riesen-Porling
Funddaten: siehe ENDERLE (1979); Funddaten von L. K. (pers. Aufzeichn.): 24.08.89, „Stockert“ westlich Ermingen, MTB 7625/1, leg. E. S., 29.09.91, Ulm, Roter Berg, an Buche, MTB 7525/4, leg. L. K.; Sept. 2001, Laupheim, beim Schwimmbad, MTB 7725/3, leg. T. B.; alljährlich, Lonetal, leg. W. H.
Weitere Fundpunkte nennt KRIEGLSTEINER (2000a).

Oligoporus balsameus

Oligoporus balsameus (Peck) Gilb. & Ryvarden – Duftender Mehlstaubporling, **s. Foto S. 173**
Syn.: *Spongiporus balsameus*
Funddaten: Funddaten: siehe ENDERLE (1979); weiter Funde: 03.06.96, östlich von Riedhausen, nördlich von Gz, MTB 7427/4, 440 m NN, im Wald „Hardt", an *Picea*-Stumpf, Exkursion mit German Krieglsteiner, det. Harald Ostrow; Dia in Diathek Enderle. KRIEGLSTEINER (2000a) nennt noch weitere 2 Fundpunkte im MTB 7526; Details sind mir nicht bekannt.

Oligoporus caesius (Schrader: Fr.) Gilb. & Ryvarden – Blauender Saftporling
Syn.: *Spongiporus caesius, Tyromyces caesius*
Funddaten: siehe ENDERLE (1979); weitere Funddaten erübrigen sich. Die Art ist sehr häufig und kommt sehr wahrscheinlich in allen MTB im Ulmer Raum vor.

Oligoporus lacteus (Fr.) Gilb. & Ryvarden
Graulichweißer, Dickhütiger Saftporling
Syn.: *Oligoporus tephroleucus, Tyromyces lacteus*
Funddaten: 29.11.81, Donau-Auwald bei Lh, an liegendem, entrindetem Ast von Eiche (?), MTB 7527, leg. M. E., vide Dr. H. Jahn, Beleg in (M); 14.08.93, Baden-Württemberg, im NSG nordöstlich Riedheim, MTB 7527/1, an liegendem, totem Laubholzstamm, leg. M. E., det. Ostrow; 12.11.94, Bayern, bei Riedheim, im Donau-Auwald, MTB 7527/1, an Holunderstamm, leg. M. E., det. Ostrow, Beleg in (M); Funddaten von L. K. (pers. Aufzeichn.): 28.09.89, „Heide" westlich Wennenden, an Buche, MTB 7524/3, leg. E. S., det. L. K.; 13.09.89, „Schlag" westlich Asch, an Buche, MTB 7524/4, leg. E. S., det. L. K.

Oligoporus leucomallelus (Murrill) Gilb. & Ryvarden
Syn.: *Tyromyces leucomallelus, Spongiporus leucomallelus*
Funddaten: siehe ENDERLE (1979)

Oligoporus ptychogaster (Ludw.) R. & O. Falck – Bauchpilz-Mehlstaubporling
Syn.: *Tyromyces ptychogaster*
Funddaten: siehe ENDERLE (1979); weitere Funde: bei Pilzausstellung in Ulm am 01./02.10.88; von E. R. (Erbach-Ringingen) 1979 aus dem MTB 7624 (Schelklingen) gemeldet; 23.10.02, Buchwald bei Reutti, MTB 7726, auf totem Fichtenstamm, leg. K. K.; 16.10.99, Bockighofer Holz, MTB 7724/4/32, an Fichtenstumpf, leg. K. Ke.; 20.8.02, Hohe Halde, an Fichte, MTB 7726/3, leg. K. Ke.
KRIEGLSTEINER (1991) nennt in seinem Verbreitungsatlas Funde in den MTB 7624, 7625 und 7726. Nähere Fundangaben liegen mir nicht vor

Oligoporus stipticus (Pers.: Fr.) Gilb. & Ryvarden – Bitterer Saftporling
Syn.: *Spongiporus stypticus, Tyromyces stypticus*
Funddaten: siehe ENDERLE (1979); weitere Funddaten erübrigen sich. Die Art ist sehr häufig und kommt sehr wahrscheinlich in allen MTB im Ulmer Raum vor.

Oligoporus subcaesius (David) Dunger
Syn.: *Spongiporus subcaesius, Tyromyces subcaesius, Postia subcaesia*
Funddaten: siehe ENDERLE (1979); Farbfoto siehe ENDERLE & LAUX (1980); weiterer Fund siehe DIETL & KRIEGLSTEINER (1989), am Oberen Eselsberg in Ulm; 28.10.01, Pfifferlingsberg, MTB 7624/2/4, AMU-Exkursion, an Rotbuchenast, leg. K. Ke.; 29.08.02, Donaustetten, Eichhau, MTB 7625/4/3, an Eschenstamm, leg. K. Ke.; weitere Funddaten erübrigen sich. Die Art ist häufig und kommt sehr wahrscheinlich in allen MTB im Ulmer Raum vor.

Oxyporus corticola (Fr.) Ryvarden
Falber Steifporling
Syn.: *Oxyporus ravidus*
Funddaten: siehe ENDERLE (1979)

Oxyporus obducens (Pers.: Fr.) Boud. ap. Pilat
Krustenförmiger Steifporling
Funddaten: siehe ENDERLE (1979)

Oxyporus populinus (Schum.: Fr.) Donk
Treppenförmiger Scharfporling, Steifporling
Funddaten: siehe ENDERLE (1979); Funddaten von L. K. (pers. Aufzeichn.): 07.04.89, Illerauwald südlich Oberkirchberg, an Esche, MTB 7626/3, leg. L. K.; 19.05.89, östlich Treffensbuch, an Feld-Ahorn und Berg-Ahorn, MTB 7524/2, leg. L. K.

Perenniporia medulla-panis (Jacq.: Fr.) Donk
Ockerfarbener Dauerporling
Funddaten: 01.09.79, bei Limbach (östlich von Gz), in Fichtenforst, MTB 7528, an morschem Laubholzstumpf, leg. M. E., det. Dr. H. Jahn, Beleg in (M); Funddaten von L. K. (pers. Aufzeichn.): 17.05.89, Kuhberg/Donautal, an stehendem Feld-Ahorn, MTB 7625/2, leg. L. K.; 08.01.89, Kiesental bei Weidach, an Eichen-Sitzbank, MTB 7525/3, leg. L. K.

Phaeolus spadiceus (Pers.: Fr.) Rauschert
Kiefern-Braunporling
Syn.: *Phaeolus schweinitzii*
Funddaten: siehe ENDERLE (1979); Funddaten von L. K. (pers. Aufzeichn.): 05.09.89, Straß/Fahlheim, an Lärchen-Stammbasis, MTB 7526/4, leg. L. K.; 21.10.89, „Reinhau" nordwestlich Bach, MTB 7625/3, leg. L. K.; 1986, „Buchwald" östlich Reutti,

MTB 7626/2, leg. W. G.; Herbst 1989, Ulm, Roter Berg, MTB 7525/4, leg. E. S., det. L. K.; 07.08.91, Illerrieden/Weihungszell, MTB 7726/1, leg. J. I.; 15.09.91, Stoffenrieder Forst, MTB 7627/4, leg. O. + Schätzle; 29.08.02, Donaustetten, Eichhau, MTB 7625/4/3, bei Lärche, leg. K. Ke.; 27.03.02, Kirchberger Holz, MTB 7725/4/2, bei Kiefer, leg. K. Ke.

Physisporinus sanguinolentus (Alb. & Schw.: Fr.) Pilat – Verfärbender Porenschwamm
Syn.: *Rigidoporus sanguinolentus*
Funddaten: siehe ENDERLE (1979); DIETL & KRIEGLSTEINER (1989), am Oberen Eselsberg in Ulm; Funddaten von L. K. (pers. Aufzeichn.): 01.09.88, Blaubeuren/Seißen, an Fichte, MTB 7524/4, leg. L. K.; 12.10.88, Tiefental, an Laubholz, MTB 7524/3, leg. L. K.; 22.09.88, Baurenhau östlich Rot, an Fichte, MTB 7725/4, leg. L. K. + G. D.; 30.10.89, Neu-Ulm/Reutti, an Erle, MTB 7626/1, leg. L. K.; 05.01.90, Weidach am „Buchbrunnen“, an Rosenast, MTB 7525/3, leg. L. K.; 01.10.87, Blasenberg bei Gerlenhofen, MTB 7726, im Fichten-Buchenwald, leg. K. K.

Physisporinus vitreus (Pers.: Fr.) Donk
Glasigweißer Porling
Funddaten: 12.10.80, bei Reisensburg, an Laubholzstümpfen und auf liegendem Treber, große Beläge bildend, MTB 7527; DIETL & KRIEGLSTEINER (1989), am Oberen Eselsberg in Ulm; 29.08.02, Donaustetten, Eichhau, MTB 7625/4/3, an Stumpf, leg. K. Ke.; 22.08.02, Bucher Wald, MTB 7727/3, Fichtenforst an Strunk, leg. K. Ke.

Pycnoporellus fulgens (Fr.) Donk
Leuchtender Weichporling
Rote-Liste-Art: stark gefährdet!
Funddaten von L. K. (pers. Aufzeichn.): 21.08.76, südlich Bräunisheim, an Fichtenstumpf, MTB 7425/2, gefunden bei AMO-Exkursion.

Pycnoporus cinnabarinus (Jacq.: Fr.) P. Karten – Zinnobertramete
Funddaten: siehe ENDERLE (1979); weitere Funddaten erübrigen sich. Die Art ist häufig und kommt sehr wahrscheinlich in allen MTB im Ulmer Raum vor. Sie scheint allgemein in Ausbreitung begriffen zu sein.

Skeletocutis amorpha (Fr.: Fr.) Kotl. & Pouzar
Orangeporiger Knorpelporling
Funddaten: siehe ENDERLE (1979); weitere Funde: 12.10.79, „Muna“ bei Straß, an Fichten- oder Kiefernstumpf, MTB 7526, leg. M. E.; Funddaten von L. K. (pers. Aufzeichn.): 18.03.89, östlich Donaustetten, auf Rinde an stehender Kiefer, MTB 7625/4, leg. L. K.; 07.11.89, südlich Oxenbronn, an Kiefernstumpf, MTB 7627/2, leg. L. K.; KRIEGLSTEINER (1991) nennt in seinem Verbreitungsatlas Funde in den MTB 7424, 7425, 7426 und 7726. Nähere Fundangaben liegen mir nicht vor

Skeletocutis carneogrisea David
Fleischgrauer Knorpelporling
Funddaten: DIETL & KRIEGLSTEINER (1989), am Oberen Eselsberg in Ulm;
KRIEGLSTEINER (2000a) nennt einen Fund in MTB 7625; Details sind mir nicht bekannt.

Skeletocutis nivea (Jungh.) Keller
Engporiger Knorpelporling
Syn.: *Incrustoporia nivea*
Funddaten: siehe ENDERLE (1979); DIETL & KRIEGLSTEINER (1989), am Oberen Eselsberg in Ulm; weitere Funddaten erübrigen sich. Die Art ist häufig und kommt sehr wahrscheinlich in allen MTB im Ulmer Raum vor.

Trametes gibbosa (Pers.) Fr. – Buckel-Tramete
Funddaten: siehe ENDERLE (1979); weitere Funddaten erübrigen sich. Die Art ist häufig und kommt sehr wahrscheinlich in allen MTB im Ulmer Raum vor.

Trametes hirsuta (Wulf.: Fr.) Pilat
Striegelige Tramete
Funddaten erübrigen sich. Die Art ist sehr häufig und kommt sehr wahrscheinlich in allen MTB im Ulmer Raum vor.

Trametes ochracea (Pers.) Gilb. & Ryv.
Zonen-Tramete
Syn.: *T. multicolor, T. zonata*
Funddaten: siehe ENDERLE (1979); weitere Funde: vor 1894, leg. Laible, bei La; 03.11.91, Ulm, Eselswald, leg. H. R., det. M. E.; Funddaten von L. K. (pers. Aufzeichn.): 19.04.90, Kleines Lautertal zwischen Herrlingen und Lautern, an Laubholzast, MTB 7525/3, leg. L. K.; 20.04.90, südöstlich Rieden, an Laubholzast, MTB 7627/2, leg. L. K.; 01.05.97, Ludwigsfeld, Illerholz, MTB 7625/1, an Laubholzstamm, leg. K. Ke. (mit Helgo Bran); 01.05.03, AMU-Maiwanderung im „Silberwald“ bei Neu-Ulm/Ludwigsfeld, leg. M. E.

Trametes pubescens (Schum.: Fr.) Pilat
Samtige Tramete
Funddaten: 01.10.79, Bubesheimer Wald bei Bühl, MTB 7527, an Hasel am Stammgrund, leg. M. E., conf. Dr. H. Jahn, Beleg in (M); 1981, Bärenmahd nördlich Illerrieden, MTB 7726/1, leg. M. E.; Funddaten von L. K. (pers. Aufzeichn.): 04.04.84, Altheim, an Eichenstamm, MTB 7426/1, leg. A. K.; 2003, bei Bellenberg, an Laubholzstumpf, leg. J. I.;

15.4.03, Regglisweiler, Illerau, MTB 7726/3, an Weide, leg. K. Ke.

Trametes suaveolens (L.: Fr.) Fr. – Anis-Tramete
Funddaten: siehe ENDERLE (1979); Farbfoto siehe ENDERLE & LAUX (1980); 05.04.81, Illerau bei Illerrieden, an Weide, MTB 7726/1, leg. G. J. K. + M. E.; 14.05.88, „Gronne" bei Wiblingen, an Weide, MTB 7625/2, leg. L. K.; 01.05.91, „Silberwald" bei Ludwigsfeld, MTB 7626/1, leg. L. K. bei AMU-Exkursion.; 15.09.87, Rote Wand bei Ludwigsfeld, MTB 7725, an liegendem, noch berindetem Stamm von *Salix spec.*, leg. K. K.; KRIEGLSTEINER (1991) nennt in seinem Verbreitungsatlas Funde in den MTB 7424 und 7426. Nähere Fundangaben liegen mir nicht vor.

Trametes versicolor (L.: Fr.) Pilat
Schmetterlingstramete, Bunte Tramete
Funddaten erübrigen sich. Die Art ist sehr häufig und kommt sehr wahrscheinlich in allen MTB im Ulmer Raum vor.

Trichaptum abietinum (Pers.: Fr.) Ryv.
Gemeiner Violettporling, Violetter Lederporling
Syn.: *Hirschioporus abietinum*
Funddaten: siehe ENDERLE (1979); weitere Funddaten erübrigen sich. Die Art ist sehr häufig, vor allem an Fichte und kommt sehr wahrscheinlich in allen MTB im Ulmer Raum vor.

Trichaptum hollii (J.C. Schmidt: Fr.) Kreis.
Zahnförmiger Lederporling
Syn.: *T. fuscoviolaceum*
Funddaten: siehe ENDERLE (1979); Funddaten von L. K. (pers. Aufzeichn.): 14.10.87, „Ulmerhalde"/Altental, an Fichtenstamm, MTB 7525/3, leg. L. K.; 01.09.88, Blaubeuren/Seißen, an Kiefer, MTB 7524/4, leg. L. K.; 20.01.88, Kiesental, an Kiefernstamm, MTB 7525/3, leg. L. K.; 05.11.89, Ehingen/Schlechtenfeld, an Fichte und Kiefer, MTB 7724/1; 05.01.90, Weidach „Buchbrunnen", an Kiefernast, MTB 7525/3, leg. L. K.; 28.02.98, Knäulesberg, MTB 7725/1, an Kieferstamm, leg. K. Ke.; KRIEGLSTEINER (1991) nennt in seinem Verbreitungsatlas Funde in den MTB 7424 und 7425. Nähere Fundangaben liegen mir nicht vor

Tyromyces chioneus (Fr.) P. Karsten
Kurzröhriger Saftporling
Funddaten: siehe ENDERLE (1979)

Tyromyces fissilis (Berk. & Curtis) Donk
Apfelbaum-Saftporling
Syn.: *Aurantioporus fissilis*
Rote-Liste-Art: gefährdet
Funddaten: siehe ENDERLE (1979); Farbfoto siehe ENDERLE & LAUX (1980); Funddaten von L. K. (pers. Aufzeichn.): 10.10.88, bei Altental, Apfelbaum am Straßenrand, MTB 7525/3, leg. L. K.; 27.08.89, „Gronne" bei Wiblingen, an Salix, MTB 7625/2, leg. L. K., det. J. M.; 05.09.94, bei Ettlishofen, an ungepflegtem Apfelbaum, leg. M. E. (Spaziergang mit Günther Brunner); 10.09.02, Garten Bärbel Enderle, Uf, alljährlich an kränkelndem Apfelbaum, leg. M. E.; 01.11.02, Erbacher Flugplatz, MTB 7725, in einem vergammelten Obstgarten auf *Malus domesticus*, leg. K. K.

Tyromyces wynnei (Berk. & Br.) Donk
Starkriechender Saftporling
Syn.: *Loweomyces wynnei*
Rote-Liste-Art: gefährdet
Funddaten: siehe ENDERLE (1979), mit Schwarzweißfoto; 17.07.88, Peterswörth, Donau-Auwald, an Boden/Holz/Laub, MTB 7428/3, leg. M. E.; 10.09.02, Donau-Auwald bei Riedheim, in Fichtennachfolgeparzelle, leg. M. E.

Familie **Polyporaceae** Corda 1839 Porlingsartige

Piptoporus betulinus (Bull.: Fr.) P. Karsten
Birkenporling
Funddaten: siehe ENDERLE (1979); Funde vor 1896, leg. Haas, Ulm; die Art ist sehr häufig und kommt sehr wahrscheinlich in allen MTB im Ulmer Raum vor.

Polyporus alveolaris (de Candolle: Fr.) Bondarzew & Singer – Wabenporling
Syn.: *Polyporus mori*
30.04.2002, bei Regglisweiler, bei Esche, leg. T. B., J. I. und H. St.; Fundbeschreibung siehe ILG & ENDERLE (1992), Beleg in (M); 01.05.02, Ludwigsfeld, Illerholz, AMU-Exkursion, MTB 7626/1, an Eschenholz, leg. K. Ke.; 13.05.03, bei Allmendingen-Hausen, Gewann „Reinhau", 630 m NN, leg. T. B.

Polyporus badius (Pers.: S. F. Gray) Schw.
Kastanienbrauner Schwarzfußporling
Funddaten: siehe ENDERLE (1979); 15.06.90, Arnegger Ried, an Weidenstämmchen, MTB 7525/3, leg. L. K.

Polyporus brumalis Pers.:Fr. – Winterporling
Funddaten: siehe ENDERLE (1979); Funde vor 1896, leg. Reuss, Veesenmeyer, in Ulm; die Art kommt sehr wahrscheinlich in allen MTB im Ulmer Raum vor.

Polyporus campestris (Quélet)
Krieglsteiner 1999 – Schwärzender Porling
Syn.: *Dichomitus campestris*
Funddaten von L. K. (pers. Aufzeichn.): 08.01.89, Wiesental bei Weidach, an stehender Hasel, MTB 7525/3, leg. L. K.; 03.02.90, Klinge westlich Bermaringen, an Hasel, MTB 7524/2, leg.L. K.; 01.05.00, „Silberwald" bei Ludwigsfeld, MTB 7726, an Haselgebüsch im Auwald, leg. K. K.; KRIEGLSTEINER (1991) nennt in seinem Verbreitungsatlas einen Fund im MTB 7424. Nähere Fundangaben liegen mir nicht vor

Polyporus ciliatus Fries – Maiporling
Syn.: *P. lepideus*
Funde: siehe ENDERLE (1979); die Art kommt sehr wahrscheinlich in allen MTB im Ulmer Raum vor.

Polyporus leptocephalus Jacq.: Fr.
Löwengelber Porling
Syn.: *P. varius, P. elegans*
Funddaten: siehe ENDERLE (1979); Funde vor 1896, leg. Leopold und Veesenmeyer, Ulm, an Weidenstumpen; die Art kommt sehr wahrscheinlich in allen MTB im Ulmer Raum vor.

Polyporus melanopus (Pers.: Swartz) Fr.
Braunfuß-Porling
Funddaten: siehe ENDERLE (1979); DIETL & KRIEGLSTEINER (1989), am Oberen Eselsberg in Ulm; 03.01.2000, bei Dintenhofen, MTB 7724, Donau-Auwald, auf einem Acker bei Weiden und Pappeln, leg. T. B., det. H. L., teste M. E.; KRIEGLSTEINER (1991) nennt in seinem Verbreitungsatlas Funde in den MTB 7424, 7425 und 7426. Nähere Fundangaben liegen mir nicht vor

Polyporus squamosus (Huds.) Fr.
Schuppiger Stielporling
Funddaten: siehe ENDERLE (1979); Funde vor 1896, leg. Veesenmeyer, Ulm, mehrfach an *Juglans* und *Alnus*, leg. Laible bei La; die Art ist sehr häufig und kommt sehr wahrscheinlich in allen MTB im Ulmer Raum vor.

Polyporus tuberaster (Jacquin: Pers.) Fr.
Sklerotien-Porling
Funddaten: 22.06.92, nördlich Rh, im „Windschutzstreifen", Riedlandschaft, auf Laubholz, MTB 7527/1, leg. M. E., Beleg in (M); 14.08.93, Donau-Auwald zwischen Lh-Weißingen und Unterelchingen, MTB 7527, beim Riedel-See, unter Laubbäumen, leg. M. E.; 01.05.02, Ludwigsfeld, Illerholz, MTB 7626/1, AMU-Exkursion, an Laubholz, leg. K. Ke.; 01.05.03, AMU-Maiwanderung im „Silberwald" bei Neu-Ulm/Ludwigsfeld, leg. M. E.; KRIEGLSTEINER (1991) nennt in seinem Verbreitungsatlas Funde in den MTB 7424, 7425, 7426 und 7427. Nähere Fundangaben liegen mir nicht vor.

Polyporus umbellatus Pers.: Fr. – Eichhase
Funde: siehe ENDERLE (1979); Farbfotos siehe ENDERLE & LAUX (1980); Herbst 1989, Gehrenberg südwestlich Wippingen, bei Buche, MTB 7525/3, leg. E. S., det. E. S./L. K.; Herbst 2001, Lonetal, Markau, bei Eiche, leg. W. H.
KRIEGLSTEINER (1991) nennt in seinem Verbreitungsatlas Funde in den MTB 7425, 7624, 7625. Nähere Fundangaben liegen mir nicht vor

Ordnung **Cantharellales** Gäumann 1926 s. l.

Familie **Cantharellaceae** Schröter 1888 Pfifferlingsartige

Cantharellus aurora (Batsch) Kuyper
Duftender Gabeling, Goldfüßchen
Syn.: *C. lutescens, C. xanthopus*
Funddaten: KRIEGLSTEINER (2000b) nennt Fund in den MTB 7624 und 7426 ; Details sind mir nicht bekannt.

Cantharellus cibarius Fr. ss. lato
Pfifferling, Eierschwamm
Rote-Liste-Art: gefährdet!
Mykorrhizapilz der Fichte (*Picea abies)*, Kiefer (*Pinus silvestris*), Buche (*Fagus silvaticus*) und Eiche (*Quercus ssp.*) in relativ nährstoffarmen, naturnahen Wäldern und Forsten; auf sauren bis neutralen Böden. Die früher häufige Art ist im Ulmer Raum mittlerweile sehr selten! Aus Schutzgründen wird auf eine Veröffentlichung der noch vorhandenen wenigen Standorte verzichtet!

Cantharellus cibarius var. **amethysteus** Quélet
Funddaten: bei Pilzausstellung in Ulm am 01./02.10.88; von E. R. (Erbach-Ringingen) 1979 aus dem MTB 7624 (Schelklingen) gemeldet.

Cantharellus friesii Quélet
Samtiger Pfifferling
Funddaten: KRIEGLSTEINER (2000b) nennt einen Fund im MTB 7726; Details sind mir nicht bekannt.

Cantharellus melanoxeros Desm.
Violettgelber Pfifferling
Funddaten: 2002, Sachsenhardt, MTB 7326/3, leg. E. Galejda (H. St.)

Cantharellus subpruinosus Eyss. & Buyck
Funddaten: 5.07.03, Hungerbrunnental, unter Eichen (mit einer Buche?), MTB 7426/2, leg. Eduard Galajda (der Pilz wurde im selben Zeitraum bei einer AMU-Exkursion in der Nähe von Gerstetten unter Buche gefunden, det. Christoph Hahn).

Cantharellus tubaeformis (Bull.: Fr.)
Trompetenpfifferling
Funddaten: 1937–40, Haas-Fund am Eselsberg bei Ulm; 7525, in einem Wald bei Jungingen, MTB 7525; 23.10.76, Kri-Exkursion in „Muna" bei Bühl, MTB 7527, leg. M. E.; 1974–83, leg. A. K. in MTB 7426; Funddaten von L. K. (pers. Aufzeichn.): 26.09.88, Spitalwald Ermingen, MTB 7625/1, leg. L. K.; 02.12.86, bei Gammertshofen, MTB 7727/1, leg. J. I.; ca. 1988, „Buchwald" östlich Reutti, MTB 7626/2, leg. A. B.; ab 1998 regelmäßig, Sachsenhardt, MTB 7326/3, leg. H. P. (H. St.); 28.10.01, Pfifferlingsberg, MTB 7624/2/4, leg. K. Ke., AMU-Exkursion; 06.09.02, Donaustetten, Eichhau, MTB 7625/4/3, in gemischtem Forst, leg. K. Ke.; 05.11.99, bei Altheim/Alb, MTB 7426/1, in Fichtenschonung, auf stark vermodertem, mit Erde und Nadeln bedecktem Stubben, leg. B. S.

Craterellus cornucopioides (L.: Fr.) Pers.
Herbsttrompete, Totentrompete
Rote-Liste-Art: gefährdet
Funddaten: vor 1896, Veesenmeyer, bei Einsingen (Oberamt Ulm); 1937–40, Haas-Fund am Eselsberg bei Ulm, MTB 7525, im Kloster- und Maienwald bei Söflingen, MTB 7625, bei Blaubeuren über dem Blautopf, MTB 7524, in Wald bei Jungingen, MTB 7525; 17.09.77, Gräser-Exk. in Ulm, MTB 7525/4; 25.09.77, Kri-Exkursion bei Ulm, MTB 7625; 1974–83, leg. A. K. in MTB 7525; 5.10.92, Herrenfilde südlich von Westerstetten, MTB 7425/4, leg. E. S.; 20.09.96, nördlich La, bei Nerenstetten, unter Rotbuchen, leg. M. E.; 25.09.96, bei Limbach, Krs. Gz, Mischwald, leg. M. E.; DIETL & KRIEGLSTEINER (1989), am Oberen Eselsberg in Ulm; Funddaten von L. K. (pers. Aufzeichn.): z. B. Ermingen beim Fernsehturm, Spitalwald bei Ermingen, „Filde" bei Beimerstetten, „Hörnle" bei Grimmelfingen, Seißen/Heroldstatt, „Buchwald" östlich Reutti, etc.; ab 1998 regelmäßig, Sachsenhardt, MTB 7326/3, leg. H. P. (H. St.); Sept. 2000 und 2002, MTB 7624/3, Donaualb, leg. T. B.

Pseudocraterellus cinereus (Pers.: Fr.)
Kalamees – Grauer Leistling
Syn.: *Cantharellus cinereus*
Funddaten von L. K. (pers. Aufzeichn.): 1989, im MTB 7725/3 (Ort?), leg. G. O.; 2002, Sachsenhardt, MTB 7326/3, leg. H. P. (H. St.); KRIEGLSTEINER (2000b) nennt Funde in den MTB 7525, 7624 und 7725; Details sind mir nicht bekannt.

Pseudocraterellus undulatus (Pers.: Fr.)
Rauschert – Krause Kraterelle
Funddaten: DIETL & KRIEGLSTEINER (1989), am Oberen Eselsberg in Ulm; 2002, Sachsenhardt, MTB 7326/3, leg. H. P. (H. St.); 30.09.00, bei Altheim/Alb, MTB 7426/1, Laubwald, Buche/Eiche, im Laubstreu, leg. B. S. (bei AMU-Stammtisch bestätigt).

Familie **Clavariaceae** Chevalier 1826

Clavaria candida Weinmann
„Sternsporiges" Keulchen
Funddaten: KRIEGLSTEINER (2000b) nennt einen Fund in MTB 7624; Details sind mir nicht bekannt.

Clavaria falcata Pers.: Fr. – Weißes Spitzkeulchen
Rote-Liste-Art: gefährdet
Funddaten: 08.11.98, Steinbruch Sotzenhausen, MTB 7624/2, leg. L. K.

Clavaria fragilis Holmsk.: Fr.
Wurmförmige Keule
Syn.: *C. vermicularis*
Funddaten: 05.10.92, Kälberheu nordöstlich von Altheim, Wacholderheide, MTB 7426/1, leg. E. S.; DIETL & KRIEGLSTEINER (1989), am Oberen Eselsberg in Ulm;

Calvulinopsis corniculata (Schaeff.: Fr.)
Corner – Wiesenkoralle
Funddaten: 17.09.78, Kri-Exkursion, bei Hörvelsingen, MTB 7526; 19./20.09.96, bei Pilzausstellung in Ulm; Funddaten: 08.11.98, Steinbruch Sotzenhausen, MTB 7624/2, im Kurzrasen, leg. L. K.

Clavulinopsis luteoalba (Rea) Corner
Gelbweißes Keulchen
Rote-Liste-Art: gefährdet
Funddaten: 08.11.98, Steinbruch Sotzenhausen, MTB 7624/2, unter Gras/Moos, leg.
L. K.; Funddaten von L. K. (pers. Aufzeichn.): 07.08.89, Klosterwald bei Söflingen, büschelig an morschem Laubholz, MTB 7625/2, leg. E. S., det. L. K.

Clavariadelphus pistillaris (L.: Fr.) Donk
Große Herkuleskeule
Rote-Liste-Art: gefährdet
Funddaten: vor 1896, Laible, Wächter: La, im Englenghäu, Veesenmeyer, bei Blaubeuren, häufig; 1937–40, am Eselsberg bei Ulm, MTB 7525, im Kloster- und Maienwald bei Söflingen, MTB 7625, Wald bei Herrlingen, MTB 7525, in „Filde" bei Beimerstetten, auf Hochfläche bei Blaubeuren, MTB 7524; 17.09.78, Kri-Exkursion bei Westerstetten, MTB 7425; 22.09.79, zwischen Ne + Bu, MTB 7526, bei der Bahnlinie unter Buchen im Mischwald; 1974–83, leg. A. K. in MTB 7426 und 7525; von E. R. 1979 aus den MTB 7525/1, 7624/1,2 + 4, 7625/1,2 und 7724/1 gemeldet; Dietl & Krieglsteiner (1989), am Oberen Eselsberg in Ulm; Funddaten von L. K. (pers. Aufzeichn.): 02.11.87, „Weiherhalden"/Herrlingen, Laubwald, MTB 7525/3, leg. L. K.; 05.08.89, Witthau, bei Eiche/Buche, MTB 7526/1, leg. L. K.; ab 1998 regelmäßig, Erpfenhauser Hof, MTB 7326/3, leg. H. P. (H. St.).

Clavariadelphus truncatus (Quél.) Donk
Abgestutzte Herkuleskeule
Rote-Liste-Art: gefährdet
Funddaten: 1937–40, Haas-Fund bei Ausstellung in Ulm; 1974–83, leg. A. K. in MTB 7426; von E. R. (Erbach-Ringingen) 1979 aus dem MTB 7624/2 gemeldet. 16.09.2000, bei Altheim/Alb, während Exkursion der AMU mit dem Münchner Pilzverein, det. E.G.; 02.10.87, Eselsberg, MTB 7625, in Buchen-Fichtenwald, leg. K. K.; ab 1998 regelmäßig, Erpfenhauser Hof, MTB 7326/3, leg. H. P. (H. St.).; Sept. 2000, Sept. 2002, Taxischer Wald, MTB 7725/1, leg. T. B.

Macrotyphula filiformis (Bull.: Fr.) Paechn. ex Rausch. – Binsenkeule
Syn.: *M. juncea*
Funddaten: 1943–63, Haas-Fund bei Gerlenhofen, MTB 7626; 14.10.79, Donau-Auwald bei Lh, beim Kinderfestplatz, auf flachem Pferdemisthaufen, massenhaft, MTB 7527, leg. M. E.; 17.10.81, Auwald Lh, auf Abfall (Gras?), MTB 7527, leg. M. E.; 05.10.94, bei Riedheim, beim Bundeswehrdepot, bei Laubbäumen und Fichten, MTB 7527, leg. M. E.; Eselswald Ulm, leg. H. R. †; Dietl & Krieglsteiner (1989), am Oberen Eselsberg in Ulm; ca. 1990, „Buchwald" östlich Reutti, MTB 7626/2, leg. A. B.; Herbst 2002, Lonetal, häufig, unter Rotbuchen, leg. W. H.

Macrotyphula fistulosa (Holmsk.: Fr.) Petersen
Stumpfe Röhrenkeule
Syn.: *Macrotyphula fistulosa* var. *contortus*
Funddaten: 1937–40, Haas-Fund in „Filde" bei Beimerstetten, MTB 7525; 23.10.76, Kri-Exkursion in „Muna" bei Straß, MTB 7526; 28.09.79, Bubesheimer Wald bei Lh, auf Holz, leg. C. S., MTB 7527; 13.10.79, Haas-Exk. in Bubesheimer Wald, leg. C. S., MTB 7527; 19.10.80, Haas-Fund, Mischwald bei Breitingen, MTB 7425; Dietl & Krieglsteiner (1989), am Oberen Eselsberg in Ulm; Funddaten von L. K. (pers. Aufzeichn.): 04.11.88, Mähringen-Tobeltal, MTB 7525/4, leg. L. K.; 12.10.81, Bärenmahd nördlich Illerrieden, MTB 7726/1, leg. M. E.; 30.11.79, Illerkirchberg nahe Schlossberg, MTB 7626/3, leg. M. E. et al.; 23.10.76, Uf-Lh, MTB 7527/3, AMO-AMU-Exkursion; ca. 1989, „Buchwald" östlich Reutti, MTB 7626/2, leg. A. B. + W. G.; 17.11.79, Bubesheimer Wald bei Bühl, MTB 7527, an stehendem Haselstamm, ca. 10 Fruchtkörper in ca. 1 m Höhe, leg. M. E., conf. G. J. K., Beleg im Fungarium Krieglsteiner et filii

Familie **Typhulaceae** Jülich 1971

Typhula erythropus Pers.: Fr.
Rotstieliges Sklerotinienkeulchen
Funddaten von L. K. (pers. Aufzeichn.): 21.10.89, „Reinhau" nordwestlich Bach, Petiolen von *Acer pseudoplatanus*, MTB 7625/3, leg. L. K.; 30.10.89, Neu-Ulm/Reutti, Petiolen von *Alnus*, *Betula*, MTB 7626/1, leg. L. K.; 04.10.01, Industriegebiet Ulm-Donautal, an der Bahnlinie, MTB 7725, auf Eschenlaub in einem Wassergraben, leg. K. K.

Typhula micans (Pers.: Fr.) Berthier
Schimmerndes Fadenkeulchen
Funddaten: 03.05.00, Neu-Ulm, Bahnhof beim Stellwerk, MTB 7726, auf vorjährigem Stängel von nicht mehr zu bestimmendem Doldenblütler, leg. K. K.; Krieglsteiner (2000b) nennt einen Fund in MTB 7425; Details sind mir nicht bekannt.

Typhula phacorrhiza (Reich.) Fr.
Linsen-Fadenkeulchen
Funddaten: 17.10.81, Donau-Auwald bei Lh, MTB 7527, an vermodertem Abfall, leg. M. E., det. Dr. Maas Geesteranus (Holland); Eselswald Ulm, leg. H. R. †; 14.10.95, Baden-Württemberg, NSG Langenauer Ried, im Humus unter Birken, MTB 7527/1, leg. M. E., conf. G. J. K., Beleg in (M); Dietl & Krieglsteiner (1989), am Oberen Eselsberg in Ulm; Funddaten von L. K. (pers. Aufzeichn.): 14.10.87, „Ulmerhalde" Altental, an *Fraxinus*-Petiolen, MTB 7525/3, leg. L. K.; 12.10.88, Tiefental, MTB 7524/3, leg. L. K.; 07.04.89, Iller südlich Oberkirchberg, an Fraxinus-Petiolen, MTB 7626/3, leg. L. K.; 30.10.89, Neu-Ulm/Reutti, an Fraxinus-Petiolen, MTB 7626/1, leg. L. K.; 03.02.90, Albeck, an *Fraxinus*-Petiolen, MTB 7526/1, leg.L. K.; 14.10.95, Bayern, NSG Lan-

genauer Ried, im Humus unter Birken, MTB 7527/1, leg. M. E., det. G. J. K.

Typhula setipes (Grev.) Berthier
Borstenfüßiges Fadenkeulchen
Funddaten von L. K. (pers. Aufzeichn.): 25.11.88, Bollingen-Kiesental, *Pyrus*-Laub am Straßenrand, MTB 7525/1, leg. L. K.; 13.09.00, Waldrand beim Spitalwald bei Ermingen, MTB 7725, auf feucht liegendem Buchenlaub, leg. K. K.

Familie **Clavulinaceae** (Donk 1933) Donk 1961

Clavulina cinerea (Bull.: Fr.) Schroeter
Graue Koralle
Äste aufwärts grau mit minimalem Ockerton, Astspitzen wieder heller, ockerlich
Strunkbasis weiß, Geruch pilzartig banal
Funddaten: 23.10.76, Kri-Exkursion in „Muna" bei Bühl, MTB 7526; 20.07.91, Baden-Württemberg, MTB 7527/I, nördlich Riedheim, im Ried, in einem kleinen Wäldchen, unter *Betula pendula*, an und um morsches Holz, auf schwarzer Riederde; leg. M. E., conf. J. Christan (Erding), Beleg in (M); weiterer Fund s. DIETL & KRIEGLSTEINER (1989), am Oberen Eselsberg in Ulm; Funddaten von L. K. (pers. Aufzeichn.): 26.09.88, Spitalwald/Ermingen, MTB 7625/1, leg. L. K.; 28.09.82, „Frauenholz", MTB 7625/4, leg. G. F.; 15.08.86, Seißen/Heroldstatt, MTB 7524/3, leg. F. G.;

Clavulina coralloides (L.: Fr.) Schroet.
Kammförmige Koralle
Syn.: *C. cristata*
Funddaten: vor 1896, Laible bei La; 19.10.80, Haas-Exk. bei Breitingen, MTB 7425; 09.10.76, Stangl-Exk. in „Muna" bei Straß, MTB 7526; 1974–83, leg. A. K. in MTB 7426; 15.10.86, Widenmannwald bei Reutti, MTB 7726, Buchen-Fichtenwald auf Kalk, leg. K. K.; Funddaten von L. K. (pers. Aufzeichn.): in zahlreichen MTB im Ulmer Raum, z. B. 7625/3, 7525/4, 7725/4, 7526/4, 7524/4; weitere Funddaten erübrigen sich. Die Art ist sehr häufig und kommt sehr wahrscheinlich in allen MTB im Ulmer Raum vor.

Clavulina rugosa (Bull.: Fr.) Schroet.
Runzelige Koralle
Funddaten: 1937–40, Haas-Fund am Eselsberg bei Ulm, MTB 7525; August 1977, bei Pilzausstellung im Kornhaus in Ulm; 19.08.89, Ulm, Eselswald, leg. H. R.; 19./20.09.96, bei Pilzausstellung in Ulm; DIETL & KRIEGLSTEINER (1989), am Oberen Eselsberg in Ulm; Funddaten von L. K. (pers. Aufzeichn.): 30.09.88, bei Temmenhausen, am Wegrand/Laubwald, MTB 7525/1, leg. L. K.; 26.09.88, Spitalwald Ermingen, bei Fichte/Buche, MTB 7625/1, leg. L. K.; 2.11.91, „Bärenlau" nordöstlich Suppingen, MTB 7524/1, leg. H. R. + E. S.; 15.10.86, Widenmannwald bei Reutti, MTB 7726, auf Nadelstreu auf Kalkboden, leg. K. K. (Kommentar Kurt Köhler: „Kommt auch auf Brandstellen vor."); 28.10.01, Pfifferlingsberg, MTB 7624/2/4, leg. K. Ke.

Familie **Sparassidaceae** Herter 1910

Sparassis crispa (Wulf. in Jacq.) Fr.
Krause Glucke
Funddaten: vor 1896, leg. Laible, La; leg. Veesenmeyer, Ulm + Blaubeuren; bei Pilzausstellung in Ulm am 01./02.10.88; Funddaten von L. K. (pers. Aufzeichn.): ca. 1989, „Buchwald" östlich Reutti, MTB 7626/2, leg. A. B.; 15.09.91, Stoffenrieder Forst, MTB 7627/4, leg. G. O., H. R., Eugen Schätzle; Anf. Sept. 2002, Baltringer Ried, MTB 7725/3, leg. T. B.

Sparassis brevipes Krombh.
Funddaten: 9.9.03, Illerrieden, Weißenberg, MTB 7726/1, bei Fichte, leg. J. I. + K. Ke.

Familie **Pterulaceae** (Donk) Corner 1970

Pterula gracilis (Desm. & Berk. in Bres.) Corner
Winzige Borstenkoralle
Rote-Liste-Art: stark gefährdet!
Funddaten von L. K. (pers. Aufzeichn.): 23.04.90, NSG Schmiechener See, Mähguthaufen auf nasser Wiese, MTB 7624/1, leg. L. K.; 04.05.86, Spitalwald bei Ermingen, MTB 7725, auf vorjährigem Kraut von *Angelica sylvestris*, leg. K. K.
Laut L. K. (briefl. Mitt.) kommt die Art wahrscheinlich in jedem MTB im Ulmer Raum vor.

Pterula multifida (E.P. Fries: Fr.) Corner
Weißliche Borstenkoralle
Funddaten: 13.10.79, Haas-Exk. zwischen Ne + Bu, auf Fichtenästen, MTB 7526; siehe DIETL & KRIEGLSTEINER (1989); Funddaten von L. K. (pers. Aufzeichn.): 14.08.84, „Buch" südlich Hengen, Fichtenstreu, MTB 7522/2, leg. W. G.

Familie **Gomphaceae** Donk 1961

Gomphus clavatus (Pers.: Fr.) S. F. Gray
Schweinsohr
Rote-Liste-Art: stark gefährdet!
Funddaten: bei Pilzausstellung in Ulm am 01./02.10.88
04.09.2000, auf der Schwäb. Alb, bei *Abies alba*, MTB 7624, leg. T. B.; 05.08.00, 28.8.02, Schwäbische Alb, Ehingen, MTB 7624/3, leg. T. B.

Familie **Ramariaceae** Corner 1970

Ramaria abietina (Pers.: Fr.) Quélet
Grünfleckende Koralle
Syn.: *R. ochraceovirens*
Funddaten: 1941, Haas-Fund am Eselsberg in Ulm, MTB 7525; 09.10.76, Stangl-Exk. in „Muna" bei Straß, MTB 7526; 23.10.76, Kri-Exkursion in „Muna" bei Bühl, MTB 7527; August 1977, bei Pilzausstellung im Kornhaus in Ulm; 1974–83, leg. A. K. in MTB 7526; 26.07.91, Bayern, MTB 7526, Fichtenforst „Muna", bei Uf/Bühl, leg. M. E., det. J. Christan (Erding), Beleg in (M); 23.10.87, Buchwald östlich Reutti, MTB 7726, auf Fichtenstreu, leg. K. K.; 16.10.99, Bockighofer Holz, MTB 7724/4/32, bei Fichten, leg. K. Ke.; 13.10.02, Ehingen, Flugplatz, MTB 7724/1, bei Fichte, leg. K. Ke.

Ramaria aurea (Schaeff.) Quélet
Goldgelbe Koralle
Rote-Liste-Art: stark gefährdet!
Funddaten: 1937–40, Haas-Fund im Maien- und Klosterwald bei Söflingen, MTB 7625; August 1977, bei Pilzausstellung im Kornhaus in Ulm; 26./27.08.78, bei Pilzausstellung in Ulm; 1974–83, leg. A. K. in MTB 7426; von E. R. (Erbach-Ringingen) 1979 aus dem MTB 7624 (Schelklingen) gemeldet.

Ramaria bortrytis (Pers.: Fr.) Rick.
Rötliche Koralle
Rote-Liste-Art: stark gefährdet!
Funddaten: vor 1896, leg. Veesenmeyer, Ulm, häufig; Haas, Weiler, Oberamt Blaubeuren; 1974–83, leg. A. K. in MTB 7526; Krieglsteiner (2000b) nennt Funde in den MTB 7524 und 7525; Details sind mir nicht bekannt.

Ramaria broomei (Cott. & Wakef.) R.H. Petersen
Broomes Koralle
Fundbeschreibung und Diapositiv von Helga Steiner: Fruchtkörper –7 cm hoch, bis 3,5 cm breit; in Gruppen auf kalkhaltigen, oberflächlich versauerten, ma-

Ramaria broomei, Foto: H. Steiner

geren Heidewiesen, im Gras, ohne Baumbegleitung. Strunk zylindrisch bis konisch, unten zunächst fast weiß, oberhalb in eine schmutzig gelbe bis ockergelbe Farbe übergehend. Basis mit weinroten Flecken, auf Druck bräunend.
Äste nach oben strebend, kaum ausladend, dichotom verzweigt, etwas gedrungen. Gelegentlich fast unverzweigt, dann gebogen-fächerförmig verwachsen. Astfarben ockergelb bis goldgelb, von unten herauf bald schmutzig olivgelb werdend.
Astenden goldgelb bis braunorange. Bei Verletzung deutlich bräunend, später schwärzend. Fleisch weißlich, zunächst bräunlich, dann sich grau verfärbend, später schwärzend. Geruch unauffällig, Geschmack bitter. Sporenpulver rotbraun, in Masse orangebraun. Erstfund 06.10.98, Steinheim am Albuch, Hitzinger Heide, MTB 7226 (in Folgejahren keine weiteren Funde).
Weiterer Fund: 07.10.98, Söhnstetten, Stöckelberg, MTB 7325/2; weitere Funde 1999, 2000, 2001 und 2002, leg. H. Pless, det. Josef Christan (Erding).
Literatur siehe CHRISTAN (1999).

Ramaria corrugata (Karst.) Schild
Ockergelbe Kiefernkoralle
Syn.: *R. eumorpha, R. invalii*
Funddaten: 1941, Haas-Fund, am Eselsberg in Ulm, MTB 7525, im Maien- und Klosterwald bei Söflingen, MTB 7625, in einem Wald bei Jungingen, MTB 7525; 1943–63, Haas-Fund bei Altheim, MTB 7625; 1974–83, leg. A. K. in MTB 7526; August 1977, bei Pilzausstellung im Kornhaus in Ulm; 25.09.77, Kri-Exkursion bei Ulm, MTB 7625; von E. R. (Erbach-Ringingen) 1979 aus dem MTB 7624 (Schelklingen) gemeldet; Funddaten von L. K. (pers. Aufzeichn.): 25.09.77, „Hörnle" bei Grimmelfingen, MTB 7625/2, leg. G. F. + Krieglsteiner; 09.09.84, bei Altheim, Fichtenstreu, MTB 7625/4, leg. G. F.; Herbst 1989, Spitalwald westlich Ermingen, MTB 7625/1, leg. E. S., det. L. K.

Ramaria fennica (Karsten) Ricken s. l.
Syn.: *Ramaria fumigata*
Funddaten: 1943–63, Haas-Fund bei Pappelau

Ramaria flaccida (Fr.) Bourdot
Flatterige Fichtenkoralle
Funddaten: KRIEGLSTEINER (2000b) nennt Fund in den MTB 7424 und 7724 ; Details sind mir nicht bekannt; 23.10.87, Buchwald östlich Reutti, MTB 7726, auf Fichtenstreu, leg. K. K.; 28.08.02, Donaustetten, Eichhau, MTB 7625/4/3, bei Fichten, leg. K. Ke.

Ramaria flava (Schaeff.: Fr.) Quélet
Schwefelgelbe Koralle
Rote-Liste-Art: gefährdet
Funddaten: vor 1896, leg. Haas, Weiler bei Blaubeuren; 1937–40, Haas-Fund bei Blaubeuren auf Hochfläche über dem Blautopf, MTB 7524 (Basis des Fruchtkörpers weinrotfleckig!); 1974–83, leg. A. K. in MTB 7426, 7526

Ramaria murrillii, Foto: H. Steiner

Ramaria formosa (Pers.: Fr.) Quélet
Dreifarbige Koralle
Funddaten: 1937–40, Haas-Fund bei Blaubeuren, auf Hochfläche über dem Blautopf, MTB 7524, am Eselsberg bei Ulm, MTB 7525; 1974–83, leg. A. K. in MTB 7526; bei Pilzausstellung in Ulm am 01./02.10.88

Ramaria gracilis (Pers.: Fr.) Quélet
Zierliche Koralle
Funddaten von L. K. (pers. Aufzeichn.): 30.10.89, Neu-Ulm/Reutti, Fichtenstreu, MTB 7626/1, leg. L. K.

Ramaria murrillii (Coker) Corner
Murrills Koralle – Erstfund für Deutschland!,
s. Foto S. 182
Fundbeschreibung und Diapositiv von Helga Steiner:
Fruchtkörper klein und zart, –7,5 cm hoch und 4 cm breit; im Erdreich auf kalkhaltigen, oberflächlich versauerten, mageren Heidewiesen und Halbtrockenrasen zwischen Gras und Moos, rasig in Gruppen wachsend.
Strunk –2,5 cm hoch und 0,3 cm breit, zart, rund verbogen. Oben im Übergang zu den Ästen verbreitert, unten schlanker werdend. Meist in mehreren Fruchtkörpern büschelig wachsend. Gelbbraun bis braun, auf Druck braun bis graubraun verfärbend. An der Basis manchmal auch schmutzig weinrötlich; Stiel mit Basalfilz aus zahlreichen feinen, striegeligen Haaren bewachsen.
Äste gebogen, äußere Äste ausladend, zart, rundlich bis stellenweise etwas flach, mehrfach verzweigt. Astfarben schmutzig gelb bis bräunlich gelb, in der Reife schmutzig gelbbraun bis braun. Auf Druck graubraun bis braun verfärbend.
Fleisch etwas elastisch, faserig, hell bräunlich. Geruch fruchtig, Geschmack leicht bitter.
Funddaten: 07.10.98 und 1999/2000/2001, Söhnstetten, Stöckelberg, MTB 7325/2, leg. H. P., det. J. Christan (Erding).
Anmerkung: Dieser Erstfund für Deutschland wurde von Christan (2002) ausführlich vorgestellt.

Ramaria pallida (Schaeff. em. Bres.) Rick.
Blasse Koralle
Rote-Liste-Art: gefährdet
Funddaten: 1937–40, Haas-Fund bei Blaubeuren, auf Hochfläche über dem Blautopf, MTB 7524; 1974–83, leg. A. K. in MTB 7525; 26./27.08.78, bei Pilzausstellung in Ulm

Ramaria stricta (Fr.) Quélet – Steife Koralle
Funddaten: 1943–63, Haas-Fund bei Pappelau, MTB 7624; 09.10.76, Stangl-Exk. in „Muna" bei Straß, Fichtenforst, MTB 7526; 23.10.76, Kri-Exkursion in „Muna" bei Bühl, Fichtenforst, MTB 7527; 15.10.77, Stangl-Exk. in „Muna" bei Straß, MTB 7526; 1982, leg. A. K. in MTB 7426; Funddaten von L. K. (pers. Aufzeichn.): Oktober 1989, Lempenhau nordwestlich Asch, MTB 7524/2, leg. E. S., det. L. K.

Familie **Auriscalpiaceae** Maas Geesteranus 1963

Auriscalpium vulgare S. F. Gray
Ohrlöffel-Stacheling
Funddaten: 1943–63, Haas-Fund bei Altheim, MTB 7625 und in der „Filde" bei Beimerstetten, MTB 7525; 15.10.77, Stangl-Exk. in „Muna" bei Bühl, MTB 7527; 09.09.80, „Muna" bei Straß, MTB 7526, auf Kiefernzapfen; weitere Funddaten erübrigen sich. Die Art ist sehr häufig und kommt sehr wahrscheinlich in allen MTB im Ulmer Raum vor.

Familie **Hydnaceae** Chevalier 1826, ss. str.

Hydnum repandum L.: Fr.
Semmel-Stoppelpilz
Funddaten: vor 1894, leg. Veesenmeyer, bei Ulm, häufig in allen Wäldern; leg. Wächter bei La; 25.09.77, Kri-Exkursion in Ulm am „Roten Berg", MTB 7525/4; 26./27.08.78, bei Pilzausstellung in Ulm; 17.09.78, Kri-Exkursion bei Hörvelsingen, MTB 7526; 29.09.79, Bubesheimer Wald bei Bühl, MTB 7527, unter Eichen/Erlen, leg. M. E.; 1974–83, leg. A. K. in MTB 7426; Dietl & Krieglsteiner (1989), am Oberen Eselsberg in Ulm; Herbst 1996, Donau-Auwald bei Riedheim, MTB 7527, leg. M. E.; Funddaten von L. K. (pers. Aufzeichn.): 26.09.88, Spitalwald Ermingen, Fagetum, MTB 7625/1, leg. L. K.; 17.09.77, Filde bei Beimerstetten, MTB 7525/2, leg. G. F. et al.; 15.10.77, „Eichert"/Temmenhausen, MTB 7525/1, leg. G. F.; 02.12.86, bei Illerrieden, leg. J. I.; ca. 1988, „Buchwald" östlich Reutti, MTB 7626/2, leg. A. B.

Hydnum repandum var. **rufescens** (Fr.) Barla
Rotgelber Stoppelpilz
Funddaten: 1977/78, im Stoffenrieder Forst, leg. Frau Kohl (Oberfahlheim); 1974–83, leg. A. K. in MTB 7426; Funddaten von L. K. (pers. Aufzeichn.): 16.10. 87, oberes Wiesental, Steppenheide unter Kiefer, MTB 7525/3, leg. L. K.; 28.09.86, Bollingen/Bermaringen, MTB 7525/1, leg. G. F.; 06.09.02, Donaustetten, Eichhau, MTB 7625/4/3, bei Rotbuche, leg. K. Ke.

Familie **Hericiaceae** Donk 1964

Creolophus cirratus (Pers.: Fr.) P. Karsten
Dorniger Stachelbart
Rote-Liste-Art: gefährdet
KRIEGLSTEINER (1991) nennt in seinem Verbreitungsatlas einen Fund in MTB 7526.
KRIEGLSTEINER (2000b) nennt einen Fund in MTB 7626; Details sind mir nicht bekannt.

Hericium coralloides (Scop.: Fr.) S. F. Gray
Ästiger Stachelbart
Funddaten von L. K. (pers. Aufzeichn.): 03.10.78, im MTB 7426/4 (Ort?), an einem *Fagus*-Stumpf, leg. A. K.

Mucronella calva (Alb. & Schw.: Fr.) Fr.
Rasiges Pfriempilzchen
14.06.90, „Holzstöcke"/Orsenhausen, Unterseite alte *Gleoph. odoratum*, MTB 7725/4, leg. L. K.

Ordnungsgruppe **Gasteromycetidae** Bauchpilze s. l.

Ordnung **Geastrales** Kreisel 1969

Familie **Geastraceae** Corda 1842

Geastrum fimbriatum Fr.
Gewimperter Erdstern
Syn: *G. sessile*
Funddaten erübrigen sich. Die Art ist häufig und kommt sehr wahrscheinlich in allen MTB im Ulmer Raum vor.

Geastrum fornicatum (Huds.: Pers.) Hook.
Großer Nesterdstern
Funddaten: vor 1896, leg. Haas, Eselswald bei Ulm („häufig")

Geastrum pectinatum Pers. – Kamm-Erdstern
Funddatum: 02.09.80, „Muna" bei Straß, MTB 7526, leg. F. R., det. M. E.; 07.12.86, Kiesental, MTB 7525/4, leg. G. F.

Geastrum quadrifidum Pers.: Pers.
Kleiner Nest-Erdstern
Funddaten: 1937–40, Haas-Fund am Eselsberg bei Ulm, MTB 7525, im Maien- und Klosterwald bei Ulm-Söflingen, MTB 7625, in „Filde" bei Beimerstetten; bei Blaubeuren, MTB 7524; 13.10.79, Haas-Exk. zwischen Ne + Bu, MTB 7526; von E. R. (Erbach-Ringingen) 1979 aus dem MTB 7624/2,4 gemeldet; Funddaten von L. K. (pers. Aufzeichn.): Mai 1990, westlich Bubenhausen, MTB 7726/2, leg. J. I., vide L. K.; 19.09.86, Brand bei Einsingen, MTB 7725, Nadelstreu auf Kalkboden, leg. K. K.

Geastrum rufescens Pers.: Pers.
Rotbrauner Erdstern
Funddaten: vor 1896, leg. Haas, Eselswald bei Ulm; 01.10.77, VHS-Führung am Roten Berg, leg. M. E.; 19.11.78, bei Leibi, im Fichtenwald „Fuchshölzle", leg. M. E., MTB 7526; 04.02.79, bei Riedhausen, MTB 7527, am Waldrand, leg. M. E.; von E. R. (Erbach-Ringingen) 1979 aus den MTB 7624/4 und 7625/1 gemeldet; Funddaten von L. K. (pers. Aufzeichn.): 25.04.86, „Buchhalde" Bollingen, in Fichtenstreu, MTB 7525/1, leg. G. F.; 06.11.89, „Roter Hau" südlich Ringingen, in Fichtenstreu, MTB 7624/4, leg. E. S., det. L. K.; Oktober 1990, Schlossberg östlich Bellenberg, MTB 7726/2, leg. J. I., vide L. K.; 17.08.86, Buchwald bei Reutti, MTB 7726, in lichtem Fichtenwald auf Kalkboden, leg. K. K.; ab 1998 regelmäßig, Erpfenhauser Hof, MTB 7326/3, leg. H. P. (H. St.); 28.10.01, Pfifferlingsberg, MTB 7624/2/4, AMU-Exkursion, leg. Eduard Galejda, bei Fichte; 01.09.01, Taxis-Wald, MTB 7724/2, leg. K. Ke.; 04.10.01, Taxischer Wald, Rißtissen-Griesingen, MTB 7724/2, leg. T. B.; Herbst 2000, Lonetal, leg. W. H.

Geastrum triplex Jungh. – Halskrausen-Erdstern
Funddaten: 04.09.00, 06.09.01, 25.08.02, Baltringer Ried, MTB 7725/3, leg. T. B.

Ordnung **Lycoperdales** Cunningham 1944

Familie **Lycoperdaceae** Chévallier 1826 Bovistartige

Bovista aestivalis (Bonorden) Demoulin
Heide-Bovist
Funddaten: KRIEGLSTEINER (2000b) nennt einen Fund in MTB 7426; Details sind mir nicht bekannt.

Bovista nigrescens Pers.: Pers.
Schwärzender Bovist
Funddaten: vor 1896, leg. Haas, Ulm („häufig"); August 1977, bei Pilzausstellung im Kornhaus in Ulm;

KRIEGLSTEINER (1991) nennt in seinem Verbreitungsatlas einen Fund in MTB 7525. Nähere Fundangaben liegen mir nicht vor

Bovista paludosa Lév. – Moor-Bovist
Rote-Liste-Art: vom Aussterben bedroht!
Funddaten: alljährlich im NSG Riedheim an anmoorigen, sumpfigen Stellen, leg. M. E.

Bovista plumbea Pers.: Pers. – Bleigrauer Bovist
Funddaten: 05.10.92, Kälberheu nordöstlich von Altheim, Wacholderheide, Magerwiesenhang mit eingestreuten Eichen und Fichten, MTB 7426/1, leg. E. S.; Funddaten von L. K. (pers. Aufzeichn.): 15.08.86, Seißen/Heroldstatt, MTB 7524/3, leg. Felix Glöckner. KRIEGLSTEINER (1991) nennt in seinem Verbreitungsatlas Funde in den MTB 7424 und 7524. Nähere Fundangaben liegen mir nicht vor

Bovista pusilla Batsch: Fr. – Zwerg-Bovist
Funddaten: 02.09.02, Ehingen, Segelflugplatz, MTB 7724/1/1, leg. K. Ke.,
Pflanzengesellschaft: Basenreiche Voll- und Halbtrockenrasen, auf Erde, Humus Höhe über NN: 575 m, Bodentyp: Rendzina, pH: basisch, Bodenfeuchtigkeit: trocken
KRIEGLSTEINER (1991) nennt in seinem Verbreitungsatlas einen Fund in MTB 7426. Nähere Fundangaben liegen mir nicht vor.

Bovista tomentosa (Vitt.) Quélet – Filziger Bovist
Funddaten: KRIEGLSTEINER (2000b) nennt einen Fund in MTB 7427; Details sind mir nicht bekannt.

Calvatia gigantea (Batsch: Pers.) Lloyd
Riesenbovist
Syn.: *Langermannia gigantea*
Funddaten: 26./27.08.78, bei Pilzausstellung in Ulm; Herbst 1993, bei Rh-Gz, am Rand eines Maisfeldes, leg. M. E.; 1974–83, leg. A. K. in MTB 7426, 7526, 7525; 06.10.80, bei Burgau, auf einer Wiese, leg. Schmalfuß (Gerlenhofen); 1985, leg. K. Köhler in MTB 7525; DIETL & KRIEGLSTEINER (1989), am Oberen Eselsberg in Ulm; Funddaten von L. K. (pers. Aufzeichn.): 11.09.77, Kiesental, im Rasen, MTB 7525/3, leg. G. F., 06.09.79, beim Sportplatz Bollingen, MTB 7525/1, leg. G. F., KRIEGLSTEINER (1991) nennt in seinem Verbreitungsatlas Funde in den MTB 7425, 7524, 7625, 7725. Nähere Fundangaben liegen mir nicht vor

Handkea excipuliformis (Scop.: Pers.) Kreisel
Beutelstäubling
Syn.: *Calvatia excipuliformis, Bovista saccata*
Funddaten: 1943–63, leg. H. H., in Filde bei Beimerstetten, MTB 7527; August 1977, bei Pilzausstellung im Kornhaus in Ulm; 15.07.78, Donauried bei Rh, MTB 7527, leg. M. E.; 1974–83, leg. A. K. in MTB 7526, 7525; 17.09.78, Kri-Exkursion bei Westerstetten, MTB 7425; 10.11.78, Bubesheimer Wald, unter Rotbuchen, MTB 7527, leg. M. E., conf. H. H.; DIETL & KRIEGLSTEINER (1989), am Oberen Eselsberg in Ulm; 19.09.98, Baden-Württemberg, zwischen Altheim/Alb und Gerstetten, auf einer Wacholderheide, mit Dia, zwei Funde von verschiedenen Stellen, leg. M. E., det. Prof. Dr. W. Winterhoff (Sandhausen), Belege in (ULM). 01.10.2000, NSG bei Riedheim, MTB 7527, direkt am Grenzgraben, leg. M. E.; ab 1998 regelmäßig, Erpfenhauser Hof, MTB 7326/3, leg. H. P. (H. St.); weitere Funddaten erübrigen sich. Die Art ist häufig und kommt sehr wahrscheinlich in allen MTB im Ulmer Raum vor.

Handkea utriformis (Bull.: Pers.)
Hasenstäubling, Hasenbovist
Syn.: *Calvatia utriformis*
Rote-Liste-Art: gefährdet
Funddaten: August 1977, bei Pilzausstellung im Kornhaus in Ulm; Sep. 1997, nordöstlich Riedheim, im Donaumoos, auf Halbtrockenrasen, alljährlich, MTB 7527, leg. M. E.; 1974–83, leg. A. K. in MTB 7426; 05.10.92, Kälberheu nordöstlich von Altheim, Wacholderheide, Magerwiesenhang mit eingestreuten Eichen und Fichten, MTB 7426/1, leg. E. S.; Funddaten von L. K. (pers. Aufzeichn.): Dezember 1988, Umgebung der Uni Ulm, Oberer Eselsberg, auf Kurzgraswiese, MTB 7525/4, leg. L. K.; 31.08.89, Witthau, Mesobrometum, MTB 7526/1, leg. L. K.; ab 1998 regelmäßig, Erpfenhauser Hof, MTB 7326/3, leg. H. P. (H. St.); Herbst 2001, Wachholderheide bei Bernstadt, leg. W. H.

Lycoperdon caudatum Schroet.
Geschwänztsporiger Stäubling
Syn.: *L. pedicellatum*
Rote-Liste-Art: stark gefährdet
Fundbeschreibung siehe ENDERLE & SCHNARBACH (1981)
Funddaten: 09.09.94, nordöstlich Riedheim, im NSG, anmoorige Stelle unter *Salix cinerea*, MTB 7527/1, leg. M. E.

Lycoperdon echinatum Pers.: Pers.
Igelstäubling
Funddaten: 1937–40, Haas-Fund am Eselsberg bei Ulm, MTB 7525; in „Filde“ bei Beimerstetten; bei Blaubeuren, MTB 7524; August 1977, bei Pilzausstellung im Kornhaus in Ulm; September 1981, bei VHS-Führung am Roten Berg bei Ulm, leg. M. E.; 1974–83, leg. A. K. in MTB 7426, 7526, 7525; DIETL & KRIEGLSTEINER (1989), am Oberen Eselsberg in Ulm; 07.10.98, Eichen-/Rotbuchenwald nördlich La,

Lycoperdon echinatum

unter Rotbuchen auf Kalk, leg. M. E.; weitere Funddaten erübrigen sich. Die Art ist kommt sehr wahrscheinlich in allen MTB im Ulmer Raum vor.

Lycoperdon cf. **ericaeum** Blonorden
Heide-Stäubling
Rote-Liste-Art: gefährdet
Fruchtkörper am Apex schwarzbräunlich, nach außen warm karamellbraun, Stiel schmutzig weißlich; Sporen ca. 4–5 µm breit, rundlich
Funddaten: 08.10.99, Baden-Württemberg (ca. 50 m vor der bayerischen Grenze!), im NSG Langenauer Ried (ehemaliges Niedermoor), in einem Halbtrockenrasen, MTB 7527/1, leg. M. E., det. Prof. Dr. W. Winterhoff (Sandhausen); Dia in Diathek M. Enderle
Anmerkungen: Der Fund war leider wegen Unreife nicht sicher bestimmbar. Falls die Bestimmung verifiziert werden kann, wäre dies u. U. Erstfund für Baden-Württemberg, zumindest jedoch Erstfund für den Großraum Ulm.
In Frage käme auch *L. lividum.*

Lycoperdon foetidum Bonord.
Stinkender Stäubling
Funddaten: 19.10.80, Haas-Exk. bei Breitingen, MTB 7425; Funddaten von L. K. (pers. Aufzeichn.): 02.08.87, „Unterer Forst“ Beimerstetten, in Fichtennadelstreu, MTB 7525/2, leg. G. F., 21.10.89, „Reinhau“ nordwestlich Bach, in Fichtennadelstreu, MTB 7625/3, leg. L. K.; 15.09.90, westlich Wennenden, in Fichtennadelstreu, MTB 7727/1, leg. L. K.; Fruchtkörper; 20.09.98, Bayern, bei Limbach (östlich von Gz), MTB 7528, in einem Fichtenforst, im Sternmoos, mit Dia, leg. M. E., det. Prof. Dr. W. Winterhoff (Sandhausen), Beleg in (ULM).

Lycoperdon lividum Pers.
Kastanienbrauner Stäubling
Funddaten: 08.12.90, Bermaringen/Lautertal, skelettreicher Halbtrockenrasen (Gentiano-Koelerietum), MTB 7524/2, leg. L. K.

Lycoperdon mammiforme Pers.
Flocken-Stäubling
Rote-Liste-Art: gefährdet
Funddaten: 1937–40, Haas-Fund am Eselsberg bei Ulm, MTB 7525; 03.09.77, Bubesheimer Wald bei Echlishausen, unter Rotbuchen/Eichen, MTB 7527, leg. M. E.; 19.10.80, Haas-Exk. bei Breitingen, MTB 7425; August 2002, bei Ehingen, MTB 7624/3, leg. T. B.; KRIEGLSTEINER (1991) nennt in seinem Verbrei-

tungsatlas Funde in den MTB 7424, 7426 und 7524. Nähere Fundangaben liegen mir nicht vor

Lycoperdon molle Pers.: Pers.
Weicher Stäubling
Funddaten: 1943 63, Haas-Fund in „Filde“ bei Beimerstetten, MTB 7525; 17.07.78, „Muna“ bei Bühl, im Fichtenwald, MTB 7527, leg. M. E.; 17.09.78, Kri-Exkursion bei Hörvelsingen, MTB 7526; Herbst 1989, Lempenhau nordwestlich Asch, an Fichtennadelstreu, MTB 7524/2, leg. E. S., det. L. K.

Lycoperdon perlatum Pers.
Flaschenstäubling
Funddaten erübrigen sich. Die Art ist sehr häufig und kommt sehr wahrscheinlich in allen MTB im Ulmer Raum vor.

Lycoperdon pyriforme Schaeff.: Pers.
Birnenstäubling
Funddaten erübrigen sich. Die Art ist sehr häufig und kommt sehr wahrscheinlich in allen MTB im Ulmer Raum vor.

Lycoperdon umbrinum Pers.
Brauner Stäubling
Funddaten: DIETL & KRIEGLSTEINER (1989), am Oberen Eselsberg in Ulm; Funddaten von L. K. (pers. Aufzeichn.): 02.11.91, „Bärenlau“ nordöstlich Suppingen, MTB 7524/1, leg. H. R., E. S.; 06.10.91, „Eschach“ bei Holzschwang, MTB 7626/4, leg. G. O., H. R. und E. S.; 16.10.99, Bockighofer Holz, MTB 7724/4/32, verrottende Laub- und Nadelstreu, leg. K. Ke.

Vascellum pratense (Pers.: Pers.) Kreisel
Wiesen-Stäubling
Funddaten: 1937–40, Haas-Fund bei Blaubeuren, MTB 7524; August 1977 bei Pilzausstellung im Kornhaus in Ulm; alljährlich im Garten von M. Enderle, Uf, im Rasen; DIETL & KRIEGLSTEINER (1989), am Oberen Eselsberg in Ulm; Funddaten von L. K. (pers. Aufzeichn.): 16.05.87, Hörvelsingen, MTB 7526/1, leg. G. F.; KRIEGLSTEINER (1991) nennt in seinem Verbreitungsatlas Funde in den MTB 7424, 7524 und 7525. Nähere Fundangaben liegen uns nicht vor; 18.09.98, Baden-Württemberg, zwischen Altheim/Alb und Gerstetten, auf einer Wacholderheide, leg. M. E., det. Prof. Dr. W. Winterhoff (Sandhausen), mit Dia, Beleg in (ULM); 20.09.98, Bach-Eggingen, MTB 7625/3, leg. K. Ke.; 13.10.02, Ehingen, Flugplatz, MTB 7724/1, leg. K. Ke.

Ordnung **Nidulariales** Cunningham 1944

Familie **Nidulariaceae** Dumortier 1822

Crucibulum laeve (Huds.) Kambly & Lee
Tiegel-Teuerling
Funddaten: August 1977, bei Pilzausstellung im Kornhaus in Ulm; 18.07.80, „Muna“ bei Bühl, MTB 7527, leg. C. S., det. M. E.; 1982, leg. A. K. in MTB 7426/1; DIETL & KRIEGLSTEINER (1989), am Oberen Eselsberg in Ulm; weitere Funddaten erübrigen sich. Die Art ist häufig und kommt sehr wahrscheinlich in allen MTB im Ulmer Raum vor.

Cyathus olla (Batsch: Pers.) Pers.
Bleigrauer Topf-Teuerling
Funddaten: 1982, leg. A. K. in MTB 7426/1; KRIEGLSTEINER (2000b) nennt Funde in den MTB 7624, 7524 und 7625 ; Details sind mir nicht bekannt.

Cyathus striatus (Huds.: Pers.) Willd.
Gestreifter Teuerling
Funddaten: 23.10.76, Kri-Exkursion in „Muna“ bei Bühl, MTB 7527, und im Auwald bei Lh, MTB 7527; 25.09.77, Kri-Exkursion bei Ulm, MTB 7625, Kri-Exkursion bei Westerstetten, MTB 7425; Haas-Exk. 19.10.80, bei Breitingen, MTB 7425; weitere Funddaten erübrigen sich. Die Art ist sehr häufig und kommt sehr wahrscheinlich in allen MTB im Ulmer Raum vor.

Familie **Sphaerobolaceae** Schroeter 1889

Sphaerobolus stellatus Tode: Pers.
Kugelschneller
Funddaten: von E. R. (Erbach-Ringingen) 1979 aus dem MTB 7624 (Schelklingen) gemeldet. Funddaten von L. K. (pers. Aufzeichn.): 14.10.88, „Klingenhau“ westlich Holzkirch, auf organischem Detritus, MTB 7425/4, leg. L. K. + G. D.; 02.11.89, Pfifferlingsberg bei Ringingen, an Fichtennadelstreu und Holzresten, MTB 7624/4, leg. E. S.; 26.01.90, BW Tiefental, an morschem Laubholz, MTB 7524/3, leg. L. K. + H. O. B.; 02.11.01, Glockerau, MTB 7628, auf unbestimmbarem Holzästchen, leg. K. K.

Ordnung **Phallales** Cunningham 1931

Familie **Clathraceae** E. Fischer 1900

Clathrus archeri (Berk.) Dring – Tintenfischpilz
Syn.: *Anthurus archeri*
Funddaten: 1975, in der „Muna“ bei Uf-Bühl, MTB 7527, im hohen Gras, auf einem Mischwaldweg, leg. M. E.; 20.08.77, bei Limbach, MTB 7528, im Fichtenwald auf Waldweg, leg. M. E.; DIETL & KRIEGLSTEINER (1989), am Oberen Eselsberg in Ulm; vor 1989, „Buchwald“ östlich Reutti, MTB 7626/2, leg. A. B.; 04.07.99, im Langenauer Ried, westlich der Autobahn A8, im „Englenghäu“, bei Fichten, in Sägemehlresten, MTB 7426/3, leg. Wolfgang Weyhe (Ulm); 22.09.02, Buchwald bei Reutti (Soldatenfriedhof), leg. A. Nemetz. 24.09.02, Buchwald östlich Reutti, am Wegrand in einem Fichtenforst über Kalk, MTB 7726, leg. K. K.; 29.08.02, Donaustetten, Eichhau, MTB 7625/4/3, leg. K. Ke., in gemischtem Forst. Die Art ist in Deutschland in der Ausbreitung begriffen.

Familie **Phallaceae** Corda 1842

Mutinus caninus (Huds.: Pers.) Fr. – Hundsrute
Funddaten: August 1977, bei Pilzausstellung im Kornhaus in Ulm; 01.09.77, zwischen Uf + Lh, bei der alten Silberfuchsfarm, MTB 7527, am Wegrand; 1974–83, leg. A. K. in MTB 7525; 07.10.98, Limbach, östlich Gz, in Fichtenwald, gesellig auf einem Weg bei Fichtenstreu, leg. M. E.; Funddaten von L. K. (pers. Aufzeichn.): 09.09.79, Ulm, Roter Berg, unter Fichten, MTB 7525/4, leg. G. F.; 03.08.89, bei Hirbishofen, in Fichtennadelstreu, MTB 7626/2, leg. L. K.; vor 1990, „Buchwald“ östlich Reutti, MTB 7626/2, leg. A. B.; 1988, bei Neenstetten, MTB 7426/3, leg. W. H.; 13.10.96, Pfifferlingsberg, MTB 7624/4/1, leg. K. Ke.; Herbst 2000, zwischen Altheim und Ballendorf, leg. W. H.
KRIEGLSTEINER (1991) nennt in seinem Verbreitungsatlas Funde in den MTB 7424, 7425, 7426, 7624 und 7625. Nähere Fundangaben liegen mir nicht vor.

Phallus impudicus L.: Pers. – Stinkmorchel
Funddaten erübrigen sich. Die Art ist sehr häufig und kommt sehr wahrscheinlich in allen MTB im Ulmer Raum vor.

Familie **Astraeceae** Jülich 1981

Astraeus hygrometricus (Pers.) Morgan
Wetterstern
Rote-Liste-Art: gefährdet
Funddaten: bei Pilzausstellung in Ulm am 01./02.10.88. Fundort? Finder?

Scleroderma areolatum Ehrenb.
Getupfter Kartoffelbovist
Funddaten von L. K. (pers. Aufzeichn.): 05.09.89, Straß/Fahlheim, Laubwalderde, MTB 7526/4, leg. L. K.; Herbst 1989, „Spitalwald“ Ermingen, MTB 7625/1, leg. E. S., det. L. K.; 11.09.02, Donaustetten, Eichhau, MTB 7625/4/3, bei Rotbuche, leg. K. Ke.; KRIEGLSTEINER (1991) nennt in seinem Verbreitungsatlas Funde in den MTB 7426, 7525. Nähere Fundangaben liegen mir nicht vor.

Scleroderma bovista Fr.
Netzsporiger Kartoffelbovist
Funddaten: KRIEGLSTEINER (2000b) nennt einen Fund in MTB 7527; Details sind mir nicht bekannt.

Scleroderma citrinum Pers.
Dickschaliger Kartoffelbovist
Syn.: *Scl. vulgare*
Funddaten: August 1977, bei Pilzausstellung im Kornhaus in Ulm; 26./27.08.78, bei Pilzausstellung in Ulm; Funddaten von L. K. (pers. Aufzeichn.): 03.10.86, bei Donaustetten, MTB 7625/4, leg. G. F. und A. K.; 28.08.02, Donaustetten, Eichhau, MTB 7625/4/3, bei Fichten, leg. K. Ke.; 08.08.02, Baumgarten, MTB 7724/4/3, bei Fichten, leg. K. Ke.; KRIEGLSTEINER (1991) nennt in seinem Verbreitungsatlas einen Fund in MTB 7725. Nähere Fundangaben liegen mir nicht vor.

Scleroderma verrucosum Bull.: Pers.
Braunwarziger Kartoffelbovist
Funddaten: 1943–63, Haas-Fund in „Filde“ bei Beimerstetten, MTB 7525; August 1977, bei Pilzausstellung im Kornhaus in Ulm; 26./27.08.78, bei Pilzausstellung in Ulm; 02.09.02, Ingerkingen Greut, MTB 7724/4/34, bei Fichten, leg. K. Ke.; KRIEGLSTEINER (1991) nennt in seinem Verbreitungsatlas Funde in den MTB 7724 und 7725. Nähere Fundangaben liegen mir nicht vor.

Familie **Tulostomataceae** E. Fischer 1900

Tulostoma brumale Pers.: Pers.
Zitzen-Stielbovist
Rote-Liste Art: gefährdet
Funddaten: bei Lautern, im Kleinen Lautertal, Halbtrockenrasen, oberhalb der Lauterquelle, MTB 7525, leg. H. M., det. A. Runge; Funddaten von L. K. (pers. Aufzeichn.): 06.05.88, Gerhausen, beim Schotterwerk, im *Meso(Xero)-Brometum*, MTB 7525/3, leg. L. K.; 03.05.88, Ulm, Rangierbahnhof, MTB 7625, auf steinigem Grund auf Basaltschotter zwischen Moosen, leg. K. K.; KRIEGLSTEINER (1991) nennt in seinem Verbreitungsatlas einen Fund in MTB 7724. Nähere Fundangaben liegen mir nicht vor.

Tulostoma fimbriatum Fr.
Gewimperter Stielbovist
Funddaten: 03.05.99, Ulm, Rangierbahnhof, MTB 7625, auf Basaltschotter, leg. K. K.

Ordnung **Hymenogastrales** Cunningham 1944

Familie **Stephanosporaceae** Oberwinkler & Horak 1979

Stephanospora caroticolor (Berk.) Pat.
Möhrentrüffel
Rote-Liste-Art: gefährdet
Funddaten s. KRIEGLSTEINER & ENDERLE (1986), inkl. Foto gegenüber S. 176

Agaricoide Gasteromycetidae

Ordnung **Melanogastrales** Svrcek 1958

Familie **Melanogastraceae** Tulasne 1846

Melanogaster broomeianus Berk. ex Tul. & Tul. – Gelbbraune Schleimtrüffel
Syn.: *Melanogaster variegatus*
Rote-Liste-Art: gefährdet
Funddaten: G. O. fand die Art im MTB 7725 (nach den Fundaufzeichnungen von L. K. (pers. Aufzeichn.).
Mitte Oktober 2003 brachte mir Frau Johanna Schmidt, Leipheim, MTB 7527, mehrere Fruchtkörper aus ihrem Hausgarten; Peter Reil, Bösingen, ließ den Fund auf einer Hypogäen-Tagung im Schwarzwald bestimmen. Frau Schmidts Fund ist Erstfund für den Landkreis Günzburg! Trockenmaterial wurde im Herbarium der Universität Ulm (ULM) deponiert.

Familie **Rhizopogon** Gäumann & Dodge 1928

Rhizopogon obtextus (Sprengel) Rauschert
Gelbliche Wurzeltrüffel
Syn.: *R. luteolus*
Funddaten: 1974–83, leg. A. K. in MTB 7525; KRIEGLSTEINER (1991) nennt in seinem Verbreitungsatlas einen Fund in MTB 7424. Nähere Fundangaben liegen mir nicht vor

Rhizopogon roseolus (Fr.: Fr.) th. M. Fries
Rötliche Wurzeltrüffel
Syn.: *R. rubescens*
Funddaten: vor 1896, leg. Haas, Schwedenwäldle bei Ulm; von E. R. (Erbach-Ringingen) 1979 aus dem MTB 7624 (Schelklingen) gemeldet; Funddaten von L. K. (pers. Aufzeichn.): vor 1980, MTB 7525/4, leg. A. K.

Ordnung **Boletales** Gilbert 1931

Familie **Boletaceae** Chévallier 1826 Röhrlingsartige

Boletinus cavipes (Klotzsch: Fr.) Kalchbr.
Hohlfußröhrling
Funddaten: vor 1894, Desensy, Veesenmeyer und Haas, Ulm; Funde bei Blaubeuren (von 1927–48) siehe SCHEER (1950), MTB 7524, 7525, 7624; Pilzausstellung in Ulm am 01./02.10.88; von E. R. 1979 aus dem MTB 7625/2 gemeldet; Ende September 2000, Anf. September 2002, an Verbindungsweg, MTB 7624/3, leg. T. B.

Boletus aereus Bull.: Fr.
Schwarzhütiger Steinpilz
Rote-Liste-Art: stark gefährdet

Funde: Funde bei Blaubeuren (von 1927–48) siehe SCHEER (1950); 1974–83, leg. A. K. in MTB 7426; KRIEGLSTEINER (2000b) nennt Funde in den MTB 7526 und 7625; Details sind mir nicht bekannt.

Boletus aestivalis (Paulet) Fr. – Sommersteinpilz
Syn.: *Boletus reticulatus*
Funde: siehe SCHEER (1950), MTB 7524; August 1977, Pilzausstellung in Ulm; 1982, leg. A. K. in MTB 7426/1; 1985, leg. K. Köhler in MTB 7525; DIETL & KRIEGLSTEINER (1989), am Oberen Eselsberg in Ulm; Funddaten von L. K. (pers. Aufzeichn.): 22.09.88, „Baurenhau" östlich Rot, MTB 7725/4, leg. L. K. + G. D.; 19.08.76, „Pfifferlingsberg", MTB 7624/4, leg. G. J. K. et al.; ca. 1989, „Buchwald" östlich Reutti, MTB 7626/2, leg. A. B.; 18.05.2000, bei Aulendorf-Blönried, unter Fichte und Rotbuche, ein großer Fruchtkörper, leg. Philippe J. Decouter, det. M. E.; 28.10.01, Pfifferlingsberg, MTB 7624/2/4, leg. K. Ke., AMU-Exkursion, Pflanzengesellschaft: Buchen-, Tannen-Buchen- und Tannenwälder, in verrottender Laub- u. Nadelstreu, Höhe über NN: 625 m, pH: basisch; 28.06.00, Pfifferlingsberg, MTB 7624/4/1, leg. K. Ke., bei Eiche, Pflanzengesellschaft: Waldmeister-Buchenwald; 7.08.02, 15.05.00, Ehingen-Kirchbierl., MTB 7624/3, leg. T. B.

Boletus appendiculatus Schaeffer
Anhängselröhrling
Rote-Liste-Art: gefährdet
Funde: 1937–40, Haas-Fund im Maien- und Klosterwald bei Ulm-Söflingen, MTB 7625; Funde bei Blaubeuren (von 1927–48) siehe SCHEER (1950), MTB 7524; 2.07.81, bei Lh, unter Laubbäumen, MTB 7527, leg. Frau Günther; 1974–83, leg A. K. in MTB 7525; ab 1998 regelmäßig, Hitzinger Heide, MTB 7226, leg. H. P. (H. St.).

Boletus calopus Pers.: Fr. – Schönfuß-Röhrling
Rote-Liste-Art: gefährdet
Funddaten: August 1977, bei Pilzausstellung in Ulm; 26./27.08.78, bei Pilzausstellung in Ulm; 1974–83, leg. A. K. in MTB 7526; 2000, 2001, 2002, Erpfenhauser Hof, MTB 7326/3, leg. H. P. (H. St.); KRIEGLSTEINER (2000b) nennt Funde in den MTB 7426, 7527 und 7725; Details sind mir nicht bekannt.

Boletus depilatus G. Redeuilh
Gefleckthütiger Röhrling
Funddaten: 17.07.02, bei Gerstetten, auf nackter, fester Erde unter Hainbuche, West-Südhang, Übergang Heide/Fichtenwald, MTB 7426/1/21, leg. G. S. (bestimmt mit Breitenbach & Kränzlin und Krieglsteiners „Großpilze Baden-Württembergs")

Boletus edulis Bull.: Fr. (aggr.)
Gemeiner Steinpilz
Funddaten: vor 1894, leg. Veesenmeyer, Haas, bei Ulm, ziemlich häufig; Funde bei Blaubeuren (von 1927–48) siehe SCHEER (1950), MTB 7524, 7624, 7525; Funddaten erübrigen sich. Die Art ist trotz ihres hohen Bekanntheitsgrades immer noch relativ häufig und kommt sehr wahrscheinlich in allen MTB im Ulmer Raum vor.

Boletus erythropus Pers.
Flockenstieliger Hexenröhrling
Syn.: *B. luridiformis*
Funddaten: 1937–40, Haas-Fund bei Ausstellung in Ulm; Funde bei Blaubeuren (von 1927–48) Funde siehe SCHEER (1950), MTB 7424; 10.09.78 VHS-Führung bei Weißenhorn, unter Rotbuchen, MTB 7627, leg. M. E.; 12.06.79 und 28.06.80, „Muna" bei Straß, Fichtenwald, MTB 7526, am Wegrand, leg. M. E.; 1974–83, leg. A. K. in MTB 7426; bei Pilzausstellung in Ulm am 01./02.10.88; 14.10.01, bei Altheim/Alb, MTB 7426.1, Heidefläche, im Gras auf Erde, bei großer, alter Buche, leg. B. S.; Am 16.10.01 wurde diese Art bei Burgau/Schwaben gefunden, det. M. E.; KRIEGLSTEINER (1991) nennt in seinem Verbreitungsatlas Funde in 13 MTB im Ulmer Raum. Nähere Fundangaben liegen mir nicht vor.

Boletus fechtneri Vel. – Silber-Röhrling
Rote-Liste-Art: stark gefährdet
Funddaten: 1943–63, Haas-Fund bei Herrlingen, MTB 7525; September 2002, Hitzinger Heide, MTB 7226, leg. H. P. (H. St.); September 2000, Nähe Segelflughalle Ehingen, unter Eiche/Buche, leg. T. B.; Krieglsteiner (1991) nennt in seinem Verbreitungsatlas Funde in den MTB 7524,7525 und 7625. Nähere Fundangaben liegen mir nicht vor.

Boletus impolitus Fr. – Fahler Röhrling
Rote-Liste-Art: stark gefährdet
Funddaten: Funde bei Blaubeuren (von 1927–48) siehe SCHEER (1950), MTB 7624; September 1982, leg. G. Dusolt, zur Pilzausstellung mitgebracht, det. M. E., conf. H. Engel (Weidhausen); 15.07.00, Bellenberg, Tennisplatz, leg. J. I., det. J. I, Chr. Unglert und H. St. (Foto im Herbar Unglert). Krieglsteiner (1991) nennt in seinem Verbreitungsatlas Funde in den MTB 7526 und 7624. Nähere Fundangaben liegen mir nicht vor.
Anmerkung: Die Funde von SCHEER (1950) sind unsicher, da eine Verwechslung mit *B. depilatus* vorliegen könnnte.

Boletus luridus Schaeff.: Fr.
Netzstieliger Hexenröhrling
Funddaten: vor 1894, leg. Veesenmeyer, Ulm, „nicht häufig"; Funde bei Blaubeuren (von 1927–48) siehe SCHEER (1950), MTB 7524, 7525, 7624, 7625; 1943–63, Haas-Fund in „Filde" bei Beimerstetten, MTB 7525, bei Herrlingen, MTB 7525; 1974–83, leg. A. K. in MTB 7525, 7426; 15.06.98, Bayern, Riedheim, MTB 7527, am Rand des Mannes-Sees, unter Sträuchern, 2 Frk., leg. Robert Enderle, det. M. E.; 06.06.99/28.07.01, am Rand des Mannes-Sees, unter Laubsträuchern, 1 Frk., leg. Karl-Eugen Engenhart, det. M. E.; 18.05.2000, am Rand des Mannes-Sees, bei Laubsträuchern und Fichten, leg. M. E.; Herbst 2001 bei Balzheim, im Nadelwald, leg. Frau Pfeiler (Wieland-Werke); in früheren Jahren fand Frau Pfeiler die Art auch in der „Muna" bei Straß, im Laub- und Nadelwald; 31.07.03, in Riedheim, am östlichen Nauufer, in Höhe der Wohnung von Rüdiger Konrad, unter Birke (*Betula pendula*) im Gras, 1 Frk. mit wenig Rot auf den Poren! Vergesellschaftet mit *Russula exalbicans*.
Funddaten von L. K. (pers. Aufzeichn.): 09.07.89, Kalk-Böschung, „Ulmerhalde" Altental, MTB 7525/3, leg. L. K.; 1989, „Buchwald" östlich Reutti, MTB 7626/2, leg. A. B.;

Boletus pinophilus Pil. & Dermek
Kiefern-Steinpilz
Rote-Liste-Art: gefährdet
Funddaten von L. K. (pers. Aufzeichn.): 1989, „Buchwald" östlich Reutti, MTB 7626/2, leg. A. B.; September 2001, Söhnstetten/Stöckelberg, MTB 7325/2, leg. H. P. (H. St.); KRIEGLSTEINER (1991) nennt in seinem Verbreitungsatlas Funde in 3 MTB im Ulmer Raum. Nähere Fundangaben liegen mir nicht vor.

Boletus pulverulentus Opat.
Schwarzblauender Röhrling
Funddaten: 1943–63, Haas-Fund in „Filde" bei Beimerstetten, MTB 7525, bei Pappelau, MTB 7624; 12.07.78, „Muna" bei Straß, am Rand eines Fichtenforstes, leg. C. S., MTB 7526; Herbst 1976, „Kirchholz" bei Of, bei Buchen, MTB 7526, leg. M. E.; Funddaten von L. K. (pers. Aufzeichn.): 07.10.90, Osterberg/Wallenhausen, MTB 7627/3, leg. W. G.; 25.08.91, Illerrieden/Weihungszell, MTB 7726/1, leg. J. I.; Herbst 2000, Lonetal, bei Fichten, leg. W. H.

Boletus radicans Pers.: Fr.
Wurzelnder Bitterröhrling
Rote-Liste-Art: gefährdet
Funddaten: Funde (von 1927–48) aus der Blaubeurer Gegend, siehe SCHEER (1950), MTB 7524; 1974–83, leg. A. K. in MTB 7525; 19./20.09.96, bei Pilzausstellung in Ulm. 16.09.2000, bei Altheim/Alb, während Exkursion der AMU mit dem Münchner Pilzverein, det. E. Garnweidner. 20.07.02, bei Lh, leg. Markus Wörner, det. M. E., 23.07.02 bei alten Eichen auf Trocken-Rasen, Kalk; MTB 7426/1/22, leg. G. S.; 28.08.99, bei Altheim/Alb, MTB 7426/1, auf Heidefläche bei Eiche, im Gras auf Erde, viele Frk., leg. B. S.
Beschreibung eines abweichenden Fundes vom 30.09.97:
Hut –200 mm breit, glatt bis fein lederig, hell lederfarben bis hellbeige, bald felderig aufreißend (Hitzeperiode!) ähnlich dem Rotfußröhrling, die felderigen Schollen beige-oliv, hellbeige-bräunlich, dazwischen hell cremefarben, Hutfleisch schmutzig weißlich.
Röhrenmündungen hell oliv bis hell gelb-oliv, alt dunkler verfärbt, teilweise mit rötlichem Anflug, jung auf Druck schnell dunkel blaugrün, Hymenophor am Stiel deutlich ausgebuchtet.
Stiel kürzer als der Hut breit, zur Basis meist rübenartig verdickt, darunter konisch ausspitzend, von der Spitze bis halb nach unten mit feiner Netzzeichnung, Stielspitze teilweise gelblich bis hell schwefelgelb und ohne Netzzeichnung; nach unten hell haselnuss- bis lederfarben, Stielfleisch immer deutlich blauend.
Geruch pilzartig banal, alt etwas maggiartig
Funddaten: 30.09.97, Bayern, in der Stadt Lh, auf dem Gelände der Bundeswehrkaserne (Fliegerhorst), bei Linden, einzeln bis büschelig wachsend, leg. M. E., Dia in Diathek Enderle.

Boletus regius Krbh. – Königsröhrling
Rote-Liste-Art: gefährdet
Funddaten: Ein Fund aus der Blaubeurer Gegend, siehe SCHEER (1950), MTB 7524; August 2002, Stoffelberg, (auch von H. Brauner dort gefunden), leg. T. B.; 199?, AMU-Exkursion mit Heidenheimer Pilzfreunden, bei Gerstetten, bei Rotbuchen, leg. H. P. et al.
Krieglsteiner (1991) nennt in seinem Verbreitungsatlas einen Fund in MTB 7525. Nähere Fundangaben liegen mir nicht vor.

Boletus rubrosanguineus (Walty) ex Cheype
Falscher Satans-Röhrling
Funddaten: KRIEGLSTEINER (2000b) nennt einen Fund in MTB 7425; Details sind mir nicht bekannt.

Boletus satanas Lenz – Satansröhrling
Rote-Liste-Art: stark gefährdet
Funddaten: vor 1894, leg. Veesenmeyer, Ulm, im Böfinger Wäldchen und auch im Eselswald mehrmals gefunden; Der Fund im Böfinger Wäldchen war laut KRIEGLSTEINER (2000) Erstnachweis für Baden-Württemberg!

1943–63, Haas-Fund bei Herrlingen, MTB 7525; Funde (von 1927–48) aus der Blaubeurer Gegend, siehe SCHEER (1950), MTB 7524, 7624; Oktober 1998, auf Wacholderheide zwischen Altheim + Gerstetten, 3 große Frk., leg. M. E.; August 2002, Nähe Segelflughafen Ehingen, MTB 7724/3, leg. T. B.; 28.08.99, bei Altheim/Alb, MTB 7426/1, auf Heide, direkt unter Eichen, auf Fläche mit viel Gras und Gestrüpp, leg. B. S.

Chalciporus piperatus (Bull.: Fr.) Bataille
Pfefferröhrling
Syn.: *Boletus piperatus*
Funddaten: Funde (von 1927–48) aus dem Blaubeurer Raum, siehe SCHEER (1950). Weitere Funddaten erübrigen sich. Die Art ist sehr häufig und kommt sehr wahrscheinlich in allen MTB im Ulmer Raum vor.

Gyrodon lividus (Bull.: Fr.) Karsten
Erlengrübling
Rote-Liste-Art: gefährdet
Funddaten: Funde (von 1927–48) aus dem Blaubeurer Raum, siehe SCHEER (1950), MTB 7524; 02.09.79, Donau-Auwald bei Uf, beim Staubecken, am Rand einer Fichtenparzelle unter Erlen, MTB 7527, leg. M. E.; 03.09.79, Donau-Auwald bei Uf-Of, MTB 7526, leg. M. E., bei einem Altwasser unter Erlen; 1974–83, leg. A. K. in MTB 7525; 22.07.88, Donau-Auwald bei Peterswörth, MTB 7428, leg. M. E.; 02.10.98, Donau-Auwald bei Riedheim-Lh-Weißingen, am Dreiangel-See, unter Erlen, leg. M. E.; 14.10.00, Rote Wand bei Ludwigsfeld, MTB 7725, am Rand eines kalkgeschotterten Waldweges, leg. K. K.; August 2002, NSG Ummenbach, MTB 7724/1, leg. T. B.

Gyroporus castaneus (Bull.: Fr.) Quél.
Hasenröhrling
Rote-Liste-Art: stark gefährdet!
Funddaten: vor 1894, leg. Veesenmeyer, Ulm, einmal gefunden; Funde (von 1927–48) aus dem Blaubeurer Raum, siehe SCHEER (1950), MTB 7525; 1974–83, leg. A. K. in MTB 7526

Leccinum aurantiacum (Bull.) Gray
Espen-Rotkappe
Syn.: *Boletus rufus*
Funddaten: Funde (von 1927–48) aus dem Blaubeurer Raum, siehe SCHEER (1950), MTB 7524, 7624; 18.10.80, Bubesheimer Wald, unter Zitterpappeln, 1 Frk., MTB 7527, leg. M. E.; 1974–83, leg. A. K. in MTB 7525; 24.09.94, NSG Riedheim, MTB 7527/1, unter *Populus tremulae* (?), Exkursion mit Terence Palmer (England); 16.09.2000, bei Altheim/Alb, während Exkursion der AMU mit dem Münchner Pilzverein, det. E.G.

Leccinum brunneogriseolum Lannoy & Estadès – Wollstieliger Raufuß
Syn. *Leccinum oxydabile*
Funddaten: 07.10.78, Stangl-Exk. zwischen Uf + Lh, Wald „Lechfeld", MTB 7527, det. G. J. K.; wächst alljährlich im NSG Riedheim, anmooriges Gebiet, bei Birken und Weiden, MTB 7527, leg. M. E. (Dieser Pilz wurde jahrelang als „blasser" *Leccinum scabrum* bestimmt. Erst die Arbeit von SCHREINER (1999) brachte Klarheit.)

Leccinum carpini (Schulz) Moser ex Reid
Hainbuchen-Raufuß
Syn.: *Leccinum griseum*
Funddaten: 1941, Haas-Fund, bei Söflingen, MTB 7625; Funde aus dem Blaubeurer Raum, siehe SCHEER (1950), MTB 7524; 05.08.80, zwischen Uf + Lh, Wald „Lechfeld", MTB 7527, leg. C. S., det. M. E.; 10.08.81, „Muna" zwischen Straß + Silheim, unter Hainbuchen, MTB 7526, 10 Frk., leg. C. S., det. M. E.; 1974–83, leg. A. K. in MTB 7426, 7525, 7526; von E. R. (Erbach-Ringingen) 1979 aus dem MTB 7624 (Schelklingen) gemeldet. 05.09.00, Buchwald bei Reutti, MTB 7726, Hainbuchen-Fichten-Buchen-Mischwald, leg. K. K.; Mitte September 2002, oberhalb Ehingen-Mühlen, MTB 7624/3, leg. T. B.

Leccinum crocipodium (Letelier) Watling
Gelbporiger Raufuß
Syn.: *Leccinum nigrescens, Leccinum tesselatum*
Rote-Liste-Art: gefährdet
Funddaten: 12.08.96, bei Limbach, MTB 7528, unter Eichen und Hainbuche, leg. M. E.
Funde aus dem Blaubeurer Raum, siehe SCHEER (1950), MTB 7524; von E. R. (Erbach-Ringingen) 1979 aus dem MTB 7624/4 gemeldet; siehe DIETL & KRIEGLSTEINER (1989) am Oberen Eselsberg in Ulm; 03.10.02, Buchwald bei Reutti, MTB 7726, in trockenem Birken-Fichten-Wald über Kalk, leg. K. K.; 2001/2002, Erpfenhauser Hof, MTB 7326/3, leg. H. P. (H. St.)

Leccinum nucatum Lannoy & Estades
Grobschuppiger Raufuß
Syn.: *L. holopus* ss. auct. maj.
Wächst jedes Jahr im NSG Lh-Riedheim, in der Nähe des Grenzgrabens, auf der bayerischen und baden-württembergischen Seite, bei Birke, MTB 7527, leg. M. E.

Leccinum quercinum Pilat ex Pilat
Eichen-Rotkappe
Rote-Liste-Art: gefährdet

Funddaten: 29.08.81, „Muna“ bei Straß/Silheim, MTB 7526, unter Eiche, leg. Rolf Dreher (ehemaliger Bürgermeister von Ne), det. M. E.; 1974–83, leg. A. K. in MTB 7525; September 2000, Mietingen, Ortsteil Walpertshofen, MTB 7725/4, leg. T. B.

Leccinum versipelle (Fr.) Snell
Birken-Rotkappe
Syn.: *L. testaceoscabrum*
Funddaten: 1937–40, Haas-Fund am Eselsberg bei Ulm, MTB 7525, September 1976, Weißenhorn, Mischwald, unter Birke, MTB 7527, leg. M. E.; 05.08.80, zwischen Uf + Lh, MTB 7527, Wald „Lechfeld“, bei Birken, leg. M. E.; 1974–83, leg. A. K. in MTB 7525, 7526; Dietl & Krieglsteiner (1989), am Oberen Eselsberg in Ulm; 2002, Erpfenhauser Hof, MTB 7326/3, leg. H. P. (H. St.); 01.09.99, bei Altheim/Alb, MTB 7426/1, kleine Mischwald-Schonung (fast Kriechhöhe), mit Buche, Eiche, Birke, Fichte, bei Birke, leg. B. S.

Leccinum scabrum (Bull.: Fr.) S. F. Gray
Gemeiner Birkenpilz
Funddaten: vor 1894, Veesenmeyer, Haas: Ulm, vielfach; 1937–40, Haas-Fund am Eselsberg bei Ulm, MTB 7525; Funde aus dem Blaubeurer Raum, siehe Scheer (1950), MTB 7524, 7624; 23.10.76, Kri-Exkursion in „Muna“ bei Bühl, MTB 7527; 07.10.78, Stangl-Exk. zwischen Uf + Lh, im Wald „Lechfeld“, MTB 7527 (inkl. „*L. holopus*, leg. W. G., bei Ulm, 08.09.81, Beleg in (M); und inkl. var. *melaneum* Smotl., leg. W. G., bei Ulm, an feuchter Stelle, bei Birken (?), Hut schwarzbraun, det. H. Engel; inkl. „*L. thalassium*, 12.09.82, bei Uf-Lh, leg. M. E., det. H. Engel, Engel-Nr. „Enderle/5630/E“); weitere Funddaten erübrigen sich. Die Art ist häufig und kommt sehr wahrscheinlich in allen MTB im Ulmer Raum vor.

Leccinum variicolor Watling
Verschiedenfarbiger Raufußröhrling
Syn.: *L. oxydabile*
Hut –90 mm breit, dunkel rußig braun, mit hellen Stellen (gut zu Dähncke S. 97 passend und zu Phillips S. 213), Hutrand kaum bis höchstens 1 mm überstehend; alter Hut am Rand mit grünolivem Ton
Poren hellbeige, braunfleckend
Stiel –120 mm lang, an der Basis –30 mm dick, an der Spitze hellbeige und kahl, darunter zunehmend schwarz rauschuppig, von der Mitte abwärts deutlich grünblau, Basis weißfilzig
Fleisch an der Stielspitze nach Reiben ganz schwach rötlich verfärbend; im Hut und Stiel weißlich, ohne Grünton, fast nicht verfärbend, höchstens minimal rosa an einigen Stellen
Funddaten: 09.09.94, Baden-Württemberg, NSG nordöstlich Riedheim, MTB 7527/I, bayerische Seite, an mooriger Stelle bei Birken, Weiden, leg. M. E., conf. Christoph Unglert (Augsburg), Diapositiv in Diathek Enderle; im Computer unter Leccinum var.
Weitere Funde: 01.10.2000, im selben Biotop, unter Birken, auf der bayerischen Seite, leg. M. E.; 03.10.02, Buchwald bei Reutti, MTB 7726, Birken-Jungbestand mit *Calluna vulgaris*, leg. K. K.

Phylloporus pelletieri (Lév.) Quélet
Gemeines Goldblatt
Syn.: *P. rhodoxanthus*
Funddaten: 26./27.08.78, Pilzausstellung Ulm; 06.08.79, leg. David Evans, zwischen Illerberg und Weißenhorn, unter Buchen und Fichten, MTB 7726; 5.08.91, Illerrieden/Weihungszell, MTB 7726/1, leg. J. I.

Pulveroboletus lignicola (Kchb.) Pil.
Nadelholz-Röhrling
Rote-Liste-Art: stark gefährdet!
Funddaten: 1943–63, Haas-Fund bei Altheim, MTB 7625; 05.08.91, Illerrieden/Weihungszell, an Fichtenstumpf, MTB 7726/1, leg. J. I., det. L. K.; bis 2001, danach Substrat erloschen, Söhnstetten/Stöckelberg, MTB 7325/2, leg. H. P. (H. St.).

Strobilomyces strobilaceus (Scop.: Fr.) Berk.
Strubbelkopfröhrling
Syn.: *Str. floccopus*
Funddaten: 1943–63, Haas-Funde in „Filde“ bei Beimerstetten, MTB 7525, bei Herrlingen, MTB 7525; Funde (von 1927–48) aus dem Blaubeurer Raum, siehe Scheer (1950), MTB 7524; 1974–83, leg. A. K. in MTB 7525, 7526; 26./27.08.78, bei Pilzausstellung in Ulm; von E. R. (Erbach-Ringingen) 1979 aus den MTB 7624/4 und 7625/3 gemeldet; Funddaten von L. K. (pers. Aufzeichn.): 22.08.82, beim alten Sportplatz Tomerdingen, MTB 7525/1, leg. Dr. Gemrich (?); 02.12.86, bei Illerrieden/Weihungszell, MTB 7726/1, leg. J. I.; 16.09.2000, bei Altheim/Alb, während Exkursion der AMU mit dem Münchner Pilzverein, det. E.G.; 06.10.00, Klingensteiner Wald, MTB 7625, in Buchen-Fichten-Mischwald, leg. K. K.; 1998/2001/2002, Sachsenhardt, MTB 7326/3, leg. H. P. (H. St.); 01.09.02, bei Altheim/Alb, MTB 7426/1, junger Fichtenwald, im Nadelstreu, leg. B. S.; alljährlich, im Lonetal, bei Fichten, leg. W. H.

Suillus bovinus (L.: Fr.) O. Kuntze – Kuhröhrling
Funddaten: September 1975, am Kirchholzrand, bei Of, MTB 7526, leg. M. E.; August 1977, bei Pilzausstellung im Ulm; 1974–83, leg. A. K. in MTB 7425, 7525, 7526; bei Pilzausstellung in Ulm am 01./02.10.88

Suillus fluryi Huijsm.
Ringloser Butterpilz, Rosafüßiger Körnchenröhrling
Syn.: *S. collinitus*
Fundbeschreibung siehe EBERWEIN (1991)
Funddaten: Funde (von 1927–48) aus dem Blaubeurer Raum, siehe SCHEER (1950), MTB 7524, 7624; 1937–40, Haas-Fund bei Blaubeuren, MTB 7524; 30.06.82, bei Lh, unter Kiefern, MTB 7527, leg. Anne Häberle und C. S., det. M. E.; 26.10.90, am Eselsberg in Ulm, unter Kiefern, MTB 7525/4, leg. Eberwein; 19./20.09.96, bei Pilzausstellung in Ulm; 20.09.98, Donau-Auwald bei Riedheim, am Donau-Stauwerk, unter Waldkiefern, leg. C. E., det. M. E.; 16.09.2000, bei Altheim/Alb, während Exkursion der AMU mit dem Münchner Pilzverein, det. E.G.; 14.10.00, Uf, im Garten von Bärbel Enderle, unter Waldkiefer, leg. M. E. (Anmerkung: Entweder wächst unter der Waldkiefer im Garten Enderle *S. fluryi* **und** *S. granulatus* oder letzterer wurde falsch bestimmt.); 29.07.02, Ulm, Hauptfriedhof, leg. E. S., det. M. E.

Suillus granulatus (L.: Fr.) Roussel
Körnchenröhrling, Schmerling
Funddaten: vor 1894, leg. Laible, bei La, leg. Veesenmeyer, bei Mähringen, leg. Haas, Albwälder bei Ulm; 1937–40, Haas-Fund, bei Herrlingen, MTB 7525, bei Blaubeuren, MTB 7524; Funde (von 1927–48) aus dem Blaubeurer Raum, siehe SCHEER (1950), MTB 7524, 7624; 13.09.79 und 26.09.80, Garten von Hans Enderle, Uf, unter Waldkiefer, MTB 7526, leg. M. E.; 07.10.79, bei Obermarchtal, bei Kiefern, leg. Frau Catherine Paturaud (Wieland-Werke); 1974–83, leg. A. K. in MTB 7425, 7426, 7525, 7526; 19./20.09.96, bei Pilzausstellung in Ulm; Funddaten von L. K. (pers. Aufzeichn.): 14.11.87, oberes Kiesental, MTB 7525/3, leg. L. K.; 30.09.88, bei Temmenhausen, MTB 7525/1, leg. L. K. + G. D.; vor 1980, Ofenloch bei Hörvelsingen, MTB 7526/1, leg. A. K.; 05.08.91, Illerrieden/Weihungszell, MTB 7726/1, leg. J. I.; 16.09.2000, bei Altheim/Alb, während Exkursion der AMU mit dem Münchner Pilzverein, det. E.G.

Suillus grevillei (Klotzsch: Fr.) Singer
Goldröhrling, Goldgelber Lärchenröhrling
Funddaten: vor 1894, leg. Veesenmeyer, Söflingen; Funde (von 1927–48) aus dem Blaubeurer Raum, siehe SCHEER (1950), MTB 7524, 7624, 7625, 7525; weitere Funddaten erübrigen sich. Die Art ist sehr häufig und kommt sehr wahrscheinlich in allen MTB im Ulmer Raum vor.

Suillus luteus (L.: Fr.) Roussel – Butterpilz
Funddaten: vor 1894, leg. Leopold, Haas, bei Ulm; 1937–40, Haas-Fund bei Blaubeuren, MTB 7524; Funde (von 1927–48) aus dem Blaubeurer Raum, siehe SCHEER (1950), MTB 7524, 7624, 7625; 1974–83, leg. A. K. in MTB 7426, 7525; 19./20.09.96, bei Pilzausstellung in Ulm; vor 1987, „Buchwald“ östlich Reutti, MTB 7626/2, leg. A. B.

Suillus placidus (Bonorden) Singer
Elfenbeinröhrling
Funddaten: Funde (von 1927–48) aus dem Blaubeurer Raum, siehe SCHEER (1950), MTB 7524; Krieglsteiner (1991) nennt in seinem Verbreitungsatlas einen Fund in MTB 7525. Nähere Fundangaben liegen mir nicht vor.

Suillus tridentinus (Bres.) Singer
Rostroter Lärchenröhrling
Funddaten: 1937–40, Haas-Fund bei Blaubeuren, MTB 7524; Funde (von 1927–48) aus dem Blaubeurer Raum, siehe SCHEER (1950), MTB 7524, 7624; 1974–83, leg. A. K. in MTB 7525; bei Pilzausstellung in Ulm am 01./02.10.88; Funddaten von L. K. (pers. Aufzeichn.): 19.09.86, Leimberg, unter Lärche, MTB 7424/1, leg. F. G.; 16.09.2000, bei Altheim/Alb, während Exkursion der AMU mit dem Münchner Pilzverein, det. E.G.; August 2002, Oberhalb Ehingen-Mühle, MTB 7624/3, leg. T. B.

Suillus variegatus (Swartz: Fr.) O. Kuntze
Sandröhrling
Funddaten: 1941, Haas-Fund im Kloster- und Maienwald bei Söflingen, MTB 7625; Funde (von 1927–48) aus dem Blaubeurer Raum, siehe SCHEER (1950), MTB 7524; August 1977, bei Pilzausstellung in Ulm; bei Pilzausstellung in Ulm am 01./02.10.88; von E. R. (Erbach-Ringingen) 1979 aus dem MTB 7624 (Schelklingen) gemeldet.

Suillus viscidus (Linn.) Roussel
Grauer Lärchenröhrling
Syn.: *S. aeruginascens, S. bresadolae*
Funddaten: Funde (von 1927–48) aus dem Blaubeurer Raum, siehe SCHEER (1950), MTB 7524, 7624, 7625, 7525; 1937–40, Haas-Fund im Maien- und Klosterwald bei Söflingen, MTB 7625; 18.08.78, Straß, beim Tennisplatz, unter kleiner Lärche, MTB 7526, leg. M. E.; 1974–83, leg. A. K. in MTB 7525; bei Pilzausstellung in Ulm am 01./02.10.88; DIETL & KRIEGLSTEINER (1989), am Oberen Eselsberg in Ulm; Funddaten von L. K. (pers. Aufzeichn.): 07.08.77, beim Sportplatz Bermaringen, unter Lärche, MTB 7525/1, leg. G. F.; bis 1988, Neu-Ulm, südlich der Donau, MTB 7625/2, leg. A. B.; 29.07.02, Ulm, Hauptfriedhof, leg. E. S.; 20.09.98, Bach, Eggingen, MTB 7625/3, bei Lärche, leg. K. Ke.; August 2002, Ehingen, im Pflanzstück, MTB 7624/3, 7724/3, leg. T. B.; 24.10.99, bei Altheim/Alb, MTB 7426/1, grasiger Waldspielplatz mit schönem Bestand an alten

Lärchen, im Gras, leg. B. S.; alljährlich, im Lonetal, bei Lärchen, leg. W. H.

Tylopilus felleus (Bull.: Fr.) Karsten
Gallenröhrling
Funddaten erübrigen sich. Dieser Doppelgänger des Steinpilzes ist häufig und kommt sehr wahrscheinlich in allen MTB im Ulmer Raum vor.

Tylopilus porphyrosporus (Fr.) Smith & Thiers
Düsterer Röhrling
Syn.: *Porphyrellus porphyrosporus, Porphyrellus pseudoscaber*
Funddaten: 1943–63, Haas-Fund bei Altheim, MTB 7625; 07.07.80, bei Illerrieden, leg. J. I.; 1974–83, leg. A. K. in MTB 7526; 02.09.80, „Muna" bei Straß, MTB 7526, leg. F. R.; Funddaten von L. K. (pers. Aufzeichn.): 02.12.86, bei Illerrieden/Weihungszell, MTB 7726/1, leg. J. I.; 15.09.91, Stoffenrieder Forst, MTB 7627/4, leg. G. O. et. al.; 20.10.01, bei Hüttisheim/Staig, in Fichtenforst (bei BUND-Führung).

Xerocomus badius (Fr.:Fr.) Kühner ex Gilb.
Maronenröhrling
Funddaten erübrigen sich. Die Art ist sehr häufig und kommt sehr wahrscheinlich in allen MTB im Ulmer Raum vor. Gleichzeitig ist sie der am meisten radioaktiv verstrahlte Pilz.

Xerocomus chrysenteron (Bull.) Quélet
Rotfußröhrling
Funddaten erübrigen sich. Die Art ist sehr häufig und kommt sehr wahrscheinlich in allen MTB im Ulmer Raum vor.

Xerocomus parasiticus (Bull.: Fr.) Quélet
Parasitischer Filzröhrling
Rote-Liste-Art: gefährdet
Funddaten: August 1977, bei Pilzausstellung in Ulm; 01./2.10.88, bei Pilzausstellung in Ulm.

Xerocomus pruinatus (Fr.) Quélet f. **luteocarnosus** – Stattlicher Rotfußröhrling
Syn.: *Boletellus pruinatus* (Fr. & Hök) Klofac & Krisai-Greilh. forma *luteocarnosus*
Fundbeschreibung mit Foto siehe ENDERLE (1996 c).

Xerocomus rubellus (Krbh.) Quélet
Blutroter Filzröhrling
Foto bei ENDERLE (1995 d).
Funddaten: 27.07.81, Kirchholz bei Of, MTB 7526, leg. C. S., det. M. E.; Notizen von einem weiteren Fund:

Hut –90 mm breit, konvex, jung deutlich rosakarminfarben, am Rand heller, alt mehr schmutzig rosa bis rosabräunlich, gegen den Rand mit stärkerem Rosaanteil, in der Mitte teilweise mit Olivanteil; Oberfläche ganz fein filzig, nur bei wenigen Hüten ganz jung fast geschlossen, sehr bald felderig aufreißend, alt ähnlich dem Rotfußröhrling kleinschollig aufgerissen, dadurch ist das hell ockerliche Hutfleisch sichtbar; einige Hüte erinnern stark an *Cortinarius bolaris*
Hymenophor oliv-gelblich bis kräftig gelb, bei 3 alten Frk. kräftiger gefärbt als bei der Ziegenlippe (in diesem Biotop zur selben Stunde gefunden); Röhrenfutter am Stiel etwas ausgebuchtet und teilweise etwas herablaufend; Poren mit 0,5–2 mm Durchmesser; bei Verletzung stark blauend, alt schmutzig dunkel oliv-bräunlich.
Stiel meist nicht länger als der Hut breit, –60 mm lang, in der Mitte –12 mm dick, zylindrisch oder plattgedrückt, oft verbogen, kräftig weinrot gefärbt, ähnlich *Xerocomus chrysenteron.*
Funddaten: 07.09.94, Baden-Württemberg, NSG nordöstlich Riedheim, MTB 7527/I, an anmooriger Stelle unter *Betula pendula* und *Frangula alnus*, leg. M. E., det. G. J. K.; Diapositiv in Diathek Enderle;
KRIEGLSTEINER (2000b) nennt Funde in den MTB 7624, 7724 und 7725; Details sind mir nicht bekannt.

Xerocomus subtomentosus (L.: Fr.) Quélet var. **subtomentosus** – Ziegenlippe
Funddaten erübrigen sich. Die Art ist häufig und kommt sehr wahrscheinlich in allen MTB im Ulmer Raum vor.

Xerocomus subtomentosus var. **ferruginosus** (Schaeff.) Krieglst. – Brauner Filzröhrling
Syn.: *Boletus spadiceus*
Funddaten: 17.09.78, Kri-Exkursion bei Westerstetten, MTB 7425; 1974–83, leg. A. K. in MTB 7525;

Xerocomus porosporus (Imler ex Moreno & Bon) Contu – Düsterer Rotfußröhrling
Funddaten von L. K. (pers. Aufzeichn.): 29.05.86, BW Bissingen/Öllingen, Fagetum, MTB 7426/4, leg. K. Neff, Krieglsteiner et al.; 11.10.02, Buchwald bei Reutti, MTB 7726, Hainbuchen-Fichtenwald, leg. K.K: (Anmerkung von K. K.: bei einiger Übung gut zu bestimmen); KRIEGLSTEINER (2000b) nennt einen weiteren Fund in MTB 7425 ; Details sind mir nicht bekannt.

Familie **Gomphidiaceae** Maire

Chroogomphus rutilus (Schaeffer: Fr.) O. K. Miller – Kupferroter Gelbfuß
Syn.: *Gomphidius rutilus*
Funddaten: vor 1894, leg. Veesenmeyer, bei Mähringen, OA Ulm (sub G. viscidus); 1937–40, Haas-Exk. im Maien- und Klosterwald bei Ulm-Söflingen, MTB 7625, bei Blaubeuren, MTB 7524, am Eselsberg bei Ulm, MTB 7525; 1974–83, leg. A. K. in MTB 7426 und 7526; 26.10.79, „Muna“ bei Bühl, MTB 7527, unter Fichten, leg. M. E., conf. J. St.; 31.10.82, bei Mehrstetten, auf Wachholderheide, MTB 7623, leg. G. O.; weitere Funddaten erübrigen sich. Die Art ist häufig und kommt sehr wahrscheinlich in allen MTB im Ulmer Raum vor.

Gomphidius glutinosus (Schaeff.: Fr.) Fr.
Kuhmaul, Großer Schmierling
Funddaten: vor 1894, leg. Veesenmeyer, Ulm, besonders im Eselswald sehr häufig; weitere Funddaten erübrigen sich. Die Art ist sehr häufig und kommt sehr wahrscheinlich in allen MTB im Ulmer Raum vor.

Gomphidius maculatus Fr.
Fleckender Schmierling
Funddaten: 1943–63, Haas-Fund bei Herrlingen, MTB 7525, bei Pappelau, MTB 7624; 14.07.80, zwischen Uf + Lh, im Wald „Lechfeld“, unter Lärchen, 2 Frk., MTB 7527, leg. M. E., Beleg in (M); 20.09.81, Ulm, am Roten Berg, bei Lärchen, 1 Frk., leg. M. E.; 19./20.09.96, bei Pilzausstellung in Ulm; 16.09.2000, bei Altheim/Alb, während Exkursion der AMU mit dem Münchner Pilzverein, det. E.G.

Gomphidius roseus (Fr.) Fr.
Rosa Schmierling
Rote-Liste-Art: gefährdet
Funddaten: 29.08.81, „Muna“ bei Bühl, Mischwald mit Fichten, MTB 7526, leg. C. S. (Frk. vergesellschaftet mit *B. pulverulentus*!)

Familie **Paxillaceae** Maire

Paxillus involutus (Batsch: Fr.) Fr.
Kahler Krempling
Funddaten erübrigen sich. Die Art ist sehr häufig und kommt sehr wahrscheinlich in allen MTB im Ulmer Raum vor. Der Kahle Krempling enthält einen Stoff, der sich nach dem Verzehr im Körper anreichert und irgendwann, teilweise tödliche Probleme bereiten kann. Der bekannte Pilzforscher Julius Schäffer soll an einer Krempling-Mahlzeit gestorben sein.

Paxillus filamentosus Fries – Erlenkrempling
Syn.: *Paxillus rubicundulus*
Funddaten: 23.10.76, Kri-Exkursion im Auwald Uf-Lh, MTB 7527, leg. M. E.; 15.08.78, Donau-Auwald bei Uf, unter Erle, MTB 7526, leg. M. E.; 2.09.79, Auwald Uf, beim Staubecken, unter Erlen, MTB 7527, leg. M. E.; bei Pilzausstellung in Ulm am 01./02.10.88; Mai 1977, zwischen Uf + Lh, im „Jungholz“, unter Erlen, MTB 7527, leg. M. E.; 23.05.78, Auwald zwischen Uf + Of, im „Donauholz“, unter Erlen, MTB 7526, leg. M. E.; 25.05.78, Kri-Exk. im Auwald bei Lh-Uf, unter Erlen, MTB 7527; 06.06.80, Auwald Lh, unter Erlen, MTB 7527, leg. M. E., Beleg in (M); 02.10.98, Donau-Auwald zwischen Riedheim und Lh-Weißingen, am Dreiangel-See, unter Erlen, leg. M. E.; Funddaten von L. K. (pers. Aufzeichn.): 02.08.89, bei Hirbishofen, MTB 7626, leg. L. K.; 1981, Bärenmahd nördlich Illerrieden, MTB 7726/1, leg. M. E.; 14.06.90, „Holzstöckle“/Orsenhausen, MTB 7725/4, leg. L. K.

Tapinella atrotomentosus (Batsch) Sutara
Samtfuß-Krempling
Syn.: *Paxillus atrotomentosus*
Funddaten: vor 1894, leg. Veesenmeyer, Ulm, im Schwedenwäldchen, Thalfingen; weitere Funddaten erübrigen sich. Die Art ist sehr häufig und kommt sehr wahrscheinlich in allen MTB im Ulmer Raum vor.
Anmerkung: Die Gattung *Tapinella* unterscheidet sich von *Paxillus* durch mehrere morphologische, ökologische, pigmentchemische und molekularbiologische Merkmale! Ein Transfer in eine andere Familie wird deshalb unumgänglich sein.

Tapinella panuoides (Fr.: Fr.) Gilb.
Muschel-Krempling
Syn.: *Paxillus panuoides*
Funddaten: 29.07.81, bei Ulm-Böfingen, an *Pyrus malus*, leg. M. E., det. Dr. Marcel Bon (Frankreich), Beleg in (M); Funddaten von L. K. (pers. Aufzeichn.): 22.11.87, Geislinger Spitalwald, MTB 7425/1, leg. R. St.; 13.10.02, Ehingen, Faudertal, MTB 7724/1, an Rotbuche, leg. K. Ke.

Ordnung **Russulales** Kreisel 1969

Familie **Russulaceae** Roze 1876 Sprödblättler

Lactarius acris (Bolt.: Fr.) S. F. Gray
Rosaanlaufender Milchling
Falsche Schreibweise: *L. acer*

Rote-Liste-Art: gefährdet
Funddaten: 1937–40, Haas-Fund im Maien- und Klosterwald bei Söflingen, MTB 7625; 03.09.77, Bubesheimer Wald bei Echlishausen, MTB 7527, unter Buchen und Eichen, leg. M. E.; 07.08.89, Klosterwald Söflingen, MTB 7625/2, leg. E. S., det. L. K.

Lactarius acerrimus Britzelmayr
Queraderiger Milchling
Funddaten: Krieglsteiner (2000b) nennt zwei Funde in MTB 7624; Details sind mir nicht bekannt.

Lactarius aspideus (Fr.: Fr.) F.
Blasser Violett-Milchling
Rote-Liste-Art: stark gefährdet!
Funddaten: Krieglsteiner (1991) nennt in seinem Verbreitungsatlas einen Fund in MTB 7525. Nähere Fundangaben liegen mir nicht vor.

Lactarius aurantiacus (Pers.: Fr.) Gray
Milder Milchling
Syn.: *L. mitissimus*
Funddaten: vor 1894, leg. Veesenmeyer, bei Ulm, vereinzelt; weitere Funddaten erübrigen sich. Die Art ist sehr häufig und kommt sehr wahrscheinlich in allen MTB im Ulmer Raum vor (L. K. listet in seinen pers. Aufzeichnungen mindestens 15 Fundorte auf.)

Lactarius azonites (Bull.) Fr.
Rauchfarbener Milchling
Syn.: *L. fuliginosus* ss. auct. non ss. Fries 1821
Funddaten: 13.10.79, Haas-Führung im Bubesheimer Wald bei Bühl, MTB 7527, leg. M. E.; 28.09.81, „Muna“ bei Straß, Fichtenforst, MTB 7526, leg. M. E., conf. H. H.; bei Pilzausstellung in Ulm am 01./02.10.88; Herbst 1989, Heiligenberg westlich Eggingen, MTB 7625/1, leg. E. S., det. L. K.

Lactarius badiosanguineus Kühner & Romagn. – Braunroter Milchling
Funddaten: 28.01.82, „Leimberg“, bei Fichten, MTB 7424/1, leg. R. St.; 7.09.86, „Birkach“, bei Fichten, MTB 7425/1, leg. R. St.

Lactarius blennius (Fr.: Fr.) Fr.
Graugrüner Milchling
Funddaten: vor 1894, leg. Veesenmeyer, bei Ulm (selten); 23.10.76, Kri-Exkursion in „Muna“ bei Bühl und im Wald „Jungholz-Lechfeld“ zwischen Uf und Lh, MTB 7527; 7.10.78, Stangl-Exk. im Bubesheimer Wald, MTB 7527; 1974–83, leg. A. K. in MTB 7425, 7426, 7525, 7526; weitere Funddaten erübrigen sich. Die Art ist sehr häufig und kommt sehr wahrscheinlich in allen MTB im Ulmer Raum vor.

Lactarius camphoratus (Bull.: Fr.) Fr.
Kampfer-Milchling
Funddaten: 25.09.77, Kri-Exkursion am „Roten Berg“ bei Ulm, MTB 7525/4; 19.08.78, „Muna“ bei Straß/Silheim, Fichtenforst, MTB 7526, leg. M. E.; 28.09.82, Frauenholz, MTB 7625/4, leg. G. F.; die Art kommt im Großraum Lh an verschiedenen Stellen vor, auch im Moor bei Birken (NSG Riedheim), leg. M. E.

Lactarius chrysorrheus Fr.
Goldflüssiger Milchling
Funddaten: 1943–63, Haas-Fund bei Gerlenhofen, MTB 7626; 07.10.78, Stangl-Exk. im Wald „Lechfeld“ zwischen Uf + Lh, MTB 7527; 29.09.79, Bubesheimer Wald bei Bühl, unter Eichen, MTB 7527, leg. M. E.; 22.09.96, Limbach, bei Gz, Fichtenwald, leg. M. E.; Dietl & Krieglsteiner (1989), am Oberen Eselsberg in Ulm, MTB 7525/4.

Lactarius deliciosus (L.: Fr.) S. F. Gray
Edelreizker, Edler Kiefernreizker
Wächst unter Weißtannen (*Abies alba*).
Funddaten: 13.10.79, Haas-Exk. bei „Bierhalle“ in Straß, MTB 7526, leg. M. E.; 1974–83, leg. A. K. in MTB 7426, 7526; 19./20.09.96, bei Pilzausstellung in Ulm; Funddaten von L. K. (pers. Aufzeichn.): 30.09.88, Steppenheide bei Temmenhausen, MTB 7525/1, leg. L. K. + G. D.

Lactarius deterrimus Gröger – Fichtenreizker
Wächst vorwiegend unter Fichten (*Picea* abies)
Funddaten: vor 1894, Haas, Veesenmeyer, Desensy, bei Ulm, sehr häufig (als *L. deliciosus* aufgeführt). Weitere Funddaten erübrigen sich. Die Art ist sehr häufig und kommt sehr wahrscheinlich in allen MTB im Ulmer Raum vor.

Lactarius flexuosus (Pers.: Fr.) S. F. Gray
Verbogener Milchling
Funddaten: 1937–40, Haas-Fund, Pilzausstellung Ulm; 28.08.81, „Muna“ bei Straß, Fichtenforst, MTB 7526, leg. M. E., conf. H. H.; 1974–83, leg. A. K. in MTB 7425, 7426, 7525, 7526;

Lactarius fluens Boudier
Braunfleckender Milchling
Funddaten: 18.09.79, Bubesheimer Wald bei Bühl, unter Buchen, MTB 7527, leg. M. E.; 25.09.79, „Buchberg“ zwischen Ne + Bu, unter Buchen/Eichen, leg. M. E.; 12.10.80, bei Gz-Reisensburg, im Laubwald, MTB 7527, leg. M. E.; Dietl & Krieglsteiner (1989), am Oberen Eselsberg in Ulm; Funddaten von L. K. (pers. Aufzeichn.): 30.09.88, bei Temmenhausen, im *Fagetum*, MTB 7525/1, leg. L. K.; 26.09.88, Spitalwald Ermingen, MTB 7625/1, leg. L. K.;

Lactarius fulvissimus

28.09.89, „Heide“ westlich Wennenden, MTB 7524/3, leg. E. S., det. L. K.; Herbst 1989, Lempenhau nordwestlich Asch, MTB 7524/2, leg. E. S., det. L. K.
Anmerkung: Krieglsteiner (2000b) fasst die Art nur als Varietät des *L. blennius* auf.

Lactarius fuliginosus (Fr.) Fr. (non ss. Bon)
Rußfarbener Milchling
Funddaten: vor 1894, Desensy: Ulm (vereinzelt); 1937–40, Haas-Fund am Eselsberg bei Ulm, im Maien- und Klosterwald bei Ulm-Söflingen, in einem Wald bei Jungingen, MTB 7527; 1974–83, leg. A. K. in MTB 7525; 19.08.76, am Pfifferlingsberg, MTB 7624/4, leg. L. K.; 20.09.97, Muna bei Straß, Fichtenwald, MTB 7526, leg. M. E.

Lactarius fulvissimus Romagn. in Kühner & Romagn. 1954 – Orangefuchsiger Milchling
Syn.: *L. ichoratus* (Batsch) Fr. ss. Neuhoff, *L. subsericatus*
Funddaten: 1937–40, Haas-Fund in den MTB 7525, 7625, 7524; 23.10.76, Kri-Exkursion in „Muna“ bei Bühl, MTB 7527; 09.09.79, VNM-Führung von W. G. in Ulm am „Roten Berg“, im Mischwald, leg. M. E. (als L. ichoratus ss. lato); 19.09.79, Bubesheimer Wald bei Bühl, unter Buchen/Eichen, MTB 7527, leg. M. E.; September 81, Bubesheimer Wald und „Fuchshölzle“ bei Ne; Funddaten von L. K. (pers. Aufzeichn.): 28.09.89, „Heide“ westlich Wennenden, Fagetum, MTB 7524/3, leg. E. S., det. L. K.; 04.08.89, „Stockert“ westlich Ermingen, MTB 7625/1, leg. E. S., det. L. K.; 15.08.86, Seißen/Heroldstatt, MTB 7524/3, leg. F. G.; 30.09.84, zwischen Riedheim und Gz, auf Waldwiese bei Birken, MTB 7527, leg. M. E., Beleg in Fungarium Krieglsteiner et filii; bei Pilzausstellung in Ulm am 01./02.10.88; 07.10.95, Bubesheimer Wald bei Echlishausen, MTB 7527/3, leg. M. E., det. G. J. K., Beleg in (M); 28.10.01, Pfifferlingsberg, MTB 7624/2/4, AMU-Exkursion, leg. K. Ke.; 14.10.01, bei Altheim/Alb, MTB 7426/1, Laubwald (Buche, Eiche), im Laubstreu, leg. B. S., det. G. F.

Lactarius glaucescens Crossland
Grünender Pfeffermilchling
Syn.: *Lactarius pargamenus* ss. Moser, etc.
Funddaten: 17.09.77, Gräser-Exk. am Roten Berg bei Ulm, MTB 7525/2; Krieglsteiner (1991) nennt in seinem Verbreitungsatlas mehrere Fund-MTB im Ulmer Raum. Nähere Fundangaben liegen mir nicht vor.

Lactarius glyciosmus (Fr.: Fr.) Fr.
Blasser Kokosflockenmilchling
Funddaten: 1937–40, Haas-Fund im Maien- und Klosterwald bei Söflingen, in „Filde“ bei Beimerstetten, MTB 7525, in einem Wald bei Jungingen, MTB

7525; 23.10.76, Kri-Exkursion in „Muna" bei Bühl, MTB 7527; 1974–83, leg. A. K. in MTB 7525, 7526; bei Pilzausstellung in Ulm am 01./02.10.88; Funddaten von L. K. (pers. Aufzeichn.): 22.09.88, Baurenhau östlich von Roth, MTB 7725/4, unter Birke, leg. L. K. + G. D.; 22.10.88, Umgebung von Uni Ulm, Oberer Eselsberg, MTB 7525/4, leg. L. K. + G. D.; 21.10.89, „Reinhau" nordwestlich Bach, MTB 7625/3, leg. L. K.

Lactarius helvus Fr. – Maggipilz
Funddaten: 18.09.77, „Muna" bei Bühl, Fichtenforst am Wegrand, MTB 7527, leg. M. E.; 28.09.79, Bubesheimer Wald bei Lh, leg. C. S., MTB 7527; 1974–83, leg. A. K. in MTB 7425; bei Pilzausstellung in Ulm am 01./02.10.88; Funddaten von L. K. (pers. Aufzeichn.): 1980 (?), Gemeindewald Ersingen, MTB 7725/1, leg. Weyh; September 2002, Mietinger Misse, MTB 7725/3, leg. T. B.

Lactarius hortensis Vel. – Hasel-Milchling
Syn.: *L. pyrogalus* (Bull.: Fr.) Fr. ss. auct. plur.
Funddaten: vor 1894, leg. Veesenmeyer, Ulm, nicht häufig; weitere Funddaten erübrigen sich. Die Art ist nicht selten und kommt wahrscheinlich in allen MTB im Ulmer Raum vor.

Lactarius hysginus (Fr.: Fr.) Fr.
Kuhroter Milchling
Rote-Liste-Art: gefährdet
Funddaten: 1937–40, Haas-Fund bei Pilzausstellung in Ulm; 22.08.81, zwischen Straß und Silheim, MTB 7526, in Fichtenforst (mit Birke?), am Wegrand, leg. M. E.

Lactarius insulsus (Fr.) Fr.
Schöner Zonen-Milchling
Rote-Liste-Art: gefährdet
Funddaten: 1937–40, Haas-Fund am Eselsberg bei Ulm, MTB 7525, im Maien- und Klosterwald bei Söflingen, MTB 7625; 06.10.79, Bubesheimer Wald bei Bühl, MTB 7527, unter Eichen/Rotbuchen, leg. M. E., det. J. St.

Lactarius intermedius (Krombholz) Cke.
Grubiger Weißtannen-Milchling
Rote-Liste-Art: stark gefährdet!
Funddaten: 16.09.2000, bei Altheim/Alb, bei Weißtanne (*Abies alba*), während Exkursion der AMU mit dem Münchner Pilzverein, det. E.G.

Lactarius lignyotus Fr. in Lindblad
Mohrenkopf-Milchling
Funddaten erübrigen sich. Die Art ist im Ulmer Raum nicht selten, vor allem auf den sauren Böden südlich der Donau.

Lactarius lilacinus (Lasch: Fr.) Fr.
Lila-Milchling
Rote-Liste-Art: gefährdet
Funddaten: 19./20.09.96, bei Pilzausstellung in Ulm; Funddaten von L. K. (pers. Aufzeichn.): Laupheim, Osterried, im Sphagnum unter Birke, Weide, Erle, MTB 7825/1, leg. G. O., det. L. K.

Lactarius mammosus Fr. (non ss. Neuhoff)
Dunkler Kokosflockenmilchling
Syn.: *L. fuscus*
Funddaten: 23.10.76, Kri-Exkursion in „Muna" bei Bühl, MTB 7527;
Funddaten von L. K. (pers. Aufzeichn.): 23.10.76, zwischen Uf + Lh, MTB 7527/3, AMO-AMU-Exkursion; Krieglsteiner (2000b) nennt einen Fund im MTB 7725; Details sind mir nicht bekannt.

Lactarius obscuratus (Lasch: Fr.) Fr.
Erlen-Milchling
Funddaten: 01.10.90, nördlich Riedheim, im Naturschutzgebiet, unter Erlen, MTB 7527, leg. M. E., Beleg in (M), Foto bei Enderle & Reininger (1995). Laut L. K. (briefl. Mitt.) kommt die Art im Ulmer Raum wahrscheinlich in jedem MTB vor.

Lactarius pallidus (Pers.: Fr.) Fr.
Falber Milchling
Funddaten: 1973–40, Haas-Fund in einem Wald bei Jungingen, MTB 7525, am Eselsberg beim Ulm, MTB 7525, im Maien- und Klosterwald bei Söflingen, MTB 7625, in „Filde" bei Beimerstetten, MTB 7525, auf Hochfläche über Blautopf in Blaubeuren, MTB 7524; 25.09.77, Kri-Exkursion am Roten Berg bei Ulm, MTB 7525/4; 18.09.79, Bubesheimer Wald bei Echlishausen, unter Eichen/Buchen, MTB 7527, leg. M. E.; leg. A. K. in MTB 7425, 7426, 7525, 7526; Dietl & Krieglsteiner (1989), am Oberen Eselsberg in Ulm; weitere Funddaten erübrigen sich. Die Art ist sehr häufig und kommt sehr wahrscheinlich in allen MTB im Ulmer Raum vor.

Lactarius piperatus (L.: Fr.) S. F. Gray
Langstieliger Pfeffermilchling
Funddaten: 1974–83, leg. A. K. in MTB 7525, 7526; die Art ist nicht selten und kommt sehr wahrscheinlich in allen MTB im Ulmer Raum vor (L. K. nennt in seinen pers. Aufzeichnungen über 10 Fundorte)

Lactarius porninsis Roll. – Lärchen-Milchling
Funddaten: 1937–40, Haas-Fund im Maien- und Klosterwald bei Söflingen, MTB 7625; 14.10.01, Bubesheimer Wald, MTB 7527, bei Lärchen, leg. M. E.; 24.10.99, bei Altheim/Alb, MTB 7426/1, grasiger Waldspielplatz mit schönem Bestand an alten Lär-

chen, leg. B. S.; Krieglsteiner (2000b) nennt Funde in den MTB 7325, 7425, 7725 und 7426 ; Details sind mir nicht bekannt.

Lactarius pterosporus Romagn.
Flügelsporiger Milchling
Funddaten: 1943–63, Haas-Fund in „Filde" bei Beimerstetten, MTB 7525, bei Pappelau, MTB 7624; 06.10.79, Bubesheimer Wald bei Echlishausen, unter Eichen/Buchen/Birken, MTB 7527, leg. M. E., det. J. St.; 24.08.81, zwischen Uf + Lh, auf einer Wiese bei Hainbuchen/Eichen, MTB 7527, leg. M. E.; 28.08.82, Bubesheimer Wald bei Bühl, MTB 7527, bei Eichen/Rotbuchen, auf Kalkboden, Beleg in (M); bei Pilzausstellung in Ulm am 01./02.10.88; Dietl & Krieglsteiner (1989), am Oberen Eselsberg in Ulm; 13.08.02, Hohe Halde, MTB 7726/3/43, bei Rotbuche, Waldmeister-Buchenwald, leg. K. Ke.; Mitte September, Metzgerhäule, MTB 7624/3, leg. T. B.; 16.08.00, bei Altheim/Alb, MTB 7426/1, Buchenwald, im Laubstreu, leg. B. S.

Lactarius pubescens Fr. var. **pubescens**
Flaumiger Birken-Milchling
Syn.: **L. blumii** Bon
Funddaten: vor 1894, leg. Veesenmeyer, Desensy: bei Ulm nicht selten (als L. pubescens Fr.); 09.10.77, zwischen Uf + Lh, bei der Silberfuchsfarm, Wald „Lechfeld", unter Birke, MTB 7527, leg. M. E.; Funddaten: 1974–83, leg. A. K. in MTB 7525; bei Pilzausstellung in Ulm am 01./02.10.88; Dietl & Krieglsteiner (1989), am Oberen Eselsberg in Ulm; weitere Funddaten erübrigen sich. Die Art ist häufig und kommt sehr wahrscheinlich in allen MTB im Ulmer Raum (unter Birke) vor.

Lactarius pubescens var. **scoticus** (Berk. & Br.) Krieglst.
Funddaten: 26.09.96, Bayern, im NSG Riedheim, unter Birken, MTB 7527/1, leg. M. E., Beleg in (M)

Lactarius pyrogalus (Bull.: Fr.) Fr.
Gebänderter Hainbuchenmilchling
Syn.: *L. circellatus* Fr. ss. Lange, Moser et auct. plur.
Funddaten: 24.07.79 + 12.07.80, Bubesheimer Wald bei Kissendorf, unter Hainbuchen, MTB 7527, leg. M. E.; 02.09.82, Ulm-Donautal, bei Hainbuchen, leg. M. E.; Funddaten von L. K. (pers. Aufzeichn.): 28.09.89, „Heide" westlich Wennenden, im Fagetum, MTB 7524/3, leg. E. S., det. L. K.; 13.10.79, im Fuchshölzle westlich Ne, MTB 7526/4, bei AMU-Exkursion; Herbst 1989, Lempenhau nordwestlich Asch, MTB 7524/2, leg. E. S., det. L. K.; 05.08.91, Illerrieden/Weihungszell, MTB 7726/1, leg. J. I., dest. L. K.

Lactarius quietus (Fr.) Fr. – Eichen-Milchling
Funddaten: vor 1894, leg. Veesenmeyer, Desensy; selten, in Wäldern gegen Holzschwang (Bayern); weitere Funddaten erübrigen sich. Die Art ist sehr häufig und kommt sehr wahrscheinlich in allen MTB im Ulmer Raum vor.

Lactarius repraesentanus Britz.
Zottiger Violett-Milchling
Rote-Liste-Art: stark gefährdet!
Funddaten: 1943–63, Haas-Fund, bei Herrlingen, MTB 7525

Lactarius rubrocinctus Fr.
Rotgegürtelter Milchling
Funddaten: 05.10.80, zwischen Straß und Silheim, MTB 7526, unter Kiefern im Gras, massenhaft, leg. M. E.; Krieglsteiner (2000b) nennt einen Fund in MTB 7427; Details sind mir nicht bekannt. 02.09.02, Ehingen, Weldeshölzle, MTB 7724/1/1, bei Rotbuche, leg. K. Ke.

Lactarius rufus (Scop.: Fr.) Fr.
Rotbrauner Milchling
Funddaten: vor 1894, leg. Veesenmeyer, Ulm, nicht selten; weitere Funddaten erübrigen sich. Die Art ist sehr häufig und kommt sehr wahrscheinlich in allen MTB im Ulmer Raum vor.

Lactarius salmonicolor Heim & Lecl.
Weißtannen-Reizker, Lachsreizker
Rote-Liste-Art: gefährdet
Funddaten: von E. R. (Erbach-Ringingen) 1979 aus dem MTB 7624/1; Funddaten von L. K. (pers. Aufzeichn.): 28.09.89, „Heide" westlich Wennenden, bei *Pseudotsugae,* MTB 7524/3, leg. E. S., det. L. K.; Herbst 1989, „Schlag" westlich Asch, bei *Abies alba*, MTB 7524/4, leg. E. S., det. L. K.; 23.10.00, Ulm, gegenüber dem Roten Berg, in Rotbuchen-Tannenwald auf kalkhaltigem Untergrund, zahlreich, bei Abies alba, leg. Christoph Baumgärtner, det. M. E. (mit Diapositiv); 28.10.01, Pfifferlingsberg, MTB 7624/2/4, AMU-Exkursion, bei Weißtanne, leg. K. Ke.; ab Mitte August 2000 und 2002 bis Anf. Oktober 2002, Ehingen-Altst., MTB 7624/3, leg. T. B.; 18.08.00, bei Altheim/Alb, MTB 7426/1, Stangenacker (keine Bodenvegetation), ca. 15 Jahre alte Fichten, Weißtanne nicht sichtbar, musste aber da sein, da Bestimmung eindeutig, leg. B. S.

Lactarius sanguifluus (Paulet: Fr.) Fr.
Weinroter Kiefernreizker, Südlicher Blutreizker
Rote-Liste-Art: gefährdet
Funddaten: 1937–40, Haas-Fund auf Hochfläche über dem Blautopf bei Blaubeuren, MTB 7524; 28.09.78, im Garten von Bärbel Enderle, Uf, unter Waldkiefer,

MTB 7527, leg. M. E.; 17.09.78, Kri-Exkursion bei Hörvelsingen, MTB 7526; 1974–83, leg. A. K. in MTB 7525; 19./20.09.96, bei Pilzausstellung in Ulm; Funddaten von L. K. (pers. Aufzeichn.): 1980, „Häldele“ bei Urspring, unter Kiefern, MTB 7425/3, leg. R. St.; 07.10.89, „Sternberg“/Gomadingen, MTB 7622/1, Exkursion der Pilzfreunde Stuttgart

Lactarius scrobiculatus (Scop.: Fr.) Fr.
Grubiger Fichten-Milchling
Funddaten: vor 1894, leg. Haas, bei Ulm; weitere Funddaten erübrigen sich. Die Art ist häufig und kommt wahrscheinlich in allen MTB im Ulmer Raum vor; auf den sauren Böden südlich der Donau seltener.

Lactarius semisanguifluus Heim & Lecl.
Spangrün verfärbender Kiefernreizker
Rote-Liste-Art: gefährdet
Funddaten: 17.09.78, Kri-Exkursion bei Hörvelsingen, MTB 7526; Funddaten von L. K. (pers. Aufzeichn.): 10.10.88, Sternberg/Gomadingen, MTB 7622/1, unter Kiefern, leg. F. G.; 31.10.88, „Mönchsteig“, unter *Pinus*, *Juniperus*, MTB 7424/4, leg. R. St.

Lactarius serifluus (DC: Fr.) Fr.
Wässriger Milchling
Funddaten: 1941, Haas-Fund am Eselsberg bei Ulm, MTB 7525; 06.10.79, Bubesheimer Wald bei Bühl, unter Buchen/Eichen, MTB 7527, det. J. St.; Krieglsteiner (2000b) nennt einen Fund in MTB 7523; Details sind mir nicht bekannt.

Lactarius spinulosus Quélet
Schüppchen-Milchling
Funddaten: Krieglsteiner (1991) nennt in seinem Verbreitungsatlas einen Fund in MTB 7525. Nähere Fundangaben liegen mir nicht vor.

Lactarius subdulcis (Bull.: Fr.) S. F. Gray
Süßlicher Buchen-Milchling
Funddaten: vor 1894, leg. Veesenmeyer, Ulm, hier und da; 1990–2002, im Bubesheimer Wald, bei Rotbuchen, MTB 7527, leg. M. E.; 28.08.02, Donaustetten, Eichhau, MTB 7625/4/3, bei Rotbuche, leg. K. Ke; 05.09.02, Ehingen, Kohlberg, MTB 7724/1/1, bei Rotbuche, leg. K. Ke.; 08.10.02, Illerrieden, Galtach, MTB 7726/1/1, bei Rotbuche, leg. K. Ke.; weitere Funddaten erübrigen sich. Die Art ist in Rotbuchenwäldern sehr häufig und kommt sehr wahrscheinlich in allen MTB im Ulmer Raum vor.

Lactarius tabidus Fr. – Flatter-Milchling
Syn.: *L. theiogalus*
Funddaten erübrigen sich. Die Art ist sehr häufig und kommt sehr wahrscheinlich in allen MTB im Ulmer Raum vor.

Lactarius torminosus (Schaeff.: Fr.) S. F. Gray
Zottiger Birken-Milchling
Funddaten: leg. Veesenmeyer, Haas: Ulm, häufig; Funddaten erübrigen sich. Die Art ist häufig und kommt sehr wahrscheinlich in allen MTB im Ulmer Raum vor.

Lactarius trivialis (Fr.: Fr.) Fr.
Nordischer Milchling
Rote-Liste-Art: gefährdet
Funddaten: vor 1894, leg. Veesenmeyer, Ulm, nicht häufig am Eselsberg, im Thalfinger Wald; 1943–63, Haas-Fund in Klingenstein bei Pilzausstellung; 03.07.78, bei Leinheim/Rettenbach, im Nadelwald, MTB 7527, leg. C. S., det. J. St.; 08.08.80, „Muna“ bei Straß, Fichtenforst, leg. M. E.; bei Pilzausstellung in Ulm am 01./02.10.88; Funddaten von L. K. (pers. Aufzeichn.): 03.10.82, „Lauberhau“/Tomerdingen, MTB 7425/3, leg. G. F. + M. E.; 04.10.01, Bockighofen, MTB 7724/4, leg. T. B.

Lactarius turpis (Weinm.) Fr.
Olivbrauner Milchling, „Tannenreizker“
Syn.: *L. necator*
Funddaten erübrigen sich. Die Art ist sehr häufig und kommt sehr wahrscheinlich in allen MTB im Ulmer Raum vor.

Lactarius uvidus (Fr.: Fr.) Fr.
Klebrig-schleimiger Violett-Milchling
Rote-Liste-Art: gefährdet
Funddaten: vor 1894, leg. Veesenmeyer, Desensy, bei Ulm, selten; 1937–40, Haas-Fund im Kloster- und Maienwald bei Söflingen, MTB 7625; 19.09.81, Bubesheimer Wald bei Echlishausen, bei Buchen, MTB 7527, leg. M. E.

Lactarius vellereus (Fr.) Fr.
Wolliger Milchling, Erdschieber
Funddaten erübrigen sich. Die Art ist häufig und kommt sehr wahrscheinlich in allen MTB im Ulmer Raum vor.

Lactarius vietus (Fr.) Fr.
Graufleckender Milchling
Funddaten: vor 1894, leg. Veesenmeyer, Desensy, bei Ulm, selten; 1941, Haas-Fund in einem Wald bei Jungingen, MTB 7527; 19./20.09.96, bei Pilzausstellung in Ulm; 01.10.2000, NSG bei Riedheim, auf bayerischer Seite, MTB 7527, bei Birke, leg. M. E. (Dia vorhanden). Krieglsteiner (2000b) nennt Funde in den MTB 7525 und 7725; Details sind mir nicht bekannt.

Lactarius violascens (J. Otto: Fr.) Fr.
Trockener Violett-Milchling
Funddaten: vor 1894, leg. Veesenmeyer, Ulm, „selten“.

Lactarius volemus (Fr.: Fr.) – Milchbrätling
Rote-Liste-Art: gefährdet
Funddaten: vor 1894, leg. Veesenmeyer, Desensy, Haas, bei Ulm; 1937–40, Haas-Fund, am Eselsberg bei Ulm, MTB 7525, in einem Wald bei Jungingen, MTB 7525; August 1977, „Muna“ bei Uf, bei Fichten, MTB 7527; 1974–83, leg. A. K. im MTB 7526; Funddaten von L. K. (pers. Aufzeichn.): 1989, Buchwald östlich Reutti, MTB 7626/2, leg. A. B.; 28.08.91, Illerrieden/Weihungszell, AMU-Exk., MTB 7726/1; 20.07.02, bei Gerstetten, in altem Rotbuchenbestand auf kleiner Lichtung, Kalkuntergrund, MTB 7326/1/23, leg. G. S.; August 2002, Tannenwald Altsteußl., MTB 7624/3, leg. T. B.

Lactarius zonarius (Bull.) Fr. ss. Neuhoff
Blasser Zonen-Milchling
Rote-Liste-Art: gefährdet
Funddaten: August 1977, bei Pilzausstellung Ulm; Krieglsteiner (2000b) nennt einen Fund in MTB 7724; Details sind mir nicht bekannt.

Russula acrifolia Romagn.
Scharfblättriger Schwärztäubling
Funddaten von L. K. (pers. Aufzeichn.): 12.07.86, bei Ermingen, MTB 7625/1, leg. G. F.; 19.08.76, am Pfifferlingsberg, MTB 7624/4, leg. G. J. K.

Russula adulterina Fr. – Scharfer Brauntäubling
Rote-Liste-Art: gefährdet
Funddaten: 1943–63, Haas-Fund in „Filde“ bei Beimerstetten, MTB 7525

Russula adusta Fr.
Rauchbrauner Schwarztäubling
Lamellen nach einem Tag blauschwärzlich verfärbt, Stielbasis wurstzipfelförmig
Funddaten: vor 1894, leg. Veesenmeyer, Ulm, selten; 1937–40, Haas-Fund, Pilzausstellung Ulm; 06.08.79, bei Illerberg, im Fichtenwald, leg. J. I., det. M. E.; Funddaten von L. K. (pers. Aufzeichn.): 27.07.86, Obere Filde bei Beimerstetten, MTB 7525/2, leg. G. F.; 15.09.95, Fichtenwald bei Limbach (Günzburg), leg. Nikolai Enderle, det. M. E.

Russula aeruginea Lindbl. in Fr.
Grasgrüner Birkentäubling
Funddaten: 1937–40, Haas-Fund im Kloster- und Maienwald bei Söflingen, MTB 7625; 10.09.78, VHS-Führung bei Weißenhorn, MTB 7267, unter Fichten/Birken, leg. M. E.; Dietl & Krieglsteiner (1989), am Oberen Eselsberg in Ulm;

Russula albonigra (Krombh.) Fr.
Menthol-Schwarztäubling
Funddaten: 1943–63, Haas-Fund, Wald bei Pappelau, MTB 7624

Russula alnetorum Romagn. – Erlen-Täubling
Syn.: *R. pumila*
Funddaten: 06.10.79, Bubesheimer Wald bei Echlishausen, MTB 7527, unter Erlen, leg. M. E., conf. J. St.

Russula alutacea (Pers.: Fr.) Fr. – Ledertäubling
Rote-Liste-Art: stark gefährdet!
Funddaten: vor 1894, leg. Veesenmeyer, Ulm, selten; 03.09.79, bei Bellenberg, im Mischwald, leg. J. I., det. M. E.; 1974–83, leg. A. K. in MTB 7426, 7425, 7526, 7525

Russula amara Kucera – Buckel-Täubling
Syn.: *R. caerulea*
Funddaten: 1943–63, Haas-Fund bei Pappelau, MTB 7624; 17.09.78, Kri-Exkursion bei Hörvelsingen, MTB 7526; Krieglsteiner (2000b) nennt Funde in den MTB 7624, 7724; Details sind mir nicht bekannt.

Russula amoenolens Romagn.
Brauner Camembert-Täubling
Funddaten: 1937–40, Haas-Fund, Pilzausstellung Ulm

Russula anthracina Romagn.
Lachsblättriger Schwarztäubling
Rote-Liste-Art: gefährdet
Funddaten: 26./27.08.78, bei Pilzausstellung in Ulm; 08.09.79, zwischen Uf + Lh, neben B10, am Biberberg, unter Hainbuchen und Eichen, leg. M. E., conf. J. St.; 02.09.80, „Muna“ bei Straß, MTB 7526, leg. F. R., det. M. E.; von E. R. (Erbach-Ringingen) 1979 aus dem MTB 7624/4 gemeldet. Funddaten von L. K. (pers. Aufzeichn.): 27.07.86, Obere Filde bei Beimerstetten, MTB 7525/2, leg. G. F., det. G. F. + L. K.; 01.09.02, bei Altheim/Alb, MTB 7426/1, Nadelwald, im Nadelstreu, leg. B. S.

Russula atropurpurea (Krbh.) Britz., non Peck
Purpurschwarzer Täubling
Funddaten: 1937–40, Haas-Fund am Eselsberg, MTB 7525; 13.10.79, Haas-Exk. im Bubesheimer Wald, MTB 7527, unter Eichen/Rotbuchen; Krieglsteiner (2000b) nennt Funde in den MTB 7425, 7624, 7625 und 7626; Details sind mir nicht bekannt.

Russula aurea Pers. – Gold-Täubling
Syn.: *R. aurata*
Rote-Liste-Art: gefährdet
1937–40, Haas-Fund, am Eselsberg bei Ulm, MTB 7525, im Maien- und Klosterwald bei Söflingen, MTB 7625; 26./27.08.78, bei Pilzausstellung in Ulm; von E. R. (Erbach-Ringingen) 1979 aus MTB 7624/2.3 gemeldet; 13.10.87, Buchwald bei Reutti, MTB 7726, in Buchen-Fichten-Mischwald, leg. K. K.

Russula aurora Krombholz – Rosa-Täubling
Syn.: *R. velutipes*
Funddaten von L. K. (pers. Aufzeichn.): 22.10.88, Umgebung der Uni Ulm, Oberer Eselsberg, unter Buchen, MTB 7525/4, leg. L. K. + G. D.; 19.08.76, „Pfifferlingsberg", MTB 7624/4, leg. G. J. K. et al.

Russula azurea Bres.
Weißblättriger Reiftäubling
Funddaten: 1943–63, bei Herrlingen, MTB 7525; 23.10.76, Kri-Exkursion zwischen Uf + Lh, Wald „Jungholz-Lechfeld", MTB 7527; KRIEGLSTEINER (2000b) nennt einen Fund in MTB 7625; Details sind mir nicht bekannt.

Russula badia Quélet – Zedernholz-Täubling
Funddaten: 25.09.77, Kri-Exkursion am Roten Berg bei Ulm, MTB 7525/4; 1974–83, leg. A. K. im MTB 7426

Russula blackfordiae Peck
Vielfarbener Täubling
Syn.: *R. versicolor*
Funddaten von L. K. (pers. Aufzeichn.): 01.08.87, Donaumoos südwestlich Emmausheim, MTB 7427/4, leg. G. J. K. + M. E.

Russula carpini Girard & Heinemann
Hainbuchen-Täubling
Funddaten: KRIEGLSTEINER (2000b) nennt einen Fund im MTB 7725; Details sind mir nicht bekannt.

Russula cavipes Britz. – Weißtannentäubling
Rote-Liste-Art: gefährdet
Funddaten: 1937–40, Haas-Fund, im Kloster- und Maienwald bei Söflingen, MTB 7625

Russula cessans Pearson
Kiefern-Weichtäubling
Funddaten: KRIEGLSTEINER (2000b) nennt einen Fund in MTB 7427; Details sind mir nicht bekannt.

Russula cicatricata Romagn.
Olivockerbrauner Heringstäubling
Funddaten: KRIEGLSTEINER (2000b) nennt einen Fund in MTB 7724; Details sind mir nicht bekannt.

Russula claroflava Grove
Gelber Graustieltäubling
Syn.: *R. flava*
Rote-Liste-Art: gefährdet
Funddaten: August 1977, bei Pilzausstellung in Ulm; 03.09.94, nordöstlich Riedheim, im NSG, unter Birke, MTB 7527, Baden-Württemberg, leg. M. E.; von E. R. (Erbach-Ringingen) 1979 aus dem MTB 7523/4 gemeldet. 15.09.02, Buchwald bei Reutti, MTB 7726, lichter Birkenwald, leg. K. K.; KRIEGLSTEINER (2000b) nennt Funde in den MTB 7624 und 7725; Details sind mir nicht bekannt.

Russula columbaria Vel.
Ockersporiger Speisetäubling
Syn.: *R. medullata*
Funddaten: Krieglsteiner (1991) nennt in seinem Verbreitungsatlas einen Fund in MTB 7727. Nähere Fundangaben liegen mir nicht vor.

Russula cuprea (Krbh.) Lange
Purpurbrauner Dottertäubling
Funddaten von L. K. (pers. Aufzeichn.): 19.08.76, am „Pfifferlingsberg", MTB 7624/4, leg. G. J. K.

Russula cyanoxantha (Schff.) Fr.
Frauen-Täubling
Funddaten: vor 1894, leg. Haas, bei Ulm; 25.09.77, Kri-Exkursion am Roten Berg, MTB 7525/4; 26./27.08.78, bei Pilzausstellung in Ulm; 1974–83, leg. A. K. in MTB 7425, 7525, 7526. Weitere Funddaten erübrigen sich. Die Art ist sehr häufig und kommt sehr wahrscheinlich in allen MTB im Ulmer Raum vor.

Russula decolorans (Fr.) Fr.
Orangeroter Graustieltäubling
Funddaten: 26./27.08.78, bei Pilzausstellung in Ulm; 1974–83, leg. A. K. in MTB 7426; Funddaten von L. K. (pers. Aufzeichn.): ca. 1980, Feuerstein, bei Fichten, MTB 7426/4, leg. A. K.

Russula delica Fr.
Gemeiner Weißtäubling
Funddaten: 1937–40, Haas-Fund, am Eselsberg bei Ulm, MTB 7525, im Kloster- und Maienwald bei Söflingen, MTB 7625, in einem Wald bei Jungingen, MTB 7525; 22.06.80, auf Kinderfestplatz Lh, unter Rosskastanien, MTB 7527, leg. M. E.; 19.10.80, Haas-Exk. bei Breitingen, MTB 7425; 1974–83, leg. A. K. im MTB 7526, 7426; weitere Funddaten erübrigen sich. Die Art ist sehr häufig und kommt sehr wahrscheinlich in allen MTB im Ulmer Raum vor.

Russula delica Fr. var. **chloroides** (Krbh.) Killerm. – Schmalblättriger Weißtäubling
Funddaten: 16.09.2000, bei Altheim/Alb, während Exkursion der AMU mit dem Münchner Pilzverein, det. E.G.; KRIEGLSTEINER (1991) nennt in seinem Verbreitungsatlas einen Fund in MTB 7725. Nähere Fundangaben liegen mir nicht vor.

Russula densifolia Gill.
Dichtblättriger Schwarztäubling
Funddaten: 1941, Haas-Fund am Eselsberg bei Ulm, MTB 7525, in einem Wald bei Jungingen, MTB 7525; 1982, leg. A. K. in MTB 7426/3 und 7425; DIETL & KRIEGLSTEINER (1989), am Oberen Eselsberg in Ulm; Funddaten von L. K. (pers. Aufzeichn.): 11.06.90, Weißenberg/Illerrieden, MTB 7726/1, leg. J. I., det. L. K.; 05.08.91, Illerrieden/Weihungszell, MTB 7726/1, leg. J. I., det. L. K.

Russula elaeodes (Bres.:Rom.) M. Bon
Funddaten : 9.9.03, Moosholz, bei Rotbuche, MTB 7726/2, leg. K. Ke.

Russula emetica (Schaeffer: Fr.) Gray var. **emetica** – Kirschroter Speitäubling
Funddaten: August 1977, bei Pilzausstellung in Ulm; 26./27.08.78, bei Pilzausstellung in Ulm; 17.09.78, Kri-Exkursion bei Westerstetten, MTB 7425; 1974–83, leg. A. K. in MTB 7425, 7426, 7525, 7526

Russula emetica var. **betularum** (Hora) Romagn. – Birken-Speitäubling
Funddaten: August 1977, bei Pilzausstellung in Ulm; 15.07.78, Donauried bei Riedheim, MTB 7527, unter Birken, leg. M. E.; 01.09.79, bei Harthausen, unter Birken, leg. M. E.; KRIEGLSTEINER (1991) nennt in seinem Verbreitungsatlas Funde in den MTB 7625 und 7725. KRIEGLSTEINER (2000b) nennt Funde in den MTB 7625 und 7726 ; Details sind mir nicht bekannt.

Russula emetica var. **sylvestris** Singer
Kiefern-Speitäubling
Funddaten: 07.10.78, Stangl-Exk. zwischen Uf + Lh, im Wald „Lechfeld", MTB 7527; KRIEGLSTEINER (2000b) nennt einen Fund in MTB 7625; Details sind mir nicht bekannt.

Russula emeticicolor (Schäffer) Singer
Zinnoberroter Reiftäubling
Syn.: *R. subminutula*
Rote-Liste-Art: vom Aussterben bedroht!
Funddaten von L. K. (pers. Aufzeichn.): 25.09.77, am Roten Berg bei Ulm, MTB 7525/4, leg. G. F. + Krieglsteiner

Russula exalbicans (Pers.) Melzer & Zvara
Verblassender Täubling
Syn.: *R. pulchella, R. depallens*
Funddaten: 20.07.80, „Muna" bei Straß, am neuen Friedhof, unter Birken, MTB 7526, leg. M. E.; DIETL & KRIEGLSTEINER (1989), am Oberen Eselsberg in Ulm; alljährlich in Riedheim, beim neuen Fischerheim (früher: altes Schützenheim), am Naurand unter Birken, gesellig, leg. M. E.

Russula faginea Romagn.
Buchen-Heringstäubling
Funddaten: KRIEGLSTEINER (1991) nennt in seinem Verbreitungsatlas einen Fund im MTB 7424. KRIEGLSTEINER (2000b) nennt einen Fund in MTB 7624; Details sind mir nicht bekannt. Nähere Fundangaben liegen mir nicht vor.

Russula farinipes Rom. in Britz.
Mehlstiel-Täubling
Rote-Liste-Art: gefährdet
Funddaten: 1941, Haas-Fund im Maien- und Klosterwald bei Söflingen, MTB 7625; 02.09.79, bei Harthausen, in Buchen-Birkenwald, leg. C. S., MTB 7528; 06.10.79, Bubesheimer Wald bei Bühl, unter Eichen/Rotbuchen, MTB 7527, leg. M. E., conf. J. St.

Russula fellea (Fr.: Fr.) Fr. – Gallentäubling
Funddaten erübrigen sich. Die Art ist sehr häufig und kommt sehr wahrscheinlich in allen MTB im Ulmer Raum, unter Rotbuchen, vor.

Russula firmula J. Schaeff.
Scharfer Glanztäubling
Syn.: *R. transiens* Singer ss. Romagn.
Funddaten: 1937–40, Haas-Fund am Eselsberg bei Ulm, MTB 7525, im Maien- und Klosterwald bei Söflingen, MTB 7625, in einem Wald bei Herrlingen, MTB 7525, in „Filde" bei Beimerstetten, MTB 7525, auf der Hochfläche über dem Blautopf bei Blaubeuren, MTB 7524; August 1977 und 26./27.08.79 bei Pilzausstellung in Ulm; 04.09.79, zwischen Ne + Bu, in Fichtenforst, MTB 7526, leg. M. E., conf. H.S.; 17.09.78, Kri-Exkursion bei Hörvelsingen, MTB 7526; 13.10.79, Haas-Exk. bei Ne-Bu, Fichtenwald, MTB 7526; 04.10.80, „Muna" bei Bühl, beim Sportplatz, MTB 7527, leg. C. S., det. M. E.; Funddaten von L. K. (pers. Aufzeichn.): 20.09.88, bei Temmenhausen, Fichtenforst auf Kalk, MTB 7525/1, leg. L. K.; 28.09.86, Schammental bei Mähringen, Fichtenforst auf Kalk, MTB 7525/4, leg. G. F.; 13.10.79, „Fuchshölzle" nordwestlich Ne, MTB 7526/4, AMU-Exkursion; 1989, „Buchwald" östlich Reutti, MTB 7626/2, leg. A. B., det. W. G.

Russula foetens (Pers.: Fr.) Fr. var. **foetens**
Stink-Täubling
Funddaten: vor 1894, leg. Veesenmeyer, Haas, Ulm, am Eselsberg, sehr häufig; 1937–40, Haas-Fund am Eselsberg bei Ulm, MTB 7525, im Maien- und Klosterwald bei Söflingen, MTB 7625; in einem Wald bei Jungingen, MTB 7525; 10.09.78, VHS-Führung bei Weißenhorn, MTB 7627, leg. M. E.; 29.09.79, Bubesheimer Wald bei Bühl, MTB 7527, vorne unter Eichen, Hasel und Erlen; 21.07.80, bei Limbach, MTB 7528, leg. C. S., bei Birken; 1974–83, leg. A. K. in MTB 7426; 21.10.89, „Buchwald" östlich Reutti, MTB 7626/2, leg. W. G. und A. B.; 1981, „Beutenlay", MTB 7623/1, leg. Schill; 25.08.91, Illerrieden/Weihungszell, MTB 7726/1, AMU-Exkursion; 08.08.02, Baumgarten, MTB 7724/4/3, bei Rotbuchen, leg. K. Ke.; 13.08.02, Hohe Halde, MTB 7726/3/43, Waldmeister-Buchenwald, leg. K. Ke.

Russula foetens var. **subfoetens** (W. G. Smith) Massee – Gilbender Stinktäubling
Funddaten: 08.09.80, „Muna" bei Straß, MTB 7526, in Fichtenforst, leg. M. E.; 05.08.81, Illerrieden, bei Birken, etc., Beleg in (M); Krieglsteiner (1991) nennt in seinem Verbreitungsatlas einen Fund in MTB 7527. Nähere Fundangaben liegen mir nicht vor.

Russula fragilis (Pers.: Fr.) Fr.
Wechselfarbiger Speitäubling
Funddaten: vor 1894, leg. Veesenmeyer, Ulm, zwischen Wiblingen und Gögglingen, an der Donau; 1943–63, Haas-Fund bei Altheim, MTB 7625 (var. knauthi); 23.10.76, Kri-Exkursion in „Muna" bei Bühl und im Wald „Jungholz-Lechfeld", MTB 7527; 09.10.76, Stangl-Exk. in „Muna" bei Straß, MTB 7526, 15.10.77, Stangl-Exk. in „Muna" bei Straß, MTB 7526; 19.10.80, Haas-Exk. bei Breitingen, MTB 7425; 1982, leg. A. K. in MTB 7426; bei Pilzausstellung in Ulm am 01./02.10.88

Russula gracillima J. Schäffer
Zierlicher Täubling
Rote-Liste-Art: gefährdet
Funddaten: Krieglsteiner (1991) nennt in seinem Verbreitungsatlas einen Fund in MTB 7525. Nähere Fundangaben liegen mir nicht vor.

Russula grata Britz. – Mandeltäubling
Syn.: *R. laurocerasi*
Funddaten: von E. R. (Erbach-Ringingen) 1979 aus dem MTB 7624 (Schelklingen) gemeldet. Dietl & Krieglsteiner (1989), am Oberen Eselsberg in Ulm; Funddaten von L. K. (pers. Aufzeichn.): 25.09.77, am Roten Berg bei Ulm, MTB 7525/4, leg. G. F.; 27.07.86, Obere Filde bei Beimerstetten, MTB 7525/2, leg. G. F.; 25.08.91, Illerrieden/Weihungszell, MTB 7726/1, AMU-Exkursion; 04.09.2000, bei Altheim/Alb, in kleiner Mischwaldschonung, leg. B. S.

Russula graveolens Romell in Britzelmayr
Violetter Heringstäubling
Funddaten: Krieglsteiner (2000b) nennt einen Fund in MTB 7625; Details sind mir nicht bekannt.

Russula grisea (Pers.) Fr. ss. str.
Tauben-Täubling
Rote-Liste-Art: gefährdet
Funddaten von L. K. (pers. Aufzeichn.): 28.05.88, bei Autenried, unter Eiche, MTB 7627/1, leg. L. K. + M. E.;

Russula heterophylla (Fr.) Fr.
Grüner Speisetäubling
Rote-Liste-Art: gefährdet
Funddaten: 08.09.81, bei Ulm, leg. W. G.; Funddaten von L. K. (pers. Aufzeichn.): 20.07.75, „Sulzkopf", auf Malm, MTB 7427/2, AMO-Exkursion;

Russula illota Romagn. – Morse-Täubling
Funddaten von L. K. (pers. Aufzeichn.): 19.08.76, „Pfifferlingsberg", MTB 7624/4, leg. G. J. K. et al.; Krieglsteiner (2000b) nennt einen Fund in MTB 7525; Details sind mir nicht bekannt.

Russula integra (L.) Fr.
Braunroter Ledertäubling
Funddaten: vor 1894, leg. Veesenmeyer, Ulm, im Ganzen selten, doch in einigen Jahrgängen häufiger; 01.09.78, „Muna" bei Bühl, beim Sportplatz, MTB 7527, leg. M. E.; 17.09.778, Kri-Exkursion bei Hörvelsingen, MTB 7526; 02.09.80, bei Illerrieden, leg. J. I.; 19.09.80, bei Autenried, im Fichtenwald, leg. Hans + Bärbel Enderle, det. M. E.; bei Pilzausstellung in Ulm am 01./02.10.88; Funddaten von L. K. (pers. Aufzeichn.): Funde in den MTB 7525, 7524, 7725, 7625, 7526, 7626, 7727.

Russula laricina Vel. – Lärchen-Weichtäubling
Hut –50 mm breit, konvex, meist mit zentraler Eindellung, bei Feuchtigkeit stark schmierig, jung meist hell weinrötlich oder hellbeige-oliv, Mitte dunkler (es gibt alle Übergänge zwischen hell oliv-bräunlich bis rosa-weinrötlich), ca. äußeres Drittel deutlich gerippt-gerieft
Lamellen normal weit, deutlich cremegelb
Stiel –65 mm lang, in der Mitte –14 mm dick, hell creme-weißlich bis zur Basis, hohl, zur Spitze hin zunehmend verjüngt
Fleisch in den Lamellen und im Stiel mild
Ganzer Fruchtkörper sehr brüchig-bröckelig

Funddaten: 18.07.93, Bayern, Donau-Auwald bei Uf, MTB 7527, in Fichtennachfolge-Parzelle auf Kalk, jedes Jahr sehr häufig von Juni bis November, leg. M. E., det. A. Einhellinger (München); Diapositiv in Diathek M. Enderle.

Russula lilacea Quélet – Rotstieliger Reiftäubling
Rote-Liste-Art: stark gefährdet!
Funddaten: 1943–63, Haas-Fund bei Herrlingen, MTB 7525

Russula lundelli Singer
Rote-Liste-Art: stark gefährdet!
Funddaten: bei Pilzausstellung in Ulm am 01./02.10.88; Krieglsteiner (1991) nennt in seinem Verbreitungsatlas einen Fund in MTB 7725. Nähere Fundangaben liegen mir nicht vor.

Russula maculata Quélet in Quélet & Roz.
Gefleckter Täubling
Rote-Liste-Art: gefährdet
Funddaten: Krieglsteiner (1991) nennt in seinem Verbreitungsatlas Funde in den MTB 7525 und 7624. Nähere Fundangaben liegen mir nicht vor.

Russula mairei Singer – Buchenspeitäubling
Syn.: *R. mairei* Singer var. *fageticola* Romagn.
Funddaten: 1937–40, Haas-Fund am Eselsberg bei Ulm, MTB 7525, im Kloster- und Maienwald bei Söflingen; in „Filde" bei Beimerstetten, MTB 7525; auf Hochfläche über dem Blautopf bei Blaubeuren, MTB 7524, in einem Wald bei Jungingen, MTB 7525; 19.10.80, Haas-Exk. bei Breitingen, Mischwald mit Fichten, MTB 7425; 02.09.78 und 18.09.79, Bubesheimer Wald bei Echlishausen, MTB 7527, leg. M. E.; 27.09.95, Ulm-Grimmelfingen, MTB 7625, auf Waldspielplatz, unter Rotbuchen und Eichen auf kalkhaltigem Untergrund, leg. M. E., conf. H. Jurkeit (München), Beleg in (M); Dietl & Krieglsteiner (1989), am Oberen Eselsberg in Ulm; Funddaten von L. K. (pers. Aufzeichn.): zahlreiche Funde in den MTB 7525, 7625, 7522, 7725.

Russula mustelina Fr. – Wieseltäubling
Funddaten: bei Pilzausstellung in Ulm am 01./02.10.88 (Anmerkung: ob dieser Fund richtig bestimmt wurde oder wirklich aus dem Ulmer Raum stammte, ist fraglich). Funddaten von L. K. (pers. Aufzeichn.): 1987, „Dreierberg", MTB 7525/3, leg. E. S. + K. K.

Russula nauseosa (Pers.) Fr.
Geriefter Weich-Täubling
Funddaten: 1937–40, Haas-Fund am Eselsberg bei Ulm, MTB 7525, im Maien- und Klosterwald bei Söflingen, MTB 7625, in „Filde" bei Beimerstetten, MTB 7525; 23.10.76, Kri-Exkursion in „Muna" bei Bühl, MTB 7527; 06.07.78, „Muna" bei Straß, unter Fichten, am Wegrand, MTB 7526; 14.07.79, „Muna" bei Bühl, unter Fichten, leg. M. E., det. J. St.; 18.08.85, nördlich Gz, im Mooswald, bei den Fetzer-Seen, MTB 7527, Fichtenparzelle auf anmooriger, schwarzer Riederde, leg. ME., det. A. Einhellinger, Beleg im Fungarium Krieglsteiner et filii; Dietl & Krieglsteiner (1989), am Oberen Eselsberg in Ulm; Funddaten von L. K. (pers. Aufzeichn.): in den MTB 7525, 7626, 7524, 7526, 7623, 7725.

Russula nigricans (Bull.) Fr.
Dickblättriger Schwarztäubling
Funddaten: vor 1894, leg. Veesenmeyer, um Ulm, „selten"; weitere Funddaten erübrigen sich. Die Art ist sehr häufig und kommt sehr wahrscheinlich in allen MTB im Ulmer Raum vor.

Russula nitida (Pers.: Fr.) Fr.
Milder Glanztäubling
Syn.: *R. sphagnophila*
Funddaten: 1974–83, leg. A. K. in MTB 7426; 05.08.93, Baden-Württemberg, im NSG nordöstlich Riedheim, unter *Betula pendula*, MTB 7527/1, leg. M. E., det. A. Einhellinger (München) als *R. sphagnophila*.

Russula ochroleuca (Pers.) Fr.
Ocker- oder Zitronentäubling
Funddaten erübrigen sich. Es handelt sich um die häufigste Täublingsart im Ulmer Raum; sie kommt in allen hiesigen MTB vor.

Russula olivascens (Pers.: Schw.) ss. Bres.
Olivgelber Täubling
Funddaten: 01.10.86, Eselsberg bei Ulm, MTB 7625, auf sandigem Untergrund bei einem Fuchsbau, leg. K. K.

Russula olivacea (Schff.) Fr.
Rotstieliger Ledertäubling
Funddaten: 1937–40, Haas-Fund im Kloster- und Maienwald bei Söflingen, MTB 7625, in einem Wald bei Jungingen, MTB 7525; 25.09.77, Kri-Exkursion am Roten Berg bei Ulm, MTB 7525/4; August 1977 und 26./27.08.78, bei Pilzausstellung in Ulm; 13.10.79, Haas-Exk. zwischen Ne + Bu, MTB 7526; bei Pilzausstellung in Ulm am 01./02.10.88; von E. R. (Erbach-Ringingen) 1979 aus dem MTB 7624 (Schelklingen) gemeldet. Funddaten von L. K. (pers. Aufzeichn.): zwischen 1976 + 1989: Ermingen (MTB 7525/3), südlich Laichingen (MTB 7524/1), Spitalwald/Ermingen (MTB 7625/1), „Fuchshölzle" nordwestlich Ne (MTB 7526/4), Seißen/Heroldstatt (MTB 7524/3); 28.10.01, Pfifferlingsberg, MTB

7624/2/4, AMU-Exkursion, Buchen-Tannenwald, leg. K. Ke.; 29.08.02, Donaustetten, Eichhau, MTB 7625/4/3, bei Hainbuche, leg. K. Ke.; 16.08.00, bei Altheim/Alb, MTB 7426/1, Buchenwald, im Laubstreu, leg. B. S.

Russula olivaceoviolascens Gillet ex Sacc. & Trotter – Gilbender Speitäubling
Syn.: *R. atrorubens*
Funddaten: 15.07.79, bei Limbach, MTB 7528, im sauren Fichtenwald, leg. C. S., det. M. E.; 12.10.79, „Muna" bei Straß, MTB 7526, unter Fichten, leg. M. E., det H. H.; 19.10.80, Haas-Exk. bei Breitingen im Mischwald mit Fichten, MTB 7425 (Bestimmung nicht ganz sicher); 29.08.81, Haas-Exk. in „Muna" bei Straß-Silheim; 01.10.90, Naturschutzgebiet nördlich Riedheim, Bayern, MTB 7527, Niedermoor unter *Salix* an anmooriger Stelle, leg. M. E., det. A. Einhellinger, Beleg im Fungarium Krieglsteiner et filii; 30.09.96, im NSG Langenauer Ried, Baden-Württemberg, MTB 7527/1, anmooriges Gebiet, auf sehr morschem Laubholzstumpf, Geruch schwach nach Kokosflocken, leg. M. E., det. H. Jurkeit (München), Beleg in (M)

Russula pallidospora (Blum) Romagn.
Gelbblättriger Weißtäubling
Syn.: *R. pseudodelica* J. Lge. ss. Schff.
Rote-Liste-Art: latent gefährdet
Hut –20 cm breit, meist zentral +/- deutlich niedergedrückt bis fast trichterig, jung creme-weißlich, bald mit hell semmelfarbenen Flecken, gegen den Rand oft etwas heller bleibend, alte Hüte oft vollkommen leder-gelblich bis hell ocker-bräunlich, Oberfläche fast glatt bis fein filzig aufgeraut, vor allem bei älteren Exemplaren, bei Regen leicht schmierig, oft grubig bzw. vom Kleintieren angefressen, häufig mit anhaftenden Erdresten (vom Bodendurchbruch)
Lamellen etwas bis deutlich entfernt, –15(20) mm breit, dicklich, spröde, jung hell creme-weißlich, bald mit ockerlich bis ocker-bräunlich gefärbter Schneide und ebensolchen fleckigen Verfärbungen in den Lamellen
Stiel auffallend kurz und dick, sehr hart und derb, –55 mm lang, –50 mm dick, zur Basis oft minimal verjüngt, an der Spitze weißlich, nach unten etwas dunkler mit stark anhaftenden Erdteilchen
Fleisch junge Frk. unauffällig riechend, alte deutlich *fischartig* stinkend; Geschmack junger Lamellen schwach zedernholzartig, dann scharf, alte Frk. stark madig
Funddaten: 26.06.93, Bayern, Kinderfestplatz bei Lh, im Donau-Auwald, unter großen Linden, alljährlich, leg. M. E., det. G. J. K.; *Foto* liegt vor; Weitere Funddaten: 26./27.08.78, bei Pilzausstellung in Ulm

Russula paludosa Britz. – Apfeltäubling
Funddaten: 10.09.78, VHS-Führung bei Weißenhorn, MTB 7627, unter Fichten, leg. M. E.; 1973–1983, leg. A. K. in MTB 7525; bei Pilzausstellung in Ulm am 01./02.10.88

Russula pectinatoides Peck
Kratzender Kamm-Täubling
Funddaten: Herbst 1995, Exkursion M. Enderle und G. J. K. bei Gz (Emmausheim), MTB 7527, det. G. J. K.

Russula pseudointegra Arnoult & Goris
Ockerblättriger Zinnobertäubling
Rote-Liste-Art: gefährdet
Funddaten: 1937–40, Haas-Fund am Eselsberg in Ulm, MTB 7525; 1974–83, leg. A. K. in MTB 7526; Funddaten von L. K. (pers. Aufzeichn.): 1980–1983, Lonetal, MTB 7426/3, leg. A. K.

Russula puellaris Fr. – Milder Wachstäubling
Funddaten: 23.10.76, Kri-Exkursion in „Muna" bei Bühl, MTB 7527, und im „Junggholz-Lechfeld" zwischen Uf + Lh, MTB 7527; 09.10.76, Stangl-Exk. in „Muna" bei Straß, MTB 7526; 25.09.77, Kri-Exkursion am Roten Berg, MTB 7525/4; 14.07.79, „Muna" bei Bühl, unter Fichten am Wegrand, leg. M. E., det. J. St.; 15.07.79, bei Limbach, im Fichtenwald, leg. C. S., det. M. E.; 1974–83, leg. A. K. in MTB 7426, 7526, 7525; Dietl & Krieglsteiner (1989), am Oberen Eselsberg in Ulm; Funddaten von L. K. (pers. Aufzeichn.): zahlreiche Funde in den MTB 7525, 7724, 7625, 7825, 7626, 7725, 7724, 7525, 7526, 7527; 16.10.99, Bockighofer Holz, MTB 7724/4/32, bei Fichten, leg. K. Ke.; 03.10.02, Bockighofer Holz, MTB 7724/4/32, bei Fichten, leg. K. Ke.

Russula queletii Fr. in Quélet
Stachelbeer-Täubling
Funddaten erübrigen sich. Die Art ist sehr häufig und kommt sehr wahrscheinlich in allen MTB im Ulmer Raum vor.

Russula rhodopus Zvara in Melzer & Zvara
Flammenstiel-Täubling
Funddaten: 26./27.08.78, bei Pilzausstellung in Ulm

Russula risigallina (Batsch) Kuyper & van Vuure
Weicher Täubling
Syn.: *R. chamaeleontina*
Funddaten von L. K. (pers. Aufzeichn.): 23.07.77, Lonetalalb westlich Nerenstetten, MTB 7426/3, leg. Seeling + Krieglsteiner; 23.07.77, Nedlinger Hart,

MTB 7427/1, leg. Seeling + Krieglsteiner; 19.07.86, südlich Dettingen, MTB 7426/2, AMO-Exkursion; 19.08.76, Pfifferlingsberg, MTB 7624/4, leg. G. J. K. et al.

Russula risigallina var. **acetolens** (Rauschert) Krieglsteiner 2000 – Glänzendgelber Dottertäubling
Syn.: *R. lutea*
Funddaten: 1937–40, Haas-Fund am Eselsberg bei Ulm, MTB 7525, im Maien- und Klosterwald bei Söflingen, MTB 7625, in einem Wald bei Jungingen, MTB 7525; August 1977, „Muna" bei Bühl, beim Sportplatz, unter Fichten, MTB 7526, leg. M. E., Dietl & Krieglsteiner (1989), am Oberen Eselsberg in Ulm;

Russula romellii R. Maire
Weißstieliger Ledertäubling
Rote-Liste-Art: gefährdet
Funddaten: 1937–40, Haas-Fund am Eselsberg bei Ulm, MTB 7525, im Kloster- und Maienwald bei Söflingen, MTB 7625, in „Filde" bei Beimerstetten, MTB 7525, in einem Wald bei Jungingen, MTB 7525; Dietl & Krieglsteiner (1989), am Oberen Eselsberg in Ulm; Funddaten von L. K. (pers. Aufzeichn.): 30.09.88, bei Temmenhausen, *Fagetum*, MTB 7525/1, leg. L. K.; 09.09.80, nordwestlich Feldstetten, *Elymo-Fagetum,* MTB 7523/2, leg. Glöckner + Krieglsteiner

Russula rosea Pers. – Harter Zinnober-Täubling
Syn.: *R. lepida, R. rosacea*
Funddaten: 1937–40, Haas-Fund in einem Wald bei Jungingen, MTB 7525, im Kloster- und Maienwald bei Söflingen, in „Filde" bei Beimerstetten; September 1977, beim Sportplatz Bühl, in angrenzendem Fichtenforst, unter Eichen im hohen, dichten Gras, MTB 7527; 25.09.77, Kri-Exkursion am Roten Berg, MTB 7525/4; 26./27.08.78, Pilzausstellung in Ulm; bei Pilzausstellung in Ulm am 01./02.10.88; Dietl & Krieglsteiner (1989), am Oberen Eselsberg in Ulm; Funddaten von L. K. (pers. Aufzeichn.): 17.09.77, „Filde" bei Beimerstetten, MTB 7525/2, leg. G. F.

Russula rubra (Lamarck ex Fr.) Fr.
Scharfer Zinnober-Täubling
Syn.: *R. pungens*
Rote-Liste-Art: stark gefährdet !
Funddaten: vor 1894, leg. Veesenmeyer, Ulm, häufig; 1943–63, Haas-Fund bei Herrlingen, MTB 7525

Russula sanguinaria (Bull.:Schum.) S. Rauschert – Bluttäubling
Syn.: *R. sanguinea*
Funddaten: 1937–40, Haas-Fund am Eselsberg bei Ulm, MTB 7525, auf Hochfläche über Blautopf bei Blaubeuren, MTB 7524; Funddaten von L. K. (pers. Aufzeichn.): „Eichbühl", Albheide mit Kiefern, MTB 7424/1, leg. R. St.

Russula sardonia Fr.
Zitronenblättriger Täubling
Funddaten: bei Pilzausstellung in Ulm am 01./02.10.88; 05.09.02, Ehingen, Kohlberg, MTB 7724/1/1, bei Kiefern, leg. K. Ke.; Krieglsteiner (1991) nennt in seinem Verbreitungsatlas einen Fund in MTB 7527. Nähere Fundangaben liegen mir nicht vor.

Russula sericatula Romagn.
Rote-Liste-Art: gefährdet
Funddaten: 16.09.78, Bubesheimer Wald bei Echlishausen, unter Buchen, MTB 7527, leg. M. E., det. G. J. K.

Russula solaris Ferd. & Winge
Sonnen-Täubling
Rote-Liste-Art: gefährdet
Funddaten: laut L. K. kannte Herr Weyh (vor 1979) eine Fundstelle in MTB 7625/4; 14.10.01, bei Altheim/Alb, MTB 7426/1, Heidefläche, unter freistehender Buche, leg. B. S.

Russula torulosa Bres. – Gedrungener Täubling
Funddaten: 1937–40, Haas-Fund bei Blaubeuren, auf Hochfläche über dem Blautopf, MTB 7524; Krieglsteiner (2000b) nennt einen Fund in MTB 7624; Details sind mir nicht bekannt.

Russula turci Bres. – Jodoformtäubling
Syn.: *R. amethystina*
Funddaten: 09.10.76, Stangl-Exk. in „Muna" bei Bühl/Straß, MTB 7526; 06.10.79, Bubesheimer Wald bei Echlishausen, MTB 7527, unter Kiefer und Hasel, det. J. St.; 10.08.81, „Muna" bei Straß, Fichtenforst, MTB 7527, leg. M. E.; 1974–83, leg. A. K. in MTB 7426; 1982, leg. A. K. in MTB 7525/2; Dietl & Krieglsteiner (1989), am Oberen Eselsberg in Ulm;

Russula velenovskyi Melzer & Zwara
Ziegelroter Täubling
Funddaten: 1941, Haas-Fund, in einem Wald bei Jungingen, MTB 7525; 22.09.79, VHS-Führung bei Ulm am Roten Berg, det J. St.

Russula vesca Fr. – Speise-Täubling
Funddaten erübrigen sich. Die Art ist sehr häufig und kommt sehr wahrscheinlich in allen MTB im Ulmer Raum vor.

Russula veternosa Fr. emend. Schäffer
Scharfer Honigtäubling
Funddaten: KRIEGLSTEINER (1991) nennt in seinem Verbreitungsatlas einen Fund in MTB 7725. Nähere Fundangaben liegen mir nicht vor.

Russula vinosa Lindbl.
Weinroter Graustieltäubling
Syn.: *R. decolorans*
Funddaten: 07.07.80, bei Illerrieden, leg. J. I., det. M. E., conf. W. G.; KRIEGLSTEINER (2000b) nennt Funde in den MTB 7625, 7627, 7725 ; Details sind mir nicht bekannt.

Russula vinosopurpurea Schäffer
Purpurfleckiger Täubling
Funddaten: KRIEGLSTEINER (2000b) nennt einen Fund in MTB 7725; Details sind mir nicht bekannt.

Russula violeipes Quélet
Violettstieliger Brätlingstäubling
Funddaten: August 1977, bei Sportplatz Bühl, unter Eichen, MTB 7527, leg. M. E.; 02.09.80, bei Illerrieden, leg. J. I. (forma *citrina*); Funddaten von L. K. (pers. Aufzeichn.): 25.08.91, Illerrieden/Weihungszell, MTB 7726/1, AMU-Exkursion; 28.08.02, Donaustetten, Eichhau, MTB 7625/4/3, bei Rotbuchen, leg. K. Ke.; 13.08.02, Hohe Halde, MTB 7726/3/43, bei Rotbuchen, leg. K. Ke.

Russula virescens (Schff.) Fr.
Gefelderter Grüntäubling
Rote-Liste-Art: gefährdet
Funddaten: vor 1894, leg. Veesenmeyer, Ulm, im Jahre 1865 hin und wieder im gemischten Laubwald; 1943–63, Haas-Fund in „Filde" bei Beimerstetten; 26./27.08.78, bei Pilzausstellung in Ulm; 1974–83, leg. A. K. in MTB 7525; DIETL & KRIEGLSTEINER (1989), am Oberen Eselsberg in Ulm; 1998/2000/2001, Hitzinger Heide, MTB 7226, leg. H. P. (H. St.).

Russula viscida Kudrna – Lederstieltäubling
Funddaten: 1941, Haas-Fund am Eselsberg bei Ulm, MTB 7525, im Kloster- und Maienwald bei Söflingen, MTB 7625, in einem Wald bei Jungingen, MTB 7525; 25.09.77, Kri-Exkursion am Roten Berg bei Ulm, MTB 7525/4; 13.09.00, Spitalwald bei Ermingen, MTB 7725, Buchen-Fichten-Mischwald, leg. K. K.

Russula xerampelina (Schaeff.) Fr. ss. str.
Roter Heringstäubling
Syn.: *R. erythropus*
Funddaten: 23.10.76, Kri-Exkursion in „Muna" bei Bühl, MTB 7527; 15.10.77, Stangl-Exk. in „Muna" bei Straß, MTB 7526; August 1977, „Muna" bei Bühl, MTB 7526, leg. M. E.; 07.10.78, Stangl-Exk. im Bubesheimer Wald bei Echlishausen, MTB 7527; 13.10.79, Haas-Exk. zwischen Ne + Bu, MTB 7526; 1974–83, leg. A. K. in MTB 7425, 7426, 7525, 7526; 19./20.09.96, bei Pilzausstellung in Ulm; DIETL & KRIEGLSTEINER (1989), am Oberen Eselsberg in Ulm; 13.10.96, Pfifferlingsberg, MTB 7624/4/1, leg. K. Ke. (als R. xerampelina agg.); 14.10.01, bei Altheim/Alb, MTB 7426/1, Heidefläche, bei freistehenden Fichten, leg. B. S.

Familie **Lentinellaceae** Kotlaba & Pouzar 1872

Lentinellus cochleatus (Pers.: Fr.) P. Karsten
Anis-Zähling
Funddaten: September 1976, zwischen Uf + Lh, an Laubholz, MTB 7527, leg. M. E.; 03.09.78, Bubesheimer Wald, im „Spitzgehau", MTB 7527, auf 2 Buchenstümpfen, leg. M. E.; 30.09.79, Bubesheimer Wald bei Bühl, MTB 7527, auf Laubholzstumpf (geruchlose Form!!), leg. M. E.; DIETL & KRIEGLSTEINER (1989), am Oberen Eselsberg in Ulm; weitere Funddaten erübrigen sich. Die Art ist häufig und kommt sehr wahrscheinlich in allen MTB im Ulmer Raum vor.

Lentinellus micheneri (Berk. & Curt.) Pegler
Genabelter Zähling
Syn.: *L. omphalodes*
Rote-Liste-Art: gefährdet
Fundbeschreibung siehe ENDERLE (1992 a).
Funddaten: 13.01.83, Blaubeuren-Berghülen, MTB 7524, Waldstück Buch, auf liegendem Bruchholz ca. 10 Frk. an altem Ast, leg. det det. G. O.; 09.10.84, bei Nerenstetten, auf morschem Laubholzast, leg. M. E., det. Dr. Marcel Bon (Hüte ocker-braun oder heller, hygrophan, ausblassend, mit deutlichem zentralem Nabel, Lamellen hell ocker, gesägt; Stiel bräunlich bis dunkelbraun, teilweise mit Purpuranflug, Sporen ca. 4,2–5,5 µm lang, warzig); Belege in (M).

Lentinellus ursinus (Fr.) Kühner var. **ursinus**
Filziger Zähling
Funddaten: KRIEGLSTEINER (2001) nennt einen Fund in MTB 7424; Details sind mir nicht bekannt.

Lentinellus vulpinus (Sow.: Fr.) Kühn. & Mre.
Funddaten: KRIEGLSTEINER (1991) nennt in seinem Verbreitungsatlas einen Fund in MTB 7425. Nähere Fundangaben liegen mir nicht vor.

Lentinus adhaerens (Alb. & Schw.: Fr.) Fr.
Harziger Sägeblättling
Funddaten: siehe ENDERLE (1979); weitere Funddaten: 02.09.80, „Muna" bei Straß, MTB 7526, leg. F. R.

Lentinus lepideus (Fr.: Fr.) Fr.
Schuppiger Sägeblättling
Funddaten: vor 1894, leg. Veesenmeyer, Ulm, selten; 1974–83, leg. A. K. in MTB 7525, 7426; 24.05.97 leg. Frau Bschorr, Lh-Weißingen, Landkreis Gz (Erstfund im Landkreis Gz!), Bayern, MTB 7527/1, im Garten der Fam. Bschorr, an liegenden Fichtenstämmen (*Picea abies*), det. M. E.

Lentinus suavissimus Fr. – Anis-Sägeblättling
Syn.: *Panus suavissimus*
Rote-Liste-Art: gefährdet
Funddaten: 03.10.81, bei Gerhausen/Blaubeuren, MTB 7624, leg. G. O., Beleg in (M). 23.09.88, „Silberwald" bei Ludwigsfeld, MTB 7726, auf *Salix* in einem dichten, moorigen Weidengestrüpp, leg. K. K.; 23.09.88, „Silberwald" bei Ludwigsfeld, MTB 7726, auf *Salix* in moorigem Weidengebüsch, leg. K. K. Krieglsteiner (2001) nennt einen Fund im MTB 7725; Details sind mir nicht bekannt.

Lentinus tigrinus (Bull.: Fr.) Fr.
Getigerter Knäueling
Funddaten: ca. 1984, Riedheim, leg. H. Schuler, det. M. E., MTB 7527; Funddaten von L. K. (pers. Aufzeichn.): Sommer 1989, Ulm, Roter Berg, MTB 7525/4, leg. E. S., det. L. K.; Krieglsteiner (2001) nennt einen Fund in MTB 7625; Details sind mir nicht bekannt.

Lentinus torulosus (Pers.) Fr.
Laubholz-Knäueling
Syn.: *Panus conachatus*
Funddaten: 20.09.92, Donau-Auwald bei Rh, an Rotbuchen(?)-Stumpf, MTB 7527, leg. M. E., Beleg in (M); Farbfotos siehe Enderle & Laux (1980); vor 1980, leg. A. K. in den MTB 7525/4 und 7526/1; 11.06.02, Eichhau, MTB 7724/1/1, an Eichenstumpf, leg. T. B., det. K. Ke.; Krieglsteiner (2001) nennt Funde in den MTB 7424, 7525, 7526 und 7426; Details sind mir nicht bekannt.

Phyllotopsis nidulans (Pers.: Fr.) Singer
Orangeseitling
Rote-Liste-Art: gefährdet
Funddaten: siehe Enderle (1979); Farbfotos siehe Enderle & Laux (1980); jeweils Oktober 2000–2002, Taxischer Wald, Schaiblishausen, Baltringer Ried, MTB 7724/4, 7725/4, 7725/3, leg. T. B.

Pleurotus dryinus (Pers.: Fr.) Kummer
Berindeter Seitling
Funddaten: siehe Enderle (1979); weitere Funde: 28.11.80, zwischen Lh + Gz, an lebendem Holunder-Strauch, MTB 7527, leg. M. E.; September 1996, im Donauried nordöstlich Rh, an stehendem Laubbaum, MTB 7527, leg. M. E.; 19./20.09.96, bei Pilzausstellung in Ulm; 13.10.88, am Roten Berg bei Söflingen, MTB 7625, aus einer Rindenverletzung bei noch stehender Fichte, leg. K. K.

Pleurotus ostreatus (Jacq.: Fr.) Kummer
Austernseitling
inkl. *Pl. columbinus*
Funddaten: siehe Enderle (1979). 20.11.03, Donau-Auwald bei Rh, an liegenden Laubbaumstämmen, MTB 7527, leg. M. E.
Die Art ist im Ulmer Raum nicht selten und wächst vorwiegend in der kalten Jahreszeit an verschiedenen Hölzern.

Pleurotus pulmonarius (Fr.) Quélet
Löffelförmiger Seitling
Funddaten: siehe Enderle (1979)

Ordnung **Agaricales** Clements Echte Blätterpilze

Familie **Amanitaceae** Heim 1983, ss. restr. Wulstlingsartige

Amanita battarae (Boud. in Bull.) Bon
Verfärbender Scheidenstreifling
Syn.: *A. umbrinolutea*
Funddaten: 1974–1984, leg. A. K. in MTB 7525; 13.10.79, Haas-Exk. im Bubesheimer Wald bei Bühl, MTB 7527; 09.08.93, Bayern, Bubesheimer Wald bei Echlishausen, unter *Picea abies*, MTB 7527, leg. M. E., det. G. J. K.; Dia in Diathek Enderle, Beleg in (M); Dietl & Krieglsteiner (1989), am Oberen Eselsberg in Ulm; Krieglsteiner (2003) nennt zahlreiche Fundpunkte im baden-württembergischen Teil des Ulmer Raumes.
28.10.01, Pfifferlingsberg, MTB 7624/2/4, leg. K. Ke., AMU-Exkursion, bei Fichte,
Pflanzengesellschaft: Buchen-, Tannen-Buchen- und Tannenwälder, in verrottender Laub- und Nadelstreu, Höhe über NN: 625 m, pH: basisch, Bodenfeuchtigkeit: frisch; 14.6.02, Osterholz, MTB 7625/3, leg. K. Ke., im Waldmeister-Buchenwald, bei Fichte.

Amanita citrina (Schaeffer: Pers.) Gray
Gelber Knollenblätterpilz
inkl. f. **alba**
Syn.: *A. mappa*
Funddaten: 1974–83, leg. A. K. in MTB 7426; September 76, „Muna" bei Bühl, Fichtenwald, MTB

Amanita citrina f. *alba*

7527, leg. M. E.; 10.09.78, VHS-Führung bei Weißenhorn, unter Eiche/Buche, MTB 7627, leg. M. E.; Haas-Exk. 1937–40, beim Eselsberg, MTB 7525, im Maien- und Klosterwald bei Ulm-Söflingen, MTB 7625, Wald bei Jungingen, MTB 7525; September 1979, „Muna" bei Straß, Fichtenwald, leg. M. E.; 03.09.79, bei Bellenberg, Fichtenwald, leg. J. I.; 22.09.96, Limbach, bei Gz, Fichtenwald, leg. M. E. (f. alba).
Weitere Funddaten erübrigen sich. Die Art ist sehr häufig und kommt sehr wahrscheinlich in allen MTB im Ulmer Raum vor.

Amanita crocea (Quélet in Bourdot) Singer
Orangebrauner Scheidenstreifling
Funddaten: 1974–83, leg. A. K. in MTB 7425, 7426, 7525; August 78, PA Ulm; 10.08.80, „Muna" bei Straß, MTB 7526, leg. M. E.; bei Pilzausstellung in Ulm am 01./02.10.88; Funddaten von L. K. (pers. Aufzeichn.): vor 1980, Gemeindewald Ersingen, MTB 7725/1, leg. Weyh; 15.08.86, Seißen/Heroldstatt, MTB 7524/3, leg. F. G.; 07.08.91, Illerrieden/Weihungszell, MTB 7726/1, leg. ?, det. L. K.; 15.09.91, Stoffenrieder Forst, MTB 7627/4, leg. H. R. + E. S.

Amanita excelsa (Fr.: Fr.) Bertillon
Grauer Wulstling
Syn.: *A. spissa, A. ampla*
Funddaten: 1937–40, Haas-Exk., Maien- und Klosterwald bei Ulm-Söflingen, MTB 7625, Wald bei Jungingen, MTB 7525; 1943–63, Haas-Exk. in „Filde" bei Beimerstetten, MTB 7525; 1974–83, leg. A. K. in MTB 7525, 7526; Juli 77, „Muna" bei Straß, Fichtenwald, MTB 7526, leg M. Enderle; 25.09.77, Kri-Exk. „Roter Berg" bei Ulm, MTB 7525/4; 26./27.08.78, PA Ulm; 17.09.78, Kri-Exk. bei Hörvelsingen, MTB 7526; 07.10.78, Stangl-Exk. zwischen Uf + Lh, Wald „Lechfeld", MTB 7527; weitere Funddaten erübrigen sich. Die Art ist sehr häufig und kommt sehr wahrscheinlich in allen MTB im Ulmer Raum vor.

Amanita fulva (Schaeffer) Singer
Rotbrauner Scheidenstreifling
Funddaten: 1974–83, leg. A. K., MTB 7425/7426; 17.09.77, Gräser-Exk., MTB 7525/2; 26./27.08.78, PA Ulm; 07.10.78, Stangl-Exk., Wald Lechfeld zwischen Lh + Uf, MTB 7527; 20.07.79, zwischen Uf + Lh, Wald „Lechfeld", unter Fichten, MTB 7527, leg. M. E. Weitere Funddaten erübrigen sich. Die Art ist häufig und kommt sehr wahrscheinlich in allen MTB im Ulmer Raum vor.

Amanita gemmata (Fr.) Bertil.
Narzissengelber Wulstling
Funddaten: 1974–83, leg. A. K., MTB 7526;

Amanita lividopallescens (Gillet) Seyot
Ockergrauer Scheidenstreifling
Funddaten: Krieglsteiner (2001) nennt Funde in den MTB 7524 und 7726; Details sind mir nicht bekannt.

Amanita mairei Foley
Silbergrauer Scheidenstreifling
Rote-Liste-Art: gefährdet
Syn.: *A. argentea*
Funddaten: 10.09.86, bei Nerenstetten, unter Rotbuchen, leg. M. E., conf. M. Bon (Frankreich); bei Pilzausstellung in Ulm am 01./02.10.88; siehe auch Dietl & Krieglsteiner (1989: 44); Krieglsteiner (2001) nennt Funde in den MTB 7424, 7426 und 7525;

Amanita muscaria (L.: Fr.) Lamarck
Fliegenpilz
Funddaten: vor 1896, Veesenmeyer, bei Ulm; 1974–83, leg. A. K., MTB 7425, 7426, 7526; 23.10.76, Kri-Exk. „Muna" bei Bühl, MTB 7527; 17.09.78, Kri-Exk. bei Hörvelsingen, MTB 7526; Haas-Exk. 1937–40, Eselsberg bei Ulm, MTB 7525, Maien- und Klosterwald bei Ulm-Söflingen, MTB 7625, „Filde" bei Beimerstetten, MTB 7525, Wald bei Jungingen, MTB 7525. Weitere Funddaten erübrigen sich. Die Art ist sehr häufig und kommt sehr wahrscheinlich in allen MTB im Ulmer Raum vor.

Amanita oblongospora Contu var. **tigrina** (Romagn. ex Bon) Contu
Syn.: *A. lividopallescens* var. *tigrina*
Funddaten: 26.09.81, bei Illerrieden, am Rand eines Laubwaldes, auf Wiese, MTB 7726, leg. M. E., det. M. Bon (Frankreich), Beleg in (M).

Amanita pantherina (DC: Fr.) Krombh.
Pantherpilz
Funddaten: vor 1894, Veesenmeyer, bei Ulm (nicht selten); Haas-Exk. 1937–40, Eselsberg bei Ulm, MTB 7525, Maien- und Klosterwald bei Ulm-Söflingen, MTB 7625; 1974–83, leg. A. K., MTB 7425, 7426, 7526; 03.09.79, zwischen Ne und Bu, MTB 7526, bei Autobahn, im Fichtenwald, leg. M. E.; (Hans E. Laux hat ein Foto von einem Fund aus dieser Gegend! Bei Haas-Exkursion gefunden); 13.10.91, Waldfriedhof bei Nürtingen, unter Birke, Linde, leg. M. E., Beleg im Fungarium Krieglsteiner; von E. R. (Erbach-Ringingen) 1979 aus den MTB 7624/2 und 7625/1 gemeldet; 05.11.99, bei Altheim/Alb, MTB 7426/1, Mischwald (Buche, Eiche, Fichte), bei Fichte im Nadelstreu, leg. B. S.; Herbst 1997, Lonetal/Holzkirch, Laubwald, leg. W. H.; Herbst 1997, Maienhalde, bei Holzkirch, leg. W. H.
Die Art scheint im Ulmer Raum selten zu sein. Bei der Bestimmung sollte eine Verwechslung mit *A. excelsa* vermieden werden.

Amanita phalloides (Fr.: Fr.) Link
Grüner Knollenblätterpilz
Funddaten: vor 1894, Veesenmeyer, bei Ulm; 1974–83, leg. A. K., MTB 7425, 7426, 7525; September 75, Kirchholz bei Of, MTB 7526, unter Eichen, leg. M. E.; 03.09.77, Bubesheimer Wald bei Echlishausen, unter Eichen/Buchen, MTB 7527, leg. M. E.; 17.09.77, Gräser-Exk., MTB 7525/2; 1937–40, Haas-Exk., Maien- und Klosterwald bei Ulm-Söflingen, MTB 7625; 10.09.79, zwischen Uf + Lh, am Biberberg, unter Eichen/Rotbuchen, leg. M. E., MTB 7527; Herbst 1988, Ulm, am Roten Berg/Dreierberg, MTB 7525/4, leg. E. S.; 1998, Lonetal, bei Eichen und Fichten, leg. W. H.
Die Art kommt nach meinen Beobachtungen im Ulmer Raum am häufigsten unter Eichen vor. Bei genauer Suche dürfte sie in jedem MTB im Ulmer Großraum zu finden sein.

Amanita porphyria (Alb. & Schw.: Fr.) Mlady
Porphyrbrauner Wulstling
Funddaten: 1974–83, leg. A. K., MTB 7426; 01.08.77, „Muna" bei Straß, MTB 7526, hinter Friedhof, im Fichtenwald, leg. M. E.; August 77, PA Ulm; 26./27.08.78, PA Ulm; Haas-Exk. 1937–40, Wald bei Jungingen, MTB 7525; Funddaten von L. K. (pers. Aufzeichn.): 01.09.89, südwestlich Schnürpflingen, MTB 7725/2, Fichtenstreu, leg. L. K.; 07.09.91, Illerrieden/Weihungszell, MTB 7726/1, leg. Hg (?).
Die Art ist nicht ausgesprochen häufig, dürfte aber in jedem MTB im Ulmer Raum vorkommen; vergleiche Krieglsteiners (2003) Verbreitungskarte.

Amanita rubescens (Pers.:Fr.) S. F. Gray
Perlpilz
Funddaten: vor 1896, Veesenmeyer, bei Ulm; 1937–40, Haas-Exk., Eselsberg bei Ulm, MTB 7525, Maien- und Klosterwald bei Ulm-Söflingen, MTB 7625, „Filde" bei Beimerstetten, MTB 7525, Wald bei Jungingen, MTB 7525; 1974–83, leg. A. K., MTB 7425, 7426, 7526, 7525; 23.10.76, Kri-Exk. „Muna" bei Bühl und zwischen Uf + Lh, Wald Jungholz-Lechfeld, MTB 7527; 15.07.79, bei Limbach, MTB 7528, Fichtenwald, leg. C. S., det. M. E. Weitere Funddaten erübrigen sich. Die Art ist sehr häufig und kommt sehr wahrscheinlich in allen MTB im Ulmer Raum vor.

Amanita solitaria (Bull.: Fr.) Merat
Stachelschuppiger Wulstling
Syn.: *A. echinocephala*
Rote-Liste-Art: gefährdet
Funddaten und Beschreibung siehe FISCHER (1996). Weitere Funddaten: bei Pilzausstellung in Ulm am 01./02.10.88; 25.09.94, Baden-Württemberg, Ulm-Donautal, am Lichternsee, unter *Tilia spec.*, leg. M. E., Beleg in (M); 13.09.01, Donau-Auwald bei Riedheim, am Wegrand, unter Linde und Berg-Ahorn, leg. C. E., det. M. E. (Foto); Für den Ulmer Raum nennt KRIEGLSTEINER (2003) nur 2 Fundpunkte in MTB 7525.

Amanita strangulata (Fr.) Quélet
Doppeltbescheideter Scheidenstreifling
Syn.: *A. ceciliae, A. inaurata*
Rote-Liste-Art: gefährdet
Funddaten: 1974–83, leg. A. K. in MTB 7526; August 77, PA Ulm; 30.09.79, Bubesheimer Wald bei Bühl, unter Eichen, MTB 7527; 1943–63, Haas-Exk. in „Filde" bei Beimerstetten, MTB 7525, bei Herrlingen (Klingenstein-Söflingen); 26./27.08.78, PA Ulm; 21.07.80, bei Limbach, MTB 7528, Fichtenwald, leg. M. E.; von E. R. (Erbach-Ringingen) 1979 aus dem MTB 7624 gemeldet. 12.09.86, Dreierberg bei Klingenstein, Mischwald aus vorwiegend Buche und Fichte, MTB 7625, leg. K. K.; 18.08.2000, bei Altheim/Alb, MTB 7426/1, Buchenwald, im Laubstreu, massenhaft!, leg. B. S.
KRIEGLSTEINER (1991) nennt in seinem Verbreitungsatlas Funde in den MTB 7424, 7425, 7525, 7526, 7527 und 7624. Nähere Fundangaben liegen mir nicht vor.

Amanita strobiliformis (Paul.: Vitt.) Bertillon
Fransiger Wulstling, Einsiedler-Wulstling
Rote-Liste-Art: gefährdet
Funddaten: 1937–40, Haas-Exk. bei Herrlingen, MTB 7525; 1974–83, leg. A. K. in MTB 7526, 7525; 02.07.82, Auwald bei Ne, MTB 7526, leg. M. E.; 18.07.82, bei Illerrieden, MTB 7726, leg. Hörmann; 07.07.83, Auwald Lh, MTB 7527/1, leg. M. E.; 04.09.84, Auwald Lh, leg. M. E., det. M. Bon (Frankreich), Beleg in (M); August 85, leg. K. Köhler, in MTB 7525; 25.07.92, Auwald bei Rh, MTB 7527/1, leg. M. E., Beleg in (M); 02.10.99, Salenhau bei Erstetten, MTB 7725, sonniger Waldrand auf Kalk, leg. K. K. 11.06.2000, nördlich von Riedheim, MTB 7527/1, am Schwarzen Graben („Herrgraben"), bei *Betula pendula*, leg. C. E., det. M. E.; Mitte Juni 2002, Anfang August 2002, Funde von T. B. am Stoffelberg, MTB 7724/3, 7725/3.

Amanita submembranacea (M. Bon) Gröger
Grauhäutiger Scheidenstreifling
Fundbeschreibung siehe FISCHER (1992); Beleg in (M); siehe auch DIETL & KRIEGLSTEINER (1989). Weitere Funddaten von L. K. (pers. Aufzeichn.): 01.06.90, Weißenberg/Illerrieden, MTB 7726/1, leg. J. I., det. L. K.; 16.10.98, Dischinger Holz, MTB 7724/4/23, leg. K. Ke., bei Fichte, Pflanzengesellschaft: Fichten-Forste, in verrottender Laub- und Nadelstreu, Höhe über NN: 525 m; KRIEGLSTEINER (2001) nennt weitere Funde in den MTB 7525 und 7725; Details sind mir nicht bekannt.

Amanita vaginata (Bull.:Fr.) Lamarck
Grauer Scheidenstreifling
Funddaten: vor 1896, leg. Veesenmeyer, bei Ulm; 1937–40, Haas-Exk., Eselsberg bei Ulm, MTB 7525, in „Filde" bei Beimerstetten, MTB 7525, Wald bei Jungingen, MTB 7525; 23.10.76, Kri-Exk. zwischen Uf + Lh, Wald „Jungholz-Lechfeld", MTB 7527; weitere Funddaten erübrigen sich. Die Art ist sehr häufig und kommt sehr wahrscheinlich in allen MTB im Ulmer Raum vor.

Amanita virosa (Fr.) Bert.
Kegelhütiger Knollenblätterpilz
Syn.: *A. verna* (Bull.:Fr.) ss. auct. p.p.
Funddaten: 1937–40, Haas-Exk.; 1974–83, leg. A. K. in MTB 7525; August 77, Pilzausstellung in Ulm; bei Pilzausstellung in Ulm am 01./02.10.88; von E. R. (Erbach-Ringingen) 1979 aus dem MTB 7625/1 gemeldet. H. L. fand die Art im Ummendorfer Ried (mündl. Mitt., ohne Datum); KRIEGLSTEINER (1991) nennt in seinem Verbreitungsatlas Funde in den MTB 7624 und 7725; Anf. August 2002, Osterried Nord, MTB 7725/3, leg. T. B.; KRIEGLSTEINER (2001) nennt Funde in den MTB 7525, 7625, 7724 und 7725; Details sind mir nicht bekannt.

Familie **Hygrophoraceae** Roze ex Maire

Hygrocybe acutopunicea Hall.
Rotkegeliger Saftling
05.10.92, Kälberheu nordöstlich von Altheim, Wacholderheide, Magerwiesenhang mit eingestreuten Eichen und Fichten, MTB 7426/1, leg. E. S.

Hygrocybe calciphila Arnolds
Rote-Liste-Art: stark gefährdet!
G. J. K. (pers. Mitteilung) ist der Meinung, dass die von H. H. im Ulmer Raum gefundene *C. miniata* „ganz sicher" *H. calciphila* sei.

Hygrocybe ceracea (Fr.: Fr.) Kummer
Zerbrechlicher Saftling
Syn.: *H. vitellinoides, H. citrina*
Rote-Liste-Art: gefährdet
Funddaten: 1943–63, Haas-Exk. bei Herrlingen, MTB 7525;
Nachfolgenden Fund bestimmte M. Bon (Frankreich) als *H. vitellinoides*. G. J. K. stellt die Art zu *H. ceracea*: 25.10.81, bei Uf, MTB 7527, auf Wiese (ohne Bäume), leg. M. E., det. M. Bon (Frankreich); Beleg in (M); Funddaten von L. K. (pers. Aufzeichn.): 31.10.88, „Mönchsteig", Schafweide, MTB 7424/4, leg. R. St.

Hygrocybe chlorophana (Fr.: Fr.) Wünsche
Stumpfer Saftling
Rote-Liste-Art: gefährdet
05.10.92, Kälberheu nordöstlich von Altheim, Wacholderheide, Magerwiesenhang mit eingestreuten Eichen und Fichten, MTB 7426/1, leg. E. S.; Herbst 1998, bei Scharenstetten, Heide unter Kiefer, leg. W. H.
KRIEGLSTEINER (2001) nennt Funde in den MTB 7425 und 7524; Details sind mir nicht bekannt.

Hygrocybe citrinovirens (Lange) Schäffer
Gelbgrüner Saftling
Syn.: *H. cystidiata*
Funddaten: 1998, 1999, 2001, 2002, Stöckelberg/Söhnstetten, MTB 7325/2, leg. H. P. (H. St.); KRIEGLSTEINER (1991) nennt in seinem Verbreitungsatlas einen Fund in MTB 7424. Nähere Fundangaben liegen mir nicht vor.

Hygrocybe coccinea (Schaeff.: Fr.) Kummer
Kirschroter Saftling
Rote-Liste-Art: gefährdet
Funddaten: 1973–1983, leg. A. K. in MTB 7426; 05.10.92, Kälberheu nordöstlich von Altheim, Wacholderheide, Magerwiesenhang mit eingestreuten Eichen und Fichten, MTB 7426/1, leg. E. S.; ab 1998 regelmäßig, Stöckelberg/Söhnstetten, MTB 7325/2, leg. H. P. (H. St.); ab 1998 regelmäßig, Erpfenhauser Hof, MTB 7326/3, leg. H. P. (H. St.);
KRIEGLSTEINER (1991) nennt in seinem Verbreitungsatlas Funde in den MTB 7425, 7426 und 7626. Nähere Fundangaben liegen mir nicht vor.

Hygrocybe coccineocrenata (Orton) Moser
Rußflockiger Moor-Saftling
Funddaten: 13.06.93, im Osterried bei Laupheim, MTB 7825/1, im Gras/Sphagnum, leg. G. O., Beleg in (M)

Hygrocybe colemanniana (Bloxam in Berk. & Br.) Orton & Watling – Dattelbrauner Saftling
Syn.: *Camarophyllus colemannianus, C. subradiatus*
Rote-Liste-Art: stark gefährdet!
Funddaten: 23.10.76, Kri-Exk. Auwald zwischen Uf + Lh, Wald Jungholz-Lechfeld, MTB 7527; 03.11.78, Uf, „auf den Bergen", im Gras, leg. M. E., conf. H. H.; siehe auch DIETL & KRIEGLSTEINER (1989); alljährlich im Herbst, bei Altheim/Alb, Wacholderheide, leg. W. H.

Hygrocybe conica (Schaeff.: Fr.) Kummer
Schwärzender Saftling, s. Foto S. 215
Syn: *H. nigrescens, H. riparia*
Funddaten: vor 1894, leg. Veesenmeyer bei Haslach im OA Ulm; 1937–40 und 1943–63, Haas-Exk. am Eselsberg bei Ulm, MTB 7525 und bei Herrlingen, MTB 7525; 15.07.78, alljährlich im Garten von H. + Bärbel Enderle, Uf, MTB 7527, leg. M. E.; 1974–83, leg. A. K. in MTB 7426, 7525, 7526; weitere Funddaten erübrigen sich. Die Art ist sehr häufig und kommt sehr wahrscheinlich in allen MTB im Ulmer Raum vor. Nach KRIEGLSTEINER (2001) ist H. riparia konspezifisch. Fundbeschreibung siehe ENDERLE (1987 d).

Hygrocybe insipida (J. Lge. ex Lund.) Moser
Gelbrandiger Saftling
Rote-Liste-Art: gefährdet
KRIEGLSTEINER (1991) nennt in seinem Verbreitungsatlas einen Fund in MTB 7525. Nähere Fundangaben liegen mir nicht vor.

Hygrocybe intermedia (Pass.) Fay.
Trockener Saftling
Funddaten: 1998, 2000, 2001, Stöckelberg/Söhnstetten, MTB 7325/2, leg. H. P. (H. St.)

Hygrocybe irrigata (Pers.: Fr.) Bon
Grauer Saftling
Syn.: *H. unguinosa*
Rote-Liste-Art: gefährdet
Funddaten: 1974–83, leg. A. K. in MTB 7426, 7526; Funddaten von L. K. (pers. Aufzeichn.): 1989, leg. G. O. in MTB 7725/3; ab Oktober 1998 regelmäßig, Erpfenhauser Hof, MTB 7326/3, leg. H. P. (H. St.).

Hygrocybe lacmus (Schumacher) Orton & Watling – Violettgrauer Ellerling
Funddaten: 2002, Stöckelberg/Söhnstetten, MTB 7325/2, leg. H. P. (H. St.)

Hygrocybe laeta (Pers.: Fr.) Karsten
Zäher Saftling
Rote-Liste-Art: stark gefährdet!

Hygrocybe conica

Funddaten: 1943–63, Haas-Exk. in „Filde" bei Beimerstetten, MTB 7525

Hygrocybe miniata (Fr.: Fr.) Kummer
Mennigroter Saftling
Syn.: *H. strangulata*
Funddaten von L. K. (pers. Aufzeichn.): ca. 1980, leg. A. K. in MTB 7426/2; 02.08.87, Donaumoos nordwestlich des Emmausheims nordöstlich von Gz, am Seeufer im Gras, MTB 7427/4, leg. G. J. K. und M. E.; 24.09.89, Steinbruch Sotzenhausen, *Brometum*, MTB 7624/2, leg. L. K.; ab 1998 regelmäßig, Stöckelberg/Söhnstetten, MTB 7325/2, leg. H. P. (H. St.); 30.09.00, bei Altheim/Alb, MTB 7426/1, auf Heidefläche, im Gras, leg. B. S.

Hygrocybe mucronella (Lasch: Fr.) Karsten
Bitterer Saftling
Syn.: *H. reai*
Rote-Liste-Art: gefährdet
Fundbeschreibung siehe Ottmann & Enderle (1986).
Weitere Funddaten: 07.10.84, Garten von H. + Bärbel Enderle, Uf, MTB 7527, im Gras bei Obstbäumen, leg. M. E., det. M. Bon (Frankreich), Beleg in (M); 1999, Erpfenhauser Hof, MTB 7326/3, leg. H. P. (H. St.)

Hygrocybe nitrata (Pers.) Wünsche
Nichtrötender Nitratsaftling
Funddaten: 1999, 2002, Stöckelberg/Söhnstetten, MTB 7325/2, leg. H. P. (H. St.)

Hygrocybe obrussea (Fr.: Fr.) Wünsche
Schnürsporiger Saftling
Syn.: *H. quieta*
Rote-Liste-Art: stark gefährdet!
Funddaten: 1937–40, bei Blaubeuren, MTB 7524; 1974–83, leg. A. K. in MTB 7426 und 7526; Oktober 1999, 2000, 2001, Stöckelberg/Söhnstetten, MTB 7325/2, leg. H. P. (H. St.)

Hygrocybe ovina (Bull.: Fr.) Kühner
Rötender Saftling
Funddaten: 1998, 2000, 2001, 2002, Stöckelberg/Söhnstetten, MTB 7325/2, leg. H. P. (H. St.)

Hygrocybe persistens (Britz.) Singer
Safrangelber Saftling
Syn.: *H. acutoconica, H. konradii, H. subglobispora*
Rote-Liste-Art: stark gefährdet!
Fundbeschreibung mit Foto siehe Enderle & Reininger (1995).
Funddaten: 1937–40, Haas-Exk. am Eselsberg bei Ulm, MTB 7525, bei Blaubeuren, MTB 7524;

Hygrocybe persistens

15.09.85, bei Rh, in Wedelek-Siedlung am Auwaldrand, im Gras an einem Weiher, MTB 7527/1, leg. M. E., det. M. Bon (Frankreich), Beleg im Fung. Kri; 29.05.86, Bissingen, Lonetal, Mesobrometum, MTB 7427/1, bei AMO-Exkursion.
Funddaten von L. K. (pers. Aufzeichn.): 13.07.89, Klingenstein, in Wiese/Garten, MTB 7525/3, leg. E. S., det. L. K.; 24.09.89, Steinbruch Sotzenhausen, Brometum, MTB 7624/2, leg. L. K.; 9.07.90, Oberes Wiesental (Rummelplatz), Magerrasen, MTB 7525/3, leg. L. K.; 20.07.97, Wacholderheide vor Gerstetten, leg. M. E., Beleg in (M).; 21.07.02, bei Gerstetten, auf Halbtrockenrasen, leichter Nordhang, auf Kalk, MTB 7325/4/24, leg. G. S.; Juli 1999, Stöckelberg/Söhnstetten, MTB 7325/2, leg. H. P. (H. St.)

Hygrocybe pratensis (Pers.: Fr.) Donk

Wiesenellerling
Syn.: *Camarophyllus pratensis*, ?*Camarophyllus berkeleyanus*, ?*Hygrophorus berkeleyi*, ?*Hygrocybe ortonii*
Rote-Liste-Art: gefährdet
Foto siehe HEDLICH (1989).
Funddaten: 1937–40, Haas-Exk. bei Blaubeuren, MTB 7524; 1974–83, leg. A. K. in MTB 7426; meine Funddaten publiziert von Krieglsteiner in Z. Mykol. (Band?); 19./20.09.96, bei Pilzausstellung in Ulm; seit 1998 regelmäßig, Stöckelberg/Söhnstetten, MTB 7325/2, leg. H. P. (H. St.); Oktober 2001 und 2002, Segelflugplatz, MTB 7624/3, leg. T. B.; 25.09.99, bei Altheim/Alb, MTB 7426/1, auf Heidefläche, im Gras, leg. B. S.; KRIEGLSTEINER (1991) nennt in seinem Verbreitungsatlas Funde in den MTB 7424, 7425, 7524 und 7725. Nähere Fundangaben liegen mir nicht vor.

Hygrocybe psittacina (Schaeff.: Fr.) Wünsche

Papageigrüner Saftling, s. Foto S. 217
Funddaten: 1937–40, Haas-Exk. am Eselsberg bei Ulm, MTB 7525, bei Blaubeuren, MTB 7524; 1974–83, leg. A. K. in MTB 7526; 05.10.92, Kälberheu nordöstlich von Altheim, Wacholderheide, Magerwiesenhang mit eingestreuten Eichen und Fichten, MTB 7426/1, leg. E. S.; 12.10.02, bei Westerstetten, auf altem Sportplatz bei „Klingenhau", bei BUND-Führung mit Herrn Haag, leg. M. E.; ab Oktober 1998, regelmäßig, Stöckelberg bei Söhnstetten, MTB 7325/2, leg. H. P. (H. St.); ab Oktober 1998 regelmäßig, Erpfenhauser Hof, MTB 7326/3, leg. H. P. (H. St.); 14.10.01, bei Altheim/Alb, MTB 7426/1, auf Heidefläche, im Gras, leg. B. S.

Hygrocybe punicea (Fr.: Fr.) Kummer

Granatroter Saftling
Rote-Liste-Art: gefährdet
Foto siehe HEDLICH (1989); ab Oktober 1998 regelmäßig, Stöckelberg/Söhnstetten, MTB 7325/2, leg.

H. P. (H. St.); ab 1998 regelmäßig, Erpfenhauser Hof, MTB 7326/3, leg. H. P. (H. St.)

Hygrocybe reidii Kühner
Funddaten: Oktober 1999, 2000, 2002, Stöckelberg/Söhnstetten, MTB 7325/2, leg. H. P. (H. St.); 14.10.01, bei Altheim/Alb, MTB 7426/1, auf Heidefläche, im Gras, leg. B. S.

Hygrocybe russocoriacea (Berk. & Miller) Orton & Watling – Juchtenellerling
Syn.: *Camarophyllus russocoriaceus*
Rote-Liste-Art: stark gefährdet!
Funddaten: 1974–83, leg. A. K. in MTB 7426; Krieglsteiner (2001) nennt einen Fund in MTB 7724; Details sind mir nicht bekannt.

Hygrocybe virginea (Wulfen: Fr.) Orton & Watling – Jungfern-Ellerling
Syn.: *Camarophyllus virgineus, Camarophyllus niveus*
Funddaten: vor 1984, Veesenmeyer, Ulm, im Ried, häufig; 1937–40, Haas-Exk. bei Blaubeuren, MTB 7524; 10./11.10.48, Haas-Fund PA Ulm; 1974–83, leg. A. K. in MTB 7525, 7526; November 77, zwischen Uf + Lh, am Biberberg, auf Wiese, MTB 7527, leg. M. E.; 29.10.82 + 31.10.82, bei Mehrstetten, Wacholderheide, MTB 7623, leg. G. O.; ab Oktober 1998, regelmäßig, Erpfenhauser Hof, MTB 7326/3, leg. H. P. (H. St.); 14.10.01, bei Altheim/Alb, MTB 7426/1, auf Heidefläche, im Gras, leg. B. S.; 1.11.02, Ehingen Flugplatz, MTB 7724/1, Halbtrockenrasen, leg. K. Ke.

Hygrocybe virginea var. **fuscescens** (Bres.) Arnolds
Syn.: *Camarophyllus fuscescens*
Funddaten: 22.10.81, bei Uf, „auf den Bergen“, Halbtrockenrasen, MTB 7527/3, leg. M. E., Beleg in (M). Krieglsteiner (1991) nennt in seinem Verbreitungsatlas Funde in den MTB 7525 und 7526. Nähere Fundangaben liegen mir nicht vor.

Hygrophorus agathosmus (Fr.) Fr.
Wohlriechender Schneckling
Rote-Liste-Art: gefährdet
Funddaten: 1937–40, Haas-Exk. am Eselsberg bei Ulm, MTB 7525, im Maien- und Klosterwald bei Ulm-Söflingen, MTB 7625, bei Herrlingen, MTB 7525, in „Filde“ bei Beimerstetten, MTB 7525, bei Blaubeuren, MTB 7524; 23.10.76, Kri-Exk. in „Muna“ bei Bühl, MTB 7526; 10.10.98, zwischen Altheim und Gerstetten, auf Wacholderheide, leg. M. E. Weitere Funddaten erübrigen sich. Die Art ist häufig und kommt sehr wahrscheinlich in allen MTB im Ulmer Raum vor.

Hygrocybe psittacina

Hygrophorus agathosmus var. ?

Hygrophorus agathosmus (Fr.) Fr. varietas?
Fundbeschreibung mit Foto s. ENDERLE (1999 c)
Hut 15–40 (50) mm breit, grau-bräunlich (ähnlich *H. agathosmus*), junge Hüte grau-weißlich, kahl, *nicht* schmierig oder schleimig, teilweise mit gelblichem Stich
Lamellen weißlich, alt mit schwach inkarnatfarbenem Stich, herablaufend, entfernt stehend
Stiel 30–60 mm lang, in der Mitte 5–10 mm dick, gleichdick, +/- verbogen, meist mit chromgelber Basis, mit winzigen weißen Pusteln über die gesamte Länge
Geruch schwach bis deutlich bittermandelartig (ähnlich *H. agathosmus*, jedoch nicht so stark)
Geschmack mild, pilzartig banal
Sporen 9,5–12,5 x 6–6,5 µm
Funddaten: 28.11.82, Bayern, bei Gz im Donau-Auwald, MTB 7527, im Gras unter *Picea abies*, leg. M. E., det. M. Bon (Frankreich; Beleg-Nr. 82453); 25.10.98, Bayern, Donau-Auwald bei Riedheim, in kleiner Fichtenparzelle auf kalkhaltigem Untergrund (hinter der „Bibertafel"), leg. M. E.
Anmerkungen: im Moser (1983) sowie in BON's damaligem *Hygrophorus*-Schlüssel war für diesen Fund kein geeigneter Name zu finden. H. agathosmus müsste robuster sein und eine schmierige Hutoberfläche haben; zudem dürfte die Stielbasis meines Wissens nicht chromgelb sein. Zudem sollte H. agathosmus kleinere Sporen haben.
Laut Marcel BON, dem ich die Pilze zur Begutachtung zuschickte, handelt es sich um eine bisher unbeschriebene Varietät des *H. agathosmus*, nahe der var. *annofloccosus* Br.

Hygrophorus arbustivus Fr.
Faserhütiger Schneckling
Funddaten: KRIEGLSTEINER (2001) nennt einen Fund in MTB 7624; Details sind mir nicht bekannt.

Hygrophorus aureus (Arrhenius) Fries
Syn.: *H. hypothejus* var. *aureus*
Funddaten: 21.12.03, in Laupheim, im Park, unter Kiefer, leg. T. B.

Hygrophorus camarophyllus (Alb. & Schw.: Fr.) Dumée, Grandjean & Maire
Graubrauner Schneckling
Funddaten: KRIEGLSTEINER (2001) nennt einen Fund in MTB 7424; Details sind mir nicht bekannt.

Hygrophorus chrysodon (Batsch: Fr.) Fr.
Goldzahn-Schneckling
Funddaten: 1937–40, Haas-Exk. am Eselsberg in Ulm, MTB 7525; 1974–83, leg. A. K. in MTB 7426,

7526; bei Pilzausstellung in Ulm am 01./02.10.88; Funddaten von L. K. (pers. Aufzeichn.): Herbst 1989, „Stockert" westlich Ermingen, MTB 7625/1, leg. E. S., det. L. K.; 23.10.86, Markhau südlich Börslingen, MTB 7528, Buchenwald auf Kalkboden, leg. K. K.; KRIEGLSTEINER (1991) nennt in seinem Verbreitungsatlas Funde in den MTB 7424, 7524 und 7624. Nähere Fundangaben liegen mir nicht vor.

Hygrophorus discoideus (Pers.: Fr.) Fr.
Braunscheibiger Schneckling
Funddaten: 1937–40, Haas-Exk. im Maien- und Klosterwald Ulm-Söflingen, MTB 7625, bei Herrlingen, MTB 7525, in „Filde" bei Beimerstetten, MTB 7525, bei Blaubeuren, MTB 7524; 25.09.77, Kri-Exk. am Roten Berg bei Ulm, MTB 7525/4; 06.10.79, „Muna" bei Bühl, unter Fichten, MTB 7526, leg. M. E.; Jungfichtenwald bei Berghülen und Wacholderheide bei Mehrstetten, MTB 7524 und 7623, leg. G. O.; 10.10.84, bei Nerenstetten, bei Rotbuchen, Eichen, auf Kalk, leg. M. E.; weitere Funddaten erübrigen sich. Die Art ist häufig und kommt sehr wahrscheinlich in allen MTB im Ulmer Raum vor.

Hygrophorus eburneus (Bull.: Fr.) Fr.
Elfenbeinschneckling
Funddaten: vor 1894, leg. Veesenmeyer in Ulm im Eselswald, bei Mähringen und Thalfingen; 01.11.80, Bubesheimer Wald bei Echlishausen, MTB 7527, unter Buchen, leg. M. E.; 1982, leg. A. K. in MTB 7426/1 und 7525/3; bei Pilzausstellung in Ulm am 01./02.10.88; weitere Funddaten erübrigen sich. Die Art ist häufig und kommt sehr wahrscheinlich in allen MTB im Ulmer Raum, vor allem auf der Schwäbischen Alb vor.

Hygrophorus eburneus var. **discoxanthus**
(Fr.) Krieglsteiner 2000 – Verfärbender Schneckling
Syn.: *H. discoxanthus, H. cossus*
Funddaten: 03.09.77, Bubesheimer Wald bei Echlishausen, unter Rotbuchen/Eichen (Reaktion mit KOH sofort gelb, nach 1 Min. orange), MTB 7527, leg. M. E.; 17.09.78, Kri-Exk. bei Hörvelsingen, MTB 7526; 07.10.78, Sta-Exk. im Bubesheimer Wald, MTB 7527; 1982, leg. A. K. in MTB 7426/1; weitere Funddaten erübrigen sich. Die Art ist häufig und kommt sehr wahrscheinlich in allen MTB im Ulmer Raum, vor allem auf der Schwäbische Alb vor.

Hygrophorus erubescens (Fr.) Fr.
Rasiger Purpurschneckling
Rote-Liste-Art: gefährdet
Funddaten: 1937–40, Haas-Exk. am Eselsberg in Ulm, MTB 7525, bei Jungingen, MTB 7525; 1974–83, leg. A. K. in MTB 7525; bei Pilzausstellung in Ulm am 01./02.10.88; von E. R. (Erbach-Ringingen) 1979 aus den MTB 7624/4 und 7625/1 gemeldet; KRIEGLSTEINER (1991) nennt in seinem Verbreitungsatlas Funde in den MTB 7425, 7624 und 7625. Nähere Fundangaben liegen mir nicht vor.

Hygrophorus hedrychii (Val) Kult.
Dickschleimiger Birkenschneckling
Syn.: *H. melizeus* (Fr.: Fr.) Fr. ss. Neuhoff
Rote-Liste-Art: gefährdet
Funddaten: 15.10.89, zwischen Rh + Gz, MTB 7527, auf Wiese am Waldrand, bei Birken, leg. M. E., Beleg in (M)

Hygrophorus hypothejus (Fr.: Fr.) Fr.
Frostschneckling
Funddaten: 1974–83, leg. A. K. in MTB 7525 und 7426; 19.11.77, zwischen Uf und Bühl, beim Bühler Sportplatz unter einer Kiefer, MTB 7527, leg. M. E.; 31.10.82, bei Mehrstetten, Heidehang, bei einzelner Kiefer, MTB 7623, leg. G. O.; 19./20.09.96, bei Pilzausstellung in Ulm; Funddaten von L. K. (pers. Aufzeichn.): 07.11.89, südlich Oxenbronn, unter Kiefer, MTB 7627/2 leg. L. K.

Hygrophorus latitabundus Britz.
Weißschuppiggestiefelter Schneckling
Syn.: *H. fuscoalbus*
Rote-Liste-Art: gefährdet
Funddaten: 1937–40, Haas-Exk. bei Herrlingen, MTB 7525; 19.10.80, Haas-Exk. bei Breitingen, MTB 7425; Funddaten von L. K. (pers. Aufzeichn.): 17.10.89, Sotzenhausen, auf Orchideenwiese, MTB 7624/2, leg. G. O.

Hygrophorus ligatus Fr.
Schleimigberingter Schneckling
Rote-Liste-Art: stark gefährdet!
Fundbeschreibung siehe KRIEGLSTEINER & ENDERLE (1988).
Weitere Funddaten: 1937–40, Haas-Exk. im Maien- und Klosterwald Ulm-Söflingen, bei Blaubeuren, MTB 7524; 1974–83, leg. A. K. im MTB 7426; 19./20.09.96, bei Pilzausstellung in Ulm; KRIEGLSTEINER (2001) nennt Funde in verschiedenen MTB im Ulmer Raum; Herbst 1996, bei Hörvelsingen, Wachholderheide, unter Kiefer, leg. W. H.

Hygrophorus lindtneri Moser
Fundbeschreibung siehe OTTMANN & ENDERLE (1986).
Funddaten: 25.08.82, Donau-Auwald bei Lh-Gz, unter *Corylus*, MTB 7527, leg. M. E.; 04.10.84, Donau-Auwald zwischen Rh und Gz, unter *Corylus*, MTB 7527/1, leg. M. E., Beleg in (M); Funddaten von L. K. (pers. Aufzeichn.): 30.09.88, bei Temmenhausen, bei Eiche/Hainbuche/Buche, MTB 7525/1, leg. L. K. +

G. D.; 02.11.87, „Weiherhalden“ nördlich Herrlingen, bei Eiche/Hainbuche/Buche, TB 7525/3, leg. L. K.

Hygrophorus lindtneri var. **unicolor** Gröger (Krieglsteiner) – Seidigberandeter Schneckling
Syn.: *H. leucophaeus*
Funddaten: 1937–40, Haas-Exk. 1937–40, am Eselsberg in Ulm, MTB 7525, im Maien- und Klosterwald bei Ulm-Söflingen, MTB 7625, bei Herrlingen, MTB 7525, in „Filde“ bei Beimerstetten, MTB 7525, bei Blaubeuren, MTB 7524; 1982, leg. A. K. in MTB 7426/1+3; DIETL & KRIEGLSTEINER (1989), am Oberen Eselsberg in Ulm; 05.11.99, bei Altheim/Alb, MTB 7426/1, Buchenwald, im Laubstreu, leg. B. S.
Anmerkung: KRIEGLSTEINER (2001) sieht in der genannten Sippe nur eine Varietät des *H. lindtneri*. Dies sollte durch weitere Funde verifiziert werden!

Hygrophorus lucorum Kalchbr.
Lärchenschneckling
Funddaten: 01.10.77, VHS-Führung M. Enderle am Roten Berg bei Ulm, leg. M. E.; 1974–83, leg. A. K. im MTB 7525; 28.09.79, Bubesheimer Wald bei Lh, in Fichtenparzelle unter Lärche, MTB 7527, leg. M. E.; 03.11.83, bei Thalfingen-Seligweiler, leg. G. Hörmann, MTB 7526

Hygrophorus mesotephrus Berk. & Br.
Graubrauner Schleimstielschneckling
Rote-Liste-Art: gefährdet
Funddaten: siehe DIETL & KRIEGLSTEINER (1989) am Oberen Eselsberg in Ulm

Hygrophorus nemoreus (Lasch) Fr.
Hainschneckling
Funddaten: 1943–63, Pilzausstellung Ulm; 01.10.81, bei Laupheim, leg. G. O.; 08.09.85, am Biberberg zwischen Uf + Lh, MTB 7527, bei Eiche/Hainbuche, leg. M. E.; bei Pilzausstellung in Ulm am 01./02.10.88; DIETL & KRIEGLSTEINER (1989), am Oberen Eselsberg in Ulm; KRIEGLSTEINER (2001) nennt Funde in den MTB 7623, 7624, 7625 und 7724; Details sind mir nicht bekannt.

Hygrophorus olivaceoalbus (Fr.: Fr.) Fr.
Natternstieliger Schneckling
Funddaten erübrigen sich. Die Art ist sehr häufig und kommt sehr wahrscheinlich in allen MTB im Ulmer Raum vor.

Hygrophorus penarius Fr.
Trockener Schneckling
Funddaten: 1943–63, Haas-Exk. in „Filde“ bei Beimerstetten, MTB 7525, bei Herrlingen, MTB 7525; 22.09.79, VHS-Exk. am Roten Berg bei Ulm

Hygrophorus persoonii Arnolds
Olivgestiefelter Schneckling
Syn.: *H. dichrous*
Rote-Liste-Art: gefährdet
Funddaten: 29.09.79, Bubesheimer Wald bei Echlishausen, unter Eichen/Hasel, MTB 7527, leg. M. E.; KRIEGLSTEINER (2001) nennt einen Fund in MTB 7525; Details sind mir nicht bekannt.

Hygrophorus piceae Kühner
Fichtenschneckling
Funddaten: 13.10.79, Haas-Exk. im Bubesheimer Wald bei Echlishausen, bei Fichten, MTB 7527; 19./20.09.96, bei Pilzausstellung in Ulm; 31.10.99, bei Altheim/Alb, MTB 7426/1, in Buchenwald bei eingestreuten Fichten, im Nadelstreu, leg. B. S.

Hygrophorus poetarum Heim
Isabellrötlicher Schneckling
Rote-Liste-Art: gefährdet
Funddaten: 1943–63, Haas-Exk. bei Pappelau, MTB 7624; 1982, leg. A. K. in MTB 7426

Hygrophorus pudorinus (Fr.) Fr. ss. auct.
Orangeschneckling
Rote-Liste-Art: stark gefährdet!
Funddaten: 1937–40, im Maien- und Klosterwald bei Ulm-Söflingen, MTB 7625, bei Herrlingen, MTB 7525; 25.09.77, Kri-Exk. am Roten Berg bei Ulm, MTB 7525/4; 1974–83, leg. A. K. in MTB 7425, 7526; von E. R. (Erbach-Ringingen) 1979 aus dem MTB 7525/4 gemeldet. 23.10.00, Ulm, gegenüber dem Roten Berg, in Rotbuchen-Tannenwald auf kalkhaltigem Untergrund, zahlreich, bei *Abies alba* und *Fagus silvaticus*, leg. Christoph Baumgärtner (Ulm), det. M. E. (mit Diapositiv).

Hygrophorus pustulatus (Pers.: Fr.) Fr.
Schwarzpunktierter Schneckling
Funddaten erübrigen sich. Die Art ist sehr häufig und kommt sehr wahrscheinlich in allen MTB im Ulmer Raum vor.

Hygrophorus russula (Schaeff.: Fr.) Quélet
Gefleckblättriger Purpurschneckling
Rote-Liste-Art: gefährdet
Funddaten: vor 1894, leg. Veesenmeyer bei Ulm (selten); 1937–40, Haas-Exk. am Eselsberg in Ulm, MTB 7525, bei Blaubeuren, MTB 7524; 13.10.79, Haas-Exk. zwischen Ne + Bu, bei Fichten, MTB 7526; 19./20.09.96, bei Pilzausstellung in Ulm; von E. R. (Erbach-Ringingen) 1979 aus dem MTB 7624/1 gemeldet.

Familie **Lepiotaceae** Roze
Schirmlingsartige

Chamaemyces fracidus (Fr.) Donk
Fleckender Schmierschirmling
Rote-Liste-Art: gefährdet
Fundbeschreibung siehe ENDERLE (1989 d) und ENDERLE & REININGER (1995).
Weitere Funddaten: 1973–1940, Haas-Fund PA Ulm; 10.08.78, Auwald Uf, in Fichtenparzelle, MTB 7527/3, leg. M. E., det. J. St. (Augsburg); August 78, PA Ulm; 01.07.79, Lh, Kinderfestplatz, MTB 7527/1, leg. M. E.; 04.10.79, Auwald zwischen Ne + Oe, MTB 7526, in Fichtenparzelle, leg. M. E.; 20.07.80, „Muna" bei Straß, MTB 7526, leg. Frau Braun, det. M. Enderle; 19.06.81, Auwald Lh/Gz, am Wegrand, MTB 7527, leg. C. Schnarbach; 08.08.81, „Muna" bei Straß, MTB 7526, leg. M. E., Beleg in (M); 16.06.86, Auwald bei Rh, MTB 7527/1, leg. M. Enderle, Beleg in (M); 11.07.92, Auwald bei Rh, MTB 7527/1, leg. M. E., Beleg in (M);

Cystolepiota cf. **adulterina** (F. Moeller) M. Bon
Hecken-Mehlschirmling
Syn.: *C. subadulterina*
Beleg in (M) sub *C.* cf. *adulterina*; die Funddaten müssten dort eingesehen und verifiziert werden.

Cystolepiota bucknallii (Berk. & Br.) Singer & Clém. – Violettlicher Mehlschirmling
Funddaten: 23.09.79, Bubesheimer Wald bei Bühl, MTB 7527/3, unter Eichen/Buchen, leg. M. E., det. J. St.; 03.10.83, Kiesental, MTB 7525, Buchenwald auf Kalk, leg. G. O.; 24.09.88, bei Rh, am Rand des Auwaldes, MTB 7527/1, Beleg in (M); KRIEGLSTEINER (1991) nennt in seinem Verbreitungsatlas Funde in den MTB 7424, 7425, 7426 und 7526. Nähere Fundangaben liegen mir nicht vor.

Cystolepiota hetieri (Boud.) Singer
Rotfleckender Mehlschirmling
Rote-Liste-Art: gefährdet
Fundbeschreibung mit Foto siehe ENDERLE (1996 c). Nach einer Arbeit von VELLINGA & HUIJSER (1998) ist *C. adulterina* offenbar doch eine separate, „gute" Art.

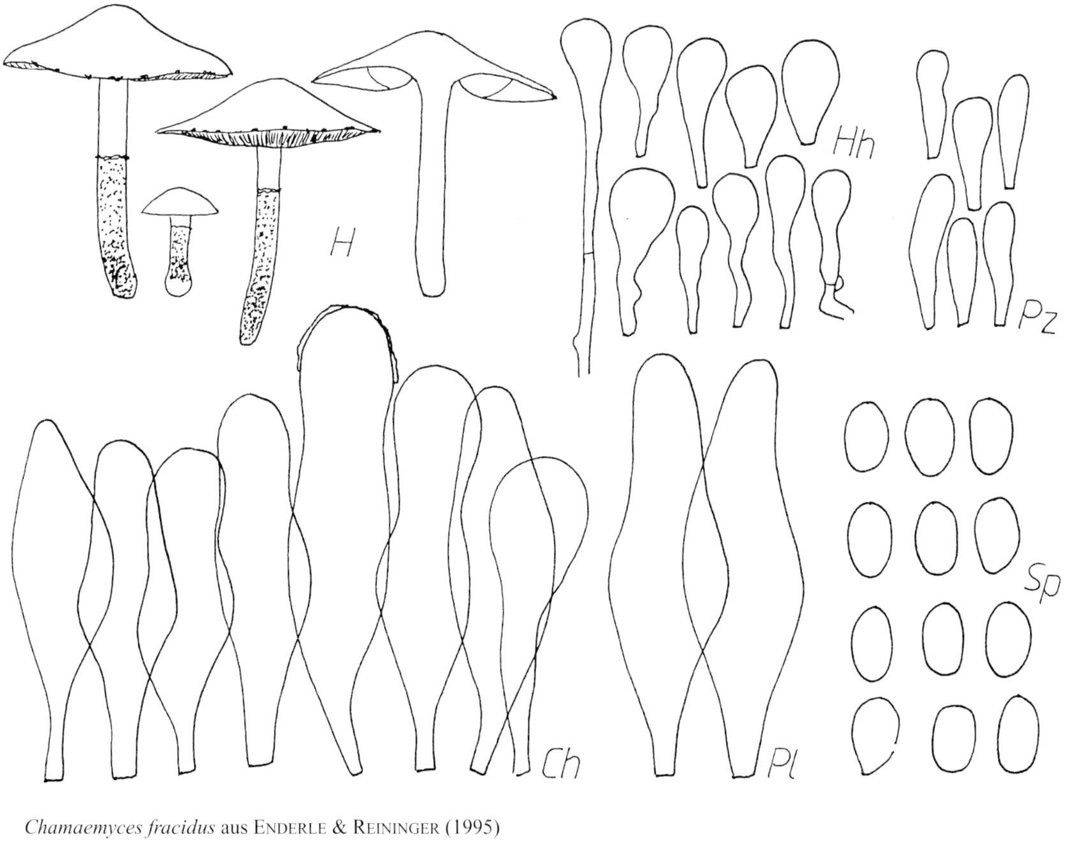

Chamaemyces fracidus aus ENDERLE & REININGER (1995)

Funddaten: 16.09.82, Ulm-Wiblingen, im Gögglinger Wäldchen, bei Laubgehölz, leg. M. E.; 06.10.88, „Alte Steige“ bei Neidlingen, im Kalk-Buchenwald, montan, in Laub- und Krautschicht, MTB 7523/1, leg. L. K., det. E.C. Vellinga (Holland); Funddaten von L. K. (pers. Aufzeichn.): 06.07.89, „Gehrnberg“ südwestlich Wippingen, Fichtenstreu, Hochwald, MTB 7525/3, leg. E. S., det. L. K.

Cystolepiota moelleri Knudsen
Rosa Mehlschirmling
Rote-Liste-Art: latent gefährdet
Syn.: *C. rosea, Lepiota pseudoasperula* (Knudsen) Knudsen ss. ENDERLE & KRIEGLSTEINER (1989)
Fundbeschreibung siehe ENDERLE & KRIEGLSTEINER (1989).
Nach HUIJSER (1998) ist der von mir 1989 publizierte Fund *C. moelleri* (obwohl er von KNUDSEN, dem Beschreiber der *C. moelleri* als *L. pseudoasperula* bestimmt worden war!)
Weitere Funddaten: 23.09.86, bei Nerenstetten, Baden-Württemberg, unter Fagus/Quercus, leg. M. E., det. H. Knudsen (Dänemark), Beleg in (M);

Cystolepiota seminuda (Lasch: Fr.) Bon
Zierlicher Mehlschirmling
Syn.: *C. sistrata, C. sororia*
Fundbeschreibung siehe ENDERLE (1992 a).
Weitere Funddaten: 15.10.77, Stangl-Exk. „Muna“ bei Bühl, MTB 7527/3; 13.08.79, zwischen Uf + Lh, auf Rühmer-Halbinsel, bei Laubsträuchern, MTB 7527/3, leg. M. E.; 20.08.79 + 31.10.87, „Muna“ bei Opferstetten, MTB 7527/3, leg. M. E., Beleg in (M); 10.09.88, Auwald Uf, in Fichtenparzelle, MTB 7526, leg. M. E., Beleg in (MM); 11.10.90, Wald „Hörnle“ bei Grimmelfingen, leg. M. E., Beleg in (M); weitere Funddaten erübrigen sich. Die Art ist sehr häufig und kommt sehr wahrscheinlich in allen MTB im Ulmer Raum vor.

Echinoderma asperum (Pers.) Bon
Spitzschuppiger Stachelschirmling
Syn.: *Lepiota acutesquamosa, L. aspera*
Fundbeschreibung siehe ENDERLE & KRIEGLSTEINER (1989).
Weitere Funddaten: 1937–40, Haas-Exk. in „Filde“ bei Beimerstetten, MTB 7525, Wald bei Jungingen, MTB 7525; 15.09.77, „Muna“ bei Bühl, MTB 7527, leg. M. E.; 17.09.78, Kri-Exk. bei Hörvelsingen, MTB 7526; 01.10.79 Auwald bei Uf, MTB 7526, beim Staubecken in Fichtenparzelle, leg. M. E.; Mehrere Funde sind in der Bot. Staatssammlung in München (M) und im Fungarium Krieglsteiner hinterlegt. Weitere Funddaten erübrigen sich. Die Art ist sehr häufig und kommt sehr wahrscheinlich in allen MTB im Ulmer Raum vor.

Echinoderma bettinae (Dörfelt) M. Bon
Funddaten: BON (1993: 45) führt einen Fund mit der Herbarbezeichnung „End. 810809“ auf. Die Funddaten waren kurz vor Drucklegung nicht mehr rekonstruierbar. Vielleicht stammt der Fund aus dem Ulmer Raum.

Echinoderma calcicola (Knudsen) Bon
Kakaobrauner Stachelschirmling
Syn.: *Lepiota calcicola*
Rote-Liste-Art: gefährdet
Fundbeschreibung siehe ENDERLE & KRIEGLSTEINER (1989).
Funddaten: 01.–05.10.79, Auwald bei Leibi + Oe, in der Nähe des Trocknungswerkes, in Fichtenparzelle, leg. M. E., det. A. Einhellinger (München) als *L. echinacea* (Materials deponiert in (M)); 01.10.79, bei Laupheim, leg. G. O., det. M. Enderle; 06.–13.10.79, zwischen Ne und Bu, im Mischwald, leg. M. E., det. Knudsen (Dänemark); 12.09.81, Auwald bei Ne-Leibi, MTB 7526, Fichtenparzelle auf Kalk, leg. M. E., det. H. Knudsen (Dänemark), Beleg in (M); 24.09.88, auf altem Friedhof in Lh, MTB 7527, unter Laubbäumen, leg. M. E., Beleg in (M);
Der Fund bei Ne/Oe war **Erstfund für Deutschland.** Er wurde von mir (ENDERLE 1981 b) in der Südwestdeutschen Pilzrundschau veröffentlicht.
Eine weitere Beschreibung dieser Funde, inkl. Farbfoto von M. Enderle, siehe Zeitschrift für Pilzkunde 55 (1), 1989.

Echinoderma echinaceum (Lange) Bon
Igel-Stachelschirmling
Syn.: *Lepiota echinacea*
Rote-Liste-Art: gefährdet
Fundbeschreibung siehe ENDERLE & KRIEGLSTEINER (1989).
Funddaten: 09.09.81, bei Straß, MTB 7526, unter Fichten, leg. K. Hennig (Straß), det. H. Knudsen (Dänemark), Beleg in (M). 05.08.93, Baden-Württemberg, im NSG nordöstlich von Riedheim, unter *Betula pendula*, an anmooriger Stelle, leg. M. E., det. E.C. Vellinga (Berkeley, USA.), Diapositiv in Diathek Enderle. Exsikkat im Herbarium der Universität in Berkeley/USA. 14.10.01, bei Waldkirch, Bayern, am Wegrand in einem Fichtenforst, leg. M. E.

Echinoderma hystrix (Moeller & J. Lange) Bon
Kegelschuppiger Stachelschirmling
Rote-Liste-Art: stark gefährdet!
KRIEGLSTEINER (1991) nennt in seinem Verbreitungsatlas Funde in den MTB 7624 und 7725. Nähere Fundangaben liegen uns nicht vor (1 Fund stammt vermutlich von G. O.).

Echinoderma jacobi (Vellinga & Knudsen) Gminder 2003 – Langes Stachelschirmling
Syn.: *Lepiota langei*
Rote-Liste-Art: gefährdet
Fundbeschreibung siehe ENDERLE & KRIEGLSTEINER (1989) und SCHÄTZLE & OTTMANN (1992).
Funddaten: 24.09.88, zwischen Rh + Gz, Donau-Auwald, unter Laubbäumen, leg. M. E., det. H. Knudsen (Dänemark), Beleg in (M); 07.10.91, bei Holzschwang, MTB 7526, unter Laubbäumen, leg. E. S., det. M. Enderle, Beleg in (M); der letztgenannte Fund wurde beschrieben in der „Ulmer Pilzflora III", S. 62, 1992.

Echinoderma perplexum (Knudsen) Bon
Ringloser Stachelschirmling
Fundbeschreibung siehe ENDERLE & KRIEGLSTEINER (1989).
Weitere Funddaten: 22. + 24.09.89, Auwald zwischen Rh + Gz, MTB 7527, unter Laubbäumen, leg. M. E., det. H. Knudsen (Dänemark), Beleg in (M)

Die Gattung Lepiota

Ausführliche Beschreibungen zahlreicher *Lepiota*-Funde aus dem Ulmer Raum siehe „Die Gattung *Lepiota* (Pers.) S. F. Gray emend. Pat. in der Bundesrepublik Deutschland (Mitteleuropa)" von M. Enderle & G. J. Krieglsteiner, erschienen in der Zeitschrift für Mykologie 55 (1): 43–104, 1989.

Lepiota alba (Bres.) Sacc.
Weißer Schirmling
Rote-Liste-Art: stark gefährdet!
Fundbeschreibung mit Foto siehe ENDERLE (1994 c). Beleg in (M). Funddaten von L. K. (pers. Aufzeichn.): 29.10.89, bei Sportplatz Bollingen, auf gedüngter Wiese, MTB 7525/1, leg. G. F., det. Fischer/L. K.; 15.10.00, nordöstlich von Riedheim, im NSG, auf bayerischer Seite, MTB 7527, Halbtrockenrasen, leg. M. E. (Dia in Diathek M. Enderle); KRIEGLSTEINER (2001) nennt Funde in den MTB 7425 und 7426; Details sind mir nicht bekannt.

Lepiota boudieri Bres.
Fuchsbräunlicher Schirmling
Syn.: *L. fulvella*
Fundbeschreibung siehe ENDERLE in KRIEGLSTEINER (1985).
Funddaten: Herbst 1993, bei Laupheim, leg. G. O., det. H. Knudsen (Dänemark); 07.10.84, Auwald Lh-Weißingen, MTB 7527/1, in Fichtenparzelle, leg. M. E., Beleg in (M); 06.08.86, bei Nerenstetten unter Buchen/Eichen, leg. M. E., Beleg in (M).

Lepiota brunneoincarnata Chodat & Martin
Fleischbräunlicher Schirmling
Rote-Liste-Art: gefährdet
Hut mit rosabräunlichem Stich
Stiel in der Mitte mit Velumabrisszone, darunter schuppig
Sporen ellipsoid, ca. 7,5–8,3 x 4,5 µ
Cheilozystiden keulig
Funddaten: 29.08.96, Baden-Württemberg, Wald „Hörnle" bei Ulm-Grimmelfingen, bei Fichten (*Picea abies*) am Wegrand, leg. M. E., det. Dr. E. C. Vellinga (Berkeley/USA); Diapositiv in Diathek M. Enderle; im Computer unter Lepiota.041

Lepiota castanea Quélet
Kastanienbrauner Schirmling
Fundbeschreibung siehe ENDERLE & KRIEGLSTEINER (1989).
Funddaten erübrigen sich. Die Art ist in Buchenwäldern auf Kalk sehr häufig und kommt sehr wahrscheinlich in den meisten MTB im Ulmer Raum vor. Einige Funde sind hinterlegt in (M) und im Fungarium Krieglsteiner et filii.

Lepiota cingulum Kelderman
Fahlbrauner Schirmling, s. Foto S. 224
Hut –47 mm breit, mit +/- angedrückten, selten abstehenden, konzentrisch aufreißenden, braunen Schüppchen; Hutmitte geschlossen ungeschuppt; Hutfleisch creme-weißlich durchkommend
Lamellen normal weit, bauchig, –7 mm breit, frei, cremefarben mit schwachem Gelbstich
Stiel –55 mm lang, in der Mitte –7 mm dick, mit Velum am Stiel, teilweise girlandenartig, Stiel mit Rosastich
Geruch pilzartig banal
Sporen ca. 7,2–9,8 x 3,2 µ, mit Sporn
Cheilozystiden ca. 20–35 µm lang, keulig
Funddaten: 20.09.95, Bayern, auf dem Alten Friedhof im Stadtzentrum Leipheim, unter Fichte (*Picea abies*), leg. M. E., det. Dr. E.C. Vellinga (Berkeley/USA).
Anmerkungen: Laut E.C. Vellinga steht diese Sippe der *L. castanea* nahe. Diapositiv in Diathek M. Enderle (im Computer unter Lepiota.040). Vielleicht handelt es sich hier um einen Erstfund für Deutschland!

Lepiota clypeolaria (Bull.) Kummer
Wolliggestiefelter Schirmling
Fundbeschreibung siehe ENDERLE & KRIEGLSTEINER (1989).
Weitere Funddaten erübrigen sich. Die Art ist sehr häufig und kommt sehr wahrscheinlich in allen MTB im Ulmer Raum vor.

Lepiota cingulum

Lepiota cortinarius

Lepiota cortinarius Lge. – Schleier-Schirmling
Fundbeschreibung siehe ENDERLE (1994 e).
Funddaten: 1943–63, Haas-Exk. in „Filde“ bei Beimerstetten, MTB 7525 (Vielleicht war dies ein Erstfund für Deutschland?); 03.09.79, bei Illerrieden, leg. J. I., det. M. Enderle; 30.09.89 + 06.09.94, im NSG „Langenauer Ried“, MTB 7527/1, unter *Salix cinerea* bzw. *Betula pendula*, leg. M. E., Belege in (M); KRIEGLSTEINER (1991) nennt in seinem Verbreitungsatlas Funde in den MTB 7526 und 7726. Nähere Fundangaben liegen mir nicht vor, s. Foto S. 224

Lepiota cristata (Bolt.: Fr.) Kummer
Stink-Schirmling
Fundbeschreibung siehe ENDERLE & KRIEGLSTEINER (1989).
Weitere Funddaten erübrigen sich. Die Art ist sehr häufig und kommt sehr wahrscheinlich in allen MTB im Ulmer Raum vor.

Lepiota cristatoides Einhellinger
Falscher Stink-Schirmling
Fundbeschreibung siehe ENDERLE & KRIEGLSTEINER (1989).

Lepiota echinella Quélet & Bernard
Striegeliger Schirmling
Syn.: *L. setulosa*
Fundbeschreibung siehe ENDERLE & KRIEGLSTEINER (1989). Belege in (M).
Funddaten: 03.09.86, zum monatlichen Treffen der AMU von J. I. (?) mitgebracht, det. M. E.; Beleg in (M). KRIEGLSTEINER (2001) nennt Funde in den MTB 7625 und 7726; Details sind mir nicht bekannt.

Lepiota erminea Fr. (Gillet)
Rettich-Schirmling
Rote-Liste-Art: latent gefährdet
Funddaten: 1937–40, Haas-Exk. bei Blaubeuren, MTB 7524
Anmerkung: Die meisten Autoren halten *L. erminea* heute für synonym mit *L. alba*.

Lepiota felina (Pers.: Fr.) Karsten
Schwarzschuppiger Schirmling
Fundbeschreibung siehe ENDERLE & KRIEGLSTEINER (1989).
Funddaten: 1937–40, Haas-Exk. in „Filde“ bei Beimerstetten, MTB 7525; 25.08.79, „Muna“ bei Straß, Fichtenwald, MTB 7526, leg. M. E.; weitere Funde vom MTB 7526, 7527 und 7625 sind in (M) hinterlegt.

Lepiota fuscovinacea Lange & Möller
Weinroter Schirmling
Rote-Liste-Art: gefährdet

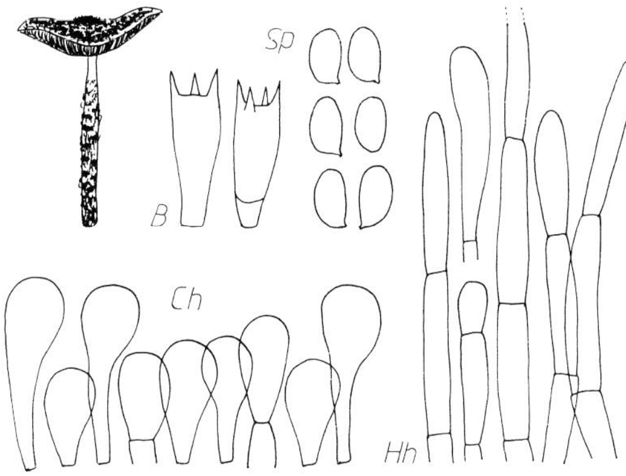

Lepiota fuscovinacea

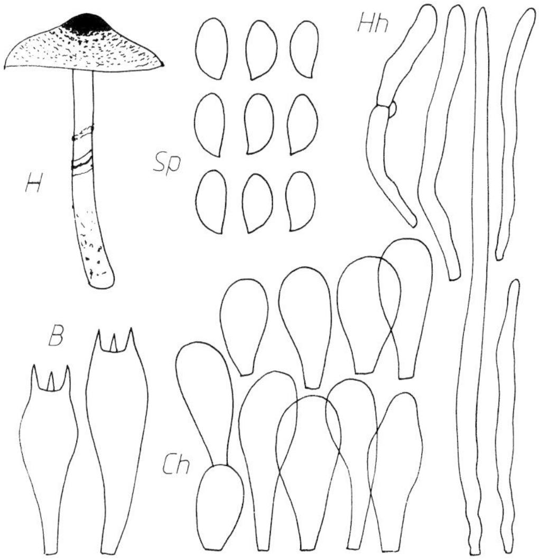

Lepiota ignivolvata

Fundbeschreibung siehe ENDERLE & KRIEGLSTEINER (1989).
Funddaten: 05.10.80, „Muna“ bei Straß, MTB 7526, leg. M. E.; 05.10.80, zwischen Of + Ne, im Donau-Auwald, MTB 7526, leg. C. Schnarbach, det. M. Enderle; 29.09.84, „Muna“ bei Straß, Fichtenwald am Wegrand, MTB 7526, leg. M. E., Beleg in (M); 22.09.89, zwischen Rh + Gz, MTB 7527, Auwald unter Laubbäumen, leg. M. E., Beleg in (M)

Lepiota grangei (Eyre) Lange
Grünschuppiger Schirmling
Rote-Liste-Art: gefährdet
Fundbeschreibung mit Foto siehe ENDERLE (1985).
Funddaten: 09.10.84, bei Nerenstetten, Baden-Württemberg, unter Buchen/Eichen, leg. M. E., Beleg in (M); Funddaten von L. K. (pers. Aufzeichn.): 19.09.82, „Sandrain“, Buchenwald, MTB 7425/1, leg. R. St.

Lepiota ignivolvata Bousset-Joss.
Braunberingter Schirmling
Fundbeschreibung siehe Enderle & Krieglsteiner (1989).
Funddaten: 06.10.80, Bubesheimer Wald bei Bühl, MTB 7527, leg. M. E., Beleg in (M); 03.10.81, bei Gerhausen, leg. G. O.; 03.11.81, Auwald bei Ne, MTB 7526, leg. M. E., Beleg in (M); 19.09.88, bei Nerenstetten, unter Buche/Eiche, leg. M. E.

Lepiota lilacea Bres.
Lilaschuppiger Schirmling
Funddaten: Krieglsteiner (2001) nennt einen Fund in MTB 7526; Details sind mir nicht bekannt.

Lepiota magnispora Murrill
Gelbwolliger Schirmling
Syn.: *L. ventriosospora*
Fundbeschreibung siehe Enderle & Krieglsteiner (1989).
Weitere Funddaten: 04.09.79, Fichtenparzelle zwischen Ne + Bu, MTB 7526, leg. M. E.; 13.09.79, zwischen Uf + Bühl, in Fichtenparzelle bei Firma Imbau, MTB 7526, leg. M. E.; 20.09.83, Bubesheimer Wald bei Echlishausen, MTB 7527, leg. M. E.; Beleg in (M); Dietl & Krieglsteiner (1989), am Oberen Eselsberg in Ulm; 02.09.94, Baden-Württemberg, im Naturschutzgebiet nordöstlich von Riedheim, unter Birke, auf Halbtrockenrasen, leg. M. E., det. Dr. E. Vellinga (Uni Berkeley/USA). Weitere Funddaten erübrigen sich. Die Art ist häufig und kommt sehr wahrscheinlich in allen MTB im Ulmer Raum vor.

Lepiota magnispora var.?
Fruchtkörper ohne die sonst typischen Gelbtöne, sondern mehr bräunlich
Geruch nicht aromatisch; unauffällig
Sporen ca. 15–18(19) x 5 µm, spindelig
Cheilozystiden blasig-gestielt
Funddaten: 02.09.94, Baden-Württemberg, im NSG nordöstlich von Riedheim unter *Betula pendula* (an trockener Stelle im Moor); leg. M. E., det. Dr. E.C. Vellinga, Berkeley (USA); Diapositiv in Diathek Enderle
Anmerkungen: E.C. Vellinga, Berkeley (USA) ist sich über diesen Fund, den sie morphologisch und molekularbiologisch untersuchte, noch nicht ganz klar. Vielleicht handelt es sich um Bon's var. *umbrinofuscus* (?).

Lepiota micropholis Berk. & Br.
Funddaten von L. K. (pers. Aufzeichn.): 20.08.89, Ulm-Böfingen, Hausgarten unter *Philadelphus*, MTB 7526/3, leg. E. S., det. L. K.

Lepiota ochraceofulva P. D. Orton
Ockerbrauner Schirmling
Rote-Liste-Art: gefährdet
Fundbeschreibung siehe Enderle & Krieglsteiner (1989).

Lepiota oreadiformis Velen.
Glatter Schirmling
Rote-Liste-Art: gefährdet
Fundbeschreibung mit Foto siehe Enderle (1999c).
Funddaten: 18.09.98, Baden-Württemberg, auf einer Wacholderheide zwischen Altheim/Alb und Gerstetten, Hungerbrunnental, leg. M. E., Beleg in (M).

Lepiota pseudohelveola Kühner ex Hora
Rosastieliger Schirmling
Rote-Liste-Art: gefährdet
Fundbeschreibung siehe Enderle & Krieglsteiner (1989). Beleg in (M). Lepiota subalba Kühner ex P. D. Orton – Cremeweißer Schirmling
Fundbeschreibung siehe Enderle & Krieglsteiner (1989). Beleg in (M)

Lepiota subgracilis Kühner ex Wasser
Körnigschuppiger Schirmling
Funddaten: Krieglsteiner (2001) nennt einen Fund im MTB 7624; Details sind mir nicht bekannt.

Lepiota subincarnata Lange
Fleischrosa Schirmling
inkl. var. *josserandi,* s. Foto S. 227
Fundbeschreibung siehe Enderle & Krieglsteiner (1989). Belege in (M).
Foto von M. Enderle in Gminder apud Krieglsteiner (2003: 99)
Weiterer Fund: 03.11.89, Ulm-Donautal, auf dem Werksgelände der Wieland-Werke AG, direkt hinter „Tor 2“, leg. M. E., conf. Dr. E.C. Vellinga (Holland); Beleg in (M)

Leucoagaricus americanus (Peck) Vellinga
Büscheliger Egerlingsschirmling
Syn.: *L. bresadolae*
Krieglsteiner (1991) nennt in seinem Verbreitungsatlas einen Fund in MTB 7524. Nähere Fundangaben liegen mir nicht vor.

Leucoagaricus badhamii (Berk. & Br.) Singer
Badham's Verfärbender Schirmling
Syn.: *Leucocoprinus badhamii*
Fundbeschreibungen siehe Enderle & Laux (1993) und Enderle (1999 c); Weiterer Fund: 03.11.99, Baden-Württemberg, Wald „Hörnle“ bei Ulm-Grimmelfingen, mittägliche Exkursion mit Phillip Decouter (Wieland-Werke), am Parkplatzrand unter Fichte, bei

Lepiota subincarnata var. *josserandi*

Brennnesseln, 1 Fruchtkörper, MTB 7625/2, leg. M. E.

Fundbeschreibung aus ENDERLE & LAUX (1993):

Hut –90 mm breit, flach konvex bis ausgebreitet, mit schwachem Buckel, alt aufschirmend und mit hochgeschlagenen Rändern, hellbeige bis dunkelbräunlich mit schwach purpurnen Tönen, in der Mitte glatt bis ganz fein körnig (Lupe), zum Rand hin aufgeraut bis schuppig aufgerissen, fein körnig-schuppig bis anliegend faserig-schuppig, dunkelbräunliche Schüppchen zu spitzen Zipfeln ausgezogen, die am Rand überstehen, Hutoberfläche bei Berührung oder Verletzung sofort intensiv dunkel karottenrot bis hell blutrötlich verfärbend, bald schwarzbräunlich dunkelnd.

Lamellen gedrängt bis stark gedrängt, bauchig, –11 mm breit, am Stiel frei, mit –2 mm breitem Abstand zum Stiel (Burggraben), hell creme-weißlich bis blassgelb, Schneide etwas heller, bei Berührung sofort wie der Hut verfärbend; mit Ammoniaklösung (NH_4OH) sofort kräftig grünlich verfärbend (der grüne Fleck wird nach ca. 10–15 Minuten schwärzlich mit hell rosarötlichem Rand), alte Schneiden braun (nicht rot) gefärbt.

Stiel –120 mm lang, in der Mitte –11 mm dick, zylindrisch, gegen die Basis zunehmend verdickt und teilweise verbogen, zwiebelig, –20 mm dick, gegen die Spitze verjüngt, ca. im oberen Drittel mit häutigem, abfallendem Ring, der nach oben abziehbar ist; Stiel innen ausgestopft bis hohl; unverletzt an der Spitze weißlich, nach unten creme-weißlich bis blass hellbräunlich, im Alter dunkler, bei Berührung sofort wie Hut und Lamellen verfärbend.

Fleisch im Schnitt weißlich bis hell cremefarben, beim Durchschneiden der Fruchtkörper nur auf Hutniveau etwas hell safranrötlich verfärbend; mit NH_4OH oliv-grünlich verfärbend.

Geruch unauffällig, Geschmack säuerlich, lange anhaltend, Fleisch beim Kauen rosa
verfärbend (auch der Speichel); mit NH_4OH olivgrünlich verfärbend;

Exsikkat düster schwarzbräunlich.

Sporen 6,2–7,6 x 4,1–4,7(5) µm, +/- mandelförmig, apfelkernartig bis ellipsoid, glatt, farblos, dickwandig, ohne Keimporus, mit großem Apikulus; Basidien 4-sporig, z. B. 24 x 8,5 µm.

Cheilozystiden 35–65 x 14–20 µm, keulig bis schlauchförmig, öfters mit zitzenähnlichem, noppenartigem Fortsatz, dünnwandig, blass bis +/- braun, in NH_4OH olivlich verfärbend, dann teilweise mit grobkörnigem, „kiesähnlichem", dunkel oliv gefärbtem Inhalt.

Pleurozystiden: keine gesehen.

Caulozystiden an der Stielspitze zylindrisch bis schmal keulig, 8–20 µm dick.

Huthaut aus langen, fädigen, am Ende stumpf konisch zulaufenden Hyphen bestehend, z. B. 120 x 5 µm.

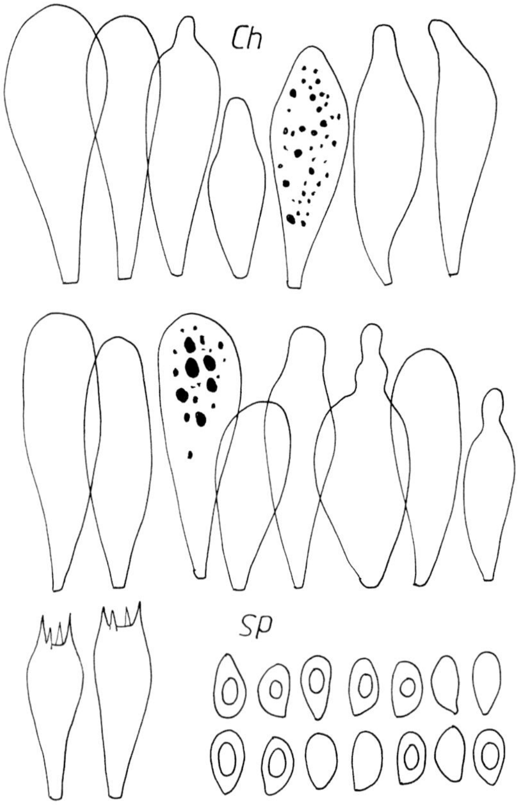

Leucoagaricus badhamii

Funddaten: 07.10.93, Baden-Württemberg, MTB 8024, Oberessendorf Krs. Biberach/Riß, Rand eines Fichtenforstes (*Picea abies*) im Nadelhumus, zusammen mit Brennnesseln (*Urtica dioica*), auf eiszeitlicher Endmoräne (Kalk);
leg. H. L., det. M. ENDERLE.

Habitat und Verbreitung: Die vermutlich stark basen-(kalk-)bedürftige und nitrophile Art ist nach KRIEGLSTEINER (1991 b) in Europa selten, aber aus den meisten Ländern bekannt. Aus Deutschland liegen nur wenige Fundpunkte vor (KRIEGLSTEINER 1991 a). Das Gesamtareal ist vor allem aufgrund der Verwechslung mit *L. bresadolae* noch unausgeleuchtet.

Farbabbildungen: Die Art ist in der Literatur kaum abgebildet. Weitaus häufiger sind Abbildungen von *L. bresadolae*.

Die beste uns bekannte Abbildung befindet sich bei BON (1988), wenn man sich auf Seite 289 eine Mischung aus *L. badhamii* und *L. pilatianus* vorstellt. Ähnliches gilt für die Tafeln 44 und 47 bei CANDUSSO & LANZONI (1990), wobei unser Fund eine etwas größere Ähnlichkeit mit T. 47 (*L. pilatianus*) hat.

Anmerkungen: Wer diese aufregende, nach Berührung sofort intensiv rot verfärbende und mit NH_4OH in den Blättern magisch grün werdende Art einmal in Händen hatte, vergisst sie kaum wieder. Für uns war sie der Pilz des Jahres!

Schwindelerregend ist auch ihre Taxonomie, Systematik und Nomenklatur. Zwar ist sie mit MOSER (1983) leicht bestimmbar, jedoch wird seit Jahrzehnten gestritten, wohin die fleischigen Arten mit rötendem Fleisch aus der Gattung *Leucocoprinus* gehören. Einige Autoren stellen sie zur Gattung *Leucoagaricus*, andere zur Großgattung *Lepiota*. Wegen der Unähnlichkeit mit einem *Coprinus* und der nicht vorhandenen Hutrandriefung stellen wir sie vorläufig zu den Weißegerlingen.

Die Originalbeschreibung von BERKELEY & BROOME ist kurz und könnte sich auch auf eine nahe verwandte Art beziehen. Nachuntersuchungen des Typus brachten jedoch kleine Sporen zutage, die zum jetzt vorliegenden Konzept von *L. badhamii* passen.

In einer umfangreichen und mutigen Studie befasste sich KRIEGLSTEINER (1991 b) und zeitgleich mit ihm REID (1990) mit dem schwierigen *L. badhamii*-Komplex. Bezüglich der Synonymie und anderer Details verweise ich auf diese Arbeiten. Die oft verwechselte *L. bresadolae* unterscheidet sich vor allen durch folgende Merkmale:

Meist etwas größere, robustere Fruchtkörper, Hut stärker dachziegelig geschuppt (ähnlich einer *Macrolepiota*), Stiel fein braun schuppig, alte Lamellenschneiden weinrötlich, Verfärbung der Fruchtkörper nicht so schnell und kräftig rot, meist zuerst etwas ocker-gelblich, dann safran-weinrot; Exsikkat bräunlich-weinfarben.

Sporen ca. 8–12 (13) x 5,5–8 µm, **mit** deutlichem Keimporus, Cheilozystiden öfters lageniform und häufig mit mehrfach eingeschnürtem (moniliformem) apikalem Fortsatz; Wachstum oft bei Holzabfällen.

Leucoagaricus badhamii (Berk. & Br.) Singer var. **biornatus** (?)

Funddaten: 09.08.2000, Bayern, Senden, im Ortsinnern, auf dem Rasen des katholischen Kindergartens, +/- büschelig wachsend, leg. Dieter Kunze (überbracht durch Anja Kunze), det. M. E., Dia in Diathek Enderle (Lamellen grün mit Ammoniaklösung!)

Leucoagaricus cinerascens (Quélet) Moser

Funddaten von L. K. (pers. Aufzeichn.): 15.09.90, Weidach, Kapellenstr. 14, Kompost und Holunder, MTB 7525/3, leg. L. K.; 23.09.86, Neu-Ulm City, MTB 7725, auf Rindenmulch in einer Parkanlage, leg. K. K.

Leucoagaricus cf. **holosericeus** (Fr.) Moser
Seidiger Egerlingsschirmling
Funddaten: 25.09.81, bei Gz, MTB 7527, leg. E. Weitzinger/Gz, det. M. Enderle, (Frk. weiß, nach 1 Tag mit gelblichen Flecken, Lamellen nach 1 Tag mit Rosaanflug, Stielbasis knollig, Stielring nach oben abziehbar, Sporen 7–10 x 5,6 µm, mit Öltropfen), Beleg in (M)

Leucoagaricus leucothites (Vitt.) Wasser
Gemeiner Egerlingsschirmling
Syn.: *L. pudicus, L. naucinus*
Funddaten: leg. A. K. in MTB 7425, 7426, 7526; 16.10.80, in Echlishausen, MTB 7527, im Gewächshaus, Hüte graulich, feinfilzig, Mitte +/- niedergedrückt und etwas dunkler, Stiel mit flüchtigem Ring, gegen Basis verdickt, Lamellen rosa, Sporen 9–10 x 5,5–6,2 µm, mit Öltropfen, leg. M. E., det. A. Einhellinger (München), Beleg in (M); 03.09.81, in Straß, MTB 7526, unter Koniferen, leg. C. Schnarbach, det. M. Bon (Frankreich), Beleg in (M); 24.09.81, in Uf, auf Resten eines alten Kuhmisthaufens bei Fam. Siegfried Baur, leg. Frau Heinlein, det. M. E., MTB 7526, Hut weißlich mit einigen braunen Druckstellen, Lamellen cremeweiß, alt rosafarben, Stiel knollig, Sporen ca. 8–9 µm lang, breit ellipsoid, Beleg in (M); 03.06.86, Ulm, unter Hecke, leg. Friedl Hettich (München), det. M. Bon (Frankreich), Beleg in (M); 09.06.87, auf dem Werksgelände der Wieland-Werke AG, Ulm, auf Erde bei Holzresten, leg. M. E., det. M. Bon (Frankreich), Beleg im Herbarium Krieglsteiner et filii; 11.08.87 + 08.09.88, Ulm-Donautal, auf Rasen, leg. M. E., Beleg in (M); 04.10.92, Baden-Württemberg, La, MTB 7527, im Garten des Cafés Heinzelmann, leg. M. E., det. M. Bon (Frankreich), Diapositiv in Diathek M. Enderle

Leucoagaricus subcretaceus Bon
Syn.: *L. cretaceus*
Fundbeschreibung siehe Enderle (1987 c) und Enderle (1992 a).
Weitere Funddaten: vor 1894, leg. Veesenmeyer, bei Ulm, selten (als P. cretacea (Fr.); 27.09.82, bei Lh, in Gärtnereianlage, MTB 7527, hunderte von Fruchtkörpern, leg. H. + Bärbel Enderle, det. M. Bon (Frankreich), Hüte –80 mm breit, weißlich, nach Berührung nach einiger Zeit gelblich verfärbend, Lamellen weißlich bis cremefarben, Stiel –80 mm lang, in der Mitte –15 mm dick, mit Knolle, Ring hängend, alte Frk. auf Hut und Lamellen +/- rosalich verfärbend, Sporen ca. 8–9 x 6–6,5, Cheilozystiden versiform, fädig mit verschiedenen Anschwellungen, lageniform, breit keulig;

Leucocoprinus birnbaumii (Corda) Singer
Gelber Faltenschirmling
Syn.: *L. luteus*
Funddaten: 25.06.79, im Kindergarten Lh, in Blumentöpfen (Gummibaum), leg. C. S., det. M. E., MTB 7527; 10.06.94, in Wieland-Werke AG, Ulm-Donautal, im Blumentopf in der Werbeabteilung, leg. H. Kegler, det. M. E., MTB 7625, Beleg in (M); 1974–83, leg. A. K. in MTB 7525; 1998, Baden-Württemberg, Ulm, Oberer Eselsberg, im Gewächshaus des Botanischen Gartens der Universität Ulm, leg. Prof. Dr. Gottsberger und H. M., det. M. E. Massenvorkommen auf frisch eingebrachter Erde ins Gewächshaus; vergesellschaftet mit *L. denudatus;* 2.10.02, Ulm-Hbf, Hauptstellwerk, MTB 7725, in einem Blumentopf unter einem Gummibaum, leg. K. K.

Leucocoprinus cepistipes (Sow.) Pat.
Zwiebelfüßiger Faltenschirmling
Funddaten: 25.06.79, im Kindergarten Lh, in großen Blumentöpfen, MTB 7527, leg. C. Schnarbach, det. M. E., conf. H.S.

Leucocoprinus denudatus (Sacc.) Locquin
Blassgelber Faltenschirmling
Funddaten: Baden-Württemberg, Ulm, Oberer Eselsberg, im Gewächshaus des Botanischen Gartens der Universität Ulm, leg. Prof. Dr. Gottsberger und H. M., det. M. E.
Massenvorkommen aufgrund frisch eingebrachter Erde ins Gewächshaus; vergesellschaftet mit *L. birnbaumii.*

Leucocoprinus inanthinus (Cooke ex Sacc.) Locquin – Lilaschuppiger Faltenschirmling
Syn.: *L. lilacinogranulosus*
Fundbeschreibung siehe Fischer (1986). Beleg in (M).

Limacella delicata (Fr.) Earle var. **glioderma** (Fr.) Gminder – Orangebrauner Schleimschirmling
Syn.: *L. glioderma*
Rote-Liste-Art: gefährdet
Funddaten: 1937–40, Haas-Exk. am Eselsberg Ulm, MTB 7525, in „Filde" bei Beimerstetten, MTB 7525; 30.10.77, bei Bernstadt im Nadelwald; 17.09.78, Kri-Exk. bei Hörvelsingen, MTB 7526; 17.09.78, Kri-Exk. bei Westerstetten, MTB 7425; 27.09.79, zwischen Leibi + Oe, MTB 7526, in Fichtenparzelle im Auwald; 20.09.88, „Muna" bei Uf, bei Firma Imbau, MTB 7527, unter Kiefer, leg. M. E., Beleg in (M); Weitere Funde erübrigen sich. Die Art kommt sehr wahrscheinlich in allen MTB im Ulmer Raum vor.

Limacella delicata var. **vinosorubescens** (Furrer) Gminder
Weinrötlicher Schleimschirmling
Fundbeschreibung siehe KRIEGLSTEINER & ENDERLE (1987) und ENDERLE (1996 c, mit Foto).

Limacella guttata (Pers.) Konrad & Maubl.
Getropfter Schleimschirmling
Funddaten: 1937–40, Haas-Exk. in „Filde“ bei Beimerstetten, MTB 7525, bei Jungingen, MTB 7525, am Eselsberg bei Ulm, MTB 7525, im Maien- und Klosterwald bei Söflingen, MTB 7625; 23.10.76, Kri-Exk. zwischen Uf + Lh, Wald „Lechfeld-Jungholz“, MTB 7527; 15.10.83, bei Riedheim, im NSG Leipheimer Donaumoos, bei Erlen und Brennnesseln, MTB 7527/1, leg. M. E., Beleg im Fungarium Krieglsteiner; jeweils Ende September, 2000 und 2002, Baltringer Ried, MTB 7624/3, 7725/3, leg. T. B.; weitere Funddaten erübrigen sich. Die Art ist häufig und kommt sehr wahrscheinlich in allen MTB im Ulmer Raum vor.

Macrolepiota excoriata (Schaeffer) Wasser
Acker-Riesenschirmling
Rote-Liste-Art: gefährdet
KRIEGLSTEINER (1991) nennt in seinem Verbreitungsatlas einen Fund in MTB 7525. Nähere Fundangaben liegen mir nicht vor.

Macrolepiota mastoidea (Fr.) Singer var. **mastoidea** – Zitzen-Schirmling
Syn.: *M. gracilenta*
Funddaten: 1937–40, Haas-Exk. am Eselsberg bei Ulm, MTB 7525, im Maien- und Klosterwald bei Söflingen, MTB 7625; 05.10.80, zwischen Of + Ne, MTB 7526, auf Waldwiese, leg. C. S., det. M. E.; 09.10.81, bei Gerhausen-Altental, MTB 7524, leg. G. O., det. M. E., Beleg in (M); 24.09.81, „Muna“ zwischen Uf + Bühl, MTB 7526, leg. M. E., Beleg in (M); 07.09.81, bei Lh, im Mischwald, MTB 7527, leg. M. E., Beleg in (M); 29.10. + 31.10.82, bei Gerhausen, Wacholder-/Kiefernhang und bei Mehrstetten, MTB 7524 und 7623, leg. G. O.; 20.09.98, Bayern, bei Limbach, vor dem Stubenweiher, leg. M. E., Beleg in (ULM); 13.10.96, Pfifferlingsberg, MTB 7624/4/1, leg. K. Ke.; det. Brauner/Laux;
03.10.99, bei Altheim/Alb, MTB 7426/1, Buchenwald, im Laubstreu, leg. B. S.
Weitere Funddaten erübrigen sich. Die Art ist häufig und kommt sehr wahrscheinlich in allen MTB im Ulmer Raum vor.

Macrolepiota nympharum (Kalchbr.) Wasser
Jungfern-Riesenschirmling
Syn.: *M. puellaris*
Funddaten: 08.08.89, 16.07.90, bei Gz, im Mooswald, bei Fichten auf schwarzer Erde, MTB 7527/1,

Macrolepiota excoriata

leg. M. E., det. Dr. E.C. Vellinga (Holland); Beleg in (M); 18.06.99, Bayern, nördlich Gz, im Mooswald, unter Fichten auf schwarzer Erde, MTB 7527, leg. M. E., Beleg in (M); KRIEGLSTEINER (2001) nennt Funde in den MTB 7425, 7426, 7525 und 7526; Details sind mir nicht bekannt.

Macrolepiota procera (Scop.: Fr.) Singer
Parasol, Gemeiner Riesenschirmling
Funddaten erübrigen sich. Die Art ist häufig und kommt sehr wahrscheinlich in allen MTB im Ulmer Raum, vor allem auf der Schwäbischen Alb vor.

Macrolepiota procera (Scop.) Singer var. **konradii** (Huijsman ex Orton) Gminder 2003
Sternschuppiger Riesenschirmling
Syn.: *M. konradii*
Funddaten: 05.09.87, bei Lh, unter Laubbäumen am Wegrand, MTB 7527/1, leg. M. E.; bei Pilzausstellung in Ulm am 01./02.10.88; KRIEGLSTEINER (2001) nennt 3 Fundpunkte im MTB 7724; Details sind mir nicht bekannt. 06.09.02, Donaustetten, Eichhau, MTB 7625/4/3, bei Rotbuche, leg. K. Ke.; 02.09.02, Ehingen, Weldeshölzle, MTB 7724/1/1, bei Fichten, leg. K. Ke.

Macrolepiota rachodes (Vitt.) Singer var. **rachodes** – Safranschirmling
Syn.: *M. rhacodes* (= falsche Schreibweise)
Nach VELLINGA (2003) muss die Art jetzt *Chlorophyllum rachodes* heißen.
Funddaten erübrigen sich. Die Art ist sehr häufig und kommt sehr wahrscheinlich in allen MTB im Ulmer Raum vor.

Macrolepiota rachodes var. **bohemica** (Wichansky) Bellu & Lanzoni
Garten-Riesenschirmling
Syn.: *M. rachodes* var. *hortensis*
Nach VELLINGA (2003) muss diese Sippe jetzt *Chlorophyllum brunneum* (Farl. & Burt) heißen (siehe VELLINGA in Mycotaxon 83: 416, 2002)
Funddaten: 19.09.93, zwischen Rh und Gz, MTB 7527/1, am Auwaldrand, unter Laubbäumen, leg. M. E., Beleg in (M). 02.09.01, Gz, beim Mooswald-See, unter Fichten und Laubbäumen, leg. R. Konrad, det. Dr. V. Migliozzi (Rom/Italien). 12.10.01, Neu-Ulm/Offenhausen, Steinheimer Weg, MTB 7628, auf fetter, dunkler Riederde inmitten einer Wiese, der nächste Baum war über 100 m entfernt, leg. K. K. (als var. hortensis); Herbst 2000, bei Ballendorf, auf Wiese direkt am Ort, leg. W. H.
In einer Mail vom 25.04.2000 teilte mir Dr. E.C. Vellinga, Universität Berkeley, USA, mit, dass sie morphologisch und molekularbiologisch (IST-Sequenzen) keine greifbaren Unterschiede zwischen *M. rachodes* und der Sippe *bohemica* feststellen könne und dass sie es aufgegeben habe, die beiden Sippen auf irgendeiner Ebene zu unterscheiden, zumindest was die europäischen Funde angeht.
Ich gebe nachfolgend eine deutsche Übersetzung des Bestimmungsschüssels der „rachodes"-Gruppe von VELLINGA (2003: 206–207):

1 a. Ohne Schnallen an der Basis der Basidien und Cheilozystiden — 2
1 b. Mit Schnallen an der Basis der Basidien und Cheilozystiden — 3
2 a. Sporen 8,0–10,5 x 5,4–6,7 µm, Cheilozystiden 19–53 x 8,5–20 µm, in der Form sehr variabel, oft keulig, einige mit moniliformer, apikaler Ausschwitzung; bisher nur aus Florida/USA bekannt.
Chlorophyllum subrhacodes (Murrill) Vellinga
2 b. Sporen 9,7–11,6 x 6,8–8,1 µm, Cheilozystiden 26–35 x 13–15 µm, keulig
Macrolepiota venenata Bon
3 a. Fruchtkörper mit abrupt- bis gerandetknolliger Stielbasis; Stielring relativ einfach, ohne doppelte Krone, jedoch mit zähem, braunem Bereich auf der Unterseite; Sporen oft mit trunkatem Apex; Cheilozystiden 20–51 x 9–19 µm, keulig, schmal keulig
Chlorophyllum brunneum (Farl. & Burt) Vellinga (= *M. bohemica*, *M. rachodes* var. *hortensis*)
3 b. Fruchtkörper mit erweiterter, aber nicht abrupt erweiterter Stielbasis; Stielring komplex, mit doppelter Krone; Sporen mit trunkatem oder abgerundetem Apex; Cheilozystiden 10–38 x 8,5–25 µm, sphaeropendunkulat, breit keulig bis keulig
Chlorophyllum rachodes (Vittad.) Vellinga (= *Macrolepiota rachodes*)

Familie **Tricholomataceae** Heim ex Pouzar 1983 Ritterlingsartige

Armillaria gallica Marxmüller
Wandelbarer Hallimasch
„Species E" nach KORHONEN
?**Armillaria bulbosa** (Barla) Velenovsky
Funddaten: KRIEGLSTEINER (2001) nennt einen Fund in MTB 7527; Details sind mir nicht bekannt.

Armillaria mellea (Vahl:Fr.) Kumm. s. str.
Honiggelber Hallimasch
„Species D" nach KORHONEN 1978
Syn.: *Armillariella mellea*

Funddaten: vor 1894, leg. Veesenmeyer, bei Ulm; 1937–40, Haas-Exk., Eselsberg bei Ulm, MTB 7525, Maien- und Klosterwald bei Ulm-Söflingen, MTB 7625, Wälder bei Herrlingen, MTB 7525, bei Blaubeuren, MTB 7524, bei Jungingen, MTB 7525; 1974–83, leg. A. K. in MTB 7426, 7425, 7525, 7526; Herbst 76, in „Muna" bei Bühl, bei Laub- und Nadelholz, leg. M. E., MTB 7527; 23.10.76, Kri-Exk. „Muna" bei Bühl und zwischen Uf + Lh, Wald Jungholz-Lechfeld, MTB 7527; 17.09.78, Kri-Exk. bei Westerstetten, MTB 7425; 19.10.80, Haas-Exk. in MTB 7425. Weitere Funddaten erübrigen sich. Die Art ist sehr häufig und kommt sehr wahrscheinlich in allen MTB im Ulmer Raum vor.

Armillaria ostoyae (Romagn.) Herink in Hásek
Dunkler Hallimasch
„Species C" nach KORHONEN 1978
Syn.: *A. obscura, A. ostoyae, A. polymyces,*
Funddaten: 19.10.80, Haas-Exk. in MTB 7425; KRIEGLSTEINER (2001) nennt zahlreiche Funde in den MTB des gesamten Alb-Donaukreises; Details sind mir nicht bekannt. Die Art dürfte ebenso häufig in den Landkreisen Neu-Ulm und Gz vorkommen.

Armillaria tabescens (Scop.: Fr.) Singer
Ringloser Hallimasch
Funddaten: 1974–83, leg. A. K. in MTB 7425 und 7525, det. H. H.

Arrhenia retirugis (Bull.) Redhead var. **retirugis** – Schüsselförmiger Adermoosling
Syn.: *Leptoglossum retirugum*
Rote-Liste-Art: stark gefährdet
Funddaten: siehe DIETL & KRIEGLSTEINER (1989). Weitere Funddaten von L. K. (pers. Aufzeichn.): 14.06.90, Holzstöcke Orsenhausen, MTB 7725/4, Moos in Stauden, leg. L. K.

Arrhenia retirugis var. **spathulata** (Fr.) Gminder 2001 – Spatelförmiger Adermoosling
Syn.: *Arrhenia spathula, Leptoglossum muscigenum*
Fruchtkörper hell grau-beige, –10 mm im Durchm., muschelförmig, Unterseite leicht
geadert, ohne Lamellen; Sporen breit ellipsoid, ca. 7,5–8,3 x 5,2–5,8 µm; nach kurzer Prüfung keine Schnallen gefunden. Direkt auf Moos, ohne Stiel, wachsend.
Frk. genau zu Abbild. in RYMAN & HOLMASEN, S. 297 oben, und zu BON, S. 125, passend!
Funddaten: 05.06.95, Bayern, Donau-Auwald bei Lh-Weißingen, am neuen Schurr-See, vorne links am Eingang, im Moos, leg. M. E.; Beleg in (ULM); 14.10.00, am Ostertag-See, im Moos, leg. M. E. (Dia vorhanden).

Aspropaxillus giganteus (Sibthorp: Fr.) Kühner & Maire – Riesen-Krempentrichterling
Syn.: *Leucopaxillus candidus, L. giganteus*
Funddaten: 1943–63, Haas-Meldung von Pilzausstellung in Klingenstein (H. Braune), 1974–83, leg. A. K. in MTB 7426, 7526; August 1977, bei Pilzausstellung in Ulm; 18.09.80, bei Autenried, Bayern, leg. Bärbel Enderle, det. M. E.; Anfang September 2000 und 2002, MTB 7724/3, leg. T. B.; KRIEGLSTEINER (1991) nennt in seinem Verbreitungsatlas Funde in den MTB 7724 und 7725. Nähere Fundangaben liegen mir nicht vor.

Baeospora myosurus (Fr.: Fr.) Singer
Mäuseschwanz
Fundbeschreibung siehe ENDERLE (1992 b).
Funddaten: 1943–63, Haas-Exk., „Filde" bei Beimerstetten, MTB 7525; 23.10.76, Kri-Exk. „Muna" bei Bühl, MTB 7526, und zwischen Uf + Lh, Wald Jungholz-Lechfeld, MTB 7527; 25.09.77, Kri-Exk. bei Ulm, MTB 7625; 15.10.79, Stangl-Exk. „Muna" bei Straß, MTB 7526; 17.09.78, Kri-Exk. bei Hörvelsingen, MTB 7526; 19.10.80, Haas-Exk. in MTB 7425; 03.10.99, Wald „Hörnle" bei Grimmelfingen, MTB 7725, auf alten, schon reichlich vermorschten Fichtenzapfen, leg. K. K.; weitere Funddaten erübrigen sich. Die Art ist sehr häufig und kommt sehr wahrscheinlich in allen MTB im Ulmer Raum vor.

Baeospora myriadophylla (Peck) Singer
Violettblättriger Winterrübling
Funddaten: 07.07.78, Stangl-Exk. Auwald Lh, MTB 7527, auf Nadelholzstumpf; 26.12.78, Auwald zwischen Lh + Uf, bei Rod + Gun-Club, auf Unterseite von *Picea*-Lagerstämmen, MTB 7527/1, leg. M. E.; Farbfoto von M. Enderle siehe ENDERLE & LAUX (1980) und in KRIEGLSTEINER (2001: 135).

Calocybe constricta (Fr.: Fr.) Kühner ex Bon & Courtecuisse
Gegürtelter Schönkopf
Hut in einer ca. 5 mm breiten Randzone ganz glatt und seidig glänzend.
Stiel mit Velumresten; Stielbasis vermutlich abgerissen.
Sporen stachelig, ca. 8 x 5 µm
Cheilozystiden keine gesehen
Ganzer Fruchtkörper rein weiß, in der Haltung an eine Lepiota oder einen Leucoagaricus erinnernd.
Mit starkem Mehlgeruch.
Sehr gut zu Ryman S. 304 passend, schlecht zu anderen Abbildungen.
Funddaten: 19.09.94, Bayern, im Bubesheimer Wald bei Echlishausen, MTB 7527, leg. M. Enderle. Wenig ergiebige Habitus- und Sporenzeichnung vorhanden.

Calocybe gambosa (Fr.: Fr.) Singer
Mairitterling, Georgspilz
Syn.: *Tricholoma georgii*
Funddaten: vor 1894, leg. Veesenmeyer, bei Ulm im Schwedenwäldchen; 1974–1985, leg. A. K. in MTB 7426, 7526, 7425, 7525; 1976–1977, Uf, Obstgarten H. Enderle, im Hexenring, MTB 7526, leg. M. E.; 22.05.78, Kri-Exk., Auwald zwischen Uf + Lh, MTB 7527; 23.05.78, Kri-Exk. bei La-Rammingen, MTB 7427; 20.06.78, „Muna" bei Opferstetten (Bühl), bei Fichten, MTB 7527/3, leg. M. E.; 1985, leg. K. Köhler, Hochsträß, MTB 7525. Weitere Funddaten erübrigen sich. Die Art ist sehr häufig und kommt sehr wahrscheinlich in allen MTB im Ulmer Raum vor.

Calyptella capula (Holmsk.: Pers.) Quélet s. l.
Schalenförmiger Schüsselschwindling
Cyphelloider Pilz!
Funddaten von L. K. (pers. Aufzeichn.): 09.07.89, Ulmerhalde/Altental, *Cirsium arvense* + *Sambucus ebulus*, MTB 7525/3, leg. L. K.; 06.07.89, Behrnberg südwestlich Wippingen, *Cirsium sp.*, MTB 7525, leg. Schätzle, det. L. K.; 15.06.90, NSG Arnegger Ried, *Phragmites*-Halme und -blätter, MTB 7525/3, leg. L. K.; 05.11.89, Ehingen/Schlechtenfeld, vorjährige Brennnessel, MTB 7724/1, leg. L. K. (als C. campanula).

KRIEGLSTEINER (2001) nennt Funde in den MTB 7525 und 7527; Details sind mir nicht bekannt.

Calyptella ebulina H. Engel nom.prov.
Cyphelloider Pilz!
KRIEGLSTEINER (1991) nennt in seinem Verbreitungsatlas einen Fund in MTB 7424. Nähere Fundangaben liegen mir nicht vor.

Catathelasma imperiale (Quélet) Singer
Doppelring-Trichterling
Rote-Liste-Art: stark gefährdet
KRIEGLSTEINER (1991) nennt in seinem Verbreitungsatlas einen Fund in MTB 7724. Nähere Fundangaben liegen mir nicht vor.

Cellypha goldbachii (Weinm.) Donk
Cyphelloider Pilz!
Funddaten: KRIEGLSTEINER (2001) nennt einen Fund im MTB 7525 (wohl Fund von L. K. im Arnegger Ried.)

Clitocybe agrestis Harmaja
Wiesen-Trichterling
Syn.: *C. angustissima, C. graminicola*
Funddaten: 15.10.82, bei Uf, im Gras am Auwaldrand, leg. M. E., det. H. S., Beleg in (M);

Alljährlich wächst auf dieser Obstbaumwiese (M. Enderle, Unterfahlheim) der Mairitterling in einem kompletten Hexenring.

Clitocybe alexandri (Gillet) Gillet

Buchsblättriger Trichterling

Funddaten: 1937–40, Haas-Exk. bei Blaubeuren, MTB 7524; 25.09.77, Kri-Exk. „Roter Berg" bei Ulm, MTB 7525/4; August 77, PA Ulm; 03.10.77, bei Bernstadt, Fichtenwald, leg. M. E.; 04.10.92, nördlich Nerenstetten, in Fichtenwald, leg. M. E.; von E. R. (Erbach-Ringingen) 1979 aus MTB 7624 (Schelklingen) gemeldet. Funddaten von L. K. (pers. Aufzeichn.): 30.10.89, NK Reutti, Fichtenstreu, MTB 7626/1, leg. L. K.; KRIEGLSTEINER (1991) nennt in seinem Verbreitungsatlas Funde in den MTB 7425, 7426 und 7626. Nähere Fundangaben liegen mir nicht vor.

Clitocybe amarescens Harmaja

Syn.: ?*C. nitrophila* M. Bon 1979

Funddaten: 10.09.81, „Muna" bei Bühl, MTB 7527/3, am Rande eines Fichtenwaldes, auf Resten eines altes Grashaufens, leg. M. E., det. M. Bon (Frankreich), Beleg in (M);

Dieser Fund wurde von G. J. K. publiziert in Z. Mykol. 49 (1): 75, 1983. Es scheint nicht ganz sicher zu sein, dass dieser Pilz (*C. nitrophila*) identisch ist mit *C. amarescens*.

Ein weiterer Fund:

Hut –40 mm breit, konvex bis flach konvex, alt in der Mitte leicht niedergedrückt, Rand schwach bis nicht durchscheinend gestreift, jung etwas rußig beigebräunlich, alt heller, hellbeige-bräunlich, hygrophan, Austrocknung zwischen Hutmitte und Rand beginnend, ausgeblasst hell ockerlich, in allen Stadien mit dunklerer Mitte, nicht schmierig, etwas gummiartig speckig glänzend

Lamellen gedrängt, leicht herablaufend, schmal, –3(4) mm breit, hell grau-beige, alt heller

Stiel –40 mm lang, in der Mitte –5 mm dick, an der Spitze am hellsten, gegen die Basis ähnlich Hutfarbe, Basis weißfilzig

Fleisch im Geschmack mild, nicht bitterlich, Geruch pilzartig banal

Sporen länglich ellipsoid, ca. 7,4 x 3,7 µm, Basidien 4-sporig

Funddaten: 11.09.93, Bayern, MTB 7527, am Auwaldrand bei Riedheim, Nähe BW-Depot, auf alten Stroh-/Dungresten, einzeln bis büschelig wachsend, leg. M. E., det. T. Kuyper (Holland). Diapositiv in Diathek von M. Enderle.

Anmerkungen: Die Pilze sehen ähnlich aus wie *Clitocybe georgiana* im Tafelwerk von Breitenbach & Kränzlin.

Clitocybe candicans (Pers.) Kummer

Wachsstieliger Trichterling

Funddaten: 1941, Haas-Exk. bei Jungingen, MTB 7525; DIETL & KRIEGLSTEINER (1989), am Oberen

Clitocybe amarescens, Fund vom 10.9.81

Clitoybe foetens

Eselsberg in Ulm; KRIEGLSTEINER (2001) nennt Funde in den MTB 7525, 7526, 7624 und 7625; Details sind mir nicht bekannt.

Clitocybe clavipes (Pers.) Kummer
Keulenfüßiger Trichterling
Funddaten: 1974–83, leg. A. K. in MTB 7426; 23.10.76, Kri-Exk., „Muna" bei Bühl, MTB 7527/3; 25.09.77, Kri-Exk., „Roter Berg" bei Ulm, MTB 7525/4; 17.08.78, Kri-Exk. bei Hörvelsingen, MTB 7526; weitere Funddaten erübrigen sich. Die Art ist sehr häufig und kommt sehr wahrscheinlich in allen MTB im Ulmer Raum vor.

Clitocybe costata Kühner & Romagn.
Kerbrandiger Trichterling
Funddaten: 25.09.77, Kri-Exk. am „Roten Berg" bei Ulm, MTB 7525/4; Funddaten von L. K. (pers. Aufzeichn.): 26.09.88, Spitalwald Ermingen, Buchenmischwald, MTB 7625/1, leg. L. K.; Herbst 1989, Klosterwald Söflingen, MTB 7625/2, leg. E. S., det. L. K.; 14.06.90, Holzstöcke/Orsenhausen, Fichte + Buche, TB 7725/4, leg. L. K.; 02.07.90, Bermaringen, Eingang Lautertal, Rand *Mesobrometum*, MTB 7524/2, leg. L. K.; det. M. E.

Clitocybe diatreta (Fr.) Kummer
Fleischfalber Trichterling
Funddaten: 1943–63, Haas-Exk. in „Filde" bei Beimerstetten, MTB 7525

Clitocybe ditopa (Fr.) Gillet
Kleinsporiger Mehl-Trichterling
Funddaten: 1937–40, Haas-Exk. in „Filde" bei Beimerstetten, MTB 7527; 1974–83, leg. A. K. in MTB 7426; 23.10.76, Kri-Exk. „Muna" bei Bühl, MTB 7527/3; 25.09.77, Kri-Exk. bei Ulm, MTB 7625; 16.09.78, Bubesheimer Wald bei Echlishausen, unter Fichte, MTB 7527, leg. M. E., det. Kri; 19.10.80, Haas-Exk. bei Breitingen, Mischwald mit Fichten, MTB 7425; 1982, leg. A. K. in MTB 7425/1, 7426/1+2; weitere Funddaten erübrigen sich. Die Art ist sehr häufig und kommt sehr wahrscheinlich in allen MTB im Ulmer Raum vor.

Clitocybe foetens Melot – Stinkender Trichterling
Foto von M. Enderle in KRIEGLSTEINER (2001: 167).
Anmerkungen: Wenn man die Fruchtkörper dieser Art über Nacht in einem trockenen Raum liegen lässt, riechen sie am nächsten Tag nach Käse. Prof. Moser nannte die Art deshalb „Käserl-Pilz"!
Funddaten: 13.06.95, Bubesheimer Wald bei Bühl-Echlishausen, unter Fichten im Moos, MTB 7527/3,

leg. M. E., Beleg in (M); 04.06.02, Birkhau, MTB 7724/3/42, leg. K. Ke., Pflanzengesellschaft: Kahlschlag-Fluren, Lichtungen, Waldwegränder, auf Erde, Humus, Höhe über NN: 525 m, Bodenart: Kies, Bodentyp: Parabraunerde

Clitocybe fragrans (With.) Kummer
Dunkelscheibiger Duft-Trichterling
Syn.: *C. suaveolens*
Funddaten: vor 1894, Veesenmeyer, bei Ulm, selten; 1974–83, leg. A. K. in MTB 7426; 23.10.76, Kri-Exk. „Muna" bei Bühl, MTB 7527/3 und zwischen Uf + Lh, Wald Jungholz-Lechfeld, MTB 7527; 17.09.78, Kri-Exk. Westerstetten, MTB 7425; 25.11.78, Auwald Uf, in Fichtenparzelle, MTB 7527/3; 19.10.80, Haas-Exk. bei Breitingen, Mischwald, MTB 7425; 29.10.82, bei Berghülen, Mischwald, leg. G. O.; Weitere Funddaten erübrigen sich. Die Art ist sehr häufig und kommt sehr wahrscheinlich in allen MTB im Ulmer Raum vor.

Clitocybe (cf.) **fragrans** – geruchlose Form
Hut hellbeige-bräunlich, Lamellen hell grau-beige, Stiel schwach weißfilzig,
Geruch pilzartig banal, auch zerdrückt (ohne Mehl- oder Anisgeruch!)
Funddaten: 13.07.96, Bayern, im „Mooswald" nördlich Gz, MTB 7527, Sonderbiotop (Fichten auf anmooriger, schwarzer Erde), bei Fichtenreisig und neben Stümpfen, leg. M. E., conf. Th. Kuyper (Holland); Dia in Diathek M. Enderle.
Anmerkung: Die Fruchtkörper glichen denjenigen von *Clitocybe fragrans*. Es war aber keinerlei Geruch festzustellen. Gibt es eine geruchlose Rasse?

Clitocybe georgiana Clémencon at int.
Modrigriechender Trichterling
Fundbeschreibung mit Foto siehe Enderle (1996 c).

Clitocybe geotropa (DC. & Lamarck) Quélet
Mönchskopf
Funddaten: 1937–40, Haas-Exk. im Maien- und Klosterwald bei Ulm-Söflingen, MTB 7625, bei Blaubeuren, MTB 7524; 1974–83, leg. A. K. in MTB 7426, 7525, 7425; 25.09.77, Kri-Exk. am „Roten Berg" bei Ulm, MTB 7525/4; 30.09.78, Bubesheimer Wald bei Echlishausen, Fichtenparzelle, leg. M. E.; 07.10.78, Stangl-Exk., Bubesheimer Wald bei Echlishausen, MTB 7527; weitere Funddaten erübrigen sich. Die Art ist häufig und kommt sehr wahrscheinlich in allen MTB im Ulmer Raum vor.

Clitocybe gibba (Pers.) Kummer
Ockerbrauner Trichterling
Funddaten: vor 1894, Veesenmeyer, bei Ulm; 1974–83, leg. A. K. in MTB 7426, 7526, 7425 und 7525; 23.10.76, Kri-Exk. „Muna" bei Bühl, MTB 7527, zwischen Uf + Lh, Wald Jungholz-Lechfeld, MTB 7527; 25.10.77, Kri-Exk. bei Ulm, MTB 7625; 17.09.78, Kri-Exk. bei Hörvelsingen, MTB 7526/1; weitere Funddaten erübrigen sich. Die Art ist sehr häufig und kommt sehr wahrscheinlich in allen MTB im Ulmer Raum vor.

Clitocybe glareosa Röllin & Monthoux
Steppentrichterling
Syn.: *C. bresadoliana*
Fundbeschreibung mit Foto siehe Enderle (1996 c). Beleg in (M)

Clitocybe inornata (Sow.) Gillet
Spindelsporiger Trichterling
Funddaten: 1937–40, Haas-Exk. bei Herrlingen, MTB 7525 und Blaubeuren, MTB 7524; 1974–83, leg. A. K. in MTB 7426; 14.10.77 + 07.10.81, Thalfingen, kleine Fichtenparzelle an der Donau, MTB 7526, leg. M. E., conf. J. St., Beleg in (M); 24.11.78, zwischen Bu und Steinheim, in Fichtenwald, MTB 7526, leg. M. E.; 19.10.80, Haas-Exk., bei Breitingen, Mischwald, MTB 7425;

Clitocybe marginella Harmaja
Hellrandiger Trichterling
Syn.: *C. brumalis*
Funddaten: 26.12.82, Auwald Lh, bei Weiden am Wegrand, leg. MTB 7527/1, C. S., det. M. E.

Clitocybe metachroa (Fr.) Kummer ss. Kuyper – Staubfüßiger Trichterling
Syn.: *C. aquosoumbrina, C. dicolor, C. decembris*
Funddaten: 1974–83, leg. A. K. in MTB 7426; 23.10.76, Kri-Exk., „Muna" bei Bühl, MTB 7527/3, zwischen Uf + Lh, Wald Jungholz-Lechfeld, MTB 7527; September 77, „Muna" bei Fa. Imbau, MTB 7527/3; 1982, leg. A. K. in MTB 7426/1+4; 11.11.78, Bubesheimer Wald bei Echlishausen, unter Fichten, det. H. H.; 12.10.79, „Muna" bei Straß, Fichtenwald, auf Ameisenhaufen, det. H. H.; 20.09.81,
Notizen zum Fund vom 15.11.82, Wald „Hörnle" bei Grimmelfingen-Ulm, auf Kinderspielplatz, unter Buchen/Eichen, im Fallaub, leg. M. E., Beleg in (M):
Hut 30–60 mm, flach konvex bis trichterig-nabelig, grau- bis ocker-bräunlich, Rand durchscheinend gerieft, Huthaut junger Frk. speckig glänzend, hygrophan
Lamellen creme-grau, ocker-grau, teilweise mit ganz schwachem Rosareflex
Stiel –60 mm lang, in der Mitte –7 mm dick, teilweise flachgedrückt, oben heller, ockerlich, gegen die Basis wässerig-braun bis rußig-braun, Basis schwach tomentös
Fleisch mild; Geruch auffallend staubig
Sporen 7,4–8,3 x 4–4,4 µm

Clitocybe metachroa

Notizen zu einem Fund vom 11.10.95, Baden-Württemberg, „Hörnle" bei Grimmelfingen, unter Fichten, an Holzresten (Nadelholz?), leg. M. E., det. T. Kuyper (Holland), Diapositiv in Diathek Enderle:
Hut –65 mm breit, flach konvex mit zentraler Eindellung und mit +/- deutlichem Trichter, schmutzig graubeige, zum Teil mit Ocker- oder Olivstich, ca. Cailleux N87, N75, etc., stark hygrophan, von Mitte her ausblassend, dabei anfänglich das Zentrum und der Hutrand am längsten die Farbe behaltend, schließlich hell grau-beige mit etwas dunklerer Mitte, frisch ca. ½–⅔ durchscheinend gerieft, Hut speckig glänzend, Ränder teilweise unregelmäßig gewellt und leicht einreißend; gesamter Fruchtkörper relativ zerbrechlich und brüchig
Lamellen normal weit, am Stiel leicht heraublaufend, schmal, –4 mm breit, hell grau-beige mit etwas hellerer Schneide.
Stiel meist etwas kürzer als der Hut breit, –40 mm lang, –5 mm breit, an der Spitze hell, nach unten düster gefärbt ähnlich dem Hut, an der Spitze und gegen die Basis etwas erweitert, Basis weißfilzig; hohl.
Geruch nicht mehlartig, sondern „staubig", etwas unangenehm, beim Aufbewahren in einem geschlossenen Raum, riecht dieser nach einem Tag nach „Scheunenstaub" oder etwas gummiartig, wie eine Mischung aus *Lepista nuda* und *Cystoderma carcharias*.
Sporen keine gefunden, vielleicht sind die Fruchtkörper aufgrund des hypertrophischen Wachstums an leicht aufschließbaren Holzresten steril oder substeril geblieben?
(im Computer unter Clitocyb.017)

Clitocybe obsoleta (Batsch) Quélet

Fleischbräunlicher Dufttrichterling
Funddaten: 03.11.87, Heiligenhau bei Erstetten, MTB 7725, Fichtenwald auf Kalkboden, leg. K. K.; Krieglsteiner (2001) nennt Funde in den MTB 7426 und 7427; Details sind mir nicht bekannt.

Clitocybe odora (Bull.) Kummer

Grüner Anis-Trichterling
Funddaten: vor 1894, Veesenmeyer, Ulm, am Eselsberg, nicht selten; 1937–40, Haas-Exk., Eselsberg in Ulm, MTB 7525, Maien- und Klosterwald bei Ulm-Söflingen, MTB 7625, bei Blaubeuren, MTB 7524, bei Jungingen, MTB 7525; 1974–83, leg. A. K. in MTB 7426, 7526, 7425; 15.10.77, Stangl-Exk. „Muna" bei Straß, MTB 7526; 19.10.80, Haas-Exk. bei Breitingen, Mischwald, MTB 7425; September 80, Bubesheimer Wald bei Kissendorf, MTB 7527,

leg. M. E.; weitere Funddaten erübrigen sich. Die Art ist sehr häufig und kommt sehr wahrscheinlich in allen MTB im Ulmer Raum vor.

Clitocybe phaeophtalma (Pers.) Kuyper
Ranziger Trichterling
Syn.: *C. hydrogramma* (Bull.: Fr.) Kummer ss. auct., *C. fritilliformis* (Lasch in Fr.) Gillet
Funddaten: 1943–63, Haas-Exk. in „Filde" bei Beimerstetten, MTB 7525, und bei Herrlingen, MTB 7525; 5.08.84, bei Laupheim, leg. G. O., det. M. E.; bei Pilzausstellung in Ulm am 01./02.10.88; Funddaten von L. K. (pers. Aufzeichn.): 02.11.87, Weiherhalden/Herrlingen, *Fagetum*, MTB 7525/3, leg. L. K.; 15.09.02, bei Exkursion „Oli Schick und Freunde (Jo Staiger)", in den „Holzstöcken" bei Hüttisheim, unter *Picea abies.* 28.10.01, Pfifferlingsberg, MTB 7624/2/4, leg. K. Ke., bei AMU-Exkursion, Pflanzengesellschaft: Buchen-, Tannen-, Buchen- und Tannenwälder, Höhe über NN: 625 m, pH: basisch, Bodenfeuchtigkeit: frisch; 06.09.02, Donaustetten, Eichhau, MTB 7625/4/3, leg. K. Ke., Pflanzengesellschaft: Gemischte Forste, in verrottendem Laub- und Nadelstreu, Höhe über NN: 525 m, Bodenart: Kies, Bodentyp: Parabraunerde, pH: sauer; 02.09.02, Ehingen, Weldeshölzle, MTB 7724/1/1, leg. K. Ke., bei Rotbuche; 14.10.01, bei Altheim/Alb, MTB 7426/1, Laubwald (Buche/Eiche), im Laubstreu, leg. B. S.

Clitocybe phyllophila (Pers.) Kummer
Laubfreund-Trichterling
Syn.: *C. cerussata*
Fundbeschreibung siehe Enderle (1996 c).
Funddaten: 1937–40, Haas-Exk., Maien- und Klosterwald bei Ulm-Söflingen, MTB 7625, bei Herrlingen, MTB 7525, bei Blaubeuren, MTB 7524, bei Jungingen, MTB 7525; 09.10.76, Stangl-Exk. in „Muna" bei Straß, MTB 7526; 22.10.77, Uf, Fichtenparzelle im Auwald, MTB 7527/3, leg. M. E., det. Kri; 17.07.80 + 04.08.80, zwischen Uf + Bühl, bei Fa. Imbau, am Bahngleis, MTB 7527/3, Beleg in (M); 13.10.78, Auwald bei Thalfingen, Fichtenparzelle, MTB 7526, leg. M. E., det. J. St.; 1982, leg. A. K. in MTB 7426/4; 29.09.95, Baden-Württemberg, im Naturschutzgebiet Langenauer Ried, Feuchtgebiet, MTB 7527/1, unter *Salix cinerea*, sehr gesellig, mindestens ca. 100 Fruchtkörper, leg. M. E., conf. T. Kuyper (Holland), Diapositiv in Diathek Enderle; Dietl & Krieglsteiner (1989), am Oberen Eselsberg in Ulm; 28.10.01, Pfifferlingsberg, MTB 7624/2/4, leg. K. Ke., AMU-Exkursion, Pflanzengesellschaft: Buchen-, Tannen-Buchen- und Tannenwälder, Höhe über NN: 625 m, pH: basisch

Clitocybe phyllophila

Clitocybe pruinosa (Lasch) Kummer
Nadelkompost-Trichterling
Syn.: *C. radicellata*
Funddaten: 19.03.86, Osterbergholz, MTB 7725, Fichtenwald auf Kalkboden, leg. K. K. (Kommentar Kurt Köhler: „Oft übersehen, wer geht schon im März Pilze suchen.")

Clitocybe rivulosa (Pers.: Fr.) Kummer
Rinnigbereifter Trichterling
Syn.: *C. dealbata*
Fundbeschreibung siehe ENDERLE (1996 c).
Funddaten: 1937–40, Haas-Exk. bei Blaubeuren, MTB 7524; 1974–83, leg. A. K. in MTB 7426, 7526, 7425; KRIEGLSTEINER (2001) nennt Funde in den MTB 7424, 7524, 7525, 7626, 7723 und 7724; Details sind mir nicht bekannt.
Funddaten: 11.09.94, Auwald bei Rh, in Fichtenparzelle, MTB 7527/1, leg. M. E., conf. Dr. T. Kuyper (Wijster/Holland), Beleg in (M)
Ein weiterer Fund:
Hut –80 mm breit, konvex, flach konvex oder scheibig, meist mit zentraler Eindellung, jung weißlich, alt am Rand am hellsten, gegen Mitte oft hellbeige, hell hautfarben; Rand jung etwas bis deutlich eingerollt, trocken, nicht hygrophan, ganz fein angedrückt filzig (Lupe)
Lamellen gedrängt, am Stiel etwas (nicht stark) herablaufend, hell creme-beige (nicht weiß), in Draufsicht bei drehender Bewegung mit schwachem Inkarnatstich
Stiel –55 mm lang, in der Mitte –10(13) mm dick, ähnlich wie Hutmitte (hellbeige) gefärbt, Basis weißlich, an der Spitze fein rau
Fleisch weißlich, Geruch und Geschmack nicht mehlartig, sondern pilzig-krautig, mild
Sporen sehr breit ellipsoid, ca. 4–5 x 4 µm, Basidien 4-sporig
Funddaten: 19.09.93, Baden-Württemberg, nördlich Riedheim, im Ried auf Wiese, rechts vor Wald „R1", an dieser Stelle war im vorigen Jahr ein Kuhmisthaufen, dicht büschelig wachsend, MTB 7527 , leg. M. E., conf. Dr. T. Kuyper (Holland); Diapositiv in Diathek M. Enderle; im Computer gespeichert unter Clitocyb.004; es liegt eine Habitus-Zeichnung vor.
Ein weiterer Fund von *Clitocybe rivulosa*:
Hut –55 mm breit, flach konvex, bald aufschirmend, d. h. Ränder höher als Hutmitte, glatt, unter der Lupe fein filzig, weißlich, in der Mitte nicht dunkler, Ränder junger Fruchtkörper etwas eingerollt; alte Hüte von unten betrachtet am Rand ockergelblich verfärbend
Lamellen gedrängt, kaum herablaufend, schmal, –4 (5) mm breit, hell creme-weißlich
Stiel –55 mm lang, in der Mitte –5 mm dick, gegen die Spitze etwas verjüngt, ungefähr wie die Lamellen gefärbt, +/- kahl, Basis weißfilzig, sehr zäh, enghohl.
Fleisch im Hut und Stielmark weißlich, Stielrinde wie Lamellen gefärbt; Geruch verletzter Fruchtkörper nicht mehlartig, etwas nach Camembert oder Scheunenstaub; Geschmack mild, pilzartig
Huthaut aus fädigen, 3–10 µm dicken Hyphen bestehend, reichlich Schnallen
Sporen ellipsoid bis breit ellipsoid, ca. 5 x 3,4 µm, Basidien 4-sporig
Funddaten: 22.09.93, Baden-Württemberg, Ulm-Donautal, vor dem „Spinnenwald", in Ödland unter Weiden im Moos/Gras, leg. M. E., det. Dr. T. Kuyper (Holland); Diapositiv in Diathek M. Enderle; im Computer gespeichert unter Clitocyb.005

Clitocybe sinopica (Fr.) Kummer
Ziegelroter Trichterling
Funddaten: 1974–83, leg. A. K. in MTB 7425

Clitocybe spec. (Sektion *Pseudolyophyllum*, Stirps *Vibecina*)
Fundbeschreibung mit Foto siehe ENDERLE (1996 c), Beleg in (M)

Clitocybe spec. (Sektion *Pseudolyophyllum*, Stirps *Vibecina*)
Fundbeschreibung siehe ENDERLE (1996 c).

Clitocybe squamulosa (Pers.) Kummer
Feinschuppiger Trichterling
Funddaten: 23.10.76, Kri-Exk. „Muna" bei Bühl, MTB 7527/3

Clitocybe subspadicea (Lange) Bon & Chevassut – Hygrophaner Trichterling
Syn.: *C. umbilicata, C. subspadicea*
Funddaten: 21.10.78, Bubesheimer Wald bei Echlishausen, in Fichtenparzelle, MTB 7527, leg. M. E., det. J. St.; DIETL & KRIEGLSTEINER (1989), am Oberen Eselsberg in Ulm; KRIEGLSTEINER (2001) nennt Funde in den MTB 7425, 7524, 7525 und 7624; Details sind mir nicht bekannt.

Clitocybe trullaeformis (Fr.) Karsten non ss. Lange – Graufilziger Trichterling, s. Foto S. 240
Fundbeschreibung mit Foto siehe ENDERLE (1992 a) sub *C.* affin. *calcarea* Vel. und ENDERLE & KRIEGLSTEINER (1998).
Funddaten: 05.08.93 ff., Bayern, im Naturschutzgebiet nordöstlich von Riedheim, MTB 7527, kurz vor der baden-württembergischen Grenze, leg. M. E., det. Th Kuyper (Holland); Beleg in (M).

Clitocybe trullaeformis

Clitocybe truncicola

Clitocybe vibecina

Clitocybe truncicola (Peck) Sacc.
Weißer Holz-Trichterling, s. Foto S. 240
Funddaten: 06.09.89, Auwald Gz, an Laubbaumbasis, MTB 7527, leg. C. + R. Enderle, det. M. E., conf. A. Hausknecht (Österreich), Beleg in Herbarium Krieglsteiner et filii; 10.06.99, Donau-Auwald bei Lh, leg. M. E. und G. K., MTB 7527/1, an moosiger Basis eines Laubbaumes; 15.10.03, Donau-Auwald bei Rh, MTB 7527, leg. M. E., an moosigem Baumstumpf, gesellig.

Clitocybe vermicularis (Fr.) Quélet
Lärchentrichterling
Funddaten: 1974–83, leg. A. K. in MTB 7426. 30.03.01, Höllbrunnen bei Einsingen, MTB 7725, Lärchen-Fichtenwald auf Kalkboden, leg. K. K.; KRIEGLSTEINER (2001) nennt einen Fund im MTB 7425; Details sind mir nicht bekannt.

Clitocybe vibecina (Fr.) Quélet ss. Ri., Kuyper
Weicher Trichterling
Syn.: *C. haasiana, C. langei* ss. Hora
Funddaten: 1937–40, Haas-Exk. in „Filde“ bei Beimerstetten, MTB 7525, bei Blaubeuren, MTB 7524; 23.10.76, Kri-Exk. „Muna“ bei Bühl, MTB 7527/3; 15.10.77, Stangl-Exk. „Muna“ bei Straß, MTB 7526; 17.09.78, Kri-Exk. bei Hörvelsingen, MTB 7526; 24.10.80, Auwald Oe/Leibi, Fichtenparzelle, MTB 7526, leg. et det. M. E., conf. A. Einhellinger (als *C. langei*), Beleg in (M); 04.11.82, 16.11.82, Wald „Hörnle“ bei Ulm-Grimmelfingen, Fichtenwald, leg. M. E., Beleg in (M); 16.10.94, bei Gz-Limbach, MTB 7528, Fichtenwald, leg. M. E., conf. T. Kuyper (Wijster/Holland), Beleg in (M); 07.10.95, Bayern, Bubesheimer Wald bei Echlishausen, in Fichtenparzelle, MTB 7527, leg. M. E.; 26.10.94, Baden-Württemberg, bei Ulm-Grimmelfingen, im Wald „Hörnle“, leg. M. E., Beleg in (M). Weitere Funddaten erübrigen sich. Die Art ist sehr häufig und kommt sehr wahrscheinlich in allen MTB im Ulmer Raum vor.

Notizen zu einem Fund vom 16.11.82 vom „Hörnle“ bei Grimmelfingen:
Hut –45 mm breit, oliv-grau-bräunlich, gegen den Rand auffallend heller, gerieft, Mitte niedergedrückt bis schwach trichterig; Hutrand schmutzig weißlich
Lamellen schmutzig grau-weißlich
Stiel dem Hut +/- gleichfarben, Basis schwach tomentös
Fleisch Geruch + Geschmack schwach bis deutlich mehl-/gurkenartig
Sporen ca. 5,8–6,7 x 4–4,4 µm

Notizen zu einem Fund vom 23.09.95, Bayern, Naturschutzgebiet Leipheimer Moos (direkt an der baden-württembergischen Grenze), MTB 7527/1, unter *Betula pendula*, leg. C. E., det. T. Kuyper/Holland; Diapositiv in Diathek Enderle:

Hut –25 mm breit, konvex bis flach konvex, mit kaum sichtbarem bis deutlichem zentralem Trichter, Rand jung etwas eingeschlagen, düster hell rußig-beige mit minimaler Olivkomponente, ca. Cailleux M77, in der Mitte dunkler, rußig oliv-bräunlich, hygrophan, ausgeblasst heller
Lamellen normal weit, schmal, am Stiel deutlich herablaufend, –3 mm breit, hell creme-beige mit minimalem Graustich, Schneiden heller
Stiel –45 mm lang, in der Mitte –3 mm dick, gegen die Basis etwas erweitert, mit Hutfarbe übertönt, Basis hell striegelig, enghohl
Geruch banal
Sporen ca. 5 x 3 µm

Notizen zu einem Fund vom 26.09.93:
Hut –40 mm breit, konvex bis flach konvex, mit zentraler Eindellung oder trichterförmig, Rand teilweise etwas flatterig, nicht freudig gefärbt, rußig-beige, grau-beige, in der Mitte dunkler, dunkel rußig-braun, etwas speckig glänzend, mind. ½ durchscheinend gestreift, hygrophan, ausgeblasst hellbeige
Lamellen etwas gedrängt, schmal, –4 mm breit, deutlich am Stiel herablaufend, hell creme-beige bis hell grau-beige
Stiel –40 mm lang, in der Mitte –4 mm dick, meist gegen die Spitze erweitert, oft plattgedrückt und mit einer Rinne gegen die Spitze, hell grau-beige, zum Teil mit schwachem Olivstich, Basis weiß striegelig-filzig
Fleisch zerdrückt undeutlich mehlig-krautig
Sporen ellipsoid bis eiförmig, ca. 5 x 3,5 µm, Basidien 4-sporig
Funddaten: 26.09.93, nördlich Riedheim, im Naturschutzgebiet, auf anmooriger Erde unter *Betula pendula*, zwischen altem Bestand von *Urtica dioica*, MTB 7527/1, leg. M. E., det. T. Kuyper (Holland). Es liegt eine ausführliche Habitus-Zeichnung vor.

Clitocybula plathyphylla (Pers.: Fr.) E. Ludwig
Breitblättriger Samtrübling
Syn.: *Megacollybia platyphylla, Oudemansiella platyphylla*
Funddaten erübrigen sich. Die Art ist sehr häufig und kommt sehr wahrscheinlich in allen MTB im Ulmer Raum vor.

Collybia cirrhata (Pers.) Kummer
Seidiger Zwergrübling
Syn.: *Microcollybia cirrhata*
Funddaten: 1941, Haas-Exk. im Maien- und Klosterwald Söflingen, MTB 7625

Collybia cookei (Bres.) J.D. Arnold
Gelbknolliger Zwergrübling
Syn.: *Microcollybia cookei*
Funddaten: 23.10.76, Kri-Exk. in „Muna" bei Bühl, MTB 7527; Dietl & Krieglsteiner (1989), am Oberen Eselsberg in Ulm; 12.10.00, Widenmannwald bei Reutti, MTB 7726, auf verfaulten Resten von *Russula nigricans*, leg. K. K.; weitere Funddaten erübrigen sich. Die Art kann bei genauer Suche wahrscheinlich in allen MTB im Ulmer Raum gefunden werden.

Collybia tuberosa (Bull.: Fr.) Kummer
Braunknolliger Zwergrübling
Syn.: *Microcollybia tuberosa*
Funddaten: 1937–40, Haas-Fund am Eselsberg bei Ulm, MTB 7525; 17.09.78, Kri-Exk. bei Hörvelsingen, MTB 7526; 19.10.80, Haas-Exk. bei Breitingen, Mischwald mit Fichten, MTB 7425; 30.09.91 + 09.09.94, im Ried nordöstlich von Riedheim, MTB 7527/1, auf faulenden Pilzresten am Boden, leg. M. E., Beleg in (M); 02.09.93, Auwald bei Uf, in Fichtenparzelle, auf alten, vorjährigen Fruchtkörpern von Russula spec., leg. M. E., Beleg in (M); Dietl & Krieglsteiner (1989), am Oberen Eselsberg in Ulm; weitere Funddaten erübrigen sich. Die Art ist häufig und kommt sehr wahrscheinlich in allen MTB im Ulmer Raum vor.

Crinipellis scabella (Alb. & Schw.: Fr.) Murrill
Haarschwindling
Syn.: *C. stipitaria, C. corticalis*
Fundbeschreibung siehe Ottmann & Enderle (1986).
Funddaten: 16.09.84, Auwald Lh, beim Parkplatz vom Kinderfestplatz, an alten Gräsern, MTB 7527/1, leg. M. E., Beleg in (M); Funddaten von L. K. (pers. Aufzeichn.): 05.09.88, Oberes Kiesental, auf Wacholderheide, dürres Gras, MTB 7525/3, leg. L. K.

Cystoderma amianthinum (Scop.) Fayod
Amiant-Körnchenschirmling
Funddaten erübrigen sich. Die Art ist sehr häufig und kommt sehr wahrscheinlich in allen MTB im Ulmer Raum vor.

Cystoderma carcharias (Pers.) Fayod
Starkriechender Körnchenschirmling
Funddaten erübrigen sich. Die Art ist sehr häufig und kommt sehr wahrscheinlich in allen MTB im Ulmer Raum vor.

Cystoderma granulosum (Batsch) Fayod
Rostroter Körnchenschirmling
Funddaten: 1943–63, Haas-Exk. bei Altheim, MTB 7625; 1974–83, leg. A. K. in MTB 7426, 7526; August 79, bei Bellenberg, leg. J. I., det. M. E.; 30.08.84, „Muna" bei Straß, MTB 7526, leg. C. E., det. M. E., Beleg in (M); 05.11.90 und 10.10.94, bei Bellenberg,

MTB 7526, Fichtenwald, leg. J. I., det. M. E., Belege in (M);

Cystoderma jasonis (Cooke & Mass.) Harm.
Syn.: *C. longisporum, C. amanthinum* var. *sublongispora*
Fundbeschreibung siehe ENDERLE (1987 d).
Weitere Funddaten: 15.10.80, bei Weißenhorn, MTB 7627, Mischwald mit Fichten, leg. H. + Bärbel Enderle, det M. Enderle, conf. G. J. K., Beleg im Herbar Krieglsteiner et filii, Nr. 256 K80; 16.11.82 + 26.10.82, Wald „Hörnle" bei Ulm-Grimmelfingen, saurer Fichtenwald, leg. M. E., Belege in (M); DIETL & KRIEGLSTEINER (1989), am Oberen Eselsberg in Ulm; weitere Funddaten erübrigen sich. Die Art ist häufig und kommt sehr wahrscheinlich in allen MTB im Ulmer Raum vor.

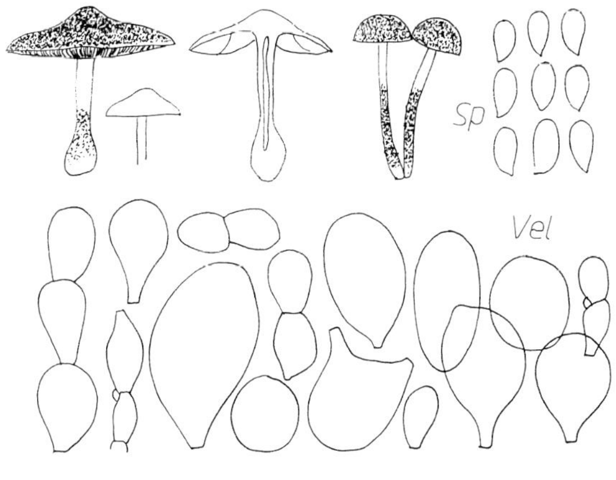

Cystoderma jasonis

Cystoderma superbum Huijsman
Weinroter Körnchenschirmling
Rote-Liste-Art: latent gefährdet
Funddaten: 08.11.98, Steinbruch Sotzenhausen, MTB 7624/2, im Kurzrasen, leg. L. K.

Cystoderma terrei (Berk. & Br.) Harm.
Zinnoberbrauner Körnchenschirmling
Funddaten von L. K. (pers. Aufzeichn.): 07.10.86, „Mönchsteig"/Scharenstetten, MTB 7424/4, leg. G. F.; 06.11.89, bei Illerrieden, in Fichtenstreu, MTB 7726/1, leg. J. I., det. L. K.

Delicatula integrella (Pers.: Fr.) Fayod
Weißer Adernabeling
Funddaten: 23.10.76, Kri-Exk zwischen Uf + Lh, Wald „Jungholz-Lechfeld", MTB 7527/3; 14.11.82, Auwald Lh, an Blattrispen oder kleinen Zweigchen von *Fraxinus excelsior*, MTB 7527/1, leg. M. E.; KRIEGLSTEINER (1991) nennt in seinem Verbreitungsatlas einen Fund in MTB 7726. Nähere Fundangaben liegen mir nicht vor.

Dermoloma cuneifolium (Fr.: Fr.) Bon
Funddaten: 1937–40, Haas-Exk. bei Blaubeuren, MTB 7524; ab 1988 regelmäßig, Söhnstetten/Stöckelberg, MTB 7325/2, leg. H. P. (H. St.) (als *D. atrocinereum*)

Dermoloma pseudocuneifolium
Herink ex Bon
Rote-Liste-Art: stark gefährdet!
Fundbeschreibung siehe ILG & ENDERLE (1992).
Weiterer Fund 1 Jahr später am selben Ort:
Hut –33 mm breit, grau-bräunlich, stark durchscheinend gestreift
Lamellen am Stiel ausgebuchtet, hell grau-beige
Stiel ähnlich dem Hut gefärbt
Fleisch zerdrückt tranig-mehlig riechend
Sporen 5,8–6,6 x 4,5–5 µm
Caulozystiden keulig, z. B. 40–55 x 17–19 µm
Funddaten: 04.10.92, Bayern, bei Realschule Pfuhl, im Rasen, MTB 7527, leg. M. E., det. M. Bon (Frankreich); Dia in Diathek Enderle

Fayodia pseudoclusilis (Joss. & Konr.) Singer
Winter-Rußnabeling
Syn.: *Gamundia striatula*
Funddaten: 03.06.86, Spitalwald bei Ermingen, MTB 7725, am moosigen Stammgrund einer Buche, leg. K. K.

Flagelloscypha minutissima (Burt.) Donk
Cyphelloider Pilz!
Funddaten von L. K. (pers. Aufzeichn.): 05.08.89, Witthau, an Rinde von *Prunus avium*, MTB 7526/1, leg. L. K.; 21.04.91, „Hau" nordwestlich Erbach, an berindetem Laubholz, MTB 7625/3, leg. L. K.; 03.09.85, Klosterwald bei Ulm, MTB 7725, auf Laubstreu von *Acer campestre*, leg. K. K.; KRIEGLSTEINER (2001) nennt Funde in den MTB 7526 und 7625; Details sind mir nicht bekannt.

Flagelloscypha punctiformis (Fr.) Agerer
Funddaten von L. K. (pers. Aufzeichn.): 02.10.88, Steinbruch Schammental, an *Salix*-Blättern, MTB 7525/3, leg. L. K., det. J. M.

Flammulina fennae Bas
Wurzelnder Samtfußrübling
Rote-Liste-Art: latent gefährdet
Foto von M. Enderle siehe KRIEGLSTEINER (2001: 244).
Funddaten: 21.09.89 und 15.09.90, nördlich von Riedheim, im Ried, auf Kuhweide, auf der „Jungvieh-

weide“, unter Bäumen (*Salix*, etc.), MTB 7527/1, leg. M. E., Beleg in (M)

Flammulina velutipes (Curt.: Fr.) Karsten
Gemeiner Samtfußrübling
Funddaten erübrigen sich. Die Art ist sehr häufig und kommt in der kalten Jahreszeit sehr wahrscheinlich in allen MTB im Ulmer Raum vor.
Nach japanischen Forschern soll die Art krebshemmende Stoffe enthalten.

Gymnopus acervatus (Fr.: Fr.) Murrill
Rotbraunstieliger Büschelrübling
Syn.: *C. acervata*
Funddaten: 1974–83, leg. A. K. in MTB 7525; August 77, PA Ulm;

Gynnopus aquosus (Bull.: Fr.) Antonín & Noordeloos
Syn.: *Collybia dryophila* var. *aquosa*
Fundbeschreibung siehe ENDERLE (1992 a).

Gymnopus brassicolens (Romagn.) Antonín & Noordeloos – Großer Stinkschwindling
Syn.: *Micromphale brassicolens*
Fundbeschreibung siehe STANGL (1986). Funddaten von L. K. (pers. Aufzeichn.): 07.09.88, BW Tiefental, Fagetum, MTB 7624/1, leg. L. K. + G. D.; KRIEGLSTEINER (1991) nennt in seinem Verbreitungsatlas einen Fund in MTB 7424. Nähere Fundangaben liegen mir nicht vor.

Gymnopus confluens (Pers.: Fr.) Antonín, Halling & Noordeloos – Knopfstieliger Rübling
Syn.: *Collybia confluens*
Funddaten erübrigen sich. Die Art ist sehr häufig und kommt sehr wahrscheinlich in allen MTB im Ulmer Raum vor.

Gymnopus dryophilus (Bull.: Fr.) Murrill
Waldfreund-Rübling
Syn.: *Collybia dryophila*
Funddaten: August 77, PA Ulm; Kri-Exk. 17.09.78, bei Hörvelsingen, MTB 7526; Stangl-Exk. Bubesheimer Wald bei Echlishausen, MTB 7527; 19.10.80, Haas-Exk. bei Breitingen, Mischwald, MTB 7425; Juni 1995, „Muna“ bei Bühl, MTB 7527/3, bei Fichten, leg. M. E., conf. G. J. K., Beleg in (M); überall häufig im Ulmer Raum

Gymnopus erythropus (Pers.: Fr.) Antonín, Halling & Noordeloos
Syn.: *Collybia kuehneriana, C. marasmioides, C. bresadolae*
Fundbeschreibung siehe ENDERLE (1992 a)

Funddaten: September 90, Wald „Hörnle“ bei Grimmelfingen, MTB 7625, auf Waldspielplatz, an Baumstumpf (*Fagus* oder *Quercus*), leg. M. E., Beleg in (M); 24.09.90, Wald „Hörnle“ bei Grimmelfingen, an Laubholzstumpf, leg. M. E.

Gymnopus fagiphilus (Vel.) Antonin, Halling & Noordeloos
Funddaten: KRIEGLSTEINER (2001) nennt Funde in den MTB 7427 und 7624; Details sind mir nicht bekannt.

Gymnopus fuscopurpureus (Pers.: Fr.) Antonín, Halling & Noordeloos
Dunkelpurpurbrauner Rübling
Syn.: *Collybia alkalivirens, C. obscura*
Farbfoto von M. Enderle siehe KRIEGLSTEINER (2003: 215).
Rote-Liste-Art: gefährdet
Fundbeschreibung mit Foto siehe ENDERLE (1996 c).
Funddaten von L. K. (pers. Aufzeichn.): 12.10.88, Tiefental, Buchenlaub, MTB 7624/1, leg. L. K. und G. D.

Gymnopus fusipes (Bull.: Fr.) S. F. Gray
Spindeliger Rübling
Syn.: *Collybia fusipes*
Funddaten: vor 1894, leg. Veesenmeyer, im Eselswald bei Ulm, nicht häufig; 1937–40, Haas-Exk., Eselsberg in Ulm, MTB 7525; 1974–83, leg. A. K. in MTB 7525; 25.09.77, Kri-Exk. bei Ulm, MTB 7625; 26./27.08.78, PA Ulm; 09.09.79, VNM-Exk. durch W. G., am „Roten Berg“ bei Ulm, MTB 7625; 02.09.82, Ulm-Donautal, bei Eichen/Hainbuchen, leg. M. E.; DIETL & KRIEGLSTEINER (1989), am Oberen Eselsberg in Ulm; 17.09.97, Griesingen, Taxiswald, MTB 7724/2/43, leg. K. Ke. mit H. L., bei Eiche.

Gymnopus hariolorum (Bull.: Fr.) Antonín, Halling & Noordeloos
Striegeliger Rübling
Syn.: *Collybia hariolorum*
Farbfoto von M. Enderle siehe KRIEGLSTEINER (2003: 218).
Funddaten: 1943–63, Haas-Exk. in „Filde“ bei Beimerstetten, MTB 7525; 07.09.80, zwischen Sontheim + Niederstotzingen, MTB 7427, leg. M. E.; 09.08.82, bei Rammingen (La), in Laubgehölz, leg. M. E., det. M. Bon (Frankreich). Funddaten von L. K. (pers. Aufzeichn.): 02.11.87, Weihenhalden/Herrlingen, Buchenlaub, MTB 7525/3, leg. L. K.; 07.09.88, Tiefental, MTB 7624/1, leg. L. K. + G. D.; 14.05.89, Roter Berg bei Ulm, MTB 7624/3, leg. L. K.; Mai 1989, Klosterwald Söflingen, MTB 7625/2, leg. E. S., det. E. S. und L. K.

Gymnopus nivalis

Gymnopus impudicus (Fr.) Antonin, Halling & Noordeloos – Unverschämter Rübling
KRIEGLSTEINER (1991) nennt in seinem Verbreitungsatlas einen Fund in MTB 7526. Nähere Fundangaben liegen mir nicht vor.

Gymnopus nivalis (Luthi & Plomb) Antonín & Noordeloos – Schneerübling
Syn.: *Collybia nivalis*
Rote-Liste-Art: gefährdet
Funddaten: 31.03.79 und in nachfolgenden Jahren, Auwald bei Lh-Weißingen, alljährlich im Vorfrühling, an liegenden Zweigchen von Esche, Hasel, leg. C. S., M. E.; 1 Fund auch nördlich von Riedheim im „Windschutzstreifen", auf baden-württembergischem Boden; siehe Krieglsteiners Bad.-Württ. Pilzflora, Bd. 3.
Der Fund vom 31.03.79 war Erstfund für Deutschland. Er wurde mit Foto publiziert in der Zeitschrift für Mykologie, Bd. 36, 1980. Ein Foto dieser Art von M. Enderle befindet sich auch bei ANTONIN & NOORDELOOS (1997).

Gymnopus ocior (Pers.) Antonín & Noordeloos
Gelbblättriger Waldfreundrübling
Syn.: *Collybia dryophila* var. *funicularis*; *C. exsculpta*
Funddaten: 29.08.81, Haas-Exk., Bubesheimer Wald bei Echlishausen, MTB 7527, leg. G. D., Beleg in (M); 03.07.84, nördlich La, bei *Picea*, leg. M. E., Beleg in (M)

Gymnopus peronatus (Bolt.: Fr.) Antonín, Halling & Noordeloos – Brennender Rübling
Syn.: *Collybia peronata*
Funddaten erübrigen sich. Die Art ist sehr häufig und kommt sehr wahrscheinlich in allen MTB im Ulmer Raum vor.

Haasiella venustissima (Fr.) Kotlaba & Pouzar
Zweisporiger Goldnabeling
Fundbeschreibung siehe LOHMEYER (1996).
Funddaten: 04.01.82, „Höhenanlage" bei Laupheim, MTB 7725, bei Holunder, leg. G. O., Beleg in (M)

Hemimycena cucullata (Pers.: Fr.) Singer
Gipsweißer Scheinhelmling
Fundbeschreibung siehe ENDERLE (1996 c).
Funddaten: 07.08.82, Auwald bei Uf, MTB 7527, leg. C. E., det. M. E., conf. M. Geesteranus (Leiden/Holland), Beleg in (M); 11.09.94, Auwald bei Rh, am Wegrand bei Fichtenrindenresten, MTB 7527/1, leg. M. E., Beleg in (M); 31.08.96, Donau-Auwald bei Uf, in Fichtenparzelle, MTB 7526, leg. Robert Enderle, det. M. E., Beleg in (M)

Hemimycena delectabilis (Peck) Singer
Chlor-Scheinhelmling
Funddaten: 09.06.81, Donau-Auwald bei Of, an morschem Baumstumpf, MTB 7526, leg. M. E., det. M. Geesteranus (Leiden/Holland); KRIEGLSTEINER (2001) nennt einen Fund im MTB 7527; Details sind mir nicht bekannt.

Hemimycena lactea (Pers.: Fr.) Singer
Milchweißer Scheinhelmling
Syn.: *H. delicatella*
Funddaten: 1937–40, Haas-Exk. bei Herrlingen, MTB 7525, bei Blaubeuren, MTB 7524; 23.10.76, Kri-Exk. zwischen Uf + Lh, Wald „Jungholz-Lechfeld" am Biberberg, MTB 7527; 1982, leg. A. K. in MTB 7526/1; Funddaten von L. K. (pers. Aufzeichn.): 02.11.89, Pfifferlingsberg Ringingen, bei Fichte, Rinde/Streu, MTB 7624/4, leg. E. S., det. L. K.

Hemimycena pithya (Fr.) Dörfelt
Syn.: *H. gracilis*
Funddaten: September 1977, Kri-Exk. Fichtenwald am Buchberg bei Ne, MTB 7526; DIETL & KRIEGLSTEINER (1989), am Oberen Eselsberg in Ulm; KRIEGLSTEINER (2001) nennt Funde in den MTB 7426, 7525, 7526, 7724 und 7726;

Hemimycena pseudocrispula (Kühner) Singer
Funddaten von L. K. (pers. Aufzeichn.): 30.06.91, am Schmiechener See, an *Filipendula*, Pflanzenresten, MTB 7624/1, leg. L. K.

Hemimycena pseudogracilis (Kühn. & Maire) Singer
Funddaten: 01.06.85, bei Autenried, Fichtenwald am Wegrand, leg. M. E. (Bestimmung nicht ganz gesichert), Beleg im Fungarium Krieglsteiner et filii; Funddaten von L. K. (pers. Aufzeichn.): 02.11.89, Häulesberg östlich Allmendingen, auf *Pinus*-Streu, MTB 7624/3, leg. E. S., det. L. K.

Hemimycena rickenii (Smith) Singer
Funddaten: 1937–40, Haas-Exk. am Eselsberg bei Ulm, MTB 7525

Hohenbuehelia auriscalpium (R. Maire) Singer
Funddaten: 26.09.82, bei Ulm-Wiblingen, im Göggglinger Wäldchen, Mischwald auf Holzstumpf, leg. M. E., det. M. Bon (Frankreich), Beleg im Fung. Kri

Hohenbuehelia fluxilis (Fr.: Fr.) Orton
Syn.: *H. myxotricha*
Funddaten von L. K. (pers. Aufzeichn.): 14.10.88, „Klingenhau" westlich Holzkirch, an totem (?) Buchenstämmchen, MTB 7425/4 leg. L. K. + G. D.

Hohenbuehelia petaloides (Bull.: Fr.) Schulz.
Erdmuscheling
Funddaten: 1943–63, Haas-Exk. in „Filde" bei Beimerstetten, MTB 7525; 1974–83, leg. A. K. in MTB 7425, 7426; 03.10.81, bei Gerhausen/Blaubeuren, leg. G. O., det. M. E.

Hohenbuehelia reniformis (G. Meyer: Fr.) Singer – Rauchgrauer Muscheling
Funddaten: 05.10.00, Spitalwald, MTB 7725, unter der abgeplatzten Rinde eines liegenden Buchenstammes, leg. K. K.

Hydropus subalpinus (v. Höhn.) Singer
Buchenwald-Wasserkopf
Funddaten: 30.06.80, „Muna" bei Straß, in kleinem Rotbuchenbestand, MTB 7526, leg. M. E., Beleg in (M); Herbst 1988, Ulm, am Roten Berg/Dreierberg, MTB 7525/4, leg. E. S.; 23.07.86, am Roten Berg bei Söflingen, MTB 7625, auf dünnen Buchenästen, leg. K. K.; 13.05.03, bei Allmendingen-Hausen, Gewann „Reinhau", 630 m NN, leg. T. B.; weitere Funddaten erübrigen sich. Die Art ist häufig und kommt sehr wahrscheinlich in allen MTB im Ulmer Raum vor.

Hydropus trichoderma (Joss. apud Kühner) Singer
Rote-Liste-Art: latent gefährdet
Fundbeschreibung siehe ENDERLE (1985).
Funddaten: 31.09.83, Donau-Auwald bei Rh, MTB 7527/1, am Wegrand bei Rotbuchen, leg. M. E., Beleg im Fung. Kri; 31.09.84, Donau-Auwald bei Lh, MTB 7527/1, leg. M. E.; 27.09.95, Bayern, im Stadtgebiet Lh, auf dem alten Friedhof, im kurzen Rasen, MTB 7527, leg. M. E., det. T. Kuyper (Holland), Diapositiv in Diathek Enderle.

Hygrophoropsis aurantiaca (Wulfen) Maire
Falscher Pfifferling
Funddaten: 1937–40, Haas-Exk. in „Filde" bei Beimerstetten, MTB 7525, bei Jungingen, MTB 7525; Haas-Exk. 19.10.80, Mischwald bei Breitingen, MTB 7425.
Weitere Funddaten erübrigen sich. Die Art ist sehr häufig und kommt sehr wahrscheinlich in allen MTB im Ulmer Raum vor (L. K. vermerkt in seinen persönl. Aufzeichnungen mind. 30 Fundorte im Ulmer Raum.)

Hygrophoropsis aurantiaca var. **atrotomentosa** Jaccottet
Brauner Falscher Pfifferling
Funddaten: 28.10.01, Bayern, nördlich von Gz, bei den Fetzer-Seen, in Fichtenforst auf schwarzer Riederde, leg. C. E., det. M. E.

Anmerkung: Die Hüte dieser Pilze (2 Frk.) waren auffallend fein braunfilzig mit minimalem Orangetouch. Der Hutdurchmesser betrug ca. 45 mm. Auf der Suche nach einem geeigneten Namen stieß ich auf Mila Hermanns Beschreibung (HERMANN 1983: 84) der obigen Varietät. Allerdings sollte diese Var. viel größere Fruchtkörper ausbilden (5–9 cm Hutdurchmesser). Der Stiel war bei unserem Fund orangebräunlich. Mikr. Merkmale nicht untersucht.

Laccaria amethystea (Bull.: Gray) Murrill
Violetter Lacktrichterling
Syn.: *L. amethystina*
Funddaten: vor 1894, leg. Veesenmeyer, im Gögglinger Wald, im Örlinger Tal, im Klosterwald bei Söflingen; 23.10.76, Kri-Exk. zwischen Uf + Lh, im „Jungholz-Lechfeld“, MTB 7527; Funddaten von L. K. (pers. Aufzeichn.): 28.09.82, „Frauenholz“, MTB 7625/4, leg. G. F.; 21.10.89, „Reinhau“ nordwestlich Bach, Fichtenstreu, MTB 7625/3, leg. L. K. Weitere Funddaten erübrigen sich. Die Art ist sehr häufig und kommt sehr wahrscheinlich in allen MTB im Ulmer Raum vor.

Laccaria bicolor (Mre.) P. D. Orton
Zweifarbiger Lacktrichterling
Funddaten: 22.10.78, zwischen Uf + Lh, Wald „Jungholz“, MTB 7527, leg. Student der Uni Ulm; 1974–83, leg. A. K. im MTB 7525; bei Pilzausstellung in Ulm am 01./02.10.88; 01.11.00, Buchwald bei Reutti, MTB 7726, in moosigem Fichtenwald auf Kalkboden, leg. K. K.

Laccaria impolita Vellinga & Müller
Syn.: *L. fraterna, L. lateritia*
Funddaten: 21.09.84, im NSG nordöstlich von Riedheim, Baden-Württemberg, MTB 7527/1, auf morschem Laubholzstumpf, leg. M. E., Beleg in (M).
Fundnotizen von einem weiteren Fund:
Hut –25 mm breit, flach konvex bis flach, in der Mitte oft etwas eingedellt, ziegelrötlich, ca. Cailleux T39 oder heller, S20/S19, hygrophan, hell ockergelblich ausblassend, +/- kahl, ca. ⅔ durchscheinend gestreift, Rand oft etwas wellig-gekerbt
Lamellen entfernt, bauchig, am Stiel ohne Ausbuchtung angewachsen, hell lilarötlich, ca. Cailleux P11 bis N15
Stiel –65 mm lang, in der Mitte –4 mm dick, zur Spitze etwas verjüngt, längsfaserig, +/- kahl, ähnlich wie die feuchten Hüte gefärbt, Basis weißfilzig
Sporen rundlich bis breit ellipsoid, 10–12,5 µm Durchm., fein stachelig; Basidien 2-sporig
Funddaten: 26.09.93, Bayern, im Naturschutzgebiet nördlich von Riedheim, unter *Betula pendula*, leg. M. E.

Laccaria laccata (Scop.: Fr.) Berk. & Br. var. **laccata** – Fleischroter Lacktrichterling
Syn.: *L. farinacea, L. ohiensis, L. tetraspora*
Nach Angaben von *Laccaria*-Monografen soll die var. *pallidifolia* (Peck) Peck deutlich häufiger sein als die var. *laccata*. Da bei den bisherigen Funden kaum unterschieden wurde, wird auf Fundangaben verzichtet.

Laccaria laccata var. **pallidifolia**
Funddaten: 27.09.83, 02.09.95 und 15.10.95, im NSG Langenauer Ried, unter Birken und Grauweiden. Fundbeschreibung siehe ENDERLE (1996 d). Belege in (M).

Laccaria laccata var. **proxima** (Boud.) Maire
Fuchsiger Lacktrichterling
Funddaten: 1943–63, Haas-Exk. bei Altheim, MTB 7625; 17.09.78, Kri-Exk. bei Hörvelsingen, MTB 7526; KRIEGLSTEINER (1991) nennt in seinem Verbreitungsatlas einen Fund im MTB 7625. Nähere Fundangaben liegen mir nicht vor.

Laccaria pumilus Fayod
Syn.: *L. altaica, L. striatula*
Hut –25 mm breit, „Laccaria laccata-farbig“, in der Mitte etwas dunkler, leicht vertieft und fein körnig
Lamellen dreieckig am Stiel angewachsen
Stiel –50 (70) mm lang, in der Mitte –2 (3) mm dick, wie die Hutmitte gefärbt, Basis schwach weißfilzig
Sporen ca. 9–12 µm Durchm., rundlich, stachelig; Stacheln max. 1 µm lang; Basidien 2-sporig
Funddaten: 01.10.84, Bayern (?), im Naturschutzgebiet nordöstlich von Riedheim, unter *Salix* ssp. auf schwarzer Erde, MTB 7527, leg. M. E., conf. M. Bon (Frankreich)

Laccaria tortilis (Bolt.) S. F. Gray
Funddaten von L. K. (pers. Aufzeichn.): 26.09.88, „Spitalwald“ Ermingen, Fagetum auf Erde, MTB 7625/1, leg. L. K.; 23.09.86, Großer Forst bei Elchingen, MTB 7628, auf nackter Erde in Fahrspur, leg. K. K.

Lachnella alboviolascens (Alb. & Schw.: Fr.) Fr.
Weißvioletter Schüsselseitling
Cyphelloider Pilz!
Funddaten: 16.02.80, bei Ettlishofen, am liegendem Ästchen, MTB 7527, leg. M. E., det. Dr. R. Agerer (Tübingen); DIETL & KRIEGLSTEINER (1989), am Oberen Eselsberg in Ulm; weitere Funddaten von L. K. (pers. Aufzeichn.): 03.02.90, „Kirchäcker“/Bermaringen, an *Salix*-Zweigen, MTB 7525/1, leg. L. K.; 14.06.90, „Holzstöcke“/Orsenhausen, an *Salix caprea*, toter Ast, MTB 7725/4, leg. L. K.; 01.05.91, „Silberwald“ bei Neu-Ulm/Ludwigsfeld, MTB 7626/1,

bei AMU-Exkursion, det. L. K.; 10.06.91, Böfingen, im Garten, an Fliederrinde, MTB 7526/3, leg. E. S.; 15.06.02, Ulm, Rangierbahnhof, Stellwerk 4, MTB 7625, auf verholztem bzw. verkrautetem Stängel einer nicht bestimmbaren Pflanze, leg. K. K.

KRIEGLSTEINER (2001) nennt Funde in den MTB 7525, 7526, 7527, 7625 und 7725; Details sind mir nicht bekannt.

Lachnella villosa (Pers. ex Schw.: Fr.) Gillet
Filziger Schüsselseitling
Cyphelloider Pilz!
Funddaten: 05.04.81, Kri-Exk. im Illerauwald bei Vöhringen, MTB 7726, leg. C. S. (= Enderle), det. G. J. K.; Funddaten von L. K. (pers. Aufzeichn.): 28.08.88, Steinbruch Schammental, an Stiel von *Melilotus*, MTB 7525/3, leg. L. K.; 13.10.89, Kiesental, an Stiel von *Artemisia vulgaris*, MTB 7525/3, leg. L. K.; Herbst 1989, Gehrenberg südwestlich Wippingen, an Kräuterstängel, MTB 7525/3, leg. E. S., det. L. K.; 14.06.90, „Holzstöcke"/Orsenhausen, an *Lupinus*-Stängel, MTB 7725/4, leg. L. K.; 02.09.90, nördlich Bernstadt, an Kräuterstängel, MTB 7426/3, leg. L. K.

KRIEGLSTEINER (2001) nennt Funde in den MTB 7426, 7525, 7527, 7725 und 7726; Details sind mir nicht bekannt.

Lepista caespitosa (Bres.) Singer
Büscheliger Rötelritterling
Funddaten: 04.11.78, bei Uf, auf Halbtrockenrasen, „auf den Bergen", leg. M. E., det. H. H.

Lepista flaccida (Sow.) Pat.
Fuchsiger Trichterling, Fuchsiger Rötelritterling
Syn.: *L. gilva, L. inversa*
Funddaten erübrigen sich. Die Art ist sehr häufig und kommt sehr wahrscheinlich in allen MTB im Ulmer Raum vor.

Nach KRIEGLSTEINER (2001) handelt es sich um eine sehr variable Sippe, deren Extremformen vielfach als eigenständige Arten beschrieben wurden. So sind *L. gilva* und *L. inversa* in typischer Ausprägung zwar gut zu trennen, mehrere Mykologen haben jedoch den Nachweis erbracht, dass beide aus demselben Myzel entstehen können.

Lepista irina (Fr.) Bigelow
Veilchen-Rötelritterling
Funddaten: 01.10.77, „Muna" bei Straß, MTB 7526, leg. M. E.; 1982, leg. A. K. in MTB 7426/1; Funddaten von L. K. (pers. Aufzeichn.): 10.10.88, Jungholz nördlich Steingebronn, Buchen-Fichten, MTB 7522/3, leg. L. K.; 23.10.83, Kiesental, MTB 7525/3, leg. G. F.; 03.10.86, bei Donaustetten, MTB 7625/4, leg. G. F.; 28.09.86, Umgebung der Uni Ulm, MTB

Lepista nuda var. *glaucocana*

7525/4, leg. G. F.; weitere Funddaten erübrigen sich. Die Art ist häufig und kommt sehr wahrscheinlich in allen MTB im Ulmer Raum vor.

Lepista irina forma?

Hut 80 mm breit, trichterig vertieft, hellbeige mit hautfarbenem Stich (vor allem in der Mitte), glatt und kahl, etwas seidig glänzend
Lamellen herablaufend (bzw. so erscheinend), gedrängt, mit cremerosa Stich, –5 mm breit, sehr leicht von der Huttrama ablösend (ob Röhrlings-verwandt?)
Stiel 33 mm lang, in der Mitte 20 mm dick, hell graubeige
Geruch stark aromatisch, süßlich, seifenartig
Sporen ca. 7–8 x 4,2 µm, fein warzig; Sporenpulver deutlich schmutzig rosa
26.09.93, Bayern (?), nordöstlich von Riedheim, im Naturschutzgebiet, MTB 7527, unter *Betula pendula*, an anmooriger Stelle, leg. M. E., 1 Fruchtkörper
Es liegt eine Habituszeichnung vor.

Lepista nebularis (Batsch) Harmaja

Nebelgrauer Trichterling, Nebelkappe
Funddaten erübrigen sich. Die Art ist sehr häufig und kommt sehr wahrscheinlich in allen MTB im Ulmer Raum vor.

Lepista nuda (Fr.: Fr.) Cooke var. **nuda**

Violetter Röterritterling
Funddaten erübrigen sich. Die Art ist sehr häufig und kommt sehr wahrscheinlich in allen MTB im Ulmer Raum vor.

Lepista nuda (Bull.: Fr.) Cke. var. **glaucocana** (Bres.) Krieglst. – Blassblauer Rötelritterling

Syn.: *Lepista glaucocana*, s. Foto S. 248
Hut –80 mm breit, wie eine sehr blasse *L. nuda* gefärbt, jedoch ohne lila
Lamellen ockerlich, ohne lila
Stiel mit sehr schwachem Lilastich
Geruch unauffällig
Sporen 6–7,5 x 4–4,5 µm, ellipsoid, dickwandig, mit kleinen Warzen; Basidien 4-sporig, mit Schnallen, 25–30 x 6–7 µm, mit einigen stark lichtbrechenden Körpern innerhalb der Basidie (typisch für die Arten des *L. nuda*-Stirps)
Funddaten: 27.09.95, Baden-Württemberg, bei Ulm-Grimmelfingen, im Wald „Hörnle", unter *Fagus silvatica*, auf kalkhaltigem Untergrund, leg. M. E., conf. M. Contu (Italien), Dia in Diathek Enderle; Beleg in (ULM). Weiterer Fund: 21.09.96, Mooswald nördlich Gz, MTB 7527/1, leg. M. E., Dia vorhanden; 03.10.02, Bockighofer Holz, MTB 7724/4/32, bei Fichten, leg. K. Ke.; 13.10.02, Ehingen, Flugplatz, MTB 7724/1, leg. K. Ke.

Lepista panaeolus (Fr.) P. Karsten

Horngrauer Rötelritterling
Syn.: *Lepista luscina*
Funddaten: 1943–63, Haas-Fund bei Pilzausstellung in Klingenstein (H. Braune); 31.10.82, Wacholderheide bei Mehrstetten, MTB 7623, leg. G. O.; 19./20.09.96, bei Pilzausstellung in Ulm; ab 1998 regelmäßig, Erpfenhauser Hof, MTB 7326/3, leg. H. P. (H. St.); 30.10.02, Ehingen, Flugplatz, MTB 7724/1, Wachholderheide, leg. K. Ke.
KRIEGLSTEINER (2001) nennt Funde in den MTB 7424, 7425, 7524, 7525 und 7724; Details sind mir nicht bekannt.

Lepista pseudoparilis Enderle & Contu

Graubeiger Rötelritterling, s. Foto S. 250
Neubeschreibung mit Foto siehe ENDERLE & CONTU (2000: 11–14); Foto von M. Enderle siehe auch KRIEGLSTEINER (2001: 297).
Funddaten: 01.11.1999, Baden-Württemberg, Landkreis Zwiefalten, östlich Gammerdingen, MTB 7721/4, im Forst „Gamenloch", ca. 770 m über NN, ca. 50 m von der Straße entfernt in einem lichten, grasigen Hochwald aus Fichten und wenigen Kiefern auf kalkhaltigem Untergrund mit leicht, oberflächlicher Versauerung; leg. M. E., während einer Exkursion mit G. J. K.; Holotypus im Herbarium der Universität Ulm (ULM).

Lepista rickenii Singer (non ss. Kuyper, vix. M. Bon 1990?) – Rickens Rötelritterling, s. Foto S. 250

Fundbeschreibung:
Hut hell grau-beige, mit dunkleren Flecken
Lamellen weit herablaufend
Stiele fast büschelig verwachsen
Sporen ca. 5–6 x 3–4 µm, breit ellipsoid bis ellipsoid, rau warzig
Cheilozystiden nodulös bis subcorraloid
Huthaut eine Kutis aus verwobenen, zylindrischen Hyphen mit vakuolär-granuliertem Pigment.
Geruch aufgeschnittener Fruchtkörper schwach spermatisch
Funddaten: 10.10.98, Baden-Württemberg, zwischen Altheim und Gerstetten, auf einer Wacholderheide, im Gras, bei *Juniperus*-Büschen, an offener Stelle ohne Schatten, leg. M. E., det. M. Contu (Sardinien/Italien), Beleg in (ULM).
Anmerkungen des Bestimmers Dr. Marco Contu (Italien): „Mein Konzept der *L. rickenii* basiert auf SINGERS Originaldiagnose in Sydowia 2: 26–27, 1948 (‚Pileo tabacino dein pallidiore, saepe concentrice guttulato … Lamellis … sinuata-adnexis vel decurrentibus, … Sporis 6–7,5 x 3,8–4 µm'), obwohl in der Literatur kleinere Sporen angegeben werden. BONS Konzept (Doc. Mycol. 51: 42, 1983) ist identisch. Später änderte BON sein Konzept, wobei er die Spo-

Lepista pseudoparilis

Lepista rickenii

ren als ‚grinelées ou à paroi +/- onduleuse' bezeichnete (Doc. Mycol., Mém. Hors.-Ser. no. 4: 102, 1997); dies sieht nach einer anderen Sippe aus. KUYPER (Flora Agaricina Neerl. 2: 69, 1990) beschrieb *L. panaeola* (Fr.) P. Karsten (= *P. luscina* ss. auct. pl. non Fries, was eine *Melanoleuca* ist) unter ‚*Lepista rickenii* Sing.'; damit gab er zwei Beschreibungen für dieselbe Art! *L. panaeola* (Fr.) P. Karsten unterscheidet sich von *L. rickenii* durch a) kleinere Fruchtkörper mit adnaten bis kaum herablaufenden, keinesfalls deutlich herablaufenden Lamellen, b) größere Sporen mit feiner Ornamentation aus sehr dichten Stacheln (die Sporen der *L. rickenii* sind kleiner und kräftiger ornamentiert), c) Subhymenium aus eckigen bis subzellulären Elementen. Ansonsten sind die beiden Arten sehr ähnlich. Meiner Meinung nach verdient *L. rickenii* nach wie vor Artrang." Ende des Kommentars von *Dr. Marco CONTU* (Sardinien).
im Computer unter Lepista.002
Weitere Funddaten: 1982, leg. A. K. in MTB 7426; 08.10.99, bei Altheim/Alb, MTB 7426/1, auf Heide, im Gras, leg. B. S.

Lepista saeva (Fr.) Orton
Lilastieliger Rötelritterling
Syn.: *L. personata*
Funddaten erübrigen sich. Die Art ist immer noch weit verbreitet, aber offenbar auf dem Rückzug.

Lepista sordida (Fr.) Singer
Schmutziger Rötelritterling
Funddaten: 23.10.76, Kri-Exk. zwischen Uf + Lh, MTB 7527, Wald „Jungholz-Lechfeld"; 26.08.79, Auwald Lh, beim Kinderfestplatz, am Waldrand, neben Pferdemisthaufen, in dichten Büscheln, MTB 7527/1, leg. M. E.; 1974–83, leg. A. K. in MTB 7425, 7426, 7526; 25.07.86, bei Uf, bei Firma Imbau, auf grasigem Weg, leg. M. E., det. M. Bon (Frankreich) als var. *umbonata*. Weitere Funddaten erübrigen sich. Die Art ist sehr häufig und kommt sehr wahrscheinlich in allen MTB im Ulmer Raum vor.

Lepista subconnexa (Murrill) Harmaja
Erstfund für Deutschland (?)
Hut relativ hell, ohne Flecken
Sporen 5–6,5 x 3,5–4,5 µm, breit ellipsoid bis ellipsoid, mit kleinen Warzen, *nicht* fein stachelig (wie z. B. bei *L. panaeola*); Basidien 4-sporig, mit Schnallen, 20–30 x 6–7 µm
Huthaut eine Kutis aus zylindrischen Hyphen mit intrazellulärer bis intraparietaler Pigmentierung; Schnallen häufig.
Fundaten: 10.10.98, Baden-Württemberg, zwischen Altheim und Gerstetten, auf einer Wacholderheide, im Gras, bei *Juniperus*, an offener Stelle ohne Schat-

Lepista subconnexa

ten., leg. M. E., det. Dr. Marco Contu (Sardinien/Italien), Dia in Diathek Enderle.
Anmerkungen von M. CONTU: Obwohl keine Notizen über den Geruch und den Geschmack der Fruchtkörper vorliegen, denke ich, dass es sich um *L. subconnexa* handelt.
L. fasciculata Harmaja steht nahe, weicht jedoch durch größere Sporen, bräunliche Färbung und inkrustierten Pigmenten in der Huthaut ab. Zudem wächst sie in Laubwäldern.

Lyophyllum caerulescens Clémencon
Syn.: *L. crassifolium*
Rote-Liste-Art: gefährdet
Fundbeschreibung siehe OTTMANN & ENDERLE (1986).
Funddaten: Auwald bei Lh-Rh, MTB 7527/1, unter Linde, leg. M. E., Beleg im Fungarium Krieglsteiner

Lyophyllum connatum (Schum.: Fr.) Singer
Geselliger Rasling
Funddaten erübrigen sich. Die Art ist sehr häufig und kommt sehr wahrscheinlich in allen MTB im Ulmer Raum vor. Die Art sollte als Speisepilz nicht mehr verwendet werden.

Lyophyllum decastes (Fr.: Fr.) Singer
Brauner Büschelrasling
Syn: *L. fumosum, L. conglobatum, L. aggregatum, L. loricatum*
Funddaten: 25.09.77, Kri-Exk. am Roten Berg bei Ulm, MTB 7525/4; Funddaten von L. K. (pers. Aufzeichn.): 10.10.88, Umgebung der Uni Ulm, gekalkte Wege, MTB 7525/4, leg. L. K.; 07.09.88, BW Tiefental, Fagetum/Kalk, MTB 7624/1, leg. L. K. + G. D.; 05.08.89, Witthau, Eiche/Hainbuche, MTB 7526/1, leg. L. K.; 1989, Klosterwald Söflingen, MTB 7625/2, leg. E. S., det. L. K.; alljährlich im Großraum Lh an verschiedenen Stellen. Weitere Funddaten erübrigen sich. Die Art ist sehr häufig und kommt sehr wahrscheinlich in allen MTB im Ulmer Raum vor.

Lyophyllum deliberatum (Britz.) Kreisel
Rautensporiger Schwärzling
Syn.: *L. infumatum*
Funddaten: 1937–40, Haas-Exk. im Maien- und Klosterwald bei Söflingen, MTB 7625

Lyophyllum fusisporum Hora
Spindelsporiges Graublatt
Funddaten von L. K. (pers. Aufzeichn.): 12.10.89, BW Tiefental, *Fagetum* im Laub, MTB 7624/1, leg. L. K. + G. D.

Lyophyllum gangraenosum (Fr.) Gulden
Gerberei-Schwärzling
Syn.: *L. fumatofoetens, L. leucophaeatum*
Rote-Liste-Art: gefährdet
Funddaten: 1943–63, Haas-Exk. in „Filde" bei Beimerstetten, MTB 7525; 25.09.77, Kri-Exk. am Roten Berg bei Ulm, MTB 7525/4; 07.09.79, 11.10.81, Auwald bei Uf, MTB 7527, beim Staubecken, in kleiner Fichtenparzelle, leg. M. E., Beleg in (M); 13.09.79, Fichtenwald zwischen Uf + Bühl, bei Firma Imbau, MTB 7526, leg. M. E.; Funddaten von L. K. (pers. Aufzeichn.): 25.09.77, am Roten Berg bei Ulm, MTB 7525/4, leg. G. F.; 11.10.95, Wald „Hörnle" bei Grimmelfingen, am Wegrand bei Fichten, leg. M. E., Beleg in (ULM), Dia in Diathek Enderle.

Lyophyllum paelochroum Clémencon
Rundsporiger Schwärzling
Syn.: *?L. immundum*
Funddaten: September 1977, kleine Fichtenparzelle bei Thalfingen, an der Donau, leg. M. E., det. G. J. K.

Lyophyllum transforme (Britz.) Singer
Dreiecksporiger Rasling
Syn.: *L. trigonosporum*
Funddaten: 1937–40, Haas-Exk. bei Blaubeuren, MTB 7524

Macrocystidia cucumis (Per.: Fr.) Joss.
Gurkenschnitzling
Funddaten erübrigen sich. Die Art ist sehr häufig und kommt sehr wahrscheinlich in allen MTB im Ulmer Raum vor.

Marasmiellus foetidus (Sow.: Fr.) Antonín, Halling & Noordeloos – Stink-Schwindling
Syn.: *Micromphale foetidum*
Farbfotos siehe ENDERLE & LAUX (1980)
Funddaten: 1937–40, Haas-Exk. im Maien- und Klosterwald Söflingen, MTB 7625, am Eselsberg in Ulm, MTB 7525; 23.10.76, Kri-Exk. zwischen Uf + Lh, im „Jungholz-Lechfeld", MTB 7527, leg. M. E.; 1974–83, leg. A. K. im MTB 7526, 7426; weitere Funddaten erübrigen sich. Die Art ist sehr häufig und kommt sehr wahrscheinlich in allen MTB im Ulmer Raum vor;

Marasmiellus perforans (Hoffm: Fr.) Antonín, Halling & Noordeloos – Nadel-Schwindling
Syn.: *Micromphale perforans*
Funddaten: 1937–40, Haas-Exk. im Maien- und Klosterwald bei Söflingen, MTB 7625, bei Blaubeuren, MTB 7524, am Eselsberg in Ulm, MTB 7525, bei Jungingen, MTB 7525; 1974–83, leg. A. K. im MTB 7425, 7426, 7526; 28.08.02, Donaustetten, Eichhau, MTB 7625/4/3, in Fichtennadelstreu, leg. K. Ke.;

17.09.97, Griesingen, Taxiswald, MTB 7724/2/43, Fichtennadelstreu, leg. K. Ke.; 03.10.02, Bockighofer Holz, MTB 7724/4/32, Fichtennadelstreu, leg. K. Ke.; 27.06.97, Knäulesberg Südost, MTB 7725/1, Fichtennadeln, leg. K. Ke.; 22.08.02, Bucher Wald, MTB 7727/3, Fichtennadelstreu, leg. K. Ke.; weitere Funddaten erübrigen sich. Die Art ist sehr häufig und kommt sehr wahrscheinlich in allen MTB im Ulmer Raum vor.

Marasmiellus ramealis (Bull.: Fr.) Singer
Ästchenschwindling
Syn.: *M. amadelphus*
Funddaten erübrigen sich. Die Art ist häufig und kommt sehr wahrscheinlich in allen MTB im Ulmer Raum vor.

Marasmiellus vaillanti (Pers.: Fr.) Singer
Matter Zwergschwindling
Funddaten: KRIEGLSTEINER (2001) nennt einen Fund im MTB 7724; Details sind mir nicht bekannt.

Marasmius alliaceus (Jacq.: Fr.) Fr.
Langstieliger Knoblauchschwindling
Funddaten: 1974–83, leg. A. K. in MTB 7525; bei Pilzausstellung in Ulm am 01./02.10.88; 19./20.09.96, bei Pilzausstellung in Ulm; weitere Funddaten erübrigen sich. Die Art ist häufig und kommt sehr wahrscheinlich in allen MTB im Ulmer Raum vor.

Marasmius androsaceus (L.: Fr.) Fr.
Roßhaar-Schwindling
Funddaten: vor 1894, leg. Veesenmeyer, im Eselswald; weitere Funddaten erübrigen sich. Die Art ist sehr häufig und kommt sehr wahrscheinlich in allen MTB im Ulmer Raum vor.

Marasmius bulliardii Quélet – „Käsepilzchen"
Syn.: *M. wettsteinii*
Funddaten: 23.10.76, Kri-Exk. zwischen Uf + Lh, im „Jungholz-Lechfeld", MTB 7527/1, und in „Muna" bei Bühl, MTB 7526; 15.10.76, Sta-Exk. in „Muna" bei Straß, MTB 7526; 08.06.81, „Muna" bei Sportplatz Bühl, auf Fichtennadeln, MTB 7526, leg. J. Wehrlein, det. M. E.; weitere Funddaten erübrigen sich. Die Art ist häufig und kommt sehr wahrscheinlich in allen MTB im Ulmer Raum vor.

Marasmius cohaerens (Pers.: Fr.) Fr.
Hornstieliger Schwindling
Funddaten: 1943–63, Haas-Fund bei Pilzausstellung in Ulm; 27.07.81, bei Uf, MTB 7527, Beleg in (M); 04.08.78, „Muna" zwischen Uf + Bühl, bei Firma Imbau, unter Fichten, MTB 7526, leg. M. E.; 10.09.82 und 20.09.82, bei Uf, im Fichtenwald, leg. M. E., Beleg in (M); Funddaten von L. K. (pers. Aufzeichn.): Herbst 1989, „Spitalwald" Ermingen, MTB 7625/1, leg. E. S., det. L. K.; 02.11.91, „Bärenlau" nordöstlich Suppingen, MTB 7524/1, leg. Riederle, Schätzle, det. M. E.; 11.09.02, Donaustetten, Eichhau, MTB 7625/4/3, bei Rotbuchen, leg. K. Ke.; 22.08.02, Bucher Wald, MTB 7723/3, Berg-Ahorn-Buchenwald, leg. K. Ke.

Marasmius curreyi Berk. & Br.
Orangerötlicher Schwindling
Syn.: *M. graminum*
Funddaten: 12.07.79, zwischen Uf + Lh, MTB 7527, auf dem Biberberg, in Weizenfeld, an der Basis von Weizenhalmen, leg. M. E.; 08.07.90, bei Riedheim, MTB 7527/1, im Gras, leg. M. E., Beleg in (M); Funddaten von L. K. (pers. Aufzeichn.): 01.08.87, nordwestlich Untermedlingen, am Feldrain, totes Gras, MTB 7427/2, leg. G. J. K. und M. E.

Marasmius epiphyllus (Pers.: Fr.) Fr.
Aderblättriger Schwindling
Funddaten: 07.10.78, Sta-Exk. im Auwald Lh, MTB 7527/1; Funddaten von L. K. (pers. Aufzeichn.): 12.10.88, Umgebung der Uni Ulm, an Pflanzenresten, MTB 7525/4, leg. L. K. + G. D.; 27.10.87, „Hörnle" bei Ulm-Grimmelfingen, MTB 7625/2, leg. L. K. + M. E.; 28.09.91, Ulm, Roter Berg, Petiolen von ?, MTB 7525/4, leg. L. K.

Marasmius oreades (Bolt.: Fr.) Fr.
Nelkenschwindling
Funddaten: vor 1894, leg. Veesenmeyer im OA Ulm, nicht selten, besonders im Örlingertal; weitere Funddaten erübrigen sich. Die Art ist sehr häufig und kommt sehr wahrscheinlich in allen MTB im Ulmer Raum vor.

Marasmius querceus Britz.
Syn.: *M. prasiosmus*
Funddaten: 1937–40, Haas-Exk. bei Blaubeuren, MTB 7524; 25.10.82, Buchenwald bei Berghülen/Blaubeuren, auf Buchenblättern, MTB 7524, leg. G. O.; 28.10.95, „Hörnle" bei Grimmelfingen, unter Eichen, MTB 7625, leg. M. E., Beleg in (M); Funddaten von L. K. (pers. Aufzeichn.): 1987, „Dreierberg", MTB 7525/3, leg. E. S.; Oktober 1989, „Schlag" westlich Asch, MTB 7524/4, leg. E. S.; 02.11.91, „Bärenlau" nordöstlich Suppingen, MTB 7524/1, leg. H. R. + E. S.

Marasmius quercophilus Pouzar
Gedrängtblättriger Schwindling
Funddaten von L. K. (pers. Aufzeichn.): 24.09.88, Ermingen beim Fernmeldeturm, an Eichenlaub, MTB 7525/3, leg. L. K. + G. D.

Marasmius rotula (Scop.: Fr.) Fr.
Halsband-Schwindling
Funddaten erübrigen sich. Die Art ist sehr häufig und kommt sehr wahrscheinlich in allen MTB im Ulmer Raum vor.

Marasmius scorodonius (Fr.: Fr.) Fr.
Kleiner Knoblauchschwindling, Mousseron
Funddaten: vor 1894, leg. Veesenmeyer, „selten bei Ulm"; 1974–83, leg. A. K. in MTB 7525, 7526; Funddaten von L. K. (pers. Aufzeichn.): 02.08.80, Waldlehrpfad Dornstadt, Fichtenstreu, MTB 7525/2, leg. L. K.; 1989, G. O. in MTB 7724/3 und 7726/3; Herbst 1989, Spitalwald Ermingen, MTB 7625/1, leg. E. S.; 12.09.81, „Holzstöcke" Bihlafingen, AMO-/AMU-Exkursion, MTB 7725/4; Oktober 1989, „Schlag" westlich Asch, MTB 7524/4, leg. E. S.; 28.09.90, Ulm, Roter Berg, Grasreste in Fichtenforst, MTB 7525/4, leg. L. K.

Marasmius setosus (Sow.) Noordeloos
Laubschwindling
Syn.: *M. recubans*
Funddaten: siehe DIETL & KRIEGLSTEINER (1989), am Oberen Eselsberg in Ulm; Funddaten von L. K. (pers. Aufzeichn.): 12.10.88, BW Tiefental, Buchenlaub, MTB 7624/1, leg. L. K. + G. D.; 26.09.88, Spitalwald westlich Ermingen, MTB 7625/1, leg. L. K.; 17.10.89, südwestich Arnegg, Buchenlaub, MTB 7525/3, leg. L. K.; 05.11.89, Ehingen/Schlechtenfeld, Buchenlaub, MTB 7724/1, leg. L. K.

Marasmius torquescens Quélet
Ledergelber Schwindling
Syn.: *M. lupuletorum*
Funddaten: 1937–40, Haas-Exk. im Maien- und Klosterwald bei Söflingen, MTB 7625; 05.10.80, „Muna" bei Straß, MTB 7526, 7527; 19.09.81, am Roten Berg bei Ulm, im Buchenlaub, MTB 7525, leg. M. E., Beleg in (M); DIETL & KRIEGLSTEINER (1989), am Oberen Eselsberg in Ulm; DIETL & KRIEGLSTEINER (1989), am Oberen Eselsberg in Ulm; DIETL & KRIEGLSTEINER (1989), am Oberen Eselsberg in Ulm; weitere Funddaten erübrigen sich. Die Art ist häufig und kommt sehr sehr wahrscheinlich in allen MTB im Ulmer Raum vor.

Marasmius wynnei Berk. & Br.
Violettlicher Schwindling
Funddaten: 1943–63, Haas-Exk. in „Filde" bei Beimerstetten, MTB 7525; 21.10.78, Bubesheimer Wald, in Fichtenwald, leg. M. E., conf. J. St., MTB 7527; 24.10.80, zwischen Bu + Steinheim, MTB 7526, leg. M. E.; bei Pilzausstellung in Ulm am 01./02.10.88; weitere Funddaten erübrigen sich. Die Art ist häufig und kommt sehr wahrscheinlich in allen MTB im Ulmer Raum vor.

Melanoleuca brevipes (Bull.: Fr.) Pat.
Kurzstieliger Weichritterling
Beschreibung eines Fundes vom 19.04.83:
Hut dunkel rußig-braun, bei Trockenheit glänzend, –80 mm breit, mit schwach porphyrbraunem Stich
Lamellen schmutzig ocker-graulich, trockene Lamellen mit deutlich brauner Lamellenschneide
Stiel im Vergleich zum Hutdurchmesser relativ kurz, mit dem Hut gleichfarben oder dunkler, Basis knollig
Sporen z. B. 8–9,3 x 5–5,8 µm, ellipsoid bis breit ellipsoid, rau; Basidien z. B. 34 x 10 µm
Cheilozystiden vom Brennhaartyp, z. B. 44 x 6 µm
Funddaten: 19.04.83, Kinderfestplatz im Auwald bei Lh, auf nährstoffreicher Erde unter Laubbäumen, leg. M. E., conf. M. Meusers (Meerbusch).
Weitere Funddaten: 27.04.79, 01.05.86, Auwald bei Lh, am Kinderfestplatz, MTB 7527/1, unter Eschen, leg. M. E.; 26.04.80, Auwald bei Leibi, MTB 7526, leg. C. S., det. M. E.; 10.05.80, Auwald Lh, auf Wiese bei der Donau, leg. M. E., Beleg in (M); 1974–83, leg. A. K. in MTB 7426; DIETL & KRIEGLSTEINER (1989), am Oberen Eselsberg in Ulm; Funddaten von L. K. (pers. Aufzeichn.): Oktober 1988, Umgebung der Uni Ulm, Oberer Eselsberg, Parkrasen, MTB 7525/4, leg. L. K.; 12.04.83, Gz, beim Waldbad, unter Waldkiefern (*Pinus silvestris*), MTB 7527, leg. M. E., conf. M. Meusers.

Melanoleuca cognata (Fr.) Konr. & Maubl.
„Frühlings-Weichritterling"
Funddaten: 21.10.77, am Buchberg, unter Buche, MTB 7526; 05.11.78, Wald bei Illerrieden, MTB 7726, am Wegrand, leg. M. E.; 16.10.80, bei Weißenhorn, leg. B. & H. Enderle, det. M. E., MTB 7627; 04.04.81, Wald „Fuchshölzle" bei Ne, MTB 7526, leg. W. Gehrke, det. M. E.; 1974–83, leg. A. K. in MTB 7525, 7526; 27.03.02, Kirchberger Holz, MTB 7725/4/2, leg. K. Ke; 04.05.02, bei Altheim/Alb, MTB 7426/1, Fichtenwald, auf stark bemoostem Waldweg, leg. B. S.; weitere Funddaten erübrigen sich. Die Art ist häufig und kommt sehr wahrscheinlich in allen MTB im Ulmer Raum vor.

Melanoleuca excissa (Fr.: Fr.) Singer
Blassgrauer Weichritterling
Funddaten: KRIEGLSTEINER (2001) nennt einen Fund im MTB 7625; Details sind mir nicht bekannt.

Melanoleuca friesii (Bres.) Bon
Fries' Weichritterling
Syn.: *M. arcuata*
Fundbeschreibung siehe ILG & ENDERLE (1992).

Weitere Funddaten: 17.09.78, Kri-Exk. bei Hörvelsingen, MTB 7526; 17.09.78, bei Westerstetten, MTB 7425; 23.07.80, „Muna“ bei Straß, MTB 7526, Fichtenwald, leg. M. E., conf. H. S.; Funddaten von L. K. (pers. Aufzeichn.): 07.09.88, BW Tiefental, Wegrand, Gras, MTB 7624/1, leg. L. K. + G. D.; 13.09.89, „Schlag“ westlich Asch, MTB 7524/4, leg. E. S.; 02.11.91, „Bärenlau“ nordöstlich Suppingen, MTB 7524/1, leg. E. S.
Beschreibung eines Fundes vom 20.10.91:
Hut –80 mm breit, jung düster dunkelbraun, ähnlich *Pluteus cervinus,* alt heller, rußig hell braun-oliv
Lamellen hell cremefarben
Stiel –80 mm lang, –22 mm dick, oben hell, gegen die Basis dunkler, Basis weißfilzig, Stielfleisch zur Basis hin braun werdend
Sporen z. B. 8,3 x 4,5 µm, ellipsoid
Cheilozystiden 55–72 x 9–13 µm, flaschenförmig, vom Brennhaartyp
Funddaten: 20.10.91, Riedheim, auf dem Grundstück des Reitstalles Mössle, im Gras, MTB 7527, leg. M. E., det. M. Bon (Frankreich); Dia in Diathek M. Enderle.

Melanoleuca grammopus (Bull.: Fr.) Pat.

Rillstieliger Weichritterling
Fundbeschreibung siehe Enderle (1987 c).
Notizen von einem Fund vom 26.09.92:
Hut –120 mm breit, flach aufschirmend mit deutlichem zentralem Buckel, um den eine Einbuchtung verläuft; hell ocker-braun, Buckel knaufartig und dunkler
Lamellen hell cremefarben, gedrängt, ohne Burggraben am Stiel angeheftet, bei Verletzung etwas bräunlich verfärbend
Stiel –100 mm lang, kürzer als der Hut breit ist, mit braunen, anliegenden Längsfasern, Basis weißfilzig
Geruch des unverletzten Fruchtkörpers auffallend nach Melzers Reagens
Sporen ca. 8,3–9 x 5–5,8 µm, ellipsoid
Cheilozystiden lageniform, brennhaarförmig, ca. 40 µm lang
Funddaten: 26.09.92, Bayern, Bubesheimer Wald bei Echlishausen (ganz hinten links), bei Eichen, leg. M. E. Foto in Diathek Enderle, im Computer unter Melanole.058
Es liegt eine Habituszeichnung und Mikrozeichnungen der Sporen und Cheilozystiden vor. Weitere Funddaten: 1937–40, „Filde“ bei Beimerstetten, MTB 7525, bei Blaubeuren, MTB 7524; 1974–83, leg. A. K. in MTB 7426, 7526 und 7525; 18.07.79, „Muna“ bei Straß, MTB 7526, an einem grasigem Weg, leg. M. E.; 31.10.82, Wacholderheide bei Mehrstetten, MTB 7623, leg. G. O.; bei Pilzausstellung in Ulm am 01./02.10.88; Funddaten von L. K. (pers. Aufzeichn.): 1986, Finninger Ried nördlich Finningen, MTB 7626/1, leg. W. G.; 22.10.99, bei Altheim/Alb, MTB 7426/1, im Mischwald, auf grasigem Waldweg, leg. B. S.

Melanoleuca heterocystidiosa (Bon & Beller) Bon – Erstfund für Deutschland!

Fundbeschreibung siehe Enderle & Krieglsteiner (1987).

Melanoleuca humilis (Pers.: Fr.) Pat.

Niedriger Weichritterling
Funddaten: 25.09.77, Kri-Exk. am Roten Berg bei Ulm, MTB 7525/4; 17.09.78, Kri-Exk. bei Westerstetten, MTB 7425

Melanoleuca cf. luteolosperma (Britzelmayr) Singer ss. Stangl & Brky. non Métrod

Gelbsporiger Weichritterling
Hut –8 cm breit, meist +/- wellig verbogen (weil dicht zusammenstehend wachsend), beige, ocker-braun bis braun, gegen die Mitte meist dunkler, mehrere Hüte mit kleinen, dunklen Flecken (Krankheit?), Hut trocken nicht glänzend
Lamellen schmutzig beige (auch jung nicht weiß), schmal, gedrängt, untermischt
Stiel 3–6 cm lang, –1(1,8) cm dick, Basis schwach knollig und +/- weißfilzig, Fleisch im Stielinnern holzfarben, Stieloberfläche dem Hut gleich gefärbt oder etwas heller
Geschmack pilzartig (auf einen bitteren Beigeschmack wurde beim Sammeln nicht geachtet), Geruch pilzartig banal
Sporen breit ellipsoid bis eiförmig, rau, z. B. 8,3 x 5,8 µm, Sporenpulver hell ockerlich
Cheilozystiden vom Brennhaartyp, ca. 50–60 x 8–8,5 x 3–3,7 µm
Funddaten: 20.05.83, Donauried nordöstlich Riedheim, Bayern (20 m vor der baden-württembergischen Grenze), am „Schwarzen Graben“, auf schwarzer Riederde, unter Berg-Ahorn (*Acer pseudoplatanus*), MTB 7527, leg. M. E., det. M. Meusers
Anmerkungen: 1983 war die Bestimmung von Weichritterlingen noch vollkommen unsicher. Es gab nur den „Moser“ und die Arbeiten von Stangl & Bresinsky. M. Meusers (Meerbusch), dem ich den Fund zur Begutachtung zusandte, meinte, dass er „gut zu *M. luteolosperma* passe“. Das hell ockerliche Sporenpulver und die bei Reife kräftig getönten Lamellen deuteten in diese Richtung. Nach Vorliegen einer überzeugenden Monografie ist dieser Fund zu revidieren (Fundort ist dem Verfasser gut bekannt.)

Melanoleuca melaleuca (Pers.: Fr.) Murr.

Gemeiner Weichritterling
Funddaten: 1937–40, Haas-Exk. am Eselsberg bei Ulm, TB 7525, bei Blaubeuren, MTB 7524, bei Jun-

Melanoleuca microcephala

gingen, MTB 7525; 15.10.77, Sta-Exk. zwischen Uf + Lh, Wald „Lechfeld", MTB 7527; September 1977, Nadelwald im Auwald bei Uf, beim Staubecken, MTB 7527, leg. M. E.; 1974–83, leg. A. K. in MTB 7426, 7526, 7525; DIETL & KRIEGLSTEINER (1989), am Oberen Eselsberg in Ulm;

Melanoleuca microcephala (P. Karsten) Métrod – Kleinhütiger Weichritterling

Fundbeschreibung siehe ENDERLE (1987 d).

Melanoleuca polioleuca (Fr.) Kühner & Maire

Schwarzweißer Weichritterling

Fundbeschreibung siehe ENDERLE & KRIEGLSTEINER (1987).

Beschreibung eines weiteren Fundes:

Hut –110 mm breit, konvex bis flach konvex, mit flachem oder deutlichem Buckel, Hutmitte hell bräunlich, ca. Cailleux N75 oder heller, mit Olivstich, nach außen heller, hellbeige bis hellbeige-bräunlich, ohne oder mit leichtem Olivstich

Lamellen dichtstehend, kurz vor dem Stiel leicht bauchig, am Stiel deutlich ausgebuchtet und mit kleinem Zahn am Stiel angewachsen, hell creme-beige bis hell grau-beige, –10 mm breit, Schneiden etwas heller

Stiel –80 mm lang, in der Mitte –12 mm dick, an der Spitze und Basis etwas bis deutlich erweitert, etwas mit Hutfarbe überhaucht, in der oberen Hälfte deutlich weißlich bereift bis anliegend befasert

Fleisch im Hut hell cremeweißlich, im Stiel zur Basis hin zunehmend bräunlich; in der Stielbasis haben die meisten Frk. eine weißliche Zone im Fleisch, umgeben von bräunlichem Fleisch!

Sporen ca. 7,5–8,3 x 5 µm, rau, ellipsoid, farblos

Cheilozystiden ca. 50–70 x 11–14 µm, lageniform bis utriform, an der Spitze meist mit Kristallschopf

Funddaten: 15.10.94, Bayern, auf dem Kinderfestplatz in Lh, MTB 7527/I, auf großem Abfallhaufen, leg. M. E., det. M. Bon (Frankreich); Diapositiv in Diathek Enderle

Es liegen Habituszeichnungen und Mikrozeichnungen der Zystiden und Sporen vor.

Melanoleuca rasilis (Fr.) Singer

Rote-Liste-Art: gefährdet

Fundbeschreibung siehe ENDERLE & KRIEGLSTEINER (1987).

Weitere Funddaten: 25.10.81, bei Uf, MTB 7527, auf Wiese im Gras, leg. M. E., det. M. Bon (Frankreich), Beleg in (M)

Melanoleuca spec.

Hut –70 mm breit, jung konvex mit kleinem Buckel, bald verflachend und dann stark geschweift und nach oben aufschirmend; Hutrand jung etwas eingerollt

und schwach gekerbt, am Rand wie bereift; Hutrfarbe grau-bräunlich, alt heller, hell grau-beige
Lamellen gedrängt, –7 (8) mm breit, hell cremefarben, entweder mit minimalem Graustich oder, vor allem in direkter Draufsicht, ins Ockerliche ziehend
Stiel meist gleich lang oder kürzer als der Hut breit ist, –60 mm lang, in der Mitte –11 mm dick, zur Basis verdickt, unauffällig anliegend befasert bis +/- kahl, blass, mit Hutfarbe schwach übertönt, Basis weißfilzig
Geruch unauffällig, im Alter (bei Beginn der Verwesung) etwas fischartig
Geschmack pilzartig banal
Fleisch im Stiel hell (nicht braun oder braunschwarz)
Sporen ca. 6,6 x 5 µm, breit ellipsoid, rau; *Sporenabwurf blass cremefarben*
Cheilozystiden vom *Urtica*-Typ
Funddaten: 20.07.94, Baden-Württemberg, nordöstlich von Riedheim, MTB 7527/1, im Ried, im „Windschutzstreifen", bei Strohballen, unter Pappeln (*Populos ssp.*), leg. M. E.; Diapositiv in Diathek Enderle; im Computer unter Melanole.005

Melanoleuca strictipes (Karst.) Schäffer
Almen-Weichritterling
Funddaten: 1943–63, „Filde" bei Beimerstetten, MTB 7525

Melanoleuca turrita (Fr.) Singer
Braunrußiger Weichritterling
Funddaten: 06.10.79, Auwald bei Lh, MTB 7527/1, beim Kinderfestplatz am Waldrand, leg. M. E., det. J. St. (Augsburg); DIETL & KRIEGLSTEINER (1989), am Oberen Eselsberg in Ulm;

Melanoleuca verrucipes (Fr.) Singer
Dunkelflockiger Weichritterling
Funddaten: 11.09.88, bei Gz-Gundelfingen, beim alten Friedhof beim Emmausheim, MTB 7427, leg. Robert Enderle, det. M. E., Beleg in (M); 24.06.90, bei Großkötz, MTB 7527, in einer Baumpflanzung, auf Resten von Holz und Stroh, leg. M. E., Beleg in (M); 07.10.91, Ulm-Donautal, in einem Beet mit Holzresten, leg. M. E., Beleg im Fungarium Krieglsteiner; 10.08.96, im Mooswald nördlich Gz, MTB 7527, auf Reisigresten, leg. M. E.; Funddaten von L. K. (pers. Aufzeichn.): 30.06.91, Reutti, bei Rindenschnitzeln, MTB 7626/1, leg. A. B., det. L. K. + M. E.; 9.9.03, Illerrieden, Weißenberg, MTB 7726/1, an Debris, leg. J. I. + K. Ke.

Mycena abramsii (Murr.) Murr.
Voreilender Helmling
Syn.: *M. praecox, M. nitrata*
Fundbeschreibung mit Foto siehe ENDERLE (1995 g).

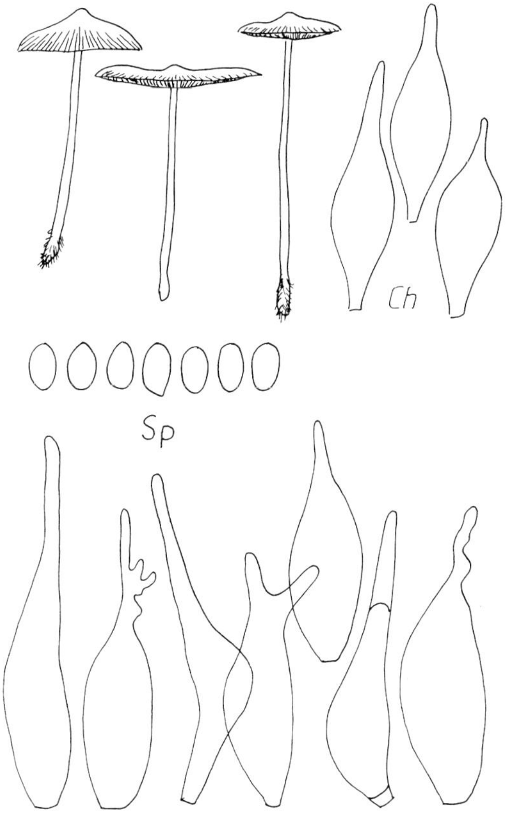

Mycena abramsi

Notizen zu einem weiteren Fund:
Hut –23 mm breit, düster grau-braun, Rand gerieft bzw. runzelig
Lamellen hell grau-beige, etwas bauchig, Schneide heller
Stiel –60 mm lang, in der Mitte –2,5 mm dick, mit Hutfarbe übertönt, Basis weißlich striegelig
Geruch schwach rettichartig
Sporen nicht notiert
Cheilozystiden 45–60 x 13–16 µm
Funddaten: 29.06.91, Donau-Auwald bei Uf, in einer Fichtenparzelle, bei Fichtenreisig, MTB 7527, leg. M. E., det. M. Geesteranus (Holland)
Ausführliche Habituszeichnungen und Mikrozeichnungen der Cheilozystiden liegen vor.
Weitere Funddaten: 04.06.79, Auwald Lh/Gz, auf morschem Laubholzstrunk, MTB 7527; Hut 10–20 mm, graulich, Rand gerieft, Stiel hellgrau, Sporen 7–9 x 4,5–5,5 µm, leg. M. E., det. G. J. K.
18.11.80, „Kirchholz" bei Of, MTB 7526, unter *Carpinus* und *Quercus*, im Laub, leg. M. E., det. M. Geesteranus (Holland), Beleg in (M); 02.06.81, bei

Laupheim, leg. G. O., det. M. Geesteranus (Holland); 27.06.82, zwischen Uf + Bühl, Fichtenwald bei Firma Imbau, MTB 7527, leg. M. E., det. M. Geesteranus (Holland), Beleg in (M); 04.06.95, Baden-Württemberg, bei Oberstotzingen, im Wald „Fahrtal", am Wegrand, bei Fichten, an Holz?, Exkursion mit German J. Krieglsteiner, leg. M. E., det. Maas Geesteranus (Brief vom 07.08.97);
18.06.95, Bubesheimer Wald bei Echlishausen, bei Fichten/Kiefern, MTB 7527/3, leg. M. E., Beleg in (M); Funddaten von L. K. (pers. Aufzeichn.): 28.05.88, südwestlich Autenried, MTB 7627/1, leg. G. J. K. + M. E.; 19.05.89, östlich Treffensbuch, an *Acer pseudoplatanus*, MTB 7524/2, leg. L. K.

Mycena acicula (Schff.: Fr.) Kummer
Orangeroter Helmling
Fundbeschreibung mit Foto siehe ENDERLE & REININGER (1995).
Funddaten: vor 1894, leg. Veesenmeyer bei Ulm, Gögglingen, selten; 22.05.76, Kri-Exk. im Auwald bei Uf-Lh, MTB 7527/1; 25.05.78, Kri-Exk. bei Rammingen, Baden-Württemberg; 06.06.80, Auwald bei Lh-Weißingen, leg. M. E., MTB 7527/1; 28.05.83, im Ried bei Rh, auf Erde, MTB 7527/1, leg. M. E., Beleg im Fungarium Krieglsteiner; 09.06.84 + 29.06.92, bei Lh-Rh, im Ried, in einem Windschutzstreifen, unter Laubbäumen, MTB 7527/1, leg. M. E., Beleg in (M); weitere Funddaten erübrigen sich. Die Art ist häufig und kommt sehr wahrscheinlich in allen MTB im Ulmer Raum, vor allen in den Auwäldern vor.

Mycena adonis (Bull.: Fr.) S. F. Gray
Korallenroter Helmling
Rote-Liste-Art: gefährdet
Ein sehr schönes Foto von Eugen Rapp (Erbach-Ringingen) befindet sich auf der Titelseite von KRIEGLSTEINERS Verbreitungsatlas, sowie bei KRIEGLSTEINER (2001: 386).
Funddaten: 07.10.78, Sta-Exk. zwischen Uf + Lh, im „Lechfeld", MTB 7527; 13.07.80, „Muna" bei Bühl, am Wegrand, MTB 7526, leg. M. E.; KRIEGLSTEINER (2001) nennt Funde in den MTB 7624 und 7724; Details sind mir nicht bekannt.

Mycena adscendens (Lasch) Maas Geesteranus
Zarter Helmling
Funddaten: KRIEGLSTEINER (2001) nennt einen Fund im MTB 7725; Details sind mir nicht bekannt.

Mycena aetites (Fr.) Quélet
Graublättriger Ruß-Helmling
Fundbeschreibung siehe OTTMANN & ENDERLE (1986).

Mycena alba (Bres. in Sacc.) Kühner
Weißer Rindenhelmling
Funddaten: 1982, leg. A. K. in MTB 7426

Mycena amicta (Fr.: Fr.) Quélet
Geschmückter Helmling
Funddaten: DIETL & KRIEGLSTEINER (1989), am Oberen Eselsberg in Ulm; Funddaten von L. K. (pers. Aufzeichn.): 30.09.88, bei Temmenhausen, Fichtenstreu, MTB 7525/1, leg. L. K. + G. D.; 22.09.88, „Baurenhau" östlich Rot, Fichtenstreu, MTB 7725/4, leg. L. K. + G. D.; 03.08.89, bei Hirbishofen, Fichtenstreu, MTB 7626/2, leg. L. K.; Herbst 1989, „Deutschhau"/Ermingen, MTB 7625/1, leg. E. S., det. L. K.; 13.09.89, „Schag" westlich Asch, MTB 7524/4, leg. E. S., det. L. K.; 15.09.90, westlich Wennenden, Fichtenstreu, MTB 7727/1, leg. L. K.

Mycena aurantiomarginata (Fr.: Fr.) Quélet
Feuriger Helmling
Fundbeschreibung siehe ENDERLE (1984 b).
Funddaten: 1937–40, Haas-Exk. bei Beimerstetten, MTB 7525, Wald bei Jungingen, MTB 7525; 23.10.76, Kri-Exk. in „Muna" bei Bühl, MTB 7526; 09.10.76, Sta-Exk. in „Muna" bei Straß, MTB 7526; 25.09.77, Kri-Exk. am Roten Berg bei Ulm, MTB 7525/4; 12.10.78, am Buchberg zwischen Ne + Bu, im Fichtenwald, MTB 7526; 24.11.78, Fichtenwald zwischen Bu + Steinheim, MTB 7526, leg. M. E.; 1982, leg. A. K. in MTB 7426/1,2/3 und 7526/1; 19.10.80, Haas-Exk. bei Breitingen, MTB 7425; 11.11.89, am Roten Berg bei Söflingen, MTB 7625, auf Fichtenstreu, leg. K. K.; weitere Funddaten erübrigen sich. Die Art ist sehr häufig und kommt sehr wahrscheinlich in allen MTB im Ulmer Raum vor.

Mycena caliginosa Maas G. & Enderle 1994
Leipheimer Helmling
Fund- und Neubeschreibung mit Foto siehe MAAS GEESTERANUS & ENDERLE (1994). Nachfolgend die Originalbeschreibung aus der Zeitschrift für Mykologie, Band 61 (2): 189–190, 1995:
Mycena caliginosa Maas G. & Enderle, nov. spec. – Fig. 1–4
Basidiomata bina vel fasciculata. Pileus usque ad 25 mm latus, conicus vel campanulatus,
umbonatus, subsulcatus, fortiter translucente striatus, glaber, nitens, subobscure
griseobrunneus, marginem versus pallide flavidogriseus. Caro odore chlorineo. Lamellae c. 23
stipitem attingentes, molles, adscendentes, usque ad 3(–4) mm latae, ventricosae, adnatae vel
denticulo decurrentes, leves vel venosae, postea intervenosae, e pallide subflavidogriseis
subflavidofuligineae, margine pallidae. Stipes –50 x –3 mm, cavus, fragilis, aequalis,

Mycena caliginosa

cylindraceus, subcurvatus, pruinosus, deorsum glabrescens, pileo concolor, apice pallidior, infra fuscus, basi fibrillis albis dense praeditus. Basidia 23–27 x 7 µm, clavata, 4-sporigera, fibulata, sterigmatibus 4,5–5,5 µm longis instructa. Sporae 7,3–9,0 x 4,6–5,4 µm, inaequilateraliter ellipsoideae, leves, amyloideae. Cheilocystidia 27–40 x 7–12,5 µm, subellipsoidea, subutriformia vel subclavata, fibulata, levia, apice obtusa vel compressa, basi angustiora. Pleurocystidia similia. Trama lamellarum iodi ope brunneovinescens. Hyphae pileipellis 2,5–6,3 µm latae, fibulatae, leves, haud in materiam gelatinosam immersae. Hyphae stipitis corticales 2–3 µm latae, fibulatae, leves, haud in materiam gelatinosam immersae, cellulae terminales (caulocystidia) 30–55 x 4,5–8 µm, subclavatae, simplices vel furcatae vel subramosae. Ad sarmenta vegetabilia.

Holotypus: Enderle 1993 (L; No. 993.342-084)); isotypus: Herbar Enderle.

Etymologie: caliginosus = düster (bezieht sich auf die Hutfarbe).

Beschreibung: Fruchtkörper einzeln, zu zweien oder gesellig bis dicht büschelig.

Hut bis zu 25 mm breit, kegelig bis glockenförmig, klein-buckelig, schwach gefurcht, bis fast zur Mitte stark durchscheinend gerieft, kahl, +/- glänzend, etwas düster gefärbt, grau-bräunlich, in der Mitte am dunkelsten, gegen den Rand heller, bis hell cremegrau.

Fleisch dünn.

Geruch stark chlorartig (an Luft in Schwimmbad erinnernd).

Lamellen etwa 23 den Stiel erreichend, aufsteigend, bis 3 (–4) mm breit, am Stiel angewachsen oder mit einem kurzen Zahn herablaufend, glatt bis aderig, am Grund aderig verbunden, jung hell grau-beige, alt dunkler und rußig grau-beige, mit hellerer Schneide.

Stiel –50 x –3 mm, hohl, zerbrechlich, größtenteils gleichdick, zylindrisch, schwach gebogen, bereift, nach unten verkahlend, ähnlich wie der Hut gefärbt, zur Spitze etwas heller, weiter unten fast schwarzbraun, an der Basis weißstriegelig.

Mikroskopische Merkmale: Basidien 23–27 x 7 µm, keulig, 4-sporig, mit Schnalle und 4,5–5,5 µm langen Sterigmen. Sporen 7,3–9,0 x 4,6–5,4 µm, apfelkernförmig, glatt, amyloid. Cheilozystiden 27–40 x 7–12,5 µm, einen sterilen Lamellenrand bildend (Lamellenschneide homogen), cirka ellipsoid, utriform oder keulenförmig, mit Schnalle, glatt, apikal abgerundet oder mit einem Noppen, an der Basis verschmälert. Pleurozystiden den Cheilozystiden ähnlich. Lamellentrama in Melzers Reagens bräunlich-weinrot. Hyphen der Pileipellis 2,5–6,3 µm breit, mit Schnallen, glatt, nicht in einer gelatinösen Masse eingebettet. Hyphen der Stielrinde 2–3 µm breit, mit Schnallen, glatt, nicht in einer gelatinösen Masse eingebettet, die Endzellen der Hyphen (Caulozystiden) 30–55 x 4,5–8 µm, mehr oder weniger deutlich keulenförmig, einfach oder gabelig oder leicht verästelt. Eine Zeichnung der mikroskopischen Merkmale befindet sich bei MAAS GEESTERANUS & ENDERLE (1994: 374).

Habitat: unter *Acer pseudoplatanoides* mit holzigem Unterwuchs zwischen Holzhäcksel und Humus in einer Stadt (Lh/Bayern) wachsend.

Holotypus: „Fungi germanici, Mycena caliginosa Maas G. & Enderle, 11. Oktober 1993, Bayern, D-89340 Lh, MTB 7527, in Rabatte im Zentrum der Wendeplatte der Albrecht-Dürer-Str., leg. M. E." (L; No. 993.342-084); Isotypus: Herbar M. Enderle.

Der Holotypus dieser neuen Art befindet sich im Rijksherbarium in Leiden (Holland); ein Isotypus liegt in der Botanischen Staatssammlung in München (M).

Bemerkungen: Die oben beschriebene, neue Art gehört in die Sektion *Fragilipedes* und zwar in die kleine Gruppe, die charakterisiert ist durch 1) glatte Hyphen der Pileipellis, die 2) nicht in einer gelatinösen Masse eingebettet sind und 3) Präsenz von Pleurozystiden. Aufgrund der Sporenbreite unter 6 µm, könnte man im Schlüssel zur oben genannten Sektion (MAAS GEESTERANUS, 1988:216) an M. semivestipes (Peck) A.H. Smith oder M. zephirus (Fr.: Fr.) Kummer denken. Die erstgenannte Art hat jedoch einen knorpeligen Stiel und wesentlich schmälere Sporen (3,5–4 µm), während die Hyphen des Stiels nicht völlig glatt sind. Von *Mycena zephirus* unterscheidet sich *M. caliginosa* durch kürzere, nicht-zylindrische Sporen und völlig anders gestaltete Caulozystiden. Obwohl man *M. caliginosa* aufgrund ihrer Merkmale im Schlüssel neben die zwei genannten Arten stellen muss, ist sie wegen anderer Charakteristika sicher nicht nahe verwandt. Am ehesten könnte man *M. caliginosa* in die Verwandtschaft von *M. niveipes* (Murrill) Murrill stellen, die sich jedoch durch eine etwas größere Zahl von durchlaufenden Lamellen (25–30), deutlich größere Sporen (8,8–11,2 x 6,1–6,7 µm) und längere Cheilozystiden (40–110 µm) leicht unterscheiden läßt (Foto siehe u. a. bei ENDERLE & LAUX 1980:29).

Mycena capillaris (Schum.: Fr.) Kummer
Buchenblatt-Helmling
Funddaten: DIETL & KRIEGLSTEINER (1989), am Oberen Eselsberg in Ulm; Funddaten von L. K. (pers. Aufzeichn.): 02.11.87, Weiherhalden nördlich Herrlingen, Buchenlaub, MTB 7525/3, leg. L. K.; 22.09.88, Baurenhau östlich Rot, Buchenlaub, MTB 7725/4, leg. L. K. + G. D.; 05.11.89, Ehingen/Schlechtenfeld, Buchenlaub, MTB 7724/1, leg. L. K.; 07.11.89, südlich Oxenbronn, Buchenlaub, MTB 7627/2, leg. L. K.; 11.09.90, BW „Tiefental", Buchenlaub, MTB 7624/1, leg. L. K.; 28.10.01, Pfifferlingsberg, MTB 7624/2/4, AMU-Exkursion, an Rotbuchenblättern, leg. K. Ke.

Mycena cinerella (Karsten) Karsten
Aschgrauer Helmling
Funddaten: 23.10.76, Kri-Exk. in „Muna" bei Bühl, MTB 7527; 19.11.80, Kirchholz bei Of, MTB 7526, im Laub von Carpinus und Quercus, leg. M. E., det. M. Geesteranus (Holland), Beleg in (M); 14.11.82, „Hörnle" bei Grimmelfingen, im Nadelstreu, leg. M. E., conf. M. Geesteranus (Holland); DIETL & KRIEGLSTEINER (1989), am Oberen Eselsberg in Ulm; Funddaten von L. K. (pers. Aufzeichn.): 30.10.89, Neu-Ulm/Reutti, Fichtenstreu, MTB 7626/1, leg. L. K.; 07.11.89, südlich Oxenbronn, Fichtenstreu, MTB 7627/2, leg. L. K.; Herbst 1989, Spitalwald Ermingen, MTB 7625/1, leg. E. S., det. L. K.; Oktober 1989, „Schlag" westlich Asch, MTB 7524/4, leg. E. S., det. L. K.

Mycena citrinomarginata Gillet
Gelbschneidiger Helmling
Funddaten von L. K. (pers. Aufzeichn.): 26.09.88, Spitalwald Ermingen, am Wegrand, MTB 7625/1, leg. L. K.

Mycena corynephora Maas Geesteranus
Flockiger Rinden-Helmling
Rote-Liste-Art: latent gefährdet
Hut und **Stiel** weißlich, Hutmitte etwas getönt, bei starker Vergrößerung (100 x) rau und flockig; im Quetschpräparat des gesamten Fruchtkörpers breit keulige Elemente mit Auswüchsen gesehen (Zystiden, Hutelemente?), vergl. Breitenbach + Kränzlin Nr. 325
Funddaten: 14.07.96, Baden-Württemberg, nördlich Riedheim, MTB 7527/1, ca. 50 m vor der bayerischen Grenze, in einer Riedlandschaft, an einem Graben, an einem moosigem Eschenstamm (*Fraxinus excelsior*), leg. M. E.

Mycena crocata (Schrad.: Fr.) Kummer
Gelbmilchender Helmling
Funddaten: 1974–83, leg. A. K. in MTB 7425, 7426, 7526; Funddaten von L. K. (pers. Aufzeichn.): Herbst 1989, „Deutschhau" Ermingen, TB 7625/1, leg. E. S., det. L. K.

Mycena diosma Krieglsteiner & Schwöbel
Funddaten: 22.10.83, Bubesheimer Wald bei Echlishausen, MTB 7527, Buchenwald, am Wegrand, in einem flachen Graben auf dichtem Buchenlaub, einzeln bis büschelig, Geruch faulig rettichartig, ohne Weih-

rauchkomponente, leg. M. E., det. J. St.; DIETL & KRIEGLSTEINER (1989), am Oberen Eselsberg in Ulm; KRIEGLSTEINER (2001) nennt Funde in den MTB 7424, 7425, 7426, 7427, 7524, 7525, 7624 und 7724; Details sind mir nicht bekannt.
Anmerkung: Trotz mehreren Funden von dieser Sippe in Buchenwäldern, konnte ich nie den charakteristischen Weihrauchgeruch feststellen.

Mycena epipterygia (Scop.: Fr.) S. F. Gray
Überhäuteter Helmling
Funddaten erübrigen sich. Die Art ist sehr häufig und kommt sehr wahrscheinlich in allen MTB im Ulmer Raum vor.

Mycena erubescens von Höhnel
Bitterer Helmling
Rote-Liste-Art: gefährdet
Foto von M. Enderle siehe bei ENDERLE & REININGER (1995), bei DIETL & KRIEGLSTEINER (1989) und bei KRIEGLSTEINER (2001: 436).
Weitere Funddaten: 17.10.81, Auwald Lh, MTB 7527/1, an stehender Eiche, auf der Borke zwischen Moos, leg. M. E., conf. M. Geesteranus (Holland); 02.10.82, Auwald bei Lh, an moosigem Eichenstamm, MTB 7527, leg. M. E., Beleg in (M)

Mycena excisa (Lasch) Gillet
Knorpelstieliger Helmling
Funddaten von L. K. (pers. Aufzeichn.): KRIEGLSTEINER (1991) nennt in seinem Verbreitungsatlas einen Fund in MTB 7525. Nähere Fundangaben liegen mir nicht vor.

Mycena filopes (Bull.: Fr.) Kummer
Zerbrechlicher Faden-Helmling
Syn.: *M. amygdalina, M. vitilis*
Funddaten: 07.10.78, Sta-Exk. im Auwald bei Lh, MTB 7527/1, und im Bubesheimer Wald bei Echlishausen, MTB 7527; 19.10.80, Haas-Exk. bei Breitingen, im Mischwald, MTB 7425; 07.10.93, in Rh unter Eiche (beim Ortsausgang), MTB 7527/1, leg. M. E., Beleg in (M); Funddaten von L. K. (pers. Aufzeichn.): 02.11.87, Weiherhalde nördlich Herrlingen, Buchenlaub, MTB 7525/3, leg. L. K.; 07.09.88, BW Tiefental, Buchenlaub, MTB 7624/1 leg. L. K.

Mycena flavescens Vel. – Olivgelber Helmling
Funddaten: KRIEGLSTEINER (2001) nennt einen Fund im MTB 7526; Details sind mir nicht bekannt.

Mycena flavoalba (Fr.) Quélet
Zitronengelber Helmling
Funddaten: 1937–40, Haas-Fund in „Filde" bei Beimerstetten, MTB 7525; 23.10.76, Kri-Exk. in „Muna" bei Bühl, MTB 7526, und zwischen Uf + Lh, im Wald „Jungholz-Lechfeld", MTB 7527; 24.10.80, Auwald Lh-Weißingen, MTB 7527/1, leg. C. S., det. M. Geesteranus (Holland); Funddaten von L. K. (pers. Aufzeichn.): 15.11.87, Weidach/Lautertal, Buchen/Fichten, MTB 7525/3, leg. L. K.; 26.09.88, Spitalwald Ermingen, Wegrand, MTB 7625/1, leg. L. K.; 12.09.81, „Holzstöcke" Bihlafingen MTB 7725/4, auf AMO-/AMU-Exkursion; 13.09.89, „Schlag" westlich Asch, MTB 7524/4, leg. E. S., det. L. K.

Mycena floridula (Fr.) K. Karsten ss. Kühner non Bres.
Funddaten: 24.10.80, Auwald Lh, MTB 7527/1, leg. C. S., det. M. Geesteranus (Holland) als *M. flavoalba* (Fr.) Quélet var. *floridula* (Fr.) Kühner & Romagn.

Mycena galericulata (Scop.: Fr.) S. F. Gray
Rosablättriger Helmling
Fundbeschreibung siehe OTTMANN & ENDERLE (1986).
Weitere Funddaten erübrigen sich. Die Art ist sehr häufig und kommt sehr wahrscheinlich in allen MTB im Ulmer Raum vor.

Mycena galopus (Pers.: Fr.) Kummer
Weißmilchender Helmling
Funddaten erübrigen sich. Die Art ist sehr häufig und kommt sehr wahrscheinlich in allen MTB im Ulmer Raum vor.

Mycena galopus var. **candida** J. E. Lange
Fundbeschreibung siehe OTTMANN & ENDERLE (1986), Beleg in (M).

Mycena haematopus (Pers.: Fr.) Kummer
Blut-Helmling
Funddaten erübrigen sich. Die Art ist sehr häufig und kommt sehr wahrscheinlich in allen MTB im Ulmer Raum an totem Laubholz vor.

Mycena hiemalis (Osbeck: Fr.) Quélet
Winter-Rindenhelmling
Beschreibung eines Fundes vom 30.06.82:
Hut –10 mm breit, jung glockig, alt konvex, Hutmitte dunkel graubraun, gegen den Rand deutlich aufhellend, am Rand grauweißlich, bis zur Mitte durchscheinend gestreift
Lamellen normal weit, untermischt, schmutzig weißlich
Stiel –40 mm lang, in der Mitte –1 mm dick, hyalinweißlich
Geruch und Geschmack unauffällig
Sporen 6,5–7,5 x 4,9 µm, eiförmig, Basidien 4-sporig
Cheilozystiden z. B. 40 x 16 µm, utriform (??)
Funddaten: 30.06.82, Bayern, Donau-Auwald bei Lh, MTB 7527, auf moosigem, morschem Laubholz

(*Salix*?), leg. M. E., conf. M. Geesteranus (Leiden/Holland)
im Computer unter Mycena.064.
Weitere Funddaten: 08.06.80, Auwald zwischen Lh + Gz, MTB 7527, auf morschem Weidenholz, leg. M. E.; 25.09.80, zwischen Oe + Ne, Auwald, an liegendem, vermoostem Eichenstamm, gesellig, MTB 7526, leg. M. E., det. M. Geesteranus (Holland); 15.09.81, Auwald bei Leibi, auf vermoostem, morschem Eichenstamm, leg. M. E., Beleg in (M); Funddaten von L. K. (pers. Aufzeichn.): 03.02.90, Albeck, an *Fraxinus*-Rindenstück, MTB 7526/1, leg. L. K.; 21.10.00, Donautal bei ehem. Asylantenheim, MTB 7725, auf stark vermoostem Stamm von *Fraxinus*, leg. K. K.

Mycena inclinata (Fr.) Quélet

Buntstieliger Büschelhelmling
Beschreibung eines Fundes vom 12.11.94:
Hut –52 mm breit, konvex bis flach konvex, mit flachem Buckel, dunkel und düster braun, dunkel grausepia (Farbe schwer zu definieren), ca. Cailleux S75, R71, gegen den Rand heller, sehr stark und grob durchscheinend gerieft, speckig glänzend
Lamellen entfernt, bauchig, –8 mm breit, hell graubeige, Schneiden heller, am Stiel ausgebuchtet und mit Zähnchen angewachsen
Stiel –140 mm lang, in der Mitte –4 mm dick, an der Spitze hell, darunter zunehmend dunkler, ähnlich dunkel wie der Hut, 1 Stiel im oberen Drittel etwas hell bernsteinfarben ähnlich *M. inclinata*, oberes Viertel fein weißlich bestäubt oder anliegend faserig, an der Spitze erweitert, Basis deutlich hell rostig filzig
Geruch zerdrückter Fruchtkörper ranzig mehliggurkenartig
Sporen ca. 10 x 6,7 µm
Cheilozystiden fingerförmig verzweigt
Funddaten: 12.11.94, Bayern, Donau-Auwald bei Riedheim, auf moosigem Laubholz(?)-Stumpf, MTB 7527/I, leg. Christine Enderle, det. M. E.; conf. M. Geesteranus; Diapositiv in Diathek Enderle
Es liegen Mikrozeichnungen vor.
Weitere Funddaten erübrigen sich. Die Art ist sehr häufig und kommt sehr wahrscheinlich in allen MTB im Ulmer Raum an meist toten Eichenstümpfen vor.

Mycena leptocephala (Per.: Fr.) Gillet

Grauer Nitrathelmling
Syn.: *M. chlorinella*
Fundbeschreibung siehe OTTMANN & ENDERLE (1986).
Weitere Funddaten: 1937–40, Haas-Exk. im Maien- und Klosterwald Söflingen, MTB 7625; 25.05.78, „Muna" bei Straß, auf Rindenabfall von *Picea*, MTB 7526, leg. M. E., det. G. J. K.; 25.06.78, „Muna" bei Straß, Fichtenwald, MTB 7526, leg. M. E.; 27.08.79, Auwald bei Thalfingen, MTB 7526, Fichtenparzelle, leg. M. E.; 23.06.80, „Muna" bei Straß, unter Fichten, MTB 7526; 1974–83, leg. A. K. in MTB 7426; 24.10.80, Auwald Leibi/Oe, Fichtenparzelle, MTB 7526, leg. M. E., det. M. Geesteranus (Holland)
Notizen zum Fund einer 2-sporigen Form:
Hut dunkel graubraun, –20 mm beit, glockig, bis fast zur Mitte gerieft
Lamellen auffällig grau mit heller Schneide
Stiel –60 mm lang, in der Mitte –1,8 mm dick, dem Hut +/- gleichfarben, Spitze nicht heller
Geruch deutlich nitrös
Sporen nicht untersucht
Cheilozystiden 50–70 x 12–18 µm, flaschen- bis schlauchförmig, farblos
Funddaten: 18.08.85, Bayern, bei Gz, MTB 7527, im Fichtenwald im Ried bei den Fetzerseen (mit schwarzer Erde unter Nadeldecke), gesellig, leg. M. E., det. Maas Geesteranus (Leiden/Holland).
Notizen zu einem weiteren Fund:
Hut –13 mm hoch, –10 mm hoch, glockig, junge Hüte deutlich graubraun, alte Hüte hell grau-beige bis fast schmutzig weißlich **Lamellen** fast weiß, schmal, eher etwas entfernt, teilweise anastomisierend
Stiel –80 mm lang, in der Mitte –2 mm dick, an der Spitze weißlich, nach unten blass grau-beige, silbrig glänzend, Basis weißlich striegelig-filzig, röhrig
Geruch nitrös; Geschmack mild
Sporen 9–11,6 x 5–5,8 µm, ellipsoid bis zylindrisch-ellipsoid, mit deutlichem Apikulus; Basidien 4-sporig, z. B. 36 x 10 µm
Cheilozystiden 50–65 x 10–14 µm, keulig bis schlauchförmig
Funddaten: 15.04.84, Bayern, bei Gz, bei den Seen, MTB 7527, im Fichtenwald am Wegrand, im Moos, auf vergrabenem Holz oder Fichtenzapfen, gesellig, leg. M. E., det. M. Geesteranus (Holland/Leiden)
Es liegen Mikrozeichnungen der Sporen und Cheilozystiden vor.
Weitere Funde: 16.10.98, Dischinger Holz, MTB 7724/4/23, bei Fichte, leg. K. Ke.; 27.06.97, Knäulesberg Südost, MTB 7225/1, bei Fichten, leg. K. Ke.

Mycena leptophylla (Peck) Sacc.

Aprikosenfarbener Helmling
Funddaten: 24.09.81, bei Ne, im „Fuchshölzle", bei Erlen/Fichten, MTB 7526, leg. M. E., det. M. Geesteranus (Holland); Hut schön goldgelb, aprikosenfarben, satt orange, Rand heller, Stiel blass, 40 mm lang, 2 mm dick, Lamellen ocker, Fleisch geruchlos, Sporen rundlich, ca. 7 x 6 µm.
KRIEGLSTEINER (1991) nennt in seinem Verbreitungsatlas einen Fund im MTB 7527. Nähere Fundangaben liegen mir nicht vor.

Mycena maculata P. Karsten
Gefleckter Büschelhelmling
Funddaten: 1943–63, Haas-Exk. bei Beimerstetten, MTB 7525; 25.09.77, Kri-Exk. am Roten Berg bei Ulm, MTB 7525/4; 1982, leg. A. K. in MTB 7425/4, 7426/3, 7526/3

Mycena meliigena (Berk. & Cke. apud Cke.) Sacc. – Rötlicher Rindenhelmling
Syn.: *M. corticola* ss. auct. plur.
Rote-Liste-Art: gefährdet
Funddaten von L. K. (pers. Aufzeichn.): 11.12.87, nördlich Gerhausen, auf Rinde stehender Eiche, MTB 7524/4, leg. L. K.; 01.11.90, Weidach/Buchbrunnen, an *Tilia*(?)-Rinde am Boden, MTB 7525/3, leg. L. K.; 27.10.01, „Silberwald" bei Ludwigsfeld, MTB 7726, an stark vermoostem Stamm einer riesigen Buche, leg. K. K.

Mycena metata (Fr.: Fr.) Kummer
Syn.: *M. phyllogena*
Fundbeschreibung siehe Enderle (1987 c) und Enderle (1992 a).
Funddaten: 18.09.85, Auwald bei Rh, MTB 7527/1, unter Laubbäumen, leg. M. E., det. M. Geesteranus (Holland); 08.10.90, bei Limbach, MTB 7527, im Fichtenwald, leg. M. E. (dies ist die rosa Foram, die im Heft „AMU III" veröffentlicht wurde. Funddaten: 15.10.95, Bayern, direkt an der baden-württembergischen Grenze, NSG Langenauer Ried, bei NRS-Brücke (rechts rein), unter *Betula pendula*; leg. M. E.; Dia in Diathek Enderle; Beleg in (ULM).
Weitere Funddaten erübrigen sich. Die Art ist sehr häufig und kommt sehr wahrscheinlich in allen MTB im Ulmer Raum vor.

Mycena mucor (Batsch: Fr.) Gillet
Gefalteter Scheibchenhelmling
Funddaten: 23.10.76, Kri-Exk. zwischen Uf + Lh, Wald „Jungholz-Lechfeld", MTB 7527
Krieglsteiner (2001) nennt einen Fund im MTB 7624; Details sind mir nicht bekannt.

Mycena niveipes Murrill – Frühlings-Helmling
Syn.: *M. jacobi*
Fundbeschreibung siehe Enderle (1984 b), Farbfoto siehe Enderle & Laux (1980) und Enderle & Reininger (1995).
Funddaten: im Auwald bei Lh, Rh und Uf alljährlich häufig im Frühjahr an totem Laubholz zu finden, MTB 7527, 7526; einige Funde conf. M. Geesteranus (Holland); Beleg befinden sich in der Botanischen Staatssammlung München (M) und im Fungarium Krieglsteiner; Funddaten von L. K. (pers. Aufzeichn.): 11.09.90, BW Tiefental, an morschem Laubholzstamm, MTB 7624/1, leg. L. K.

Mycena olida Bres.
Ranziger Helmling
Rote-Liste-Art: gefährdet
Beschreibung eines Fundes vom 15.11.94:
Hut –9 mm breit, konvex, Rand weißlich, gegen Mitte cremeweißlich, durchscheinend gestreift
Lamellen normal weit, schwach bauchig, –1,5 mm breit, ausgebuchtet, mit Zähnchen angewachsen (nicht herablaufend), hell cremeweißlich
Stiel –20 mm lang, in der Mitte –1 mm dick, hell cremeweißlich
Geruch unauffällig
Sporen breit ellipsoid bis eiförmig bzw. apfelkernförmig, ca. 8,3 x 5,8 µm
Cheilozystiden 40–75 x 8–12 µm, schlauchförmig, schmal keulig, teilweise eingeschnürt, dünnwandig, farblos
Funddaten: 15.11.94, Baden-Württemberg, zwischen und La, MTB 7527, auf Jungviehweide, an moosiger Basis von *Fraxinus excelsior*, leg. M. E., det. M. Geesteranus (Holland)
Es liegt eine Habituszeichnung und Mikrozeichnungen vor.

Mycena olivaceomarginata (Massee in Cooke) Massee
Braunschneidiger Grashelmling
Syn.: *M. avenacea*
Fundbeschreibung siehe Krieglsteiner & Enderle (1986).
Funddaten: 17.09.85, zwischen Rh + Gz, am Waldwiese im Gras/Moos, MTB 7527, leg. M. E., Beleg im Fungarium Krieglsteiner; 09.09.93, bei Heidenheim/Nattheim, in der Nähe der Autobahnausfahrt, auf einer Wacholderheide, leg. M. E.

Mycena pelianthina (Fr.:Fr.) Quélet
Schwarzgezähnelter Helmling
Funddaten: 1937–40, Haas-Exk. am Eselsberg in Ulm, MTB 7525 und im Maien- und Klosterwald in Ulm-Söflingen, MTB 7625; 25.09.79, Kri-Exk. bei Ulm, MTB 7625; 07.10.78, Sta-Exk. im Bubesheimer Wald, MTB 7527; weitere Funddaten erübrigen sich. Die Art ist sehr häufig und kommt sehr wahrscheinlich in allen MTB im Ulmer Raum vor.

Mycena polyadelpha (Lasch) Kühner
Eichenblatt-Helmling, s. Foto S. 264
Funddaten: 20.11.80, im Kirchholz bei Of, massenhaft im Laub, nur an *Quercus*-Blättern (meist mit Laub zugedeckt), leg. M. E., det. M. Geesteranus (Holland), Beleg in (M); Dietl & Krieglsteiner (1989), am Oberen Eselsberg in Ulm; weitere Funddaten von L. K. (pers. Aufzeichn.): 05.01.91, Weidach „Buchbrunnen", an Eichenlaub, MTB 7525/3, leg. L. K.

Mycena polyadelpha

Mycena polygramma (Bull.: Fr.) Gray
Rillstieliger Helmling
Funddaten erübrigen sich. Die Art ist sehr häufig und kommt sehr wahrscheinlich in allen MTB im Ulmer Raum vor.

Mycena pseudocorticola Kühner
Falscher Rindenhelmling
Funddaten: 25.09.80, bei Ne-Bu, im „Fuchshölzle", leg. C. S., det. M. E., MTB 7526;
Funddaten von L. K. (pers. Aufzeichn.): 22.09.90, Weidach, an rissiger Laubholzborke, MTB 7525/3, leg. L. K.; 01.11.90, Weidach, „Buchbrunnen", *Carpinus*-Rinde, MTB 7525/3, leg. L. K.; 14.10.01/1.12.01, Riedheim, auf dem Grundstück der Fam. Engenhart, am moosigen Stamm einer alten Linde, leg. Karl-Eugen Engenhart, det. M. E.; Erstfund für den Landkreis Günzburg!

Mycena pterigena (Fr.: Fr.) Kummer
Farnhelmling
Funddaten von L. K. (pers. Aufzeichn.): 24.10.88, Umgebung der Uni Ulm, Oberer Eselsberg, MTB 7525/4, leg. L. K. + G. D.

Mycena pura (Pers.: Fr.) Kummer
Gemeiner Rettichhelmling
Funddaten erübrigen sich. Die Art ist sehr häufig und kommt sehr wahrscheinlich in allen MTB im Ulmer Raum vor.

Mycena pura f. **alba** (Gillet) Kühner
Fundbeschreibung siehe Ottmann & Enderle (1986).
M. subaquosa A.H. Smith ist nur eine ausgebleichte, fast weiße Form der *M. pura!*

Mycena purpureofusca (Peck) Sacc.
Lilaschneidiger Helmling
Krieglsteiner (1991) nennt in seinem Verbreitungsatlas einen Fund in MTB 7525. Krieglsteiner (2001) nennt einen Fund im MTB 7426; Details sind mir nicht bekannt.

Mycena renati Quélet
Gelbstieliger Nitrosehelmling
Rote-Liste-Art: gefährdet
Fundbeschreibung siehe Enderle (1984 b). 16.09.2000, bei Altheim/Alb, während Exkursion der AMU mit dem Münchner Pilzverein, det. E. G.
Notizen zu einem weiteren Fund:
Hut –25 mm breit, porphyr- bis schmutzig rosabräunlich, gegen den Rand heller
Lamellen normal weit, untermischt, rosacreme
Stiel –45 mm lang, in der Mitte –3 mm dick, hohl, Basis schwach striegelig, ockergelblich
Geruch deutlich nitrös, Geschmack mild
Sporen ca. 8,3–9 x 4,9–6 µm, ellipsoid, mit deutlichem Apikulus
Cheilozystiden 40–55 x 10–15 µm, vorwiegend lageniform, teilweise spindelig

Funddaten: 20.05.83, Bayern, MTB 7527, am schwarzen Graben, auf moosigem Laubholzstumpf (Pappel?), leg. M. E.
(im Computer unter Mycena.057)
Es liegen Mikrozeichnungen und ein Dia vor.
Weitere Funddaten: 30.09.78, zwischen Uf + Lh, auf Rühmer-Halbinsel, MTB 7527; 08.08.82, bei Rh-Rammingen, MTB 7527, leg. M. E., MTB 7527; Farbfoto siehe ENDERLE & LAUX (1980); weitere Funddaten erübrigen sich. Die Art ist sehr häufig und kommt sehr wahrscheinlich in allen MTB im Ulmer Raum vor.

Mycena rorida (Scop.: Fr.) Quélet
Schleimfuß-Helmling
Funddaten: 23.10.76, Kri-Exk. in „Muna" bei Bühl, MTB 7527; 30.06.80, „Muna" bei Straß, Fichtenwald, auf Ästchen, MTB 7526; 1982, leg. A. K. in MTB 7426/3; DIETL & KRIEGLSTEINER (1989), am Oberen Eselsberg in Ulm; 28.10.01, Pfifferlingsberg, MTB 7624/2/4, AMU-Exkursion, leg. W. Decrusch;

Mycena rosea (Bull.) Gram.
Rosa Rettich-Helming
Funddaten: 12.10.80, bei Reisensburg, unter Buchen, MTB 7527; 19.10.80, Haas-Exk.bei Breitingen, MTB 7425; 1982, leg. A. K. in MTB 7426/2,3 + 4, 7525/1+3; weitere Funddaten erübrigen sich. Die Art ist sehr häufig und kommt sehr wahrscheinlich in allen MTB im Ulmer Raum, vor allem in Buchenwäldern, vor.

Mycena rosella (Fr.: Fr.) Kummer
Rosa Helmling
Funddaten: 1937–40, Haas-Exk. im Maien- und Klosterwald bei Söflingen, MTB 7625, bei Beimerstetten, MTB 7525; 14.10.77, „Muna" bei Bühl, in feuchtem Fichtenwald, truppweise im Moos, MTB 7527; 19.10.80, Haas-Exk. bei Breitingen, MTB 7425; 23.10.85, Böfinger Halde, MTB 7628, auf Fichtenstreu, leg. K. K.; weitere Funddaten erübrigen sich. Die Art ist häufig und kommt sehr wahrscheinlich in allen MTB im Ulmer Raum vor.

Mycena rubromarginata (Fr.: Fr.) Kummer
Rotschneidiger Helmling
Funddaten: 1937–40, Haas-Exk. bei Beimerstetten, MTB 7525; 07.09.80, zwischen Sontheim und Niederstotzingen, im sauren Fichtenwald, MTB 7427, leg. M. E.; 17.06.85, bei Hetschwang, MTB 7527, im Fichtenstreu, leg. M. E., Beleg im Fungarium Krieglsteiner; weitere Funddaten erübrigen sich. Die Art ist häufig und kommt sehr wahrscheinlich in allen MTB im Ulmer Raum vor.

Mycena sanguinolenta (Alb. & Schw.: Fr.) Kummer – Purpurschneidiger Bluthelmling
Funddaten erübrigen sich. Die Art ist sehr häufig und kommt sehr wahrscheinlich in allen MTB im Ulmer Raum vor.

Mycena cf. **silvae-nigrae** Maas G. & Schwöbel
Syn.: *M. alcalina* ss. auct. p.p.
Beschreibung eines Fundes vom 16.04.94:
Hut –15 mm breit, glockig bis stumpf konisch, hellbeige bis dunkel rußig braun, 3/4 durchscheinend gerieft
Lamellen schmal bis schwach bauchig, –2,5 mm breit, hellbeige bis grau-beige, Schneide heller
Stiel –70 mm lang, in der Mitte –2 mm dick, ähnlich dem Hut gefärbt, an der Spitze heller, Basis weißstriegelig
Geruch dumpf nitrös-rettichartig
Sporen ca. 10–11,5 x 5–5,8 µm
Cheilozystiden ca. 30–50 x 14–18 µm, lageniform mit dickem Bauch, keulig
Funddaten: 16.04.94, Baden-Württemberg, nördlich von Setzingen, im Fichtenwald (wo auch *Conocybe hexagonospora* wächst), im Moos und auf Holzstümpfen, leg. M. E., det. M. Geesteranus (Holland).
Anmerkungen: Es liegen 2 Funde vor. Einer stammt von einem ganz in der Nähe stehenden Holzstumpf, auf dem vielleicht dieselben Pilze wuchsen. Sie hatten allerdings einen etwas dunkleren Hut. Mikrozeichungen liegen vor.

Mycena speirea (Fr.: Fr.) Gillet
Bogenblättriger Helmling
Fundbeschreibung mit Foto siehe ENDERLE & REININGER (1995).
Funddaten: 25.05.78, Kri-Exk. im Auwald Lh, im Feuchtgehau, MTB 7527, und Kri-Exk. im Langenauer Ried bei Rammingen, MTB 7527; 17.10.81, Auwald Lh, MTB 7527/1, leg. M. E.; im Ried bei Rh, auf moosigem Laubholzstamm, MTB 7527/1, Beleg im Fungarium Krieglsteiner; 22.10.95, Auwald bei Rh, auf Holzlagerplatz, MTB 7527/1, leg. Robert Enderle, det. M. E., Beleg in (M); DIETL & KRIEGLSTEINER (1989), am Oberen Eselsberg in Ulm; 08.09.86, Gemeindeholz Ersingen, MTB 7825, auf stark vermoostem Buchenstamm, leg. K. K.; weitere Funddaten erübrigen sich. Die Art ist häufig und kommt sehr wahrscheinlich in allen MTB im Ulmer Raum vor.

Mycena stipata Maas Geest. & Schwöbel
Büscheliger Salpeterhelmling
Syn.: *M. alcalina* ss. Kühner
Fundbeschreibung siehe OTTMANN & ENDERLE (1986).
Notizen zu einem weiteren Fund:

Hut aufgeschirmt bis 25 mm breit, grau-bräunlich, gegen den Rand zunehmend heller, ca. ⅔ durchscheinend gestreift
Lamellen normal weit bis etwas entfernt, untermischt, weiß bis schmutzig weißlich, Schneide +/- gleichfarbig
Stiel –65 mm lang, in der Mitte 2–4 mm dick, nach oben verjüngt, dem Hut +/- gleichfarben, jedoch im unteren Drittel mit Porphyrton, nach oben heller, Basis schwach striegelig-filzig, ca. 12 Pilze büschelig wachsend
Sporen ca. 9–10 x 5,8 µm
Cheilozystiden 45–65 x 16–20 µm, schmal bis breit spindelig, teilweise utriform
Huthaut aus +/- verlängerten glatten und teilweise diverticulierten Hyphen bestehend
Funddaten: 26.05.84, Baden-Württemberg, Wald „Hörnle" bei Grimmelfingen, ca. 8 km östlich von Ulm, Fichtenwald, auf Erde direkt neben einem *Corylus*-Ast, leg. M. E., det. Maas Geesteranus (Leiden/Holland); Diapositiv in Diathek M. Enderle. (im Computer unter Mycena.059).
Mikrozeichungen und Dia vorhanden.
Weitere Funddaten: 21.05.83, Bayern, Fichtenwald bei Uf (Ne), bei Firma Imbau, auf moosigen Fichtenstümpfen und zwischen Holzabfall, MTB 7526, leg. M. E., det. M. Geesteranus, Leiden (Holland); 23.10.87, Ulm-Donautal, bei den Wieland-Werken, in angelegten Strauchrabatten, MTB 7625, leg. M. E., Beleg in (M); Funddaten von L. K. (pers. Aufzeichn.): 01.09.88, Blaubeuren/Seißen, MTB 7524/4, leg. L. K.; 16.05.87, Hörvelsingen, MTB 7526/1, leg. G. F.; 30.10.89, Neu-Ulm/Reutti, Fichtenast, MTB 7626/1, leg. L. K.; 28.08.02, Donaustetten, Eichhau, MTB 7625/4/3, gemischter Forst, leg. K. Ke.; 18.04.02, Narrenloch, MTB 7724/3/4, bei Fichte, leg. K. Ke.; 02.09.02, Ingerkingen, Greut, MTB 7724/4/34, bei Fichten, leg. K. Ke.; 13.08.02, Hohe Halde, MTB 7726/3/43, Waldmeister-Buchenwald, leg. K. Ke.

Mycena strobilicola Favre & Kühner

Fichtenzapfen-Helmling
Fundbeschreibung siehe ENDERLE (1992 b); 23.04.87, „Silberwald" bei Ludwigsfeld, MTB 7726, in Fichtenparzelle in einem Auwald, auf Fichtenzapfen, leg. K. K.

Mycena stylobates (Pers.: Fr.) Kummer

Postament-Helmling
Funddaten: 13.08.96, Bayern, bei Ebersbach, Krs. Gz, am Stubenweiher, im Fichtenwald bei Laubbäumen, MTB 7528, leg. M. E., Beleg in (M); Funddaten von L. K. (pers. Aufzeichn.): 24.09.88, Ermingen, beim Fernmeldeturm, Buchenlaub, MTB 7525/3, leg. L. K. + G. D.; 07.09.88, BW Tiefental, Buchenlaub, MTB 7624/1, leg. L. K. + G. D.; 22.09.88, „Baurenhau" bei Rot, Buchenlaub, MTB 7725/4, leg. L. K. + G. D.; 01.08.89, „Schildhau" westlich Seißen, Buchenlaub, MTB 7524/3, leg. L. K.; 28.09.81, Ulm, Roter Berg, Buchendebris, MTB 7525/4, leg. L. K.; 28.08.02, Donaustetten, Eichhau, MTB 7625/4/3, Berg-Ahorn-Buchenwald, an Rotbuchenblättern, leg. K. Ke.; 13.08.02, Schaltenbrunnen, MTB 7726/3/43, gemischter Forst, an Zweig am Boden, leg. K. Ke.; 22.08.02, Bucher Wald, MTB 7727/3, an Rotbuchenzweig, leg. K. Ke.

Mycena tintinnabulum (Fr.) Quélet

Winter-Helmling
Funddaten: 07.01.86, bei Laupheim, leg. G. O., conf. M. E., MTB 7725; 19.02.99, Ingerkingen, Greut, MTB 7724/4/34, an Eichenstumpf, leg. K. Ke.; KRIEGLSTEINER (2001) nennt einen Fund im MTB 7624; Details sind mir nicht bekannt.

Mycena viridimarginata P. Karsten

Olivbrauner Helmling
Funddaten: 20.09.98, Bach-Eggingen, MTB 7625/3, an Stumpf, leg. K. Ke.; KRIEGLSTEINER (1991) nennt in seinem Verbreitungsatlas einen Fund in MTB 7426. KRIEGLSTEINER (2001) nennt Funde in den MTB 7625 und 7726; Details sind mir nicht bekannt.

Mycena vitilis (Fr.) Quélet

Zäher Faden-Helmling
Syn.: *M. filopes* ss. Ricken
Funddaten: 23.10.76, Kri-Exk. in „Muna" bei Bühl, MTB 7527, und zwischen Uf + Lh, in Wald „Jungholz-Lechfeld", MTB 7527, leg. M. E.; 22.05.76, Kri-Exk. zwischen Uf + Lh, im Wald „Jungholz", MTB 7527; 18.11.80, im „Kirchholz" bei Of, MTB 7526, leg. M. E.; 28.10.01, Pfifferlingsberg, MTB 7624/2/4, AMU-Exkursion, leg. K.Ke, det. E. Garnweidner

Mycena vulgaris (Pers.: Fr.) Kummer

Klebriger Helmling
Funddaten: 1937–40, Haas-Exk. im Maien- und Klosterwald bei Söflingen, MTB 7625, bei Beimerstetten, MTB 7525; 1974–83, leg. A. K. in MTB 7425, 7525; 27.10.81, Auwald bei Uf, auf Fichtennadelstreu, MTB 7527, leg. M. E., conf. M. Geesteranus (Holland); Funddaten von L. K. (pers. Aufzeichn.): 05.11.89, Ehingen/Schlechtenfeld, Fichtenstreu, MTB 7724/1, leg. L. K.

Mycena zephirus (Fr.: Fr.) Kummer

Rostfleckiger Helmling
Funddaten: 23.10.76 + 13.10.78, Kri-Exk. in „Muna" bei Bühl, MTB 7527; 17.09.78, Kri-Exk. im „Ofenloch" bei Hörvelsingen, MTB 7526/1; 1982,

leg. A. K. in MTB 7425/2, 7426/3 und 7525/1; 22.10.87, bei Ulm-Wiblingen, unter Kiefern, leg. M. E., Beleg im Fungarium Krieglsteiner; weitere Funddaten erübrigen sich. Die Art ist sehr häufig und kommt sehr wahrscheinlich in allen MTB im Ulmer Raum vor.

Myxomphalia maura (Fr.: Fr.) Hora
Kohlen-Nabeling
KRIEGLSTEINER (1991) nennt in seinem Verbreitungsatlas Funde in den MTB 7424 und 7425; 2002, Söhnstetten/Stöckelberg, MTB 7325/2, leg. H. P. (H. St.); KRIEGLSTEINER (2001) nennt einen Fund im MTB 7624; Details sind mir nicht bekannt.

Nyctalis asterophora Fr.
Stäubender Zwitterling
Syn.: *Asterophora lycoperdoides*
Fundbeschreibung mit Foto siehe ENDERLE (1996 c). Funddaten: 1941, Haas-Exk. am Eselsberg in Ulm, MTB 7525; 28.08.81, „Muna" bei Bühl, MTB 7526, auf altem Frk. von *Russula nigricans*, leg. M. E.; 19./20.09.96, bei Pilzausstellung in Ulm; ein Beleg in (M). 18.08.2000, Bayern, Limbach, MTB 7528, Fichtenforst, auf vorjährigem Fruchtkörper einer *Russula* Sekt. *Nigricantes* (vielleicht *R. adusta*, nicht *R. nigricans*), leg. C. E., det. M. E. (die Lamellen waren bei ausgewachsenen Fruchtkörper deutlich ausgeprägt; der Zerfall der Hutoberfläche in eine braune, staubige Oberfläche aus Chlamydosporen erfolgte erst nach 2 Tagen zu Hause nach dem Liegenlassen); 02.10.02, Buchwald bei Reutti, MTB 7726, Buchen-Fichtenwald, auf faulender *Russula nigricans*, leg. K. K.; Herbst 2000, bei Langenau, Wald „Englenghäu", leg. W. H.
KRIEGLSTEINER (1991) nennt in seinem Verbreitungsatlas einen Fund in MTB 7726. Nähere Fundangaben liegen mir nicht vor.

Nyctalis parasitica (Bull.: Fr.) Fr.
Beschleierter Zwitterling
Syn.: *Asterophora parasitica*
Fundbeschreibung mit Foto siehe ENDERLE (1996 c); DIETL & KRIEGLSTEINER (1989), am Oberen Eselsberg in Ulm; KRIEGLSTEINER (1991) nennt in seinem Verbreitungsatlas einen Fund in MTB 7726. Nähere Fundangaben liegen mir nicht vor.

Omphalina acerosa (Fr.) Lange
Muschelnabeling
Syn.: *Leptoglossum acerosum*
Funddaten: 10.10.87, Weidach beim Schützenheim, auf Erde zwischen Gras, MTB 7525/1, leg. L. K.

Omphalina cyanophylla (Fr.) Quélet
Violettblättriger Nabeling
Syn.: *O. lilacifolia*
Rote-Liste-Art: latent gefährdet

Omphalina cyanophylla

Fundbeschreibung mit Foto von M. Enderle bei KRIEGLSTEINER & ENDERLE (1987) und bei KRIEGLSTEINER (2001: 479).
Funddaten: 29.08. und 26.09.86, Auwald bei Lh-Weißingen, auf moschen Baumstümpfen (*Picea abies*?), leg. M. E., Beleg in (M);

Omphalina epichysium (Pers.: Fr.) Quélet
Holz-Nabeling
Funddaten: 06.09.87, Arnegger Tal, MTB 7725, auf stark morschem Laubholz, leg. K. K.; 11.09.02, Donaustetten, Eichhau, MTB 7625/4/3, leg. K. Ke.

Omphalina griseopallida (Desm.) Quélet
Gedrungener Nabeling
Syn.: *Leptoglossum griseopallida, Phaeotellus griseopallidus*
Fundbeschreibung siehe KRIEGLSTEINER & ENDERLE (1986).

Omphalina grossula (Pers.) Singer
Olivgelber Nabeling
Syn.: *Camarophyllus grossulus*
Funddaten: 18.06.80, Auwald Lh, auf morschem Fichtenholz, MTB 7527/1, leg. M. E.; Herbst 1988, Ulm, am Roten Berg/Dreierberg, MTB 7525/4, leg. E. S.; Funddaten von L. K. (pers. Aufzeichn.): 1988, Roter Berg, Lärchenkopf, bei Ulm, MTB 7525/4, leg. E. S., det. L. K.; 1987, Dreierberg, Schanzgraben, MTB 7525/3, leg. Schätzle; Herbst 1989, Lempenau nordwestlich Asch, Fichtenstreu, MTB 7524/2, leg. Schätzle, det. L. K.; 05.02.90, Spitalwald, Ermingen, Fichtenstreu (ohne Holz!), MTB 7625/1, leg. E. S., det. E. S. + L. K.; 05.10.02, „Untere Filde“ nördlich von Beimerstetten, MTB 7525/2, an Fichtenzapfen, leg. E. S., conf. M. E.; 03.10.02, Bockighofer Holz, MTB 7724/4/32, leg. K. Ke., bei Fichte,

Omphalina obscurata Reid
Graubrauner Nabeling
Funddaten: 06.11.02, Ulm, Rangierbahnhof, MTB 7625, auf mit Sand vermischtem Untergrund, leg. K. K.

Omphalina pyxidata (Bull.: Pers.) Quélet
Starkgeriefter Nabeling
Syn.: *O. hepatica*
Rote-Liste-Art: gefährdet
Funddaten: 1937 40, Haas-Exk. bei Blaubeuren, MTB 7524; 30.10.01, Ulm, Rangierbahnhof, MTB 7625, auf Basaltschotter, leg. K. K.

Oudemansiella mucida (Schrad.: Fr.) v. Höhnel
Beringter Schleimrübling
Funddaten: 1937–40, Haas-Exk. bei Beimerstetten, MTB 7525; 19.10.80, Haas-Exk. bei Breitingen, MTB 7425; 02.09.78, Bubesheimer Wald bei Echlishausen, MTB 7527, an stehender Buche, leg. M. E.; 1974–83, leg. A. K. in MTB 7426; September 2002, bei Bellenberg, MTB 7726, an stehender, toter Buche, leg. J. I.

Panellus mitis (Pers.: Fr.) Singer
Milder Zwergknäueling
Funddaten: 30.11.81, Auwald bei Lh, MTB 7527/1, an liegendem *Pinus*-Ast, leg. M. E., Beleg in (M); 06.01.82, bei Uf, MTB 7526, an liegendem Ast (*Pinus*? oder Laubholz), leg. M. E., Beleg in (M); 1982, leg. A. K. in MTB 7426/1; weitere Funddaten erübrigen sich. Die Art ist sehr häufig und kommt sehr wahrscheinlich in allen MTB im Ulmer Raum vor.

Panellus stypticus (Bull.: Fr.) Karsten
Herber Zwergknäueling
Funddaten erübrigen sich. Die Art ist sehr häufig und kommt sehr wahrscheinlich in allen MTB im Ulmer Raum vor; Farbfotos siehe ENDERLE & LAUX (1980)

Panellus violaceofulvus (Batsch: Fr.) Singer
Violettblättriger Muschelseitling
Funddaten: KRIEGLSTEINER (2001) nennt Funde im MTB 7425; Details sind mir nicht bekannt.

Phaeolepiota aurea (Matt.: Fr.) Maire ex Konrad & Maublanc – Glimmerschüppling
Fundbeschreibung siehe ENDERLE (1994 e).
Hut –160 mm breit, flach konvex, ohne abgesetzten Buckel; alt aufschirmend mit den Ränderen über dem Niveau der Hutmitte; Ränder gewellt; Hutfarbe schön goldgelbbraun, löwengelb, ca. Cailleux
L 60 oder freudiger/heller; Oberfläche fein glimmerig-kleiig-mehlig (Lupe).
Lamellen etwas gedrängt, nahe dem Scheitel schwach ausgebuchtet, nicht eigentlich frei, schwach bauchig, –12 mm breit, schön und warum hell zimtocker-bräunlich, alt bräunlich, Schneiden +/- gleichfarbig oder etwas heller
Stiel –120 mm lang, in der Mitte –25 mm dick, zur Spitze hin verjüngt, Basis knollig, in etwa wie die Hutoberfläche gefärbt, im oberen Drittel mit dünnem, häutigem, nach unten abziehbarem Ring, der die Reste eines Velums darstellt, das lange bis zum Hutrand reicht und die Lamellen bedeckt; dieses Velum ist auf der Innenseite (= Oberseite) kakaobraun und außen (Unterseite) heller, ocker-bräunlich und auffallend kleiig-körnig
Fleisch im Hut und Stiel hell cremeweißlich, direkt über den Lamellen mit einer stumpf wässrigen, ca. 2–3 mm breiten Zone; im Stiel, nahe der Stieloberfläche, in einer 4–5 mm breiten Zone deutlich ockergelblich. Geruch pilzartig banal, angenehm; Geschmack mild, pilzartig

Sporen 12–13 x 5–5,6 µm, ellipsoid-ellipsoid bzw. keilförmig (laut Literatur, u. a. DERMEK (1987) leicht rau; im Lichtmikroskop schwer zu sehen)
Cheilo – und **Pleurozystiden** nicht vorhanden
Velum auf dem Hut (mehlige Oberfläche) aus verschiedenartig geformten, meist dickwandigen Elementen bestehend. Form rundlich, ellipsoid, keulig, versiform, einzeln oder aneinandergereiht, oft mit noppenartigen Auswüchsen, etc.
Geruch pilzartig banal, angenehm; Geschmack mild, pilzartig
Funddaten: 25.09.79, 18.10.81, 30.09.93, Lh, beim Kinderfestplatz, auf dem Parkplatz entlang der Donau, im Gras, MTB 7527/1, leg. M. E.; Beleg in (M); 26.09.87, Spitalwald westlich Ermingen, MTB 7725, auf kurzgrasigem Grill- und Spielplatz, leg. K. K.
Anmerkungen: Ich kenne diese schöne Art nur von einem Standort in meinem Untersuchungsgebiet, an dem sie alljährlich wächst.
Die Bestimmung der Art ist problemlos, nur steht die Gattung taxonomisch etwas isoliert. Einige Autoren sehen eine enge Verwandtschaft mit *Cystoderma* (KÜHNER & ROMAGNESI 1953), andere halten sie für einen Satelliten von *Pholiota*.
Mikroskopisch fällt das Fehlen von Zystiden auf. Interessant ist das Epithelium auf der Hutoberseite, das aus großen, vorwiegend dickwandigen, verschiedenartig geformten Elementen besteht. Die Sporen weisen eine sehr feine Rauigkeit auf, die unter dem Lichtmikroskop nur zu erahnen ist.
Die von R. MAIRE aufgestellte Gattung *Phaeolepiota* ist monotypisch, das heißt, sie besteht (bis dato) nur aus einer einzigen Art. Trotz ihrer vermeintlichen Essbarkeit sollte man diese schöne und seltene Art schonen.

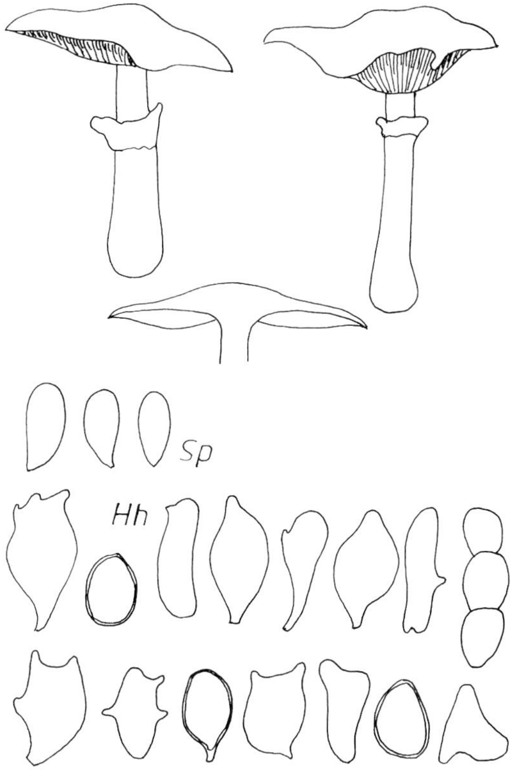

Phaeolepiota aurea

Pseudoclitocybe cyathiformis (Bull.) Singer

Kaffeebrauner Gabeltrichterling
Funddaten erübrigen sich. Die Art ist sehr häufig und kommt sehr wahrscheinlich in allen MTB im Ulmer Raum vor.

Pseudoclitocybe obbata (Fr.) Singer

Heide-Gabeltrichterling
Funddaten: 03.11.78, bei Uf, auf einer Wiese nahe dem Wald, „auf den Bergen“, MTB 7527, leg. M. E.; KRIEGLSTEINER (2001) nennt einen Fund im MTB 7425; Details sind mir nicht bekannt.

Pseudoomphalina compressipes (Peck) Singer var. kalchbrenneri (Bres.) Gminder 2001

Runzeliger Scheinnabeling
Syn.: *P. kalchbrenneri*
Hut –20 mm breit, flach konvex bis fast flach aufschirmend, stumpf braun, ca. Cailleux S33 oder S67, nur am äußersten Rand etwas heller, dort mit minimalem Kupferstich, äußerster Rand schwach durchscheinend gestreift, hygrophan, nur sehr langsam (nach Stunden) ausblassend
Lamellen normal weit, am Stiel ausgebuchtet und mit winzigem Zähnchen angewachsen, bauchig, –4 mm breit, grau-beige mit heller Schneide; Lamellen am Hutrand teilweise wie oberer Hutrand gefärbt
Stiel –40 mm lang, in der Mitte –4 mm dick, nicht zylindrisch, alle Frk. etwas breitgedrückt, wie Hutoberfläche gefärbt oder etwas grauer, oberes Drittel anliegend hell feinfaserig, gegen die Spitze etwas erweitert
Fleisch im Anschnitt stark mehlartig, nicht verfärbend
Sporen ca. 5,8–7 x 3,5–4,7 µm, laut KUYPER sind die Sporen amyloid; Basidien 4-sporig, ca. 38 x 6,6 µm
Funddaten: 11.09.93, Bayern, in der Stadt Lh, MTB 7527, an der Nordseite der katholischen Kirche, im Moos/Gras, leg. M. E., det. T. Kuyper (Holland)
Anmerkungen: bei der Bestimmung kam ich mit MOSER (1983) in die Nähe von *T. oldae*. Ein Vergleich der Originaldiagnose schloß diese Art jedoch aus. Kuyper schrieb mir: „... eine Art, die ich nicht gut kenne. Die Lamellenform scheint mir etwas abweichend zu sein, sonst klappen die Merkmale gut.“

Ripartites krieglsteineri

Nach Krieglsteiners Verbreitungsatlas wäre dies der erst 4. Fund für Deutschland!
Es liegt eine Habituszeichnung und ein Foto vor.
Ein weiterer Fund: 01.11.87, Salenhau bei Erstetten, MTB 7725, Buchen-Fichten-Mischwald auf Nadelstreu, leg. K. K.

Resupinatus trichotis (Pers.) Singer
Syn.: *R. applicatus*
Funddaten: DIETL & KRIEGLSTEINER (1989), am Oberen Eselsberg in Ulm; Funddaten von L. K. (pers. Aufzeichn.): 14.06.90, „Holzstöcke"/Orsenhausen, an totem Ast von stehender Eiche, MTB 7725/4, leg. L. K.; 29.09.91, südwestlich Illerrieden, an der Unterseite eines Eichenastes, MTB 7726/11, leg. L. K.; 27.01.90, Arnegger Ried, an entrindeter *Salix*, MTB 7525/3, leg. L. K. + H. O. B.; 03.02.90, Albeck, an *Fraxinus*, MTB 7526/1, leg. L. K.; 03.02.90, Klinge westlich Bermaringen, an *Tilia* (?), MTB 7524/2, leg. L. K.; 01.11.90, Weidach „Buchbrunnen", an berindetem *Carpinus*-Ast, MTB 7525/3, leg. L. K.

Rhodocollybia butyracea (Bull.: Fr.) Quélet
Butter-Rübling
inkl. f. *butyracea* und f. *asema* Fr. (Horngrauer Rübling)
Syn.: *Collybia butyracea*
Funddaten erübrigen sich. Die Art ist sehr häufig und kommt sehr wahrscheinlich in allen MTB im Ulmer Raum vor.

Rhodocollybia maculata (A.& S.: Fr.) Singer
Gefleckter Rübling
Syn.: *Collybia maculata*
Funddaten erübrigen sich. Die Art ist sehr häufig und kommt sehr wahrscheinlich in allen MTB im Ulmer Raum vor.

Rhodocollybia prolixa (Hornem.: Fr.) Antonín & Noordeloos var. **prolixa**
Kerbblättriger Rübling
Syn.: *Collybia prolixa*
Funddaten: 10.10.80, bei Anhofen (südlich Bühl), MTB 7627, leg. H. + Bärbel Enderle, det. M. E.; 04.08.96, bei Lh, Mooswald, im Moos unter Fichten, MTB 7527, leg. M. E., Beleg in (M) als cf. prolixa. KRIEGLSTEINER (2001) nennt Funde in den MTB 7725; Details sind mir nicht bekannt.

Rhodocollybia prolixa var. **distorta** (Fr.) Antonín, Halling & Noordeloos
Verdrehtstieliger Rübling
Syn.: *Collybia distorta*

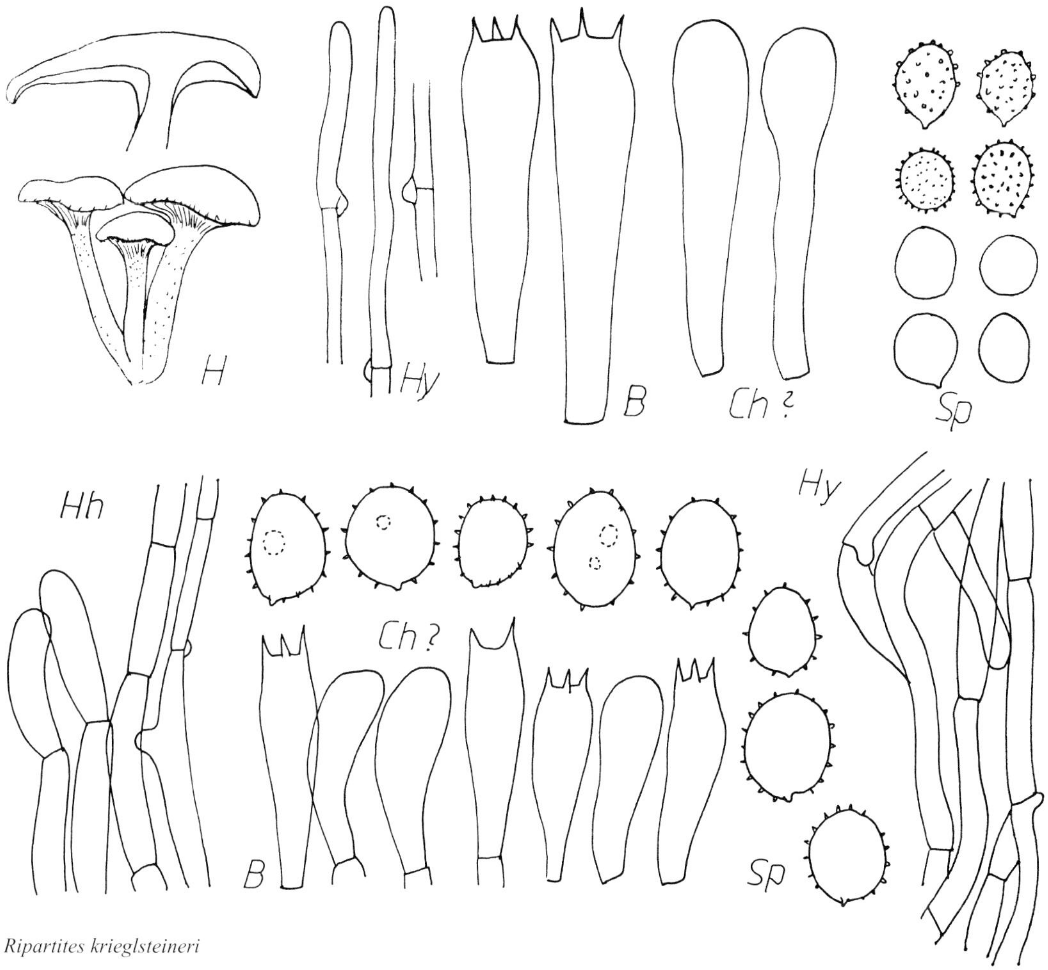

Ripartites krieglsteineri

Funddaten: 1974–83, leg. A. K. in MTB 7426, 7526; 09.10.76, Stangl-Exk. „Muna" bei Straß, MTB 7526; 23.10.76, Kri-Exk. „Muna" bei Bühl, MTB 7527/3; 06.07.81, bei Laupheim, leg. G. O., det. H. S., Beleg in (M); KRIEGLSTEINER (2001) nennt Funde in den MTB 7724, 7725 und 7726; Details sind mir nicht bekannt.

Rickenella fibula (Bull.: Fr.) Raithelhuber
Orangeroter Heftelnabeling
Funddaten erübrigen sich. Die Art ist sehr häufig und kommt sehr wahrscheinlich in allen MTB im Ulmer Raum vor.

Rickenella swartzi (Fr.) Kuyper
Violettstieliger Heftelnabeling
Syn.: *R. setipes*

Funddaten: 23.10.78l, Donau-Auwald bei Lh, auf Moos, MTB 7527, leg. M. E.; 29.06.97, Garten von G. O., MTB 7725/3, Trittrasengesellschaft, leg. K. Ke.; die Art ist nicht selten im Ulmer Raum und bei genauer Suche wohl in allen MTB zu finden.

Ripartites krieglsteineri Enderle & Bon
Großsporiger Filzkrempling, s. Foto S. 270
Syn.: *R. tricholoma* var. *macrosporus* Bon & Enderle, Doc. Mycol. 15 (60): 42, 1985
Fundbeschreibung mit Foto siehe ENDERLE (1986 a), ENDERLE (1990) und KRIEGLSTEINER (2001: 512).
Anmerkung: Diese ansehnliche, großsporige Art hat mit der häufigen *R. tricholoma*, mit der sie immer wieder in Verbindung gebracht wird, nicht viel zu tun. Leider wurde ihr Standort, ein anmooriger Fichtenforst, in dem sie an mehreren Stellen wuchs, fast vollkommen zerstört.

Rugosomyces ionides var. *obscurissima*

Ripartites tricholoma (Alb. & Schw.: Fr.) Karsten – Gemeiner Filzkrempling
Syn.: *R. metrodii, R. helomorphus, R. strigiceps*
Funddaten erübrigen sich. Die Art ist sehr häufig und kommt sehr wahrscheinlich in allen MTB im Ulmer Raum vor.

Rugosomyces carneus (Bull.: Fr.) M. Bon
Rosenroter Schönkopf
Syn.: *Calocybe carnea, Rugosomyces persicolor*
Funddaten: 27.07.81, bei Uf, Nähe Fa. Imbau, im Gras, MTB 7527, leg. M. E., Beleg in (M);
Funddaten: vor 1894: Dr. Desensy und Prof. Dr. Veesenmeyer, Ulm, im Eselswald (sec O. Kirchner & J. Eichler 1894); 14.07.79, Auwald Uf, in Fichtenparzelle, leg M.E, det. J. St. (Augsburg), Beleg in (M); 14.07.80, Auwald zwischen Ne + Oe, MTB 7526, leg. M. E.; Funddaten von L. K. (pers. Aufzeichn.): 28.09.90, Ulm-Söflingen, Fünf-Bäume-Weg, Gartenrasen, MTB 7625/2, leg. L. K.
Weitere Funddaten erübrigen sich. Die Art ist häufig und kommt sehr wahrscheinlich in allen MTB im Ulmer Raum vor.

Rugosomyces chrysenteron (Bull.: Fr.) M. Bon
Dottergelber Schönkopf
Syn.: *Calocybe chrysenteron*
Funddaten: 1937–40, Maien- und Klosterwald bei Ulm-Söflingen, MTB 7625; 28.08.78, Auwald zwischen Uf + Lh, Fichtenparzelle, MTB 7527, leg. M. E.; 15.08.80 + 12.08.91, Auwald bei Uf, Fichtenparzelle, MTB 7527/3, leg. M. E., Beleg in (M); 10.10.82, zwischen Ne + Bu, im „Fuchshölzle", bei Fichten, leg. M. E., Beleg in (M); 18.08.85, Auwald bei Uf, Fichtenparzelle, MTB 7527/3, leg. M. E., Beleg in Fungarium Krieglsteiner et filii; 03.09.86, Stellhau, MTB 7725, auf Nadelstreu, leg. K. K.
Krieglsteiner (1991) nennt in seinem Verbreitungsatlas Funde in den MTB 7425, 7426, 7525, 7526 und 7625. Nähere Fundangaben liegen mir nicht vor.

Rugosomyces ionides (Bull.) M. Bon
Veilchenblauer Schönkopf
Syn.: *Calocybe ionides*
Rote-Liste-Art: gefährdet
Funddaten: 1943–63, Haas-Exk. in „Filde" bei Beimerstetten, MTB 7525; 07.10.78, Stangl-Exk. Auwald Lh, MTB 7527; 28.09.79, zwischen Ne + Bu, Auwald, bei Fichten, MTB 7526; 16.08.85, Auwald Lh, MTB 7527/1, leg. M. E.; 11.08.91, Auwald bei Uf, in Fichtenparzelle, MTB 7526, leg.M. Enderle; Krieglsteiner (2001) nennt Funde in den MTB 7624 und 7725; Details sind mir nicht bekannt.

Rugosomyces ionides (Bull.) M. Bon var. **obscurissima** (Pearson) Enderle
Düsterer Schönkopf, s. Foto S. 272
Syn.: *Calocybe ionides* var. *obscurissima*, *Calocybe obscurissima*
Farbfoto von M. Enderle siehe KRIEGLSTEINER (2001: 145).
Fundbeschreibung und Neukombination siehe ENDERLE (1996 c). Foto von M. Enderle auch in KRIEGLSTEINER (2001: 145).
Funddaten: 25.11.78, 25.10.81, 8.10.88, 15.10.94, Auwald Uf, in Fichtenparzelle, MTB 7527/3, leg. M. E., einige Funde det. bzw. conf. M. Bon (Frankreich), mehrere Belege in (M); 12.10.79, zwischen Uf + Bühl, bei Fa. Imbau, unter Fichten/Eichen, MTB 7527/3, leg. M. E., 15.10.94, Auwald zwischen Uf + Ne, in Fichtenparzelle, MTB 7526, leg. M. E., Beleg in (M); 21.10.01, bei Hüttisheim/Staig, in Fichtenforst, am Wegrand, ca. 10 Frk., leg. M. E.

Rugosomyces ionides forma?
Hut –45 mm breit, ockerlich mit sehr schwachem Rosaanflug
Lamellen cremeweißlich
Stiel –40 mm lang, in der Mitte –10 mm dick, dem Hut +/- gleichfarben
Geruch und Geschmack deutlich mehlartig
Sporen ca. 5 x 2,5–3,2 µm
Funddaten: 07.08.82, Bayern, Donau-Auwald bei Uf, MTB 7527, in Fichtenparzelle (auf Kalk), leg. M. E., det. M. Bon (Frankreich); Dia in Diathek Enderle
Anmerkungen: Dieser Fund stammt aus einem Biotop in dem auch R. ionides und die var. *obscurissima* wachsen. Vielleicht ist *C. ionides* nur extrem pigmentvariabel?
(im Computer unter Calocybe.020)

Sarcomyxa serotina (Schrader: Fr.) Karsten
Gelbstieliger Muscheling
Syn.: *Panellus serotinus*
Funddaten erübrigen sich. Die Art ist sehr häufig und kommt sehr wahrscheinlich in allen MTB im Ulmer Raum vor.

Squamanita paradoxa (A.H. Smith & Singer) Bas – Körnchenschirmlings-Schuppenwulstling
Rote-Liste-Art: latent gefährdet
Funddaten: AMO-Fundkartei, 20.10.79, „Burghalde" südlich Überkingen, moosiger Waldrand, Wiese, MTB 7424/2, leg. Karl Neff, det. G. J. K.

Squamanita schreieri Imbach
Gelber Schuppenwulstling
Rote-Liste-Art: vom Aussterben bedroht!
Fundbeschreibung mit Foto von M. Enderle siehe KRIEGLSTEINER & ENDERLE (1987).

Strobilurus esculentus (Wulf: Fr.) Singer
Fichtenzapfenrübling
Fundbeschreibung siehe ENDERLE (1992 b).
Funddaten erübrigen sich. Die Art ist sehr häufig und kommt sehr wahrscheinlich in allen MTB im Ulmer Raum vor.

Strobilurus stephanocystis (Hora) Singer
Milder Kiefernzapfenrübling
Fundbeschreibung siehe ENDERLE (1992 b).
Weitere Funddaten: Herbst 1988, Ulm, am Roten Berg/Dreierberg, MTB 7525/4, leg. E. S.; Funddaten von L. K. (pers. Aufzeichn.): 18.03.89, östlich Donaustetten, an Kiefernzapfen, MTB 7625/4, leg. L. K.; 16.05.87, Hörvelsingen, MTB 7526/1, leg. G. F.; 14.05.89, Ulm, am Roten Berg, an Kiefernzapfen, MTB 7624/3, leg. L. K.; 1989, Klosterwald Söfllingen, an Kiefernzapfen, MTB 7625/2, leg. E. S.

Strobilurus tenacellus (Pers.: Fr.) Singer
Bitterer Kiefernzapfenrübling
Fundbeschreibung siehe ENDERLE (1992 b).
Funddaten erübrigen sich. Die Art ist sehr häufig und kommt sehr wahrscheinlich in allen MTB im Ulmer Raum vor.

Strobilurus spec. (affin. *Str. albipilatus*?)
Fundbeschreibung siehe ENDERLE (1992 b).

Tephrocybe ambusta (Fr.: Fr.) Donk
Höckersporiges Kohlengraublatt
Syn.: *Lyophyllum ambustum*
Funddaten von L. K. (pers. Aufzeichn.): 24.08.89, „Stockert" Ermingen, an moosiger Brandstelle, MTB 7625/1, leg. E. S., det. L. K.; 12.10.89, „Heide" nordwestlich Seißen, an moosiger Brandstelle, MTB 7524/3, leg. E. S., det. L. K.; 15.10.89, südwestlich Arnegg, an moosiger Brandstelle, MTB 7525/3, leg. L. K.

Tephrocybe anthracophila (Lasch) Orton
Syn.: *Lyophyllum antracophilum*, *Lyophyllum carbonarium*
Funddaten: 13.10.79, Haas-Exk. zwischen Ne + Bu, auf einer alten Brandstelle, massenhaft, MTB 7526; 10.10.80, an derselben Stelle wiedergefunden, leg. M. E.: Sporen rundlich, aber nicht ganz kreisrund, ca. 5,5–6 µm
Funddaten von L. K. (pers. Aufzeichn.): 15.11.87, Weidach/Lautertal, an Brandstelle, MTB 7525/3, leg. L. K.; 12.10.89, „Heide" nordwestlich Seißen, an Brandstelle, MTB 7524/3, leg. ?, det. L. K.; 15.09.90, Wennenden, an Brandstelle, MTB 7727/1, leg. L. K.

Tephrocybe atrata (Fr.: Fr.) Donk

Ellipsoidsporiges Kohlengraublatt
Syn.: *Lyophyllum atratum*
Funddaten: 10.10.82, bei Ne, MTB 7526, im „Fuchshölzle", leg. M. E., Beleg in (M); 01.05.86, am Hochsträß, leg. K. Köhler; Funddaten von L. K. (pers. Aufzeichn.): 31.10.88, „Mönchsteig", an Brandstelle, MTB 7424/4, leg. R. St.; 15.10.89, südwestlich Arnegg, an Brandstelle, MTB 7525/3, leg. L. K.; 06.05.86, am Roten Berg bei Söflingen, MTB 7625, auf Brandstelle in einem Buchenwald, leg. K. K.

Tephrocybe boudieri (Kühn. & Romagn.) Moser

Rußbraunes Graublatt
Syn.: *Lyophyllum boudieri*
Fundbeschreibung siehe ENDERLE (1992 a).
Beleg Nr. E16/1991 im Fungarium Krieglsteiner, Beleg auch in (M).

Tephrocybe cf. **confusa** P. D. Orton

Syn.: *Lyophyllum confusum*
Hut –30 mm breit, konvex bis flach konvex, meist in der Mitte mit leichter bis deutlicher Eindellung; die meisten Hüte beim Aufsammeln ausgeblasst, wenige an den Rändern noch düster graubraun, gerieft, hygrophan, ausgeblasst hellbeige, in der Mitte dunkler, gegen den Rand ca. Cailleux L/K 71
Lamellen etwas gedrängt, schmal bis schwach bauchig, –4 mm breit, hell grau-beige, Schneiden heller, am Stiel fast gerade angewachsen oder etwas ausgebuchtet
Stiel –40 mm lang, in der Mitte –4 mm dick, hell graucreme, gegen die Basis deutlich dunkler, teilweise fast schwärzlich, hohl, an der Spitze meist etwas erweitert
Fleisch zerdrückter Fruchtkörper an Mehl anklingend
Sporen ellipsoid, ca. 4,9–5,8 x 3,3 µm, Basidien 4-sporig
Funddaten: 26.09.93, nördlich Riedheim, Baden-Württemberg, MTB 7527, im Naturschutzgebiet, unter Birken, bei alten Brennnesseln, leg. M. E., det. T. Kuyper (Holland)
(im Computer gespeichert unter Clitocyb.003)
Habituszeichnung vorhanden.

Tephrocybe coracina (Fr.) Moser ss. Konrad & Maubl. – Haselbrauner Graublattrübling

Rote-Liste-Art: gefährdet
Fundbeschreibung mit Foto siehe ILG & ENDERLE (1992).

Tephrocybe inolens (Fr.) Moser

Geruchloses Graublatt
Syn.: *Lyophyllum inolens*
Fundbeschreibung mit Foto siehe ENDERLE (1996 d).
Farbabbild.: LANGE Taf. 45 J; FRIES Icones Taf. 69/3, var. *umbonata*; KONRAD & MAUBLANC, Taf. 209; BRESADOLA, Taf. 218; RICKEN, Taf. 108/8; in der modernen Literatur ist mir keine Abbildung bekannt, die zu meinem Fund passt.
Hut –55 mm breit, –18 mm hoch, flach konvex mit auffallendem, deutlich abgesetztem, stumpfem bis fast spitzen Buckel, rußig beige-bräunlich mit Olivkomponente, ca. Cailleux N69, P69 oder ähnlich, +/- matt, Rand kaum durchscheinend gerieft, nur der äußerste Hutrand, hygrophan, nur sehr zögerlich und erst nach Stunden austrocknend, dabei im Zentrum und in schmalen, hellen Streifen beginnend, danach hell grau-beige
Lamellen gedrängt, am Stiel ausgebuchtet, mit Zähnchen angewachsen, hell grau-beige mit heller Schneide, schwach bauchig, –6 mm breit
Stiel –80 mm lang, in der Mitte –7 mm breit, gegen Spitze gleichdick oder etwas erweitert, gegen die Basis etwas ausspitzend, schwach getönt, gegen die Spitze deutlich weißlich flockig-puderig-faserig, an der Basis weißfilzig (bei einem Fruchtkörper war der Stiel exzentrisch inseriert!)
Geruch nicht mehlartig, beim Zerdrücken nimmt man im ersten Augenblick einen eigenartigen, schwer definierbaren, chemisch anmutenden Geruch wahr.
Sporen ca. 6–8 x 3,8–4,2 µm, ellipsoid bis länglich ellipsoid, teilweise mit leichter medianer Einschnürung, (im Lichtmikroskop) glatt; Basidien 4-sporig
Funddaten: 13.10.95, Baden-Württemberg, Wald „Hörnle" bei Ulm-Grimmelfingen, MTB 7625/2, am Wegrand bei Fichten und Kräutern, leg. M. E.; Diapositiv in Diathek ENDERLE
Anmerkungen: Die Graublattrüblinge sind bis heute nicht sicher bestimmbar, da eine umfassende, ernstzunehmende Monografie fehlt. Auch die Gattungszuordnung ist umstritten. Moderne Autoren stellten die *Tephrocybe*-Arten wieder in die Gattung *Lyophyllum*, während andere eine weitere Gattung, *Tephrophana,* verwenden. BON (1995) stellt die oben beschriebene Art in die Gattung *Tephrocybe*, Sektion *Ellipsoideosporae*, Untersektion *Inolentes.*
Aufgrund der Unsicherheit bei der Bestimmung sind Veröffentlichungen über Graublattrüblinge rar. Die einzige mir bekannte, moderne Beschreibung von *T. inolens* stammt von CLEMENCON (1977).
Beim Aufsammeln meiner Pilze dachte ich zuerst an eine *Entoloma*. Die graustichigen, engstehenden Blätter brachten mich dann aber auf die richtige Gattung.
Die Art scheint der *T. putida* (Fr.) Moser sehr nahe zu stehen. Diese soll jedoch mehlartigen Geruch, mehr bräunliche Hutfarben und kurzellipsoide Sporen haben.

Nach KRIEGLSTEINER (1991) ist *T. inolens* in Süddeutschland stärker als in Nordddeutschland verbreitet.
Weitere Funddaten: 1943–63, Haas-Fund in der „Filde“ bei Beimerstetten, MTB 7525; 21.10.78, Donau-Auwald bei Thalfingen, MTB 7526, in kleiner Fichtenparzelle, leg. M. E., det. J. St.; 13.10.79, Haas-Exk. zwischen Ne + Bu, MTB 7526; 12.10.80, Auwald bei Uf, Fichtenparzelle, MTB 7526, leg. M. E.; 29.10.81, bei Ne, im Donau-Auwald, im „Fuchshölzle“, unter Fichte, MTB 7526, leg. M. E., det. M. BON (Frankreich), Beleg in (M); 15.10.95, Auwald bei Rh, in Fichtenparzelle, MTB 7527/1, leg. M. E., Beleg in (M)

Tephrocybe inolens

Tephrocybe mephitica Fr.
Kleinsporiger Graublattrübling
Syn.: *Lyophyllum mephiticum*
Rote-Liste-Art: gefährdet
Fundbeschreibung mit Foto siehe ENDERLE (1996 d).
Weitere Funddaten: 22.10.77, am Buchberg zwischen Ne und Bu, leg. M. E., det. G. J. K., MTB 7526

Tephrocybe ozes (Fr.) Moser ss. Ricken
Faserstieliger Graublattrübling
Syn. *Lyophyllum ozes*
Funddaten: 1937–40, Haas-Exk. im Maien- und Klosterwald bei Ulm-Söflingen, MTB 7625, in „Filde“ bei Beimerstetten; 23.10.76, Kri-Exk. in „Muna“ bei Bühl, MTB 7526; 13.10.79, Haas-Exk. zwischen Ne + Bu, MTB 7526; 24.10.80, Donau-Auwald bei Oe/Leibi, in Fichtenparzelle, leg. M. E., det. A. Einhellinger (München), Beleg in (M); 24.10.80, Donau-Auwald bei Uf, beim Staubecken, in Fichtenparzelle, leg. M. E., det. A. Einhellinger, Beleg in (M)

Tephrocybe palustris (Pers.) – Sumpf-Graublatt
Syn.: *Lyophyllum palustre*
Funddaten: 1974–83, leg. A. K. im MTB 7426; KRIEGLSTEINER (2001) nennt Funde in den MTB 7526 und 7624; Details sind mir nicht bekannt.

Tephrocybe platypus (Kühner) Moser
Wintergraublatt
Syn.: *Lyophyllum platypus*
Funddaten: Dezember 1994, Lh, beim Sportplatz, unter einer Ligusterhecke, 3 Frk., leg. M. E.; 03.11.01, Rote Wand bei Ludwigsfeld, MTB 7725, an stark verrotteter Laubstreu von Eiche, leg. K. K.

Tephrocybe rancida (Fr.: Fr.) Donk
Ranziger Graublattrübling
Syn.: *Lyophyllum rancidum*
Hut –20 mm breit, konvex mit zentralem Buckel, dunkelbraun, am äußersten Rand mit schwachem bernsteinfarbenem Ton, ungerieft, hygrophan, nur sehr langsam von der Mitte her ausblassend, dann düster rußig-beige mit dunklem Rand
Lamellen gedrängt, am Stiel ausgebuchtet, schwach bauchig, –3 mm breit, dunkel grau-beige mit heller Schneide, im Schnitt über den Lamellen mit dunkler Zone
Stiel –55 mm lang, in der Mitte –5 mm dick, gegen die Spitze verjüngt, gegen die Basis zunehmend verdickt, Basis abgerissen; Stielfärbung hell graulich, gegen die Basis schwach weißfilzig, hohl, an der Spitze weißlich bereift
Geruch stark mehlartig!
Sporen ellipsoid, ca. 7–8 x 4,4–5 µm, Basidien 4-sporig, ca. 33 x 6,5 µm
Funddaten: 21.09.96, Bayern, im Mooswald nördlich von Gz, in der Nähe des Segelclubs, MTB 7527, leg. M. E.; det. Th. Kuyper (Holland), Diapositiv in Diathek M. Enderle; Beleg in (M).
Funddaten von L. K. (pers. Aufzeichn.): 28.09.86, Bermaringen, MTB 7525/1, leg. G. F.

Tephrocybe tylicolor (Fr.: Fr.) Moser
Stachelsporiges Graublatt
Syn.: *Lyophyllum tylicolor*
Funddaten: DIETL & KRIEGLSTEINER (1989), am Oberen Eselsberg in Ulm; KRIEGLSTEINER (2001) nennt Funde in den MTB 7426, 7525 und 7625; Details sind mir nicht bekannt.

Tricholoma albobrunneum (Pers.: Fr.) Kummer – Weißbrauner Ritterling
Syn.: *T. striatum*
Rote-Liste-Art: gefährdet
Funddaten: Funddaten von L. K. (pers. Aufzeichn.): 1982, Feuerstein, bei *Pinus*, MTB 7426/4, leg. A. K.; KRIEGLSTEINER (2001) nennt Funde in den MTB 7525 und 7625; Details sind mir nicht bekannt.

Tricholoma album (Schff. : Fr.) Kummer
Strohblasser Ritterling
Syn.: *T. album* var. *thalliophyllum*
Funddaten: 13.10.79, Haas-Exk. im Bubesheimer Wald bei Bühl, MTB 7527; Haas-Exk. 19.10.80, Mischwald bei Breitingen, MTB 7425; 1983, leg. A. K. in MTB 7426/2, 21.09.81, zwischen Goldbach und Jettingen, in Riedlandschaft, unter Laubbäumen (Birke, Erle, *Picea*), im Gras, leg. M. E., det. M. Bon (als var. *thalliophyllum*), Beleg in (M); 14.10.02, bei Altheim/Alb, MTB 7426/1, Mischwald, bei Birke am Waldrand, leg. B. S.
Die nachfolgenden Funde wurden ursprünglich als *Tr. pseudoalbum* bestimmt. Ich schließe mich Gminder & Krieglsteiner in Krieglsteiner (2001) an, die diese Sippe zu *T. album* stellen:
Funddaten: 03.11.84, bei Riedheim, im Donauried, unter Birken, gesellig, jedes Jahr, in den „Windschutzstreifen" nördlich von Riedheim, unter Birken, leg. M. E., rev. M. Bon (Frankreich), Beleg im Fungarium Krieglsteiner; Beleg in (M); bei Pilzausstellung in Ulm am 01./02.10.88; Funddaten von L. K. (pers. Aufzeichn.): 30.10.89, Neu-Ulm/Reutti, unter Birken im Laub, MTB 7626/1, leg. L. K.; 13.10.79, Bubesheimer Wald bei Bühl, MTB 7527/3, bei AMU-Exkursion; 1986, Finninger Ried nördlich Finningen, MTB 7626/1, leg. W. G.; 06.10.91, „Eschach" östlich Holzschwang, MTB 7626/4, leg. G. Ottman, H. R., E. S.
Hinweise: Siehe Anmerkungen bei *Tricholoma stiparophyllum*!

Tricholoma argyraceum (Bull.: Fr.) Gill.
Gilbender Erdritterling
Syn.: *T. scalpturatum, T. albidum, T. inocybeoides*
Funddaten erübrigen sich. Die Art ist sehr häufig und kommt sehr wahrscheinlich in allen MTB im Ulmer Raum vor.

Tricholoma atrosquamosum (Chev.) Sacc.
Schwarzschuppiger Ritterling
Syn.: *Tr. squarrulosum*
Rote-Liste-Art: gefährdet
Funddaten: 1937–40, Haas-Fund auf Hochfläche über dem Blautopf in Blaubeuren, MTB 7524; bei Pilzausstellung in Ulm am 01./02.10.88; Dietl & Krieglsteiner (1989), am Oberen Eselsberg in Ulm; weitere Funddaten von L. K. (pers. Aufzeichn.): 05.10.92, „Eschach" östlich Holzschwang, MTB 7626/4, leg. G.O, H. R. + E. S.

Tricholoma aurantium (Schff.: Fr.) Ricken
Orangeroter Ritterling
Rote-Liste-Art: gefährdet
Funddaten: 1937–40, Haas-Exk. am Eselsberg in Ulm, MTB 7525, im Maien- und Klosterwald bei Söflingen, MTB 7625, in Wäldern bei Herrlingen, MTB 7525, in der „Filde" bei Beimerstetten, MTB 7525, und auf Hochfläche über Blautopf bei Blaubeuren, MTB 7524; 1974–83, leg. A. K. in MTB 7525, 7526

Tricholoma cingulatum (Almfelt in Fr.) Jacobasch – Beringter Weiden-Erdritterling
Rote-Liste-Art: gefährdet
Funddaten: 20/22.10.80, „Muna" bei Uf/Bühl, MTB 7526, bei Weiden, Beleg in (M); 30.10.80, „Muna" bei „Bessing" auf vermoostem Betonboden bei Weiden im Moos, leg. M. E.; 20.09.98, Donau-Auwald bei Riedheim, MTB 7527, am Dreiangel-See, am Seerand unter *Salix purpurea* und *Salix alba*, leg. M. E.; 27.11.99, bei Riedheim, am Südufer des Mannes-Sees, bei Hasel (keine Weide gesehen!), leg. M. E.

Tricholoma columbetta (Fr.: Fr.) Kummer
Seidiger Ritterling
Funddaten: 1943–63, Haas-Fund in „Filde" bei Beimerstetten, MTB 7525; 1974–83, leg. A. K. in MTB 7426

Tricholoma equestre (L.: Fr.) Kummer
Grünling
Syn.: *T. flavovirens* s. str.
Rote-Liste-Art: gefährdet
Funddaten: 1937–40, Haas-Fund am Eselsberg bei Ulm, MTB 7525, im Kloster- und Maienwald in Söflingen, MTB 7625, in Wald bei Herrlingen, MTB 7525, bei Blaubeuren, MTB 7524; 06.10.79, Bubesheimer Wald bei Bühl, unter Eichen/Buchen (mit Kiefer?), MTB 7527, leg. C. S., det. J. St. (Augsburg)

Tricholoma fracticum (Britz.) Kreisel
Fastberingter Ritterling
Syn.: *Tr. batschii*
Rote-Liste-Art: gefährdet
Funddaten: 1937–40, Haas-Fund am Eselsberg in Ulm, MTB 7525, im Maien- und Klosterwald bei Ulm-Söflingen, MTB 7625; 1982, leg. A. K. in MTB 7426/3; 28.10.82 und 31.10.82, Wacholder/Kiefernhang bei Gerhausen, MTB 7524, und Wacholderheide bei Mehrstetten, MTB 7623, leg. G. O.; 19./20.09.96, bei Pilzausstellung in Ulm; 01.11.99, bei Altheim/Alb, MTB 7426/1, am Waldrand auf Heidefläche, leg. B. S.

Tricholoma fulvum (DC: Fr.) Sacc.
Gelbblättriger Ritterling
Syn.: *T. flavobrunneum*
Funddaten: 1937–40, Haas-Fund im Maien- und Klosterwald bei Ulm-Söflingen, MTB 7625; 22.09.82, bei Ulm-Wiblingen, bei Birke an feuchtem Standort, leg. M. E.; 1974–83, leg. A. K. in MTB

7525; 22.09.90, nördlich Riedheim, MTB 7527, im Windschutzstreifen im Ried, unter Birke, leg. M. E., Beleg in (M); 19./20.09.96, bei Pilzausstellung in Ulm; KRIEGLSTEINER (2001) nennt Funde in den MTB 7425, 7426, 7724, 7725 und 7726; Details sind mir nicht bekannt.

Tricholoma fulvum var. **pseudonictitans** (Bon) Gminder & Krieglsteiner 2001
Syn.: *T. pseudonictitans*
Funddaten: KRIEGLSTEINER (2001) nennt einen Fund im MTB 7725; Details sind mir nicht bekannt.

Tricholoma imbricatum (Fr.: Fr.) Kummer
Schuppiger Ritterling
Funddaten: 1937–40, Haas-Fund in Hochfläche über Blautopf bei Blaubeuren, MTB 7524, 15.10.77, Stangl-Exk. in „Muna" bei Straß, MTB 7526; 1982, leg. A. K. in MTB 7426/4; Funddaten von L. K. (pers. Aufzeichn.): 28.06.86, Bermaringen, MTB 7525/1, leg. G. F.; 23.10.83, Kiesental, MTB 7525/3, leg. G. F.;

Tricholoma inamoenum (Fr.: Fr.) Gillet
Lästiger Ritterling
Funddaten: 1941, Haas-Fund in Wald bei Jungingen, MTB 7525; 17.09.78, Kri-Exkursion bei Hörvelsingen, MTB 7526; 1974–83, leg. A. K. in MTB 7525, 7526; Funddaten von L. K. (pers. Aufzeichn.): Herbst 1989, „Heiligenberg" westlich Eggingen, MTB 7625/1, leg. E. S., det. L. K.; KRIEGLSTEINER (2001) nennt Funde in den MTB 7624, 7625 und 7725; Details sind mir nicht bekannt.

Tricholoma inodermum (Fr.) Gillet
Funddaten von L. K. (pers. Aufzeichn.): 30.09.88, bei Temmenhausen, Steppenheide, MTB 7525/1, leg. L. K. + G. D. Laut L. K. (briefl. Mitt.) aus heutiger Sicht zweifelhaft.

Tricholoma lascivum (Fr.) Gillet non ss. Ricken
Widerlicher Ritterling
Funddaten: 23.10.76, Kri-Exk. im Auwald zwischen Uf + Lh, Wald „Jungholz-Lechfeld", MTB 7527; Kri-Exk. 17.09.78, bei Hörvelsingen, MTB 7526; Stangl-Exk. 7.10.78, Wald „Lechfeld" bei Lh, MTB 7527; 27.10.79, bei Riedhausen, MTB 7527, in Fichtenparzelle, det. Stangl; 01.09.81, zwischen Uf + Lh, auf dem Weg zur alten Silberfuchsfarm, MTB 7527; weitere Funddaten erübrigen sich. Die Art ist sehr häufig und kommt sehr wahrscheinlich in allen MTB im Ulmer Raum vor.

Tricholoma luteovirens (Alb. & Schw.: Fr.) Ricken – Sellerieritterling
Syn.: *T. apium*
Funddaten: 02.10.86, Roter Berg, MTB 7625, auf sandiger Stelle unter Kiefern, leg. K.K; 03.12.02, bei Bellenberg, leg. J. Ilg, det. M. E., bei Kiefer und Buche (Sehr gut zur Farbabbild. in der italienischen RIVA-Monografie passend! Nicht zum Foto in KRIEGLSTEINER (2001).

Tricholoma myomyces (Pers.: Fr.) Lange
Funddaten: 30.10.82, und danach jedes Jahr, im Garten von Hans Enderle, unter *Pinus silvestris,* Uf, MTB 7527, leg. M. E., det. M. Bon (Frankreich), Beleg in (M); DIETL & KRIEGLSTEINER (1989), am Oberen Eselsberg in Ulm; weitere Funddaten von L. K. (pers. Aufzeichn.): 30.09.88, bei Temmenhausen, Steppenheide, MTB 7525/1, leg. L. K. + G. D.; 12.10.88, BW Tiefental, Fagetum, Kalk, Fichten, MTB 7624/1, leg. L. K. + G. D.

Tricholoma orirubens Quélet
Rötender Erdritterling
Rote-Liste-Art: gefährdet
Funddaten: 1937–40, Haas-Fund am Eselsberg bei Ulm, MTB 7525, im Maien- und Klosterwald bei Ulm-Söflingen, MTB 7625, auf Hochfläche über dem Blautopf bei Blaubeuren, MTB 7524; bei Pilzausstellung in Ulm am 01./02.10.88; Funddaten von L. K. (pers. Aufzeichn.): 1989, „Buchwald" östlich Reutti, MTB 7626/2, leg. A. B., det. G. D.; 28.10.01, Pfifferlingsberg, MTB 7624/2/4, AMU-Exkursion, leg. K. Ke.; 1.11.02, Ehingen, Flugplatz, MTB 7724/1, bei Waldkiefer, leg. K. Ke.

Tricholoma pessundatum (Fr.: Fr.) Quélet
Getropfter Ritterling
Rote-Liste-Art: gefährdet
Funddaten: 1937–40, Haas-Fund bei Ausstellung in Ulm

Tricholoma portentosum (Fr.) Quélet
Schwarzfaseriger Ritterling
Rote-Liste-Art: gefährdet
Funddaten: 1937–40, Haas-Fund am Eselsberg bei Ulm, MTB 7525; 1974–83, leg. A. K. in MTB 7525, 7526; 14.10.01, bei Altheim/Alb, MTB 7426/1, leg. B. S.; KRIEGLSTEINER (1991) nennt in seinem Verbreitungsatlas Funde in den MTB 7524 und 7726. Nähere Fundangaben liegen mir nicht vor.

Tricholoma psammopus (Klachbr.) Quélet
Lärchen-Ritterling
Funddaten: 1943–63, Haas-Fund bei Herrlingen, MTB 7525; 09.10.77, Wald „Lechfeld" zwischen Uf + Lh, MTB 7527, unter Lärche, leg. M. E.; 03.09.78, „Muna" bei Straß, unter Lärche am Wegrand, MTB 7526; Stangl-Exk. 7.10.78, Bubesheimer Wald bei Bühl, MTB 7527; 03.09.79, bei Bellenberg, leg. J. I.;

1974–83, leg. A. K. in MTB 7426; bei Pilzausstellung in Ulm am 01./02.10.88; DIETL & KRIEGLSTEINER (1989), am Oberen Eselsberg in Ulm; 30.09.00, Enderle-Exkursion für Gartenbauverein Lh, im Bubesheimer Wald, bei Lärche, det. M. E.

Tricholoma saponaceum (Fr.: Fr.) Kummer
Seifen-Ritterling
Funddaten: 1937–40, Haas-Fund, am Eselsberg in Ulm, MTB 7525, im Maien- und Klosterwald bei Söflingen, MTB 7625, in einem Wald bei Herrlingen, MTB 7525; in „Filde" bei Beimerstetten, MTB 7525; in Hochfläche über Blautopf bei Blaubeuren, MTB 7524; in Wald bei Jungingen, MTB 7525; 1974–83, leg. A. K. in MTB 7425, 7426; von E. R. (Erbach-Ringingen) 1979 aus dem MTB 7624/4 gemeldet. Weitere Funddaten erübrigen sich. Die Art ist häufig und kommt sehr wahrscheinlich in allen MTB im Ulmer Raum vor.

Tricholoma sciodes (Pers.) Mart.
Schärflicher Ritterling
KRIEGLSTEINER (1991) nennt in seinem Verbreitungsatlas einen Fund in MTB 7424. KRIEGLSTEINER (2001) nennt einen Fund im MTB 7624; Details sind mir nicht bekannt.

Tricholoma sejunctum (Sow.: Fr.) Quélet
Grüngelber Ritterling
Rote-Liste-Art: gefährdet
Funddaten: 1937–40, Haas-Fund am Eselsberg in Ulm, MTB 7525; im Maien- und Klosterwald bei Ulm-Söflingen, MTB 7625; 28.10.01, Pfifferlingsberg, MTB 7624/2/4, AMU-Exkursion, leg. K. Ke.; KRIEGLSTEINER (2001) nennt Funde in den MTB 7724 und 7725; Details sind mir nicht bekannt.

Tricholoma stans (Fr.) Sacc.
Funddaten: 30.10.02, Ehingen, Flugplatz, MTB 7724/1, bei Waldkiefer, leg. K. Ke.

Tricholoma stiparophyllum (Lund) Karsten
Syn.: **T. album** auct. p.p. non rec.
Hinweis: Auf diesen Namen machte mich L. K. kurz vor Drucklegung aufmerksam: „Was bei Birken wächst ist *T. stiparophyllum*". Sämtliche *T. album*-Funde sind daraufhin zu untersuchen.

Tricholoma sulphureum (Bull.: Fr.) Kummer
Schwefelgelber Ritterling
Funddaten erübrigen sich. Die Art ist sehr häufig und kommt sehr wahrscheinlich in allen MTB im Ulmer Raum vor.
„*Tricholoma bufonium*" scheint nur eine Farbvariante zu sein.
Funddaten: 01.10.2000, NSG Riedheim, auf bayerischer Seite, MTB 7527, unter Birke, leg. M. E. (mit Dia), Hüte vor allem gegen die Mitte mit rotbräunlichen Tönen, Lamellen meist nicht so auffallend gelb wie bei typischer *Tr. sulphureum*.

Tricholoma terreum (Schaeff.: Fr.) Kummer
Graublättriger Erdritterling
Funddaten: wegen der Verwechslungsgefahr mit *Tr. myomyces* werden hier keine Fundangaben gemacht. KRIEGLSTEINER (2001) nennt zahlreiche Funde im baden-württembergischen Teil des Ulmer Raumes; Details sind mir nicht bekannt. Vielleicht sind beide Taxa konspezifisch?!

Tricholoma tigrinum Kummer – Tigerritterling
Syn.: *T. pardalotum, T. pardinum*
Rote-Liste-Art: gefährdet
Funddaten: 24.09.67, Maienwald bei Ulm-Söflingen, MTB 7625, leg. W. G. (Dia-Beleg)

Tricholoma ustale (Fr.: Fr.) Kummer
Brandiger Ritterling
Funddaten: 1937–40, Haas-Fund auf Hochfläche über Blautopf bei Blaubeuren, MTB 7524; 07.10.78, Stangl-Exk. in Bubesheimer Wald bei Echslishausen, MTB 7527; 21.09.79, Bubesheimer Wald bei Bühl, unter Buchen/Eichen, leg. M. E., conf. J. St.; DIETL & KRIEGLSTEINER (1989), am Oberen Eselsberg in Ulm; KRIEGLSTEINER (1991) nennt in seinem Verbreitungsatlas einen Fund in MTB 7624. Nähere Fundangaben liegen mir nicht vor.

Tricholoma ustaloides Romagn.
Fastberingter Mehlritterling
Rote-Liste-Art: gefährdet
Funddaten: 05.10.80, Bubesheimer Wald bei Bühl, MTB 7527, leg. M. E.: 4 kompakte Frk., kastanienbraun, Rand lange eingerollt, schmierig, Lamellen braunfleckig, Geruch mehlartig, bei Buchen/Eiche

Tricholoma vaccinum (Pers.: Fr.) Kummer
Bärtiger Ritterling
Funddaten: 23.10.76, Kriegl.-Exk. in „Muna" bei Bühl, MTB 7527; 05.11.78, Fichtenwald bei Illerrieden, MTB 7726, leg. M. E.; 1974–83, leg. A. K. in MTB 7525, 7526; weitere Funddaten erübrigen sich. Die Art ist relativ häufig und kommt sehr wahrscheinlich in allen MTB im Ulmer Raum vor.

Tricholoma vaccinum f. **fulvosquamosum** (M. Bon) M. Enderle **stat. nov.**
Basionym: Tricholoma vaccinum var. fulvosquamosum M. Bon in Bull. Soc. Mycol. France 85: 475–492, 1969.

Diese Sippe fand ich am 24.10.80, in der „Muna“ bei Straß, Fichtenforst, am Wegrand, MTB 7526 (det. M. Bon). Ca. 200 m entfernt wuchs die typische Varietät. Es ist daher naheliegend, dass es sich bei dieser Sippe (Hut im Jugendstadium weniger konisch gebuckelt, Hutrand kaum filzig-zottig, Hut zum Rand hin weniger dicht beschuppt) nur um ein (Trocken?)form der *T. vaccinum* handelt. Ich reduziere sie deshalb zur „Form“.

Tricholoma virgatum (Fr.: Fr.) Kummer
Brennender Ritterling
Rote-Liste-Art: gefährdet
Funddaten: 1937–40, Haas-Fund im Maien- und Klosterwald bei Söflingen, MTB 7625, in einem Wald bei Herrlingen, MTB 7525, in „Filde“ bei Beimerstetten, MTB 7525; leg. A. K. in MTB 7426, 7525, 7526

Tricholomopsis decora (Fr.) Singer
Olivgelber Holzritterling
Funddaten: 1974–83, leg. A. K. im MTB 7425; bei Pilzausstellung in Ulm am 01./02.10.88

Tricholomopsis rutilans (Schff.: Fr.) Singer
Rötlicher Holzritterling
Fundbeschreibung siehe KRIEGLSTEINER & ENDERLE (1986).
Funddaten erübrigen sich. Die Art ist sehr häufig und kommt sehr wahrscheinlich in allen MTB im Ulmer Raum vor.

Xeromphalina campanella (Batsch: Fr.) R. Maire – Geselliger Glöckchennabeling
Funddaten: vor 1894, Haas: Ulm im Eselswald; 1943–63, Haas-Fund bei Altheim/Alb; weitere Funddaten erübrigen sich. Die Art ist häufig und kommt sehr wahrscheinlich in allen MTB im Ulmer Raum vor.

Xeromphalina cauticinalis (With.: Fr.) Kühner & Maire – Milder Glöckchennabeling
Fundbeschreibung siehe OTTMANN & ENDERLE (1986), Beleg in (M).
Weitere Funddaten: 21.09.86, bei Nerenstetten, unter Rotbuchen, leg. M. E., Beleg in (M); 12.12.94, bei Schelklingen, Buchenwald auf Kalk, leg. G. O., Beleg in (M)

Xerula caussei Maire – Samtiger Wurzelrübling
Syn.: *O. renati, X. nigra*
Rote-Liste-Art: gefährdet
Funddaten: KRIEGLSTEINER (2001) nennt Funde in den MTB 7624 und 7625; Details sind mir nicht bekannt.

Xerula pudens (Pers.: Gray) Singer
Braunhaariger Wurzelrübling
Syn.: *X. longipes*
Rote-Liste-Art: gefährdet
Funddaten von L. K. (pers. Aufzeichn.): vor 1980, leg. A. K. in MTB 7425, 7426 und 7526/3; 05.09.02, Ehingen, Kohlberg, MTB 7724/1/1, Waldmeister-Buchenwald, leg. K. Ke.

Xerula radicata (Relh.: Fr.) Singer
Grubiger Wurzelschleimrübling
Funddaten erübrigen sich. Die Art ist sehr häufig und kommt sehr wahrscheinlich in allen MTB im Ulmer Raum vor.

Familie **Entolomataceae** Rötlingsartige

Clitopilus hobsonii (Berk.) P. D. Orton
Muschelförmiger Räsling
Funddaten: siehe DIETL & KRIEGLSTEINER (1989) am Oberen Eselsberg in Ulm. Weitere Funddaten von L. K. (pers. Aufzeichn.): 14.06.90, Holzstöcke/Orsenhausen, MTB 7725/4, leg. L. K.

Clitopilus prunulus (Scop.: Fr.) Kummer
Mehlräsling
Funddaten: vor 1894, Dr. Desensy, bei Ulm im Eselswald, nicht selten; 1937–41, Eselsberg in Ulm, MTB 7525, Maien- und Klosterwald bei Ulm-Söflingen, MTB 7625, bei Blaubeuren, MTB 7524; 1974–83, leg. A. K. in MTB 7426, 7525; August 77, PA Ulm; 16.08.77, „Muna“ bei Straß, Fichtenwald, am Wegrand, MTB 7526, leg. M. E.; 26./27.08.78, PA Ulm; weitere Funddaten erübrigen sich. Die Art ist häufig, kann aber mit der neu beschriebenen *C. cystidiatus* Hauskn. & Noordeloos verwechselt werden, die über Kalk häufig ist.

Clitopilus scyphoides (Fr.: Fr.) Singer
Kreidiges Mehlpilzchen
Funddaten: KRIEGLSTEINER (2003) nennt Funde in den MTB 7424, 7425 und 7427; Details sind mir nicht bekannt.

Entoloma ameides (Berk. & Br.) Sacc.
Syn.: *E. sacchariolens*
Rote-Liste-Art: stark gefährdet!
Funddaten: 11.06.80, Auwald zwischen Lh + Gz, MTB 7527, leg. M. E., det. H. S.; Funddaten von L. K. (pers. Aufzeichn.): 05.09.88, Oberes Wiesental, Wacholderheide, MTB 7525/3, leg. L. K.

Entoloma chalybaeum

Entoloma aprile (Britz.) Sacc.
Voreilender Rötling
Rote-Liste-Art: gefährdet
Funddaten: 1962: Fundnotiz von A. Bresinsky in Ber.Bayer.Bot.Gesell. 35, 1962: Laubmischwald mit Hainbuche, an der Donau bei Gz, MTB 7527; 9.05.78, „Muna“ bei Straß, Fichtenwald am Wegrand, MTB 7526, leg. M. E.;

Entoloma araneosum (Quel.) Moser
Spinnwebiger Rötling
Rote-Liste-Art: gefährdet
Fundbeschreibung siehe ENDERLE (1986 a) und ENDERLE (1992 a).
Funddaten: Datum?, Donauried bei Rh, im „Windschutzstreifen“, MTB 7527, leg. M. E., det. G. W.

Entoloma cf. **asprellum** (Fr.: Fr.) Fayod
Stahlblaustieliger Rötling
Rote-Liste-Art: gefährdet
Funddaten: 1937–40, Haas-Exk. bei Blaubeuren, MTB 7524, leg. M. E., det. M. Noordeloos (Holland)

Entoloma bloxamii (Berk. & Br.) Sacc.
Blauer Rötling
Syn.: *E. madidum*
Rote-Liste-Art: gefährdet
Funddaten: 31.10.82, bei Mehrstetten, auf Wacholderheide, MTB 7623, leg. G. O., conf. M. Enderle, Beleg in (M); 2000/2001/2002, Erpfenhauser Hof, MTB 7326/3, leg. H. P. (H. St.); 30.09.00, bei Altheim/Alb, MTB 7426/1, auf Heidefläche, im Gras, leg. B. S., conf. bei AMU-Abend; KRIEGLSTEINER (2003) nennt Funde in den MTB 7424, 7425 und 7426; Details sind mir nicht bekannt.

Entoloma byssisedum (Pers.: Fr.) Donk
Stummelfuß-Rötling
Syn.: *Claudops byssisedum*
Rote-Liste-Art: gefährdet
Fundbeschreibung siehe ENDERLE (1987 c).
Funddaten: 08.08.86, Auwald Uf, Fichtenparzelle, MTB 7527/3, leg. M. E., Beleg in Fungarium Krieglsteiner.

Entoloma cetratum (Fr.: Fr.) Moser
Scherbengelber Rötling
Funddaten: 1937–40, Haas-Exk. bei Blaubeuren, MTB 7524; 23.10.76, Kri-Exk., zwischen Uf + Lh, Wald „Jungholz-Lechfeld“, MTB 7527/3; 25.05.77, „Muna“ bei Straß, MTB 7526, leg. M. E., det. G. J. K.; 25.06.78, „Muna“ bei Straß, MTB 7526, leg. M. E.; 06.10.78, „Muna“ bei Straß, am Wegrand im

Moos, det. J. St. (Augsburg); 19.06.95, Bayern, MTB 7527, im Bubesheimer Wald bei Echlishausen, bei Fichten, leg. M. E., det. G. W., Diapositiv in Diathek M. Enderle, Beleg in (M). Weitere Funddaten erübrigen sich. Die Art ist sehr häufig und kommt sehr wahrscheinlich in allen MTB im Ulmer Raum vor.

Entoloma chalybaeum (Pers.: Fr.) Noord.
Schwarzblauer Rötling, s. Foto S. 280
Funddaten: vor 1894, leg. Veesenmeyer, bei Ulm, „ziemlich selten", hinter der Wilhelmsburg und am Glacis der Wilhelmsfeste; KRIEGLSTEINER (2003) nennt Funde in den MTB 7424, 7425, 7524 und 7525; Details sind mir nicht bekannt.

Entoloma clypeatum (L.: Fr.) Kummer
Schild-Rötling
Beschreibung eines Fundes vom 23.05.99:
Hut –90 mm breit, konvex mit deutlichem Buckel, alt flach konvex mit leicht aufschirmenden Rändern, grau-beige bis hell braun-beige, etwas speckig glänzend, glatt, unbefasert, Ränder schwach durchscheinend gerieft, stark hygrophan, von der Mitte her ausblassend, ausgeblasst hell cremegrau, grauweißlich
Lamellen normal weit, stark bauchig, –12 mm breit, am Stiel deutlich ausgebuchtet und mit kleinem Zähnchen angewachsen, Ränder grobschartig, jung hell grau-beige, alt mit schmutzigem Rosastich
Stiel –60 mm lang, in der Mitte –12 mm dick, zur Basis etwas angeschwollen, an der Spitze cremeweißlich, darunter hell grau-beige, gegen die Basis deutlich weißfilzig, über die gesamte Länge glatt bis kaum befasert Geruch frisch gepflückter Fruchtkörper schwach nitrös, dieser Geruch verliert sich bald; Geruch zerdrückter Fruchtkörper ranzig-gummiartig mit leichter Mehlkomponente.
Funddaten: 23.05.99, Bayern, im NSG nördlich der Straußenfarm, Fam. Engelhardt, in kleiner Fichtenparzelle, bei Fichten und *Sorbus (aucuparia?),* leg. M. E., det. G. W., Diapositiv in Diathek M. Enderle; (Text im Computer unter Ent-clyp.eat)
Weitere Funde: 1974–83, leg. A. K. in MTB 7426; 04.06.84, bei Fischbach (Nähe Biberach/Riß), unter Apfelbaum, leg. H. L., det. G. W.;
KRIEGLSTEINER (1991) nennt in seinem Verbreitungsatlas Funde in den MTB 7525 und 7725. Nähere Fundangaben darüber liegen uns nicht vor.

Entoloma conferendum (Britz.) Noord.
Kreuzsporiger Glöckling
Syn.: *Rhodophyllus rickenii, R. staurosporus, E. rickenii*
Funddaten: 1937–40 und 1943–63, Haas-Exk. im Maien- und Klosterwald bei Ulm-Söflingen, MTB 7625, bei Altheim, MTB 7625; 22.10.77, „Muna" bei Bühl, MTB 7527/3, leg. M. E., det. G. J. K.; 17.09.78, Kri-Exk. bei Hörvelsingen, MTB 7526; 17.06.83, „Muna" bei Straß, am Wegrand, leg. et det M. Enderle, conf. G. W.; DIETL & KRIEGLSTEINER (1989), am Oberen Eselsberg in Ulm; weitere Funddaten erübrigen sich. Die Art ist häufig und kommt sehr wahrscheinlich in allen MTB im Ulmer Raum vor.

Entoloma corvinum (Kühner) Noord.
Schwarzblauer Rötling
Funddaten: KRIEGLSTEINER (2001) nennt einen Fund im MTB 7424; Details sind mir nicht bekannt.

Entoloma dichroum (Pers.: Fr.) Kummer
Blaustieliger Rötling
Rote-Liste-Art: stark gefährdet!
Funddaten: 07.09.86, Auwald Uf, MTB 7526, leg. M. E., det. G. W. als cf. *dichroum*, Beleg im Fungarium Krieglsteiner. Funddaten von L. K. (pers. Aufzeichn.): 20.05.82, Kleubertal, Buchenholz, MTB 7424/1, leg. Felix Glöckner, det. G. J. K.

Entoloma dysthales (Peck) Sacc.
Zottigfilziger Rötling
Rote-Liste-Art: gefährdet
Fundbeschreibung siehe ENDERLE (1992 a).

Entoloma dysthaloides Noordeloos
Fundbeschreibung siehe ENDERLE (1992 a).
Funddaten: 28.07.86 und 28.07.87, Auwald Lh-Weißingen, leg. M. E., det. G. W., Beleg in (M)

Entoloma euchroum (Pers.: Fr.) Donk
Violetter Rötling
Funddaten: 22.09.78, bei Uf, bei Bahnlinie, an altem Laubholzstumpf, leg. et det. M. E., conf. G. J. K.; 06.10.79, Bubesheimer Wald bei Bühl, an Hasel, MTB 7527/3, leg. M. E.; 13.10.79, Haas-Exk. bei Ne/Bu, MTB 7526; von E. R. (Erbach-Ringingen) 1979 aus dem MTB 7624/4 gemeldet. Funddaten von L. K. (pers. Aufzeichn.): 06.11.89, Gangertshofen, Laubholz, MTB 7727/1, leg. J. I., det. L. K.; 13.10.79, „Fuchshölzle" westlich Ne, MTB 7526/4, bei AMU-Exkursion; 1999/2000, Söhnstetten/Stöckelberg, MGTB 7325/2, leg. H. P. (H. St.)

Entoloma excentricum Bres.
Versetztstieliger Rötling
Rote-Liste-Art: gefährdet
Funddaten: 16.09.82, Auwald Uf/Lh, MTB 7527/3, leg. C. S.; 04.07. + 5.07.85, Auwald Lh, MTB 7527/1, bei Bingelkraut unter *Corylus* und *Fraxinus*, leg. M. E., det. G. Wölfel (Erlangen) Beleg in (M); 31.07.93, Auwald Lh/Rh, MTB 7527/1, alljährlich bei Bingelkraut, etc., leg. M. E., Beleg in (M)

Entoloma excentricum var. **porphyrocephalum** Noord. & Wölfel
Fundbeschreibung siehe OTTMANN & ENDERLE (1986).

Entoloma glaucobasis Noordeloos
Zweifarbstieliger Rötling
Rote-Liste-Art: vom Aussterben bedroht!
Fundbeschreibung siehe ENDERLE (1993 d). Foto von M. Enderle in KRIEGLSTEINER (2003: 159).
Fundbeschreibung aus ENDERLE (1993 d):
Hut –35 mm breit, stumpf konisch bis konvex, in der Mitte oft etwas abgeplattet, zentral düster braun bis wässrig schwarzbraun, oft mit fleckartig dunkler Mitte, nach außen heller, düster rußig bräunlich mit Olivstich, ca. Cailleux P67 – S69, etwa ⅔ stark durchscheinend gestreift, nicht hygrophan, Oberfläche fein schülferig rau bis kleiig, alte Hüte +/- verkahlend.
Lamellen normal weit bis etwas entfernt, schwach bis deutlich bauchig,
–6 (9) mm breit, jung hell grau-beige mit hellerer Schneide, alt schmutzig rosa.
Stiel –50 mm lang, in der Mitte –3 mm dick, zylindrisch, zentral, fast kahl, zweifarbig, mit deutlich stahlblauem Ton, vor allem gegen die Basis, gegen die Spitze hellbeige-bräunlich, ähnlich der Lamellenfarbe; Basis weißfilzig, beim Pflücken unten leicht abbrechend.
Fleisch zerdrückt pilzartig banal, **nicht** mehlig riechend.
Sporen ca. 10–12 (12,5) x 8–9 (9,5) µm, vieleckig bis fast knotig, Basidien 4-sporig, ca. 40–50 x 11–14 µm, schnallenlos.
Cheilozystiden schlauchförmig, keulig, farblos, ca. 30–70 x 10–25 µm.
Huthaut ein Trichoderm, in Hutrandnähe mit Übergängen zu einer Kutis, mit aufgeblasenen Zellen, 80–95 x 15–30 µm; Pigment intrazellulär.
Funddaten: 10.09.93, Baden-Württemberg, MTB 7327/1, auf Heimfahrt von DGfM-Tagung (Burg Feuerstein), bei Autobahnausfahrt Heidenheim-Nattheim, auf Wacholderheide, leg. M. E. und Antonie MÜLLER (Nürtingen), det. G. W.
Habitat und Verbreitung: Nach NOORDELOOS (1992) wächst der Typus auf anmooriger Erde sowie zwischen Gras und Moos auf subalpinen, feuchten Weiden, gelegentlich auch auf Trockenrasen mit kalkigem Untergrund. Im Verbreitungsatlas der Großpilze Deutschlands (KRIEGLSTEINER 1991) ist lediglich ein Punkt in Oberschwaben enthalten. WÖLFEL (briefl. Mitt.) fand die Art außerdem 1993 südlich Nürnbergs im Jurabereich, L. K. auf der östlichen Frankenalb. Damit existieren mit meinem Fund 5 Fund-MTB. Alle deutschen Punkte liegen auf Kalk.
Farbabbildungen: NOORDELOOS 1992: Tafel 75a.

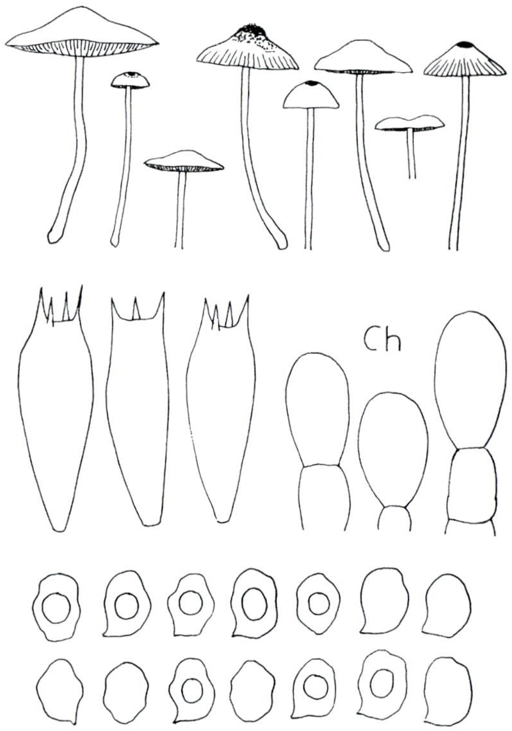

Entoloma glaucobasis, aus ENDERLE (1993)

Anmerkungen: Die Bestimmung dieses offenbar seltenen und schönen Rötlings verdanke ich dem *Entoloma*-Spezialisten G. WÖLFEL, Erlangen. Der erst 1985 beschriebene Pilz ist charakterisiert durch seinen düster braunen Hut, den zweifarbigen, an der Spize hellbeige-bräunlichenen, nach unten kräftig blauen Stiel, die breit keuligen Cheilozystiden und die breiten Sporen. Er gehört zur Untergattung *Leptonia*, Stirps *Asprellus*.
Verwechseln könnte man ihn mit *Entoloma asprellum* (Fr.) Fayod; diese Art besitzt jedoch einen kräftig dunkel rotbraunen Hut und keine Cheilozystiden.
Sehr nahe scheint *Entoloma sodale* Noordeloos zu stehen. Dieser Pilz soll jedoch einen helleren, warm ocker-bräunlichen Hut, +/- einfarbigen, weniger blau gefärbten Stiel und durchschnittlich schmalere Sporen aufweisen.
Entoloma mutabilipes Noordeloos & Liiv hat einen Hut mit zart rosa-gelb-braunen Tönen, einen blaugrauen Stiel, mehr zylindrisch-keulige Cheilozystiden und gestrecktere Sporen.

Entoloma cf. **griseocyaneum** (Fr.: Fr.) Kummer
Flockenschuppiger Rötling
Rote-Liste-Art: gefährdet
Hut –28 mm breit, –12 mm hoch, konvex mit abgeplatteter Mitte, darin teilweise eine winzige Papille,

hell rehbräunlich, ocker-bräunlich, mit minimalem Olivstich, ca. Cailleux N69, P75, hygrophan, ausgeblasst heller, unter der Lupe fein anliegend faserig-filzig, teilweise aufgeraut, aufbrechend
Lamellen normal weit, am Stiel ausgebuchtet, schwach bauchig, –5 mm breit, hell grau-beige mit hellerer Schneide, alt mit minimalem Rosastich
Stiel –55 mm lang, in der Mitte –4 mm dick, zylindrisch oder etwas breitgedrückt (und dann mit Rinne), etwas heller als die Hutfarbe, Basis weißfilzig
Fleisch zerdrückt *nicht* mehlartig, sondern pilzartig banal
Sporen ca. 11,5 x 7,5 µm, Basidien 4-sporig
Cheilozystiden keine gesehen
Funddaten: 12.09.93, ca. 3 km nördlich Ballendorf, Baden-Württemberg, Hungerbrunnenweg, auf Wachholderheide, leg. M. E.
Anmerkungen: G. Wölfel (Erlangen) hatte diese Pilze als Exsikkat in Händen. Da es sich aber offenbar um eine Mischung aus mind. 2 verschiedenen Arten/Kollektionen handelte, nahm er von einer Identifikation Abstand. Nach meinen Bestimmungsversuchen könnte es sich um *E. griseocyaneum* handeln. Foto beigefügt (Achtung! Das rechte, dünne Exemplar auf dem Dia gehört zu einer anderen Art). Zur selben Zeit fand ich im selben Biotop Pilze (Entoloma.013), die G. W. als *E. griseocyaneum* bestimmte. Sie dürften identisch mit dem oben beschriebenen Fund sein.
Weitere Funddaten: KRIEGLSTEINER (2003) nennt Funde in den MTB 7424, 7425, 7426 und 7524; Details sind mir nicht bekannt.

Entoloma griseoluridum (Kühner & Romagn.) Moser – Graustieliger Rötling
Rote-Liste-Art: stark gefährdet!
Hut –40 (60) mm breit, flach konvex mit kleinem, zentralem Buckel, Rand teilweise gewellt-gelappt, dunkelbraun, seidig glänzend, hygrophan
Lamellen normal weit bis etwas gedrängt, –9 mm breit, schwach bis deutlich bauchig, jung schmutzig grau-beige, alt beige-bräunlich, Schneide nicht auffallend heller
Stiel teilweise exzentrisch, –70 mm lang, in der Mitte –6 mm dick, heller als der Hut, Basis weißfilzig
Geruch zerdrückter Fruchtkörper mehlartig
Sporen ca. 5-eckig, ca. 7–9 x 6–8 µm
Cheilozystiden keine gesehen
Funddaten: 10.10.98, Baden-Württemberg, zwischen Altheim und Gerstetten, auf einer Wacholderheide, im kurzen Gras (Halbtrockenrasen), an mehreren Stellen gesellig, leg. M. E., det. G. W.; Diapositiv in Diathek Enderle;
Beschreibung eines weiteren Fundes siehe KRIEGLSTEINER & ENDERLE (1987).

Entoloma griseoluridum

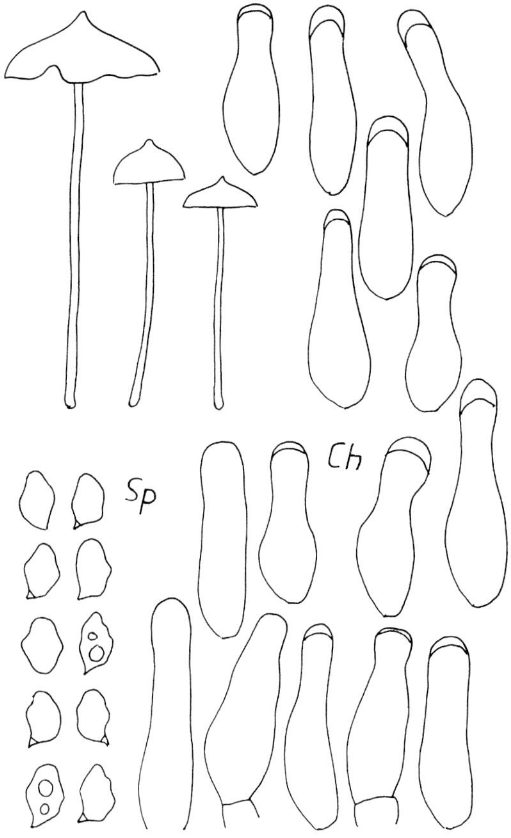

Entoloma hebes

Entoloma hebes (Romagn.) Trimbach
Zitzen-Rötling, Traniger Rötling
Syn.: *E. leptopus, E. mammosum*
Fundbeschreibung mit Foto siehe ENDERLE (1995 g).
Hut –35 mm breit, –20 mm hoch, konvex mit papillenartigem Buckelchen, Ränder gerade oder wellig eingekerbt und verbogen, kräftig düster dunkelbraun, dunkel rußigbraun mit Olivkomponente, ca. Cailleux R77, R67, R75, S67 oder heller, fast bis zum Rand gleichstark gefärbt, seidig glänzend, hygrophan, feinstreifig ausblassend, ausgeblasst heller, hell graubeige, heller als Cailleux N70
Lamellen normal weit bis etwas gedrängt, schmal bis schwach bauchig, –4 mm breit, am Stiel ausgebuchtet, jung hell grau-beige, alt grau-bräunlich mit Rosabeiton oder schmutzig hell beige-rosa, Schneiden heller,
Stiel –90 mm lang, in der Mitte –3 mm dick, dem Hut +/- gleichfarben, Oberfläche bis fast zur Basis fein liniert-bestäubt, gegen die Spitze +/- gleichdick oder geringfügig verjüngt, Basis gleichdick oder etwas erweitert, von unten her stark weißlich filzig (teilweise ¼ des Stieles)
Geruch pilzartig banal, zerdrückt stark gurkenmehlartig, tranig; die Kollektionen vom 16./24.09.94 rochen zerquetscht *nicht* mehlartig, sondern etwas spermatisch oder leicht tranig
Sporen (8,4) 9,5–11 (12) x (5,7) 6–6,8 (7,7) µm, 4–8-kantig; Basidien 4-sporig
Cheilozystiden reichlich an der Lamellenschneide, 30 –4 0 x 6–12 µm, utriform oder schlauchförmig, teilweise mit erweiterter Spitze (NOORDELOOS (1992: 225, Fig. 94, zeichnet etwas abweichende, mehr längliche, –60 µm lange Cheilozystiden)
Schnallen vorhanden
Huthaut nicht untersucht; nach WÖLFEL (1987) eine Kutis mit intrazellulärem und inkrustierendem Pigment, mit Schnallen
Funddaten: 01.11.92, Bayern, Donau-Auwald bei Riedheim, MTB 7527/1, unter *Fraxinus excelsior, Quercus ssp., Fagus silvatica,* etc., im Laub am Boden, leg. M. E., det. G. F. und Dr. M. NOORDELOOS (Leiden/Holland);
16.09. und 24.09.94, Baden-Württemberg, im NSG nordöstlich Riedheim, bei *Betula pendula*, *Salix spp., Alnus frangula,* etc., MTB 7527/I, Exkursion mit T. PALMER (England) und C. E., leg. M. und C. E., det. M. E.; Diapositiv in Diathek ENDERLE.
Weitere Funddaten: 26.09.82, bei Ulm-Wiblingen, im Gögglinger Wäldchen, an feuchter Stelle, unter *Fraxinus excelsior* im Gras und Moos, leg. M. E., det. G. Wölfel (Erlangen); 24.09.95, Auwald bei Rh, MTB 7527/1, leg. M. E., Beleg in (M)
Anmerkungen: Dieser durch seine Hutpapille und -farbe, den schlanken Wuchs und die typischen Cheilozystiden gut charakterisierte Rötling ist leicht wiederzuerkennen, wenn man ihn einmal sicher bestimmt hat. Mit der üblichen Literatur ist dies aber nicht ohne weiteres möglich, da man hier leicht bei *E. hirtipes* landet, die jedoch nur selten eine kleine Hutpapille hat, meist kräftigere Fruchtkörper und deutlich breitere Sporen (8–9,5 µm) aufweist und vorwiegend (oft frühzeitig) im Nadelwald wächst.
Nahe zu stehen scheint auch *E. tenellum* (Favre) Noordeloos, die einer kleinen *E. hebes* ähnlich sieht. Sie soll jedoch keinen Olivstich im Hut, deutlich bauchige, etwas entfernte Lamellen, keine deutliche weißfilzige Stielbasis und unauffälligen Geruch haben. Zudem ist sie schnallenlos, hat gestrecktere Cheilozystiden mit meist kopfig erweiterter Spitze und Caulozystiden an der Stielspitze, die den Cheilozystiden ähnlich sind. Sie soll an feuchten Stellen im Laubwald, in Mooren, etc. wachsen.
E. kristiansenii Noordeloos hat ebenfalls eine gewisse Ähnlichkeit. Diese zierliche Art wächst in feuchten Laubwäldern, soll einen leicht parfümierten Geruch und keine Schnallen haben. Die Cheilozystiden sind fädig und kurz, 20–35 x 5–9 µm. Nach

Entoloma incanum

NOORDELOOS (1992) besteht ihre Huthaut aus einer Kutis mit Übergängen zu einem Trichoderm, bestehend aus zylindrischen bis aufgeblasenen, 5–15 µm dicken Hpyhen. Sie ist bisher nur von der Typuslokalität (Norwegen) bekannt.

Entoloma hirtipes (Schum.: Fr.) Moser

Gebrechlicher Glöckling
Funddaten von L. K. (pers. Aufzeichn.): 1979, bei Laupheim, MTB 7726/3, leg. G. O.

Entoloma incanum (Fr.: Fr.) Hesler

Braungrüner Rötling
Funddaten: 1937–40, Haas-Exk. bei Blaubeuren, MTB 7524; 28.08.82, Auwald Uf, MTB 7527, leg. M. E.; 26.07.87, Auwald bei Rh/Lh-Weißingen, am See, im Moos, leg. C. E., det. M. E., conf. G. W., Beleg im Fungarium Krieglsteiner; von E. R. (Erbach-Ringingen) 1979 aus dem MTB 7624/2 gemeldet. Funddaten von L. K. (pers. Aufzeichn.): 05.09.88, Oberes Kiesental, Kurzgrasrasen, MTB 7525/3, leg. L. K.; 15.09.89, Steinbruch Sotzenhausen, Kurzgrasrasen, MTB 7624/2, leg. L. K.

Entoloma incarnatofuscescens (Britz.)

Noordeloos – Langstieliger Nabelrötling
Syn: *E. leptonipes,* s. Foto S. 286
Rote-Liste-Art: gefährdet
Funddaten: 23.09.82, bei Ulm-Wiblingen, feuchter Mischwald, bei Bachlauf, leg. M. E., Beleg in (M); 22.08.96, auf dem Gelände des Waldbades in Gz, unter Laubbäumen, MTB 7527, leg. Robert Enderle, det. M. E., conf. G. W., Diapositiv in Diathek M. Enderle; Beleg in (M).

Entoloma infula (Fr.: Fr.) Noordeloos

Foto von M. Enderle in KRIEGLSTEINER (2003: 213)
Hut –16 mm breit, konvex bis flach aufschirmend, bräunlich bis flaschenglasbraun, seidig glänzend, am Rand deutlich gerieft, in der Mitte meist mit *winziger* Papille, hygrophan, heller ausblassend
Lamellen normal weit, am Stiel ausgebuchtet, hell beige-rosa, schwach bauchig, –3 mm breit
Stiel –45 mm lang, in der Mitte –1 mm dick, ähnlich wie Hut gefärbt, an der Spitze meist etwas heller, Basis weißfilzig
Fleisch zerdrückt pilzartig banal riechend
Sporen ca. 9–9,2 x 6,6–6,9 µm
Cheilozystiden keine vorhanden
Funddaten: 26.09.96, Bayern, an der baden-württembergischen Grenze, im NSG Riedheim (in der Nähe des „Holzweges“, auf der „Heide“, wo auch Hasenbovist wächst), in ehemaligem Moor, das jetzt einen heideartigen Charakter hat, leg. M. E., det. G. W.; Diapositiv in Diathek M. Enderle.
Es liegt eine Habituszeichnung und eine Sporenzeichnung vor.

Entoloma incarnatofuscescens

Entoloma inusitatum Noordeloos, Enderle & Lammers – **Riedheimer Fischerheim-Rötling**
Originalbeschreibung aus der Zeitschrift für Mykologie, Band 61 (2): 189–190, 1995:
Entoloma inusitatum Noordeloos, Enderle & Lammers, spec. nov.

Diagnosis latina: Pileus usque ad 50 mm latus, convexus, leviter umbonatus, hygrophanus, sordide brunneus, olivaceo- vel griseo-tinctus, centro atrobrunneus, margine translucido-striatus, valde expallens, glaber, lamellae moderatim distantes, emarginatae, sordide roseae; stipes 40–50 x 4–8 mm, griseoalbus, fibrilloso striatus; odore saporeque leviter farinaceis vel inconspicuis. Sporae 9,0–11,5 (–12) x 8,5–10,5 µm, Q = 1,05–1,3, 6–7-angulatae; basidia tetrasporigera, fibrulata; acies lamellarum heterogeneus; cheilocystidia 40–70 x 12–30 µm, clavata, tibiiformia vel utriformia; pileipellis cutis e hyphis 3–9 µm latis pigmento incrustanto vel intracelluloso formata; fibulae presentes. Habitat in silvis frondosis. Holotypus: M. Enderle, 15–IX–1992, Deutschland, Bayern, Riedheim, in der Ortschaft, beim Fischerheim (früher altes Schützenheim).

Hut bis 50 mm breit, konvex mit stumpfem Buckel, alt etwas verbogen oder am Rand etwas gespalten; hygrophan, düster braun mit starker Grau-Oliv-Komponente, in der Mitte dunkel, schwarzbraun, nach außen heller, düster caramelfarben bis rußig, ockerbräunlich, ausgeblasst sehr hell beigegrau (etwa Cailleux L92 oder noch heller), glatt, beim Austrocknen seidig glänzend.

Lamellen normal entfernt stehend, untermischt, ausgebuchtet angeheftet, stark bauchig, bis 7 mm breit, jung sehr hell grau-beige mit schwachem Rosaanflug, alt schmutzig hell rosa-beige, teilweise mit kleinen, dunklen Flecken, mit gleichfarbiger Schneide.

Stiel 40–50 x 4–8 mm, zur Spitze hin meist etwas verdickt; Basis fast gleichdick oder etwas erweitert, hell grauweißlich, im Alter dunkler, an der Spitze etwas bestäubt, nach unten kahl; faserig gestreift.

Geruch unauffällig, zerdrückt etwas mehlartig oder krautig

Mikroskopische Merkmale: Sporen 9,0–11,5(–12) x 8,5–10,5 µm, Q = 1,05–1,3, 6–7-eckig in der Seitenansicht mit ziemlich dicken Wänden. Basidien 25–50 x 8–14 µm, 4-sporig. Lamellenschneide heterogen bis fast fertil. Cheilozystiden spärlich, 40–70 x 12–30 µm, keulig, tibiiform oder utriform. Lamellentrama aus kurzen, blasigen, 40–110 x 10–25 µm großen Elementen aufgebaut. Huthaut eine Kutis aus dünnen, 3–9 µm breiten Hyphen. Pigment in der Huthaut und in der oberen Huttrama inkrustierend und

Entoloma inusitatum

intrazellulär. Huttrama regulär, aus kurzen, 50–150 x 10–30 µm großen Elementen bestehend. Schnallen im ganzen Fruchtkörper reichlich vorhanden.

Standort: an einer anthropogen gestörten Stelle unter Eiche (*Quercus*).

Funddaten für die Neubeschreibung: 15.09.1992, Bayern, Riedheim, inmitten der Ortschaft, beim alten Schützenheim (neuerdings Fischerheim), leg. M. E., det. Prof. Dr. M. Noordeloos (Leiden/Holland).

Weitere Funddaten: 07.09.94 + 06.10.94 + 20.09.95 + 24.09.95 + 13.10.95 + 19.07.97, im Ort Riedheim (bei Lh), beim (alten) Schützenheim an der Nau, unter Stieleiche (*Quercus*), MTB 7527/1, leg. M. E., det. Prof. Dr. M. Noordeloos (Leiden/Holland), mehrere Belege (Typus und Isotypen) in (M).

Die Art wurde mittlerweile auch in Österreich und Italien gefunden; vergl. hierzu Noordeloos & Hausknecht (1998) und Enderle (1999 c).

Bemerkung: Im Jahr 1992 wurde die Art M. Noordeloos ungefähr gleichzeitig von Herrn Lammers aus den Niederlanden und mir aus Deutschland zugeschickt. Da sie keinen Namen hatte, musste sie neu beschrieben werden.

Entoloma inusitatum gehört innerhalb der Untergattung *Entoloma* zur Sektion *Rhodopolia* und ist nahe verwandt zu *E. sordidulum* und *E. sericatum*. Die im frischen Zustand dunkle Farbe, das doppelte Pigment und die spärlichen, aber deutlichen und gut differenzierten Cheilozystiden sind gute Trennmerkmale für die neue Art.

Entoloma inusitatum

Entoloma juncinum (Kühner & Romagn.) Noordeloos – Grobgeriefter Rötling

Hut –28 mm breit, schon jung flach konvex mit kleinem, aber deutlichem Buckelchen; bräunlich, ohne Rot- oder Gelbstich, ca. Cailleux R 75 oder heller, zentrales Buckelchen am dunkelsten, nach außen etwas heller, ca. ½–⅔ unauffällig durchscheinend gerieft, seidig glänzend

Lamellen normal weit, am Stiel +/- ausgebuchtet und mit Zähnchen angewachsen, schwach bauchig, jung hell grau-beige, alt zusätzlich mit Rosastich, mit etwas hellerer Schneide

Stiel –38 mm lang, in der Mitte –3 mm dick, an Spitze und Basis nicht wesentlich verdickt, mit Hutfarbe überhaucht, Basis weißfilzig

Geruch des zerdrückten Fleisches deutlich gurkenmehlartig

Sporen ca. 8–9,5 x 6,6–8 µm; Basidien 4-sporig, z. B. 42 x 10 µm

Cheilozystiden keine beobachtet, jedoch sehr viele keulige Basidiolen

Funddaten: 13.09.95, Bayern, Donau-Auwald bei Riedheim, MTB 7527/1, beim Bundeswehrdepot, auf Stelle an der vor Jahren Kohlenschlacke ausgebreitet wurde; darauf ist jetzt niedrige Vegetation, leg. Robert Enderle, det. G. W.

Kommentar von G. Wölfel vom 03.11.96: „Obwohl für Ihren Fund kein Bild vorlag, handelt es sich sicher um *Entoloma juncinum*, eine der häufigsten *Entoloma*-Arten. Habitus, Geruch, isodiameterische Sporen, Doppelpigmentierung und das Fehlen von Zystiden lassen keine andere Bestimmung zu.“

Es liegt eine Habituszeichnung und eine Zeichnung der Sporen und Basidien vor.

Weitere Funddaten: 14.08.84, Bubesheimer Wald bei Kissendorf, unter Laubbäumen, MTB 7527/3, leg. M. E., det. G. W., Beleg in (M); 20.09.83, Wald „Hörnle“ bei Ulm-Grimmelfingen, auf Holzresten, leg. M. E., det. M. Bon (Frankreich), Beleg in (M);

Entoloma lampropus (Fr.: Fr.) Hesler

Stahlfüßiger Rötling

Rote-Liste-Art: gefährdet

Funddaten: 1937–40, Haas-Exk. bei Blaubeuren, MTB 7524

Entoloma affin. **lepidissimum** (Svrcek) Noord.

Fundbeschreibung siehe ENDERLE (1986 a).

Entoloma lepidissimum var. **pauciangulatum** Gminder & Enderle

Fund- und Neubeschreibung siehe GMINDER & ENDERLE (1996).

Funddaten: 09.08.85, Baden-Württemberg, bei La-Lindenau, MTB 7426/4, leg. M. E., det. G. W.; Beleg in (M)

Entoloma lividoalbum (Kühner & Romagn.) Kubicka – Weißgrauer Rötling

Funddaten: KRIEGLSTEINER (2001) nennt einen Fund im MTB 7725; Details sind mir nicht bekannt.

Entoloma lividocyanulum Noordeloos

Graublaustieliger Rötling

Rote-Liste-Art: gefährdet

KRIEGLSTEINER (1991) nennt in seinem Verbreitungsatlas einen Fund in MTB 7526. Nähere Fundangaben liegen mir nicht vor.

Entoloma longistriatum (Peck) Noordeloos

Gelbbrauner Rötling

Syn.: *E. sarcitulum*

Fundbeschreibung siehe ENDERLE (1987 c) und ENDERLE (1994 b, mit Foto).

Funddaten: 18.08.85, Donau-Auwald bei Lh, MTB 7527/1, leg. M. E., det. G. W., Beleg im Fungarium Krieglsteineri, Nr. E56/1991

Entoloma cf. **melanochroum** Noordeloos

Syn. *E. aethiops* (Scop.) Stevens ss. Kühner & Romagn.

Fundbeschreibung siehe ENDERLE (1987 c).

Funddaten: 01.09.86, Auwald Lh, MTB 7527/1, leg. M. E., det. G. W., Beleg in Fung. Kri; KRIEGLSTEINER (1991) nennt in seinem Verbreitungsatlas einen Fund in MTB 7427. Nähere Fundangaben liegen mir nicht vor.

Entoloma minutum (P. Karsten) Noordeloos

Rote-Liste-Art: gefährdet

Funddaten: 12.07.80, Bubesheimer Wald bei Echlishausen, am Wegrand, MTB 7527/3, leg. M. E.

Entoloma mougeotii (Fr.) Hesler

Schiefergrauer Rötling

Rote-Liste-Art: gefährdet

Funddaten: 28.08.82, Auwald Uf, MTB 7526, leg. M. E., conf. G. W.; KRIEGLSTEINER (1991) nennt in seinem Verbreitungsatlas einen Fund in MTB 7527. Nähere Fundangaben liegen mir nicht vor.

Entoloma myrmecophilum (Romagn.) Moser

Beschreibung eines Fundes vom 23.09.95:

Hut –70 mm breit, konvex bis flach konvex, ohne oder mit stumpfem Buckel, düster braun gefärbt, ca. Cailleux S69, in der Mitte dunkler, hygrophan, ausgeblasst hell grau-beige-bräunlich, Rand ungerieft

Lamellen normal weit, relativ schmal, nicht bauchig, –5 mm breit, am Stiel +/- gerade angewachsen, hellbeige mit Rosaton

Stiel –70 mm lang, in der Mitte –8 mm dick, schwach mit Hutfarbe getönt, an der Spitze heller, Basis erweitert bis schwach knollig, weißfilzig

Geruch banal, nicht nitrös
Sporen ca. 8,5–9,8 x 6,4–7 µm, Basidien 4-sporig
Cheilozystiden nicht sicher festgestellt, vielleicht keulig
Funddaten: 23.09.95, Bayern, NSG Leipheimer Moos, MTB 7527/1, beim Holzweg zum NSG, unter Birke, leg. M. E., det G. W.; Diapositiv in Diathek ENDERLE
Kommentar G. Wölfel vom 03.11.96: „Sie haben den Pilz richtig der *rhodopolium*-Gruppe zugeordnet. Wie Sie wissen, gibt es in dieser Gruppe sehr viele ähnliche Arten, die nur schwer voneinander abgrenzbar sind. Innerhalb der sehr dunkel braun gefärbten Arten scheidet *E. sphagneti* wegen der Sporen (und einiger anderer Merkmale) aus. *E. griseoluridum* hätte grau gefärbte Lamellen, Mehlgeruch und rein intrazelluläres Pigment. Anhand des grob inkrustierenden Pigmentes, der fast isodiametrischen Sporen, der jung weißlichen Lamellen und des nur schwach grau gefärbten Stiels (mit nicht rot gefärbter Basis!) bleibt nur *Entoloma myrmecophilum* übrig.
Es liegt eine Habituszeichnung und Mikrozeichnungen der Sporen und Cheilozystiden (?) vor.

Entoloma neglectum (Lasch: Fr.) Moser
Isabellfarbener Nabelrötling
Rote-Liste-Art: gefährdet
Fundbeschreibung siehe ENDERLE & REININGER (1995).

Entoloma nitens (Vel.) Noordeloos
Funddaten: 10.08.85, Auwald Lh, MTB 7527/1, leg. M. E., det. G. W., Beleg im Fungarium Krieglsteineri

Entoloma nitidum Quélet
Stahlblauer Rötling
Rote-Liste-Art: gefährdet
Funddaten: 1943–63, Haas-Exk. bei Altheim, MTB 7625, „Filde" bei Beimerstetten, MTB 7525, bei Gerlenhofen, MTB 7626; Funddaten von L. K. (pers. Aufzeichn.): 05.08.91, Illerrieden/Weihungszell, MTB 7726/1, leg. „HG" (?); 15.09.91, Stoffenrieder Forst, MTB 7627/4, leg. O., Riederle und Schätzle; 1991, Donauauen bei Leibi, Fichtenparzelle, MTB 7526/4, leg. Decrusch.

Entoloma occultopigmentatum Arnolds & Noordeloos – Dunkelpigmentierter Glöckling
Rote-Liste-Art: gefährdet
Funddaten: 04.10.84, zwischen Riedheim und Gz, am Auwaldrand, Laubmischwald, MTB 7527, leg. M. E., det. Wölfel (Erlangen), Beleg in (M); 16.09.85, zwischen Riedheim und Gz, in einem Ausläufer des Donau-Auwaldes, Laubmischwald, MTB 7527, leg. M. E., det. M. Noordeloos (Holland)

Entoloma cf. **ortonii** Arnolds & Noordeloos
Syn.: *E. farinolens*
Funddaten: 26.06.80, zwischen Uf + Bühl, in Fichtenwald, MTB 7527/3, leg. M. E.

Entoloma pallescens (P. Karsten) Noordeloos
Beschreibung eines Fundes vom 13.06.95:
Hut –40 mm breit, konvex, meist mit fast spitz zulaufendem Buckel, gelegentlich mit kleiner Papille, mit warmem Braunton, dunkel bernsteinfarben, ähnlich Cailleux R47, junge Exemplare meist etwas heller bräunlich mit Orange-Gelbstich, ca. Cailleux P60, seidig glänzend, ca. ⅔ durchscheinend gerieft, hygrophan, sehr zögerlich von der Mitte her meist streifig hell ockerlich ausblassend
Lamellen normal weit, leicht bis deutlich bauchig, –7 mm breit, jung hell zimtrosa, alt dunkler, schmutzig rosabräunlich, mit hellerer, schartiger Schneide
Stiel –85 mm lang, in der Mitte –4 (5) mm dick, zur Spitze verjüngt, teilweise etwas verdreht, nicht weiß, sondern mit Hutfarbe über die ganze Länge +/- gleichmäßig übertönt, Basis beim Pflücken leicht abbrechend
Fleisch leicht zerbrechlich, Geruch pilzartig banal, zerdrückt krautig (*nicht* mehlartig)
Sporen ca. 10–12 x 7–9 µm; Basidien 4-sporig
Cheilozystiden keine vorhanden
Funddaten: 13.06.95, Bayern, Bubesheimer Wald bei Echlishausen, MTB 7527/1, in saurem Fichtenwald, an mehreren Stellen, oft einzeln, seltener zu zweien oder dreien, leg. M. E.; Diapositiv in Diathek Enderle
Anmerkung: Beim Aufsammeln dachte ich an *E. cetratum; diese* soll jedoch 2-sporig sein. Krieglsteiner stellt *C. pallescens* in seinem Verbreitungsatlas als Synonym zu *E. cetratum*.
Kommentar G. Wölfel vom 03.11.96: „Bei Ihrem Pilz gelangt man im Schlüssel schnell zu *Entoloma pallescens* (viersporige Basidien, Schnallen, Stieloberfläche, Färbung, usw.). Zu dem oft diskutierten Thema, ob es in diesem Formenkreis nicht zu viele ‚Arten' gibt, will ich mich nicht äußern. Zumindest erscheint mir die Abgrenzung dieser Art zu *Entoloma cuneatum* fragwürdig."
Weitere Funddaten: 24.06.95, „Muna" bei Opferstetten, Bayern, MTB 7527, saurer Fichtenwald, zwischen Moos und Sauerklee, an mehreren Stellen (sicher ein häufiger Pilz), leg. M. E., det. G. W.; Diapositiv in Diathek ENDERLE.

Entoloma papillatum (Bres.) Dennis
Rote-Liste-Art: gefährdet
Funddaten: 1937–40, Haas-Exk., bei Blaubeuren, MTB 7524; KRIEGLSTEINER (2003) nennt Funde in den MTB 7424 und 7425; Details sind mir nicht bekannt.

Entoloma phaeocyathus

Entoloma phaeocyathus Noordeloos
Becher-Nabelrötling
Rote-Liste-Art: stark gefährdet!

Hut –21 mm breit, flach konvex mit eingedellter Mitte, jung dunkel- bis schwarzbraun, alt kräftig braun, hygrophan, ausgeblasst hell braun mit dunkler Mitte; gesamte Oberfläche unter der Lupe +/- bis zum Rand fein filzig-kleiig-aufgeraut

Lamellen entfernt stehend, stark am Stiel herablaufend (⅓ bis ½), bogig, –3 mm breit, jung schmutzig bräunlich, alt kräftig braun, schokoladenbraun, etwas fleckig

Stiel (unterhalb des Lamellenansatzes) –6 mm lang, in der Mitte –2 mm dick, sehr kurz, zur Basis leicht verjüngt, äußerste Basis nicht oder minimal weißfilzig

Geruch unauffällig, zerdrückt etwas spermatisch

Sporen rundlich bis breit zitronenförmig, kaum kantig, 8,3–10 µm breit

Cheilozystiden vielleicht vorhanden (siehe Zeichnung)

Funddaten: Baden-Württemberg, bei Lonsee, in der Nähe des Fußballplatzes, am Wegrand, in kurzem Moos/Gras, leg. M. + C. E., det. G. W.; Diapositiv in Diathek M. Enderle

Es liegt eine Habituszeichnung und eine Sporenzeichnung vor.

Entoloma pleopodium
(Bull. ex Candolle: Fr.) Noordeloos
Zitronengelber Glöckling
Syn.: *E. icterinum*
Fundbeschreibung mit Foto siehe ENDERLE (1996 c).
Foto von M. Enderle siehe KRIEGLSTEINER (2003: 217).
Funddaten: 18.09.93, Auwald bei Rh, auf abgeladenen vorjährigen Getreideresten, MTB 7527/1, leg. M. E., Beleg in (M); 02.10.84, Bubesheimer Wald bei Echlishausen, unter *Carpinus/Quercus*, MTB 7527/3, leg. M. E., Beleg in (M); 26.09.92, Auwald Rh, MTB 7527/1, leg. M. E., Beleg in (M)

Entoloma politum (Pers.: Fr.) Donk
Glänzender Rötling
Funddaten: 01.09.85, Bubesheimer Wald bei Echlishausen, MTB 7527, entlang eines Baches bei Erle, leg. M. E., det. G. W., Beleg in (M)

Entoloma porphyrophaeum (Fr.) Karsten
Porphyrbrauner Rötling
Rote-Liste-Art: gefährdet
Funddaten: 1982, leg. A. K. in MTB 7526/1; KRIEGLSTEINER (2003) nennt Funde in den MTB 7426 und 7624; Details sind mir nicht bekannt.

Entoloma prunuloides (Fr.: Fr.) Quélet
Mehl-Rötling
Funddaten: KRIEGLSTEINER (2001) nennt einen Fund im MTB 7524; Details sind mir nicht bekannt.

Entoloma rhodocylix (Lasch: Fr.) Moser
Fundbeschreibung siehe KRIEGLSTEINER (1989). Weitere Funddaten: 24.08.89, 7625/1, „Stockert" bei Ermingen, leg. E. S., det. L. K., 1 Frk. auf moosigem Stamm unter Fichten und Buchen (Beschreibung und Skizze bei L. K.)

Entoloma rhodopolium (Fr.: Fr.) Kummer
Niedergedrückter Rötling
Funddaten: vor 1894, leg. Dr. Desensy, in Ulm im Eselswald; 1937–40, Haas Fund im Maien- und Klosterwald bei Ulm-Söflingen, MTB 7625, am Eselsberg in Ulm, MTB 7525; 23.10.76, Kri-Exk. im „Jungholz-Lechfeld" zwischen Uf und Lh, MTB 7527; 03.09.77 und 19.09.79, Bubesheimer Wald bei Echlishausen, unter Buchen/Eichen, MTB 7527; 1974–83, leg. A. K. im MTB 7526
Notizen von einem weiteren Fund von *E. rhodopolium* f. *rhodopolium*:
Hut –40 mm breit, flach konvex, grau-bräunlich, seidig glänzend
Lamellen normal weit bis etwas engstehend, –4 mm breit, schmutzig rosa
Stiel –80 mm lang, in der Mitte –6 mm dick, hell, seidig glänzend
Geruch zerdrückt undeutlich mehlig-krautig, **nicht** nitrös (vermutlich weil sehr trocken)
Sporen 8–10(11) x 6–7 µm
Funddaten: 19.09.93, Bayern, nördlich von Riedheim, im Wäldchen „R1" unter *Betula pendula*, MTB 7527, leg. M. E.; Dia in Diathek M. Enderle

Entoloma rhodopolium (Fr.: Fr.) Kummer f. **nidorosum** (Fr.) Noordelos – Alkalischer Rötling
Syn.: *E. nidorosum*
Funddaten: 1937–40, Haas-Exk. am Eselsberg bei Ulm, MTB 7525, „Filde" bei Beimerstetten, MTB 7525, bei Jungingen, MTB 7525; 13.10.79, Haas-Exk. im Bubesheimer Wald, MTB 7527/3; 1982, leg. A. Klement in MTB 7426/1; weitere Funddaten erübrigen sich. Die Art ist sehr häufig und kommt sehr wahrscheinlich in allen MTB im Ulmer Raum vor.

Entoloma riedheimensis Noordeloos & Enderle – **Riedheimer Rötling**
Fund- und Neubeschreibung siehe NOORDELOOS, WÖLFEL & ENDERLE (1995), Foto siehe ENDERLE (1995 d).
Nachfolgend die Originalbeschreibung aus der Zeitschrift für Mykologie, Band 61 (2): 189–190, 1995:

Entoloma riedheimensis Noordeloos & Enderle, spec. nov.
Hut: bis 60 mm breit, konvex, in der Mitte niedergedrückt bis stark genabelt, hygrophan, fein radial gestreift, düster braun, hell ausblassend.
Lamellen: gedrängt, ausgebuchtet angeheftet, bauchig, düster grau bräunlich mit heller, oft gewimperter Schneide.
Stiel: bis 60 x 5 mm, an der Spitze oft erweitert und flusig, dem Hut +/- gleichfarbig
Geruch: pilz-krautartig, auch zerdrückt nicht mehlartig
Mikroskopische Merkmale: Sporen 7,5–9,0 x 7,0–8,0 µm, Q = 1,0–1,2, isodiametrisch, 5–6-eckig in Seitenansicht, mit ausgeprägten Ecken, relativ dickwandig. Basidien 27–43 x 10–12 µm, keulig, 4-sporig. Lamellenschneide heterogen, teilweise fertil, teilweise ganz steril und dann mit dichten Büscheln von zylindrisch bis schwach keuligen, manchmal an der Spitze etwas verjüngten, 60–75 (80) x 4–8(–9) µm großen Cheilozystiden. Lamellentrama regulär, aus langen, spindeligen Elementen bestehend, –250 x 10–30 µm, mit blassbraunem, intrazellulärem Pigment. Huthaut eine einfache Kutis aus zylindrischen, 2–7 µm breiten Hyphen. Pigment in der Huthaut und Huttrama inkrustierend und intrazellulär. Schnallen reichlich vorhanden.
Standort: gesellig im Gras einer Waldwiese
Funddaten: 13.09.1992, südlich Riedheim, auf einer Wiese (H. Holzwarth, Weißingen) am Auwaldrand bei der östlichen Autobahnbrücke, MTB 7527, leg. M. E., det. Prof. Dr. Machiel Noordeloos (Leiden/Holland).
Lateinische Diagnose: Pileus usque ad 60 mm latus, convexus, depressus vel valde umbilicatus, hygrophanus, translucido-striatus, sordide brunneus, expallens, lamellae confertae, emarginatae, sordide griseobrunneo; odore saporeque inconspicuis. Sporae 7,5–9,0 x 7,0–8,0 µm, Q = 1,0–1,2, isodiametricae, 5–6-angulatae; basidia tetrasporigera, fibulata; acies lamellarum heterogeneis; cheilocystidia 60–75(–80) x 4–8(–9) µm, cylindracea vel clavata; pileipellis e cutis hyphis 2–7 µm latis pigmento incrustato vel intracelluloso formata; fibulae abundantes. Habitat in pratis in silvis; Holotypus: M. Enderle, 13–IX–1992, Deutschland, Bayern, Riedheim, auf Waldwiese bei der südlichen Autobahnbrücke.
Anmerkungen: Obwohl *Entoloma riedheimensis* mit seinem genabelten Hut und den relativ großen Fruchtkörpern an einen Rötling aus der Untergattung *Entoloma* erinnert, ist sie aufgrund der Tramastruktur und den einfachen, isodiametrischen Sporen in die Sektion *Cosmeoexonema* (Larg. & Thiers) Noordeloos der Untergattung *Nolanea*, wegen der fast isodiametrischen Sporen dort in die Subsektion *Cosmeoexonema*, einzuordnen. Im Habitus ist diese Art *E. seri-*

Entoloma serrulatum

ceoides nahe verwandt, jedoch durch die reichlichen Schnallen und das doppelte Pigment in der Huthaut gut davon zu unterscheiden. Das Vorkommen von Cheilozystiden ist ein weiteres Merkmal, das in dieser Gruppe nur noch bei *Entoloma tibiicystidiatum* vorkommt. Diese Art unterscheidet sich aber durch den winzigen Habitus (Hut bis 20 mm, Stiel bis 2 mm dick), blassere, relativ weit stehende Lamellen, Mehlgeruch, kleinere, nur ganz vereinzelt stehende Cheilozystiden und das Fehlen eines intrazellulären Pigments. *Entoloma sericeum* ist makroskopisch auch ähnlich, lässt sich aber anhand des starken Mehlgeruchs, der Pigmentierung und der fertilen Lamellenschneide gut unterscheiden.

Entoloma rusticoides (Gill.) Noordeloos
Braunblättriger Rötling
Rote-Liste-Art: stark gefährdet
Funddaten: 19.06.80, Donau-Auwald bei Lh, MTB 7527/1, auf Kinderfestplatz, im Gras, leg. C. S., det. M. E.

Entoloma saepium (Noul. & Dass.) Richon & Roze
Funddaten: 16.05.96, in Bibertal-Kissendorf, MTB 7527, im Garten von Günther Brunner, bei einer *Prunus* Art, leg. M. E., Beleg in (M); August 2001, Laupheim, Friedhof, MTB 7725/3, leg. T. B., bei Zwetschgenbaum; 01.05.02, Buch, Privatgarten, MTB 7725/3, leg. J. I.

Entoloma sericatum (Britz.) Sacc.
Seidenhütiger Rötling
Funddaten: 08.10.83, bei Riedheim, in NSG, MTB 7527/1, bei Erlen, Weiden und Birken in Moos/Gras, auf schwarzer Erde, leg. M. E., det G. W., Beleg in (M); 04.10.84, zwischen Straß und Silheim, auf Wiese in Erlenbestand, MTB 7526, leg. M. E., Beleg in (M)

Entoloma sericellum (Fr.: Fr.) Kummer
Weißer Glöckling
Foto bei Enderle & Reininger (1995).
Funddaten: 11.09.81, bei Memmingen/Allgäu, an feuchter Stelle bei *Fraxinus excelsior*, Diapositiv in Diathek Enderle, Beleg in (M); Funddaten von L. K. (pers. Aufzeichn.): 02.08.87, östlich Asselfingen, bei *Fraxinus* (feucht), MTB 7427/3, leg. G. J. K. und M. Enderle; 30.10.89, Neu-Ulm/Reutti, *Alnetum*, MTB 7626/1, leg. L. K.

Entoloma sericeoides (Lange) Noordeloos
Fundbeschreibung mit Foto siehe Enderle (1992 a). Ein Foto der Art von M. Enderle befindet sich auch bei Krieglsteiner (2003: 219).

Entoloma sericeonitens (Orton) Noordeloos
Funddaten: 12.07.80, Bubesheimer Wald bei Echlishausen, am Wegrand, MTB 7527, leg. M. E.

Entoloma sericeum (Bull.) Quélet
Seidiger Rötling
Funddaten: 1937–40, Haas-Exk. bei Blaubeuren, MTB 7524; 25.07.81, bei Bühl, MTB 7526, auf dem Bogenschießplatz, leg. M. E.; Funddaten von L. K. (pers. Aufzeichn.): September 1989, Steinbruch Sotzenhausen, Mesobrometum, MTB 7624/2, leg. L. K.; 1989, leg. G. O. im MTB 7725/3;

Entoloma serrulatum (Fr.: Fr.) Hesler
Gesägtblättriger Glöckling, s. Foto S. 292
Rote-Liste-Art: gefährdet
Funddaten: 1937–40, Haas-Exk. bei Blaubeuren, MTB 7524
Ein weiterer, allerdings unsicherer Fund, den G. W. untersuchte:
Hut –30 mm breit, jung konvex, alt flach konvex oder aufschirmend, ältere Hüte mit kleiner, zentraler Vertiefung, junge Hüte in der Mitte meist noch plan; dunkel schwarzblau, alte Hüte oft mit helleren Striemen und Spalten, unter der Lupe fein anliegend filzig-faserig
Lamellen jung hell grau-beige, mit dunkelblauer Schneide, alt kaum mit Rosastich, schmutzig gefärbt, normal weit, am Stiel ausgebuchtet, bis schwach bauchig
Stiel –50 mm lang, in der Mitte –2,5 mm dick, wie der Hut gefärbt, +/- kahl, Basis deutlich weißfilzig
Geruch zerdrückter Fruchtkörper **nicht** mehlartig, sondern pilzartig banal
Sporen ca. 10 x 6 µm, Basidien 4-sporig
Cheilozystiden schlauchförmig
Funddaten: 12.09.93, 3 km nördlich Ballendorf, Baden-Württemberg, auf Wacholderheide, leg. M. E., conf. G. W., Diapositiv in Diathek M. Enderle
Anmerkungen: Der deutsche Rötlingsspezialist Gerhard Wölfel kommentierte diesen Fund wie folgt: „Ich bin mir nicht so ganz sicher, ob die Art richtig bestimmt ist. Auf alle Fälle sind auf dem Bild untypische Fruchtkörper ohne jegliche Schwarzfärbung der Schneiden abgebildet. So könnte man fast an *Entoloma melanochroum* denken. Noch dazu wie die Schneide offensichtlich glatt und nicht flockig gezähnt ist und auch mikroskopisch nicht dem typischen *serrulatum*-Aufbau entspricht. Andererseits sprechen Sie von einer „schmutzigen Schneide"...
Weiterer Fund: 19.09.98, Baden-Württemberg, zwischen Altheim und Gerstetten, auf einer Wacholderheide, leg. M. E., Dia in Diathek Enderle, Beleg in (ULM).

Entoloma sinuatum Noordeloos
Riesen-Rötling
Syn.: *E. eulividum, E. lividum*
Funddaten: 1937–40, Haas-Exk. im Maien- und Klosterwald Söflingen, MTB 7625; 30.08.67, Maien-

Entoloma sodale

Entoloma sordidolamellatum

wald Söflingen, leg. W. G.; 01.10.77, VH-Exk. am Roten Berg bei Ulm, leg. M. E.; 1974–83, leg. A. K. im MTB 7525; von E. R. (Erbach-Ringingen) 1979 aus dem MTB 7625/1 gemeldet; Funddaten von L. K. (pers. Aufzeichn.): 26.09.88, Spitalwald westlich Ermingen, bei Buche/Eiche, MTB 7625/1, leg. L. K.

Entoloma sodale Kühner & Romagn. ex Noordeloos – Montaner Blaustiel-Zärtling, s. Foto S. 293
Funddaten: 06.10.03, Donau-Auwald bei Rh, MTB 7527, leg. M. E.

Entoloma sordidolamellatum Noordeloos & Enderle – Pfuhler Rötling
Fund- und Neubeschreibung mit Foto siehe NOORDELOOS, WÖLFEL & ENDERLE (1995). Die Art wurde mittlerweile auch in Österreich gefunden; siehe hierzu NOORDELOOS & HAUSKNECHT (1998).

Entoloma sordidulum (Kühner & Romagn.) P. D. Orton – Horngrauer Rötling
Fundbeschreibung siehe ENDERLE (1992 a), Beleg in (M).

Entoloma spec. (Subgenus *Leptonia*)
Fundbeschreibung siehe ENDERLE (1987 c).

Entoloma spec. (Subgenus *Leptonia*, Sekt. *Cyanula*)
Fundbeschreibung siehe ENDERLE (1992 a).

Entoloma spec. (affin. *E. cettoi, E. heterocystis*)
Hut –52 mm breit, jung flach konvex mit kleiner, zentraler Eindellung, bald flach aufgeschirmt mit meist deutlicher zentraler Vertiefung, alt fast trichterlingartig aufschirmend; kräftig braun bis porphyrbraun, in der Mitte am dunkelsten, meist deutlich konzentrisch gezont; Oberfläche fein anliegend faserig-rau, alt mit etwas abhebenden Schüppchen
Lamellen etwas gedrängt, am Stiel leicht ausgebuchtet und mit breitem Zahn angewachsen, –5 (7) cm breit, schwach bauchig, jung schmutzigbeige, alt schmutzig-grau-beige-bräunlich, fast ohne Rosastich!
Stiel –60 mm lang, in der Mitte –4 mm dick, zylindrisch, an der Basis oft schwach gekrümmt, grau-beige bis graulich, +/- kahl, Basis deutlich weißfilzig
Geruch unverletzter Fruchtkörper banal, unauffällig, zerdrückt jedoch eigenartig unangenehm
Funddaten: 08.10.99, Bayern, NSG Riedheim, MTB 7527/1, heideartiger Halbtrockenrasen (in früherem Moor), an offener Stelle, einige Meter von Birke entfernt im Gras, leg. M. E., det. G. W.; Diapositiv in Diathek Enderle

Anmerkungen: G. Wölfel konnte für diese Art keinen gültigen Namen finden. Er schrieb: „Für den Fund vom 08.10.99 aus dem NSG Riedheim kann ich Ihnen keinen Namen nennen. Sicherlich gehört die Art in die Verwandtschaft von *Entoloma cettoi*, von der ich selbst einmal einen einzigen Fruchtkörper gefunden habe (diese für Deutschland neue Art habe ich allerdings nie weitergemeldet). Ihr Fund unterscheidet sich von der genannten Art durch die nicht grauen, sondern porphyrfarbenen Fruchtkörper, den relativ langen Stiel, meist herablaufenden Lamellen, die ausschließlich schwach keuligen Cheilozystiden, fehlende Schnallen, sowie die noch irregulärer geformten und mehr heterodiametrischen Sporen. Ähnlich ist auch *Entoloma heterocystis* Contu aus Sardinien. Diese mir unbekannte Art soll sich von *Entoloma cettoi* insbesondere durch fehlende Schnallen und weniger eckige Sporen unterscheiden. Leider besitze ich die Beschreibung Contus nicht, um mir ein weiterführendes Urteil bilden zu können. Die anderen, für *Entoloma cettoi* aufgeführten Unterscheidungsmerkmale zu Ihrem Fund gelten aber wohl auch für *Entoloma heterocystis*. Am wahrscheinlichsten ist es, dass es sich bei Ihrem Fund um eine unbeschriebene Art handelt. Interessant ist dazu die Meinung von *Machiel (Nordeloos/*Holland*),* der vor einigen Wochen bei mir auf Besuch war und dem ich auch Ihr Material kurz gezeigt habe. Er glaubt in Ihrem Fund eine Art aus Skandinavien zu erkennen (mehrere Aufsammlungen), die erst noch veröffentlicht werden muss."

Entoloma cf. subradiatum (Kühner & Romagn.) Moser

Beschreibung eines Fundes vom 26.09.96:
Hut –50 mm breit, konvex bis flach konvex, mit deutlichem, warzenartigem Buckel, kräftig rußigbraun bis braun, in der Mitte am dunkelsten, etwas seidig glänzend, ca. ½ durchscheinend gerieft, hygrophan, fleckenartig und striemig austrocknend, dann beige
Lamellen normal weit, am Stiel etwas ausgebuchtet, schwach bauchig, jung hell beige-rosa, alt schmutzig rosa, –5 mm breit
Stiel –85 mm lang, in der Mitte –6 mm dick, +/- zylindrisch, gegen die Spitze und Basis etwas erweitert, blass, seidig glänzend, +/- kahl, an der Spitze hell bestäubt
Fleisch zerdrückt pilzartig banal riechend
Sporen ca. 9–10,7 x 7–8,3 µm, Basidien 4-sporig
Cheilozystiden keine vorhanden
Funddaten: 26.09.96, Bayern, direkt an der baden-württembergischen Grenze, in NSG Riedheim (beim „Holzweg"), in einer Riedlandschaft, bei Birken, leg. C. E., det. G. W.; Diapositiv in Diathek M. Enderle. Es liegt eine Habituszeichnung und eine Sporenzeichnung vor (im Computer unter Entoloma.025).

Entoloma tjallingiorum Noordeloos

Funddaten: KRIEGLSTEINER (2001) nennt Funde in den MTB 7424 und 7425; Details sind mir nicht bekannt.

Entoloma turbidum (Fr.: Fr.) Quélet

Geradrandiger Rötling
Funddaten: 06.10.78, „Muna" bei Straß, am Wegrand, MTB 7526, leg. M. E., det. J. St.

Entoloma undatum (Fr. ex Gill.) Moser

Dunkelblättriger Rötling
Funddaten: 22.06.86, Bubesheimer Wald bei Kissendorf, unter Rotbuchen am Wegrand, MTB 7527, leg. M. E., det. G. Wölfel (als cf. *undatum*), Beleg im Fungarium Krieglsteineri; 08.10.94, Norditalien, Trentino, bei Caldonazzo, leg. M. E., det. A. Hausknecht (Maissau/A), Beleg in (M).

Entoloma vernum Lundell – Frühlings-Rötling

Syn.: *Rhodophyllus cucullatus*
Funddaten: 04.04.81, bei Ehingen, MTB 7724, leg. M. E., Beleg in (M); 17.04.83, bei Lh, unter *Pinus silvestris*, MTB 7527, leg. M. E., det. G. W., Beleg in (M); 05.06.87, Dreierberg bei Klingenstein, MTB 7625, auf grasigem Waldweg über Kalkboden, leg. K. K.; 02.05.00, Freichshau südwestlich Eggingen, MTB 7625/1/4, bei Fichte, leg. K. Ke., det. H. L.

Entoloma versatile (Fr.) Moser

Rote-Liste-Art: gefährdet
Fundbeschreibung siehe KRIEGLSTEINER & ENDERLE (1987).

Rhodocybe gemina (Paulet: Fr.) Kuyper & Noordeloos – Würziger Tellerling

Syn.: *R. truncata*
Funddaten: 22.10.80, Donau-Auwald bei Leibi/Oe, MTB 7526, in Fichtenparzelle, leg. M. E., weitere zahlreiche Funde im „Mooswald", nördlich Gz, beim Mooswaldsee, Fichtenparzelle auf schwarzer Erde, MTB 7527, leg. M. E.; Beleg in (M); bei Pilzausstellung in Ulm am 01./02.10.88; Funddaten von L. K. (pers. Aufzeichn.): 30.10.89, Neu-Ulm/Reutti, in Fichtenstreu, MTB 7626/1, leg. L. K.; 1986, Finninger Ried nördlich Finningen, MTB 7626/1, leg. W. G.; 2000/2001, Söhnstetten/Stöckelberg, MTB 7325/2, leg. H. P. (H. St.); jeweils Mitte September – Anf. Oktober 2000 und 2002, Baltringer Ried, Ehingen, MTB 7624/3, 7725/3, leg. T. B.

Rhodocybe nitellina (Fr.) Singer

Gelbfuchsiger Tellerling
Fundaten. 1943–63, Haas-Exk. in „Filde" bei Beimerstetten, MTB 7525; 27.09.79, zwischen Leibi und Oe, MTB 7526, Donau-Auwald in Fichtenparzelle,

Rhodocybe obscura

leg. M. E.; Krieglsteiner (1991) nennt in seinem Verbreitungsatlas Funde in den MTB 7425, 7524, 7527 und 7627. Nähere Fundangaben liegen mir nicht vor.

Rhodocybe obscura (Pilat) Moser
Dunkelgrauer Tellerling
Fundbeschreibung siehe Enderle (1981a).
Funddaten: 21.07.80, Donau-Auwald bei Thalfingen, in Fichtenparzelle nahe der Straße, MTB 7526, leg. M. E., det. H. S.; 15.10.81, Auwald bei Leibi, MTB 7526, Beleg in (M);
weitere Funde im Donau-Auwald bei Uf, Fichtenparzelle, MTB 7527;

Familie **Pluteaceae** Kotlaba & Pouzar 1972

Pluteus cervinus (Schaeff.: Fr.) Kummer agg.
Rehbrauner Dachpilz
Syn.: *P. atricapillus*
Funddaten erübrigen sich. Die Art ist sehr häufig und kommt sehr wahrscheinlich in allen MTB im Ulmer Raum vor.

Pluteus chrysophaeus (Schaeff.) Quélet
Goldbrauner Dachpilz
Syn.: *P. galeroides, P. luteovirens, P. xanthophaeus*
Funddaten: 14.06.79, Donau-Auwald Lh-Gz, MTB 7527, auf morschem Laubholz (ob die Bestimmung nach heutigen Gesichtspunkten haltbar ist, ist unsicher. Sie erfolgte mit den Bestimmungshilfsmitteln von 1979. Zum Nachvollziehen nachfolgend die kurzen Fundnotizen: Hut sepiabraun, Mitte leicht erhaben, Rand gerieft, Stiel gegen Basis gelblich, Lamellen rosalich, Sporen 5,5–7 µm, rundlich, Huthauthyphen kugelig, einige Pleurozystiden flaschenförmig)
Funddaten von L. K. (pers. Aufzeichn.): 30.10.89, Neu-Ulm/Reutti, an liegenden *Alnus*-Stamm, MTB 7626/1, leg. L. K.

Pluteus cinereofuscus J. Lange
Graubrauner Dachpilz, s. Foto S. 297
Fundbeschreibung siehe Enderle (1986 b).
Weitere Funddaten: 05.07.97, nördlich von Riedheim, MTB 7527, im Ried, auf dem Weg zur Sixenmühle, im Garten von Fam. Schlaiß, bei Holzhäcksel, leg. M. E., Diapositiv in Diathek M. Enderle; Beleg in (M). 30.09.95, Auwald bei Lh, MTB 7527/1, an Holzhäcksel, leg. M. E., Beleg in (M); 08.10.99, Baden-Württemberg, nordöstlich von Riedheim, in einem Windschutzstreifen im Ried, MTB 7527/1, leg. M. E., Beleg in (ULM). 20.09.92, Bayern, Kinderfestplatz Lh, auf Zirkusplatz, am Rand der kleinen Fichtenparzelle, MTB 7527/1, leg. M. E., conf. E.C. Vellinga (USA), Exsikkat im Herbarium der Universität Berkely (USA); Diapositiv in Diathek Enderle.

Pluteus cinereofuscus

Pluteus diettrichii Bres. – Rissiger Dachpilz
Rote-Liste-Art: gefährdet
Fundbeschreibung siehe ENDERLE (1986 b).
Notizen von einem weiteren Fund:
Hut 17 mm breit, in der Mitte schwarzbraun, nach außen heller, mit zahlreichen radialen, schwach gezackten Rissen, die bis ⅔ zur Hutmitte reichen; dadurch ist das helle Hutfleisch sichtbar
Lamellen etwas gedrängt, –3 mm breit, über die Hutrandlinie hinausreichend, hell beige-rosa, mit heller Schneide
Stiel 40 mm lang, in der Mitte 2,5 mm dick, mit Hutfarbe schwach übertönt, ohne Flocken
Sporen etwas langgestreckt
Cheilozystiden wie von ENDERLE (1986) abgebildet
Huthaut aus breit keuligen bis rundlich-gestielten Elementen bestehend, die in Ammoniaklösung hell grau-bräunlich (nicht opak) gefärbt sind
Funddaten: 23.08.95, Bayern, Donau-Auwald bei Rh, am Wegrand, auf der Erde, MTB 7527/1, leg. Robert Enderle; Diapositiv in Diathek M. Enderle
Es liegt eine Habituszeichnung, sowie eine Mikrozeichnung der Huthautelemente vor.

Pluteus ephebeus (Fr.: Fr.) Gillet
Graufilziger Dachpilz
Syn.: *P. lepiotoides, P. murinus, P. villosus*
Fundbeschreibung siehe ENDERLE (1986 b).

Pluteus exiguus (Pat.) Sacc.
Feinschuppiger Dachpilz
Rote-Liste-Art: gefährdet
Hut 8 mm breit, braunkörnig
Lamellen –1,5 mm breit, grau-beige mit Rosastich, Schneide ohne Braunton
Stiel 1 mm dick, oben hell, nach unten mit Graustich
Sporen rundlich bis breit ellipsoid, ca. 6–8 x 5–7 µm
Cheilozystiden utriform, 30–50 x 9–14 µm
Huthaut aus lageniformen bis spindeligen Elementen bestehend, diese in Wasser u. M. hell grau-bräunlich und ca. 80–120 x 18–22 µm groß
Funddaten: 24.08.86, Bayern, Naturschutzgebiet Langenauer Moos, MTB 7527/1, an morschem Holz, leg. M. E., det. E.C. Vellinga (Holland);
Ausführliche Mikrozeichnungen liegen vor.

Pluteus hispidulus (Fr.: Fr.) Gillet
Haariger Dachpilz
Rote-Liste-Art: gefährdet
Fundbeschreibung siehe ENDERLE (1986 b).
Da die Art nur selten in der Literatur dargestellt ist, gebe ich nachfolgend eine Beschreibung eines weiteren Fundes:
Hut 6 mm breit, in der Mitte braun-körnig (Lupe!), gegen den Rand sehr hell bräunlich, gespalten-gerieft
Stiel wässerig-weißlich

Pluteus inquilinus

Lamellen ca. 1,5 mm breit, blass rosa, Schneiden etwas heller (kaum gefärbt)
Sporen ca. 6,4–6,7 x 5,2–5,5 µm, breit ellipsoid bis fast rundlich, ohne sichtbaren Keimporus und mit kleinem Apikulus
Cheilozystiden z. B. 36 x 12 µm, keulig
Pleurozystiden keine gesehen
Huthaut aus zylindrischen, keuligen oder an den Enden verjüngten Elementen bestehend, z. B. 100 x 16 µm
Funddaten: 06.08.86, Bayern, Donau-Auwald bei Lh-Weißingen, MTB 7527,
leg. M. E., det. E.C. Vellinga, Leiden (Holland)
Anmerkungen: Die holländische *Pluteus*-Spezialisten, Dr. E.C. Vellinga, der ich mein Material mit 3 verschiedenen Namen zur Auswahl zuschickte, plädierte für *P. hispidulus* var. *hispidulus*, aufgrund der Huthautstruktur (Kutis aus aufsteigenden, verschieden geformten Elementen) und den nicht kopfigen Cheilozystiden.
(im Computer unter Pluteus.01)
Es liegen Habituszeichnungen und ausführliche Mikrozeichnungen vor.

Pluteus inquilinus Romagn.

Knolliger Dachpilz
Syn.: *P. alborugosus*
Fundbeschreibung siehe ENDERLE (1986 b), Foto siehe ENDERLE & REININGER (1995).

Pluteus insidiosus Vellinga & Schreurs

Erstfund für Süddeutschland!
Hut 12 mm breit, konvex mit deutlichem, papillenartigem Buckel, in der Mitte schwarzbraun mit minimalem Purpurstich, nach außen heller, ganz fein samtig-körnig braun mit minimalem Olivstich, am Rand etwas gerieft (unter der Lupe Oberfläche in unregelmäßigen Haarrissen aufreißend)
Lamellen normal weit, frei, stark bauchig, –3 mm breit, mit Rosastich
Stiel 40 mm lang, in der Mitte 1,5 mm dick, glasigweißlich, an der obersten Spitze etwas erweitert, +/- kahl (nach mehrmaligem Anfassen etwas schmutzig grau werdend)
Geruch unauffällig
Sporen 6–6,8 x 5,9–6,4 µm, rundlich, ohne sichtbaren Keimporus und Apikulus
Cheilozystiden keulig mit kurzem, schmalem Schnabel an der Spitze, selten nur keulig, farblos, dünnwandig, z. B. 42 x 15 µm
Pleurozystiden keine gesehen
Caulozystiden keine gesehen
Huthaut aus keuligen, in NH_3 blass grau-bräunlichen Elementen bestehend, 30–60 x 16–20 µm
Funddaten: 27.07.92, Baden-Württemberg, nördlich von Riedheim, MTB 7527, im „Windschutzstreifen", kleines Laubwäldchen, auf morschem Laubholzstumpf, leg. M. E., conf. E.C. Vellinga (Holland)
Ausführliche Mikrozeichnungen liegen vor!
(im Computer unter Pluteus.050)

Pluteus leoninus (Schaeff.: Fr.) Kummer
Löwengelber Dachpilz
Fundbeschreibung siehe ENDERLE (1986 b); DIETL & KRIEGLSTEINER (1989), am Oberen Eselsberg in Ulm; 03.10.87, am Pfifferlingsberg bei Ringingen, MTB 7724, am morschem Laubholzstumpf, leg. K. K.; Anf. September 2002 und 2003, Baltringer Ried, MTB 7725/3, an morscher Weide, leg. T. B.

Pluteus luctuosus Boud. – Düsterer Dachpilz
Fundbeschreibung siehe ENDERLE (1986 b) und ENDERLE (1995 f, mit Foto). Ein Foto der Art von M. Enderle siehe auch bei KRIEGLSTEINER (2003: 252).

Pluteus nanus (Pers.: Fr.) Kummer f. **nanus**
Fundbeschreibung siehe ENDERLE (1986 b).

Pluteus nanus f. **griseopus** (P. D. Orton) Vellinga
Fundbeschreibung siehe ENDERLE (1986 b).

Pluteus nigrofloccosus (Schulz.) Favre
Schwarzschneidiger Dachpilz
Syn.: *P. tricuspidatus, P. atromarginatus*
Fundbeschreibung siehe ENDERLE (1986 b). Weitere Fundpunkte siehe KRIEGLSTEINER (2003).

Pluteus petasatus (Fr.) Gillet
Seidiger Dachpilz
Funddaten: KRIEGLSTEINER (2001) nennt einen Fund im MTB 7624; Details sind mir nicht bekannt.
Ein weiterer Fund, der allerdings nicht vollkommen zweifelsfrei war, gelang am 19.09.94:
Hut –60 mm breit, flach konvex, ohne oder mit kleinem, abgesetztem, flachem Buckel; in der Mitte mit ganz kleinen, unauffälligen, angedrückten, hell ocker-bräunlichen Schüppchen; ganzer Hut sehr hell cremefarben mit bräunlichem Stich; etwas seidig glänzend
Lamellen frei, normal weit bis etwas gedrängt, hell creme mit Rosastich, am Stiel ausgebuchtet,
Stiel –50 mm lang, in der Mitte –8 mm dick, weißlich, gekrümmt, gegen die Basis verdickt, Basis leicht knollig
Geruch deutlich rettichartig
Sporen 6,6–7,4 x 5,6–5,8 µm, rundlich bis sehr breit ellipsoid, mit kleinem Apikulus
Cheilozystiden 45–70 x 15–20 µm, keulig
Pleurozystiden hakenförmig, 55–75 x 13–18 µm, dickwandig, an der Spitze mit einem meist zweigeteilten Haken
Funddaten: 19.09.94, Baden-Württemberg, nordöstlich von Riedheim, im „Windschutzstreifen“, MTB 7527/I, leg. M. E., det. E.C. Vellinga (Holland).

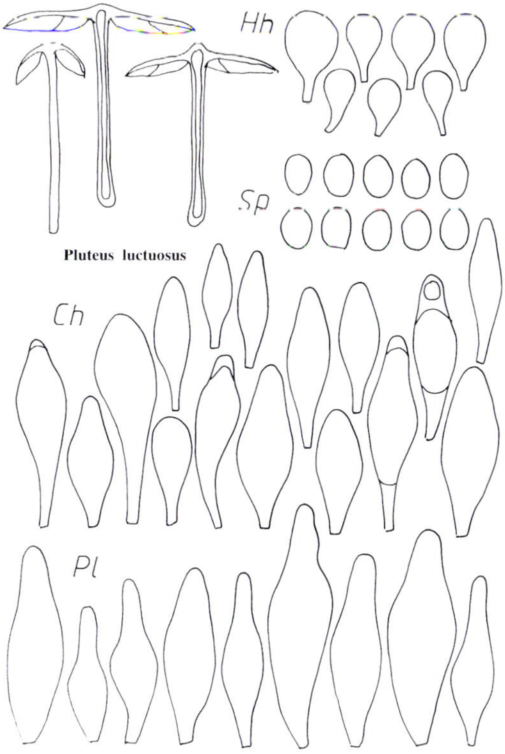

Pluteus luctuosus

Pluteus phlebophorus (Dittm.: Fr.) Kummer
Runzeliger Dachpilz
Syn.: *P. chrysophaeus* ss. auct.
Funddaten: 23.10.76, Krieglsteiner-Führung im Wald „Jungholz-Lechfeld“ zwischen Uf + Lh, MTB 7527/1; 1974–83, leg. A. K. in den MTB 7426, 7526; 08.06.81, bei Oberfahlheim, im Kirchholz, an Holz von Hainbuche (*Carpinus betulus*), MTB 7526, leg. M.E., Beleg in (M); DIETL & KRIEGLSTEINER (1989), am Oberen Eselsberg in Ulm; 06.09.86, bei Nerenstetten, bei Eichen/Rotbuchen, auf kalkhaltigem Untergrund, an Holzresten, leg. M. E., det. E.C. Vellinga (Holland); 27.10.88, am Dreierberg bei Klingenstein, MTB 7625, auf Buchenstumpf, leg. K. K.

Pluteus plautus (Weinm.) Gillet
Samtfüßiger Dachpilz
Syn.: *P. depauperatus, P. granulatus, P. hiatulus, P. punctipes, P. semibulbosus*
Fundbeschreibung siehe ENDERLE (1986 b) und ENDERLE (1992 a); weitere Funddaten: 11.10.89, Bayern, Kinderfestplatz Lh, Donau-Auwald, auf morschem Laubholzstumpf, MTB 7527, leg. M. E., conf. E.C. Vellinga (Leiden/Holland), Beleg in (M).
Notizen zu einem weiteren Fund vom 22.10.95:

Hut –45 mm breit, flach konvex bis scheibenförmig, in der Mitte schmutzig bräunlich bis leicht rußigbräunlich, nach außen deutlich heller, ca. 1/3 durchscheinend gerieft, unter der Lupe fein samtig, vor allem in der Mitte, ein Hut gegen den Rand fast hautfarben
Lamellen etwas gedrängt, am Stiel ausgebuchtet und frei, bauchig, –6 mm breit, hell beige-rosa
Stiel –55 mm lang, in der Mitte –4 mm dick, gegen Basis etwas erweitert, auf hellen Grund von unten bis über die Mitte mit winzigen bräunlichen Körnchen punktiert; diese Körnelung ist so fein, dass sie fast übersehen wird bzw. nur mit der Lupe zu sehen ist; die Körnelung ist gegen die Basis am dichtesten
Huthaut aus zylindrisch-keuligen blass bräunlichen Elementen bestehend
Cheilozystiden vorwiegend utriform
Pleurozystiden sehr zerstreut vorhanden, breit keulig bis utriform
Funddaten: 22.10.95, Donau-Auwald bei Rh, MTB 7527/1, auf ehemaligem Holzlagerplatz, leg. M. E.; Diapositiv in Diathek M. Enderle (im Computer unter Pluteus.003)
Es liegen Mikrozeichnungen der Cheilo- und Pleurozystiden, sowie ein Dia vor.

Pluteus podospileus Sacc. & Cuboni in Sacc. f. **minutissimus** (Maire) Vellinga
Samtiger Dachpilz
Fundbeschreibung siehe ENDERLE (1986 b).

Pluteus pusillulus Romagn. – Kleinster Dachpilz
Rote-Liste-Art: latent gefährdet
Fundbeschreibung siehe ENDERLE (1986 b).

Pluteus romellii (Britz.) Sacc.
Gelbstieliger Dachpilz
Fundbeschreibung siehe ENDERLE (1986 b), Foto siehe ENDERLE & REININGER (1995).
KRIEGLSTEINER (2003) nennt für den bad.-württembergischen Teil des Ulmer Raumes zahlreiche weitere Fundpunkte.

Pluteus roseipes von Höhnel
Rosastieliger Dachpilz
Rote-Liste-Art: gefährdet
Fundbeschreibung siehe ENDERLE (1986 b) und ENDERLE (1999 c; mit Foto). Funddaten von L. K. (pers. Aufzeichn.): L. K. fand die Art an ca. 10 Stellen im Ulmer Raum; 10.09.93, Bubesheimer Wald, MTB 7527, leg. Nikolai Enderle, det. M. E.

Pluteus salicinus (Pers.: Fr.) Kummer
Graugrüner Dachpilz
Fundbeschreibung siehe ENDERLE (1986 b). Funddaten von L. K. (pers. Aufzeichn.): 05.08.89, Witthau, an Eichenstumpf, MTB 7526/1, 13.09.89, „Schlag“ westlich Asch, an Buchenstumpf, MTB 7524/4, leg. E. S., det. L. K.; 11.09.90, BW „Tiefental“, an liegendem Laubholzstamm, MTB 7624/1, leg. L. K.; 2000/2001, Söhnstetten/Stöckelberg, MTB 7325/2, leg. H. P. (H. St.); weitere Fundpunkte werden bei KRIEGLSTEINER (2003) aufgeführt; 19.08.01, Pfarrholz, MTB 7724/4/21, an Weide, leg. K. Ke.

Pluteus satur Kühner & Romagn.
Blassstieliger Dachpilz
Syn.: *P. pallescens*
Funddaten von L. K. (pers. Aufzeichn.): 26.09.88, „Spitalwald“ westlich Ermingen, auf Erde/Mulm, MTB 7625/, leg. L. K.; 05.08.89, Witthau, an Eichenstumpf, MTB 7526/1, leg. L. K.; 28.09.89, „Heide“ westlich Wennenden, auf Erde und morschem Laubholz, MTB 7524/3, leg. E. S., det. L. K.

Pluteus thomsonii (Berk. & Br.) Dennis
Graustieliger Adern-Dachpilz
Fundbeschreibung siehe ENDERLE (1986 b) und ENDERLE (1995 b). Weitere Funde: 19.08.93, Kinderfestplatz Lh, auf großem Abfallhaufen unter Bäumen, an morschem Holzrest (?), leg. M. E.; 29.09.95, NSG Langenauer Ried, Baden-Württemberg, MTB 7527/1, auf Laubholz, leg. M. E., Beleg in (M)

Pluteus umbrosus (Pers.: Fr.) Kummer
Schwarzflockiger Dachpilz
Fundbeschreibung siehe ENDERLE (1986 b, mit Foto).

Volvariella bombycina (Schff.: Fr.) Singer
Wolliger Scheidling
Funddaten: 21.07.82, Kinderfestplatz Lh, auf Laubholzstumpf, MTB 7527, leg. C. S., det. M. E.; 05.07.03, Pfuhl, Ecke Platzgasse/Sudenstr., an Berg-Ahorn (am Fuße eines alten Baumes, an morschem Baumstumpf), MTB 7526.3, leg. W. G.; KRIEGLSTEINER (2001) nennt einen Fund im MTB 7725; Details sind mir nicht bekannt.

Volvariella caesiotincta Orton
Blaugrauer Scheidling
Rote-Liste-Art: latent gefährdet
Fundbeschreibung siehe ENDERLE (1992 a) und ENDERLE & REININGER (1995).
Weitere Funddaten: 24.08.92, Wald „Hörnle“ bei Grimmelfingen, am Wegrand, leg. M. E., Beleg in (M)
Notizen von einem weiteren Fund:
Hut –60 mm breit, fein anliegend faserig, trocken, gegen die Mitte hell grauolivlich, in der Mitte am dunkelsten
Lamellen gedrängt, schwach bauchig, frei, lebhaft hell rosa

Stiel –70 mm lang, in der Mitte –8 mm dick, creme-weißlich; Schneide schmutziggrau
Sporen –5 µm breit
Cheilozystiden bauchig mit Schnabel oder mit fingerförmigen Auswüchsen
Pleurozystiden utriform
Funddaten: 01.10.93, Baden-Württemberg, bei Wiblingen, feuchter Laubwald, leg. M. E.; Diapositiv in Diathek M. Enderle.
KRIEGLSTEINER (2001) nennt einen weiteren Fund im MTB 7625; Details sind mir nicht bekannt.

Volvariella gloiocephala (DC: Fr.) Boekhout & Enderle – Großer Scheidling

Syn.: *V. speciosa*
Fundbeschreibung und Neukombination, siehe BOEKHOUT & ENDERLE (1986) und BOEKHOUT & ENDERLE (1995).
Funddaten: vor 1894, Ulm am Weg nach Thalfingen, in Garten, leg. Veesenmeyer; weitere Funddaten erübrigen sich. Die Art ist sehr häufig und kommt sehr wahrscheinlich in allen MTB im Ulmer Raum vor. Die Neukombination wurde in Beitr. z. Kenntnis der Pilze Mitteleuropas 2: 77–80, 1986, durchgeführt. Die Neotypisierung erfolgte in der holländischen Zeitschrift Persoonia Vol. 16, Part 2, S. 249–251, 1996. Belege des Neotypus (von der Riedheimer Flur, Acker von Günter Kreiß, am Nordostrand Riedheims) und vom Neo-Isotypus befinden sich in der Botanischen Staatssammlung in München (M). Am 14.10.01 machte mich Erwin Zengerle (Riedheim) auf eine größere Population in der Nähe der Neotypus-Lokalität aufmerksam.
Die Art ist häufig und kommt sehr wahrscheinlich in jedem MTB im Ulmer Raum vor.

Volvariella hypopithys (Fr.) Shaffer

Nadel-Scheidling
Fundbeschreibung siehe ENDERLE & REININGER (1995).
Weitere Funddaten: 19.07.81, Bubesheimer Wald bei Kissendorf, MTB 7527, unter Fichten, leg. M. E., Beleg in (M); Funddaten von L. K. (pers. Aufzeichn.): 03.10.82, Lauberhau/Tomerdingen, MTB 7425/3, leg. G. F.; 05.08.91, Illerrieden/Weihungszell, MTB 7726/1, leg. Hg (?), det. L. K.; 03.11.87, am Roten Berg bei Söflingen, MTB 7625, auf Fichtennadelstreu an einem Waldweg, leg. K. K.; 10.09.93, Bubesheimer Wald, bei Fichten, leg. Nikolai Enderle, det. M. E.

Volvariella murinella (Quélet) Courtecuisse

Mausgrauer Scheidling
Fundbeschreibung siehe ENDERLE & REININGER (1995).
Notizen zu einem weiteren Fund der f. *murinella*:

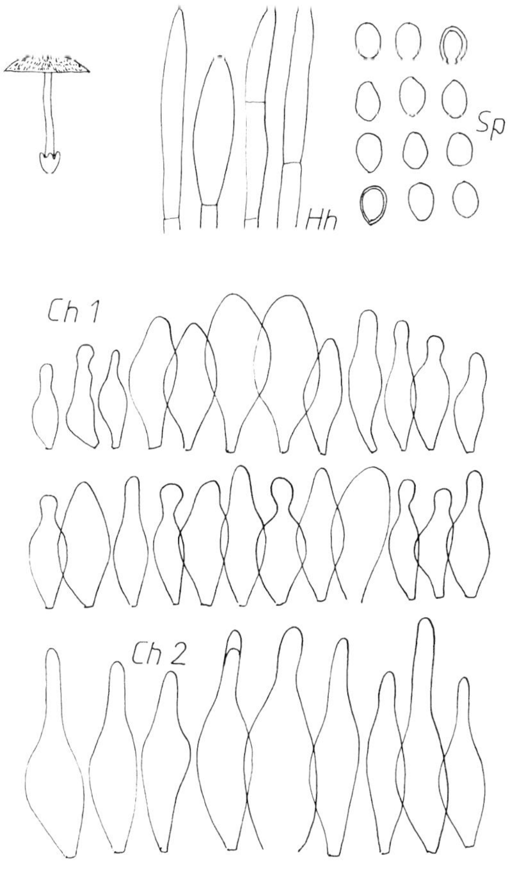

Volvariella hypopithys

Hut –24 (35) mm breit, flach konvex mit etwas vertiefter Mitte (diese flach oder mit kleinem Buckel), in der Mitte rußig grau, mit Olivstich, nach außen deutlich heller, teilweise fast ohne Grau, hellbeige weißlich, nicht hygrophan (?), ganz fein und anliegend radialfaserig, Rand leicht gekerbt-gerieft, teilweise mit leichtem Rosaton, oft etwas aufspaltend und dann wie gekämmt
Geruch schwach säuerlich bis leicht geranienartig
Lamellen normal weit bis etwas gedrängt, frei, mit großem, weißlichen Burggraben, schwach bauhig, –5 mm breit, mit Rosaton
Stiel –35 (50) mm lang, in der Mitte 4 mm dick, frisch rein weiß, Basis und Spitze etwas erweitert und mit lappiger, schmutzig weißlicher bis graustichiger Scheide (ca. 2–3 Lappen), hohl
Sporen ellipsoid, ca. 6,5–7 x 4 µm; Basidien 4-sporig, 25–33 x 8,5–9,5 µm
Cheilozystiden sehr variabel, meist lageniform, selten utriform oder keulig
Pleurozystiden ähnlich den Cheilozystiden
Caulozystiden an der Stielspitze vorwiegend keulig bis flaschenförmig

Funddaten: 23.08. und 24.08.95, Bayern, Donau-Auwald bei Riedheim, am Wegrand, MTB 7527, leg. Robert Enderle, det. M. E.; Diapositiv in Diathek Enderle
(im Computer unter Volvariella murinella)
Ausführliche Mikrozeichnungen liegen vor.
Weitere Funddaten: 06.08.77 und in nachfolgenden Jahren, Hofeinfahrt Hans Enderle, Uf, MTB 7527, neben der Ligusterhecke, im vermoosten Gras, leg. M. E.; Belege in (M); Funddaten von L. K. (pers. Aufzeichn.): 15.09.90, nordwestlich Dietenheim, am Wegrand bei *Urtica*, MTB 7726/3, leg. L. K.; KRIEGLSTEINER (1991) nennt in seinem Verbreitungsatlas Funde in den MTB 7424, 7426, 7524, 7526 und 7726. Nähere Fundangaben liegen mir nicht vor.

Volvariella pusilla (Pers.: Fr.) Singer
Kleinster Scheidling
Fundbeschreibung siehe ENDERLE & REININGER (1995).
Weitere Funddaten: 16.06.81, Garten von Hans Enderle, Uf, MTB 7527, im Gras unter Walnußbaum, leg. Bärbel Enderle, det. M. E.; 19.07.86, Hausen/Lone, Buchen-Waldweg, MTB 7426/2, bei AMO-Exkursion

Volvariella surrecta (Knapp) Singer
Parasitischer Scheidling
Rote-Liste-Art: latent gefährdet
Funddaten: 10.10.81, bei Laupheim, leg. G. O., MTB 7724, Beleg in (M); 13.10.00, Buchwald bei Reutti, MTB 7726, auf verfaulter *Lepista nebularis*, leg. K. K.; KRIEGLSTEINER (1991) nennt in seinem Verbreitungsatlas einen Fund in MTB 7524. Nähere Fundangaben liegen mir nicht vor.

Familie **Agaricaceae** Fries

Agaricus aestivalis (Moeller) Pilat
Sommer-Champignon
Funddaten: 09.08.80, zwischen Ne + Burlafingen, in Fichtenparzelle auf Kalk, leg. M. E., det. H. S.; 03.06.96, östlich Riedhausen, Baden-Württemberg, im Wald „Hardt", MTB 7427, nördlich Gz, unter Fichten, Exk. mit Kri, leg. M. E., Beleg in (M); KRIEGLSTEINER (1991) nennt in seinem Verbreitungsatlas einen Fund in MTB 7424. Nähere Fundangaben liegen mir nicht vor.

Agaricus altipes (Moeller) Pilat
Langstieliger Champignon
Rote-Liste-Art: gefährdet
Funddaten: 1982, leg. A. K. in MTB 7426/2 (keine weiteren Angaben).

Agaricus annae Pil.
Schmalstieliger Blutegerling
Funddaten von L. K. (pers. Aufzeichn.): 02.08.89, Waldlehrpfad Dornstadt, am Waldrand im Gras, MTB 7525/2, leg. L. K. (im Verbreitungsatlas von G. J. K. fehlt dieser Fund.)

Agaricus arvensis Schaeff.:Fr.
Weißer Anis-Champignon
Funddaten: vor 1894, leg. Veesenmeyer („im Ulmer Gebiet nicht selten, besonders bei Mähringen, jedoch immer in kleinen Exemplaren"); 1975–1983, leg. A. K. in den MTB 7426, 7425, 7525 und 7526; 23.10.76, Kri-Exk. im „Jungholz" zwischen Lh + Uf, MTB 7527; 25.09.77, Kri-Exk. Roter Berg bei Ulm, MTB 7525/4; PA Ulm 8/1978; Kri-Exk. 17.09.78 bei Hörvelsingen, MTB 7526 und bei Westerstetten, MTB 7425; 30.08.79, Garten H. Enderle, neben Gebüsch im Gras, leg. M. E.; 29.10.99, bei Altheim/Alb, MTB 7426/1, Buchenwald, im Laubstreu, leg. B. S. Weitere Funddaten erübrigen sich. Die Art ist sehr häufig und kommt sehr wahrscheinlich in allen MTB im Ulmer Raum vor.

Agaricus augustus Fr. – Riesen-Champignon
Synonym: *A. perrarus*
Funddaten: 1937–40, Haas-Fund im Maien- und Klosterwald bei Ulm-Söflingen, MTB 7625; 1974–83, leg. A. K. in den MTB 7426, 7525, 7526; 8/1977, PA Ulm; 8/1978 PA Ulm; 30.07.79, zwischen Lh + Uf, in kleinem Fichtenwäldchen am Biberberg (bei alter Landstr.), MTB 7527; 25.09.77, Kri-Exk. am Roten Berg bei Ulm, MTB 7525/4; 01.07.78, beim Bühler Sportplatz, leg. M. E.; weitere Funddaten erübrigen sich. Die Art ist sehr häufig und kommt sehr wahrscheinlich in allen MTB im Ulmer Raum vor.

Agaricus benesii (Pilat) Singer
Weißschuppiger Egerling
Rote-Liste-Art: gefährdet
KRIEGLSTEINER (1991) nennt in seinem Verbreitungsatlas einen Fund in MTB 7525. Nähere Fundangaben liegen mir nicht vor.

Agaricus bernardii (Quélet apud Cooke & Quélet) Sacc. – Grobschuppiger Salzwiesen-Egerling
KRIEGLSTEINER (1991) nennt in seinem Verbreitungsatlas einen Fund in MTB 7525. Nähere Fundangaben liegen mir nicht vor.

Agaricus bisporus (J.Lge.) Imbach
Zweisporiger Champignon
Funddaten: 1974–82, leg. A. K. in den MTB 7426, 7526, 7525; 8/1977, PA Ulm; 06.10.79, Auwald bei Lh, beim Kinderfestplatz, auf Pferdemist, leg. M. E., det. J. St., MTB 7527; 1937–40, Haas-Fund auf

Hochfläche über Blautopf bei Blaubeuren, MTB 7524

Agaricus bitorquis (Quélet) Sacc.
Stadt-Champignon
Funddaten: 1974–83, leg. A. K. in MTB 7525, 7526; 8/1977, PA Ulm; 8/1978, PA Ulm; 13.06.80, bei Riedheim, am Schwarzen Graben, neben Teerweg, leg. M. E.; 13.06.80, Kinderfestplatz Lh, MTB 7527, leg. C. S., det. M. E.; 1990–99, Baden-Württemberg, im Ried zwischen Riedheim und La, auf „Jungviehweide", MTB 7527, leg. M. E.

Agaricus campestris (L.) Fr.
Wiesen-Champignon
Funddaten: vor 1894 Eselswald bei Mähringen; 1974–83, leg. A. K. in den MTB 7426, 7526, 7425, 7525; 8/1977, PA Ulm; 21.10.78, Kissendorf auf Wiese, det. J. St., MTB 7526; 1937–40, Haas-Fund auf Hochfläche über dem Blautopf bei Blaubeuren, MTB 7524; Funddaten von L. K. (pers. Aufzeichn.): in den MTB's 7624/1, 7525/1+3, 7526/1+3, 7626/2 und 7724/4, auf Weiden, Wiesen, in Maisfeldern und Rasen; die Art ist insgesamt gesehen auf dem Rückzug; vermutlich verträgt sie keinen künstlichen Dünger.

Agaricus chionoderma Pilat
Schneehäutiger Egerling
KRIEGLSTEINER (1991) nennt in seinem Verbreitungsatlas Funde in den MTB 7424, 7427 und 7525. Nähere Fundangaben liegen mir nicht vor.

Agaricus comtulus Fr.
Triften-Zwergchampignon
Funddaten: 1982, leg. A. K. in MTB 7426/1

Agaricus cf. **cupreobrunneus** (J. Schff. & Steer) Moell. – Kupferbrauner Egerling
Rote-Liste-Art: gefährdet
Hut –120 mm breit, konvex, von Grashindernissen teilweise verbogen, mit angedrückten, braunen Schuppen; diese frisch mit minimalem Kupferton, ausgetrocknet nur noch braun
Lamellen typisch „Agaricus-farbig", hell schokoladenfarbig, Schneiden +/- gleichfarbig, –10 mm breit, gedrängt
Stiel –90 mm lang, an der Basis –40 mm breit
Geruch maggiartig
Fleisch an der Stieloberfläche nach Drücken etwas rötend
Sporen ca. 6,6–9,5 x 5–5,8 µm
Cheilozystiden keine gesehen
Funddaten: 05.08.87, Baden-Württemberg, Ulm-Donautal, in Richtung Stauwerk, unter Populus ssp., im Gras, leg. M. E.; Diapositiv in Diathek Enderle; (nur 1 Frk. getrocknet, da alle anderen mit Würmern übersät)
Anmerkungen: Der Fund müsste mit moderner Literatur nachbestimmt werden, um als sicher zu gelten.

Agaricus essettei Bon
Schiefknolliger Anis-Champignon
Syn.: *Agaricus abruptibulbus*
Funddaten: 1975–1983, leg. A. K. in MTB 7426, 7526, 7525; 23.10.76, Krieglst.-Exk. Muna bei Bühl, MTB 7527; 25.09.77, Krieglst.-Exk. Roter Berg bei Ulm, MTB 7525/4; Pilzausstellung Ulm August 1978; Stangl-Exk. 07.10.78 im Bubesheimer Wald bei Echlishausen, MTB 7527; Haas-Exk. 19.10.80, MTB 7425; 29.08.02, Donaustetten Eichhau, MTB 7625/4/3, leg. K. Ke., Pflanzengesellschaft: Gemischte Forste, Organ/Wuchsstelle: verrottende Laub- u. Nadelstreu, Höhe über NN: 475 m, Bodenart: Kies, Bodentyp: Parabraunerde, pH: sauer, Bodenfeuchtigkeit: frisch, Soziabilität: in Gruppen, gesellig; 02.09.02, Ingerkingen Greut, MTB 7724/4/3, leg. K. Ke., Pflanzengesellschaft: Fichten-Forste, verrottende Laub- u. Nadelstreu, Höhe über NN: 525 m, Bodenart: Kies, Bodentyp: Parabraunerde, pH: sauer; 11.09.02, Ersingen Gemeindeholz, MTB 7725/1/1, leg. K. Ke.; weitere Funddaten erübrigen sich. Die Art ist sehr häufig und kommt sehr wahrscheinlich in allen MTB im Ulmer Raum vor.

Agaricus cf. **excellens** (Moell.) Moell.
Schneeweißer Egerling
Rote-Liste-Art: gefährdet
Hut –100 mm breit, alt flach konvex, weißlich, fast kahl
Lamellen jung hell rosa, alt schmutzig dunkel rosafarben, schmal, –6 mm breit, dichtstehend
Stiel –120 mm lang, in der Mitte –25 mm dick, jung weißlich mit aufgerauten, weißen Schuppen, alt im oberen Drittel etwas rosa-hautfarben, Ring nach unten abziehbar, dünnhäutig, Basis alt keulig, wenig knollig
Fleisch eines jungen Fruchtkörpers im Schnitt unverändert
Geruch minimal bittermandelartig (?)
Sporen 10–11,5 x 6–6,8 µm, ellipsoid, mit deutlichem Porus und Apikulus
Cheilozystiden 17–30 x 8–15 µm, breit keulig oder ellipsoid (scheinbar ohne Stiel)
Funddaten: 26.09.92, Bayern, Bubesheimer Wald bei Echlishausen, MTB 7527, unter *Pinus silvestris*, leg. M. E.
Anmerkungen: Dieser Fund müsste mit neuester Literatur nochmals nachbestimmt werden. Es liegt eine Habituszeichnung und Mikrozeichnung der Cheilozystiden und Sporen vor.

Agaricus gennadii

Agaricus gennadii (Chatin & Boud.) Orton
Scheiden-Champignon
Fundbeschreibung siehe Enderle (1981 a).
27.07.79–25.08.87, allährlich im Auwald bei Uf, in Fichtenparzelle auf Kalk, leg. M. E., erster Fund det. A. Einhellinger; Belege vom 24.09.81 und 25.08.87 in (M); 13.10.79, Haas-Exk. zwischen Ne + Bu, in Fichtenparzelle, leg. G. O., MTB 7526; 09.08.80, Fichtenparzelle im Auwald bei Thalfingen, MTB 7526, leg. M. E., Beleg in (M); bei Pilzausstellung in Ulm am 01./02.10.88

Agaricus impudicus (Rea) M. Lange
Braunscheckiger Stink-Egerling
Funddaten: 02.09.01, Bubesheimer Wald bei Echlishausen, MTB 7527, leg. M. E.

Agaricus langei (Moell.) Moeller
Großsporiger Blutegerling
Synonym: *A. haemorrhoidarius*
Funddaten: Dietl & Krieglsteiner (1989), am Oberen Eselsberg in Ulm; Funddaten von L. K. (pers. Aufzeichn.): ca. 1980, in MTB 7426/4, Laubwald, leg. A. K., vor 1980, in den MTB 7525/4 und 7526/3. Funddaten von L. K. (pers. Aufzeichn.): 15.09.90, nordwestlich Dietenheim, MTB 7726/3, leg. L. K.

Agaricus luteomaculatus (Moell.) Moeller
Gelbfleckender Zwergegerling
Funddaten von L. K. (pers. Aufzeichn.): 14.10.89, südwestlich Arnegg, bei Buchen auf Kalk, MTB 7525/3, leg. L. K.

Agaricus lutosus (Moell.) Moell.
Ockerfarbener Zwerg-Egerling
Rote-Liste-Art: latent gefährdet

Agaricus impudicus

Agaricus lutosus

Fundbeschreibung siehe Krieglsteiner & Enderle (1987).
Weitere Funddaten: 02.10.91, Pfuhl, MTB 7526, im Rasen neben Neubauwohnung, Nähe Fam. Gehrke, leg. M. E., Beleg in (M); Krieglsteiner (1991) nennt in seinem Verbreitungsatlas einen Fund in MTB 7625. Nähere Fundangaben liegen mir nicht vor.

Agaricus macrocarpus (Moell.) Moeller
Großer Anis-Egerling
Krieglsteiner (1991) nennt in seinem Verbreitungsatlas Funde in den MTB 7426, 7525 und 7526. Nähere Fundangaben liegen mir nicht vor.

Agaricus macrosporus (Moell.& J.Schff.) Pilat
Großsporiger Champignon
Synonym: *A. kühnerianus*
Funddaten: 05.10.52, Haas-Exk. bei Gerlenhofen/Senden, MTB 7626; 1974–83, leg. A. K. in MTB 7426, 7526, 7525, 7425; 25.09.77, Kri-Exk. Roter Berg bei Ulm, MTB 7525/4; 8/1978 PA Ulm; 05.06.02, zwischen Altheim und Gerstetten, auf Wacholderheide, leg. G. S., det. M. E., 21.07.02, bei Gerstetten, Trockenrasen auf Kalk, MTB 7325/4/24, leg. G. S.; 08.10.99, bei Altheim/Alb, Heidefläche im Gras auf Erde, MTB 7426/1, leg. B. S.; alljährlich, Hungerbrunnental, nach Altheim, leg. W. H.

Agaricus purpurellus (Moell.) Moeller
Purpur-Zwergchampignon
Krieglsteiner (1991) nennt in seinem Verbreitungsatlas einen Fund in MTB 7625. Nähere Fundangaben liegen mir nicht vor.

Agaricus semotus Fr.
Weinrötlicher Zwerg-Champignon
Funddaten: Haas-Funde zwischen 1937–40 in den MTB 7525 (Eselsberg bei Ulm; Filde bei Beimerstetten) und MTB 7625 (Maien- und Klosterwald bei Ulm-Söflingen); 23.10.76, Kri-Exk. Muna bei Bühl, MTB 7527; 25.09.77, Kri-Exk. Roter Berg bei Ulm, MTB 7525/4; 17.09.78, Kri-Exk. bei Hörvelsingen, MTB 7526; 14.07.79, „Muna" bei Bühl, Fichtenforst, MTB 7527, det. J. St.; 16.10.80, zwischen Ne + Bu, Fichtenwald auf Kalk, leg. M. E., Beleg in (M); 13.09.92, nördlich La/Württemberg, in Fichtenwald, leg. M. E., Beleg in (M); 17.09.00, Widenmannwald bei Reutti, MTB 7726, in Fichtennadelstreu, leg. K. K.; weitere Funddaten erübrigen sich. Die Art ist häufig und kommt sehr wahrscheinlich in allen MTB im Ulmer Raum vor.

Agaricus silvaticus Schaeff.:Fr.
Wald-Champignon
Synonym: *Psalliota haemorrhoidaria* Schulz. ss. auct., nom.dub.

Funddaten: vor 1894, leg. Veesenmeyer bei Ulm; 1974–83, leg. A. K. in MTB 7426, 7526, 7525, 7425; 23.10.76, Kri-Exk. „Muna" bei Bühl, MTB 7527/3; Kri-Exk. „Roter Berg" bei Ulm, MTB7525/4; 15.10.77, Stangl-Exk. Muna bei Straß, MTB 7526; 09.07.78, „Muna" bei Straß, seitlich am Wegrand bei Fichten, leg. M. E.; PA Ulm 26./27.08.78; 17.09.78, Kri-Exk. bei Hörvelsingen, MTB 7526; 07.10.78, Stangl-Exk., Bubesheimer Wald bei Echlishausen, MTB 7527; 26.07.79, zwischen Lh und Uf, am Biberberg, in kleinem Fichtenwäldchen bei alter Landstr., MTB 7527/3; weitere Funddaten erübrigen sich. Die Art ist sehr häufig und kommt sehr wahrscheinlich in allen MTB im Ulmer Raum vor.

Agaricus silvicola (Vitt.) Sacc.
Dünnfleischiger Anis-Champignon
Funddaten: 1974–83, leg. A. K. in MTB 7426, 7526, 7525; 17.09.77, Gräser-Exk., MTB 7525/2; PA Ulm 26./27.08.78; weitere Funddaten erübrigen sich. Die Art ist sehr häufig und kommt sehr wahrscheinlich in allen MTB im Ulmer Raum vor.

Agaricus spissicaulis Möller
Gedrungener Champignon
Rote-Liste-Art: gefährdet
Funddaten: 27.07.82, „Muna" bei Uf/Opferstetten, unter Fichten in Waldrandnähe, im Gras, leg. M. E., conf. H. S., MTB 7527/3, Beleg in (M); 1982, leg. A. K. in MTB 7526; bei Pilzausstellung in Ulm am 01./02.10.88; die Art kommt sehr wahrscheinlich in allen MTB im Ulmer Raum vor.
Beschreibung eines Fundes vom 26.09.92:
Hut –20 (25) mm breit, weiß, bei Verletzung nicht verfärbend, am Rand feinschuppig, Hutfleisch –25 mm dick
Lamellen schmutzig rosa, –12 mm dick, gedrängt
Stiel –120 mm lang, in der Mitte –30 mm dick, Ring nach oben abziehbar, an der Basis fädiges Würzelchen
Fleisch im Schnitt rosa anlaufend
Geruch pilzartig banal oder etwas unangenehm
Sporen ca. 5,8 x 4,5 µm, breit ellipsoid bis fast rundlich, dickwandig, mit kleinem, aber deutlichem Apikulus
Cheilozystiden 20–30 x 11–14 µm, breit keulig
Funddaten: 26.09.92, Bayern, Bubesheimer Wald bei Echlishausen, unter *Picea abies*, MTB 7527, leg. M. E.; Dia in Diathek Enderle

Agaricus squamulifer (Möller) Pilat
Feinschuppiger Champignon
Funddaten: PA Ulm im August 1978; PA Ulm 26./27.08.78; Haas-Exk. 1937–40, im Maien- und Klosterwald bei Ulm-Söflingen, MTB 7625; 1982, leg. A. K. im MTB 7426/1 + 4; Herbst 2000, Hungerbrunnental, bei Altheim, leg. W. H.

Agaricus stramineus (J. Schäffer & Moeller) Singer – Strohgelber Egerling
Funddaten von L. K. (pers. Aufzeichn.): September 1985, leg. A. K. in MTB 7426/3.

Agaricus subfloccosus (Lge.) Pilat
Flockiger Champignon
Funddaten: 06.07. + 29.07.79, Donau-Auwald bei Uf, in kleiner Fichtenparzelle, danach alljährlich; erster Fund conf. A. Einhellinger; 10.06.99, Donau-Auwald bei Riedheim, am Himmelsreuth-See, bei Rotbuchen und Fichten, MTB 7527, leg. M. E., kurze Fundbeschreibung:
Hüte 30–70 mm breit, jung angedrückt graulich schuppig, bei älteren Ex. ins Bräunliche übergehend; junge Ex. am Hutrand mit kleinen Flöckchen; Stielring nach unten abziehbar, im Alter sehr flüchtig oder fast nicht mehr sichtbar; Stielfleisch nach Reizung braunrötlich, Hutfleisch fast unveränderlich; Geruch der jungen Frk. nach dem Durchschnitt ähnlich *Heterobasidion annosum*, bei alten an Maggi anklingend (Trockenperiode?); Lamellen jung bräunlichrosa, alt schwarzbräunlich; Stiel an derBasis +/- gerade bis knollig (wenige Meter entfernt wächst *Agaricus gennadii*).
Weiterer Fund: 24.05.99, bei Riedheim im Donau-Auwald, beim Baggersee „Himmelsreuth", unter eingestreuten Fichten, auf sandiger Erde, MTB 7527/1, leg. M. E., Beleg in (ULM).

Agaricus subperonatus (Lange) Singer
Gegürtelter Champignon
Fundbeschreibung mit Foto siehe ENDERLE (1992 a).
Weitere Funddaten: 07.10.91, Ulm-Donautal, bei Firma Ratiopharm, am Wegrand bei Büschen, gesellig bis fast büschelig, leg. M. E.

Agaricus vaporarius (Vitt.) Moser
Kompost-Egerling
Fundnotizen: Sporen 7–8 x 5–5,5 µm, Cheilozystiden keulig, Fruchtkörper etwas überständig
Funddaten: 24.09.93, Baden-Württemberg, Ulm-Donautal, bei Firma Ratiopharm, rechts neben großer breiter Straße im Rasen neben Gehweg, leg. M. E.; Dia in Diathek Enderle; Funddaten von L. K. (pers. Aufzeichn.): ca. 1989, leg. G. O. in MTB 7725/3.

Agaricus xanthoderma Gen.
Karbol-Champignon
Funddaten: September 75, Of, in Garten, inmitten *A. campestris* (!), leg. M. E., MTB 7526; 1975–83,

Acker- und Wiesenlandschaften haben eine eigene Pilzflora (Ackerlinge, Mistpilze, Kahlköpfe, etc.): Riedheim von Osten, mit Rapsfeldern

leg. A. K. in MTB 7425, 7426; September 76, „Muna" bei Uf/Opferstetten, bei Firma Imbau, in Fichtenwald, MTB 7527/3, leg. M. E.; 26./27.08.78, PA Ulm; 13.10.79, Haas-Exk. zwischen Ne/Bu, massenhaft in Fichtenwald, leg. M. E., MTB 7526; 29.10.82, Hangwald bei Gerhausen, bei Fichten + Buchen, leg. G. O., MTB 7524

Agaricus xanthoderma var. **lepiotoides Maire**
Funddaten: 01.09.96, Donau-Auwald bei Lh (beim Trimm-dich-Pfad), MTB 7527, leg. M. E., Beleg in (M)

Agaricus xanthoderma var. **griseus** (Pearson) Bon & Capelli
Funddaten: 14.10.94, Uf, im Garten der Familie Steck bzw. König, unter Obstbäumen, leg. Schlander, det. M. E., MTB 7526, Beleg in (M)

Familie **Bolbitiaceae** Singer

Agrocybe arvalis (Fr.) Singer
Geschwänzter Sklerotien-Ackerling
Fundbeschreibung siehe ENDERLE (1985) und ENDERLE (1999 c).
Funddaten: 13.08.79, „Muna" bei Bühl, MTB 7527, in Fichtennadelstreu, leg. M. E., det. H. S., Beleg in (M); 03.09.92, Ulm-Donautal, auf Sportplatz des SV Grimmelfingen, MTB 7625, im Rasen, leg M. E., Beleg in (M); 15.08.96, Bayern, nördlich von Riedheim, auf einer Wiese mit ausgestreuten Holzhäckselresten, MTB 7527/1, leg. M. E., Beleg in (M); Fundbeschreibung mit Foto siehe ENDERLE (1999 c).

Agrocybe dura (Bolt.: Fr.) Singer
Rissiger Ackerling
Syn.: *A. molesta*
Fundbeschreibung siehe ENDERLE & REININGER (1989) und ENDERLE & REININGER (1995). Ein Foto der Art von M. Enderle befindet sich bei KRIEGLSTEINER (2003: 291).
Die Art ist heliophil. Es liegen zahlreiche Funde vor, u. a. von Uwe Kodantke, 16.06.98, Albeck, in seinem Garten, det. M. E.; 18.06.98, bei Rh, am Ostertag-See, MTB 7527, leg. M. E. (Foto in Diathek M. E.); 1990–1999, Ulm-Donautal, bei den Wieland-Werken, an Wegrändern beim Lichternsee, MTB 7625, leg. M. E.
Weitere Funddaten: Juni 77, zwischen Tennisplatz Straß und Kirchholz Of, in Brennnesselflur; 25.07.81, bei Uf, MTB 7527, bei Fa. Imbau, leg. M. E.; 16.06.90, zwischen Lh-Weißingen und Riedheim, auf Feldern, am Wegrand, leg. M. E., Beleg in (M); 15.06.97, Bibertal-Kissendorf, am Rand des Gartens von Konrad Mühleisen, leg. M. E.

Agrocybe elatella (Karsten) Vesterholt
Sumpfwiesen-Ackerling
Syn.: *A. paludosa*
Rote-Liste-Art: gefährdet
Fundbeschreibung siehe ENDERLE & REININGER (1989) und ENDERLE & REININGER (1995).
Weitere Funddaten: 20.05.91 und 27.05.96, Baden-Württemberg, NSG Langenauer Ried nordöstlich von Riedheim, MTB 7527, an sumpfiger Stelle, leg. M. E., Beleg in (M) und in (ULM), Dia in Diathek Enderle.

Agrocybe erebia (Fr.) Kühner
Leberbrauner Ackerling
Fundbeschreibung siehe ENDERLE (1985). Ein Foto der Art von M. Enderle befindet sich bei KRIEGLSTEINER (2003: 294).
Funddaten: 1937–40, Haas-Exk., MTB 7525, Eselsberg in Ulm; 10.09.79, VNM-Führung am „Roten Berg“ bei Ulm, conf. J. St.; 29.08.81, Auwald Illerkirchberg, leg. ?; 04.10.81, Auwald bei Leibi, leg. M. E., Beleg in (M); 31.09.83, nördlich von Riedheim, in Windschutzstreifen, MTB 7527/1, leg. M.E.; 10.10.79, Ulm, am Roten Berg, MTB 7525/4, leg. M. E.; 29.08.81, Auwald Illerkirchberg, MTB 7625/4, leg. M. E.; 04.10.81, Auwald Leibi, MTB 7526/4, leg. M. E.; ca. 1981, Bährenmahd nördlich Illerrieden, MTB 7726/1, leg. M. E.

Agrocybe firma (Peck) Kühner
Samtiger Ackerling
Syn.: *Agrocybe ombrophila*
Fundbeschreibung siehe ENDERLE (1985).
02.09.79, Donau-Auwald bei Uf, MTB 7527, beim Staubecken, am Rand einer Fichtenparzelle, leg. M. E., det. A. Einhellinger (München); 25.09.81, „Fuchshölzle“ zwischen Ne und Bu, leg. M. E., Beleg in (M); 14.10.84, bei Nerenstetten, am Wegrand, MTB 7427, leg. M. E.

Agrocybe pediades (Fr.: Fr.) Fayod
Halbkugeliger Ackerling
Syn.: *A. semiorbicularis, A. arenaria, A. arenicola, A. subpediades*
Fundbeschreibung siehe ENDERLE & REININGER (1989) und ENDERLE & REININGER (1995). Weitere Funddaten erübrigen sich. Die Art ist sehr häufig und kommt sehr wahrscheinlich in allen MTB im Ulmer Raum vor. Belege im Fungarium Krieglsteiner et filii.

Agrocybe praecox (Pers.: Fr.) Fayod
Voreilender Ackerling
Syn.: *A. gibberosa, A. sphaleromorpha*
Fundbeschreibung siehe ENDERLE & REININGER (1989) und ENDERLE & REININGER (1995).
Funddaten: vor 1894, Veesenmeyer, Ulm; 1975–83; weitere Funddaten erübrigen sich. Die Art ist sehr

Agrocybe firma

häufig und kommt sehr wahrscheinlich in allen MTB im Ulmer Raum vor.

Agrocybe vervacti (Fr.) Singer
Hohlstieliger Ackerling
Fundbeschreibung siehe ENDERLE (1987 a). Ein Foto der Art von M. Enderle befindet sich bei KRIEGLSTEINER (2003: 301).
Weitere Funddaten: 06.07.89, bei Riedheim, MTB 7527, im Gras bei Kanadische Pappel, leg. M. E., Beleg in (M); 15.09.92, Ulm-Donautal, MTB 7625, vor Fa. Miele, im Rasen, leg. M. E., Beleg in (M)

Bolbitius coprophilus (Peck) Hongo
Rosa Mistpilz
Beschreibung siehe ENDERLE, KAJAN & KRIEGLSTEINER (1985) und ENDERLE (1996 c).
Funddaten: 13.09.92, zwischen Rh + Lh-Weißingen, auf altem Kuhmisthaufen, MTB 7527/1, leg. M. E., Beleg in (M);

Bolbitius lacteus Lge. – Weißer Mistpilz
Beschreibung siehe ENDERLE, KAJAN & KRIEGLSTEINER (1985).
Funddaten: 1974–83, leg. A. K. in MTB 7525 und 7526

Bolbitius reticulatus (Pers.: Fr.) Ricken
Lila Mistpilz, Netzadriger Mistpilz
Beschreibung siehe ENDERLE, KAJAN & KRIEGLSTEINER (1985), ENDERLE & REININGER (1995, mit Foto) und ENDERLE (1996 c). Ein Foto der Art von M. Enderle befindet sich bei KRIEGLSTEINER (2003: 304).
Funddaten: 05.11.77, zwischen Lh + Uf, Wald „Jungholz", MTB 7527, auf Laubholzstumpf, leg. M. E.; 04.06.79, Auwald Lh, auf Laubholzstrunk, MTB 7527/1; 17.10.81, Auwald Lh, auf Pappelstamm, leg. M. E., Beleg in (M); 15.05.83, Baden-Württemberg, Windschutzstreifen nördlich Riedheim, auf Holzresten, MTB 7527/1, leg. M. E. (Mikrozeichnungen im Herbar M. Enderle). KRIEGLSTEINER (2001) nennt Funde in den MTB 7424, 7425, 7426, 7524, 7525 und 7624; Details sind mir nicht bekannt.

Bolbitius reticulatus forma **aleuriatus** (Fr.) Enderle 1996
Fund- und Neubeschreibung siehe ENDERLE (1996 c).

Bolbitius spec. (Bastard aus *B. vitellinus* und *B. coprophilus*?)
Hut –60 mm breit, in der Mitte ausgeblasst cremeweißlich, nach außen hautfarben und stark durchscheinend gestreift
Lamellen zimtockerlich

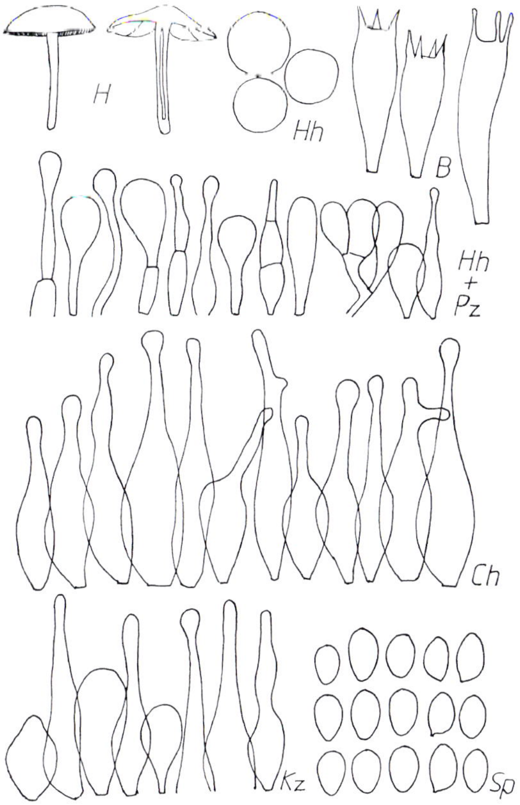

Agrocybe vervacti

Stiel –120 mm lang, in der Mite –5 mm dick, weißlich mit minimalem zitronengelbem Anflug, fein faserig
Sporen ca. 11,6–13,3 x 7,5–8,4 µm, ellipsoid bis eiförmig, mit deutlichem Keimporus und unauffälligem Apikulus (Sporen offenbar schmäler als bei B. coprophilus!)
Cheilozystiden z. B. 41 x 18 µm, utriform oder breit keulig bzw. blasenförmig-gestielt
Funddaten: 20.09.92, Bayern, bei Uf, in Richtung alter Sportplatz in Pappelanlage, auf Strohresten am Boden, MTB 7526, leg. M. E.
(im Computer unter Bolbitiu.013)
Es liegt eine Mikrozeichnung der Sporen und Cheilozystiden vor.

Bolbitius titubans (Bull.: Fr.) Fr.
Gold-Mistpilz, Gelber Mistpilz
Syn.: *B. vitellinus*
Fundbeschreibung siehe ENDERLE, KAJAN & KRIEGLSTEINER (1985).
Funddaten: 22.05.76, Kri-Exk. bei Of, auf altem Streuhaufen, MTB 7526; 03.10.78, Uf, „Auf den Bergen", MTB 7527, leg. M. E.; 28.04.79, Auwald Lh,

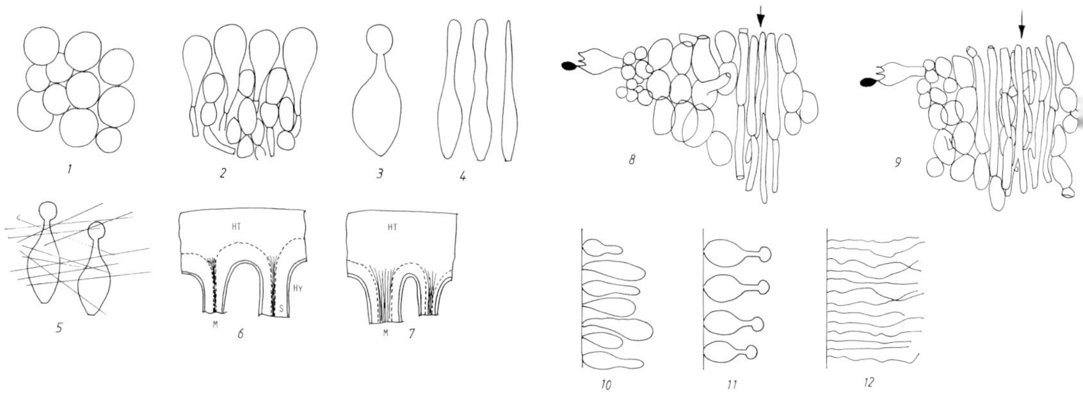

Fig. 1 = Conocybe-Huthaut im Quetschpräparat (Skalpschnitt)
Fig. 2 = Conocybe-Huthaut im Vertikalschnitt (Pallisade)
Fig. 3 = typische Cheilozystide bei Conocybe-Arten
Fig. 4 = typische Cheilozystiden bei Pholiotina-Arten
Fig. 5 = Kristallnadeln, die sich in Reaktion mit Ammoniaklösung 10 % (NH4OH) bilden
Fig. 6 = Schnitt durch Hut und Lamellen einer Conocybe-Art: HT = Huttrama, Hy = Hymenium, S = Subhymenium, M = (dünnes) Mediostratum
Fig. 7 = Schnitt durch Hut und Lamellen einer Pholiotina-Art: HT = Huttrama, M = (dickes) Mediostratum
Fig. 8 = vergl. Fig. 6; dünnes Mediostratum bei Conocybe
Fig. 9 = vergl. Fig. 7; dickes Mediostratum bei Pholiotina
Fig. 10 = flaschen-, keulenförmige und versiforme Caulozystiden
Fig. 11 = cheilozystidenartige, kopfige Caulozystiden
Fig. 12 = haarförmige Caulozystiden

Kinderfestplatz, MTB 7527/1, leg. M. E.; 2.10.80, Uf, Garten H. Enderle, leg. Bärbel Enderle, det. M. E., MTB 7526; 19.10.80, Haas-Exk. in MTB 7425; 22.06.81, zwischen Ne + Bu, auf Kuhmisthaufen, leg. M. E., conf. M. Bon (Frankreich); MTB 7526, Beleg in (M). Weitere Funddaten erübrigen sich. Die Art ist sehr häufig und kommt sehr wahrscheinlich in allen MTB im Ulmer Raum vor.

Gattung Conocybe: Ich habe viele Funde aus dem Ulmer Raum in verschiedenen *Conocybe-Pholiotina*-Studien publiziert. Zahlreiche unbestimmte Funde schlummern noch in den Schubladen und werden nach deren Klärung publiziert werden.
Conocyben sind erfahrungsgemäß nicht leicht zu bestimmen, weil viele auf den ersten Blick sehr ähnlich aussehen und den Finder entmutigen. Zudem war bisher, zumindest für den deutschsprachigen Pilzfreund, wenig brauchbare Bestimmungsliteratur verfügbar. Es bedarf zugegebenermaßen mehrjähriger Erfahrung, um im Gelände anhand einer bekannten Merkmalkombination mit dem bloßen Auge eine Art festlegen zu können. Mit scharfem Blick bzw. einer starken Lupe kann man in vielen Fällen jedoch den Zystidentyp am Stiel erkennen und hat damit, wie bei den Risspilzen, eine wichtige Grundlage für die Bestimmung. Im weiteren Verlauf sind die Form und Größe der Cheilozystiden und Sporen, die Ammoniak-Reaktionreaktion, die genaue Fruchtkörperfarbe und der Standort von großer Bedeutung. Julius Schäffer, der Altmeister der deutschen Pilzkunde, schrieb in seinem vorzüglichen Aufsatz über „Die Sammethäubchen" 1935: „Und welch ein Reichtum an Formen und Farben als ich's zum ersten Mal sah! Die Hüte von blendendem Weiß über Ocker, Falb, Orange, Fuchsig, Zimt, Rost, Kupfer, Kastanien- bis Schokoladenbraun und Schwarz, in der Form kugelig, kegelig, glockig, zylindrisch, flach: Nachthäubchen, Zipfelmützen, Florentiner, Stahlhelme, Jesuitenhüte; vom zierlichsten, erbsengroßen Puppenschellchen bis zur würdigen Präsidentenglocke. Die Stiele im Format hier wie ein Streichhölzchen und dort fast wie ein Bleistift. Ich war betroffen und verwirrt von der Fülle und Mannigfaltigkeit. Wo fass' ich dich, unendliche Natur? …"
Weitere Hinweise zur *Conocybe*-Bestimmung siehe Enderle (1991)
Oben eine Darstellung der wichtigsten mikroskopischen Bestimmungsmerkmale bei der Gattung *Conocybe* gemäß Enderle (1991):

Conocybe abruptibulbosa Watling
Fundbeschreibung siehe Enderle & Schnarbach (1981)
Funddaten: 10.09.81, Lh, Kinderfestplatz, unter *Quercus*, *Fraxinus*, MTB 7527/1, leg. M. E., det. Dr. R. Watling (Schottland).

Conocybe albipes (Otth) Hausknecht 1998

Milchweißes Samthaubchen

Syn.: *Conocybe lactea, Conocybe huijsmanii, Conocybe latoritia* ss. Kühner

Fundbeschreibung siehe ENDERLE (1986 a, als *C. lactea*)

Weiterer Fund:

Hut –37 mm breit, –21 mm hoch, steil konisch mit stumpfer Spitze bis glockig, ohne oder mit leicht abgesetztem, kleinem Buckelchen, Rand gerade oder leicht gewellt, milchweißlich bis hautfarben, in der Mitte ockergelblich, ca. ⅔ durchscheinend gerieft, bei Feuchtigkeit ganz leicht schmierig, hygrophan, ausgeblasst etwas heller

Lamellen mit kleinem Zähnchen am Stiel angewachsen, schmal, lanzettlich, –4 mm breit, hell ockerbräunlich, hellbeige-bräunlich, ca. Cailleux K79 oder K89, mit hellerer Schneide

Stiel –65 mm lang, in der Mitte –3 mm dick, zur Spitze meist leicht verjüngt, zur Basis schwach erweitert, Stielbasis leicht weißknollig, hell cremeweißlich, unter der Lupe deutlich und dicht feinhaarig, hohl

Sporen ca. 11,6–13,2 x 8,2–9 µm, eiförmig (d. h. an einem Ende breiter als am anderen) bis ellipsoid und dann auf einer Seite etwas abgeflacht, dickwandig, mit deutlichem Keimporus und kleinem Apikulus, reife Sporen in Ammoniaklösung schmutzig ockergelblich bis ocker-bräunlich; Basidien 4-sporig, z. B. 28 x 13 µm

Cheilozystiden lecythiform, 23–35 x 8,4–11,2 x 4,3–4,7 (5) µm, meist mit verlängerter, ausgezogener Basis; Hals meist konisch verlängert, selten mit kurzem oder +/- ohne Hals

Pseudoparaphysen an der Lamellenschneide breit keulig, ca. 17–20 x 11–14 µm

Caulozystiden haarförmig, ca. 100–150 µm lang (nach 4 Schnitten keine lecythiformen gesehen)

Pileozystiden haarförmig, ähnlich den Caulozystiden (bei jungen Fruchtkörpern suchen!)

Huthaut aus keuligen bis breit keuligen, 35–60 x 15 –25 µm großen Zellen bestehend; diese Zellen variieren in der Größe sehr stark und sind schwer von Zellen der Subkutis zu unterscheiden (Skalpschnitt mit scharfer Rasierklinge?)

Funddaten: 15.08.96, nordöstlich Riedheim, auf einer Wiese mit abgelagerten Holzresten (vermutlich vermischt mit Dung), MTB 7527/1, leg. M. E., conf. A. Hausknecht (im Computer unter Conocybe.007);
13.09.92, nördlich La, MTB 7426, im Fichtenwald am Wegrand, leg. M. E., conf. A. Hausknecht;

Anmerkung: Dies ist die häufige und wohlbekannte „*C. lactea*". Die Art ist im Ulmer Raum häufig. Weitere Funddaten erübrigen sich.

Conocybe albipes

Conocybe anthracophila (Maire & Kühner ex) Kühner & Watling

Fundbeschreibung siehe ENDERLE (1999 a).

Conocybe anthracophila

Conocybe brachypodii

Conocybe antipus (Lasch: Fr.) Fayod
Starkwurzelndes Samthäubchen
Funddaten: 25.07.81, bei Bibertal-Bühl, Kuhmisthaufen, leg. M. E., det. A.H.,

Conocybe brachypodii (Velen.) Hausknecht & Svrcek 1999
Synonyme: u. a. *Conocybe excedens*, *Conocybe excedens* var. *pseudomesospora*, C. *macrocephala* var. *riedheimensis*
Funddaten: s. Hausknecht & Enderle in Österr. Z. Pilzk. 9: 95, 2000.
Anmerkungen: Nach umfangreichen monografischen Untersuchungen, synonymisierte Hausknecht (2002) mehrere Taxa mit *Conocybe brachypodii* (Velen.) Hausknecht & Svrcek, u. a. *C.* macrocephala var. *riedheimensis,* seine eigene var. *pseudomesospora* der *C. excedens,* sowie die altbekannte *C. excedens* Kühner & Walting 1983.
Weitere Funddaten nach Hausknecht (2002): 12.06.90, Lh-Riedheim, MTB 7527, Baden-Württemberg, im Windschutzstreifen zwischen Riedheim und La, im Rasen, leg. M. E., det. A. Hausknecht; 12.07.91, im Laubmischwald auf schwarzer Riederde, nördlich Riedheim, MTB 7527, leg. M. E., det. A. Hausknecht; 18.09.98, zwischen Altheim und Gerstetten, Baden-Württemberg, am Rande einer Wacholderheide (im Gras nahe Autoparkplatz), leg. M. E., det. A. Hausknecht (als *C. excedens* var. *pseudomesospora*); 19.09.98, zwischen Altheim und Gerstetten, Baden-Württemberg, auf Wacholderheide, leg. M. E., det. A. Hausknecht (als *C. excedens* var. *pseudomesospora*).
Zahlreiche weitere Funddaten im Großraum Lh, siehe Hausknecht (2002: 53).

Conocybe echinata

Conocybe bulbifera (Kauffm.) Romagn.
Knolliggestieltes Samthäubchen
Rote-Liste-Art: gefährdet
Fundbeschreibung siehe Enderle (1981 a).
Funddaten: 16.10.80, zwischen Ne + Bu, im Fuchshölzle (Mischwald), MTB 7526, leg. M. E., conf. H. Derbsch, Beleg in (M)

Conocybe digitalina (Vel.) Singer
Bruchwald-Samthäubchen
Syn.: *C. subpubescens, C. cryptocystis*
Fundbeschreibung siehe Enderle (1986 a).
Weitere Funddaten: 25.05.78, Kri-Exk. bei Lh, im Feuchtgehau, MTB 7527
Anmerkungen: Kurz vor Drucklegung dieses Buches erreichte mich eine Arbeit von A. Hausknecht (2003) in der darauf hingewiesen wird, dass der korrekte Name für diese Art *C. pulchella* (Velen.) Hausknecht & Svrcek heißen muss. Großsporige Aufsammlungen müssen wieder zu *C. subpubescens* Orton, als eigenständige Art, gezogen werden. Eine entsprechende Zuordnung der „Ulmer" Funde muss noch erfolgen.

Conocybe echinata (Vel.) Singer
Fahles Samthäubchen
Syn.: *C. sordida*
Fundbeschreibung mit Foto siehe Enderle (1997 a).

Conocybe elegans Watling
Zierliches Samthäubchen
Hut bis 25 mm breit, cremeblass, gegen die Mitte wässerig hell ocker-bräunlich, hygrophan, nach dem Ausblassen in der Mitte hellbeige-bräunlich, zum Rand hell, blass

Conocybe elegans, Fund vom 01.08.98

Lamellen fast an einen *Bolbitius* erinnernd, aber nicht zerfließend; normal weit, lanzettlich, bis 3 mm breit, hell ocker-bräunlich, mit hellerer Schneide
Stiel bis 105 mm lang, in der Mitte bis 3 mm dick, von der Basis zur Spitze zunehmend verjüngt, kahl, weißlich, Basis beim Pflücken abgerissen, wahrscheinlich schwach knollig
Sporen ca. 13–13,3 x 7,4–7,5 µm, ellipsoid, mit deutlichem Keimporus; Basidien 4-sporig, ca. 24–31 x 12–13 µm
Cheilozystiden lecythiform, 20–23 x 8–10 µm, Köpfchen 4,5–5 µm breit
Caulozystiden fädig-haarig
Funddaten: 01.08.98, Bayern, Landkreis Gz, bei Limbach, im Fichtenwald am Wegrand, im Gras, leg. M. E. (im Computer unter *Conocybe huijsmanii*)
Anmerkungen: A. Hausknechts Kommentar in seinem Brief vom 06.01.99: „Am Foto ist ein (wenn nicht ausgeblasster) ockerbrauner, nach fast weiß ausbleichender Hut erkennbar; es gibt im Sporenpräparat keine Makro- oder Mikrosporen, und „pavement cells" fehlen – daher ist *C. albipes* auszuschließen. Leider ist das wichtige Merkmal Stielbasis abgerissen. Bei einem Frk. des Exsikkats ist aber gut erkennbar, dass die Stieldicke nahe der Basis deutlich verlaufend zunimmt. All das bringt mich zur Überzeugung, es hier mit zarten Fruchtkörpern von *Conocybe elegans* zu tun zu haben. Stimmt mit meinem Material voll überein (siehe auch Moser-Jülich III/18, unten).

Weiterer Fund von *C. elegans:*
Hut –31 mm breit, –18 mm hoch, glockig, teilweise mit unauffälligem, kleinem Buckel, auffallend hell gefärbt, elfenbein- bis hell cremefarben (schon ausgeblasst?), ca. Munsell 2.5Y8/2, in der Mitte dunkler, hell ocker-bräunlich, ungerieft
Lamellen gedrängt, lanzettlich schmal, –3 mm breit, hell zimtfarben, mit heller Schneide
Stiel –120 mm lang, in der Mitte –4 mm dick, nach oben verjüngt, weißlich oder ganz schwach ockerlich überhaucht, Basis auffallend knollig, weißfilzig, im oberen Drittel fein weißlich gestreift-bestäubt
Mikromerkmale: im Herbar M. Enderle
Funddaten: 13.09.92, Baden-Württemberg, hinter La, Fichtenwald am Wegrand, bei Kräutern, einzeln (dort wo auch Neotypus von *C. hexagonospora* wächst), leg. M. E. det. A. Hausknecht (im Computer unter: Conocybe cf. elegans)

Conocybe enderlei Hausknecht
Enderles Samthäubchen

Nachfolgend die Originalbeschreibung von A. Hausknecht in der Österreichischen Zeitschrift für Pilzkunde, Bd. 10: 202, 2001 (die englischen Texte wurden ins Deutsche übersetzt):
Hut 7–25 mm breit, flach konisch-konvex, mit flachem, breitem Buckel, jung und in frischem Zustand rostbraun, cognacfarben (Kornerup & Wanscher 1975: 6E8, 6E7), gegen den Rand blasser, hellbraun, siennafarben, camelfarben, sun brown (6DE8, 6D7–6D5), trocken in der Mitte hell orangefarben (5AB5, 5AB4), gegen den Rand hell grauorange (5B3–4); hygrophan, Hut bis zur Hälfte gerieft, von der Mitte her austrocknend. Oberfläche glatt, ausgetrocknet glimmerig.
Lamellen schmal adnat, gedrängt bis mäßig gedrängt, bauchig, hell rostbraun mit etwas hellerer, schwach gekerbter Schneide
Stiel 20–35 mm lang, 1,5–3 mm dick, zylindrisch oder gegen die Basis etwas verdickt, blass gelb, honiggelb bis blass orange (5A3–4), von der Spitze bis zur Basis ziemlich einheitlich gefärbt; schwach bereift. Basis nicht knollig, aber gelegentlich tief im Boden steckend.
Fleisch gelblich, Geruch und Geschmack unauffällig
Sporen (5,5–)6,0–8,1 x 3,7–5,3 µm, durchschnittlich 6,0–7,6 x 4,1–4,6 µm, Q = 1,5–1,9, ellipsoid, dickwandig, ohne Keimporus, in KOH orangegelb bis blass orangebräunlich mit gleichfarbiger, doppelter Wand. Basidien 4-sporig, 19–29 x 7–9 µm
Schnallen vorhanden
Ammoniak-Reaktion positiv (am Rand des Deckglases teilweise zahlreiche kurze Kristalle); nur bei den italienischen Kollektionen ist die Reaktion unauffälliger.

Conocybe enderlei, Foto: A. Hausknecht

Cheilozystiden lecythiform, 15–23 x 6–10,5 µm, mit 2,5–5 µm breitem Köpfchen (Capitulum)
Stielbekleidung über 95 % aus lecythiformen Zystiden bestehend, diese 14–25 x 6,5–11,5 µm groß mit bis zu 8 µm langem Hals und 2,5–5,5 µm breitem Köpfchen (Capitulum); insbesondere in der Jugend auch spärlich untermischt mit bauchigen oder zylindrischen, haarförmigen Elementen.
Huthaut (Pileipellis) hymeniform, bestehend aus ballonförmigen (sphaeropendunkulaten) Elementen, 30–40 x 13–22 µm groß, dazwischen keine Pileozystiden; Pigment inkrustierend, insbesondere an der Basis der sphaeropendunkulaten Zellen der Huthaut (Pileipellis) und der Subkutis.
Mikrozeichnungen siehe HAUSKNECHT (2001: 203).
Habitat und Verbreitung: gesellig bis leicht büschelig, in thermophilen Laubwäldern, auf feuchten bis trockenen Wiesen oder in trockenem Grasland; Nord- bis Südeuropa.
Deutsche Funddaten: 02.09.1992, südlich Riedheim, Bayern, MTB 7572/1, auf der Wiese von Gottfried Honold, gegenüber der Wedelek-Siedlung, leg. M. E., det. A. Hausknecht (Maissau/Österreich).
Lateinische Diagnose: Pileus 7–25 mm latus, plane conico-convexus, umbonatus, primo ferrugineus, ad marginem pallidior, brunneolus, in statu sicco centro pallide aurantiacus, ad marginem pallide griseo-aurantiacus, hygrophanus, distincte striatus, superficies glabra, sicco micaceae. Lamellae anguste adnatae, confertae, ventricosae, pallide ferrugineae. Stipes 20–35 mm longus, 1,5–3 mm latus, cylindricus vel basin versus leviter incrassatus, pallide flavus, melleus ad pallide aurantiacus, uniformiter coloratus, subtiliter pruinosus. Caro flavescens, inodora et insipida.
Sporae (5,5-)6,0–8,1 x 3,7–5,3 µm, in medio 6,0–7,6 x 4,1–4,6 µm, ellipsoidicae, sine poro germinativo, in potassio hydroxydico aurantio-flavae, tunica duplicta concolorata. Basidia tetrasporigera, 19–29 x 7–9 µm. Fibulae adsunt. Reactio ammoniacalis positiva. Cheilocystidia lecythiformia, 15–23 x 6–10,5 µm, capitulo 2,5–5 µm lato. Stipitipellis consistens 95 % cystidiis lecythiformibus collo usque 8 µm longo capituloque 2,5–5,5 µm lato, juvenilis elementis vesiculosis vel cylindrico-filiformibus sparsim immixtis. Pileipellis hymeniformis elementis sphaeropedunculatis, 30–40 x 13–22 µm, pileocystidia absentes, pigmento incrustato.
Habitat ad terram in silvis frondosis thermophilus mixtis, etiam in pratis, gregarius vel caespitosus.
Etymologie: dem Mykologen und ausgezeichneten *Bolbitiaceae*-Experten MANFRED ENDERLE gewidmet, dessen Fund meine (A. Hausknecht) Aufmerksamkeit erstmals auf diese neue Art lenkte.
Anmerkungen A. Hausknechts zu seiner Neubeschreibung: *Conocybe enderlei* ist charakterisiert

durch warmbraune bis orangebraune Farben, feucht stark gerieften Hut, einheitlich gefärbten Stiel, deutliche bis schwach positive Ammoniak-Reaktionreaktion und vor allem mikroskopisch durch die kleinen, dickwandigen, stark gefärbten Sporen, die (auch im Elektronenmikroskop) keinerlei Keimporus aufwiesen, sowie die Stielbekleidung, die fast ausschließlich aus lecythiformen Zystiden mit langem Hals besteht. Die systematische Position der neuen Art ist etwas problematisch. Haltung und Sporengröße passen eher zum Stirps *Mesospora*, während die positive Ammoniak-Reaktion und das Vorkommen von einzelnen haarförmigen Elementen am Stiel eher auf den Stirps *Tenera* verweisen; so hat z. B. *Conocybe brachypodii* (Velen.) Hausknecht & Svrcek im Stirps *Tenera* ähnlich kleine Sporen. Ich stelle die neue Art deshalb in den Stirps *Tenera*.

Makroskopisch kann *C.enderlei* leicht mit *C. mesospora* Kühn. & Watling oder mit einer untypischen, lebhaft gefärbten *C. brachypodii* (Velen.) Hauskn. & Svrcek verwechselt werden. Beide haben jedoch blassere Sporen mit einem deutlichen Keimporus und ausschließlich lecythiforme Caulozystiden. Andere Vertreter der *C. mesospora*-Gruppe mit kleinen Sporen, wie z. B. *C. microspora* (Velen.) Dennis und var. *brunneola* (Kühn. & Watling) Singer & Hauskn. und *C. roberti* Singer & Hauskn. haben darüber hinaus meistens kleinere Fruchtkörper und andere Hutfarben (neben den Abweichungen im Keimporus und der Ammoniak-Reaktionreaktion).

Des weiteren beschrieb Hausknecht (2001) eine *Conocybe enderle* var. *variispora*, die bisher jedoch nur in Österreich (mehrmals) gefunden wurde. Basis der obigen Beschreibung war unter anderem ein Fund aus Riedheim, den ich 1992 an A. Hausknecht zur Stellungnahme schickte und den ich nachfolgend widergebe: *Conocybe* affin. *excedens* var. *pseudomesospora*? *abruptibulbosa*?

Hut 12 mm breit, *auffallend und schön warm bräunlich,* zimtbräunlich, deutlich gerieft, hygrophan, von der Mitte her hellockerlich ausblassend

Lamellen etwas gedrängt, bauchig, –2,5 mm breit, auffallend mittelbraun, mit heller Schneide

Stiel oben weißlich, nach unten etwas mit Hutfarbe überhaucht, Basis beim Pflücken abgerissen

Sporen 7,3–8,4 x 4,5–5 µm, ellipsoid, dickwandig, Porus kaum oder nicht sichtbar, in Ammoniaklösung etwas kräftig gefärbt

Cheilozystiden 20–26 x 8,5–10,5 x 4,3–4,7 µm, einige Zystiden mit 2 Hälsen und Köpfen

Caulozystiden lecythiform, ähnlich den Cheilozystiden

Ammoniakreaktion: positiv

Funddaten: 02.09.92, Bayern, südlich von Riedheim, MTB 7527/1, auf einer gedüngten Wiese von *Gottfried Honold,* gegenüber der Feriensiedlung Wedelek, leg. M. E.

Anmerkungen: Die Frk. gleichen im Aussehen der Fig. 3 B, mittlere Exemplare, von *C. excedens* var. *pseudomesospora* bei Hausknecht (1992).

Conocybe hexagonospora

Conocybe inocybeoides

Conocybe fimetaria Watling

Laut Hausknecht (persönl. Mitt.) handelt es sich bei dem von mir (ENDERLE 1997 a) als *C. fimetaria* vorgestellten Taxon um *C. fuscimarginata* (s. dort).

Conocybe fuscimarginata (Murrill) Singer

Braunrandiges Samthäubchen

Fundbeschreibungen mit Foto siehe ENDERLE (1991 a) und ENDERLE (1993 b).

Die von ENDERLE (1997 a) vorgestellte *C. fimetaria* gehört laut Hausknecht (persönl. Mitt.) hierher.

Weitere Funde: 06.11.99, Baden-Württemberg, Sontheim/Brenz, beim Sportzentrum, auf Wiese, auf altem Sägemehl (vermischt mit Dung?), teilweise büschelig, MTB 7427/2, leg. M. E.

Conocybe graminis Hausknecht

Funddaten: 18.09. und 19.09.98, zwischen Atlheim/Alb und Gerstetten, auf Wacholderheide, leg. M. E., det. A. Hausknecht

Anmerkungen: A. Hausknecht hatte nach der Bestimmung dieser beiden Funde geringe Restzweifel, die mittlerweile ausgeräumt sind.

Conocybe hexagonospora Métrod

Sechskantsporiges Samthäubchen,

s. Foto S. 315

Fundbeschreibung siehe ENDERLE (1986 a) und ENDERLE *in* HAUSKNECHT (1993), sowie ENDERLE (1999 a).

Conocybe hornana Singer & Hausknecht

Funddaten siehe ENDERLE & HÜBNER (1999).

Conocybe inocybeoides Watling

Großknolliges Samthäubchen

Farbfoto von M. Enderle siehe KRIEGLSTEINER (2003: 313).

Funddaten: 12.09.98, 17.09.98, 03.10.98, Bayern, Donau-Auwald bei Riedheim, MTB 7527, am Wegrand beim Sturmholz-Lagerplatz, leg. M. E.; 13.09.98, Bayern, am Rand des Donau-Auwaldes bei Riedheim, am Ostufer des Ostertagsees, im Schilf auf Erde, leg. M. E.; 15.10.98, Ulm-Donautal, südöstlich der Wieland-Werke, neben dem Weg, der zum „Spinnenwald" führt, MTB 7625, leg. M. E.; 16.10.98, südlich von Unterelchingen, beim Riedelsee, MTB 7526, in Blumenrabatten, leg. M. E.

Conocybe juniana Velen.

Syn.: *C. magnicapitata*

Funddaten: 14.06.90, bei Uf, leg. M. E., det. A. H. (tabellarische Aufstellung vom Juli 2003).

Anmerkung: Laut HAUSKNECHT (1999: 52) ist die Synonymie zwischen den beiden genannten Taxa wahrscheinlich, aber noch nicht endgültig geklärt.

Conocybe kühneriana Singer

Kühners Samthäubchen

Fundbeschreibung siehe ENDERLE (1991 a) und ENDERLE (1992 a).

Conocybe laricina (Kühner) Kühner
Hecken-Samthäubchen
Syn.: *C. dumetorum* var. *dumentorum* ss. auct.
Fundbeschreibung siehe ENDERLE (1996 b).

Conocybe laricina var. **austriaca**
(Hausknecht) Enderle
Fundbeschreibung siehe ENDERLE (1997 a).

Conocybe lenticulospora Walting
Linsensporiges Samthäubchen
Fundbeschreibung siehe ENDERLE (1993 b) und ENDERLE (1999 a).

Conocybe macrocephala Kühner & Watling
Knollenstieliges Samthäubchen
22.06.80, Auwald Lh, auf Kinderfestplatz, MTB 7527/1, leg. M. E.; 25.07.81, zwischen Uf + Bühl, bei Fa. Imbau, im Gras, leg. M. E., det. R.W.

Conocybe macrocephala Kühner & Watling
var. **riedheimensis** Hausknecht & Enderle
Funddaten: s. Hausknecht & Enderle in Österr. Z. Pilzk. 9: 95, 2000.
Hinweis: Nach umfangreichen monografischen Untersuchungen, synonymisierte Hausknecht (2002) diese erst 2000 u. a. von ihm beschriebene Varietät mit *Conocybe brachypodii* (Velen.) Hausknecht & Svrcek. Das gleiche Schicksal ereilte seine var. *pseudomesospora* der *C. excedens,* sowie die altbekannte *C. excedens* Kühner & Walting 1983.

Conocybe affin. **macrocephala** (Kühn. ex) Kühn. & Watl.
Fundbeschreibung mit Foto siehe ENDERLE (1994 d).

Conocybe mesospora Kühner & Watling 1980
Freudiggefärbtes Samthäubchen
Farbfotos von M. Enderle siehe KRIEGLSTEINER (2003: 318).
Fundbeschreibung siehe ENDERLE (1991 a) und ENDERLE (2000 b)
Fundbeschreibung aus ENDERLE (2000 b):
Hut –25 (30) mm breit, stumpf glockig, kegelig-konvex, konvex bis flach konvex, mit unauffälligem, nicht deutlich abgesetztem Buckel, oft kräftig und leuchtend gefärbt, orangeocker, kräftig ockerbraun, dunkel gelb- bis rot- oder rostbräunlich, auch kräftig ockergelb-orangebraun, oft gegen den Rand deutlich und fast abrupt heller, hell cremeocker, bei Feuchtigkeit und jung etwas speckig glänzend, frisch ca. ⅔ durchscheinend gerieft, stark hygrophan, vom Rand her ausblassend, ausgeblasst mit stumpf hellbrauner Mitte, nach außen ockergelblich bis kartonfarben.
Lamellen normal weit bis etwas gedrängt, am Stiel mit kleinem Zähnchen angewachsen, lanzettlich bis höchstens schwach bauchig, –2 (3) mm breit, hell bis kräftig zimtfarben, mit hellerer Schneide.
Stiel –60 (80) mm lang, in der Mitte –2 (2,5) µm dick, gegen die Spitze leicht verjüngt, an der Spitze hell cremefarben, nach unten zunehmend mit Hutfarbe überhaucht, an der Basis bis dunkelbraun, vor allem im oberen Teil mit feiner, weißlicher Bereifung; Basis kaum bis schwach knollig
Geruch und Geschmack unauffällig.
Ammoniak-Reaktion negativ (auch nach längerer Wartezeit).
Sporen (8) 8,2–9,5 (10) x 4,8–5,6 (5,8) µm, ellipsoid bis schwach mandelförmig, mit unauffälligem bis deutlichem Keimporus und kleinem Apikulus, deutlich gefärbt, in Ammoniaklösung hell gelblich, Wand dünn bis schwach verdickt; Basidien vorwiegend 4-sporig
Cheilozystiden lecythiform, 17–22 x 9–10 (10,6) x (4) 4,4–4,8 (5) µm
Caulozystiden lecythiform, durchschnittlich geringfügig größer als die Cheilozystiden, ca. 19–22 x 9–11,8 x 4,6–5,2 (5,8) µm
Pileozystiden ähnlich den Cheilozystiden, jedoch meist schlanker und gestreckter und oft hell bräunlich gefärbt
Huthaut aus rundlich-gestielten (sphaeropedunculaten), 15–30 µm breiten Zellen bestehend.
Funddaten: Deutschland, Bayern: siehe ENDERLE (1991 b); weitere Funde:
30.09.91, Bayern, Uf, in der Hofeinfahrt von Bärbel Enderle, im kurzen Rasen, MTB 7526, leg. M. E.; 03.10.91, zwischen Lh und Uf, in der Nähe der ehemaligen Silberfuchsfarm auf einer kleinen Waldwiese, MTB 7527, leg. M. E.; 11.10.91, Riedheim, im Garten der Familie A. + P. Repscher, an der Ostseite des Hauses, im Rasen, MTB 7527, leg. M. E.; 19.09.95, Landkreis Gz, Donau-Auwald bei Riedheim, MTB 7527/1, gegenüber Sturmholzlagerplatz (*Picea-Stämme* mit Rindenresten), am Wegrand, 4 Fruchtkörper, leg. M. E.
Baden-Württemberg: 16.09.91, Stuttgart-Degerloch, MTB 7221, Waldweg, Wegrand bei Brombeeren, Brennnessel und Springkraut, leg. A. BOLLMANN, det. M. E.; 01.10.91, Ulm-Donautal, auf dem Sportplatz des SV Grimmelfingen, im Rasen, leg. M. E.; 11.10.91, Ulm-Donautal, südlich der Wieland-Werke, auf „Ödland" vor dem „Spinnenwald", leg. M. E.; 25.10.91, Ulm-Donautal, im Gras (vor einer Betonwand), beim Iveco-Montagegebäude, leg. M. E.; 04.10.93, Ulm-Donautal, auf dem Gelände der Wieland-Werke, im Rasen, leg. M. E.; 13.10.93, Ulm-Donautal, zwischen Sparkasse und SV Grimmelfingen, im Rasen, leg. M. E.
Ökologie und Verbreitung: Die im deutschen Verbreitungsatlas (KRIEGLSTEINER 1991) publizierten, wenigen Fundpunkte täuschen über die tatsächliche

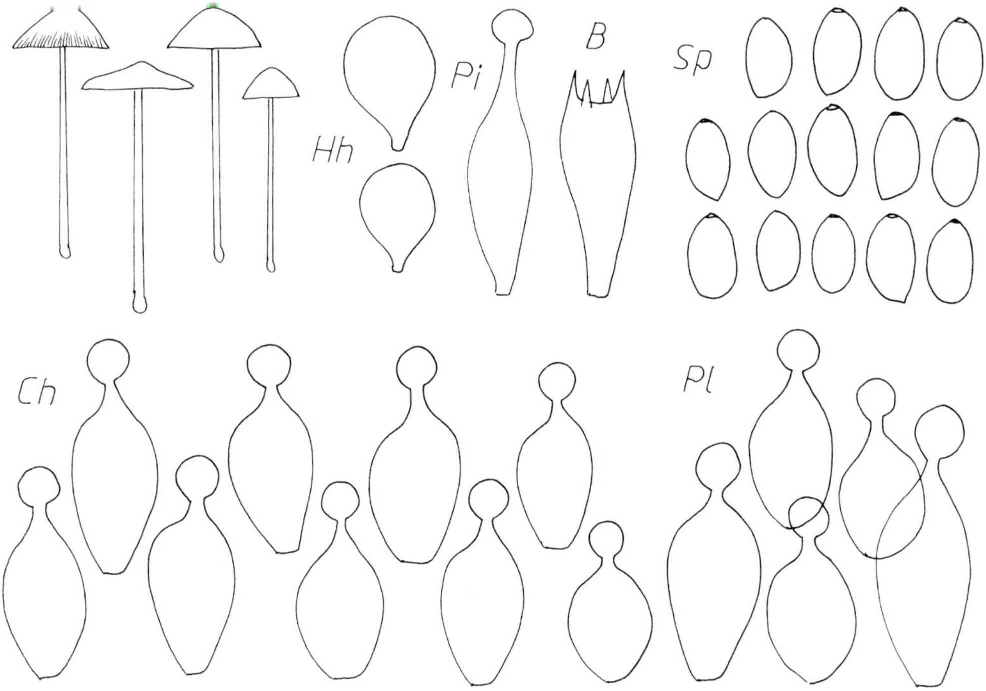

Conocybe mesospora, aus Enderle (2000 b)

Verbreitung der Art in Deutschland hinweg. Auch Kreisels (1987) wenige Nennungen aus Ostdeutschland entsprechen höchstwahrscheinlich nicht annähernd der Realität. Die Art ist nach meiner Einschätzung deutlich häufiger. Bereits Watling (1980) bemerkte bei der Validierung der Art, dass sie „zweifelsohne in Europa weit verbreitet sei“. Zur bisherigen Situation in Deutschland siehe Enderle (1991 b). Außerhalb Deutschland sind mir Funde aus folgenden Ländern bekannt geworden: Brasilien (Watling 1992), England (Watling 1980), Frankreich (Kühner 1935), Holland (Arnolds, Kuyper & Noorde-

Conocybe mesospora

Conocybe ochroalbida

LOOS 1995); Indien (WATLING, FLOWER & LEELAVATJY 1988), Island (WATLING 1985), Italien (SINGER & HAUSKNECHT 1992), Neuseeland (WATLING & TAYLOR 1987), Norwegen (WATLING 1988 a), Österreich (SINGER & HAUSKNECHT 1992), Pakistan (AHMAD 1980), Rußland (SINGER 1950), Schweiz (BRUNNER & HORAK 1988, SINGER & HAUSKNECHT 1992, GRIESSER 1992), Spanien (SINGER 1950), Ungarn (RIMOCZI 1994);

Die ökologische Amplitude scheint breit und (nach meinen bisherigen Kenntnissen) relativ unspezifisch zu sein. Sie schwankt von gedüngten Rasen in menschlichen Siedlungen bis zu Feuchtgebieten in geschützten Landschaften. Es ist jedoch denkbar, dass sich in diesem breiten Spektrum noch andere, erst in jüngster Zeit abgespaltene oder noch abzutrennende Sippen befinden, so dass eine endgültige Beurteilung der Ansprüche dieser Art weiteren Untersuchungen vorbehalten bleiben muss.

Anmerkungen: Diese kaum abgebildete, jedoch relativ häufige Art ist leicht zu erkennen an ihrer meist kräftigen, freudigen Hutfarbe, den relativ kleinen Sporen, Cheilo- und Caulozystiden und der absolut negativen NH_4OH-Reaktion. Nahe verwandt und schwer abzugrenzen ist *C. graminis* Hausknecht, bei der man beim Pflücken auf einen wurzelnden Stiel achten muss; darüber hinaus soll sie laut Literatur einen eher dunklen, mehr (rost)braunen Hut und dichtstehende, lange hell bleibende Lamellen haben. *C. herbarum* Hausknecht wächst nach der Literatur oft büschelig, hat entfernt stehende Lamellen und bis zu 14 µm breite Cheilozystiden und breit ellipsoide Sporen mit 5,4–6,4 µm Breite.

Conocybe microspora (Vel.) Dennis var. **microspora** – Kleinsporiges Samthäubchen

Fundbeschreibung siehe ENDERLE (1996 b).
Der von mir (ENDERLE 1993: 35) als *C. roberti* veröffentliche und von A. Hausknecht bestimmte Fund gehört laut HAUSKNECHT (2002) auch hierher!

Conocybe neoantipus (Atk.) Singer

Funddaten: 11.07.79, Auwald Lh, auf altem Pferdemisthaufen, MTB 7527/1, leg. M. E., conf. H. S.

Conocybe ochroalbida Hausknecht

Ockerweißliches Samthäubchen

Hut –22 mm breit, ausgeblasst, hell ockerlich
Lamellen kaum bauchig, kräftig zimtfarben
Stiel blass, zur Basis hin nicht dunkler, fein bestäubt, Basis kleinknollig
Sporen ca. 7,7–8,3 x 5–5,2 m, ellipsoid, mit deutlichem Keimporus und unauffälligem Apikulus
Cheilozystiden vom „mittelgroßen" Typ, ca. 18–21 x 8–9 x 4,5–5 µm
Caulozystiden lecythiform, ähnlich den Cheilozystiden, geringfügig größer
Funddaten: 27.07.92, Bayern, am Nordrand Riedheim, MTB 7527/1, beim Spazierweg, am Rand eines Rapsfeldes; leg. M. E., det. A. Hausknecht; Diapositiv in Diathek Enderle
(im Computer unter Con-exce.005)

Conocybe pilosella

Conocybe pallidospora (Kühner ex) Kühner & Watling – Blasssporiges Samthäubchen
Fundbeschreibung siehe ENDERLE (1996 b).

Conocybe pilosella (Pers.: Fr.) Kühner
Fadenstieliges Samthäubchen
Fundbeschreibung siehe ENDERLE (1993 b), ENDERLE (1996 b, mit Foto) und ENDERLE (1999 b, mit Foto). Farbfoto von M. Enderle auch bei KRIEGLSTEINER (2003: 320).

Conoybe affin. **pilosella** (Pers.: Fr.) Kühner
Fundbeschreibung siehe ENDERLE (1986 a).

Conocybe pseudopilosella (Kühn. ex) Kühn. & Watl. – Schlankes Samthäubchen
Fundbeschreibung mit Foto siehe ENDERLE (1994 d).

Conocybe pubescens (Gillet) Kühner non ss. Kühner 1935 – Mist-Samthäubchen
Fundbeschreibung siehe ENDERLE (1993 b); 05.05.02, bei Bellenberg, auf Mistabfällen (Pferdemist?), leg. J. I., det. M. E.

Conocybe rickeniana Singer ex P. D. Orton
Gerieftes Samthäubchen
Syn.: *Galera spicula*
Fundbeschreibung siehe ENDERLE (1991 a). Weiteres Foto von M. Enderle siehe KRIEGLSTEINER (2003: 322).

Funddaten: 23.10.76, Kri-Exk. zwischen Uf + Lh, Wald Jungholz-Lechfeld, MTB 7527

Conocybe rickenii (J. Schäffer) Kühner
Tonblasses Samthäubchen
Fundbeschreibung siehe ENDERLE (1986 a) und ENDERLE & HÜBNER (1999). Weiteres Foto von M. Enderle siehe KRIEGLSTEINER (2003: 322).

Conocybe robertii Singer & Hausknecht
Mürblingsähnliches Samthäubchen
Fundbeschreibung siehe ENDERLE (1993 b). HAUSKNECHT (2002) hat seine damalige Bestimmung widerrufen. Es handelte sich um *Conocybe microspora* (Velen.) Dennis 1953!

Conocybe rostellata (Velen.) Hausknecht & Svrcek
Syn.: *Galera rostellata* Velen.
Diese Pilze fand ich im Donau-Auwald bei Riedheim am eingewachsenen Rand einer Kiesgrube. Leider habe ich in der Eile keine Beschreibung angefertigt. Beim schnellen Bestimmen kam ich auf *Conocybe leporina* var. *tetraspora*.
Sporen: ca. 9,1–10,7 x 5,4–5,8 µm, Cheilocystiden lecythiform, ca. 20–21 x 9 µm, Caulozystiden haarförmig.
A. Hausknecht (Brief vom 06.01.99) bestimmte mir den Fund als *C. rostellata*

Funddaten: 17.06.98, Bayern, Donau-Auwald bei Lh-Riedheim, MTB 7527, am Rand des Ostertagsees, auf sandig-kiesigem Boden mit Gras, leg. M. E., det. A. H.

Conocybe rubiginosa Watling
Großsporiges Langstiel-Samthäubchen
Fundbeschreibung mit Foto siehe ENDERLE (1997 a). Ein weiterer, reichlicher Fund gelang am 4.10.98 im Reitstall Mössle, Riedheim, MTB 7527, am Rande der Reitbahn bei Holzhäcksel (wahrscheinlich *Picea abies)* und Pferdemist; leg. M. E., det. A. Hausknecht.
Anmerkung: Kurz vor Drucklegung erreichte uns eine Arbeit von A. HAUSKNECHT (2003), in der darauf hingewiesen ist, dass einige bisher als *C. rubiginosa* bestimmte Kollektionen zu *C. macrospora* (Atk.) Hausknecht oder zu *C. merdaria* Arnolds & Hausknecht gehören müssen. Eine entsprechende Zuordnung der „Ulmer" Funde muss noch erfolgen.

Conocybe semiglobata Kühner & Watling
Halbkugeliges Samthäubchen
Fundbeschreibung siehe ENDERLE (1991 a). Weitere Funde: 25.01.81, „Muna" bei Bühl, MTB 7527/3, auf grasigem Weg, leg. M. E., det. R. W.; 20.09.02, „Muna" bei Uf, in Halbtrockenrasen, leg. M. E.; 18./19.09.98, auf Wacholderheide zwischen Altheim/Alb und Gerstetten, leg. M. E., det. A. Hausknecht.

Conocybe sienophylla (Berk. & Br.) Singer
Sienablättriges Samthäubchen
Syn.: *C. ochracea*
Fundbeschreibung siehe ENDERLE (1991 a) und ENDERLE (1994 d, mit Fotos).
Weitere Funddaten: 01.05.80, Auwald Lh, MTB 7527/1, leg. C. S.

Conocybe spec. 1 (Sekt. *Mixtae*)
Fundbeschreibung siehe ENDERLE (1991 a)

Conocybe spec. 2 (Sekt. *Mixtae*, affin. *C. subpallida*)
Fundbeschreibung siehe ENDERLE (1993 b).

Conocybe spec. 3 (Sektion *Pilosellae*)
Fundbeschreibung mit Foto siehe ENDERLE (1997 a).

Conocybe subalpina (Singer) Singer & Hausknecht
Funddaten: 13.09.92, südlich Riedheim, auf Wiese von Georg Groninger, MTB 7527, leg. M. E., det. A. Hausknecht; 24.10.93, bei Wedelek-Siedlung, leg. M. E., det. A. Hausknecht (Diese beiden Funde werden von HAUSKNECHT (2002) genannt.)

Conocybe rubiginosa

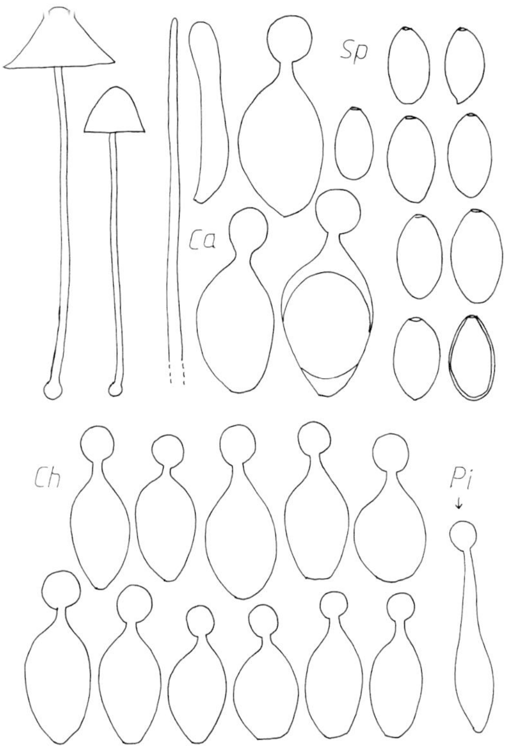

Conocybe subovalis

Conocybe subovalis (Kühner ex) Kühner & Watling – Knollenfüßiges Samthäubchen
Fundbeschreibungen mit Foto s. ENDERLE (1986 a), ENDERLE (1991 a) und ENDERLE (1993 a).

Hut –30 mm breit, stumpf konisch, breit glockig oder konvex, Hutrand kaum verflachend oder nach oben umbiegend; ockergelblich bis ocker-bräunlich, teilweise mit Kupfer- oder Olivstich, Rand schwach durchscheinend gerieft, hygrophan, rasch austrocknend (oft beim Aufsammeln bereits ausgetrocknet), dann hell ockerlich, hell lederfarben, kittfarben oder hell beige-ockerlich, in Mitte dunkler und oft mit schwachem Olivstich;

Lamellen etwas gedrängt, mit kleinem Zähnchen am Stiel angewachsen, schmal lanzettlich bis deutlich bauchig, –3 (4) mm breit, hell bis kräftig zimt- bis rostbräunlich, mit hellerer Schneide

Stiel –80 (110) mm lang, in Mitte –2,5 (3) mm dick, oben hellcreme, nach unten zunehmend dunkler, im unteren Drittel meist rostbräunlich bis dunkelrot; vor allem im oberen Drittel deutlich fein weißlich bestäubt, nach unten zunehmend verkahlend; Basis schwach bis deutlich knollig, teilweise leicht gerandet-knollig

Sporen 11,3–12,4 (13,3) x 6,2–7,4 µm, ellipsoid bis länglich ellipsoid, Wände verdickt, mit deutlichem zentralem Keimporus und unauffälligem Apikulus, u. M. in Ammoniaklösung (und Wasser) kräftig ockerbräunlich gefärbt; Basidien 4-sporig, ca. 24–35 x 10–13 µm

Cheilozystiden: 21–31 x 9–14 µm (vom „großen" Typ), mit 5,5–7,4 (8) µm breitem Köpfchen, lecythiform, d. h. bauchig mit gestieltem Köpfchen, dünnwandig, farblos

Pleurozystiden: nicht vorhanden

Caulozystiden: an der obersten Stielspitze fädig-haarig, -ca. 150 µm lang, –4 (6) µm dick, darunter bis zur Basis bauchig-kopfig ähnlich den Cheilozystiden, jedoch größer, 25–43(45) x 11–17 (20) x 6–10 (11) µm (ob alle Kollektionen fädig-haarige Zystiden an der obersten Stielspitze haben, ist an weiteren Funden noch zu klären; dabei sind vor allem junge, frische Stiele bzw. Fruchtkörper zu untersuchen)

Pileozystiden : zerstreut vorhanden, meist schmal flaschenförmig mit Köpfchen, in Ammoniaklösung gelbbräunlich

Huthaut : aus rundlich-gestielten, –20 (24) µm breiten Zellen bestehend

Ammoniakreaktion: negativ, gelegentlich oder nach Stunden positiv

Vorkommen: im (gedüngten) Rasen oder Gras, an Wegrändern in oder außerhalb des Waldes; häufig
Weitere Funddaten: 03.06.79, Auwald Lh, Kinderfestplatz, auf Pferdemist, MTB 7527/1, leg. M. E., det. G. J. K.; 12.09.98, Donau-Auwald bei Rh, auf Holzlagerplatz, leg. M. E.

Anmerkung: *Conocybe subovalis* ist charakterisiert durch mittelgroßen bis großen Wuchs, oft leichten Olivstich in der Hutmitte, meist negative Ammoniak-Reaktionreaktion, relativ große Cheilo-, Caulozystiden und Sporen und haarförmige Caulozystiden in der obersten Stielspitze, darunter lecythiforme:

Conocybe subpallida Enderle 1991 Bleiches Samthäubchen

Fund- und Neubeschreibung siehe ENDERLE (1991 a); sowie ENDERLE (1995 d, mit Foto) und ENDERLE (2000 b). Weiteres Farbfoto von M. Enderle siehe KRIEGLSTEINER (2003: 329).
Fundbeschreibung aus ENDERLE (2000 b; ital. Zeitschrift „Micologia 2000"):

Farbabbild: ENDERLE (1991 b: opp. S. 96); CETTO (1993: Taf. 2654); ENDERLE (1995: 80); MOSER & JÜLICH (1993 ff: III Conocybe 17, oben)

Ausgesuchte Beschreibung: ENDERLE (1991 b)

Hut bis 35 (57) mm breit, stumpf konisch-konvex, manchmal fast halbkugelig, alt flach konvex, wässerig ockerblass gefärbt, hell kartonbräunlich, mit etwas dunklerer Mitte, ganz frisch ca. ⅔ durchscheinend gerieft, hygrophan, ausgeblasst hell kartonfarben bis hell cremeockerlich, brüchig.

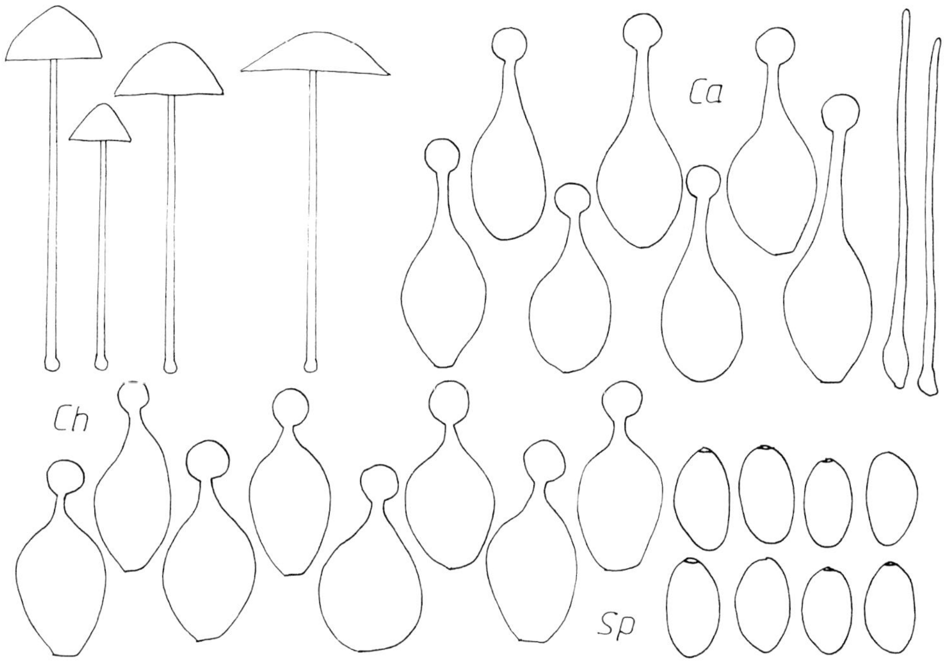

Conocybe subpallida, aus ENDERLE (2000b)

Lamellen normal weit, mit kleinem Zähnchen am Stiel angewachsen, relativ schmal, bis 4,5 mm breit, hellbeige bis hell zimtfarben, mit hellerer Schneide.
Stiel bis 80 mm lang, in der Mitte bis 3 (4) mm dick, gegen die Spitze leicht verjüngt, Basis schwach knollig (Stiele beim Pflücken an der Basis leicht abbrechend); *nicht* weißlich, sondern hell cremefarben, im Alter etwas mit Hutfarbe überhaucht; zerbrechlich.
Sporen (10)10,3–12,2 (13) x 5,5–6,8 µm, ellipsoid bis länglich ellipsoid, eine Seite etwas abgeflacht, mit unauffälligem, relativ kleinem Keimporus und Apikulus; Sporen unter dem Mikroskop relativ hell gefärbt, in 10 %iger Ammoniaklösung blass schmutzig ockergelblich; Sporenwand teilweise leicht verdickt; Basidien 4-sporig
Cheilozystiden lecythiform, 18–23 x 9–12,4 (14) µm, Köpfchen (4) 4,2–5 (5,2) µm, farblos, dünnwandig.
Pleurozystiden nicht vorhanden.
Caulozystiden lecythiform, ähnlich den Cheilozystiden, jedoch oft etwas länger und mit einem gestreckteren, längeren Hals; Köpfchen 4,2–5,5 µm dick; frische Exemplare gegen die Stielspitze mit fingerförmigen, fädigen Elementen, die jedoch bei älteren Fruchtkörpern abhanden kommen können.
Ammoniak-Reaktionreaktion (NH_4OH) negativ oder nach längerer Zeit schwach positiv.
Funddaten:
Deutschland, Bayern: siehe ENDERLE (1991 b); weitere Funde: 11.10.91/12.10.91/6.11.94/17.10.96, Landkreis Gz, bei der Typuslokalität, zwischen Riedheim und La, MTB 7527, beim Wäldchen „L1“, kurz vor der bayerisch/baden-württembergischen Grenze, leg. M. E.; 31.10.92, Donau-Auwald bei Riedheim, am Wegrand des Weissinger Sträßchens, MTB 7527, leg. M. E.; 13.09.98, Landkreis Gz, im Donauried/-moos nordöstlich Riedheim, beim Wasserwerk, MTB 7527, leg. M. E.; 19.09.98, Landkreis Gz, am Stubenweiher, zwischen Großkötz und Limbach, MTB 7528, am Rand eines Waldparkplatzes, bei Pappeln (*Populus spec.*), leg. M. E.
Baden-Württemberg: 09.10.93, südlich der Sixenmühle (langer Spazierweg), Exkursion mit F. R., 13.10.93, Ulm-Donautal, in der Nähe des Sportplatzes des SV Grimmelfingen, leg. M. E.
Verbreitung und Ökologie: Da die Art bisher außerhalb des Typusgebiets erst wenige Male gefunden worden ist, läßt sich über ihre ökologische Amplitude und ihre Verbreitung noch wenig sagen. Sie scheint jedoch eine Präferenz für Riedlandschaften zu haben, wo sie gerne an Wegrändern, im Gras oder bei Brennnesseln wächst. BON (1992 b) meldet aus Frankreich einen Fund auf einer „abgebrannten“ Wiese (prairie fumée). HAUSKNECHTS (pers. Mitt.) österreichische Funde stammen vorwiegend von Wegrändern bei Fichte oder Kiefer, von Gräben oder Grabenrändern bei Laub- und Nadelbäumen, einmal aus einem *Robinetum*.
Anmerkungen: *C. subpallida* ist charakterisiert durch die blassen Fruchtkörperfarben, lecythiforme

Conocybe subpallida

meist langhalsige Caulozystiden und zugleich haar-/fingerförmige Elemente gegen die Stielspitze, relativ blasse Sporen und Wachstum oft spät im Jahr, vor allem in Riedlandschaften, an offenen Stellen an Wegrändern oder im Gras und bei Brennnesseln.

C. subalpina (Singer) Singer & Hausknecht hat ähnlich große Sporen, jedoch eine kräftigere Hutfarbe, dunkler gefärbte Sporen, keine zylindrischen Zystiden gegen die Stielspitze und plumpere, lecythiforme Caulozystiden.

C. ochroalbida Hausknecht ist ähnlich blass, weicht jedoch durch viel kleinere Sporen (im Mittel 6,8–7,2 µm lang) ab.

C. spec. 2 (Enderle 1993: 37–38) hat eine gewisse Ähnlichkeit, unterscheidet sich jedoch u. a. durch kleinere Fruchtkörper, kräftiger gefärbte, etwas kleinere Sporen (10,3–10,8 x 5,6–6,1 µm), anders geformte, kleinere Caulozystiden (Mischung aus lecythiformen und haarförmigen) und eine deutlich positive Ammoniak-Reaktionreaktion.

C. semiglobata Kühner & Watling hat kräftigere Fruchtkörperfarben, dunklere, größere Sporen und keine langhalsigen Caulozystiden.

C. subpallida ist keine echte *Mixtae*, da die beiden Caulozystidentypen nicht wirklich gemischt sind. Diese Meinung vertritt auch HAUSKNECHT (1995). Die Art sollte in den derzeit künstlichen Bestimmungsschlüsseln aus pragmatischen Gründen in der Gruppe mit ausschließlich lecythiformen Caulozystiden **und** bei den *Mixtae* geführt werden.

In MEUSERS' (1996) Schlüssel gehört sie in den Teilschlüssel 2; der Text müsste auf S. 262 zumindest wie folgt abgeändert werden: … „und Stiel **gegen die Spitze *auch*** mit zahlreichen nicht-kopfigen Elementen" …

Conocybe tenera (Schff.: Fr.) Fayod
Rotstieliges Samthäubchen, s. Foto S. 325
Fundbeschreibung siehe ENDERLE & HÜBNER (1999).
Funddaten: 1943–63, Haas-Exk. bei Herrlingen, MTB 7525; 17.09.78, Kri-Exk. bei Westerstetten, MTB 7425; 19.10.80, Haas-Exk. bei Breitingen, Mischwald, MTB 7425; DIETL & KRIEGLSTEINER (1989), am Oberen Eselsberg in Ulm;
Anmerkung: Sehr wahrscheinlich sind alle oben genannten Bestimmungen vor 1999 falsch.
KRIEGLSTEINER (2001) nennt Funde in den MTB 7424, 7427, 7524, 7525, 7625 und 7724; Details sind mir nicht bekannt.

Conocybe tenera (Schff.: Fr.) Fayod forma **aurea** (J. Schäffer) Enderle 1999
Neukombination siehe ENDERLE & HÜBNER (1999).

Conocybe tuxlaensis Singer
Hut 17 mm breit, bis fast zur Mitte gerieft, nicht typisch *Conocybe*-farben, deutlich ins Braune ziehend, ca. Cailleux R47, etwas kandisbraun, von der Mitte her ausblassend
Lamellen normal weit, schwach bauchig, –2,5 mm breit, zimtfarben

Conocybe tenera

Stiel 40 mm lang, in der Mitte 1,5 mm dick, mit Hutfarbe überhaucht, oben heller, gegen die Basis dunkler, kaum knollig
Sporen ca. 6–6,6 x 4–4,2 µm, ellipsoid, ohne sichtbaren Keimporus (Sporenfarbe nicht hell genug für *C. pallidospora*?)
Cheilozystiden ca. 18–20 x 8–10 x 4,5 µm
Caulozystiden haarförmig und wenige lecythiforme gesehen
Funddaten: 29.06.92, Baden-Württemberg, MTB 7527/1, im Ried, „Windschutzstreifen", bei Berg-Ahorn, leg. C. E., det. A.H. (im Computer unter Con-pall.001)
Notizen zu einem weiteren Fund vom 22.06.92:
Hut 20 mm breit, für eine *Conocybe* untypisch gefärbt, wässerig bräunlich, eng durchscheinend gerieft
Lamellen auffallend schmal
Stiel 52 mm lang, etwas bräunlich überhaucht, Basis kleinknollig
Sporen ca. 5,8–6,2 x 3,8–4,1 µm (Sporen vermutlich nicht hell genug und kleiner als bei *C. pallidospora*)
Cheilozystiden vom „kleinen" Typ, z. B. 8 µm breit und Köpfchen 3,8 µm dick
Caulozystiden haarförmig und lecythiform, viele auffallend gestreckt wie bei *C. subpallida*, eine typische gestreckte hat z. B. das Maß 32 x 7,5 x 4,2 µm
Funddaten: 22.06.92, Baden-Württemberg, nördlich Riedheim, MTB 7527/1, in Riedgebiet, im „Windschutzstreifen", bei Laubbäumen; leg. M. E. det. A. H. (im Computer unter Con-pall.002)
Anmerkungen: Aufgrund der langhalsigen Caulozystiden könnte man an *C. ochroalbida* Hausknecht denken. Diese hat jedoch größere Sporen und bauchigere Lamellen
Notizen zu einem weiteren Fund vom 29.06.92:
Hut 20 mm breit, in wässrig-**bräunliche** gehend, leicht schmierig glänzend, 3/4 durchscheinend gerieft, hygrophan, von der Mitte her ausblassend
Lamellen normal weit, nur schwach bauchig, –2,5 mm breit, zimtfarben
Stiel 40 mm lang, in der Mitte 1,5 mm dick, deutlich gefärbt, oben heller, nach unten mit Hutfarbe, gegen die Basis etwas weißfilzig, Basis kaum knollig
Sporen ca. 5,8–6,3 x 4–4,3 µm, ellipsoid, ohne sichtbaren Porus, in Ammoniaklösung nicht sehr hell (in Wasser heller?)
Cheilozystiden 19–22 x 9–10 x 4,2–4,5 m
Caulozystiden haarförmig und lecythiform! (fast alle kollabiert)
Funddaten: 29.06.92, Baden-Württemberg, nördlich Riedheim, im Donauried, im „Windschutzstreifen" bei Laubbäumen (im Computer unter Con-pall.003), leg. M. E.

Conocybe velutipes (Velen.) Hausknecht & Svrcek – Samtfüßiges Samthäubchen
Funddaten: 03.08.92, bei Unterfahlheim, leg. M. E., det. A. H. (2-sporig).

Conocybe velutipes

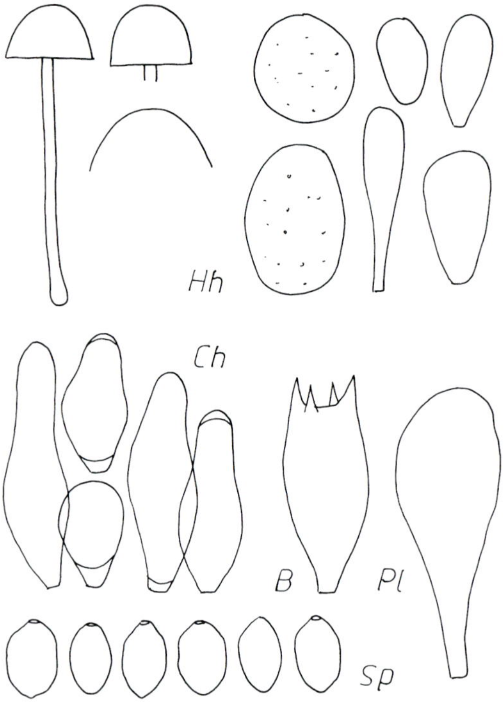

Panaeolus antillarum

Galerella plicatella (Peck) Singer
Zimtgelbes Faltenhäubchen
Syn.: *C. plicatella*
KRIEGLSTEINER (1991) nennt in seinem Verbreitungsatlas einen Fund in MTB 7526. Nähere Fundangaben liegen nicht vor.

Panaeolus antillarum (Fr.:Fr.) Dennis
Antillen-Düngerling
Fundbeschreibung siehe ENDERLE (1994 e).
Weitere Funddaten: 14.06.88, nordöstlich Rh, auf Misthaufen, MTB 7527/1, leg. M. E., E. Ge., Beleg in (M);

Panaeolus caliginosus Jungh.
Kegeliger Düngerling
Syn.: *P. acuminatus, P. rickenii*
Funddaten: 01.07.79, beim Kinderfestplatz in Lh, auf Pferdemist, MTB 7527/1, leg. M. E., det. J. St.; weitere Funde von verschiedenen Findern sind als zweifelhaft einzustufen.

Panaeolus cinctulus (Bolton) Sacc.
Dunkelrandiger Düngerling
Syn.: *P. subbalteatus*
Fundbeschreibung mit Foto siehe ENDERLE (1982) und ENDERLE (1995 b).

Panaeolus antillarum

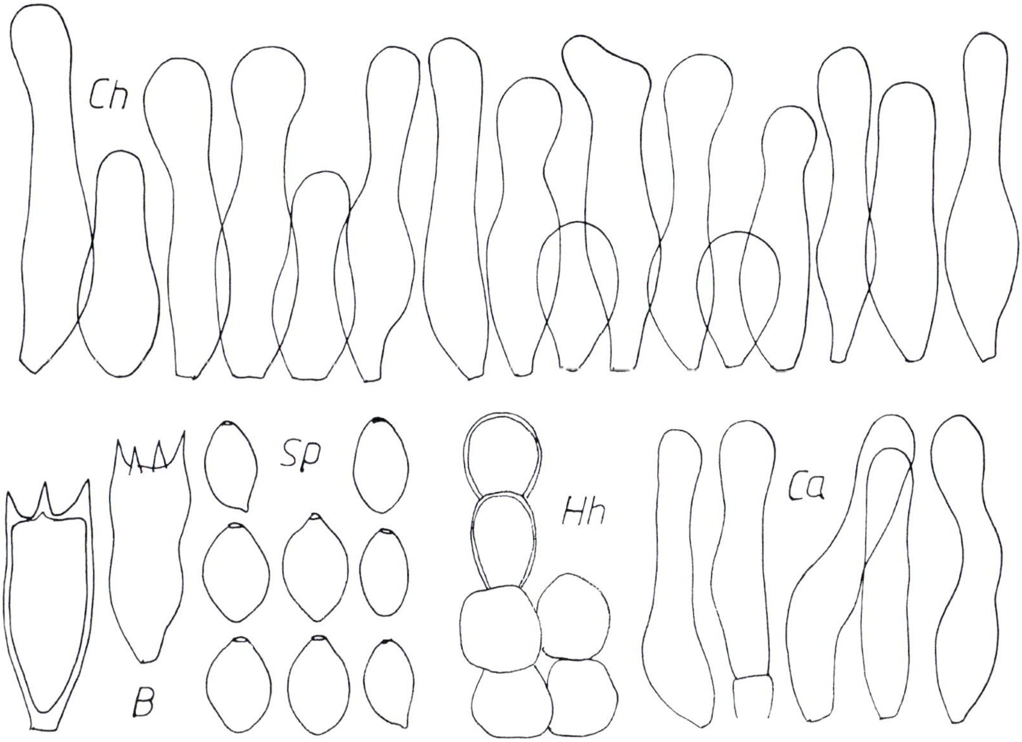

Panaeolus cinctulus

Panaeolus cinctulus

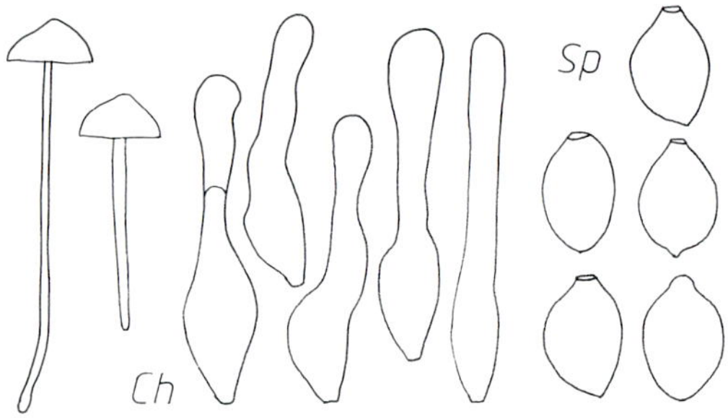

Panaeolus olivaceus

Funddaten: 14.07.79, „Muna“ bei Bühl, auf Kuhmisthaufen, MTB 7526, leg. M. E., det. J. St.; 22.06.80, „Muna“ bei Straß, MTB 7526, im Fichtenwald am Wegrand (Pferdemist?), leg. M. E., Beleg in (M); 20.07.81, Uf, im Garten der Fam. F. Geiger, MTB 7527, leg. M. E.

Panaeolus fimicola (Pers.: Fr.) Gillet
Rußbrauner Düngerling
Syn.: *P. ater*
Funddaten: 25.09.81, bei Illerrieden, MTB 7725, auf einer Wiese, leg. M. E., E. Ge.

Panaeolus fimiputris (Bull.: Fr.) Quélet
Ring-Düngerling
Syn.: *Anellaria semiovata*
Rote-Liste-Art: gefährdet
Funddaten: 27.04.79, Auwald Lh, MTB 7527/1, beim Kinderfestplatz, auf Pferdedung, leg. M. E.; Funddaten von L. K. (pers. Aufzeichn.): 28.05.83, „Katharinenholz“ Böttingen, auf Pferdeäpfeln, MTB 7525/1, leg. G. F.

Panaeolus guttulatus Bres.
Getropftschneidiger Düngerling
Funddaten: 06.08.81, bei Holzheim, MTB 7526, im Fichtenwald am Wegrand, Exk. mit F. R., leg. M. E.; 18.06.82, Kinderfestplatz in Lh, Auwald, in kurzem Gras unter Laubbäumen, leg. M. E., Beleg im Fungarium Krieglsteiner; Beschreibung eines Fundes mit Foto siehe Zeitschrift für Mykologie 1984 (1).

Panaeolus olivaceus Möller
Punktiertsporiger Düngerling
Fundbeschreibung siehe ENDERLE (1991 b). Belege in (M).

Panaeolus papilionaceus (Bull.: Fr.) Quélet var. **papilionaceus** – Behangener Düngerling
Syn.: *P. sphinctrinus; P. retirugis*
Funddaten: 21.05.79, beim Kinderfestplatz in Lh, auf Pferdedung, leg. M. E.; 04.07.90, zwischen Rh + Lh, auf großem Pferdemisthaufen, MTB 7527/1, leg. M. E., E. Ge.; weitere Funddaten erübrigen sich. Die

Panaeolus olivaceus

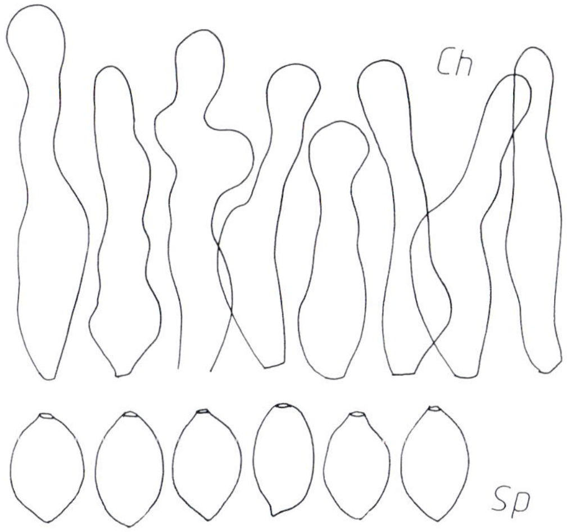

Panaeolus papilionaceus

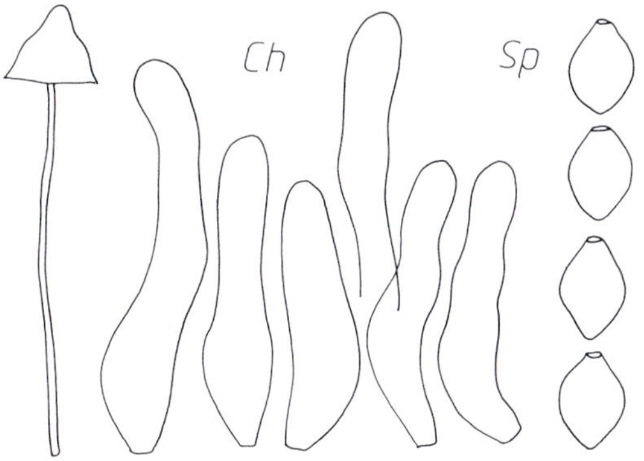

Panaeolus reticulatus

Art ist sehr häufig und kommt sehr wahrscheinlich in allen MTB im Ulmer Raum vor.

Panaeolus papilionaceus var. **parvisporus** E. Gerhardt 1996

Fundbeschreibung siehe Enderle (1991 a).

Panaeolus reticulatus Overh.

Moor-Düngerling
Syn.: *P. uliginosus; P. fontinalis*
Rote-Liste-Art: gefährdet
Fundbeschreibung siehe Enderle (1991 a).
Weitere Funddaten: 12.10.96, Auwald bei Rh, beim Nudisten-See, in Fichtenparzelle (auf Kalk), im Moos, leg. 1 Frk. Robert Enderle, 1 Frk. M. E.; Sporen stark linsenförmig, ca. 9–10 x 5–6,6 µm, ohne Sulphidien, Cheilozystiden fädig, teilweise schwach kopfig erweitert, bestimmt mit *Panaeolus*-Monografie von E. Gerhardt (Berlin), Beleg in (ULM), Dia in Diathek Enderle.

Panaeolus reticulatus

Panaeolina foenisecii (Pers.: Fr.) Maire

Heu-Düngerling
Funddaten: erübrigen sich. Die Art ist sehr häufig und kommt sehr wahrscheinlich in allen MTB im Ulmer Raum vor.

Pholiotina aberrans

Pholiotina aeruginosa

Pholiotina aberrans (Kühner) Singer
Häublingsähnlicher Glockenschüppling, Foto S. 329
Fundbeschreibung siehe ENDERLE (1985) und ENDERLE (1997 a, mit Foto).

Pholiotina aeruginosa (Romagn.) Moser
Grünspan-Glockenschüppling
Rote-Liste-Art: latent gefährdet
Fundbeschreibung mit Foto siehe ENDERLE (1996 b).

Pholiotina aporus (Kits van Waveren) Clémencon – Frühlings-Glockenschüppling
Fundbeschreibung siehe ENDERLE (1991 a) und ENDERLE (1993 b), Foto siehe ENDERLE & REININGER (1995).
Weitere Funddaten: 22.05.77, „Muna" bei Straß, auf Waldweg-Gabelung, MTB 7526, Krieglsteiner-Exkursion; 25.05.78, Auwald Lh, im „Feuchtgehau", MTB 7527/1, Krieglsteiner-Führung; 07.05.79, Laupheim, MTB 7725 und 7825, im Osterried, in einem Hangwald, vorwiegend Eschen, leg. G. O.; 08.05.80, zwischen Uf + Lh, Donau-Auwald, an feuchter Stelle, MTB 7527/1, leg. M. E.; 01.05.00, 01.05.01, 01.05.02, 01.05.03, AMU-Maiwanderung im „Silberwald" bei Neu-Ulm/Ludwigsfeld, leg. K. Ke. und M. E.; weitere Funddaten erübrigen sich. Die Art ist häufig und kommt sehr wahrscheinlich in allen MTB im Ulmer Raum vor.

Pholiotina arrhenii (Fr.) Singer
Rotbräunlicher Glockenschüppling
Fundbeschreibung siehe ENDERLE (1991 a). Farbfoto von M. Enderle siehe KRIEGLSTEINER (2003: 334).
Weitere Funddaten: 01.10.79 und 06.10.80, Bubesheimer Wald bei Bühl, MTB 7527, leg. M. E.; 26.09.82, Donau-Auwald bei Uf, MTB 7527, in Fichtenparzelle am Wegrand, leg. M. E., Beleg im Fungarium Krieglsteiner. Funddaten von L. K. (pers. Aufzeichn.): 24.09.88, Ermingen beim Fernmeldeturm, am Wegrand, MTB 7525/3, leg L. K. + G. D.; 12.10.88, Ulm, Umgebung der Uni, Oberer Eselsberg, MTB 7525/4, leg. L. K.; 26.09.88, Spitalwald Ermingen, MTB 7625/1, leg. L. K.; 06.10.91, „Eschach" östlich Holzschwang, MTB 7626/4, leg. G. O. + Schätzle, det. M. E.; weitere Funddaten erübrigen sich. Die Art ist häufig und kommt sehr wahrscheinlich in allen MTB im Ulmer Raum vor.

Pholiotina blattaria (Fr.) Fayod
Großsporiger Glockenschüppling
Fundbeschreibung siehe ENDERLE (1997 a).

Pholiotina brunnea (Lge. & Kühn. ex Watl.) M. Bon – Zwitter-Glockenschüppling
Fundbeschreibung siehe ENDERLE (1991 a) und ENDERLE (1996 b, mit Foto).
Weitere Funddaten: 09.09.94, bei Ulm-Grimmelfingen, im Wald „Hörnle", Exkursion mit H. BE., leg. M. E., Beleg in (M)

Pholiotina dentatomarginata (Watling) Enderle 1986
Fundbeschreibung und Neukombination, siehe KRIEGLSTEINER & ENDERLE (1986).

Pholiotina exannulata (Kühner & Watling) Courtecuisse
Rote-Liste-Art: latent gefährdet
Es gibt in meinem Herbar 2 mit Fragezeichen versehene Funde, die im Rahmen einer *Pholiotina*-Studie noch genauer untersucht werden müssten.
Funddaten: 25.10.93, Ulm-Donautal, am Rande des Sportplatzes des SV Grimmelfingen, MTB 7625, leg. M. E.; 15.10.98, Donau-Auwald bei Lh, Exkursion mit Gerhard Kuhnle, am Wegrand bei Laubbäumen, MTB 7527

Pholiotina filaris (Fries) Singer
Fädiger Glockenschüppling, s. Foto S. 331
Fundbeschreibung siehe ENDERLE (1986 a) und ENDERLE (1996 b, mit Foto). Farbfoto von M. Enderle bei KRIEGLSTEINER (2003: 338).

Pholiotina filaris, Foto H.-J. Hübner

Pholiotina friesii (Lundell) Enderle
Blasser Glockenschüppling
Fund- und Neubeschreibung mit Foto siehe ENDERLE (1994 d). Weiteres Farbfoto von M. Enderle bei KRIEGLSTEINER (2003: 339).

Pholiotina hadrocystis
(Kits van Waveren) Courtecuisse
Gelbrostiger Glockenschüppling
Fundbeschreibung mit Foto siehe ENDERLE (1996 b).

Pholiotina friesii

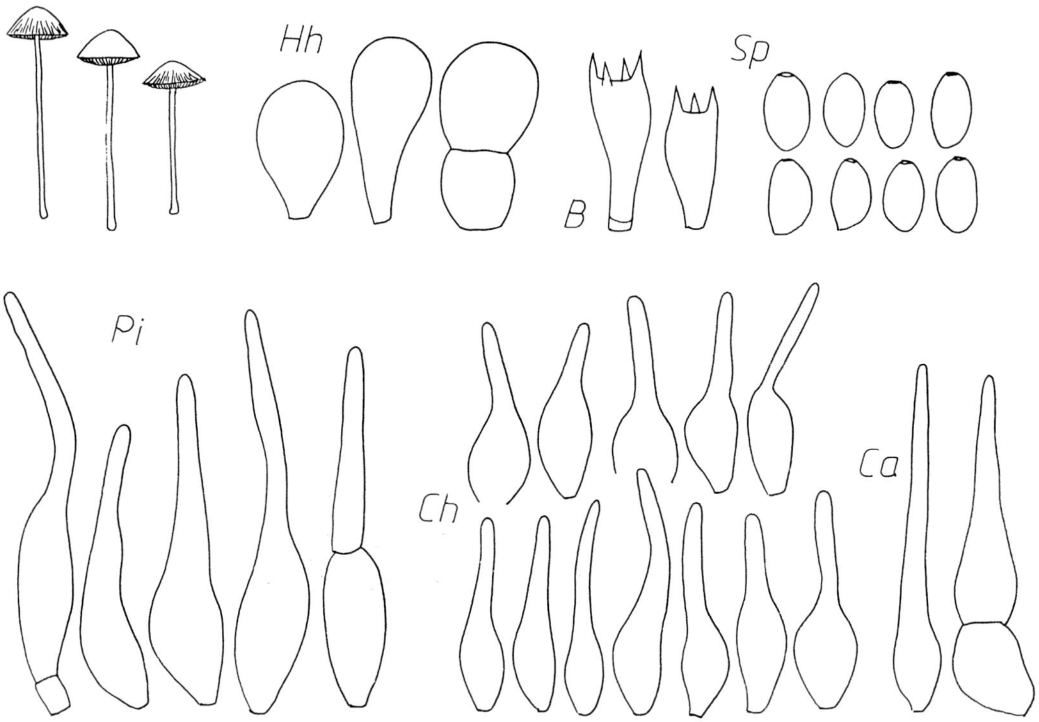

Pholiotina mairei

Pholiotina mairei (Watling) Enderle
Zwerg-Glockenschüppling
Syn.: *Ph. mairei* (Kühner) Singer 1950 (ungültige Kombination)
Fundbeschreibungen und Neukombination, siehe Enderle (1986 a) und Enderle (1992 e, mit Foto).

Pholiotina mutabilis (Watling) M. Bon
Erstfund für Deutschland
Stockschwämmchen-Glockenschüppling
Fundbeschreibung mit Foto siehe Enderle (1997 a) und Enderle (1999 a).

Pholiotina pygmaeoaffinis (Fr.) Singer ss. auct. plur. non Fries
Fundbeschreibung siehe Enderle (1991 a).

Pholiotina spec. 1 (Sek. *Pholiotina*, Untersekt. *Vestitinae*)
Fundbeschreibung mit Foto siehe Enderle (1997 a).

Pholiotina striipes (Cooke) Singer
Rillstieliger Glockenschüppling
Farbfoto von M. Enderle siehe Krieglsteiner (2003: 341).

Funddaten: 17.10.81, beim Kinderfestplatz Lh, auf Parkplatz entlang der Donau, im Gras, MTB 7527/1, leg. M. E., conf. R. Watling (Edinburgh).
Funde publiziert von M. Enderle in Krieglsteiner (1984).
Weitere Funde: 08.10.99, Baden-Württemberg, MTB 7527/1, nordöstlich von Riedheim, in einem Windschutzstreifen, nördlich des Wasserwerks, unter *Acer pseudoplatanus*, leg. M. E.

Pholiotina striipes (Cooke) Singer forma **alba** Enderle, s. Foto S. 333
Fund- und Neubeschreibung mit Foto siehe Enderle (1994 d).

Pholiotina subnuda (Kühner) Singer
Fastnackter Glockenschüppling, s. Foto S. 333
Syn.: *Ph. utriformis, Ph. verrucispora*
Rote-Liste-Art: gefährdet
Fundbeschreibung siehe Enderle (1985), Foto von M. Enderle siehe Enderle & Reininger (1995) und Krieglsteiner (2003: 342).

Pholiotina teneroides (Lange) Singer
Zweisporiger Glockenschüppling
Fundbeschreibung siehe Enderle (1985) und Enderle (1993 b).

Pholiotina velata (Vel.) Hausknecht 1999
Anhängsel-Glockenschüppling
Syn.: *Ph. appendiculata*
Fundbeschreibungen siehe ENDERLE (1983), ENDERLE (1995 d) und ENDERLE (2000 b); Foto siehe Z. Mykol. 49 (1): 1983, direkt nach dem Einband.
Funddaten: 19.09.81 und 25.09.81, Donau-Auwald bei Lh, MTB 7527/1, auf dem Kinderfestplatz, unter Eichen und Eschen, leg. M. E.; 22.10.89, im Ried bei Rh, MTB 7527/1, leg. M. E., Beleg in (M); Funddaten von L. K. (pers. Aufzeichn.): 28.09.89, „Heide" westlich Wennenden, Fagetum, Weg, MTB 7524/3, leg. E. S., det. L. K.
Beschreibung der *Ph. velata* aus ENDERLE (2000 b; ital. Zeitschrift „Micologia 2000"):
Hut –22 (28) mm breit, konvex mit stumpfem Buckel, alt flach konvex ohne oder mit kleinem Buckel und Ränder teilweise etwas verbogen (von Erdhindernissen beim Wachsen?), dabei teilweise nach oben aufschirmend, bei Feuchtigkeit etwas speckig glänzend, jung hell ockergelblich, honigocker (ca. Cailleux N65 oder dunkler), kräftig ockergelb, ocker-rotbräunlich (Cailleux R47), selten dattelbraun bis dunkel rotbräunlich, alt mit schmutzigen Beitönen aus oliv bis grau-oliv, hygrophan, von der Mitte her ausblassend, ausgeblasst hell ockerlich bis hell ockerbräunlich (ca. Cailleux N80) oder hell creme-beige; vor allem jung am Hutrand mit kleinen, oft winzigen,

Pholiotina subnuda

weißlichen Velumzähnchen oder -flusen, die bei alten Hüten meist abgetragen/verschwunden sind; Rand kaum bis deutlich ⅔ durchscheinend gerieft; Huthaut nicht gelatinös abziehbar.

Pholiotina striipes f. *alba*

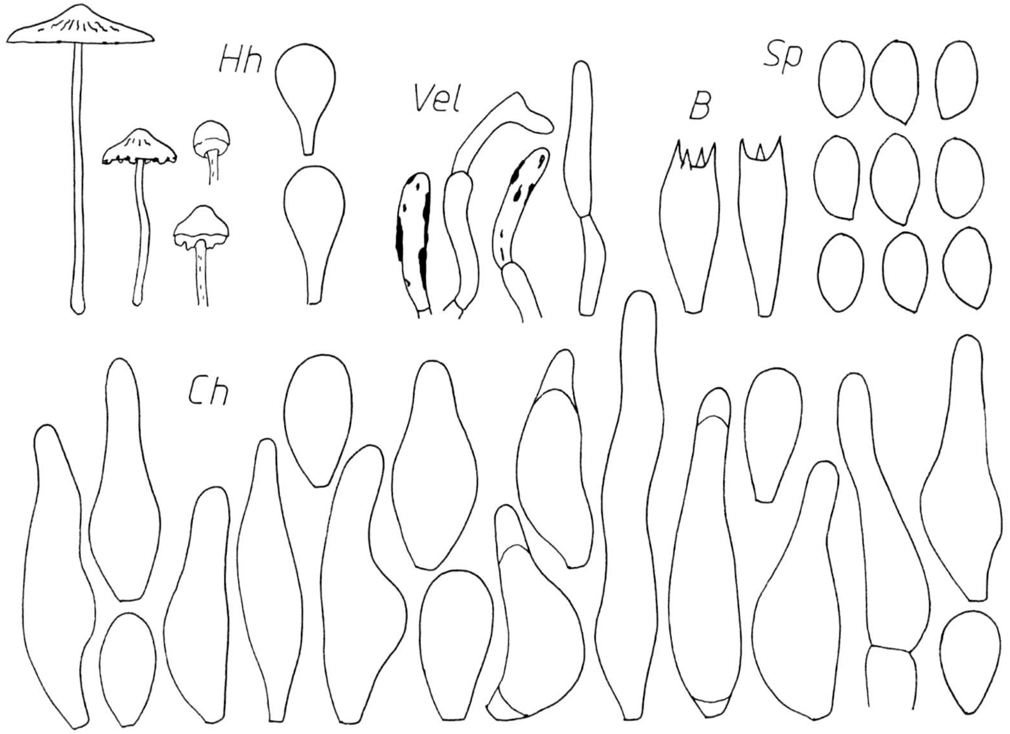

Pholiotina velata, aus ENDERLE (2000 b)

Lamellen etwas gedrängt, schmal bis schwach bauchig, –2 (3,5) mm breit, am Stiel ausgebuchtet und mit Zähnchen angewachsen, hell bis dunkel zimtbräunlich, mit heller Schneide

Stiel –40 (55) mm lang, in der Mitte –2 (3) mm dick, gegen die Spitze und die Basis gleichdick oder etwas erweitert, oben hell, zur Basis fast gleichfarbig oder dunkler bis braunschwärzlich, gesamte Oberfläche seidig glänzend, jung über die gesamte Länge deutlich hell bestäubt bis anliegend befasert, alt verkahlend und dann oben hell cremeweißlich und nach unten etwas stärker gefärbt; Stielbasis etwas weißfilzig

Sporen 7,4–8,4 x 4,1–4,8 (5) µm, ellipsoid bis schwach mandelförmig, unter dem Mikroskop in Wasser ocker- bis blass honiggelb, in Ammoniaklösung relativ hell ockergelblich, Sporenwand schwach verdickt; Keimporus sehr klein und unauffällig, manchmal kaum sichtbar (Der Porus bei reifen, ausgefallenen Sporen ist besser sichtbar!); Basidien vorwiegend 4-sporig

Cheilozystiden 25–50 (60) x 8–14 µm, schlauchförmig, utriform bis lageniform, selten breit keulig bis blasig, an der Spitze oft leicht bis deutlich kopfig erweitert, Hals häufig etwas wellig verbogen; farblos, dünnwandig.

Pleurozystiden keine vorhanden.

Huthaut aus breit keuligen, rundlich-gestielten Zellen bestehend: 25–43 x 14–24 µm

Velum aus zylindrischen, 5–13 µm dicken, gegliederten Elementen bestehend; teilweise mit noppenartigen Auswächsen; zum Teil mit Schnallen an den Verbindungsstellen. Endglieder gegen die Spitze stumpf abgerundet oder stumpf konisch;

Geruch pilzartig, leicht säuerlich, zum Teil schwach geranienartig (*Pelargonium*).

Funddaten: Deutschland, Bayern: 04.10.94, 11.09.94, 06.10.96, Donau-Auwald bei Riedheim und Lh, auf und seitlich der Waldwege, einmal am Rand eines Kohleschlacken-Weges, MTB 7527, leg. M. E.; 23.09.95, Pfuhl, auf dem Gelände zwischen dem Bertha-von-Suttner-Gymnasium und der Rupert-Egenberger-Schule, im Gras, leg. M. E.; 13.10.96, zwischen Uf und Lh, am Biberberg, bei der alten Bundesstraße B10, MTB 7527, in der Nähe der Straße, im Gras, in dem früher ein Kuhmisthaufen stand, der jetzt abgetragen war (Fruchtkörper deshalb sehr kräftig und fast büschelig gewachsen), leg. M. E.; 15.09.98, zwischen Burlafingen und Pfuhl, Landkreis Neu-Ulm, in ehemaliger Riedlandschaft, am Rand einer Wiese unter *Cornus sp.*, leg. M. E.; 20.09.98, bei Gz-Limbach, Fichtenforst am Wegrand, MTB 7528, leg. M. E. Weitere Funde siehe ENDERLE (1983).

Baden-Württemberg:
07.08.86 und 19.10.87, bei Ulm-Grimmelfingen, im Wald „Hörnle“, auf Waldspielplatz, unter Eichen und Rotbuchen, leg. M. E.; 13.09.90, Ulm-Donautal, in einem Riedwäldchen in der Nähe des Fischerheims, leg. M. E.; 09.10.91, Ulm-Donautal, auf der Lichternsee-Halbinsel, an feuchter, schattiger Stelle, bei Grauweide (*Salix cinerea*), leg. M. E.; 04.10.96, in Neunkirchen-Bad Mergentheim, im Rasen direkt vor dem Tagungsgebäude der DGfM-Veranstaltung, leg. M. E.; 18.09.98, zwischen Altheim/Alb und Gerstetten, auf einer Wacholderheide, leg. M. E.;

Verbreitung und Ökologie: Nach KRIEGLSTEINER (1991) ist die Art in Deutschland weit verbreitet. DERBSCH (1954) meldete sie als erster in seinem „Waldpfad“-Aufsatz.

Außerhalb Deutschlands sind mir Funde aus folgenden Ländern bekannt: baltische Sowjetrepubliken (URBONAS, KALAMEES & LUKIN 1986); Dänemark (LANGE 1938, HANSEN & KNUDSEN 1992, WATLING 1998 b), England (WATLING 1971), Frankreich (KÜHNER 1935), Holland (WATLING 1971: 333), Italien: 12.11.91, Pineto san Vitale, bei Scolo via Cerba (beim Kanal), Großraum von Ravenna, leg. M. E.; Marokko (MALENCON & BERTAULT 1970), Norwegen (HANSEN & KNUDSEN 1992, WATLING 1988 b), Schweden (STRIDVALL 1981, HANSEN & KNUDSEN 1992), Schweiz (BREITENBACH & KRÄNZLIN 1995), Tschechische Republik (HAUSKNECHT 1999, Velenovsky-Fund in Böhmen!), Spanien (ESTEVE-RAVENTÓS et al. 1997), U.S.A. (WATLING & BIGELOW 1983), *Pholiotina velata* wächst einzeln bis gesellig auf Erde oder auf mit Holzresten vermischter Erde, im Gras, in lichten Wäldern, Parks, Gärten, oft an Wegrändern, besonders auf humosen und nährstoffreichen Böden. SCHMID-HECKEL (1985) fand sie in den Nördlichen Kalkalpen in 1.010 m Höhe im montanen Fichtenforst auf abgestorbenen Teilen von *Eupatorium cannabinum* sowie in den Berchtesgadener Alpen montan bis in 920 m Höhe auf morschem Fichtenholz (SCHMID-HECKEL 1988). BREITENBACH & KRÄNZLIN (1995) melden einen Fund aus den Schweizer Alpen aus 1.200 m Höhe von Erde und Holzresten. In Marokko stieg die Art laut MALENCON & BERTAULT (1970) bis in 1.600 m Höhe auf. Die Art bevorzugt belichtete Standorte.

Anmerkungen: *Pholiotina velata* ist charakterisiert durch den meist zierlichen Wuchs, die sehr vergänglichen, teilweise zahnförmigen Velumreste am Hutrand, die kleinen Sporen und vor allem die häufig

Pholiotina velata

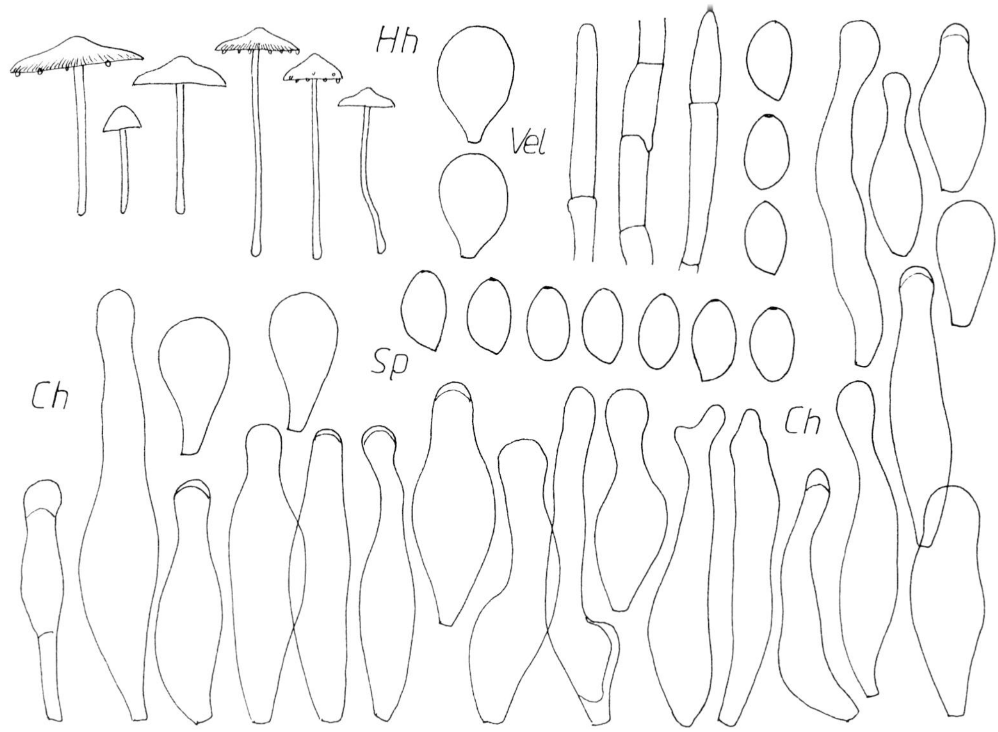

Pholiotina vestita

leicht kopfig erweiterten Cheilozystiden. Die ähnliche *Pholiotina vestita* (Fr. apud Quélet) Singer weist keine bzw. nur in sehr geringem Umfang (höchstens 5 %) Cheilozystiden mit kopfiger Erweiterung auf. Zudem haben die Sporen dieser Art keinen (zumindest im Lichtmikroskop) sichtbaren Keimporus. Bei typischer Ausprägung ist das Hutvelum der *Ph. vestita* deutlich üppiger, die Hutfarbe dunkler und die Fruchtkörper meist kräftiger.

Schwierig ist zu Abgrenzung von *Pholiotina exannulata* (Kühner ex) Kühner & Watling apud Watling. Da diese Sippe seit ihrer Erstbeschreibung durch KÜHNER (1935: 153, als forma *exannulata* der *C. blattaria*) und ihren gültigen Nachbeschreibung durch WATLING (1980: 334) erst **ein** weiteres Mal durch eine ausführliche Beschreibung belegt ist (LONATI (1994) aus Italien) ist sie nur sehr schwierig zu beurteilen. Sie soll keine oder kaum kopfig erweiterte, dafür flaschenförmige und keulige Cheilozystiden aufweisen. Die Hutfärbung soll etwas kräftiger, rostbräunlicher sein.

Es ist auch denkbar, dass die Autoren nicht genügend Cheilozystiden untersuchten und dabei die kopfig erweiterten (subcapitaten) übersahen, wobei zu bemerken ist, dass WATLING in seiner Fig. 1 D von sieben Cheilozystiden eine mit kopfiger Erweiterung zeichnete! Pyriforme (breit keulige) Cheilozystiden, wie sie WATLING und LONATI erwähnen, kommen zu einem kleinen Prozentsatz auch bei *Ph. velata* vor und tragen deshalb nur wenig zur Differenzierung bei.

Bemerkenswert ist, dass KÜHNER (1935) Velumreste am Hut erwähnt, während WATLING (1980) in seiner Neubeschreibung der *Ph. exannulata* auf dieses wichtige Merkmal überhaupt nicht hinweist! An LONATIS (1994) Funden kann man an einem Hut Velum am Rand sehen!

Vielleicht gibt es ein „Kontinuum" zwischen *Ph. velata* und *Ph. exannulata*.

Die Situation muss dringend weiter beobachtet werden, um zu einer abschließenden Beurteilung dieses Taxons zu kommen.

Bleibt zu erwähnen, dass gewisse *Galerina*-Arten der obigen Art täuschend ähnlich sehen können. Zur Unterscheidung hilft ein Schnitt in die Huthaut: *Pholiotinen* haben rundlich-gestielte, breit keulige Huthautelemente, Galerinen zylindrisch-fädige!

Pholiotina vestita (Fr. ap. Quélet) Singer
Behangener Glockenschüppling

Fundbeschreibung siehe ENDERLE (1985) und ENDERLE (1992 e, mit Foto), sowie DIETL & KRIEGLSTEINER (1989). Ein weiteres Farbfoto von M. Enderle befindet sich bei KRIEGLSTEINER (2003: 346).

Familie **Strophariaceae** Singer & Smith 1946 Träuschlingsartige

Flammulaster carpophilus (Fr.) Earle
Buchenwald-Schnitzling
Funddaten von L. K. (pers. Aufzeichn.): 10.08.88, westlich Pappelau, an Buchen-Cupulen, MTB 7624/2, leg. L. K.; 22.09.88, Baurenhau östlich Rot, an Buche-Cupulen, MTB 7725/4, leg. L. K. + G. D.; 14.05.89, am Roten Berg bei Ulm, an Buchenlaub, MTB 7624/3, leg. L. K.; KRIEGLSTEINER (2001) nennt Funde in den MTB 7424, 7425, 7426, 7524, 7525, 7625 und 7724; Details sind mir nicht bekannt.

Flammulaster ferrugineus (Mre. in Kühner & Romagn.) Watling – Rostbrauner Flockenschüppling
Syn.: *F. siparia*
Funddaten: 19.10.87, Wald „Hörnle" bei Ulm-Grimmelfingen, auf Erde zwischen Reisigresten, MTB 7625/2, leg. M. E.; 08.11.98, Steinbruch Sotzenhausen, MTB 7624/2, 1 Frk. im Moos/Juniperus, leg. L. K.; 28.08.81, bei Illerkirchberg, im Auwald, auf nackter Erde, bei Salix und Alnus, leg. M. E., det. M. Bon (Frankreich) als cf. *siparia*.

Flammulaster granulosus (Lange) Watling
Körniger Flockenschüppling
Fundbeschreibung siehe ENDERLE (1985).
Weitere Funddaten: 18.10.89, Baden-Württemberg, Ulm-Donautal, in Richtung Wasserwerk, auf Erde und Moos, leg. M. E., det. E. C. Vellinga (Holland)

Flammulaster cf. **muricatus** (Fr.: Fr.) Watling
Stacheliger Flockenschüppling
Syn.: *F. denticulata*
Fundbeschreibung siehe ENDERLE (1986 a).
Funddaten: 02.10.82, Donau-Auwald bei Lh, MTB 7527/1, auf morschem Holz, leg. M. E., Beleg im Fung. Kri; KRIEGLSTEINER (2001) nennt einen Fund im MTB 7624; Details sind mir nicht bekannt.

Hypholoma capnoides (Fr.: Fr.) Kummer
Rauchblättriger Schwefelkopf
Funddaten erübrigen sich. Die Art ist sehr häufig und kommt sehr wahrscheinlich in allen MTB im Ulmer Raum vor.

Hypholoma fasciculare (Huds.: Fr.) Kummer
Grünblättriger Schwefelkopf
Funddaten: vor 1894, Veesenmeyer, Apotheker Haas: „um Ulm häufig und im Böfinger Wald"; weitere Funddaten erübrigen sich. Die Art ist sehr häufig und kommt sehr wahrscheinlich in allen MTB im Ulmer Raum vor.

Hypholoma lateritium (Schaeffer: Fr.) Kummer
Ziegelroter Schwefelkopf
Syn.: *H. sublateritium*
Funddaten: vor 1894, leg. Veesenmeyer: bei Ulm, „häufig"; 25.09.77, Kri-Exk. bei Ulm, MTB 7626; Weitere Funddaten erübrigen sich. Die Art ist sehr häufig und kommt sehr wahrscheinlich in allen MTB im Ulmer Raum vor.

Hypholoma marginatum (Pers.: Fr.) Schroeter
Geselliger Schwefelkopf
Syn.: *H. dispersum*
Funddaten: 23.10.76, Kri-Exk. in „Muna" bei Bühl, MTB 7527; 1974–83, leg. A. K. in MTB 7426, 7526; Funddaten von L. K. (pers. Aufzeichn.): 14.10.90, „Osterberg"/Wallenhausen, MTB 7627/3, leg. W. G.; 07.11.91, Ermingen beim Fernmeldeturm, MTB 7525/3, leg. L. K.; 02.11.91, nordöstlich Suppingen, MTB 7524/1, leg. Riederle + Schätzle; 06.10.91, „Eschach" östlich Holzschwang, MTB 7626/4, leg. G. O., Riederle und Schätzle.

Hypholoma myosotis (Fr.: Fr.) Lange
Wurzelnder Sumpfschwefelkopf
Funddaten: KRIEGLSTEINER (2001) nennt einen Fund im MTB 7624; Details sind mir nicht bekannt.

Hypholoma polytrichi (Fr.: Fr.) Ricken
Moos-Schwefelkopf
Funddaten: 15.10.77, Sta-Exk. in „Muna" bei Straß, MTB 7526; 30.06.80, „Muna" bei Straß, im Polytrichum, leg. M. E.; 13.06.95, Bubesheimer Wald bei Echlishausen, MTB 7527, leg. M. E., Beleg in (M); 19./20.09.96, bei Pilzausstellung in Ulm; Funddaten von L. K. (pers. Aufzeichn.): 09.09.84, bei Altheim, Fichtenwald, MTB 7625/4, leg. G. F.; 12.09.81, Oberbalzheim, MTB 7725/4, AMO-/AMU-Exkursion; 11.06.90, „Weißenberg"/Illerrieden, Fichtenwald, MTB 7726/1, leg. „Ilg" (?), det. L. K.

Hypholoma radicosum J.Lge.
Wurzelnder Schwefelkopf
Syn.: *H. epixanthum*
Funddaten: 17.09.78, Kri-Exk. bei Westerstetten, MTB 7425; 19.10.80, Haas-Exk. bei Breitingen, MTB 7425; 1974–83, leg. A. K. in MTB 7425, 7526; weitere Funddaten erübrigen sich. Die Art ist häufig und kommt sehr wahrscheinlich in allen MTB im Ulmer Raum vor.

Hypholoma udum (Pers.: Fr.) Kühner
Kahler Torf-Schwefelkopf
Funddaten: KRIEGLSTEINER (2001) nennt einen Fund im MTB 7527; Details sind mir nicht bekannt.

Kuehneromyces mutabilis (Scopoli: Fr.) Singer & Smith – Stockschwämmchen
Funddaten: vor 1894, leg. Veesenmeyer, bei Ulm; 1937–40, Haas-Exk. am Eselsberg bei Ulm, MTB 7525, im Maien- und Klosterwald bei Ulm-Söflingen, MTB 7625, in „Filde" bei Beimerstetten, MTB 7525, bei Blaubeuren, MTB 7524, bei Jungingen, MTB 7525.
Weitere Funddaten erübrigen sich. Die Art ist sehr häufig und kommt sehr wahrscheinlich in allen MTB im Ulmer Raum vor.

Phaeomarasmius erinaceus (Fr.) Romagn.
Weiden-Schüppchenschnitzling
Fundbeschreibung siehe ENDERLE (1992 a). Funddaten von L. K. (pers. Aufzeichn.):
05.06.88, Arnegger Ried, an anhängendem *Salix*-Ast, MTB 7525/3, leg. L. K.; 15.06.90, Arnegger Ried, an *Salix*-Ästen, MTB 7525/3, leg. L. K.; 23.10.90, Mähringen „Tobeltal", an berindetem *Rosa*-Ast, MTB 7525/4, leg. L. K.; 30.06.91, Schmiechener See, an *Salix* (?), MTB 7624/1, leg. L. K.; 23.09.88, „Silberwald" bei Ludwigsfeld, MTB 7726, auf *Salix* in einem dichten, moorigen Weidengestrüpp, leg. K. K.; KRIEGLSTEINER (2001) nennt Funde in den MTB 7624 und 7725; Details sind mir nicht bekannt.

Pholiota adiposa (Fr.: Fr.) Kummer
Schleimiger Schüppling
Funddaten: 1943–63, Haas-Fund, Pilzausstellung in Ulm 10./11.10.48; 1974–83; leg. A. K. in MTB 7526; September 1977, Muna bei Bühl, MTB 7527, büschelig auf vergrabenem Holz, leg. M. E.; 21.09.79, VHS-Führung am „Roten Berg" bei Ulm, büschelig an Baumstumpf, leg. M. E., conf. J. St.

Pholiota alnicola (Fr.: Fr.) Singer
Erlen-Schüppling
Syn.: *Pholiota amara*
Funddaten: 1943–63, Haas-Fund, in „Filde" bei Beimerstetten, MTB 7525; 23.09.79, zwischen Uf + Lh, im Wald „Lechfeld", an der Basis von *Corylus avellana*, büschelig, leg. M. E., det. J. St.; 1974–83, leg. A. K. in MTB 7426; 21.09.96, bei Gz, MTB 7527, im Mooswald an Erlenstumpf in einer Fichtenparzelle, leg. M. E., Beleg in (M); von E. R. (Erbach-Ringingen) 1979 aus dem MTB 7624 (Schelklingen) gemeldet, 01.10.2000, NSG Riedheim, MTB 7527, auf bayerischer Seite, an der moosigen Basis einer Birke, leg. M. E. (Dia in Diathek Enderle); Exsikkat im Herbar der Universität Ulm (ULM).

Pholiota astragalina (Fr.: Fr.) Singer
Safranroter Schüppling
Funddaten von L. K. (pers. Aufzeichn.): 28.09.82, „Frauenholz", MTB 7625/4, leg. G. F.; 23.07.86, Scharenstetten/Merklingen, MTB 7424/4, leg. G. F.; KRIEGLSTEINER (1991) nennt in seinem Verbreitungsatlas einen Fund in MTB 7725. KRIEGLSTEINER (2001) nennt Funde in den MTB 7625 und 7725; Details sind mir nicht bekannt.

Pholiota aurivella (Batsch: Fr.) Kummer
Hochthronender Schüppling
Syn.: *P. cerifera*
Funddaten: 1974–83, leg. A. K. in MTB 7426, 7526; 1989, leg. G. O. in MTB 7725/3

Pholiota flammans (Batsch: Fr.) Kummer
Feuer-Schüppling
Funddaten erübrigen sich. Die Art ist sehr häufig und kommt sehr wahrscheinlich in allen MTB im Ulmer Raum vor.

Pholiota flammans var. **flammuloides** Moser ined.
Fundbeschreibung siehe ENDERLE (1987 c).
Funddaten: 06.09.86, bei Nerenstetten, Baden-Württemberg, am morschem Nadel(?)holz, leg. M. E., Beleg im Fungarium Krieglsteiner

Pholiota flavida (Schff.: Fr.) Singer
Schwefel-Schüppling
Funddaten: 1974–83, leg. A. K. in MTB 7525

Pholiota graminis (Quélet: Kühn. & Romagn.) Singer – Gras-Schüppling
Beschreibung eines italienischen Fundes s. ENDERLE (1995 b); Farbfoto von M. Enderle siehe KRIEGLSTEINER (2003: 376).
Notizen zu einem Fund vom 11.10.92:
Hut –20 mm breit, ockerlich mit Olivstich, gegen den Rand oft mehr gelblich, ohne Schuppen, bei Regen leicht schmierig, in der Mitte meist niedergedrückt
Lamellen dichtstehend, schwach bauchig, –3,5 mm breit, bräunlich mit Olivstich
Stiel –45 mm lang, in der Mitte –3 mm dick, ockergelblich mit Oliv- oder Braunbeitön
Nicht mikroskopiert: Paßt **gut** zu Langes Abbildungen, jedoch **nicht** zu Cettos und Marchands, ausreichend gut zu Bresadolas Abbildung.
Funddaten: 11.10.92, Bayern, im Ried nördlich Riedheim, am Nordrand des Wäldchens R1, im Gras (wo auch Hebeloma sacchariolens aggreg. wächst), MTB 7527, leg. M. E.
(im Computer unter Pholiota.52a)

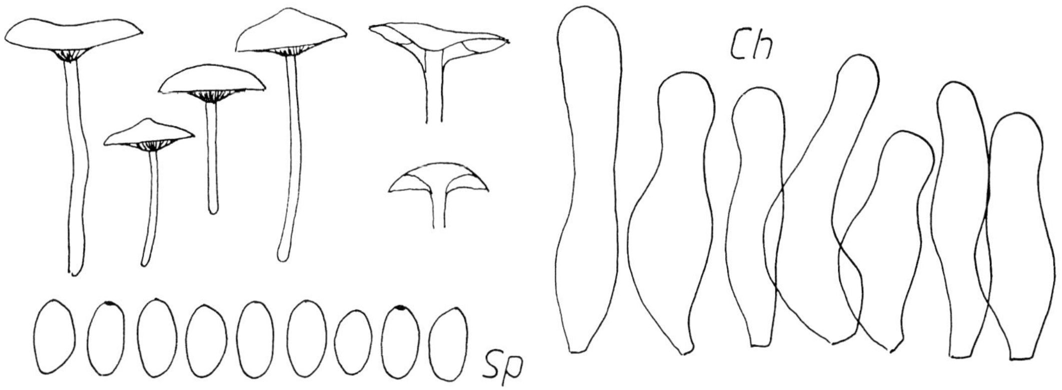

Pholiota graminis

Anmerkungen: Bei der Bestimmung dieser bemerkenswerten Art sollte der wichtige Aufsatz von BRESINSKY (2003) konsultiert werden.

Pholiota gummosa (Lasch: Fr.) Singer

Strohblasser Schüppling
Notizen zu einem Fund vom 06.10.94:
Hut –70 mm breit, aprikosengelb, trocken, nicht schmierig, gegen den Rand schwach anliegend schuppig, mit deutlichem, teilweise leicht genabeltem Buckel
Lamellen normal weit, schwach bauchig, –6 mm breit, etwas gewellt, schmutzig hell bräunlich
Stiel –55 mm lang, in der Mitte –6 mm dick, gegen die Basis verjüngt; hell ockergelbich, Basis ganz schwach rötlich
Sporen ca. 7,2 x 4,1 µm
Cheilozystiden 30–40 x 5–7 µm, fädig mit kopfig erweiterter Spitze
Funddaten: 06.10.94, Bayern, Gz, im Gras unter einem Baum vor dem Dossenberger-Gymnasium, MTB 7527, leg. M. E.; Diapostiv in Diathek Enderle (im Computer unter Phol-gum.mos)
Weitere Funddaten erübrigen sich. Die Art ist häufig und kommt sehr wahrscheinlich in allen MTB im Ulmer Raum vor.

Pholiota highlandensis (Peck) Quadraccia

Kohlen-Schüppling
Syn.: *P. carbonaria*
Funddaten: 1943–63, Haas-Fund, in „Filde" bei Beimerstetten, MTB 7525; 12.11.78, bei Uf, MTB 7527, auf altem Funkenfeuer-Platz, „auf den Bergen", let. M. E., det. H. H.; von E. R. (Erbach-Ringingen) 1979 aus dem MTB 7624 gemeldet. Funddaten von L. K. (pers. Aufzeichn.): 24.08.89, „Stockert" Ermingen, moosige Brandstelle, MTB 7625/1, leg. E. S., det. L. K.; 17.10.89, südwestlich Arnegg, an moosiger Bandstelle; MTB 7525/3, leg. L. K.; 13.10.79, „Fuchshölzle" westlich Ne, MTB 7526/4, bei AMU-Exkursion; 15.09.90, westlich Wennenden, an moosiger Brandstelle, MTB 7727/1, leg. L. K.; 28.09.91, Ulm, Roter Berg, MTB 7525/4, leg. L. K.; 07.07.97, Baden-Württemberg, vor Gerstetten, auf Wacholderheide, auf großer, alter Brandstelle, leg. M. E., Beleg in (ULM), Dia in Diathek Enderle.

Pholiota jahnii Tjallinga & Bas

Pinselschüppling
Syn.: *Ph. muelleri* ss. auct.
Funddaten: bei Pilzausstellung in Ulm am 01./02.10.88; 1989, leg. G. O. in MTB 7624/2; KRIEGLSTEINER (1991) nennt in seinem Verbreitungsatlas einen Fund in MTB 7525. KRIEGLSTEINER (2001) nennt einen Fund im MTB 7725; Details sind mir nicht bekannt.

Pholiota lenta (Pers.: Fr.) Singer

Tonblasser Schüppling
Syn.: *P. decussata, P. lubrica*
Fundbeschreibung siehe ENDERLE (1992a, als *P. lubrica*).
Weitere Funddaten: 19.10.80, Haas-Exk. bei Breitingen, Baden-Württemberg, im Mischwald bei Fichten, MTB 7425; Funddaten von L. K. (pers. Aufzeichn.): 20.09.88, bei Jungingen, bei Fichten, MTB 7525/2, leg. L. K. + G. D.; 30.10.89, Neu-Ulm/Reutti, Fichten-St., MTB 7626/1, leg. L. K.; Herbst 1989, Lempenhau nordwestlich Asch, MTB 7524/, leg. E. S., det. L. K.
Weitere Funddaten erübrigen sich. Die Art ist sehr häufig und kommt sehr wahrscheinlich in allen MTB im Ulmer Raum vor.

Pholiota lucifera (Lasch) Quélet

Fettiger Schüppling
Fundbeschreibung siehe ENDERLE (1992 a).
Weitere Funddaten: 08.09.85, Lh, MTB 7527, auf dem Kinderfestplatz, unter jungen Berg-Ahorn-Bäumen, an liegenden Holzstückchen, leg. M. E., Beleg

in (M); 20.09.92, Rh, am Rand und auf einem Kohleschlacken-Weg, beim Bundeswehrdepot, MTB 7527/1, leg. M. E., Beleg in (M).
Weitere Funddaten erübrigen sich. Die Art ist häufig und kommt sehr wahrscheinlich in allen MTB im Ulmer Raum vor.

Pholiota oedipus (Cke.) P. D. Orton
Pappelblatt-Schüppling
Syn.: *Phaeogalera oedipus*
Fundbeschreibung siehe Enderle & Reininger (1995).
Weitere Funddaten: 17.11.81, Donau-Auwald Lh, unter *Populus x canadensis*, MTB 7527/1, auf liegenden Blättern dieser Pappeln, leg. M. E., Beleg in (M); 30.05.84, Donau-Auwald Lh, leg. M. E.; 27.06.92, Baden-Württemberg, nördlich von Riedheim, im „Windschutzstreifen", MTB 7527/1, leg. M. E., Beleg in (M).

Pholiota populnea (Pers.: Fr.) Kuyper & Tjallinga – Pappel-Schüppling, s. Zeichnung S. 341
Syn.: *Ph. destruens*
Fundbeschreibung siehe Enderle (1994 e).
Funddaten erübrigen sich. Die Art ist sehr häufig und kommt sehr wahrscheinlich in allen MTB im Ulmer Raum vor.

Pholiota spumosa (Fr.) Singer
Nadel-Schüppling
Funddaten: 1937–40, Haas-Fund, „Filde" bei Beimerstetten, MTB 7525; 11.10.80, bei Illerrieden, MTB 7726, im Fichtenwald, leg. M. E., 03.10.87, Heiligenberg bei Erstetten, MTB 7726, auf Fichtenstreu, leg. K. K.

Pholiota squarrosa (Weigel: Fr.) Kummer
Sparriger Schüppling
Funddaten erübrigen sich. Die Art ist sehr häufig und kommt sehr wahrscheinlich in allen MTB im Ulmer Raum vor.

Pholiota tuberculosa (Schaeff.: Fr.) Kummer
Syn.: *Ph. curvipes*
Fundbeschreibung siehe Ottmann & Enderle (1986).
Weitere Funddaten: 28.06.85, Auwald bei Lh, MTB 7527/1, auf Laubholzästchen, leg. M. E.; Beleg in (M); 22.09.86, Auwald bei Lh, MTB 7527/1, auf totem Laubholz, leg. M. E., Beleg in (M).

Psilocybe coprophila (Bull.: Fr.) Kummer
Mist-Kahlkopf
Funddaten von L. K. (pers. Aufzeichn.): vor 1980, leg. A. K. in MTB 7526/3.

Pholiota oedipus

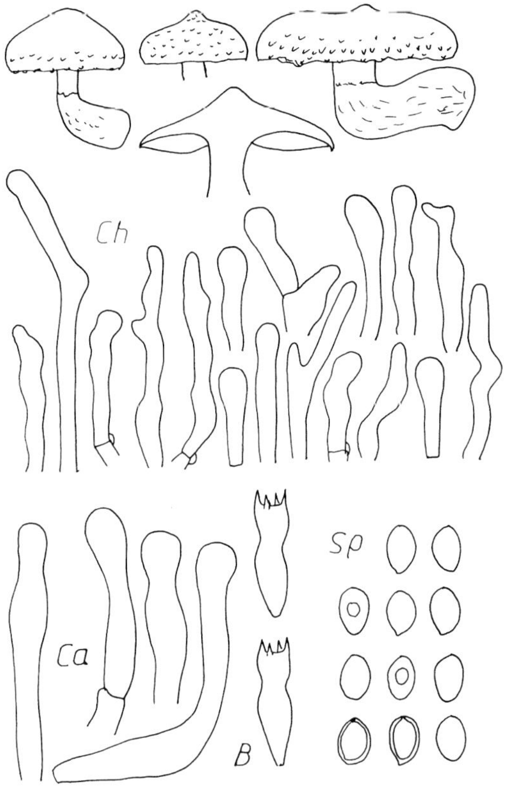

Pholiota populnea

Psilocybe inquilinus (Fr.: Fr.) Bres.
Geriefter Kahlkopf
Fundbeschreibung siehe ENDERLE & REININGER (1995) und ENDERLE (1996 c, mit Foto).
Weitere Funddaten: 25.07.81, „Muna" bei Bühl, auf grasigem Waldweg, MTB 7526, leg. M. E., det. M. Bon; 07.06.86, im Garten von H. + Bärbel Enderle, im Gras/Moos, MTB 7526, leg. M. E., Beleg in (M); dieser Fund wurde publiziert als P. inquilina-Komplex, Fund 1, in der „Ulmer Pilzflora IV", 1996. DIETL & KRIEGLSTEINER (1989), am Oberen Eselsberg in Ulm; Funddaten von L. K. (pers. Aufzeichn.): 24.09.88, Ermingen beim Fernmeldeturm, an Pflanzenresten, MTB 7525/3, leg. L. K. + G. D.; Herbst 1989, Spitalwald Ermingen, MTB 7625/1, leg. E. S., det. L. K.; Herbst 1989, Gehrenberg südwestlich Wippingen, MTB 7525/3, leg. E. S., det. L. K.; 13.09.89, „Schlag" westlich Asch, MTB 7524/4, leg. E. S., det. L. K.; Herbst 1989, Lempenhau nordwestlich Asch, MTB 7524/2, leg. E. S., det. L. K.; 11.06.90, „Weißenberg"/Illerrieden, MTB 7726/1, leg. J. I., det. L. K.

Psilocybe inquilinus var. **crobula**
Fundbeschreibung siehe OTTMANN & ENDERLE (1986).
Funddaten: 01.06.85, bei Autenried, im Fichtenwald am Wegrand, MTB 7627, leg. C. E., det. M. E., Beleg in (M).

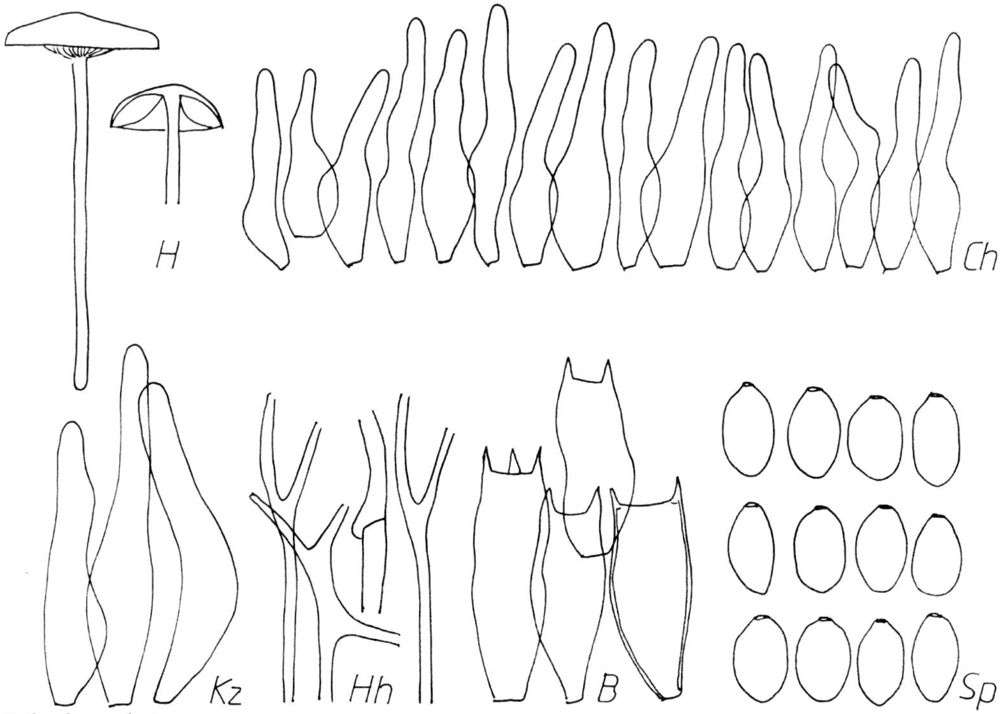

Psilocybe merdaria

Psilocybe merdaria (Fr.: Fr.) Ricken
Dung-Kahlkopf, s. Zeichnung S. 341
Fundbeschreibung siehe ENDERLE & REININGER (1995).

Psilocybe montana (Pers.: Fr.) Kummer
Trockener Kahlkopf
Syn.: *P. muscorum, P. atrorufa*
Funddaten: 1937–40, Haas-Exk. bei Blaubeuren, MTB 7524; KRIEGLSTEINER (1991) nennt in seinem Verbreitungsatlas einen Fund in MTB 7425. Nähere Fundangaben liegen mir nicht vor. 03.06.86, bei Lh, Bayern, leg. M. E., det. Noordeloos, vergl. NOORDELOOS (2001:144)

Psilocybe phyllogena (Peck) Peck
Farbfoto von M. Enderle siehe KRIEGLSTEINER (2003: 402).
Notizen zu einem Fund vom 14.08.96:
Hut –16 mm breit, konvex, jung ockergelblich, alt schmutzig und wässerig braun, Huthaut gelatinös abziehbar, ? durchscheinend gerieft, Rand jung mit sehr feinen, minimalen Velumflusen
Lamellen auffallend weißschneidig, fast gerade angewachsen, gerade bis schwach bauchig
Stiel –35 mm lang, in der Mitte –1,5 mm dick, dunkel mit hellen, anliegenden Velumflusen
Sporen (nach erweiteren Angaben von M. Noordeloos): 5,5–6,5 (7,0) x 3,8–4,2 x 4,5–5,5 µm, stark abgeflacht, F/I >>75 %, rhomboid oder mitriform in Frontansicht, Q = 1,0–1,15–1,35, ellipsoid bis subamygdaliform in Seitenansicht, Q = 1,4–1,5–1,6, mit dunkelbrauner, dicker Wand, mit großem apikalem Keimporus; Basidien 11–19 x 4,0–7,5 µm, 4-sporig.

Psilocybe silvatica

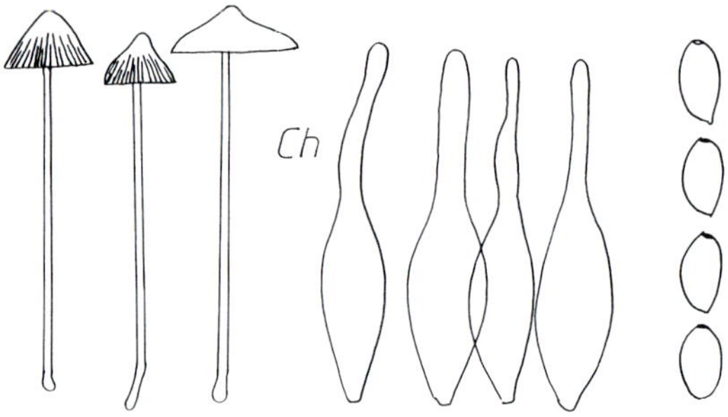

Psilocybe silvatica

Cheilozystiden ca. 25–30 x 5–9 µm, vorwiegend lageniform
Trama des Hymenophors: schwach inkrustiert.
Schnallen vorhanden
Funddaten: 14.08.96, Bayern, im Bubesheimer Wald bei Bibertal-Kissendorf, bei Fichten, MTB 7527, leg. M. E., det. M. Noordeloos, Leiden (Holland), mit Dia in Diathek Enderle (im Computer unter Psilocybe Nr. 5)
KRIEGLSTEINER (2001) nennt einen Fund im MTB 7724; Details sind mir nicht bekannt.

Psilocybe silvatica (Peck) Singer & Smith
Wald-Kahlkopf
Farbfoto von M. Enderle siehe KRIEGLSTEINER (2003: 405).
Fundbeschreibung siehe ENDERLE (1993 c):
Hut –20 mm breit, stumpf konisch bis konvex mit kleinem, stumpfem Buckel, 2/3 stark durchscheinend gerieft, feucht auffallend schmierig glänzend, Huthaut abziehbar, in der Mitte braun bis dunkelbraun, nach außen heller, hell olivbräunlich, hygrophan, kein Velum beobachtet
Lamellen etwas gedrängt, schmal, lanzettlich, –3,5 mm breit, bräunlich mit leichtem Olivstich, mit deutlich hellerer Schneide
Stiel –90 mm lang, in der Mitte –2,5 (3) mm dick, zylindrisch, an der Basis etwas erweitert; hohl, biegsam; mit Hutfarbe schwach getönt, gegen die Spitze heller, oberes Drittel auffallend stark bestäubt, nach unten kahl oder fein anliegend faserig, Basis teilweise unauffällig blaugrünlich, etwas striegelig-filzig
Fleisch zerdrückt grasartig/mehlig riechend
Sporen (7,5) 8,2–9 (10,5) x (4) 4,5–5 (5,5) µm, ellipsoid, (nicht flachgedrückt bzw. lentiform), dickwandig, bräunlich, mit deutlichem, zentralem Keimporus (0,5–1 µm breit) und kleinem Apikulus; Basidien 4-sporig
Cheilozystiden 30–40 (50) x 6–8 x 1–2 (3) µm, schmal lageniform, teilweise mit etwas gewundenem Hals; farblos, dünnwandig
Pleurozystiden keine beobachtet

Psilocybe subviscida

Epikutis aus fädigen, 1–2 (3) µm dünnen Hyphen bestehend; Subkutis aus ca. 5–7 µm dicken Hyphen bestehend; Hypodermium +/- subzellulär
Schnallen vorhanden
Funddaten: 03.10.92, Baden-Württemberg, zwischen Nerenstetten und Hausen, MTB 7426/4, Fichtenwald, bei Reisigresten, gesellig bis dicht gesellig, mind. 50 Fruchtkörper; leg. M. E., det. M. BON (Frankreich)

Psilocybe subviscida (Peck) Kauffman) var. **subviscida** – Schwachschmieriger Kahlkopf
Hut frisch dattelbraun, stark hygrophan, ausgeblasst hell ockerlich, Huthaut abziehbar
Weitere Merkmale siehe Foto.
Sporen ca. 7,8–8,2 x 4,8–5 µm, lentiform, Wände verdickt
Cheilozystiden ca. 24–27 x 5–6 µm, lageniform
Funddaten: 26.05.96, Bayern, nordöstlich von Riedheim, auf einer Wiese mit geschredderten Holzresten, MTB 7527, leg. M. E. (mit Arbeitstitel *Psilocybe Nr. 10*), det. M. Noordeloos (vergl. NOORDELOOS 2001:131), Leiden (Holland); mit Diapositiv in Diathek Enderle
Weitere Funde: 23.06.91, Baden-Württemberg, auf dem Sportplatz des SV Grimmelfingen, Ulm-Donautal, entlang der Randlinie (mit Sägemehl gestreut?), im Rasen, leg. M. E., det. M. Bon als *P. graminicola*, revid. durch M. Noordeloos, Leiden (Holland), bestimmt als *P. subviscida* var. *subviscida* (als *Psilocybe Nr. 8* an Noordeloos gesandt):
Hut –18 mm breit, jung und frisch hell kuhbraun, Rand deutlich durchscheinend gerieft, *nicht* gelatinös abziehbar, Huthaut etwas klebrig, hygrophan, alt hellbeige
Lamellen nicht sehr dunkel gefärbt
Stiel –50 mm lang, oft etwas breitgedrückt, gegen die Basis dunkle
Sporen ca. 7–8,5 x 4–4,5 µm, Basidien 2-sporig
Cheilozystiden 25–40 x 7–9 µm, lageniform mit oft langem Hals
23.06.91, Baden-Württemberg, auf dem Sportplatz des SV Grimmelfingen, Ulm-Donautal, entlang der Randlinie (mit Sägemehl gestreut?), im Rasen, (von einer anderen Stelle als der vorgenannte Fund), leg. M. E., (mit Foto (1/91); det. M. Bon als *P. appeliculosa,* revidiert durch M. Noordeloos, Leiden (Holland) und als P. subviscida var. subviscida bestimmt.
Hut –20 mm breit, jung hell bis typisch karamellfarben, hell bräunlich, stark hygrophan, von der Mitte her ausblassend, frisch stark durchscheinend gerieft, ausgeblasst hell ockerlich, jung flach konvex, bald aufschirmend, alt gegen die Mitte eingedellt, Huthaut schwach schmierig, bei Feuchtigkeit nur schwer und unvollständig abziehbar
Lamellen etwas gedrängt, –2 (3) mm breit, lanzettlich bis schwach bauchig, scheinbar am Stiel schwach

herablaufend, jung hell ockerlich, alt bräunlich, Lamellenschneide fast gleichfarbig oder heller
Stiel –40 mm lang, in der Mitte –2,5 mm dick, oben heller, nach unten dunkler, teilweise braunschwarz, Oberfläche fast kahl bis unauffällig faserig, Basis erweitert bis kleinknollig, Basis weißfilzig; teilweise mehrere Stiele fast büschelig zusammen
Sporen ca. 7–8 x 4,5–5,2 µm, etwas abgeflacht, mit relativem kleinem Keimporus, Wand etwas verdickt; Form siehe Zeichnung; Basidien vorwiegend 2-sporig, aber auch 4-sporig, z. B. 30 x 7 µm
Cheilozystiden ca. 25–35 x 7–9 µm, meist +/- lageniform
Ein fraglicher Fund von P. subviscida wurde von mir 1992 (ENDERLE 1992a) beschrieben, Beleg in (M).

Psilocybe subviscida var. **velata** Noordeloos & Verduin

Nachfolgend eine Beschreibung, die Prof. Noordeloos vom genannten Fundmaterial anfertigte (auch unter Auswertung des Fotos):
Hut bei Feuchtigkeit dunklebraun, gegen den Rand heller, stark durchscheinend gerieft, hygrophan, stark ausblassend, viskös, mit +/- abziehbarer Huthaut, kahl, mit feinen weißlichen Velumflocken nahe und entlang des Randes.
Lamellen mäßig gedrängt, mit Zähnchen herablaufend, schmutzig rosabräunlich, dann mit einem Purpurstich, mit unregelmäßiger, kaum hellerer Schneide, L = 20–26, l = 3–5
Stiel ca. 2–3 mal länger als der Hutdurchmesser, an der Spitze blass braun, gegen die Basis deutlich braun bis rotbraun, kahl erscheinend
Sporen 6,0–8,0 x 4,0–5,0 x 4,0–4,5 µm, abgeflacht, F/I 50–75 %, eiförmig bis submitriform in Frontansicht, Q = 1,3–1,5–1,7, ellipsoid bis länglich oder subamygdaliform in Seitenansicht, Q = 1,45–1,7–1,9, mit dunkelbrauner, verdickter Wand, mit großem, apikalem Keimporus; Basidien 4-sporig, mit Schnallen.
Cheilozystiden 29–36 x 4,5–7,0 µm, lageniform mit langem, konisch zulaufendem, 1,5–2,5 µm breitem Hals, dünnwandig.
Trama des Hymenophors regulär, aus fein inkrustierten, gelblichbraunen, 2,0–9,0 µm breiten Hyphen bestehend.
Pileipellis eine bis zu 100 µm dicke Ixocutis, die aus schmalen, zylindrischen, 2,0–4,0 µm breiten Hyphen besteht; Subpellis kompakt, aus aufgeblähten 10–26 x 5,0–12 µm großen Elementen bestehend, mit gelbbraunen, fein inkrustierten Wänden.
Schnallen vorhanden.
Funddaten: 07.06.86, Uf, Bayern, leg. M. E., det. Noordeloos; 12.08.96, Bayern, bei Limbach, auf einer Wiese am Waldrand („Hardt", Besitzer H. Hoser), Pilze an Strohresten wachsend; leg. M. E., mit Dia in Diathek Enderle, det. M. Noordeloos, Leiden (Holland) (im Computer unter Psilocybe Nr. 6); 23.06.91, Ulm-Donautal, Baden-Württemberg, auf Sportplatz des SV Grimmelfingen, leg. M. E., det. Noordeloos; vergl. NOORDELOOS (2001: 132–133)
Anmerkungen: Dies ist vermutlich der erste sichere Nachweis dieser neu beschriebenen Varietät. Hinweis Noordeloos': „Dieser Fund passt gut zu *P. subviscida* var. *velata* (= *P. graminicola* Orton) aufgrund der viskösen, abziehbaren Huthaut, den Velumflocken am Hutrand, den dickwandigen, etwas abgeflachten Sporen und den ziemlich großen Cheilozystiden mit langem, sich verjüngendem Hals."

Stropharia aeruginosa (Curt.: Fr.) Quélet

Grünspan-Träuschling
Funddaten erübrigen sich. Die Art ist sehr häufig und kommt sehr wahrscheinlich in allen MTB im Ulmer Raum vor.

Stropharia albocyanea (Desm.: Fr.) Quélet

Bläulicher Träuschling
Syn.: *St. ochrocyanea*
Rote-Liste-Art: gefährdet
Notizen zu einem Fund vom 31.09.84:
Hut –27 mm breit, konvex, schmierig, ockerlich mit grünlichem Ton am Rand
Lamellen bräunlich mit weißlichem Rand
Stiel –40 mm lang, in der Mitte –3,5 mm dick, gegen die Basis grünlich, nach ober blasser; kein Ring gesehen, mit einigen anliegenden Fasern
Sporen 7–8 (8,5) x 5–5,5 (6) µm, eiförmig
Cheilozystiden keulig-kopfig; Chrysozystiden zerstreut vorhanden
Funddaten: 31.09.84, Bayern, bei Bühl (Gde. Bibertal), auf einer Viehweide, MTB 7527, leg. M. E., conf. M. Bon (Frankreich); Dia in Diathek Enderle (im Computer unter Strophar.045)

Stropharia albonitens (Fr.) Karsten

Hyalinweißer Träuschling
Funddaten: 21.10.78, Donau-Auwald bei Lh-Gz, MTB 7527, leg. M. E., det. J. St.; 19.08.80, „Muna" bei Straß, MTB 7527, Fichtenwald am Wegrand, im Gras, leg. M. E., conf. H. S.; KRIEGLSTEINER (2001) nennt einen Fund im MTB 7624; Details sind mir nicht bekannt.

Stropharia caerulea Kreisel

Grünblauer Träuschling
Syn.: *Str. cyanea* (Bolt.) Tuom. ss. auct.
Funddaten: 25.10.81, Auwald bei Uf, auf altem Fußballplatz, im Gras, MTB 7526, leg. M. E., det. M. Bon; weitere Funddaten erübrigen sich. Die Art ist sehr häufig und kommt sehr wahrscheinlich in allen MTB im Ulmer Raum vor.

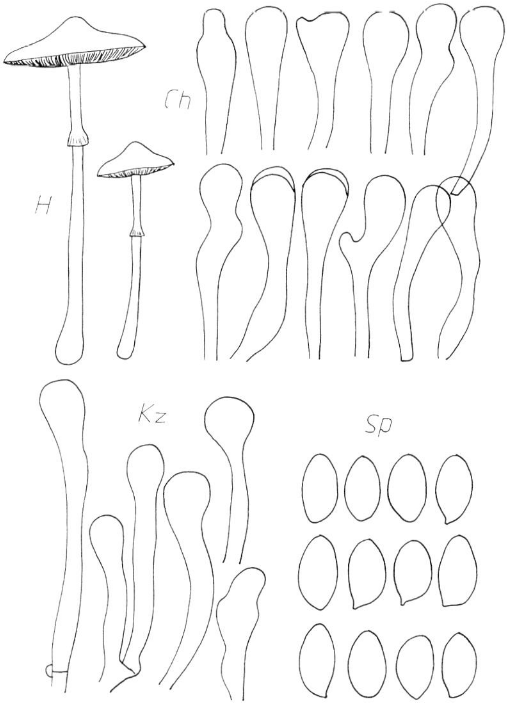

Stropharia inuncta

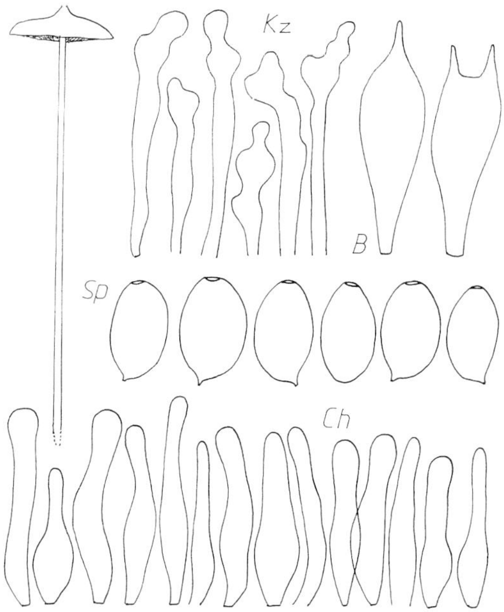

Stropharia luteonitens

Stropharia coronilla (Bull.: Fr.) Quélet
Krönchen-Träuschling
Da die Art in der Literatur kaum ausführlich beschrieben wird, obwohl sie häufig ist, gebe ich nachfolgend eine kurze Beschreibung:
Aussehen ähnlich *Agrocybe praecox*, jedoch Lamellen mit Purpur- bzw. Violettanflug, Stielring stark gekerbt und leicht abfällig.
Sporen ca. 8,3–9,1 x 5,4–5,8 µm, ellipsoid
Cheilozystiden 25–45 x 7–13 µm, schmal bis breit keulig
Chrysozystiden ca. 35 x 10 µm, zylindrisch-keulig mit Zäpfchen an der Spitze (Aussehen ähnlich 2-sporigen Basidien von der Seite betrachtet)
Pleurozystiden keine gesehen
Funddaten: 25.06.85 und 30.08.86, Baden-Württemberg, Ulm-Donautal, auf dem Werksgelände der Wieland-Werke AG, leg. M. E.
Weitere Funddaten erübrigen sich. Die Art ist sehr häufig und kommt sehr wahrscheinlich in allen MTB im Ulmer Raum vor.
Mikrozeichnungen der Sporen und Cheilozystiden vorhanden.

Stropharia hornemannii (Fr.: Fr.) Lund. & Nannf. – Üppiger Träuschling
Rote-Liste-Art: gefährdet
Von G. O. und A. K. liegen Fundangaben aus den MTB 7525/3, 7526/1 + 3 und 7726 vor. KRIEGLSTEINER (2001) nennt Funde in den MTB 7424, 7425, 7524, 7625 und 7725; Details sind mir nicht bekannt.

Stropharia inuncta (Fr.) Quélet
Purpurgrauer Träuschling
Rote-Liste-Art: gefährdet
Fundbeschreibung siehe ENDERLE (1987 d); Funddaten von L. K. (pers. Aufzeichn.):
29.09.90, Ulm, Roter Berg, an grasigem Wegrand, MTB 7525/4, leg. L. K.
Weitere Funddaten: 24.10.93, Baden-Württemberg, Kirchheim/Teck, auf dem Rasen des Gymnasiums, leg. M. E.

Stropharia luteonitens (Fr.: Fr.) Quélet
Riechender Träuschling
Syn.: *Psilocybe luteonitens*
Rote-Liste-Art: latent gefährdet
Fundbeschreibung siehe ENDERLE (1987 d).
Funddaten: 29.08.87, nördlich Riedheim, beim NSG Riedheim, auf Weg auf dem auch Pferde geritten werden, im Gras, MTB 7527, leg. M. E.; Beleg in (M);
30.09.91, „Muna" bei Straß, MTB 7526, auf Waldwiese bei Fichtenwald, leg. M. E., Beleg in (M); 25.09.92, Riedheim, beim Reitstall Mössle, neben Pferdemisthaufen, MTB 7527, leg. M. E., Beleg in (M).

Stropharia melanosperma (Bull.: Fr.) Quélet
Schwarzblättriger Träuschling
Rote-Liste-Art: gefährdet
Foto siehe ENDERLE & REININGER (1995).
Funddaten: 27.07.81, Muna bei Bühl, MTB 7527, auf dem Bogenschießplatz, leg. M. E., Dia in Diathek Enderle, Beleg in (M).

Stropharia pseudocyanea (Desm.: Fr.) Morgan
Syn.: *S. albocyanea*
Funddaten: KRIEGLSTEINER (2001) nennt einen Fund im MTB 7525; Details sind mir nicht bekannt.

Stropharia rugosoannulata Farlow in Murrill
Riesenträuschling, Kulturträuschling
Funddaten: 08.06.86, Oberfahlheim, MTB 7527, im Garten der Familie Reichart, auf Strohballen (geimpft), leg. K. Schilhansl, det. M. E., Beleg in (M); 03.10.90, bei Großkötz, Landkreis Gz, MTB 7527, in einer Baumpflanzung bei Strohresten, leg. M. E., det. G. J. K., Beleg in (M); 01.08.–31.08.01, Laupheim, Friedhof, MTB 7725/3, 7725/3/ Laupheim Friedhof, 01.08.2001–31.08.2001, leg. T. B.; August 2000 und 2002, Friedhof Laupheim, MTB 7725/3, leg. T. B.; KRIEGLSTEINER (2001) nennt einen Fund in MTB 7726; Details sind mir nicht bekannt.

Stropharia semiglobata (Batsch: Fr.) Quélet
Halbkugeliger Träuschling
Funddaten: 1941, Haas-Exk. auf dem Eselsberg bei Ulm, MTB 7525, und in Söflingen, MTB 7625; 1974–83, leg. A. K. in MTB 7425, 7426, 7525, 7526

Stropharia squamosa (Pers.: Fr.) Quélet
Schuppiger Träuschling
Funddaten: 1943–63, Haas-Fund, Pilzausstellung Ulm; 30.09.82 und nachfolgende Jahre, Ulm-Grimmelfingen, Wald „Hörnle", auf dem Waldspielplatz unter Rotbuchen und Eichen, leg. M. E., Beleg in (M) und im Fungarium Krieglsteiner; 05.10.92, Herrenfilde südlich von Westerstetten, MTB 7425/4, leg. E. S.; weitere Funddaten erübrigen sich. Die Art ist nicht selten und kommt wahrscheinlich in allen MTB im Ulmer Raum vor.

Stropharia squamosa var. **thrausta**
(Schulz. ap. Kalchbr.) Massee
KRIEGLSTEINER (1991) nennt in seinem Verbreitungsatlas zwei Funde in den MTB 7426 und 7526. Nähere Fundangaben liegen mir nicht vor.

Tubaria conspersa (Pers.: Fr.) Fayod
Beringter Trompetenschnitzling
Fundbeschreibungen siehe ENDERLE (1989 b) und ENDERLE (1992 a). Funddaten von L. K. (pers. Aufzeichn.): 26.09.88, Spitalwald westlich Ermingen, an Laubholzzweige, MTB 7625/1, leg. L. K.; 28.09.89, „Heide" westlich Wennenden, an Laubholzzweigen, MTB 7524/3, leg. E. S., det. L. K.; Herbst 1989, Lempenhau nordwestlich Asch, MTB 7524/2, leg. E. S., det. L. K.; weitere Funddaten: 23.10.76, Kriegl.-Exk. in „Muna" bei Bühl und zwischen Uf + Lh im Wald „Jungholz-Lechfeld", MTB 7527;

Tubaria furfuracea var. *furfuracea*

Tubaria dispersa (Pers.) Singer
Gelbblättriger Trompetenschnitzling
Syn.: *T. autochthona*
Fundbeschreibung siehe ENDERLE (1989 b) und ENDERLE & REININGER (1995).

Tubaria furfuracea (Pers.: Fr.) Gillet
Gemeiner Trompetenschnitzling
Fundbeschreibung siehe ENDERLE (1989 b).
Weitere Funddaten erübrigen sich. Die Art ist sehr häufig und kommt sehr wahrscheinlich in allen MTB im Ulmer Raum vor.
Anmerkungen: VOLDERS (2002) legte eine neue Studie zur Gattung *Tubaria* in Nordbelgien vor. Dabei unterteilte er *Tubaria furfuracea* in eine var. *hiemalis* mit u. a. sehr stark geschwollenen Cheilozystiden (Kopf im Durchschnitt über 9,5 µm breit) und eine var. *furfuracea* mit Zystidenköpfen im Durchschnitt

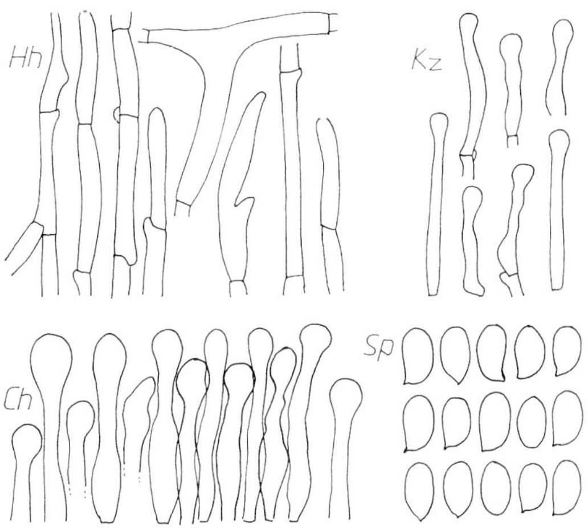

Tubaria furfuracea var. *hiemalis*

unter 8,5 µm Breite. Bei der kleinkopfigen Sippe unterscheidet er noch eine var. *furfuracea* forma *romagnesiana*, die ich mangels derzeitiger Überprüfbarkeit weiter unten noch als *T. romagnesiana* führe.

Tubaria minutalis Romagn.

Kleinster Trompetenschnitzling
Fundbeschreibung siehe ENDERLE (1985) und ENDERLE (1989 b).

Tubaria romagnesiana Arnolds

Geselliger Trompetenschnitzling
Syn.: *T. pellucida*
Notizen zu einem Fund vom 19.10.87:
Hut –20 mm breit, in der Mitte dunkel rotbraun, nach außen heller, hell rostbräunlich, mit stumpfem, zentralem Buckel, 2/3 deutlich durchscheinend gestreift bis gerunzelt-gerieft, Oberfläche ganz fein gekörnelt erscheinend (Lupe!), hygrophan, nach hell ockerrostig ausblassend, jung glockig, alt flach konvex mit stumpfem Buckel, jung am Rand teilweise mit minimalen Velumresten
Lamellen normal weit, relativ schmal, am Stiel fast gerade angewachsen bis etwas oder deutlich herablaufend, –2,5 mm breit, zimtbraun bis rostbräunlich
Stiel –30 mm lang, in der Mitte –2,5 mm dick, gegen die Spitze etwas erweitert, Basis fast gleichdick bis etwas erweitert, rostbräunlich, mit schwachen, helleren Velumflusen, 2 Stiele mit schwach häutigem Ring im oberen Drittel; Basis schwach weißfilzig
Geruch unauffällig
Sporen ca. 7,6–8,2 x 4,7–5 µm, ellipsoid bis leicht mandelförmig, ohne sichtbaren Keimporus und mit kleinem Apikulus, in Wasser u. M. sehr hell ockerlich, leicht kollabierend bzw. verformend; Basidien 2- und 4-sporig
Cheilozystiden 30–50 x 5–7 µm, flaschenförmig mit kopfiger Spitze, +/- farblos
Pleurozystiden keine gesehen
Caulozystiden keine gesehen
Schnallen vorhanden, z. B. in der Stielrinde
Huthaut aus zylindrischen, kurzen bis langen, teilweise etwas aufgeblasenen Gliedern bestehend; teilweise inkrustiert, in Ammoniaklösung fast farblos bis kräftig ockergelblich
Abbildungen: gut zu Lange's Abbild. passend
Funddaten: 19.10.87, im Wald „Hörnle" bei Grimmelfingen, auf Waldspielplatz, auf Erde und zwischen Reisigresten in einer Senke, leg. M. E.; im Computer unter Tubaria.01
Weitere Funddaten von L. K. (pers. Aufzeichn.): 12.10.88, Umgebung der Uni, Ulm, Oberer Eselsberg, Fagetum im Laub, MTB 7525/4, leg. L. K. + G. D.; 07.09.88, BW Tiefental, am Wegrand, MTB 7624/1, leg. L. K. + G. D.

Familie **Crepidotaceae** (Imai) Singer Stummelfußartige

(umfasssende Hinweise zur Gattung siehe STANGL, KRIEGLSTEINER & ENDERLE 1991)

Crepidotus applanatus (Pers. : Fr.) Kummer

Funddaten: 9.9.03, Illerrieden, Weißenberg, an Laubholz, MTB 7726/1, leg. K. Ke.

Crepidotus cesatii (Rab.) Sacc.

Rundsporiger Krüppelfuß
Syn.: *C. sphaerosporus, C. subsphaerosporus*

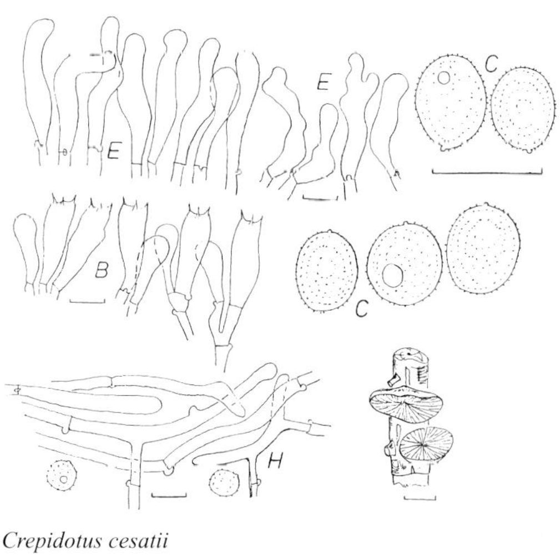

Crepidotus cesatii
B = Basidien; C = Sporen; E = Cheilozystiden; H = Huthauthyphen; (aus STANGL, KRIEGLSTEINER & ENDERLE 1991)

Funddaten: 07.10.78, Stangl-Exk. in Auwald Lh, MTB 7527; 15.12.79, zwischen Rh + La, beim Grenzgraben, bei Pappeln, an liegenden Pappelästen, leg. M. E.; 16.02.80, bei Kissendorf (Bibertal), an Laubholzästchen, MTB 7527, Exkursion mit Günther Brunner; DIETL & KRIEGLSTEINER (1989), am Oberen Eselsberg in Ulm; 23.09.84, Maienwäldle bei Söflingen, MTB 7725, auf dünnen Buchenästchen, leg. K. K.; KRIEGLSTEINER (1991) nennt in seinem Verbreitungsatlas einen Fund in MTB 7425. Nähere Fundangaben liegen mir nicht vor.
Weitere Funddaten erübrigen sich. Die Art ist häufig und kommt sehr wahrscheinlich in allen MTB im Ulmer Raum vor.

Crepidotus epibryus (Fr.) Quélet

Funddaten von L. K. (pers. Aufzeichn.): 16.10.89, „Deutschhau" westlich Ermingen, auf nacktem Lehm, MTB 7625/1, leg. E. S., det. L. K.

Crepidotus lundellii Pilat

Lundells Stummelfüßchen
Farbfoto von M. Enderle siehe KRIEGLSTEINER (2003: 433).
Notizen zu einem Fund vom 25.07.93:

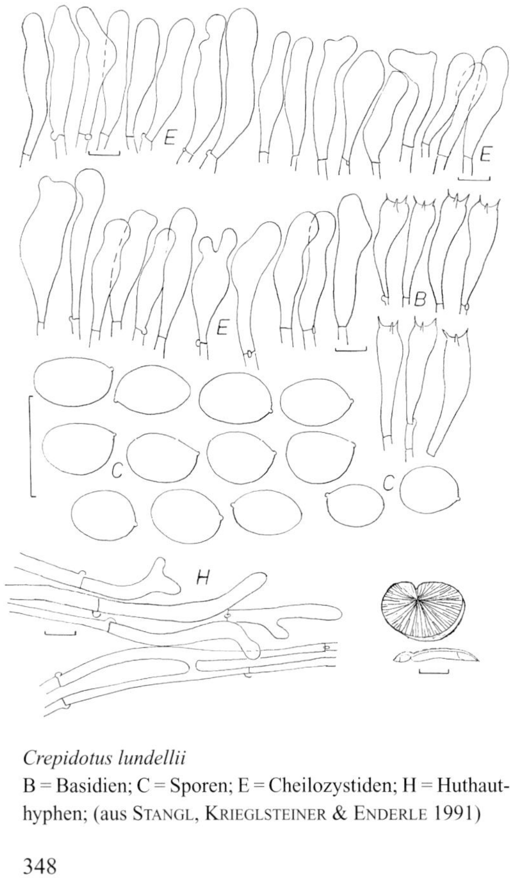

Crepidotus lundellii
B = Basidien; C = Sporen; E = Cheilozystiden; H = Huthauthyphen; (aus STANGL, KRIEGLSTEINER & ENDERLE 1991)

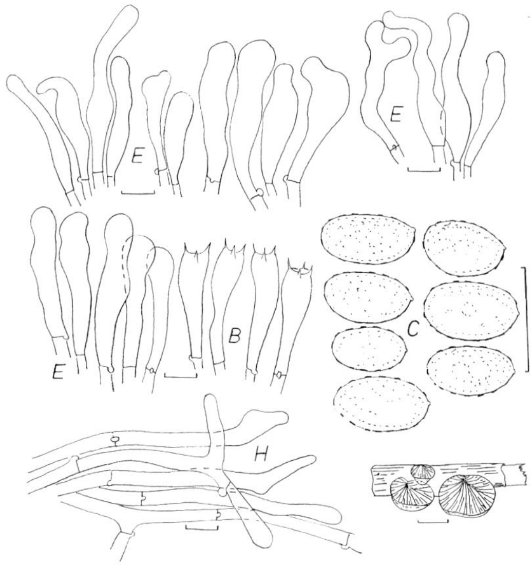

Crepidotus luteolus
B = Basidien; C = Sporen; E = Cheilozystiden; H = Huthauthyphen; (aus STANGL, KRIEGLSTEINER & ENDERLE 1991)

Hut –30 (35) mm breit, unregelmäßig nierenförmig, Oberfläche jung weiß, alt schmutzig weißlich bis hell kartonfarben, unter Lupe fein filzig,
Stiel nicht vorhanden, Hüte lateral angewachsen
Lamellen normal weit bis etwas gedrängt, schmal, –3 mm breit, Schneide fein schartig, hell oder schmutzig beige-bräunlich, kartonfarben
Sporen breit ellipsoid, rau
Cheilozystiden fädig-schlauchförmig, oft verbogen
Funddaten: 25.07.93 und 08.10.99, Baden-Württemberg, ca. 2 km nordöstlich von Riedheim, im Ried, im „Windschutzstreifen", unter Laubbäumen (*Acer, Sambucus, Fagus*, etc.), an liegenden Ästen und Zweigen; jedes Jahr massenhaft fast das ganze Jahr über; leg. M. E., 01. Fund det. Dr. Senn-Irlet; Diapositiv in Diathek M. Enderle. Beleg in (ULM).
Habituszeichung und Mikrozeichnung der Cheilozystiden vorhanden.

Crepidotus luteolus (Lamb.) Sacc.
Flaumiges Stummelfüßchen
Syn.: *C. pubescens* Bres. ss. J. Lge
Fundbeschreibung siehe ENDERLE (1996 c), Beleg in (M); Funddaten von L. K. (pers. Aufzeichn.): 07.11.81, nordöstlich Bernstadt, Laubholz, MTB 7426/3, leg. A. K.; 05.11.89, Ehingen/Schlechtenfeld, Laubholzzweige, MTB 7724/1, leg. L. K.

Crepidotus mollis (Schff.: Fr.) Kummer

Gallertfleischiges Stummelfüßchen
Funddaten: 1937–40, Haas-Exk. am Eselsberg in Ulm, MTB 7525, im Maien- und Klosterwald bei

Ulm-Söflingen, MTB 7625; 1974–83, leg. A. K. in MTB 7425, 7426; 23.10.76, Kri-Exk. in „Muna“ bei Bühl und zwischen Uf + Lh,Wald „Jungholz-Lechfeld“, MTB 7527/3; 07.12.77, Auwald Lh, an Laubholzast, leg. M. E., MTB 7527/2; 16.09.78, Bubesheimer Wald bei Echlishausen, an totem Laubbaum, MTB 7527/3, leg. M. E., det. G. J. K.; 07.10.78, Stangl-Exk. in Bubesheimer Wald bei Echlishausen, MTB 7527/3; 24.05.79, Bubesheimer Wald bei Echlishausen, an liegendem Laubholzstamm, MTB 7527/3, leg. M. E.; 04.11.82, Bubesheimer Wald bei Echlishausen, MTB 7527, an toter Zitterpappel, leg. M. E., Beleg in (M); 16.06.86, Auwald Lh-Weißingen (Lh), am Eingang der Gaststätte „Krone“, am Holz-Blumentrog, MTB 7527/1, leg. M. E., Beleg in (M); weitere Funddaten erübrigen sich. Die Art ist sehr häufig und kommt sehr wahrscheinlich in allen MTB im Ulmer Raum vor.

Crepidotus variabilis (Pers.: Fr.) Kummer
Gemeines Stummelfüßchen
Funddaten: 1941, Haas-Exk. bei Jungingen, MTB 7525; 1974–83, leg. A. K., MTB 7425; 23.10.76, Kri-Exk., „Muna“ bei Bühl und zwischen Uf + Lh, Wald „Jungholz-Lechfeld“, MTB 7527/3; 26.05.83, Wald „Hörnle“ bei Grimmelfingen, an am Boden liegenden Holzresten, Beleg im Fungarium Krieglsteiner. Weitere Funddaten erübrigen sich. Die Art ist sehr häufig und kommt sehr wahrscheinlich in allen MTB im Ulmer Raum vor.

Crepidotus versutus Peck
Striegeliges Stummelfüßchen
Funddaten von L. K. (pers. Aufzeichn.): 01.09.88, Blaubeuren/Seißen an Laubholzast, MTB 7524/4, leg. L. K.; 20.04.90, südöstlich Rieden, an Laubholzast, MTB 7627/2, leg. L. K.
Laut L. K. (persön. Mitt.) sind die Funde aus heutiger Sicht fraglich.

Episphaeria fraxinicola (Berk. & Br.) Donk
Braunsporiges Zwergschälchen
Cyphelloider Pilz!
Funddaten von L. K. (pers. Aufzeichn.): 07.01.88, Lautern, MTB 7525/3, an berindetem *Fraxinus*-Zweig, leg. L. K.; 02.04.88, westlich Sontheim, an *Fraxinus*-Zweig, MTB 7427, leg. L. K.; 03.02.90, Albeck, MTB 7526/1, leg. L. K.; 03.02.90, Klinge westlich Bermaringen, an *Fraxinus*-Zweig, MTB 7524/2, leg. L. K.; 27.01.90, BW Tiefental, Innenseite von Buchenrinde, MTB 7624/1, leg. L. K.; 02.11.90, Weidach, „Buchbrunnen“, an *Fraxinus,* MTB 7525/3, leg. L. K.
Weitere Funddaten: Krieglsteiner (2001) nennt Funde in den MTB 7427, 7524, 7525 und 7526; Details sind mir nicht bekannt.

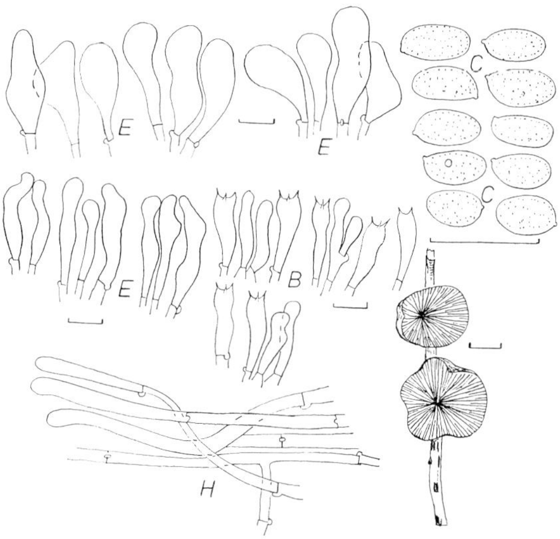

Crepidotus variabilis
B = Basidien; C = Sporen; E = Cheilozystiden; H = Huthauthyphen; (aus Stangl, Krieglsteiner & Enderle 1991)

Merismodes anomala (Pers.: Fr.) Singer
Rasiges Hängebecherchen
Syn.: *Cyphellopsis anomala, C. confusa*
Cyphelloider Pilz!
Funddaten: 21.08.85, am Roten Berg bei Söflingen, MTB 7625, am Stammgrund einer noch stehenden, abgestorbenen Buche, leg. K. K.; Krieglsteiner (2001) nennt zahlreiche Funde in den baden-württembergischen Teilen des Ulmer Raumes; Details sind mir nicht bekannt. Die Art ist sehr häufig und kommt sehr wahrscheinlich in allen MTB im Ulmer Raum vor. Funddaten von L. K. (pers. Aufzeichn.): in den MTB 7524, 7525, 7526, 7624, 7625, 7626, 7725.

Simocybe centunculus (Fr.) Karsten
Kleinsporiger Olivschnitzling
Fundbeschreibung siehe Enderle (1985).
Funddaten: 17.06.80, 05.06.83, 20.09.87, nördlich Riedheim, MTB 7527, im „Windschutzstreifen“, am Schwarzen Graben, auf morschem Pappelstamm, leg. M. E., Belege in (M); Funddaten von L. K. (pers. Aufzeichn.): 05.08.89, Witthau, an Eichenast, MTB 7526/1, leg. L. K.; Herbst 1989, Gehrenberg südwestlich Wippingen, Holzreste auf Wiese, MTB 7525/3, leg. E. S., det. L. K.; 18.09.90, BW „Tiefental“, an morschem Buchenstamm, MTB 7624/1, leg. L. K.; Krieglsteiner (1991) nennt in seinem Verbreitungsatlas Funde in den MTB 7424 und 7425. Nähere Fundangaben liegen mir nicht vor.

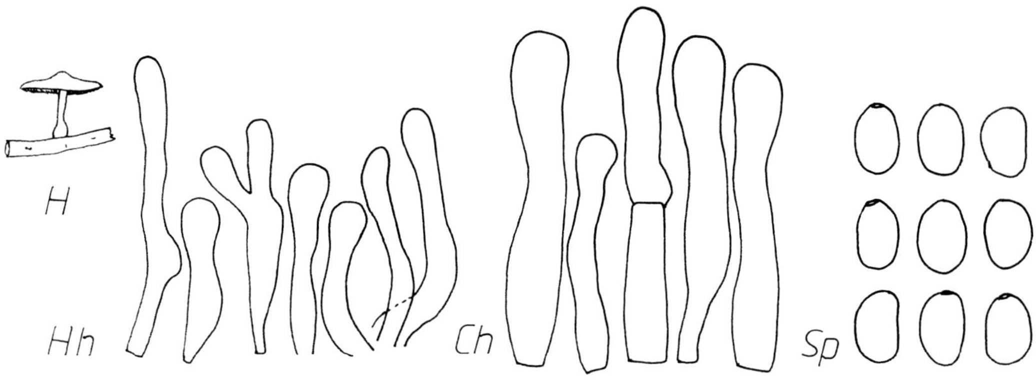

Simocybe haustellaris

Simocybe haustellaris (Fr.: Fr.) Reid
Stummelfüßiger Olivschnitzling
Syn.: *S. rubi, Ramicola haustellaris*
Fundbeschreibung siehe ENDERLE & REININGER (1995).
Funddaten: 11.09.88, Donau-Auwald bei Riedheim, MTB 7527, an Laubholzast, leg. M. E., Beleg in (M); Funddaten von L. K. (pers. Aufzeichn.): 07.09.88, BW Tiefental, an morschem Laubholz, MTB 7624/1, leg. L. K. + G. D.; 15.06.90, Arnegger Ried, an entrindetem *Salix*-Ast, MTB 7525/3, leg. L. K.; 01.11.90, Weidach „Buchbrunnen", an entrindetem *Carpinus*-Ast, MTB 7525/3, leg. L. K.

Simocybe sumptuosa (Orton) Singer
Üppiger Olivschnitzling
Syn.: *R. sumptuosa*
Rote-Liste-Art: gefährdet
KRIEGLSTEINER (1991) nennt in seinem Verbreitungsatlas einen Fund in MTB 7624. Nähere Fundangaben liegen mir nicht vor.

Familie **Cortinariaceae** Roze Schleierlingsartige

Alnicola alnetorum (Maire) Kühner & Romagn. – Zweisporiger Erlenschnitzling
Syn.: *Naucoria alnetorum*
Rote-Liste-Art: gefährdet
Fundbeschreibung siehe ENDERLE & KRIEGLSTEINER (1987).
Weitere Funddaten: 22.09.86, zwischen Uf + Lh, am Biberberg, in Richtung Echlishausen, MTB 7527, unter Hasel, Traubenkirsche und Erle, leg. M.E; 1974–83, leg. A. K. in MTB 7426

Alnicola amarescens (Quélet) Romagn.
Bitterer Erlenschnitzling
Syn.: *Naucoria amarescens*
Funddaten: 06.04.81, bei Laupheim, zwischen einer Hauswand und dem Pflaster, unter einem Wasserhahn, MTB 7725, leg. G. O., det. M. Bon (Frankreich);

Alnicola bohemica (Vel.) Singer
Weißstieliger Erlenschnitzling
Syn.: *Naucoria bohemica*
Fundbeschreibung siehe ENDERLE & KRIEGLSTEINER (1987) und KRIEGLSTEINER, L. (1991 c).
Notizen zu einem weiteren Fund:
Hut –37 mm breit, stumpf konvex, breit gebuckelt, Rand kaum bis nicht gerieft, kastanien- bis schwarzbraun, gegen Mitte kräftig stumpf dunkel rotbraun, Cailleux S29/S27, nach außen heller, mehr bräunlich, Cailleux R25 oder heller, Rand an einem Frk. im Alter wellig verbogen
Lamellen normal weit bis etwas gedrängt, schwach bauchig, bei großem Frk. –7 mm breit, bräunlich bis kräftig braun, Rand auffallend hell, weißlich
Stiel –50 mm lang, in der Mitte –6 mm dick, **nicht** auffallend weißlich, sondern etwas ocker-bräunlich überhaucht, gegen die Spitze deutlich weißlich bestäubt, nach unten fein (Lupe!) anliegend faserig bis kahl, Basis weißfilzig, Stiel etwas seidig glänzend oder matt
Geruch rettichartig
Sporen ca. 13–14 x 7,7–8,2 µm, breit ellipsoid bis limoniform, auffallend rau
Cheilozystiden von keulenförmigem Typ, d. h. fädig mit erweiterter Spitze oder schmal keulig, z. B. 60 x 6 µm
Caulozystiden an der Stielspitze zahlreich, in Form und Größe ähnlich den Cheilozystiden
Funddaten: 16.09.93, Baden-Württemberg, im Wald „Hörnle" bei Grimmelfingen, auf Waldweg, in Fahr-

Alnicola langei

rinne bei Holzresten auf der Erde (wo auch *Psath. fusca* wächst); als vermeintliche *Psathyrella (fusca)* aufgesammelt; leg. M. E.
Dia in Diathek Enderle; (im Computer unter Naucoria.065)
Es liegt eine Habituszeichnung sowie Mikrozeichnungen der Cheilozystiden und Sporen, plus Dia, vor.
Weitere Funddaten: 03.10.81, zwischen Straß und Silheim, am Straßenrand unter *Picea* und *Carpinus betulus*, MTB 7526, leg. M. E., conf. M. Bon (Frankreich)

Alnicola cedriolens Brsky. & Schmid-Heckel
Aromatischer Sumpfschnitzling
KRIEGLSTEINER (1991) nennt in seinem Verbreitungsatlas einen Fund in MTB 7526. Nähere Fundangaben liegen mir nicht vor.

Alnicola geraniolens R. Courtecuisse
Geranien-Sumpfschnitzling
Fundbeschreibung mit Foto siehe ENDERLE (1996 c).
Funddaten: 11.10.92, Ulm-Donautal, bei Wieland-Werke, unter *Salix sp.*, leg. M. E., det. Dr. R. Courtecuisse, Beleg in (M)

Alnicola langei (Kühner) Singer
Großsporiger Erlenschnitzling
Syn.: *Naucoria spadicea*
Rote-Liste-Art: gefährdet
Fundbeschreibung siehe ENDERLE (1986 a), Foto bei ENDERLE & REININGER (1995).
Funddaten: 14.10.96, im NSG Langenauer Ried, Baden-Württemberg, MTB 7527/1, unter *Salix cinerea*, leg. M. E., Beleg in (M); mehrere weitere Belege von früheren Funden in diesem Gebiet befinden sich ebenfalls in (M) und im Fungarium Krieglsteiner.

Alnicola melinoides (Bull.: Fr.) Kühner
Honiggelber Erlenschnitzling
Syn.: *Naucoria escharioides* (Fr.: Fr.) Kummer ss. auct.
Fundbeschreibung mit Foto siehe ENDERLE & REININGER (1995).
Funddaten erübrigen sich. Die Art ist sehr häufig und kommt sehr wahrscheinlich in allen MTB im Ulmer Raum vor. Belege befinden sich im Fungarium Krieglsteiner

Alnicola paludosa (Peck) Singer
Syn.: *A. striatula*
Fundbeschreibung mit Foto siehe ENDERLE (1992 a).

Alnicola salicis (P. D. Orton) M. Bon
Weiden-Schnitzling
Rote-Liste-Art: gefährdet
siehe ENDERLE & KRIEGLSTEINER (1987).

Alnicola scolecina (Fr.) Romagn.
Kahler Erlenschnitzling
Syn.: *Naucoria scolecina*
Funddaten: 13.10.88, Gögglinger Wäldchen bei Ulm-Gögglingen, MTB 7625, an feuchter Stelle bei Birken, leg. M. E., det. M. Bon (Frankreich); dieser Fund wurde publiziert im 21. Beitrag zur Kenntn. der Ulmer Pilzflora, in „Ulmer Pilzflora III", S. 10, 1992

Alnicola spec.
Fundbeschreibung mit Foto siehe ENDERLE (1996 c).

Cortinarius alboviolaceus (Pers.:Fr.) Fr.
Weißvioletter Dickfuß
Funddaten: vor 1894, leg. Veesenmeyer, bei Ulm-Gögglingen, nicht selten; August 77, PA Ulm; 26./27.08.78, PA Ulm; 19./20.09.96, bei Pilzausstellung in Ulm.

Cortinarius allutus Fr. ss. Moser non J. Lange
Bereifter Schleimkopf
Syn.: *C. melliolens*
Vergl. *C. subhygrophanicus* (Moser) Moser = *C. allutus* ss. Lange
Funddaten: 1943–63, bei Altheim, MTB 7625;
Anmerkung: Da nicht mehr nachvollzogen werden kann, in welchem Sinne Haas seinen Fund bestimmte, bleibt die Identität der Aufsammlung unklar.
KRIEGLSTEINER (1991) nennt in seinem Verbreitungsatlas Funde in den MTB 7525 und 7626. Nähere Fundangaben liegen mir nicht vor.

Cortinarius alnetorum (Vel.) Moser
Erlen-Gürtelfuß
Funddaten von L. K. (pers. Aufzeichn.): 30.10.89, Neu-Ulm/Reutti, in Erlenbruch, MTB 7626/1, leg. L. K.; 13.10.00, NSG bei Riedheim, bayerische Seite, unter Erlen und Eschen (im „Jägerstand"-Wäldchen, südöstliche Ecke; MTB 7527/1; Hut meist gebuckelt, jung schwarzbraun, alt heller, Stiele ohne Blau an der Spitze, mit hellen Velumzonen, Geruch unauffällig; leg. M. E. (Dia in Diathek M. Enderle), Exsikkat im Herbar der Universität Ulm (ULM).

Cortinarius anomalus (Fr.: Fr.) Fr.
Graubräunlicher Dickfuß
Funddaten: 23.10.76, Kri-Exk., „Muna" bei Bühl, MTB 7527/3, zwischen Uf + Lh, Wald Jungholz-Lechfeld, MTB 7527/3; 16.09.78, Stoffenrieder Forst, leg. Frau Kohl, det. G. J. K.; 16.09.78, Bubesheimer Wald bei Echlishausen, MTB 7527, bei Fichten, leg. M. E., det. G. J. K.; 17.09.78, Kri-Exk. bei Hörvelsingen, MTB 7526; 07.10.78, Stangl-Exk. zwischen Uf + Lh, Wald Lechfeld, MTB 7527, bei Fichten; 1937–40, Haas-Exk., bei Jungingen, MTB 7525, Maien- und Klostewald bei Ulm-Söflingen, MTB 7625, bei Blaubeuren, MTB 7524, Eselsberg in Ulm, MTB 7525; 01.11.80, „Muna" bei Straß, MTB 7526, Fichtenwald, leg. M. E., conf. G. J. K., Beleg in Fungarium Krieglsteiner unter No. 262 K80; 1999, Söhnstetten/Stöckelberg, MTB 7325/2, leg. H. P. (H. St.); 28.10.01, Pfifferlingsberg, MTB 7624/4/4, leg. K. Ke., det. E. Garnweidner, AMU-Exkursion. Weitere Funddaten erübrigen sich. Die Art ist häufig und kommt sehr wahrscheinlich in allen MTB im Ulmer Raum vor.

Cortinarius anserinus (Vel.) Hry.
Buchen-Klumpfuß
Syn.: *C. amoenolens*
Funddaten: 1937–40, Haas-Exk., bei Blaubeuren, MTB 7524; 01.10.88, Dreierberg bei Herrlingen/Klingenstein, MTB 7625, Buchenwald auf Kalkboden, leg. K. K.; KRIEGLSTEINER (1991) nennt in seinem Verbreitungsatlas Funde in den MTB 7525 und 7624. Nähere Fundangaben liegen mir nicht vor.

Cortinarius anthracinus (Fr.) Fr.
Dunkelroter Wasserkopf
Syn.: *Democybe anthracina*
Rote-Liste-Art: gefährdet
Funddaten: 26.10.00, Ulm, gegenüber des Roten Berges, Eichen-Rotbuchenwald auf Kalk, Exkursion mit Familie Alexandra und Christoph Baumgärtner, leg. M. E.

Cortinarius arcuatorum R. Henry
Violettgesäumter Klumpfuß
Rote-Liste-Art: gefährdet
Funddaten von L. K. (pers. Aufzeichn.): 07.10.84, Altheim „Kuhberg", in Fagetum, MTB 7426/1, leg. Klement

Cortinarius argentatus (Pers.: Fr.) Fr.
Funddaten: vor 1894, leg. Veesenmeyer, im Eselswald bei Ulm, „nicht häufig"

Cortinarius armeniacus (Schff.: Fr.) Fr.
Aprikosen-Wasserkopf
Funddaten: vor 1894, leg. Veesenmeyer, bei Grimmelfingen, vereinzelt; 1941, Haas-Exk. bei Jungingen, MTB 7525

Cortinarius armillatus (Fr.) Fr.
Geschmückter Gürtelfuß
Funddaten: Herbst 1988, Ulm, am Roten Berg/Dreierberg, MTB 7525/4, leg. E. S.; bei Pilzausstellung in Ulm am 01./02.10.88; Funddaten von L. K. (pers. Aufzeichn.): 24.09.88, Ermingen beim Fernmeldeturm, unter Birken, MTB 7525/3, leg. L. K. + G. D.; 1987, Dreierberg, MTB 7525, leg.

Schätzle; September 2000, im Baltringer Ried, unter Birke, MTB 7725/3, leg. T. B.

Cortinarius atrovirens Kalchbr.
Schwarzgrüner Klumpfuß
Rote-Liste-Art: gefährdet
Funddaten: 03.10.81, bei Illerrieden, leg. J. I., det. M. E., Beleg in (M); bei Pilzausstellung in Ulm am 01./02.10.88

Cortinarius aureofulvus Moser
Goldbrauner Klumpfuß
Funddaten von L. K. (pers. Aufzeichn.): 05.11.91, westlich Illerrieden, Fichtenforst, MTB 7726/1, leg. J. I., det. L. K.

Cortinarius cf. **azureus** Fr.
Violettblauer Seidenkopf
Funddaten: 21.09.79, zwischen Uf + Lh, Wald „Lechfeld", MTB 7527/3, leg. M. E., det. J. St.

Cortinarius bibulus Quélet
Violetter Erlenwasserkopf
Syn.: *C. pulchellus*
Rote-Liste-Art: gefährdet
Funddaten: 10.08.86, am Schmiechener See, unter Erlen, etc., leg. M. E., Beleg in (M)

Cortinarius bicolor Cke.
Rote-Liste-Art: gefährdet
Funddaten: 1943–63, Haas-Fund PA Ulm am 10./11.10.48; 1982, leg. A. K. in MTB 7426/1

Cortinarius biformis Fr.
Schrägberingter Gürtelfuß
Funddaten: 29.08.81, Haas-Exk. in „Muna" bei Straß-Silheim, MTB 7526, Fichtenwald;

Cortinarius bivelus (Fr.: Fr.) Fr.
Birken-Gürtelfuß
Rote-Liste-Art: gefährdet
Funddaten: 1937–40, Haas-Exk., Eselsberg in Ulm, MTB 7525, „Filde" bei Beimerstetten, MTB 7525

Cortinarius bolaris (Pers.: Fr.) Fr.
Rotschuppiger Raukopf
Rote-Liste-Art: gefährdet
Funddaten: 18.09.60, Haas-Exk. bei Pappelau, MTB 7624; Funddaten von L. K. (pers. Aufzeichn.): 25.08.91, Illerrieden/Weihungszell, MTB 7726/1, leg. bei AMU-Exkursion; 15.09.02, bei Exkursion „Oli Schick und Freunde (Jo Staiger)", in den „Holzstöcken" bei Hüttisheim, unter *Fagus silvatica*; 11.09.02, Donaustetten, Eichhau, MTB 7625/4/3, leg. K. Ke., bei Rotbuche.

Cortinarius caligatus

Cortinarius bovinus Fr.
Dickfüßiger Gürtelfuß
Funddaten: Haas-Exk. im Maien- und Klosterwald Ulm-Söflingen, MTB 7625

Cortinarius brunneus (Pers.: Fr.) Fr.
Dunkelbrauner Gürtelfuß
Syn.: *C. brunneofulvus*
Funddaten: 1937–40, Haas-Exk. bei Blaubeuren, MTB 7524; 09.09.80, bei Weißenhorn, MTB 7627, leg. C. S.; 10.08.81, „Muna" bei Straß, MTB 7526

Cortinarius bulliardii (Pers.: Fr.) Fr.
Feuerfüßiger Gürtelfuß
Rote-Liste-Art: gefährdet
Funddaten: 1937–40, Haas-Fund PA Ulm; Krieglsteiner (1991) nennt in seinem Verbreitungsatlas Funde in den MTB 7425 und 7624. Nähere Fundangaben liegen mir nicht vor.

Cortinarius caligatus Malencon
Ockergestiefelter Schleimkopf
Funddaten: 04.10.1995, Bubesheimer Wald bei Echlishausen, leg. M. E.
Hinweis: Das beigegebene Foto stammt nicht aus dem Ulmer Raum!

Cortinarius callochrous Fr.
Rosablättriger Klumpfuß
Funddaten: 1937–40, Haas-Exk. bei Blaubeuren, MTB 7524; Funddaten von L. K. (pers. Aufzeichn.): 02.11.87, Weiherhalden/Herrlingen, Buchen auf Kalk, MTB 7525/3, leg. L. K.; 02.10.89, Spitalwald Ermingen, Waldspielplatz, Buche auf Kalk, MTB 7625/1, leg. L. K.

Cortinarius camphoratus (Fr.) Fr.
Bocksdickfuß
Syn.: *C. amethystinus C. hircinus*
Funddaten: 1937–40, Haas-Fund PA Ulm; 19./20.09.96, bei Pilzausstellung in Ulm; 31.10.99, bei Altheim/Alb, MTB 7426/1, am Rande eines Buchen-Eichenwaldes, in einer Gestrüppzone mit ca. mannshohen Jungbäumen und Sträuchern, im Laubstreu, leg. B. S.; KRIEGLSTEINER (1991) nennt in seinem Verbreitungsatlas einen Fund in MTB 7525. Nähere Fundangaben liegen mir nicht vor.

Cortinarius caninus (Fr.) Fr.
Rostbrauner Dickfuß
Funddaten: 1937–40, Haas-Exk., Eselsberg in Ulm, MTB 7525, Maien- und Klosterwald bei Söflingen, MTB 7625; 02.10.79, „Muna“ bei Straß, MTB 7526, leg. M. E.; 15.10.00, Uf, am Rande des Gartens von Bärbel Enderle, im Moos bei Fichten, leg. M. E , Foto in Diathek Enderle (Pilze sahen genauso aus wie bei Breitenbach & Kränzlin 5, Nr. 254)

Cortinarius cf. **casimiri** (Vel.) Huijsman
Großsporiger Buckel-Gürtelfuß
Notizen zu einem Fund vom 24.09.86:
Hut –15 mm breit, dunkel- bis schwarzbraun, etwas seidig glänzend, etwas hygrophan (Habitus genau wie in BSMF 102 (1): 29)
Lamellen am Stiel breit angewachsen, braun, –3(4) mm breit, entfernt
Stiel –50 mm lang, in der Mitte –2 mm dick, dem Hut +/- gleichfarben oder heller, an der Spitze teilweise mit minimalem Violettstich
Sporen 7,5–8,5 (9) x 4–5 (5,5) µm
Cheilozystiden keine vorhanden (oder selten und basidioid)
Funddaten: 24.09.86, Bayern, bei Echlishausen, MTB 7527, leg. M. E., det. M. Bon (Frankreich); Diapositiv in Diathek Enderle
Anmerkungen: *Marcel Bon* (Frankreich) bestimmte den Pilz als *C. casimiri* (mit Fragezeichen).

Cortinarius causticus Fr.
Bereifter Schleimfuß
Funddaten: 1943–63, Haas-Exk. in „Filde“ bei Beimerstetten, MTB 7525; 10.10.84, bei Nerenstetten, bei Buchen/Eichen, leg. M. E., Beleg in (M)

Cortinarius cedriolens (Moser) Moser
Zederngeruch-Schleierling
Fundbeschreibung mit Foto siehe ENDERLE (1995 g).
Funddaten : 26.09.93 und 24.09.94, Baden-Württemberg, nordöstlich von Riedheim im NSG, MTB 7527/1, anmooriges Gebiet unter *Salix ssp., Betula pendula* und *Populus ssp.*, jeweils mehrere Frk. büschelig; Exkursion (24.09.94) mit Terence Palmer (England); leg. M. E., Diapositiv in Diathek Enderle. Belege in (M).
Funddaten: 30.09.95, NSG Leipheimer Moos, MTB 7527/1, Baden-Württemberg, leg. M. E., Beleg in (M)

Cortinarius cinnabarinus Fr.
Zinnoberroter Wasserkopf
Rote-Liste-Art: gefährdet
KRIEGLSTEINER (1991) nennt in seinem Verbreitungsatlas Funde in den MTB 7425, 7425, 7524, 7525 und 7624. Nähere Fundangaben liegen mir nicht vor.

Cortinarius cinnamomeoluteus P. D. Orton ss. str. – Zimtgelber Hautkopf
Rote-Liste-Art: gefährdet
Funddaten: 1974–83, leg. A. K. in MTB 7526; 09.10.76, Stangl-Exk. „Muna“ bei Straß, MTB 7526, leg. M. E.; 07.10.78, Stangl-Exk. zwischen Uf + Lh, Wald „Lechfeld“, MTB 7527/3; 09.09.79, VNM-Exk. am „Roten Berg“ bei Ulm, leg. M. E., det. J. St.

Cortinarius cinnamomeus (L.: Fr.) Fr.
Zimt-Hautkopf
Syn.: *Dermocybe cinnamomea*
Funddaten: vor 1894, leg. Veesenmeyer, um Ulm, häufig, im Eselswald; 1937–40, Haas-Exk. in „Filde“ bei Beimerstetten, MTB 7525, bei Jungingen, MTB 7525; 23.10.76, Kri-Exk. „Muna“ bei Bühl, MTB 7527/3; 26./27.08.78, PA Ulm; 08.08.80, „Muna“ bei Straß, MTB 7526, leg. M. E., Beleg in (M); 10.08.81, „Muna“ bei Straß/Silheim, MTB 7526, leg. M. E., Beleg in (M); 24.10.80, „Muna“ bei Straß, bei Fichten am Wegrand, MTB 7526, leg. M. E., Beleg in (M); siehe DIETL & KRIEGLSTEINER (1989), am Oberen Eselsberg in Ulm; weitere Funddaten erübrigen sich. Die Art ist häufig und kommt sehr wahrscheinlich in allen MTB im Ulmer Raum vor.

Cortinarius claricolor (Fr.) Fr.
Weißgestiefelter Schleimkopf
KRIEGLSTEINER (1991) nennt in seinem Verbreitungsatlas einen Fund in MTB 7525. Nähere Fundangaben liegen mir nicht vor.

Cortinarius cliduchus Fr.
Gelbgegürtelter Schleimkopf
Rote-Liste-Art: gefährdet
KRIEGLSTEINER (1991) nennt in seinem Verbreitungsatlas einen Fund in MTB 7525 und 7426. Nähere Fundangaben liegen mir nicht vor.

Cortinarius coerulescens (Schaeffer) Fr.
Blauer Klumpfuß
Rote-Liste-Art: gefährdet
Funddaten: 1943–63, Haas-Exk. in „Filde“ bei Beimerstetten. KRIEGLSTEINER (1991) nennt in seinem

Verbreitungsatlas einen Fund in MTB 7624. Nähere Fundangaben liegen mir nicht vor.

Cortinarius cotoneus Fr.
Olivbrauner Raukopf
Rote-Liste-Art: gefährdet
Funddaten: 1943–63, Haas-Exk. bei Herrlingen, MTB 7525. KRIEGLSTEINER (1991) nennt in seinem Verbreitungsatlas einen Fund in MTB 7527. Nähere Fundangaben liegen mir nicht vor.

Cortinarius crassus Fr. – Trockener Schleimkopf
Funddaten: 1941, Haas-Exk. bei Jungingen, MTB 7525
Hinweis: Leider ist nicht mehr feststellbar, ob der oben genannte Fund als sensu Fries oder sensu Bresadola zu verstehen ist. Weiterer Fund siehe DIETL & KRIEGLSTEINER (1989), am Oberen Eselsberg in Ulm;

Cortinarius croceus Schaeff.: Fr.
Safranblättriger Hautkopf
KRIEGLSTEINER (1991) nennt in seinem Verbreitungsatlas mehrere Funde bzw. MTB im Ulmer Raum. Nähere Fundangaben liegen mir nicht vor.

Cortinarius cumatilis Fr. var. **haasii** Moser
Taubenblauer Schleimkopf
Rote-Liste-Art: gefährdet
KRIEGLSTEINER (1991) nennt in seinem Verbreitungsatlas einen Fund in MTB 7624. Nähere Fundangaben liegen nicht vor (vermutlich stammt der Fund von G. O.)

Cortinarius decipiens (Pers.: Fr.) Fr.
Schwarzgebuckelter Wasserkopf
Funddaten: 1937–40, Haas-Exk. bei Blaubeuren, MTB 7524; 23.10.76, Kri-Exk. in „Muna" bei Bühl, MTB 7527; 26./27.08.78, PA Ulm

Cortinarius delibutus Fr.
Blaublättriger Schleimfuß
Funddaten: 1937–40, Haas-Exk. im Maien- und Klosterwald bei Ulm-Söflingen, MTB 7625, bei Jungingen, MTB 7525 und bei Blaubeuren, MTB 7524; 1974–83, leg. A. K. in MTB 7526, 7426; 14.10.77, „Muna" bei Straß, MTB 7526, leg. M. E.; 07.10.78, Stangl-Exk., zwischen Uf + Lh, Wald „Lechfeld", MTB 7527; 08.09.79, zwischen Uf + Lh, Wald „Lechfeld", MTB 7527, leg. C. S., det. M. E.; Herbst 1988, Ulm, am Roten Berg/Dreierberg, MTB 7525/4, leg. E. S.; bei Pilzausstellung in Ulm am 01./02.10.88; 21.09.87, Roter Berg bei Söflingen, MTB 7625, Buchen-Fichtenwald auf Kalkboden, leg. K. K.; weitere Funddaten erübrigen sich. Die Art ist häufig und kommt sehr wahrscheinlich in allen MTB im Ulmer Raum vor.

Cortinarius dibaphus Fr. – Bunter Klumpfuß
Funddaten: 1943–63, Haas-Exk., „Filde" bei Beimerstetten, MTB 7525

Cortinarius dilutus Fr.
Blassweißer Wasserkopf
Rote-Liste-Art: gefährdet
Syn.: *C. saturatus*
Funddaten: 1943–63, Haas-Exk. bei Herrlingen, MTB 7525

Cortinarius duracinus Fr.
Spindeliger Wasserkopf
Funddaten: 1937–40, Haas-Exk., Eselsberg in Ulm, MTB 7525, Maien- und Klosterwald bei Ulm-Söflingen, MTB 7625; 13.10.79, Haas-Exk., Bubesheimer Wald bei Echlishausen, MTB 7527/3, leg. C. S.;

Cortinarius elegantior Fr.
Strohgelber Klumpfuß
Rote-Liste-Art: gefährdet
Funddaten: 1937–40, Haas-Exk., Eselsberg in Ulm, MTB 7525, Maien- und Klosterwald bei Ulm-Söflingen, MTB 7625, bei Herrlingen, MTB 7525, bei Blaubeuren, MTB 7524; 16.09.2000, bei Altheim/Alb, während Exkursion der AMU mit dem Münchner Pilzverein, det. E. G.; 28.09.88, Rotes Holz/Unterkirchberg, MTB 7725, Fichtenwald auf Kalkboden, leg. K. K.

Cortinarius evernius (Fr.) Fr.
Violettstieliger Rettich-Gürtelfuß
Funddaten: 1943–63, Haas-Exk. bei Altheim, MTB 7625; KRIEGLSTEINER (1991) nennt in seinem Verbreitungsatlas einen Fund in MTB 7524. Nähere Fundangaben liegen mir nicht vor.

Cortinarius fulmineus Fr.
Fuchsiger Klumpfuß
Rote-Liste-Art: gefährdet
Funddaten von L. K. (pers. Aufzeichn.): 1986, Häslen bei Ehingen, Buchen auf Kalk, MTB 7624/3, leg. C. Fischer.

Cortinarius fulvescens Fr. ss. Favre
Runzeliger Wasserkopf
Rote-Liste-Art: stark gefährdet
Funddaten: 1943–63, Haas-Exk. bei Altheim, MTB 7625

Cortinarius gentilis (Fr.) Fr.
Goldgelber Raukopf
KRIEGLSTEINER (1991) nennt in seinem Verbreitungsatlas einen Fund in MTB 7525. Nähere Fundangaben liegen mir nicht vor.

Cortinarius glaucopus (Schff.: Fr.) Fr.
Knollenloser Klumpfuß
Funddaten: 1937–40, Haas-Exk., Eselsberg in Ulm, MTB 7525, Maien- und Klosterwald bei Ulm-Söflingen, MTB 7625, bei Herrlingen, MTB 7525, bei Blaubeuren, MTB 7524, bei Jungingen, MTB 7525; 1982, leg. A. K. in MTB 7426/1 + 3; 28.09.00, Butzental, MTB 7725, Fichtenwald auf Kalkboden, leg. K. K.

Cortinarius hemitrichus Fr.
Weißflockiger Gürtelfuß
Funddaten: 1937–40, Haas-Exk., „Filde" bei Beimerstetten, MTB 7525; ein Fund von M. Enderle in MTB 7527; 08.10.98, Baden-Württemberg, im NSG Langenauer Moos, an anmooriger Stelle, bei Grauweiden und Birken, MTB 7527, leg. M. E., Beleg in (ULM); 21.10.02, Soldatenfriedhof Reutti, MTB 7726, bei Birke, leg. K. K.

Cortinarius hinnuleus (Sow.) Fr.
Erdigriechender Gürtelfuß
Funddaten: 1937–40, Haas-Exk., „Filde" bei Beimerstetten, MTB 7525, bei Jungingen, MTB 7525; 06.10.79, zwischen Ne + Bu, bei Fichten/Eichen, MTB 7526, leg. M. E., det. J. St.; 1982, leg. A. K. in MTB 7426/3

Cortinarius incisus (Pers.: Fr.) Fr.
Zerrissener Gürtelfuß
Funddaten: 23.10.76, Kri-Exk. in „Muna" bei Bühl, MTB 7527/3

Cortinarius infractus (Pers.: Fr.) Fr.
Bitterer Schleimkopf
Funddaten: 1937–40, Haas-Exk., Eselsberg in Ulm, MTB 7525, bei Herrlingen, MTB 7525, „Filde" bei Beimerstetten, MTB 7525; 09.09.79, VHS-Exk. am „Roten Berg", leg. H. Evans, det. J. St.; September 1979, zwischen Ne + Bu, unter Fichten/Buchen auf Kalk, MTB 7526; weitere Funddaten erübrigen sich. Die Art ist häufig und kommt sehr wahrscheinlich in den meisten MTB im Ulmer Raum vor.

Cortinarius infractus var. **olivellus** Moser
Funddaten: DIETL & KRIEGLSTEINER (1989), am Oberen Eselsberg in Ulm;

Cortinarius isabellinus (Batsch) Fr. ss. Bres.
Isabellgelber Raukopf
Funddaten: 1941, Haas-Exk. Maien- und Klosterwald bei Ulm-Söflingen, MTB 7625

Cortinarius laniger Fr. – Zimtroter Gürtelfuß
Funddaten von L. K. (pers. Aufzeichn.): C. Fischer fand die Art in MTB 7624.

Cortinarius largus Fr. – Blasser Schleimkopf
Funddaten: 1982, leg. A. K. in MTB 7426/2; Funddaten von L. K. (pers. Aufzeichn.): 24.09.88, Ermingen beim Fernmeldeturm, MTB 7525/3, leg. M. E.; KRIEGLSTEINER (1991) nennt in seinem Verbreitungsatlas Funde in den MTB 7524 und 7624. Nähere Fundangaben liegen mir nicht vor.

Cortinarius leucopus (Bull.: Fr.) Fr.
Beschleierter Wasserkopf
KRIEGLSTEINER (1991) nennt in seinem Verbreitungsatlas einen Fund in MTB 7624. Nähere Fundangaben liegen mir nicht vor.

Cortinarius limonius (Fr.: Fr.) Fr.
Löwengelber Raukopf
Rote-Liste-Art: gefährdet
Funddaten: 1937–40, Haas-Exk. in „Filde" bei Beimerstetten, MTB 7525; KRIEGLSTEINER (1991) nennt in seinem Verbreitungsatlas einen Fund in MTB 7625. Nähere Fundangaben liegen mir nicht vor.

Cortinarius livido-ochraceus (Berk.) Berk.
Langstieliger Schleimfuß
Syn.: *C. elatior*
Funddaten: 15.09.86, Roter Berg bei Söflingen, MTB 7625, Buchen-Fichtenwald auf Kalkboden, leg. K. K.

Cortinarius lucorum (Fr.) Lge.
Hain-Gürtelfuß
Funddaten: 1937–40, Haas-Exk. im Maien- und Klosterwald bei Ulm-Söflingen, MTB 7625

Cortinarius malicorius Fr.
Orangerandiger Hautkopf
Syn.: *Dermocybe malicoria, Cortinarius croceofolius, Dermocybe croceofolia*
Funddaten: 1941, Haas-Exk. im Maien- und Klosterwald bei Ulm-Söflingen, MTB 7625; 30.08.93, bei Limbach (Gz), Fichtenwald, auf moosigem Weg, leg. M. E., Beleg in (M)

Cortinarius mucosus (Bull.: Fr.) Fr.
Heide-Schleimfuß
Rote-Liste-Art: gefährdet
Funddaten: vor 1894, leg. Veesenmeyer, bei Ulm

Cortinarius multiformis (Fr.) Fr.
Sägeblättriger Klumpfuß
Funddaten: 1937–40, Haas-Exk., Eselsberg in Ulm, MTB 7527, bei Herrlingen, MTB 7525; 1974–83, leg. A. K. in MTB 7526; 26.10.88, „Filde" bei Beimerstetten, MTB 7726, Fichtenwald auf Kalkboden, leg. K. K.; KRIEGLSTEINER (1991) nennt in seinem Verbreitungsatlas Funde in den MTB 7624 und 7526. Nähere Fundangaben liegen mir nicht vor.

Cortinarius multiformis var. **coniferarum**
Funddaten: 13.07.85, Buchwald bei Reutti, MTB 7726, an Waldrand unter Jungfichten, leg. K. K.

Cortinarius muscigenus Peck
Blaustiel-Schleimkopf
Syn.: *C. collinitus, C. cylindripes*
Funddaten: vor 1894, leg. Veesenmeyer, bei Ulm, hier und da; 1943–63, Haas-Exk. bei Altheim, MTB 7625; 1974–83, leg. A. K. in MTB 7525; 23.10.76, Kri-Exk., „Muna" bei Bühl, MTB 7527;

Cortinarius nanceiensis R. Maire
Gelbflockiger Schleimkopf
Rote-Liste-Art: gefährdet
Funddaten: 1943–63, Haas-Exk. in „Filde" bei Beimerstetten, MTB 7525; Funddaten von L. K. (pers. Aufzeichn.): 12.10.188, Tiefental, Fagetum, MTB 7624/1, leg. L. K. + G. D.

Cortinarius nemorensis (Fr.) Lange
Verfärbender Schleimkopf
Funddaten: 1937–40, Haas-Exk. am Eselsberg in Ulm, MTB 7525, bei Jungingen, MTB 7525; KRIEGLSTEINER (1991) nennt in seinem Verbreitungsatlas einen Fund in MTB 7524. Nähere Fundangaben liegen mir nicht vor.

Cortinarius obtusus Fr.
Jodoform-Wasserkopf
Funddaten: 1937–40, Haas-Exk. am Eselsberg in Ulm, MTB 7525

Cortinarius olidus J. Lge.
Syn.: *C. cephalixus*
Rote-Liste-Art: stark gefährdet
Funddaten: 1943–63, Haas-Exk. in „Filde" bei Beimerstetten, MTB 7525, 18.09.60, bei Pappelau, MTB 7624

Cortinarius olivaceofuscus Kühner
Grünblättriger Hainbuchen-Hautkopf
Rote-Liste-Art: gefährdet
KRIEGLSTEINER (1991) nennt in seinem Verbreitungsatlas einen Fund in MTB 7527. Nähere Fundangaben liegen mir nicht vor.

Cortinarius flexipes (Pers.: Fr.) Fr.
Duftender Gürtelfuß
Syn.: *C. paleaceus, C. paleiferus*
Funddaten: 1943–63, Haas-Exk. bei Altheim, MTB 7625; 26./27.08.78, PA Ulm; 03.10.81, zwischen Uf + Lh, bei der alten Silberfuchsfarm, Fichten, MTB 7527, leg. M. E.; bei Pilzausstellung in Ulm am 01./02.10.88; 11.09.02, Donaustetten, Eichhau, MTB 7625/4/3, bei Rotbuche, leg. K. Ke.; 08.10.02, Illerrieden, Galzach, MTB 7726/1/1, bei Fichte, leg. K. Ke.; 01.10.79, Bubesheimer Wald bei Echlishausen, bei Erlen, im Moos, MTB 7527/3

Cortinarius pansa Fr.
Plattfüßiger Klumpfuß
Funddaten: 1937–40, Haas-Exk. am Eselsberg in Ulm, MTB 7525, bei Blaubeuren, MTB 7524; Funddaten von L. K. (pers. Aufzeichn.): 12.10.88, Tiefental, *Fagetum,* MTB 7624/1, leg. L. K. + G. D.

Cortinarius percomis Fr.
Würziger Schleimkopf
Funddaten: 1937–40, Haas-Exk. bei Herrlingen, MTB 7525; 25.09.77, Kri-Exk. am „Roten Berg" bei Ulm, MTB 7525/4; 16.09.79, zwischen Ne + Bu, Fichtenwald, MTB 7526, leg. M. E. 16.09.2000, bei Altheim/Alb, während Exkursion der AMU mit dem Münchner Pilzverein, det. E. G.

Cortinarius pholideus (Fr.: Fr.) Fr.
Schuppiger Dickfuß
Rote-Liste-Art: gefährdet
Funddaten: 1943–63, Haas-Fund PA Ulm am 10./11.10.48 und bei Herrlingen, MTB 7525; 07.10.78, Stangl-Exk. zwischen Uf + Lh, Wald an B10, unter Birken, im Gras, MTB 7527.

Cortinarius praestans (Cord.) Gillet
Schleiereule
Syn.: *C. variicolor*
Funddaten: 1943–63, Haas-Fund PA Ulm am 10./11.10.48, bei Herrlingen, MTB 7525, bei Pappelau am 16.09.60; von E. R. (Erbach-Ringingen) 1979 aus dem MTB 7624/2 gemeldet; Funddaten von L. K. (pers. Aufzeichn.): 1986, Finninger Ried nördlich Finningen, MTB 7626/1, leg. W. G.; 2002, Erpfenhauser Hof, MTB 7326/3, leg. H. P. (H. St.); September 2002, Ende Oktober 2000, Ehingen, oberhalb Viehweiden, MTB 7624/3, leg. T. B.

Cortinarius pseudosulphureus Henry ex P. D. Orton – Grünlings Klumpfuß
Funddaten: 10.10.84, bei Nerenstetten, unter Buchen, leg. M. E., Beleg in (M)

Cortinarius cf. **pulchripes** Favre
Schönstieliger Gürtelfuß
Fundbeschreibung siehe ENDERLE & REININGER (1995), Beleg in (M). KRIEGLSTEINER (1991) nennt in seinem Verbreitungsatlas einen Fund in MTB 7624. Nähere Fundangaben liegen mir nicht vor.

Cortinarius purpurascens Fr.
Purpurfleckender Klumpfuß
Rote-Liste-Art: gefährdet

Funddaten: 1943–63, Haas-Exk. bei Gerlenhofen am 05.10.52, MTB 7626, bei Pappelau am 18.09.60. KRIEGLSTEINER (1991) nennt in seinem Verbreitungsatlas Funde in den MTB 7624, 7626 und 7724. Nähere Fundangaben liegen mir nicht vor.

Cortinarius renidens Fr. – Quitten-Wasserkopf
Funddaten: 1943–63, Haas-Exk. bei Altheim, MTB 7625

Cortinarius rigidus Fr. ss. Fr., Lge.
Staubartigriechender Gürtelfuß
Syn.: *C. umbrinolens*
Funddaten: 1937–40, Haas-Exk. am Eselsberg in Ulm, MTB 7525, in „Filde" bei Beimerstetten, MTB 7525

Cortinarius rubellus Cke.
Spitzgebuckelter Raukopf
Syn.: *C. orellanoides, C. speciosissimus*
Funddaten: 1943–63, Haas-Exk. bei Altheim, MTB 7625; 26./27.08.78, PA Ulm; August 78, „Muna" bei Bühl, unter Fichte, MTB 7527/3, leg. et det M. Enderle, conf. G. J. K.; bei Pilzausstellung in Ulm am 01./02.10.88; Funddaten von L. K. (pers. Aufzeichn.): 05.08.91, Illerrieden/Weihungszell, MTB 7726/1, leg. „Hg", det. L. K.; 15.10.00, zwischen Straß und Silheim, Fichtenwald, MTB 7526, bei VHS-Exkursion, det. M. E. (Dia in Diathek M. Enderle); 28.08.02, Donaustetten, Eichhau, MTB 7625/4/3, leg. K. Ke., bei Fichte; August 2002, Osterried-Süd, MTB 7725/4, leg. T. B.

Cortinarius rufoolivaceus Fr.
Violettroter Klumpfuß
Rote-Liste-Art: gefährdet
Funddaten: 1943–63, Haas-Fund PA Ulm am 10./11.10.48, in „Filde" bei Beimerstetten, MTB 7525; KRIEGLSTEINER (1991) nennt in seinem Verbreitungsatlas einen Fund in MTB 7624. Nähere Fundangaben liegen mir nicht vor.

Cortinarius salor Fr. – Blauer Schleimkopf
Funddaten: 1937–40, Haas-Exk. am Eselsberg bei Ulm, MTB 7525

Cortinarius sanguineus (Wulf.: Fr.) Fries
Blut-Hautkopf
Syn.: *Dermocybe sanguinea, Cortinarius puniceus, Dermocybe punicea*
Funddaten: 1937–40, Haas-Exk. am Eselsberg bei Ulm, MTB 7525; 1974–83, leg. A. K. in MTB 7425, 7525, 7426; 26./27.08.78, PA Ulm; 25.09.77, Kri-Exk. am „Roten Berg" bei Ulm, MTB 7525/4; 15.10.77, Stangl-Exk. in „Muna" bei Straß, MTB 7526; 08.09.78, Stoffenrieder Forst, bei Fichten, leg. et det. Frau Kohl; 09.09.78, Wald „Ohnsang" bei Weißenhorn, Fichtenwald, MTB 7627, leg. M. E.; 16.09.80, „Muna" bei Straß, MTB 7526, leg. C. S. + F. R., det. M. E.; DIETL & KRIEGLSTEINER (1989), am Oberen Eselsberg in Ulm; weitere Funddaten erübrigen sich. Die Art ist häufig und kommt sehr wahrscheinlich in allen MTB im Ulmer Raum vor.

Cortinarius cf. **saniosus** (Fr.) Fr. ss. J. Lange
Gelbfaseriger Raukopf
Hut gelb-bräunlich, gebuckelt bis spitz gebuckelt, fast glatt, seidig glänzend
Lamellen bräunlich
Stiel mit Hutfarbe
Geruch banal
Funddaten: 10.10.188, Bayern, zwischen Riedheim und Gz, Donau-Auwald, im „Lepiota"-Wald, unter *Populus, Acer spec.*, etc., leg. M. E., teste M. Bon (im Computer unter Cortinar.019)

Cortinarius saturninus Fr.
Blaufleischiger Wasserkopf
Funddaten: 1943–63, Haas-Exk. bei Altheim, MTB 7625

Cortinarius sebaceus Fr.
Seidiger Schleimkopf
Rote-Liste-Art: gefährdet
Funddaten: 1937–40, Haas-Fund PA Ulm; 29.09.88, Hagenbuch bei Treffensbuch, MTB 7624, Fichtenwald auf Kalkboden, leg. K. K.; KRIEGLSTEINER (1991) nennt in seinem Verbreitungsatlas einen Fund in MTB 7626. Nähere Fundangaben liegen mir nicht vor.

Cortinarius semisanguineus (Fr.) Moser
Blutblättriger Hautkopf
Syn.: *Dermocybe semisanguinea*
Funddaten: 1974–83, leg. A. K. in MTB 7525, 7526; 16.09.78, Stoffenrieder Forst, leg. Frau Kohl, det. G. J. K.; bei Pilzausstellung in Ulm am 01./02.10.88; 15.10.87, Spitalwald, MTB 7725, auf dicker Fichtenstreuauflage an Waldweg, leg. K. K.; KRIEGLSTEINER (1991) nennt in seinem Verbreitungsatlas einen Fund in MTB 7625. Nähere Fundangaben liegen mir nicht vor.

Cortinarius sertipes Kühner
Pappel-Gürtelfuß
Funddaten: 19.10.80, Haas-Exk. bei Breitingen, Mischwald mit Fichten, MTB 7425

Cortinarius cf. **sommerfeltii** Hoiland
Orangeblättriger Hautkopf
Notizen zu einem Fund vom 18.10.94:

Hut –40 mm breit, konvex bis flach konvex, in der Mitte dunkel rotbraun, ca. Cailleux T39, gegen den Rand etwas heller (Farbe ähnlich *Lactarius rufus*, *Lactarius camphoratus*), in der Mitte flach gebuckelt
Lamellen normal weit, zimtfarben, ca. Cailleux R39, N40, P59
Stiel –50 mm lang, in der Mitte –4 mm dick, Basis mit gelblichem Filz
Fleisch in der Stielbasis safrangelblich
Geruch schwach nach Jodoform
Sporen ca. 7,5–8 x 4,5 µm
Cheilozystiden breit keulig
Funddaten: 18.10.94, Bayern, Bubesheimer Wald bei Echlishausen, MTB 7527, unter *Picea abies*, leg. M. E., det. M. Bon (Frankreich); Beleg in (ULM), Dia in Diathek Enderle.

Cortinarius splendens R. Henry
Schöngelber Klumpfuß
Funddaten: 1943–63, Haas-Exk. in „Filde" bei Beimerstetten, MTB 7525; Funddaten von L. K. (pers. Aufzeichn.): 07.10.81, im MTB 7426/4 und 7426/2, bei Fichte, leg. A. K.

Cortinarius splendens *ssp.* **meinhardii** (Bon) Brandr. & Melot
Funddaten: 21.10.00, Donau-Auwald bei Riedheim, in Fichtenparzelle vor FKK-See, leg. M. E., Fruchtkörper sehen genauso so aus wie die Nr. 239 bei Breitenbach & Kränzlin, Bd. 5 (ähnlich auch der dortige *C. elegantior*), Stielfleisch nach Durchschnitt am Rand gelb, nach innen heller, Lamellen jung gelb (?), Geruch banal, nach dem Trocknen stinkend.

Cortinarius stemmatus (Fr.) Fr.
Braunbeschleierter Gürtelfuß
Funddaten: 28.10.01, Pfifferlingsberg, MTB 7624/2/4, det. E. G., bei AMU-Exkursion, bei Rotbuche.

Cortinarius stillatitius Fr. ss. Bres.
Honig-Schleierling
Syn.: *C. integerrimus, C. mucifluus, C. pseudosalor*
Funddaten: 1937–40, Eselsberg in Ulm, MTB 7525, Maien- und Klosterwald bei Ulm-Söflingen, MTB 7625; 28.10.01, Pfifferlingsberg, MTB 7624/2/4, AMU-Exkursion, leg. K. Ke., det. E. G.; KRIEGLSTEINER (1991) nennt in seinem Verbreitungsatlas einen Fund in MTB 7627. Nähere Fundangaben liegen mir nicht vor.

Cortinarius subannulatus J. Schff. & Mos apud Moser – Fastberingter Raukopf
Funddaten von L. K. (pers. Aufzeichn.): Spitalwald Ermingen, Laubmischwald, MTB 7625/1, leg. L. K.

Cortinarius cf. **subbalaustinus** R. Henry
Zimtblättriger Birken-Wasserkopf
Funddaten: DIETL & KRIEGLSTEINER (1989), am Oberen Eselsberg in Ulm;

Cortinarius subfulgens P. D. Orton
KRIEGLSTEINER (1991) nennt in seinem Verbreitungsatlas einen Fund in MTB 7525. Nähere Fundangaben liegen mir nicht vor.

Cortinarius tophaceus (Fr.) Fr.
Goldfuchsiger Raukopf
Funddaten: 1943–63, Haas-Exk. bei Pappelau, 18.09.60, MTB 7624

Cortinarius torvus (Bull.: Fr.) Fr.
Wohlriechender Gürtelfuß
Funddaten: 1943–63, Haas-Exk. in „Filde" bei Beimerstetten, MTB 7525, PA Ulm;

Cortinarius traganus Fr. – Lila-Dickfuß
Funddaten: 1937–40, Haas-Exk. am Eselsberg bei Ulm, MTB 7525, im Maien- und Klosterwald bei Ulm-Söflingen, MTB 7625, bei Jungingen, MTB 7525; KRIEGLSTEINER (1991) nennt in seinem Verbreitungsatlas Funde in den MTB 7526, 7626 und 7724. Nähere Fundangaben liegen mir nicht vor.

Cortinarius triumphans (Fr.) Fr.
Gelbgestiefelter Klumpfuß
Syn.: *C. crocolitus*
Rote-Liste-Art: gefährdet
Siehe Aufsatz von KRIEGLSTEINER (1986).
Funddaten: 1943–63, Haas-Exk. bei Gerlenhofen, MTB 7626; 19.09.81, Bubesheimer Wald bei Echlishausen, MTB 7527/3, unter Birken auf Kalk, leg. M. E., Beleg in (M); 19./20.09.96, bei Pilzausstellung in Ulm; Funddaten: 22.09.96, Limbach, bei Gz, Fichtenwald, leg. M. E.

Cortinarius trivialis Lge.
Natternstieliger Schleimfuß
Funddaten: 1974–83, leg. A. K. in MTB 7526; Funddaten von L. K. (pers. Aufzeichn.): 01.11.87, „Obere Buchhalde" Westerstetten, Laubwald, MTB 7425/4, leg. L. K.; 19.08.76, Pfifferlingsberg, MTB 7624/4, G. J. K. et al.

Cortinarius turgidus Fr. – Tonweißer Dickfuß
Funddaten: 1943–63, Haas-Exk. in „Filde" bei Beimerstetten, MTB 7525

Cortinarius uraceus (Fr.) Fr.
Abweichender Wasserkopf
Funddaten: 1943–63, Haas-Exk. in „Filde" bei Beimerstetten, MTB 7525

Cortinarius variecolor Fr. ss. Moser
Erdigriechender Schleimkopf
Syn.: *C. pseudovariecolor*
Rote-Liste-Art: stark gefährdet!
Funddaten: vor 1894, leg. Veesenmeyer, im Eselswald bei Ulm, häufig; 1943–63, Haas-Exk. bei Altheim, MTB7625, bei Herrlingen, MTB 7525, bei Pappelau, MTB 7624, PA Ulm; 1974–83, leg. A. K. in MTB 7426, 7526, 7525, 7425; 01.11.99, Baden-Württemberg, bei Gammerdingen, unter Fichten auf kalkhaltigem Untergrund, leg. M. E., det. G. J. K.; Dia in Diathek Enderle; Beleg in (ULM); 13.10.96, Pfifferlingsberg, MTB 7624/4/1, leg. K. Ke., det. H. L./H. BE.; 27.08.02, September 2001, Donaualb, Stadtgebiet Ehingen, leg. T. B.; 20.8.02, Hohe Halde, bei Fichte, leg. K. Ke.

Cortinarius variegatus Bres.
Violettgegürtelter Schleimkopf
Rote-Liste-Art: stark gefährdet!
Funddaten von L. K. (pers. Aufzeichn.): vor 1980, leg. A. K. in MTB 7525/4 und MTB 7526/1 + 3.

Cortinarius varius (Schaeff.: Fr.) Fr.
Ziegelgelber Schleimkopf
Funddaten: 1937–40, Haas-Exk. am Eselsberg bei Ulm, MTB 7525, im Maien- und Klosterwald bei Ulm-Söflingen, MTB 7625, bei Blaubeuren, MTB 7524; 1974–83, leg. A. K. in MTB 7426, 7526, 7525, 7425; bei Pilzausstellung in Ulm am 01./02.10.88; Funddaten von L. K. (pers. Aufzeichn.): 23.10.83, Kiesental, MTB 7525/3, leg. G. F.; 23.08.81, Bollingen, MTB 7525/1, leg. G. F.; 30.09.89, Roter Berg bei Ulm, MTB 7525/4, leg. L. K. et al.; 12.10.89, „Heide" nordwestlich Seißen, MTB 7524/3, leg. E. S., det. L. K.

Cortinarius venetus (Fr.: Fr.) Fr.
Grüner Raukopf
Funddaten von L. K. (pers. Aufzeichn.): 07.11.89, östlich Oxenbronn, in Fichtenstreu, MTB 7627/2, leg. L. K.

Cortinarius vibratilis (Fr.) Fr.
Bitterster Schleimfuß
Funddaten: 10.10.82, Haas-Exk. bei Altheim, leg. M. E., det. H. H., Beleg in (M)

Cortinarius violaceus (L.: Fr.) Fr.
Dunkelvioletter Dickfuß
Syn.: *C. hercynicus*
Rote-Liste-Art: gefährdet
Funddaten: vor 1894, leg. Veesenmeyer, im Eselswald bei Ulm, im Klosterwald bei Söflingen; 1943–63, Haas-Fund PA Klingenstein, 18.09.60; 1974–83, leg. A. K. in MTB 7425; 17.10.81, zwischen Uf + Lh, bei Hainbuchen/Lärchen, MTB 7527/3, Beleg in (M); 01.10.87, Spitalwald bei Ermingen, MTB 7725, lichter Buchen-Fichtenwald, leg. K. K. (Anmerkung des Finders: „Für bestimmte Personen unbekömmlich. Nach einer gemeinsamen Mahlzeit mit meiner damaligen Lebensgefährtin, die diesen Pilz unbedingt probieren wollte, bekam sie starke Magen-Darmbeschwerden. Hätte ich damals gewusst, was ich heute weiß, hätte ich diese Mahlzeit mit Cortinarius rubellus und Amanita phalloides gewürzt!").
Ab 1998 regelmäßig, Erpfenhauser Hof, MTB 7326/3, leg. H. P. (H. St.); 28.10.01, Pfifferlingsberg, MTB 7624/2/4, leg. K. Ke., AMU-Exkursion; Oktober 2000, September 2002, Donaualb, Stadtgebiet Ehingen, MTB 7624/3, leg. T. B. (var. *violaceus* und var. *hercyincus*);
Krieglsteiner (1991) nennt in seinem Verbreitungsatlas Funde in den MTB 7525, 7526 und 7624. Nähere Fundangaben liegen mir nicht vor.

Cortinarius zinziberatus (Scop.: Fr.) Fr.
Olivgelber Raukopf
Funddaten: 1941, bei Jungingen, MTB 7525

Galerina atkinsoniana A.H. Smith f. **atkinsoniana** – Atkinsons Häubling
Hinweis. In Krieglsteiners Verbreitungsatlas kommt die Art unter *Galerina vittiformis* var. *atkinsoniana* (Smith) Krieglsteiner
Notizen zu einem Fund vom 16.06.95:
Hut –15 mm breit, –7 mm hoch, stumpf glockig bis konvex, ockerlich, stumpf honigfarben, 3/4 kräftig durchscheinend gerieft (fast wie *Rickenella fibula*), in der Mitte am dunkelsten, ca. Cailleux P60, nach außen heller, ca. Cailleux L60 oder heller, deutlich hygrophan, jedoch erst spät von der Mitte her sehr hell cremeweißlich ausblassend
Lamellen normal bis etwas entfernt, am Stiel mit Zähnchen angewachsen, lanzettlich bis schwach bauchig, –2 mm breit, hell zimtbräunlich mit hellerer Schneide
Stiel –70 mm lang, in der Mitte –1,5 mm dick, +/- kahl, an der Spitze hell cremeockerlich, nach unten zunehmend dunkler, cremerostig, an der Basis bis dunkel rotbräunlich, Basis etwas erweitert; im Moos oder auf im Moos vergrabenen Fichtenzweiglein aufsitzend
Geruch pilzartig banal, zerdrückt krautig (keinesfalls mehlig!)
Sporen ca. 11,5–13 x 7–8 µm, ellipsoid, mandelbis zitronenförmig, oft papilliert, dickwandig, deutlich rau mit glatten Plage; Basidien vorwiegend 2-sporig
Cheilozystiden vorwiegend lageniform, teilweise mit etwas gewelltem Hals, 50–70 x 12–17 µm, einige breit keulig oder kugelig-gestielt, z. B. 35 x 30 µm

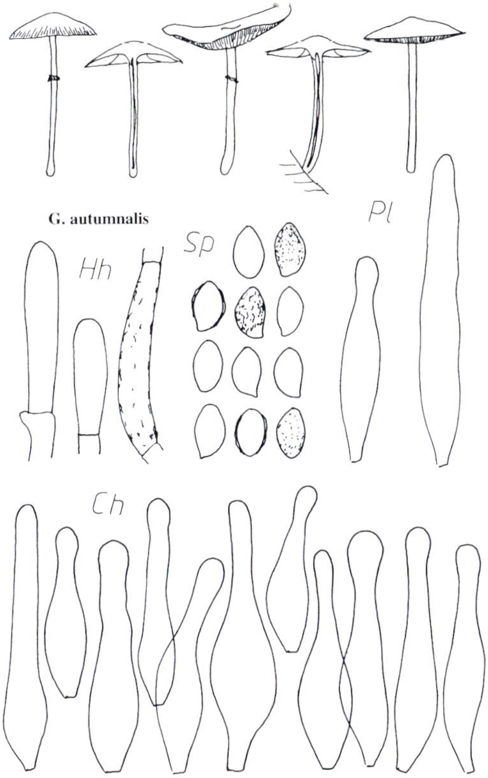

Galerina autumnalis

Pleurozystiden ähnlich den Cheilozystiden, jedoch teilweise etwas bauchiger, Hals ca. 5–8 µm dick
Pileozystiden vorhanden, ähnlich den Cheilozystiden
Caulozystiden ähnlich den Cheilozystiden, jedoch deutlich größer, –100 µm lang
Funddaten: 16.06.95, Bayern, Bubesheimer Wald bei Echlishausen, MTB 7527/1, in Fichtenwald, im Moos, leg. M. E.; conf. E. Arnold (Holland); Diapositiv in Diathek Enderle
Anmerkungen: Bon weist in seinem Schlüssel der Art einen mehlartigen Geruch und Geschmack zu, den ich nicht bestätigen kann. Andere Autoren erwähnen ihn nicht.
E. Arnolds, dem ich den Fund zur Begutachtung zusandte, sprach von einer typischen *G. atkinsoniana*. Sie sei in Holland häufig. Er habe noch nie einen mehligen Geruch festgestellt.
(im Computer unter Galerina.004)

Galerina autumnalis (Peck) Smith & Singer

Überhäuteter Häubling
Fundbeschreibung mit Foto siehe Enderle (1996 d). Belege in (M). Weiterer Fund: 01.10.88, Osterbergholz bei Unterweiler, MTB 7725, auf stark verrottetem Fichtenstumpf, leg. K. K.

Galerina autumnalis

Galerina clavata

Galerina clavata (Vel.) Kühner
Großsporiger Häubling
Syn.: *G. heterocystis*
Funddaten: 23.10.76, Kri-Exk. in „Muna" bei Bühl, MTB 7526, leg. M. E., det. G. J. K.; 22.05.78, „Muna" bei Straß, am Wegrand, Kri-Exk., leg. M. E., det. G. J. K.; 19.10.89, Ulm-Wiblingen, bei Spielplatz am Wald, MTB 7625, leg. M. E., Beleg in (M); 20.10.93, Ulm-Donautal, vor dem I-Zentrum der Firma Siemens, im Moos/Rasen, leg. M. E., Beleg in (M); 30.09.95, NSG Langenauer Ried, Baden-Württemberg, MTB 7527/1, leg. M. E., Beleg in (M); Funddaten von L. K. (pers. Aufzeichn.): 01.09.88, Blaubeuren/Seißen, Moos am Wegrand, MTB 7524/4, leg. L. K.

Galerina hypnorum (Schrank: Fr.) Kühner
Moos-Häubling
Funddaten: 1937–40, Haas-Exk. am Eselsberg in Ulm, MTB 7525; 23.10.76, Kri-Exk. in „Muna" bei Bühl, MTB 7526; 17.09.78, Kri-Exk. bei Hörvelsingen, MTB 7526; 25.11.78, Donau-Auwald bei Of, im „Stallholz", im Moos, MTB 7526, leg. M. E.; Dietl & Krieglsteiner (1989), am Oberen Eselsberg in Ulm; weitere Funddaten erübrigen sich. Die Art ist häufig und kommt sehr wahrscheinlich in allen MTB im Ulmer Raum vor.

Galerina laevis (Pers.) Singer – Rasen-Häubling
Funddaten: Oktober 1977, Ulmer Raum, genauer Fundort nicht mehr nachvollziehbar, det. Kri.; Dietl & Krieglsteiner (1989), am Oberen Eselsberg in Ulm;

Galerina cf. **luteofulva** P. D. Orton
Notizen zu einem Fund vom 30.10.93:
Hut –12 mm breit, konvex bis flach konvex, ohne abgesetzten Buckel, honigfarben, honigocker bis ockerbräunlich, gegen den Rand etwas heller, Mitte ca. Cailleux P60-N60, 2/3 durchscheinend gerieft, hygrophan, ausgeblasst hell ockerlich, von der Mitte her ausblassend, ganz junge und intakte Hüte am Rand mit winzigen, weißlichen Velumreste (appendikuliert)
Lamellen normal weit bis etwas entfernt, bauchig, –2 mm breit, am Stiel ausgebuchtet und mit winzigen Zähnchen angewachsen, hellbeige bis hell zimtfarben, mit hellerer Schneide
Stiel –50 mm lang, in der Mitte –2 mm dick, hell cremefarben, im unteren Drittel bis zur Basis dunkler, hell rostig bis bräunlich, im oberen Drittel, besonders an der Spitze deutlich weißlich bestäubt; Stiel silbrig glänzend, Basis fein weißfilzig
Sporen 8,9–11,2 x 5,2–5,6 (6) µm, schlank amygdaliform, vollkommen glatt, gelegentlich mit offenbar sehr kleinem Porus (Kallus); Wand etwas verdickt; Basidien 4-sporig.
Cheilozystiden lageniform bis utriform mit relativ kurzem Hals, Apex meistens leicht bis deutlich kopfig, 30–33,5 (50) x 7,5–8,5 (9) x 2–3 x 3,7–4,7 µm; oder blasig
Pleurozystiden nicht sicher nachgewiesen; große breit keulige Zellen gesehen, die jedoch vom Subhymenium stammen könnten
Caulozystiden an der Stielspitze ähnlich den Cheilozystiden
Funddaten: 30.10.93, Bayern, Pfuhl, auf der Rasenfläche des Bertha-von-Suttner-Gymnasiums, vor der Turnhalle, MTB 7527, leg. M. E.
Anmerkung: Ich habe diese Kollektion an den Holländer Dr. Eef Arnolds zur Bestimmung geschickt.Er konnte keinen klaren Namen dafür geben (Brief vom 17.12.99). Sein Kommentar war wie folgt: „Ich kann diese Kollektion nicht bestimmen. *G. luteofulva* (= *G. allospora*, siehe Arnolds 1982) steht ziemlich nahe, weicht jedoch ab durch normalerweise längere und schlankere Cheilozystiden, die Präsenz von kleinen Blasen nahe dem Sporenapex und durch anderes Habitat. *G. allospora* wächst typischerweise an armen, sauren Standorten.
(Im Computer unter Galerina.038)

Galerina marginata (Batsch) Kühner
Gift-Häubling, Nadelholz-Häubling
Foto siehe HEDLICH (1989).
Funddaten: 1937–40, Haas-Exk. am Eselsberg bei Ulm, MTB 7525, im Maien- und Klosterwald bei Ulm-Söflingen, MTB 7625, bei Herrlingen, MTB 7525, in der „Filde" bei Beimerstetten, MTB 7525, bei Blaubeuren, MTB 7524, bei Jungingen, MTB 7525; 23.10.76, Kri-Exk. in „Muna" bei Bühl und zwischen Uf + Lh, „Jungholz-Lechfeld", MTB 7527; 17.09.78, Kri-Exk. bei Westerstetten, MTB 7425; DIETL & KRIEGLSTEINER (1989), am Oberen Eselsberg in Ulm; Herbst 1998, Tobeltal, bei Beimerstetten, leg. W. H.
Weitere Funddaten erübrigen sich. Die Art ist sehr häufig und kommt sehr wahrscheinlich in allen MTB im Ulmer Raum vor.
Beschreibung eines Fundes vom 29.09.96
Hut –22 cm breit, Färbung ähnlich *G. marginata*, kräftig honigbräunlich, in der Mitte am dunkelsten, hygrophan, von der Mitte her ausblassend, bald 2-farbig ähnlich *K. mutabilis*, zum Schluß hell ockerlich, in der Mitte hell ockergelblich; feuchte Oberfläche speckig glänzend, Hutrand etwas über den Lamellenansatz hinausstehend und ca. ¼–⅓ durchscheinend gerieft
Lamellen normal weit, am Stiel ausgebuchtet und mit Zähnchen angewachsen, schwach bis deutlich bauchig, –4 mm breit, zimtbräunlich mit hellerer Schneide
Stiel –25 mm lang, in der Mitte –3 mm dick, ähnlich dem Hut gefärbt, gegen die Basis zunehmend dunkler, bis schwarzbräunlich, *ohne* Ring, mit schwacher Velumabrißzone, nach unten teilweise mit anliegenden, schwachen Fasern oder undeutlich genattert
Geruch schwach, zerdrückt pilzartig banal, *nicht* mehlig
Cheilozystiden –82 µm lang, an der Basis –12 µm breit, vorwiegend lageniform, meist mit längerem Hals
Sporen ca. 8–9,8 x 4,8–6 µm, ovoid, selten ellipsoid, deutlich rau mit gut sichtbarem, glattem Plage, warm orang-ebraun; Basidien 4-sporig
Pleurozystiden zerstreut vorhanden, lageniform
Pileipellis eine trockene Kutis aus enkrustierten, 3–5 µm breiten Hyphen
Funddaten: 29.09.96, Bayern, bei Welden (nördlich von Augsburg), auf moosigem Fichtenstumpf, leg. M. E., det. E. Arnolds (Holland); Diapositiv in Diathek M. Enderle
Anmerkungen: Diesen Fund sandte ich an Dr. Eef Arnolds (Holland) zur Bestimmung. Sein Kommentar war wie folgt: „Unter der Stereolupe ist bei den meisten Fruchtkörpern kein deutliches Velum erkennbar, aber bei 2 Stielen ist ein deutlicher, häutiger, brauner Ring zu sehen. Dieses Merkmal, zusammen mit dem büscheligen Wachstum auf Holz, sprechen für *G. marginata* und gegen *G. cedretorum*."
Beschreibung eines Fundes vom 26.10.97:
Stiel mit sehr flüchtigem Ring. Fleisch zerdrückt mehl-/gurkenartig riechend.
Huthauthyphen durchschnittlich 4–10 µm dick
Huthaut sehr schlecht und nur fetzenartig im Randbereich abziehbar
Sporen ca. 8,9–11 x 5,4–5,8 µm, ovoid bis mandelförmig (amygdaliform), in KOH deutlich rau, ohne ablösendes Perispor, mit glattem Plage.
Cheilozystiden lageniform mit langem schlankem Hals, ca. 45–56 x 9,5–11 (14) µm, Hals 2,8–3,7 µm dick, dünnwandig
Pleurozystiden ähnlich, selten
Pileipellis aus schlanken, gelbbräunlichen, +/- inkrustierten, nicht gelatinösen Hyphen bestehend
Funddaten: 26.10.97, Bayern, bei Limbach, Krs. Gz, MTB 7528, leg. M. E., Diapositiv in Diathek M. Enderle, conf. E. Arnolds, Holland; siehe Brief vom 17.12.99 mit entsprechenden Anmerkungen.
Anmerkung: Diesen Fund sandte ich Herrn Dr. Eef Arnolds (Holland) zur Nachuntersuchung zu. Er erkannte in ihr eine typische *G. marginata*.
Beschreibung eines fraglichen Fundes:
Huthaut in Fetzen abziehbar; junge Fruchtkörper mit schwachem Stielring; Geruch: Fleisch zerdrückt pilzartig, vielleicht ganz schwach nach Mehl?
Sporen ca. 8,9–10,6 x 4,9–5,0 µm, in KOH bräunlich, deutlich rau, Exospor gelegentlich lose geknittert, mit glattem Plage.
Cheilozystiden teilweise ganz leicht kopfig
Huthaut bei Nachuntersuchung nicht vollständig wiederauflebend; deshalb ist nach Dr. Arnolds eine Interpretation schwierig. Oberflächliche Hyphen schmal, zylindrisch, 2–5 µm breit, glatt oder sehr schwach inkrustiert, blass gelb, ziemlich kompakt und nicht eindeutig gelatinös.
Funddaten: 01.11.96, im Donau-Auwald bei Lh-Riedheim, auf Holzlagerplatz mit ehemaligem Fichtensturmholz, MTB 7527, leg. M. E., Diapositiv in Diathek M. Enderle.
Anmerkungen: Ich sandte diesen leider nur oberflächlich untersuchten Fund an den holländischen *Galerina*-Kenner Dr. Eef Arnolds (Beilen/Holland). Seine Untersuchungen brachten kein klares Ergebnis. Er merkte folgendes an: „Ich kann diese Aufsammlung nicht eindeutig bestimmen. Die schmalen, fast hyalinen Hyphen der Pileipellis und die teilweise ansehnliche Huthaut (‚pellicle') sprechen eher für *Galerina autumnalis*. Das Nichtvorhandensein von gelatinösen Hyphen unter dem Mikroskop und das Wachstum auf Nadelholzdebris (wirklich?) sprechen eher für *Galerina marginata*. Am besten wäre es, wenn man die Pileipellis (Huthaut) an frischen Exemplaren nochmals studieren könnte. Dann würde man

die schmierige Ixocutis von *Galerina autumnalis* eindeutig sehen."
(Im Computer unter Galerina marginata-autumnalis)

Galerina paludosa (Fr.) Kühner
Weißflockiggesäumter Häubling
Funddaten: 1974–83, leg. A. K. in MTB 7426 und 7525/4.

Galerina sideroides (Fr.) Kühner
Glimmerstieliger Häubling
Notizen zu einem Fund vom 16.10.94:
Hut –35 (45) mm breit, konvex, meist mit leichtem bis deutlichem Buckel, kräftig honigbraun, am Rand etwas heller, in der Mitte ca. Cailleux N60 – P60, hygrophan, von der Mitte her hell ausblassend (dann ähnlich Kühneromyces mutabilis), Rand jung meist mit weißlichen Velumresten
Lamellen normal weit bis etwas gedrängt, schmal, –3(4) mm breit, zimtbraun mit deutlich heller Schneide
Stiel –100 mm lang, in der Mitte –4 mm dick, jung hell cremeweißlich, alt bräunend, etwas „weißscheckig", Basis erweitert, weißfilzig; wenige junge Stiel mit Velumabrißzone, ohne Ring
Geruch unauffällig, zerdrückt pilzartig, krautig, nur entfernt an Mehl anklingend
Sporen glatt, ca. 8–8,5 x 4,7–5,1 µm, ellipsoid
Cheilozystiden ca. 30–40 x 6–9 µm, lageniform mit leicht bis deutlich kopfiger Spitze, teilweise dickwandig
Funddaten: 16.10.94, Bayern, Bubesheimer Wald bei Echlishausen, bei Fichtenholzresten, MTB 7527/I; leg. M. E.; Diapositiv in Diathek Enderle; (im Computer unter Galerina.001)
Weitere Funddaten: DIETL & KRIEGLSTEINER(1989), am Oberen Eselsberg in Ulm;
Anmerkungen: Bei der Bestimmung des Fundes vom 16.10.94 bestand Unsicherheit, ob es sich nicht um *Galerina camerina* handelt.

Galerina sideroides var. stylifera (Atk.)
Krieglsteiner – Weißgenatterter Häubling
Fundbeschreibung siehe ENDERLE (1994 e).
Funddaten: 01.11.82, zwischen Uf und Lh, MTB 7527, bei der Bundesstr. 10 am Waldrand unter Reisig und Ästen, leg. M. E.; 16.10.94, Bubcshcimcr Wald bei Echlishausen, MTB 7527, bei Fichtenholzresten, leg. M. E., det. E. Horak (Zürich); Beleg in (M);

Galerina triscopa (Fr.) Kühner
Verzweigter Häubling
Fundbeschreibung siehe ENDERLE (1987 d).
Weitere Funddaten: Beleg in (M); 18.10.95, Wald „Hörnle" bei Grimmelfingen, auf Holzspanresten, MTB 7625, leg. M. E., Beleg in (M); DIETL & KRIEGLSTEINER(1989), am Oberen Eselsberg in Ulm; Funddaten von L. K. (pers. Aufzeichn.): 15.09.90, westlich Wennenden, an Fichtenholz, MTB 7727/1, leg. L. K.

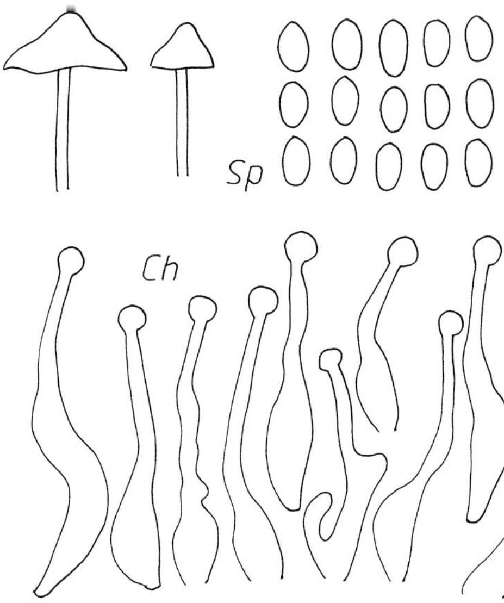

Galerina sideroides var. *stylifera*

Galerina unicolor (Fr.) Singer
Klebriger Gras-Häubling
Funddaten: 19.10.80, Haas-Exk. in MTB 7524 (Fund nicht mikroskopiert)

Galerina vittiformis (Fr.) Singer
Variabler Moos-Häubling
Funddaten von L. K. (pers. Aufzeichn.): 15.06.90, NSG Arnegger Ried, im Moos und Morast eines Weidenbruches, MTB 7525/3, leg. L. K.

Gymnopilus bellulus (Peck) Murrill
Hübscher Flämmling
Notizen zu einem Fund vom 17.09.92:
Hut –14 mm breit, gelblich-rostfarben, feinfilzig, nicht gerieft
Lamellen zimtgelblich, mit hellerer Schneide, –3 mm breit
Stiel –20 mm lang, Basis zwiebelig-knollig, –5 mm dick, gelblich-rostfarben wie Hut
Sporen ca. 5,8–4 µm, breit ellipsoid mit einer abgeflachten Seite, u. M. ockerbraun, fein warzig
Cheilozystiden schlank lageniform mit langem Hals und kopfiger Spitze
Fleisch im Quetschpräparat mit Ammoniaklösung läuft eine gelbe Farbe weg
Funddaten: 17.09.92, Baden-Württemberg, Ulm-Donautal, von Wieland-Werke Richtung „Spinnen-

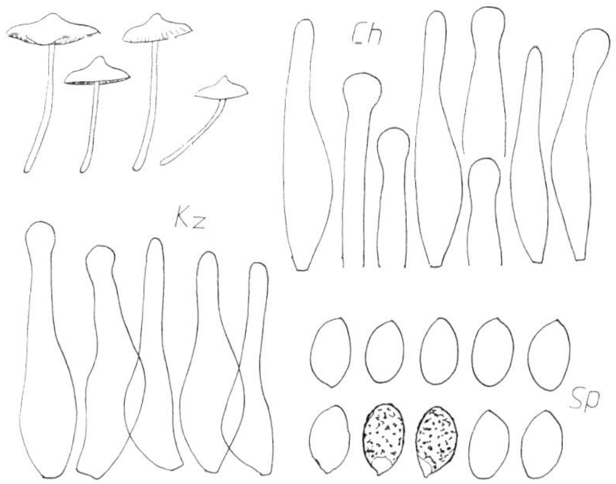

Galerina triscopa

wald", unter *Salix ssp.* auf Erde, leg. M. E., det. M. Bon (Frankreich).
(Im Computer gespeichert unter Gymnopil.us)
Habituszeichnung und Mikrozeichnung der Sporen und Cheilozystiden liegt vor.

Gymnopilus cf. **croceoluteus** Hesler
Krokusgelber Häubling
Fundbeschreibung siehe ENDERLE (1992 a).

Gymnopilus flavus (Bres.) Singer
Gras-Flämmling
Rote-Liste-Art: gefährdet
Fundbeschreibung siehe ILG & ENDERLE (1992), Beleg in (M).

Gymnopilus penetrans (Fr.: Fr.) Murrill
Geflecktblättriger Flämmling
Funddaten: 1973–1940, Haas-Exk. bei Blaubeuren, MTB 7524; 01.10.90, nördlich von Riedheim, MTB 7527/1, im NSG Leipheimer Moos, an moosigem Laubholzstumpf, Beleg in (M).
Weitere Funddaten erübrigen sich. Die Art ist sehr häufig und kommt sehr wahrscheinlich in allen MTB im Ulmer Raum vor.

Gymnopilus picreus (Pers.: Fr.) Karsten
Dunkelstieliger Flämmling
Rote-Liste-Art: latent gefährdet
Funddaten: vor 1894, Veesenmeyer in der Friedrichsau bei Ulm; 26.06.84, zwischen Lh und Uf, bei der Silberfuchsfarm, büschelig auf einem Fichtenstumpf, MTB 7527, leg. M. E. (Bestimmung unsicher), Beleg im Fungarium Kri.

Gymnopilus sapineus (Fr.) R. Maire
Tannen-Flämmling
Funddaten: 1974–83, leg. A. K. im MTB 7426, 7525; Funddaten von L. K. (pers. Aufzeichn.): 1989, leg. A. B. bei Reutti, det. L. K.; 05.08.91, Illerrieden/Bellenberg, MTB 7726/1, leg. „Hg" (?), det. L. K.

Gymnopilus junonius (Fr.) Orton
Beringter Flämmling
Syn.: *G. spectabilis*
Funddaten: 05.10.85, bei Gerstetten, an Birnbaum, leg. Karl Neff (Oberkochen), det. M. E.

Gattung Hebeloma

Die Gattung *Hebeloma* ist in Deutschland sehr schlecht bearbeitet. Ich habe deshalb von einigen Taxa mehrere Fundbeschreibungen aufgenommen, um die Variabilität einer Sippe darzustellen und um den deutschen Nachholbedarf an *Hebeloma*-Beschreibungen etwas wettzumachen. Sämtliche kritischen Funde wurden vom europäischen *Hebeloma*-Spezialisten Jan Vesterholt (Dänemark) untersucht bzw. nachuntersucht.

Hebeloma album Peck – Weißer Fälbling
Fundbeschreibung siehe ENDERLE (1987 c).
Erstfund für Deutschland!

Hebeloma birrus Fr. – Spindelfüßiger Fälbling
Funddaten: 03.10.01, Unterweiler, angeblich Nadelwald, MTB 7725, leg. K. K. (zur Pilzberatung gebracht).

Hebeloma circinans (Quélet) Sacc.
Elfenring-Fälbling
16.09.2000, bei Altheim/Alb, während Exkursion der AMU mit dem Münchner Pilzverein, det. E. G.

Hebeloma collariatum Bruchet
Fastbüscheliger Fälbling
Rote-Liste-Art: stark gefährdet!
Notizen zu einem Fund vom 8.10.90:
Sehr kleine *Hebeloma* mit bräunlicher Hutmitte, gegen den Hutrand deutlich hellere, hell ockerlich, trocken (Wetter sehr trocken), mit sehr schwachen Velumflusen am Hutrand oder Stiel.
Lamellen schmal bis deutlich bauchig, hell bräunlich, 2–5 mm breit
Stiel –40 mm lang, in der Mitte –2,5 mm dick
Geruch rettichartig
Sporen ca. 11,5–13 x 6,6–7,4 µm, fein warzig, Basidien 4-sporig
Cheilozystiden fädig-zylindrisch bzw. keulig, *nicht* kopfig, ca. 45–65 x 6,5 µm
Funddaten: 08.10.90, Baden-Württemberg, Ulm-Donautal, auf Lichternsee-Halbinsel, unter *Salix ssp.*, leg. M. E., det. J. Vesterholt (Kopenhagen/Dänemark).
(Im Computer unter Hebeloma.005)

Hebeloma crustiliniforme, Hexenring

Hebeloma crustuliniforme (Bull.: Fr.) Quélet
Tonblasser Fälbling
Foto siehe ENDERLE (1995 d).
Notizen zu einem Fund vom 25.09.90:
Hut –50 mm breit, konvex, sehr blass, hellockerlich, gegen den Rand hell cremefarben, schmierig
Lamellen stark tränend
Stiel –6 mm dick, in der oberen Hälfte stark flockig-genattert
Geruch kakao-rettichartig
Sporen ca. 13–14 x 7,3–7,6 µm, warzig
Cheilozystiden fädig-keulig, Apex ca. 10 µm dick
Funddaten: 25.09.90, Baden-Württemberg, MTB 7527, nördlich Riedheim, im Ried, unter *Betula pendula* im Gras, leg. M. E., det. J. Vesterholt (Kopenhagen/Dänemark)
Weiterer Fund vom 27.09.94:
Hut –85 mm breit, jung halbkugelig-konvex, alt flach konvex, ohne oder mit flachem Buckel, Rand jung eingerollt, auffallend hell gefärbt, in der Mitte hell cremeweißlich, ca. Cailleux L87, K89, L77, nach außen zunehmend heller, hell elfenbein- oder cremeweißlich, ca. Cailleux K71 oder heller, feucht leicht schmierig, Rand nicht gekerbt
Lamellen etwas gedrängt, am Stiel ausgebuchtet und mit Zähnchen angewachsen, –7 mm breit, jung hell grau-beige, alt dunkler, schmutzig hellbeige-bräunlich, Schneiden heller und gekerbt; Lamellenflächen mit deutlichen, kleinen, dunkelbraunen Pünktchen = tränend
Stiel –70 mm lang, in der Mitte –11 mm dick, zylindrisch, Basis schwach knollig, hell cremeweißlich
Sporen 11–12,6 x 6,5–7,7 µm, rau, mandel- bis zitronenförmig
Cheilozystiden 60–80 x 10–13 µm, keulig
Funddaten: 27.09.94, Baden-Württemberg, Ulm-Donautal, auf dem Gelände der Wieland-Werke AG, rechts vor dem Sanitätsraum, unter *Tilia*, leg. M. E.; Diapositiv in (Diathek Enderle; im Computer unter Hebeloma.cru)

Weiterer Fund vom 06.10.94:
Hut –70 mm breit, typisch hell, Mitte hell lederfarben, gegen Rand hell cremeweißlich, Rand oft gekerbt, feucht etwas schmierig
Lamellen deutlich tränend, das heißt dunkelbraun punktiert
Stiel oben fein bepudert oder flockig; an der Basis knollig
Geruch rettichartig
Sporen ca. 12–13 x 6,5–6,8 µm, mandelförmig
Cheilozystiden 50–80 x 7–9 µm, schmal keulig
Funddaten: 06.10.94, Bayern, in Gz, auf dem Rasen vor dem Dossenberger-Gymnasium (links vor dem Gymnasium), unter *Betula pendula*, MTB 7527, leg. M. E., det. J. Vesterholt (Kopenhagen/Dänemark);

Diapositiv im Herbar Enderle; im Computer unter Hebeloma.039
Weitere Funddaten: 1937–40, Haas-Exk. am Eselsberg bei Ulm, MTB 7525, im Maien- und Klosterwald, MTB 7625, bei Herrlingen, MTB 7525, „Filde“ bei Beimerstetten, MTB 7525, bei Blaubeuren, MTB 7524, bei Jungingen, MTB 7525; 09.10.76 und 15.10.77, Stangl-Exk. in der „Muna“ bei Bühl, MTB 7526; 07.10.78, Stangl-Exk. im Wald „Lechfeld“ zwischen Uf + Lh, MTB 7527; DIETL & KRIEGLSTEINER (1989), am Oberen Eselsberg in Ulm; 22.09.96, bei Limbach, am Stubenweiher, MTB 7527, vor dem Ausflugslokal im Gras bei einem Strauch, leg. M. E.

Hebeloma cf. crustiliniforme var. tiliae
Bresinsky
Notizen zu einem Fund vom 14.09.93:
Hut –80 mm breit, in der Mitte hell ocker-bräunlich, semmelfarben, hell lederfarben, gegen den Rand hell creme bis hell cremeweißlich, ein feuchter Hut schmierig; Hutrand jung eingerollt, teilweise fein gekerbt
Lamellen etwas gedrängt, schwach bauchig oder relativ gerade zum Stiel laufend, am Stiel ausgebuchtet angewachsen, Farbe typisch *Hebeloma*-artig, schmutzig kartonfarben, mit leichtem Graustich, „tränend“, d. h. einzelne Schneiden mit dunklen Punkten (von eingetrockneten Tröpfchen)
Stiel –60 mm lang, in der Mitte –12 mm dick, zylindrisch mit verdickter Basis, Farbe wie am Hutrand, hell cremeweißlich, an Druckstellen dunkler, vor allem im oberen Drittel auffallend weißlich schuppig-flockig
Geruch schwach rettichartig, im Anschnitt stärker
Geschmack pilzartig, an Rettich anklingend, vielleicht minimal bitter
Sporen –13,2 µm lang, –6,6 µm breit, länglich ellipsoid bzw. gequetscht zitronenförmig
Cheilozystiden 60–100 x 9–13 µm, vorwiegend schlank keulig, d. h. fädig mit angeschwollener Spitze, teilweise auch utriform
Funddaten: 14.09.93, Baden-Württemberg, Ulm-Donautal, auf dem Gelände der Wieland-Werke AG (vor dem Sanitätsraum rechts), unter *Tilia ssp.* und wilder Birne (? *Pyrus*), leg. M. E.
Anmerkungen: Im Verbreitungsatlas bei KRIEGLSTEINER (1991) wird die oben genannte var. *tiliae* genannt. In meiner Diathek existiert ein gutes Dia davon.

Hebeloma eburneum Malencon
Elfenbeinweißer Fälbling
Notizen zu einem Fund vom 29.09.96:
Hut –75 mm breit, flach konvex bis flach aufschirmend und Ränder nach oben geschlagen, ohne oder mit kleinem, zentralem Buckel, feucht deutlich schmierig, hell semmelfarben, gegen den Rand heller, bis cremeweißlich, Rand teilweise fein gekerbt
Lamellen (etwas) gedrängt, am Stiel etwas ausgebuchtet, jedoch +/- breit angewachsen, jung schmutzig hell creme-beige, alt hell und schmutzig beigebräunlich mit +/- gleichfarbenen Schneide, Lamellen –10 mm breit
Stiel –80 mm lang, in der Mitte –10 mm, zylindrisch, an der Basis kaum verdickt, cremeweißlich, an der Spitze fein weißlich bestäubt, nach unten fast kahl oder mit leichter Aufrauung
Geruch leicht rettichartig mit Anklang an Kakao
Sporen ca. 11–12 x 6,4–6,8 µm
Cheilozystiden fädig-keulig, ca. 50–65 x 8–8,5 µm
Funddaten: 29.09.96, Bayern, bei Welden (nördlich von Augsburg), auf einem Fichtenwald-Weg mit *Larix decidua*, etc., im Gras, leg. M. E., det. Prof. Edmonod Grilli (Italien); (im Computer unter Hebeloma.033)
Anmerkung: Diese Art wurde zwar nicht im Ulmer Raum gefunden, könnte hier jedoch in ähnlichen Biotopen zu erwarten sein; deshalb wurde sie hier mit aufgenommen.

Hebeloma fastibile (Pers.: Fr.) Kummer ss. Lange, Bruchet – Büscheliger Fälbling
Rote-Liste-Art: latent gefährdet
Funddaten: vor 1894, leg. Veesenmeyer, Ulm, vor dem neuen Thor im Jahr 1868 einmal gefunden; 1937–40, Haas-Exk. am Eselsberg bei Ulm, MTB 7525;
Der in (M) deponierte Fund vom 16.06.80, Fichtenwald bei „Imbau“ Uf, ist wahrscheinlich *Agrocybe praecox*!

Hebeloma favrei Romagn. & Quad.
Favres Fälbling
Fundbeschreibung siehe KRIEGLSTEINER & ENDERLE (1986).

Hebeloma fragilipes Romagnesi
Bruchstiel-Fälbling
Notizen zu einem Fund vom 01.10.90:
Hut –50 mm breit, konvex, sehr blass, weißlich mit blass ockerlicher Mitte, Hutoberfläche sehr stark schmierig-klebrig
Lamellen gedrängt, –6 mm breit, blass cremefarben bis hell bräunlich, mit heller Schneide
Stiel –55 mm lang, in der Mitte –5 mm dick, weißlich, zur Spitze etwas verjüngt
Fleisch weiß, im Anschnitt rettichartig mit Kakao-Komponente
Sporen ca. 10,5–11,7 x 7–7,6 µm, fein warzig
Cheilozystiden E. G. 49 x 6,3 µm, zylindrisch mit keuliger (nicht kopfiger) Spitze

Funddaten: 01.10.90, Bayern, MTB 7527, nördlich Riedheim, im Naturschutzgebiet (Niedermoor) unter *Salix ssp.* und *Betula pendula*; leg. M. E., det. J. Vesterholt (Kopenhagen/Dänemark); (im Computer unter Hebeloma.007)
Weiterer Fund vom 16.09.94:
Hut –50 mm breit, konvex bis flach konvex bis plan, ohne abgesetzten Buckel, sehr hell gefärbt, hell cremeocker, ca. Cailleux K75, K77 bis K71, gegen den Rand etwas heller, bis hell cremeweißlich, Rand jung eingeschlagen, gelegentlich fein gekerbt; Hutoberfläche feucht schleimig
Lamellen etwas gedrängt, am Stiel ausgebuchtet, schwach bauchig, –5 mm breit, hellbeige-bräunlich, alt hellbraun, Schneiden heller, 1 Ex. mit zahlreichen braunen Pünktchen an den Lamellenflächen („tränend"?), alle anderen Ex. ohne diese Pünktchen
Stiel –60 mm lang, in der Mitte –6 mm dick, zylindrisch, gegen die Basis etwas erweitert bzw. leicht knollig; hell cremeweißlich, an der Spitze deutlich weißlich flockig-puderig
Geruch rettichartig
Sporen 10,7–12,6 x 6,3–6,7 µm, fein warzig, zitronen- bis mandelförmig; Basidien 4-sporig, z. B. 30 x 8,5 µm, median eingeschnürt
Cheilozystiden 35–60 x 6–8 µm, flaschenförmig, zur Spitze hin zunehmend erweitert
Funddaten: 16.09.94, Baden-Württemberg, MTB 7527/I, im NSG nordöstlich von Riedheim, unter *Betula pendula*, leg. M. E. det. J. Vesterholt (Kopenhagen/Dänemark); Diapositiv in Diathek Enderle; (im Computer unter Hebeloma.046)
Weiterer Fund vom 17.09.94:
Hut –85 mm breit, flach konvex, meist ohne abgesetzten Buckel, 1 Hut mit stumpfem Buckel, alte Hüte nach oben aufschirmend, Rand teilweise deutlich gekerbt, relativ hell gefärbt, gegen die Mitte hell cremeocker, ca. Cailleux K79, K75, zum Rand hin heller, bis cremeweißlich, schmierig
Lamellen gedrängt, schmal bis schwach bauchig, am Stiel leicht ausgebuchtet, –8 mm breit, schmutzig hellbeige bis schmutzig beige-bräunlich, Schneiden heller
Stiel –80 mm lang, in der Mitte –9 mm dick, hohl, zylindrisch, hell, alt hellbeige-bräunlich, Spitze und Basis meist leicht erweitert, im oberen Drittel deutlich weißlich flockig-bestäubt, Basis erweitert bis leicht knollig
Geruch deutlich rettichartig
Sporen 10,7–12,4 x 5,8–7,1 µm, mandelförmig bis limoniform; Basidien 4-sporig, z. B. 31 x 9 µm
Cheilozystiden 40–50 x 6–7 µm, schmal keulig oder schlank flaschenfömig, meist mit erweiterter Spitze
Funddaten: 17.09.94, Bayern, Limbach (bei Gz), in Fichtenwald, am Wegrand unter *Populus spec.*, im Gras, MTB 7528, leg. M. E., det. J. Vesterholt (Kopenhagen/Dänemark); (im Computer unter Hebeloma.040)

Hebeloma fragilipes

Hebeloma cf. *fragilipes*

Hebeloma cf. **fragilipes** Romagn.
(= *Hebeloma flocculipes* Vesterholt ad int.)
Hut –50 mm breit, konvex mit flachem Buckel, Mitte blass lederfarben, hell ocker-bräunlich, zum Rand heller, Rand junger Exemplare cremeweißlich, alte Hüte dunkler; angefeuchtet deutlich schmierig
Lamellen gedrängt, schwach bis deutlich bauchig, –7 mm breit, am Stiel ausgebuchtet angewachsen, bei einigen Fruchtkörpern deutlich trändend, Schneide heller, weißlich
Stiel –60 mm lang, in der Mitte –8 mm dick, oben deutlich anliegend flusig, zerrissen wie bei *Amanita crocea*, nach unten verkahlend, Basis schwach knollig, beim Pflücken leicht abbrechend
Sporen ca. 11–13 x 5,8–6,6 µm, warzig
Cheilozystiden fädig-keulig, z. B. 64 x 8 µm
Funddaten: 22.09.93, Baden-Württemberg, Ulm-Donautal, südlich Wieland-Werke, auf Ödland vor dem „Spinnenwald" unter *Salix ssp.* im Moos und Gras, leg. M. E., det. J. Vesterholt (Kopenhagen/Dänemark); Diapositiv in Diathek Enderle
Weiterer Fund vom 24.09.94 (*H. flocculipes* Vesterholt ad.int.)
Hut –55 mm breit, stumpf glockig, konvex bis flach konvex, ohne abgesetzten Buckel, Rand an einigen Fruchtkörpern deutlich gekerbt, jung eingerollt; cremefarben, hell creme bis blass isabell- oder hell lederfarben, meist am Rand heller, cremeweißlich, Hutmitte ca. Cailleux L69, K70, Rand K75, K71 oder heller
Lamellen etwas gedrängt, am Stiel ausgebuchtet und mit Zähnchen angewachsen, schwach bauchig, –5 mm breit, jung hell grau-beige, alt etwas dunkler, schmutzig hellbeige-bräunlich, ca. Cailleux M70, M71, Schneiden heller, ohne Tränen oder braune Pünktchen
Stiel –60 mm lang, in der Mitte –9 mm dick, hell, cremeweißlich, alt etwas dunkler, gegen die Spitze und Basis meist etwas erweitert, an Spitze fein weißlich, anliegend genattert oder flockig, Basis erweitert und weißfilzig
Geruch rettichartig
Sporen 10,8–12,4 x 5,8–6,8 µm, rau, mandelförmig
Cheilozystiden ca. 50–60 x 7–12,5 µm (an der Spitze), fädig mit deutlich erweitertem bis großkopfiger Spitze, Basis meist etwas erweitert
Funddaten: 24.09.94, Baden-Württemberg, NSG nordöstlich von Riedheim, MTB 7527/I, mooriges Gebiet unter *Salix ssp.* und *Betula pendula*, Exkursion mit Terence Palmer (England), leg. M. E., det. J. Vesterholt (Kopenhagen/Dänemark);
(im Computer unter Hebeloma.050)

Hebeloma cf. **helodes** Favre – Sumpf-Fälbling
Rote-Liste-Art: stark gefährdet!
Notizen zu einem Fund vom 29.09.95:
Hut –30 mm breit, stumpf konisch-konvex, konvex, ohne oder mit kleinem, flachem Buckel, Hutrand an wenigen Exemplaren leicht gekerbt und jung geringfügig eingeschlagen, in der Hutmitte „isabellfarben", blass ocker-bräunlich, ca. Caillieux L69 oder K91, nach außen meist abrupt heller, cremeweißlich, bei Feuchtigkeit offenbar etwas schmierig-klebrig, da vielen Hüten Gras- und Laubfragmente anhaften; vermutlich nicht hygrophan
Lamellen normal weit bis etwas gedrängt, am Stiel ausgebuchtet und mit kleinem Zähnchen angewachsen, schmal bis leicht bauchig, bis 4 mm breit, schmutzig hellbeige bis beige-bräunlich, alt hell braun, Schneiden hell, unter der Lupe ganz fein schartig; alte Lamellen teilweise mit kleinen, bräunlichen Flecken
Stiel –60 mm lang, in der Mitte –3,5 mm dick, gegen Spitze und Basis geringfügig erweitert, blass, vor allem junge Frk. gegen die Spitze deutlich anliegend weißlich flußig-faserig, Basis weißfilzig
Geruch schwach rettichartig
Sporen durchschnittl. ca. 10,8 x 5,6 µm, länglich ellipsoid bis mandelförmig, fein warzig, sehr hell, gelblich in Ammoniaklösung, Basidien 4-sporig
Cheilozystiden ca. 40–60 x 10–12 µm, keulig, vergleichsweise nicht sehr langstielig, jedoch „großkopfig"
Funddaten: 29.09.95, Bayern (ca. 10 m vor der baden-württembergischen Landesgrenze), NSG Langenauer Ried, am Grenzgraben, unter *Salix cinerea* und *Salix ssp.*, MTB 7527/1, Riedlandschaft, auf schwarzer Erde, leg. M. E.; gutes Foto in Diathek Enderle; (im Computer unter Hebeloma.053)
Anmerkungen: Die Abbildung bei Gröger (1991 – Der Sumpffälbling, *Hebeloma helodes* Favre. Myk. Mitt. bl. 34 (1): 6–12) paßt sehr gut zu meinem Pilz. Bereits bei der Beschreibung fiel mir diese Abbildung ein. Allerding sah ich bei meinen Pilzen keine „Tränen", allenfalls einige kleine, bräunliche Punkte (Lupe).

Hebeloma leucosarx P. D. Orton

Großer Weiden-Fälbling
Rote-Liste-Art: gefährdet
Notizen zu einem Fund vom 24.09.94:
Hut –60 mm breit, jung stumpf glockig, alt flach konvex, ohne abgesetzten Buckel, bei trockenem Wetter trocken, angefeuchtet schmierig, in der Mitte semmelbräunlich, ca. Cailleux L57, L67, M67, nach außen heller, bei meist jüngeren Exemplaren gegen den Rand abrupt heller, hell cremebeig, Rand nicht gekerbt

Hebeloma cf. *helodes*

Hebeloma leucosarx

Lamellen +/- gedrängt, am Stiel ausgebuchtet und mit kleinem Zähnchen angewachsen, schwach bauchig, –5 mm breit, hell grau-beige, beige-bräunlich, alt schmutzig hell braun, ganz jung mit heller, fein schartiger Schneide, alt mit heller Schneide, nicht tränend, jedoch viele Lamellen mit kleinen, dunkelbraunen Pünktchen
Stiel –60 mm lang, –8 mm dick, +/- gleichdick oder an der Spitze und/oder Basis verdickt, hell cremeweißlich, alt etwas dunkler; über die gesamte Länge fein flockig-rau, an der Spitze weißlich bepudert
Geruch rettichartig
Sporen ca. 11,7–12,4 x 6,7–7,2 µm, mandelförmig
Cheilozystiden 40–75 x 8–10 µm, schmal keulig
Funddaten: 24.09.94, Bayern, Donau-Auwald bei Riedheim, MTB 7527/1, beim Bundeswehr-Depot, auf Weg mit Kohleschlacke, *Betula pendula* in der Nähe, leg. M. E., det. J. Vesterholt (Kopenhagen/Dänemark); Diapositiv im Herbar Enderle;
Weitere Funddaten: 20.09.81, zwischen Goldbach und Jettingen, in Riedlandschaft, auf einer Wiese, bei Birke, leg. M. E., det. M. Bon (Frankreich)

Hebeloma longicaudum (Pers.: Fr.) Kummer ss. Lange – Langstieliger Fälbling

Funddaten: 1943–63, Haas-Exk. in „Filde" bei Beimerstetten, MTB 7525; 09.10.76, Stangl-Exk. in „Muna" bei Bühl, MTB 7526; 16.09.78, Bubesheimer Wald bei Echlishausen, MTB 7527, det. G. J. K.; 09.09.79, zwischen Uf + Lh, Wald „Lechfeld", unter Buchen, det. J. St.

Hebeloma mesophaeum (Pers.: Fr.) Quélet

Dunkelscheibiger Fälbling
Funddaten erübrigen sich. Die Art ist sehr häufig und kommt sehr wahrscheinlich in allen MTB im Ulmer Raum vor.

Hebeloma pallidoluctuosum Gröger & Zschieschang – Schwärzender Fälbling

Syn.: *Hebeloma latifolium* Gröger & Zschieschang nom. inval. *Hebeloma sacchariolens* var. *pallidoluctuosum* (Gröger & Zschieschang) Quadr.
Fundbeschreibung mit Foto s. Enderle (1999 c)
Hut –40 mm breit, konvex mit breitem, stumpfem Buckel, in der Mitte hell ocker-bräunlich, ca. Cailleux N65, semmelbraun, gegen den Rand heller, Cailleux M69, Rand minimal eingeschlagen, nicht gerieft, Oberfläche nicht filzig oder aufgebrochen, sondern fein schmierig
Lamellen normal weit, nur schwach bauchig, –6 mm breit, schmutzig hellbeige-bräunlich
Stiel –50 mm lang, in der Mitte –10 mm dick, an der Basis beim Pflücken sehr leicht abbrechend, Basis knollig erweitert, an der Spitze weißlich kleiig

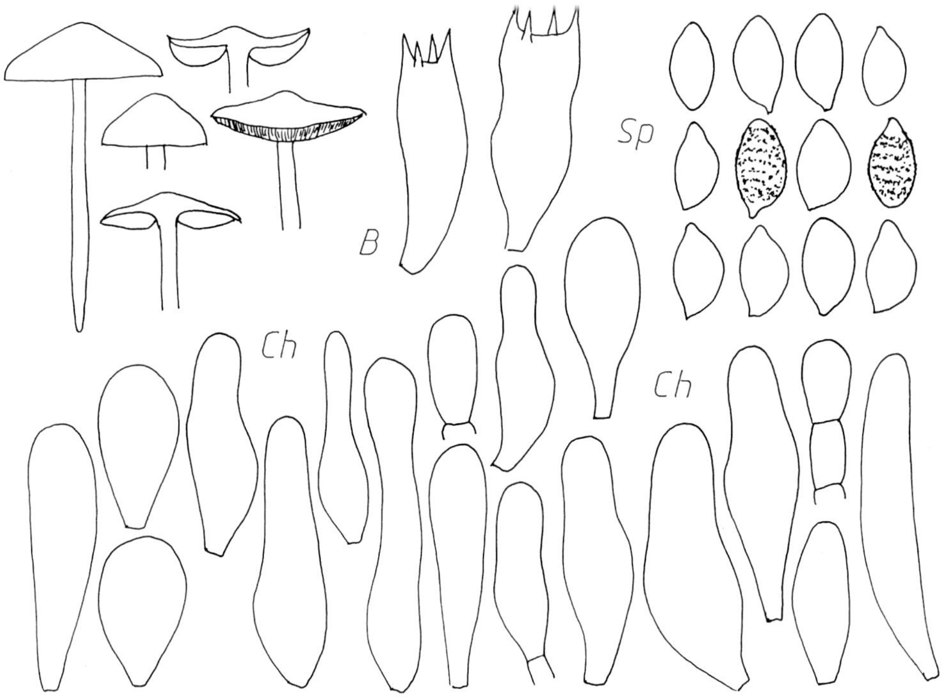

Hebeloma pallidoluctuosum

Sporen 12,4–16,5 x 7,5–10 µm, zitronenförmig, warzig; Basidien 4-sporig
Cheilozystiden –50 µm lang (meist 40 µm lang), 9–12 µm breit, keulig, breit keulig, utriform bis schlauchförmig mit erweiterter Spitze, Wände oft etwas verdickt
Funddaten: 05.10.93, Baden-Württemberg, Ulm-Donautal, am Nordufer des Lichternsees (Anglerplatz), unter *Salix ssp.* im Gras (10 m davon entfernt wächst die typische *Hebeloma tomentosum!*)
(im Computer unter Hebeloma.009)
Fund vom 16.09.90:
Hut Hutbedeckung geschlossen, blass ocker, in der Mitte hell semmelfarben, –30 mm breit, bei trockenem Wetter trocken
Lamellen stark bauchig, –7 mm breit, etwas gedrängt, hell kakaofarbig mit heller Schneide, ausgebuchtet mit breitem Zahn angeheftet
Stiel –60 mm lang, in der Mitte –4 mm dick, blass, alt hell bräunlich
Geruch süßlich wie H. sacchariolens
Sporen ca. 12,5–13,2 x 6,6–8 µm, ganz fein warzig
Cheilozystiden z. B. 41 x 16 µm, breit utriform oder blasig, sehr leicht kollabierend
Funddaten: 16.09.90, Baden-Württemberg, bei Nerenstetten, unter *Fagus silvatica*, leg. M. E., conf. J. Vesterholt (Kopenhagen/Dänemark);
(im Computer unter Hebeloma.030)
Fund vom 29.09.90:
Hut –40 mm breit, bei trockenem Wetter lederfarben, hell ocker-bräunlich, sehr blass haselnuß-bräunlich, gegen den Rand heller, nach Befeuchten schmierig, Hutform breit glockig, konvex bis flach konvex oder fast scheibenförmig mit Eintiefung um den Buckel, mit stumpfem Buckel, oft im äußeren Drittel etwas abgeknickt, schwach speckig glänzend, Rand bei einigen Fruchtkörpern leicht gekerbt-gezähnelt
Lamellen stark ausgebuchtet, normal weit bis etwas gedrängt, schwach bis stark bauchig (aber nicht so deutlich wie bei *H. latifolium*), –9 mm breit, jung sehr hell cremefarben mit minimalem Braunanflug, alt hell bräunlich, vor allem jung mit hellerer, etwas schartiger Schneide
Stiel –50 (60) mm lang, in der Mitte –6 (8) mm dick, weißlich bis hell cremefarben, gegen die Basis etwas dunkler, bis hell bräunlich, gerade bis etwas verbogen, gleichdick oder gegen die Basis schwach ausspitzend
Geruch „sacchariolens-artig"
Geschmack junger Fruchtkörper mild, schwach rettich-nußartig
Sporen ca. 13–15 x 7,4–8,2 µm
Cheilozystiden 25–45 x 10–15 µm, schlauchförmig, utriform bis breit keulig, sehr dünnwandig, viele kollabierend
Funddaten: 29.09.90, Baden-Württemberg, auf dem Waldfriedhof in Nürtingen, massenhaft unter *Quercus ssp.* und *Betula pendula*, leg. M. E., conf. J. Ves-

Hebeloma pallidoluctuosum

terholt (Kopenhagen/Dänemark); Diapositiv in Diathek Enderle; (im Computer unter Hebeloma.031)
Fund vom 12.10.91:
Hut –60 mm breit, hell ockerlich, in der Mitte etwas dunkler, feucht leicht schmierig
Lamellen jung schmal, alt stark bauchig, –10 mm breit
Stiel –70 mm lang, –5 (6) mm dick, weißlich
Sporen im Mittel ca. 12,4 x 7,2–7,4 µm, limoniform
Cheilozystiden durchschnittlich ca. 42 x 10 µm, schlauchförmig bis keulig, ohne kopfige Spitze
Funddaten: 12.10.91, Baden-Württemberg, Waldfriedhof Nürtingen, unter *Quercus* und *Fagus*; leg. M. E., det. J. Vesterholt (Kopenhagen/Dänemark); (im Computer unter Hebeloma.013)
Weitere Funddaten: 24.10.93, Baden-Württemberg, Kirchheim/Teck, auf dem Waldfriedhof, unter *Quercus ssp.* im Gras, ca. 20 m westlich des Grabes von Stefanie Schnarbach, leg. M. E., det. J. Vesterholt (Kopenhagen/Dänemark). Zahlreiche Funde im Ulmer Raum, leg. M. E.; Funddaten von L. K. (pers. Aufzeichn.): 24.09.88, Ermingen bei Fernmeldeturm, Laubwald auf Kalkuntergrund, am Wegrand, MTB 7525/3, leg. L. K. + G. D.; Herbst 1989, Spitalwald Ermingen, MTB 7625/1, leg. E. S., det. L. K.; Oktober 1989, „Schlag“ westlich Asch, MTB 7524/4, leg. E. S., det. L. K.; 24.09.90, Bayern, MTB 7527, Donau-Auwald gegenüber Café Wedelek, unter *Salix ssp.*, leg. M. E., det. J. Vesterholt (Kopenhagen/Dänemark); 03.10.90, Bayern, MTB 7527, nördlich von Riedheim, unter *Betula pendula* im Gras, leg. M. E., det. J. Vesterholt (Kopenhagen/Dänemark); mit Diapositiv; 07.10.90, Bayern, Bubesheimer Wald bei Echlishausen, unter *Fagus silvatica* und *Quercus ssp.*, auf kalkhaltigem Untergrund, leg. M. E., det. J. Vesterholt (Kopenhagen/Dänemark); 26.09.90, Baden-Württemberg, MTB 7527, nördlich Riedheim im Ried, 3. Waldstreifen links an der Nordseite bei *Betula pendula* im Gras, leg. M. E., det. J. Vesterholt (Kopenhagen/Dänemark; 30.09.91, Bayern, Riedheim, MTB 7527, nördlich Wald R1, im Gras bei *Salix spp.*, leg. M. E., det. J. Vesterholt (Kopenhagen/Dänemark); 03.10.91, Bayern, Bubesheimer Wald bei Echlishausen, am Wegrand bei Quercus ssp, und *Fagus silvatica*, leg. M. E., conf. J. Vesterholt (Kopenhagen/Dänemark); 11.10.93, Bayern, Riedheim, südlich des Waldes R1, bei *Populus ssp.*, *Salix ssp.* auf Wiese, leg. M. E., det. J. Vesterholt (Kopenhagen/Dänemark); weitere Funddaten erübrigen sich. Die Art ist häufig und kommt sehr wahrscheinlich in allen MTB im Ulmer Raum vor.

Hebeloma pseudoamarescens (Kühner & Romagn.) Kühner & M. Bon

Bitterlicher Brandstellen-Fälbling
Syn.: *Hebeloma funariophilum*, *Alnicola pseudoamarescens*
Rote-Liste-Art: latent gefährdet

Hebeloma pseudoamarescens

Fundbeschreibung mit Foto siehe ENDERLE (1986 a: 117).
Funddaten: 16.06.85, Auwald bei Gz, MTB 7527, auf einer Brandstelle, leg. M. E.;
KRIEGLSTEINER(1991) nennt in seinem Verbreitungsatlas Funde in den MTB 7424 und 7624. Nähere Fundangaben liegen mir nicht vor.

Hebeloma pumilum J. Lge. – Zwerg-Fälbling
Funddaten von L. K. (pers. Aufzeichn.): 02.07.84, in einer Fichtenschonung in MTB 7424/3, leg. det. Felix Glöckner.

Hebeloma pusillum Lge. ss. Favre 1948
Kleinster Fälbling
Rote-Liste-Art: gefährdet
Fundbeschreibung mit Foto siehe KRIEGLSTEINER & ENDERLE (1986).
Funddaten: 27.07.94, Donau-Auwald bei Uf, in kleinem Baggersee beim alten Sportplatz, am Teichrand im Moos, unter *Salix*, MTB 7526, leg. M. E.; 08.10.83, im NSG 2 km nördlich von Riedheim, unter *Salix cinerea,* leg. M. E., det M. Bon (Frankreich); dieser Fund wurde in Z. Mykol. publiziert; Beleg in (M); Funddaten: 28.10.84, am Schmiechener See, unter *Salix*, MTB 7624/1, leg. M. E.
01.10.90, Bayern, MTB 7527, nordöstlich Riedheim, im Naturschutzgebiet (Niedermoor), unter *Salix ssp,* leg. M. E., conf. J. Vesterholt (Kopenhagen/Dänemark).
09.09.94, im selben Biotop wiedergefunden; Beleg in (M).

Hebeloma radicosum (Bull.: Fr.) Ricken
Wurzelnder Marzipan-Fälbling
Notizen zu einem Fund vom 11.10.94:
Hut 90 mm breit, flach konvex mit flachem, stumpfem Buckel, semmelfarben, mit angedrückten, dunkleren Schuppen
Lamellen etwas gedrängt, schwach bauchig, –7 mm breit, zimtbraun mit heller Schneide, am Stiel leicht ausgebuchtet
Stiel 110 mm lang (bis zur Erdoberfläche), plus ca. 25 mm lange Wurzel; in der Stielmitte ca. 15 mm dick, zur Spitze leicht verdickt, zur Basis deutlich verdickt; Basis rübenartig mit Wurzel, Stiel im oberen Drittel mit bräunlichem Ring; Basis mit volvaartigem Überzug
Fleisch im Hut und Stiel weißlich
Geruch vor allem bei aufgeschnittenen Frk. marzipanartig
Sporen 9–11 x 5,4–6 µm, rau, limoniform; mit deutlichem Apikulus
Cheilozystiden 35–65 x 8–12 µm, flaschenförmig mit erweiterter bis kopfiger Spitze, selten keulig
Funddaten: 11.10.94, Bayern, bei Bellenberg, leg. J. I., det. M. E. (zum Pilztreffen mitgebracht); (im Computer unter Hebeloma.rad)
Weitere Funddaten: 1943–63, Haas-Exk. bei Altheim, MTB 7625, bei Beimerstetten, MTB 7525, bei Pap-

pelau, MTB 7624; 01.10.79, Bubesheimer Wald bei Bühl, in Buchen-/Eichenparzelle, leg. M. E., MTB 7527; bei Pilzausstellung in Ulm am 01./02.10.88; von E. R. (Erbach-Ringingen) 1979 aus den MTB 7624/2,3 und 7625/3 gemeldet. Funddaten von L. K. (pers. Aufzeichn.): 07.09.88, BW Tiefental, Fagetum, MTB 7624/1, leg. L. K. + G. D.

Hebeloma sacchariolens Quélet

Süßriechender Fälbling

Funddaten: 1943–63, Haas-Exk. in der „Filde" bei Beimerstetten, MTB 7525; 1974–83, leg. A. K. in MTB 7426; 07.10.78, Sta-Exk. im Bubesheimer Wald bei Echlishausen, MTB 7527; 18.09.79, Bubesheimer Wald; 26.07.81, zwischen Uf + Echlishausen, auf Planzenresten zusammen mit *E. pseudoturbidum*, MTB 7527, leg. M. E.;
(Anmerkung: die Funde wurden mit den damaligen Möglichkeiten als H. s. bestimmt); 02.09.02, Inge, 2.09.02, Ingerkingen, Greut, MTB 7724/4/34, bei Eiche, leg. K. Ke.

Hebeloma senescens (Batsch) Berk. & Br.

Bräunender Fälbling

Syn.: *H. edurum*

Notizen zu einem Fund vom 26.09.93:

Hut –60 mm breit, konvex bis flach konvex; bei Trockenheit gefunden, deshalb wahrscheinlich nicht schmierig; Rand bei vielen Exemplaren im Abstand von 1–2 mm gekerbt; hell falb, hell ocker-bräunlich, in der Mitte meist am dunkelsten; Färbung gegen den Rand ca. Cailleux L75 oder K75, in der Mitte dunkler, keine Cailleux-Farbe passend

Lamellen gedrängt, höchstens schwach bauchig, –9 mm breit, am Stiel schwach ausgebuchtet, jung hellbeige, alt dunkler, hell bräunlich, Schneide heller

Stiel –70 mm lang, in der Mitte –11 mm dick, Basis meist deutlich knollig bis rübenartig, –23 mm Durchmesser, vermutlich wurzelnd (alle Stiele an der Basis beim Pflücken abgebrochen), an der Spitze gleichdick oder geringfügig erweitert; mit Hutfarbe überhaucht, Stieloberfläche aufgerissen (teilweise genattert), an der Stielspitze bepudert

Geruch kakaoartig

Sporen durchschnittlich ca. 10–12 x 6–6,6 µm, warzig

Cheilozystiden zylindrisch-fädig, teilweise etwas gewellt, an der Spitze meist gleichdick und abgerundet, ca. 5–6 µm dick, selten schwach kopfig

Funddaten: 26.09.93, Bayern, MTB 7527, Donau-Auwald bei Riedheim (unterer Einfahrtsweg nach ca. 300 m rechts), unter *Fagus silvatica* und 20 m weiter unter *Picea abies*, auf kalkhaltigem Untergrund, leg. M. E., det. J. VESTERHOLT (Kopenhagen/Dänemark)

Anmerkungen: Die Fruchtkörper passen sehr gut zur Tafel Nr. 80 bei KONRAD & MAUBLANC.

Weiterer Fund vom 25.09.94:

Hut –70 mm breit, konvex bis flach konvex, ohne abgesetzten Buckel, Rand meist deutlich gekerbt, Rand stark eingeschlagen, hell semmelfarben, ca. Cailleux M69, nach außen zunehmend heller, bis hellbeige; trocken (weil trockenes Wetter), angefeuchtet deutlich schmierig; Hutoberfläche bei den meisten Frk. mit ausgedehnten (Schnecken?) Fraßstellen

Lamellen etwas gedrängt, am Stiel abrupt ausgebuchtet und mit Zähnchen angewachsen, –6 mm breit, schwach bauchig, schmutzig beige-bräunlich, Schneide heller, n i c h t tränend, ohne kleine dunkle Pünktchen

Stiel –90 mm lang, in der Mitte –17 mm dick, gegen die Spitze und Basis leicht bis deutlich erweitert, Basis schwach bis deutlich knollig, an der Spitze hell, gegen die Basis schmutzig hell bräunlich, an der Spitze fein bis grob flockig-filzig, nach unten anliegend faserig, Basis teilweise deutlich wurzelnd

Geruch banal, weder rettich- noch kakaoartig, abends im warmen Zimmer etwas kakaoartig

Fleisch bei jungen Fruchtkörpern im Anschnitt weißlich, bei alten Frk. Stiel innen hohl, vor allem im oberen Drittel, im unteren Drittel schmutzig bräunlich

Sporen 10–11 x 5,6–6,4 µm, rau, ellipsoid bis mandelförmig

Cheilozystiden sehr dichtstehend, 30–50 x 5–6 µm, schlauchförmig bis schmal flaschenförmig mit erweiterter Spitze

Caulozystiden an der Stielspitze ähnlich den Cheilozystiden, jedoch etwas länger

Funddaten: 25.09.94, Baden-Württemberg, Ulm-Donautal, auf Lichternsee-Halbinsel, zwischen Donau und See, unter *Tilia*, leg. M. E., conf. J. Vesterholt (Kopenhagen/Dänemark); (im Computer unter Hebeloma.042)

Weitere Funddaten: 09.10.76, Stangl-Exk. in „Muna" bei Bühl, bei Eichen; Oktober 1977, Donau-Auwald bei Uf, MTB 7527, leg. M. E.; 25.11.78, Donau-Auwald bei Uf, im Fichtenwald beim Staubecken, MTB 7527, leg. M. E.; 27.10.79, Donau-Auwald bei Uf, in der Nähe des alten Sportplatzes, alljährlich massenhaft unter jungen Fichten im Gras und Nadelstreu, MTB 7526, Beleg in (M); 1982, leg. A. K. im MTB 7426/1 und 7526; 14.10.01, bei Altheim/Alb, MTB 7426/1, Heidefläche im Gras, bei Wacholder, leg. B. S., det. G. F.

Hebeloma sinapizans (Paulet: Fr.) Gillet

Rettich-Fälbling

Notizen zu einem Fund vom 30.09.93:

Hut –80 mm breit, konvex, ohne abgesetzten Buckel, äußerster Rand jung etwas eingerollt, relativ kräftig gefärbt, hell ocker-bräunlich mit schwachem Rotstich, ca. Cailleux M69 oder M67, bis zum Rand

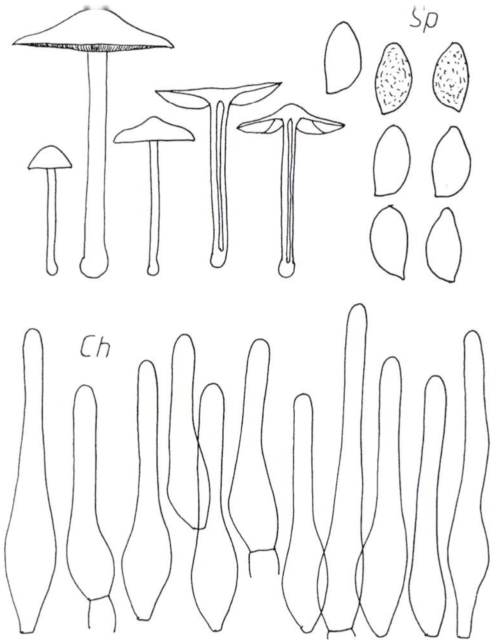

Hebeloma sordescens

nur wenig heller, trocken, aber vermutlich bei Feuchtigkeit schmierig (da angefeuchtet etwas schmierig-klebrig)

Lamellen etwas gedrängt, schwach bauchig, –7 mm breit, am Stiel etwas ausgebuchtet, hell bräunlich, Cailleux M70 oder dunkler, -N77; Schneide deutlich heller

Stiel –60 mm lang, in der Mitte –15 mm dick, zentral oder etwas exzentrisch, hell, schmutzig weißlich, Basis erweitert bis knollig, n i c h t wurzelnd, gegen die Spitze aufgeraut, nach unten fast kahl, teilweise mit spinnwegartigen, bräunlichen, anliegenden Velumfasern

Geruch stark rettichartig, angeschnitten noch kräftiger

Sporen groß, im Mittel 11,6–12,5 x 7,3–7,6 µm, limoniform, rau, Basidien 4-sporig

Cheilozystiden durchschnittlich ca. 50 x 10 µm, flaschenförmig mit zylindrischem oder an der Spitze etwas erweitertem Hals, Basis deutlich bauchig

Funddaten: 30.09.93, Baden-Württemberg, im „Hörnle" bei Grimmelfingen, unter *Fagus silvatica*, Exkursion mit Hans Honold (Wieland-Werke), leg. M. E., conf. J. Vesterholt (Kopenhagen/Dänemark); (im Computer unter Hebeloma.011)

Weiterer Fund vom 24.10.93:

Hut –75 mm breit, hell rötlichfalb, semmelfarben, gegen den Rand etwas heller, bei Regen etwas schmierig; Rand eingeschlagen

Lamellen hellbeige-bräunlich, Schneide deutlich heller

Hebeloma sordescens

Stiel in der Mitte –15 mm dick, an der Basis –24 mm dick, im oberen Drittel stark aufgeraut
Fleisch Fruchtkörper im Durchschnitt über den Lamellen mit wässrig hyalinder, ca 1 mm dicker Zone; im unteren Stieldrittel hell wässrig ocker-bräunlich, in der Stielrinde weißlich
Sporen im Mittel ca. 11,6–12,6 µm, limoniform, rau
Cheilozystiden flaschenförmig mit meist zylindrischer Spitze, ca. 58 x 10 µm
Funddaten: 24.10.93, Baden-Württemberg, auf dem Waldfriedhof Kirchheim/Teck, unter *Quercus ssp.*, leg. M. E.; (im Computer unter Hebeloma.012)
Weitere Funddaten: 1974–83, leg. A. K. in MTB 7525, 7526; 13.09.79, zwischen Uf + Bühl, bei Fa. Imbau, unter Kiefern/Fichten/Eichen, leg. M. E., MTB 7527; Dietl & Krieglsteiner(1989), am Oberen Eselsberg in Ulm; 10.10.98, zwischen Altheim und Gerstetten, auf Wacholderheide, in halben Hexenringen, leg. M. E. Weitere Funddaten erübrigen sich. Die Art ist sehr häufig und kommt sehr wahrscheinlich in allen MTB im Ulmer Raum vor.

Hebeloma sinuosum (Fr.) Quélet

Stolzer Fälbling
Funddaten: Haas-Exk. 1937–40, am Eselsberg bei Ulm, MTB 7525, im Maien- und Klosterwald bei Ulm-Söflingen, MTB 7625, bei Herrlingen, MTB 7525, bei Blaubeuren, MTB 7524.

Hebeloma sordescens Vesterholt

Schwarzknolliger Fälbling, s. Foto S. 376
Fundbeschreibung mit Foto siehe Enderle (1995 e).
Weiterer Fund vom 21.09.96:
Hut –45 mm breit, konvex bis flach konvex, ohne abgesetzten Buckel, in der Mitte stumpf rotbräunlich bis ocker-bräunlich, ca. Cailleux P57 oder heller bis M59, gegen den Rand zunehmend (*nicht* abrupt) heller, am Rand hellbeige, junge Exemplare vom Rand zum Stiel mit spinnwebartigem Velum
Lamellen etwas gedrängt, am Stiel leicht ausgebuchtet und mit Zähnchen angewachsen, über den Lamellen mit wässriger Zone, hellbräunlich bis braun mit deutlich heller, weißlicher Schneide, –6 mm breit
Stiel –90 mm lang, in der Mitte –10 mm dick, an der Spitze nicht verjüngt, gegen die Basis etwas erweitert, hell creme, gegen die Basis zunehmend mit hellen, anliegenden Velumflusen, an der Basis etwas bräunend; Stielfleisch *nicht* rein weiß, sondern schwach gefärbt, Stiel innen fest bis enghohl
Geruch vor allem wenn angeschnitten stark rettichartig
Sporen ca. 10,5–11,6 x 5,8–6,4 µm
Cheilozystiden lageniform, ca. 40–60 x 8–11 (Basis) µm, selten oben etwas kopfig, an der Basis bauchig

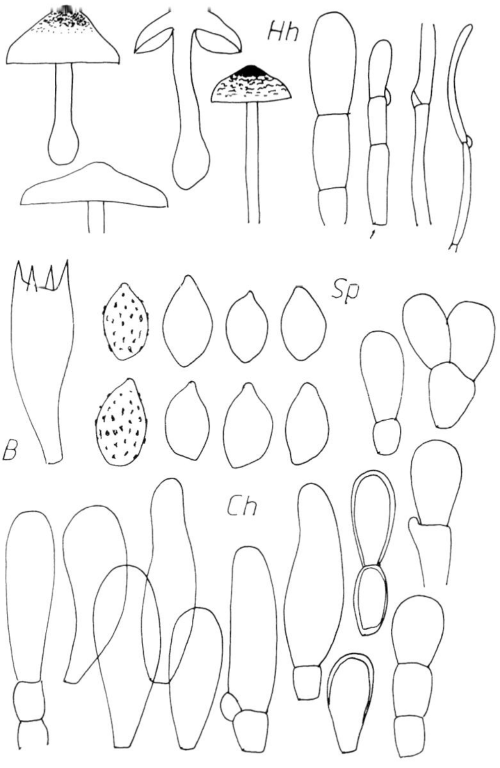

Hebeloma tomentosum

Funddaten: 21.09.96, Bayern, im „Mooswald" bei Gz, MTB 7527, beim Kanu-Club, unter *Betula pendula* an einem Graben, leg. M. E., conf. Prof. Edmondo Grilli (Italien); (im Computer unter Hebeloma.032)

Hebeloma subsaponaceum P. Karsten

Funddaten: 07.10.78, Sta-Exk. zwischen Uf + Lh, im Wald „Lechfeld" am Biberberg, MTB 7527

Hebeloma tomentosum (Moser) Gröger & Zschieschang – Filziger Fälbling

Fundbeschreibung siehe Enderle (1995 b).
Notizen zu einem Fund vom 12.10.86:
Hut –6 mm breit, am Rand hellbeige, gegen die Mitte bräunlich, jung ganz fein punktiert bräunlich, aufgeraut, alt mit vielen kleinen Zerklüftungen, fast pyramidal schuppig aussehend, trocken, Rand lange eingerollt
Lamellen –6 (8) mm breit, normal weit, schwach bis deutlich bauchig, hell bräunlich, Schneide heller, mit kleinem Zähnchen angewachsen
Stiel relativ kurz, –60 mm lang, in der Mitte –8 mm dick, Basis etwas verjüngt, hellbeige bzw. mit schwacher Hutfarbe
Geruch auffallend süßlich, wie sacchariolens-Taxa

Hebeloma tomentosum

Sporen 15–17 x 8,3–10 µm, limoniform, Basidien 4-sporig, z. B. 38 x 12,5 µm
Cheilozystiden schlauchförmig bis breit keulig, 20–35 x 10–14 µm
Huthaut mit 30–40 µm dicken Hyphen, mit Schnallen
Funddaten: 12.10.86, Bayern, MTB 7527, Kinderspielplatz Gz, bei *Salix ssp.*, leg. M. E., conf. J. Vesterholt (Kopenhagen/Dänemark); (im Computer unter Hebeloma.018)
Weiterer Fund vom 6.10.93:
Hut –40 mm breit, stumpf glockig, gegen den Rand teilweise steil abfallend, in der Mitte semmelbraun, ca. Cailleux P57 oder heller, gegen den Rand heller, Oberfläche ganz fein körnig bis grob felderig aufreißend
Lamellen entfernt, bauchig bis stark bauchig, –8 mm breit, schmutzig ocker-bräunlich, Schneiden heller
Stiel –60 mm lang, in der Mitte –9 mm dick, hell creme, an der Basis hell bräunlich; Basis deutlich erweitert bis rübenartig knollig
Geruch sehr stark süßlich aromatisch, wie *Hebeloma sacchariolens*
Sporen ca. 13,1–14,9 x 7,4–9,1 µm, warzig; Basidien 4-sporig, selten mit 2-sporigen Basidien
Cheilozystiden : Einzelglied 12–30 x 8–12, meist gegliedert, Wände oft verdickt

Funddaten: 06.10.93, Baden-Württemberg, Ulm-Donautal, am Nordufer des Lichternsees, auf dem „Angler-Badeplatz", unter *Salix ssp.* (10 m davon entfernt wächst *H.* cf. *pallidoluctuosum*), leg. M. E., conf. J. Vesterholt (Kopenhagen/Dänemark; im Computer unter Hebloma.tom
Weitere Funddaten: 20.09.81, bei Goldbach (Nähe Ichenhausen), von einem unbekannten Finder erhalten, det. F. Gröger (Warza); 02.10.90, Baden-Württemberg, am Lichternsee bei *Salix ssp.*, leg. M. E., conf. J. Vesterholt (Kopenhagen/Dänemark); 08.10.90, Baden-Württemberg, auf Lichternsee-Halbinsel, unter *Salix ssp.*, leg. M. E., conf. J. Vesterholt (Kopenhagen/Dänemark); 22.09.90, Baden-Württemberg, nördlich von Riedheim, MTB 7527, nördlich des ersten Windschutzstreifens, am Waldrand, leg. M. E., conf. J. Vesterholt (Kopenhagen/Dänemark); 08.10.98, bei Riedheim, südlich des Ostertagsees, bei Purpurweiden, leg. M. E.

Hebeloma truncatum (Schff.: Fr.) Kummer
Kakao-Fälbling
Funddaten: 1943–63, Haas-Exk. in der „Filde" bei Beimerstetten, MTB 7525; Funddaten von L. K. (pers. Aufzeichn.): 28.09.89, „Heide" westlich Wennenden, bei Fichte/Buche, MTB 7524/3, leg. E. S., det. L. K.

Hebeloma vaccinum Romagn.
Notizen zu einem Fund vom 10.09.94:
Hut –35 mm breit, konvex bis flach konvex, feucht schmierig; in der Mitte kastanienbräunlich, ca. Cailleux S37, am Rand abrupt heller, hell ockerlich
Lamellen normal weit, bauchig, –5 mm breit, am Stiel stark ausgebuchtet und mit Zähnchen angewachsen; schmutzig hellbeige-bräunlich; Schneiden heller
Stiel –50 mm lang, in der Mitte –5 mm dick, hell ockerlich, zylindrisch, Basis kaum verdickt
Geruch rettichartig
Sporen 10,8–12,4 x 7,2–8,4 µm, limoniform, rau
Cheilozystiden 40–60 x 7–9 x 4,5–6,6 µm, meist flaschenförmig und mit erweiterter Spitze
Funddaten: 10.09.94, Bayern, Donau-Auwald bei Riedheim, beim Bundeswehr-Depot, auf Weg mit Kohleschlacke, MTB 7527/I, leg. M. E., det. J. Vesterholt (Kopenhagen/Dänemark); (im Computer unter Hebeloma.037)
Weiterer Fund: 04.10.94, Bayern, bei Lh-Riedheim, beim Bundeswehr-Depot im Auwald, auf Kohleschlacken-Weg; leg. M. E., det. J. Vesterholt (Kopenhagen/Dänemark); Diapositiv in Diathek Enderle; (im Computer unter Hebeloma.051)

Hebeloma cf. **vaccinum** Romagnesi
Notizen zu einem Fund vom 16.09.94:
Hut –50 mm breit, flach konvex, meist mit kleinem, stumpfem Buckel, in der Mitte rotbräunlich, nach außen etwas bis deutlich heller, feucht leicht schmierig, am Rand teilweise fein gekerbt und creme-beige; keine Cortina gesehen
Lamellen etwas gedrängt, schwach bauchig, am Stiel ausgebuchtet und mit Zähnchen angewachsen, schmutzig beige-bräunlich mit heller Schneide, teilweise mit kleinen, braunen Pünktchen (tränend?)
Stiel –65 mm lang, in der Mitte –6 mm dick, gegen die Spitze und gegen die Basis meist etwas verdickt, Basis schwach knollig, cremeweißlich, gegen die Spitze fein und dicht weißlich bestäubt
Geruch stark rettichartig
Sporen 14–15,5 x 7,4–8,1 µm, mandelförmig, rau; Basidien 4-sporig, z. B. 43 x 11,5 µm
Cheilozystiden 50–65 x 7,4–9,5 µm, keulig
Caulozystiden ähnlich den Cheilozystiden, teilweise mit etwas angeschwollenem Unterteil
Funddaten: 16.09.94, Bayern, nordöstlich von Riedheim, MTB 7527/I, im NSG, unter *Betula pendula* und *Salix ssp.*, leg. M. E., det. J. Vesterholt (Kopenhagen/Dänemark); Diapositiv in Diathek Enderle; (im Computer unter Hebeloma.049)
Anmerkung: Bestimmung nicht ganz sicher laut J. Vesterholt (Kopenhagen).

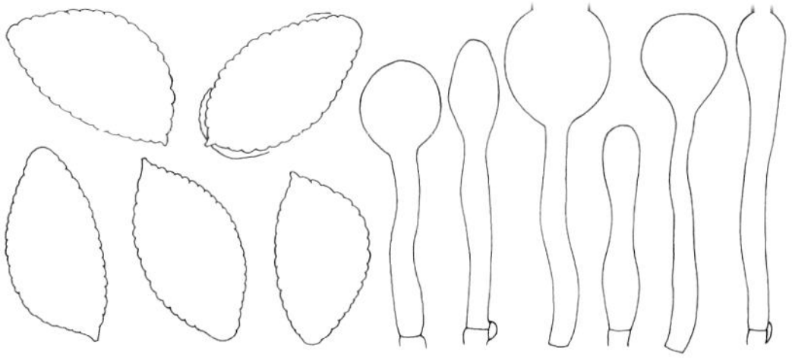

Hebeloma vaccinum var. *cephalotum*

Hebeloma vaccinum Romagn. var. **cephalotum** Enderle & Vesterholt var. nov.
Lateinische Diagnose: A varietate typica differt cheilocystidiis clavatis ad valde capitata, apicem versus 6–19 µm latis.
Holotypus in Botanische Staatssammlung München, (Koll. 09.09.1994, NSG bei Riedheim, MTB 7572/1, leg. M. E.), isotypus in herbario Dr. Jan Vesterholt, DK–8722 Hedensted, Dänemark (Koll. 2.11.1983, Dänemark, E-Jylland: Aarhus, westlich Ringgaden, unter *Salix* und *Crataegus*, leg. Dr. Jan Vesterholt)
Beschreibung:
Hut : 20–40 mm breit, konvex, ohne oder mit kleinem Buckel, Rand glatt oder schwach gekerbt, in der Mitte dunkel rötlich braun, gegen den Rand deutlich heller, graulich oder schmutzig cremefarben (zweifarbig wie bei *H. mesophaeum*).
Lamellen: durchschnittlich gedrängt, durchschnittlich breit, ausgerandet mit herablaufendem Zahn, zuerst blass, dann tonbraun mit deutlich blasserer Schneide, ohne Tränen.
Stiel : 20–50 x 3–6 mm, zylindrisch oder an der Basis etwas erweitert, faserig, im oberen Teil bereift, weißlich bis hellbeige.
Fleisch weißlich, ohne Cortina, kein Universalvelum gesehen
Geruch etwas nach Rettich, Geschmack nicht probiert. Farbe des Sporenabwurfs nicht geprüft, Exsikkat nicht schwärzlich.
Sporen 11,2–14,3 x 5,9–8,4 µm, durchschnittl. 12,4–13,3 x 6,7–7,3 µm, mandel- bis zitronenförmig, Q = 1,65–2,0, durchschnittl. 1,79–1,85, gelblichbraun mit deutlicher Ornamentierung (02–3), dextrinoide Reaktion deutlich, Perispor in einem kleinen Teil der Spore ablösend; Basidien 30–38 x 8–11 µm, fast keulig, manchmal eingeschnürt, 4-sporig.
Cheilozystiden 35–65 µm lang, am Apex 6–19 (22) µm breit, im mittleren Teil 3–5 µm, an der Basis 4–8 µm breit, keulig bis auffallend kopfig, einige auch im unteren Teil erweitert, Apex durchschnittl. 9,7–11,8 µm breit.
Huthaut eine Ixocutis bis Ixotrichoderm, ca. 100 µm dick, eingeschlossene Hyphen 1,5–3 µm breit, glatt bis schwach inkrustiert, Endelemente zylindrisch bis

keulig; Kutis aus verlängerten, gelblichbraunen Elementen bestehend.

Ökologie und Verbreitung: im Herbst auf feuchter Erde unter *Salix ssp.*; bisher nur von der deutschen und dänischen Lokalität bekannt.

Funddaten: 09.09.1994, Deutschland, Baden-Württemberg (nur wenige Meter von der bayerischen Grenze entfernt!), MTB 7527/1, nordöstlich Riedheim im Naturschutzgebiet, unter *Salix cinerea* und *Betula spp.*, leg. M. E., det. J. Vesterholt; (im Computer unter Hebeloma.047); 02.11.1983, Dänemark, E-Jylland: Aarhus, westlich Ringgaden, unter *Salix* und *Crataegus*, leg. Dr. Jan Vesterholt (JV/He83–197, C).

Anmerkungen: Diese Varietät weicht vom Typus durch die mehr oder weniger kopfigen Cheilozystiden ab. Bei *H. vaccinum* var. *vaccinum* haben die Cheilozystiden einen keuligen, 5–10 µm breiten Apex (Durchschn. 6,8–7,6 µm). Die extrem großen Cheilozystiden der var. *cephalotum* machen nur einen kleinen Teil (ca. 20 %) der Zystiden aus. Die Mehrheit ist 8–10 µm breit, was immer noch deutlich breiter ist als die große Mehrheit der Zystiden bei der typischen Varietät. Weitere bedeutende Unterschiede konnten an den beiden Kollektionen bisher nicht festgestellt werden. Bei den meisten Aufsammlungen der typischen Varietät, zeigte jedoch ein großer Teil der Sporen ein ablösendes Perispor. Weitere Aufsammlungen werden notwendig sein, um die Verlässlichkeit dieses Merkmals zu bewerten.

Die typische Varietät ist in Nordeuropa (und Mitteleuropa) unter *Salix* und *Populus* weit verbreitet. Beide Varietäten weichen von *Hebeloma pusillum* durch die etwas größeren Fruchtkörper, die dunkleren, breiteren und stärker ornamentierten Sporen und die anders geformten Cheilozystiden ab. *H. populinum* hat Sporen ohne ein ablösendes Perispor, ihre Cheilozystiden sind nicht kopfig und die Fruchtkörper sind in ihrer typischen Ausprägung robuster als bei *H. vaccinum*, einschl. ihrer var. *cephalotum.*

Fund M. Enderle:

Hut –30 mm breit, konvex mit kleinem, aber deutlichem Buckel, in der Mitte dunkel rotbräunlich, kakaofarben? kuhrötlich?, nach außen deutlich heller bzw. hell creme-ockerlich, leicht schmierig, Rand bei einigen Hüten schwach gekerbt

Lamellen normal weit, schwach bauchig, –4 mm breit, am Stiel leicht ausgebuchtet und mit Zähnchen angeheftet, schmutzig hell bräunlich, ohne Tränen, etwas gefurcht, Schneiden deutlich heller

Stiel –50 mm lang, in der Mitte –5 mm dick, an der Basis meist abgeknickt und etwas verdickt, an der Spitze weißlich bepudert bis anliegend feinfaserig, nach unten verkahlend; hell ockerlich

Das „Donaumoos" (NSG) bei Riedheim; Refugium für besondere Pilzarten, unter anderem der neuen *Hebeloma vaccinum* var. *cephalotum*

Inocybe aeruginascens

Sporen 12,4–13,5 x 7,3–8,2 µm, rau, mandel- bis zitronenförmig; Basidien 4-sporig
Cheilozystiden 50–75 x 9–19 µm, meistens keulig mit auffallend großem „Kopf“, einige flaschenförmig mit erweiterten Kopf
Funddaten: 09.09.94, Baden-Württemberg, MTB 7527/1, nordöstlich von Riedheim im Naturschutzgebiet, unter *Salix* und *Betula*, leg. M. E., det. J. Vesterholt; (im Computer unter Hebeloma.047)

Hebeloma velutipes Bruchet ss. Boekhout
Flockenstieliger Fälbling
Syn.: *H. versipelle, H. subcaespitosum*
Fundbeschreibung siehe OTTMANN & ENDERLE (1986).
Funddaten: 20.01.86, bei Laupheim, Baden-Württemberg, im Garten von G. O., unter Fichte, leg. G. O., det. M. Bon (Frankreich), Beleg in (M)

Gattung INOCYBE (Cortinariaceae)
Risspilze
(Glatt- und Eckigsporer vermischt aufgeführt)

Inocybe abjecta (P. Karst.) non ss. J. Lge
Weißseidiger Risspilz
Rote-Liste-Art: latent gefährdet
Fundbeschreibung siehe ENDERLE & STANGL (1981)

Inocybe acuta Boud. – Spitzer Risspilz
Syn.: *Inocybe striata*
Rote-Liste-Art: gefährdet
Funddaten: 21.09.96, Bayern, im Mooswald nördlich Gz, MTB 7527, leg. M. E., Beleg in (M)

Inocybe adaequata (Britz.) Sacc.
Weinrötlicher Risspilz
Syn.: *I. jurana*
Fundbeschreibung siehe ENDERLE & STANGL (1981)

Inocybe aeruginascens Babos
Grünender Risspilz
Funddaten: 20.09.03, Donau-Auwald bei Rh, an trockener Stelle, MTB 7527, leg. M. E.

Inocybe albomarginata Velenovsky
Ovalsporiger Risspilz
Syn.: *I. ovalispora*
Rote-Liste-Art: stark gefährdet!
Fundbeschreibung siehe ENDERLE & STANGL (1981)

Inocybe alnea Stangl – Erlen-Risspilz
Rote-Liste-Art: gefährdet
Fundbeschreibung siehe ENDERLE (1995 a)

Inocybe cf. **amethystina** Kupyer
Violettlicher Risspilz
Fundbeschreibung siehe ENDERLE (1995 a)

Inocybe calida

Inoybe appendiculata Kühner
Anhängsel-Risspilz
Fundbeschreibung siehe Enderle & Stangl (1981)

Inocybe assimilata (Britz.) Sacc.
Rundknolliger Risspilz
Syn.: *I. umbrina*
Fundbeschreibung siehe Enderle & Stangl (1981)

Inocybe asterospora Quélet
Sternsporiger Risspilz
Fundbeschreibung siehe Enderle & Stangl (1981); 29.08.02, Donaustetten, Eichhau, bei Eiche, leg. K. Ke.

Inocybe auricoma (Batsch) J. Lge.
Goldhaariger Risspilz
Fundbeschreibung siehe Enderle & Stangl (1981)

Inocybe bongardii (Weinm.) Quélet var. **bongardii** – Duftender Risspilz
Fundbeschreibung siehe Enderle & Stangl (1981)

Inocybe bongardii var. **cervicolor** (Pers.) Henkel – Hirschbrauner Risspilz
Fundbeschreibung siehe Enderle & Stangl (1981)

Inocybe bongardii var. **pisciodora** (Donadini & Riousset) Kuyper – Fischgeruch-Risspilz
Fundbeschreibung siehe Enderle (1995 a)

Inocybe bresadolae Massee
Rötlichfuchsiger Risspilz
Rote-Liste-Art: gefährdet
Fundbeschreibung siehe Enderle (1995 a)

Inocybe calida Vel. – Eckigknolliger Risspilz
Syn.: *I. brunneorufa*
Fundbeschreibung siehe Enderle & Stangl (1981) und Enderle (1995 a)

Inocybe calospora Quélet
Schönsporiger Risspilz
Rote-Liste-Art: gefährdet
Fundbeschreibung siehe Enderle (1995 a)

Inocybe coelestium Kupyer
Engblättriger Risspilz, s. Foto S. 383
Fundbeschreibung siehe Enderle (1995 a)

Inocybe cookei Bres. var. **cookei**
Knolliger Risspilz
Fundbeschreibung siehe Enderle & Stangl (1981) und Enderle (1995 a)

Inocybe cookei Bres. var. **kuthanii** (Stangl & Vesel.) Kupyer – Kuthans Risspilz
Fundbeschreibung siehe Enderle (1995 a)

Inocybe corydalina Quélet
Grünbuckliger Risspilz
Fundbeschreibung siehe Enderle & Stangl (1981)

Inocybe coelestium

Inocybe corydalina var. **erinaceomorpha** (Stangl & Veselsky) Kuyper
Fundbeschreibung siehe Enderle & Stangl (1981) und Enderle (1995 a)

Inocybe cryptocystis Stuntz
Ockerfuchsiger Risspilz
Fundbeschreibung siehe Enderle (1995 a)

Inocybe curvipes P. Karsten
Gekrümmtfüßiger Risspilz
Syn.: *I. variabillima*
Fundbeschreibung und Neukombination der *I. variabillima* var. *ionipes* (Boud.) Enderle et Stangl, siehe Enderle & Stangl (1981: 162). Neukombination der *I. curvipes* var. *ionipes* (Boud.) Enderle & Stangl, siehe Zeitschrift für Mykologie 49 (1): 116, 1983.

Inocybe dulcamara (Alb. & Schw.: Pers.) Kummer – Bittersüßer Risspilz
Fundbeschreibung siehe Enderle & Stangl (1981);

Inocybe erubescens Blytt. – Ziegelroter Risspilz
Syn.: *I. patouillardii*
Fundbeschreibung siehe Enderle & Stangl (1981); Funddaten von L. K. (pers. Aufzeichn.): 14.06.66, Blaubeuren, am Fuß des „Barmen", MTB 7524/4, leg. W. G.; 18.06.77, Ulm, bei Wilhelmsburg, MTB 7525/4, leg. A. K.; 03.07.80, Laupheim, Höhenanlage, MTB 7725/3, leg. G. O.

Inocybe fibrosa (Sow.:) Gill., non ss. Rick.
Weißer Risspilz
Am 7.10.93 gelang ein Erstfund für den Ulmer Raum!
Hut –60 mm breit, konvex mit Buckel, ein altes Exemplar aufschirmend, schmutzig weißlich, etwas schmierig, ein Hut mit hyalinen Wasserflecken am Rand
Lamellen etwas gedrängt, bauchig, –10 mm breit, schmutzig grau-beige, teilweise mit Olivstich, Schneide heller, fast frei
Stiel –80 mm lang, in der Mitte –14 mm dick, oberste Spitze etwas erweitert, Basis nur schwach knollig, an der Spitze und Basis weißlich, gegen die Mitte blass ockergelblich; fein bereift
Geruch angeschnitten spermatisch
Fleisch im Stiel weißlich, fest
Sporen eckig, ca. 9 x 5,8–7,4 µm
Zystiden dickwandig
Funddaten: 07.10.93, Bayern, Donau-Auwald bei Uf, in der unteren Fichtenparzelle (auf Kalk) beim Stauwerk, MTB 7527, leg. M. E.
(im Computer unter Inocybe.031 = Zettel-Nr. 31)

Inocybe fibrosoides Kühner
Strohweißer Risspilz
Fundbeschreibung siehe Enderle & Stangl (1981)

Inocybe flavella P. Karsten
Weißscheiteliger Risspilz
Fundbeschreibung siehe Enderle (1995 a)

Inocybe flocculosa (Berk.) Sacc. var. **flocculosa** – Flockiger Risspilz
Syn.: *I. gausapata, I. lucifuga, I. subtigrina*
Fundbeschreibung siehe ENDERLE & STANGL (1981) und ENDERLE & REININGER (1995).
Ein Beleg in (M) von folgendem Fund: 01.08.93, Bayern, bei Gz-Limbach, in Wiese unter Birke, leg. M. E., det. Th. Kuyper (Holland).

Inocybe flocculosa var. **crocifolia** (Herink) Kupyer – Krokusblättriger Risspilz
Fundbeschreibung siehe ENDERLE (1995 a)

Inocybe fraudans (Britz.) Sacc.
Birnen-Risspilz
Syn.: *I. pyriodora*
Fundbeschreibung siehe ENDERLE & STANGL (1981)

Inocybe furfurea Kühner
Schwarzscheiteliger Risspilz
Fundbeschreibung siehe ENDERLE & STANGL (1981)

Inocybe fuscidula Vel. var. **fuscidula**
Braunstreifiger Risspilz
Syn.: *I. hypophaea, I. virgatula*
Fundbeschreibung siehe ENDERLE & STANGL (1981)

Inocybe geophylla (Sow.: Fr.) Kummer
Erdblättriger Risspilz
inkl. var. **lilacina** und var. **violacea**
Fundbeschreibung siehe ENDERLE & STANGL (1981)

Inoybe glabrescens Vel.
Starrstieliger Risspilz
Fundbeschreibung siehe ENDERLE (1995 a)

Inocybe godeyi Gillet – Rötender Risspilz
Fundbeschreibung siehe ENDERLE & STANGL (1981)

Inocybe glabripes Ricken
Nacktfüßiger Risspilz
Syn.: *I. microspora*
Fundbeschreibung siehe ENDERLE & STANGL (1981)

Inocybe griseolilacina J. Lge.
Grauvioletter Risspilz
Fundbeschreibung siehe ENDERLE & STANGL (1981)

Inocybe haemacta (Berk. & Br.) Sacc.
Grünroter Risspilz
Fundbeschreibung siehe ENDERLE & STANGL (1981)

Inocybe hirtella Bres. var. **hirtella**
Bittermandel-Risspilz
Fundbeschreibung siehe ENDERLE & STANGL (1981) und ENDERLE (1995 a)

Inocybe hirtella var. **bispora** Kupyer
Fundbeschreibung siehe ENDERLE (1995 a)

Inocybe hirtelloides Stangl & Vesel.
Falscher Bittermandel-Risspilz
Fundbeschreibung siehe ENDERLE (1995 a)

Inocybe haemacta

Inocybe inodora Vel. – Geruchloser Risspilz
Rote-Liste-Art: latent gefährdet
Fundbeschreibung siehe Enderle (1995 a)

Inocybe lacera (Fr.: Fr.) Kummer
Gemeiner Wirrkopf
Fundbeschreibung siehe Enderle & Stangl (1981)

Inocybe langei R. Heim – Langes Risspilz
Fundbeschreibung siehe Enderle (1995 a)

Inocybe lanuginosa (Bull.: Fr.) Kummer var. **languginosa** – Wolliger Risspilz
Fundbeschreibung siehe Enderle & Stangl (1981)

Inocybe lanuginosa var. **longicystis** (Atk.) Stangl et Enderle
Neukombination in Zeitschrift für Mykologie 49 (1): 120, 1983

Inocybe lanuginosa var. **ovatocystis** (Bours. & Kühner) Stangl & Brsky.
Syn.: *I. ovatocystis*
Fundbeschreibung siehe Enderle & Stangl (1981)

Inocybe leiocephala Stuntz
Braungebuckelter Risspilz
Syn.: *I. subbrunnea*
Fundbeschreibung siehe Enderle & Stangl (1981)

Inocybe maculata Boud. – Gefleckter Risspilz
Fundbeschreibung siehe Enderle & Stangl (1981)

Inocybe margaritispora (Berk. ap. Cooke) Sacc. – Sternsporiger Risspilz
Syn.: *I. phaeosticta*
Fundbeschreibung siehe Enderle & Stangl (1981)

Inocybe mixtilis (Britz.) Sacc.
Gerandetknolliger Risspilz
Fundbeschreibung siehe Enderle & Stangl (1981)

Inocybe muricellata Bres.
Gelbbrauner Schüppchen-Risspilz
Syn.: *I. scabella* ss. Kühner

Inocybe napipes J. Lge.
Rübenstieliger Risspilz
Fundbeschreibung siehe Enderle & Stangl (1981)

Inocybe nitidiuscula (Britz.) Sacc.
Früher Risspilz
Syn.: *I. friesii, I. tarda* (?)
Fundbeschreibung siehe Enderle & Stangl (1981)

Inocybe pelargonium

Inoybe oblectabilis (Britz.) Sacc. ss. str.
Ansehnlicher Risspilz
Fundbeschreibung siehe Enderle & Stangl (1981) und Enderle (1995 a)

Inocybe obscurobadia (J. Favre) Grund & Stuntz
Faserigbrauner Risspilz
Syn.: *I. tenuicystidiata*
Fundbeschreibung siehe Enderle & Stangl (1981) und Enderle (1995 a)

Inocybe ochroalba Bruylants
Ockerweißer Risspilz
Syn.: *I. subalbidodisca*
Fundbeschreibung siehe Enderle & Stangl (1981)

Inocybe pelargonium Kühner
Pelargonien-Risspilz
Fundbeschreibung siehe Enderle & Stangl (1981)

Inocybe petiginosa (Fr.: Fr.) Gillet
Graugezonter Zwergrisspilz
Fundbeschreibung siehe Enderle (1995 a); siehe auch Dietl & Krieglsteiner(1989), am Oberen Eselsberg in Ulm;

Inocybe phaeocomis (Pers.) Kuyper var. **phaeocomis**
Syn.: *cincinnata*
Fundbeschreibung siehe Enderle & Stangl (1981)

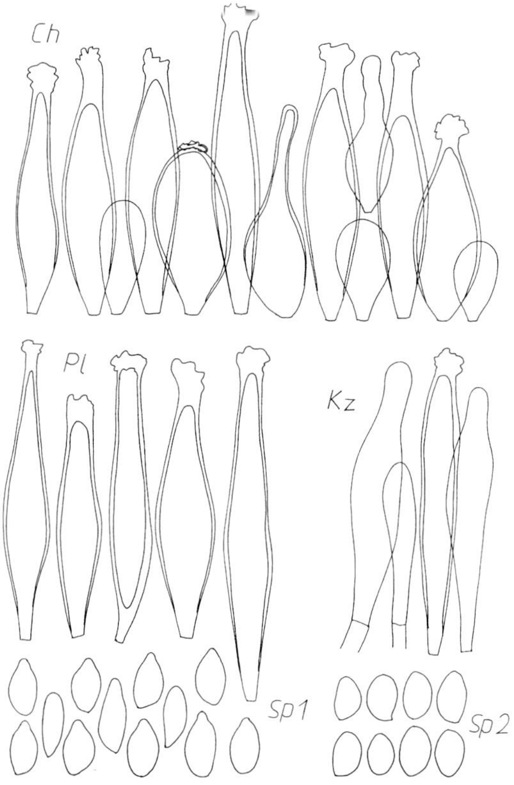

Inocybe phaeocomis var. *major*

Inocybe phaeocomis (Pers.) Kuyper var. **major** (S. Petersen) Kupyer
Syn.: *I. obscura*
Fundbeschreibung siehe ENDERLE & STANGL (1981) und ENDERLE (1989 a)

Inocybe phaeodisca Kühner var. **phaeodisca**
Cremerandiger Risspilz
Fundbeschreibung siehe ENDERLE (1995 a)

Inocybe phaeodisca var. **geophylloides** Kühner
Fundbeschreibung siehe ENDERLE (1995 a)

Inocybe piceae Stangl & Schwoebel
Fundbeschreibung sieh ENDERLE & STANGL (1918, sub *I. oblectabilis*)
Funddaten: im Ulmer Raum häufig in Fichtenforsten, vor allem an kalkhaltigen Wegrändern;
02.09.02, Ehingen, Weldeshölzle, MTB 7724/1/1, leg. K. Ke., det. M. E.; 03.10.02, Bockighofer Holz, MTB 7724/4/32, bei Fichen, leg. K. Ke.

Inocybe posterula (Britz.) Sacc.
Falber Risspilz
Fundbeschreibung siehe ENDERLE & STANGL (1981)

Inoybe praetervisa Quélet
Zapfensporiger Risspilz
Fundbeschreibung siehe ENDERLE & STANGL (1981)

Inocybe proximella P. Karsten ss. Favre
Haselbrauner Risspilz
Rote-Liste-Art: stark gefährdet!
Fundbeschreibung siehe ENDERLE (1995 a)

Inocybe pseudodestricta Stangl & Vesel.
Fettigglänzender Risspilz
Fundbeschreibung siehe ENDERLE & STANGL (1981)

Inocybe pseudohiulca Kühner
Falscher Höckerspor-Risspilz
Fundbeschreibung siehe ENDERLE & STANGL (1981)

Inocybe pseudoreducta Stangl & Glowinski
Dunkelbraunscheiteliger Risspilz
Fundbeschreibung siehe ENDERLE (1995 a)

Inocybe pusio P. Karsten
Radialrissiger Risspilz
Fundbeschreibung siehe ENDERLE & STANGL (1981)

Inocybe queletii (Mre.) Konr.
Quélets Risspilz
Rote-Liste-Art: gefährdet
KRIEGLSTEINER (1991) nennt in seinem Verbreitungsatlas einen Fund in MTB 7527. Nähere Fundangaben liegen mir nicht vor.

Inocbye quietiodor M. Bon
Rübenriechender Risspilz
Fundbeschreibung siehe ENDERLE (1995 a), Foto bei ENDERLE & REININGER (1995).
Anmerkung: Diese Pilze finde ich jedes Jahr in großen Mengen in einem moorigen Gebiet, dem NSG nordöstlich Riedheim. Der Geruch der Fruchtkörper ist rübenartig.
I. quietiodor darf laut Originaldiagnose (gegenüber I. cookei) kaum phaseoliforme Sporen haben. Die gefundenen Pilze haben jedoch *vorwiegend* phaseoliforme Sporen. *I. cookei* müsste anders riechen! KUYPER bestimmte den Fund jedoch als I. quietiodor! Es besteht weiterer Klärungsbedarf!

Inocybe reisneri Vel.
Gelbvioletter Risspilz
Rote-Liste-Art: gefährdet
Fundbeschreibung siehe ENDERLE (1995 a)

Inocybe rimosa (Bull.: Fr.) Kummer
Kegeliger Risspilz
Syn.: *I. fastigiata*
Fundbeschreibung siehe ENDERLE & STANGL (1981)

Inocybe rimosa var. **obsoleta** (Romagn.) Kuyper
Fundbeschreibung siehe Enderle & Stangl (1981) und Enderle & Reininger (1995).

Inocybe rimosa var. **umbrinella** (Bres.) Kuyper
Syn.: *I. fastigiata* subsp. *umbrinella*
Fundbeschreibung siehe Enderle & Stangl (1981)

Inocybe salicis Kühner – Weiden-Risspilz
Rote-Liste-Art: gefährdet
Fundbeschreibung siehe Enderle (1995 a) und Enderle & Reininger (1995, mit Foto).

Inocybe sindonia (Fr.) P. Karsten
Wolligfädiger Risspilz
Syn.: *I. eutheles, I. kühneri*
Fundbeschreibung siehe Enderle & Stangl (1981)

Inocybe soluta Vel. – Knollenloser Risspilz
Syn.: *I. brevispora*
Fundbeschreibung siehe Enderle & Stangl (1981)

Inocybe splendens var. **phaeoleuca** (Kühner) Kuyper – Klebriger Risspilz
Syn.: *I. brunnea, I. phaeoleuca*
Fundbeschreibung siehe Enderle & Stangl (1981) und Enderle (1995 a)

Inocybe squamata J. Lge.
Dunkelschuppiger Risspilz
Fundbeschreibung siehe Enderle & Stangl (1981), Enderle & Reininger (1995) und Eberwein & Fischer (1992).

Inocybe striata Bres. – Zitzen-Risspilz
Fundbeschreibung siehe Enderle (1995 a)

Inocybe subcarpta Kühner & Boursier
Trapezsporiger Risspilz
Syn.: *I. boltonii*
Fundbeschreibung siehe Enderle & Stangl (1981)

Inoybe tabacina Furrer – Tabakbrauner Risspilz
Fundbeschreibung siehe Enderle & Stangl (1981)

Inocybe tenebrosa Quélet
Schwarzfüßiger Risspilz
Syn.: *I. atripes*
Rote-Liste-Art: gefährdet
Fundbeschreibung siehe Enderle & Stangl (1981)

Inocybe terrigena (Fr.) Kühner
Erdtragender Risspilz
Fundbeschreibung siehe Enderle & Stangl (1981). 16.09.2000, bei Altheim/Alb, während Exkursion der AMU mit dem Münchner Pilzverein, det. E. G.

Inocybe salicis

Inocybe tigrina Heim – Tiger-Risspilz
Fundbeschreibung siehe Enderle & Stangl (1981)

Inocybe cf. **tjallingiorum** Kupyer
Bereiftknolliger Risspilz
Fundbeschreibung siehe Enderle (1995 a)

Inocybe umbratica Quélet
Fundbeschreibung siehe Enderle (1995 a)

Inocybe whitei (Berk. & Br.) Sacc. f. **whitei**
Weißrosa Risspilz
Fundbeschreibung siehe Enderle & Stangl (1981)

Leucocortinarius bulbiger (Alb. & Schwein.: Fr.) Singer – Knolliger Schleierritterling
Rote-Liste-Art: gefährdet
Funddaten: 1937–40, Haas-Exk. im Maien- und Klosterwald bei Söflingen, MTB 7625, in „Filde" bei Beimerstetten, MTB 7525; September 1976, am Buchberg zwischen Ne + Bu, MTB 7527, leg. M. E.; 01.10.77, am Roten Berg bei Ulm, MTB 7525, bei VHS-Führung; 01.09.77, Fichtenwald zwischen Uf + Bühl, kleiner Fichtenwald bei Fa. Imbau, MTB 7527; 1974–83, leg. A. K. in MTB 7426, 7526; bei Pilzausstellung in Ulm am 01./02.10.88; Funddaten von L. K. (pers. Aufzeichn.): 09.09.79, Roter Berg bei Ulm, MTB 7525/4, leg. G. F.; 06.09.81 Katharinenholz/Böttingen, MTB 7525/1, leg. G. F.; 11.10.87, Klingensteiner Wald, MTB 7625, Fichten-Buchen-Wald auf Kalk, leg. K. K.; 13.10.96, Pfifferlingsberg, MTB 7624/4/1, leg. K. Ke mit H. L. und H. Brauner; 29.10.99, bei Altheim/Alb, MTB 7426/1, im Mischwald mit Buche/Fichte, relativ eindeutig bei Fichte, im Nadelstreu, leg. B. S.

Phaeocollybia arduennensis M. Bon
Kleiner Wurzelschnitzling
Syn.: *Ph. cidaris, Ph. hilaris, Ph. jennyae*
Rote-Liste-Art: gefährdet
Funddaten: 14.11.82, „Hörnle" bei Grimmelfingen, leg. M. E., det. M. Bon (Frankreich), Beleg in (M); Funddaten von L. K. (pers. Aufzeichn.): 02.08.87, östlich von Asselfingen, bei Fichte, MTB 7427/3, leg. G. J. K. + M. E.; 14.10.88, „Grubenhau" nördlich Öllingen, Fichtenstreu, MTB 7426/4, leg. L. K. + G. D.

Phaeocollybia christinae (Fr.) Heim
Ockerroter Wurzelschnitzling
Syn.: *Ph. hilaris, Ph. lateraria*
Rote-Liste-Art: gefährdet
Funddaten: 15.07.79, bei Limbach, MTB 7528, im Fichtenwald, leg. C. S., det. M. E.; 09.08.81, „Muna" zwischen Straß + Silheim, im *Polytrichum*, auf einem Weg im Fichtenwald, MTB 7526, leg. M. E., Beleg in (M); 29.08.81, Haas-Exk. bei Straß (?), Beleg in (M)

Phaeocollybia cidaris (Fr.) Heim (non ss. Brsky., Kühner & Romagn.)
Funddaten: 20.07.80, „Muna" bei Straß, MTB 7526, im sauren Fichtenwald, leg. C. S., det. M. E.; 29.08.81, im selben Habitat, Beleg in (M)

Phaeocollybia festiva (Fr.) Heim
Olivgrüner Wurzelschnitzling
Rote-Liste-Art: gefährdet
Funddaten: 30.06.80, „Muna" bei Straß, im sauren Fichtenwald, am Wegrand im Gras, MTB 7526, leg. C. S., det. M. E.; 29.08.81, „Muna" bei Straß, Haas-Exk., MTB 7526, Beleg in (M); Funddaten von L. K. (pers. Aufzeichn.): 02.07.90, „Buchwald" östlich Reutti, MTB 7626/2, leg. A. B., det. L. K. + M. E.

Phaeocollybia jennyae (Karst.) Heim
Feuerroter Wurzelschnitzling
Syn.: *Ph. cidaris*
Rote-Liste-Art: gefährdet
Funddaten: 11.07.80, „Muna" bei Bühl, im sauren Fichtenwald, leg. Rauschenberger, MTB 7526, det. G. J. K.; 31.08.80, bei Krumbach, MTB 7728, Fichtenwald mit Hainbuchen, leg. M. E., det. G. J. K., Beleg in (M); 29.08.81, Haas-Exk., „Muna" bei Straß-Silheim, leg. C. S., Beleg in (M); 10.10.81, „Muna" bei Straß, MTB 7526, Fichtenwald, leg. M. E., Beleg in (M); Funddaten von L. K. (pers. Aufzeichn.): 20.07.75, Sulzkopf, Feuerstein, Fichte/Moos, MTB 7427/2, bei AMU-Exkursion.

Phaeocollybia lugubris (Fr.) Heim
Gemeiner Wurzelschnitzling
Rote-Liste-Art: gefährdet
Funddaten: 13.07.80, „Muna" bei Bühl, im sauren Fichtenwald, MTB 7526, leg. Adelheid Moll, det. M. E.; 20.07.80, „Muna" bei Straß, Fichtenwald, leg. C. S., det. M. E.; 29.08.81, Haas-Exk. in „Muna" bei Straß, MTB 7526, leg. C. S., Beleg in (M); 30.08.93, bei Limbach, MTB 7528, Fichtenforst, leg. M. E., Beleg in (M)

Rozites caperatus (Pers.: Fr.) Karsten
Zigeuner, Reifpilz
Rote-Liste-Art: gefährdet
Funddaten: vor 1894, leg. Veesenmeyer, im Eselswald, an der Roten Wand; 1943–63, Haas-Exk. in „Filde" bei Beimerstetten, MTB 7525; 1974–83, leg. A. K. in MTB 7525; bei Pilzausstellung in Ulm am 01./02.10.88; 1969, bei Öllingen, leg. W. G.

Familie Coprinaceae Roze ex Overeem

Coprinus acuminatus Romagn.
Schmalsporiger Faltentintling
Funddaten: 20.09.81, bei Goldbach (nordöstlich Gz), leg. M. E., conf. R. W.

Coprinus angulatus Peck – Kohlen-Tintling
Funddaten: 01.05.86, Roter Berg bei Ulm-Söflingen, MTB 7625, zusammen mit *Pholiota highlandensis* auf alter Brandstelle, leg. K. K., weitere Funddaten siehe Eberwein (1989)

Coprinus annuloporus Enderle nov. spec.
Stumpfhütiger Riesen-Misttintling
Pseudonym: *Coprinus macrocephalus* ss. Breitenbach & Kränzlin 1995
Sektion *Lanatuli*
Farbabbild.: bei Breitenbach & Kränzlin (1995: Nr. 291, als *C. macrocephalus*)
Descriptio latina: Pileus expansus usque ad 70 mm latus, obtuso-campanulatus, velatus juvenile albidus, solum ad marginem griseus, vetus anguste striatus, centro pallide ochraceus, fere minutissimis squamulis appressis pallide brunneis, pileus mox deliquescens, pilei sine velo propter pluviam centro pallide ochracei ad ochraceo-brunnei, vetus ad marginem grisei, margo sub autolysi denticulatus, deliquescens, denique pileus toto deliquescens.
Lamellae, valde confertae, –10 mm latae, juvenile albidae, mox canescentes, acie alba, mox nigrae et deliquescentes. Stipes 70–130 (–150) mm longus, –15 mm latus, ad apicem attenuatus, basis saepe incrassata vel parum bulbosa, distincte radicatus, cavus, saepe squarrosus, albidus. Odor inconspicuus. Sporae 11,6–13,5 (–14) x 7,2–8,2 µm, ellipsoideae usque ad infirme amygdaliformes, apiculo et poro germinativo distincto, porus germinativus saepe annulatus, in H_2O et ammoniaco atrobrunneus. Basidia tetrasporigera, ca. 33 x 9–12,4 µm. Cheilocystidia 40–120 x 25–50 µm, vesiculosa, sphaeropedunculata usque ad late clavata, hyalina, tenuiter ad leniter crasse tunicata. Pleurocystidia cheilocystidia similia, sed largiora, –150 µm longa, –65 µm lata. Pileipellis hyphis 6–30 µm latis, radialibus. Velum constans e hyphis filiformibus, hyalinis, 100–300 x 12–25 (–30) µm, attenuatis, interdum ramificatis vel cum processu, in parte fibulatis. Caulocystidia inconspicua apicem stipitis, hyphae corticis stipitis 6–20 µm, glabrae vel minime incrustatae, in parte fibulatae. Fimicolus. Holotypus in herbario Universität Ulm (ULM), Koll. 28.07.1987, Riedheim (Manfred Otto), Bavaria, MTB 7527, leg. Manfred Enderle; Isotypus in herbario M. Enderle.

Coprinus acuminatus

Hut aufgeschirmt bis 70 mm breit, jung fast weißlich vom anliegenden Velum, das sich nur schwer von der Huthaut lösen lässt; nur am Rand sieht man die grauliche Huthaut; später kommt die enge Hutriefung durch; Hut insgesamt nicht so konisch glockig wie bei *C. cinereus*, sondern plumper und stumpfer; Hutmitte bis zum Schluss hell-ockerlich, meist mit winzigen, angedrückten, hellbräunlichen Schüppchen; Hut bald zerfließend; bei Hüten, die durch Regen ihr Velum verloren haben, sieht man in der Hutmitte die hell ockerlichen bis hell-ocker-bräunlichen Hutfarben, ältere Hüte ohne Velum gegen den Rand grau; Rand durch Autolyse zackig ausfransend bzw. auflösend; schließlich Hut vom Rand her „zerfließend".
Lamellen sehr dichtstehend, –10 mm breit, jung schmutzigweißlich, bald von der Schneide her grauend, Schneide weißlich (von den Cheilozystiden), bald schwarz und zerfließend, in Stielnähe am längsten intakt bleibend
Stiel 70–130 (150) mm lang, in der Mitte –15 mm dick, gegen die Spitze verjüngt, Basis oft verdickt bis leicht knollig, mit deutlicher „Wurzel", hohl, jung flusig, durch starke Streckung an der Oberfläche oft sparrig aufreißend, weißlich
Geruch pilzartig banal

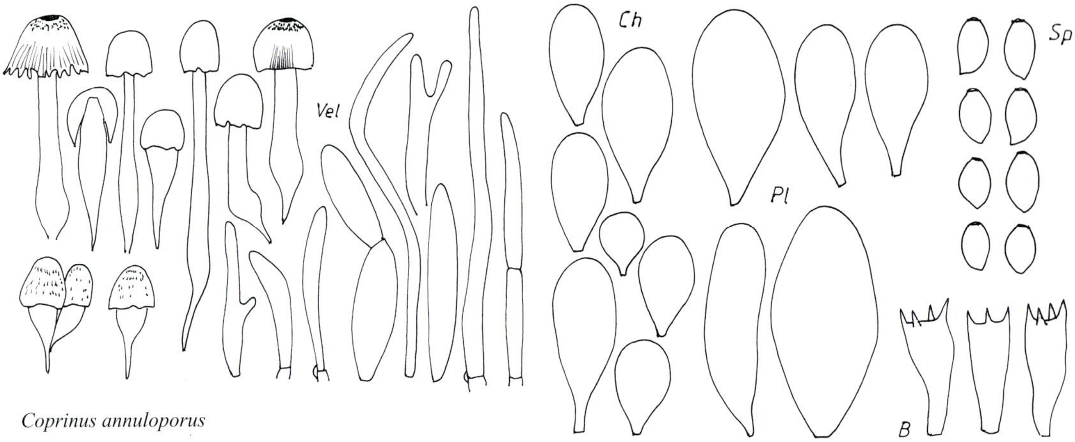

Coprinus annuloporus

Sporen 11,6–13,5 (14) x 7,2–8,2 µm, ellipsoid bis schwach mandelförmig, mit deutlichem Keimporus und Apikulus; Keimporus oft wie scheibenförmig anliegend bzw. mit Annulus; reife Sporen in Wasser und Ammoniaklösung schwarzbraun (auffallend dunkler als jene von *C. cinereus*); Basidien 4-sporig, ca. 33 x 9–12,4 µm.

Cheilozystiden 40–120 x 25–50 µm, blasig, rundlich-gestielt bis breit keulig, farblos bis fast farblos, Wände dünn bis etwas verdickt

Coprinus annuloporus

Pleurozystiden ähnlich den Cheilozystiden, jedoch etwas bis deutlich größer, –150 µm lang, –65 µm breit

Huthaut aus radial angeordneten, 6–30 µm breiten Hyphen

Velum aus fädigen, dünnwandigen, farblosen Hyphen bestehend, 100–300 x 12–25 (30) µm, Hyphenenden verjüngt, gelegentlich verzweigt oder mit Auswüchsen; teilweise mit Schnallen an den Septen

Caulozystiden an der Stielspitze kaum differenziert; Hyphen der Stielkortex 6–20 µm dick, glatt bis minimal inkrustiert; teilweise mit Septen an den Schnallen

Funddaten: 28./29.07.1987, 8./9.08.1987, und danach, auch an anderen Stellen im Großraum Leipheim, Bayern, Riedheim (bei D–89340 Leipheim), Landkreis Günzburg, MTB 7527, bei Familie Manfred Otto, auf Kuhmisthaufen mit Maishäckselresten vermischt (Mist aus einer Bullenmast, in der vorwiegend Maissilage gefüttert wird), leg. M. Enderle; Dia in Diathek Enderle.

Anmerkungen: Dieser Pilz hat einen anderen Aspekt als der viel häufigere, aber teilweise mit ihm vergesellschaftete *Coprinus cinereus. C. annuloporus* ist stumpfhütiger und kompakter (Hüte nicht so konisch wie bei *C. cinereus*) dafür in der Hutmitte oft ockerbräunlich gefärbt. Sein Velum ist nicht rein weißlich und seine Sporen sind etwas größer und haben einen kleinen, wenn auch manchmal unauffälligen Ring um den Keimporus, den *C. cinereus* in geringerem Umfang auch haben kann. Zudem wächst *C. annuloporus* häufig auf Misthaufen in denen von Rindern verdaute Maiskörner oder Maisreste enthalten sind. Er kann aber auch auf anderen Substraten vorkommen. Laut Dr. Roger Kemp (University of Edinburgh) ist der Keimporus etwas anders geformt (mit einem „Annulus") als bei *C. cinereus*, was schon im Lichtmikroskop, aber besonders gut bei elektronenmikroskopischer Betrachtung zu sehen ist. Laut Dr. Kemp ist

Coprinus annuloporus

diese Sippe absolut intersteril mit *C. cinereus* und zeigt auch ein ganz anderes Verhalten. Die Oidien des *C. cinereus* verursachen „homing and lethality" gegenüber den Hyphen des *C. annuloporus*. Leider wuchs die neue Art in Kultur sehr schlecht, deswegen gelang es nicht, das „mating system" festzustellen. Es konnten auch keine Fruchtkörper gezüchtet werden. Das Isolat bildete lt. Dr. Kemp keine „dikaryons" mit irgend einer anderen Art aus dieser Sektion. Die dikaryotischen Hyphen besitzen Schnallen und feuchte Oidien („wet oidia").

Am 01.08.03 schrieb uns Dr. Roger Kemp (aus dem Ruhestand): ...„I shall be very pleased, if you could describe *C. annuloporus*, so that it can be looked for elsewhere." ...

Coprinus macrocephalus ss. Breitenbach & Kränzlin dürfte mit meiner Art identisch sein. Der verwendete Name Berkeley & Broomes ist in meinen Augen eine weitere Fehldeutung dieses nach der Originaldiagnose relativ kleinen Pilzes (Hutdurchmesser etwa ½ Zoll = 12,7 mm).

Coprinus atramentarius (Bull.: Fr.) Fr.
Faltentintling
Funddaten: vor 1894, leg. Veesenmeyer, bei Ulm (i.a. sub *C. fuscenscens*)
Weitere Funddaten erübrigen sich. Die häufige Art kommt sehr wahrscheinlich in allen MTB im Raum Ulm vor.

Coprinus auricomus Pat.
Braunhaariger Tintling
Syn.: *C. hansenii*
Fundbeschreibung siehe Bender, Enderle & Krieglsteiner(1984).
Funddaten: 17.06.81, Auwald Lh-Gz, an liegendem, dünnen Ästchen, MTB 7527, leg. M. E.; 14.06.90, nördlich Rh, im Windschutzstreifen, MTB 7527/1, leg. M. E.; 08.07.92, Lh, Kinderfestplatz, auf großem Abfallhaufen, MTB 7527/1, leg. M. E.

Coprinus bellulus Uljé – Hübscher Tintling
Fundbeschreibung mit Foto siehe Enderle & Bender (1990), s. Foto S. 392

Coprinus bisporus J. Lange
Zweisporiger Tintling
Fundbeschreibung siehe Enderle & Bender (1990).

Coprinus cinereus (Schff.: Fr.) S. F. Gray
Struppiger Tintling
Syn.: *C. fimetarius*
Funddaten: vor 1894, leg. Veesenmeyer, bei Ulm (sub *C. fimetarius*); 15.05.79, zwischen Uf + Straß, Franzosenweg, auf Kuhmisthaufen, MTB 7526, leg. M. E.; 08.06.81, Auwald Uf, auf Misthaufen, MTB 7526, leg. M. E. + C. S.; in der Umgebung von Riedheim auf vielen Kuhmisthaufen (Erstbesiedler!). Sehr häufig!

Coprinus bellulus

Coprinus cothurnatus

Coprinus comatus (Muell.: Fr.) Pers.
Schopftintling
Syn.: *C. ovatus*
Funddaten: vor 1894, leg. Veesenmeyer, bei Ulm
Weitere Funddaten erübrigen sich. Die Art ist sehr häufig und kommt sehr wahrscheinlich in allen MTB im Ulmer Raum vor.
Hinweis: Es gibt Kollektionen mit leicht bis deutlich exzentrischem Keimporus. Bei künftigen Funden sollte darauf geachtet werden, ob diese Abweichung mit anderen Merkmalen korelliert ist. Erfahrungsgemäß werden sehr häufige und leicht kenntliche Arten leider kaum mikroskopiert!

Coprinus congregatus (Bull.) Fr.
Büschel-Tintling
Funddaten: 26.07.81, zwischen Uf + Lh, „auf den Bergen", auf Kuhmisthaufen, MTB 7527/3, leg. M. E., det. R. Watling (Schottland)

Coprinus cothurnatus Godey ap. Gillet
Hochstieliger Tintling
Fundbeschreibung mit Foto siehe Krieglsteiner, Bender & Enderle (1982)
Funddaten: 25.07.81, bei Bühl, auf Kuhmisthaufen, MTB 7527/3, leg. M. E., conf. R. W.

Coprinus deminutus Enderle nov. spec.
Kleiner Erd-Tintling
Sektion *Domestici*
Descriptio latina: Pileus –8 mm latus, –6 mm altus, juvenile ellipsoideus ad campanulatus, parvis granulatis flocculis veli pallide brunneis, valde congregatis centro pilei, qua re pileus centro pallide brunneus, ad marginem distincte pallidior, cremeo-albidus ad pallide ochraceus; profunde striato-sulcatus, partim margine fissuratus.
Lamellae regulares vel paulum distantes, pallide cremeo-albidae ad pallide brunneae, ad marginem albidae,–2 mm latae, dente adnatae. Stipes –15 mm longus, medio –1 mm latus, valde pallidus, cylindricus. Sporae 7,5–9 (–9,5) x 4,7–5,4 µm, ellipsoideae, oviformes ad minime phaseoliformes, in H_2O pallide ad obscure brunneae, tenuiter tunicatae, truncatae, poro germinativo largo, apiculus haud distinctus. Basidia tetrasporigera. Cheilocystidia 20–40 x 18–30 µm, late clavata ad sphaeropedunculata. Pleurocystidia nulla. Pileipellis constans e cellulis sphaericis, sphaeropedunculatis ad isodiametricis. Velum constans ex elementis late clavatis, sphaeropedunculatis ad pyriformibus, glabris ad incrustatis, hyalinis ad pallide brunneis, 20–50 x 15–40 µm. Fibulae nullae. In terram nudam. Holotypus in herbario Universität Ulm (ULM), Koll. 03.08.1987, Riedheim-Weißingen-Unterelchingen, Bavaria, MTB 7526, leg. Manfred Enderle.

Hut –8 mm breit, –6 mm hoch, jung ellipsoid bis glockig (alte, aufgeschirmte Frk. nicht gesehen) mit kleinen, körnigen, blass braunen Velumflöckchen, die in der Mitte am dichtesten sind; dadurch die Hutmitte bräunlich, gegen den Rand deutlich heller, cremeweißlich bis hell-ockerlich; tief gerieft-gefurcht, teilweise am Rand gespalten
Lamellen normal weit bis etwas entfernt, hell-cremeweißlich bis hellbeige-bräunlich, Rand weißlich, –2 mm breit, mit kleinem Zähnchen am Stiel angewachsen
Stiel –15 mm lang, in der Mitte –1 mm dick, sehr blass, von der Spitze bis zur Basis +/- gleichdick, Basis nicht bis etwas erweitert
Sporen 7,5–9 (9,5) x 4,7–5,4 µm, ellispoid, eiförmig bis minimal phaseoliform, in Wasser hell bis dunkelbraun, dünnwandig, Ende oft abgeplattet, so dass man den breiten Keimporus kaum sieht (die Original-Sporenform ist schwer einzuschätzen, da die meisten Sporen in Wasser und Ammoniaklösung kollabierten; Apikulus kaum sichtbar, Basidien 4-sporig)
Cheilozystiden 20–40 x 18–30 µm, breit keulig bis rundlich-gestielt
Pleurozystiden keine gefunden
Huthaut im Quetschpräparat aus rundlichen, rundlich-gestielten bis isodiametrischen Zellen bestehend
Velum aus breit keuligen, rundlich-gestielten bis birnenförmigen, glatten bis inkrustierten, fast farblosen bis bräunlichen Elementen bestehend, 20–50 x 15–40 µm
Schnallen (nach wenigen Schnitten) keine gesehen
Funddaten: 03.08.87 und 19.08.87, Bayern, zwischen Leipheim-Weißingen und Unterelchingen, am Rand eines Weizenfeldes, auf nackter Erde, MTB 7526, leg. M. Enderle;
Anmerkungen: Die Pilze sahen ähnlich aus wie die bei Lge. 159 F abgebildeten; diese sind jedoch systematisch weit davon entfernt. Der Pilz muss im Schlüssel dem Velum nach in der Nähe von *C. flocculosus* stehen.
Der holländische *Coprinus*-Forscher Kees Uljé † (Holland) schrieb mir am 03.05.2000: „Zu diesem Pilz ist mir keine passende Beschreibung bekannt. Ich werde in der Bibliothek in Leiden noch einige Beschreibungen von mir unbekannten Arten durchsehen, aber ich denke doch, dass Sie eine gute neue Art haben. Wenn Sie wollen, dürfen Sie meine mikroskopischen Zeichnungen und meine Anmerkungen verwenden"…

Coprinus disseminatus (Pers.: Fr.) S. F. Gray
Gesäter Tintling
Funddaten: vor 1894, leg. Veesenmeyer, bei Ulm, an Pappeln beim Schützenhause, häufig;
weitere Funddaten erübrigen sich. Die Art ist sehr häufig und kommt sehr wahrscheinlich in allen MTB im Ulmer Raum vor. Folgender Beleg liegt in (M): 09.05.96, Bayern, zwischen Riedheim und Unterelchingen, am Schützensee, an Holzresten rund um den See (Pflanzenrabatte), leg. M. E., det. Kees Uljé (Holland).

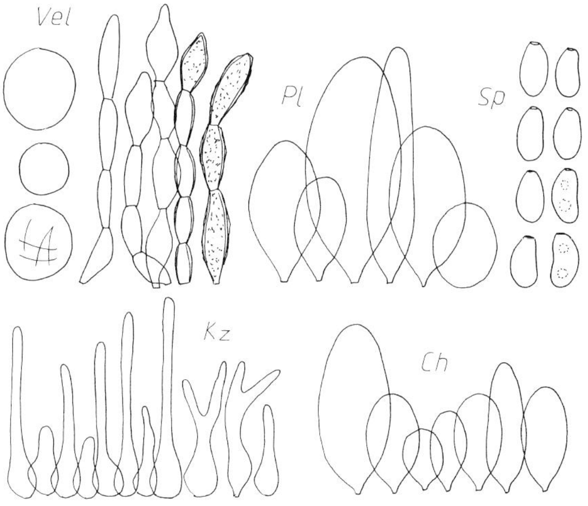

Coprinus domesticus

Coprinus domesticus (Bolt.: Fr.) S. F. Gray
Großer Holz-Tintling
Fundbeschreibung siehe Enderle & Moreno (1985), Enderle (1988, mit Foto); Foto bei Enderle & Reininger (1995) und bei Enderle (1995 d).
Funddaten: 23.10.76, Kri-Exk., zwischen Uf + Lh, Wald Jungholz-Lechfeld, MTB 7527/3; 03.04.77, Kri-Exk. Auwald Lh/Gz, MTB 7527; 25.05.78, Kri-Exk. Auwald Lh, Langenauer Ried, bei Rammingen, MTB 7527/1; 26.04.80, Auwald Leibi/Ne, MTB 7526, leg. C. S., det. M. E.; 14.04.79, Auwald Ne, bei Sportplatz, MTB 7526; 19.07.81, Bubesheimer Wald bei Kissendorf, MTB 7527, leg. C. S., det. M. E. Mehrere Funde in (M) und im Fungarium Krieglsteiner
Vergleiche dazu die Mikromerkmale der nahe verwandten *C. radians* und *C. xanthothrix*!

Coprinus echinosoporus Bull.
Warzigsporige Hasenpfote
Syn.: *C. giganteoporus*
Rote-Liste-Art: latent gefährdet
Funddaten: 03.06.83, Auwald Lh, auf altem Laubholzstumpf, MTB 7527/1, leg. M. E.

Coprinus ephemeroides (Bull.: Fr.) Fr.
Kleiner Ring-Tintling
Fundbeschreibung siehe Enderle, Krieglsteiner & Bender (1986).

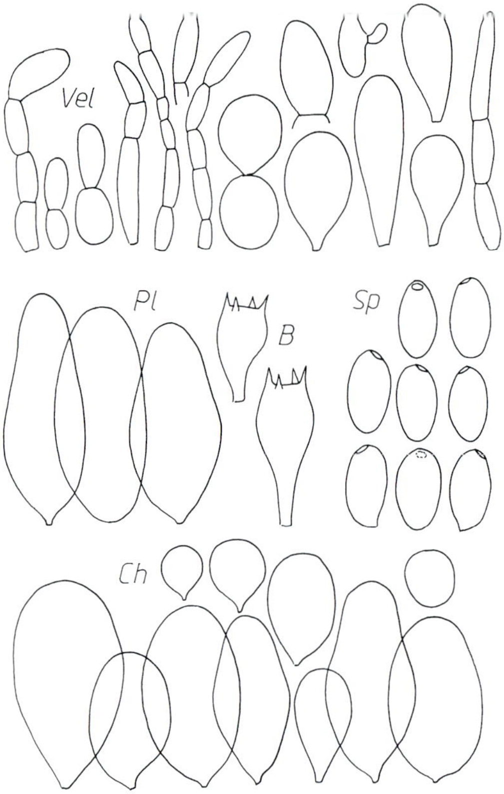

Coprinus flocculosus

Coprinus flocculosus

Coprinus ephemerus (Bull.: Fr.) Fr.
Morgen-Tintling
Funddaten: vor 1894, leg. Veesenmeyer, Ulm, in Gewächshäusern

Coprinus flocculosus (DC) Fr. ss. Romagn.
Flockiger Tintling
Syn.: *C. rostrupianus*
Fundbeschreibung siehe Bender & Enderle (1988) und Enderle (1992 d).
Weitere Funddaten: 13.10.91, nördlich Rh, MTB 7527/1, leg. M. E.

Coprinus friesii Quélet – Gras-Tintling
Rote-Liste-Art: gefährdet, s. Foto S. 395
Fundbeschreibung siehe Bender & Enderle (1988).

Coprinus galericuliformis ss. Watling
Funddaten: 01.11.81, Lh, in einem Garten, MTB 7527, leg. M. E., det. R. W.
Notizen zum oben angeführten Fund:
Hut –28 mm breit, nach dem Aufschirmen flach konvex, Hutmitte gelb-ockerlich, zum Rand hin heller, mit gräulichen Farben, im Alter im Zentrum braun-ockerlich, um dieses Zentrum schmutzig-ockerlich, zwischen den radialen Rippen graubläulich
Lamellen den Stiel nicht erreichend, um den Stiel eine ringartige Zone
Stiel bis 90 mm lang, in der Mitte –3 mm dick, gegen die Spitze verjüngt, blass, Basis leicht verdickt
Sporen ca. 11–12,5 (13,5) x 7,5–8,5 (9) µm, ellipsoid, nicht kantig, Keimporus exzentrisch
Cheilozystiden breit keulig, z. B. 45 x 27 µm

Coprinus heptemerus M. Lange & A. H. Smith
Kleinsporiger Dung-Tintling
Funddaten: 26.01.81, bei Uf, „auf den Bergen", auf Kuhmisthaufen, MTB 7527, leg. M. E., det. R. Watling (Schottland)

Coprinus heterothrix Kühner
Kurzborstiger Tintling, s. Foto S. 395
Notizen zu einem Fund vom 01.11.95:
Hut –20 mm breit, konisch, rußig-grau-bräunlich, in der Mitte am dunkelsten und dort mit minimalem Purpurstich, stark gerieft-gefurcht, mit winzigen Velumresten
Lamellen normal weit, schmal –1,5 (2) mm breit, grau-beige bis grau mit heller Schneide
Stiel –35 mm lang, in der Mitte –2 mm dick, obere Hälfte glasig weißlich, zur Basis hin mit deutlich hellbräunlichem Stich
Geruch banal
Funddaten: 01.11.95, Bayern, nördlich Riedheim, auf altem Maisfeld, auf Erde, MTB 7527/1, leg. Ro-

Coprinus friesii

bert Enderle, det. H. BE., Diapositiv in Diathek M. Enderle, Beleg in (M).
Ausführliche Mikrozeichnungen liegen vor.

Coprinus hiascens (Bull.: Fr.) Fr.
Streifstieliger Tintling
Fundbeschreibung siehe ENDERLE, KRIEGLSTEINER & BENDER (1986).
Funddaten: 24.09.81, Auwald Leibi/Oe, MTB 7526, leg. M. E., det. R. W.
Notizen zum oben genannten Fund:
Hut aufgeschirmt –25 mm breit, in der Mitte blass braun-orange, zum Rand hin blasser, gerieft-gefurcht bis fast zur Mitte
Stiel weiß, –45 mm lang, in der Mitte –3,5 mm dick, nach oben verjüngt
Sporen ca. 10 x 5,6 µm, Basidien 2- und 4-sporig, in Form und Größe sehr variabel, z. B. 28–35 x 10–11 µm (ohne Sterigmen), Keimporus zentral
Cheilozystiden flaschenförmig, ca. 30–55 x 10–15 µm
Pileozystiden ca. 70–130 µm lang, an der Spitze abgerundet

Coprinus impatiens (Fr.) Quélet
Graublättriger Tintling
Syn.: *C. eurysporus* ss. Bender 1985

Coprinus heterothrix

Coprinus leiocephalus

Fundbeschreibung und Foto siehe ENDERLE, KRIEGLSTEINER & BENDER (1986).
Funddaten: 29.08.81, Iller-Auwald bei Illerkirchberg, leg. M. E., conf. G. Moreno, Madrid (Spanien); 19.10.82, 29.10.86, „Hörnle" bei Grimmelfingen, leg. M. E., Belege in (M); 05.11.90, bei Ulm, leg. E. S., det. M. E., Beleg in (M)

Coprinus laanii Kits van Waveren

Perispor-Holztintling
Funddaten: 27.08.87, Roter Berg bei Ulm-Söflingen, MTB 7625, auf teilweise verrottetem Buchenstumpf, leg. K. K.

Coprinus lagopus Fr. – Hasenpfote

Funddaten: 23.10.76, Kri-Exk. zwischen Uf + Lh, „Jungholz-Lechfeld", MTB 7527; 17.09.81, Auwald bei Leibi, MTB 7526, leg. M. E., conf. R. W.; 25.07.82, bei Echlishausen, MTB 7527/3, unter Eichen, Hainbuchen, auf Pflanzenresten, leg. M. E., Beleg in (M); 02.06.83, bei Rh, bei Holzresten, MTB 7527/1, leg. M. E., dieses Material hat Dr. R. Kemp, Edinburgh, unter Nr. E1000 in Kultur genommen, Beleg in (M); 19.10.87, „Hörnle" bei Grimmelfingen, leg. M. E., Beleg in (M); 02.09.95, im NSG Leipheimer Moos, auf Weg entlang des Grenzgrabens, an Holzhäcksel, MTB 7527/1, leg. M. E., Beleg in (M); 01.05.03, AMU-Maiwanderung im „Silberwald" bei Neu-Ulm/Ludwigsfeld, leg. M. E.

Coprinus leiocephalus P. D. Orton

Kahlköpfiger Scheibchen-Tintling
Syn.: *C. galericuliformis*
Fundbeschreibung siehe KRIEGLSTEINER, BENDER & ENDERLE (1982)
Beschreibung eines weiteren Fundes:
Hut –40 mm breit, eichelförmig bis konvex, ohne abgesetzten Buckel, Mitte wässerig ockerbraun, nach außen deutlich heller, stark gefurcht-gerippt, zwischen den Rippen heller; beim Ausblassen wird zuerst die Zone um die dunkle Mittelscheibe heller
Lamellen normal weit, fast frei, schmal, lanzettlich, –4 mm breit, jung dunkel-aschgrau mit heller Schneide, alt von ausgefallenen Sporen hell, schmutzig-beige mit meist dunklerer Schneide
Stiel –45 mm lang, in der Mitte –3 mm dick, schmutzig-weißlich, gegen die Spitze oft etwas sparrig-schuppig, Basis erweitert, hohl
Geruch pilzartig banal
Funddaten: 31.08.95, Baden-Württemberg, im Wald „Hörnle" bei Ulm-Grimmelfingen, unter Buchen auf einem Waldspielplatz, bei Holzresten, leg. M. E., det. K. Uljé, Alphen aan den Rijn (Holland); ein Dia befindet sich in der Diathek M. Enderles; (im Computer unter Coprinus.010)
Notizen zu einem weiteren, etwas abweichenden Fund:
Hut –18 mm breit, in der Mitte blass bräunlich, nach außen hell-grau-beige, gefucht-gerippt, hygrophan

Coprinus marculentus

Lamellen grau-beige, lanzettlich, –2 mm breit
Stiel –60 mm lang, in der Mitte –1,5 mm dick, blass
Sporen 10–11,7 x 6,6–8,8 µm, von der Seite annähernd ellipsoid, frontal mitriform-zitronenförmig, mit seitlichem Keimporus; Basidien 4-sporig
Cheilozystiden 35–60 x 14–22 µm, utriform bis breit keulig
Funddaten: 02.09.95, Baden-Württemberg, Wald bei Nerenstetten, auf grasigem Waldweg, leg. M. E., det. H. BE. und K. Uljé (Holland)
Anmerkungen des Bestimmers K. Uljè (Holland): „... hat abweichend gebildete Sporen, aber das ist nicht ungewöhnlich. *C. leiocephalus* ist eine sehr allgemeine Art und darum findet man leicht untypische Formen ..."
Es liegen ausführliche Mikrozeichungen vor.
Weitere Funddaten: 05.05.80, Auwald Of, an feuchter Stelle im Gras, MTB 7526, leg. M. E., conf. H. Derbsch; September 81, Auwald Leibi, MTB 7526, leg. M. E., conf. R. W.; 15.09.81, Auwald Leibi, MTB 7526, leg. et det. M. E., conf. G. Moreno, Madrid (Spanien); 17.09.81, Auwald Leibi, leg. et det. M. Enderle, conf. R. W.; 20.09.81, „Roter Berg" bei Ulm, bei Buchen, an Holz?, leg. M. E., conf. R. W.; 26.06.86, Ulm-Donautal, in feuchter Senke, leg. M. E., Beleg in (M); 06.08.86, Ulm-Donautal, unter Laubbäumen, leg. M. E.

Coprinus marculentus Britz.

Sechskantsporiger Tintling
Syn.: *C. hexagonosporus*
Fundbeschreibung siehe Enderle, Krieglsteiner & Bender (1986).
Funddaten: 10.06.82, Uf, Garten H. Enderle, MTB 7526, auf abgelagertem Pferdemist, dieses Material ist der **Neotypus** (!) und liegt in (M); Neotypisierung s. Z. Mykol. 52(1), 1986; 27.06.83, zwischen Ne + Bu, auf Misthaufen, leg. M. E., Beleg in (M); 24.07.82, bei Rh, auf altem Strohballen, MTB 7527/1, leg. M. E., Beleg in (M); 26.06.90, bei Rh, MTB 7527/1, auf Pferdemisthaufen, leg. M. E., Beleg in (M)
(Die Neukombinationen *C. marculentus* var. homosetulosus (Malencon) Enderle und *C. marculentus* forma *stephanosporus* (Joss.) Enderle wurden in der Zeitschrift für Mykologie 52 (1): 121, 1986, vorgenommen.)

Coprinus micaceus (Bull.: Fr.) Fr.

Glimmer-Tintling
Funddaten: vor 1894, leg. Veesenmeyer, bei Ulm.
Weitere Funddaten erübrigen sich. Die Art ist sehr häufig und kommt sehr wahrscheinlich in allen MTB im Ulmer Raum vor.

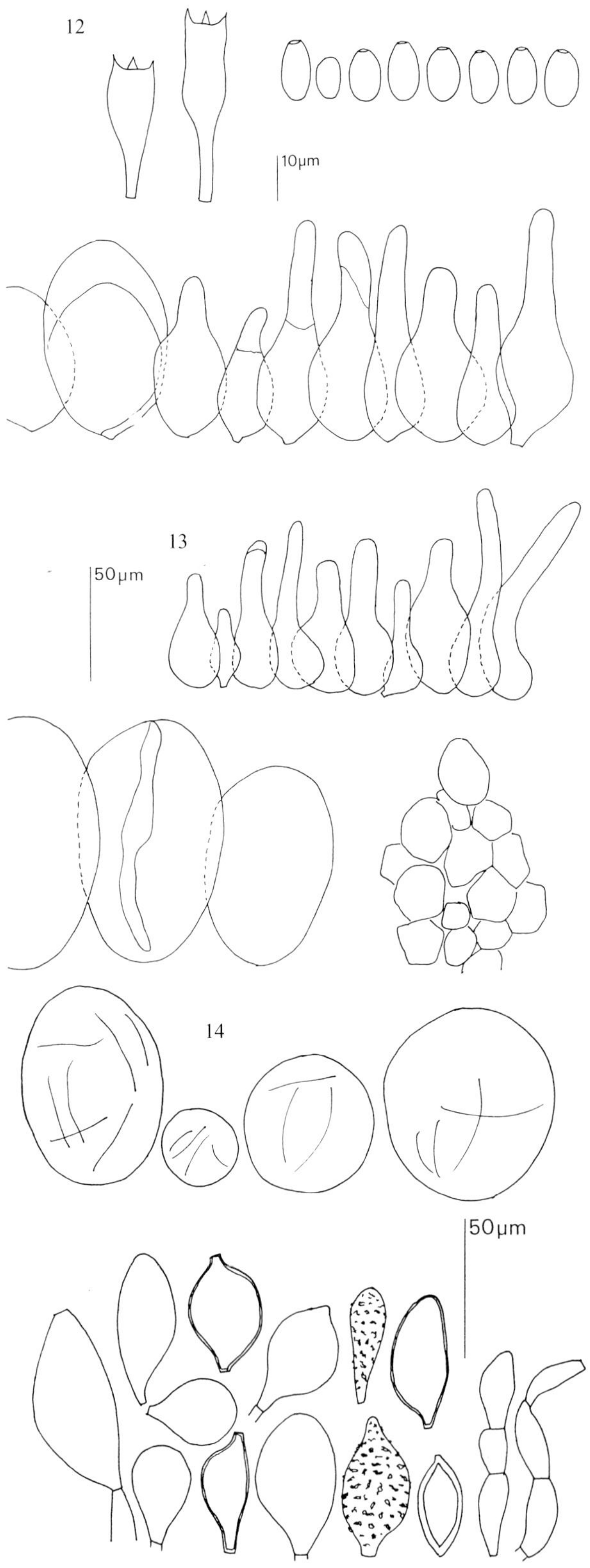

Coprinus radians
12 = Sporen, Basidien, Cheilozystiden
13 = Caulozystiden, Pleurozystiden, Huthaut
14 = Velumelemente

Coprinus narcoticus (Batsch: Fr.) Fr.
Narkotischer Tintling
Funddaten: 05.10.92, Baden-Württemberg, La, im Garten des Café Heinzelmann, leg. M. E., conf. H. BE.; Diapositiv in Diathek Enderle, Beleg in (M).

Coprinus niveus (Pers.: Fr.) Fr.
Schneeweißer Tintling
Fundbeschreibung und Foto siehe ENDERLE, KRIEGLSTEINER & BENDER (1986).
Funddaten: 24.06.84, zwischen Uf + Bühl, MTB 7526, auf Kuhmisthaufen, leg. M. E., Beleg in (M); 17.07.00, Englenghäu bei Bernstadt, MTB 7526, auf Pferdemist bei Wanderparkplatz, leg. K. K.

Coprinus nudiceps P. D. Orton
Welkender Tintling
Syn: *C. hemerobius*
Mehrere Funde zwischen 1976 und 1980, die jedoch fraglich sind.

Coprinus patouillardii Quélet aput Pat.
Eintags-Tintling
Fundbeschreibung mit Foto siehe ENDERLE, KRIEGLSTEINER & BENDER (1986).

Coprinus picaceus (Bull.: Fr.) S. F. Gray
Spechttintling
Fundbeschreibung siehe ENDERLE & BENDER (1990).
Weitere Funde: alljährlich im Herbst an einer Stelle am Wegrand, im Auwald bei Rh, MTB 7527/1, leg. M. E.

Coprinus plicatilis (Curt.: Fr.) Fr.
Glimmeriger Scheibchen-Tintling
Funddaten: 21.07.81, Auwald Lh, MTB 7527/1, am Wegrand bei *Urtica dioica*, leg. M. E., conf. R. W.; 29.07.81, zwischen Uf + Bühl, MTB 7527/3, leg. M. E., conf. R. W.; 15.09.81, Auwald Leibi, MTB 7526, leg. M. E., det. R. W.
Viele Funde sind dubios bzw. fehlbestimmt und werden deshalb hier nicht aufgelistet.

Coprinus radians (Desm.) Fr.
Großsporiger Holztintling, s. Foto S. 399
Fundbeschreibung siehe ENDERLE & MORENO (1985).
Vergleiche dazu die Mikromerkmale der nahe verwandten *C. domesticus* und *C. xanthothrix*!

Coprinus radians

Coprinus saccharinus

Coprinus radiatus (Bolton) S. F. Gray
Kleiner Dung-Tintling
Fundbeschreibung siehe BENDER, ENDERLE & KRIEGLSTEINER (1984: 23–24).

Coprinus saccharinus Romagn.
Bezuckerter Tintling
Fundbeschreibung siehe BENDER & ENDERLE (1988). Funddaten: 17.06.81, Auwald Lh, auf morschem Laubholzstumpf, MTB 7527/1, leg. C. S., det. M. E., conf. H. Romagnesi (Paris, Frankreich)

Coprinus semitalis P. D. Orton
Grauflockiger Wegrand-Tintling
16.09.81, zwischen Uf + Lh, am Biberberg, leg. M. E., conf. R. W.

Coprinus stanglianus Enderle, Bender & Gröger – Stangls Tintling
Rote-Liste-Art: gefährdet
Fund- und Neubeschreibung siehe BENDER & ENDERLE (1988). Beleg in (M)

Coprinus stercoreus Fr.
Struppiger Mist-Tintling
Fundbeschreibung siehe ENDERLE, KRIEGLSTEINER & BENDER (1986).

Coprinus sterquilinus (Fr.) Fr.
Großer Ring-Tintling
Fundbeschreibung siehe BENDER, ENDERLE & KRIEGLSTEINER (1984), Foto bei ENDERLE & REININGER (1995).
Funddaten: 20.05.79, Auwald Lh, auf Kinderfestplatz, beim Pferdemisthaufen, MTB 7527/1, leg. M. E.; 24.06.90, bei Rh, MTB 7527/1, auf großem Pferdemisthaufen, leg. M. E., Beleg in (M)

Coprinus stanglianus

Coprinus subimpatiens

Coprinus subimpatiens M. Lange & A.H. Smith
Holzstückchen-Tintling
Fundbeschreibung mit Foto siehe KRIEGLSTEINER, BENDER & ENDERLE (1982).
Zahlreiche weitere Funde von M. Enderle im Ulmer Raum (ein Fund conf. R. W.)

Coprinus truncorum (Scop.) Fr. ss. Romagn.
Weiden-Tintling
Fundbeschreibung siehe BENDER & ENDERLE (1988).
Weitere Funddaten: vor 1894, leg. Veesenmeyer (Bei diesem Fund dürfte es sich um *C. micaceus* handeln! Anmerk. M. Enderle)

Coprinus truncorum

Coprinus urticicola (Berk. & Br.) Bull.
Kräuter-Tintling
KRIEGLSTEINER (1991) nennt in seinem Verbreitungsatlas einen Fund in MTB 7525. Nähere Fundangaben liegen nicht vor (leg. L. K. ?).

Coprinus velox God. ap. Gill. ss. J. Lge.
Raschwachsender Tintling
KRIEGLSTEINER (1991) nennt in seinem Verbreitungsatlas einen Fund in MTB 7527. Nähere Fundangaben liegen nicht vor (leg. L. K.?).

Coprinus verrucispermus Josserand & Enderle 1988 – Warzigsporiger Tintling
Fund- und Neubeschreibung siehe BENDER & ENDERLE (1988).

Coprinus xanthothrix Romagn.
Gelbschuppiger Tintling
Fundbeschreibung siehe ENDERLE & MORENO (1985).
Funddaten: 15.08.80, Auwald Uf, MTB 7527, beim Donau-Staubecken, in Fichtenparzelle, auf Erde, leg. M. E.; 10.06.83, bei Rh, MTB 7527/1, leg. M. E., Beleg in (M); 15.09.83, Auwald Lh, MTB 7527/1, leg. M. E., Beleg in (M); 20.09.83, „Hörnle" bei Grimmelfingen, leg. M. E., Beleg in (M); 04.07.85, Auwald Lh, MTB 7527/1, im Gebüsch, unter Weiden, am Boden, leg. M. E., Beleg in (M); 14.07.92, nördlich Rh, im Ried unter Kanadischen Pappeln, am Wegrand, büschelig wachsend, leg. M. E., Beleg in (M); DIETL & KRIEGLSTEINER (1989), am Oberen Eselsberg in Ulm; 18.05.87, Roter Berg bei Söflingen, MTB 7625, auf Brandstelle nach Durchforstung, Fichtenwald auf Kalkboden, leg. K. K.
Vergleiche dazu die Mikromerkmale der ähnlichen *C. domesticus* und *C. radians*!

20

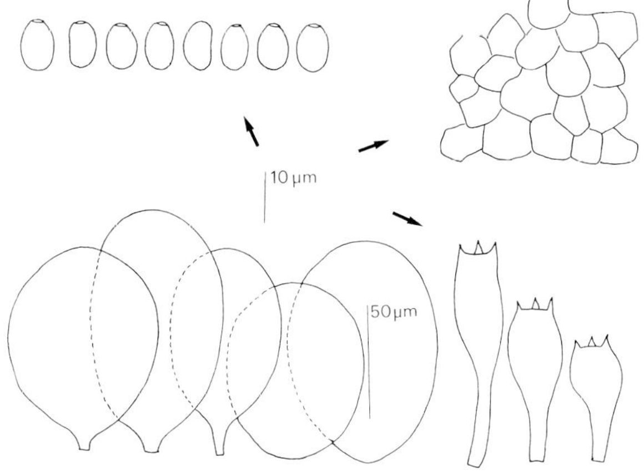

21

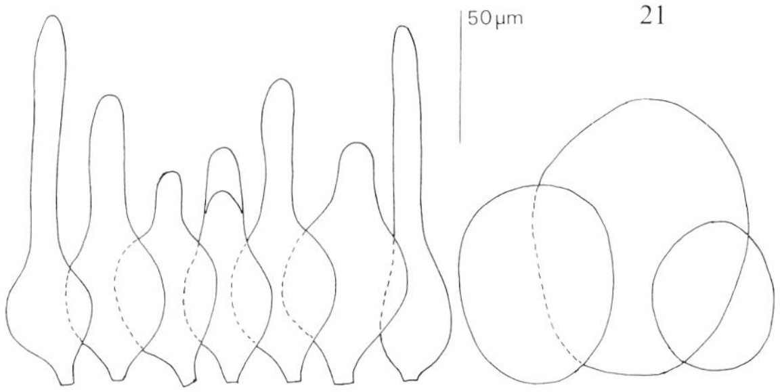

22

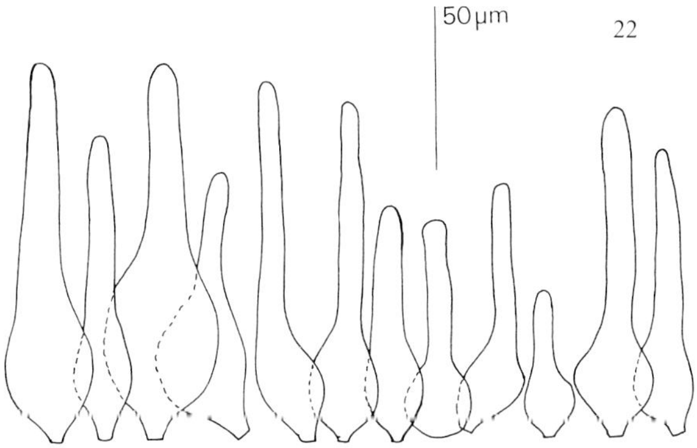

23

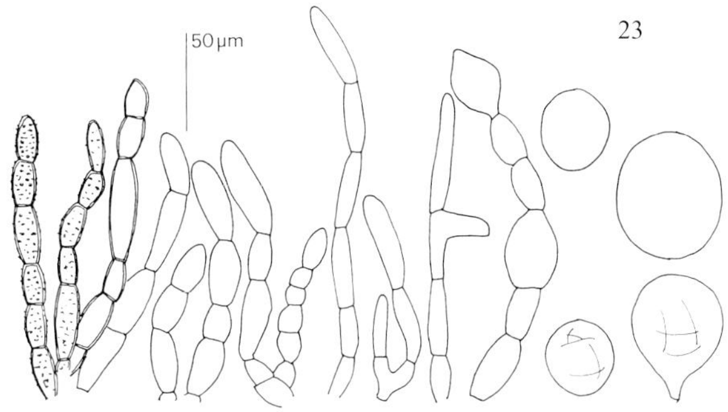

Coprinus xanthothrix
20 = Sporen, Huthaut, Pleurozystiden und Basidien
21 = Cheilozystiden
22 = Caulozystiden
23 = Velumelemente

Gattung **Psathyrella**

Funde aus dem Ulmer Raum habe ich in verschiedenen Psathyrella-Studien ausführlich publiziert. Zahlreiche unbestimmte Funde schlummern noch in den „Schubladen“ und werden nach Klärung in weiteren „Psathyrella-Studien“ vorgestellt werden.

Psathyrella agraria Enderle ad. int.
Fundbeschreibung mit Foto siehe ENDERLE (1996 a).
Fundort: Maisacker von Herrn Hermann Schmid, Langenau, im Donaumoos zwischen Riedheim und Langenau, direkt an der bayerisch-baden-württembergischen Grenze.

Psathyrella artemisiae (Pass.) Konr. & Maubl.
Seidenstieliger Mürbling
Fundbeschreibung mit Foto siehe ENDERLE (1996 a); 11.9.02, Donaustetten, Eichhau, MTB 7625/4, bei Rotbuche, leg. K. Ke., det. M. E.

Psathyrella artemisiae

Psathyrella badiophylla (Romagn.) M. Bon var. **badiophylla** – Braunblättriger Mürbling
Fundbeschreibung siehe ENDERLE & CHRISTAN (1992) und ENDERLE (1994 a).

Psathyrella bipellis (Quélet) A.H. Smith
Purpurstichiger Mürbling
Fundbeschreibung siehe ENDERLE (1985).

Psathyrella candolleana (Fr.) Maire
Behangener Mürbling
Fundbeschreibung siehe ENDERLE (1984 a).
Weitere Funddaten erübrigen sich. Die Art ist sehr häufig und kommt sehr wahrscheinlich in allen MTB im Ulmer Raum vor.

Psathyrella agraria ad int.

Psathyrella bipellis

Psathyrella caput-medusae

Psathyrella canoceps (C.H. Kauffm.) A.H. Smith – Haariger Mürbling
Rote-Liste-Art: gefährdet
Fundbeschreibung siehe ENDERLE (1987 b) und ENDERLE (2000 a; mit Foto)

Psathyrella caput-medusae (Fr.) Konrad & Maublanc – Medusenhaupt
Fundbeschreibung siehe ENDERLE (1985).
Funddaten: 1943–63, Haas-Exk. bei Altheim, MTB 7625; 10.10.81, „Muna" bei Straß/Silheim, Fichtenforst, an Fichtenstumpf, leg. M. E., det. M. Bon; 1982, leg. A. K. im MTB 7526/1 + 2; Funddaten von L. K. (pers. Aufzeichn.): 14.10.88, „Grubenhau" bei Öllingen, an Fichtenstumpf, MTB 7426/4, leg. L. K. + G. D.; 06.11.89, Roter Hau südlich Ringingen, an Fichtenstumpf, leg. E. S., det. L. K. + M. E.

Psathyrella cernua (Vahl: Fries) Hirsch
Ausblassender Mürbling
Fundbeschreibung siehe ENDERLE (1989 c).

Psathyrella chondroderma (Berk. & Br.) A.H. Smith – Netziger Mürbling
Fundbeschreibung mit Foto siehe OTTMANN & ENDERLE (1986, mit Foto).
Weitere Funddaten: 1941, Haas-Exk. am Eselsberg bei Ulm, MTB 7525; DIETL & KRIEGLSTEINER(1989), am Oberen Eselsberg in Ulm; Funddaten von L. K. (pers. Aufzeichn.): 15.09.90, westlich Wennenden, an Fichtenstumpf, MTB 7727/1, leg. L. K.; 25.06.91, „Filde" bei Eiselau, an Fichtenstumpf, MTB 7525/2, leg. L. K.

Psathyrella clivensis (Berk. & Br.) P. D. Orton
Voreilender Mürbling, s. Foto S. 404
Fundbeschreibung siehe ENDERLE & CHRISTAN (1992).

Psathyrella chondroderma

Psathyrella clivensis

Psathyrella conopilus (Fr.: Fr.) Pearson & Dennis – Langstieliger Kegelhut-Mürbling
Syn.: *P. subatrata*
Fundbeschreibung siehe ENDERLE & SCHNARBACH (1981) und ENDERLE (1992 c, mit Foto). Häufige Art im Ulmer Raum. Mehrere Belege in (M)

Psathyrella conopilus forma **substerilis** Enderle 2000 – Farbloser Kegelhut-Mürbling
Neubeschreibung mit Foto siehe ENDERLE (2000 a). Holotpyus im Herbarium der Universität Ulm (ULM). Teile des Holotypus befinden sich im Privatherbar M. Enderle.

Psathyrella corrugis (Pers.: Fr.) Konr. & Maubl. f. **corrugis** – Rotschneidiger Mürbling
Fundbeschreibung mit Foto siehe ENDERLE (1987 b); siehe auch DIETL & KRIEGLSTEINER (1989), am Oberen Eselsberg in Ulm;
Beschreibung eines weiteren Fundes:
Hut –35 mm breit, ohne Velum, ¾ durchscheinend gerieft, konvex bis flach konvex, hell-honigbräunlich, ockerbraun, teilweise mit leichtem Olivstich, nach dem Ausblassen in der Mitte am hellsten, hellbeige, nach außen mit deutlichem Rosaton, Rand oft längere Zeit noch feucht bleibend und die Farbe behaltend; zum Schluss teilweise etwas radial runzelig
Lamellen mit deutlich rosa unterlegter Schneide, normal weit bis etwas dicht stehend, lanzettlich bis schwach bauchig, –5 mm breit, jung grau-beige, alt dunkel-rußig-grau mit deutlicher rosafarbener Schneide
Stiel –90 mm lang, hell-cremeweißlich, wurzelnd,
Wurzel –30 mm lang, weißlich striegelig
Geruch pilzartig banal, etwas säuerlich
Cheilozystiden nicht sehr dicht stehend, lageniform, wenige breit keulig, 30–60 x 8–12 µm
Pleurozystiden nur sehr zerstreut vorhanden, lageniform, größer als die Cheilozystiden, 65–85 x 12–14 µm

Psathyrella conopilus f. *substerilis*

Psathyrella corrugis f. *corrugis*

Funddaten: 30.09.98, Ulm-Donautal, Baden-Württemberg, Süddeutschland, gleich nach der Sparkasse Ulm in Richtung Norden, an gehäckseltem Holz; leg. M. E., det. L. Örstadius (Schweden, Mail 18.06.02); Dia in Diathek Enderle; (im PC unter: Psath027.doc)
Anmerkungen: Diesen Fund bestimmte der schwedische *Psathyrella*-Forscher Leif Örstadius als *P. corrugis*. (Form nicht bestimmt). Er dürfte zur forma *corrugis* gehören.

Psathyrella corrugis f. gracilis (Fr.)

Enderle 1987
Fundbeschreibung mit Foto und Neukombination, siehe ENDERLE (1987 b).
Beschreibung eines weiteren Fundes:
Hut –30 mm breit, –15 mm hoch, jung konisch-glockig, bald konvex, kaum flach aufschirmend, honigbräunlich (ähnlich *Kuehneromyces mutabilis*), ca. Cailleux P57–60, alt mit wässerigem Olivton, unauffällig gerieft, von der Mitte her ausblassend, ausgeblasst hell-beige, *ohne* Rosaton, Velum an jungen Hüten minimal (vom Rand zum Stiel)
Lamellen normal weit bis etwas gedrängt, schmal, –4 mm breit, jung hell-grau-beige, später auffallend und deutlich rein hellgrau bis grau (deutlich heller und **ohne** Lilastich bei dei den anderen Sippen der *P. gracilis*-Gruppe), Schneiden heller
Stiel –90 mm lang, plus Wurzel mit ca. 10–30 mm Länge, über die gesamte Länge etwa gleichdick, gegen die Basis geringfügig erweitert und mit feinstriegeliger „Wurzel"
Geruch pilzartig banal
Sporen ca. 12,3–13,5 x 6–6,5 µm, länglich ellipsoid, mit deutlichem Keimporus und kleinem Apikulus, reif braun
Cheilozystiden breit keulig oder lageniform, selten utriform, die breit keuligen (ballonförmigen) zu einer Seite hin deutlich zunehmend, hyalin, dünnwandig, die breit keuligen mit ca. 10–25 µm Durchmesser, die lageniformen 30–60 x 8–12 µm, wenige lageniforme Zystiden mit schwach kopfiger Erweiterung an der Spitze
Pleurozystiden unregelmäßig lageniform, öfters etwas eingeschnürt oder langgestreckt (siehe Zeichnung), ca. 55–100 x 10–13 µm
Funddaten: 28.09.98, Ulm-Donautal, Baden-Württemberg, Süddeutschland, zwischen der Sparkasse und den Müllcontainern, an Holzresten, leg. M. E.; Dia in Diathek Enderle; (im PC unter: Psath028.doc)
Anmerkungen: Der schwedische *Psathyrella*-Forscher Leif Örstadius bestimmte diesen Fund, ohne Angabe zur Form. Nach meiner Meinung passt er eher zur forma *gracilis*.

Psathyrella cortinarioides P. D. Orton

Zimtblättriger Mürbling
Syn.: *P. frustulenta*
Fundbeschreibung siehe ENDERLE (1996 a).

Beschreibung eines weiteren Fundes:
Hut –28 mm breit, konvex bis flach konvex, **ohne** abgesetzten Buckel, Färbung wie *Psath. spadiceo-grisea*, im jungen und frischen Zustand ocker-gelbbräunlich, ca. Cailleux P60/65/67, alt dunkler, wässerig erdfarben, hygrophan, von der Mitte her ausblassend, ausgeblasst hell-beige, teilweise von der Sonne rissig
Lamellen normal weit, schmal bis schwach bauchig, –5 mm breit, jung hell-grau-beige, alt schmutzig rußig braun, mit minimalem Lilastich
Stiel –65 mm lang, min der Mitte –4 mm dick, Basis kaum knollig, **nicht** weißlich, sondern etwas getönt
Sporen 7,4–9,2 x 4,5–5 µm, ellipsoid, mit einer abgeflachten Seite, teilweise schwach phaseoliform, mit kleinem Keimporus und unauffälligem Apikulus; Basidien 4-sporig, z. B. 15 x 9 µm
Cheilozystiden breit keulig bis lageniform-utriform, 25–45 x 10–14 µm, hyalin, dünnwandig
Pleurozystiden sehr spärlich, langiform-utriform, in der Größe ähnlich den Cheilozystiden
Funddaten: 18.09.98, zwischen Altheim und Gerstetten, Baden-Württemberg, Süddeutschland, auf Wacholderheide, teilweise leicht büschelig wachsend, leg. M. E., det. L. Örstadius (Schweden, Mail vom 3.07.02); Dia in Diathek Enderle; im PC unter: Psath026.doc
Anmerkung: Der Fund ging als „*Psathyrella spadiceo-grisea*? *fatua*?" zur Bestimmung an Leif Örstadius, Schweden.

Psathyrella cotonea (Quélet) Konr. & Maublanc
Langstieliger Pinselmürbling
Funddaten von L. K. (pers. Aufzeichn.): 12.10.88, BW Tiefental, an Laubholzstamm, MTB 7624/1, leg. L. K. + G. D., 26.09.88, „Spitalwald" Ermingen, an Eichenstamm, MTB 7625/1, leg. L. K.; KRIEGLSTEINER (1991) nennt in seinem Verbreitungsatlas einen Fund in MTB 7525. Nähere Fundangaben liegen mir nicht vor.

Psathyrella effibulata Örstadius & Ludwig 1997
Schnallenloser Ziermürbling, s. Foto S. 407
Fundbeschreibung mit Foto siehe ENDERLE (1994 a, als *Psathyrella spec. 5*) und ENDERLE (1998).
Diese (bis dato unbeschrieben) Art hatte ich 1994 in aller Bescheidenheit als *Psathyrella spec. 5* zur Diskussion gestellt. ÖRSTADIUS & LUDWIG beschrieben sie 1997 mit einem kurzen Verweis auf meine Beschreibung als *P. effibulata*.

Psathyrella fagetophila Örstadius & Enderle
Buchenlaub-Mürbling
Syn.: *P. murcida* ss. auct.
Fund- und Neubeschreibung mit Foto siehe ENDERLE (1996 a). Typusmaterial dieser neuen Art wurde in (M) mit folgenden Daten hinterlegt: 04.10.1985, Schweden, Skane, Näsum, südlich Bjäret, leg. Leif Örstadius.

Psathyrella cortinarioides

Psathyrella effibulata

Psathyrella fagetophila

Psathyrella fusca

Psathyrella fulvescens (Romagn.) A.H. Smith
Fuchsfarbiger Mürbling
Fundbeschreibung mit Foto siehe ENDERLE (1996 a).

Psathyrella fulvescens (Romagn.) A.H. Smith var. **brevicystis** Kits van Waveren
Fundbeschreibung siehe ENDERLE (1992 c). Siehe auch Hinweis unter *P. trivialis*.

Psathyrella impexa

Psathyrella fusca (Schum.: Fr.) Pearson
Dunkelbrauner Mürbling
Fundbeschreibung mit Foto siehe ENDERLE (1987 b) und ENDERLE (1997 b, mit Foto).
Weitere Funddaten: 19.10.80, Haas-Exk. bei Breitingen, MTB 7425 (Bestimmung fraglich)

Psathyrella hirta Peck
Flockiger Mist-Mürbling
Fundbeschreibung mit Foto siehe ENDERLE & CHRISTAN (1992).

Psathyrella impexa (Romagn.) Moser ex Bon
Ungekämmter Mürbling
Rote-Liste-Art: latent gefährdet
Fundbeschreibung mit Foto siehe ENDERLE (1987 b) und ENDERLE (1994 a).

Psathyrella kauffmanii A.H. Smith
Kauffmans Mürbling, s. Foto S. 409
Fundbeschreibung mit Foto siehe ENDERLE (1996 a). Erster sicherer Nachweis (Erstfund) für Deutschland.

Psathyrella cf. **lacuum** Huijsman
Fundbeschreibung siehe ENDERLE (1992 c) und ENDERLE (1996 a, mit Foto).

Psathyrella kauffmanii

Psathyrella cf. *lacuum*

Psathyrella leucotephra (Berk. & Br.) P. D. Orton – Ring-Mürbling
Rote-Liste-Art: gefährdet
Fundbeschreibung mit Foto siehe ENDERLE (1987 b) und ENDERLE & HÜBNER (2003).

Psathyrella longicauda P. Karsten
Langschwänziger Mürbling
Fundbeschreibung siehe ENDERLE & CHRISTAN (1992).

Psathyrella lutensis (Romagn.) M. Bon
Rotbrauner Morast-Mürbling
Fundbeschreibung mit Foto siehe ENDERLE & CHRISTAN (1992).

Psathyrella maculata (Parker) A.H. Smith
Schwarzfaseriger Mürbling
Fundbeschreibung siehe ENDERLE (1989 c).
Weitere Funddaten: 12.10.79, „Muna" bei Straß, MTB 7526, in Fichtenforst (mit Kiefern) am Wegrand auf Stumpf, leg. M. E., det. H. Derbsch; 15.09.02, bei Exkursion „Oli Schick und Freunde (Jo Staiger & Company)", in den „Holzstöcken" bei Hüttisheim, an Stumpf von *Fagus silvatica* (?).

Psathyrella marcessibilis (Britz.) Singer
Graubeiger Mürbling
Fundbeschreibung siehe ENDERLE (1984 a) und ENDERLE (1994 a).
Weitere Funddaten erübrigen sich. Die Art ist sehr häufig und kommt sehr wahrscheinlich in allen MTB im Ulmer Raum vor. (Der Erstfund für den Ulmer Raum gelang Bärbel Enderle, Uf, am 27.06.80 in ihrem Garten; er wurde damals bestätigt vom Altmeister der deutschen Psathyrellen-Forschung, Helmut Derbsch, Völklingen; Beleg in [M]).

Psathyrella microrhiza (Lasch: Fr.) Konr. & Maubl. – Kleinwurzelnder Mürbling, s. Foto S. 411
Fundbeschreibung siehe ENDERLE (1987 b).

Psathyrella multipedata (Peck) A.H. Smith
Büscheliger Mürbling
Fundbeschreibungen siehe ENDERLE (1984 a) und ENDERLE (2000 a; mit Foto). Im Juni 1999 im Auwald bei Riedheim an einer Stelle mehrere Büschel gefunden.
10.10.02, „Muna" bei Uf, im Gras an mehreren Stellen, leg. M. E.

Psathyrella maculata

Psathyrella microrhiza

Psathyella narcotica Kits van Waveren
Stinkender Mürbling
Fundbeschreibung siehe ENDERLE (1989 c).
Weitere Funddaten: 15.10.89, nordöstlich von Riedheim, im Donauried, auf „Jungviehweide", MTB 7527, leg. M. E., Beleg in (M);

Psathyrella nolitangere (Fr.) Pearson & Dennis
Geriefter Mürbling
Funddaten: 07.04.80, Baustetten-Osterried, MTB 7725, leg. G. O., det. H. Derbsch; 05.05.80, Donau-Auwald bei Of, MTB 7526, bei einem Baggersee, leg. M. E., det. H. Derbsch; 09.05.80, zwischen Uf + Lh, Donau-Auwald, MTB 7527, leg. M. E., det. H. Derbsch;

Psathyrella obtusata (Pers.: Fr.) A.H. Smith var. **obtusata** – Stumpfhütiger Mürbling
Funddaten siehe ENDERLE (1998).

Psathyrella ocellata (Romagn.) Moser
Fundbeschreibung mit Foto siehe ENDERLE (1997 c).
Beschreibung eines weiteren Fundes, den Leif Örstadius (Schweden) bestimmte:
Hut –32 mm breit, glockig konvex, ohne abgesetzten Buckel, im jungen und frischen Zustand braun, kaum mit Rotanteil, ca. Cailleux S47/48, ⅔ schwach durchscheinend gerieft, hygrophan, von der Mitte her ausblassend, **ohne** auffällige, warmfarbige Zone in der Hutmitte, jung gegen den Rand mit relativ spärlichen Velumfasern, ältere und größere Hüte ohne Velum, ausgeblasst (nach mehreren Stunden) hell kartonfarben, in der Mitte geringfügig dunkler, dann fein radial runzelig; beim Ausblassen **ohne** Rosaton
Lamellen normal weit, am Stiel mit breitem Zahn angewachsen, jung grau-beige, alt schmutzig dunkelgrau-bräunlich, mit heller Schneide
Stiel –70 mm lang, in der Mitte –2,5 mm dick, zur Spitze hin +/- gleichdick, Basis kaum erweitert und etwas dunkler; Oberfläche nicht ganz glatt, sondern etwas knorpelig uneben.
Sporen ellipsoid bis länglich ellipsoid, mit einer leicht abgeflachten Seite, ca. 8,2–9,2 x 4,8–5,1 µm, mit sichtbarem Keimporus und kleinem Apikulus, reife Sporen in Wasser kräftig braun
Cheilozystiden lageniform, mit wenigen kleinen, breit keuligen Zellen, 35–50 x 8–12,5 µm, hyalin, dünnwandig, teilweise mit körnigen Inkrustationen an der Spitze
Pleurozystiden sehr spärlich vorhanden, lageniform, ähnlich den Cheilozystiden, 50–65 x 10–13 µm, hyalin, dünnwandig, einige unter dem Mikroskop marmoriert erscheinend
Hymenium bzw. Subhymenium teilweise mit sehr großen Zellen

Psathyrella ocellata

Funddaten: 25.09.98, bei Kissendorf, Bayern, Süddeutschland, im Bubesheimer Wald, im Gras unter Eichen, leg. M. E., det. L. Örstadius (Schweden); Dia in Diathek Enderle.
(im PC unter: Psath024.doc)
Anmerkung: Diesen Fund bestimmte ich als *P. vyrnwyensis?* Der schwedisch *Psathyrella*-Spezialist erkannte in ihr *P. ocellata*.

Psathyrella olympiana A.H. Smith
Nordamerikanischer Mürbling
Fundbeschreibung siehe ENDERLE (1987 b).

Psathyrella panaeoloides (Maire) Arnolds
Düngerlings-Mürbling
Fundbeschreibung siehe ENDERLE (1986 a). In den nachfolgenden Jahren wurden viele weitere Funde

Psathyrella olympiana

Psathyrella panaeoloides

dieser Art im Ulmer Raum gemacht, z. B.: 08.10.99, Baden-Württemberg, MTB 7527, nordöstlich von Riedheim, in einem Windschutzstreifen, nördlich des Wasserwerkes, leg. M. E.; 04.10.92, Garten der Familie Repscher, leg. Nikolai Enderle, det. M. E.

Beschreibung eines etwas abweichenden Fundes:

Hut –18 mm breit, konvex mit Buckel, hygrophan, *nicht* freudig gefärbt, umbrabraun, braun *ohne* Rot- oder Gelbstich, am Rand heller, hygrophan, ausgeblasst kartonfarben mit hell-ocker-bräunlicher Mitte, gegen den Rand etwas gekerbt erscheinend

Lamellen normal bis etwas gedrängt, schwach bauchig, –35 mm breit, schmutzigbraun, *ohne* Purpurton, mit deutlich heller Schneide (die Lamellenschneide älterer Fruchtkörper ist vermutlich rosa unterlegt, da unter dem Mikroskop ein ocker-bräunlicher Saum an der Schneide erkennbar ist; die Lamellenschneide junger Fruchtkörper scheinen *nicht* rosa unterlegt zu sein).

Stiel –30 mm lang, in der Mitte –2 mm dick, gegen die Spitze weißlich bepudert, nach unten leicht getönt, Basis kaum erweitert

Sporen 9–10,8 x 5,6–6,8 µm, braun, eiförmig, ellipsoid bis länglich ellipsoid, mit etwas abgeflachter Seite und deutlichem Keimporus; Basidien 4-sporig, 25–35 x 8–12 µm

Cheilozystiden breit keulig bis utriform, gelegentlich an der Spitze leicht kopfig erweitert und mit kristallinen Ablagerungen, 30–52 x 10–16 µm

Pleurozystiden ähnlich den Cheilozystiden, utriform bis breit utriform, teilweise etwas kopfig, 35–60 x 11–18 µm

Funddaten: 15.10.98, Ulm-Donautal, Süddeutschland, von den Wieland-Werken in Richtung Süden, am Wegrand Richtung „Spinnenwald", leg. M. E., det. L. Örstadius (Schweden, Mail vom 03.07.02); im PC unter: Psath023.doc

Anmerkungen: Diesen Fund sandte ich als „*P.* affin. *panaeoloides*? P. affin. *capitatocystis*? *P. almerensis*?" an den schwedischen *Psathyrella*-Forscher Leif Örstadius. Er plädierte für *P. panaeoloides* mit folgenden Argumenten: „In my experience, the spore shape of *P. panaeoloides* varies. The spores are not always pronounced triangular, subglobose, etc."

Für seine Bestimmung spricht, dass der erste typische Fund von *P. panaeoloides* ca. 300 m davon entfernt gemacht wurde.

Psathyrella affin. **panaeoloides** (Maire) Arnolds

Fundbeschreibung mit Foto siehe Enderle (1994 a).

Psathyrella prona

Psathyrella pennata (Fr.) Pearson & Dennis
Brandstellen-Mürbling
Beschreibung siehe ENDERLE & HÜBNER (2003).
Funddaten von L. K. (pers. Aufzeichn.): 07.05.86, Galgenberg, an Brandstelle, MTB 7424/1, leg. R. St.; 17.10.89, südwestlich Arnegg, an Brandstelle, MTB 7525/3, leg. L. K.; 15.09.90, westlich Wennenden, an Brandstelle, MTB 7727/1, leg. L. K.

Psathyrella piluliformis (Bull.: Fr.) Orton
Falsches Stockschwämmchen
Syn.: *P. hydrophila*
Fundbeschreibung siehe ENDERLE (1986 c).
Weitere Funddaten: 1937–40, Haas-Exk. am Eselsberg bei Ulm, MTB 7525, in „Filde" bei Beimerstetten, MTB 7525, im Maien- und Klosterwald bei Söflingen, MTB 7625, in einem Wald bei Jungingen, MTB 7525; 1974–83, leg. A. K. in MTB 7425 und 7525; 13.10.79, Haas-Exk. im Bubesheimer Wald bei Echlishausen, MTB 7527;
Weitere Funddaten erübrigen sich. Die Art ist häufig und kommt sehr wahrscheinlich in allen MTB im Ulmer Raum vor.

Psathyrella populina (Britz.) Kits van Waveren
Schwarzfaseriger Mürbling
Syn.: *P. silvestris*
Fundbeschreibung mit Foto siehe ENDERLE (1989 c).
Weitere Funddaten: Herbst 1979, Donau-Auwald bei Uf, MTB 7527, beim Staubecken, in Fichtenparzelle, auf einem Laubholzstrunk, leg. M. E., conf. A. Einhellinger; 04.06.99, Donau-Auwald bei Riedheim, auf morschem Laubbaumstumpf (Baumart unklar), leg. M. E.

Psathyrella prona (Fr.) Gillet
Kleiner Wiesen-Mürbling
Fundbeschreibung mit Foto siehe ENDERLE (1992 c)

Psathyrella prona f. **albidula** (Moser)
Kits van Waveren 1972
Funddaten: 30.05.81, Baden-Württemberg, bei Ulm-Gögglingen, am Rand eines Kornfeldes, leg. M. E., det. Marcel Bon (Frankreich), Beleg in (M); 13.10.81, Bayern, Donau-Auwald bei Ne-Leibi, unter Eiche, etc., auf altem, grasigem Weg mit Ästchen, leg. M. E., det. Marcel Bon (Frankreich)

Psathyrella prona f. **cana**
Fundbeschreibung siehe ENDERLE (1984 a).

Psathyrella prona (Fr.) Gill. var. **prona** f. **picta** (Romagn.) Kits v.Wav., s. Foto S. 415
Notizen zu einem Fund vom 02.09.95:
Hut im Aussehen wie sehr große Exemplare der Funde unter Nr. 3 (beigefügt!).
Hüte gleichfalls kräftig schokoladebraun, stark durchscheinend gerieft, beim Ausblassen mit Rosaton
Lamellen Schneide rosa unterlegt
Stiel nach unten *nicht* sehr auffallend dunkel
Cheilozystiden siehe Zeichnung, mit sehr großen, blasigen Zystiden und wenigen lageniformen Zystiden.
Funddaten: 02.09.95, Bayern (direkt an der württemb. Grenze), auf Weg mit Holzabfällen ("Holzweg"), MTB 7527/1, leg. M. E.; (im Computer unter Psath-pi.cta; mit Foto Nr. 5.)
Weiterer Fund vom 02.09.95, Bayern (direkt an der württemb. Grenze), auf Weg mit Holzabfällen

Psathyrella prona var. *prona* f. *picta*

(„Holzweg"), MTB 7527/1, leg. M. E.; (im Computer unter Psath-pi.ct4; mit Foto Nr. 3)
Hut –14 (18) mm breit, stumpf glockig und so bleibend, *nicht* konvex oder flach aufschirmend, *kein* Velum gesehen; Hutfarbe auffallend dunkelbraun, dunkel, aber warm umbra, schokoladenbraun, ca. Caulleux R67, R77; ca. ⅔ durchscheinend gerieft, hygrophan, von der Mitte her ausblassend, meit mit leichtem Rosaton, zum Schluß hell-beige-ockerlich
Lamellen normal weit, –4 mm breit, am Stiel breit angewachsen, dunkel graubraun mit Purpurstich, Schneiden rosa unterlegt

Psathyrella prona var. *prona* f. *orbitarum*

Psathyrella pseudogracilis

Stiel –40 mm lang, in der Mitte –3 mm dick, an der Spitze hell, nach unten zunehmend mit Hutfarbe getönt; Basis kaum verdickt, minimal weißfilzig
Sporen 14,5–16,2 x 7,2–8,3 µm, länglich ellipsoid bis länglich mandelförmig, mit deutlichem Keimporus und Apikulus; reife Sporen in Ammoniaklösung schwarzbraun, opak; Basidien z. B. 25 x 10 µm, *2-sporig!*
Cheilozystiden breit keulig oder lageniform, die breit keuligen durchschnittlich ca. 18 x 10 µm, die lageniformen ca. 30–42 x 10–13 µm, beiden Typen sind miteinander vermischt; (die Lamellenschneide zeigt unter dem Mikroskop teilweise, nicht durchgehend, eine ockerliche Linie was auf eine teilweise rosa Unterlegung schließen läßt)
Pleurozystiden lageniform, ca. 40–55 x 11–13,5 µm
Schnallen gesehen, z. B. an der Basis der keuligen Cheilozystiden

Psathyrella prona var. **prona** f. **orbitarum** (Romagn.) Kits van Waveren,

s. Foto S. 415
Fundbeschreibung siehe ENDERLE (1994 a).

Psathyrella pseudocorrugis (Romagn.)

M. Bon – Verschiedenfarbiger Mürbling
Fundbeschreibung siehe ENDERLE (1994 a).

Psathyrella pseudogracilis (Romagn.) Moser

Zierlicher Mürbling
Fundbeschreibung mit Foto siehe ENDERLE (1994 a).
Anmerkung: Die Beschriftung des Fotos bei ENDERLE (1994 a) ist leider im Druck vertauscht worden. Das Foto (gegenüber S. 64) rechts unten stellt *P. pseudogracilis* dar und nicht *P. pygmaea*!
Funddaten: 06.06.81, Donau-Auwald bei Lh, am Kinderfestplatz, MTB 7527, leg. M. E., det. M. Bon; Beleg in (M); DIETL & KRIEGLSTEINER (1989), am Oberen Eselsberg in Ulm.

Psathyrella pygmaea (Bull.: Fr.) Singer

Zwerg-Mürbling, s. Foto S. 417
Fundbeschreibung mit Foto siehe ENDERLE (1984 a), ENDERLE (1994 a) und ENDERLE & HÜBNER (2003).
Anmerkung: Die Beschriftung des Fotos bei ENDERLE (1994 a) ist leider im Druck vertauscht worden. Das Foto (gegenüber S. 64) links unten stellt *P. pygmaea* dar und nicht *P. pseudogracilis*!
Weitere Funddaten: 17.06.81, Donau-Auwald zwischen Lh + Gz, am moosigem Laubholzstumpf, MTB 7527, leg. C. S., det. M. E.; 14.08.82, Donau-Auwald bei Lh, MTB 7527, leg. M. E., Beleg in (M); Funddaten von L. K. (pers. Aufzeichn.): 02.08.87, Donaumoos nordöstlich Gz, beim Emmausheim, an Laubholzstumpf, MTB

Psathyrella pygmaea

7427/4, leg. G. J. K. + M. E.; 30.10.89, Neu-Ulm/Reutti, an *Alnus*-Stämmchen, MTB 7626/1, leg. L. K.; 15.09.90, nordwestlich Dietenheim an *Fraxinus*-Stamm, MTB 7726/3, leg. L. K.; 20.09.02, „Muna" bei Uf, an morschem Baumstumpf, leg. M. E.

Psathyrella romagnesiana M. Bon
Romagnesis Mürbling
Fundbeschreibung siehe ENDERLE (1994 a).

Psathyrella sacchariolens Enderle 1984
Süßriechender Mürbling,
Fundbeschreibung mit Foto siehe ENDERLE (1984 a) und ENDERLE (1997 b, mit Foto).

Psathyrella spadicea (Schäffer) Singer ss. auct. plur. – Schokoladenbrauner Mürbling
Fundbeschreibung mit Fotos siehe ENDERLE (1989 c). Der schwedische *Psathyrella*-Forscher Leif ÖRSTADIUS schuf einen Neotypus von dieser Art. Ein Teil

Psathyrella sacchariolens

Psathyrella spec. 1

Psathyrella spintrigeroides

dieses Neotypus ist in (M) deponiert und zwar von folgendem Material: 11.11.98, Bayern, Donau-Auwald bei Lh-Riedheim, büschelig am Fuß einer großen Pappel (vermutlich Bastardpappel aus *Populus canadensis* und *Populus nigra*), leg. M.E (vergl. dazu Örstadius 1999).

Psathyrella spadiceogrisea (Schff.: Fr.) Maire
Früher Laubwald-Mürbling
Fundbeschreibungen siehe Enderle (1984 a) und Enderle (2000 a; mit Foto).
Sämtliche mir bekannten Varietäten und Formen wurden in Enderle (2000 a) dargestellt.
01.05.03, AMU-Maiwanderung im „Silberwald" bei Neu-Ulm/Ludwigsfeld, leg. M. E.; weitere Funddaten erübrigen sich. Die Art ist sehr häufig und kommt sehr wahrscheinlich in allen MTB im Ulmer Raum vor.

Psathyrella spadiceogrisea f. **mammifera** (Romagn.) Kits van Waveren
Fundbeschreibung mit Foto siehe Enderle (1987 b).

Psathyrella spec. 1, s. Foto S. 418
Fundbeschreibungen mit Foto siehe Enderle (1987 b) und Enderle & Christan (1992).

Psathyrella spec. 2
Fundbeschreibung siehe Enderle (1987 b).

Psathyrella spec. 3 (Sekt. *Pennatae*, *P.* affin. *dicrani/friesii*)
Fundbeschreibung mit Foto siehe Enderle (1992 c)

Psathyrella spec. 4 (Sekt. *Pennatae*, *P.* affin. *dunensis/dunarum*)
Fundbeschreibung siehe Enderle (1992 c)

Psathyrella spintrigeroides P. D. Orton
Reichbeschleierter Mürbling, s. Foto S. 418
Fundbeschreibung mit Foto siehe Enderle (1989 c).

Psathyrella stellata (Romagn.) M. Bon
Schirmchen-Mürbling
Fundbeschreibung mit Foto siehe Enderle (1994 a).

Psathyrella tephrophylla Romagnesi
Rußgraublättriger Mürbling, s. Foto S. 419
Fundbeschreibung mit Foto siehe Enderle (1984 a), Enderle (1994 a) und Enderle (1997 b). Zahlreiche Funde im Ulmer Raum, vor allem im Donau-Auwald bei Lh-Riedheim, Belege in (M).

Psathyrella tephrophylla

Psathyrella vestita

Psathyrella trivialis Arnolds
Trivialer Mürbling
Anmerkungen: Kurz vor Drucklegung erreichte mich eine *Psathyrella*-Studie von ARNOLDS (2003), in jener konstatiert er, dass mein Fund der *Psathyrella fulvescens* (Romagn.) A. H. Smith var. *brevicystis* Kits van Waveren, den ich 1992 vorstellte (ENDERLE 1992 c: 91), seine *P. trivialis* sei. Diese Behauptung ist, womöglich an Hand weiterer Funde, zu gegebener Zeit noch zu klären.

Psathyrella typhae (Kalchbr.) Pearson & Dennis
Sumpfpflanzen-Mürbling
Rote-Liste-Art: gefährdet
Fundbeschreibung siehe ENDERLE (1989 c); siehe auch DIETL & KRIEGLSTEINER (1989)

Psathyrella vestita (Peck) A.H. Smith
Bekleideter Mürbling
Fundbeschreibung mit Foto siehe ENDERLE & CHRISTAN (1992) und ENDERLE & HÜBNER (2003).

Psathyrella vinosofulva P. D. Orton
Weinrötlicher Mürbling
Rote-Liste-Art: gefährdet
Fundbeschreibung mit Foto siehe ENDERLE (1994 a).

Psathyrella vyrnwyensis Kits van Waveren
Walisischer Mürbling
Fundbeschreibung siehe ENDERLE & CHRISTAN (1992) und ENDERLE (1997 b).

Psathyrella vyrnwyensis

Die 50 häufigsten Speise- und Giftpilzarten im Ulmer Raum

(mit Fotos und Kurzbeschreibungen)

Speisepilze: Steinpilz, Fichtensteinpilz (Boletus edulis)

Hut halbkugelig bis polsterförmig, alt flach gewölbt, bis 22 cm breit, hell- bis dunkelbraun, haselnussbraun, feucht etwas schmierig; Poren jung weißlich, cremefarben bis oliv-gelblich; Stiel bis 12 cm lang, bis 5 cm breit, jung meist dick und bauchig, alt mehr zylindrisch und zur Basis verdickt, im oberen Teil hell blassbeige mit hellem Adernnetz, zur Basis hin weißlich, mit weniger deutlichem bis fehlendem Netz. Geruch angenehm pilzartig, Geschmack mild, nussartig.
Vorkommen: Juli bis Oktober, meist im (sauren) Fichtenwald, vorzugsweise in jungen Fichtenschonungen.
Anmerkungen: Der Steinpilz kann sehr leicht mit dem Gallenröhrling verwechselt werden. Letzterer hat jedoch deutlich olivbraune Töne, eine dunkle Netzzeichnung auf dem Stiel, im Alter schmutzig rosa gefärbte Poren und bitteren Geschmack (roh probieren!)

Maronenröhrling (Xerocomus badius)

siehe Foto S. 422
Hut halbkugelig bis polsterförmig gewölbt oder fast flach, bis 12 cm breit, hell- bis dunkelbraun, maronenbraun, bei Feuchtigkeit leicht schmierig; Poren jung weißlich, bald grünlichgelb, auf Druck blauend; Stiel bis 10 cm lang, bis 3 cm dick, zylindrisch bis schwach bauchig, selten dickbauchig, auf hellem Grund mit bräunlicher Längsfaserung, ohne Netzzeichnung, an Spitze und Basis etwas heller; Geruch angenehm pilzartig, Geschmack mild.
Vorkommen: Juni bis November, einzeln bis gesellig, meist in Nadelwäldern auf sauren Böden.
Anmerkung: Diese häufige und sehr gut bekannte Art ist leider am meisten verstrahlt. Deshalb sollten Kinder nur kleine Mengen davon essen.

Ziegenlippe (Xerocomus subtomentosus)

siehe Foto S. 422
Hut halbkugelig bis flach polsterförmig, bis 9 cm breit, hell oliv-bräunlich bis gelb-oliv, Oberfläche fast immer geschlossen, feinfilzig; Poren relativ weit, auffallend goldgelb, alt grüngelblich, auf Druck nicht oder nur schwach blauend; Stiel bis 9 cm lang, bis

Steinpilz, Boletus edulis, Foto: H. E. LAUX

Maronenröhrling, Xerocomus badius

2 cm dick, schlank, +/- zylindrisch, gelegentlich verbogen, gelbbräunlich; Geruch unauffällig, Geschmack mild

Ziegenlippe, Xerocomus subtomentosus, Foto: H. E. LAUX

Vorkommen: Juni bis Oktober, oft einzeln, in Nadel- oder Laubwäldern.

Anmerkungen: Die Art wird manchmal mit dem Rotfußröhrling verwechselt, der aber weniger gelbe Poren, einen meist felderig aufreißenden Hut und weinrötliche Töne am Stiel hat.

Rotfußröhrling (Xerocomus chrysenteron)

siehe Foto S. 423

Hut halbkugelig bis flach polsterförmig, bis 9 cm breit, düster oliv-bräunlich, gelbbräunlich bis bronzebraun, gelegentlich mit Graubeimischungen, jung manchmal schwärzlich graubraun, Hutoberfläche mit zunehmendem Alter unregelmäßig aufreißend, in den Rissen und an Fraßstellen mit schwachen Rottönen; Poren jung blass gelb, später gelbgrün, auf Druck schwach blaugrün verfärbend; Stiel bis 9 cm lang, bis 2 cm dick, +/- zylindrisch, oft verbogen, auf gelblichem Grund auffallend weinrot bis rhabarer-rot gepustelt oder gestreift; Geruch unauffällig, Geschmack mild.

Vorkommen: Juni bis November in Nadel- und Laubwäldern.

Anmerkungen: Diese häufige und sehr beliebte Speisepilzart wird leider sehr schnell wurmig und schimmelig. Es gibt nahe stehende Sippen, die alle essbar sind.

Rotfußröhrling, Xerocomus chrysenteron

Flockenstieliger Hexenröhrling, Boletus erythropus

Text S. 424

Goldröhrling, Suillus grevillei, Foto: H. E. LAUX

Flockenstieliger Hexenröhrling (Boletus erythropus), siehe Foto S. 423
Hut halbkugelig bis polsterförmig, bis 18 cm breit, meist dunkelbraun, seltener heller und mit Olivstich, bei Trockenheit fein samtig-filzig, feucht schwach schmierig; Poren jung gelblich, bald orange bis dunkelrot, bei Berührung schnell schwarzblau verfärbend; Stiel bis 13 cm lang, bis 4 cm dick, zunächst bauchig, später gestreckt; auf gelblichem Grund dicht karminrot beflockt; Fleisch im Schnitt sofort dunkelblau verfärbend; Geruch unbedeutend, Geschmack mild.
Vorkommen: Mai bis Oktober vorwiegend in sauren Nadelwäldern oder in Rotbuchenwäldern.
Anmerkung: Der ebenfalls rotporige, giftige Satanspilz hat niemals einen braunen, sondern einen hell grau-beigen Hut und unangenehmen Geruch.

Birkenpilz, Leccinum scabrum, Foto: H. E. LAUX

Goldröhrling (Suillus grevillei)
Hut halbkugelig, dann polsterförmig bis flach konvex, bis 12 cm breit, gold- bis orangegelb, seltener orangebräunlich oder zitronengelb; feucht mit auffallendem, gelblichem Schleim überzogen, bei Trockenheit klebrig; Poren gelb bis goldgelb, bei Druck bräunend; Stiel bis 12 cm lang, bis 2 cm dick, oberhalb der häutigen Ringzone freudig goldgelb, darunter dunkler; Fleisch im Schnitt oft schwach rosalich, violettlich oder bräunlich verfärbend; Geruch unauffällig, Geschmack mild bis schwach säuerlich.
Vorkommen: Juni bis Oktober, meist gesellig unter Lärchen.

Birkenpilz (Leccinum scabrum)
Hut halbkugelig bis polsterförmig, bis 12 cm breit, hell- bis dunkelbraun, bei Feuchtigkeit schwach schmierig; Poren schmutzig weißlich, hellbeige bis graubraun; Stiel bis 13 cm lang, bis 3 cm dick, zur Spitze hin verjüngt; hell mit deutlich kontrastierenden grauschwarzen Schüppchen; Stielfleisch beim Durchschneiden fast unverändert, höchstens mit minimalem Rosaton im oberen Stielbereich; Geruch unauffällig, Geschmack mild.
Vorkommen: Juni bis November, unter Birken.

Butterrübling (Collybia butyracea)
siehe Foto S. 425
Hut flach kissenförmig bis abgeflacht, oft stumpf gebuckelt, Ränder im Alter oft aufgebogen, bis 6 cm breit, rotbraun mit etwas dunklerer Mitte, Oberfläche fettig glänzend; Lamellen weißlich oder wässerigblass, mit fein gekerbter Schneide; Stiel bis 7 cm lang, zur Basis hin aufgeblasen, längsfaserig, rotbräunlich, am Grund weißfilzig; Geruch und Geschmack pilzartig banal.
Vorkommen: Juli bis November in Nadel- und Laubwäldern auf nährstoffarmen Böden.
Anmerkungen: Dieser häufige, aber meist unbeachtete Speisepilz kommt in einer braunen und graubräunlichen Varietät (var. asema) vor.

Butterrübling, Collybia butyracea Text S. 424

Nebelgrauer Trichterling, Lepista nebularis Text S. 427

Fuchsiger Trichterling, Lepista flaccida f. *inversa* Text S. 427

Violetter Rötelritterling, Lepista nuda, Foto: H. E. Laux Text S. 427

Nebelgrauer Trichterling (Lepista nebularis),

siehe Foto S. 425

Hut gewölbt, später ausgebreitet, alt meist mit aufgebogenem Rand, bis 18 cm breit, hellgrau bis graubraun, feucht etwas fettig glänzend; Lamellen sehr dicht, weißlich bis cremefarben; Stiel bis 9 cm lang, bis 3 cm dick, cremeweißlich bis hellgrau, Basis weißfilzig; Geruch eigentümlich, etwas gummiartig, Geschmack mild, säuerlich.

Vorkommen: August bis November, im Laub- und Nadelwald.

Anmerkungen: Die Art ist sehr ergiebig, kann aber individuelle Unverträglichkeitsreaktionen hervorrufen; am besten nur mittelalte Fruchtkörper verwenden. Der seltene giftige Riesenrötling (E. sinuatum) ist ähnlich. Er weicht vor allem durch einen Rosastich in den Lamellen ab.

Fuchsiger Trichterling (Lepista flaccida f. „inversa“),

siehe Foto S. 426

Hut jung flach gewölbt, bald niedergedrückt, zum Schluss trichterförmig, bis 9 cm breit, Oberfläche matt bis glänzend, leicht hygrophan, feucht fuchsigrotbraun, trocken hell ockerlich bis lederbraun, oft etwas fleckig; Hutrand jung eingerollt, im Alter unregelmäßig gewellt. Lamellen am Stiel weit herablaufend, sehr dicht stehend, vom Hut ablösbar, weißcreme-ockerlich, später mit fuchsigem Anflug; Stiel bis 6 cm lang, in der Mitte bis 1 cm dick, hutfarben oder blasser, an der Basis mit hellem Filz.

Geruch und Geschmack schwach säuerlich.

Vorkommen: August bis November, meist in Gruppen oder Ringen, im Laub- und Nadelwald.

Anmerkungen: Der ähnliche, helle Wasserfleckige Rötelritterling (Lepista gilva) gilt heute nur noch als Form der Stammart *Lepista flaccida*.

Violetter Rötelritterling (Lepista nuda)

siehe Foto S. 426

Hut anfangs gewölbt, später flach ausgebreitet, bis 15 cm breit, violett, bräunlich-violett bis rotbraun mit violetter Tönung, alt bis graulila; Lamellen blau bis graulila, gedrängt; Stiel bis 12 cm lang, bis 3 cm breit, zylindrisch bis keulig, violett mit weißsilbrigen Längsfasern; Geruch etwas unangenehm, gummiartig, Geschmack mild.

Vorkommen: August bis November, oft gesellig, in Laub- oder Nadelwäldern

Anmerkungen: Personen, die nach dem Verzehr dieser ergiebigen Speisepilzes Unwohlsein verspüren, sollten künftig auf den Genuss dieser Art verzichten.

Parasol, Macrolepiota procera

Riesenschirmling, Parasol (Macrolepiota procera)

Hut jung kugelig-eiförmig (wie ein Paukenschlegel), dann aufschirmend und schließlich kissenförmig abgeflacht, mit etwas erhabenem Buckel, bis 20 cm breit, Oberfläche hellbraun mit sparrig abstehenden, +/- konzentrisch angeordneten Schuppen, Hutmitte unbeschuppt bräunlich, Hutrand faserigwollig behangen; Lamellen weiß, alt hellbräunlich, weich; Stiel bis 25 cm lang, bis 2 cm dick, zur Spitze verjüngt, hellbräunlich, bald mit brauner Natterung, Stielbasis keulig verdickt; Fleisch weißlich, bei Verletzung so bleibend (nicht orangefarben verfärbend, wie der sehr ähnlich Safranschirmling); Geruch und Geschmack unauffällig bis schwach nussartig;

Vorkommen: Juli bis Oktober in lichten Laub- und Nadelwäldern

Anmerkungen: Der Parasol wird von Anfängern oft mit dem häufigeren Safranschirmling verwechselt. Letzterer verfärbt sich bei Verletzung jedoch orangerötlich und hat einen ungenatterten Stiel. Beides sind gute und ergiebige Speisepilze.

Safranschirmling, Macrolepiota rachodes

Safranschirmling (Macrolepiota rachodes)
Hut jung halbkugelig-eiförmig, dann aufschirmend und zum Schluss kissenförmig flach, bis 18 cm breit, braun bis graubraun, dicht wollig-schuppig, Hutmitte braun und unbeschuppt; Lamellen weiß bis cremeweißlich, Schneiden später teilweise bräunlich gerandet; Stiel bis 15 cm lang, bis 2 cm dick, zur Spitze verjüngt, hell, später schmutzig bräunlich, Stielbasis knollig; Fleisch weißlich, bei Verletzung rasch safrangelb-orangerot verfärbend; Geruch und Geschmack unauffällig bzw. mild.
Vorkommen: Juli bis November, in Nadel-, seltener Laubwäldern.
Anmerkungen: Der häufige und ergiebige Safranschirmling wird am besten wie ein Schnitzel paniert und mit einer Scheibe Käse und Schinken verfeinert.

Wiesenchampignon (Agaricus campestris)
s. Foto S. 429
Hut jung halbkugelig, dann flach gewölbt; bis 10 cm breit, weiß, schmutzig weiß, ohne oder mit konzentrisch angeordneten angedrückten, gleichfarbigen Faserschuppen; alt auch etwas bräunlich, Rand lange eingerollt, jung mit weißen Velumresten behangen; Lamellen dicht stehend, jung hellrosa, zunehmend dunkler, alt schokoladebraun bis purpurschwarz; Stiel bis 7 cm lang, bis 2 cm dick, gegen die Basis meistens etwas verjüngt, weißlich, etwas faserig, mit schwach entwickeltem, vergänglichem, hängendem Ring; Fleisch im Anschnitt schwach rosa verfärbend; Geruch und Geschmack angenehm pilzartig.
Vorkommen: Juni bis Oktober, auf Wiesen, Weiden und Äckern
Anmerkungen: Man kann den Wiesenchampignon (oder andere Champignons) nicht mit dem weißen Knollenblätterpilz verwechseln, wenn man u.a. auf die schwach rosa bis dunkel-schokoladebraunen Blätter achtet. Die Blätter der gefährlichen Knollenblätterpilzarten bleiben bis ins Alter weißlich bis hellcremefarben.

Waldchampignon (Agaricus silvaticus)
s. Foto S. 429
Hut jung halbkugelig-glockig, dann gewölbt bis flach aufschirmend, mit stumpfem Buckel, bis 9 cm breit, Oberfläche auf hellem Grund mit gelb- bis dunkelbraunen, angedrückten Schuppen; Lamellen jung blassrosa, graurosa, alt purpurbraun; Stiel bis 12 cm lang, bis 1,5 cm dick, zylindrisch, gegen die Spitze etwas verjüngt, an der Spitze blass rosa, unterhalb des häutigen, hängenden Ringes weißlich bis graurosa, an der Basis schwach knollig verdickt; Fleisch bei Verletzung rasch rötend. Geruch unauffällig pilzartig, Geschmack mild.
Vorkommen: Juli bis Oktober, oft in Gruppen, meistens in Nadelwäldern

Wiesenchampignon, Agaricus campestris Text S. 428

Waldchampignon, Agaricus silvaticus Text S. 428

Anischampignon, Agaricus arvensis, Foto: H. E. Laux

Anischampignon (Agaricus arvensis)

Hut jung fast kugelig, dann glockig gewölbt, alt ausgebreitet, bisweilen mit stumpfem Buckel, bis 12 cm breit, Oberfläche jung weiß bis blassgelb, ohne auffällige Schuppen, im Alter manchmal in feine, angedrückte Schüppchen aufreißend, bei Verletzung oder nach Reiben langsam gelblich verfärbend; Lamellen dicht stehend, graurosa, bald purpur- bis schwarzbraun; Stiel bis 12 cm lang, bis 2 cm dick, zylindrisch, weißlich, mit häutigem, hängendem Ring; Geruch anis- bis mandelartig, Geschmack mild.

Vorkommen: Juli bis November, meist gesellig, in Nadel- und Mischwäldern

Anmerkungen: Es gibt mehrere ähnliche, teilweise schwer unterscheidbare, gilbende und nach Anis riechende Champignonarten, die allesamt essbar sind. Eine Verwechslung ist möglich mit dem giftigen Karbolchampignon (A. xanthoderma), der bei Verletzung, vor allem im Stielgrund, sofort chromgelb anläuft und nicht nach Anis, sondern etwas nach Tinte riecht. Auch beim Kochen dieses unangenehmen Doppelgängers riecht es unangenehm und hält einen vom Verzehr der Pilzgerichts ab.

Grünspanträuschling (Stropharia aeruginosa), s. Foto S. 431

Hut jung halbkugelig, dann gewölbt und schließlich kissenförmig mit stumpfem Buckel, bis 6 cm breit, Oberfläche schmierig-klebrig, glänzend, hell- bis dunkel-blaugrün, im Alter mit gelblichen Flecken, junge Hüte mit schnell vergänglichen, weißen Flöckchen bedeckt; die schleimig-zähe Huthaut ist vollständig abziehbar; Lamellen grauweiß, graubraun, mit Lilastich, alt dunkel-braunviolett, mit hellerer Schneide; Stiel bis 9 cm lang, bis 8 mm dick, oberhalb des Ringes glatt, blaugrün, darunter auf blaugrünlichem Grund sparrig weißflockig; Geruch etwas muffig, Geschmack mild.

Grünspanträuschling, Stropharia aeruginosa Text S. 430

Vorkommen: Juli bis November, meist gesellig, im Laub- und Nadelwald
Anmerkungen: Diese giftig aussehende Pilzart ist in kleineren Mengen im Mischgericht essbar.

Hallimasch (Armillaria mellea s. l.)

s. Foto S. 432
Hut anfangs halbkugelig, später gewölbt bis ausgebreitet und mit stumpfem Buckel, bis 8 cm breit, honig-, ocker- bis olivgelb, gegen den Rand heller, mit faserigen, abwischbaren, dunkleren Schüppchen; Lamellen weißlich bis cremefarben, alt hell-bräunlich; Stiel bis 13 cm lang, bis 2 cm dick, zylindrisch, weißlich bis bräunlich, mit häutigem, wattigem Ring gegen die Stielspitze; meist büschelig verwachsen. Geruch etwas muffig, Geschmack herb.
Vorkommen: August bis November meist büschelig an lebendem oder totem Laubholz.
Anmerkungen: Hallimasche müssen kurz abgekocht werden (Kochwasser wegschütten). Individuelle Unverträglichkeitsreaktionen sind möglich. Es gibt mehrere schwer unterscheidbare Kleinarten, die alle essbar sind.

Stockschwämmchen (Kuehneromyces mutabilis), s. Foto S. 432

Hut gewölbt, alt flach ausgebreitet und stumpf gebuckelt, bis 7 cm breit, Oberfläche kahl und glatt, feucht gelb- bis zimtbraun, meist mit dunklerer Randzone, ausgeblasst hell-ockergelblich, bei Feuchtigkeit etwas schmierig glänzend; Lamellen jung hellocker, später ocker bis dunkelbraun; Stiel bis 7 cm lang, bis 5 mm dick, oben gelbbräunlich, unterhalb des vergänglichen, fetzigen Ringes dunkler und mit feinen, dunkelbraunen Schüppchen, an der Stielbasis dunkelbraun; Geruch und Geschmack pilzartig.
Vorkommen: Mai bis Dezember, meist büschelig an totem Laub- und Nadelholz wachsend.
Anmerkungen: Der giftige Gifthäubling (*Galerina marginata*) riecht zerdrückt etwas nach altem Mehl und ist unterhalb des Stielringes kahl. Er wächst meist nicht büschelig, sondern allenfalls dicht gesellig und bleibt meistens deutlich kleiner und weniger fleischig.

Rauchblättriger Schwefelkopf (Hypholoma capnoides), s. Foto S. 433

Hut zuerst gewölbt, dann abgeflacht mit stumpfem Buckel, bis 8 cm breit, blassgelb, dann gelbbraun bis orangebräunlich; Lamellen jung blass, dann aschgrau, alt graubraun; Stiel bis 8 cm lang, bis 6 mm dick, schlank, oft verbogen, semmelfarben, zur Basis hin mehr rostfuchsig, am Grund meist büschelig verwachsen. Geruch und Geschmack, unauffällig, mild.
Vorkommen: August bis Dezember, an Nadel-, seltener Laubholz. *Text weiter S. 433*

Hallimasch, Armillaria mellea Text S. 431

Stockschwämmchen, Kuehneromyces mutabilis Text S. 431

Rauchblättriger Schwefelkopf, Hypholoma capnoides Text S. 431

Anmerkungen: Eine sehr häufige und ergiebige Art. Verwechslungen sind u. U. mit dem giftigen Grünblättrigen Schwefelkopf und dem Gifthäubling möglich.

Schopftintling (Coprinus comatus)

Hut zylindrisch bis walzenförmig, im Alter hochglockig und vom Rand her tintenartig zerfließend, bis 5 cm breit, bis 12 cm hoch, Oberfläche jung weiß und mit abstehenden, weißlichen, im Alter hellbeige-bräunlichen Schuppen, Hutscheitel meist geschlossen und hellbeige-bräunlich; Lamellen sehr dicht stehend, jung weiß, bald rosafarben, zuletzt mit dem Hut tintenartig schwarz zerfließend; Stiel bis 13 cm lang, bis 3 cm dick, weiß, mit vergänglichem Ring und schwach knolliger Basis; Geruch und Geschmack unauffällig.
Vorkommen: Mai bis November, meist dicht gesellig in Gärten, Wiesen, Parks, Wegen und Wäldern auf nährstoffreichen Böden.
Anmerkungen: Der verwandte Faltentintling (C. atramentarius) hat einen beigegrauen Hut ohne Schuppen und wirkt in Verbindung mit Alkohol giftig.

Ockertäubling (Russula ochroleuca)

s. Foto S. 434
Hut anfangs gewölbt, bald flach ausgebreitet, oft mit zentraler Delle; gelblich bis ockergelb, gelegentlich mit Oliv-Beiton; bei Feuchtigkeit schwach schmierig;

Schopftintling, Coprinus comatus

Ockertäubling, Russula ochroleuca, Foto: H. E. LAUX Text S. 433 und 434

Lamellen weißlich bis cremefarben, spröde; Stiel bis 7 cm lang, bis 2 cm dick, jung weißlich, alt grauend und runzelig; Geruch unauffällig bis schwach obstig, Geschmack etwas scharf.
Vorkommen: Juli bis November, oft massenhaft in Nadel- und Laubwäldern.
Anmerkungen: Die Art ist etwas schärflich und kann im Pilzmischgericht nur mit einigen wenigen, am besten jungen Exemplaren verwendet werden, da das Gericht sonst zu scharf wird. Sehr ähnlich ist der Gallentäubling (R. fellea), der jedoch kräftiger gefärbte Lamellen hat, meistens bei Rotbuchen wächst und gallenbitter schmeckt.

Fichtenreizker (Lactarius deterrimus)

s. Foto S. 435
Hut bis 9 cm breit, gewölbt bis flach kissenförmig, Mitte bald vertieft; orangerot bis hautfarben, meistens mit grünlichen Flecken; Oberfläche feucht schmierig; Lamellen blassocker bis orangefarben, alt graugrünlich fleckend; Fleisch brüchig und mit karottenroter Milch; Stiel meist relativ kurz, bis 5 cm lang, bis 2 cm dick, hohl, brüchig, Geruch obstartig herb, Geschmack mild bis etwas zusammenziehend;
Vorkommen: August bis Oktober im Fichtenwald.
Anmerkungen: Unter den rotmilchenden Pilzen gibt es kaum ungenießbare. Der rote Farbstoff wird anderntags im Urin ausgeschieden.

Pfifferling (Cantharellus cibarius)

s. Foto S. 435
Hut gewölbt bis trichterförmig, bis 6 cm breit, Oberfläche glatt und matt, hell- bis dottergelb, Rand lange eingerollt, zum Schluss meist unregelmäßig welligflatterig; Lamellen als kräftige Leisten, diese weit am Stiel herablaufend, oft gegabelt, blass gelb bis dottergelb; Stiel bis 5 cm lang, bis 1,5 cm dick, fest, meist nach unten etwas verjüngt, wie der Hut gefärbt oder etwas heller;
Vorkommen: Juni bis November in Nadel- und Laubwäldern, einzeln bis gesellig

Fichtenreizker, Lactarius deterrimus

Text S. 434

Anmerkungen: Sein hoher Bekanntheitsgrad und seine leichte Kenntlichkeit wurden diesem vorzüglichen Speisepilz zum Verhängnis. Auch im Ulmer Raum ist er drastisch zurückgegangen. Um einzelne Arten zu schonen, sollte der verantwortungsbewusste Pilzsammler zahlreiche andere Arten kennen.

Flaschenstäubling (Lycoperdon perlatum)

s. Foto S. 436

Fruchtkörper gestreckt birnenförmig, 3–7 cm hoch, 1–4 cm breit, lange weiß, schließlich cremefarben bis hell-bräunlich, Oberfläche mit weißlichen abwischbaren Stacheln besetzt, die von kleinen Wärzchen

Pfifferling, Cantharellus cibarius

Text S. 434 und 435

Flaschenstäubling, Lycoperdon perlatum,
Foto: W. HEDLICH Text S. 435 und 436

umgeben sind, nach Abfall der Stacheln bleibt ein kleines Netzmuster zurück. Fruchtmasse weiß, dann oliv-bräunlich, zum Schluss stäubend; Geruch etwas gummiartig, Geschmack mild.
Vorkommen: Juli bis November, in Nadel- und Laubwäldern.

Anmerkungen: Stäublinge sind essbar, solange sie innen rein weiß und fest sind.

Birnenstäubling (Lycoperdon pyriforme)

Fruchtkörper birnenförmig, 1–5 cm hoch, 1–3 cm breit, Oberfläche weißlich bis hell-bräunlich, warzig-kleiig; Fruchtmasse weiß, schließlich gelb-olivbraun, im Alter staubig trocken; Geruch unangenehm gummiartig, Geschmack mild.
Vorkommen: Juli bis November, meist büschelig oder dicht gesellig auf Totholz oder Holzabfällen. Jung im Mischgericht essbar.

Speisemorchel (Morchella esculenta)

s. Foto S. 437
4–10 cm hoch, 3–8 cm breit, rundlich-eiförmig bis stumpfkegelig, Oberfläche hellocker, hellbräunlich bis grauocker, unregelmäßig wabenartig gekammert; innen hohl und körnig; Stiel 3–8 cm lang, 2–5 cm dick, gefurcht, hohl, hell-ockerlich bis blass gelblich, mit körnig-kleiiger Oberfläche; Basis meist verdickt; Fleisch brüchig, wachsartig, hell; Geruch und Geschmack angenehm und fein pilzartig.
Vorkommen: April bis Mai, einzeln bis gesellig in Auwäldern, meist an Stellen mit schütterem Krautbewuchs, oft unter Eschen, Eichen und Berg-Ahorn.

Birnenstäubling, Lycoperdon pyriforme, Foto: W. HEDLICH

Speisemorchel, Morchella esculenta Text S. 436

Amethystblauer Lacktrichterling, Laccaria amethystea, Foto: H. E. Laux Text S. 438

Rehbrauner Dachpilz, Pluteus cervinus, Foto: H. E. Laux

Amethystblauer Lacktrichterling (Laccaria amethystea), s. Foto S. 437
Hut anfangs gewölbt, später flach ausgebreitet und meist in der Mitte vertieft, oft unregelmäßig verbogen, bis 4 cm breit, lebhaft violett, blauviolett bzw. amethystfarben, im Alter und bei Trockenheit ausblassend; Lamellen dicklich, etwas entfernt stehend, ähnlich dem Hut gefärbt; Stiel bis 9 cm lang, bis 7 mm dick, schlank, oft wellig verbogen, lilabräunlich.
Vorkommen: Juni bis November, meist gesellig in Laub- und Nadelwäldern
Anmerkungen: Dieser eher giftig aussehende Kleinpilz zählt zu den häufigsten Speisepilzen.

Rehbrauner Dachpilz (Pluteus cervinus)
Hut zunächst kugelig-glockig und meist runzelig, dann gewölbt und abgeflacht, meist mit stumpfem Buckel, bis 12 cm breit, hell- bis dunkelbraun, in der Mitte dunkler, Oberfläche matt bis seidig glänzend, eingewachsen radialfaserig; Lamellen gedrängt, jung weißlich, später rosa-beige bis wässerig rosa; Stiel bis 10 cm lang, bis 1,5 cm dick, zerbrechlich, hell, mit dunklen Längsfasern; Geruch schwach rettichartig, Geschmack mild, teilweise etwas bitterlich.
Vorkommen: Mai bis November auf morschem Laub- und Nadelholz.
Anmerkungen: Im Mischgericht ist die Art verwendbar.

Perlpilz (Amanita rubescens)
s. Foto S. 439
Hut jung halbkugelig, dann ausgebreitet bis abgeflacht, bis 15 cm breit, schmutzig fleischrötlich, rosabräunlich bis rotbräunlich, mit anliegenden grauweißen bis graurötlichen, abwischbaren Velumresten, unter der Huthaut (abziehen!) meist mit einem leichten Rosaton; Lamellen weißlich, im Alter und an Fraßstellen weinrötlich verfärbend; Stiel bis 15 cm lang, bis 3 cm dick, weißlich mit leicht rötlicher Tönung, im Alter schmutzig weinrötlich, Ring weißlich bis rosa, hängend; Stielknolle meist mit einem War-

Perlpilz, Amanita rubescens, Foto: H. E. Laux

Text S. 438 und 439

zengürtel; Geruch unauffällig, Geschmack anfangs mild, dann kratzend. Essbar, roh giftig!
Vorkommen: Juni bis Oktober in Laub- und Nadelwäldern

Anmerkungen: Der Perlpilz zeigt meistens an irgendwelchen Stellen weinrotbraune Töne. Die Huthaut sollte vor Verwendung in der Küche abgezogen werden. Anfänger sollten diese Pilzart wegen der möglichen Verwechslung mit dem giftigen Pantherpilz meiden.

Herbsttrompete (Craterellus cornucopioides)

Fruchtkörper trompetenförmig, bis zur Basis hohl, -12 cm hoch, bis 6 cm dick, auf der Innenseite rußiggrau, graubraun, alt vom Sporenpulver weißlich bestäubt, Außenseite aschgrau, runzelig-aderig, Rand umgeschlagen; Stiel hohl, nach unten verjüngt; Fleisch dünn und etwas zäh; Geruch angenehm pilzartig, Geschmack mild-aromatisch.
Vorkommen: August bis November, meist truppweise oder dicht gesellig unter Rotbuchen auf kalkhaltigen Böden, seltener an anderen Standorten.
Anmerkungen: Herbsttrompeten (Totentrompeten) eignen sich vorzüglich zum Trocknen und Verwendung als Würzpilz in der pilzlosen Winterszeit.

Samtfußrübling (Flammulina velutipes)

s. Foto S. 440

Hut polsterförmig bis flach ausgebreitet, bis 7 cm breit, honiggelb, gegen die Mitte meist dunkler, fuchsbräunlich, alt oft satt rostbraun, bei Feuchtigkeit glänzend, schmierig; Lamellen anfangs weißlich,

Herbsttrompete, Craterellus cornucopioides, Foto: W. Hedlich

Samtfußrübling, Flammulina velutipes

Text S. 439 und 440

Klebriger Hörnling, Calocera viscosa

dann gelblich-weiß; Stiel bis 9 cm lang, bis 1,2 cm dick, oben gelblich, nach unten rot- bis braunschwarz, dicht samthaarig; meist büschelig wachsend; Geruch und Geschmack angenehm pilzartig.
Vorkommen: September bis April, an Laub-, selten an Nadelholz
Anmerkungen: Der essbare Samtfußrübling wächst in der kälteren Jahreszeit, auch in milden Winterphasen.

Klebriger Hörnling (Calocera viscosa)

Fruchtkörper mit gabelig verzweigten Ästen, hell- bis dottergelb, orangegelb, feucht klebrig-schmierig, bei anhaltender Trockenheit hornartig hart und dunkel orangerot, bis 7 cm hoch, Fleisch gummiartig biegsam, zäh; Geruch und Geschmack unbedeutend.
Vorkommen: in Nadel- und Mischwäldern an Stümpfen und auf vergrabenem Holz.
Anmerkungen: Dieser häufige, auffällige Waldbewohner kann zum Garnieren von Speisen verwendet werden. Über den Verzehr und die Verträglichkeit größerer Mengen liegen keine Erfahrungen vor.

Giftige oder ungenießbare Pilze:

Satansröhrling (Boletus satanas)

Hut halbkugelig bis polsterförmig, 8–22 cm breit, grauweiß, hell grau-beige, „totenschädelfarbig"; Poren jung gelblichorange, dann rot bis karminrot; Stiel bis 12 cm lang, bis 6 cm breit, bauchig bis fast kugelig, unter dem Hut gelblich, zur Basis hin karminrötlich, im oberen Teil mit feinem, +/- gleichfarbigem Netz überzogen; Fleisch auf Druck schwach blau verfärbend; Fruchtkörper jung etwas unangenehm, alt fast aasartig riechend. Vorkommen: Juli bis Oktober, vorwiegend in Buchenwäldern, auf basenreichen, kalkhaltigen Böden.
Anmerkungen: Die Art ist giftig und verursacht schwere Magen-Darm-Erkrankungen. Verwechslungen sind mit anderen rotporigen Röhrlingen möglich, die der Anfänger meiden sollte.

Netzstieliger Hexenröhrling (Boletus luridus), s. Foto S. 442

Hut halbkugelig bis polsterförmig, 7–20 cm breit, oliv, olivgelb, oliv-bräunlich bis dunkel orangebraun, bei Berührung sofort bläulich-bräunlich verfärbend; Poren jung olivgelb, dann orange- bis karminrot, bei Berührung stark blauend; Stiel bis 13 cm lang, bis 4 cm breit, jung bauchig, später gestreckt, gegen die Spitze gelblich, nach unten orange- bis rhabarberrot, mit dunklerem, längsgezogenem Netz; Fleisch im Hut blassgelb, im Stielgrund rötlich, deutlich blauend; Geruch pilzartig banal.
Vorkommen: Mai bis Oktober, meist in Buchenwäldern oder in Parks auf meist lehmigen, frischen Böden.
Anmerkungen: Die Art ist essbar, verursacht aber bei gleichzeitigem Alkoholgenuss individuelle Unverträglichkeitsreaktionen. Der ähnliche Flockenstielige Hexenröhrling ist problemlos genießbar.

Gallenröhrling (Tylopilus felleus)

s. Foto S. 442

Hut halbkugelig bis flach polsterförmig, bis 13 cm breit, hell- bis dunkel-graubraun, meist mit Oliv-Beitönen; Oberseite matt und feinfilzig, bei feuchtem Wetter etwas schmierig; Poren jung weißlich, dann rosa bis schmutzig beige-rosa; Stiel bis 11 cm lang, an der Basis bis 3,5 cm dick, zur Basis etwas verdickt, der hell-bräunliche Stiel ist von einem dunklen, erhabenen, grobmaschigen Netz überzogen; Fleisch blass, bei Verletzung kaum verfärbend; Geruch unauffällig, Geschmack deutlich bitter.
Vorkommen: Juni bis Oktober in Nadel- und Laubwald, fast nur auf sauren Böden. *Text weiter S. 443*

Satansröhrling, Boletus satanas

Netzstieliger Hexenröhrling, Boletus luridus Text S. 441

Gallenröhrling, Tylopilus felleus Text S. 441 und 443

Anmerkungen: Junge Gallenröhrlinge können Steinpilzen oft täuschend ähnlich sehen; im Zweifelsfall hilft die Geschmacksprobe, die beim Gallenröhrling (roh probiert) deutlich bitter ausfällt. Ungenießbar!

Rinnigbereifter Trichterling (Clitocybe rivulosa)

Hut flach kissenförmig bis ausgebreitet, im Alter wellig bis niedergedrückt, bis 6 cm breit, weißlich, cremebis hell lederfarben, matt, mit weißlichem Reif überzogen, Rand jung eingerollt; Lamellen ziemlich gedrängt, weißlich, cremeweißlich bis hell rosalich-lederfarben; Stiel bis 4 cm lang, bis 5 mm dick, ähnlich dem Hut gefärbt, an der Basis mit weißem Filz; Geruch leicht pilzartig bis schwach süßlich, gelegentlich etwas mehlartig.
Vorkommen: Juli bis November, meist gesellig an grasigen Stellen, in Weiden und Fettwiesen, an Wegrändern.
Anmerkungen: Die Gruppe der „weißen Gifttrichterlinge" ist schwierig und wegen ihrer Giftigkeit zu meiden.

Rettichhelmling (Mycena pura)

s. Foto S. 444
Hut anfangs glockig, später kissenförmig bis flach gebuckelt, bis 5 cm breit, blasslila bis violettlich (in der typischen Form), mit durchscheinenden Lamellen, ausblassend; Lamellen weißlich bis grauweiß, mit Lilastich; Stiel bis 7 cm lang, bis 7 mm breit, hohl, gegen die Spitze etwas verjüngt, Basis striegelig; Geruch und Geschmack rettichartig.
Vorkommen: Mai bis November, meist gesellig in Laub- und Nadelwäldern.
Anmerkungen: Dieser häufige Kleinpilz enthält Muscarin wie der Fliegenpilz. Giftig.

Grüner Knollenblätterpilz (Amanita phalloides), s. Foto S. 445

Hut zuerst von einer weißen Volva eingehüllt, die jedoch bald aufbricht und den Hut freigibt; Hut anfangs eiförmig, dann kegelig bis gewölbt, schließlich flach ausgebreitet, blass gelbgrün bis satt olivgrün oder braunoliv, oliv-bräunlich, in der Mitte meist dunkler, bis 12 cm breit; Lamellen jung weißlich, alt gelbgrünlich überhaucht; Stiel bis 12 cm lang, bis 2 cm breit, zylindrisch, auf weißlichem Grund vor allem zur Basis hin schwach grünlich/bräunlich gebändert, Basis knollenartig verdickt, mit umfassender, weißlicher häutig-lappiger Volva, im oberen Drittel oder Viertel mit häutigem, weißlichem, oberseits fein gerieftem Ring; Geruch süßlich, nach Kunsthonig, Geschmack mild (keinesfalls probieren!). Tödlich giftig!
Vorkommen: Juli bis Oktober, einzeln oder gruppenweise, in Laubwäldern, vor allem unter Eichen und Rotbuchen, seltener in Nadelwäldern.
Anmerkungen: Der Grüne Knollenblätterpilze ist unser gefährlichster heimischer Giftpilz, da er, vor allem

Rinnigbereifter Trichterling, Clitocybe rivulosa

Rettichhelmling, Mycena pura, Foto: H. E. LAUX Text S. 443

unter Eichen, nicht selten ist. Er kann u. U. mit grünhütigen Ritterlingen, Täublingen und jungen Champignons verwechselt werden. Die Symptome zeigen sich heimtückischerweise erst nach 6–24 Stunden. Bei Pilzvergiftungen kann man oft von folgender Grundregel ausgehen: Je früher die Vergiftung nach der Mahlzeit eintritt, umso harmloser ist sie meistens. Es gibt jedoch auch Mischvergiftungen!

Weißer bzw. Kegelhütiger Knollenblätterpilz (Amanita virosa)

s. auch Foto S. 446
Hut ganz jung von einer weißen Volva eingehüllt, die jedoch bald aufbricht und den Hut frei gibt; Hut jung eiförmig, dann kegelig-glockig, später gewölbt, schließlich kissenförmig ausgebreitet, weißlich bis eierschalenfarben, später von der Mitte her schwach gelblich verfärbend, feucht klebrig-schmierig, glänzend, trocken matt; Lamellen weiß und weich; Stiel bis 12 cm lang, bis 2 cm breit, zylindrisch, unterhalb des hängenden, vergänglichen Ringes faserig-schuppig; Stielknolle mit weißer, häutiger Scheide; Geruch etwas nach rohen Kartoffeln, Geschmack mild (keinesfalls probieren!) Tödlich giftig!
Vorkommen: Juli bis Oktober, in feuchten Nadelwäldern und Mooren, selten in Laubwäldern.
Anmerkungen: Glücklicherweise kommt dieser tödliche Pilz in den üblichen Pilzsammlerwäldern nur selten vor. Verwechslungsgefahr besteht mit Champignons (gefärbte Lamellen!) und anderen weißhütigen Pilzen, vor allem mit den ungenießbaren Egerlingsschirmlingen (Gattung *Leucoagaricus*).

Fliegenpilz (Amanita muscaria)

s. auch Foto S. 446
Hut anfangs kugelig mit weißer, flockiger Hülle, bald gewölbt, später flach ausgebreitet, bis 15 cm breit, Oberfläche kräftig rot bis orangerot, orangegelb, alt blass gelblich, fettig glänzend, mit +/- konzentrisch angeordneten, abwischbaren weißen Velumflocken; Lamellen weißlich bis blass gelblich, weich; Stiel bis zu 15 cm lang, bis 2 cm dick, weißlich, selten blass gelblich, mit weißlichem, selten hell-gelblichem, hängendem Ring; an der Basis mit einer kugeligen, wulstig gerandeten Knolle; Geruch und Geschmack unauffällig bis etwas unangenehm. Giftig!
Vorkommen: Juli bis Oktober, in Nadel- und Laubwäldern, vor allem bei Fichte und Birke.

Grüner Knollenblätterpilz, Amanita phalloides

Text S. 443 und 444

Grüner Knollenblätterpilz, Amanita phalloides

Text S. 443 und 444

Weißer Knollenblätterpilz, Amanita virosa

Text S. 444

Fliegenpilz, Amanita muscaria

Text S. 444

Pantherpilz, Amanita pantherina, Foto: W. HEDLICH

Pantherpilz (Amanita pantherina)
Hut jung halbkugelig, dann gewölbt, schließlich flach ausgebreitet, bis 10 cm breit, glänzend hell- bis dunkelbraun, grau-bräunlich, mit abwischbaren kleinen, weißen, konzentrisch angeordneten Flöckchen; Hutrand +/- gerieft; Lamellen weißlich, weich; Stiel bis 10 cm lang, bis 1,5 cm dick, weißlich, mit hängendem, ungerieftem Ring, Stielknolle bis 4 cm breit, mit wulstigem Rand („Bergsteigersöckchen"); Geruch schwach rettichartig, Geschmack schwach süßlich (nicht probieren!). Tödlich giftig!

Text weiter S. 448

Pantherpilz, Amanita pantherina

Karbolchampignon, Agaricus xanthoderma

Vorkommen: Juli bis Oktober, in Laub- und Nadelwald

Anmerkungen: Ähnlich, und essbar, ist der Graue Wulstling, der viel häufiger ist und sich u. a. durch einen ungerieften Hutrand und einen oberseits gerieften Stielring unterscheidet. Anfänger sollten den Grauen Wulstling meiden.

Karbolchampignon (Agaricus xanthoderma)

Hut jung halbkugelig bis abgestutzt kegelförmig, im Durchschnitt ungefähr trapezförmig, später ausgebreitet und mit abgeflachter Mitte, bis 12 cm breit, weiß, in der Mitte teilweise blass beige-bräunlich, beim Reiben oder Drücken mit dem Fingernagel sehr schnell kräftig gelb, chromgelb; Lamellen dicht stehend, jung beige-rosa, bald graurosa, alt braunschwarz; Stiel bis 12 cm lang, bis 1,5 cm dick, zylindrisch, oft etwas verbogen, mit häutigem Ring, Stielbasis kleinknollig (bei Verletzung mit dem Fingernagel sofort chromgelb); Geruch etwas nach Tinte oder Karbol (*nicht* nach Anis!), vor allem beim Kochen, Geschmack unangenehm.

Vorkommen: Mai bis Oktober, meist gesellig auf Wiesen, in lichten Wäldern, in Gärten und Parks.

Anmerkungen: Viele Anfänger fallen auf diesen appetitlich aussehenden Champignon herein. Erst der tintenartige Geruch in der Küche macht sie skeptisch. Die sehr schnelle chromgelbe Verfärbung der Pilzoberfläche beim Reiben und der fehlende Anisgeruch charakterisieren die Art. Giftig.

Gifthäubling (Galerina marginata)

s. Foto S. 449

Hut jung halbkugelig-glockig, später gewölbt bis aufschirmend, teilweise mit kleinem Buckel, bis 4 cm breit, feucht honiggelb, ockerbraun, fuchsig braun, mit fein gerieftem Rand, bei Feuchtigkeit klebrig-schmierig, bei Trockenheit von der Mitte her hellockerlich ausblassend; Lamellen hell-zimtbräunlich, alt rostbraun; Stiel bis 6 cm lang, bis 4 mm breit, ockerbraun, zur Basis dunkler, bis schwarzbraun, unter dem flüchtigem Ring weißlich überfasert, ohne abstehende Schüppchen; Geruch und Geschmack mehlartig (am zerquetschten Fruchtkörper riechen, nicht probieren!).

Vorkommen: Juli bis November, meist gesellig bis fast büschelig auf morschem Nadel-, seltener Laubholz. In größeren Mengen genossen tödlich giftig!

Anmerkungen: Dies ist der gefährliche Doppelgänger des wohlschmeckenden Stockschwämmchens (K. mutabilis). Er unterscheidet sich durch meist kleineren Wuchs, leichten Mehlgeruch (zerquetschter Fruchtkörper) und fehlende Schüppchen am Stiel unterhalb des Rings. Giftig!

Gifthäubling, Galerina marginata, Foto: W. HEDLICH Text S. 448

Grünblättriger Schwefelkopf, Hypholoma fasciculare Text S. 450

Kahler Krempling, Paxillus involutus, Foto: H. E. Laux

Grünblättriger Schwefelkopf (Hypholoma fasciculare)
s. Foto S. 449
Hut jung halbkugelig, dann gewölbt bis abgeflacht mit stumpfem Buckel, bis 6 cm breit, grünlich- bis schwefelgelb, in der Mitte oft orangegelb; Lamellen anfangs gelbgrün, dann durch die Sporen violettbraun bestäubt; Stiel schwefel- bis hellgelb, gegen die Basis rostbräunlich; Geruch unauffällig, Geschmack sehr bitter. Giftig!
Vorkommen: Mai bis November, büschelig an morschem Laub- und Nadelholz
Anmerkungen: Leicht verwechselbar mit dem essbaren Rauchblättrigen Schwefelkopf, der jedoch keinerlei Gelbgrünton in den Lamellen hat und roh probiert mild ist.

Kahler Krempling (Paxillus involutus)
Hut flach kissenförmig, meist in der Mitte niedergedrückt, –13 cm breit, gelbbraun, olivbraun, selten rostbräunlich, Hutrand meist lange eingerollt, Oberfläche glatt bis feinsamtig, bei Feuchtigkeit etwas schmierig; Lamellen am Stiel herablaufend, leicht ablösbar, blass gelblich bis gelbbraun, alt dunkler, an Druckstellen nach wenigen Minuten rotbräunlich fleckend (deswegen auch „Empfindlicher Krempling“ genannt); Stiel bis 7 cm lang, bis 1,5 cm dick, oft verbogen, blass gelblich oder dunkler; Geruch und Geschmack etwas säuerlich.
Vorkommen: Juli bis November, im Laub- und Nadelwald.
Anmerkungen: Die Art galt früher als Speisepilz. Sie enthält jedoch einen Stoff, der sich nach den Mahlzei-

Tannenreizker, Lactarius turpis, Foto: H. E. Laux

ten (teilweise über Jahrzehnte) im Körper anreichert und irgendwann zu teilweise schweren Vergiftungen führen kann.

Tannenreizker, Olivbrauner Milchling (Lactarius turpis)

Hut bis 10 cm breit, zuerst flach gewölbt mit vertiefter Mitte, später niedergedrückt bis flach trichterig, olivgrün, dunkel- bis schwarzoliv, Rand jung gelbgrün, bei Feuchtigkeit schmierig-schleimig; Lamellen cremefarben, bald braunfleckig; Stiel bis 6 cm lang, etwas heller als der Hut, oft grubig gefleckt; Fleisch weißlich, mit reichlicher, cremeweißer, scharfer Milch.

Vorkommen: Juli bis Oktober, in Laub- und Nadelwäldern, auf nährstoffarmen Böden. Giftig!

Rotbrauner Milchling (Lactarius rufus)

s. Foto S. 452

Hut bis 9 cm breit, zunächst flach gewölbt, dann in der Mitte vertieft und meist mit einem kleinen, spitzen Buckel, auch bei Feuchtigkeit kaum schmierig, rot- bis dunkelbraun, kastanienbraun; Lamellen mit etwas Hutfarbe, im Alter von den Sporen etwas weißlich bestäubt; Stiel bis 7 cm lang, zylindrisch, brüchig, alt hohl, wie Hutfarbe oder heller; Fleisch weißlich bis blass rotbräunlich, mit reichlich weißer Milch, die zunächst mild ist, aber später brennend scharf wird. Ungenießbar.

Vorkommen: Juli bis Oktober, meist gesellig im Nadelwald auf sauren Böden, seltener bei Birken.

Rotbrauner Milchling, Lactarius rufus, Foto: H. E. Laux

Text S. 451

Zottiger Birken-Milchling, Lactarius torminosus, Foto: H. E. Laux

Riesenrötling, Entoloma sinuatum, Foto: W. HEDLICH

Zottiger Birken-Milchling
(Lactarius torminosus), siehe Foto S. 452
Hut bis 10 cm breit, jung gewölbt, später ausgebreitet und gegen die Mitte vertieft, alt flach trichterig, Rand lange eingerollt und mit dichten Zottenhaaren; Oberfläche mit dichtem Filz, alt verkahlend; blass rosaorange, fleischbräunlich, dunkler konzentrisch gezont; Lamellen cremefarben bis blass hautfarben; Stiel bis 7 cm lang, bis 2 cm dick, hohl, mit cremerosa Anflug; Fleisch weißlich-blassrosa, mit reichlich weißer, scharfer Milch. Giftig!
Vorkommen: August bis Oktober, unter Birken

Riesenrötling (Entoloma sinuatum)
Hut bis 18 cm breit, jung halbkugelig, dann gewölbt, später ausgebreitet-abgeflacht, unauffällig stumpf gebuckelt, Oberfläche glatt, matt bis seidig glänzend, fein radialfaserig, hellocker bis grauocker, beigegrau, seltener ocker-bräunlich, Huthaut abziehbar, Hutrand im Alter wellig-flatterig; Lamellen an der Stielspitze ausgebuchtet angewachsen bis fast frei, breit, jung hell gelblich, später cremegelb bis rosagelb, schließlich schmutzig rosa; Schneiden wellig bis schwach gekerbt; Stiel bis 12 cm lang, bis 2,5 cm dick, starr und brüchig, weiß bis cremefarben, Basis etwas verdickt. Geruch mehl- bis gurkenartig, Geschmack mild, mehlartig.
Vorkommen: Juni bis Oktober im Laubwald, oft bei Eiche oder Rotbuche, auf kalkhaltigen und lehmigen Böden. Selten.
Anmerkungen: Dies ist ein giftiger, wenn auch seltener Doppelgänger des Nebelgrauen Trichterlings (Lepista nebularis).

Kirschroter Speitäubling
(Russula emetica s. l.), siehe Foto S. 454
Hut jung halbkugelig, dann gewölbt bis ausgebreitet, im Alter etwas niedergedrückt, 4–10 cm breit, Oberfläche glänzend, leicht schmierig, leuchtend rot bis kirschrot, im Alter etwas ausblassend; Hutrand glatt, im Alter oft kammartig gerieft. Lamellen am Stiel ausgebuchtet angewachsen oder frei, weiß. Stiel weiß, 5–8 cm lang, 1–2 cm dick, jung voll, alt zellighohl, brüchig; Fleisch brüchig. Geruch etwas obstartig, Geschmack brennend scharf.
Vorkommen: Juli bis November in Moor- und feuchten Nadelwäldern.
Anmerkungen: Die Art ist giftig und verursacht Bauchschmerzen, Erbrechen und heftige Durchfälle.

Sparriger Schüppling
(Pholiota squarrosa), siehe Foto S. 454
Hut jung halbkugelig bis glockig, alt kissenförmig bis abgeflacht, auf hellerem Untergrund mit abstehen-

Kirschroter Speitäubling, Russula emetica, Foto: H. E. Laux Text S. 453

den, rostbraunen Schuppen; Lamellen jung blass olivgelb, alt olivbraun; Stiel bis 13 cm lang, bis 1 cm dick, zäh, hutfarben, beschuppt, oberhalb der Ringzone kahl, Stielbasis meist verjüngt, dunkel rostbraun; Geruch und Geschmack würzig bis rettichartig; ungenießbar!

Vorkommen: August bis November meist dicht büschelig am Stammgrund von Laub- und Nadelbäumen.

Sparriger Schüppling, Pholiota squarrosa Text S. 453 und 454

Die 10 wichtigsten Regeln für Speisepilzsammler

1. Sammle Pilze in einem Gefäß das luftdurchlässig ist, z. B. in einem Korb – nicht in Plastiktüten. Sammle nur so viele Pilze, wie Du an einem Tag verzehren kannst.

2. Meide als Anfänger alle Pilzarten mit weißlichen bis cremefarbigen Blättern.

3. Bevorzuge als Anfänger Röhrlinge, da es hierunter keine tödlich giftigen Arten gibt (jedoch Vorsicht bei Arten mit rötlichen Poren).

4. Drehe unbekannte Pilze vorsichtig aus dem Boden heraus, damit deren Stielbasis zur Bestimmung zur Verfügung steht. Bekannte Pilzarten können auch an der Basis abgeschnitten werden.

5. **Nehme** zur häuslichen Pilzbestimmung womöglich junge, mittlere und alte Pilzfruchtkörper mit. Nehme von Dir *bekannten* Pilzarten keine ganz jungen und alten Fruchtkörper mit.

6. Wasche, brate oder koche Pilze stets gründlich.

7. Esse nur Pilzarten, die Du ganz sicher kennst!

8. Lerne neue Pilzarten kennen, damit die bekannten Arten nicht zu stark dezimiert werden.

9. Schließe Dich einem geprüften Pilzberater oder einem Pilzverein an.

10. Nehme an öffentlichen Pilzführungen teil und lerne jedes Jahr ein paar neue Arten hinzu.

Die **„Arbeitsgemeinschaft Mykologie Ulm"**, deren Mitglieder sich einmal im Monat zum Erfahrungsaustausch treffen, nehmen gerne weitere Mitglieder auf.

Erste Hilfe bei Pilzvergiftungen

Pilzvergiftungen können lebensgefährlich sein! Deshalb ist beim Sammeln und Verzehr von Wildpilzen größte Vorsicht geboten.

Bei den ersten Anzeichen einer Pilzvergiftung muss sofort ein Arzt oder ein Giftinformationszentrum angerufen werden.

Erbricht der Erkrankte, so sollte das Erbrochene unbedingt für eine sofortige oder spätere Untersuchung durch einen Spezialisten aufbewahrt werden. Für denselben Zweck sollten auch die Pilzputzabfälle sichergestellt werden. Keine Medikamente einnehmen!

Bei gefährlichen Vergiftungen ist die Zeit zwischen der Einnahme der Mahlzeit und den ersten Anzeichen einer Vergiftung häufig länger als bei leichten. Eine kurze Latenzzeit schließt jedoch eine Doppelvergiftung mit einem weiteren, gefährlicheren Giftpilz nicht aus.

Giftinformationszentren **beraten** täglich, rund um die Uhr! Die nächstliegenden sind in:

München: Giftnotruf München, Toxikologische Abt. der II. Med. Klinik, Tel. 089-19240, E-Mail: tox@lrz.tum.de

Nürnberg: Toxikologische Intensivstation, II. Med. Klinik des Städtischen Krankenhauses, Tel. 0911-3982451 (Gifttelefon), E-Mail: muehlberg@klinikum-nuernberg.de

Freiburg: Informationszentrale für Vergiftungsfälle, Universitätskinderklinik, Tel. 0761-19240, E-Mail: giftinfo@kkl200.ukl.uni-freiburg.de

Friedhöfe sind ein Ort des Lebens! Die oft reichhaltige Baum- und Strauchflora beherbergt interessante und ungewöhnliche Pilzarten: Städtischer Friedhof in Ulm (Alter Friedhof an der Frauenstraße).

Vorwiegend konsultierte Zeitschriften:

„APN – Mitteilungsblatt der Arbeitsgemeinschaft Pilzkunde Niederrhein“, herausgegeben von Ewald Kajan.

„Beitr. z. Kenntn. d. Pilze Mitteleuropas“, herausgegeben von der Arbeitsgemeinschaft Mykologie Ostwürttemberg (German J. Krieglsteiner et al.)

„Boletus“, Zeitschrift des Bundesfachausschusses Mykologie beim Naturschutzbund Deutschland.

„Bollettino“ del Gruppo micologico G. Bresadola, Trento.

„Bulletin trimestriel de la Société Mycologique de France“, herausgegeben von der Société Mycologique de France. Paris.

„Der Tintling“, herausgegeben von Karin Montag.

„Die Pilzflora Nordwestoberfrankens“, herausgegeben von der Pilzkundlichen Arbeitsgemeinschaft Weidhausen b. Coburg (Heinz Engel).

„Documents Mycologique“, herausgegeben von der Associatioin d'Ecologie et de Mycologie, Lille + Saint Valery sur Somme/Frankreich.

„Fungi non delineati“ (raro vel haud perspecte et explorate descripti aut definite picti. Serie, herausgegeben von Massimo Candusso, Libreria Basso, Alassio/Italien.

„Fungorum rariorum icones coloratae“. Cramer-Verlag, Vaduz/Lichtenstein.

„Mycologia Helvetica“, herausgegeben von der Schweizerischen Mykologischen Gesellschaft.

„Mykologisches Mitteilungsblatt“, herausgegeben im Auftrage des Rates des Bezirkes Halle, Bezirkshygieneinspektion; ehemalige DDR; danach im Auftrag des Hygieneinstituts Halle, Ostdeutschland.

„Österreichische Zeitschrift für Pilzkunde“, herausgegeben von der Österreichischen Mykologischen Gesellschaft.

„Persoonia“, herausgegeben vom Rijksherberium, Leiden/Holland.

„Rheinland-Pfälzisches Pilzjournal“, Mitteilungen des Vereins für Pilzkunde Wissen (Jürgen Häffner).

„Rivista di Micologia“ (Bollettina dell' Associazione Micologica Bresadola) del Gruppo Micologico G. Bresadola Trento, Italien.

„Südwestdeutsche Pilzrundschau“, herausgegeben vom Verein der Pilzfreunde Stuttgart e.V.

„Westfälische Pilzbriefe“, herausgegeben von Dr. Hermann Jahn.

„Zeitschrift für Mykologie“ (vormals „Zeitschrift für Pilzkunde“), einschl. Beiheften; herausgegeben von der Deutschen Gesellschaft für Mykologie.

Sonderheft „Giacomo Bresadola 1847–1997“, Bollettino del Gruppo Micologico G. Bresadola – Nuova Serie 40 (2–3): 1–517, Trento

Sonderheft „Micologia 2000“, 711 S., herausgegeben von der Assoc. Micol. Bresadola, Trento.

ULMER PILZFLORA I, (1986), 162 Seiten, broschürt, mit Beiträgen von M. Enderle: Pluteus-Funde im Auwald; Gudrun DIETL: Großpilze als Bioindikatoren; G. Fischer: *Leucocoprinus lilacinogranulosos*; Ottmann & Enderle: Bemerkenswerte Agaricales-Funde III; G. J. K.: *Cortinarius triumphans*; J. Stangl: 3 *Agaricales*-Funde; Fischer & Gehrke: 10 Jahre AMU; Hans E. Laux: Naturschutzgebiet Ummendorfer Ried; J. Stangl: *Inocybe lacera, Micromphale brassicolens* und *Cortinarius orellanus.*

ULMER PILZFLORA II, (1989), 76 Seiten, broschürt; mit Beiträgen von Anton Bauer: Natur- und Pilzbeobachtungen am nördlichen Illerrücken; M. Enderle: Erinnerungen an Johann Stangl; M. Enderle & Franz Reininger: Bemerkenswerte *Agaricales* (*Agrocybe*-Funde VII); A. Einhellinger: Der gekrümmtsporige Stranddünenpilz bei Siegenburg; G. Fischer: *Xerula melanotricha*; A. K.: 15 Jahre Pilzberatung in Ulm; K. Köhler: Manfred Enderle – A. Ricken-Preis und Bundesverdienstpreis am Bande; L. Krieglsteiner: Zwei interessante operculate Becherlinge; W. Pätzold: Pilzschutz ist Naturschutz

ULMER PILZFLORA III, (1992), 126 Seiten, broschürt, mit Beiträgen von G. Eberwein & G. Fischer: *Inocybe squamata*; M. Enderle: Bemerkenswerte *Agaricales*-Funde IX; M. Enderle: Zapfenbewohnende Blätterpilze aus den Gattungen *Strobilurus, Baeospora* und *Mycena* im Ulmer Raum; G. Fischer: *Amanita submembranacea*; J. Ilg & M. Enderle: Seltene Pilzfunde im Ulmer Raum; Adolf Klement: Einige Gedanken zur AMU und ihrer Arbeit; L. Krieglsteiner: *Discomyceten*-Zönosen unter *Filipendula ulmaria* im Arnegger Ried; L. Krieglsteiner: *Myxomyceten* im Ulmer Raum; Eugen Schätzle. & Georg Ottmann: *Lepiota langei* und *L. carinii*;

ULMER PILZFLORA IV, (1996), 173 Seiten, broschürt, mit Beiträgen von Walter Gräser: 20 Jahre Arbeitsgemeinschaft Mykologie Ulm; Till R. Lohmeyer: *Haasiella venustissima* – ein „Württemberger Pilz“ erstmals in Bayern nachgewiesen; German J. Krieglsteiner: Zur Verbreitung und Ökologie des Leuchtenden Prachtbechers *Caloscypha fulgens*; M. Enderle: Bemerkenswerte *Agaricales*-Funde XII; R. Roglmeier & H. Berthold: *Melanoleuca robertiana*; G. Fischer: Notizen zu *Amanita solitaria*; Josef Ilg: Ein Pilzfreund erzählt; Walter Gräser & B. Schmid: Pilzkundliche Veröffentlichungen aus dem Ulmer Raum; M. Enderle: Von M. Enderle neu beschriebene, neu kombinierte, im Status veränderte oder validierte Pilzarten bzw. -sippen.

Fotos von Pilzkundlern und Mykologen, die „Ulmer“ Pilze bestimmten

Von links: Lutz Quecke, Dott. Bruno Cetto †, German J. Krieglsteiner †, Helmut Schwöbel, Walter Pätzold (mit Bart) auf der Dreiländer-Tagung in Jenbach/Österreich, 1982.

Frau Dr. Helga Große-Brauckmann, Seeheim-Jugenheim.

Klaus Neeser (Bad Mergentheim, links) und Ewald Kajan (Duisburg), im Hintergrund Frau Prof. Dr. Ruth Seeger (Uni Würzburg).

Prof. Dr. Hanns Kreisel (Uni Greifswald) bei Tagung in Freising, 1998.

Helmut Grünert (Gilching, links) herzt Dr. Hans Haas † (Schnait/Seewald).

Prof. Dr. Heinz Clémencon (vorne Mitte, Universität Lausanne/CH), links Burkhard Krieglsteiner (Durlangen), hinten in der Mitte mit brauner Jacke: Otto Gruber †.

Heinz Engel (Weidhausen, links) und Walter Gräser (Pfuhl) bei pilzkundlichem Vortrag im „Schiff" in Neu-Ulm.

AMO/AMU-Fortbildungsveranstaltung bei Schwäbisch Gmünd-Bettringen. Von links vorne nach rechts: Rudi Strödel, Dr. Wilhelm Stein †, Johann Stangl †, Felix Glöckler † (verdeckt), Ewald Kajan, Christine Enderle, German J. Krieglsteiner †, Karl Neff.

Die Arbeitsgemeinschaft Mykologie Ostwürttemberg (AMO) am Grab des baden-württembergischen Pilzforschers Hans Spaeth.

Prof. Dr. Andreas Bresinsky (Uni Regensburg) am Grab seiner Botanikerkollegen Dr. Hans und Dr. Hanna Doppelbaur (Günzburg), auf dem Günzburger Friedhof.

Prof. Dr. Meinhard Moser † (Uni Innsbruck) bei einer Pilzwoche in Selva di Levico (ital. Dolomiten).

Dott. Bruno Cetto † (Trento/Italien) mit Nikolai Enderle auf dem Arm und Robert Enderle (einwöchiger Aufenthalt bei Rita und Bruno Cetto in Trento/Selva di Levico/ Italien).

Hans Bender (Mönchengladbach, links), Gitta Bender, Johann Stangl † (Augsburg).

Helmut Schwöbel (Pfinztal-Wöschbach), Altmeister der deutschen Pilzkunde.

Professor Dr. „Bodo" Pöder (Universität Innsbruck) mit seiner Frau „Lizzi" im Donaumoos bei Riedheim.

Pilz-Stammtisch der Arbeitsgemeinschaft Mykologie Ulm (AMU): von links „Widda" Swain † (ehemalige Schatzmeisterin), Adolf Klement (ehemaliger AMU-Vorsitzender), Josef Ilg.

Prof. Dr. Andreas Bresinsky (Uni Regensburg, links) und Dr. Hermann Muhle (mit Mütze; Uni Ulm) während einer Botaniker-Tagung im Schloss Reisensburg bei Günzburg.

Manfred Enderle (links, Riedheim) und Johann Stangl † (Augsburg), im Hintergrund mit Anorak: Olle Persson (Nacka/Schweden), bei der Mykologischen 3-Länder-Tagung in Luzern, 1980.

Josef Breitenbach † (rechts) und Fred Kränzlin (Luzern), Autoren der weltbekannten Serie „Pilze der Schweiz“.

Pilzführung mit Dr. Hans Haas † in Wäldern bei Ulm: von links: Gerd Fischer, Dr. Hans Haas †, Kund Anka, Helga Laux (von hinten), Walter Gräser.

Dr. Thomas Kuyper (damals Leiden/Holland) während einer Tagung in Regensburg.

Dr. Marcel Bon (Saint-Valery-sur-Somme/Frankreich).

Wenn Pilzkundler feiern … von links: Gerd Fischer mit Frau, in der Mitte mit Glas: Hans E. Laux, rechts davon Helga Laux, ganz rechts Georg Ottmann †.

Von links: Helmut Schwöbel (mit Korb), Walter Pätzold (Hornberg) und Jürgen Häffner (Mittelhof).

Prof. Dr. Reinhard Agerer, derzeitiger Präsident der Deutschen Gesellschaft für Mykologie (Universität München, Institut für Systematische Botanik).

Die Arbeitsgemeinschaft Mykologie Ostwürttemberg (AMO): Von links: German J. Krieglsteiner †, Karl Neff, Felix Glöckner †, Gretl Hena, ??, Walter Hena, Dieter Phillipp, Karl-Heinz Johe, Rudi Strödel, Günther Fellmann †.

Zu Besuch bei Alfred Einhellinger † (rechts) in München-Schwabing, links Christine Enderle (damals: Schnarbach).

Von rechts: Dott. Francesco Bellu (Bolzano/Italien), Dr. Gro Gulden (Norwegen), Knut Wöldecke (Hannover).

Dr. Egon Horak (Eidgenöss. Techn. Hochschule, Zürich).

German J. Krieglsteiner † (rechts) und Jürgen Häffner (Mittelhof).

Anton Hausknecht (Maissau/Österreich) bei einer Pilzwoche in Selva di Levico (Italien).

Pilzausstellung der Arbeitsgemeinschaft Mykologie Ulm (AMU), 1980, im Einstein-Haus (Ulm). Von links: Elmar Weidmann (Blaubeuren), Georg Ottmann † (Laupheim), Christine Schnarbach (jetzt: Enderle, Leipheim), Josef Ilg (Bellenberg).

Pilzexkursion der AMU im Donau-Auwald bei Leipheim-Weißingen am 01.05.1997 (Treffpunkt Gasthaus „Krone“ in Weißingen).

Mykologische Tagung an der Universität Freising im Mai 1998: von links: Helmut Sandau (Steinbach/T.), Helga Steiner (Deggingen), Dr. Heinrich Dörfelt (Dederstedt).

Mykol. Tagung in Regensburg. Von links: Dr. Helmut Schmidt-Heckel (damals 1. Vorsitzender der Deutschen Gesell. f. Mykologie), Dr. Ingo Nuß (Mintraching-Sengkof), Prof. Dr. K. W. Gams (Baarn/Holland).

Mykologische Tagung auf der Burg Feuerstein: von links: Lutz Quecke (Dinslaken-Hiesfeld), Georg Müller (Ganderkeese), Terence Palmer (Sutton Weaver/England).

German J. Krieglsteiner † an der Walhalla bei Regensburg (anlässl. der mykol. Tagung).

3-Länder-Tagung in Luzern, 1980: in der Mitte mit Baskenmütze: Prof. Henri Romagnesi † (Paris/F), rechts daneben Peter Schirmer (Hofgeismar), der große Mann in der Mitte: Dr. Hans Haas † (Schnait); ganz links: Jacques Trimbach (Nice/F).

Besuch von Pilzfreunden aus dem „Ruhrpott" im Donau-Auwald bei Nersingen-Leibi: rechts liegend: Ewald Kajan (Duisburg), links hinten mit rotem Rucksack: „Kalle" Morschek, daneben (von hinten) Hansgerd Zielinski, dazwischen stehend: Franz Reininger (Holzheim-Ermingen).

Beim monatlichen Pilzstammtisch der AMU: von rechts nach links: (Dr.) Lothar Krieglsteiner, Adolf Klement (stehend, damals 1. Vorsitzender), „Widda" Swain †, Josef Ilg, Dr. Gudrun Dietl, Eugen Schätzle, Dr. Gerhard Starnecker, Günther Eberwein †, Franz Reininger, Werner Hedlich mit Begleiterin.

Beim Pilzstammtisch der AMU: von rechts: Adolf Klement (ehemaliger 1. Vorsitzender), Franz Reininger (Gründungsmitglied, Holzheim/Ermingen), Günther Eberwein † (Ulm), (Dr.) Lothar Krieglsteiner (Durlangen), Werner Hedlich (Beimerstetten), Eugen Schätzle (Ulm).

Mykolog. Fortbildungsveranstaltung an der Pädag. Hochschule in Schwäbisch Gmünd-Bettringen.

Vor einer Pilzführung, 1991: von links: Georg Ottmann † (Laupheim), Gerhard Kurz (Illerrieden), Walter Gräser (Neu-Ulm/Pfuhl).

3-Ländertagung in Luzern, 1980: von links: Olle Persson (Schweden), Dr. Maas Geesteranus † (Leiden/Holland), Prof. Dr. Wulfhard Winterhoff (Sandhausen, im Hintergrund), Terence Palmer (Sutton Weaver, England), Frau Geesteranus.

Links: Prof. Dr. Wulfhard Winterhoff (Sandhausen), rechts: Dr. Oswald Hilber, (Tegernheim).

Zu Besuch beim AMU-Ehrenmitglied Peter Handke (österr. Schriftsteller) in Chaville/Frankreich.
Von links: Manfred Enderle, Peter Handke, Franz Weinzettl (österreich. Autor, Linz).

Dünenpilztagung bei Ravenna im Nov. 2000: von links: Adler Zuccherelli (Ravenna/Italien), Merrisiano Caldironi (Ravenna), Anton Hausknecht (Maissau/Österreich), Manfred Enderle (Leipheim), Prof. Dr. Machiel E. Noordeloos (Leiden/Holland), Heinz Forstinger (Österreich), kniend: Vladimir Antonin (Brno/CS).

Beim AMU-Pilzstammtisch, 2003: von links: Kurt Köhler, Karl Keck, Dr. Bernhard Schmid.

Dr. Roy Watling, Edinburgh, Bolbitiaceae-Forscher.

Till R. Lohmeyer, Taching am See, derzeitiger Vizepräsident der Deutschen Gesellschaft für Mykologie; Schriftleiter der „Zeitschrift für Mykologie“.

Literaturverzeichnis

AGERER, R. (1973) – *Rectipilus*. Eine neue Gattung cyphelloider Pilze. Persoonia 7 (3): 389–436.

AGERER, R. (1975) – *Flagelloscypha*. Studien an cyphelloiden Basidiomyceten. Sydowia Ann. Mycol. 27: 131–265.

AGERER, R. (1994) – *Pseudotomentella tristis (Thelephoraceae)*. Eine Analyse von Fruchtkörpern und Ektomykorrhizen. Z. Mykol. 60 (1): 143–158

AGERER, R., K. WALLER & R. TREU (1993) – Die Ektomykorrhizen und Sklerotien von *Gyrodon lividus*. Z. Mykol. 59 (2): 131–140

AHMAD, S. (1980) – A contribution to the *Agaricales* of Pakistan. Bull.Mycol.01.

AICHELE, D. & H.-W. SCHWEGLER (1994) – Die Blütenpflanzen Mitteleuropas, 5 Bände. Stuttgart.

ALESSIO, C. L. (1985) – Boletus Dill. ex L., Fungi Europaei, Vol. 2

ALESSIO, C. L. & E. REBAUDENGO (1980) –*Inocybe* (Iconographia Mycol. Vo. XXIX, Suppl.), Tridenti.

ANDERSSON, H. (1995) – Untersuchungen zur Pilzflora von *Fagus sylvatica*-Stubben. Z. Mykol. 61 (2): 233–244

ANTONIN, V. & M. E. NOORDELOOS (1993) – A monograph of *Marasmius, Collybia* and related genera in Europe. IHW Verlag. Berchtesgaden.

ANTONIN, V. & M. E. NOORDELOOS (1997) – A monograph of *Marasmius, Collybia* and related genera in Europe. Vol. 17, Part 2, IHW Verlag. Berchtesgaden.

ARNOLD, N. (1993) – Morphologisch-anatomische und chemische Untersuchungen an der Untergattung *Telamonia* (*Cortinarius, Agaricales*), Libri Botanici, Bd. 7. IHW-Verlag.

ARNOLDS, E. (1982) – Ecology and coenology of macrofungi in grasslands and moist heathlands in Drenthe, the Netherlands. Bibl. Mycol. 90: 1–501

ARNOLDS, E. (1984) – Standaardlijst van Nederlandse Macrofungi. Coolia 26, Suppl.

ARNOLDS, E. & A. HAUSKNECHT (2003) – Notulae ad Floram Agaricinam Neerlandicam – XLI *Conocybe* and *Pholiotina*. Persoonia, Vol. 18, Part 2: 239–252

ARNOLDS, E., TH.W. KUYPER & M. E. NOORDELOOS (1995) – Overzicht van de Paddestoelen in Nederland. Den Haag.

Arten- und Biotopschutzprogramm des Landkreises Neu-Ulm – (aktualisiert 2003; Gerold Lang)

ATKINSON, G. F. (1918) – The genus *Galerula* in North America. Proc. American Phil. Soc. 57 (5): 357–375

AUER, P. (1963) – Geschichte der Stadt Günzburg. Donau-Verlag, Günzburg.

BARAL, H.-O. & G. J. KRIEGLSTEINER (1985) – Inoperculate *Discomyzeten*. Beih. 6 zur Z. Mykol.

BARONI, T.J. (1981) – A revision of the genus *Rhodocybe* Maire (*Agaricales*). Beih. Nova Hedwigia 67

BAS, C. (1965) – The genus *Squamanita*. Persoonia 3 (3): 331–359

BAUER, A. (1989) – Natur- und Pilzbeobachtungen in einem kleinen Waldgebiet am nördlichen Ausläufer des östlichen Illerrückens. Ulmer Pilzflora II: 40–46

BAUER, A. (1989 a) – Pilze auswählen, beobachten und mit dem Mikroskop bestimmen. *in* Mycelium 1. Kleine Schriftenreihe zur Mitgliederinformation, S. 23–29

BAUER, A. (1989 b) – Klima – Umwelt – Pilzwachstum; Fragebogenaktion. Mycelium 2. Kleine Schriftenreihe zur Mitgliederinformation, S. 23–29

BAUER, A. (1991) – Klima – Umwelt – Pilzwachstum im Jahr 1990. Mycelium 3 (2): 30–37

BELLU, F. & G. LANZONI (1987) – Betrachtungen über die Gattung *Macrolepiota* Sing. in Europa. Beitr. z. Kenntn. d. Pilze Mitteleuropas 3: 189–204

BENDER, H. (1989) – *Coprinus subimpatiens* und einige seiner nächsten Verwandten. Beitr. z. Kenntn. d. Pilze Mitteleuropas 5: 75–82

BENDER, H., M. ENDERLE & G. J. KRIEGLSTEINER (1984) – Studien zur Gattung *Coprinus* (Pers.: Fr.) S. F. Gray in der Bundesrepublik Deutschland. II. Zeitschrift für Mykologie 50 (1): 17–40

BENDER, H. & M. Enderle (1988) – Studien zur Gattung *Coprinus* (Pers.: Fr.) S. F. Gray in der Bundesrepublik Deutschland IV. Zeitschrift für Mykologie 54 (1): 45–68

BENDER, H. & M. ENDERLE (1995) – Studien zur Gattung *Coprinus* (Pers.:Fr.) S. F. Gray in der Bundesrepublik Deutschland. VI. Zeitschrift für Mykologie 61 (1): 11–28

BERGER, K. (1980) – Mykologisches Wörterbuch. Gustav Fischer Verlag, Stuttgart.

BESL, H., R. DORSCH & M. FISCHER (1996) – Zur verwandtschaftlichen Stellung der Gattung *Melanogaster* (*Melanogastraceae, Basidiomycetes*). Z. Mykol. 62 (2): 195–199

BESL, H. et al. (1998) – Der Kleinsporige Goldschimmel, *Sepedonium microspermum* – ein Parasit an Röhrlingen der *Xerocomus-chrysenterum*-Gruppe. Z. Mykol. 64 (1): 45–52

BEYER, W. (1992) – Pilzflora von Bayreuth und Umgebung. Libri Botanici. IHW-Verlag.

BIRKENFELD, H. (1987) – Luftbildatlas (der) Region Ulm/Neu-Ulm. Armin Vaas Verlag, Langenau.

BIRKENFELD, H. & H. BRACHMANN (1987) – Das Blautal – Ulmer Geographische Hefte 4. Ulm.

BOEKHOUT, T. & M. ENDERLE (1995) – Neotypification of *Volvariella gloiocephala* (DC.:Fr.) Boekheout & Enderle. Persoonia 16 (2): 249–251.

BOEKHOUT, T. & M. ENDERLE (1986) – *Volvariella gloiocephala* (DC.: Fr.) Boekhout & Enderle comb.nov.; Beiträge zur Kenntnis der Pilze Mitteleuropas 2: 77–79

BOLLMANN, A., A. GMINDER & P. REIL (2002) – Abbildungsverzeichnis europäischer Großpilze. Schwarzwälder Pilzlehrschau. Hornberg.

BON, M. (1984) – Les *Tricholomes* de France et d'Europe occidentale. Encycl. Mycol. XXXVI. Paris.

BON, M. (1987) – The Mushrooms and Toadstools of Britain and North-western Europe. London.

BON, M. (1988) – Pareys Buch der Pilze. Hamburg.

BON, M. (1990) – Les *Hygrophores*. Flore Mycol. d'Europe 01. Doc. Mycol. Mém. hors Série No. 01.

BON, M. (1991) – Les *Tricholomes*. Flore Mycol. d'Europe 2. Doc. Mycol. Mém. hors Série No. 2.

BON, M. (1992) – Clé monographique des espèces galeronaucorioides. Doc.Mycol. 21(84): 1–89

BON, M. (1992) – Die Großpilzflora von Europa: *Hygrophoraceae*. IHW-Verlag. Eching.

BON, M. (1993) – Les *Lepiotes*. Flore Mycol. d'Europe 3. Doc. Mycol. Mém. hors Série No. 3.
BON, M. (1999) – Les *Collybio-Marasmioides* et ressemblants. Flora Mycol. d'Europe 5. Doc. Mycol. Mém. hors Série No. 5.
BOUDIER, E. (1905–1910) – Icones Mycologicae, 4 Bände, Paris.
BRANDRUD, T. E. et al. (1990 ff.) – *Cortinarius* Flora Photographica. *Cortinarius* HB, S–86433 Matfors.
BREITENBACH, J. & F. KRÄNZLIN (1981–2000) – Pilze der Schweiz, Band 1–5, Luzern.
BRESADOLA, G. (1927–1941) – Iconographia Mycologia, Mediolani.
BRESADOLA, G. (1881–1900) – Fungi tridentini novi vel nondum delineati. Tridenti.
BRESINSKY, A. (1966) – *Galerina beinrothi* nov.spec., *Panaeolus uliginosus* J. Schaeff. und andere *Agaricales* aus Flachmooren Oberbayerns. Z. Pilzk. 32 (1/2): 8–17.
BRESINSKY, A. (2003) – Pilze von besonderen Standorten (5): Röhrichte (*Phragmition*), Großseggenriede (*Magnocaricion*) und Sumpf-Wiesen (*Calthion*). Mycol. Bav. 6: 13–36
BRESINSKY, A. & H. BESL (2003) – Beiträge zu einer Mykoflora Deutschlands: Schlüssel zur Gattungsbestimmung der Blätter-, Leisten- und Röhrenpilze mit Literaturhinweisen zur Artbestimmung. Regensburger Mykol. Schriften 11: 1–236.
BRESINSKY, A. & H. HAAS (1976) – Übersicht der in der Bundesrepublik Deutschland beobachteten Blätter- und Röhrenpilze. Beih. 1 zur Z. Pilzk.
BRESINSKY, A. & CH. DÜRING (2001) – Pilzoek, ein Erfassungsprogramm für Daten zur Ökologie und Chorologie von Pilzen in Mitteleuropa. Z. Mykol. 67 (1): 157–168
BRESINKSY, A. & H. Kreisel (1998) – Zur Situation der Mykologie in Deutschland. Z. Mykol. 64 (1): 3–6
BRESINSKY, A., H. KREISEL, M. BEISENHERZ & A. EGER (2000) – Mykologisches aus dem Werdenfelser Land: *Bovista bovistoides, Lactarius salicis-reticulatae* neu für Deutschland und weitere Pilze. Z. Mykol. 66 (2): 123–150
BROSTRÖM, D. (1992) – *Conocybe*. Inventeraren 3: 1–21
BRUCHET, G. (1970) – Contribution a l'étude du genre *Hebeloma* (Fr.) Kummer. Bull. Soc. Linn. Lyon 39, Suppl. au no. 6.
BRUNSWIK, H. (1924) – Untersuchungen über die Geschlechts- und Kernverhältnisse bei der Hymenomyzetengattung *Coprinus*. Bot. Abhandl. 5.
BUCH, R. (1952) – Die Blätterpilze des nordwestlichen Sachsens. Leipzig.
BUTACH, J. M. , S. P. VASSER, M.M. NAZOROVA & E.L. NEZDOJMINOGO (1990) – Griby. Tom 1, Basidiomycetes, Leningrad, „Nauka" Leningr. (russisch)
CANDUSSO, M. (1977) – Hygrophorus s. l., Fungi Europaei, Vol. 6
CANDUSSO, M. & G. LANZONI (1990) – *Lepiota* s. l., Fungi Europaei, Vol. 4.
CACIALLI, G., V. CAROTI & F. DOVERI (1995) – Funghi fimicoli e rari o interessanti del litorale Toscano. Schede di Micologia, Vol. 1, 615 S., Trento.
CACIALLI, G., V. CAROTI & F. DOVERI (1999) – Contributo ad cognitionem Coprinorum. Monografie di pagine di Micologia I. Trento.
CAPELLI, A. (1984) – Agaricus L: Fr., Fungi Europaei, Vol. 1
CETTO, B. (1970–1993) – Der große Pilzführer (I funghi dal vero), Bd. 1–7, Trento (Saturnia-Verlag) und München (BLV-Verlag).
CHRISTAN, J. (1999) – *Ramaria broomei* – zwei neue Nachweise aus Süddeutschland. Beiheft 2 zur Z. Mykol. Bd. 9: 107–112
CHRISTAN, J. (2002) – *Ramaria murrillii* – ein Erstfund für Deutschland. Mycologia Bavarica 13–19
CLÉMENCON, H. (1982) – Kompendium der Blätterpilze – II. *Marasmius*. Z. Mykol. 48 (1): 3–16
CLÉMENCON, H. (1984) – Kompendium der Blätterpilze – *Clitocybe*. Beih. Z. Mykol. 5: 1–68
CLÉMENCON, H. (1997) – Anatomie der Hymenomyceten. Universität Lausanne. Flück-Wirth-Verlag.
CONTU, M. (1991) – *Agaricales* rare o interessanti dalla Sardegna. Bol. Soc. Micol. Madrid 15: 139–147
CONTU, M. (1991) – *Psathyrella bivelata* spec. nov., une nouvelle espèce de la section *Cystopsathyra*. Bull. Soc. Mycol. France 107 (2): 85–89
COOKE, M. C. (1881–1891) – Illustrations of British Fungi (*Hymenomyceten*). Vol. 1–8. London.
CORNER, E. J. H. (1950) – A monograph of *Clavaria* and allied genera. London.
COURTECUISSE, R. & B. DUHEM (1994) – Guide des Champignons de France et d'Europe. 476 S., Lausanne
DÄHNCKE, R. M. (1993) – 1.200 Pilze in Farbfotos. AT-Verlag, Aarau/Schweiz.
DÄHNCKE, R. M. (1997) – Las setas/Die Pilze en La Palma. Santa Cruz de Tenerife.
DÄMON, W. (1993) – Bemerkenswerte Pilzfunde aus einem Silberweidenauenwald an der Saalach (bei Salzburg). Öst. Z. Pilzk. 2: 19–32.
DEMOULIN, V. (1968) – Gasteromycetes de Belgique: Sclerodermatales, Tulostomatales, Lycoperdales. Bull. Jard. Bot. Nat. Belg. 38: 1–101.
DENNIS, R. W. G. (1970) – Fungus Flora of Venezuela and adjacent countries. Kew Bull. Add. Ser. 3
DENNIS, R. W. G. (1978) – British *Ascomycetes*. Vaduz.
DERBSCH, H. (1954) – Pilzfunde auf einem Waldpfad. Z. Pilzk. 17: 7–14
DERBSCH, H. & J. A. SCHMITT (1987) – Atlas der Pilze des Saarlandes. Teil 2: Nachweise, Ökologie, Vorkommen und Beschreibungen. Aus Natur und Landschaft im Saarland. Sonderband 3.
Deutsche Gesellschaft für Mykologie e.V. (DGfM) & Naturschutzbund Deutschland e. V. (NABU) Hrsg. (1992) – Rote Liste der gefährdeten Großpilze in Deutschland. Eching.
DIETL, G. (1986) – Großpilze als Bioindikatoren – Möglichkeiten und Beispiele. Ulmer Pilzflora I: 142–151
DIETL, G. & L. KRIEGLSTEINER (1989) – 9. Beitrag zur Kenntnis der Ulmer Pilzflora: Pilzfunde Am Oberen Eselsberg. Mitt. des Vereins f. Naturwissenschaft u. Math. Ulm 35: 39–56
DISSING, H. (1966) – The Genus *Helvella* in Europe with special emphasis on the species found in Norden. Dansk Bot. Arkiv 25 (1): 1–172.
DÖRFELT, H. (1979) – Taxonomische Studien in der Gattung *Xerula* R. Mre. Feddes Repert. 90: 363–388

DÖRFELT, H. (1988) – BI-Lexikon Mykologie – Pilzkunde. Leipzig. 432 S.

DÖRFELT, H. & CH. MÜLLER – Uri (1986) – *Geastrales* – Bibliographie. Terrestrische Ökologie, Sonderheft 6, 167 S.

DÖRFELT, H. & U. TÄGLICH (1990) – Pilzfloristische Arbeitsergebnisse aus der Mongolischen Volksrepublik. Boletus 14 (1): 1–27

DOMANSKI, S. (1981) – Grzyby (Mycota), Tom XIII (Flora Polska). Warschau/Krakau.

DOPPELBAUR, H., H. DOPPELBAUR & G. KURZ (1971) – Ulmer Rostpilzflora. Mitt. d. Ver. f. Naturwiss. u. Math. Ulm 28: 50–121.

DOPPELBAUR, H. & H. DOPPELBAUR (1975 a) – Beiträge zur Pilzflora von Günzburg (Die Falschen Mehltaupilze – *Peronosporales*). 30. Bericht der Naturforsch. Ges. Augsburg: 3–44

DOPPELBAUR, H. & H. DOPPELBAUR (1975 b) – Nachträge zur *Peronosporaceen*flora Bayerns (II.). 30. Bericht der Naturf. Ges. Augsburgs: 45–50

DOPPELBAUR, H., H. DOPPELBAUR & G. KURZ (1970) – Ulmer Rostpilzflora. Mitt. d. Vereins f. Naturwiss. u. Math. Ulm 28: 50–121

EBERT, H. (1987) – Pilze und Artenschutz. Mittbl. d. AG. Pilzk. Niederrhein, Jg. 5, Heft 2b: 215–227.

EBERT, H. (1991) – Über seltene und kritische Pilze des Regierungsbezirkes Trier (*Xerula caussei* Maire, *Lepiota cortinarius* Lange, *Crepidotus cinnabarinus* Peck (Agaricales, Basidiomycetes). Rheinl.-Pf. Pilzj. 1 (1): 66–71.

EBERT, H. (1994) – Brandstellenpilze. Auflistung der bisher auf Brandstellen, Holzkohle, Aschen und sterilisierten Substraten festgestellten Pilzarten. Mittbl. d. AG. Pilzk. Niederrhein, Jg.12, Heft 1: 58–83.

EBERWEIN, G. (1989 a) – Mikroskopierkurs der AMU. Mycelium 1, Kleine Schriftenreihe der Arbeitsgruppe Mikroskopie der Arbeitsgemeinschaft Mykologie Ulm – Neu-Ulm, S. 4–9

EBERWEIN, G. (1989 b) – Welcher Risspilz ist das? Mycelium 2. Kleine Schriftenreihe zur Mitgliederinformation, S. 3–10

EBERWEIN, G. (1991) – Welcher Röhrling ist das? Mycelium 3 (2): 3–8

EBERWEIN, G. & G. FISCHER (1992) – *Inocybe squamata* Lange (Dunkelschuppiger Risspilz). Ulmer Pilzflora III: 113–118 (28. Beitrag zur Kenntnis der Ulmer Pilzflora).

EINHELLINGER, A. (1969) – Die Pilze der Garchinger Heide. Ein Beitrag zur Mykosoziologie der Trockenrasen. Ber. Bayer. Bot. Ges. 41: 79–130

EINHELLINGER, A. (1973) – Die Pilze der Pflanzengesellschaften des Auwaldgebiets der Isar zwischen München und Grüneck. Ber. Bayer. Bot. Ges. 44: 5–100.

EINHELLINGER, A. (1976) – Die Pilze in primären und sekundären Pflanzengesellschaften oberbayerischer Moore, Teil 1, Ber. Bayer. Bot. Gesell. 47: 75–149

EINHELLINGER, A. (1982) – Das Murnauer Moor und seine Pilze. Hoppea 41: 347–398

EINHELLINGER, A. (1985) – Die Gattung Russula in Bayern. Hoppea 43.

EINHELLINGER, A. (1989) – Der Gekrümmtsporige Stranddünenpilz *Psathyrella flexispora* Wallace et Orton zum ersten Mal auf dem europäischen Festland im Binnendünengebiet Niederbayerns bei Siegenburg gefunden. Ulmer Pilzflora II: 63–67

ENDERLE, M. (1979) – 3. Beitrag zur Kenntnis der Ulmer Pilzflora: *Polyporales* und *Poriales/Aphyllophorales*. Mitt. d.Ver. f. Naturwiss. u. Math. Ulm 30: 1–62

ENDERLE, M. (1981 a) – Seltene oder interessante Pilze aus dem Ulmer Raum. Mitt. d. Ver. f. Naturwiss. u. Math. Ulm 31: 24–34

ENDERLE, M. (1981 b) – *Lepiota calcicola* Knudsen, eine neue Schirmlingsart aus der Sektion *Echinatae* Fayod. Südwestdeutsche Pilzrundschau 17 (2): 14–17

ENDERLE, M. (1982 a) – 5. Beitrag zur Kenntnis der Ulmer Pilzflora: Die Gattung *Hypoxylon* im Ulmer Raum. Zeitschrift für Mykologie 48 (1): 141–164

ENDERLE, M. (1982 b) – Der Dunkelrandige Düngerling (*Panaeolus subbalteatus*) – ein auffälliger Dungbewohner. Südwestdeutsche Pilzrundschau 18 (2): 7–9

ENDERLE, M. (1983) – *Pholiotina appendiculata* – ein attraktiver Glockenschüppling.Pilzpost Kaskaden-Schirmling Nr. 2, Kassel.

ENDERLE, M. (1984 a) – *Psathyrella sacchariolens* nom. prov. und andere *Psathyrellen* im Ulmer Raum (7. Beitrag zur Kenntnis der Ulmer Pilzflora). Beiträge zur Kenntnis der Pilze Mitteleuropas I: 35–60

ENDERLE, M. (1984 b) – Beschreibung des Großen Frühlings-Helmlings (*Mycena niveipes)*, des Rillstieligen Helmlings *(Mycena polygramma)*, des Gelbstieligen Helmlings *(Mycena renatii)* und des Orangeschneidigen Helmlings *(Mycena aurantiomarginata)*. Pilzpost Kaskadenschirmling Nr. 2, Kassel.

ENDERLE, M. (1985) – Bemerkenswerte *Agaricales*-Funde I (8. Beitrag zur Kenntnis der Ulmer Pilzflora). Z. Mykol. 51 (1): 5–42

ENDERLE, M. apud G. J. KRIEGLSTEINER (1985) – Beschreibung von *Lepiota fulvella* Rea im Auf-satz „Über neue, seltene, kritische Makromyceten in der Bundesrepublik Deutschland (Mitteleuropa) VI. Z. Mykol. 51 (1): 108–109

ENDERLE, M. (1986 a) – Bemerkenswerte *Agaricales*-Funde II (9. Beitrag zur Kenntnis der Ulmer Pilzflora). Beitr. z. Kenntn. d. Pilze Mitteleuropas 2: 99–124

ENDERLE, M. (1986 b) – *Pluteus*-Funde in hiesigen Auwäldern (11. Beitrag zur Kenntnis der Ulmer Pilzflora). Ulmer Pilzflora I: 9–78

ENDERLE, M. (1986 c) – Weniges Bekanntes von gut bekannten Pilzen. Beispiel 3: Wer kennt *Psathyrella piluliformis*? *in* APN-Mitteilungsblatt der Arbeitsgemeinschaft Pilzkunde Niederrhein 4 (2): 137–141

ENDERLE, M. (1987 a) – Pilzporträt Nr. 27: *Agrocybe vervacti* (Fr.) Sing. – Kurzstieliger Ackerling, Hohlstieliger Ackerling. Südwestdeutsche Pilzrundschau 23 (1): 3–6

ENDERLE, M. (1987 b) – Bemerkenswerte *Agaricales-(Psathyrella-)*Funde IV. (13. Beitrag zur Kenntnis der Ulmer Pilzflora). Beitr. z. Kenntn. d. Pilze Mitteleuropas 3: 241–260

ENDERLE, M. (1987 c) – Bemerkenswerte *Agaricales*-Funde V (14. Beitrag zur Kenntnis der Ulmer Pilzflora). Festschrift „25 Jahre Schwarzwälder Pilzlehrschau", S. 23–34, Hornberg.

ENDERLE, M. (1987 d) – Bemerkenswerte *Agaricales*-Funde VI (15. Beitrag zur Kenntnis der Ulmer Pilzflora). APN-

Mitteilungsblatt der Arbeitsgemeinschaft Pilzkunde Niederrhein 5 (2 b): 182–200

ENDERLE, M. (1988) – Pilzporträt Nr. 29: *Coprinus domesticus* (Bolt.: Fr.) S. F. Gray – Der Haus-Tintling. Südwestdeutsche Pilzrundschau 24 (1): 6–10. Stuttgart.

ENDERLE, M. (1989 a) – Pilzporträt Nr. 33: *Inocybe phaeocomis* var. *major* (S.Petersen) Kuyper – Der Lilaspitzige Risspilz. Südwestdeutsche Pilzrundschau 25 (1): 5–8

ENDERLE, M. (1989 b) – Notizen zur Gattung *Tubaria* (W. G.Smith) Gillet (16. Beitrag zur Kenntnis der Ulmer Pilzflora). Mitt. d. Ver. f. Naturwiss. u. Math. Ulm 35: 57–108

ENDERLE, M. (1989 c) – Bemerkenswerte *Agaricales-(Psathyrella)*Funde VIII (19. Beitrag zur Kenntnis der Ulmer Pilzflora). Beitr. z. Kenntn. d. Pilze Mitteleuropas 5: 55–74

ENDERLE, M. (1989 d) – Pilzporträt Nr. 14: *Chamaemyces fracidus* (Fr.) Donk – Fleckender Schmierschirmling. APN-Mitteilungsblatt der Arbeitsgemeinschaft Pilzkunde Niederrhein 7 (2): 109–113

ENDERLE, M. (1989) – Sua vita *Inocybis* consecreta erat – Erinnerungen an Johann Stangl (1923–1988). Ulmer Pilzflora II: 54–56

ENDERLE, M. (1990) – Ein neuer Filzkrempling: *Ripartites krieglsteineri* Enderle & M.Bon spec. nov.; Z. Mykol. 56 (1): 9–12

ENDERLE, M. (1991) – *Conocybe-Pholiotina*-Studien I: Bestimmungschlüssel für die europäischen Arten der Gattung *Conocybe* Fayod. Z. Mykol. 57 (1): 55–74

ENDERLE, M. (1991 a) – *Conocybe-Pholiotina*-Studien II: Beschreibung einiger Funde. Z. Mykol. 57 (1): 75–108

ENDERLE, M. (1991 b) – Über 3 bemerkenswerte Düngerlingsfunde im Ulmer Raum (20. Beitrag zur Kenntnis der Ulmer Pilzflora). Rheinland-Pfälzisches Pilzjournal 1 (1): 55–58

ENDERLE, M. (1992 a) – Bemerkenswerte *Agaricales*-Funde IX (21. Beitrag zur Kenntnis der Ulmer Pilzflora). Ulmer Pilzflora III: 7–54

ENDERLE, M. (1992 b) – Zapfenbewohnende Blätterpilze aus den Gattungen *Strobilurus, Baeospora* und *Mycena* im Ulmer Raum (24. Beitrag zur Kenntnis der Ulmer Pilzflora). Ulmer Pilzflora III: 68–81

ENDERLE, M. (1992 c) – Studien in der Gattung *Psathyrella* II. Beitr. Z. Kenntn. d. Pilze Mitteleuropas 8: 85–102

ENDERLE, M. (1992 d) – Pilzporträt Nr. 20: *Coprinus flocculosus* (DC)Fries 1838 ss. Romagn. 1945 – Großsporiger Flockentintling. APN-Mitteilungsblatt der Arbeitsgemeinschaft Pilzkunde Niederrhein 10 (1): 7–10

ENDERLE, M. (1992 e) – Zwei bemerkenswerte Glockenschüpplinge: *Pholiotina mairei* und *Pholiotina vestita.* Mykologisches Mitteilungsblatt 35 (1): 11–17

ENDERLE, M. (1992) – Hornberg – mon Amour! APN-Mitteilungsblatt der Arbeitsgemeinschaft Pilzkunde Niederrhein 10 (1): 64

ENDERLE, M. (1992) – Literaturhinweise zur Gattung *Mycena* (Pers. ex Fr.) S. F.Gray. APN-Mitteilungsblatt der Arbeitsgemeinschaft Pilzkunde Niederrhein 10 (2): 123–136

ENDERLE, M. (1993) – Literaturhinweise zur Gattung *Hygrocybe* (Fries) Kummer APN-Mitteilungsblatt der Arbeitsgemeinschaft Pilzkunde Niederrhein 11 (1): 54–59

ENDERLE, M. (1993 a) – Pilzporträt Nr. 24: *Conocybe subovalis* (Kühn. ex) Kühn. & Watl. 1980, Gerandetknolliges Sammethäubchen. APN-Mitteilungsblatt der Arbeitsgemeinschaft Pilzkunde Niederrhein 11 (1): 21–24

ENDERLE, M. (1993 b) – *Conocybe-Pholiotina*-Studien IV. Z. Mykol. 59 (1): 27–43

ENDERLE, M. (1993 c) – *Psilocybe silvatica* (Peck) Singer & Smith – Ein waldbewohnender Kahlkopf. Südwestdeutsche Pilzrundschau 29 (2): 48–51

ENDERLE, M. (1993 d) – Pilzporträt Nr. 29: *Entoloma glaucobasis* Noordeloos 1985, Zweifarb-stieliger Rötling. APN-Mitteilungsheft der Arbeitsgemeinschaft Pilzkunde Niederrhein 11 (2): 93–95

ENDERLE, M. (1994 a) – Studien in der Gattung *Psathyrella* III. Beiträge zur Kenntnis der Pilze Mitteleuropas IX: 57–78, 1994

ENDERLE, M. (1994 b) – Pilzporträt Nr. 31: *Entoloma longistriatum* (Peck) Noordeloos var. *longistriatum*, Gelbbrauner Rötling. APN-Mitteilungsheft der Arbeitsgemeinschaft Pilzkunde Niederrhein 12 (1): 7–8

ENDERLE, M. (1994 c) – Pilzporträt Nr. 32: *Lepiota alba* (Bres.) Sacc. – Weißer Schirmling. APN-Mitteilungsheft der Arbeitsgemeinschaft Pilzkunde Niederrhein 12 (1): 9–12

ENDERLE, M. (1994 d) – *Conocybe-Pholiotina*-Studien V. Z. Mykol. 60 (1): 35–48

ENDERLE, M. (1994 e) – Bemerkenswerte *Agaricales*-Funde X. (30. Beitrag zur Kenntnis der Ulmer Pilzflora). Pfälzer Pilzpost 2: 33–46

ENDERLE, M. (1995 a) – Nachtrag zur Ulmer Risspilzflora – Gattung *Inocybe* (29. Beitrag zur Kenntnis der Ulmer Pilzflora). Mitt. d. Ver. f. Naturwiss. u. Math. Ulm 36/37: 1–48

ENDERLE, M. (1995 b) – Rilevanti *Agaricales* dell'Italia settentrionale. Bollettino 38 (3–4): 68–82, Trento (Italien).

ENDERLE, M. (1995 c) – *Agrocybe smithii* Watling & Bigelow 1983 – Erstfund für Europa. Doc. Mycol. 25 (98–200): 147–150 (Festschrift zum 70. Geburtstag von *Marcel Bon)*

ENDERLE, M. (1995 d) – Die Pilzflora des Donautales. Das Schwäbische Donaumoos und die Auwälder zwischen Lh-Weißingen und Gundelfingen: 75–83. Brigitte Settele Verlag. Augsburg

ENDERLE, M. (1995 e) – Pilzporträt Nr. 37: *Hebeloma sordescens* Vesterholt – Ein seltener Fälbling. APN-Mitteilungsheft der Arbeitsgemeinschaft Pilzkunde Niederrhein, Bd. 13 (2): 90–93.

ENDERLE, M. (1995 f) – Pilzporträt Nr. 39: *Pluteus luctuosus* – Ein wenig bekannter Dachpilz. APN-Mitteilungsheft der Arbeitsgemeinschaft Pilzkunde Niederrhein, Bd. 13 (2): 98–101

ENDERLE, M. (1995 g) – Bemerkenswerte *Agaricales* – Funde XI: *Cortinarius cedriolens, Entoloma hebes, Mycena abramsii* (31. Beitrag zur Kenntnis der Ulmer Pilzflora). Boletus 19 (3): 88–96

ENDERLE, M. (1996) – Von M. Enderle neu beschriebene, neu kombinierte, im Status veränderte oder validierte (gültig nachbeschriebene) Pilzarten bzw. -sippen. Ulmer Pilzflora IV: 171–173

ENDERLE, M. (1996 a) – Studien in der Gattung *Psathyrella* IV. Beitr. z. Kenntn. Pilze Mitteleuropas X: 35–58

ENDERLE, M. (1996 b) – *Conocybe-Pholiotina*-Studien VI. Z. Mykol. 62 (1): 19–36

ENDERLE, M. (1996 c) – Bemerkenswerte *Agaricales*-Funde XII (32. Beitrag zur Kenntnis der Ulmer Pilzflora). Ulmer Pilzflora IV: 41–91

ENDERLE, M. (1996 d) – Bemerkenswerte *Agaricales*-Funde XIII (33. Beitrag zur Kenntnis der Ulmer Pilzflora). 10 Jahre Pilzfreunde Südhessen Sulzbach e.V., Sonderheft 2: 29–44

ENDERLE, M. (1997 a) – *Conocybe-Pholiotina*-Studien VII. Z. Mykol. 63 (1): 3–34

ENDERLE, M. (1997 b) – Studien in der Gattung *Psathyrella* V. – Boll. Gruppo Micol.Bresadola, Nuova Serie, Numero speciale: „Omaggio a Giacoma Bresadola", 40 (2–4): 195–208

ENDERLE, M. (1997 c) – Studien in der Gattung *Psathyrella* VI. Beitr. z. Kenntn. d. Pilze Mitteleuropas XI: 7–15

ENDERLE, M. (1998) – Studien in der Gattung *Psathyrella* VII. Z. Mykol. 64 (2): 217–231

ENDERLE, M. (1999 a) – *Conocybe-Pholiotina*-Studien IX. Beitr. z. Kenntn. Pilze Mitteleuropas XII: 75–84.

ENDERLE, M. (1999 b) – *Conocybe pilosella* (Pers.: Fr.) Kühner – ein häufiges, aber wenig bekanntes Samthäubchen. Beiheft 9 zur Z. Mykol.

ENDERLE, M. (1999 c) – Alcune *Agaricales* degne di nota. Bollettino del Gruppo Micologico G. Bresadola – Nuova Serie 42 (3): 165–178

ENDERLE, M. (2000 a) – Studien in der Gattung *Psathyrella* VIII. Z. Mykol. 66 (1): 3–26

ENDERLE, M. (2000 b) – *Conocybe-Pholiotina* Studien X. Micologia 2000: 165–176, Assoc. Micol. Bresadola, Trento/Italien.

ENDERLE, M. & H. BENDER (1990) – Studien zur Gattung *Coprinus* (Pers.:Fr.) S. F. Gray in der Bundesrepublik Deutschland. V. Z. Mykol. 56 (1): 19–46

ENDERLE, M. & J. CHRISTAN (1992) – Studien in der Gattung *Psathyrella* I. Z. Mykol. 58 (1): 67–84

ENDERLE, M. & M. CONTU (2000) – *Lepista pseudoparilis* – eine neue Art aus der Sektion *Gilva* Harmaja. Beitr. z. Kenntn. d. Pilze Mitteleuropas 13: 11–14

ENDERLE, M. & O. u. R. HILBER (1981) – *Camarops polysperma* (Mont.) J. H. MILLER – ein für Deutschland seltener Kernpilz. Z. Mykol. 41 (1): 97–100

ENDERLE, M. & H.-J. HÜBNER (1999) – *Conocybe-Pholiotina*-Studien VIII. Z. Mykol. 65 (1): 3–22

ENDERLE, M. & H.-J. HÜBNER (2003) – Studien in der Gattung *Psathyrella* IX. Beiträge zur Kenntnis der Pilze Mitteleuropas XIX: (im Druck)

ENDERLE, M., E. Kajan & G. J. KRIEGLSTEINER (1985) – Studien in der Gattung *Bolbitius* Fries. APN-Mitteilungsblatt der Arbeitsgemeinschaft Pilzkunde Niederrhein 3 (1): 5–34

ENDERLE, M. & G. J. KRIEGLSTEINER (1987) – Über neue, seltene, kritische Makromyzeten in der Bundesrepublik Deutschland (Mitteleuropa) VIII. APN-Mitteilungsblatt der Arbeitsge-meinschaft Pilzkunde Niederrhein 5 (1): 7–29

ENDERLE, M. & G. J. KRIEGLSTEINER (1989) – Die Gattung *Lepiota* (Pers.) S. F.Gray emend. Pat. in der Bundesrepublik Deutschland (Mitteleuropa). Z. Mykol. 55(1): 43–104

ENDERLE, M. & G. J. KRIEGLSTEINER (1998) – Der Graufilzige Trichterling, *Clitocybe trulliformis*. Südwestdeutsche Pilzrundschau 34 (2).

ENDERLE, M., G. J. KRIEGLSTEINER & H. BENDER (1986) – Studien zur Gattung *Coprinus* (Pers.: Fr.) S. F. Gray in der Bundesrepublik Deutschland. III. Z. Mykol. 52(1): 101–132

ENDERLE, M. & H. E. LAUX (1980) – Pilze auf Holz – Speisepilze, Holzzersetzer, Baumschädlinge. KOSMOS-Bestimmungsführer. Franck'sche Verlagshandlung. 128 Seiten mit 112 Farbfotos. Stuttgart.

ENDERLE, M. & H. E. LAUX (1981) – Paddestoelen op hout. Verlag Thieme-Zutphen. Holland, 1981.

ENDERLE, M. & H. E. LAUX (1993) – Pilzporträt Nr. 28: *Leucoagaricus badhamii* (Berk. & Br.) Singer, Badham's Verfärbender Schirmling. APN-Mitteilungsblatt der Arbeitsgemeinschaft Pilzkunde Niederrhein 11 (2): 89–92

ENDERLE, M. & G. Moreno (1985) – The *Coprinus domesticus* Group. Boletin de la Sociedad Micologica Castellana (Real Jardin Botanico Madrid) 9: 103–130. Madrid.

ENDERLE, M. & F. REININGER (1989) – Bemerkenswerte *Agaricales-(Agrocybe-)*Funde VII. (18. Beitrag zur Kenntnis der Ulmer Pilzflora). Ulmer Pilzflora II: 7–26

ENDERLE, M. & F. REININGER (1995) – Pilzfunde im NSG Schmiechener See (10. Beitrag zur Kenntnis der Ulmer Pilzflora). *in* Hölzinger, J. & G. Schmid: Der Schmiechener See. Naturkunde eines Naturschutzgebietes auf der Schwäbischen Alb. Teil 1: Geschichtlich-naturkundliche Beiträge. – Beih. Veröff. Naturschutz Landschaftspflege Bad.-Württe. 78: 307–365

ENDERLE, M. & C. SCHNARBACH (1981) – Seltene oder interessante Großpilze aus dem Allgäuer und Ulmer Raum. Mitteilungen des Naturwissenschaftlichen Arbeitskreises Kempten/Allgäu, 25. Jahrg., Folge 1: 91–99

ENDERLE, M. & K. SIEPE (1985) – *Hypoxylon chestersii* Rogers & Whalley 1978 – Erstfund für die Bundesrepublik Deutschland. Z. Mykol. 51 (1): 157–160

ENDERLE, M. & J. STANGL (1981) – 4. Beitrag zur Kenntnis der Ulmer Pilzflora: Risspilze *(Inocyben)*. Mitt. d. Ver. f. Naturwiss. u. Math. Ulm 31: 79–170

ENDERLE, M. & A. ZUCCHERELLI (1993) – Ritrovamenti interessanti dal Ravennate. 2. Parte: 15 specie del genera *Psathyrella*. Bolletino No. 3–4–5–6: 119–146. Trento/Italien

ENGEL, H. (1983) – Dickröhrlinge. Die Gattung *Boletus* in Europa. Weidhausen.

ENGEL, H. (1996) – Schmier- und Filzröhrlinge s. l. in Europa. Weidhausen b. Coburg.

ERB, B. & W. MATHEIS (1983) – Pilzmikroskopie. Franck'sche Verlagshandlung. Stuttgart.

ERIKSSON, J. & L. RYVARDEN (1973–1984) – The *Corticiaceae* of North Europe. 7 Bände. Oslo.

ESSETTE, H. (1964) – Les *Psalliotes*. Atlas Mycologique. Paris.

ESTEVE-RAVENTÓS, F. & M. ENDERLE (1992) – *Psathyrella halophila* spec. nov., eine neue Art aus der Sektion *Spintrigerae* (Fr.)Konrad & Maublanc vom Meeresstrand der Insel Mallorca (Spanien). Z. Mykol. 58 (2): 205–210

ESTEVE-RAVENTOS F., V. GONZÁLEZ GARCIA & R. ARENAL YAGÜE – 1997: Catálogo Micológico de los Macromicetos de áreas alpinas y subalpinas del parque nacional de Ordesa y zonas limitrofes (Huesca, Espana) recogidos en 1996. Bol. Soc. Micol. Madrid 22: 155–186.

FAVRE, J. (1948) – Les associations fongiques des hauts-marais jurassiens et de quelques régions voisins. Matériaux pour la Flore Cryptogamique Suisse. Vol. X, Fasc. 3. Bern.
FAVRE, J. (1955) – Les champignons supérieurs de la zone alpine du parc national Suisse. Ergebn. wissensch. Untersuch. schweiz. Nationalparks, Bd. 5 (33). Genf.
FAVRE, J. (1960) – Catalogue déscriptif des champignons supérieurs de la zone subalpine du parc national Suisse. Ergebn. wissensch. Untersuch. schweiz. Nationalparks, Bd. 6 (42). Genf.
FISCHER, G. (1986) – *Leucocoprinus lilacinogranulosus* (P. Hennings) Locquin – Ein Fremdling im Ulmer Raum. Ulmer Pilzflora I: 135–138
FISCHER, G. (1989) – *Xerula melanotricha* Dörfelt. Ulmer Pilzflora II: 27–31
FISCHER, G. (1992) – *Amanita submembranacea* (Bon) Gröger. Ulmer Pilzflora III: 107–112
FISCHER, G. (1996) – Notizen zu *Amanita solitaria* (Bull. 1780: Fr. 1821) Mérat 1836. Ulmer Pilzflora IV: 127–138
FISCHER, G. & W. GEHRKE (1986) – 10 Jahre Arbeitsgemeinschaft Mykologie Ulm (AMU). Ulmer Pilzflora I: 152–161
FLAMMER, T. & E. HORAK (1983) – Gitfpilze – Pilzgifte. Franck'sche Verlagshandlung.
FOUCHIER, F. (1995) – Le Genre *Psathyrella* (Fries) Quélet. Flore des espèces européennes et méditerranéennes. Féderation des Associations Mycol. Méditerranéennes. Monographies Mycologiques 1: 1–95.
FRIES, E. (1821) – Systema Mycologicum01. Lundae.
FRIES, E. (1838) – Epicrisis Systemis mycologici. Upsaliae.
FRIES, E. (1857) – Monographia Hymenomycetum Sueciae 1: 209–484. Upsaliae.
FRIES, E. (1874) – Hymenomycetes europaei. Upsaliae.
GARNWEIDNER, E. (1979) – Das neue Pilzbuch. Tomus-Verlag, München.
GARNWEIDNER, E. (1985) – Pilze bestimmen leicht gemacht. GU-Naturführer. München.
GROSCHOPF, P. & W. STEPHAN (1964?) – Geologische Karte des GroßRaumes Ulm. Geologisches Landesamt Baden-Württemberg u. Bayerisches Geologisches Landesamt.
GERHARDT, E. (1996) – Taxonomische Revision der Gattungen *Panaeolus* und *Panaeolina* (Fungi, Agaricales, Coprinaceae). Bibl. Botanica 147, 149 S.
GERHARDT, E. (1984–1985) – Pilze, Bd. 1 + 2, BLV-Intensivführer.
GERHARDT, E. (1997) – Der große BLV-Pilzführer für unterwegs. 718 S., BLV-Verlag, München.
GERHARDT, E. (2001) – Pilze, Top Guide Natur, 238 S., BLV-Verlag, München
GMINDER, A. (1994) – Die trockenstieligen Arten der Gattung *Limacella* in Europa. Z. Mykol. 60 (2): 377–398
GMINDER, A. (1996) – Studien in der Gattung *Mollisia* s. l. I. Z. Mykol. 62 (2): 181–194
GMINDER, A. & M. ENDERLE (1996) – Zur Variabilität von *Entoloma lepidissimum* (Svrcek) Noordeloos. Beitr. z. Kenntn. d. Pilze Mitteleuropas X: 59–64
GMINDER, A. in Krieglsteiner, G.J. (2000b) – Die Großpilze Baden-Württembergs, Band 2 (unter Mitarbeit von A. Kaiser), Ulmer-Verlag, Stuttgart
GMINDER, A. in Krieglsteiner, G. J. (2001) – Die Großpilze Baden-Württembergs, Band 3 (unter Mitarbeit von A. Kaiser), Ulmer-Verlag, Stuttgart
GMINDER, A. in Krieglsteiner, G.J. (2003) – Die Großpilze Baden-Württembergs, Band 4 (Autoren: A. Gminder und G. J. K., unter Mitarbeit von A. Kaiser), Ulmer-Verlag, Stuttgart
GRAUWINKEL, B. & M. & S. MEUSERS (1984) – Zur Variabilität von *Pluteus minutissimus* – *Pluteus podospileus*. Beitr. z. Kenntn. d. Pilze Mitteleuropas 1: 15–26.
GRIESSER, B. (1992) – Mykosoziologie der Grauerlen- und Sanddorn-Auen (*Alnetum incanae, Hippophaetum*) am Hinterrhein (Domleschg, Graubünden, Schweiz).Veröff. d. Geobot. Institutes d. Eidg. Techn. Hochschule, Stiftung Rübel, Zürich, 109. Heft.
GRIFFITHS, D.A. (1977) – Fungi of Hong Kong. Hong Kong.
GRÖGER, F. (1980) – Bemerkenswerte Pilzfunde aus Thüringen. Abh. Ber. Mus. Nat. Gotha: 40–48.
GRÖGER, F. (1984) – Bemerkenswerte *Psathyrella*-Funde aus Thüringen. Boletus 8 (1): 1–16
GRÖGER, F. (1984) – Pilzwanderungen. Eine Pilzkunde für jedermann. 21. Auflage, mit 246 farbigen Abbild. auf 64 Tafeln, 225 Abbild. im Text, 215 S.
GRÖGER, F. (1986) – Pilze aus der DDR. 4. *Psathyrella pygmaea* (Bull.: Fr.) Sing., – Zwergmürbling. Myk. Mitt. bl. 29 (1): 12
GRÖGER, F. (1986) – Eine neue *Psathyrella*-Art aus der Sektion *Cystopsathyra*. Z. Mykol. 52 (1): 133–138
GRÖGER, F. & G. ZSCHIESCHANG (1981) – *Hebeloma*-Arten mit *sacchariolens*-Geruch. Z. Mykol. 42 (2): 195–210.
GROSS, G., A. RUNGE & W. WINTERHOFF (1980) – Bauchpilze (*Gasteromycetes* s. l.) in der Bundesrepublik Deutschland und Westberlin. Beih. z. Z. Mykol. 2 (88).
GRÜNERT, H. & R. (1984) – Pilze. Steinbachs Naturführer. München.
GRUND, D. W. & K. A. HARRISON (1976) – Nova Scotian Boletes, 284 S., 14 x 22,5 cm, mit 80 Abbild. und 68 Schwarzweiß-Tafeln, gebunden. Bibliotheca Mycologica Band 47.
GUMINSKA, B. & W. WOJEWODA (1985) – Grzyby i ich oznaczanie (Pilze und ihre Bestimmung). Warschau.
GUZMAN, G. (1983) – The genus *Psilocybe*. Beih. 74 zur Nova Hedwigia. Vaduz.
HAAS, H. (1942) – Beiträge zur Kenntnis der Pilzflora der Ulmer Gegend I. Mitt. d. Vereins f. Naturwiss. u. Math. Ulm 22: 69–93
HAAS, H. (1965) – Beiträge zur Kenntnis der Pilzflora der Ulmer Gegend II, Mitt. d. Vereins f. Naturwiss. u. Math. Ulm 27: 73–89
HAAS, H. & W. PÄTZOLD (1982) – Wegweiser durch die Natur: Pilze Mitteleuropas. Verlag „Das Beste". Stuttgart.
HÄFFNER, J. (1987) – Die Gattung *Helvella*. Beih. 7 zur Z. Mykol.
HÄRTL, W. G. (1983) – Pilze aus Nordbayern. Coburg.
HAHN, C. (2000) – Sind *Paxillus involutus* und *P. rubicundulus* anhand ihrer Sporenmaße eindeutig unterscheidbar? Z. Mykol. 66 (2): 161–171
HANSEN L. & H. KNUDSEN – 1992: *Nordic Macromycetes 2*. Kopenhagen.

HAUSKNECHT, A. (1991) – Impressioni micologiche dal Marocco. Bollettino 34 (3–4):135–160
HAUSKNECHT, A. (1993) – Beiträge zur Kenntnis der *Bolbitiaceae01. Pholiotina subnuda* und *Conocybe hexagonospora*. Öst. Zeitschr. f. Pilzk. 2: 33–43
HAUSKNECHT, A. (1995) – Beiträge zur Kenntnis der *Bolbitiaceae* 2. Die Variabilität von *Conocybe dumetorum*. Öst. Zeitschr. f. Pilzk. 4: 107–117
HAUSKNECHT, A. (1996) – Beiträge zur Kenntnis der *Bolbitiaceae* 3. Europäische *Conocybe*-Arten mit wurzelndem oder tief im Substrat eingesenktem Stiel. Österr. Z. Pilzk. 5: 161–202
HAUSKNECHT A. – 1999: Revision von Velenovskýs *Galera*-Arten, die den Gattungen *Conocybe* und *Pholiotina* angehören. Czech. Mykol. 51 (1): 47–70.
HAUSKNECHT, A. (2002) – Beiträge zur Kenntnis der *Bolbitiaceae* 7. Die *Conocybe tenera*-Gruppe, Teil 2, und eine Revision der Arten um *Conocybe mesospora* in Europa. Österr. Z. Pilzk. 11
HAUSKNECHT, A. (2002 a) – *Conocybe tuxlaensis* und *C. zeylanica* (*Bolbitiaceae*) – neu für Europa! Fedder Rep. 113/1–2: 41–47
HAUSKNECHT, A. (2003) – Beiträge zur Kenntnis der *Bolbitiaceae* 9. *Conocybe* Sekt. *Mixtae*. Österr. Zeitschr. für Pilzkunde 12: 41–83
HAUSKNECHT, A. (2003 a) – The genus *Galerella*. A worldwide survey. Österr. Z. Pilzk. 12: 31–40
HAUSKNECHT, A. & M. ENDERLE (1992) – *Conocybe-Pholiotina*-Studien III: Drei neue *Conocybe*-Arten aus Italien. Z. Mykol. 58 (2): 197–204
HAUSKNECHT, A. & I. KRISAI (1992) – Schwarzhütige *Conocybe*-Arten. Persoonia 14(4): 655–661
HAUSKNECHT, A & I. KRISAI-GREILHUBER (1997) – Fungi non delineati raro vel haud perspecte et explorate descripti aut definite picti, Pars II, 32 S., Libreraria Basso, Alassio/Italien
HEDLICH, W. (1989) – Pilzfotografie – Technik und Bildaufbau. Mycelium 01. Kleine Schriftenreihe zur Mitgliederinformation, S. 19–22
HEIM, R. (1931) – Le genre *Inocybe*. Paris.
HERMANN, M. (1983) – Der Braune Falsche Pfifferling – Hygrophoropsis aurantiaca var. atrotomentosa. Mykol. Mitt.bl. 26 (3): 84
HESLER, L.R. & A. H. SMITH (1963) – North American species of *Hygrophorus*. Knoxville.
HEYKOOP, M. & F. ESTEVE-RAVENTÓS (1994) – El genero *Psathyrella* (Fr.) Quél. en Espana. I. (Especies recolectadas en Guadalajara). Bol. Soc. Micol. Madrid 19: 37–57
HEYKOOP, M., F. ESTEVE-RAVENTOS & G. MORENO (1994) – Algunos *Agaricales* interesantes de la provincia de Guadalajara (Espana Peninsular). II. Cryptogamie, Mycol. 15 (1): 39–56, 1994.
HILBER, O. (1982) – Die Gattung *Pleurotus* (Fr.) Kummer. Bibl. Mycol. 87. Vaduz.
HILBER, O. u. R. & M. ENDERLE (1983)–6. Beitrag zur Kenntnis der Ulmer Pilzflora: *Pyrenomyceten*. I. Mitt. d. Ver. f. Naturwiss. u. Math. Ulm 32: 77–199
HILLE, M. (1983) – Untersuchungen über die Makromyzeten-Flora von Ackerstandorten im Gebiet der Querfurter Platte. Hercynia N. E. 20 (3): 219–258
HILLRICHS, H. H. (2000) – Pilze sammeln. Kleine Philosophie der Passionen. München.
HIRSCH, G. (1984) – „Pilzflora der DDR" – Zur Nomenklatur einiger Taxa. Wiss. Zeitschr. Univ. Jena: 813–819
HOFMEISTER, H. (1977) – Lebensraum Wald. München.
HORAK, E. (1968) – Synopsis generum Agaricalium (Die Gattungstypen der *Agaricales*). Beitr. z. Krypt.flora der Schweiz, Bd. 13.
HORAK, E. (1985) – Ökologische Untersuchungen im Unterengadin. Ergebn. wiss. Unters. Schweiz. Nationalpark, Bd. XII.
ILG, J. (1996) – Ein Pilzfreund erzählt. Ulmer Pilzflora IV: 139–155
ILG, J. & M. ENDERLE (1992) – Seltene Pilzfunde im Ulmer Raum (22. Beitrag zur Kenntnis der Ulmer Pilzflora). Ulmer Pilzflora III: 55–61
IMAZEKI, R., Y. OTANI & T. HONGO (1988) – Fungi of Japan. Tokyo
JACOBSSON, S. (1990) – *Pholiota* in northern Europe. Windahlia 19: 1–86. Göteborg
JAHN, H. (1963) – Mitteleuropäische Porlinge (*Polyporaceae* s. lato) und ihr Vorkommen in Westfalen. Westf. Pilzbriefe 4: 1–143
JAHN, H. (1967) – Die resupinaten Phellinus-Arten in Mitteleuropa mit Hinweisen auf die resupinaten *Inonotus*-Arten und *Poria expansa*. Sonderdruck aus „Westfälische Pilzbriefe", Bd. VI, S. 37–124
JAHN , H. (1971) – Stereoide Pilze in Europa (*Stereaceae* Pil. emend. Parm. u. a., *Hymenochaete*) mit besonderer Berücksichtigung ihres Vorkommens in der Bundesrepublik Deutschland. Sonderdruck aus Westfälische Pilzbriefe, Band VIII, S. 69–176
JAHN, H. (1979) – Pilze die an Holz wachsen. Herford.
JÄRVA, L. & E. PARMASTO (1980) – Eesti Seente Koondnimestik. Eesti Nsv Teaduste Akad. Zool. Bot.Inst.
JÜLICH, W. (1981) – Higher Taxa of *Basidiomycetes*. Cramer-Verlag, Vaduz.
JÜLICH, W. (1984) – Die Nichtblätterpilze, Gallertpilze und Bauchpilze. *Aphyllophorales, Heterobasidiomycetes, Gastromycetes*. *in* Gams, Kleine Kryptogamenflora 2B (2). Fischer, Stuttgart.
JURKEIT, W. & F. KRAUCH (2001) – Fünf milde Täublinge mit gelbem bis ockerfarbenem Sporenpulver im Vergleich. Z. Mykol. 67 (1): 63–72
KÄRCHER, R. (2002) – Beitrag zur Kenntnis der Täubling – *Russula*-Studien, Teil 8: Vorschlag zur Neuordnung der dominant grünen Heringstäublinge unter Laubbäumen. Z. Mykol. 68 (2): 165–182
KÄRCHER, R. & D. SEIBT (1990) – Beiträge zur Kenntnis der Pilzflora des Rhein-Main-Gebietes, Teil 2: Bemerkenswerte *Cortinarius*-Funde der Untergattung *Phlegmacium* aus W. VILLINGERS Beobachtungsgebieten im Raum Offenbach/Frankfurt. Z. Mykol. 56 (1): 47–66
KAJAN, E. (1988) – Pilzkundliches Lexikon. Schwäbisch Gmünd, 227 S.
KALLENBACH, F. (1936 ff.) – Die Röhrlinge (*Boletaceae*). Leipzig.
KASPAREK, F. (1992 a) – Pilzporträt Nr. 21: *Psathyrella canoceps* (C. H.) Kauffm.) A. H. Smith. APN-Mitteilungsblatt der Arbeitsgem. Pilzkunde Niederrhein 10 (1): 11–17.

KASPAREK, F. (1992 b) – Weniger Bekanntes von gut bekannten Pilzen. Beispiel Nr. 7: *Psathyrella multipedata* (Peck) A.H. Smith. APN-Mitteilungsblatt der Arbeitsgem. Pilzkunde Niederrhein 10 (2): 81–88.

KAUFFMANN, C. H. (1918) – The *Agaricaceae* of Michigan, Vol. I. Michigan Geol. and Biol. Survey, Publ. 26, Biol. Ser. 5

KELDERMAN, P. H. (1994) – Parasolzwammen von Zuid-Limburg/Nederland, *Lepiota* s. l., excl. Macrolepiota. Maastricht.

KILLERMANN, S. (1940) – Pilze aus Bayern. Denkschr. bayer. bot. Ges., Regensburg 16

KIRCHNER, O. & J. EICHLER (1894) – Beiträge zur Pilzflora von Württemberg I + II. Jahreshefte des Vereins für vaterländische Naturkunde in Württemberg, 50: 291–492.

KITS VAN WAVEREN, E. (1985) – The Dutch, French and British species of *Psathyrella*. Persoonia, Suppl., Vol. 2

KITS van Waveren, E. (1987) – Additions to our monograph on *Psathyrella*. Persoonia 13 (3): 327–368

KLEMENT, A. (1989) – 15 Jahre Pilzberatung in Ulm (Rückblick). Ulmer Pilzflora II: 47–53

KLEMENT, A. (1989) – Kartierung der Ulmer Pilzflora. Mycelium 2. Kleine Schriftenreihe zur Mitgliederinformation, S. 26–30

KLINKOVA, T. (1954): Higher fungi of the Votosha Mountains – an ecological sketch. Trudy Akademii Nauk Bulgaria. Sofia.

KÖHLER, K. (1989) – Manfred Enderle: Träger des A. Ricken-Preises und des Bundesverdienstkreuzes am Bande. Ulmer Pilzflora II: 57–62

KONRAD, P. & A. MAUBLANC (1924–1930) – Icones selectae Fungorum. Bd. 1–6. Paris.

KREISEL, H. (1969) – Grundzüge eines natürlichen Systems der Pilze. Cramer-Verlag, Lehre.

KREISEL, H. (1973) – Die Lycoperdaceae der DDR. Bibl. Mycol. 36 , ca. 100 Seiten.

KREISEL, H. (1987) – Pilzflora der Deutschen Demokratischen Republik. *Basidiomycetes* (Gallert-, Hut- und Bauchpilze). Jena.

KRIEGLSTEINER, G. J. (1984) – Über neue, seltene, kritische Makromyzeten in der Bundesrepublik Deutschland. V. Z. Mykol. 50 (1): 41–86.

KRIEGLSTEINER, G. J. (1985) – Über neue, seltene, kritische Makromyzeten in der Bundesrepublik Deutschland. VI. Z. Mykol. 51 (1): 85–130.

KRIEGLSTEINER, G. J. (1986) – Zur Variabilität des *Cortinarius triumphans* (Fr.) Fr. in Europa. Ulmer Pilzflora I: 103–119

KRIEGLSTEINER, G. J. (1991) – Verbreitungsatlas der Großpilze Deutschlands (West), Band 1: Ständerpilze, Teil A: Nichtblätterpilze. 416 S., Ulmer-Verlag, Stuttgart.

KRIEGLSTEINER, G. J. (1991) – Verbreitungsatlas der Großpilze Deutschlands (West), Band 1: Ständerpilze, Teil B: Blätterpilze, S. 417–1.016, Ulmer-Verlag, Stuttgart.

KRIEGLSTEINER, G. J. (1991 b) – *Leucoagaricus bresadolae* (Schulzer) Bon und der „*Leucocoprinus badhamii*-Komplex“ in Mitteleuropa. Beitr. z. Kenntn. d. Pilze Mitteleuropas VII: 39–60.

KRIEGLSTEINER, G. J. (1993) – Verbreitungsatlas der Großpilze Deutschlands (West), Band 2: Schlauchpilze, 596 S., Ulmer-Verlag, Stuttgart.

KRIEGLSTEINER, G. J. (1993 a) – Einführung in die ökologische Erfassung der Großpilze Mitteleuropas. Beih. 8 zur Z. Mykol.

KRIEGLSTEINER, G. J. (1996) – Zur Verbreitung und Ökologie des Leuchtenden Prachtbecherlings *Caloscypha fulgens* (Pers.: Fr.) Boud. Ulmer Pilzflora IV: 15–40

KRIEGLSTEINER, G. J. (1997) – Zum Stand des Wissens über die Pilze Baden-Württembergs gegen Ende des 19. Jahrhunderts im Vergleich zu heute. Beitr. z. Kenntn. d. Pilze Mitteleuropas XI: 131–154

KRIEGLSTEINER, G. J. (1998) – Bauhin, J. & L.J.D. Leopold: Die ältesten Quellen unseres Wissens über die Großpilzarten Württembergs. Südwestd. Pilzrundschau 34 (2): 52–56

KRIEGLSTEINER, G. J. (2000a) – Die Großpilze Baden-Württembergs, Band 1 (unter Mitarbeit von A. Kaiser), Ulmer-Verlag, Stuttgart

KRIEGLSTEINER, G. J. (2000b) – Die Großpilze Baden-Württembergs, Band 2 (Autoren: A. Gminder, G. J. Krieglsteiner und W. Winterhoff, unter Mitarbeit von A. Kaiser), Ulmer-Verlag, Stuttgart

KRIEGLSTEINER, G. J. (2001) – Die Großpilze Baden-Württembergs, Band 3 (Autoren: A. Gminder und G. J. Krieglsteiner, unter Mitarbeit von A. Kaiser), Ulmer-Verlag, Stuttgart

KRIEGLSTEINER, G. J. (2003) – Die Großpilze Baden-Württembergs, Band 4 (Autoren: A. Gminder und G. J. Krieglsteiner, unter Mitarbeit von A. Kaiser), Ulmer-Verlag, Stuttgart

KRIEGLSTEINER, G. J., H. BENDER & M. ENDERLE (1982) – Studien zur Gattung *Coprinus* (Pers. ex Fr.) S. F. Gray in der Bundesrepublik Deutschland. I. Z. Mykol. 48 (1): 65–88

KRIEGLSTEINER, G. J. & M. ENDERLE (1986) – Über neue, seltene, kritische Makromyzeten in der Bundesrepublik Deutschland (Mitteleuropa) VII. Beitr. z. Kenntn. Pilze Mitteleuropas 2: 125–162

KRIEGLSTEINER, G. J. & M. ENDERLE (1987) – Über neue, seltene, kritische Makromyzeten in der Bundesrepublik Deutschland (Mitteleuropa) IX. Z. Mykol. 53 (1): 3–38

KRIEGLSTEINER, G. J. & M. ENDERLE (1988) – Über die Variabilität des *Hygrophorus ligatus* Fries.Z. Mykol. 54 (1): 29–36

KRIEGLSTEINER, G. J. & M. ENDERLE (1989) – Über Vorkommen, Verbreitung und Ökologie einiger Arten der Gattungen *Biscogniauxia* O.Kuntze 1891, *Nemania* S. F. Gray 1821 emend. Pouzar 1986 und *Hypoxylon* Bulliard 1791 s. str. in der Bundesrepublik Deutschland und einigen Nachbarländern. APN-Mitteilungsblatt der Arbeitsgemeinschaft Pilzkunde Niederrhein 7 (1): 46–89

KRIEGLSTEINER, G. J. & H. SCHWÖBEL (1983) – *Mycena diosma* spec. nov. und der *Mycena-pura*-Formenkreis in Mitteleuropa. Z. Mykol. 48 (1): 25 –34

KRIEGLSTEINER, L. (1989) – Zwei interessante operculate Becherlinge (*Pezizales*) in einem Gewächshaus der Universität Ulm. Ulmer Pilzflora II: 68–70

KRIEGLSTEINER, L. (1989) – Ein paar interessante Pilzfunde aus dem Ulmer Raum I. Mycelium 2. Kleine Schriftenreihe zur Mitgliederinformation, S. 19–25

KRIEGLSTEINER, L. (1991 a) – Zwei sehr seltene paludicole Frühjahrs-Becherlinge (*Leotiales, Sclerotiniaceae*) im

NSG „Schmiechener See“ bei Schelklingen. Mycelium 3 (2): 9–1

KRIEGLSTEINER, L. (1991 b) – Drei wenig bekannte foliicole Discomyceten (*Leotiales, Hyaloscyphaceae*) neu für den Ulmer Raum. Mycelium 3 (2): 13–17

KRIEGLSTEINER, L. (1991 c) – *Licea parasitica* (Zukal) Martin – ein winziger Myxomycet erstmals für Baden-Württemberg bei Ulm nachgewiesen. Mycelium 3 (2): 20–25

KRIEGLSTEINER, L. (1991 c) – *Naucoria salicis* P. D. Orton – ein für den Ulmer Raum neuer dunkelsporiger Blätterpilz. Mycelium 3 (2): 18–20

KRIEGLSTEINER, L. (1992) – Discomyceten-Zönosen unter *Filipendula ulmaria* („Gemeines Mädesüß“) im Arnegger Ried – eine sehr ergiebige Kurzexkursion am Abend des 21.06.91. Ulmer Pilzflora III: 82–89 (25. Beitrag zur Kenntnis der Ulmer Pilzflora).

KRIEGLSTEINER, L. (1992) – Echte Mehltaupilze (*Erysiphales*) im Osten Württembergs. Beitr. z. Kenntnis der Pilze Mitteleuropas 8: 163–172

KRIEGLSTEINER, L. (1992 a) – Myxomyceten im Ulmer Raum. Ulmer Pilzflora III: 89–106 (26. Beitrag zur Kenntnis der Ulmer Pilzflora).

KRIEGLSTEINER, L. (1999) – Pilze im Naturraum Mainfränkische Platten und ihre Einbindung in die Vegetation. Regensb. Mykol. Schriften 9, I–IV: 1–905.

KRIEGLSTEINER, L. & N. LUSCHKA (2000) – Pilze der NSG „Isarmündung“ und „Staatshaufen“ sowie angrenzender Auengebiete der Donau und der Isar. Hoppea, Denkschr. Regensb. Bot. Ges. 61 (Bresinsky-Festschrift): 183–207

KRIEGLSTEINER, L. (2002) – Pilze im NSG Sippenhauer Moor bei Saal a.d. Donau (südwestlich Regensburg). Regensb. Mykol. Schr. 10: 67–133

KRIEGLSTEINER, L. (2004) – Pilze im Biosphärenreservat Rhön und ihre Einbindung in die Vegetation. Regensburger Mykologische Schriften 12.

KRISAI-GREILHUBER, I. (1992) – Die Makromyceten im Raum von Wien. Ökologie und Floristik. Libri Botanici 6. Eching.

KÜHNER, R. (1935) – Le Genre *Galera* (Fries) Quélet. Encycl. Mycol. 7: 1–240

KÜHNER, R. (1980) – Les Hyménomycètes agaricoides. Lyon.

KÜHNER, R. & H. ROMAGNESI (1953) – Flore Analytique des Champignons supérieurs. Paris.

KÜHNER, R. & H. ROMAGNESI (1957) – Compléments à la „Flora Analythique“. VII. – Espèces nouvelles, critique ou rares de *Naucoriacées, Coprinacées* et *Lépiotacées*. Bull. Soc. Nat. d'Oyonnax. 10–11.

KÜHNER, R. & H. ROMAGNESI (1977) – Compléments à la „Flore Analytique“. Bibl. Mycol. 56. Vaduz.

KUMMER, P. (1871, 1882) – Der Führer in die Pilzkunde. Berbst.

KUYPER, Th. W. (1986) – A revision of the genus *Inocybe* in Europe. Persoonia – Suppl.Vol. 3

KUYPER, Th. W. & G. TJALLINGII-BEUKERS (1986) – Notes on *Pholiota*. Persoonia 13(1): 77–82

LABER, D. (1982) – Die europäischen Arten der Gattung *Phaeocollybia* (Wurzelschnitzlinge) und ihr Vorkommen im südlichen Schwarzwald. Z. Mykol. 48 (1): 89–98.

LABER, D. (1991) – Ergänzung zu „Die europäischen Arten der Gattung *Phaeocollybia* und ihr Vorkommen im südlichen Schwarzwald“. Z. Mykol. 57 (1): 109–116.

LABHARDT, F. & T. R. LOHMEYER (2001) – Faszination Pilze. Blick in eine rätselhafte Welt. BLV-Verlag, München.

Landratsamt Gz (1985) – Unser Landkreis Günzburg. Bayer. Verlagsanstalt Bamberg.

LANGE, J. E. (1935–40) – Flora Agaricina Danica. 1–5. Kopenhagen.

LANGE, J. E. & M. LANGE (1962) – 600 Pilze in Farben. München.

LANZONI, G. (1987) – Appunit sul, Genere *Pholiotina* Fayod, Sezione *Pholiotina*. Bollettino Micol. Ecol. Romana 12: 17–29

LAUX, H. E. (1985) – Eßbare Pilze und ihre giftigen Doppelgänger. Franckh'sche Verlagshandlung. Stuttgart.

LAUX, H. E. (1986) – Naturschutzgebiet Ummendorfer Ried. Ulmer Pilzflora I: 139–141

LAUX, H. E. (2001) – Der große Kosmos-Pilzführer. Alle Speisepilze mit ihren giftigen Doppelgängern, 718 S., Franck-Kosmos-Verlags-GmbH & Co., Stuttgart.

LAUX, H. E. (2002) – Der neue Kosmos-Pilzatlas. Über 1000 Fotos. 304 S., Franck-Kosmos-Verlags-GmbH & Co., Stuttgart.

LAUX, H. E. & H. LAUX (1980) – Kochbuch für Pilzfreunde. Franck'sche Verlagshandlung, Stuttgart.

LEISER, T. & K. KALAMEES (1987) – Eesti Narmasnutid. Tallinn „Valgus“.

LEOPOLD, J. D. (1728) – Deliciae Sylvestris Florae Ulmensis

LISIEWSKA, M. (1987) – Grzyby (Mycota), Tom XVII (Flora Polska). Warschau/Kraukau.

LOHMEYER, T. R. (1995) – Pilze auf Helgoland. Zur Mykologie einer Ferieninsel in der Nordsee. Teil 1: *Ascomyceten*. Z. Mykol. 61 (1): 79–121

LOHMEYER, T. R. (1996) – *Haasiella venustissima* (Fr.) Kotl. & Pouz., ein „Württemberger Pilz“ erstmals in Bayern nachgewiesen. Ulmer Pilzflora IV: 7–13

LOHMEYER, T. R. & F. LABHARDT (2001) – Faszination Pilze – Blick in eine rätselhaft Welt, 159 S., BLV-Verlagsges., München

LONATI, G. (1994) – Funghi rari o poco conosciuti *Pholiotina hadrocystis* e *Pholiotina subnuda*. Micol. e Veget. Mediterranea 9 (1): 51–58.

LONATI, G. (1994) – Funghi rari o poco conosciuti *Pholiotina filaris* e *Pholiotina exannulata*. Micol. e Veget. Mediterranea 9 (2): 117–122

LUDWIG, E. (2001) – Pilzkompendium, Band 1 und 2. IHW-Verlag, Eching

LUDWIG, E. & P. ROUX (1995) – *Coprinus levisticolens* und *Coprinus citrinovelatus* – zwei neue, leicht kenntliche Tintlinge. Z. Mykol. 61 (1): 29–37

MAAS GEESTERANUS, R.A. (1974) – Die terrestrischen Stachelpilze Europas (The terrestrial hydnums of Europe).

MAAS GEESTERANUS, R. A. (1984–1989) – Conspectus of the *Mycenas* of the Northern Hemisphere. Zahlreiche Beiträge in „Proc. K. Ned. Akad. Wet. Series C.“

MAAS GEESTERANUS, R. A. & M. ENDERLE (1994) – *Mycena caliginosa*, eine neue Art der Sektion *Fragilipedes*, aus Bayern. Z. Mykol. 60 (2): 373–376

MÄCK, U. & H. ERHARDT (1995) – Das Schwäbische Donaumoos und die Auwälder zwischen Weißingen und Gundelfingen. Brigitte Settele Verlag, Augsburg (Arbeitsgemeinschaft Schwäbisches Donaumoos, Leipheim-Riedheim)

MALENCON, G. & R. BERTAULT (1970) – Flore des champignons supérieurs du Maroc I + II. Rabat.
MANJULA, B. (1983) – A revised list of the agaricoid and boletoid basidiomycetes from India and Nepal. Proc. Indian Acad. Sci. (Plant Sci.) 92 (2): 81–213
MARCHAND, A. (1971–1986) – Champignons du nord et du midi, Vol. 1–9. Perpignan.
MARXMÜLLER, H. (1982) – Étude morphologique des *Armillaria* ss. str. à anneau. Bull. Soc. Myc. France 98: 87–124
MEIXNER, A. (1975) – Chemische Farbreaktionen von Pilzen. Vaduz.
MELOT, J. (1986) – Contribution à l'étude du genre *Cortinarius*. Doc. Mycol. 16 (63–64): 109–142
MENDAZA, R. & G. D. MONTOYA (199?) – Las Setas. Guia fotografica y descriptiva. Iberduera/Spanien.
MEUSERS, M. (1986) – Bestimmungsschlüssel für europäische Arten der Gattung *Agaricus* L.: Fr., Beitr. z. Kenntn. d. Pilze Mitteleuropas 2: 27–56
MICHAEL-HENNIG-KREISEL (1983–1988) – Handbuch für Pilzfreunde I-VI. Jena.
MIGLIOZZI, V. & M. COCCIA (1988) – Appunti sulla micoflora mediterranea – 7. *Agrocybe pusilla* (Fr.) Watl.1981 (= *A. pusiola* (Fr.) Heim 1934). Bollettino dell' Assoc. Micol. Ecol. Romana 15: 29–34
MILLER, O.K. (1979) – Mushrooms of North America. New York.
MILLER, O. K., G. A. LAURSEN & D. F. FARR (1982) – Notes on *Agaricales* from Arctic Tundra in Alaska. Mycologia 74 (4): 576–591
MOENNE-LOCCOZ, P. & P. REUMAUX (1990–1991) – Atlas des Cortinaires I–III. Frangy.
MONTAG, K. (1992) – Eine bemerkenswerte Pilzart aus der Familie der *Bolbitiaceae*. Südwestd. Pilzrundschau 28 (1): 9–13
MONTAG, K. (1996) – Zur Kenntnis von *Melanomphalia nigrescens* Christiansen 1936 – ein seltener Braunsporer, erstmals in Deutschland gefunden. Z. Mykol. 62 (1): 75–78
MONTAG, K. (1999) – Tödliche Pilze. Roman, Ebner-Verlag, Ulm.
MOSER, M. (1963) – Kleine Kryptogamenflora. *Ascomyceten* (Schlauchpilze). Bd. II a. Stuttgart.
MOSER, M. (1983) – Die Röhrlinge und Blätterpilze (Agaricales). Kleine Krypt.flora II/b2, Basidiomyceten, II. Teil. Stuttgart
MOSER, M. & W. JÜLICH (1993 ff.) – Farbatlas der Basidiomyceten. 5 Ringordner (bis Dez. 2000 insges. 18 Lieferungen). Spektrum Akad. Verlag, Heidelberg/Berlin.
MÜNZMAY, T. (1996) – Neue Funde des Körnigen Mürblings *Psathyrella globosivelata*. Boletus 20 (1): 11–16
MÜNZMAY, Th. (1997) – Beobachtungen zu einigen Rötlingsfunden. Z. Mykol. 63 (1): 35–40
MUNK, A. (1957) – Danish *Pyrenomycetes*. A preliminary Flora. Dansk. Bot. ark. 17 (1): 13–491
NATARAJAN, K. & N. RAMAN (1983) – South Indian *Agaricales* Bibl. Mycol. 89.
NATHORST-WINDAHL, T. (1961) – Some unusual agarics from Sweden. Friesia 6 (5): 291–346
NILSSON, S., O. PERSSON & B. MOSSBERG (1978) – Praktische Pilzkunde, Bd. 1 und 2, Franck'sche Verlagshandlung, Stuttgart.
NOORDELOOS, M. E. (1987) – *Entoloma* (*Agaricales*) in Europe. Beih. z. Nova Hedwigia 91.
NOORDELOOS, M. E. (1988) – *Entolomataceae* Kotl. & P., Flora Agaricina Neerlandica, Vol. 1: 77–182.
NOORDELOOS, M. E., (1992) – *Entoloma* s. l., Fungi Europaei, Vol. 5
NOORDELOOS, M. E. (2001) – Studien in *Psilocybe* Sect. *Psilocybe*. Österr. Z. Pilzk. 10: 115–180
NOORDELOOS, M. E. & A. HAUSKNECHT (1998) – Rezente Rötlingsfunde aus Österreich und Italien. Österr. Z. Pilzk. 7: 227–261.
NOORDELOOS, M., G. WÖLFEL & M. ENDERLE (1995) – Neue *Entoloma*-Arten aus Süddeutschland und dem Alpenraum. Z. Mykol. 61 (2): 183–196
OBERWINKLER, F. (1963) – Niedere *Basidiomyceten* aus Südbayern III. Die Gattung *Sebacina* Tul. Ber. Bayer. Bot. Ges. 36: 41–55
OBERWINKLER, F. (1965) – Primitive *Basidiomyceten* (Revision einiger Formenkreise von Basidienpilzen mit plastischer Basidie). Sydowia 19 (1–3): 1–71.
OBERWINKLER, F. (1966) – Die Gattung *Tubulicrinis* Donk s. l. (*Cortinariaceae*), Z.Pilzk. 31: 12–48
OLA'H, G. M. (1970) – Le Genre *Panaeolus*. Revue de Mycologie 10. Paris
ÖRSTADIUS, L. (1986) – Three new species of *Psathyrella* from Sweden. Windahlia 16: 153–158.
ÖRSTADIUS, L. (1992) – On the interpretation of *Psathyrella murcida* and *P. fusca*. Persoonia 14 (4): 543–546
ÖRSTADIUS, L. & E. LUDWIG (1997) – *Psathyrella effibulata* (*Agaricales*), a new species lacking clamp connections. Windahlia 22: 81–83
ÖRSTADIUS, L. (1999) – *Psathyrella spadicea* – taxonomy and nomenclature. Windahlia 23: 19–24
ORTON, P. D. (1960) – New Check list of British Agarics and Boleti. Part III. Notes on Genera and species in the list. Trans. Brit. Mycol. Soc. 43 (2): 159–439
OTTMANN, G. & M. ENDERLE (1986) – Bemerkenswerte *Agaricales*-Funde III (12. Beitrag zur Kenntnis der Ulmer Pilzflora). Ulmer Pilzflora I: 79–102
PÄTZOLD, W. (1989) – Pilzschutz ist Naturschutz. Ulmer Pilzflora II: 33–39
PEGLER, D. N. (1977) – A preliminary agaric flora of East Africa. Kew Bull. Add. Ser. 6
PEGLER, D. N. (1986) – Agaric flora of Sri Lanka. Kew Bull. Add. Ser. XII
PHILLIPS, R. (1981) – Mushrooms and other fungi of Great Britain & Europe. London.
PILAT, A. (1951) – Klic – kurcovani nasich hub hribovitych a bedlovitych (*Agaricales*). Prag.
PLANK, S. (1980) – Die Vergessenen der Natur. Naturopa 34/35: 44.
RAPP, E. (1989) – „AMU-Mitteilungen 1979". Mycelium 2. Kleine Schriftenreihe zur Mitgliederinformation, S. 31–33
RAUNEKER, H. (1984) – „Ulmer Flora", Mitt. Ver. f. Naturwiss. u. Math. Ulm 33, 280 S.
REA, C. (1968) – British *Basidiomceteae*. Cramer-Verlag, Lehre.
REHM, H. (1896) – Die Pilze Deutschlands, Österreichs und der Schweiz. 3. Abt. *Ascomyceten*: *Hysteriaeen* und *Discomyceten*. Dr. L. Rabenhorst's Kryptogamen-Flora 1 (3): 1–1.271
REID, D. A. (1972) – Coloured illustrations of rare and interesting fungi V. Fungorum rariorum icones coloratae 6: 1–59

Reid, D. A. (1974) – Monograph of the British *Dacrymycetales*. Trans. Brit. Mycol. Soc. 62 (3): 433–494
Reid, D. A. (1990) – The *Leucocoprinus badhamii* complex in Europe: species which redden on bruising or become green in ammonia fumes. Mycol. Res. 94 (5): 641–67.
Ricken, A. (1915) – Die Blätterpilze. Leipzig.
Riederle, H. (1989 a) – Ein Pilzfrischling im Reich der Rindenpilze. Mycelium 01. Kleine Schriftenreihe zur Mitgliederinformation, S. 9–18
Riederle, H. (1989 b) – Filzgewebe. Mycelium 2. Kleine Schriftenreihe zur Mitgliederinformation, S. 11–18
Riederle, H. (1991) – *Taphrina pruni* – Narrentasche, *Taphrina deformans*. Mycelium 3 (2): 26–29
Rimóczi, I. (1984) – A leggyakoribb gombákról. Budapest.
Rimoczi I. – 1994: Die Großpilze Ungarns. IHW-Verlag, Eching/D.
Riva, A. (1988) – Tricholoma (Fr.) Staude, Fungi Europaei, Vol. 3
Roglmeier, R. & H. Berthold (1996) – *Melanoleuca robertiana* Bon – Vorkommen, Beschreibung und nomenklatorische Entwicklung. Ulmer Pilzflora IV: 93–125
Romagnsi, H. (1967) – Les Russules d'Europe et d'Afrique du Nord. Bordas.
Romagnesi, H. (1975) – Déscription de quelques espèces de *Drosophila* Quél. (*Psathyrella* ss. dilat.). Complément à la contribution à l'étude du genre *Psathyrella* (Fr.)Quél. (*Agaricales*). Bull. Soc. Mycol. France 91 (2): 137–224
Romagnesi, H. (1982) – Etudes complémentaires de quelques espèces de *Psathyrella* ss. lato (*Drosophila* Quélet). Bull. Soc. Mycol. France 98 (1): 5–68
Ryman, S. & I. Holmasen (1992) – Pilze. Braunschweig.
Ryvarden, L. (1976/78) – The *Polyporaceae* of North Europe. Vol. I + II. Oslo.
Schaeffer, J.C. (1762) – Fungorum qui in Bavaria et Palatinatu circa Ratisbonam nascuntur icones nativis coloribus expressae. Vol. I. Ratisbonam (Regensburg). – (1774) – Vol. IV (inkl. „Index")
Schäffer, J. (1930) – Die Sammethäubchen (Galera). Z. Pilzk. 9 (11–12): 163–174
Schätzle, E. & G. Ottmann (1992) – *Lepiota langei* Knudsen 1980 und *Lepiota carinii* Bres. 1929. Ulmer Pilzflora III: 62–67.
Scheer, G. (1950) – Die Röhrenpilze der Blaubeurer Umgebung. Mitt. d. Vereins f. Naturwiss. u. Math. Ulm 23: 117–127
Schmid-Heckel, H. (1985) – Zur Kenntnis der Pilze in den Nördlichen Kalkalpen. Nationalpark Berchtesgaden. Forschungsbericht 8: 1–201
Schmid-Heckel H. – 1988: Pilze in den Berchtesgadener Alpen. Forschungsbericht 15. Nationalpark Berchtesgaden.
Schmid, H. (1990) – Beiträge zum Artenschutz 14: Rote Liste gefährdeter Großpilze Bayerns. Bayer. Landesamt für Umweltschutz. Schriftenreihe Heft 106.
Schmid, H. & W. Helfer (1995) – Pilze – Wissenswertes aus Ökologie, Geschichte und Mythos. Biberach/Riss.
Schmid, B. & W. G. (1996) – Pilzkundliche Veröffentlichungen aus dem Ulmer Raum. Ulmer Pilzflora IV: 157–169
Scholz, H. & I. Scholz (1988) – Die Brandpilze Deutschlands (*Ustilaginales*) – Englera 8.
Schreiner, J. (1999) – *Leccinum brunneogriseolum* – eine neu beschriebene Art aus der Sektion *Scabra*. Beiheft 9 zur Z. Mykol.: 15–20.
Schreiner, J. (1998) – Zum Vorkommen der Röhrlinge (*Boletaceae*) in Unterfranken und angrenzenden Gebieten. Mitt. naturwiss. Museum Aschaffenburg 17: 1–162; Aschaffenburg.
Schreiner, J. (1999) – *Leccinum brunneogriseolum* – eine neu beschriebene Art aus der Sektion *Scabra* – Deutsche Gesellschaft für Mykologie (Hrsg.): Bemerkenswerte Pilze – Icones miscellaneae fungorum. Beih. Z. Mykol. 9: 15–20. Eching
Schröter, J. (1889 + 1908) – Die Pilze Schlesiens. Kryptogamen-Flora von Schlesien, Band 1 und 2 (1971, Faksimile-Neudruck der Originalausgabe), Band I: 814 S., Band II: 597 S., broschürt, Bibl. Mycol. Bd. 34
Schwöbel, H. (1969) – Ein rötendes *Lyophyllum* aus dem Bruchsaler Stadtwald. Z. Pilzk. 35: 81–84
Schwöbel, H. (1974) – Die Täublinge – Beiträge zu ihrer Kenntnis und Verbreitung (II). Z. Pilzk. 39 (3–4): 175–190
Schwöbel, H. (1984) – Trichterlinge aus dem *C. gibba*-Formenkreis. Beitr. z. Kenntn. d. Pilze Mitteleuropas 1: 5–10
Schwöbel, H. (1987) – *Lyophyllum (Tephrocybe) platypus* – ein kaum bekannter Winterpilz. Beitr. z. Kenntn. d. Pilze Mitteleuropas 3: 125–126
Senn-Irlet, B. I. (1986) – Ökologie, Soziologie und Taxonomie alpiner Makromyzeten (*Agaricales, Basidiomycetes*) der Schweizer Zentralalpen. Dissertation. Bern.
Serzhanina, G. J. (1984) – Hutpilze Weißrusslands (übers. Titel), Minsk.
Siepe, K. (1987) – Beitrag zur Pilzflora des westlichen Münsterlandes. Über einige Arten der Gattung *Psathyrella*. Natur und Heimat 47 (1): 8–14
Siepe, K. (1999) – Beiträge zur Kenntnis der Gattung *Typhula* Fr.: *Typhula spathulata*. Z. Mykol. 65 (2): 187–198
Singer, R. (1950) – *Naucoria* Fries und verwandte Gattungen in der UDSSR (übers. Titel). Acta Inst. Bot. Komarov Acad. Sci. USSR, Series 2 (6): 402–498
Singer, R. (1967) – Die Röhrlinge, Teil II. Heilbronn
Singer, R. (1969) – Mycoflora Australis. Beih. 29 zur Nova Hedwigia: 1–405
Singer, R. (1975) – The *Agaricales* in Modern Taxonomie. Vaduz.
Singer, R. & A.P.L. Digilio (1951, „1949") – Pródromo de la Flora Agarcina Argentina. Lilloa 25
Smith, A. H. (1972) – The North American species of *Psathyrella*. Memoirs New York Bot. Garden 24.
Stangl, J. (1970) – Das Pilzwachstum in alluvialen Schotterebenen und seine Abhängigkeit von Vegetationsgesellschaften. Z. Pilzk. 36 (3–4): 209–255
Stangl, J. (1985) – Pilzflora von Augsburg. Arge Pilzverein Augsburg.
Stangl, J. (1986) – Fundnotizen zu *Inocybe lacera, Micromphale brassicolens* und *Cortinarius orellanus*. Ulmer Pilzflora I: 120–134
Stangl, J. (1989) – Die Gattung *Inocybe* in Bayern. Hoppea 46. Regensburg.
Stangl, J. & M. Enderle (1983) – Bestimmungsschlüssel für europäische eckig-sporige Riß-pilze. Z. Mykol. 49(1): 111–136
Stangl, J., G. J. Krieglsteiner & M. Enderle (1991) – Die Gattung *Crepidotus* (Fries) Staude 1857 in Deutschland unter besonderer Berücksichtigung Augsburger Funde. Z. Mykol. 57(1): 117–148

SVRCEK, M., J. KUBICKA, J. ERHART & M. ERHART (1979) – Der Kosmos-Pilzführer. Franck'sche Verlagshandlung, Stuttgart.

TJALLINGII-BEUKERS, D. (1987) – De Fungi van Nederland: Het geslacht *Pholiota* (Bundelwzammen). Wetenschapp. Meded. Koninkl. Nederl. Natuurhist. Vereniging, Nr. 185: 1–75

TULASNE, L. R. & C. (1931) – Selecta Fungorum Carpologia of the Brothers Tulasne. Translated into English by W.B. Grove, edited by A.H. R. Buller and C.L. Shear, Volume I–III.

ULJÉ, C. B. & C. BAS (1988) – Studies in *Coprinus* – I. Subsections *Auricomi* and *Glabri* of *Coprinus* sect. *Pseudocoprinus*. Persoonia 13 (4): 433–448.

URBONAS, V., K. KALAMEES & V. LUKIN (1974) – *Agaricales*-Flora der baltischen Sowjet-Republiken Litauen, Lettland und Estland (übers. Titel).

URBONAS, V., K. KALAMAS & V. LUKIN (1986) – Conspectus florum Agaricalium fungorum (*Agaricales* s. l.) Lithuaniae, Latviae et Estoiniae. Vilnius „Mokslas".

VAN BRUMMELEN, J. (1967) – A world monograph of the genera *Ascobolus* and *Saccobolus* (*Ascomycetes, Pezizales*). Persoonia Suppl. Vol. 1

VEESENMAIER, G. (1874) – Die Pilze und Schwämme der Ulmer Flora aus der Ordnung der Hymenomyceten.

VELENOVSKY, J. (1939) – Novitates Mycologicae. Prag.

VELENOVSKY, J. (1947) – Novitates Mycologicae Novissimae. Opera Botanica Cechica IV.

VELLINGA, E. C. (1986) – The genus *Flammulaster* (*Agaricales*) in the Netherlands and Adjacent regions. Persoonia 13 (2): 1–26.

VELLINGA, E. C. (1990) – *Pluteaceae* Kotl. & P., Flora Agaricina Neerlandica 2. Rotterdam.

VELLINGA, E. C. (2003) – Phylogeny and Taxonomy of Lepiotaceaous Fungi. Leiden, Holland.

VELLINGA, E. C. & J. SCHREURS (1985) – Notulae ad floram Agaricinam Neerlandicum – VIII *Pluteus* Fr. in West-Europe. Persoonia 12 (4): 337–373.

VESTERHOLT, J. (1989) – A revision of *Hebeloma* sect. *Indusiata* in the Nordic countries. Nordic Journal of Botany 9: 289–319. Copenhagen.

VESTERHOLT, J. (1995) – *Hebeloma crustiliniforme* and related taxa – Notes on some characters of taxonomic importance. Acta Univ. Ups. Symb. Bot. Ups. 30 (3): 129–137.

VOLDERS, J. (2002) – Het genus *Tubaria* in Vlaanderen en het Brussels gewest. Sterbeckia 21/22: 3–28

VESTERHOLT, J. & H. KNUDSEN (1990) – Truede storsvampe i Danmark – en rodliste.

WASSER, S. P. (1993) – Tribes *Cystodermateae* Sing. and *Leucocoprineae* Sing. of the CIS and Baltic States. Libri Botanici 9. Eching.

WATLING, R. (1971) – The genus *Conocybe* Subgenus *Pholiotina* II. Some European exannulate species and North American annulate species. Persoonia 6 (3): 313–339

WATLING, R. (1982) – British Fungus Flora, Agarics and Boleti: 03. *Bolbitiaceae*: *Agrocybe*, *Bolbitius* & *Conocybe*. Royal Bot. Garden, Edinburgh.

WATLING, R. (1985) – The Agaricales of Iceland (Islanzkir Hattsveppir) – VI. Icelandic species of *Bolbitiaceae*. Observations on the *Bolbitiacea*–25. Acta Bot. Isl. 8: 3–19

WATLING, R. & N. M. GREGORY (1977) – Larger fungi from Turkey, Iran and neighbouring countries. Karstenia 17: 59–72

WATLING, R. & N. M. GREGORY (1981) – Census Catalogue of World Members of the *Bolbitiaceae*. Bibl. Mycol. 82. Vaduz.

WATLING, R. & N. M. GREGORY (1993) – British Fungus Flora: 07. *Cortinariaceae* p.p., Royal Botanic Garden Edinburgh.

WEBERLING, F. & H. O. SCHWANTES (2000) – Pflanzensystematik, 7. Aufl., Ulmer-Verlag, Stuttgart.

WEHOLT, O. (1987) – Jeloyafunn – 1986. Agarica 8(15): 22–28

WINTER, G. (1887) – Die Pilze Deutschlands, Österreichs und der Schweiz. 2. *Ascomyceten*: *Gymnoasceen* und *Pyrenomyceten*. *in* Dr. L. Rabenhorst's Kryptogamen-Flora 1 (2): 1–928

WINTERHOFF, W. (1975) – Die Pilzvegetation der Dünenrasen bei Sandhausen. Beitr. naturk. Forsch. Südwest-Deutschlands 34: 445–462

WINTERHOFF, W. (1993) – Die Großpilzflora von Erlenbruchwäldern. Beih. Veröff. Naturschutz Landschaftspflege Bad.-Württ. 74: 1–100, Karlsruhe.

WINTERHOFF, W. & F. BEGENAT (1993) – Die Pilzflora des Eriskircher Riedes. Beih. Veröff. Naturschutz Landschaftspflege Bad.-Württ. 69: 229–262.

WINTERHOFF, W., G. J. K. et al. (1984) – Gefährdete Pilze in Baden-Württemberg. Rote Liste der gefährdeten Großpilze in Baden-Württemberg. Beih. Veröff. Natursch. u. Landschaftspfl. Bad.-Württ. 40: 1–120. Karlsruhe.

WINTERHOFF, W. & G. J. K. in KRIEGLSTEINER, G. J. (2000a) – Die Großpilze Baden-Württembergs, Band 1 (unter Mitarbeit von A. Kaiser), Ulmer-Verlag, Stuttgart

WÖLDECKE, K. (1998) – Die Großpilze Niedersachsens und Bremens. Naturschutz und Landschaftspflege in Niedersachsen 39: 538

WÖLDECKE, K. & K. WÖLDECKE (1983) – Zweiter Beitrag zur Pilzflora des Naturschutzgebietes „Hainholz" bei Düna am Harz. Beitr. Naturk. Niedersachsens 36: 204–228

WÖLFEL, G. & A. BRESINSKY (1997) – *Entoloma porphyrofibrillum* Noordeloos, eine weitere für Deutschland neue Rötlingsart. Z. Mykol. 63 (2): 169–172

WOLLWEBER, H. & M. STADLER (2001) – Zur Kenntnis der Gattung *Daldinia* in Deutschland und Europa. Z. Mykol. 67 (1): 3–53

ZEHFUß, H. D. (1998) – Mykologische Bestandserhebungen im Naturwaldreservat Stuttpferch-West, Forstamt Schaidt (Bienwald). Z. Mykol. 64 (2): 115–139

ZEHFUß, H. D. (1999) – Die Pilze in den Eichen- und Buchen-Forsten im Tiergarten bei Bottenbach. Z. Mykol. 65 (2): 213–276

ZEITLMAYR, L. (1955) – Knaurs Pilzbuch. München.

ZITZMANN, H. (1996) – Die Großpilze der Regensburger Parkanlagen. Hoppea 57: 435–472.

ZITZMANN, H., (2002) Regensburger Pilzflora 12: Die Gattung *Inocybe* (*Agaricales, Cortinariaceae*). Regensb. Mykol. Schr. 10: 135–288

ZSCHIESCHANG, G. (1987) – Die Gattung *Conocybe* in der DDR. I. Bestimmungsschlüssel. Boleteus 11(2): 35–49

ZUCCHERELLI, A. (1993) – I funghi delle Pinete delle zone mediterranee. Longo Editore Ravenna.

Register der Gattungen und Arten

mit den lateinischen und den wichtigsten deutschen Namen.
Synonyme sind kursiv geschrieben. Es werden nur häufigere genannt.
Die Seitenzahlen zu den systematischen Großgruppen bzw. Ordnungen werden auf Seite 11 erwähnt.
Um das Inhaltsverzeichnis nicht zu überfrachten, wurden manche Gattungen nur summarisch, also ohne Artnamen, genannt, so z. B. die Rost-, Brand- und Mehltaupilze. Bei den deutschen Pilznamen wurden nur die gängigsten aufgenommen.